MINISTÈRE DE L'INSTRUCTION PUBLIQUE.

STATISTIQUE

DE L'INSTRUCTION PRIMAIRE

POUR L'ANNÉE 1863.

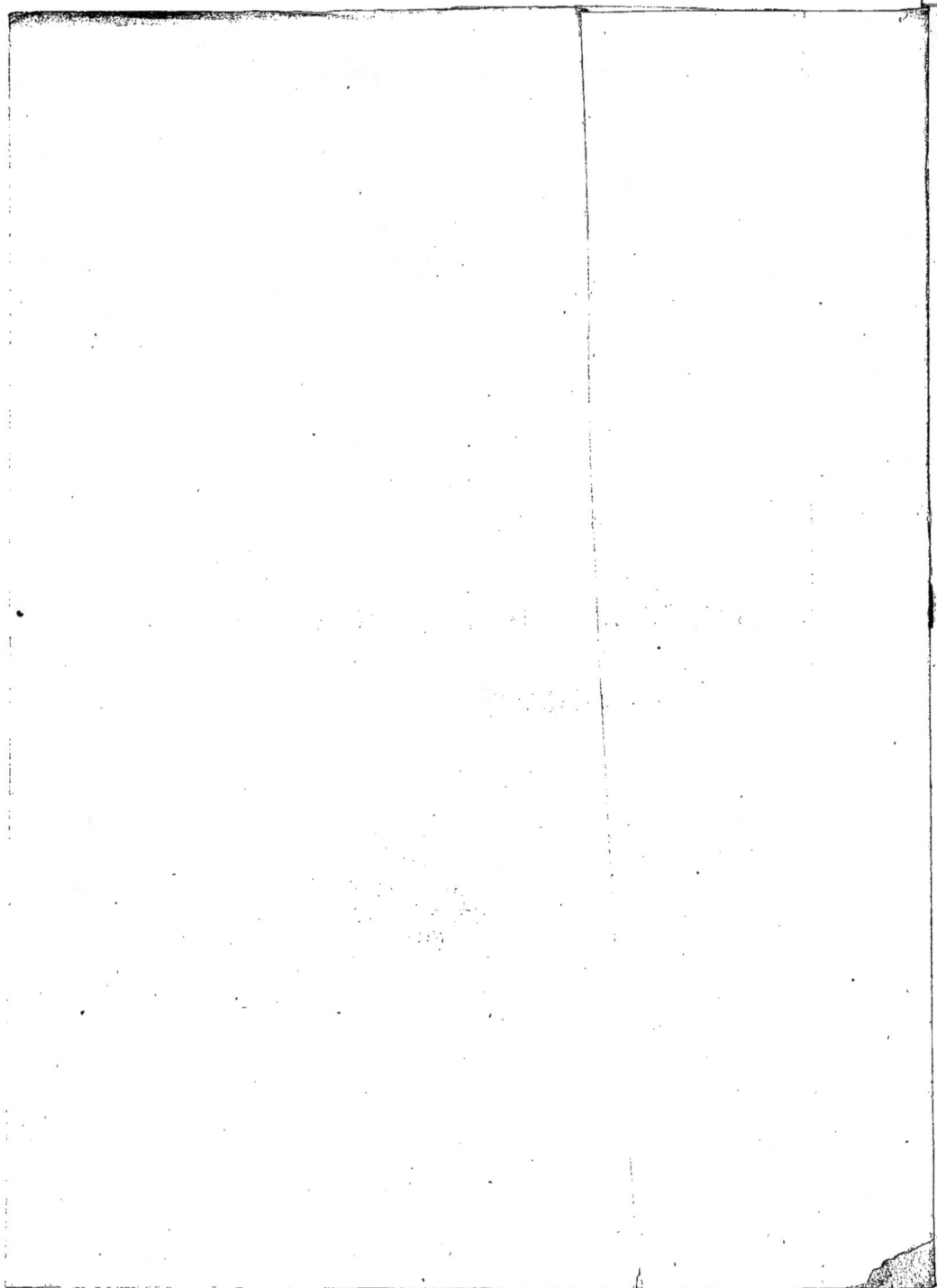

MINISTÈRE DE L'INSTRUCTION PUBLIQUE.

STATISTIQUE
DE L'INSTRUCTION PRIMAIRE

POUR L'ANNÉE 1863.

SITUATION AU 1ER JANVIER 1864.

PARIS.
IMPRIMERIE IMPÉRIALE.

1865.

RAPPORT

A SA MAJESTÉ L'EMPEREUR

SUR

L'ÉTAT DE L'ENSEIGNEMENT PRIMAIRE

PENDANT L'ANNÉE 1863.

SIRE,

J'ai l'honneur de placer sous les yeux de VOTRE MAJESTÉ l'état de l'enseignement primaire en France au 1er janvier 1864.

I.

POPULATION DES ÉCOLES EN 1832, 1847 et 1863.

En 1832, nos écoles primaires renfermaient 1,935,624 enfants pour 32,560,934 habitants.

En 1847, il y en avait 3,530,135 pour 35,400,486 habitants.

En 1863, on en a compté 4,336,368 pour une population de 37,382,225 habitants.

En d'autres termes, en 1832, la France envoyait dans ses écoles primaires 59 élèves sur 1,000 habitants; en 1847, 99.8; en 1863, 116.

a.

II.

NOMBRE D'ENFANTS QUI NE FRÉQUENTENT PAS L'ÉCOLE.

Le progrès obtenu durant les seize dernières années a été moins rapide que dans la période précédente, parce que celle-ci fut la période de création. Il est cependant considérable, car, de 1847 à 1863, on a ouvert 8,566 écoles publiques et gagné 806,233 élèves, soit, en moyenne, 50,000 par an [1]. Aujourd'hui, il ne reste plus que 818 communes qui soient privées d'écoles; encore la plupart de ces localités envoient-elles leurs enfants dans les écoles du voisinage.

Mais, si nous prenons, comme le veulent les règlements, pour limites normales de l'âge scolaire 7 et 13 ans, nous ne trouvons dans les écoles primaires, en 1863, que 3,133,540 enfants de cet âge, sur 4,018,427 qui, d'après le recensement fait par les inspecteurs en 1863, doivent exister dans la France entière.

Il y aurait donc, pour les écoles primaires, un déficit de 884,887 enfants de 7 à 13 ans. L'inspection universitaire ne la porte qu'à 692,678; mais elle doit rester, dans ses évaluations, au-dessous de la vérité, parce que les instituteurs n'ont pas les moyens de connaître, dans les grandes villes, le chiffre vrai des enfants qui ne fréquentent pas les écoles.

Du reste, quel que soit, pour les écoles primaires, le chiffre vrai du déficit d'enfants de 7 à 13 ans, il ne faudrait pas le regarder comme exprimant le nombre de ceux qui restent complètement privés d'instruction. Il y a, en effet, un certain nombre d'enfants de cet âge qui reçoivent le premier enseignement dans la famille ou dans les classes élémentaires des établissements secondaires. En outre, beaucoup d'autres n'entrent à l'école qu'à 8 ou 9 ans, ou en sortent avant d'avoir accompli leur treizième année.

Pour l'enfance, les actes de la vie religieuse règlent, en général, la durée de la période scolaire. La première communion, dans l'église catholique, se faisant entre 11 et 12 ans, bien peu d'enfants suivent l'école lorsqu'ils n'ont plus le catéchisme à réciter, comme beaucoup n'y sont venus que pour l'apprendre. Dans les pays protestants, où la première communion se fait vers 16 ans, cette limite est aussi celle de

(1) Dans ce chiffre sont compris les écoles et les élèves des trois départements annexés. Dans la Savoie et le comté de Nice, les écoles publiques sont au nombre de 1,528, et les élèves des écoles publiques et libres au chiffre de 86,812.

l'âge scolaire, et ce retard, qui prolonge en quelque sorte l'enfance, prolonge aussi l'étude; c'est une des raisons qui expliquent la supériorité, en fait d'instruction primaire, des États protestants sur les États catholiques. Une autre se trouve dans l'obligation religieuse imposée à tout protestant de lire assidûment la Bible; une troisième, dans les riches dotations que le zèle des particuliers a assurées aux écoles, surtout depuis 30 et 40 ans.

L'administration a essayé de connaître combien d'enfants de plus de 8 ans et de moins de 11 ans ont passé, en 1863, par l'école publique de garçons. Les renseignements contradictoires qu'elle a reçus ne lui permettent pas de donner un chiffre officiel; mais elle a des raisons de croire que le nombre des enfants de cet âge qui ne sont pas venus à l'école et qui, par conséquent, n'ont reçu aucune instruction n'aurait point dépassé 200,000.

III.

INSTRUCTION DES ENFANTS QUI SORTENT DES ÉCOLES.

Il ne faudrait cependant pas regarder ces 200,000 enfants comme les seuls déshérités de l'instruction primaire. Si l'on examine quelle est la durée de la fréquentation de l'école et la valeur des connaissances acquises par les élèves qui en sortent, on verra que, lors même que nous ne laisserions plus un seul enfant en dehors de l'école, nous n'aurions accompli que la moitié de notre tâche.

On vient de constater que 700,000 à 800,000 enfants ayant l'âge scolaire manquaient, en 1863, à l'école que l'on fréquente surtout de 8 à 11 ans. Même ces trois années ne sont pas, il s'en faut de beaucoup, données tout entières à l'école. Parmi ceux qui y viennent, plus du tiers, soit 34.6 p. o/o, y passent moins de 6 mois. En outre, sur 657,401 élèves qui, dans l'année 1863, en sont sortis, 395,393, ou 60 p. o/o, savaient lire, écrire et compter; mais 262,008, c'est-à-dire 40 p. o/o, avaient inutilement passé par l'école ou en avaient emporté des connaissances insuffisantes que beaucoup d'entre eux oublieront.

En résumé, le pays dépense actuellement pour les écoles primaires plus de 58 millions et les services de 77,000 personnes (sans compter 28,000 agents gratuits) pour produire ce faible résultat de 60 enfants sur 100 sortant chaque année des écoles publiques avec l'esprit ouvert et fécondé par ces premières études qui préparent l'ouvrier intelligent et le bon citoyen. En mécanique, une machine qui ne produirait pas plus d'effet utile serait à l'instant réorganisée.

IV.

NOMBRE DE CONSCRITS ET DE CONJOINTS NE SACHANT PAS LIRE.

Nous arriverons à la même conclusion en examinant les résultats qu'on tire des registres de la conscription.

En 1862, sur 100 conscrits, il y en avait 27.49 ou près du tiers qui ne savaient ni lire ni écrire; en 1847, on en comptait 34.91; en 1830, 49.73. De même, sur 100 hommes contractant mariage, il y en avait, en 1853, 33.70 qui ne savaient point signer, et, en 1862, 28.54. Quant aux femmes, les chiffres étaient, en 1853, de 54.75, et, en 1862, de 43.26.

En moyenne, le chiffre des conjoints qui ne savent pas signer était, en 1853, de 37 p. o/o, et, en 1862, de 35.90 p. o/o.

Pour les conscrits, l'amélioration entre 1830 et 1848 fut considérable; en 17 ans on gagna près de 15 p. o/o. Le mouvement se ralentit à partir de 1848, et le gain, pour ces années, fut moitié moindre; il n'arriva pas à 7 1/2 p. o/o.

La raison de ce ralentissement est la même qui explique l'augmentation moins grande du nombre des élèves entre 1848 et 1864. Avant 1830, il n'y avait à peu près rien; la loi de 1833 créa, à vrai dire, l'enseignement primaire en France. Mais, à mesure que la lumière dut pénétrer dans les couches plus profondes, elle entra difficilement dans un milieu plus réfractaire.

Il est donc acquis que près du tiers de nos conscrits ne savent pas lire; que 36 p. o/o des conjoints sont incapables de signer leur nom; que plus du cinquième de nos enfants ayant l'âge scolaire, et dont l'absence de l'école a été constatée pour 1863, ou bien n'y sont pas encore allés, ou ont cessé trop tôt de s'y rendre, ou même n'y ont jamais paru; qu'enfin, sur les quatre cinquièmes présents, la plupart, au lieu de suivre l'école pendant six ans, comme les enfants des nations agricoles et industrielles où l'instruction prospère, sont, eux aussi, entrés à l'école trop tard, la quitteront trop tôt, et, pendant leurs années de présence, ne la fréquentent guère qu'en hiver et sans régularité.

Or, puisque l'on a mis seize années à gagner 806,233 élèves, si irréguliers dans leurs études et si mal pourvus au sortir de l'école; puisque, dans le même nombre d'années, le chiffre des conscrits illettrés n'a diminué que de 7 1/2 p. o/o, combien de temps ne faudra-t-il pas, les difficultés croissant avec le progrès même, pour amener dans les classes tous ceux qui refusent à présent d'y venir ou d'y rester, et pour réduire le nombre des conscrits illettrés au chiffre où il est en Allemagne, 2 à 3 p. o/o? Ces lenteurs ne sont plus de notre temps et ne doivent être ni de notre pays, ni du Gouvernement de l'Empereur.

V.

DES RAPPORTS ENTRE L'INSTRUCTION PUBLIQUE ET LA MORALITÉ.

Nous ne pouvons laisser en friche, pendant une moitié de siècle peut-être, ce fonds précieux de l'intelligence populaire, lorsque nous voyons que les progrès de la moralité du pays suivent ceux de l'instruction publique et de la prospérité générale. Le gain fait par les écoles coïncide avec une perte faite par les prisons.

Le nombre *total* des accusés pour crimes, de moins de 21 ans, qui avait diminué seulement de 235, de la période décennale 1828-1837 à la période décennale 1838-1847, a diminué de 4,152, c'est-à-dire presque 18 fois plus, de la période 1838-1847 à la période 1853-1862 [1]. De 1,172, en 1853, le chiffre *annuel* tombe à 657, en 1863.

En 1847, on comptait 115 jeunes gens de moins de 16 ans traduits en Cour d'assises. En 1862, il n'y en eut que 44.

La *correctionnalisation* de certains faits réputés crimes par la loi pénale et poursuivis

[1] Tableau de la criminalité pour la période 1853-1863.

ANNÉES.	NOMBRE DES ACCUSÉS pour crimes de *moins de 21 ans* poursuivis devant les cours d'assises.	NOMBRE DES PRÉVENUS pour délits de *moins de 21 ans* poursuivis devant les tribunaux correctionnels.	TOTAL.
1853	1,172	25,725	26,897
1854	1,131	27,880	28,011
1855	993	25,706	26,699
1856	893	25,119	26,012
1857	841	25,376	26,217
1858	774	24,722	25,496
1859	802	24,235	25,037
1860	756	23,509	24,265
1861	679	25,054	25,733
1862	741	21,225	21,966
1863	657	24,228	24,885

La moyenne totale des deux premières années de la période 1853-1863 est de 27,454 accusés et prévenus, celle des deux dernières de 23,425, ce qui donne une diminution de près de 15 p. o/o en dix ans.

comme simples délits, a pu être pour quelque chose dans cette grande diminution, mais ne suffit pas à l'expliquer, quand on voit que de 1847 à 1862 le nombre général des accusés a diminué de près de 46 p. o/o.

Quant aux délits imputables aux mineurs de 21 ans, la progression descendante est moins régulière que pour les crimes, et s'interrompt quelquefois. De 1853 à 1863 on rencontre diverses causes d'augmentation, années de disette, accroissement normal de la population, annexion de trois départements, moyens de poursuite plus efficaces, etc. Aussi le nombre des prévenus mineurs de 21 ans, qui est de 25,725 en 1853, monte à 27,880 en 1854; à partir de cette année, il tend à s'abaisser et tombe à 24,228 en 1863.

Lors de la crise alimentaire de 1847, les départements où des désordres ont éclaté à l'occasion du prix des céréales, bien que ce prix y fût moins élevé que dans d'autres où la tranquillité n'a pas été troublée, sont précisément ceux qui comptent le plus d'habitants dépourvus de toute instruction. La crise cotonnière n'a amené aucun désordre matériel dans la Seine-Inférieure qui occupe le 34e rang sur la liste des départements, classés d'après le degré d'instruction, tandis qu'un simple changement dans la perception d'une taxe de marché vient d'être la cause d'une émeute dans la Corrèze qui a sur cette liste le n° 80.

Enfin, en 1863, sur 4,543 individus des deux sexes et de tout âge, accusés pour crimes, on en a compté 1,756, c'est-à-dire 38 p. o/o, complétement illettrés, et 1,964, ou 43 p. o/o, ne sachant qu'imparfaitement lire et écrire. Sur 100 criminels, il y en a donc, en France, 81 qui n'ont réellement pas reçu le bienfait de la première instruction.

En Suisse, depuis la réforme scolaire, des prisons, qui jadis étaient pleines, sont aujourd'hui à peu près vides; à la fin de juillet dernier, il n'y avait personne dans la prison du canton de Vaud; de même, à peu près à Zurich; à Neufchâtel deux détenus. Dans le pays de Bade, où les grands efforts pour l'amélioration de l'instruction publique datent de 1834 et où le bien-être des populations s'accroît rapidement, le nombre des prisonniers est tombé de 1,426 à 691 dans un espace de huit ans (1854 à 1861); aussi est-on forcé de supprimer des prisons. En Bavière, diminution considérable des naissances illégitimes. Partout, en Allemagne, on constate l'existence d'un progrès analogue, et on peut l'expliquer de la même manière [1].

[1] « On prétend que depuis 25 ans, c'est-à-dire depuis que l'enseignement a été répandu par tout le pays,

La prospérité générale, qui elle-même dépend des progrès de l'instruction, contribue sans doute à ces résultats heureux; mais on n'en a pas moins le droit de dire que les dépenses faites dans les écoles auront pour conséquence des économies à faire dans les prisons. Or, en France, les frais de justice s'élèvent à 25 millions.

VI.

RÉFORMES À OPÉRER.

L'état de l'instruction primaire, tel qu'il résulte des faits constatés par l'enquête, demande des remèdes sérieux.

Les uns sont d'ordre administratif : améliorer les méthodes d'enseignement, accroître la valeur pédagogique des instituteurs, rendre à la fois plus énergique et plus continue l'influence de l'inspection, éveiller l'émulation des élèves et des maîtres, etc.

Les autres sont d'ordre financier : construire des écoles où il en manque; améliorer les écoles anciennes, pour les bâtiments, le mobilier scolaire et la bibliothèque; car, dans l'école comme à l'usine, l'appropriation des locaux et l'excellence des instruments de travail ont une importance considérable; continuer à accroître le bien-être des instituteurs, pour relever leur situation et leur dignité, ce qui donnerait le droit de leur demander de nouveaux efforts.

Enfin, il est un remède particulier que beaucoup de personnes réclament, que beaucoup de pays pratiquent et qu'il faut examiner : il consiste à imposer à l'enseignement primaire le caractère obligatoire, non-seulement pour l'entrée à l'école, mais pour la durée de la fréquentation.

VII.

DE L'ENSEIGNEMENT PRIMAIRE OBLIGATOIRE. — HISTORIQUE.

Le système de l'obligation est ancien dans notre pays et de noble origine.

Aux états d'Orléans, en 1560, l'article 12 du second cahier de la noblesse portait : « Levée d'une contribution sur les bénéfices ecclésiastiques pour raisonnablement stipendier des pédagogues et gens lettrés, en toutes villes et villages, pour l'instruction

les états de statistique judiciaire ont donné 30 p. 0/0 de condamnations en moins. » Lettre du 27 octobre 1862, adressée à Son Exc. M. le ministre des affaires étrangères par le vice-consul de France à Kiel.

« de la pauvre jeunesse du plat pays, et soient tenus les pères et mères, à peine « d'amende, à envoyer lesdits enfants à l'école, et à ce faire soient contraints par les « seigneurs ou les juges ordinaires. »

En 1571, les États généraux de Navarre, sur la proposition de la reine Jeanne d'Albret, rendirent la première instruction obligatoire.

Les rois Louis XIV et Louis XV, déterminés, il est vrai, par un intérêt particulier, établirent, dans les déclarations des 15 avril 1695, 13 décembre 1698 et 14 mai 1724, que les hauts justiciers seraient tenus de dresser, chaque mois, l'état des enfants qui ne suivraient pas les écoles, et que les procureurs généraux devraient statuer à cet égard.

La Convention ne fit donc que reprendre à un point de vue général et patriotique les prescriptions intéressées du gouvernement royal, lorsqu'elle décida, le 25 décembre 1793, que tous les enfants, dans l'étendue de la République, seraient contraints de fréquenter les écoles.

Cette prescription, comme tant d'autres de la même époque, est demeurée lettre morte; mais, pour beaucoup de personnes dont les souvenirs ne remontent pas au delà de cette date, le système de l'enseignement obligatoire, à raison de son origine supposée, est resté entaché de suspicion.

Cependant nous le trouvons établi partout autour de nous dans les États monarchiques comme dans les sociétés républicaines.

Frédéric II le prescrit pour la Prusse en 1763 : « Nous voulons que tous nos « sujets, parents, tuteurs, maîtres, envoient à l'école les enfants dont ils sont responsables, garçons et filles, depuis leur cinquième année, et les y maintiennent régu« lièrement jusqu'à l'âge de treize ou quatorze ans. »

Cet ordre royal est renouvelé dans le Code de 1794 et dans la loi de 1819 avec une pénalité sévère : l'avertissement, l'amende, la prison même contre les parents, tuteurs ou maîtres.

D'après le règlement de la province de Silésie, l'âge scolaire s'étend de cinq à quatorze ans, avec les mêmes prescriptions. Du reste le principe de l'instruction obligatoire est si rigoureusement appliqué en Prusse que le devoir d'aller à l'école correspond au devoir du service militaire (*Schulpflichtigkeit* et *Dienstpflichtigkeit*). Il résulte de la statistique officielle de 1864 que sur 3,090,294 enfants en âge de suivre les écoles primaires, 130,437 seulement n'y sont pas venus, et que, de ce nombre restreint qui répond à notre chiffre de 884,887, il faut déduire tous ceux qui ont reçu l'instruction dans les écoles secondaires ou à domicile, et ceux pour lesquels il y a eu impossibilité physique ou morale de se rendre à l'école. Aussi, dans l'armée prussienne, sur 100 jeunes soldats, 3 seulement en moyenne sont complétement illettrés. Un officier, chargé de l'instruction militaire de la Landwehr, à Potsdam, n'a reçu en douze années que trois jeunes soldats ne sachant ni lire ni écrire. Le fait parut assez étrange pour qu'on ordonnât une enquête; il fut reconnu que c'étaient trois fils de bateliers qui, nés sur le fleuve, avaient passé leur jeunesse à en descendre et remonter le cours, sans s'arrêter nulle part.

Pour le reste de l'Allemagne, de nombreux témoignages établissent que le système de l'obligation a été si parfaitement accepté des populations, que l'habitude d'envoyer les enfants à l'école est entrée complétement dans les usages du pays. Ce fait est attesté notamment par un Anglais, M. Pattison, qui fut chargé en 1860 d'une enquête officielle, et, cette année même, par M. le général Morin, qui vient d'accomplir au nom de M. le Ministre du Commerce une importante mission en Allemagne, ainsi que par M. Baudouin-Bugnet, que le Ministre de l'Instruction publique avait chargé de visiter les écoles de Belgique, de Suisse et d'Allemagne.

Les règles suivantes sont appliquées :

Autriche. — Depuis 1774, l'instruction est obligatoire, sous peine d'amende, dans tout l'empire, mais cette règle n'est réellement observée que dans les provinces allemandes. L'amende peut être convertie en prestations. Un certificat d'instruction religieuse est nécessaire pour entrer en apprentissage et pour se marier, l'ordonnance du 16 mai 1807 ayant donné au curé, dans chaque paroisse, les pouvoirs les plus étendus pour la direction de l'enseignement et l'application du système obligatoire.

Bavière. — La *schulzwang* existe en Bavière comme en Prusse, depuis la seconde moitié du dernier siècle, et les contrevenants encourent la prison; mais il n'arrive à personne de se mettre en état d'y être conduit. Tout sujet bavarois accepte l'obligation.

Bade. — L'obligation a pour sanction l'amende et, en cas de récidive, la prison. Tous les enfants reçoivent l'instruction [1]. En vertu d'une loi votée l'an dernier par les deux chambres, à l'unanimité moins deux voix, l'école, administrée par une

[1] En 1861, un Français de Strasbourg vient chasser dans le pays de Bade. Il veut prendre des enfants pour lui servir de traqueurs, et offre pour chacun un florin. Les parents refusent parce que c'était jour d'école.

commission qu'élisent les pères de famille, a ses ressources propres et ne dépend ni de l'Église ni de l'État.

Wurtemberg. — L'instruction est obligatoire sous peine d'amende et de prison jusqu'à quinze ans accomplis, et toute localité composée de trente feux doit avoir une école [1].

Saxe Royale. — L'obligation existe de six à quatorze ans, sous peine d'amende et de prison. Aujourd'hui on ne trouverait pas dans tout le royaume un seul enfant n'ayant jamais fréquenté l'école. Voici ce que contient à cet égard une note récente émanée de la Légation de France à Dresde : « Dans les premières années de l'appli- « cation de la loi du 6 juin 1835, les autorités avaient à combattre la négligence que « mettaient les parents à se soumettre au régime forcé des écoles. Mais bientôt le « bienfait d'une fréquentation générale et rigoureuse des écoles et ses salutaires « résultats convainquirent même les récalcitrants. La génération actuelle des parents, « élevée déjà sous la nouvelle loi, ne songe pas à dérober les enfants à son application « bienfaisante. C'est ainsi que la mise à exécution des dispositions pénales a pour « ainsi dire cessé. » — Le ministre de S. M. le roi de Saxe à Paris confirme ces renseignements et ajoute : « Il a suffi de deux générations scolaires pour opérer cette ré- « volution, car c'est à partir de 1848 que les plus grands efforts ont été faits. »

[1] « La diffusion générale et la perfection de l'instruction primaire en Wurtemberg sont sans contredit le fait « le plus remarquable et celui qui frappe le plus un étranger. Il n'est pas un paysan, pas une fille de basse- « cour ou d'auberge qui ne sache parfaitement lire, écrire et calculer... L'éducation, d'ailleurs, paraît être « aussi parfaite que l'instruction primaire. Nulle part les classes laborieuses ne sont plus respectueuses, plus « serviables et plus empressées... On assure, en outre, que la moralité est beaucoup plus sévère que dans « plusieurs autres parties de l'Allemagne. Enfin, la piété chez les Wurtembergeois est douce, tolérante, mais « sincère et générale... Pour arriver à ce résultat, le gouvernement a dû déployer autant d'énergie que de « générosité... On prétend que chaque instituteur n'a pas un traitement moindre de 500 florins (1075 fr.), « ce qui permet de les choisir et de les maintenir au nombre des citoyens les plus éclairés et les plus recom- « mandables.

« D'un autre côté, l'instruction est obligatoire jusqu'à 14 ans. Une commission de notables surveille rigou- « reusement chaque école; au premier et au second manquement d'un enfant, lui seul est responsable et puni « par l'instituteur; mais au troisième, ce sont les parents qui répondent de l'inexactitude de leurs enfants. « Lors de la conscription, on s'assure des connaissances acquises par chaque conscrit, et les parents sont en- « core responsables de la même manière, lorsque leur enfant ne sait pas écrire correctement. »

Extrait d'un livre intitulé de *l'agriculture allemande, ses écoles, son organisation, ses mœurs*, par M. Roger, inspecteur de l'agriculture, publié en 1847, par ordre du ministre de l'agriculture et du commerce.

Duché de Nassau. — L'instruction, depuis 1817, est obligatoire sous peine d'amende, mais gratuite, excepté pour les fournitures d'école, et on estime qu'il n'y a pas un seul individu entièrement illettré dans le duché.

Grand-duché de Hesse. — Pour chaque jour d'absence les parents sont passibles d'une petite amende. A défaut de payement, le total de ces amendes se convertit en journées de travail au profit de la commune. A très-peu d'exceptions près, tous les enfants vont à l'école et « on compte à peine par an une absence volontaire pour chaque enfant. »

Hesse-Électorale. — L'instruction est obligatoire de six à quatorze ans.

Grand-duché de Mecklembourg. — Même règle. D'après un rapport tout récent il ne s'est présenté, dans les derniers temps, aucun cas où un écolier ait cherché à se soustraire à la loi.

Grand-duché d'Oldenbourg. — Même législation et mêmes résultats.

Hanovre. — L'instruction est obligatoire à partir de l'âge de 6 ans. On compte 1 écolier sur 7 habitants.

Grand-duché de Saxe-Cobourg-Gotha. — On y trouve l'obligation, comme dans toutes les Saxes; et elle y date de 200 ans.

Saxe-Meiningen. — L'enseignement est obligatoire de 5 à 14 ans, jusqu'à la confirmation, sous peine d'amende et même de prison. Les cas de résistances sont rares et beaucoup d'écoles n'en voient jamais.

Grand-Duché de Weimar-Eisenach. — Aucun enfant ne reste privé d'instruction. L'obligation existe sous peine d'amende et de prison, mais depuis 40 ans, aucun enfant ne s'est soustrait entièrement au devoir de la fréquentation.

Duché d'Altenbourg (depuis 1807), duché de Brunswick. — Il en est de même dans ces deux duchés avec de très-rares exemples de l'application de la pénalité.

En résumé, pour l'Allemagne, on peut dire que l'instruction obligatoire est régie par les principes suivants :

Listes d'enfants dressées par ceux qui tiennent les registres de l'état civil et remises à l'instituteur pour qu'il constate les absences.

Registres d'absence tenus avec un soin scrupuleux par l'instituteur, qui remet la liste des absents au président d'une commission scolaire composée de pères de famille.

Dispense pour les cas de mauvais temps exceptionnels ou à cause des grandes distances et de la moisson;

Pénalités :

1° L'admonition ou avertissement sous forme d'avis envoyé par le président de la commission scolaire.

2° Citation à comparaître devant la commission scolaire, suivie d'une exhortation du président de cette commission;

3° Plainte adressée par la commission au magistrat, qui prononce le plus souvent une simple amende de 1 fr. 50 cent., 2 ou 4 francs, laquelle est doublée en cas de récidive; dans certains cas il y va de la prison, jusqu'à une durée de vingt-quatre heures.

Aujourd'hui, tout cela n'est plus que comminatoire et les pénalités ne s'appliquent presque jamais. Mais l'effet est produit et le Français qui voyage en Allemagne pour y étudier les questions scolaires, qui voit cette fréquentation assidue, ces études complètes, cette prospérité sérieuse des écoles, repasse le Rhin avec le regret qu'il y ait de telles différences dans l'instruction primaire des deux pays.

Dans la Suède, la Norvége et le Danemark, les parents qui ne font pas instruire leurs enfants sont également passibles d'amende; la confirmation est refusée à tout illettré par les ministres du culte. En 1862, sur 385,000 enfants suédois, 9,131 seulement sont restés sans instruction.

Suisse. — L'instruction est obligatoire en Suisse, excepté dans les cantons de Genève, Schwitz, Uri et Unterwalden.

Dans le canton de Zurich, d'après la législation de 1859, l'âge scolaire s'étend de cinq à seize ans accomplis. Non-seulement les parents et tuteurs, mais les chefs de fabrique sont tenus, sous les mêmes peines, de mettre les enfants en état de satisfaire aux obligations de la loi; et si le père fait donner un enseignement particulier à son fils, il n'en paye pas moins à l'école publique le prix de l'écolage. Dans le canton de Berne, les jeunes soldats doivent, comme en Allemagne, prouver qu'ils savent lire, écrire une lettre, rédiger un rapport, résoudre un problème usuel d'arithmétique; si l'examen n'est point satisfaisant, ils sont obligés de suivre l'école de la caserne. On n'en trouve d'ordinaire que de 3 à 5 sur 100 qui soient dans ce cas. L'instruction des femmes est poussée tout aussi loin.

En Hollande, les secours publics sont retirés à toutes les familles indigentes qui négligent d'envoyer leurs enfants à l'école. Cette mesure est observée dans plusieurs villes de France; elle l'a été, à Paris même, en vertu de règlements administratifs.

Italie. — L'instruction est gratuite et obligatoire, en principe du moins, dans le royaume d'Italie (loi de 1859), sous peine d'admonition, d'amende et de prison. Les illettrés sont frappés d'incapacité électorale. Les prescriptions relatives à l'obligation directe ne peuvent pas encore s'exécuter.

Portugal. — Les parents négligents sont passibles, depuis 1844, d'une amende et de la privation des droits politiques pour cinq ans. Mais la loi ne s'exécute encore qu'imparfaitement, les écoles étant trop peu nombreuses.

Espagne. — L'instruction a été déclarée obligatoire par la loi du 9 septembre 1857, sous peine de réprimande et d'amende.

États-Unis d'Amérique. — Lors de la fondation des colonies de la Nouvelle-Angleterre, l'instruction y fut rendue strictement obligatoire par des lois qui, leur but atteint, tombèrent en désuétude. « Instruisez le peuple! dit Macaulay, tel fut le premier conseil donné par William Penn au nouvel État qu'il organisait. Instruisez le peuple! fut la dernière recommandation de Washington à la République. Instruisez le peuple! était l'incessante exhortation de Jefferson.[1] » Mais l'émigration d'Europe apportait sans cesse des éléments nouveaux sur lesquels il fallut agir. Une loi de 1850 autorisa les villes et communes du Massachussets à prendre des moyens de coercition contre les enfants qui ne suivaient pas l'école. A Boston et dans un certain nombre de villes, les règlements faits en vertu de cette loi furent rigoureusement appliqués. On a cependant senti la nécessité d'aller plus loin. Une loi du 30 avril 1862 impose à toutes les communes du Massachussets le devoir de prendre des mesures contre le vagabondage et le défaut de fréquentation de l'école. Tout enfant de sept à seize ans qui contrevient aux règlements établis peut être condamné à une amende de 20 dollars que les parents ont à payer, ou être placé d'office dans un établissement d'éducation ou de correction. — Dans le Connecticut, une loi de 1858 refuse l'exercice du droit électoral à tout citoyen qui ne sait pas lire.

La Turquie et les Principautés roumaines ont proclamé l'obligation.

La France l'a établie à Tahiti et le ministre de la guerre la pratique dans toute l'armée française.

[1] Discours prononcé en 1847, à la Chambre des communes.

VIII.

ÉTAT DE L'OPINION.

Le 27 avril 1815, à la veille de l'invasion, Napoléon Ier faisait mettre à l'étude les meilleurs procédés d'enseignement primaire, « afin d'élever à la dignité d'hommes « tous les individus de l'espèce humaine [1]. »

En 1844, le prince qui devait s'appeler Napoléon III reprenait cette pensée en l'agrandissant : « Le Gouvernement, disait-il, devrait prendre à tâche d'anoblir « 35 millions de Français en leur donnant l'instruction; » et naguère, à Alger, l'Empereur prononçait ces belles paroles : « Qu'est-ce que la civilisation? C'est « de compter le bien-être pour quelque chose, la vie de l'homme pour beaucoup, « son perfectionnement moral pour le plus grand bien. Ainsi, élever les Arabes « à la dignité d'hommes libres, répandre sur eux l'instruction, tout en res- « pectant leur religion........ telle est notre mission. »

Répandre l'instruction, c'est la mission de la France en Afrique; mais c'est aussi la mission du Gouvernement en France : de 1844 à 1865, Napoléon III répète cette même pensée, toujours présente à son esprit.

Sur ce point, tout le monde à peu près est d'accord; mais on diffère sur les moyens. Les uns s'en fient au temps, les autres voudraient des mesures énergiques qui ont rencontré, jusqu'à présent, aussi peu de sympathie que la liberté commerciale en trouvait avant le traité de 1860 avec l'Angleterre. Cependant l'instruction obligatoire a été demandée, à diverses époques, par onze conseils généraux : Haut-Rhin, Bas-Rhin, Moselle, Aisne, Nord, Pas-de-Calais, Aube, Mayenne, Charente, Gard et Drôme, et, en 1833, une commission de la Chambre des pairs, composée des ducs de Crillon et Decazes, des marquis de Laplace et de Jaucourt, des comtes de Germiny et Portalis, enfin de trois hommes qui avaient été ou qui furent ministres de

[1] Mirabeau avait déjà dit : « Ceux qui veulent que *le paysan ne sache ni lire ni écrire* se sont fait sans doute un patrimoine de son ignorance, et leurs motifs ne sont pas difficiles à apprécier. Mais ils ne savent pas que lorsqu'on fait de l'homme une bête brute, l'on s'expose à le voir à chaque instant se transformer en bête féroce. Sans lumières, point de morale. Mais à qui importe-t il donc de les répandre, si ce n'est au riche? La sauvegarde de ses jouissances n'est-ce pas la morale du pauvre? » (*Œuvres oratoires de Mirabeau*, t. II, p. 487, *Discours sur l'éducation nationale.*) A ce discours est jointe l'analyse d'un projet de loi en cinq titres, dont le second porte : « L'enseignement primaire est gratuit. »

l'instruction publique, MM. Girod (de l'Ain), Villemain et Cousin, disait, par la bouche de ce dernier, son éloquent rapporteur : « Le paragraphe 4 de l'article 21 du projet de « la Chambre des députés porte que le comité communal arrête un état des enfants « qui ne reçoivent l'instruction primaire ni à domicile, ni dans les écoles privées ou « publiques. Le paragraphe du projet du Gouvernement allait un peu plus loin, et « sa rédaction enveloppée couvrait le principe d'un appel, d'une invitation à faire à « ces enfants et à leurs familles. La Chambre des députés a vu dans cet appel comme « l'ombre du principe qui fait de l'instruction primaire une obligation civile ; et dans « la conviction que l'introduction de ce principe dans la loi est au-dessus des pouvoirs « du législateur, elle a tenu pour suspect jusqu'au droit modeste d'invitation que le « projet du Gouvernement conférait aux comités communaux, et elle ne leur « a laissé que le droit de dresser un état des enfants qui, à leur connaissance, « ne recevraient en aucune façon l'instruction primaire. Un tout autre ordre « de pensées a été développé au sein de votre commission. Une loi qui ferait de « l'instruction primaire une obligation légale ne nous a pas paru plus au-dessus des « pouvoirs du législateur que la loi sur la garde nationale et celle que vous venez de « faire sur l'expropriation forcée pour cause d'utilité publique. Si la raison de l'utilité « publique suffit au législateur pour toucher à la propriété, pourquoi la raison d'une « utilité bien supérieure ne lui suffirait-elle pas pour faire moins, pour exiger que « des enfants reçoivent l'instruction indispensable à toute créature humaine, afin « qu'elle ne devienne pas nuisible à elle-même et à la société tout entière? Une cer- « taine instruction dans les citoyens est-elle au plus haut degré utile ou même néces- « saire à la société? telle est la question. La résoudre affirmativement, c'est armer la « société, à moins qu'on ne veuille lui contester le droit de défense personnelle, c'est « l'armer, dis-je, du droit de veiller à ce que ce peu d'instruction nécessaire à tous ne « manque à personne. Il est contradictoire de proclamer la nécessité de l'instruction « primaire, et de se refuser au seul moyen qui la puisse procurer. Il n'est pas non « plus fort conséquent peut-être d'imposer une école à chaque commune, sans imposer « aux enfants de cette commune l'obligation de la fréquenter. Otez cette obligation, « à force de sacrifices vous fonderez des écoles; mais ces écoles pourront être peu « fréquentées, et par ceux-là précisément auxquels elles seraient le plus néces- « saires, je veux dire ces malheureux enfants des pays d'industrie et de fabriques, « qui auraient tant besoin d'être protégés contre l'avidité ou la négligence de leurs « familles. Point d'âge fixe où l'on doive commencer à aller aux écoles, et où on

« doive les quitter; nulle garantie d'assiduité; nulle marche régulière des études; « nulle durée, nul avenir assuré à l'école. La vraie liberté, Messieurs, ne peut être « l'ennemie de la civilisation; tout au contraire, elle en est l'instrument; c'est là « même son plus grand prix, comme celui de la liberté dans l'individu est de servir à « son perfectionnement.

« Votre Commission n'aurait donc point reculé devant des mesures sagement com« binées que le Gouvernement aurait pu lui proposer à cet égard, et elle en aurait « peut-être pris l'initiative, sans la crainte de provoquer des difficultés qui eussent pu « faire ajourner une loi impatiemment attendue. Si elle n'a pas défendu le droit d'in« vitation confusément renfermé dans le projet du Gouvernement, c'est que ce droit, « dépourvu de sanction pénale, n'a guère plus de force que celui de pure statistique « qui reste dans l'amendement de la Chambre des Députés. Ce droit est bien peu de « chose. Plusieurs de nous n'y ont même trouvé que l'inconvénient de pouvoir deve« nir vexatoire sans pouvoir être utile. Mais la majorité de votre Commission a pensé « qu'il importait de maintenir dans la loi *un germe faible, il est vrai, mais qui, fécondé « par le temps, le progrès des mœurs publiques et le vrai amour du peuple, peut devenir un « jour le principe d'un titre additionnel qui donnerait à cette loi toute son efficacité.* »

Si la loi de 1833, dont celle de 1850 a répété sur ce point les prescriptions, n'avait point imposé à l'enfant l'obligation de s'instruire, elle avait, du moins, imposé à la commune le devoir de bâtir l'école et de payer le traitement fixe de l'instituteur. L'obligation existe donc, depuis 30 ans pour la *communauté*, beaucoup pensent que le moment est venu de l'établir pour *l'individu* et d'exécuter enfin ce que la noble et illustre commission de la Chambre des Pairs aurait voulu accomplir.

Le faible germe déposé dans la loi de 1833 pour être fécondé *par le temps, le progrès des mœurs publiques et le vrai amour du peuple*, fut sur le point d'éclore en 1849. Une loi présentée par M. Carnot établissait le principe de l'obligation, qui fut admis par la Commission où siégeaient MM. Rouher, Wolowski, comte Boulay (de la Meurthe), marquis de Sauvaire Barthélemy, Conti et Jules Simon. « C'est une grave « innovation, sans doute, disait le rapporteur, M. Barthélemy-Saint-Hilaire, mais « cette innovation a pour elle tant de motifs sérieux, les exemples qui nous la recom« mandent sont si décisifs et les conséquences en seront si fécondes, le principe en « est si juste et l'application si facile que nous n'avons point hésité à vous la « proposer. » M. de Falloux retira la loi.

Au concours de 1861, sur 1,200 instituteurs, 457, c'est-à-dire 38 p. 0/0, demandent l'obligation scolaire et 65 seulement, ou 5 p. o/o, la repoussent. Dans les départements voisins de l'Allemagne et de la Suisse, l'instruction obligatoire, mieux connue qu'ailleurs, a cessé d'être un épouvantail, et un grand nombre d'industriels, de professeurs, de propriétaires s'obstinent à la demander par voie de pétition. Quelques manufacturiers l'imposent même aux ouvriers qui travaillent dans leurs usines, et se conforment ainsi, quelquefois à leur insu, à cette loi du 22 mars 1841 que son inexécution a fait oublier à beaucoup d'entre eux.

Ceux des adversaires de l'obligation qui rappellent l'amour des Français pour la liberté personnelle, leur impatience de tout joug importun, exagèrent les inconvénients qu'ils signalent, et ne voient qu'un des côtés de cette question si complexe. Le laboureur des campagnes et l'ouvrier des villes comprennent qu'ils ont besoin d'instruction pratique pour être réellement les maîtres intelligents de leur destinée et des fruits de leur travail; ils en regrettent la privation pour eux-mêmes, ils en souhaitent le bienfait pour leurs enfants, et ils sauront gré au législateur de les avoir aidés à remplir leur devoir de père. Plus on se rapproche de ces masses profondes, dans le suffrage desquelles l'Empereur a trouvé la mission et le pouvoir de conserver en améliorant, plus on rencontre le désir, tantôt vague, tantôt nettement exprimé, d'une instruction meilleure, plus répandue et moins chère.

X.

OBJECTIONS CONTRE L'OBLIGATION ET RÉPONSES.

Les arguments qu'on oppose au système de l'obligation peuvent se ranger sous sept chefs différents :

1° C'est une limitation de l'autorité paternelle; l'État n'a pas le droit de pénétrer dans la famille pour diminuer le pouvoir de celui qui en est le chef;

2° L'obligation, pour le père, d'envoyer son fils à l'école publique ne peut se concilier avec la liberté de conscience, car l'enfant est exposé à y trouver un enseignement religieux contraire à la foi que son père veut lui donner;

3° Diminution de ressources pour la famille : l'enfant du pauvre lui rend une foule de petits services qui atténuent pour tous deux la misère; on gêne ainsi le travail; on nuit à la culture; on diminue la production;

4° L'obligation sera pour le Gouvernement une force qu'il ne convient pas de lui donner;

5° Impossibilité matérielle, vu l'état présent des écoles, d'y admettre tous les enfants;

6° Destruction de la discipline, dans les écoles, par la présence forcée d'enfants qui se refuseront à apprendre et troubleront l'ordre pour les autres.

7° Enfin, l'obligation, si elle n'est pas accompagnée de la gratuité, créera, par la rétribution scolaire, un impôt nouveau et fort lourd pour le paysan et l'ouvrier.

J'omets certaines objections qui restent à la surface des choses, telles que celle-ci : « l'obligation est contraire au génie national » comme si la France était le pays le moins réglementé de la terre; ou les raisons qu'on tire d'une pénalité impossible, lorsque l'on montre le gendarme traînant l'enfant à l'école, le fisc vendant les meubles du pauvre et le petit-fils forcé de quitter pour l'école le chevet de l'aïeul malade, tandis que le père et la mère sont aux champs à gagner le pain du jour.

Je reviens aux objections sérieuses :

1° *Limitation du droit paternel.* — La famille, sans nul doute, préexiste à la société, et l'autorité paternelle a précédé l'autorité publique; mais la société n'a pu se former qu'à la condition que chacun des pères abandonnât une portion de son droit naturel et de sa liberté, en échange de la sécurité que l'association lui donne et des avantages de toute sorte qu'elle lui assure. Le père avait, dans la société antique, le droit absolu de propriété sur son fils, il pouvait le tuer, le vendre comme esclave. L'enfant était alors une *chose;* il est aujourd'hui une *personne* que la loi protége, parce qu'elle voit en lui le futur citoyen; qu'elle défend, au besoin, contre le père, non-seulement dans son existence, mais dans sa liberté relative, puisqu'il ne peut être privé de cette liberté sans l'autorisation du magistrat; dans sa fortune future, puisque la loi dispose en sa faveur contre le désordre ou l'incurie des parents et lui assure, même contrairement à leur volonté, une partie de leur héritage; enfin, jusque dans son éducation même, puisque l'article 444 du Code Napoléon exclut le père de la tutelle « pour cause *d'inconduite, d'incapacité* ou *d'infidélité.* »

Ainsi l'enfant, devenu une personne, a conquis des droits. Or, en ce qui concerne l'école, la loi, qui, cependant, protége en tout le mineur, ne défend pas pour lui le plus légitime de tous les droits, celui que possède aujourd'hui toute créature humaine, de n'être pas vouée, pour sa vie entière, aux ténèbres de l'esprit et de la conscience, par suite à la pauvreté, peut-être au mal. Nous faisons pour le patrimoine moral de l'enfant moins qu'il n'est fait pour son patrimoine matériel, et cependant, l'autre manquant, celui-ci reste sans valeur et bientôt se détruit.

La civilisation est le fonds commun de l'humanité. Chaque homme y a droit, ou du moins a droit d'être mis à même d'en prendre sa part. Ce n'est point pour le riche seulement que nos villes sont assainies et qu'on y respire un air plus pur; ce n'est pas, non plus, au seul fils du riche, ou de celui qui est dans l'aisance, que nos écoles doivent s'ouvrir. Pour que l'homme, en effet, dans notre société, atteigne ses fins naturelles, l'instruction lui est nécessaire. Il vaudra par ses bras, mais surtout par son esprit, et il lui faut au moins cette première instruction qui d'abord lui donne les moyens de conduire lui-même ses affaires, et, en outre, place toutes les autres connaissances à sa portée, en mettant dans sa main la clef qui ouvre les trésors de l'intelligence. Le père doit donc au fils, avec les aliments du corps, ceux de l'esprit. Il ne peut pas plus l'emprisonner dans l'ignorance absolue, qu'il ne lui est permis de le séquestrer dans une chambre sans lumière et sans air. Nous avons une loi pour protéger les animaux contre la brutalité de leurs maîtres : il en faut une contre ces sévices moraux que cause l'incurie ou l'avidité d'un père aveuglé par la misère et par l'ignorance [1]; ou plutôt, il n'en faut pas, car cette loi existe.

L'article 203 du Code Napoléon déclare expressément que les époux « contractent ensemble, par le fait seul du mariage, l'obligation de nourrir, entretenir et *élever* « leurs enfants; » et l'article 444 exclut de la tutelle le père *incapable* de bien remplir ses devoirs envers ses enfants. Élever, c'est régler les mœurs et développer l'intelligence. Il n'y a donc pas une loi nouvelle à faire, mais à déclarer que le Code Napoléon, dont la lecture fait toute la solennité du mariage civil, sera désormais une vérité.

L'exécution de cet article a déjà été requise par le législateur de 1841 pour les enfants qui travaillent dans les manufactures; ce ne sera pas plus un attentat contre l'autorité paternelle de l'exécuter aux champs que dans les usines.

En résumé, il est du DEVOIR de l'État d'assurer à l'enfant le moyen de s'instruire;

[1] Dans un Mémoire adressé au Ministre de l'Instruction publique, le 3 décembre 1864, par un instituteur primaire libre, il est dit : « Généreux et larges pour tout ce qui a trait au développement de l'agriculture, au perfectionnement de leurs instruments aratoires et aux races de leurs animaux reproducteurs, les « pères de famille se montrent d'une lésinerie révoltante pour tout ce qui se rapporte à la culture de l'intelligence. J'ai vu, par exemple, mille fois, depuis que j'exerce mon ingrate profession à la campagne, j'ai vu « des pères de famille, dans une position aisée, n'envoyer à l'école que deux ou trois mois de l'année, et « très-souvent pas du tout, leurs enfants très-intelligents, parce que, disent-ils, *les mois d'école arrivent trop* « *vite et sont trop chers à payer; nos enfants en sauront toujours assez pour manier la charrue et aiguillonner les* « *bœufs*. Faites donc l'aumône de la gratuité à ces pères, pour qui leurs enfants ont moins de valeur que leurs « champs et leurs bêtes de somme! »

par suite, il est de son DROIT de prendre les mesures nécessaires pour empêcher que l'enfant retenu dans l'ignorance ne devienne un citoyen *inutile* ou *à charge* à la communauté.

2° *L'obligation serait attentatoire à la liberté de conscience.* — Il y a en France 36 millions de catholiques contre moins de 2 millions de dissidents. Les lois ne sont pas faites pour ce qui est l'exception; il suffit que la minorité trouve dans la loi toutes les garanties nécessaires à la liberté de conscience. Or, l'école n'est point l'église; on y enseigne ce que les enfants de tous les cultes doivent savoir, les grandes vérités religieuses et morales que toutes les consciences acceptent. L'élève y apprend la lettre de la loi religieuse; mais l'explication du dogme appartient aux ministres des différents cultes et se fait ailleurs. Nos lois scolaires et nos règlements ont pourvu à toutes les exigences légitimes, en décidant que les élèves dissidents n'assisteraient pas aux exercices religieux et que des ministres de leur croyance leur donneraient à part l'enseignement dogmatique. En fait, il existe très-peu d'écoles mixtes, quant à la religion, autorisées comme telles par les conseils départementaux dans les communes où plusieurs cultes sont professés publiquement; on n'en compte que 211 sur plus de 52,000; d'ailleurs, dans ces écoles comme dans celles où sont reçus les enfants des dissidents isolés, ceux-ci trouveront toujours auprès de l'Administration les moyens assurés de sauvegarder la foi de leurs enfants, car la tolérance religieuse est la plus précieuse conquête de la Révolution.

3° *Diminution de ressources pour la famille.* — Les arguments tirés de ce chef proviennent de l'idée païenne et fausse que l'enfant est la propriété du père, qu'il est soumis à tous les droits antiques, *jus utendi et abutendi;* qu'enfin c'est un fonds qui peut être impunément exploité, dût cette exploitation prématurée le rendre à jamais stérile. Sans doute, l'enfant qui garde la vache pendant que le père et la mère travaillent aux champs, ou qui va au bois faire de l'herbe et ramasser des branchages, se trouve le soir avoir rapporté quelque chose à la famille : gain immédiat, mais bien petit, et qui rend impossibles les gains futurs ; car ces journées de travail précoce diminuent pour l'avenir la valeur de la journée de l'ancien gardeur de vaches, devenu valet de ferme et rendu incapable, par la stérilité de son esprit, de s'élever au-dessus du dernier rang, même de rendre tous les services que ce dernier rang comporte. Si, au contraire, il avait été mis en état d'obtenir de son travail une rémunération plus forte, il pourrait rendre avec usure à ses parents vieillis et fatigués ce qu'il en aurait reçu quand il était lui-même faible et dépourvu. L'amour filial n'est pas la voix du sang, c'est surtout le sentiment des sacrifices que le père s'est imposés en vue d'assurer à son enfant une condition meilleure.

Le système actuel protége la mauvaise famille, non la bonne; il encourage le père à l'insouciance, au lieu de le pousser à l'économie, à l'ordre, à la prévoyance; il favorise le gaspillage des forces naturelles de la famille et non leur développement normal, ce qui constitue tout à la fois un préjudice pour l'enfant, pour la famille bien entendue et pour la société; enfin il n'assure la liberté du père qu'en violant celle du fils, car l'obligation pour l'un d'instruire son enfant serait pour l'autre l'affranchissement d'une détestable servitude, celle de l'ignorance, peut-être de la misère qui la suit et des vices qui trop souvent l'accompagnent.

Il est très-vrai que beaucoup de familles sont trop pauvres pour se priver volontiers du travail d'un enfant qui chaque jour gagne lui-même une portion de sa chétive nourriture. Une loi sur l'instruction obligatoire aurait à ménager cet intérêt et, soit par l'intermédiaire des bureaux de bienfaisance, soit par l'institution de ces caisses d'écoles qui ont si bien réussi en Allemagne et en Suisse, elle devrait organiser pour les familles absolument nécessiteuses une assistance analogue à celle qui est donnée dans beaucoup de salles d'asile, en accordant quelques aliments, même des vêtements à ces enfants enlevés au vagabondage pour devenir écoliers. Dans certains cantons de la Suisse, une prime est assurée aux indigents dont les enfants fréquentent assidûment l'école; c'est de l'argent placé à gros intérêts.

Il est à peine nécessaire d'ajouter que l'époque et la durée de la fréquentation obligatoire seraient fixées eu égard aux nécessités de l'agriculture ou de l'industrie, et qu'il serait tenu compte, au moyen d'exemptions sagement accordées, des empêchements de force majeure résultant des distances, de la mauvaise saison ou d'autres nécessités absolues.

4° *L'obligation serait une arme dangereuse dans la main du Gouvernement.* — Ceux qui parlent ainsi oublient beaucoup de choses: d'abord, que le Gouvernement ne représente pas un intérêt particulier, distinct, puisqu'il est au contraire la plus haute et la plus sincère expression de tous les intérêts généraux du pays; ensuite, que l'école primaire n'est pas le lieu où les idées politiques se forment; enfin, qu'avec la loi de liberté qui nous régit, chacun garde le droit d'envoyer son fils à l'école qui lui plaît ou de ne l'envoyer à aucune, s'il est en état de faire lui-même l'instruction de son fils. Ce qui deviendrait obligatoire ce serait d'apprendre à lire, écrire et compter, non d'aller dans telle ou telle école imposée par l'État.

5° *Impossibilité de pratiquer ce système, attendu l'état des écoles.* — Ce n'est point une impossibilité, mais, sur de certains points, une difficulté qu'avec de l'argent et du temps on fera disparaître. En cas, d'ailleurs, d'empêchement matériel, l'effet de la loi sera naturellement suspendu jusqu'à ce qu'on ait fait disparaître l'obstacle.

6° *Destruction de la discipline.* — Les élèves qui rendraient impossible leur présence dans la classe en seraient exclus nécessairement. L'école, comme la société, aurait ses réfractaires. On peut en diminuer le nombre, mais la pensée qu'il en subsistera toujours quelques-uns ne doit pas plus faire hésiter pour la loi scolaire que la crainte d'avoir des déserteurs n'a détourné d'écrire la loi militaire.

7° *L'obligation créera un impôt nouveau pour le pauvre.* — Il sera répondu à cette objection au § x, p. 25.

On représente l'esprit national comme opposé à cette contrainte morale. Tout le monde est d'accord sur les heureux effets de la loi de 1833. Il importe cependant de ne pas oublier que l'obligation financière établie par cette loi parut plus douloureuse à ceux qui devaient la subir que ne le paraîtrait aujourd'hui l'obligation de la scolarité. La première année, il fallut *imposer d'office* 20,961 communes, et on ne recula pas [1]. En 1837, les impositions d'office s'élevèrent à 33 p. 0/0 de la somme nécessaire. En 1839, elles frappèrent encore 4,786 communes; en 1840, 4,016. Mais la persévérance de l'Administration fit entrer cette obligation dans les mœurs, et nul à présent ne songe à s'y soustraire.

En résumé, il y a pour tous les droits de justes devoirs, pour toutes les libertés des entraves légitimes. On ne craint pas de restreindre les droits des citoyens en vue d'intérêts matériels. S'agit-il des propriétaires ? On oblige l'un à détruire un logement insalubre, même à blanchir la façade de sa maison; et, au nom de l'utilité publique, on force l'autre à recevoir une indemnité qui peut lui être inutile, en échange d'une propriété qu'il voudrait garder parce que son fils y est né ou que son père y est mort; tout comme, en dépit du principe de la liberté des contrats, le marchand est tenu, pour vendre, de connaître et d'appliquer le système métrique.

[1] Les chiffres qui précèdent sont extraits du rapport présenté au Roi par M. Guizot, le 15 avril 1834. Ce rapport contient le passage suivant :

« Il ne faut ni se le dissimuler ni le taire : le pays est, sous ce rapport, moins avancé qu'on ne l'a dit souvent; ses désirs ne sont point partout au niveau de ses besoins; la dépense à faire effraye; la peine à prendre rebute; et pendant longtemps encore l'autorité supérieure aura à surmonter, à force d'activité et de lumières, l'insouciance et l'ignorance d'une partie de la population. »

L'arrêté ministériel du 24 septembre 1831, pris en exécution de l'ordonnance royale du 29 avril 1831, établit, à l'article 34, que nul indigent ne recevra de secours du bureau de bienfaisance s'il ne justifie pas qu'il envoie ses enfants à l'école ou s'il refuse de les soumettre à la vaccination, et cet arrêté a été mis en vigueur dans plusieurs villes, même à Paris.

Voilà l'obligation de l'école imposée aux plus pauvres. Le législateur de 1841 a aussi rendu l'école obligatoire pour les enfants qui travaillent dans les manufactures, et l'article 203 du Code Napoléon a fait du devoir d'*élever* ses enfants une des conditions du mariage.

Le principe est donc posé; il reste à l'étendre et à le généraliser, à l'aide d'une réglementation paternelle, d'une obligation morale bien plus que d'une pénalité sévère; et dans quelques années il ne se trouvera plus en France que bien peu d'intelligences demeurées absolument stériles au sein de la civilisation, dont elles entraveraient le progrès [1].

Il ne suffit pas à un peuple d'être éclairé par en haut, ce qui peut lui donner une belle et noble apparence; il faut que la lumière descende jusqu'aux plus intimes profondeurs et arrive à chaque esprit, pour qu'il se forme des garanties durables d'ordre et de prospérité.

[1] Le maire de Roubaix écrivait, le 23 février 1860 au préfet du Nord, une lettre dans laquelle il proposait de rendre l'instruction obligatoire en développant le principe posé par la loi du 22 mars 1841, c'est-à-dire, en décidant qu'elle s'appliquerait aux petits ateliers comme aux grandes usines et que nul enfant n'y serait reçu s'il n'avait fréquenté assidûment une école pendant quatre ans: « Je ne crois pas me tromper, disait-il, en affirmant que la moitié de notre population ouvrière ne sait ni lire ni écrire; que la moitié ne commence à fréquenter les classes que l'année qui précède la première communion, et encore, une petite heure par jour; et remarquez, Monsieur le Préfet, que cette heure est principalement consacrée à apprendre les prières et à expliquer les catéchismes..... On admet les enfants à la première communion à 12 ans, et chaque année il s'en trouve dans les paroisses environ 800... Sur les 400 enfants qui, dans la paroisse Notre-Dame, se présentent chaque année pour la première communion, 200 environ ne connaissent pas une lettre, n'ont aucune notion du catéchisme, et bon nombre sont incapables de réciter correctement leurs prières... Ce qui existe à Roubaix existe ou à peu près pour les autres villes du département..... Si ma proposition était adoptée, nous n'aurions plus le désolant spectacle de les voir arriver au catéchisme sans aucune instruction, n'ayant même aucune notion de ce qui est bien, de ce qui est mal. Il appartient au Gouvernement de Sa Majesté de réaliser cette noble pensée en écrivant en tête de la loi : *Il faut que tous les enfants de l'Empire français, qui auront atteint l'âge de douze ans en 1865, sachent lire couramment et écrire correctement.*

« Au moment où nous allons entrer en lutte avec les industriels anglais, le Gouvernement ne doit rien négliger pour développer l'intelligence de nos ouvriers, en leur donnant pendant leur enfance, au moyen de la fréquentation assidue de nos écoles pendant quatre ans au moins, une bonne instruction élémentaire..... »

On s'assure contre la grêle et l'incendie; l'école obligatoire sera pour tous les habitants de la commune une *assurance* contre le maraudage et ses suites. On subventionne à grands frais des entreprises particulières ou des services publics; l'impôt établi pour rendre l'école gratuite sera la *prime* payée pour se garantir contre les délits et la *subvention* fournie pour développer, avec l'intelligence des classes populaires, leur puissance de production.

La bonne éducation du peuple assurera donc la richesse et la grandeur morale de la France, comme la bonne discipline de l'armée fait sa force et sa sécurité. Dès lors il ne doit pas être plus permis d'échapper à l'école qu'à la conscription, et la loi scolaire qui forcera tous les Français à savoir lire et écrire sera le complément nécessaire de la loi politique qui appelle tous les Français à voter. Le pays du suffrage universel doit être celui de l'enseignement primaire universel; autrement le bulletin de vote pourrait devenir aux mains des ignorants ce qu'une arme dangereuse est souvent dans la main de l'enfant.

Aux raisons théoriques il est bon de joindre la force d'une preuve fournie par l'expérience.

Il y a un siècle, le pays de Bade était un des pays d'Allemagne les plus arriérés. A la suite des guerres de la République et de l'Empire, il sortit de sa léthargie. L'instruction obligatoire, décrétée en principe durant l'année 1803, reçut en 1834 les plus sérieux développements, et une génération suffit pour faire du grand-duché un des États les plus prospères de l'Allemagne. La loi de l'obligation n'y donne plus lieu qu'à un petit nombre de citations ou d'amendes. « A cet égard, disait en 1864 « un haut fonctionnaire, nous sommes arrivés au point où l'on ne peut rien faire de « plus. » Cette loi, inutile, après cinquante ans, pour les garçons, ne sert plus que pour les écoles de filles.

Quelles ont été les conséquences de l'enseignement obligatoire? La moralité et la richesse du pays se sont accrues. Le nombre des mariages s'élève, les naissances illégitimes diminuent, et les prisons se vident. On a vu (p. 6) qu'en 1854 on y comptait 1,426 prisonniers, et qu'en 1861 il n'y en avait plus que 691. Le nombre des vols est descendu de 1,009 à 460. D'un autre côté, la prospérité matérielle du pays a pris un admirable essor. Le courant de l'émigration vers l'Amérique s'est arrêté; les avertissements en matière d'impôt ont diminué des deux tiers; le chiffre des indigents, d'un quart. Et M. le Dr Dietz, directeur du commerce du grand-duché, parlant de cette transformation extraordinaire, ajoutait : « L'instrument prin-

« cipal de ce développement, a été bien certainement l'instruction que les classes « populaires ont été obligées de prendre. »

X.

DE LA GRATUITÉ DE L'ENSEIGNEMENT PRIMAIRE. — HISTORIQUE DE LA QUESTION.

Si l'enseignement primaire est déclaré obligatoire, cette déclaration doit avoir pour conséquence la gratuité sur une très-grande échelle ou la gratuité absolue. Examinons ces deux systèmes, mais consultons d'abord l'expérience du passé et elle des nations étrangères qui sont plus ou moins entrées dans cette voie.

L'Église, qui a été longtemps dépositaire de toute science, distribuait le pain de l'esprit, comme celui de l'âme, gratuitement. Je ne parle pas des monastères, où le plus pauvre était admis et d'où il est si souvent sorti abbé ou évêque, parfois même pape, comme Grégoire VII et Sixte-Quint, mais des écoles extérieures. Les décrets des conciles, les décrétales des papes attestent le désir du clergé de multiplier les écoles gratuites en faveur des pauvres, et même d'affranchir de toute rétribution la délivrance des grades [1].

Pour l'instruction primaire, la gratuité, dans les derniers siècles, n'était pas absolue. A Paris, les écoles relevant du chantre de Notre-Dame étaient payantes; mais, dans chaque paroisse, les curés avaient institué des écoles gratuites, dites de *charité*, qu'ils surent défendre contre les prétentions fiscales du chantre de Notre-Dame, à la condition, toutefois, de n'y recevoir que des enfants notoirement pauvres. Dans les colléges, même défense: *Ab iis vero qui sunt in re tenui et angusta nil omnino accipiatur.*

A ces *écoles de charité* se rattachèrent celles qui furent ouvertes au XVIIIe siècle par diverses communautés religieuses, et notamment par la Congrégation des frères de La Salle (1724), dont les statuts imposaient à ses membres l'obligation étroite de donner l'enseignement sans recevoir aucune rétribution. Dans le principe, les écoles même des jésuites étaient gratuites.

Avant 1789, la gratuité existait, sur une large échelle, pour les trois ordres d'enseignement:

Dans les universités, on ne payait pas pour les cours des facultés, mais seulement pour les examens et les diplômes, et l'on payait moins qu'aujourd'hui.

[1] Voir surtout *Décrétales* de Grégoire IX, tit. V, lib. V, *De magistris, et ne aliquid exigatur pro licentia docendi;* un capitulaire de Théodulf, évêque d'Orléans, *Des décrets des conciles de Latran,* 1179 et 1215, etc.

Dans les dix colléges de plein exercice que Paris possédait alors, au lieu des sept qu'il a maintenant, l'externat était, depuis l'année 1719, absolument gratuit; à présent, un dixième seulement des externes peut obtenir l'exemption des droits. Les internes payaient une pension, mais au plus bas prix possible; car l'édit de 1598 avait réglé que le taux de cette pension serait fixé annuellement, d'après le prix des denrées, dans un conseil formé du lieutenant civil, du procureur général, du recteur, des doyens et principaux, et de deux marchands de la ville. En outre, les dix colléges avaient 1,046 boursiers, presque autant que les 75 lycées de l'Université impériale[1], qui est bien loin, comme on le voit, de compter les 6,400 élèves nationaux que la loi du 11 floréal an x avait prescrit d'y entretenir.

Lorsque la Constituante inscrivit parmi les principes de 1789 celui de la gratuité de l'enseignement primaire[2], elle ne faisait que continuer pour l'État la grande tradition de l'Église. Celle-ci avait dominé le monde au moyen âge par la foi; mais elle avait, pendant des siècles, rendu cette domination assurée et paisible par deux choses: la gratuité de son enseignement, qui lui permettait de chercher partout des intelligences, et l'élection, qui appelait les plus dignes aux plus hautes fonctions. Comment s'étonner que la société féodale, où l'étude était honnie et l'hérédité admise partout, même dans les charges publiques, ait été gouvernée par la société religieuse, qui avait les écoles et qui recrutait ses fonctionnaires, non d'après la loi du sang, mais d'après celle de l'esprit.

Depuis 1789, l'État s'est substitué au clergé dans les services extérieurs. Il veille à côté de lui sur tous les moments de la vie des citoyens et sur beaucoup d'actes que le clergé autrefois réglait seul : la naissance, le mariage, les testaments et la mort; il a réduit l'officialité aux choses d'Église; il a pris à son compte le service hospitalier et les écoles. Mais, s'il a conservé à beaucoup de ces services le caractère de gratuité que l'Église leur avait donné, il a laissé un esprit contraire s'introduire dans l'instruction publique, parce que le maître laïque qui a une famille a besoin d'un budget, et que le maître congréganiste qui n'en a point peut s'en passer, grâce aux ressources que les communautés religieuses peuvent trouver.

Dans les facultés, les droits ont été élevés; dans les colléges, la gratuité de l'externat

[1] Le nombre des bourses est actuellement de 1,057, divisées entre 1,588 élèves.

[2] Titre Ier : *Dispositions fondamentales garanties par la Constitution.* — Il sera créé et organisé une instruction publique commune à tous les citoyens, gratuite à l'égard des parties d'enseignement indispensables pour tous les hommes....

a été à peu près supprimée et le nombre des bourses réduit; enfin, dans les écoles du premier âge, les familles dépensent aujourd'hui près de 19 millions pour la rétribution scolaire.

Cependant l'article 24 de la loi du 15 mars 1850 assurait la gratuité à tous ceux qui ne pouvaient payer l'écolage. Les conseils municipaux appliquèrent si largement ce principe que le chiffre des élèves gratuits, qui n'était, en 1850, que de 35 p. o/o, s'éleva, en 1852, à 40 p. o/o. On s'inquiéta de « cette tendance à fixer le plus bas possible le taux de la rétribution et à ouvrir gratuitement les portes de l'école à presque tous les enfants du village. » On revint à l'esprit de la loi de l'an x, qui, sans se préoccuper du nombre des indigents, édictait que l'exemption du droit ne serait accordée au plus qu'à un cinquième des élèves; et il fut décidé, en décembre 1853, que les préfets détermineraient chaque année le nombre maximum des élèves gratuits.

Depuis cette époque, un double mouvement s'est produit en vue de diminuer la part contributive de l'État dans les dépenses de l'instruction primaire. D'un côté, on a augmenté le taux de la rétribution, de l'autre, on a restreint la gratuité. Heureusement le système de l'abonnement, adopté à cette époque, par un grand nombre de départements, attira et retint dans les écoles beaucoup d'enfants que ces mesures auraient écartés.

Mais bien qu'atténué dans ses effets par l'abonnement, le double mouvement ci-dessus indiqué a pris une grande intensité à partir de 1858. Avant cette époque, la moyenne de l'écolage était, par mois, de 1 fr. 19 cent.; il fut, par augmentations successives, porté au chiffre d'aujourd'hui, en moyenne, 1 fr. 68 cent.; en certains lieux il monte à 2 francs, 2 fr. 50 cent. et 3 fr. 25 cent.

En 1850, les familles ne payaient, pour les écoles de garçons et mixtes, les écoles de filles et les salles d'asile, que 11,600,000 francs; elles ont dépensé, en 1863, 18,578,728 fr. 50 cent. Aussi l'État a-t-il pu faire des bonis considérables. Le crédit législatif, environ 3,500,000 francs, était, avant 1858, intégralement dépensé. Le système de refoulement des élèves gratuits dans la catégorie des élèves payants, ou des élèves qui payaient peu dans la classe de ceux qui payent beaucoup, combiné d'ailleurs avec d'utiles réformes qui ont empêché les conseils municipaux de soustraire leurs revenus ordinaires aux dépenses de l'école et d'accorder abusivement la gratuité aux familles riches, a fonctionné avec une telle énergie que, dès l'année 1859, on eut un excédant de 703,365 francs, qui s'éleva en 1860 à 1,143,103 francs; en 1861, à 1,090,000 francs; enfin, en 1862, à 1,065,200 francs.

Grâce à ces bonis, des abus ont été supprimés et un grand bien a été accompli : on put augmenter le traitement des instituteurs. Mais, pour leur donner du pain, il fallut prendre sur celui du père de famille pauvre ou peu aisé, et une apparente prospérité cacha bien des privations.

Ces mesures financières, ce renchérissement de la denrée intellectuelle, dont l'inévitable conséquence aurait été de diminuer la population scolaire, ont été heureusement contre-balancées par l'essor de la prospérité générale et par le besoin d'instruction, devenu chaque année plus vif. Mais il en est résulté ce ralentissement dont il a été parlé aux pages 2 et 4 et qui montre que, à la différence de ce qui se passe pour un mobile soumis à l'action d'une force continue, dont la vitesse s'accroît à raison même du chemin parcouru, l'accélération a été moindre dans la période actuelle que dans la période précédente.

En vain, pour combattre cette tendance, une circulaire, en date du 24 février 1864, a rappelé à l'observation de la loi de 1850 qui prescrit d'accorder la gratuité à *tous* les enfants dont les familles sont hors d'état de payer l'écolage; le nombre des élèves gratuits admis dans les écoles est encore en beaucoup de lieux déterminé, non point par l'indigence, mais par un chiffre arbitraire, qui est proportionnel au chiffre des élèves présents ou à celui des habitants de la commune.

XI.

DE LA RÉTRIBUTION SCOLAIRE ET DE LA GRATUITÉ EN FRANCE.

Le chiffre de la rétribution scolaire, plus élevé en France qu'en aucun autre pays, constitue une charge bien lourde. Son taux moyen, par mois et par enfant, est aujourd'hui de 1 fr. 68 cent., ce qui donne, pour l'élève qui suivrait chaque année la classe durant huit mois, 13 fr. 44 cent. et pour celui qui la suivrait pendant onze mois, 18 fr. 48 cent. Quant au taux moyen de l'abonnement annuel, qui existe pour beaucoup de communes dans 54 départements, il s'élève encore à 10 fr. 89 cent.

A cette dépense il faut joindre celle des fournitures scolaires, qui donnent lieu à des abus que l'Administration ne peut pas toujours saisir et réprimer. En ne comptant que 2 francs de fournitures scolaires par année et par élève, on reste probablement au-dessous de la vérité dans le plus grand nombre des cas, bien qu'on arrive, de ce seul chef, au chiffre de plus de 4 millions.

Il est aisé de comprendre qu'une famille de paysans ou d'ouvriers qui a plusieurs enfants ne puisse, à ce prix, payer que pour un seul, et que, trouvant encore cet impôt bien lourd, elle hésite à l'accepter ou ne l'accepte chaque année que pour un temps très-court. Aussi, le principe de la gratuité, qui était dans la nature des choses, a résisté aux mesures restrictives employées contre elle depuis dix ans : sur les 2,399,293 élèves des écoles communales de garçons ou mixtes, 845,531, ou 35 p. o/o, sont encore gratuits; mais, pour les autres, la rétribution moyenne qui n'était en 1852 que de 6 fr. 58 cent. par tête s'élève aujourd'hui à 8 fr. 84 cent.

Ainsi le rapport des élèves gratuits aux élèves payants ne s'est pas maintenu au chiffre de 1852, qui était de plus de 40 p. o/o; mais s'il est redescendu à celui de 1850, il n'est pas du moins tombé au-dessous. C'est déjà bien assez; car une diminution de plus de 5 p. o/o sur le nombre des élèves gratuits représente au moins 125,000 enfants.

On a vu que les 2,169,438 élèves payants, dans toutes les espèces d'écoles, coûtent à leurs familles 18,578,728 fr. 50 cent. Il s'en faut que cette charge, qui s'élève en moyenne à 8 fr. 56 cent. par tête pour une fréquentation trop rare, soit supportée sans difficulté et sans murmures. Beaucoup y échappent en n'envoyant pas leurs enfants à l'école ou en ne les y envoyant que le moins possible. C'est le cas pour la plupart des 800,000 enfants dont il a été précédemment parlé.

Voici quelques observations faites par des instituteurs publics et qui révèlent les vœux des populations :

« La gratuité répondrait aux plus vifs désirs des populations rurales (Pas-de-Calais). — Je n'hésite pas à le dire, malgré tout ce que j'ai pu lire de contraire, la gratuité absolue serait un immense bienfait et certainement accueillie comme tel (Loiret). — Dans ma commune, sur 58 enfants qui ne reçoivent aucune instruction, 48 sont dans ce cas, parce qu'ils ne peuvent payer la rétribution. La gratuité absolue serait accueillie par les bénédictions du peuple tout entier (Orne). — La rétribution scolaire est très-onéreuse, même pour les non-indigents (Finistère). — L'instruction coûte trop cher, vous dira un brave homme; je ne suis pas sur la liste des indigents et je ne désire pas y être; quand vous prendrez un prix raisonnable j'enverrai de grand cœur mes enfants à l'école (Loire-Inférieure). — Quels murmures en voyant augmenter chaque année le taux de la rétribution! *Plutôt que de payer cinquante sous par mois*, disent-ils, *nous préférons que nos enfants n'apprennent rien*, et ils les retirent de l'école (Aveyron). — La gratuité donnerait satisfaction aux vœux des populations des campagnes, qui envient aux villes le privilége dont elles jouissent à cet égard (Bouches-du-Rhône). — Quelque minime que soit la rétribution scolaire, elle soulève des murmures. Les villageois parlent avec envie des écoles gratuites. L'enseignement gratuit! voilà le but auquel aspirent les populations (Corse). — Bon nombre de pères de famille, encore illettrés, disent : *C'est bien cher, 2 francs par mois, pour un enfant de huit ans qui ne sait pas encore lire; de mon temps, on payait 50 centimes ou 75 centimes pour les commençants; aujourd'hui, c'est 1 fr. 50 cent. jusqu'à huit ans, et après, c'est 2 francs; et plus tard, 2 fr. 50 cent. Eh bien, je n'enverrai mon fils que quelques mois à l'école!* (Isère). — Lorsque, dans le département, on a porté la rétribution de 50 cent. par mois à 1 fr. 50 cent. les paysans ont dit : *Le Gouvernement veut nous empêcher d'instruire nos enfants, nous les garderons!* (Doubs). »

Ces citations pourraient être multipliées à l'infini. Elles révèlent le mal : il est évident que l'instruction primaire ne pourra être déclarée obligatoire, comme le veulent l'intérêt des enfants et celui de la société, qu'à la condition qu'elle soit gratuite, au moins pour le plus grand nombre.

L'article 24 de la loi du 15 mars 1850 n'est complétement exécuté, ni dans sa lettre, ni dans son esprit : il importerait qu'il le fût, si le moment n'était venu d'être plus libéral que la loi de 1850, même bien exécutée. Car, à côté de l'indigence déclarée au bureau de bienfaisance, il y a la misère dignement supportée, l'homme qui veut vivre de son travail, ne fût-ce qu'avec du pain noir, et qui se refuse à tendre la main, mais aussi qui, ne pouvant payer l'école pour son fils, l'abandonne au double mal de l'ignorance et du vagabondage.

XII.

DE LA RÉTRIBUTION SCOLAIRE ET DE LA GRATUITÉ À L'ÉTRANGER.

Il n'en va pas ainsi à l'étranger.

Plusieurs États ont constitué la gratuité absolue, tels que le Danemark, le grand-duché de Saxe-Cobourg-Gotha, le duché de Nassau, les cantons suisses de Neufchâtel, Lucerne, Fribourg, Vaud, Genève et Bâle-Campagne, le royaume d'Italie, les États-Unis, le Chili, etc. En Norvége, la gratuité est admise, sauf le droit pour les communes de percevoir exceptionnellement sur les parents aisés une rétribution scolaire.

Dans le grand-duché de Bade, la rétribution scolaire (loi du 3 mai 1858) est de 2 fr. 50 cent. par tête et par an dans les communes rurales, et de 5 francs dans les principales villes; pour les adultes, dans les classes du soir, elle n'est que de 55 centimes à 1 fr. 10 cent. par tête et par an.

Même règlement pour le Wurtemberg.

En Prusse, l'écolage varie de 1 fr. 75 cent., chiffre des écoles des pauvres, à 6 fr. par tête et par an. Dans quelques provinces du nord, l'écolage se paye, non par tête d'enfant, mais par famille, pour dégrever le père qui a plusieurs enfants.

En Saxe, comme en Prusse.

En Autriche, la rétribution scolaire est fixée à un chiffre toujours minime pour les communes rurales, où elle varie de 2 à 3 francs. Dans les villes elle s'élève jusqu'à 8 fr. 40 cent, car le système allemand, contraire au système français, dégrève les campagnes où les ressources font défaut et demande davantage aux villes où elles abondent. — Trois enfants de la même famille allant à l'école exemptent les autres.

En Bavière, les familles sont taxées à proportion de leur aisance présumée, et payent, par tête et par an, 3 fr. 50 cent. 7 francs ou 10 francs. Une taxe de 6 fr. 75 c. est exigée même de ceux qui reçoivent l'instruction ailleurs qu'à l'école publique.

Dans le Hanovre, les communes rurales peuvent élever la rétribution jusqu'au maximum de 3 fr. 75 cent. par tête et par an; mais quelques subventions en nature sont fournies aux maîtres par les parents. Dans les villes, la rétribution est de 7 fr. 50 c. à 15 francs par tête et par an. Lorsqu'il y a trois enfants de la même famille à l'école, le troisième ne paye que moitié.

Dans la Suisse, la rétribution est généralement fixée à 3 francs par tête et par an dans les campagnes, à 6 francs dans les villes. Elle n'est que de 2 francs dans le canton de Glaris.

Dans le canton de Berne, la gratuité existe de fait. Là où l'écolage est payé, il ne peut s'élever, par an, à plus de 1 franc par enfant ou à 2 francs par famille. Beaucoup de communes ne demandent que 1 franc comme droit d'entrée, une fois payé, pour toutes les études.

À Bâle-Ville, la rétribution annuelle est de 6 francs. Si elle n'est pas payée, l'enfant est envoyé d'office à l'école spéciale gratuite des indigents.

Dans Bâle-Campagne, des primes sont payées, dans certains cas, aux familles dont les enfants sont assidus.

Ainsi, dans les pays où l'instruction primaire est une préoccupation sérieuse pour les populations, le système qui prévaut généralement est celui du bon marché de l'école.

XIII.

DE L'ENSEIGNEMENT PRIMAIRE CONSIDÉRÉ COMME SERVICE PUBLIC.

La société pourvoit gratuitement aux grands services qu'elle juge indispensables à sa sécurité, à son bien-être ou à son honneur. Elle accomplit l'œuvre, avec le concours de tous, et en procure la jouissance à chacun, sans demander une rétribution au moment où l'individu en recueille le bienfait. Tels sont la justice, la religion, la défense nationale, le service de sûreté, la voirie publique, l'enseignement supérieur, excepté pour ceux qui prennent des inscriptions et des grades, les bibliothèques, les musées, les collections réunies à grands frais par l'État, etc. Pourquoi n'en serait-il pas pour l'éducation nationale comme pour la religion et pour la justice? C'était, comme on l'a montré, la règle qui tendait autrefois à prévaloir.

La société moderne ne peut être moins libérale pour l'instruction publique que n'avait voulu l'être l'ancien régime. Elle a, en effet, un intérêt considérable à compter le moins possible de membres inutiles et de citoyens dangereux. Or, sans parler des passions qu'on ne détruira jamais, que cependant l'éducation peut apprendre à contenir, il y a deux mauvaises conseillères: la misère et l'ignorance. La seconde traîne presque toujours la première à sa suite; en outre, plus le travail industriel et agricole demandera de secours à la science, plus celui qui n'aura que ses bras pour vivre vivra misérablement.

L'Assemblée constituante de 1789 avait compris cette nécessité de l'instruction primaire gratuite. Un rapport de l'ancien évêque d'Autun, Talleyrand-Périgord, en septembre 1791, portait:

« Il doit exister une instruction gratuite : le principe est incontestable; mais jusqu'à quel point doit-elle être gratuite? sur quels objets seulement doit-elle l'être? quelles sont, en un mot, les limites de ce grand bienfait de la société envers ses membres?

« Quelque difficulté semble d'abord obscurcir cette question. D'une part, lorsqu'on réfléchit sur l'organisation sociale et sur la nature des dépenses publiques, on ne se fait pas tout de suite à l'idée qu'une nation puisse donner gratuitement à ses membres, puisque, n'existant que par eux, elle n'a rien qu'elle ne tienne d'eux. D'autre part, le trésor national ne se composant que des contributions dont le prélèvement est toujours douloureux aux individus, on se sent naturellement porté à vouloir en restreindre l'emploi, et l'on regarde comme une conquête tout ce qu'on s'abstient de payer au nom de la société.

« Des réflexions simples fixeront sur ce point les idées.

« Qu'on ne perde pas de vue qu'une société quelconque, par cela même qu'elle existe, est soumise à des dépenses générales, ne fût-ce que pour les frais indispensables de toute association : de là résulte la nécessité de former un fonds à l'aide des contributions particulières.

« De l'emploi de ce fonds naissent, dans une société bien ordonnée, par un effet de la distribution et de la séparation des travaux publics, d'incalculables avantages pour chaque individu, acquis à peu de frais par chacun d'eux.

« Ou plutôt, la contribution, qui semble d'abord être une atteinte à la propriété, est, sous un bon régime, un principe réel d'accroissement pour toutes les propriétés individuelles.

« Car chacun reçoit en retour le bienfait inestimable de la protection sociale, qui multiplie pour lui les moyens, et, par conséquent, les propriétés; et, de plus, délivré d'une foule de travaux auxquels il n'aurait pu se soustraire, il acquiert la faculté de se livrer, autant qu'il le désire, à ceux qu'il s'impose lui-même, et, par là, de les rendre aussi productifs qu'ils peuvent l'être.

« C'est donc à juste titre que la société est dite accorder *gratuitement* un bienfait, lorsque, par le secours de contributions justement établies et impartialement réparties, elle en fait jouir tous ses membres, sans qu'ils soient tenus à aucune dépense nouvelle.

« Reste à déterminer seulement dans quel cas et sur quel principe elle doit appliquer ainsi une partie des contributions; car, sans approfondir la théorie de l'impôt, on sent qu'il doit y avoir un terme, passé lequel les contributions seraient un fardeau dont aucun emploi ne pourrait ni justifier ni compenser l'énormité. On sent aussi que la société, considérée en corps, ne peut ni tout faire, ni tout ordonner, ni tout payer, puisque, s'étant formée principalement pour assurer et étendre la liberté individuelle, elle doit habituellement laisser agir plutôt que faire elle-même.

« Il est certain qu'elle doit d'abord payer ce qui est nécessaire pour la défendre et la gouverner, puisque, avant tout, elle doit pourvoir à son existence.

« Il ne l'est pas moins qu'elle doit payer ce qu'exigent les diverses fins pour lesquelles elle existe, par conséquent ce qui est nécessaire pour assurer à chacun sa liberté et sa propriété; pour écarter des associés une foule de maux auxquels ils seraient sans cesse exposés hors de l'état de société; enfin, pour les faire jouir des biens publics qui doivent naître d'une bonne association; car voilà les trois fins pour lesquelles toute société s'est formée; et, comme il est évident que l'instruction a toujours tenu un des premiers rangs parmi ces biens, il faut conclure que la société doit aussi payer tout ce qui est nécessaire pour que l'instruction parvienne à chacun de ses membres.

« Mais s'ensuit-il de là que toute espèce d'instruction doive être accordée gratuitement à chaque individu ? Non.

« La seule que la société doive avec la plus entière gratuité est celle qui est essentiellement commune à tous, parce qu'elle est nécessaire à tous. Le simple énoncé de cette proposition en renferme la preuve : car il est évident que c'est dans le trésor commun que doit être prise la dépense nécessaire pour un bien commun; or l'instruction primaire est absolument et rigoureusement commune à tous, puisqu'elle doit comprendre les éléments de ce qui est indispensable, quelque état que l'on embrasse. D'ailleurs, son but principal est d'apprendre aux enfants à devenir un jour des citoyens. Elle les initie en quelque sorte dans la société, en leur montrant les principales lois qui la gouvernent, les premiers moyens pour y exister; or n'est-il pas juste qu'on fasse connaître à tous gratuitement ce qu'on doit regarder comme les conditions mêmes de l'association dans laquelle on les invite à entrer? Cette première instruction nous a donc paru une dette rigoureuse de la société envers tous. Il faut qu'elle l'acquitte sans aucune restriction. »

La loi de 1833 entra à demi dans cette voie. Elle ne proclama pas la gratuité de l'école en répartissant sur tous les contribuables de la commune la dépense de la rétribution scolaire, mais elle répartit sur eux et sur ceux du département, à défaut de ressources ordinaires, la dépense de la construction de l'école, du logement de l'instituteur et de son traitement fixe. Qu'ils fussent mineurs, célibataires, mariés ou veufs sans enfants, ou qu'ils fissent élever leurs enfants au dehors, tous durent participer à cette dépense en proportion de leur fortune.

Faire payer par la communauté tout entière le traitement intégral et non plus le traitement fixe, ce ne serait que faire un pas de plus dans la route ouverte par la loi de 1833 et que celle de 1850 n'a point fermée.

On objecte que la gratuité absolue est immorale, parce qu'elle délivre le père du fardeau d'un devoir sacré. Mais, si la gratuité allége le fardeau, l'obligation l'aggrave. Si la gratuité rend possible, ou seulement plus facile, l'accomplissement de ce qu'on appelle avec raison un devoir sacré, l'obligation consacre ce devoir par une sanction énergique, en exigeant du père le sacrifice du travail de son enfant. En outre, l'objection vaudrait tout autant contre la crèche, l'asile, l'école même, et contre le maître, par qui le père se fait remplacer auprès de son enfant. Un peu d'argent donné ne doit pas, aux yeux des austères partisans de la loi naturelle, passer pour l'équivalent du devoir personnellement accompli par le père.

Deux chiffres doivent être toujours présents à l'esprit dans cette discussion. A côté de 3,162,070 chefs de famille, notoirement indigents ou gênés, qui ne payent pas la contribution personnelle et mobilière, et qui auraient droit dès lors, même d'après la loi actuelle, à l'enseignement primaire gratuit, il y a 2,211,386 chefs de famille, voués au travail manuel sous ses diverses formes, qui considéreraient sans doute comme un affront de n'être pas portés au rôle des contributions directes, et qui sont cependant dans une position voisine de la pénurie. La cote personnelle et mobilière de chacun d'eux est en moyenne de 3 fr. 02 cent. Un certain nombre payent l'impôt foncier; mais ils figurent probablement parmi ces petits propriétaires dont la cote foncière est bien inférieure à 5 francs. C'est donc rester fort au-dessous de la vérité que de dire qu'il y a en France 2 millions d'individus payant moins de 5 francs de contributions [1], c'est-à-dire qui, moyennant cette somme minime, s'assurent tous les bienfaits garantis par la société à ses membres; mais qui sont forcés de payer en outre 12 ou 15 francs, parfois 30 ou 40 francs, pour un seul de ces services, celui de l'instruction primaire.

On se plaint que la population valide déserte les campagnes pour venir encombrer les villes. Mais comment ne viendrait-elle pas dans ces cités qu'on lui fait splendides, et où tout est réuni à grands frais pour les plaisirs des yeux et de l'esprit? L'ouvrier y trouve un travail plus lucratif et moins rude, le bureau de bienfaisance, la société de

[1] En 1842, sur 11,511,841 cotes foncières, il y en avait 5,440,580 au-dessous de 5 francs. En 1858, sur 13,118,723 cotes foncières, qui représentent plus de 8 millions de propriétaires fonciers, il y avait 6,686,948 cotes au-dessous de 5 francs.

Il résulte de recherches faites par l'Administration des finances, en 1861, que le nombre total des ouvriers travaillant pour autrui, à la journée, à façon ou à la tâche, des ouvriers travaillant seuls, des petits employés, des retraités, des petits patentables, des petits propriétaires obligés de travailler comme ouvriers, des colons vivant exclusivement du colonage ou travaillant comme journaliers, s'élevait au chiffre de 5,373,456 chefs de famille. Sur ce nombre, 2,211,386 étaient imposés à la contribution personnelle et mobilière, et payaient en moyenne, 3 fr. 02 cent.; 1,666,941 n'étaient pas imposés à cette contribution, à cause de leur état de gêne, bien qu'ils ne fussent pas notoirement indigents; enfin 1,495,129, notoirement indigents, étaient aussi exemptés de toute contribution.

secours mutuels, l'hôpital, souvent des exemptions d'impôts directs, et pour ses enfants la salle d'asile et l'école gratuites. Faisons au moins disparaître une de ces inégalités et donnons au paysan un de ces bienfaits, la gratuité de l'école pour ses enfants; sa femme et lui en garderont à l'Empereur une longue reconnaissance.

Ainsi, il y a un intérêt social de premier ordre à mettre l'instruction primaire au nombre des grands services publics, en assurant, aux frais de la communauté tout entière, la bonne distribution de l'enseignement populaire.

Chaque année, la France jette aux quatre vents 220 millions de fumée : elle trouverait bien quelques millions à dépenser, non pas pour un plaisir douteux, mais pour un profit certain.

XIV.

ÉTAT DE L'OPINION.

Sur la question de la gratuité, comme au sujet de l'obligation, les opinions sont très-partagées. Les uns, qui accepteraient à la rigueur l'obligation, s'élèvent avec énergie contre la gratuité; d'autres, au contraire, qui protestent contre l'instruction obligatoire, ne verraient pas d'inconvénients graves à la rendre gratuite, et rappellent que la gratuité existe à Paris et dans un grand nombre de villes de France.

Plusieurs de ses adversaires l'accusent cependant d'être entachée de socialisme; mais il est à remarquer que ce reproche se trouve surtout dans la bouche des partisans de l'enseignement gratuit des congrégations. D'autres affirment qu'en France, principalement dans les campagnes, la gratuité, sans l'obligation, énerve l'enseignement, décourage le maître, dépeuple l'école. On répète que le paysan n'estime que ce qu'il paye, et on a souvent abusé de cette formule vague pour élever à tort le prix de l'éducation primaire [1]. Il est certain que beaucoup de ces paysans dont on

[1] « Un fait que je constate depuis plus de vingt ans dans la classe que je dirige, et qui m'est commun avec mes confrères voisins, c'est que les enfants admis gratuitement à l'école y viennent exactement et longtemps, jusqu'à l'âge réglementaire, c'est-à-dire 14 ans, tandis que les payants quittent le plus souvent la classe aussitôt après leur première communion, qui se fait à l'âge de 11 et 12 ans au plus tard. En ce moment, mes élèves les plus âgés, les plus instruits, les plus assidus, sont les élèves gratuits; j'en ai qui ont 13 et 14 ans et qui ne quitteront l'école que pour aller en apprentissage. Ils savent qu'ils pourront venir à l'école d'adultes pendant l'hiver; je leur donne l'instruction gratuite; ils n'ont qu'à fournir le matériel de classe; je suis certain que pas un ne manquera et que tous resteront jusqu'à la clôture; les payants, eux, y viendront peut-être, mais un mois ou deux tout au plus. » (Extrait d'une lettre de l'instituteur communal de Donnemarie (Seine-et-Marne) du 24 juin 1861.)

parle, trouvant trop coûteuse la denrée intellectuelle mettent, en quelque sorte, leurs enfants à la ration, et ne leur achètent que deux mois d'école au lieu de huit, ce qui rend illusoires les résultats momentanément obtenus par l'instituteur.

En résumé, on aime peu la gratuité en haut, mais, en bas, on la recevrait avec reconnaissance.

Cette dernière vérité a été parfaitement sentie par les fondateurs catholiques ou protestants de l'instruction populaire : l'abbé de la Salle, le père Fourier, le pasteur Oberlin, etc. En France, c'est le principe de toutes les congrégations enseignantes, et ce principe a fait leur fortune.

En 1843, les congrégations enseignantes ne comptaient, en France, que 16,958 membres, dont 3,128 hommes et 13,830 femmes, et ne possédaient que 7,590 écoles, 706,917 enfants, soit 22 p. o/o, ou moins du quart de la population scolaire totale, répartis de la manière suivante : 1,094 écoles publiques ou libres de Frères, contenant 201,142 élèves sur 2,149,672, c'est-à-dire 9 p. o/o du nombre total des garçons; 6,496 écoles publiques ou libres de Sœurs, contenant 505,775 élèves, sur 1,014,625, c'est-à-dire plus de 49 p. o/o du nombre total des filles.

Aujourd'hui, ces congrégations ont 46,840 membres, dont 8,635 hommes et 38,205 femmes. Leur nombre a donc à peu près triplé en vingt ans. Ils possèdent 17,206 écoles et 1,610,674 enfants, sur 4,336,368, soit 37 p. o/o, ou plus du tiers de la population scolaire totale, répartis de la manière suivante, savoir : 2,502 écoles publiques ou libres de Frères, contenant 443,732 élèves, sur 2,265,756, c'est-à-dire 19 p. o/o du nombre total des garçons; 14,704 écoles publiques ou libres de Sœurs, contenant 1,166,942 élèves, sur 2,070,612, c'est-à-dire environ 56 p. o/o du nombre total des filles.

Ainsi, en vingt années, les religieux ont plus que doublé le nombre de leurs écoles et celui de leurs élèves : ils ont conquis près d'un million d'enfants (903,757), si bien que le rapport entre le nombre des enfants élevés par les congréganistes et celui des enfants élevés par les laïques a changé. En 1843, les congréganistes avaient moins du quart de toute la population scolaire, ou 22 p. o/o, ils ont aujourd'hui plus du tiers, ou 37 p. o/o. C'est une augmentation à leur profit de 15 p. o/o.

D'où vient ce progrès considérable? Du zèle sans doute des religieux, bien que leurs écoles, malgré de véritables succès en de certains lieux et pour de certaines parties de l'enseignement, n'aient pas encore pu prendre, dans l'ensemble des résultats, le premier rang. Il vient surtout de la gratuité qui, dans les petites localités, ne permet pas à une école, où les nécessiteux sont forcés de payer, de vivre à côté de celle où on ne leur demande rien.

Aussi, pour rétablir l'équilibre, essaya-t-on, dès l'année 1853, d'obliger les Frères de la Doctrine chrétienne à renoncer au principe de leurs statuts. Après de longs et vifs débats dans le sein de la congrégation, les Frères se résignèrent, en janvier 1863, à reconnaître aux conseils municipaux, qui leur assuraient un traitement fixe, le droit de percevoir la rétribution scolaire pour le compte de la commune.

Malgré cette pression énergique, les écoles publiques de Frères ont encore près de trois fois plus d'élèves gratuits que les écoles laïques correspondantes : 73 p. o/o au lieu de 32 p. o/o.

Leur exemple doit servir de leçon.

XV.

DE LA DEMI-GRATUITÉ.

Faut-il se contenter de la demi-gratuité afin de faire disparaître l'objection qu'il est déraisonnable d'exempter de l'impôt scolaire ceux qui sont en état de le payer?

D'abord, pour échapper aux embarras que présente toujours une classification officielle des citoyens en riches et besogneux, il est bien difficile de trouver un *criterium* certain. Serait-ce l'exemption accordée à ceux qui ne payeraient que 3 ou 5 francs d'impôt? 5 francs n'ont pas la même valeur dans toutes les communes de France, dans Seine-et-Oise et dans les Hautes-Alpes; et, entre deux hommes qui payent 5 francs de contribution, l'un avec un enfant, l'autre avec six, celui-là sans famille et celui-ci avec de vieux parents à sa charge, la différence est grande. Elle ne l'est pas moins entre le paysan qui a acheté en empruntant à 6 ou 8 p. o/o quelques perches de terre pour lesquelles il donne 5 francs au percepteur et l'ouvrier agricole ou urbain, le contre-maître d'une usine qui, avec sa paye de 4, 6, 8 ou 10 francs par jour, achète des rentes et ne contribue aux charges publiques que par les impôts de consommation.

Ensuite, lorsque par cette gratuité élargie on aura réduit le chiffre des élèves payants à un très-petit nombre de familles aisées, on aura augmenté la dépense à faire pour les écoles et, en même temps, on se sera ôté le droit, moralement, d'ajouter, pour ces familles, à l'impôt scolaire laissé à leur charge, l'impôt proportionnel qu'il faudra leur demander, d'une manière ou d'une autre, pour payer soit la totalité, soit une partie de la rétribution scolaire des élèves déclarés gratuits.

Comme le disait récemment le maire d'une ville où la rétribution scolaire maintenue à côté de la gratuité pour les indigents ne donne qu'un produit misérable : « Pour être généreux et libéral, j'aimerais mieux l'être tout à fait. »

Il y a peu de jours, le conseil municipal de Toulon a voté à l'unanimité le rétablissement de la gratuité absolue abolie en 1861 dans les écoles communales, par la triple raison qu'il est impossible de dresser exactement la liste des élèves gratuits ; que beaucoup de ceux qui ont été inscrits comme payants, ne peuvent réellement point payer; qu'enfin la confection des listes, la délivrance des billets d'admission, surtout la mise en recouvrement de la rétribution, les avertissements multipliés, l'examen des réclamations, etc., exigent un travail compliqué et pénible qu'est bien loin de compenser le faible revenu versé de ce chef à la caisse municipale [1].

A Napoléon-Vendée, à Sotteville, à Valence [2], à Saint-Fargeau, en beaucoup d'autres lieux, mêmes réclamations, même réforme radicale.

[1] Sur les 5,802 francs à percevoir pour les trois premiers trimestres de 1864, il est encore dû à la caisse municipale 2,206 francs par 325 pères de famille, et la plupart de ceux qui ont payé n'ont cédé qu'à la menace des poursuites. *Rapport du maire de Toulon.*

[2] A Valence où deux évêques, Mgr de Milon et Mgr de Grave avaient fondé des écoles gratuites, le régime de la rétribution fut substitué, en 1861, à celui de la gratuité absolue. L'expérience faite en 1862 ne fut pas favorable. Une délibération du conseil municipal constata que la rétribution se percevait difficilement, que les réclamations étaient très-vives et très-nombreuses; que la distinction entre riches et pauvres était presque impossible à établir. Le maire écrivit au préfet le 29 septembre 1862 : « Le mécontentement public se manifeste et l'affluence à la mairie de contribuables ayant reçu des sommations sans frais et puis des bulletins de garnison collective sans que la plupart aient chez eux une feuille de papier où ils sachent écrire leurs réclamations, me prouve que nous nous sommes mépris sur le degré d'aisance de nos concitoyens.....

A la suite de cette lettre, la question fut de nouveau posée au conseil municipal. La Commission constata que la rétribution scolaire avait fait sortir environ 300 élèves des écoles, et ajouta : « Ceux qui cesseront de « venir à l'école, ce seront ces enfants dont les parents ne peuvent être réputés indigents, principalement de la « campagne, ou les enfants de ces honnêtes ouvriers qui gagnent laborieusement leur vie et ne voudraient « pas accepter un bienfait à titre d'aumône. Certes, ce résultat est aussi fâcheux que regrettable....... En « théorie, il semble que la rétribution fait mieux apprécier le mérite de l'enseignement et que les parents « sont d'autant plus intéressés à en faire profiter leurs enfants qu'ils payent pour le leur procurer. En pra- « tique, du moins le fait vient de nous le prouver, les enfants seront retenus chez eux, soit par l'impossibilité « où se trouvent les parents de faire ce sacrifice, soit par un mauvais vouloir et un calcul égoïste dont il y a « plus d'un exemple; cette classe intermédiaire de la société, à laquelle la première éducation est si utile, si « précieuse, en demeurera privée, et nous ne verrons plus nos jeunes élèves devenir, comme autrefois, les « teneurs de livres de leur famille, les correspondants de parents illettrés et les aides utiles de leur commerce « et de leur industrie. Telle ne pouvait être évidemment l'intention du législateur, encore moins celle des

Et l'on a raison d'agir ainsi. La loi économique est la même partout. Abaissez les prix, la consommation sera plus grande. Mais, en fait d'instruction, consommer c'est produire. « C'est en instruisant le pays, disait récemment un ministre autrichien, M. de Schmerling, c'est en instruisant le pays qu'on le rendra fort. »

Apprenons-leur à lire, et il ne restera plus, pour obtenir des merveilles, qu'à mettre des livres utiles et bons dans les mains de ces millions de lecteurs.

Apprenons-leur à compter, et ils sauront bien vite calculer ce que coûte une révolution.

Ouvrons leur esprit, et ils reconnaîtront qu'une société comme la nôtre est l'organisme le plus délicat, mais aussi le plus redoutable; que lorsque le travail s'y produit avec une telle activité, c'est la machine à vapeur lancée à toute vitesse, dévorant l'espace, emportant avec elle des multitudes infinies d'hommes et de choses, les conduisant à bien si la route est unie et sûre, les menant à l'abîme, à la mort, si un obstacle se rencontre qui produise un arrêt soudain.

Sire,

Un grand mouvement entraîne l'humanité à la domination du monde matériel par la science et à la conquête du bien-être par la richesse. Les nations se précipitent à l'envi dans cette lutte où l'esprit est l'arme la plus sûre. Il ne faut pas que la France, habituée à marcher à leur tête, se contente de les suivre dans l'arène nouvelle. Elle doit les y précéder encore, non plus seulement par ce qui était autrefois la mesure des nations, par le génie de ses grands hommes, mais par ce qui est devenu le niveau où se marquent la force et la grandeur des peuples, par l'intelligence et la moralité de ses classes laborieuses.

Une société est une immense pyramide, plus la base en sera large, élevée et solide, plus les assises intermédiaires seront assurées et fortes, plus haut aussi la tête montera dans la lumière.

En résumé,

Je crois, Sire, que pour répondre aux mémorables paroles du discours impérial du 15 février, j'ai le devoir de proposer à Votre Majesté de reconnaître et d'appliquer les principes suivants :

« fonctionnaires qui ont recommandé cette mesure; telle ne serait pas la nôtre; nous ne voudrions pas arrêter « dans notre population cet essor vers le progrès, dont nous nous sommes si souvent applaudis. »

1° L'instruction populaire est un grand service public;

2° Ce service doit, comme tous ceux qui profitent à la communauté, être payé par la communauté tout entière;

3° Le droit de suffrage a pour corollaire le devoir d'instruction, et tout citoyen doit savoir lire comme il doit porter les armes et payer l'impôt.

Mais comme Votre Majesté tient à cet autre grand principe de faire l'éducation du pays par le pays lui-même, il y aurait lieu de donner aux conseils municipaux le droit de voter la mise à exécution de la loi nouvelle, en promettant l'assistance de l'État aux communes qui accepteraient la réforme et à qui les ressources feraient défaut pour l'accomplir.

Je suis,

Sire,

Avec le plus profond respect,

De Votre Majesté,

Le très-humble, très-obéissant et très-fidèle serviteur,

V. DURUY.

f.

NOTE

RELATIVE A LA STATISTIQUE DE L'INSTRUCTION PRIMAIRE.

Pendant une année entière, l'administration de l'instruction publique, à tous les degrés, a été occupée de ce travail, afin de répondre aux nombreuses questions qui avaient été posées et d'approcher aussi près que possible de la vérité.

Ce labeur n'a été si long et si difficile, que parce qu'il n'en avait pas été accompli de pareil, dans cette proportion du moins, au ministère de l'instruction publique, et qu'il y avait, par conséquent, de divers côtés, beaucoup d'inexpérience : ce qui a nécessité de nombreuses révisions et un contrôle prolongé.

Voici, en effet, quels sont les documents statistiques qui existent ou ont existé au ministère.

Le 5 octobre 1831, M. de Montalivet, alors ministre de l'instruction publique, présenta au roi un rapport sur la situation de l'instruction primaire en 1829, et proposa en même temps de renouveler cette publication tous les trois ans. La proposition fut approuvée, et, en exécution de cette décision, M. Guizot rédigea, en 1833, un tableau comparatif de la situation de l'instruction primaire en 1829 et en 1832.

Le même ministre présenta, le 15 avril 1834, un nouveau rapport rendant compte de l'exécution de la loi de 1833 sur l'instruction primaire, et donnant sur ce service de nombreux détails statistiques.

Le 1er juin 1838, rapport de M. de Salvandy sur ce service en 1837.

Le 1er novembre 1841, rapport de M. Villemain sur ce service en 1840.

En 1845, rapport de M. de Salvandy sur ce service en 1843.

Ces rapports, qui ont été distribués à l'époque où ils furent publiés, ne se trouvent plus au dépôt du ministère. Il est impossible de s'en procurer un seul exemplaire et ils n'existent plus que dans les collections particulières.

En 1847, un nouveau rapport fut préparé par M. de Salvandy. Ce n'était qu'un simple compte rendu sans aucun état à l'appui; il était imprimé et allait être distribué, lorsque survint la révolution de février 1848; il ne reçut, en conséquence, aucune publicité.

En 1850, on tenta de faire un travail général de ce genre, et des documents furent, en conséquence, demandés dans les départements; mais ces documents contenaient de telles inexactitudes qu'on dut renoncer à s'en servir.

En 1855, le Ministre de l'instruction publique songea à donner à ces sortes de comptes rendus une autre forme. Il ne s'agissait plus de publier des états, mais des rapports détaillés faits sur chaque département par les recteurs. Cette tentative ne réussit pas. Il y avait dans ces rapports des détails qu'il ne convenait pas de publier, parce qu'ils pouvaient être la cause de difficultés et de dissentiments entre diverses autorités locales.

En 1862, le Conseil d'État ayant exprimé le désir de recevoir, à l'appui des propositions du budget, des détails statistiques sur la situation de l'instruction primaire, le Ministre donna des ordres en conséquence; on fit, dans les bureaux, le relevé des documents qui s'y trouvaient. Ce travail, qui se rapporte à l'année 1861, ne pouvait avoir qu'une exactitude relative, puisqu'il était fait avec des éléments recueillis sans concert, dans un tout autre but, et sans aucune sorte de contrôle. Le Ministre actuel le fit cependant imprimer, n'en connaissant pas encore la valeur. Mais, dès les premiers renseignements qui arrivèrent pour le travail présenté aujourd'hui à l'Empereur, on constata des inexactitudes et des erreurs matérielles si graves, qu'on ne put le publier, malgré l'utilité qu'il y aurait eu à posséder un terme de comparaison avec l'année 1863.

En résumé, il n'y a au ministère aucune statistique complète et détaillée du service de l'instruction primaire autre que celle qui va paraître, et qui, cette fois, ayant été exécutée avec le concours des instituteurs eux-mêmes, des inspecteurs primaires, des inspecteurs d'académie, des préfets et des recteurs, et ayant été, pour plusieurs parties, recommencée jusqu'à trois et quatre fois, offre autant de garantie qu'une statistique peut en présenter.

Quelles que soient encore ses imperfections, malgré les efforts considérables qui ont été faits pour la rendre irréprochable, elle fournira du moins un point de départ pour les statistiques futures qu'il conviendrait de renouveler régulièrement tous les trois ou cinq ans.

RÉSUMÉ GÉNÉRAL

DE

LA STATISTIQUE DE L'INSTRUCTION PRIMAIRE

EN 1863.

SITUATION

DE L'INSTRUCTION PRIMAIRE

AU 1ER JANVIER 1864.

1RE PARTIE.

ENSEIGNEMENT PUBLIC.

CHAPITRE IER.

ÉCOLES PUBLIQUES SPÉCIALES AUX GARÇONS ET ÉCOLES COMMUNES AUX ENFANTS DES DEUX SEXES.

C'est pour toutes les communes une obligation légale d'entretenir au moins une école publique. Elles ne peuvent être dispensées de cette obligation par le conseil départemental qu'en se réunissant à une ou plusieurs communes voisines pour l'entretien d'une école publique, ou en pourvoyant, dans une école libre, à l'enseignement gratuit des enfants dont les familles sont hors d'état d'y subvenir. (Article 36 de la loi du 15 mars 1850.)

I. — Situation des communes.

Voici quelle est, sous ce rapport, la situation au 1er janvier 1864 :

34,666 communes entretiennent par elles-mêmes une ou plusieurs écoles publiques;
1,880 communes sont légalement réunies à des communes voisines;
146 communes pourvoient, dans une école libre, à l'instruction gratuite des enfants indigents;
818 communes n'ont pas satisfait jusqu'à ce jour aux obligations que la loi leur impose;

TOTAL 37,510 communes.

La population de ces 818 communes dépourvues d'écoles est de 262,499 habitants, soit, en moyenne, 321 habitants par commune. La plupart de ces localités envoient leurs enfants dans les écoles du voisinage.

2. — Nombre des écoles publiques. — Classification sous le rapport du personnel qui les dirige.

On compte dans les 36,692 communes pourvues d'écoles, 38,386 écoles publiques de garçons ou mixtes, savoir :

20,703 écoles spéciales aux garçons ;
17,683 écoles mixtes.

Ainsi, les enfants des deux sexes sont encore réunis dans 17,683 écoles communales. Sur ce nombre, 15,030 sont dirigées par des instituteurs laïques, et 2,653 par des institutrices, dont 1,581 laïques et 1,072 religieuses. Sur les 15,030 écoles mixtes confiées à des instituteurs, il y en a 3,510 où l'enseignement spécial des filles est donné par des femmes.

Les 38,386 écoles publiques de garçons ou mixtes se répartissent de la manière suivante entre les laïques et les congréganistes :

Écoles dirigées	par des instituteurs laïques	33,767	35,348	38,386
	par des institutrices laïques	1,581		
	par des frères	1,966	3,038	
	par des sœurs	1,072		

3,968 écoles possèdent des instituteurs adjoints, savoir : 2,189 laïques, 1,779 congréganistes.

Le nombre des écoles qui ont des adjoints est donc, en moyenne, de 6 p. 0/0 pour les laïques et de 58 p. 0/0 pour les congréganistes, dont les écoles sont, en général, situées dans les villes ou dans des localités importantes.

Pour favoriser l'instruction des enfants qui habitent des hameaux dont les communications avec le chef-lieu sont très-difficiles et parfois impossibles en hiver, les administrations départementales ont autorisé l'entretien d'écoles temporaires, qui ne sont ouvertes que quatre ou cinq mois de l'année.

Ces écoles sont au nombre de 788, dont 215 spéciales aux garçons et 573 communes aux enfants des deux sexes. Elles sont établies dans 28 départements.

3. — Écoles gratuites.

Toute commune a la faculté d'entretenir, avec ses propres ressources, une ou plusieurs écoles entièrement gratuites. (Article 36 de la loi du 15 mars 1850.)

Sur les 38,386 écoles publiques, 2,752 sont entièrement gratuites, savoir : 866 dirigées par des congréganistes, soit 28,5 p. o/o du nombre de leurs écoles, et 1,886 dirigées par des laïques, soit 5,3 p. o/o du nombre des établissements laïques.

35,634 écoles sont payantes, savoir 33,462 laïques ou 94,7 p. o/o, et 2,172 congréganistes ou 71,5 p. o/o.

4. — Classification des écoles publiques sous le rapport des cultes.

En principe, dans les localités où plusieurs cultes sont professés publiquement, les enfants de chaque culte doivent avoir leurs écoles spéciales. Toutefois le conseil départemental « détermine le cas où les communes peuvent, à raison des circonstances et provisoirement, établir ou conserver des écoles primaires dans lesquelles sont admis des enfants appartenant « aux différents cultes reconnus. » (Article 15 de la loi du 15 mars 1850.)

Sur 38,386 écoles publiques, 37,236 sont spéciales aux enfants du culte catholique, 917 aux enfants du culte protestant, 67 aux enfants du culte israélite.

166 écoles ont été autorisées par les conseils départementaux à recevoir des enfants de différents cultes, dans des localités où ces cultes sont publiquement professés. Mais, en dehors des 166 écoles dont il s'agit, un grand nombre d'autres écoles reçoivent des enfants de toute religion. Partout, en effet, où il n'existe qu'un petit nombre de familles appartenant à un culte dissident, les enfants de ces familles sont admis dans l'école communale.

5. — Situation matérielle des écoles publiques.

« Toute commune est tenue de fournir à l'instituteur un local convenablement disposé, tant « pour lui servir d'habitation que pour recevoir les élèves, et un mobilier de classe. » (Article 37 de la loi du 15 mars 1850.) Le décret du 4 septembre 1863 y ajoute un mobilier personnel.

Voici quelle est la situation, sous le rapport matériel, des 38,386 écoles publiques :

27,642 sont installées dans des maisons appartenant aux communes,
10,165 ——— louées par les communes,
509 ——— prêtées par des particuliers,
70 ——— appartenant à des associations religieuses.

Le montant des frais de loyer pour les 10,165 maisons d'écoles louées par les communes est de 1,547,931 francs, soit, en moyenne, 154 francs par école.

Sur les 27,642 maisons d'écoles appartenant aux communes :

	LAÏQUES.	CONGRÉGANISTES.	TOTAL.
Sont bien disposées	17,742	1,656	19,398
Sont convenables pour la tenue de la classe seulement	2,207	109	2,316
Ne sont convenables que pour le logement de l'instituteur	1,410	91	1,501
Ne sont nullement convenables	4,213	215	4,428
TOTAUX	25,572	2,071	27,643

Pour les laïques, la proportion des maisons convenables est de 69 p. 0/0; pour les frères, elle est de 79 p. 0/0. Près du tiers des écoles ne remplissent pas les conditions prescrites par les règlements.

Des jardins sont annexés à 26,220 maisons: 25,882 sont à l'usage personnel des instituteurs, 338 servent plus particulièrement à l'enseignement horticole des élèves. On compte encore 1,422 maisons d'écoles appartenant aux communes, qui n'ont point de jardin.

Sur les 10,743 maisons d'écoles qui n'appartiennent pas aux communes :

	LAÏQUES.	CONGRÉGANISTES.	TOTAL.
Sont convenables	2,844	510	3,354
Ne sont convenables que pour le logement des maîtres	1,000	106	1,106
Ne sont convenables que pour la tenue des classes	1,014	103	1,117
Ne sont nullement convenables	4,918	248	5,166
TOTAUX	9,776	967	10,743

En résumé :

20,585 maisons affectées à des écoles laïques et 2,167 affectées à des écoles congréganistes sont convenables. La proportion pour les laïques est de 58,2 p. 0/0; pour les congréganistes, de 71,3 p. 0/0.

Les maisons qui ne sont pas convenablement disposées sont au nombre de 15,634 dont :

14,762 affectées aux écoles laïques, soit 41,8 p. 0/0 des 35,348 écoles laïques.
872 ——— congréganistes, soit 28. 7 p. 0/0 des 3,038 congréganistes.

Il ressort de cet exposé que les écoles congréganistes, toutes proportions gardées, sont beaucoup mieux installées que les écoles laïques; ce qui s'explique par ce fait que les écoles congréganistes sont établies surtout dans les communes riches.

6. — Améliorations à réaliser en ce qui concerne les maisons d'école.

Les communes ont donc à faire construire 10,744 maisons dont elles ne sont pas propriétaires, et à faire approprier 8,245 maisons qui ne conviennent pas à leur destination. La dépense nécessaire est évaluée, par l'inspection, de la manière suivante :

Pour la construction des maisons dans les communes non propriétaires.	100,517,217f 00c
Pour l'appropriation des maisons dont les communes sont propriétaires.	33,605,476 00
TOTAL	134,122,693 00

7. — Mobilier des écoles.

Le mobilier des classes appartient aux communes dans	34,448 écoles laïques. / 2,832 écoles congréganistes.	37,280
Il est la propriété des instituteurs ou fourni par des particuliers dans		1,106
TOTAL		38,386

Ainsi 1,106 communes n'ont point encore satisfait aux prescriptions de la loi en ce qui concerne le mobilier des classes.

Le mobilier est suffisant dans		21,727 écoles.
Il est insuffisant dans	15,810 écoles laïques 849 écoles congréganistes	16,659
Total		38,386

Le mobilier scolaire est donc insuffisant dans 43,4 p. 0/0 du nombre total des écoles : la proportion pour les écoles laïques est de 44,7 p. 0/0; pour les congréganistes, elle n'est que de 28 p. 0/0.

Enfin, le mobilier est en bon état dans	24,207 écoles laïques 2,479 congréganistes.	26,686 écoles.
Le mobilier est en mauvais état dans	11,141 écoles laïques 559 congréganistes.	11,700
	Total	38,386

Le mobilier est donc en mauvais état dans 30 p. 0/0 du nombre total des écoles. Pour les laïques, la proportion est de 31 p. 0/0; pour les congréganistes, elle n'est que de 18 p. 0/0.

6,450 écoles sont pourvues d'armoires-bibliothèques prescrites par l'arrêté du 1er juin 1862.

En résumé, le mobilier doit être complété dans	16,659 écoles.
Et renouvelé dans	11,700
Total	28,359

Les dépenses qu'occasionneraient l'acquisition et l'appropriation de ce mobilier s'élèveraient, d'après l'évaluation des inspecteurs, à 3,618,703 francs, qui, ajoutés aux 134,122,693 francs nécessaires pour la construction ou l'appropriation des maisons d'école, forment un total de 137,741,396 francs, qui représente la somme que les communes, les départements ou l'État ont encore à s'imposer pour la bonne installation des écoles publiques spéciales aux garçons ou mixtes.

8. — Classification des écoles d'après les résultats constatés par l'inspection.

Sous le rapport de la tenue générale, de la discipline, de la direction et de l'organisation pédagogique, les écoles sont classées dans les cinq catégories suivantes :

	LAÏQUES.	CONGRÉGANISTES.	TOTAL.	
Bonnes	12,513	1,066	13,579	
Assez bonnes	11,165	957	12,122	
Passables	7,844	670	8,514	24,807 écoles qui laissent à désirer.
Médiocres	3,048	277	3,325	
Mauvaises	778	68	846	
TOTAUX	35,348	3,038	38,386	

D'où il résulte que les écoles jugées bonnes par les inspecteurs seraient dans la proportion de 35 p. o/o. Cette proportion est la même pour chacune des deux catégories d'écoles, laïques et congréganistes.

9. — Population des écoles.

Les écoles publiques de garçons et les écoles mixtes, quant au sexe, ont été fréquentées, en 1863, par 2,399,293 enfants :

Les écoles spéciales de garçons ont reçu		1,556,959	garçons.
Les écoles mixtes dirigée..	par des instituteurs	736,937	garçons et filles.
	par des institutrices	105,397	———
	TOTAL ÉGAL	2,399,293	

Sur ce nombre, on compte :

GARÇONS REÇUS DANS LES ÉCOLES				FILLES REÇUES DANS LES ÉCOLES			TOTAL GÉNÉRAL.
SPÉCIALES.	MIXTES dirigées par des instituteurs.	MIXTES dirigées par des institutrices.	TOTAL.	MIXTES dirigées par des instituteurs.	MIXTES dirigées par des institutrices.	TOTAL.	
1,556,959	443,924	52,791	2,053,674	293,013	52,606	345,619	2,390,293

La moyenne des élèves par école est de 75 pour les écoles spéciales de garçons, de 47 pour les écoles mixtes confiées à des instituteurs, de 39 pour les écoles mixtes dirigées par des institutrices.

Les écoles laïques ont reçu 1,986,441 élèves : c'est une moyenne de 56 élèves par école ; les coles congréganistes ont réuni 412,852 élèves, soit, en moyenne, 135 par école.

Les élèves payants sont au nombre de 1,553,762 : c'est 64 p. o/o du nombre total des élèves reçus dans les écoles de toute nature.

Le nombre total des élèves gratuits est de 845,531 ; soit 36 p. o/o du nombre total des élèves reçus dans les écoles de toute nature. Le nombre des élèves gratuits reçus dans les écoles laïques, soit absolument gratuites, soit payantes, est un peu moins du tiers de l'effectif de ces écoles; le nombre des élèves gratuits reçus dans les écoles congréganistes, soit absolument gratuites, soit payantes, est un peu plus des deux tiers de l'effectif des écoles. Il faut remarquer que le nombre des écoles absolument gratuites est de 1,886 pour les laïques, soit 5 p. o/o du nombre de leurs écoles, et de 866 pour les congréganistes, soit 28,5 p. o/o du nombre de leurs écoles.

10. — Durée de la fréquentation.

Sur les 2,399,293 enfants qui ont fréquenté l'école en 1863, 831,258 l'ont fréquentée d'un à six mois pendant cette année, soit 34.6 p. o/o. Sur ce nombre, on compte 715,070 élèves des écoles laïques et 116,188 des écoles congréganistes. La proportion est pour les premières de 36 p. o/o du nombre de leurs élèves, et, pour les autres, elle n'est que de 28,2 p. o/o. Le nombre des élèves qui ont fréquenté l'école d'un à neuf mois, nombre qui comprend le précédent, est de 1,286,744 ou 53,7 p. o/o, dont 1,111,286 ou 55,9 p. o/o dans les écoles laïques et 175,458 ou 42.5 p. o/o dans les écoles congréganistes.

Il n'y a donc que 1,112,549 enfants, soit 46.4 p. o/o, qui fréquentent l'école plus de neuf mois ou toute l'année.

Il résulte de ce qui précède que la durée annuelle de la fréquentation des classes est plus longue de 13,4 p. o/o dans les écoles congréganistes que dans les écoles laïques. Ce résultat est dû en partie à ce que les écoles des frères sont généralement établies dans les villes, où la désertion en été est moins considérable que dans les communes rurales.

11. — Personnel des instituteurs publics.

Les 38,386 écoles primaires publiques spéciales aux garçons ou mixtes sont dirigées savoir :

Par	33,767 instituteurs laïques secondés par	2,690 adjoints laïques.
	1,581 institutrices laïques	33 adjointes laïques.
	1,966 instituteurs congréganistes	4,355 adjoints congréganistes.
	1,072 institutrices congréganistes	566 adjointes congréganistes.
Totaux	38,386 instituteurs	7,644 adjoints.

Le nombre des laïques est de 1.08 personne par école; celui des congréganistes de 2.6 personnes par école.

16,495 instituteurs laïques et 1,022 adjoints ont été formés dans une école normale; c'est une moyenne de 45 p. o/o.

12. — Titres de capacité.

Les instituteurs publics doivent être pourvus d'un brevet de capacité ou d'un titre équivalent. Les instituteurs adjoints sont dispensés du brevet. Quant aux institutrices dirigeant des écoles mixtes, elles doivent être pourvues du brevet, si elles sont laïques ; pour les sœurs appartenant à des congrégations reconnues, la lettre d'obédience supplée le brevet.

D'après les titres dont ils sont munis, les instituteurs publics et les institutrices chargées des écoles mixtes se classent de la manière suivante :

NATURE DU TITRE DE CAPACITÉ.	LAÏQUES.				CONGRÉGANISTES.			
	INSTITUTEURS.	ADJOINTS.	INSTITUTRICES.	ADJOINTES.	FRÈRES.	ADJOINTS.	SŒURS.	ADJOINTES.
Pourvus d'un brevet simple ou élémentaire	30,433	1,905	1,438	19	1,881	400	263	10
Pourvus d'un brevet supérieur ou complet	2,441	"	10	"	39	13	"	"
Pourvus du diplôme de bachelier	128	"	"	"	"	"	"	"
Pourvus d'un simple certificat de stage	10	"	"	"	"	"	"	"
Pourvus d'un titre équivalent au brevet	205	"	"	"	"	"	"	"
Dépourvus de brevet	550	783	133	14	46	3,942	809	556
TOTAUX	33,767	2,688	1,581	33	1,966	4,355	1,072	566

Ainsi, près de 8 p. 0/0 des instituteurs laïques ont le brevet complet ou le diplôme de bachelier ; moins de 2 p. 0/0 des instituteurs congréganistes ont le brevet complet. Parmi les adjoints laïques, près de 71 p. 0/0 sont brevetés ; parmi les adjoints congréganistes, un peu plus de 9 p. 0/0 ont le brevet ; il y a donc huit fois plus d'adjoints brevetés parmi les laïques que parmi les congréganistes.

13. — Dépenses ordinaires des écoles publiques.

Outre le logement et le mobilier de classe, toute commune est tenue de fournir un traitement à l'instituteur public, (article 37 de la loi du 15 mars 1850). Le décret du 19 avril 1862 fixe de la manière suivante les traitements minimum des instituteurs :

1° De 1 à 5 ans de service 600f
2° Après 5 ans 700
3° Après 10 ans. (Pour 1/20 des instituteurs) 800
4° Après 15 ans. (*Id.*) 900

Les institutrices qui dirigent les écoles mixtes jouissent d'un traitement dont le minimum est déterminé par le décret du 31 décembre 1853 :

1re Classe 500f
2e Classe 400

D'après les articles 38 et 40 de la loi du 15 mars 1850,

Le traitement des instituteurs se compose :

1° D'un traitement fixe d'au moins 200 francs;
2° Du produit de la rétribution scolaire;
3° D'un supplément accordé à ceux dont le traitement fixe, joint au produit de la rétribution scolaire, n'atteint pas le minimum garanti par la loi.

Il est pourvu à la dépense au moyen :

1° Des revenus ordinaires des communes et du produit des fondations;
2° Du produit de la rétribution scolaire;
3° S'il y a lieu, d'une imposition spéciale de 3 centimes;
4° Quand ces ressources sont épuisées, d'une imposition départementale de deux centimes;
5° Enfin, d'une subvention de l'État, s'il existe encore un déficit à combler.

Pour l'année 1863, les traitements des instituteurs laïques ou des institutrices dirigeant des écoles mixtes et de leurs adjoints se sont élevés à 28,573,660 fr. 31 cent.

1° Traitement des instituteurs et des institutrices	27,519,567f	91c
Moyenne du traitement	778	52
2° Traitement de leurs adjoints	1,054,092	40
Moyenne du traitement	392	17

Il a été pourvu de la manière suivante à ces dépenses :

1° Montant des ressources provenant des communes et des fondations	10,978,549f	31c
2° Produit de la rétribution scolaire	12,748,891	91
3° Subvention des départements	2,453,426	65
4° Subvention de l'État	2,392,792	44
Total	28,573,660	31

(La subvention des départements et de l'État ne s'applique pas aux traitements des adjoints, qui sont à la charge de la commune.)

Les traitements des instituteurs congréganistes et de leurs adjoints ont occasionné une dépense de 4,394,228 fr. 58 cent.

1° Traitement des instituteurs	2,505,314f	88c
Moyenne du traitement	824	46
2° Traitement de leurs adjoints	1,888,913	70
Moyenne du traitement	383	84

Il a été pourvu de la manière suivante à ces dépenses :

1° Montant des ressources provenant des communes et des fondations	3,292,473f	79c
2° Produit de la rétribution scolaire	990,702	99
3° Subvention des départements	77,546	44
4° Subvention de l'État	33,505	36
Total	4,394,228	58

En résumé les traitements des instituteurs publics (laïques et congréganistes) ont donné lieu à une dépense de 32,967,888 fr. 89 cent., savoir :

1° A la charge des familles	13,739,594f 90c [1]
2° ——— des communes	14,271,023 10
3° ——— des départements	2,530,973 09
4° ——— de l'État	2,426,297 80
Total égal	32,967,888 89

En dehors des ressources purement scolaires, les instituteurs jouissent d'avantages provenant des diverses fonctions accessoires qu'ils remplissent. Les sommes qu'ils reçoivent pour ces fonctions s'élèvent à 4,219,587 fr. 28 cent. Le traitement attribué aux fonctions de secrétaire de mairie entre dans la dépense pour 2,349,327 fr. 30 cent.

14. — Dépenses relatives au matériel des écoles.

Les dépenses ordinaires relatives aux frais d'entretien des maisons d'école, des mobiliers et des bibliothèques scolaires et aux fournitures classiques des enfants pauvres s'élèvent, d'après les budgets municipaux de 1863, à	1,912,126f 64c
Si l'on y ajoute la dépense occasionnée par le chauffage des écoles, soit	1,328,596 89
Et celle des loyers de maisons d'école, soit	1,547,931 00
On arrive ainsi, pour les dépenses ordinaires relatives au matériel des écoles, à une somme de	4,788,654 53

On ne comprend pas dans ce chiffre la subvention de l'État ni celle des départements relatives à des frais accessoires qui ne pouvaient être connus par voie d'enquête et qui font l'objet d'un article spécial au résumé général de la dépense.

En définitive, les dépenses effectuées en 1863 en faveur des 38,386 écoles publiques de garçons ou communes aux deux sexes se sont élevées à 37,756,543f 42c

15. — Pensionnats primaires.

Les pensionnats primaires annexés à des écoles publiques de garçons sont au nombre de 818, dont 602 dirigés par des instituteurs laïques, et 216 par des instituteurs congréganistes; les premiers ont reçu 7,952 internes, soit en moyenne, 13 élèves par pensionnat; les seconds ont admis 5,815 internes, soit, en moyenne, 27 par pensionnat.

[1] Ce chiffre, qui résulte des tableaux de la statistique, fait connaître seulement le montant de la rétribution scolaire dont le recouvrement était opéré au 31 décembre 1863; mais l'état de dépenses, réglé en 1864 pour l'exercice 1863; porte cette rétribution à une somme totale de 14,254,197 fr. 54 cent. C'est une différence de 514,602 fr. 64 cent.

16. — Établissements complémentaires.

Il y a eu, en 1863, 4,394 classes d'adultes, 297 écoles d'apprentis, 59 classes du dimanche, 71 écoles destinées aux enfants qui travaillent dans les manufactures et 27 orphelinats.

Voici le résumé de la situation de ces établissements :

NATURE des ÉTABLISSEMENTS.	CLASSES D'ADULTES.		ÉCOLES D'APPRENTIS.		ÉCOLES DU DIMANCHE.		ÉCOLES DES FABRIQUES.		ORPHELINATS.		TOTAL des ÉTABLISSEMENTS complémentaires.	TOTAL DES ÉLÈVES qui les fréquentent.
	Nombre des établissements.	Nombre des élèves qui les fréquentent.	Nombre des établissements.	Nombre des élèves qui les fréquentent.	Nombre des établissements.	Nombre des élèves qui les fréquentent.	Nombre des établissements.	Nombre des élèves qui les fréquentent.	Nombre des établissements.	Nombre des élèves qui les fréquentent.		
Laïques......	4,122	69,598	241	9.687	35	1,314	66	3,181	7	647	4,471	84,427
Congréganistes	272	21,665	56	3,976	24	2,936	5	532	20	959	377	30,068
TOTAUX..	4,394	91,263	297	13,063	59	4,250	71	3,713	27	1,606	4,848	114,495

Sur ce nombre de 114,495 élèves, 65,725 sont admis gratuitement et 48,770 payent une rétribution scolaire dont le montant est de 242,758 francs.

CHAPITRE II.

ÉCOLES PUBLIQUES DE FILLES.

Aux termes de l'article 51 de la loi du 15 mars 1850, toute commune de 800 âmes et au-dessus est tenue, si ses ressources le lui permettent, d'avoir au moins une école spéciale de filles. Sous ce rapport, les prescriptions de la loi ont été généralement observées. Il existe même un bon nombre de communes de moins de 800 âmes qui possèdent des écoles de filles. Si le chiffre de la population était abaissé de 800 à 500, il n'y aurait en France que 16,547 communes qui seraient dispensées d'avoir une école spéciale pour chaque sexe.

17. — Situation des communes.

Sur les 37,510 communes de l'Empire, 19,312 sont pourvues d'écoles de filles.

13,207 possèdent au moins une école publique ;

696 sont réunies à une commune voisine ;

5,409 ont une ou plusieurs écoles libres qui tiennent lieu d'écoles publiques.

De sorte que le nombre des communes dépourvues d'écoles spéciales pour les jeunes filles est encore de 18,198 [1].

[1] Sur les 17,683 écoles publiques communes aux deux sexes, 2,653 sont dirigées par une institutrice; 3,510 femmes donnent aux filles l'éducation spéciale dans des écoles mixtes dirigées par des instituteurs, soit en tout 6,163. Il reste donc à pourvoir à l'instruction spéciale des filles dans 11,520 écoles. Ce sera l'œuvre de la loi qui va être proposée aux pouvoirs publics.

Le nombre des écoles publiques de filles est de 14,059; elles desservent 13,903 communes, et se classent de la manière suivante :

18. — Nombre des écoles publiques de filles.

Nombre des écoles publiques de filles dirigées par des institutrices	laïques	payantes	5,455		5,998	Spéciales au culte catholique	13,726
		gratuites		543		Spéciales au culte protestant	281
						Spéciales au culte israélite	9
	sœurs	payantes	6,427		8,061	Communes à plusieurs cultes par autorisation spéciale des conseils départementaux, ce qui n'empêche pas que beaucoup d'autres écoles ne reçoivent des enfants de toute religion	43
		gratuites		1,634			
Totaux			11,882	2,177	14,059	Total	14,059

19. — Situation matérielle.

7,603 communes sont propriétaires de leurs maisons d'école; dans 5,604 communes, les maisons sont louées ou prêtées.

Ces maisons se classent ainsi :

Maisons appartenant aux communes. Maisons.	Laïques.	Congréganistes.	Total.	Maisons d'école louées, prêtées ou appartenant à des congrégations religieuses. Maisons.	Laïques.	Congréganistes.	Total.
Convenables	1,994	4,213	6,207	Convenables	904	1,738	2,732
Convenables pour la tenue de la classe seulement	293	223	516	Convenables pour la tenue de la classe seulement	329	176	505
Convenables pour le logement seulement	184	322	506	Convenables pour le logement seulement	283	251	534
Nullement convenables	622	552	1,174	Nullement convenables	1,299	586	1,885
Totaux	3,093	5,310	8,403	Totaux	2,905	2,751	5,656

Il ressort de ce tableau que, pour les laïques, les maisons appartenant aux communes et convenables sont dans la proportion de 64.4 p. o/o, et que, pour les sœurs, la proportion est de 79.3 p. o/o. Cette différence s'explique par les légitimes exigences des congrégations religieuses, par l'installation matérielle de leurs écoles, et par la facilité avec laquelle les sœurs trouvent dans la charité privée et dans le concours du clergé les ressources nécessaires pour réaliser les améliorations que réclament les locaux. La même observation s'applique aux maisons louées : pour les laïques, les maisons convenables forment à peine le tiers des maisons louées, tandis que, pour les religieuses, elles dépassent la moitié.

En définitive, sur 14,059 maisons d'écoles de filles, 8,939 seulement ne laissent rien à désirer.

Dans l'état actuel, les communes ont à acquérir 5,012 maisons louées ou prêtées en dehors des 644 maisons appartenant à des congrégations religieuses, et à faire approprier 2,196 maisons qui ne conviennent pas à leur destination, en dehors des maisons louées.

Les dépenses qu'occasionneraient l'appropriation des locaux appartenant aux communes et la construction des maisons dans les communes qui ne sont que locataires, ne s'élèveraient pas, d'après l'évaluation des inspecteurs, à moins de 61,246,713 francs.

20. — Mobilier des écoles.

La situation des écoles publiques de filles, sous le rapport du mobilier scolaire, se résume de la manière suivante :

NATURE DES ÉTABLISSEMENTS.	MOBILIERS						
	APPARTENANT aux communes.	APPARTENANT aux institutrices.	PRÊTÉS.	SUFFISANTS.	INSUFFISANTS.	en BON ÉTAT.	en MAUVAIS ÉTAT.
Laïques	5,234	632	132	2,848	3,150	3,926	2,072
Congréganistes	6,964	705	392	5,284	2,777	6,601	1,460
TOTAUX	12,198	1,337	524	8,132	5,927	10,527	3,532

D'où il suit que, sous ce rapport encore, les sœurs sont plus favorisées que les institutrices laïques; le mobilier n'est en mauvais état que dans le sixième environ des écoles de sœurs, tandis que cette proportion est de près du tiers dans les écoles laïques.

Les sommes nécessaires pour compléter et approprier le mobilier des écoles de filles sont évaluées à 1,822,427 francs qui, ajoutés aux 61,246,713 francs nécessaires pour les constructions et appropriations des locaux forment un total de 63,069,140 francs.

21. — Situation des écoles communales de filles sous le rapport de la tenue de la classe.

Sous le rapport de la tenue générale, de l'organisation pédagogique et du progrès des études, les écoles publiques de filles se classent de la manière suivante :

	LAÏQUES.	CONGRÉGANISTES.	TOTAL.	
Bonnes	1,953	2,893	4,846	
Assez bonnes	2,037	2,630	4,667	9,213 écoles qui laissent à désirer.
Passables	1,404	1,728	3,132	
Médiocres	492	655	1,147	
Mauvaises	112	155	267	
TOTAUX	5,998	8,061	14,059	

La moyenne des bonnes écoles est de 34,4 p. o/o. Pour les laïques, les bonnes écoles représentent 32,5 p. o/o; cette moyenne est pour les sœurs de 35,8 p. o/o. Les écoles qui laissent à désirer représentent, pour les laïques, 67,5 p. o/o; et pour les congréganistes, 64,2 p. o/o. L'avantage est donc pour les institutrices religieuses; mais, comme on l'a vu plus haut, les écoles congréganistes sont mieux appropriées au service et pourvues d'un mobilier plus convenable que les écoles laïques, puisque l'installation matérielle qui est bonne dans 73,8 p. o/o des écoles congréganistes ne l'est que dans 49,8 p. o/o des écoles laïques. Or l'appropriation des locaux et du mobilier contribue puissamment à la bonne tenue d'une classe.

En résumé, la proportion des bonnes écoles est un peu plus de 3 p. o/o à l'avantage des sœurs, tandis que la proportion dans les maisons qui ne laissent rien à désirer est de 24 p. o/o contre les laïques.

22. — Population des écoles.

Les écoles publiques de filles ont été fréquentées, en 1863, par 1,014,537 enfants; soit, en moyenne, 72 par école.

317,342 élèves ont été reçues dans les écoles laïques; soit, en moyenne, 53 par école.
697,195 élèves ont été reçues dans les écoles congréganistes; soit, en moyenne, 86 par école.

Les laïques reçoivent donc 31,3 p. o/o et les sœurs 68,7 p. o/o du nombre des élèves.

Dans les écoles laïques, les élèves sont au nombre de.....	213,902 payantes	et 103,440 gratuites,	total	317,342
Dans les écoles congréganistes, les élèves sont au nombre de..	333,897 payantes	et 363,298 gratuites,	total	697,195
Totaux................	547,799 payantes	et 466,738 gratuites,	total	1,014,537

Le nombre des élèves gratuites reçues dans les écoles laïques, soit absolument gratuites, soit payantes, est le tiers de l'effectif de ces écoles; le nombre des élèves gratuites reçues dans les écoles congréganistes, soit absolument gratuites, soit payantes, est la moitié de l'effectif de ces écoles. Il faut remarquer que le nombre des écoles absolument gratuites est, pour les laïques, de 543 sur 5,998 écoles, et, pour les congréganistes, de 1,634 sur 8,061 écoles.

23. — Durée de la fréquentation des écoles.

Il résulte de la statistique de 1863, que 327,035 élèves, ou 32 p. o/o, ne fréquentent les écoles que d'un à six mois de l'année; que 523,184 élèves, ou 52 p. o/o n'ont fréquenté l'école que d'un à neuf mois; qu'enfin 491,353, ou plus de 48 p. o/o, sont restés à l'école plus de neuf mois. D'où il résulte que près du tiers des jeunes filles ne font qu'apparaître sur les bancs des classes et oublient ainsi pendant les mois d'été les leçons apprises durant l'hiver. Quand arrive l'heure de l'apprentissage, le bagage scolaire est bien léger, puis va chaque année en diminuant, jusqu'à ce qu'il ne reste point de traces du passage à l'école.

24. — Personnel des institutrices.

Le nombre des personnes attachées aux écoles publiques de filles est de 24,411, dont 6,845 dans les écoles laïques et 17,566 dans les écoles congréganistes.

Institutrices laïques...	5,998	Institutrices congréganistes...	8,061	Total des institutrices...	14,059
Adjointes..........	847	Adjointes...............	9,505	Total des adjointes.....	10,352
TOTAL des laïques..	6,845	TOTAL des congréganistes.	17,566	TOTAL GÉNÉRAL....	24,411

1,986 institutrices laïques ont été formées dans une école normale, soit, en moyenne, 33 p. o/o.

25. — Titres de capacité.

D'après les titres dont elles sont munies, les institutrices publiques se classent ainsi :

NATURE DU TITRE DE CAPACITÉ.	LAÏQUES.			CONGRÉGANISTES.		
	INSTITUTRICES.	ADJOINTES.	TOTAL.	INSTITUTRICES.	ADJOINTES.	TOTAL.
Pourvues d'un brevet supérieur ou du 1er ordre.....	315	345	660	28	120	148
Pourvues d'un brevet élémentaire ou du 2e ordre...	5,309	"	5,309	637	"	637
Pourvues d'un certificat de stage...............	2	"	2	17	"	17
Dépourvues de brevet....................	372	502	874	7,378	9,385	14,764
Pourvues seulement de lettres d'obédience.......	"	"	"	*Id.*	*Id.*	*Id.*
TOTAUX...............	5,998	847	6,845	8,060	9,505	15,566

Parmi les institutrices adjointes laïques, le nombre de celles qui ont un brevet est dans la proportion de 40 p. o/o; parmi les congréganistes, cette proportion est de 1 p. o/o.

26. — Dépenses des écoles publiques de filles.

La loi n'impose aucune obligation aux communes en ce qui concerne le traitement des institutrices; elle s'en est rapportée, à cet égard, aux administrations municipales.

Il résulte de l'enquête qui vient d'avoir lieu que la dépense des établissements de cette nature s'est élevée, en 1863, à 10,138,421 fr. 72 cent. savoir :

Pour les 5,998 écoles laïques.... 3,664,953f 39c soit, en moyenne... 610f par école.
Pour les 8,061 écoles congréganistes.................. 6,473,468 33 soit, en moyenne... 803 par école.

Les dépenses s'établissent ainsi :

Traitements des institutrices	laïques et de leurs adjointes.........	3,295,807f 01c
	congréganistes et de leurs adjointes....	6,042,441 72
	TOTAL..............	9,338,248 73

Loyers des maisons d'école........................	775,804f 46c
Frais d'imprimés..............................	24,368 53
TOTAL..............	800,172 99

Le traitement moyen de chaque maîtresse laïque est de 481 francs; celui de chaque religieuse est de 344 francs.

Les ressources affectées à ces dépenses sont de quatre natures, savoir :

	LAÏQUES.	CONGRÉGANISTES.	TOTAL.
Produit des fondations et souscriptions.	93,738f 98c	591,805f 65c	585,544f 63c
Revenus ordinaires des communes....	1,491,293 57	2,945,205 91	4,436,499 48
Produit d'imposition extraordinaire...	233,089 25	268,468 76	501,558 01
Rétribution scolaire..............	1,846,831 59	2,667,988 01	4,514,819 60
TOTAUX.....	3,664,953 39	6,473,468 33	10,138,421 27

Outre les dépenses ordinaires dont il vient d'être parlé, les communes pourvoient à l'entretien des locaux et du mobilier scolaire. Les sommes inscrites à cet effet aux budgets municipaux s'élèvent à 1,121,062 francs, savoir :

Pour frais de chauffage des classes..................................	528,104f
Pour l'entretien { des écoles..................................	261,137
Pour l'entretien { du mobilier..................................	129,210
Pour acquisitions de livres et fournitures de classe aux indigents..........	179,726
Pour l'entretien des bibliothèques scolaires........................	6,515
Pour indemnités aux institutrices qui enseignent les travaux à l'aiguille en dehors des heures ordinaires de la classe......................	16,370
TOTAL............	1,121,062

De sorte qu'en définitive les écoles publiques de filles ont occasionné en 1863 une dépense totale de 11,259,483 fr. 72 cent., chiffre auquel il convient d'ajouter 482,837 fr. 91 cent., montant des subventions accordées par l'État et les départements en faveur des institutrices dont le traitement n'atteint pas 400 francs.

27. — Pensionnats primaires.

1,192 pensionnats primaires sont annexés à des écoles publiques de filles, savoir :

184 pensionnats laïques, qui reçoivent 1,661 élèves internes, soit 9 par pensionnat;

1,008 pensionnats congréganistes, qui reçoivent 15,065 élèves internes, soit 15 par pensionnat.

Le prix moyen de la pension est de 331 fr. 76 cent. dans les établissements laïques et de 336 fr. 83 cent. dans les établissements congréganistes.

28. — Établissements complémentaires.

Il y a eu, en 1863, 192 classes d'adultes, 244 écoles du dimanche, 298 ouvroirs spéciaux, 110 orphelinats annexés à des écoles publiques.

Voici le résumé de la situation de ces établissements :

NATURE DES ÉTABLISSEMENTS.	CLASSES D'ADULTES. Nombre des établissements.	CLASSES D'ADULTES. Nombre des élèves qui les fréquentent.	ÉCOLES DU DIMANCHE. Nombre des établissements.	ÉCOLES DU DIMANCHE. Nombre des élèves qui les fréquentent.	OUVROIRS. Nombre des établissements.	OUVROIRS. Nombre des élèves qui les fréquentent.	ORPHELINATS. Nombre des établissements.	ORPHELINATS. Nombre des élèves qui les fréquentent.	TOTAL des établissements.	TOTAL des élèves qui les fréquentent.
Laïques	93	2,323	47	2,056	15	692	2	85	157	5,150
Congréganistes	94	5,530	197	8,621	283	7,358	108	3,875	687	25,384
TOTAUX	187	7,853	244	10,677	298	8,050	110	3,960	839	30,540

Sur ce nombre de 30,540 élèves, il y en a 22,905 qui sont admises gratuitement et 7,635 qui payent une rétribution scolaire dont le montant est de 49,072 francs.

En résumé, le nombre des établissements *publics* destinés aux jeunes filles est de 16,085 savoir :

Écoles primaires	14,059
Pensionnats	1,192
Établissements de persévérance	839
TOTAL	16,090

Ils ont été fréquentés par 1,045,077 élèves.

29. — Instruction des enfants à la sortie des écoles.

Il résulte des déclarations des instituteurs et des institutrices que, chaque année, il sort des écoles publiques de garçons ou de filles environ le 1/5 de la population scolaire. Sur les enfants qui, en 1863, ont cessé de fréquenter les classes et qui sont au nombre de 519,285, on compte :

	ÉLÈVES DES ÉCOLES LAÏQUES.	ÉLÈVES DES ÉCOLES CONGRÉGANISTES.	TOTAL.	
1° Ne sachant pas à la fois lire et écrire	44,345	26,041	70,386	Soit 13.5 p. o/o.
2° Ne sachant que lire et écrire	86,497	47,353	133,850	Soit 25.6 p. o/o.
3° Sachant lire, écrire et compter	159,967	74,288	234,255	Soit 45.2 p. o/o.
4° Enfin, possédant, outre les matières obligatoires, quelques connaissances sur les matières facultatives	55,286	25,508	80,794	Soit 15.7 p. o/o.
TOTAUX	346,095	173,190	519,285	

Si, de ces quatre catégories d'enfants, on réunit les deux premières en une seule, on arrive au chiffre de 204,236 élèves sur 519,285 ou 39.1 p. 0/0, qui ont inutilement passé par l'école ou qui en emportent des connaissances insuffisantes, que beaucoup d'entre eux oublieront.

Les 315,049 enfants, soit 60.9 p. 0/0, qui savent lire, écrire et compter ou qui ont ajouté quelques connaissances facultatives aux connaissances obligatoires, se répartissent de la manière suivante entre les deux ordres d'enseignement :

Élèves des écoles....... { laïques.................... 215,253, soit 62.2 p. 0/0.
{ congréganistes.............. 99,796, soit 57.7 p. 0/0.

Sur les 204,236 élèves des deux autres catégories qui ne savent que lire ou écrire ou qui ne savent rien :

Appartiennent aux écoles { laïques..................... 130,842, ou 37.8 p. 0/0.
{ congréganistes.............. 73,394, ou 42.3 p. 0/0.

Le nombre des enfants sortant des écoles avec les connaissances qu'ils ont dû y prendre, présente donc, en faveur des écoles laïques, une supériorité de 4.5 p. 0/0. La même proportion existe en sens inverse pour les enfants ignorants ou insuffisamment instruits; il y en a 4.5 p. 0/0 de moins dans les écoles laïques que dans les écoles congréganistes.

N° 30. — Nombre des écoles ayant plus de 80 élèves.

D'après la statistique de 1863, le nombre des écoles publiques ayant plus de 80 élèves est de 8,480. Il se répartit de la manière suivante :

DÉPARTEMENTS.	NOMBRE D'ÉCOLES AYANT PLUS DE 80 ÉLÈVES.		
	Écoles de garçons.	Écoles de filles.	TOTAL.
Ain	104	49	153
Aisne	122	66	188
Allier	40	18	58
Alpes (Basses-)	13	8	21
Alpes (Hautes-)	25	17	42
Alpes-Maritimes	23	17	40
Ardèche	60	8	68
Ardennes	66	65	131
Ariége	21	15	36
Aube	35	35	70
Aude	23	16	39
Aveyron	40	5	45
Bouches-du-Rhône	63	43	106
Calvados	27	49	76
Cantal	2	6	8
Charente	36	5	41
A reporter...	700	422	1,122
Report.....	700	422	1,122
Charente-Inférieure	72	14	86
Cher	50	24	74
Corrèze	19	8	27
Corse	15	8	23
Côte-d'Or	35	39	74
Côtes-du-Nord	106	43	149
Creuse	48	3	51
Dordogne	22	9	31
Doubs	65	64	129
Drôme	54	26	80
Eure	14	24	38
Eure-et-Loir	46	33	79
Finistère	38	13	51
Gard	20	40	60
Garonne (Haute-)	11	9	20
Gers	7	9	16
A reporter...	1,322	788	2,110

DÉPARTEMENTS.	NOMBRE D'ÉCOLES AYANT PLUS DE 80 ÉLÈVES. Écoles de garçons.	Écoles de filles.	TOTAL.	DÉPARTEMENTS.	NOMBRE D'ÉCOLES AYANT PLUS DE 80 ÉLÈVES. Écoles de garçons.	Écoles de filles.	TOTAL.
Report	1,322	788	2,110	A reporter	3,224	2,101	5,325
Gironde	49	29	78	Pas-de-Calais	118	92	210
Hérault	45	21	66	Puy-de-Dôme	63	26	89
Ille-et-Vilaine	112	55	167	Pyrénées (Basses-)	19	36	55
Indre	20	11	31	Pyrénées (Hautes-)	10	11	21
Indre-et-Loire	43	11	54	Pyrénées-Orientales	36	9	45
Isère	108	71	179	Rhin (Bas-)	159	128	287
Jura	24	48	72	Rhin (Haut-)	145	132	277
Landes	40	24	64	Rhône	132	58	190
Loir-et-Cher	42	29	71	Saône (Haute-)	55	59	114
Loire	99	92	191	Saône-et-Loire	80	62	142
Loire (Haute-)	13	3	16	Sarthe	53	59	112
Loire-Inférieure	83	41	124	Savoie	1	32	33
Loiret	88	66	154	Savoie (Haute-)	57	56	113
Lot	20	2	22	Seine	11	126	137
Lot-et-Garonne	13	9	22	Seine-Inférieure	88	84	172
Lozère	16	»	16	Seine-et-Marne	54	33	87
Maine-et-Loire	115	66	181	Seine-et-Oise	70	39	109
Manche	115	71	186	Sèvres (Deux-)	91	7	98
Marne	57	47	104	Somme	80	76	156
Marne (Haute-)	60	39	99	Tarn	17	7	24
Mayenne	69	56	125	Tarn-et-Garonne	17	7	24
Meurthe	56	49	105	Var	31	11	42
Meuse	39	25	64	Vaucluse	39	46	85
Morbihan	43	16	59	Vendée	73	42	115
Moselle	28	45	73	Vienne	35	9	44
Nièvre	65	36	101	Vienne (Haute-)	24	7	31
Nord	336	288	624	Vosges	92	70	171
Oise	39	26	65	Yonne	105	67	172
Orne	65	37	102				
A reporter	3,224	2,101	5,325	TOTAUX	4,959	3,521	8,480

N° 31. — Rétribution scolaire.

Il peut être utile de connaître, pour tous les départements, le taux moyen de la rétribution scolaire dans les écoles publiques de garçons ou communes aux deux sexes. L'état suivant fournit ce renseignement.

DÉPARTEMENTS.	ÉCOLES PUBLIQUES DE GARÇONS.		ÉCOLES PUBLIQUES COMMUNES aux deux sexes.		DÉPARTEMENTS.	ÉCOLES PUBLIQUES DE GARÇONS.		ÉCOLES PUBLIQUES COMMUNES aux deux sexes.	
Ain	2f 20c	10f 62c	2f 03c	10f 25c	Alpes-Maritimes	0f 86c	»	0f 83c	»
Aisne	1 07	8 00	1 00	8 00	Ardèche	2 50	12f 66c	2 50	12 66
Allier	1 35	15 31	2 50	13 90	Ardennes	0 86	»	0 92	»
Alpes (Basses-)	1 75	11 00	1 75	11 00	Ariége	1 75	11 79	1 75	11 66
Alpes (Hautes-)	0 93	»	»	»	Aube	1 25	»	1 25	»

DÉPARTEMENTS.	ÉCOLES PUBLIQUES DE GARÇONS.		ÉCOLES PUBLIQUES COMMUNES aux deux sexes.	
Aude	1f 15c	12f 95c	2f 15c	12f 95c
Aveyron	2 25	11 00	2 25	11 00
Bouches-du-Rhône	1 96	"	1 50	"
Calvados	1 50	"	1 50	"
Cantal	2 19	11 01	"	"
Charente	2 15	"	2 15	"
Charente-Inférieure	1 75	"	1 75	"
Cher	1 50	"	1 50	"
Corrèze	1 87	11 00	1 87	11 00
Corse	2 50	14 00	2 27	13 05
Côte-d'Or	1 14	"	1 16	"
Côtes-du-Nord	1 37	11 00	1 37	11 00
Creuse	2 25	12 33	2 25	12 33
Dordogne	2 16	17 78	2 16	17 78
Doubs	1 25	5 00	1 25	5 00
Drôme	3 22	12 65	3 14	12 27
Eure	1 35	"	1 25	"
Eure-et-Loir	1 61	"	1 61	"
Finistère	1 50	"	1 50	"
Gard	2 01	16 15	1 99	16 05
Garonne (Haute-)	2 18	13 39	2 18	13 39
Gers	2 75	15 75	2 75	15 75
Gironde	2 25	"	"	"
Hérault	1 87	18 00	1 62	"
Ille-et-Vilaine	1 25	"	1 25	"
Indre	2 60	13 00	2 60	13 12
Indre-et-Loire	3 07	19 48	3 00	18 03
Isère	2 17	10 45	2 00	10 20
Jura	1 60	8 00	1 60	8 00
Landes	1 50	11 83	1 35	11 33
Loir-et-Cher	1 50	"	1 50	"
Loire	2 00	11 70	2 00	11 70
Loire (Haute-)	"	"	1 75	9 00
Loire-Inférieure	1 50	"	"	"
Loiret	1 57	"	1 51	"
Lot	2 00	16 00	2 00	"
Lot-et-Garonne	2 00	"	2 00	"
Lozère	1 50	8 00	"	8 00
Maine-et-Loire	1 75	14 00	1 75	14 00
Manche	1 25	"	"	"
Marne	2f 00c	10f 00c	2f 00c	10f 00c
Marne (Haute-)	1 00	8 00	1 00	8 00
Mayenne	1 75	"	1 75	"
Meurthe	1 25	7 00	1 25	7 00
Meuse	1 51	7 72	1 52	7 76
Morbihan	1 50	8 00	"	"
Moselle	1 01	5 65	1 12	5 50
Nièvre	1 36	10 00	1 35	10 00
Nord	1 25	10 25	1 21	10 60
Oise	1 50	10 00	1 50	10 00
Orne	1 26	"	1 25	"
Pas-de-Calais	1 50	7 62	1 50	7 46
Puy-de-Dôme	1 55	11 00	1 58	11 00
Pyrénées (Basses-)	1 25	8 00	1 25	8 00
Pyrénées (Hautes-)	1 50	10 00	1 50	10 00
Pyrénées-Orientales	1 52	"	"	"
Rhin (Bas-)	0 93	4 00	0 59	4 40
Rhin (Haut-)	0 68	5 60	0 68	5 63
Rhône	1 65	"	1 60	"
Saône (Haute-)	1 25	6 00	1 25	6 00
Saône-et-Loire	2 00	12 00	2 00	12 00
Sarthe	1 76	"	1 50	"
Savoie	3 26	3 00	2 18	2 79
Savoie (Haute-)	1 00	6 00	1 00	6 00
Seine	2 10	"	2 00	"
Seine-Inférieure	1 20	"	1 20	"
Seine-et-Marne	1 35	"	1 35	"
Seine-et-Oise	1 62	"	1 62	"
Sèvres (Deux-)	2 00	"	2 00	"
Somme	2 00	10 00	2 00	10 00
Tarn	1 50	9 75	1 50	9 75
Tarn-et-Garonne	2 40	14 00	2 40	14 00
Var	2 20	19 45	2 00	18 00
Vaucluse	1 50	"	1 25	"
Vendée	1 50	"	1 50	"
Vienne	1 71	"	1 63	"
Vienne (Haute-)	1 75	13 00	1 75	13 00
Vosges	1 50	7 70	1 50	7 70
Yonne	1 30	"	1 35	"

CHAPITRE III.

SALLES D'ASILE PUBLIQUES.

32. — Situation des communes.

Les salles d'asile reçoivent les enfants de 1 à 7 ans.

1,936 communes possèdent des salles d'asile; 1,417 ont des salles d'asile publiques; 519 n'ont que des salles d'asile libres; 1,550 communes de 2,000 âmes et au-dessus n'ont point encore de salles d'asile; 1,010 en sont pourvues; enfin, 926 communes de moins de 2,000 âmes possèdent au moins une salle d'asile.

33. — Nombre des salles d'asile publiques.

Le nombre des salles d'asile publiques est de de 2,335, savoir: 1,226 entièrement gratuites, dont 268 laïques et 958 congréganistes; 1,109 payantes, dont 266 laïques et 843 congréganistes.

Sous le rapport de la direction, 534 salles d'asile sont confiées à des laïques et 1,801 à des congréganistes.

Enfin, sous le rapport des cultes, il y a 2,173 salles d'asile catholiques, 108 protestantes, 4 israélites, et 50 communes à plusieurs cultes.

34. — Situation matérielle.

Sur les 1,936 communes possédant des salles d'asile publiques, 1,502 sont propriétaires des maisons, 434 ne sont pas propriétaires.

Les 1,502 communes propriétaires possèdent 1,757 maisons, dont 1,261 sont convenables à tous égards, 143 ne sont convenables que pour la tenue des classes, 169 ne sont convenables que pour le logement des directrices, et 184 ne sont nullement convenables.

Parmi les 578 salles d'asile tenues dans des maisons n'appartenant pas aux communes, il y en a 334 qui sont louées, 141 prêtées par des particuliers, et 103 appartenant à des associations religieuses; sur les 334 maisons louées, 146 seulement sont convenables, 81 ne le sont que pour le logement de la directrice ou la tenue des classes, et 107 ne sont nullement convenables.

En définitive, l'installation matérielle des salles d'asile publiques laisse à désirer dans 684 établissements, en dehors des 141 maisons prêtées et des 103 maisons appartenant à des associations religieuses. Les communes ont à faire construire 475 maisons.

Le mobilier appartient aux communes dans 2,195 salles d'asile; il est la propriété des directrices dans 66, et prêté dans 74. Il est en bon état dans 2,020 salles d'asile, en mauvais état dans 315, suffisants dans 1,672, insuffisant dans 663.

La dépense qu'occasionneraient la construction et l'appropriation des locaux affectés aux salles d'asile et celle qui résulterait de l'ameublement de ces établissements s'élèveraient à 11,122,712 francs.

35. — Classification des salles d'asile publiques au point de vue de la méthode et des résultats.

Sous le rapport de la direction, de l'emploi de la méthode et des résultats obtenus, les 2,335 salles d'asile se classent de la manière suivante :

	LAÏQUES.	CONGRÉGANISTES.	TOTAL.	
Bonnes	242	930	1,172	
Assez bonnes	147	502	649	1,163 salles d'asile qui laissent à désirer.
Passables	89	252	341	
Médiocres	45	95	140	
Mauvaises	11	22	33	
TOTAUX	534	1,801	2,335	

La moitié des salles d'asile sont bien dirigés; la proportion est la même chez les laïques et les congréganistes.

36. — Population des salles d'asile.

Les 2,335 salles d'asile ont reçu, en 1863, 315,568 enfants des deux sexes, savoir :

		GARÇONS.	FILLES.	TOTAL.	ÉLÈVES PAYANTS.	ÉLÈVES GRATUITS.	TOTAL.
Salles d'asile.	laïques	34,972	31,258	66,230	17,082	49,148	66,230
	congréganistes	122,796	126,542	249,338	50,795	198,543	249,338
TOTAUX		157,768	157,800	315,568	67,877	247,691	315,568

La moyenne des élèves gratuits est de 78. 4 pour 0/0; celle des élèves payants est de 21. 6 pour 0/0.

37. — Personnel.

Le personnel des salles d'asile comprend : 2,335 directrices, 1,542 sous-directrices ou adjointes et 1,559 femmes de service.

461 directrices laïques sont pourvues du certificat d'aptitude, 73 n'ont pas de titre de capacité.

51 directrices congréganistes sont pourvues du certificat d'aptitude, 1,750 exercent en vertu de lettres d'obédience.

114 adjointes laïques sont pourvues du certificat d'aptitude, 6 adjointes congréganistes seulement sont munies de ce certificat.

38. — Dépenses des salles d'asile.

Les dépenses ordinaires d'entretien des salles d'asile se sont élevées, en 1863, à 2,660,025 fr.

Elles comprennent :

1° Le traitement du personnel	2,025,336f
2° Les frais de loyer	278,014
3° L'entretien des bâtiments	113,916
4° L'entretien du mobilier	80,382
5° Le chauffage	114,614
6° Les fournitures aux enfants	47,763
Total	2.660,025

Elles ont été acquittées au moyen :

1° Du produit des fondations, dons ou legs	153,027f
2° Des ressources ordinaires et restes des 3 centimes	1,776,731
3° Des impositions extraordinaires	49,278
4° Du produit de la rétribution scolaire	324,314
5° Des ressources diverses des budgets communaux	356,675
Total	2,660,025

Dans ce chiffre n'est pas comprise la subvention des départements pour l'entretien des salles d'asile.

Le traitement moyen des directrices est de 535 francs; celui des adjointes de 316 francs, et celui des femmes de service de 184 francs.

IIᴱ PARTIE.

ENSEIGNEMENT LIBRE.

CHAPITRE Iᴱᴿ.

ÉCOLES LIBRES DE GARÇONS.

39. — Statistique des écoles libres de garçons.

Des écoles libres de garçons sont établies dans 1,965 communes. Elles tiennent lieu d'écoles publiques dans 146 communes; elles font concurrence aux écoles publiques dans les autres communes.

On compte 3,108 écoles libres de garçons; sur ce nombre, 128 reçoivent des enfants des deux sexes en vertu d'une autorisation accordée par le conseil départemental.

Les deux tableaux suivants résument la situation de ces établissements:

NATURE des ÉTABLISSEMENTS.	NOMBRE des écoles.	ÉCOLES payantes.	ÉCOLES gratuites.	BONNES.	ASSEZ BONNES.	PASSABLES	MÉDIOCRES	MAUVAISES	SPÉCIALES AU CULTE			COMMUNES à plusieurs cultes.
									catholique.	protestant.	israélite.	
Écoles laïques......	2,572	2,484	88	644	717	551	433	227	2,245	257	25	45
Écoles congréganistes.	536	300	236	248	164	94	29	1	536	//	//	//
TOTAUX...	3,108	2,784	324	892	881	645	462	228	2,781	257	25	45
		3,108		3,108					3,108			

NATURE DES ÉTABLISSEMENTS.	MAISONS appartenant aux COMMUNES.	MAISONS LOUÉES, PRÊTÉES ou appartenant aux instituteurs.	TOTAL.	MAISONS BIEN DISPOSÉES.	MAISONS médiocrement DISPOSÉES.	MAISONS MAL DISPOSÉES.	TOTAL.
Écoles laïques............	54	2,518	2,572	1,123	819	630	2,572
Écoles congréganistes........	47	489	536	409	90	37	536
TOTAUX........	101	3,007	3,108	1,532	909	667	3,108

Il résulte des tableaux qui précèdent que la tenue laisse à désirer dans 2,216 écoles libres, sur lesquelles 1,928 sont dirigées par des laïques et 288 par des membres d'associations religieuses. C'est, pour les laïques, 74. 9 p. o/o; pour les congréganistes, la proportion est de 53. 7 p. o/o; mais l'installation matérielle de ces derniers est meilleure; car la proportion des locaux qui ne conviennent pas à leur destination n'est chez eux que de 23. 6 p. o/o, tandis qu'elle est de 56. 3 p. o/o chez les laïques.

40. — Population des écoles libres de garçons.

Les 3,108 écoles libres de garçons ont reçu, en 1863, 208,582 enfants, dont 2,164 filles. Ce nombre se répartit ainsi entre les établissements laïques et les établissements congréganistes :

NATURE DES ÉTABLISSEMENTS.	NOMBRE des ÉCOLES.	ÉLÈVES PAYANTS.	ÉLÈVES GRATUITS.	TOTAL.	GARÇONS.	FILLES.	TOTAL.	NOMBRE de PENSIONNATS.	NOMBRE DES ÉLÈVES internes.
Écoles laïques	2,572	117,963	7,816	125,779	123,615	2,164	125,779	419	12,398
Écoles congréganistes	536	33,253	49,550	82,803	82,803	//	82,803	144	12,842
TOTAUX....	3,108	151,216	57,366	208,582	206,418	2,164	208,582	563	25,240

La moyenne des élèves reçus dans les écoles laïques est de 48 environ par école; elle est de 154 dans les écoles congréganistes. La proportion des payants est de 93 p. o/o dans les premières; elle n'est que de 40 p. o/o dans les secondes. La gratuité est donc au profit des établissements congréganistes, dont 236, c'est-à-dire près de la moitié, entièrement gratuits, sont entretenus par des fondations, dons et legs.

41. — Personnel enseignant des écoles libres de garçons.

Le personnel enseignant des écoles libres compte 6,807 maîtres, savoir :

PERSONNEL ENSEIGNANT.		BREVETÉS.	BACHELIERS.	DÉPOURVUS DE TITRE de capacité.	TOTAL.	PROFESSEURS EXTERNES.
Laïques	Directeurs	2,316	185	71	2,572	//
	Adjoints	465	//	804	1,269	519
Congréganistes	Directeurs	488	//	48	536	//
	Adjoints	352	//	1,426	1,778	133
TOTAUX		3,621	185	2,349	6,155	652

D'où il suit qu'il y a 3.3 adjoints par établissement congréganiste, tandis qu'il y en a moins de 1 pour deux établissements laïques. La proportion des adjoints brevetés est, pour les laïques, de 36.6 p. o/o ; elle est de 19.8 p. o/o pour les congréganistes.

42. — Établissements complémentaires.

Il y avait, en 1863, 257 classes d'adultes, 38 écoles d'apprentis, 28 écoles du dimanche, 71 écoles annexées aux fabriques et 40 orphelinats dirigés par des instituteurs libres.

Ils se partagent ainsi entre les laïques et les congréganistes :

NATURE DES ÉTABLISSEMENTS.	CLASSES D'ADULTES.		ÉCOLES D'APPRENTIS.		ÉCOLES DU DIMANCHE.		ÉCOLES DE FABRIQUE.		ORPHELINATS.		TOTAL des ÉTABLISSEMENTS complémentaires.	TOTAL DES ÉLÈVES qui les fréquentent.
	Nombre des établissements.	Nombre des élèves qui les fréquentent.	Nombre des établissements.	Nombre des élèves qui les fréquentent.	Nombre des établissements.	Nombre des élèves qui les fréquentent.	Nombre des établissements.	Nombre des élèves qui les fréquentent.	Nombre des établissements.	Nombre des élèves qui les fréquentent.		
Laïques	197	3,501	24	1,101	19	2,009	63	3,397	18	1,315	321	11,323
Congréganistes	60	4,690	14	1,455	9	1,070	8	603	22	1,485	113	9,303
TOTAUX	257	8,191	38	2,556	28	3,079	71	4,000	40	2,800	434	20,626

En résumé, on compte pour les adultes et les apprentis 434 établissements libres qui ont reçu 20,626 élèves.

43. — Ressources des écoles libres de garçons.

Parmi les ressources que les instituteurs libres retirent de leurs établissements, nous n'indiquerons que celles qui sont inscrites en leur faveur sur les budgets des communes. Elles s'élèvent à 422,657 fr. 54 cent., savoir :

Indemnités accordées par les communes aux établissements laïques	42,669f 65c	Indemnités accordées aux établissements congréganistes	127,084f 00c
Produit des fondations, dons ou legs en faveur des établissements laïques	15,143 00	Produit des fondations, dons ou legs en faveur des établissements congréganistes	237,760 89
TOTAL	57,812 65	TOTAL	364,844 89
		TOTAL GÉNÉRAL	422,657f 54c

168 écoles libres laïques reçoivent des communes des indemnités s'élevant à 57,812 fr. 65 cent. soit, en moyenne, 344 francs par école ; 259 écoles de frères reçoivent des subventions montant à 364,844 fr. 89 cent. soit, en moyenne, 1,408 francs par établissement.

CHAPITRE II.

ÉCOLES LIBRES DE FILLES.

44. — Statistique des écoles libres de filles.

Des écoles libres de filles sont établies dans 7,348 communes. Dans 1,939 communes, il y a à la fois des écoles publiques et des écoles libres. Dans 5,409 communes, les écoles libres tiennent lieu d'écoles publiques.

On compte 13,208 écoles libres de filles. Sur ce nombre, 530 reçoivent des enfants des deux sexes en vertu d'une autorisation du conseil départemental.

Les deux tableaux suivants résument la situation de ces établissements :

NATURE DES ÉTABLISSEMENTS.	NOMBRE des ÉCOLES.	ÉCOLES PAYANTES.	ÉCOLES GRATUITES	BONNES.	ASSEZ BONNES.	PAS-SABLES.	MÉ-DIOCRES.	MAU-VAISES.	SPÉCIALES AU CULTE CA-THOLIQUE.	SPÉCIALES AU CULTE PRO-TESTANT.	SPÉCIALES AU CULTE ISRAÉLITE	COM-MUNES à PLUSIEURS cultes.
Écoles laïques	7,637	7,521	116	2,262	2,023	1,750	1,124	469	7,056	458	23	100
Écoles congréganistes	5,571	4,850	721	2,193	1,634	1,242	487	75	5,571	//	//	//
TOTAUX	13,208	12,371	837	4,455	3,657	3,001	1,551	544	12,027	458	23	100
		13,208		13,208					13,208			

NATURE DES ÉTABLISSEMENTS.	MAISONS APPARTENANT aux communes.	MAISONS LOUÉES prêtées ou appartenant aux institutrices.	TOTAL.	MAISONS bien DISPOSÉES.	MAISONS MÉDIOCREMENT disposées.	MAISONS mal DISPOSÉES.	TOTAL.
Écoles laïques	292	7,345	7,637	3,194	2,385	2,058	7,637
Écoles congréganistes	417	5,154	5,571	3,897	1,168	506	5,571
TOTAUX	709	12,499	13,208	7,091	3,553	2,564	13,208

Il résulte des deux tableaux qui précèdent que les maisons convenables sont dans la proportion de 53 environ p. o/o. Pour les laïques, cette proportion est de 41 p. o/o, et pour les sœurs de 69 p. o/o. En ce qui concerne la direction des classes, la proportion de celles qui sont bien tenues est de 29 p. o/o pour les laïques, et de 39 p. o/o pour les religieuses; mais il ne faut pas oublier que les locaux convenables présentent, en faveur des sœurs, une moyenne de 28 p. o/o sur les locaux occupés par les laïques.

45. — Population des écoles libres de filles.

Les 13,208 écoles libres de filles ont reçu, en 1863, 713,956 élèves, dont 708,292 filles et 5,664 garçons : c'est une moyenne de 54 enfants par école. La moyenne des écoles laïques est de 38 élèves, celle des écoles congréganistes est de 75.

Les élèves des écoles de filles se répartissent ainsi :

NATURE DES ÉTABLISSEMENTS.	NOMBRE des ÉLÈVES.	ÉLÈVES PAYANTS.	ÉLÈVES GRATUITS.	TOTAL.	FILLES.	GARÇONS.	TOTAL.	NOMBRE des PENSIONNATS.	NOMBRE DES ÉLÈVES internes.
Laïques	7,637	278,759	17,373	296,132	293,831	2,301	296,132	1,385	27,441
Congréganistes	5,571	271,407	146,417	417,824	414,461	3,363	417,824	2,090	60,709
TOTAUX	13,208	550,166	163,790	713,956	708,292	5,664	713,956	3,475	88,150

La proportion des payants est de 77 p. o/o, celle des gratuits de 23 p. o/o.

Dans les établissements laïques, la moyenne des gratuits est de 5.8 p. o/o; dans les écoles congréganistes, elle s'élève à 35 p. o/o.

46. — Personnel enseignant.

Le nombre des directrices, des adjointes et des professeurs chargés d'une partie des cours dans les écoles libres de filles est de 32,663, savoir :

PERSONNEL ENSEIGNANT.		POURVUES du brevet du 1er ordre.	POURVUES du brevet du 2e ordre.	POURVUES d'un certificat de stage.	POURVUES d'une simple lettre d'obédience.	N'AYANT aucun titre de capacité.	TOTAL.
Laïques	Directrices	804	5,988	10	"	835	7,637
	Adjointes	"	1,764	"	"	3,149	4,913
Congréganistes	Directrices	44	587	"	4,770	170	5,571
	Adjointes	"	370	"	13,060	"	13,430
TOTAUX		848	8,709	10	17,830	4,154	31,551

2,072 hommes et 1,235 femmes sont, en outre, attachés, comme professeurs externes, aux établissements laïques; 614 hommes et 418 femmes sont attachés aux établissements congréganistes.

Il résulte de ce qui précède que, parmi les institutrices libres laïques, 10.5 p. o/o ont le brevet de 1er ordre; 78.4 p. o/o ont le brevet de 2e ordre.

Parmi les institutrices congréganistes, 0.7 p. o/o ont le brevet de 1er ordre; 10 p. o/o le brevet de 2e ordre, et 85 p. o/o n'exercent qu'en vertu d'une lettre d'obédience.

Quant aux adjointes brevetées, la proportion pour les laïques est de 35 p. o/o; elle est de 2.7 p. o/o pour les congréganistes.

47. — Établissements complémentaires.

On comptait, en 1863, 78 classes d'adultes, 38 écoles du dimanche, 391 ouvroirs, et 196 orphelinats dirigés par des institutrices libres; en voici le tableau :

NATURE DES ÉTABLISSEMENTS.	CLASSES D'ADULTES.		ÉCOLES DU DIMANCHE.		OUVROIRS.		ORPHELINATS.		TOTAL des ÉTABLISSEMENTS.	TOTAL des JEUNES FILLES qui s'y trouvent.
	NOMBRE des établissements.	NOMBRE des élèves qui les fréquentent.	NOMBRE des établissements.	NOMBRE des élèves qui les fréquentent.	NOMBRE des établissements.	NOMBRE des jeunes filles qui s'y trouvent.	NOMBRE des établissements.	NOMBRE des jeunes filles qui s'y trouvent.		
Laïques	47	851	10	1,284	66	2,370	16	749	139	5,254
Congréganistes	31	1,270	28	1,211	325	12,624	180	7,187	564	22,292
TOTAUX	78	2,121	38	2,495	391	14,994	196	7,936	703	27,546

48. — Ressources des écoles libres de filles.

Parmi les ressources que les institutrices libres retirent de leurs établissements, nous n'indiquerons que celles qui sont inscrites en leur faveur sur les budgets des communes.

Elles s'élèvent à 936,565 fr. 87 cent., savoir :

1° Produit des fondations, dons ou legs en faveur des établissements laïques.	22,830f 75c
En faveur des établissements congréganistes	720,607 80
2° Indemnités accordées par les communes aux établissements laïques	64,535 32
Aux établissements congréganistes	128,592 00
TOTAL	936,565 87

Les écoles laïques qui reçoivent des allocations municipales sont au nombre de 556; la somme moyenne qui leur est accordée est de 116 francs. 595 écoles religieuses se partagent la somme de 128,592 francs, montant des subventions municipales; c'est pour chacune d'elles une indemnité moyenne de 216 francs.

La somme de 22,830 fr. 75 cent. provenant de fondations en faveur des établissements laïques profite à 133 écoles; c'est une moyenne de 171 francs pour chacune. Le produit des fondations en faveur de 1,100 écoles congréganistes est de 720,607 fr. 80 cent., soit pour chacune une part moyenne de 655 francs.

Des allocations municipales d'une part, le produit des fondations, dons et legs, de l'autre, suffisent, en dehors même de la rétribution scolaire, à l'entretien des établissements de sœurs qui en bénéficient; tandis que, pour les écoles laïques, la munificence des communes et des particuliers est loin d'assurer aux maîtresses une rémunération convenable. Ce fait explique comment les sœurs peuvent étendre la gratuité que les laïques sont obligées de renfermer dans les limites les plus restreintes.

49. — Instruction des enfants à la sortie des écoles libres.

Il résulte des déclarations des chefs d'établissement que, chaque année, il sort des écoles libres de garçons ou de filles environ le 1/6 de la population scolaire. Sur les enfants qui, en 1863, ont cessé de fréquenter des classes et qui sont au nombre de 138,116, on compte :

	ÉLÈVES DES ÉCOLES			
	LAÏQUES.	CONGRÉGANISTES.	TOTAL.	
1° Ne sachant pas à la fois lire et écrire	8,432	12,352	20,784	Soit 15 p. o/o.
2° Ne sachant que lire et écrire	15,689	21,299	36,988	Soit 26.8 p. o/o.
3° Sachant lire, écrire et compter	23,128	28,819	51,947	Soit 37.6 p. o/o.
4° Possédant tout ou partie des matières facultatives	15,105	13,292	28,397	Soit 20.6 p. o/o.
TOTAUX	62,354	75,762	138,116	

Si, de ces quatre catégories d'enfants, on réunit les deux premières en une seule, on arrive au chiffre de 57,772 élèves sur 138,116, ou 41,8 p. o/o, qui ont inutilement passé par l'école ou qui en emportent des connaissances insuffisantes que beaucoup d'entre eux oublieront.

Les 80,344 enfants, soit 58,2 p. o/o, qui savent lire, écrire ou compter, ou qui possèdent quelques connaissances facultatives, se répartissent de la manière suivante entre les deux ordres d'enseignement :

Élèves des écoles	laïques	38,233,	soit 61,3 p. o/o.
	congréganistes	42,111,	soit 55,5 p. o/o.

Sur les 57,772 des deux autres catégories qui ne savent que lire et écrire ou qui ne savent rien :

Appartiennent aux écoles	laïques	24,121,	soit 38,7 p. o/o.
	congréganistes	33,651,	soit 44,5 p. o/o.

Le nombre des enfants sortant des écoles libres avec les connaissances qu'ils ont dû y prendre présente donc, en faveur des écoles laïques, une supériorité de 5,8 p. o/o. La même proportion existe en sens inverse pour les enfants ignorants ; il y en a 5,8 p. o/o de moins dans les écoles laïques que dans les écoles congréganistes.

CHAPITRE III.

SALLES D'ASILE LIBRES.

50. — Nombre des salles d'asile libres.

Le nombre des salles d'asile libres est de 973, qui sont établies dans 695 communes. Dans 519 communes, les salles d'asile libres tiennent lieu de salles d'asile publiques; elles font concurrence à des établissements communaux dans 176 localités.

51. — Situation des salles d'asile libres.

La situation des salles d'asile libres peut se résumer comme il suit :

NATURE DES ÉTABLISSEMENTS.	NOMBRE des SALLES D'ASILE		TOTAL.	NOMBRE DES SALLES D'ASILE					TOTAL.	SPÉCIALES AU CULTE			TOTAL.
	payantes.	gratuites.		bonnes.	assez-bonnes.	passables.	médiocres.	mauvaises.		catholique.	protestant.	israélite.	
Salles d'asile laïques.	312	46	358	66	82	100	87	23	358	295	60	3	358
Salles d'asile congréganistes	397	218	615	199	211	136	63	6	615	615	"	"	615
TOTAUX	709	264	973	265	293	236	150	29	973	910	60	3	973

Le tiers environ des salles d'asile congréganistes sont convenables, tandis que, pour les laïques, la proportion est du 5e environ. Cela s'explique par les exigences légitimes des communautés religieuses pour la bonne installation matérielle de leurs établissements et la facilité avec laquelle elles trouvent dans le concours de la charité privée les moyens nécessaires à l'accomplissement de leur œuvre, tandis que les directrices laïques sont presque toujours réduites à leurs propres ressources.

52. — Population des salles d'asile.

68,288 enfants ont fréquenté, en 1863, les salles d'asile libres. C'est une moyenne de 70 élèves environ par établissement. Cette population se répartit ainsi :

NATURE DES ÉTABLISSEMENTS.	GARÇONS.	FILLES.	TOTAL.	ÉLÈVES PAYANTS.	ÉLÈVES GRATUITS.	ÉLÈVES TOTAL.
Salles d'asile laïques	8,490	7,600	16,090	12,137	3,953	16,090
Salles d'asile congréganistes	24,285	27,913	52,198	20,627	31,571	52,198
TOTAUX	32,775	35,513	68,288	32,764	35,524	68,288

Les salles d'asile laïques ont reçu, en moyenne, 45 enfants par établissement; les salles d'asile congréganistes, 85 enfants. La proportion du nombre des élèves est en faveur des sœurs, qui sont généralement établies dans des localités plus importantes que les laïques.

La proportion des élèves qui payent la rétribution scolaire est de 48 p. o/o; elle est de 75 p. o/o dans les établissements laïques et de 39 p. o/o dans les salles d'asile congréganistes. Enfin, le nombre des élèves gratuits est de 52 p. o/o; dans les établissements laïques, ce nombre est de 25 p. o/o; il est de 61 p. o/o dans les salles d'asile congréganistes.

53. — Personnel enseignant.

Le personnel des salles d'asile libres comprend 1,809 personnes, dont 358 directrices et 73 adjointes laïques, 615 directrices et 327 adjointes congréganistes, et 436 femmes de service.

239 directrices laïques sont pourvues du certificat d'aptitude, 119 exercent sans ce titre; 30 directrices congréganistes sont pourvues du certificat d'aptitude, 572 n'exercent qu'en vertu d'une lettre d'obédience et 13 n'exercent en vertu d'aucun titre légal; enfin 13 adjointes, dont 10 laïques et 3 congréganistes, sont en possession du certificat d'aptitude.

54. — Ressources des salles d'asile libres.

Les salles d'asile libres ont reçu, en 1863, des départements, des communes et des particuliers, des subventions s'élevant à 135,126 francs.

NATURE DES ÉTABLISSEMENTS.	FRAIS D'ENTRETIEN DES SALLES D'ASILE. et, TRAITEMENTS PAYÉS À L'AIDE		
	des fonds communaux.	des fondations, dons ou legs.	TOTAL.
Salles d'asile laïques	8,295f	6,910f	15,205f
Salles d'asile congréganistes	22,194	97,727	119,921
Totaux	30,489	104,637	135,126

55. — Garderies et petites écoles.

Les garderies n'ont pas une existence légale. Elles sont autorisées par les maires et servent à remplacer les salles d'asile dans les localités qui en sont dépourvues. Elles sont généralement dirigées par des femmes qui n'ont aucun titre de capacité et sont établies dans des locaux qui laissent beaucoup à désirer.

On compte 1,460 garderies établies dans 696 communes. Elles ont reçu, en 1863, 35,984 enfants, dont 17,890 garçons et 18,094 filles.

Outre les garderies, il existe encore 562 écoles charitables (article 29 de la loi du 15 mars 1850). Dans 229 communes de la Haute-Loire, ces établissements sont tenus par des *béates*. Les petites écoles ont reçu, en 1863, 14,042 enfants, dont 3,859 garçons et 10,183 filles.

IIIE PARTIE.

SURVEILLANCE DE L'INSTRUCTION PRIMAIRE

ET

RECRUTEMENT DU PERSONNEL ENSEIGNANT.

CHAPITRE IER.

INSPECTION ET SURVEILLANCE DES ÉCOLES ET DES SALLES D'ASILE.

L'inspection et la surveillance sont exercées, 1° par les inspecteurs généraux de l'enseignement primaire; 2° par les recteurs et les inspecteurs d'académie; 3° par les inspecteurs de l'instruction primaire; 4° par les délégués cantonaux ou communaux, les maires et les ministres du culte; 5° par les déléguées générales ou spéciales des salles d'asile; 6° par les comités locaux de dames patronesses des salles d'asile.

56. — Inspection primaire.

On compte 4 inspecteurs généraux de l'enseignement primaire, 17 recteurs, 89 inspecteurs d'académie qui, placés sous l'autorité des préfets, instruisent toutes les affaires de l'instruction primaire, 299 inspecteurs de l'enseignement primaire placés sous l'autorité des inspecteurs d'académie.

Les 373 arrondissements de l'Empire forment 290 circonscriptions d'inspection (l'inspection de la Seine exceptée), ce qui donne une moyenne de 300 écoles pour chaque inspecteur. 81 arrondissements sont réunis pour l'inspection à d'autres arrondissements voisins.

Un certain nombre de conseils généraux réclament la disjonction des arrondissements réunis et la création d'emplois d'inspecteurs primaires. En l'absence de crédits votés à cet effet, il n'a pas été possible d'accueillir ce vœu. Aussi, 8,465 écoles proprement dites n'ont-elles pu être visitées en 1863.

Le traitement des inspecteurs primaires est ainsi fixé :

9 inspecteurs de la Seine à		4,000 fr.
290 inspecteurs des départements	95 au traitement de	2,400
	95 ——— de	2,000
	100 ——— de	1,600

Ils reçoivent, en outre, des frais de tournées calculés à raison de 7 francs par jour, pour les tournées ordinaires, et de 9 francs pour les missions extraordinaires.

Les frais occcasionnés par le service de l'inspection, le nombre d'écoles visitées et de journées consacrées à cette visite se résument de la manière suivante, pour l'exercice 1863 :

Dépenses à la charge de l'État	pour le traitement	509,666f	896,160f
	pour les frais de tournées	296,494	
Dépenses allouées par les départements			69,248
TOTAL			965,408
Nombre des journées consacrées à la visite des écoles et des salles d'asile	Tournées ordinaires		35,141
	Missions extraordinaires		5,233
	Moyenne par inspecteur		140 3/16

Il ressort des chiffres qui précèdent, qu'il n'y a eu, pour 68,141 écoles visitées, que 40,374 journées d'inspection, c'est-à-dire pour chacune d'elles un peu plus d'une demi-journée, temps qui sera bien réduit, si l'on en défalque celui que l'inspecteur dépense à faire la route et les visites nécessaires.

57. — Délégations cantonales.

On compte, pour la surveillance des écoles, 2,809 délégations cantonales comprenant ensemble 14,985 membres, et 709 délégations communales dont les membres sont au nombre de 1,560.

Sur les 2,809 délégations cantonales, 765 fonctionnent plus ou moins régulièrement, ou plutôt des membres de ces délégations visitent parfois les écoles, mais leur action est isolée et les réunions périodiques n'ont généralement pas lieu.

58. — Inspection des salles d'aisle.

Pour l'inspection des salles d'asile, il y a deux déléguées générales au traitement de 4,000 francs. Il y a, en outre, dix-huit déléguées spéciales, une par académie. L'académie de Chambéry en a deux. Ces déléguées sont divisées en trois classes, au traitement de 2,000, 1,800 et 1,600 francs; elles reçoivent des frais de tournées.

En 1863, les dépenses se sont élevées, pour les déléguées générales et spéciales, à 73,200 fr. 10 cent.

Enfin, six départements ont créé des emplois d'inspectrices de salles d'asile.

59. — Comités de patronage.

Les salles d'asile sont placées sous le haut patronage de S. M. l'Impératrice. Il y a à Paris un comité central de patronage et auprès de chaque salle d'asile un comité local.

Il existe 1,406 comités locaux de patronage établis dans 87 départements; ils sont composés de 11,672 dames. Les maires et les ministres des cultes font partie de droit des comités locaux. — 731 de ces comités fonctionnent régulièrement.

CHAPITRE II.

RECRUTEMENT DU PERSONNEL ENSEIGNANT.

60. — Écoles normales, Cours normaux, Écoles stagiaires.

Aux termes de l'article 35 de la loi du 15 mars 1850, tout département est tenu de pourvoir au recrutement des instituteurs communaux en entretenant des élèves-maîtres soit dans une école normale, soit dans des écoles stagiaires désignées par le conseil départemental.

Les cours normaux, dont le nom n'est pas dans la loi, sont des établissements analogues aux écoles normales et annexés à des établissements libres.

Le personnel des instituteurs se recrute aussi parmi les jeunes gens qui se préparent au brevet en dehors de tout concours et de toute surveillance de l'université.

En 1851, quelques conseils généraux ont supprimé leur école normale pour adopter le mode de recrutement au moyen des écoles stagiaires. Mais l'expérience n'a pas été heureuse : on n'a pas tardé à reconnaître que ces derniers établissements n'offrent aucune des garanties que présentent les écoles normales; aussi ont-elles été presque partout rétablies.

61. — Recrutement des instituteurs.

On compte 76 écoles normales qui desservent 83 départements.

62. — Statistique des établissements normaux.

6 départements, les Côtes-du-Nord, l'Oise, le Pas-de-Calais, la Haute-Vienne, le Var [1] et la Seine n'avaient pas encore d'école normale en 1863 ; des écoles stagiaires ou des cours normaux en tenaient lieu.

107 établissements sont spécialement chargés de former des maîtres pour les écoles publiques : 76 écoles normales, 7 cours normaux et 24 écoles stagiaires.

Voici quelle était, au 1er janvier 1864, la situation de ces établissements :

NATURE des ÉTABLISSEMENTS.	NOMBRE des ÉTABLISSEMENTS.	NOMBRE DES ÉLÈVES-MAÎTRES ADMIS					TOTAL.	NOMBRE DES BOURSES ENTRETENUES				TOTAL.	PRIX MOYEN de la pension ou de la bourse.
		à bourse entière.	à 3/4 de bourse.	à 1/2 bourse.	à 1/4 de bourse.	à titre de pensionnaires.		par le département.	par l'État.	par les communes.	par des particuliers.		
Écoles normales.	76	1,092	647	834	307	275	3,155						
Cours normaux. .	7	58	17	39	6	13	133						
Écoles stagiaires.	24	20	9	1	"	26	71	1,807 3/4	223 3/4	51	25	2,107 1/2	397f85c
TOTAUX. . .	107	1,170	673	889	313	314	3,359						

[1] Aujourd'hui, le département du Var possède une école normale.

63. — Personnel des élèves-maîtres.

Le recrutement des élèves-maîtres et leur situation à la sortie des écoles normales, des cours normaux et des écoles stagiaires, se résument comme il suit :

Nombre des aspirants	nécessaires pour le recrutement des écoles.		1,224	Nombre des élèves-maîtres	qui ont obtenu le brevet complet	130	
	inscrits en 1863		3,550		qui ont obtenu le brevet facultatif	324	1,044
	éliminés pour insuffisance de garanties morales	61	2,394		qui ont obtenu le brevet simple	458	
	éliminés pour insuffisance d'instruction	1,571			qui n'ont pas obtenu de brevet	132 (1)	
	éliminés pour causes diverses	762			placés comme instituteurs	497	
	admis		1,156		placés comme adjoints	472	1,044
	inscrits, en moyenne, pendant les cinq dernières années		3,047		non placés	75	

Le nombre moyen annuel des élèves sortant des écoles normales est de 1,060
Le nombre des places vacantes est de 1,451
Enfin, le nombre des anciens élèves qui ont quitté l'enseignement avant l'accomplissement de leur engagement décennal, du 1er janvier 1854 au 1er janvier 1864, s'élève à 883

Il résulte de ce qui précède que l'Administration ne peut fournir annuellement qu'aux 3/4 environ des vacances à l'aide des élèves-maîtres, et qu'elle est obligée, chaque année, de faire appel à plus de 400 candidats formés en dehors des établissements normaux.

Les engagements contractés par les élèves-maîtres, de servir pendant dix ans dans l'enseignement public, sont généralement remplis, car la proportion de ceux qui renoncent à leurs fonctions avant l'accomplissement de cet engagement n'est que de 0.8 p. o/o.

64. — Personnel enseignant. — Domestiques.

844 personnes sont attachées aux établissements normaux, savoir :

Directeurs		83			
Aumôniers		87			
Maîtres adjoints internes		215			
Maîtres adjoints directeurs d'écoles-annexes		93			
Professeurs externes	Maîtres de chant	68	Maîtres adjoints internes	mariés	69
	Maîtres de musique instrumentale	18		célibataires	140
	Maîtres d'agriculture	49		veufs	6
Domestiques	Hommes	118		Total	215
	Femmes	113			
	Total	844			

(1) Sur les 132 élèves sortis des écoles normales sans avoir obtenu le brevet, 103 se sont présentés aux examens de la session suivante et ont été brevetés.

65. — Dépenses des écoles normales et des cours normaux.

Les dépenses occasionnées par l'entretien des écoles normales et des cours normaux se sont élevées, en 1863, à la somme de 2,429,936 francs 73 centimes, savoir :

NATURE DES DÉPENSES.	A LA CHARGE DE L'ÉTAT.	A LA CHARGE DES DÉPARTEMENTS.	A LA CHARGE DES VILLES.	A LA CHARGE des ÉCOLES NORMALES et sur leurs propres ressources.	A LA CHARGE DES FAMILLES.	TOTAL.
Dépenses ordinaires	183,403f 27c	1,461,407f 47c	39,625f 00c	73,437f 26c	417,220f 00c	2,175,093f 00c
Dépenses extraordinaires	95,992 16	122,632 57	1,250 00	34,969 00	»	254,843 73
TOTAUX	278,395 43	1,584,040 04	40,875 00	108,406 26	417,220 00	2,429,936 73

66. — Recrutement des institutrices.

On compte 64 établissements normaux pour les institutrices, savoir : 11 écoles normales et 53 cours normaux.

67. — Statistique des écoles normales et des cours normaux.

Voici quelle était, au 1er janvier 1864, la situation de ces établissements :

NATURE des ÉTABLISSEMENTS.	NOMBRE des ÉTABLISSEMENTS.	NOMBRE DES ÉLÈVES MAITRESSES ADMISES — à bourse entière.	à trois quarts de bourse.	à demi-bourse.	à quart de bourse.	à titre de pensionnaires.	TOTAL.	NOMBRE DES BOURSES ENTRETENUES — par les départements.	par l'État.	par les communes.	par des particuliers.	TOTAL.	PRIX MOYEN de la bourse.
Écoles normales	11	137	82	86	13	75	393	558 1/4	176 1/4	7	13 1/2	755	381f
Cours normaux	53	407	74	92	7	228	808						
TOTAUX	64	504	156	178	20	303	1,201						

68. — Personnel des élèves-maîtresses.

Le recrutement des élèves-maîtresses et leur situation à la sortie des écoles normales et cours normaux se résument comme il suit :

Nombre des aspirantes	nécessaires pour le recrutement des écoles		383	Nombre des élèves-maîtresses	qui ont obtenu le brevet du premier ordre	31	416
	inscrites en 1863		654		qui ont obtenu le brevet du deuxième ordre	323	
	éliminées pour insuffisance de garanties morales	4	253		qui n'ont pas obtenu de brevet	62	
	éliminées pour insuffisance d'instruction	176			placées comme institutrices	235	416
	éliminées pour causes diverses	73			placées comme adjointes	87	
	admises		401		non placées	94	

Le nombre moyen annuel des élèves sortant des écoles normales est de........ 403

Enfin, le nombre des anciennes élèves qui ont quitté l'enseignement avant l'accomplissement de leur engagement décennal, depuis le 1er janvier 1854 jusqu'au 1er janvier 1864, s'élève à 422.

69. — Personnel enseignant. — Domestiques.

410 personnes sont attachées aux écoles normales et aux cours normaux, savoir :

Directrices	64	Professeurs externes	hommes	35
Aumôniers spéciaux	41		femmes	12
Maîtresses-adjointes	129	Domestiques	hommes	3
Maîtresses chargées des écoles annexes	56		femmes	70

Sur les 11 écoles normales, 3 sont dirigées par des laïques et 8 par des congréganistes ; sur les 52 cours normaux, 8 sont annexés à des écoles laïques et 45 à des maisons religieuses.

70. — Dépenses des écoles normales et des cours normaux.

Les dépenses occasionnées par l'entretien des écoles normales et des cours normaux se sont élevées, en 1863, à 471,118 fr. 45 cent., savoir :

NATURE DES DÉPENSES.	DÉPENSES À LA CHARGE					TOTAL.
	DE L'ÉTAT.	DES DÉPARTEMENTS.	DES VILLES.	DES ÉCOLES normales et sur leurs propres ressources.	DES FAMILLES.	
Dépenses ordinaires	93,145f 20c	274,784f 42c	3,650f 00c	4,450f 00c	47,200f 00c	423,229f 62c
Dépenses extraordinaires	1,065 00	14,388 83	//	32,435 00	//	47,888 83
TOTAUX	94,210 20	289,173 25	3,650 00	36,885 00	47,200 00	471,118 45

71. — Cours normal pratique des salles d'asile.

Il existe à Paris un cours normal destiné à préparer des directrices et des sous-directrices de salles d'asile. Le personnel de cet établissement se compose de : 1 directrice, 1 aumônier, 2 adjointes internes, 2 adjointes externes, 2 domestiques, 1 concierge. — Deux cours ont lieu chaque année; leur durée est de quatre mois; ils ont été suivis, en 1863, par 71 aspirantes, dont 65 laïques et 6 congréganistes. Sur ce nombre, 37 ont reçu le certificat d'aptitude, 34 laïques et 3 religieuses.

72. — Résumé.

En résumé, il existe en France 172 établissements destinés à former des instituteurs, des institutrices et des directrices de salles d'asile, savoir :

Pour les instituteurs, 76 écoles normales, 7 cours normaux, 24 écoles stagiaires, soit	107 établists.
Pour les institutrices, 11 écoles normales, 53 cours normaux, soit	64
Pour les directrices de salles d'asile, 1 cours normal, soit	1
TOTAL ÉGAL	172

73. — Commissions d'examen pour la délivrance des brevets de capacité.

Il y a, dans chaque département, une Commission nommée par le Conseil départemental et chargée d'examiner les aspirants et les aspirantes aux brevets de capacité pour l'instruction primaire. Cette Commission tient deux sessions par an.

74. — Aspirants instituteurs.

En 1863, les commissions, qui comptent ensemble 691 membres, ont consacré aux examens 508 jours, soit, par département, 5 jours 7/10.

Voici le résumé de leurs opérations :

ASPIRANTS.	NOMBRE DES ASPIRANTS				NOMBRE DES ASPIRANTS ADMIS			
	QUI SE SONT présentés.	ÉLIMINÉS APRÈS LES ÉPREUVES			AU BREVET simple.	AU BREVET facultatif.	AU BREVET complet.	TOTAL.
		écrites.	orales.	TOTAL.				
Laïques........	5,119	2,678	294	2,972	1,583	365	199	2,147
Congréganistes....	662	372	23	395	241	5	21	267
TOTAUX....	5,781	3,050	317	3,367	1,824	370	220	2,414

Il résulte de ce tableau que le nombre des candidats éliminés est de 58.3 p. o/o. Pour les laïques, la proportion est de 58 p. o/o; pour les congréganistes, elle est de 59.6 p. o/o.

Le nombre des candidats qui ont obtenu le brevet est de 41.7 p. o/o, soit 42 p. o/o en faveur des laïques et 40.4 en faveur des congréganistes.

Sur le nombre total des aspirants déclarés admissibles, on compte :

Parmi les laïques 73.7 p. o/o qui ont obtenu le brevet simple; 17 p. o/o qui ont obtenu le brevet facultatif; 9.3 p. o/o qui ont obtenu le brevet complet.

Parmi les congréganistes, 90.2 p. o/o qui ont obtenu le brevet simple; 1.9 p. o/o qui ont obtenu le brevet facultatif; 7.9 p. o/o qui ont obtenu le brevet complet.

75. — Aspirantes institutrices.

Le brevet est exigé des institutrices laïques; pour les religieuses, il est suppléé par la lettre d'obédience.

Les mêmes commissions, auxquelles des dames sont adjointes, sont chargées des examens des aspirantes institutrices.

En 1863, ces commissions ont consacré 458 jours aux examens, soit, par département, 5 jours 1/10 pour les deux sessions.

Voici le résumé de leurs opérations :

ASPIRANTES.	NOMBRE DES ASPIRANTES				NOMBRE DES ASPIRANTES ADMISES		
	qui se sont PRÉSENTÉES.	ÉLIMINÉES APRÈS LES ÉPREUVES écrites.	ÉLIMINÉES APRÈS LES ÉPREUVES orales.	TOTAL.	au brevet du 1er ordre.	au brevet du 2e ordre.	TOTAL.
Laïques	3,892	1,547	154	1,701	310	1,881	2,191
Congréganistes	186	71	4	75	3	108	111
TOTAUX	4,078	1,618	158	1,776	313	1,989	2,302

Sur le nombre d'aspirantes éliminées, les laïques comptent 43.7 p. o/o, et les congréganistes 40.5 p. o/o.

La proportion des laïques admises est de 56.3 p. o/o; celle des religieuses est de 59.5 p. o/o.

La proportion des ASPIRANTS éliminés est de 58.3 p. o/o et celle des ASPIRANTES de 43.5 p. o/o; d'où il faut conclure que les aspirantes sont mieux préparées que les aspirants, ou que les commissions n'apportent pas la même sévérité dans leur appréciation.

76. — Aspirantes directrices des salles d'asile.

Pour être placées à la tête d'une salle d'asile, les directrices laïques doivent être pourvues d'un certificat d'aptitude. Pour les religieuses, ce certificat est suppléé par une lettre d'obédience.

Il y a, au chef-lieu de chaque département, une commission d'examen pour la délivrance de certificats d'aptitude. — Voici, pour 1863, le résultat des opérations de ces commissions, composées de 371 membres et qui ont consacré 57 jours aux examens :

ASPIRANTES.	NOMBRE DES ASPIRANTES			TOTAL ÉGAL.
	qui se sont PRÉSENTÉES.	ÉLIMINÉES.	ADMISES au certificat d'aptitude.	
Laïques	149	49	100	149
Congréganistes	10	4	6	10
TOTAUX	159	53	106	159

77. — Résumé.

En résumé, les commissions ont examiné 10,018 aspirants ou aspirantes, sur lesquels 5,196 ont échoué, et 4,822 ont été admis soit au brevet de capacité, soit au certificat d'aptitude, savoir :

Laïques	Hommes	2,147	4,438
	Femmes	2,291	
Congréganistes	Hommes	267	384
	Femmes	117	
	Total		4,822

IVe PARTIE.

RÉSUMÉ GÉNÉRAL.

Les établissements d'instruction primaire se divisent en quatre catégories, savoir :

1° Les établissements destinés à former des instituteurs et des institutrices (écoles normales, cours normaux, écoles stagiaires); 2° les écoles primaires proprement dites où sont reçus spécialement les enfants de 7 à 13 ans (écoles de garçons, écoles de filles, écoles communes aux deux sexes); 3° les salles d'asile, les garderies et les petites écoles destinées aux enfants âgés de moins de 7 ans; 4° enfin, les établissements complémentaires ouverts aux adultes et aux apprentis (écoles du dimanche, écoles des manufactures, ouvroirs, orphelinats, classes d'adultes et d'apprentis).

L'instruction primaire se donne, en outre, dans les classes d'enseignement primaire ou spécial annexées aux colléges, aux lycées et aux écoles secondaires, et dans les établissements ressortissant à divers ministères, comme les écoles des prisons, les écoles régimentaires, les écoles d'arts et métiers, les écoles d'agriculture et les écoles vétérinaires.

Il n'est question, dans la statistique actuelle, que des quatre ordres d'établissements qui composent exclusivement le service de l'instruction primaire et ressortissent directement au ministère de l'instruction publique.

On compte, pour le recrutement des instituteurs, 76 écoles normales, 7 cours normaux et 24 écoles stagiaires. Le personnel de ces établissements comprend 83 directeurs, 87 aumôniers, 308 maîtres adjoints, 135 professeurs externes et 3,359 élèves-maîtres, dont 1,060 sortent annuellement et sont placés à la tête des écoles publiques.

Pour le recrutement des institutrices, il existe 11 écoles normales et 53 cours normaux. Le personnel de ces établissements comprend 64 directrices, 41 aumôniers, 185 maîtresses adjointes, 47 professeurs externes et 1,201 élèves-maîtresses, dont 403 sortent annuellement pour être placées comme institutrices communales.

Enfin, le cours pratique des salles d'asile établi à Paris a reçu, en 1863, 71 élèves, dont 37 sont sorties pourvues du certificat d'aptitude.

Sur les 37,510 communes de l'Empire, 818 seulement sont dépourvues d'écoles (1), 19,372 communes sont pourvues au moins d'une école spéciale de filles.

Les 36,692 communes pourvues d'écoles publiques ou libres en comptent 41,494 spéciales aux garçons ou mixtes, qui reçoivent 2,607,875 élèves, et 27,267 spéciales aux filles, qui reçoivent 1,728,493 élèves. — En tout : 68,761 écoles et 4,336,368 élèves.

(1) La plupart de ces localités envoient leurs enfants dans les écoles du voisinage.

51,555 écoles sont dirigées par des instituteurs ou des institutrices laïques et 17,206, ou le tiers, par des membres de congrégations religieuses. — 2,725,694 élèves fréquentent les premières, soit, en moyenne, 53 par école; 1,610,674 élèves fréquentent les secondes, soit, en moyenne, 94 par école. Aussi, bien que les écoles congréganistes ne soient que le tiers des écoles laïques, elles renferment près de 37 p. o/o du nombre total des élèves.

Sur les 4,336,368 enfants qui fréquentent les écoles, 2,802,943 payent une rétribution scolaire, et 1,533,425 sont admis gratuitement, savoir : 694,648 dans les écoles laïques et 838,777 dans les écoles congréganistes. La moyenne des élèves gratuits est de 13 par école laïque, c'est-à-dire à peu près le quart de l'effectif moyen de ces établissements, et de 48 par école congréganiste, c'est-à-dire plus de la moitié de l'effectif de ces établissements, parce que le plus grand nombre des écoles tenues par des membres d'associations religieuses est entièrement gratuit.

2,349 communes, réparties entre 84 départements, les seuls qui, jusqu'à présent, aient envoyé des renseignements, ont établi la gratuité absolue dans toutes leurs écoles publiques ou dans quelques-unes seulement.

Sur ce nombre :

1° 1,693, comptant 6,060,170 habitants, l'ont établie dans toutes leurs écoles, au nombre de 3,945, dont 2,338 dirigées par des laïques et 1,607 par des congréganistes; ces écoles sont fréquentées par 490,959 élèves.

2° 656, comptant 3,467,503 habitants, l'ont établie dans une partie de leurs écoles seulement. Sur les 1,969 écoles publiques qu'elles entretiennent, 1,097, dont 274 laïques et 823 congréganistes, sont entièrement gratuites, et 872, dont 599 laïques et 273 congréganistes, reçoivent des élèves payants.

Quant à leur importance, ces communes se distribuent de la manière suivante :

COMMUNES AYANT UNE POPULATION :	NOMBRE TOTAL des communes des 84 départements.	NOMBRE DES COMMUNES QUI ONT ÉTABLI LA GRATUITÉ ABSOLUE			NOMBRE SUR 100 DES COMMUNES QUI ONT ÉTABLI LA GRATUITÉ ABSOLUE		
		dans toutes les écoles.	dans quelques écoles seulement.	TOTAL.	dans toutes les écoles.	dans quelques écoles seulement.	TOTAL.
De moins de 1,000 âmes	26.419	977	188	1,165	3.7	0.7	4.4
De 1,001 à 5,000	8,408	547	346	893	6.5	4.1	10.6
De 5,001 à 10,000	286	89	63	152	31.1	22.0	53.4
De 10,001 à 20,000	105	54	27	81	51.4	25.7	77.1
De plus de 20,000	70	26	32	58	37.1	45.7	82.8
TOTAUX	35,288	1,693	656	2,349	4.8	1.9	6.7

L'adoption de la gratuité dans les petites communes est généralement motivée par l'importance du chiffre des ressources ordinaires affectées à l'entretien de l'école et par celui des fondations, dons ou legs, destinés à venir en aide aux populations peu aisées. Dans les grandes communes, outre les fondations, dons et legs, il y a encore des ressources ordinaires importantes, des produits d'octroi, de marchés, etc. Enfin, le produit des 3 centimes suffit souvent à l'entretien des écoles.

1,936 communes sont pourvues de salles d'asile. Le nombre de ces établissements est de 3,308; ils sont fréquentés par 383,856 enfants, dont 283,215, c'est-à-dire plus des deux tiers, ont été admis gratuitement. Il existe, en outre, 2,022 garderies ou petites écoles établies dans 1,735 communes, et qui ont été fréquentées par 50,026 enfants.

Le total général des écoles primaires et des salles d'asile est de 72,069; elles ont été fréquentées par 4,720,224 enfants des deux sexes

6,048 pensionnats primaires sont annexés à des écoles publiques ou libres.

Enfin, on compte 6,825 cours d'adultes, classes du dimanche, écoles d'apprentis, écoles de fabrique, ouvroirs ou orphelinats fréquentés par 193,207 élèves.

En résumé, les établissements d'instruction primaire sont au nombre de 80,915 (y compris les 2,022 garderies ou petites écoles), et ils sont fréquentés par 4,963,457 élèves.

Le personnel enseignant des établissements d'instruction primaire régulièrement ouverts, non compris les écoles normales, se décompose ainsi :

	ENSEIGNEMENT PUBLIC.	ENSEIGNEMENT LIBRE.
Laïques :		
Instituteurs	33,767	2,572
Instituteurs adjoints	2,688	1,269
Institutrices	7,579	7,637
Institutrices adjointes	880	4,913
Directrices de salles d'asile	534	354
Directrices adjointes	1,242	73
Congréganistes :		
Instituteurs	1,966	536
Instituteurs adjoints	4,355	1,778
Institutrices	9,133	5,571
Institutrices adjointes	10,066	13,430
Directrices de salles d'asile	1,801	615
Directrices adjointes	300	327

On compte, en outre, 1,559 femmes de service dans les salles d'asile publiques, et 436 dans les salles d'asile libres. — 4,991 professseurs externes sont attachés aux pensionnats primaires.

D'après le dernier recensement, sur une population de 37,382,225 habitants, on compte 4,018,427 enfants de 7 à 13 ans. C'est une moyenne de 10.7 enfants par 100 habitants.

Les enfants de 7 à 13 ans recevant l'instruction dans les écoles primaires étant au nombre de 3,143,540, il en resterait 874,887 qui n'auraient fréquenté aucune école; mais il faut en retrancher les enfants qui reçoivent l'enseignement à domicile et dans les établissements publics et libres d'instruction secondaire. Il résulte de l'enquête à laquelle il a été procédé dans

*e.

chaque commune que, pour 1863, le nombre de ces enfants doit être fixé approximativement à 180,000; car cette enquête a établi, autant que l'ont permis les moyens d'investigation qui sont à la disposition des instituteurs, que 692,678 enfants de 7 à 13 ans n'ont reçu, en 1863, l'instruction ni dans l'école primaire publique, ni dans un autre établissement public ou libre, ni dans la famille. Ce chiffre doit être au-dessous de la vérité, parce que les instituteurs ne peuvent connaître, dans les grandes villes, le nombre exact des enfants qui ne fréquentent pas les écoles. Mais, d'autre part, ce chiffre de 692,678 est bien supérieur au nombre vrai des enfants de 7 à 13 ans complétement privés d'instruction, car beaucoup d'entre eux, âgés de 7 ou 8 ans en 1863, iront à l'école pendant les années suivantes, tandis que d'autres, âgés de 12 à 13 ans en 1863, ont quitté l'école à 11 ou 12 ans, après l'avoir suivie pendant deux ou plusieurs années.

La statistique établit, en outre, que sur les 2,399,293 élèves reçus dans les écoles publiques de garçons et dans les écoles mixtes, 34.6 p. 0/0 n'y apparaissent que d'un à six mois; que 19.1 p. 0/0 y restent de six à neuf mois, et que 46.3 p. 0/0 fréquentent l'école l'année entière, c'est-à-dire dix ou onze mois.

Pour les élèves des écoles publiques de filles, les chiffres sont de 32 p. 0/0 dans le premier cas, de 20 p. 0/0 dans le second et de 48 p. 0/0 dans le troisième.

Enfin, l'enquête a fait connaître que, sur les 657,401 élèves sortis des écoles en 1863 pour n'y plus rentrer,

Ont quitté l'école :

	ÉCOLES LAÏQUES.	ÉCOLES CONGR.	TOTAL.
Ne sachant pas à la fois lire et écrire........	52,777	38,393	91,170
Sachant seulement lire et écrire.............	102,186	68,652	170,838
Sachant lire, écrire et compter.............	183,095	103,107	286,202
Possédant tout ou partie des matières facultatives.	70,391	38,800	109,191
TOTAUX..............	408,449	248,952	657,401

Les deux premières catégories, c'est-à-dire 262,008 enfants, sont sorties de l'école avec si peu d'instruction, qu'au bout de quelques années le plus grand nombre aura tout oublié. Il n'y en a donc réellement que 395,393, soit 60 p. 0/0, qui ont profité de l'enseignement qu'on donne dans nos écoles.

Les communes sont propriétaires de 37,802 maisons d'école affectées soit à la tenue des écoles ou des salles d'asile publiques, soit à l'installation des écoles ou des salles d'asile libres. 14,322 maisons sont louées par les communes, 1,839 sont prêtées par des particuliers et 817 appartiennent à des congrégations religieuses.

Les améliorations que les communes ont encore à réaliser, pour que les maisons d'école et les mobiliers scolaires satisfassent aux exigences du service, se résument de la manière suivante :

Maisons à construire	16,161	Dépense qu'exigeraient ces constructions	151,124,165f
Maisons à approprier	10,937	Dépense qu'exigeraient ces appropriations	55,021,717
Mobiliers à renouveler ou à compléter	39,657	Dépense qu'exigeraient ces mobiliers	5,787,366
		Total	211,933,248

Le service ordinaire de l'instruction primaire en France a donné lieu, en 1863, à une dépense de 58,646,952 fr. 9 cent., non compris les travaux de construction et quelques autres dépenses extraordinaires.

Cette dépense se répartit ainsi :

1° Traitement des instituteurs, des institutrices, des directrices de salles d'asile et de leurs adjoints ou adjointes	44,331,473f	62c
2° Frais de loyers de maisons d'école et de salles d'asile	2,601,749	46
3° Frais d'imprimés pour le recouvrement de la rétribution scolaire des filles	24,368	53
4° Frais d'entretien des maisons d'école et des salles d'asile, frais d'imprimés pour le recouvrement de la rétribution scolaire des garçons et autres frais accessoires	4,361,685	53
5° Dépense pour les frais de l'inspection spéciale des écoles, non compris les indemnités de déplacement et de travaux extraordinaires	965,408	00
6° Frais d'entretien des classes publiques d'adultes, d'apprentis, etc.	291,830	00
7° Frais d'entretien des écoles normales et des cours normaux	2,598,322	62
8° Frais d'entretien des écoles et des salles d'asile libres auxquels il est pourvu par des fondations ou des indemnités communales	1,494,350	41
Total	56,669,188	17
Il convient d'ajouter à ce chiffre les frais relatifs à diverses dépenses qui n'ont pu être constatées par la voie de l'enquête et qui sont exclusivement à la charge des départements et de l'État, soit	1,977,763	92
Total général de la dépense	58,646,952	09

Cette dépense a été acquittée de la manière suivante :

1° Portion du produit des fondations, dons ou legs affectée aux dépenses ordinaires des écoles et des salles d'asile			2,195,642f	46c
2° Dépense à la charge des communes (revenus ordinaires, 3 centimes spéciaux et impositions extraordinaires affectées à des dépenses ordinaires)			25,316,593	43
3° Dépense à la charge des familles	Rétribution scolaire	des écoles publiques de garçons ou mixtes	13,739,594	90
		des écoles publiques de filles	4,514,819	60
		des salles d'asile publiques	324,314	00
	Chauffage des classes		832,316	97
	Rétribution des adultes		291,830	00
A reporter			47,215,111	36

Report	47,215,111f 36c
4° Dépense faite pour l'entretien et sur les propres ressources des écoles normales.	77,887 26
5° Dépense faite par les villes pour l'entretien des écoles normales	43,275 00
6° Dépense faite par les familles pour la pension des élèves-maîtres reçus dans ces écoles	464,420 00
7° Dépense de l'instruction primaire à la charge des départements	4,336,412 98
8° Dépense de l'instruction primaire à la charge de l'État	3,599,006 37
Total	55,736,112 97

A ce chiffre, formé de ceux qui figurent dans les tableaux de la statistique, il faut ajouter diverses dépenses ordinaires, qui ne pouvaient être déterminées par voie d'enquête :

A la dépense à la charge de l'État s'ajoutent ainsi les subventions pour loyers de maisons d'école, frais annuels d'entretien, secours et indemnités de toute nature. C'est un total de	1,604,030 79
Les mêmes frais à la charge des départements s'élèvent à	1,306,808 33
Total égal à la dépense	58,646,952 09

Après avoir ainsi déterminé la part de l'État et des départements dans les dépenses ordinaires, si l'on ajoute à ces subventions les crédits applicables aux dépenses extraordinaires, c'est-à-dire aux constructions de maisons d'écoles primaires ou d'écoles normales, soit 1,260,992 fr. 54 cent. pour l'État et 618,520 fr. 14 cent. pour les départements, on obtient le chiffre de 6,464,029 fr. 70 cent. pour la subvention *totale* de l'État, et le chiffre de 6,261,741 fr. 45 cent. pour la subvention *totale* des départements.

La statistique établit, en outre, qu'en 1863 les conseils municipaux ont voté pour construction, acquisition et appropriation de maisons d'école et de salles d'asile une somme totale de 16,979,558 fr. 90 cent. Les particuliers ont contribué à ces dépenses par des dons et des souscriptions montant à 962,945 fr. 70 cent. Il ne s'agit pas d'une somme votée par les conseils municipaux pour être dépensée en 1863 seulement, mais de délibérations dont l'effet doit s'étendre sur une série plus ou moins longue d'années. Sur le montant total des crédits votés, plus de 9 millions sont formés d'impositions extraordinaires dont la durée moyenne est de sept ans.

On ne comprend pas dans ces chiffres les ressources de 6,048 pensionnats primaires, ni la rétribution scolaire payée par les familles dans les établissements libres de diverses natures et dans les établissements secondaires qui donnent l'enseignement primaire, ni les dépenses faites par les familles pour l'acquisition des fournitures classiques, telles que livres, papier, plumes, encre, etc., ni les ressources provenant des diverses fonctions accessoires que remplissent les instituteurs publics, ressources qui se sont élevées, en 1863, à 4,219,587 fr. 28 cent., ni la part de dépense qui revient au service de l'instruction primaire dans les dépenses générales de l'État, soit à l'administration centrale de l'instruction publique, soit à l'inspection générale de l'instruction primaire, soit dans les rectorats où, sans l'enseignement primaire, le nombre des inspecteurs d'académie pourrait être réduit de moitié et tous les frais de commis et de bureaux supprimés, soit dans les administrations préfectorales, où un bureau est consacré à ce service, soit enfin dans l'Algérie, où l'instruction primaire coûte par an à l'État près de 80,000 francs.

Le tableau suivant résume les améliorations réalisées depuis 1848, et qui peuvent se rendre par des chiffres.

	SITUATION au 1er janvier 1848.	SITUATION au 1er janvier 1864.	DIFFÉRENCE en plus.	DIFFÉRENCE en moins.	OBSERVATIONS.
1° ÉTABLISSEMENTS D'INSTRUCTION PRIMAIRE.					
Nombre. des écoles publiques spéciales aux garçons. des écoles communes aux deux sexes	35,953	38,386	2,433	//	
Nombre. des écoles libres de garçons	7,661	3,108	//	4,553	
Nombre. des écoles publiques de filles	7,926	14,059	6,133	//	
Nombre. des écoles libres de filles	11,488	13,208	1,720	//	
Nombre. des salles d'asile	1,861	3,308	(1) 1,447	//	(1) Non compris 2,022 garderies ou petites écoles qui ont été fréquentées par 50,026 enfants.
Classes d'adultes, d'apprentis, du dimanche, etc.	6,877	6,135	//	742	
Ouvroirs	296	689	393	//	
TOTAUX	72,062	78,893	12,126	5,295	En 1863, il y avait donc 6,831 établissements d'instruction primaire de plus qu'en 1847.
2° SITUATION MATÉRIELLE.					
Nombre de maisons d'école dont les communes sont propriétaires	23,761	37,802	14,041	//	
3° POPULATION DES ÉCOLES.					
Population des écoles publiques de garçons. des écoles communes aux deux sexes. des écoles libres de garçons	2,176,079	2,607,875	431,796	//	
Population des écoles publiques de filles. des écoles libres de filles	1,354,056	1,728,493	374,437	//	
Population des salles d'asile	124,287	383,856	259,569	//	
Population des cours d'adultes, d'apprentis, etc.	130,375	193,207	62,832	//	
TOTAUX	3,784,797	4,913,431	1,132,634	//	On comptait donc dans les écoles, en 1863, 1,128,634 enfants de plus qu'en 1847.
4° DÉPENSES DE L'INSTRUCTION PRIMAIRE.					
Dépenses ordinaires	30,870,932f	58,646,952f09c	27,776,020f09c	//	En 1863, la dépense de l'instruction primaire a dépassé celle de 1847 de 27,776,020f 09c.

En 1848, l'État ne garantissait à l'instituteur qu'un traitement minimum de 200 francs auquel s'ajoutait la rétribution scolaire.

En 1863, un traitement minimum de 600 et de 700 francs, après cinq années d'exercice, est assuré à l'instituteur.

Le tableau suivant fait connaître exactement le revenu scolaire des instituteurs publics et des institutrices communales en 1863.

INSTITUTEURS.		INSTITUTRICES.	
MONTANT DU TRAITEMENT.	NOMBRE des instituteurs.	MONTANT DU TRAITEMENT.	NOMBRE des institutrices.
De 600f et au-dessous	10,056 (1)	De 100f	214
De 601 à 650f	1,357	De 101 à 150f	225
De 651 à 700	12,821	De 151 à 200	318
De 701 à 750	1,603	De 201 à 250	393
De 751 à 800	2,804	De 251 à 300	889
De 801 à 850	1,059	De 301 à 350	1,015
De 851 à 900	1,682	De 351 à 400	1,709
De 901 à 950	732	De 401 à 450	850
De 951 à 1,000	792	De 451 à 500	934
De 1,001 à 1,050	564	De 501 à 550	609
De 1,051 à 1,100	509	De 551 à 600	973
De 1,101 à 1,150	444	De 601 à 650	547
De 1,151 à 1,200	523	De 651 à 700	655
De 1,201 à 1,250	304	De 701 à 750	411
De 1,251 à 1,300	285	De 751 à 800	585
De 1,301 à 1,350	253	De 801 à 850	304
De 1,351 à 1,400	246	De 851 à 900	372
De 1,401 à 1,450	155	De 901 à 950	259
De 1,451 à 1,500	200	De 951 à 1,000	390
De 1,501 à 1,550	138	De 1,001 à 1,100	380
De 1,551 à 1,600	125	De 1,101 à 1,200	419
De 1,601 à 1,650	91	De 1,201 à 1,300	238
De 1,651 à 1,700	88	De 1,301 à 1,400	214
De 1,701 à 1,750	73	De 1,401 à 1,500	198
De 1,751 à 1,800	203	De 1,501 à 1,600	116
De 1,801 à 1,850	53	De 1,601 à 1,700	94
De 1,851 à 1,900	56	De 1,701 à 1,800	129
De 1,901 à 1,950	46	De 1,801 à 1,900	58
De 1,951 à 2,000	88	De 1,901 à 2,000	84
De 2,001 et au-dessus	691	De 2,001 et au-dessus	411
TOTAL	38,386	TOTAL	14,059

(1) Il n'y a que les institutrices chargées de la direction des écoles mixtes et les instituteurs provisoires qui jouissent d'un traitement inférieur à 600 francs.

STATISTIQUE

DE

L'INSTRUCTION PRIMAIRE EN 1863.

TABLEAUX.

Ire PARTIE.

ENSEIGNEMENT PUBLIC.

1°

ÉCOLES DE GARÇONS.

ÉCOLES COMMUNES AUX DEUX SEXES.

1°

ÉCOLES DE GARÇONS. — ÉCOLES COMMUNES AUX DEUX SEXES.

N° 1. Situation des communes en ce qui concerne les écoles de garçons et les écoles communes aux deux sexes.

N° 2. Écoles publiques de garçons, communes aux deux sexes : *laïques, congréganistes.*

N° 3. Écoles payantes, gratuites.

N° 4. Écoles classées d'après le culte auquel appartiennent les enfants qui les fréquentent.

N° 5. Écoles classées d'après la tenue de la classe et la direction de l'enseignement.

Il ne faudrait pas attribuer une valeur mathématique à cette classification : des appréciations de ce genre dépendent beaucoup de la manière de voir de l'inspecteur qui les donne, de sa sévérité, de son indulgence, etc.; c'est un renseignement précieux, mais qui n'a rien d'absolu.

N° 6. Écoles classées d'après les matières qui y sont enseignées.

Ici encore les appréciations dépendent beaucoup de l'inspecteur et de sa manière de voir. Enseigne-t-on l'histoire, la géographie, dans une école, parce que deux ou trois élèves en savent quelques mots? Un dira : *oui*, un autre : *non*; et l'école sera classée en conséquence.

N° 7. Maisons d'écoles, appartenant aux communes, à des particuliers, pourvues ou non des dépendances nécessaires.

N° 8. État des maisons d'école convenables ou non convenables.

N° 9. Mobiliers des écoles, suffisants ou insuffisants, en bon ou en mauvait état.

Dans bien des cas, la question de savoir si une maison d'école est convenable ou non, si un mobilier classique est ou non suffisant, peut recevoir des solutions différentes suivant que l'inspecteur est, à cet égard, plus ou moins exigeant, et aussi suivant qu'il se trouve dans un département plus ou moins avancé. Telle maison qui paraîtrait convenable dans les départements de l'ouest ou du centre serait regardée comme tout à fait insuffisante dans les départements du nord-est. Ici encore les nombres n'ont rien d'absolu.

N° 10. Chauffage des écoles par les communes ou par les familles.

N° 11. Population des écoles de garçons.

N° 12. Population des écoles communes aux deux sexes, dirigées par des instituteurs laïques.

N° 13. Population des écoles payantes communes aux deux sexes, dirigées par des institutrices.

N° 14. Population des écoles gratuites communes aux deux sexes, dirigées par des institutrices.

N° 15. État récapitulatif de la population des écoles de garçons et des écoles communes aux deux sexes.

N° 16. Élèves des écoles de garçons et des écoles communes aux deux sexes, classés d'après le culte auquel ils appartiennent.

N° 17. Durée de la fréquentation des écoles laïques.

N° 18. Durée de la fréquentation des écoles congréganistes.

La durée réelle de la fréquentation des écoles est notablement supérieure aux indications données par ces deux tableaux. Ces indications exagèrent, dans une proportion plus ou moins grande, le nombre des élèves qui n'auraient fréquenté l'école que quelques mois, et atténuent, dans une proportion analogue, le nombre de ceux qui l'ont réellement fréquentée pendant la plus grande partie de l'année scolaire.

Voici comment. Les inscriptions sur le registre matricule qui a servi de base pour la composition de ces tableaux, au lieu de commencer avec la rentrée des classes pour finir à l'ouverture des vacances, commencent au 1er janvier et finissent au 31 décembre; elles coupent l'année scolaire et en font, pour ainsi dire, deux tronçons d'année : de telle sorte qu'un élève qui a fréquenté l'école pendant cinq années scolaires, par exemple, se trouve inscrit six fois sur le registre matricule; par conséquent, le nombre des mois de fréquentation se trouve réparti sur six années au lieu de l'être sur cinq. Il en résulte une durée annuelle de fréquentation notablement inférieure; et lors même qu'il serait resté constamment à l'école pendant les cinq années scolaires, depuis la rentrée des classes jusqu'aux vacances suivantes, il se trouverait cependant inscrit sur le registre matricule, la première fois pour trois mois, et la dernière pour huit (la rentrée étant supposée au 1er octobre).

Dans les localités où se trouvent plusieurs écoles, dans les grandes villes surtout, il existe une autre cause d'atténuation. Il n'est pas rare de voir, dans ces localités, des élèves, pour des motifs sérieux ou futiles, passer d'une école dans une autre pendant le cours de l'année scolaire, surtout à la rentrée des classes. Chacun de ces élèves est inscrit dans chacune des écoles où il est entré, pour le nombre de mois qu'il l'a fréquentée; et, en fin d'exercice, au 31 décembre, au lieu de compter pour un seul élève et pour le total des mois de fréquentation, il compte pour autant d'élèves qu'il a fréquenté d'écoles, et le nombre réel des mois de présence se trouve partagé en autant de parties qu'il y a eu d'inscriptions. Ici, il y a tout à la fois exagération dans le nombre des élèves, atténuation dans la durée de la fréquentation annuelle.

Dans les petites villes, il n'y a que quelques élèves qui passent ainsi d'une école à une autre; mais, dans les grandes villes, à Paris surtout, ces passages sont fréquents.

Les nombres portés sur ces tableaux, qui, pour la première fois, donnent une indication précieuse, doivent donc être entendus dans ce sens que la durée qu'ils indiquent pour la fréquentation des écoles primaires est notablement inférieure à la durée réelle de cette fréquentation.

N° 19. Personnel des instituteurs et des institutrices dirigeant des écoles de garçons ou des écoles communes aux deux sexes.

N° 20. État civil des instituteurs et des institutrices laïques dirigeant des écoles de garçons ou des écoles communes aux deux sexes.

N° 21. Instituteurs classés d'après le culte auquel ils appartiennent.

N° 22. Titres de capacité des instituteurs.

N° 23. Titres de capacité des institutrices publiques dirigeant des écoles communes aux deux sexes.

N° 24. Dépenses ordinaires des écoles : traitement des instituteurs et des maîtres-adjoints *laïques*.

N° 25. Dépenses ordinaires des écoles : traitement des instituteurs et des maîtres-adjoints *congréganistes*.

L'ensemble des chiffres portés dans ces deux tableaux est exact, mais il est à craindre que pour un nombre plus ou moins considérable d'écoles on n'ait pas pu distinguer d'une manière exacte, dans l'ensemble des traitements, la partie afférente aux maîtres-adjoints, parce que, souvent, pour les congréganistes surtout, il n'y a aux budgets des communes qu'un seul chiffre pour le traitement de tous les maîtres de l'école, instituteur et adjoints.

N° 26. Ressources accessoires des instituteurs, dépenses accessoires et extraordinaires des écoles.

N° 27. Pensionnats primaires annexés à des écoles publiques de garçons.

N° 28. Classes d'adultes, écoles d'apprentis, écoles du dimanche, écoles annexées à des fabriques, à des manufactures, etc.; orphelinats.

N° 29. Population des classes d'adultes et des écoles d'apprentis.

N° 30. Population des écoles du dimanche, des écoles annexées à des manufactures, et des orphelinats.

TABLEAU N° 1.

Situation des communes en ce qui concerne les écoles de garçons et les écoles communes aux deux sexes ou mixtes.

DÉPARTEMENTS.	NOMBRE DES COMMUNES — POURVUES DE MOYENS D'ENSEIGNEMENT, — possédant au moins une école publique de garçons.	qui n'ont pas d'école publique, mais une école libre en tenant lieu.	réunies pour l'entretien d'une école publique de garçons.	TOTAL.	DÉPOURVUES de moyens d'enseignement.	TOTAL GÉNÉRAL.	COMMUNES QUI ENTRETIENNENT une seule école de garçons ou mixte.	plusieurs écoles de garçons ou mixtes.	COMMUNES QUI POSSÈDENT des écoles spéciales de garçons.	des écoles mixtes.	COMMUNES PROPRIÉTAIRES de leurs maisons d'école.	NON PROPRIÉTAIRES de leurs maisons d'école.
1	2	3	4	5	6	7	8	9	10	11	12	13
Ain	436	3	8	447	3	450	420	19	291	140	303	139
Aisne	813	»	22	835	1	836	771	43	228	587	709	104
Allier	280	4	11	295	22	317	278	3	98	180	182	99
Alpes (Basses-)	244	»	6	250	4	254	173	69	108	136	130	117
Alpes (Hautes-)	189	»	»	189	»	189	140	49	106	26	85	104
Alpes-Maritimes	143	»	2	145	1	146	120	24	120	24	57	87
Ardèche	339	»	»	339	»	339	268	71	254	85	152	187
Ardennes	469	»	4	473	5	478	423	50	165	307	420	58
Ariége	265	»	71	336	»	336	262	33	123	212	96	184
Aube	423	»	19	442	4	446	422	9	95	335	425	12
Aude	383	2	7	392	42	434	380	4	152	231	203	180
Aveyron	282	»	»	282	»	282	101	182	282	1	60	223
Bouches-du-Rhône	103	2	»	105	1	106	94	10	97	7	78	28
Calvados	557	10	196	763	4	767	721	18	275	275	401	151
Cantal	258	1	»	259	»	259	230	29	211	67	117	142
Charente	361	1	20	382	46	428	374	7	185	176	157	204
Charente-Inférieure	412	8	43	463	16	479	407	7	233	176	253	154
Cher	226	1	59	286	4	290	220	6	91	133	147	80
Corrèze	285	»	»	285	1	286	275	10	126	159	37	248
Corse	352	»	»	352	1	353	305	49	137	217	20	334
Côte-d'Or	682	»	34	716	1	717	708	6	238	452	638	48
Côtes-du-Nord	345	2	18	365	17	382	359	6	288	77	261	85
Creuse	242	»	19	261	»	261	240	2	80	153	77	165
Dordogne	498	3	35	536	46	582	530	3	101	339	150	432
Doubs	532	1	104	637	2	639	606	29	291	251	518	24
Drôme	349	1	1	351	15	366	307	44	202	150	250	103
Eure	508	1	143	652	48	700	490	6	166	330	407	89
Eure-et-Loir	387	»	39	426	»	426	421	5	108	279	359	28
Finistère	227	1	18	246	38	284	233	6	201	20	180	41
Gard	335	3	2	340	8	348	280	54	220	115	245	88
Garonne (Haute-)	442	17	25	484	94	578	442	7	294	164	257	192
Gers	437	4	13	454	12	466	437	4	263	198	274	167
Gironde	394	»	126	520	27	547	496	22	372	20	226	165
Hérault	315	»	11	326	5	331	293	28	248	68	174	157
Ille-et-Vilaine	335	9	3	347	3	350	320	15	252	95	246	101
Indre	217	»	19	236	9	245	217	3	88	129	130	78
Indre-et-Loire	258	1	15	274	7	281	266	4	115	156	232	38
Isère	534	6	4	544	6	550	495	42	430	106	370	163
Jura	533	»	42	575	8	583	529	27	294	271	407	53
Landes	315	»	10	325	6	331	313	3	145	171	233	83
Loir-et-Cher	262	1	21	284	14	298	257	5	127	135	199	64
Loire	313	1	6	320	»	320	302	18	231	89	216	105
Loire (Haute-)	259	»	1	260	»	260	231	28	220	51	175	118
Loire-Inférieure	208	»	»	208	»	208	197	14	205	16	167	44
Loiret	320	»	27	347	2	349	343	4	170	177	295	52
Lot	306	»	»	306	9	315	304	4	292	16	164	144
Lot-et-Garonne	283	3	23	309	7	316	274	8	140	141	231	51

Situation des communes en ce qui concerne les écoles de garçons et les écoles communes aux deux sexes ou mixtes.

DÉPARTEMENTS.	NOMBRE DES COMMUNES — POURVUES DE MOYENS D'ENSEIGNEMENT,				DÉPOURVUES de moyens d'enseignement	TOTAL GÉNÉRAL.	COMMUNES QUI ENTRETIENNENT		COMMUNES QUI POSSÈDENT		COMMUNES	
	possédant au moins une école publique de garçons.	qui n'ont pas d'école publique, mais une école libre en tenant lieu.	réunies pour l'entretien d'une école publique de garçons.	TOTAL.			une seule école de garçons ou mixte.	plusieurs écoles de garçons ou mixtes.	des écoles spéciales de garçons.	des écoles mixtes.	PROPRIÉTAIRES de leurs maisons d'école.	NON PROPRIÉTAIRES de leurs maisons d'école.
1	2	3	4	5	6	7	8	9	10	11	12	13
Lozère	193	//	//	193	//	193	133	60	171	48	57	136
Maine-et-Loire	368	2	3	373	3	376	357	13	279	103	322	54
Manche	629	2	10	641	3	644	600	27	432	198	532	105
Marne	642	//	20	662	5	667	621	12	218	447	629	33
Marne (Haute-)	526	1	17	544	6	550	521	6	235	294	520	9
Mayenne	267	//	6	273	1	274	265	4	230	41	247	23
Meurthe	698	//	14	712	2	714	675	24	357	342	682	17
Meuse	575	//	12	587	//	587	495	10	294	284	568	8
Morbihan	218	2	6	226	11	237	207	13	170	53	142	78
Moselle	621	//	8	629	//	629	507	122	299	330	593	36
Nièvre	284	5	14	303	11	314	283	8	100	187	192	91
Nord	636	//	24	660	//	660	602	31	431	213	588	45
Oise	689	1	8	698	2	700	673	20	188	505	657	43
Orne	455	2	37	494	17	511	436	14	199	251	274	176
Pas-de-Calais	862	2	36	900	3	903	837	25	290	573	770	103
Puy-de-Dôme	411	6	1	418	25	443	410	5	330	85	211	204
Pyrénées (Basses-)	533	2	12	547	12	559	506	31	246	300	404	142
Pyrénées (Hautes-)	433	2	31	466	13	479	424	9	292	153	276	169
Pyrénées-Orientales	157	2	29	188	42	230	183	2	146	11	50	107
Rhin (Bas-)	540	2	//	542	//	542	384	157	276	265	531	10
Rhin (Haut-)	475	//	14	489	1	490	439	42	282	199	467	22
Rhône	247	3	6	256	2	258	236	14	219	32	190	67
Saône (Haute-)	561	//	22	583	//	583	519	42	376	207	552	9
Saône-et-Loire	522	6	21	549	34	583	516	7	308	221	407	122
Sarthe	364	//	14	378	11	389	359	4	257	106	265	98
Savoie	321	//	4	325	//	325	318	4	272	50	221	101
Savoie (Haute-)	293	1	14	308	1	309	276	17	264	51	187	116
Seine	70	//	//	70	//	70	66	4	60	10	66	4
Seine-Inférieure	689	//	63	752	7	759	733	15	308	377	495	190
Seine-et-Marne	498	//	29	527	//	527	486	13	157	342	471	28
Seine-et-Oise	621	//	53	674	10	684	603	16	234	390	564	63
Sèvres (Deux-)	326	4	17	347	8	355	309	17	121	205	183	143
Somme	808	1	18	827	5	832	788	38	295	512	773	53
Tarn	281	6	11	298	18	316	236	45	149	132	155	126
Tarn-et-Garonne	182	3	4	189	4	193	169	13	108	73	150	31
Var	141	//	//	141	2	143	134	7	123	18	98	44
Vaucluse	145	1	3	149	//	149	128	16	121	27	86	58
Vendée	282	2	11	295	3	298	270	11	226	60	235	42
Vienne	268	1	17	286	10	296	263	3	114	152	131	135
Vienne (Haute-)	198	//	2	200	//	200	193	7	84	116	62	138
Vosges	515	//	30	545	3	548	518	27	305	240	544	1
Yonne	466	1	12	479	4	483	456	19	172	304	450	26
TOTAUX	34,666	146	1,880	36,692	* 818	37,510	33,408	2,063	19,040	16,159	26,209	8,919

* La liste de ces communes se trouve à la fin du volume, ANNEXE A.

TABLEAU N° 2.

ENSEIGNEMENT PUBLIC.

ÉCOLES DE GARÇONS OU MIXTES.

Écoles de garçons, écoles communes aux deux sexes ou mixtes.

DÉPARTEMENTS.	NOMBRE DES ÉCOLES — DE GARÇONS — dirigées par des instituteurs — laïques.	congréganistes.	TOTAL.	COMMUNES AUX DEUX SEXES — dirigées par des — instituteurs laïques.	institutrices — laïques.	congréganistes.	TOTAL.	TOTAL GÉNÉRAL.	NOMBRE DES ÉCOLES dans lesquelles les instituteurs ont des adjoints — laïques.	congréganistes.	ÉCOLES DE HAMEAUX ou ÉCOLES TEMPORAIRES ouvertes pendant l'hiver. — Écoles spéciales de garçons.	Écoles mixtes.	TOTAL.
1	2	3	4	5	6	7	8	9	10	11	12	13	14
Ain	280	22	302	136	2	18	156	458	42	22	″	″	″
Aisne	234	12	246	622	6	″	628	874	35	12	″	″	″
Allier	98	10	108	125	16	39	180	288	16	10	″	″	″
Alpes (Basses-)	107	10	117	189	48	3	240	357	5	10	″	10	10
Alpes (Hautes-)	289	1	290	″	10	29	39	329	10	1	82	″	82
Alpes-Maritimes	154	7	161	28	8	″	36	197	19	7	34	13	47
Ardèche	213	61	274	58	17	71	146	420	6	61	″	8	8
Ardennes	173	7	180	359	″	″	359	539	28	6	″	13	13
Ariége	93	9	102	181	14	1	196	298	0	9	″	″	″
Aube	99	5	104	337	1	″	338	442	13	5	″	″	″
Aude	146	10	156	200	26	5	231	387	8	10	″	″	″
Aveyron	437	47	484	4	75	15	94	578	26	47	″	″	″
Bouches-du-Rhône	104	42	146	2	″	7	9	155	17	42	″	″	″
Calvados	274	17	291	174	71	32	277	568	33	15	″	″	″
Cantal	175	44	219	″	80	12	92	311	11	35	″	61	61
Charente	192	2	194	162	12	2	176	370	26	2	″	″	″
Charente-Inférieure	232	7	239	164	8	4	176	415	24	7	″	″	″
Cher	100	7	107	130	2	2	134	241	17	6	″	″	″
Corrèze	120	11	131	126	39	1	166	297	0	11	″	″	″
Corse	137	12	149	249	1	″	250	399	1	12	″	9	9
Côte-d'Or	232	2	234	453	5	″	458	692	25	″	″	3	3
Côtes-du-Nord	183	93	276	4	48	29	81	357	21	22	″	″	″
Creuse	82	8	90	148	6	″	154	244	8	8	″	″	″
Dordogne	158	3	161	277	56	6	339	500	16	3	″	″	″
Doubs	298	10	308	234	36	2	272	580	34	10	″	12	12
Drôme	197	43	240	155	20	13	188	428	21	43	″	13	13
Eure	165	7	172	302	11	16	329	501	7	7	″	″	″
Eure-et-Loir	108	7	115	279	1	″	280	395	20	7	″	1	1
Finistère	188	24	212	8	″	12	20	232	12	24	″	″	″
Gard	212	50	262	101	19	17	137	399	12	50	″	″	″
Garonne (Haute-)	286	22	308	124	37	5	166	474	8	22	″	″	″
Gers	237	13	250	176	17	″	193	443	11	12	″	″	″
Gironde	373	28	401	″	14	6	20	421	32	28	″	″	″
Hérault	256	34	290	51	17	1	69	359	11	34	″	″	″
Ille-et-Vilaine	196	70	266	1	36	56	93	359	18	47	1	6	7
Indre	85	7	92	120	6	3	129	221	14	7	″	″	″
Indre-et-Loire	109	6	115	86	21	41	148	263	15	6	″	″	″
Isère	414	52	466	104	9	4	117	583	27	52	13	2	15
Jura	278	12	290	258	31	2	291	581	37	11	″	40	40
Landes	130	12	148	171	″	″	171	319	4	12	″	″	″
Loir-et-Cher	122	7	129	130	2	7	139	268	12	6	″	″	″
Loire	147	108	255	28	3	62	93	348	6	108	″	″	″
Loire (Haute-)	200	38	238	7	8	40	55	293	2	38	″	″	″
Loire-Inférieure	176	40	216	″	15	3	18	234	23	26	″	″	″
Loiret	176	11	187	145	5	2	152	330	18	11	″	″	″
Lot	281	15	296	11	1	4	16	312	19	14	″	″	″
Lot-et-Garonne	132	11	143	145	6	″	151	294	14	11	″	″	″

ENSEIGNEMENT PUBLIC.

ÉCOLES DE GARÇONS OU MIXTES.

Écoles de garçons, écoles communes aux deux sexes ou mixtes.

DÉPARTEMENTS. 1	Nombre des écoles — De garçons — dirigées par des instituteurs laïques. 2	congréganistes. 3	Total. 4	Communes aux deux sexes — dirigées par des instituteurs laïques. 5	institutrices laïques. 6	congréganistes. 7	Total. 8	Total général. 9	Nombre des écoles dans lesquelles les instituteurs ont des adjoints — laïques. 10	congréganistes. 11	Écoles de hameaux ou écoles temporaires ouvertes pendant l'hiver — Écoles spéciales de garçons. 12	Écoles mixtes. 13	Total. 14
Lozère	179	17	196	35	43	"	78	274	"	17	"	"	"
Maine-et-Loire	249	40	289	16	35	54	105	304	28	40	"	"	"
Manche	426	21	447	"	118	98	216	663	37	20	"	"	"
Marne	211	15	226	437	3	2	442	668	26	14	"	2	2
Marne (Haute-)	231	8	239	294	"	"	294	533	43	8	"	"	"
Mayenne	210	24	234	7	22	13	42	276	29	21	"	"	"
Meurthe	372	9	381	349	"	11	360	741	85	5	"	2	2
Meuse	296	6	302	282	3	"	285	587	34	3	"	1	1
Morbihan	127	57	184	"	28	25	53	237	5	24	"	"	"
Moselle	299	10	309	419	1	36	456	765	37	9	"	1	1
Nièvre	89	19	108	158	11	19	188	296	20	19	"	"	"
Nord	426	58	484	211	4	6	221	705	93	58	"	"	"
Oise	188	10	198	515	"	1	516	714	27	10	"	"	"
Orne	198	12	210	168	48	39	255	465	20	12	"	"	"
Pas-de-Calais	270	37	307	592	6	2	600	907	38	37	"	6	6
Puy-de-Dôme	307	35	342	16	32	38	86	428	11	35	"	"	"
Pyrénées (Basses-)	255	11	266	281	31	2	314	580	15	11	"	1	1
Pyrénées (Hautes-)	287	7	294	151	4	"	155	449	12	7	"	"	"
Pyrénées-Orientales	145	7	152	"	11	"	11	163	6	7	"	"	"
Rhin (Bas-)	331	16	347	389	1	28	418	765	94	16	"	"	"
Rhin (Haut-)	271	25	296	232	2	16	250	546	70	22	"	4	4
Rhône	192	98	290	7	1	25	33	323	15	98	"	"	"
Saône (Haute-)	372	7	379	223	11	1	235	614	51	7	"	26	26
Saône-et-Loire	291	20	311	193	13	15	221	532	32	20	"	1	1
Sarthe	252	13	265	25	64	17	106	371	21	11	"	"	"
Savoie	340	15	355	161	93	1	255	610	33	14	79	205	284
Savoie (Haute-)	233	31	264	32	15	4	51	315	11	31	6	3	9
Seine	114	48	162	10	"	"	10	172	63	47	"	"	"
Seine-Inférieure	362	18	380	335	"	"	335	715	58	18	"	"	"
Seine-et-Marne	154	8	162	351	"	"	351	513	21	8	"	"	"
Seine-et-Oise	230	13	243	391	4	1	396	639	22	12	"	"	"
Sèvres (Deux-)	128	6	134	197	9	7	213	347	29	6	"	"	"
Somme	296	18	314	558	"	"	558	872	37	18	"	"	"
Tarn	153	20	173	150	54	2	206	379	2	19	"	"	"
Tarn-et-Garonne	100	14	114	72	10	3	85	199	11	14	"	"	"
Var	102	28	130	6	13	3	22	152	11	28	"	2	2
Vaucluse	88	51	139	13	4	10	27	166	11	48	"	"	"
Vendée	220	14	234	49	7	4	60	294	21	12	"	"	"
Vienne	105	12	117	153	1	5	159	270	20	12	"	"	"
Vienne (Haute-)	80	9	89	119	2	"	121	210	14	9	"	"	"
Vosges	305	2	307	353	10	12	375	682	141	2	"	114	114
Yonne	169	1	170	316	1	"	317	487	27	1	"	14	14
Totaux	18,737	1,966	20,703	15,030	1,581	1,072	17,683	38,386	2,189	1,779	215	573	788

TABLEAU N° 3.

Écoles payantes et gratuites.

DÉPARTEMENTS.	NOMBRE DES ÉCOLES — PAYANTES — de garçons dirigées par des laïques.	PAYANTES — de garçons dirigées par des congréganistes.	PAYANTES — communes aux deux sexes dirigées par des instituteurs laïques.	PAYANTES — communes aux deux sexes dirigées par des institutrices laïques.	PAYANTES — communes aux deux sexes dirigées par des institutrices congréganistes.	PAYANTES — TOTAL.	GRATUITES — de garçons dirigées par des laïques.	GRATUITES — de garçons dirigées par des congréganistes	GRATUITES — communes aux deux sexes dirigées par des instituteurs laïques.	GRATUITES — communes aux deux sexes dirigées par des institutrices laïques.	GRATUITES — communes aux deux sexes dirigées par des institutrices congréganistes.	GRATUITES — TOTAL.	TOTAL GÉNÉRAL.
1	2	3	4	5	6	7	8	9	10	11	12	13	14
Ain	262	14	136	2	16	430	17	8	1	//	2	28	458
Aisne	218	2	611	6	//	837	16	10	11	//	//	37	874
Allier	95	8	125	16	38	282	3	2	//	//	1	6	288
Alpes (Basses-)	107	5	189	48	3	352	//	5	//	//	1	5	357
Alpes (Hautes-)	288	//	//	10	28	326	1	1	//	//	1	3	329
Alpes-Maritimes	136	2	24	8	//	170	18	5	4	//	//	27	197
Ardèche	210	45	58	17	69	399	3	16	//	//	2	21	420
Ardennes	151	1	354	//	//	506	22	6	5	//	//	33	539
Ariége	89	2	181	14	1	287	4	7	//	//	//	11	298
Aube	92	//	329	1	//	422	7	5	8	//	//	20	442
Aude	145	2	200	26	5	378	1	8	//	//	//	9	387
Aveyron	434	36	3	75	15	563	3	11	1	//	//	15	578
Bouches-du-Rhône	95	12	2	//	5	114	9	30	//	//	2	41	155
Calvados	258	5	171	70	30	534	16	12	3	1	2	34	568
Cantal	174	39	//	80	10	303	1	5	//	//	2	8	311
Charente	187	2	162	12	2	365	5	//	//	//	//	5	370
Charente-Inférieure	227	3	164	8	4	406	5	4	//	//	//	9	415
Cher	94	2	130	2	2	230	6	5	//	//	//	11	241
Corrèze	118	9	126	39	1	293	2	2	//	//	//	4	297
Corse	136	5	249	1	//	391	1	7	//	//	//	8	399
Côte-d'Or	174	//	394	4	//	572	58	2	59	1	//	120	692
Côtes-du-Nord	180	85	4	48	29	346	3	8	//	//	//	11	357
Creuse	82	4	148	6	//	240	//	4	//	//	//	4	244
Dordogne	157	1	277	56	6	497	1	2	//	//	//	3	500
Doubs	166	2	153	23	2	346	132	8	81	13*	//	234	580
Drôme	190	26	154	20	13	403	7	17	1	//	//	25	428
Eure	158	4	300	11	16	489	7	3	2	//	//	12	501
Eure-et-Loir	106	1	279	1	//	387	2	6	//	//	//	8	395
Finistère	180	19	7	//	11	217	8	5	1	//	1	15	232
Gard	187	21	100	19	16	343	25	29	1	//	1	56	399
Garonne (Haute-)	275	3	123	37	5	443	11	19	1	//	//	31	474
Gers	237	11	176	17	//	441	//	2	//	//	//	2	443
Gironde	368	15	//	14	5	402	5	13	//	//	1	19	421
Hérault	240	13	52	17	1	323	14	21	1	//	//	36	359
Ille-et-Vilaine	187	63	1	36	56	343	9	7	//	//	//	16	359
Indre	81	5	112	6	3	207	4	2	8	//	//	14	221
Indre-et-Loire	104	5	83	21	39	252	6	1	3	//	1	11	263
Isère	405	40	103	9	4	561	9	12	1	//	//	22	583
Jura	222	5	239	30	2	498	57	7	17	1	1	83	581
Landes	127	4	166	//	//	297	9	8	5	//	//	22	310
Loir-et-Cher	120	4	130	2	6	262	2	3	//	//	1	6	268
Loire	144	57	28	3	02	294	3	51	//	//	//	54	348
Loire (Haute-)	200	22	7	8	40	277	//	16	//	//	//	16	293
Loire-Inférieure	175	37	//	15	3	230	1	3	//	//	//	4	234
Loiret	175	1	145	5	2	328	1	10	//	//	//	11	330
Lot	281	14	11	1	4	311	//	1	//	//	//	1	312
Lot-et-Garonne	132	3	145	6	//	286	//	8	//	//	//	8	294

Écoles payantes et gratuites.

DÉPARTEMENTS.	NOMBRE DES ÉCOLES												
	PAYANTES						GRATUITES						TOTAL GÉNÉRAL.
	de garçons dirigées par		communes aux deux sexes dirigées par			TOTAL.	de garçons dirigées par		communes aux deux sexes dirigées par			TOTAL.	
	des laïques.	des congréganistes.	des instituteurs laïques.	des institutrices laïques.	des institutrices congréganistes.		des laïques.	des congréganistes.	des instituteurs laïques.	des institutrices laïques.	des institutrices congréganistes.		
1	2	3	4	5	6	7	8	9	10	11	12	13	14
Lozère	179	12	35	43	″	269	″	5	″	″	″	5	274
Maine-et-Loire	225	33	16	35	52	361	24	7	″	″	2	33	394
Manche	388	13	″	115	97	613	38	8	″	3	1	50	663
Marne	196	5	426	3	″	630	15	10	11	″	2	38	668
Marne (Haute-)	167	2	259	″	″	428	64	6	35	″	″	105	533
Mayenne	204	22	7	22	13	268	6	2	″	″	″	8	276
Meurthe	352	4	349	″	11	716	20	5	″	″	″	25	741
Meuse	276	5	275	3	″	559	21	1	6	″	″	28	587
Morbihan	123	49	″	28	24	224	4	8	″	″	1	13	237
Moselle	291	7	419	1	34	752	8	3	″	″	2	13	765
Nièvre	87	14	155	11	17	284	2	5	3	″	2	12	296
Nord	397	23	210	4	6	640	29	35	1	″	″	65	705
Oise	181	3	513	″	1	698	7	7	2	″	″	16	714
Orne	195	8	168	48	37	456	3	4	″	″	2	9	465
Pas-de-Calais	260	13	589	6	2	870	10	24	3	″	″	37	907
Puy-de-Dôme	305	24	16	32	37	414	2	11	″	″	1	14	428
Pyrénées (Basses-)	241	4	279	31	2	557	14	7	2	″	″	23	580
Pyrénées (Hautes-)	282	6	150	4	″	442	5	1	1	″	″	7	449
Pyrénées-Orientales	142	″	″	11	″	155	3	7	″	″	″	10	163
Rhin (Bas-)	264	9	367	1	24	666	67	7	21	″	4	99	765
Rhin (Haut-)	160	12	155	2	12	341	111	13	77	″	4	205	546
Rhône	160	44	7	1	25	237	32	54	″	″	″	86	323
Saône (Haute-)	241	3	190	10	″	444	131	4	33	1	1	170	614
Saône-et-Loire	284	13	189	13	14	513	7	7	4	″	1	19	532
Sarthe	247	7	25	64	16	359	5	6	″	″	1	12	371
Savoie	305	10	161	93	1	570	35	5	″	″	″	40	610
Savoie (Haute-)	197	22	31	15	4	269	36	9	1	″	″	46	315
Seine	54	1	10	″	″	65	60	47	″	″	″	107	172
Seine-Inférieure	355	7	335	″	″	697	7	11	″	″	″	18	715
Seine-et-Marne	140	1	324	″	″	465	14	7	27	″	″	48	513
Seine-et-Oise	215	1	388	3	″	607	15	12	3	1	1	32	639
Sèvres (Deux-)	123	4	196	9	6	338	5	2	1	″	1	9	347
Somme	282	12	556	″	″	850	14	6	2	″	″	22	872
Tarn	146	9	150	53	1	359	7	11	″	1	1	20	379
Tarn-et-Garonne	98	8	72	10	3	191	2	6	″	″	″	8	199
Var	98	22	6	13	3	142	4	6	″	″	″	10	152
Vaucluse	81	26	13	4	10	134	7	25	″	″	″	32	166
Vendée	210	12	48	7	4	281	10	2	1	″	″	13	294
Vienne	102	7	153	1	5	268	3	5	″	″	″	8	276
Vienne (Haute-)	79	9	119	2	″	209	1	″	″	″	″	1	210
Vosges	282	2	339	10	9	641	23	″	15	″	3	41	682
Yonne	158	1	311	1	″	471	11	″	5	″	″	16	487
TOTAUX	17,341	1,148	14,562	1,550	1,024	35,634	1,396	818	408	22	48	2,752	38,386

Tableau n° 4.

ENSEIGNEMENT PUBLIC.

ÉCOLES DE GARÇONS OU MIXTES.

Écoles classées d'après le culte auquel appartiennent les enfants qui les fréquentent.

DÉPARTEMENTS.	NOMBRE DES ÉCOLES appartenant au culte catholique.	protestant.	israélite.	communes aux enfants de divers cultes.	TOTAL.
1	2	3	4	5	6
Ain	457	1	″	″	458
Aisne	867	5	″	2	874
Allier	288	″	″	″	288
Alpes (Basses-)	357	″	″	″	357
Alpes (Hautes-)	321	6	″	2	329
Alpes-Maritimes	197	″	″	″	197
Ardèche	355	56	″	9	420
Ardennes	538	1	″	″	539
Ariége	288	8	″	2	298
Aube	442	″	″	″	442
Aude	387	″	″	″	387
Aveyron	573	5	″	″	578
Bouches-du-Rhône	152	″	″	3	155
Calvados	567	1	″	″	568
Cantal	311	″	″	″	311
Charente	368	2	″	″	370
Charente-Inférieure	401	5	″	9	415
Cher	239	2	″	″	241
Corrèze	297	″	″	″	297
Corse	399	″	″	″	399
Côte-d'Or	692	″	″	″	692
Côtes-du-Nord	357	″	″	″	357
Creuse	244	″	″	″	244
Dordogne	490	″	″	10	500
Doubs	515	62	″	3	580
Drôme	356	59	″	13	428
Eure	501	″	″	″	501
Eure-et-Loir	393	2	″	″	395
Finistère	232	″	″	″	232
Gard	236	122	1	40	399
Garonne (Haute-)	472	2	″	″	474
Gers	442	1	″	″	443
Gironde	412	8	1	″	421
Hérault	341	18	″	″	359
Ille-et-Vilaine	359	″	″	″	359
Indre	221	″	″	″	221
Indre-et-Loire	262	1	″	″	263
Isère	576	7	″	″	583
Jura	581	″	″	″	581
Landes	319	″	″	″	319
Loir-et-Cher	266	2	″	″	268
Loire	347	1	″	″	348
Loire (Haute-)	284	9	″	″	293
Loire-Inférieure	234	″	″	″	234
Loiret	336	3	″	″	339
Lot	312	″	″	″	312
Lot-et-Garonne	290	4	″	″	294
Lozère	219	55	″	″	274
Maine-et-Loire	394	″	″	″	394
Manche	661	″	″	2	663
Marne	668	″	″	″	668
Marne (Haute-)	530	″	″	3	533
Mayenne	276	″	″	″	276
Meurthe	697	16	4	24	741
Meuse	587	″	″	″	587
Morbihan	237	″	″	″	237
Moselle	744	4	2	15	765
Nièvre	296	″	″	″	296
Nord	702	3	″	″	705
Oise	714	″	″	″	714
Orne	462	3	″	″	465
Pas-de-Calais	907	″	″	″	907
Puy-de-Dôme	428	″	″	″	428
Pyrénées (Basses-)	576	3	1	″	580
Pyrénées (Hautes-)	449	″	″	″	449
Pyrénées-Orientales	163	″	″	″	163
Rhin (Bas-)	449	274	41	1	765
Rhin (Haut-)	486	39	15	6	546
Rhône	320	2	1	″	323
Saône (Haute-)	595	19	″	″	614
Saône-et-Loire	530	″	″	2	532
Sarthe	371	″	″	″	371
Savoie	610	″	″	″	610
Savoie (Haute-)	315	″	″	″	315
Seine	165	6	1	″	172
Seine-Inférieure	711	4	″	″	715
Seine-et-Marne	509	4	″	″	513
Seine-et-Oise	639	″	″	″	639
Sèvres (Deux-)	301	36	″	10	347
Somme	869	3	″	″	872
Tarn	356	23	″	″	379
Tarn-et-Garonne	180	10	″	″	190
Var	152	″	″	″	152
Vaucluse	155	8	″	3	166
Vendée	288	5	″	1	294
Vienne	274	2	″	″	276
Vienne (Haute-)	210	″	″	″	210
Vosges	677	5	″	″	682
Yonne	487	″	″	″	487
Totaux	37,236	917	67	166	38,386

ENSEIGNEMENT PUBLIC.

TABLEAU N° 5.

ÉCOLES DE GARÇONS OU MIXTES.

Écoles classées d'après la tenue de la classe et la direction de l'enseignement.

DÉPARTEMENTS.	ÉCOLES LAÏQUES dont la tenue et la direction sont					ÉCOLES CONGRÉGANISTES dont la tenue et la direction sont					TOTAL des écoles laïques et congréganistes					
	bonnes.	assez bonnes.	passables.	médiocres.	mauvaises.	bonnes.	assez bonnes.	passables.	médiocres.	mauvaises.	bonnes.	assez bonnes.	passables.	médiocres.	mauvaises.	TOTAL GÉNÉRAL.
1	2	3	4	5	6	7	8	9	10	11	12	13	14	15	16	17
Ain	169	120	89	22	18	17	9	8	3	3	186	129	97	25	21	458
Aisne	261	285	182	93	41	4	4	4	"	"	265	289	186	93	41	874
Allier	93	93	35	15	3	13	17	8	10	1	106	110	43	25	4	288
Alpes (Basses-)	138	133	54	15	4	7	3	1	2	"	145	136	55	17	4	357
Alpes (Hautes-)	75	88	80	54	2	4	11	15	"	"	79	99	95	54	2	329
Alpes-Maritimes	73	51	45	17	4	5	2	"	"	"	78	53	45	17	4	197
Ardèche	78	74	75	39	22	18	30	34	36	14	96	104	109	75	36	420
Ardennes	297	141	57	27	10	7	"	"	"	"	304	141	57	27	10	539
Ariége	86	94	72	26	10	2	5	2	1	"	88	99	74	27	10	298
Aube	189	151	58	33	6	"	5	"	"	"	189	156	58	33	6	442
Aude	166	97	60	43	6	9	3	3	"	"	175	100	63	43	6	387
Aveyron	125	198	130	42	21	30	20	11	1	"	155	218	141	43	21	578
Bouches-du-Rhône	33	35	24	9	5	17	18	5	9	"	50	53	29	18	5	155
Calvados	208	170	115	24	2	21	10	14	4	"	229	180	129	28	2	568
Cantal	112	97	38	8	"	36	12	8	"	"	148	109	46	8	"	311
Charente	100	127	93	35	11	1	2	"	1	"	101	129	93	36	11	370
Charente-Inférieure	165	128	60	39	12	4	3	3	1	"	169	131	63	40	12	415
Cher	29	52	91	45	15	2	2	3	2	"	31	54	94	47	15	241
Corrèze	45	80	85	48	27	6	5	"	1	"	51	85	85	49	27	297
Corse	85	113	102	73	14	4	2	3	3	"	89	115	105	76	14	399
Côte-d'Or	323	211	130	23	3	2	"	"	"	"	325	211	130	23	3	692
Côtes-du-Nord	108	68	47	10	2	48	34	29	11	"	156	102	76	21	2	357
Creuse	131	74	24	7	"	3	4	1	"	"	134	78	25	7	"	244
Dordogne	179	133	115	47	17	3	2	2	2	"	182	135	117	49	17	500
Doubs	96	136	248	78	10	6	3	3	"	"	102	139	251	78	10	580
Drôme	68	117	117	51	19	8	20	17	9	2	76	137	134	60	21	428
Eure	97	170	119	67	25	8	3	3	5	4	105	173	122	72	29	501
Eure-et-Loir	118	133	84	43	10	4	3	"	"	"	122	136	84	43	10	395
Finistère	103	46	26	12	9	26	6	3	1	"	129	52	29	13	9	232
Gard	115	118	81	16	2	19	20	26	2	"	134	138	107	18	2	399
Garonne (Haute-)	148	122	105	64	8	11	7	8	1	"	159	129	113	65	8	474
Gers	148	121	85	66	10	7	3	1	2	"	155	124	86	68	10	443
Gironde	170	125	71	20	1	25	7	2	"	"	195	132	73	20	1	421
Hérault	102	129	64	27	2	21	14	"	"	"	123	143	64	27	2	359
Ille-et-Vilaine	65	54	65	37	12	26	29	42	24	5	91	83	107	61	17	359
Indre	40	54	71	28	18	1	4	5	"	"	41	58	76	28	18	221
Indre-et-Loire	143	40	19	11	3	18	26	2	"	1	161	66	21	11	4	263
Isère	172	196	114	33	12	22	19	12	3	"	194	215	126	36	12	583
Jura	99	198	180	84	6	5	5	3	1	"	104	203	183	85	6	581
Landes	117	90	68	22	10	10	2	"	"	"	127	92	68	22	10	319
Loir-et-Cher	85	87	55	21	6	1	3	5	5	"	86	90	60	26	6	268
Loire	39	48	61	23	7	41	59	45	16	9	80	107	106	39	16	348
Loire (Haute-)	49	99	47	20	"	20	22	26	6	4	69	121	73	26	4	293
Loire-Inférieure	52	64	51	19	5	8	19	14	1	1	60	83	65	20	6	234
Loiret	154	102	41	24	5	7	6	"	"	"	161	108	41	24	5	339
Lot	103	80	79	20	11	12	3	3	1	"	115	83	82	21	11	312
Lot-et-Garonne	144	75	51	10	3	9	1	1	"	"	153	76	52	10	3	294

TABLEAU N° 5.
(Suite.)

ENSEIGNEMENT PUBLIC.

ÉCOLES DE GARÇONS OU MIXTES.

Écoles classées d'après la tenue de la classe et la direction de l'enseignement.

DÉPARTEMENTS.	ÉCOLES LAÏQUES dont la tenue et la direction sont					ÉCOLES CONGRÉGANISTES dont la tenue et la direction sont					TOTAL des écoles laïques et congréganistes					
	bonnes.	assez bonnes.	passables.	médiocres.	mauvaises.	bonnes.	assez bonnes	passables.	médiocres.	mauvaises.	bonnes.	assez bonnes.	passables.	médiocres.	mauvaises.	TOTAL GÉNÉRAL.
1	2	3	4	5	6	7	8	9	10	11	12	13	14	15	16	17
Lozère	48	79	87	29	14	8	8	1	"	"	56	87	88	29	14	274
Maine-et-Loire	107	80	98	15	"	14	23	43	14	"	121	103	141	29	"	394
Manche	266	192	59	20	7	22	71	19	3	4	288	263	78	23	11	663
Marne	242	174	120	99	16	12	1	2	2	"	254	175	122	101	16	668
Marne (Haute-)	224	196	90	14	1	5	2	1	"	"	229	198	91	14	1	533
Mayenne	104	99	24	11	1	10	14	9	4	"	114	113	33	15	1	276
Meurthe	236	215	151	83	36	2	1	7	3	7	238	216	158	86	43	741
Meuse	254	174	99	45	9	4	2	"	"	"	258	176	99	45	9	587
Morbihan	39	52	41	15	8	12	31	26	12	1	51	83	67	27	9	237
Moselle	384	186	78	58	13	6	9	11	12	8	390	195	89	70	21	765
Nièvre	71	97	56	31	3	6	13	11	8	"	77	110	67	39	3	296
Nord	276	216	99	39	11	45	18	1	"	"	321	234	100	39	11	705
Oise	166	231	169	106	31	5	3	2	1	"	171	234	171	107	31	714
Orne	119	158	94	32	11	2	21	22	6	"	121	179	116	38	11	465
Pas-de-Calais	326	315	164	55	8	27	9	2	1	"	353	324	166	56	8	907
Puy-de-Dôme	149	137	57	11	1	40	19	14	"	"	189	156	71	11	1	428
Pyrénées (Basses-)	190	219	113	38	7	4	5	2	2	"	194	224	115	40	7	580
Pyrénées (Hautes-)	172	194	73	3	"	3	4	"	"	"	175	198	73	3	"	449
Pyrénées Orientales	58	49	25	20	4	7	"	"	"	"	65	49	25	20	4	163
Rhin (Bas-)	197	201	196	109	18	10	14	11	9	"	207	215	207	118	18	765
Rhin (Haut-)	275	141	65	13	11	27	3	5	4	2	302	144	70	17	13	546
Rhône	47	84	43	20	6	38	51	23	11	"	85	135	66	31	6	323
Saône (Haute-)	275	182	110	37	2	1	5	1	1	"	276	187	111	38	2	614
Saône-et-Loire	180	185	112	19	1	6	16	12	1	"	186	201	124	20	1	532
Sarthe	93	104	85	49	10	8	10	11	1	"	101	114	96	50	10	371
Savoie	16	107	441	30	"	4	10	2	"	"	20	117	443	30	"	610
Savoie (Haute-)	48	90	85	40	17	7	15	9	3	1	55	105	94	43	18	315
Seine	91	23	6	4	"	32	12	4	"	"	123	35	10	4	"	172
Seine-Inférieure	250	168	199	62	18	13	5	"	"	"	263	173	199	62	18	715
Seine-et-Marne	136	158	146	57	8	3	1	3	1	"	139	159	149	58	8	513
Seine-et-Oise	321	167	104	28	5	7	5	2	"	"	328	172	106	28	5	639
Sèvres (Deux-)	118	96	89	31	"	2	2	6	3	"	120	98	95	34	"	347
Somme	335	270	148	76	25	12	6	"	"	"	347	276	148	76	25	872
Tarn	110	133	85	25	4	13	6	2	1	"	123	139	87	26	4	379
Tarn-et-Garonne	54	53	51	18	6	2	5	8	1	1	56	58	59	19	7	199
Var	45	36	27	11	2	9	17	4	1	"	54	53	31	12	2	152
Vaucluse	49	27	22	7	"	41	8	6	6	"	90	35	28	13	"	166
Vendée	81	103	75	17	"	2	11	4	1	"	83	114	79	18	"	294
Vienne	96	95	45	21	2	8	5	4	"	"	104	100	49	21	2	276
Vienne (Haute-)	87	74	32	8	"	6	3	"	"	"	93	77	32	8	"	210
Vosges	256	236	144	28	4	2	6	5	1	"	258	242	149	29	4	682
Yonne	227	152	74	24	9	1	"	"	"	"	228	152	74	24	9	487
TOTAUX	12,513	11,165	7,844	3,048	778	1,066	957	670	277	68	13,579	12,122	8,514	3,325	846	38,386

TABLEAU N° 6.

Écoles classées d'après les

DÉPARTEMENTS.	TOTAL DES ÉCOLES laïques.	ÉCOLES LAÏQUES DANS LESQUELLES L'ENSEIGNEMENT se borne aux matières obligatoires.	comprend encore la géographie.	le chant.	le dessin et l'arpentage.	des notions d'agriculture.	toutes les parties facultatives.	TOTAL DES ÉCOLES congréganistes.	se borne aux matières obligatoires.
1	2	3	4	5	6	7	8	9	10
Ain	418	182	105	91	52	90	3	40	20
Aisne	862	606	171	234	93	18	//	12	0
Allier	239	143	55	66	22	34	2	49	37
Alpes (Basses-)	344	309	29	7	5	2	//	13	3
Alpes (Hautes-)	290	192	59	17	34	105	//	30	28
Alpes-Maritimes	190	104	84	22	37	23	2	7	//
Ariége	288	155	91	73	39	23	//	132	6
Ardennes	532	175	273	//	165	//	//	7	1
Ardèche	288	249	52	44	24	6	//	10	103
Aube	437	152	214	80	108	31	//	5	//
Aude	372	257	98	48	51	9	1	15	4
Aveyron	516	412	82	74	37	26	3	62	33
Bouches-du-Rhône	106	70	36	9	12	2	//	40	32
Calvados	519	352	168	57	71	63	4	40	32
Cantal	255	155	93	18	12	3	//	56	24
Charente	366	180	120	17	127	32	1	4	2
Charente-Inférieure	404	213	166	75	134	114	//	11	6
Cher	232	126	87	19	68	45	1	9	2
Corrèze	285	194	88	11	19	36	//	12	1
Corse	387	339	41	//	1	6	1	12	6
Côte-d'Or	690	223	458	250	338	50	2	2	//
Côtes-du-Nord	235	191	55	13	29	21	6	122	95
Creuse	236	113	108	32	105	38	9	8	1
Dordogne	491	257	160	62	111	131	//	9	1
Doubs	568	105	403	401	259	68	//	12	4
Drôme	372	194	138	74	69	95	//	56	27
Eure	478	373	84	16	57	6	//	23	16
Eure-et-Loir	388	231	95	64	44	24	3	7	1
Finistère	196	164	31	4	4	4	//	36	28
Gard	332	240	91	22	33	4	//	67	32
Garonne (Haute-)	447	313	133	176	32	42	//	27	12
Gers	430	371	53	31	43	26	//	13	3
Gironde	387	139	208	85	77	173	1	34	7
Hérault	324	113	193	51	80	16	//	35	2
Ille-et-Vilaine	233	110	64	13	35	97	1	126	64
Indre	211	161	35	18	13	7	//	10	//
Indre-et-Loire	216	104	108	11	28	22	1	47	22
Isère	527	231	248	60	65	37	1	56	10
Jura	567	181	325	293	162	180	//	14	3
Landes	307	305	//	//	//	//	2	12	12
Loir-et-Cher	254	67	101	53	59	184	2	14	6
Loire	178	110	66	29	12	25	1	170	85
Loire (Haute-)	215	125	93	78	32	60	//	78	65
Loire-Inférieure	191	140	40	9	35	26	2	43	35
Loiret	326	97	215	157	159	84	5	13	//
Lot	293	238	42	4	4	5	//	19	4
Lot-et-Garonne	283	210	90	59	58	110	4	11	//

matières qui y sont enseignées.

ÉCOLES CONGRÉGANISTES DANS LESQUELLES L'ENSEIGNEMENT compren encore la géographie. 11	le chant. 12	le dessin et l'arpentage. 13	des notions d'agriculture. 14	toutes les parties facultatives. 15	NOMBRE DES ÉCOLES primaires dans lesquelles l'enseignement s'étend au delà des matières facultatives énumérées dans l'article 23, § 2, de la loi de 1850. 16	TOTAL DES ÉCOLES communes aux deux sexes. 17	ÉCOLES COMMUNES AUX DEUX SEXES dans lesquelles les travaux à l'aiguille sont enseignés aux filles, dirigées par des instituteurs laïques. 18	dirigées par des institutrices laïques. 19	dirigées par des institutrices congréganistes. 20	OBSERVATIONS. 21
9	9	12	4	1	″	156	36	2	17	
8	7	3	″	″	″	628	107	6	″	
7	8	5	″	1	″	180	45	15	30	
8	3	6	″	″	1	240	25	30	3	
2	1	1	1	1	″	39	″	10	29	
7	3	3	″	″	″	36	6	8	″	
5	4	3	″	″	″	146	46	14	1	
5	5	6	2	″	″	359	69	″	″	
25	26	18	″	1	″	196	2	16	66	
5	3	3	″	″	″	338	26	″	″	
7	6	8	″	″	″	231	9	23	5	
15	7	13	″	4	″	94	″	66	15	
17	13	16	″	″	″	9	2	″	7	
14	10	12	″	″	″	277	86	70	32	
30	8	14	″	″	″	92	″	80	12	
2	″	1	1	″	″	176	6	8	1	
3	1	5	1	″	″	176	66	7	3	
6	3	6	″	″	″	134	61	2	2	
11	10	11	4	″	3	166	5	39	1	
6	1	3	″	″	″	250	″	1	″	
2	2	2	″	″	1	458	107	5	″	
22	8	7	1	5	″	81	1	48	29	
7	3	7	2	″	1	154	85	6	″	
8	1	3	″	″	″	339	55	53	6	
8	6	5	1	″	″	272	11	20	2	
29	29	20	10	″	″	188	12	18	12	
5	3	7	″	″	6	329	113	11	16	
5	″	4	″	1	″	280	148	1	″	
7	5	3	3	″	1	20	4	″	12	
31	17	26	4	″	″	137	53	19	17	
17	13	12	″	″	″	166	32	37	5	
9	4	9	5	″	″	193	9	16	″	
23	20	21	15	″	1	20	″	14	6	
29	25	24	″	1	″	69	23	17	1	
33	7	9	29	″	″	93	″	36	56	
3	1	6	″	″	″	129	17	5	3	
25	2	3	1	″	″	148	57	22	38	
38	24	18	3	″	1	117	6	9	4	
11	10	8	8	″	206	291	21	28	3	
″	″	″	″	″	″	171	5	″	″	
6	3	4	″	″	″	139	54	2	7	
69	51	″	21	7	″	93	5	3	62	
13	13	10	10	″	″	55	″	8	40	
7	3	5	1	″	1	18	″	14	3	
11	3	3	″	″	1	152	130	5	2	
11	1	2	″	1	″	16	1	1	4	
11	10	10	″	″	″	151	54	6	″	

TABLEAU N° 6.
(Suite.)

Écoles classées d'après les

DÉPARTEMENTS.	TOTAL DES ÉCOLES laïques.	ÉCOLES LAÏQUES DANS LESQUELLES L'ENSEIGNEMENT se borne aux matières obligatoires.	comprend encore la géographie.	le chant.	le dessin et l'arpentage.	des notions d'agriculture.	toutes les parties facultatives.	TOTAL DES ÉCOLES congréganistes.	se borne aux matières obligatoires.
1	2	3	4	5	6	7	8	9	10
Lozère	257	225	24	31	″	″	″	17	1
Maine-et-Loire	300	131	166	86	82	78	1	94	58
Manche	544	236	276	129	200	104	2	119	70
Marne	651	357	293	″	″	″	1	17	2
Marne (Haute-)	525	36	438	457	454	97	6	8	″
Mayenne	239	170	62	59	44	40	15	37	25
Meurthe	721	123	400	600	414	574	1	20	12
Meuse	581	93	447	435	394	246	″	6	″
Morbihan	155	122	24	2	22	22	″	82	61
Moselle	719	402	187	308	80	230	1	46	35
Nièvre	258	86	155	23	40	7	1	38	10
Nord	641	264	299	162	131	221	5	64	21
Oise	703	466	223	66	52	82	8	11	″
Orne	414	309	91	38	57	20	1	51	40
Pas-de-Calais	868	791	30	38	29	54	1	39	20
Puy-de-Dôme	355	225	96	9	37	13	1	73	41
Pyrénées (Basses-)	567	126	211	258	62	45	7	13	1
Pyrénées (Hautes-)	442	340	199	322	74	19	5	7	5
Pyrénées-Orientales	156	87	69	16	47	″	″	7	″
Rhin (Bas-)	721	179	269	456	43	16	7	44	28
Rhin (Haut-)	505	239	235	197	79	100	9	41	10
Rhône	200	128	52	65	45	13	2	123	71
Saône (Haute-)	606	223	304	189	226	286	2	8	2
Saône-et-Loire	497	132	317	111	150	51	7	35	19
Sarthe	341	135	174	17	35	67	7	30	13
Savoie	594	238	51	22	17	12	″	16	9
Savoie (Haute-)	280	178	89	66	42	55	1	35	12
Seine	124	9	52	95	96	1	″	48	1
Seine-Inférieure	697	441	202	168	110	48	″	18	″
Seine-et-Marne	505	332	159	71	56	46	15	8	2
Seine-et-Oise	625	260	339	140	133	8	1	14	3
Sèvres (Deux-)	334	129	195	54	135	20	6	13	8
Somme	854	434	359	315	193	76	1	18	1
Tarn	357	198	127	58	65	1	″	22	2
Tarn-et-Garonne	182	151	13	22	13	10	″	17	8
Var	121	35	86	12	54	43	2	31	1
Vaucluse	105	57	28	10	8	2	″	61	30
Vendée	276	212	57	″	16	29	1	18	13
Vienne	259	88	171	12	80	″	1	17	5
Vienne (Haute-)	201	93	118	27	64	44	2	9	″
Vosges	668	265	329	225	199	92	4	14	11
Yonne	486	132	266	307	165	302	3	1	″
TOTAUX	35,348	18,548	13,434	8,705	7,297	5,386	185	3,038	1,532

matières qui y sont enseignées.

ÉCOLES CONGRÉGANISTES. dans lesquelles l'enseignement comprend encore la géographie.	le chant.	le dessin et l'arpentage.	des notions d'agriculture.	toutes les parties facultatives.	NOMBRE des écoles primaires dans lesquelles l'enseignement s'étend au delà des matières facultatives énumérées dans l'article 23, § 2, de la loi de 1850.	TOTAL des écoles communes aux deux sexes.	ÉCOLES communes aux deux sexes dans lesquelles les travaux à l'aiguille sont enseignés aux filles, dirigées par des instituteurs laïques.	dirigées par des institutrices laïques.	dirigées par des institutrices congréganistes.	OBSERVATIONS.
11	12	13	14	15	16	17	18	19	20	21
13	15	9	″	″	″	78	″	41	″	
34	12	10	″	″	1	105	16	35	54	
28	10	17	″	″	″	216	″	128	98	
15	″	″	″	″	″	442	317	3	2	
8	6	8	″	″	″	294	6	″	″	
12	12	9	3	″	″	42	7	23	14	
8	9	6	3	″	1	360	1	″	11	
6	6	6	4	″	″	285	30	3	″	
17	9	14	4	″	″	53	″	26	21	
5	6	4	1	″	1	456	20	1	31	
30	8	10	″	″	″	188	87	11	19	
24	24	27	5	3	1	221	103	4	6	
10	7	10	1	″	″	516	62	″	1	
8	5	4	″	1	30	255	107	47	37	
13	14	16	″	″	″	600	131	6	2	
27	15	24	3	1	″	86	″	32	38	
10	3	3	″	1	″	314	″	31	2	
″	2	″	″	″	″	155	″	4	″	
7	4	7	″	″	″	11	″	11	″	
15	14	9	3	1	″	418	39	1	28	
25	27	22	4	2	″	250	4	2	16	
39	39	31	3	1	″	33	3	1	25	
5	4	5	″	″	″	235	53	10	″	
15	9	6	″	″	2	221	58	13	15	
13	3	5	″	″	″	106	5	62	17	
5	4	5	″	1	″	255	1	12	1	
21	13	16	8	″	″	51	6	13	4	
40	47	42	″	″	″	10	8	″	″	
18	13	16	″	1	″	335	103	″	″	
6	3	4	″	″	″	351	151	″	″	
10	7	4	″	″	″	396	237	4	1	
4	3	2	″	″	″	213	18	9	7	
16	13	13	″	″	″	558	26	″	″	
14	3	18	″	″	″	206	37	54	2	
5	2	7	″	″	″	85	19	10	3	
30	11	26	15	1	″	22	″	13	3	
14	7	10	″	″	″	27	3	4	10	
3	1	″	″	″	″	60	7	7	4	
10	4	6	″	″	″	159	26	1	5	
9	9	9	1	″	2	121	22	2	″	
3	2	1	″	″	″	375	32	2	5	
1	1	1	1	″	″	317	165	1	″	
1,225	798	819	186	36	261	17,083	3,510	1,428	1,033	

Maisons d'école.

DÉPARTEMENTS.	NOMBRE DES MAISONS D'ÉCOLE					MAISONS		MAISONS auxquelles EST ANNEXÉ UN JARDIN		MAISONS auxquelles EST ANNEXÉ UN PRÉAU	
	dont les COMMUNES sont propriétaires.	LOUÉES par les communes.	PRÊTÉES par des particuliers.	APPARTENANT à des associations religieuses.	TOTAL.	ayant des LATRINES.	sans LATRINES.	pour le maître.	pour les élèves.	couvert.	découvert.
1	2	3	4	5	6	7	8	9	10	11	12
Ain	309	139	10	″	458	428	30	406	26	23	238
Aisne	747	122	5	″	874	810	64	730	″	14	492
Allier	180	94	5	″	288	229	59	235	″	8	142
Alpes (Basses-)	156	197	4	″	357	69	288	6	″	2	5
Alpes (Hautes-)	119	128	82	″	329	65	264	42	″	4	11
Alpes-Maritimes	71	116	9	1	197	64	133	12	″	″	7
Ardèche	183	226	11	″	420	221	199	168	1	37	98
Ardennes	444	88	7	″	530	413	126	390	″	15	127
Ariége	97	198	3	″	298	50	239	110	1	8	22
Aube	430	11	1	″	442	405	37	409	10	3	62
Aude	204	178	5	″	387	65	322	72	″	6	25
Aveyron	88	488	2	″	578	81	497	148	2	10	27
Bouches-du-Rhône	81	69	4	1	155	118	37	20	1	″	55
Calvados	406	151	9	2	568	499	69	526	2	30	375
Cantal	121	188	1	1	311	102	209	153	8	1	25
Charente	161	203	6	″	370	321	49	322	″	30	275
Charente-Inférieure	258	156	″	1	415	361	54	354	″	83	261
Cher	154	79	8	″	241	194	47	190	15	24	128
Corrèze	37	259	1	″	297	108	189	268	″	2	20
Corse	20	379	″	″	399	32	367	10	9	2	2
Côte-d'Or	644	45	3	″	692	605	87	580	″	16	163
Côtes-du-Nord	271	76	8	2	357	250	107	198	3	32	190
Creuse	77	166	1	″	244	108	136	218	1	8	22
Dordogne	150	346	3	1	500	343	157	388	2	46	216
Doubs	551	21	4	4	580	546	34	482	10	12	91
Drôme	270	143	15	″	428	288	140	128	2	21	120
Eure	413	82	6	″	501	464	37	451	″	8	380
Eure-et-Loir	364	29	1	1	395	355	40	357	1	24	342
Finistère	190	41	1	″	232	188	44	130	3	24	113
Gard	274	117	7	1	399	149	250	50	9	7	72
Garonne (Haute-)	269	204	″	1	474	248	226	203	″	31	64
Gers	274	168	1	″	443	175	268	132	″	28	67
Gironde	237	178	3	3	421	394	27	308	24	61	278
Hérault	188	170	1	″	359	92	267	34	″	1	37
Ille-et-Vilaine	256	89	12	2	359	310	49	252	8	22	171
Indre	139	78	2	2	221	175	46	185	6	24	63
Indre-et-Loire	226	31	6	″	263	254	9	240	″	97	184
Isère	393	179	9	2	583	512	71	367	1	17	186
Jura	503	74	4	″	581	554	27	447	6	9	140
Landes	221	97	1	″	319	135	184	219	″	5	87
Loir-et-Cher	202	62	4	″	268	247	21	244	48	94	207
Loire	232	94	19	3	348	324	24	277	″	20	182
Loire (Haute-)	175	113	5	″	293	140	153	152	5	19	80
Loire-Inférieure	172	45	17	″	234	215	19	184	″	137	180
Loiret	304	29	6	″	339	318	21	296	″	152	273
Lot	164	147	″	1	312	107	205	68	″	4	1
Lot-et-Garonne	233	53	6	2	294	230	64	161	″	46	76

Tableau n° 7.
(Suite.)

ENSEIGNEMENT PUBLIC.

ÉCOLES DE GARÇONS OU MIXTES.

Maisons d'école.

DÉPARTEMENTS.	NOMBRE DES MAISONS D'ÉCOLE					MAISONS		MAISONS auxquelles EST ANNEXÉ UN JARDIN		MAISONS auxquelles EST ANNEXÉ UN PRÉAU	
	dont les COMMUNES sont propriétaires.	LOUÉES par les communes.	PRÊTÉES par des particuliers.	APPARTENANT à des associations religieuses.	TOTAL.	ayant des LATRINES.	sans LATRINES.	pour le maître.	pour les élèves.	couvert.	découvert.
1	2	3	4	5	6	7	8	9	10	11	12
Lozère	87	185	″	2	274	21	253	155	″	2	19
Maine-et-Loire	332	42	20	″	394	386	8	362	″	315	377
Manche	556	103	4	″	663	580	83	617	″	39	552
Marne	633	35	″	″	668	591	77	572	1	17	250
Marne (Haute-)	524	4	4	1	533	496	37	500	″	20	114
Mayenne	251	23	2	″	276	268	8	267	″	22	241
Meurthe	716	14	2	9	741	572	169	590	1	5	116
Meuse	579	7	1	″	587	511	76	532	4	27	201
Morbihan	149	80	4	4	237	141	96	125	″	21	83
Moselle	720	36	5	4	765	672	93	540	″	2	134
Nièvre	198	76	22	″	296	225	71	261	″	7	130
Nord	632	62	10	1	705	698	7	543	5	9	403
Oise	652	60	1	1	714	587	127	630	21	38	526
Orne	278	172	12	3	465	375	90	430	″	24	345
Pas-de-Calais	801	97	9	″	907	785	122	790	13	4	355
Puy-de-Dôme	215	202	8	3	428	183	245	197	″	14	104
Pyrénées (Basses-)	423	155	2	″	580	323	257	279	1	37	83
Pyrénées (Hautes-)	282	167	″	″	449	209	240	147	2	17	42
Pyrénées-Orientales	52	107	4	″	163	22	141	11	″	″	13
Rhin (Bas-)	720	37	7	1	765	762	3	547	1	3	254
Rhin (Haut-)	528	15	3	″	546	544	2	295	2	5	154
Rhône	193	121	9	″	323	318	5	161	3	12	123
Saône (Haute-)	599	9	6	″	614	583	31	506	12	1	101
Saône-et-Loire	413	113	5	1	532	401	131	490	″	19	322
Sarthe	273	94	4	″	371	364	7	347	1	3	336
Savoie	223	382	5	″	610	240	370	88	″	3	46
Savoie (Haute-)	197	112	5	1	315	240	75	151	2	1	54
Seine	115	55	2	″	172	171	1	30	″	93	123
Seine-Inférieure	506	204	4	1	715	617	98	622	12	23	487
Seine-et-Marne	484	27	2	″	513	472	41	455	7	21	248
Seine-et-Oise	572	66	1	″	639	627	12	511	6	43	367
Sèvres (Deux-)	187	157	2	1	347	315	32	293	″	100	258
Somme	815	57	″	″	872	736	136	572	″	5	275
Tarn	168	203	8	″	379	100	279	178	″	8	17
Tarn-et-Garonne	156	40	3	″	199	109	90	67	2	3	32
Var	100	50	2	″	152	51	101	30	″	4	28
Vaucluse	96	67	3	″	166	120	46	36	5	12	38
Vendée	244	41	4	5	294	278	16	201	″	163	227
Vienne	135	138	2	1	276	248	28	235	1	42	190
Vienne (Haute-)	66	144	″	″	210	147	63	168	14	17	54
Vosges	649	30	3	″	682	569	113	530	3	13	147
Yonne	457	29	1	″	487	439	48	430	15	15	313
Totaux	27,643	10,164	509	70	38,386	28,457	9,929	25,882	338	2,496	14,673

TABLEAU N° 8.

État des

DÉPARTEMENTS.	MAISONS D'ÉCOLE APPARTENANT AUX COMMUNES										
	CONVENABLES à tous égards.		CONVENABLES pour la classe seulement.		CONVENABLES pour le logement seulement.		nullement CONVENABLES.		TOTAL.	CONVENABLES à tous égards.	
	Laïques.	Congréganistes.	Laïques.	Congréganistes.	Laïques.	Congréganistes.	Laïques.	Congréganistes.		Laïques.	Congréganistes.
1	2	3	4	5	6	7	8	9	10	11	12
Ain	189	13	20	2	27	2	53	3	309	26	7
Aisne	513	9	49	"	36	"	139	1	747	46	2
Allier	99	15	19	1	12	"	37	6	189	14	10
Alpes (Basses-)	84	7	19	"	6	2	37	1	156	32	3
Alpes (Hautes-)	50	6	39	3	3	"	17	1	119	50	16
Alpes-Maritimes	40	1	8	"	4	1	17	"	71	33	5
Ardèche	65	57	18	2	4	3	29	5	183	42	22
Ardennes	337	7	54	"	12	"	34	"	444	22	"
Ariége	34	5	21	"	6	"	31	"	97	32	1
Aube	321	4	33	"	8	"	63	1	430	2	"
Aude	117	8	25	"	14	"	38	2	204	46	2
Aveyron	37	29	9	"	1	"	8	4	88	321	20
Bouches-du-Rhône	42	13	6	2	5	1	10	2	81	17	15
Calvados	275	27	22	"	29	2	47	4	406	37	12
Cantal	51	31	13	"	8	1	12	5	121	56	7
Charente	117	"	24	"	6	"	14	"	161	80	4
Charente-Inférieure	227	5	11	1	7	"	7	"	258	68	4
Cher	115	5	5	1	10	"	18	"	154	12	3
Corrèze	6	6	3	"	3	1	18	"	37	36	2
Corse	7	2	3	"	"	"	8	"	20	139	9
Côte-d'Or	577	1	25	"	5	"	36	"	644	3	1
Côtes-du-Nord	92	82	17	9	25	2	33	11	271	10	5
Creuse	43	3	3	"	6	1	20	1	77	10	1
Dordogne	85	4	19	"	11	"	31	"	150	129	4
Doubs	396	9	19	1	26	1	98	1	551	5	"
Drôme	130	24	42	"	6	3	57	8	270	29	12
Eure	311	12	31	"	19	"	37	3	413	12	2
Eure-et-Loir	254	3	29	2	12	"	63	1	364	11	1
Finistère	102	23	9	2	13	"	35	6	190	6	2
Gard	151	32	25	"	14	"	46	6	274	39	26
Garonne (Haute-)	153	22	6	"	23	1	64	"	269	70	2
Gers	177	11	17	"	22	"	47	"	274	9	"
Gironde	198	21	5	3	3	"	7	"	237	137	9
Hérault	124	24	20	"	6	"	14	"	188	112	6
Ille-et-Vilaine	94	53	18	9	30	7	32	13	256	6	17
Indre	103	8	3	"	6	"	19	"	139	23	1
Indre-et-Loire	128	19	16	3	33	3	25	5	226	5	7
Isère	221	31	22	"	2	1	109	7	393	33	8
Jura	376	11	28	"	21	"	66	1	503	21	2
Landes	145	9	15	"	14	"	37	1	221	10	2
Loir-et-Cher	152	7	12	1	7	1	22	"	202	11	3
Loire	74	92	8	4	18	18	14	4	232	17	31
Loire (Haute-)	80	47	8	3	4	1	23	9	175	47	8
Loire-Inférieure	103	15	7	4	14	2	22	5	172	8	3
Loiret	259	10	6	"	2	"	26	1	304	10	1
Lot	107	12	14	3	8	"	20	"	164	48	2
Lot-et-Garonne	157	9	21	"	17	1	28	"	233	17	1

maisons d'école.

MAISONS D'ÉCOLE LOUÉES OU PRÊTÉES — CONVENABLES pour la classe seulement. — Laïques. 13	Congréganistes. 14	CONVENABLES pour le logement seulement. — Laïques. 15	Congréganistes. 16	nullement CONVENABLES. — Laïques. 17	Congréganistes. 18	TOTAL. 19	TOTAL GÉNÉRAL des maisons d'école. 20	MONTANT TOTAL du loyer des maisons d'école. 21	DÉPENSES QU'IL FAUDRAIT ENCORE FAIRE — pour approprier ou reconstruire les maisons d'école non convenables appartenant aux communes. 22	pour remplacer par des maisons convenables et appartenant aux communes les maisons louées ou prêtées. 23	TOTAL. 24
18	4	18	5	67	4	149	458	19,449f	285,800f	1,578,000f	1,863,800f
9	"	13	"	57	"	127	874	18,999	949,000	1,168,000	2,117,000
5	2	6	6	47	9	99	288	14,845	296,200	934,904	1,231,104
20	"	24	"	113	"	201	357	10,184	46,850	618,800	665,650
34	1	"	1	106	2	210	329	11,621	128,031	811,360	939,391
6	"	4	"	78	"	126	197	11,722	152,829	1,079,319	1,232,148
32	8	27	12	71	23	237	420	10,807	173,200	1,300,500	1,473,700
10	"	20	"	43	"	95	539	9,731	475,350	940,159	1,415,509
14	"	19	1	131	3	201	298	17,047	163,750	1,217,700	1,381,450
"	"	1	"	9	"	12	442	810	469,300	98,000	567,300
19	1	24	2	89	"	183	387	18,071	184,950	1,533,000	1,717,950
49	3	19	"	72	6	490	578	33,338	33,600	1,019,400	1,653,000
9	15	7	"	10	1	74	155	33,025	60,800	780,000	840,800
5	"	21	1	83	3	162	568	23,537	363,145	1,356,519	1,719,664
44	6	27	4	44	2	190	311	15,273	67,000	1,274,000	1,341,000
35	"	11	"	79	"	209	370	25,556	48,450	1,786,000	1,834,450
13	1	22	"	49	"	157	415	19,734	79,000	1,277,000	1,356,000
5	"	11	"	56	"	87	241	13,736	63,500	708,700	772,200
45	1	51	1	123	1	260	297	29,779	48,200	1,495,000	1,543,200
31	"	47	1	152	"	370	399	53,185	61,000	2,744,000	2,805,000
2	"	2	"	40	"	48	692	5,224	435,949	562,232	998,181
1	1	1	1	56	11	86	357	6,730	395,740	695,300	1,091,040
4	"	7	"	143	2	167	244	17,020	135,220	1,088,846	1,824,066
64	1	43	"	109	"	350	500	38,382	180,590	2,310,545	2,491,135
2	"	1	"	21	"	29	580	3,353	1,428,472	310,045	1,738,517
28	3	13	"	67	6	158	428	13,906	224,389	846,476	1,070,865
10	"	7	3	51	3	88	501	9,027	240,000	952,000	1,192,000
1	"	2	"	16	"	31	395	4,099	500,000	359,000	859,000
3	1	"	"	28	2	42	232	6,621	464,000	472,000	936,000
15	"	11	1	31	2	125	399	24,982	238,332	887,003	1,125,335
46	1	19	"	66	1	205	474	12,589	237,300	789,000	1,026,300
41	2	14	"	103	"	169	443	10,197	202,330	895,600	1,097,930
9	1	6	"	22	"	184	421	33,467	76,700	1,771,500	1,848,200
6	1	13	"	29	4	171	359	22,104	100,000	1,320,000	1,420,000
4	4	13	6	36	17	103	359	13,218	510,600	1,022,600	1,533,200
10	1	6	"	41	"	82	221	9,973	41,000	522,560	563,560
"	1	3	2	12	7	37	263	5,929	406,250	446,000	852,250
14	1	8	2	118	6	190	583	22,103	364,740	1,454,725	1,819,465
8	"	"	"	47	"	78	581	6,008	507,560	720,800	1,318,360
11	"	6	"	69	"	98	319	7,690	130,000	813,000	943,000
4	"	7	2	43	"	66	268	8,358	264,000	792,000	1,056,000
4	1	12	12	31	8	116	348	13,280	119,000	1,230,000	1,349,000
7	"	3	"	43	10	118	293	9,398	81,700	721,000	802,700
"	2	8	2	29	10	62	234	6,664	267,800	783,500	1,051,300
1	"	1	"	21	1	35	339	4,630	228,000	405,000	633,000
19	"	20	"	57	2	148	312	11,200	77,000	776,000	853,000
12	"	7	"	24	"	61	204	6,420	146,000	440,000	586,000

TABLEAU N° 8.
(Suite.)

État des

DÉPARTEMENTS.	MAISONS D'ÉCOLE APPARTENANT AUX COMMUNES										
	CONVENABLES à tous égards.		CONVENABLES pour la classe seulement.		CONVENABLES pour le logement seulement.		nullement CONVENABLES.		TOTAL.	CONVENABLES à tous égards.	
	Laïques.	Congréganistes.	Laïques.	Congréganistes.	Laïques.	Congréganistes.	Laïques.	Congréganistes.		Laïques.	Congréganistes.
1	2	3	4	5	6	7	8	9	10	11	12
Lozère	18	11	9	″	11	2	35	1	87	28	3
Maine-et-Loire	215	51	5	1	11	1	32	16	332	13	16
Manche	323	70	53	5	20	3	56	17	556	14	7
Marne	459	13	37	1	41	″	70	3	633	8	″
Marne (Haute-)	392	7	58	″	13	″	54	″	524	4	″
Mayenne	182	28	2	″	11	1	25	2	251	7	4
Meurthe	362	8	134	3	98	1	105	5	716	4	1
Meuse	427	6	79	″	17	″	50	″	579	1	″
Morbihan	66	35	16	7	1	2	14	8	149	2	6
Moselle	448	30	50	″	38	1	147	6	720	8	5
Nièvre	143	23	3	″	12	″	17	″	198	27	12
Nord	436	45	23	5	52	3	64	4	632	15	3
Oise	469	9	54	″	42	″	78	″	652	10	1
Orne	186	15	18	″	21	1	33	4	278	22	10
Pas-de-Calais	568	33	37	2	48	2	111	″	801	13	1
Puy-de-Dôme	85	30	16	2	11	3	63	5	215	22	12
Pyrénées (Basses-)	144	11	73	″	5	″	190	″	423	20	1
Pyrénées (Hautes-)	117	4	63	2	9	″	87	″	282	92	″
Pyrénées-Orientales	23	6	3	″	9	″	11	″	52	53	1
Rhin (Bas-)	546	37	34	1	3	″	97	2	720	14	2
Rhin (Haut-)	401	32	31	″	17	1	44	2	528	1	″
Rhône	93	63	2	2	6	2	22	3	193	51	47
Saône (Haute-)	504	8	11	″	15	″	61	″	599	2	″
Saône-et-Loire	231	18	40	″	40	4	78	2	413	12	5
Sarthe	197	18	20	3	10	3	21	1	273	19	1
Savoie	65	8	27	″	1	″	120	2	223	7	2
Savoie (Haute-)	91	19	24	1	″	″	58	4	197	2	2
Seine	68	18	12	2	1	″	14	″	115	17	20
Seine-Inférieure	394	10	16	1	32	″	53	″	506	73	4
Seine-et-Marne	262	0	42	″	45	2	128	″	485	1	″
Seine-et-Oise	426	13	24	″	21	″	88	″	572	18	1
Sèvres (Deux-)	126	5	9	″	10	1	36	″	187	26	4
Somme	487	16	142	1	18	1	150	″	815	12	″
Tarn	100	15	20	″	11	″	22	″	168	104	6
Tarn-et-Garonne	76	9	14	″	21	1	35	″	156	7	4
Var	43	20	3	2	4	″	27	1	100	12	3
Vaucluse	36	34	11	3	″	″	7	5	96	25	13
Vendée	142	8	17	1	30	″	43	3	244	8	5
Vienne	76	5	9	3	12	″	20	1	135	36	6
Vienne (Haute-)	47	3	3	1	5	″	7	″	66	78	2
Vosges	421	8	101	4	36	1	78	″	649	″	″
Yonne	333	1	22	″	25	″	76	″	457	5	″
TOTAUX	17,742	1,656	2,207	109	1,410	91	4,213	215	27,043	2,844	510

maisons d'école.

MAISONS D'ÉCOLE LOUÉES OU PRÊTÉES							TOTAL GÉNÉRAL des maisons d'école.	MONTANT TOTAL du loyer des maisons d'école.	DÉPENSES QU'IL FAUDRAIT ENCORE FAIRE		
CONVENABLES pour la classe seulement.		CONVENABLES pour le logement seulement.		nullement CONVENABLES.		TOTAL.			pour approprier ou reconstruire les maisons d'école non convenables appartenant aux communes.	pour remplacer par des maisons convenables et appartenant aux communes les maisons louées ou prêtées.	TOTAL.
Laïques.	Congréganistes.	Laïques.	Congréganistes.	Laïques.	Congréganistes.						
13	14	15	16	17	18	19	20	21	22	23	24
14	″	10	″	132	″	187	274	11,447[f]	116,000[f]	1,122,000[f]	1,238,000[f]
″	1	2	″	22	8	62	394	4,971	542,000	616,000	1,158,000
11	3	17	3	41	11	107	663	6,495	442,400	721,000	1,163,400
3	″	1	″	23	″	35	608	4,612	742,800	403,800	1,146,600
″	1	″	″	4	″	9	533	300	612,458	97,167	709,625
″	″	1	″	11	2	25	276	3,410	116,000	266,200	382,200
3	1	3	1	12	″	25	741	2,379	948,065	234,900	1,183,565
2	″	″	″	5	″	8	587	445	551,350	64,200	615,550
3	4	8	2	45	18	88	237	7,349	315,500	776,000	1,091,500
″	″	″	″	28	4	45	765	2,696	833,955	392,655	1,226,610
″	″	5	″	51	3	98	296	10,145	145,300	880,000	1,025,300
7	3	11	″	33	1	73	705	15,570	690,900	1,139,000	1,829,900
9	″	14	″	27	1	62	714	8,397	427,600	537,000	964,600
13	6	19	5	102	10	187	465	22,041	240,700	1,605,000	1,845,700
9	1	10	″	72	″	106	907	15,942	929,000	887,500	1,816,500
10	4	17	9	131	8	213	428	14,213	255,400	1,439,600	1,695,000
8	″	47	1	80	″	157	580	12,004	587,210	1,028,500	1,615,710
10	″	20	″	38	1	167	449	14,683	600,000	1,190,000	1,790,000
4	″	22	″	31	″	111	163	10,740	128,000	1,024,000	1,152,000
0	″	″	″	21	2	45	765	7,293	1,609,100	657,400	2,266,500
5	2	4	4	2	″	18	546	4,413	577,000	321,000	898,000
″	″	6	1	20	5	130	323	72,779	357,000	10,988,000	11,345,000
″	″	1	″	12	″	15	614	540	216,100	107,000	323,100
11	″	13	2	72	4	110	532	15,653	773,400	1,377,891	2,151,291
6	1	22	1	46	2	98	371	11,118	130,000	792,000	922,000
″	″	″	″	376	2	387	610	8,079	662,891	810,561	1,473,452
8	2	″	″	97	7	118	315	12,030	236,202	1,384,445	1,620,647
3	2	1	2	8	4	57	172	346,150	1,485,000	10,250,000	11,735,000
12	3	27	″	90	″	209	715	36,590	518,500	2,200,000	2,718,500
1	″	10	″	16	″	28	513	4,217	1,297,180	326,500	1,623,680
5	″	5	″	38	″	67	639	14,123	1,052,286	786,086	1,838,372
10	″	35	2	82	1	160	347	16,165	223,000	1,647,029	1,870,029
3	″	5	″	37	″	57	872	5,506	489,400	570,000	1,059,400
29	″	27	″	44	1	211	379	16,290	55,900	1,035,300	1,091,200
6	1	5	2	18	″	43	199	5,955	220,800	345,000	565,800
1	2	3	1	28	2	52	152	10,352	128,000	347,800	475,800
5	1	4	1	17	4	70	166	8,387	80,400	386,300	466,700
″	″	4	1	32	″	50	294	4,321	260,800	292,000	552,800
13	1	13	″	71	1	141	276	19,243	156,300	1,182,000	1,338,300
12	3	10	″	39	″	144	210	21,831	123,902	1,281,290	1,405,192
15	″	7	″	11	″	33	682	1,890	785,950	211,000	996,950
4	″	″	″	21	″	30	487	4,546	698,500	487,000	1,185,500
1,000	106	1,014	103	4,918	248	10,743	38,386	1,547,931	33,605,476	100,517,217	134,122,693

Mobilier des écoles.

DÉPARTEMENTS.	TOTAL des ÉCOLES.	ÉCOLES DANS LESQUELLES LE MOBILIER appartient aux communes.		appartient aux instituteurs.		est prêté par des particuliers.		est suffisant.		est insuffisant.		est en bon état.		est en mauvais état.		NOMBRE des ÉCOLES pourvues d'une biblio-thèque-armoire.	TOTAL des DÉPENSES que nécessiteraient l'acquisition et l'appropriation du mobilier scolaire.
		Écoles laïques.	Écoles congréganistes.	Écoles laïques.	Écoles congréganistes.	Écoles laïques.	Écoles congréganistes.	Écoles laïques.	Écoles congréganistes.	Écoles laïques.	Écoles congréganistes.	Écoles laïques.	Écoles congréganistes.	Écoles laïques.	Écoles congréganistes.		
1	2	3	4	5	6	7	8	9	10	11	12	13	14	15	16	17	18
																	francs.
Ain	458	408	36	7	1	3	3	210	30	208	10	238	31	180	9	103	50,077
Aisne	874	828	10	33	″	1	2	463	10	399	2	630	9	232	3	68	79,110
Allier	288	239	45	″	1	″	3	136	31	103	18	141	41	98	8	86	29,955
Alpes (Basses-)	357	340	11	″	2	4	″	132	10	212	3	222	9	122	4	22	26,860
Alpes (Hautes-)	329	216	30	1	″	82	″	128	14	171	10	130	20	163	10	23	6,900
Alpes-Maritimes	197	159	6	5	1	26	″	64	2	126	5	77	6	113	1	51	19,162
Ardèche	420	281	123	1	3	6	6	127	66	161	66	146	78	142	54	25	36,930
Ardennes	539	530	7	1	″	1	″	274	7	258	″	414	7	118	″	154	62,725
Ariége	298	284	10	3	″	1	″	35	6	253	4	142	7	146	3	8	35,155
Aube	442	434	5	2	″	1	″	346	5	91	″	378	5	59	″	57	22,160
Aude	387	356	14	16	1	″	″	171	10	201	5	215	12	157	3	14	34,505
Aveyron	578	476	58	35	2	5	2	178	40	338	22	306	45	210	17	18	51,100
Bouches-du-Rhône	155	102	49	4	″	″	″	76	47	30	2	78	46	28	3	33	8,900
Calvados	568	514	47	4	2	1	″	290	32	229	17	307	41	122	8	104	37,900
Cantal	311	236	53	13	2	6	1	118	42	137	14	183	45	72	11	19	37,235
Charente	370	350	4	16	″	″	″	254	4	112	″	287	4	79	″	38	18,106
Charente-Inférieure	415	388	10	16	1	″	″	318	7	86	4	330	9	74	2	106	19,050
Cher	241	232	8	″	1	″	″	108	9	124	″	159	9	73	″	3	22,547
Corrèze	297	285	12	″	″	″	″	60	7	225	5	124	8	161	4	8	53,870
Corse	399	338	12	″	″	49	″	94	12	293	″	124	12	263	″	1	46,250
Côte-d'Or	692	687	1	2	1	1	″	532	2	158	″	550	2	140	″	33	32,247
Côtes-du-Nord	357	233	118	2	2	″	2	96	78	139	44	120	81	115	41	90	37,287
Creuse	244	203	8	28	″	5	″	51	4	185	4	108	4	128	4	26	51,970
Dordogne	500	450	8	36	″	5	1	224	7	267	2	287	8	204	1	52	37,455
Doubs	580	568	12	″	″	″	″	122	4	446	8	436	12	132	″	82	97,217
Drôme	428	345	47	13	5	14	4	168	29	204	27	192	38	180	18	42	21,252
Eure	501	472	21	5	″	1	2	333	10	145	13	352	16	126	7	43	21,420
Eure-et-Loir	395	387	6	1	1	″	″	300	7	88	″	325	7	63	″	88	51,500
Finistère	232	195	33	1	3	″	″	105	36	91	″	120	36	76	″	8	15,485
Gard	399	326	58	4	″	2	9	126	54	206	13	216	52	116	15	28	41,473
Garonne (Haute-)	474	395	27	50	″	2	″	277	24	170	3	310	26	137	1	35	23,600
Gers	443	423	12	7	″	″	1	197	11	233	2	255	12	175	1	16	40,640
Gironde	421	364	20	22	2	1	3	313	32	74	2	337	33	50	1	70	9,745
Hérault	359	314	35	10	″	″	″	130	35	188	″	151	35	173	″	20	28,500
Ille-et-Vilaine	359	228	117	5	3	″	6	130	80	103	46	147	106	86	20	41	17,370
Indre	221	211	5	″	5	″	″	109	10	102	″	141	10	70	″	27	18,000
Indre-et-Loire	263	214	44	″	″	2	3	144	23	72	24	166	31	50	16	31	24,305
Isère	583	521	53	2	″	4	3	342	48	185	8	341	45	186	11	46	53,104
Jura	581	566	13	″	″	1	1	334	14	233	″	439	12	128	2	103	32,165
Landes	319	303	12	4	″	″	″	145	12	162	″	194	11	113	1	69	20,150
Loir-et-Cher	268	252	10	1	″	1	4	182	13	72	1	210	12	44	2	175	31,300
Loire	348	174	152	3	11	1	7	63	103	115	67	146	158	32	12	34	52,000
Loire (Haute-)	293	202	74	8	4	5	″	56	31	159	47	113	32	102	46	69	24,810
Loire-Inférieure	234	185	39	3	″	3	4	66	17	125	26	128	32	63	11	50	24,358
Loiret	339	326	13	″	″	″	″	293	13	33	″	293	13	33	″	273	8,600
Lot	312	268	18	23	″	2	1	132	15	161	4	174	15	119	4	7	22,200
Lot-et-Garonne	294	272	10	11	1	″	″	189	11	94	″	198	11	85	″	140	16,900

Mobilier des écoles.

DÉPARTEMENTS.	TOTAL des écoles.	ÉCOLES dans lesquelles le mobilier appartient aux communes. Écoles laïques.	appartient aux communes. Écoles congréganistes.	appartient aux instituteurs. Écoles laïques.	appartient aux instituteurs. Écoles congréganistes.	est prêté par des particuliers. Écoles laïques.	est prêté par des particuliers. Écoles congréganistes.	est suffisant. Écoles laïques.	est suffisant. Écoles congréganistes.	est insuffisant. Écoles laïques.	est insuffisant. Écoles congréganistes.	est en bon état. Écoles laïques.	est en bon état. Écoles congréganistes.	est en mauvais état. Écoles laïques.	est en mauvais état. Écoles congréganistes.	NOMBRE des écoles pourvues d'une bibliothèque-armoire.	TOTAL des dépenses que nécessiteraient l'acquisition et l'appropriation du mobilier scolaire.
1	2	3	4	5	6	7	8	9	10	11	12	13	14	15	16	17	18
																	francs.
Lozère	274	244	16	13	1	»	»	54	16	203	1	98	17	159	»	9	36,500
Maine-et-Loire	394	294	82	4	»	2	12	246	68	54	26	268	80	32	14	39	23,175
Manche	663	543	117	1	2	»	»	375	96	169	23	371	99	173	20	22	50,930
Marne	668	651	17	»	»	»	»	553	17	98	»	591	17	60	»	101	29,875
Marne (Haute-)	533	523	8	»	»	2	»	259	7	266	1	311	8	214	»	81	51,676
Mayenne	276	239	36	»	»	»	1	153	32	86	5	160	26	79	11	47	16,500
Meurthe	741	719	19	1	»	1	1	122	3	599	17	480	11	241	9	250	84,755
Meuse	587	578	6	2	»	1	»	305	6	276	»	482	6	99	»	248	35,617
Morbihan	237	152	75	1	3	2	4	68	57	87	25	88	63	67	10	28	36,745
Moselle	765	716	44	1	1	2	1	450	23	269	23	520	32	199	14	280	54,180
Nièvre	296	250	28	3	2	5	8	146	32	112	6	183	38	75	»	99	18,240
Nord	705	628	62	13	»	»	2	529	55	112	9	501	63	140	1	168	61,615
Oise	714	690	11	12	»	1	»	471	10	232	1	580	11	123	»	77	39,245
Orne	465	402	46	9	»	3	5	190	24	224	27	280	35	134	16	7	44,715
Pas-de-Calais	907	857	38	9	»	2	1	531	37	337	2	627	39	241	»	76	266,040
Puy-de-Dôme	428	308	63	45	8	2	2	145	47	210	26	193	55	162	18	48	57,550
Pyrénées (Basses-)	580	561	13	4	»	2	»	349	11	218	2	372	11	195	2	203	31,007
Pyrénées (Hautes-)	449	435	7	6	»	1	»	110	7	332	»	224	7	218	»	10	32,120
Pyrénées-Orientales	163	155	6	1	»	»	1	59	7	97	»	82	7	74	»	2	36,250
Rhin (Bas-)	765	715	43	»	»	6	1	673	40	48	4	672	41	49	3	491	16,905
Rhin (Haut-)	546	503	41	»	»	2	»	462	40	43	1	418	40	87	1	80	28,600
Rhône	323	198	123	2	»	»	»	170	111	30	12	158	111	42	12	45	14,500
Saône (Haute-)	614	604	8	2	»	»	»	458	8	148	»	562	8	44	»	165	21,400
Saône-et-Loire	532	482	29	12	»	3	6	232	10	265	25	316	20	181	9	36	81,562
Sarthe	371	336	30	4	»	1	»	200	22	141	8	228	28	113	2	70	87,635
Savoie	610	594	16	»	»	»	»	53	8	541	8	119	12	475	4	175	31,243
Savoie (Haute-)	315	271	33	1	2	8	»	83	12	197	23	122	20	158	15	46	78,353
Seine	172	122	48	2	»	»	»	103	41	21	7	103	44	21	4	2	121,000
Seine-Inférieure	715	684	15	12	»	1	3	562	18	135	»	584	18	113	»	74	75,980
Seine-et-Marne	513	505	8	»	»	»	»	239	6	266	2	312	7	193	1	69	51,510
Seine-et-Oise	639	623	14	2	»	»	»	491	13	134	1	524	13	101	1	83	49,800
Sèvres (Deux-)	347	334	8	»	4	»	1	231	12	103	1	258	12	76	1	100	15,066
Somme	872	852	18	2	»	»	»	541	16	313	2	641	16	213	2	35	65,300
Tarn	379	345	20	10	1	2	1	141	21	216	1	197	21	160	1	73	49,000
Tarn-et-Garonne	199	181	17	»	»	1	»	71	16	111	1	120	16	62	1	38	30,870
Var	152	119	31	2	»	»	»	53	30	68	1	62	28	59	3	41	5,650
Vaucluse	166	103	60	2	1	»	»	57	52	48	9	52	47	53	14	117	18,310
Vendée	294	268	16	1	2	7	»	148	17	128	1	168	17	108	1	5	21,820
Vienne	276	252	11	6	3	1	3	63	8	196	9	128	16	131	1	9	55,290
Vienne (Haute-)	210	187	9	11	»	3	»	73	9	128	»	105	9	96	»	33	30,824
Vosges	682	660	14	5	»	3	»	302	9	366	5	386	9	282	5	119	58,420
Yonne	487	485	1	»	»	1	»	270	1	216	»	385	1	101	»	110	41,790
TOTAUX	38,386	34,448	2,832	599	85	301	121	19,538	2,189	15,810	849	24,207	2,479	11,141	559	6,450	3,618,703

ÉCOLES DE GARÇONS OU MIXTES.

Chauffage des écoles.

DÉPARTEMENTS.	ÉCOLES DANS LESQUELLES IL EST POURVU AU CHAUFFAGE				SOMMES FOURNIES annuellement POUR LE CHAUFFAGE DES ÉCOLES			ÉVALUATION en argent de la moyenne de la dépense par école.	OBSERVATIONS.
	par les communes.	par les familles, en argent.	par les familles, en nature.	TOTAL.	par les communes.	par les familles.	TOTAL.		
1	2	3	4	5	6	7	8	9	10
Ain	354	74	30	458	12,849f 30c	7,735f 10c	20,584f 40c	44f 44c	
Aisne	145	289	440	874	7,308 50	31,289 00	38,597 50	50 00	
Allier	40	248	"	288	1,672 50	10,456 50	12,129 00	41 93	
Alpes (Basses-)	1	7	349	357	200 00	600 00	800 00	71 00	
Alpes (Hautes-)	4	11	314	329	230 00	5,055 00	5,285 00	61 60	
Alpes-Maritimes	1	"	158	159	30 00	5,840 34	5,870 34	36 96	38 écoles sans feu.
Ardèche	53	192	121	366	1,356 00	9,244 00	10,600 00	28 96	54 *idem.*
Ardennes	188	91	260	539	10,850 00	15,354 00	26,204 00	46 50	
Ariége	10	38	175	223	129 00	3,672 50	3,801 50	17 00	75 écoles sans feu. Les enfants apportent des chaufferettes.
Aube	89	11	342	442	3,705 00	390 00	4,095 00	43 76	
Aude	10	16	200	226	165 00	287 00	452 00	8 87	161 écoles sans feu.
Aveyron	6	207	365	578	112 00	2,186 00	2,298 00	19 00	
Bouches-du-Rhône	6	144	5	155	317 00	4,315 00	4,632 00	29 72	
Calvados	189	126	236	551	4,271 17	10,766 50	15,037 67	32 77	17 *idem.*
Cantal	3	123	90	216	56 00	3,236 50	3,292 50	26 50	56 écoles sans feux + 39 instituteurs supportant les frais du chauffage.
Charente	23	46	301	370	821 00	1,920 00	2,741 00	33 00	
Charente-Inférieure	15	26	374	415	1,060 00	2,170 00	3,230 00	44 18	
Cher	16	223	2	241	1,415 95	12,815 00	14,230 95	60 55	
Corrèze	3	86	208	297	255 00	1,565 25	1,820 25	18 85	
Corse	"	"	207	207	"	2,594 00	2,594 00	14 08	191 écoles sans feu.
Côte-d'Or	688	3	1	692	23,949 00	100 00	24,049 00	61 54	
Côtes-du-Nord	19	57	16	92	484 00	1,318 00	1,802 00	19 59	265 *idem.*
Creuse	1	241	2	244	50 00	10,733 00	10,783 00	45 05	
Dordogne	2	125	373	500	50 00	9,230 00	9,280 00	18 00	
Doubs	575	5	"	580	24,926 00	385 00	25,311 00	44 00	
Drôme	253	79	96	428	8,526 00	5,480 00	14,006 00	38 19	
Eure	37	138	326	501	1,900 00	22,955 00	24,855 00	49 51	
Eure-et-Loir	387	7	1	395	19,548 00	1,445 00	20,993 00	53 00	
Finistère	16	23	17	56	260 00	485 75	745 75	13 31	176 *idem.*
Gard	300	29	9	338	7,191 50	1,122 00	8,313 50	24 86	61 *idem.*
Garonne (Haute-)	21	78	375	474	350 00	4,934 75	5,284 75	12 91	
Gers	2	60	381	443	90 00	22,150 00	22,240 00	50 00	
Gironde	52	51	318	421	1,939 00	11,491 00	13,430 00	29 30	
Hérault	53	"	306	359	403 00	2,241 00	2,644 00	7 66	
Ille-et-Vilaine	71	220	31	322	2,135 00	4,747 00	6,882 00	20 45	37 *idem.*
Indre	52	167	2	221	3,116 00	7,890 00	11,006 00	49 80	
Indre-et-Loire	25	227	11	263	1,560 00	14,909 00	10,469 00	60 10	
Isère	356	170	57	583	13,687 00	8,549 00	22,236 00	42 50	
Jura	559	1	21	581	15,638 00	"	15,638 00	41 75	
Landes	63	26	217	306	1,118 00	1,790 00	2,908 00	12 32	13 écoles ne sont pas chauffées ou le sont par l'instituteur.
Loir-et-Cher	23	186	59	268	1,067 00	8,277 00	9,344 00	35 00	
Loire	71	260	11	342	3,746 00	13,100 00	16,846 00	47 67	6 écoles non chauffées.
Loire (Haute-)	30	230	33	293	690 00	7,923 00	8,613 00	33 13	
Loire-Inférieure	177	27	5	209	6,199 00	664 00	6,863 00	32 85	25 *idem.*
Loiret	55	118	166	339	2,688 25	14,355 35	17,043 60	50 27	
Lot	"	57	255	312	"	447 50	447 50	6 85	199 écoles où les enfants ne sont chauffés qu'avec des chaufferettes.
Lot-et-Garonne	1	146	147	294	200 00	12,688 00	12,888 00	43 15	

Chauffage des écoles.

DÉPARTEMENTS.	ÉCOLES DANS LESQUELLES IL EST POURVU AU CHAUFFAGE				SOMMES FOURNIES ANNUELLEMENT POUR LE CHAUFFAGE DES ÉCOLES			ÉVALUATION en argent de la moyenne de la dépense par école.	OBSERVATIONS.
	par les communes.	par les familles, en argent.	par les familles, en nature.	TOTAL.	par les communes.	par les familles.	TOTAL.		
1	2	3	4	5	6	7	8	9	10
Lozère	1	13	61	75	30f 00c	1,860f 00c	1,890f 00c	26f 66c	
Maine-et-Loire	58	271	65	394	2,674 00	8,692 00	11,366 00	38 00	
Manche	44	131	195	370	1,405 00	3,867 90	5,272 90	30 00	293 écoles sans feu.
Marne	330	35	303	668	15,465 00	15,740 00	31,205 00	47 00	
Marne (Haute-)	206	7	320	533	7,891 00	10,048 00	17,939 00	33 80	
Mayenne	32	210	34	276	915 00	5,700 00	6,615 00	23 79	
Meurthe	721	5	15	741	33,770 20	1,070 00	34,840 20	47 45	
Meuse	494	76	17	587	25,013 50	4,456 00	29,469 50	54 49	
Morbihan	64	68	33	165	440 00	1,182 00	1,622 00	14 91	72 *idem*.
Moselle	736	29	"	765	40,097 00	1,332 00	41,429 00	52 50	
Nièvre	101	63	123	287	5,080 00	5,975 00	11,055 00	48 96	9 *idem*.
Nord	685	4	16	705	29,236 00	1,070 00	30,306 00	43 00	
Oise	78	186	450	714	4,438 50	28,148 80	32,587 30	39 08	
Orne	14	215	236	465	715 00	16,453 00	17,168 00	36 92	
Pas-de-Calais	462	366	79	907	16,238 00	14,812 00	31,050 00	36 00	
Puy-de-Dôme	10	418	"	428	538 35	13,864 65	14,403 00	30 00	
Pyrénées (Basses-)	256	5	319	580	1,203 00	3,790 00	4,993 00	8 05	
Pyrénées (Hautes-)	60	11	378	449	860 00	220 00	1,080 00	16 00	
Pyrénées-Orientales	8	"	60	68	199 00	1,205 00	1,404 00	20 35	95 *idem*.
Rhin (Bas-)	748	11	6	765	57,847 00	727 75	58,574 75	81 00	
Rhin (Haut-)	544	"	2	546	44,130 00	"	44,130 00	81 12	
Rhône	236	87	"	323	14,415 00	5,949 50	20,364 50	75 00	
Saône (Haute-)	614	"	"	614	26,260 00	"	26,260 00	42 76	
Saône-et-Loire	322	204	6	532	13,741 00	9,550 00	23,291 00	47 05	La plupart des instituteurs sont obligés de parfaire les dépenses du chauffage.
Sarthe	25	318	28	371	1,800 50	22,693 48	24,493 98	66 02	
Savoie	48	66	404	608	2,216 00	7,588 00	9,804 00	16 12	2 écoles ne sont pas chauffées.
Savoie (Haute-)	167	48	100	315	6,674 00	3,013 00	9,687 00	30 65	
Seine	163	9	"	172	60,193 20	1,086 00	61,279 20	356 27	
Seine-Inférieure	79	288	348	715	5,559 00	29,543 00	35,102 00	49 02	
Seine-et-Marne	218	89	206	513	13,667 50	8,774 00	22,441 50	45 08	
Seine-et-Oise	477	26	70	573	20,293 50	8,786 00	29,079 50	45 50	
Sèvres (Deux-)	140	69	138	347	3,508 00	14,617 00	18,125 00	51 51	
Somme	152	325	395	872	5,589 00	10,430 00	16,019 00	33 58	
Tarn	42	162	175	379	1,527 00	4,144 85	5,671 85	14 56	
Tarn-et-Garonne	2	15	137	154	20 00	617 00	637 00	4 13	45 *idem*.
Var	2	38	93	133	122 00	4,914 00	5,036 00	38 00	19 *idem*.
Vaucluse	42	99	25	166	1,713 00	4,370 00	6,083 00	36 00	
Vendée	79	107	71	257	2,006 00	4,216 00	6,222 00	25 43	
Vienne	14	185	77	276	1,213 50	9,119 00	10,332 50	52 69	
Vienne (Haute-)	10	166	"	176	677 00	3,945 00	4,622 00	25 25	34 écoles chauffées aux frais de l'instituteur.
Vosges	682	"	"	682	30,395 00	"	30,395 00	44 00	
Yonne	456	2	29	487	24,652 00	1,383 00	26,035 00	53 00	
TOTAUX	14,667	9,116	12,517	36,300	712,741 92	615,854 97	1,328,596 89	40 82	2,086 écoles ne sont pas chauffées ou le sont aux frais des instituteurs.

Population des écoles de garçons dirigées par des instituteurs laïques et congréganistes.

DÉPARTEMENTS.	NOMBRE DES ÉLÈVES											
	PAYANTS admis dans les écoles			GRATUITS admis dans les écoles						TOTAL DES ÉLÈVES admis dans les écoles		
				payantes			gratuites					
	laïques.	congréganistes.	TOTAL.	laïques.	congréganistes.	TOTAL.	laïques.	congréganistes.	TOTAL.	laïques.	congréganistes.	TOTAL GÉNÉRAL.
1	2	3	4	5	6	7	8	9	10	11	12	13
Ain	14,539	1,860	16,399	2,783	378	3,161	1,503	1,210	2,713	18,825	3,448	22,273
Aisne	11,954	106	12,060	3,683	35	3,718	2,000	1,919	3,919	17,637	2,060	19,697
Allier	4,433	878	5,311	1,391	618	2,009	490	595	1,085	6,314	2,091	8,405
Alpes (Basses-)	3,930	520	4,450	680	155	835	″	685	685	4,610	1,360	5,970
Alpes (Hautes-)	9,839	143	9,982	2,032	″	2,032	181	258	439	12,052	401	12,453
Alpes-Maritimes	4,836	387	5,223	897	186	1,083	1,690	1,278	2,968	7,423	1,851	9,274
Ardèche	7,213	3,619	10,832	2,352	1,179	3,531	165	3,510	3,675	9,730	8,308	18,038
Ardennes	9,366	99	9,465	1,662	74	1,736	1,786	2,223	4,009	12,814	2,396	15,210
Ariége	3,439	130	3,569	1,286	212	1,498	287	1,305	1,682	5,012	1,737	6,749
Aube	5,973	″	5,973	889	″	889	911	1,188	2,099	7,773	1,188	8,961
Aude	5,528	128	5,656	1,416	82	1,498	140	2,527	2,667	7,084	2,737	9,821
Aveyron	11,926	2,715	14,641	4,968	756	5,724	157	3,029	3,186	17,051	6,500	23,551
Bouches-du-Rhône	4,506	1,300	5,806	1,285	652	1,937	782	8,653	9,435	6,573	10,605	17,178
Calvados	10,814	356	11,170	3,355	172	3,527	1,836	2,895	4,731	16,005	3,423	19,428
Cantal	5,858	2,784	8,642	2,297	818	3,115	82	1,831	1,913	8,237	5,433	13,670
Charente	9,353	154	9,507	1,842	63	1,905	1,222	″	1,222	12,417	217	12,634
Charente-Inférieure	12,882	305	13,187	2,562	108	2,670	1,115	1,051	2,166	16,559	1,464	18,023
Cher	6,430	134	6,564	1,338	420	1,767	720	1,268	1,988	8,488	1,831	10,319
Corrèze	4,388	768	5,156	1,825	636	2,461	231	891	1,122	6,444	2,295	8,739
Corse	3,917	399	4,316	1,089	361	1,450	36	2,498	2,534	5,042	3,258	8,300
Côte-d'Or	7,757	″	7,757	1,921	″	1,921	6,539	614	7,153	16,217	614	16,831
Côtes-du-Nord	8,291	5,973	14,264	3,646	3,325	6,971	221	678	899	12,158	9,976	22,134
Creuse	4,961	385	5,346	941	121	1,062	″	966	966	5,902	1,472	7,374
Dordogne	7,371	130	7,501	1,689	35	1,724	77	803	880	9,137	968	10,105
Doubs	7,754	244	7,998	1,822	31	1,853	10,232	2,112	12,344	19,808	2,387	22,195
Drôme	8,173	1,834	10,007	1,497	578	2,075	794	3,448	4,242	10,464	5,860	16,324
Eure	7,014	437	7,451	1,809	364	2,173	516	577	1,093	9,339	1,378	10,717
Eure-et-Loir	6,293	43	6,336	1,764	29	1,793	192	1,530	1,722	8,249	1,602	9,851
Finistère	9,746	1,888	11,634	3,720	746	4,466	1,532	2,201	3,733	14,998	4,835	19,833
Gard	7,891	2,238	10,129	1,438	476	1,914	1,843	6,750	8,593	11,172	9,464	20,636
Garonne (Haute-)	8,744	101	8,845	2,244	256	2,500	1,374	4,500	5,874	12,362	4,857	17,219
Gers	6,320	761	7,081	1,655	593	2,248	″	228	228	7,975	1,582	9,557
Gironde	16,262	1,032	17,294	2,869	334	3,203	451	6,207	6,658	19,582	7,573	27,155
Hérault	7,494	996	8,490	2,623	322	2,945	840	5,879	6,719	10,957	7,197	18,154
Ille-et-Vilaine	10,976	4,944	15,920	3,681	2,275	5,956	948	2,447	3,395	15,605	9,666	25,271
Indre	3,638	611	4,249	1,412	832	2,244	469	285	754	5,519	1,728	7,247
Indre-et-Loire	5,822	326	6,148	1,678	754	2,432	460	97	557	7,960	1,177	9,137
Isère	20,185	3,763	23,948	4,757	1,401	6,158	1,159	2,461	3,620	26,101	7,625	33,726
Jura	10,882	381	11,263	2,121	202	2,323	4,055	1,846	5,901	17,058	2,429	19,487
Landes	5,622	326	5,948	2,084	370	2,454	724	1,415	2,139	8,430	2,111	10,541
Loir-et-Cher	7,558	274	7,832	1,570	271	1,841	445	652	1,097	9,573	1,197	10,770
Loire	5,978	5,298	11,276	2,103	2,682	4,785	270	11,299	11,569	8,351	19,279	27,630
Loire (Haute-)	6,370	2,003	8,373	1,705	347	2,052	″	3,601	3,601	8,075	5,951	14,026
Loire-Inférieure	11,221	3,773	14,994	3,035	1,308	4,343	337	193	530	14,593	5,274	19,867
Loiret	12,706	150	12,856	3,146	100	3,246	22	2,037	2,059	15,874	2,287	18,161
Lot	9,892	1,410	11,302	2,073	888	2,961	″	290	290	11,965	2,588	14,553
Lot-et-Garonne	6,648	218	6,866	1,299	55	1,354	″	1,996	1,996	7,947	2,269	10,216

TABLEAU N° 11.
(Suite.)

Population des écoles de garçons
dirigées par des instituteurs laïques et congréganistes.

ENSEIGNEMENT PUBLIC.

ÉCOLES DE GARÇONS OU MIXTES.

DÉPARTEMENTS.	NOMBRE DES ÉLÈVES											
	PAYANTS admis dans les écoles			GRATUITS admis dans les écoles						TOTAL DES ÉLÈVES admis dans les écoles		
				payantes			gratuites					
	laïques.	congréganistes.	TOTAL.	laïques.	congréganistes.	TOTAL.	laïques.	congréganistes.	TOTAL.	laïques.	congréganistes.	TOTAL GÉNÉRAL.
1	2	3	4	5	6	7	8	9	10	11	12	13
Lozère	3,943	904	4,847	2,122	427	2,549	"	960	960	6,065	2,291	8,356
Maine-et-Loire	11,045	2,598	13,643	4,090	1,149	5,239	3,082	1,898	4,980	18,217	5,645	23,862
Manche	16,496	716	17,212	8,381	1,193	9,574	2,950	1,394	4,344	27,827	3,303	31,130
Marne	9,658	235	9,893	1,958	623	2,581	1,795	2,930	4,725	13,411	3,788	17,199
Marne (Haute-)	7,734	390	8,124	1,544	93	1,637	4,298	1,021	5,319	13,576	1,504	15,080
Mayenne	10,303	1,093	11,396	3,236	1,182	4,418	768	377	1,145	14,307	2,652	16,959
Meurthe	15,300	168	15,468	5,153	25	5,178	1,469	632	2,101	21,922	825	22,747
Meuse	11,752	201	11,953	2,920	298	3,218	1,599	"	1,599	16,271	499	16,770
Morbihan	4,530	2,895	7,425	3,078	2,021	5,099	427	1,927	2,354	8,035	6,843	14,878
Moselle	13,702	963	14,665	3,112	774	3,886	761	484	1,245	17,575	2,221	19,796
Nièvre	6,628	1,324	7,952	1,508	1,334	2,842	217	1,105	1,322	8,353	3,763	12,116
Nord	28,182	1,743	29,925	15,957	4,677	20,634	5,486	13,113	18,599	49,625	19,533	69,158
Oise	8,776	345	9,121	1,874	39	1,913	752	1,494	2,246	11,402	1,878	13,280
Orne	10,039	775	10,814	3,182	598	3,780	250	665	915	13,471	2,038	15,509
Pas-de-Calais	12,952	984	13,936	6,448	1,557	8,005	1,193	7,257	8,450	20,593	9,798	30,391
Puy-de-Dôme	13,160	2,481	15,641	3,345	2,257	5,602	65	2,080	2,145	16,570	6,818	23,388
Pyrénées (Basses-)	8,663	297	8,960	3,905	479	4,384	1,311	1,874	3,185	13,879	2,650	16,529
Pyrénées (Hautes-)	8,105	399	8,504	2,726	453	3,179	561	512	1,073	11,392	1,364	12,756
Pyrénées-Orientales	6,698	"	6,698	1,102	"	1,102	220	1,715	1,935	8,020	1,715	9,735
Rhin (Bas-)	19,210	1,471	20,681	5,335	328	5,663	6,916	1,277	8,193	31,461	3,076	34,537
Rhin (Haut-)	12,894	1,555	14,449	3,867	1,126	4,993	10,382	3,424	13,806	27,143	6,105	33,248
Rhône	6,955	4,046	11,001	1,632	1,133	2,765	4,333	11,747	16,080	12,920	16,926	29,846
Saône (Haute-)	10,742	347	11,089	2,265	96	2 361	9,235	860	10,095	22,242	1,303	23,545
Saône-et-Loire	18,572	1,338	19,910	4,411	607	5,018	645	1,427	2,072	23,628	3,372	27,000
Sarthe	11,724	393	12,117	4,706	411	5,117	1,035	1,686	2,721	17,465	2,490	19,955
Savoie	10,035	1,058	11,093	3,693	425	4,118	2,165	1,255	3,420	15,893	2,738	18,631
Savoie (Haute-)	8,121	1,874	9,995	3,209	1,112	4,321	2,332	1,992	4,324	13,662	4,978	18,640
Seine	4,174	136	4,310	1,538	83	1,621	14,475	14,939	29,414	20,187	15,158	35,345
Seine-Inférieure	14,950	846	15,796	8,247	1,236	9,483	1,323	4,226	5,549	24,520	6,308	30,828
Seine-et-Marne	7,979	80	8,059	1,467	217	1,684	1,496	1,268	2,764	10,942	1,565	12,507
Seine-et-Oise	11,153	102	11,255	2,323	40	2,363	1,611	2,015	3,626	15,087	2,157	17,244
Sèvres (Deux-)	8,511	298	8,809	1,897	106	2,003	693	380	1,073	11,101	784	11,885
Somme	13,069	532	13,601	5,027	1,751	6,778	1,322	819	2,141	19,418	3,102	22,520
Tarn	4,287	1,115	5,402	1,152	409	1,561	543	2,346	2,889	5,982	3,870	9,852
Tarn-et-Garonne	4,055	613	4,668	836	330	1,166	73	1,297	1,370	4,964	2,240	7,204
Var	4,273	2,106	6,379	1,074	1,636	2,710	207	1,260	1,467	5,554	5,002	10,556
Vaucluse	3,133	2,563	5,696	742	1,247	1,989	514	4,807	5,321	4,389	8,617	13,006
Vendée	12,571	1,022	13,593	2,899	418	3,317	1,282	334	1,616	16,752	1,774	18,526
Vienne	5,861	665	6,526	1,157	240	1,397	474	799	1,273	7,492	1,704	9,196
Vienne (Haute-)	2,938	225	3,163	1,000	1,610	2,610	30	369	399	3,968	2,204	6,172
Vosges	15,727	209	15,936	4,953	79	5,032	2,459	"	2,459	23,139	288	23,427
Yonne	11,551	72	11,623	2,376	19	2,395	2,222	"	2,222	16,149	91	16,240
TOTAUX	812,844	97,501	910,345	241,381	59,447	300,828	141,805	203,981	345,786	1,196,030	360,929	1,556,959

Population des écoles communes aux enfants des deux sexes dirigées par des instituteurs laïques.

DÉPARTEMENTS.	NOMBRE DES ÉLÈVES									TOTAL DES ÉLÈVES.		
	PAYANTS.			GRATUITS admis dans les écoles								
				payantes.			gratuites.					
	Garçons.	Filles.	TOTAL.	Garçons.	Filles.	TOTAL.	Garçons.	Filles.	TOTAL.	Garçons.	Filles.	TOTAL général.
1	2	3	4	5	6	7	8	9	10	11	12	13
Ain	3,085	1,972	5,057	921	672	1,593	″	″	″	4,006	2,644	6,650
Aisne	13,269	11,320	24,589	3,198	2,496	5,694	409	389	798	16,876	14,205	31,081
Allier	2,923	1,660	4,583	734	395	1,129	″	″	″	3,657	2,055	5,712
Alpes (Basses-)	2,894	1,610	4,504	557	276	833	″	″	″	3,451	1,886	5,337
Alpes (Hautes-)	″	″	″	″	″	″	″	″	″	″	″	″
Alpes-Maritimes	320	124	444	48	30	78	49	41	90	417	195	612
Ardèche	1,436	676	2,112	427	231	658	″	″	″	1,863	907	2,770
Ardennes	8,979	7,054	16,033	1,718	1,392	3,110	201	164	365	10,898	8,610	19,508
Ariége	3,430	1,121	4,551	1,683	211	1,894	″	″	″	5,113	1,332	6,445
Aube	8,130	7,018	15,148	1,141	839	1,980	364	294	658	9,635	8,151	17,786
Aude	3,227	1,613	4,840	1,285	346	1,631	″	″	″	4,512	1,959	6,471
Aveyron	32	14	46	19	2	21	31	″	31	82	16	98
Bouches-du-Rhône	38	35	73	6	10	16	″	″	″	44	45	89
Calvados	3,911	2,540	6,451	992	780	1,772	48	40	88	4,951	3,360	8,311
Cantal	″	″	″	″	″	″	″	″	″	″	″	″
Charente	5,407	1,972	7,379	966	115	1,081	″	″	″	6,373	2,087	8,460
Charente-Inférieure	6,381	2,715	9,096	860	335	1,195	″	″	″	7,241	3,050	10,291
Cher	4,338	2,085	6,423	721	295	1,016	27	27	54	5,086	2,407	7,493
Corrèze	2,390	821	3,211	993	329	1,322	″	″	″	3,383	1,150	4,533
Corse	4,178	219	4,397	1,887	32	1,919	″	″	″	6,065	251	6,316
Côte-d'Or	8,994	7,067	16,061	1,769	1,531	3,300	1,922	1,474	3,396	12,685	10,072	22,757
Côtes-du-Nord	74	27	101	32	10	42	″	″	″	106	37	143
Creuse	5,511	2,291	7,802	1,027	240	1,267	″	″	″	6,538	2,531	9,069
Dordogne	7,001	3,385	10,386	1,522	657	2,179	″	″	″	8,523	4,042	12,565
Doubs	3,351	2,140	5,491	647	417	1,064	2,653	2,219	4,872	6,651	4,776	11,427
Drôme	2,474	1,436	3,910	570	354	924	126	98	224	3,170	1,888	5,058
Eure	6,756	5,506	12,262	1,368	1,137	2,505	57	46	103	8,181	6,689	14,870
Eure-et-Loir	8,064	6,828	14,892	1,716	1,369	3,085	″	″	″	9,780	8,197	17,977
Finistère	159	85	244	74	28	102	59	43	102	292	156	448
Gard	1,969	1,073	3,042	310	157	467	110	62	172	2,389	1,292	3,081
Garonne (Haute-)	2,094	936	3,030	583	50	633	14	15	29	2,691	1,001	3,692
Gers	2,979	1,022	4,001	693	94	787	″	″	″	3,672	1,116	4,788
Gironde	″	″	″	″	″	″	″	″	″	″	″	″
Hérault	595	287	882	133	62	195	17	22	39	745	371	1,116
Ille-et-Vilaine	23	22	45	5	5	10	″	″	″	28	27	55
Indre	2,545	1,044	3,589	720	228	948	328	198	526	3,593	1,470	5,063
Indre-et-Loire	1,892	1,477	3,369	224	303	527	136	108	244	2,252	1,888	4,140
Isère	2,383	1,435	3,818	594	313	907	41	33	74	3,018	1,781	4,799
Jura	4,828	3,064	7,892	752	544	1,296	435	276	711	6,015	3,884	9,899
Landes	3,122	868	3,990	1,517	290	1,807	178	101	279	4,817	1,259	6,076
Loir-et-Cher	3,943	2,919	6,862	804	684	1,488	″	″	″	4,747	3,603	8,350
Loire	809	344	1,153	290	192	482	″	″	″	1,099	536	1,635
Loire (Haute-)	184	76	260	38	32	70	″	″	″	222	108	330
Loire-Inférieure	″	″	″	″	″	″	″	″	″	″	″	″
Loiret	4,507	3,838	8,345	643	514	1,157	″	″	″	5,150	4,352	9,502
Lot	285	53	338	53	35	88	″	″	″	338	88	426
Lot-et-Garonne	3,671	1,781	5,452	791	92	883	″	″	″	4,462	1,873	6,335

Population des écoles communes aux enfants des deux sexes dirigées par des instituteurs laïques.

DÉPARTEMENTS.	NOMBRE DES ÉLÈVES									TOTAL DES ÉLÈVES.		
	PAYANTS.			GRATUITS admis dans les écoles								
				payantes.			gratuites.					
	Garçons.	Filles.	TOTAL.	Garçons.	Filles.	TOTAL.	Garçons.	Filles.	TOTAL.	Garçons.	Filles.	TOTAL général.
1	2	3	4	5	6	7	8	9	10	11	12	13
Lozère	619	259	878	221	101	322	″	″	″	840	360	1,200
Maine-et-Loire	331	268	599	90	102	201	″	″	″	430	370	800
Manche	″	″	″	″	″	″	″	″	″	″	″	″
Marne	8,155	6,920	15,075	1,391	1,200	2,591	243	245	488	9,789	8,365	18,154
Marne (Haute-)	5,396	4,304	9,700	746	576	1,322	1,096	054	2,050	7,238	5,834	13,072
Mayenne	180	118	298	53	31	84	″	″	″	233	149	382
Meurthe	6,894	5,675	12,569	1,299	1,004	2,303	″	″	″	8,193	6,679	14,872
Meuse	5,077	4,619	10,296	766	707	1,473	182	169	351	6,625	5,495	12,120
Morbihan	″	″	″	″	″	″	″	″	″	″	″	″
Moselle	10,945	7,443	18,388	1,629	1,369	2,998	″	″	″	12,574	8,812	21,386
Nièvre	5,691	3,273	8,964	1,571	1,055	2,626	73	40	113	7,335	4,368	11,703
Nord	6,061	4,528	10,589	3,124	2,629	5,753	60	39	99	9,245	7,196	16,441
Oise	11,187	8,240	19,436	4,123	2,099	6,222	65	60	125	15,375	10,408	25,783
Orne	3,218	1,924	5,142	999	748	1,747	″	″	″	4,217	2,672	6,889
Pas-de-Calais	13,804	10,544	24,348	6,694	5,562	12,256	179	109	288	20,677	16,215	36,892
Puy-de-Dôme	456	187	643	85	58	143	″	″	″	541	245	786
Pyrénées (Basses-)	5,078	2,416	7,494	2,266	1,252	3,518	60	36	96	7,404	3,704	11,108
Pyrénées (Hautes-)	2,223	817	3,040	730	216	946	21	19	40	2,974	1,052	4,026
Pyrénées-Orientales	″	″	″	″	″	″	″	″	″	″	″	″
Rhin (Bas-)	9,305	8,357	17,662	1,912	1,691	3,603	551	521	1,072	11,768	10,569	22,337
Rhin (Haut-)	3,344	2,877	6,221	1,148	848	1,996	2,922	2,527	5,449	7,414	6,252	13,606
Rhône	144	32	176	35	10	45	″	″	″	179	42	221
Saône (Haute-)	4,079	2,777	6,856	714	451	1,165	1,001	815	1,816	5,794	4,043	9,837
Saône-et-Loire	5,695	3,317	9,012	1,069	870	1,939	196	140	336	6,960	4,327	11,287
Sarthe	566	375	941	194	182	376	″	″	″	760	557	1,317
Savoie	528	404	932	269	166	435	″	″	″	797	570	1,367
Savoie (Haute-)	653	350	1,003	312	190	502	31	16	47	996	556	1,552
Seine	277	255	532	35	44	79	″	″	″	312	299	611
Seine-Inférieure	5,959	4,503	10,462	2,712	2,423	5,135	″	″	″	8,671	6,926	15,597
Seine-et-Marne	9,061	7,715	16,776	1,554	1,219	2,773	847	717	1,564	11,462	9,651	21,113
Seine-et-Oise	9,559	8,049	17,608	1,954	1,267	3,221	82	65	147	11,595	9,381	20,976
Sèvres (Deux-)	8,004	2,575	10,579	1,772	956	2,728	17	14	31	9,793	3,545	13,338
Somme	10,759	8,539	19,298	3,571	2,885	6,456	50	48	98	14,380	11,472	25,852
Tarn	3,917	1,397	5,314	1,467	326	1,793	″	″	″	5,384	1,723	7,107
Tarn-et-Garonne	1,785	780	2,565	277	186	463	″	″	″	2,062	966	3,028
Var	89	46	135	18	6	24	″	″	″	107	52	159
Vaucluse	184	74	258	43	14	57	″	″	″	227	88	315
Vendée	1,551	571	2,122	340	142	482	59	25	84	1,950	738	2,688
Vienne	6,062	2,350	8,412	1,065	336	1,401	″	″	″	7,127	2,686	9,813
Vienne (Haute-)	3,724	974	4,698	1,026	130	1,156	″	″	″	4,750	1,104	5,854
Vosges	7,410	5,840	13,256	2,481	1,616	4,097	449	459	908	10,346	7,915	18,261
Yonne	10,956	8,761	19,717	1,371	1,294	2,665	256	225	481	12,583	10,280	22,863
TOTAUX	342,113	226,035	568,148	86,166	54,085	140,251	15,645	12,893	28,538	443,924	293,013	736,937

TABLEAU N° 13.

Population des écoles payantes communes

DÉPARTEMENTS.	NOMBRE DES ÉLÈVES							
	PAYANTS admis dans les écoles							laï
	laïques.			congréganistes.			TOTAL GÉNÉRAL des élèves payants.	
	Garçons.	Filles.	TOTAL.	Garçons.	Filles.	TOTAL.		Garçons.
1	2	3	4	5	6	7	8	9
Ain	25	53	78	285	327	612	690	7
Aisne	92	100	192	//	//	//	192	19
Allier	228	219	447	675	636	1,311	1,758	63
Alpes (Basses-)	481	425	906	29	24	53	959	84
Alpes (Hautes-)	114	116	230	397	466	863	1,093	32
Alpes-Maritimes	66	49	115	//	//	//	115	28
Ardèche	155	195	350	905	894	1,799	2,149	54
Ardennes	//	//	//	//	//	//	//	//
Ariége	150	104	254	10	31	41	295	77
Aube	//	30	30	//	//	//	30	//
Aude	239	192	431	60	62	122	553	63
Aveyron	689	719	1,408	225	205	430	1,838	338
Bouches-du-Rhône	//	//	//	59	71	130	130	//
Calvados	904	1,147	2,051	364	474	838	2,889	326
Cantal	985	1,086	2,071	181	185	366	2,437	476
Charente	215	193	408	16	12	28	436	40
Charente-Inférieure	184	152	336	46	59	105	441	46
Cher	58	44	102	38	40	78	180	5
Corrèze	413	315	728	12	11	23	751	223
Corse	12	3	15	//	//	//	15	11
Côte-d'Or	41	61	102	//	//	//	102	9
Côtes-du-Nord	1,000	853	1,853	589	569	1,158	3,011	420
Creuse	101	86	187	//	//	//	187	23
Dordogne	593	631	1,224	121	132	253	1,477	185
Doubs	307	283	590	41	37	78	668	42
Drôme	205	216	421	191	207	398	819	54
Eure	69	112	181	208	318	526	707	16
Eure-et-Loir	8	5	13	//	//	//	13	5
Finistère	//	//	//	243	358	601	601	//
Gard	220	264	484	185	215	400	884	50
Garonne (Haute-)	369	391	760	90	86	176	936	124
Gers	108	137	245	//	//	//	245	40
Gironde	205	177	382	106	151	257	639	47
Hérault	149	201	350	14	13	27	377	21
Ille-et-Vilaine	745	674	1,419	1,454	1,512	2,966	4,385	243
Indre	91	38	129	47	64	111	240	25
Indre-et-Loire	360	272	632	704	676	1,380	2,012	59
Isère	88	96	184	57	72	129	313	35
Jura	344	444	788	8	5	13	801	55
Landes	//	//	//	//	//	//	//	//
Loir-et-Cher	63	55	118	120	99	219	337	8
Loire	47	34	81	1,445	1,408	2,853	2,934	18
Loire (Haute-)	87	124	211	276	319	595	806	35
Loire-Inférieure	345	371	716	56	76	132	848	66
Loiret	109	63	172	49	42	91	263	23
Lot	12	10	22	52	44	96	118	3
Lot-et-Garonne	79	75	154	//	//	//	154	16

aux deux sexes dirigées par des institutrices.

GRATUITS admis dans les écoles						TOTAL DES ÉLÈVES ADMIS DANS LES ÉCOLES								
…ques.		congréganistes.			TOTAL GÉNÉRAL des élèves gratuits.	laïques.			congréganistes.			TOTAL GÉNÉRAL.		
Filles.	TOTAL.	Garçons.	Filles.	TOTAL.		Garçons.	Filles.	TOTAL.	Garçons.	Filles.	TOTAL.	Garçons.	Filles.	TOTAL.
10	11	12	13	14	15	16	17	18	19	20	21	22	23	24
6	13	126	92	218	231	32	59	91	411	419	830	443	478	921
21	40	″	″	″	40	111	121	232	″	″	″	111	121	232
50	113	269	274	543	656	291	269	560	944	910	1,854	1,235	1,179	2,414
73	157	6	3	9	166	565	498	1,063	35	27	62	600	525	1,125
20	58	89	83	172	230	146	142	288	486	549	1,035	632	691	1,323
18	46	″	″	″	46	94	67	161	″	″	″	94	67	161
61	115	353	359	712	827	209	256	465	1,258	1,253	2,511	1,467	1,509	2,976
″	″	″	″	″	″	″	″	″	″	″	″	″	″	″
35	112	″	10	10	122	227	139	366	10	41	51	237	180	417
4	4	″	″	″	4	″	34	34	″	″	″	″	34	34
65	128	25	17	42	170	302	257	559	85	79	164	387	336	723
290	628	68	67	135	763	1,027	1,009	2,036	293	272	565	1,320	1,281	2,601
″	″	38	39	77	77	″	″	″	97	110	207	97	110	207
300	716	113	145	258	974	1,230	1,537	2,767	477	619	1,096	1,707	2,156	3,863
445	921	64	64	128	1,049	1,461	1,531	2,992	245	249	494	1,706	1,780	3,486
15	55	14	″	14	69	255	208	463	30	12	42	285	220	505
24	70	19	31	50	120	230	176	406	65	90	155	295	260	561
8	13	3	7	10	23	63	52	115	41	47	88	104	99	203
114	337	5	6	11	348	636	429	1,065	17	17	34	653	446	1,099
″	11	″	″	″	11	23	3	26	″	″	″	23	3	26
3	12	″	″	″	12	50	64	114	″	″	″	50	64	114
303	813	361	358	719	1,532	1,420	1,240	2,660	950	927	1,877	2,370	2,173	4,543
7	30	″	″	″	30	124	93	217	″	″	″	124	93	217
101	286	17	17	34	320	778	732	1,510	138	149	287	916	881	1,797
42	84	5	7	12	96	349	325	674	46	44	90	395	369	764
51	105	51	43	94	199	259	267	526	242	250	492	501	517	1,018
22	38	51	83	134	172	85	134	219	259	401	660	344	535	879
2	7	″	″	″	7	13	7	20	″	″	″	13	7	20
″	″	127	167	294	294	″	″	″	370	525	895	370	525	895
29	79	53	45	98	177	270	293	563	238	260	498	508	553	1,061
39	163	17	7	24	187	493	430	923	107	93	200	600	523	1,123
23	63	″	″	″	63	148	160	308	″	″	″	148	160	308
28	75	16	25	41	116	252	205	457	122	176	298	374	381	755
23	44	1	1	2	46	170	224	394	15	14	29	185	238	423
228	471	465	476	941	1,412	988	902	1,890	1,919	1,988	3,907	2,907	2,890	5,797
17	42	6	16	22	64	116	55	171	53	80	133	169	135	304
55	114	170	140	310	430	419	327	746	880	816	1,696	1,299	1,143	2,442
26	61	12	14	26	87	123	122	245	69	86	155	192	208	400
62	117	2	2	4	121	399	506	905	10	7	17	409	513	922
″	″	″	″	″	″	″	″	″	″	″	″	″	″	″
8	16	48	55	103	119	71	63	134	108	154	322	239	217	456
10	28	489	441	930	958	65	44	109	1,934	1,849	3,783	1,999	1,893	3,892
30	65	163	117	280	345	122	154	276	439	436	875	561	590	1,151
54	120	19	27	46	166	411	425	836	75	103	178	486	528	1,014
6	29	24	14	38	67	132	69	201	73	56	129	205	125	330
2	5	12	16	28	33	15	12	27	64	60	124	79	72	151
14	30	″	″	″	30	95	89	184	″	″	″	95	89	184

Tableau n° 13.
(Suite.)

Population des écoles payantes communes

DÉPARTEMENTS.	NOMBRE DES ÉLÈVES							
	PAYANTS admis dans les écoles							
	laïques.			congréganistes.			TOTAL GÉNÉRAL des élèves payants.	lai
	Garçons.	Filles.	TOTAL.	Garçons.	Filles.	TOTAL.		Garçons.
1	2	3	4	5	6	7	8	9
Lozère	317	204	611	″	″	″	611	270
Maine-et-Loire	492	538	1,030	969	1,102	2,071	3,101	220
Manche	1,411	1,542	2,953	1,616	1,696	3,312	6,265	984
Marne	47	55	102	″	″	″	102	1
Marne (Haute-)	″	″	″	″	″	″	″	″
Mayenne	363	339	702	257	260	517	1,219	97
Meurthe	″	″	″	153	171	324	324	″
Meuse	19	29	48	″	″	″	48	4
Morbihan	326	272	598	320	386	706	1,304	253
Moselle	22	22	44	487	462	949	993	9
Nièvre	180	154	334	347	309	656	990	51
Nord	61	55	116	82	101	183	299	51
Oise	″	″	″	10	11	21	21	″
Orne	709	808	1,517	524	562	1,086	2,603	231
Pas-de-Calais	86	109	195	18	76	94	289	35
Puy-de-Dôme	695	518	1,213	805	929	1,734	2,947	141
Pyrénées (Basses-)	316	376	692	13	10	23	715	151
Pyrénées (Hautes-)	19	51	70	″	″	″	70	8
Pyrénées-Orientales	209	205	414	″	″	″	414	34
Rhin (Bas-)	11	4	15	325	319	644	659	3
Rhin (Haut-)	5	6	11	189	182	371	382	″
Rhône	16	9	25	527	463	990	1,015	3
Saône (Haute-)	107	121	228	″	″	″	228	8
Saône-et-Loire	182	209	391	242	255	497	888	77
Sarthe	1,132	1,086	2,218	292	238	530	2,748	402
Savoie	259	241	500	24	12	36	536	77
Savoie (Haute-)	266	234	500	74	78	152	652	102
Seine	″	″	″	″	″	″	″	″
Seine-Inférieure	″	″	″	″	″	″	″	″
Seine-et-Marne	″	″	″	″	″	″	″	″
Seine-et-Oise	36	37	73	2	5	7	80	8
Sèvres (Deux-)	120	112	232	86	146	232	464	48
Somme	″	″	″	″	″	″	″	″
Tarn	890	869	1,759	24	39	63	1,822	206
Tarn-et-Garonne	112	103	215	40	59	99	314	26
Var	169	165	334	74	69	143	477	18
Vaucluse	30	37	67	87	171	258	325	10
Vendée	91	81	172	145	173	318	490	38
Vienne	21	13	34	109	99	208	242	1
Vienne (Haute-)	40	14	54	″	″	″	54	11
Vosges	208	158	366	184	173	357	723	59
Yonne	10	17	27	″	″	″	27	1
Totaux	19,732	19,698	39,430	17,383	18,456	35,839	75,269	7,152

aux deux sexes dirigées par des institutrices.

Gratuits admis dans les écoles						Total des élèves admis dans les écoles								
…ques.		congréganistes.			TOTAL GÉNÉRAL des élèves gratuits.	laïques.			congréganistes.			TOTAL GÉNÉRAL.		
Filles.	TOTAL.	Garçons.	Filles.	TOTAL.		Garçons.	Filles.	TOTAL.	Garçons.	Filles.	TOTAL.	Garçons.	Filles.	TOTAL.
10	11	12	13	14	15	16	17	18	19	20	21	22	23	24
201	471	″	″	″	471	587	495	1,082	″	″	″	587	495	1,082
203	423	502	449	951	1,374	712	741	1,453	1,471	1,551	3,022	2,183	2,292	4,475
810	1,704	649	612	1,261	3,055	2,395	2,352	4,747	2,265	2,308	4,573	4,660	4,660	9,320
2	3	″	″	″	3	48	57	105	″	″	″	48	57	105
″	″	″	″	″	″	″	″	″	″	″	″	″	″	″
98	195	77	78	155	350	460	437	897	334	338	672	794	775	1,569
″	″	67	76	143	143	″	″	″	220	247	467	220	247	467
3	7	″	″	″	7	23	32	55	″	″	″	23	32	55
205	458	291	248	539	007	579	477	1,056	611	634	1,245	1,190	1,111	2,301
9	18	113	114	227	245	31	31	02	600	576	1,176	631	607	1,238
49	100	242	248	490	590	231	203	434	589	557	1,146	820	760	1,580
39	90	120	112	232	322	112	94	206	202	213	415	314	307	621
″	″	″	″	″	″	″	″	″	10	11	21	10	11	21
188	419	202	205	407	826	940	996	1,936	726	767	1,493	1,666	1,763	3,429
50	85	4	24	28	113	121	159	280	22	100	122	143	259	402
130	271	235	176	411	682	836	648	1,484	1,040	1,105	2,145	1,876	1,753	3,629
138	289	10	4	14	303	467	514	981	23	14	37	490	528	1,018
3	11	″	″	″	11	27	54	81	″	″	″	27	54	81
21	55	″	″	″	55	243	226	469	″	″	″	243	226	469
1	4	121	96	217	221	14	5	19	446	415	861	460	420	880
″	″	108	55	163	163	5	6	11	297	237	534	302	243	545
2	5	133	104	237	242	19	11	30	660	567	1,227	679	578	1,257
15	23	″	″	″	23	115	136	251	″	″	″	115	136	251
58	135	69	63	132	267	259	267	526	311	318	629	570	585	1,155
374	776	147	130	277	1,053	1,534	1,460	2,994	439	368	807	1,973	1,828	3,801
119	196	12	15	27	223	336	360	696	36	27	63	372	387	759
99	201	41	47	88	289	368	333	701	115	125	240	483	458	941
″	″	″	″	″	″	″	″	″	″	″	″	″	″	″
″	″	″	″	″	″	″	″	″	″	″	″	″	″	″
″	″	″	″	″	″	″	″	″	″	″	″	″	″	″
6	14	4	9	13	27	44	43	87	6	14	20	50	57	107
36	84	35	39	74	158	168	148	316	121	185	306	289	333	622
″	″	″	″	″	″	″	″	″	″	″	″	″	″	″
139	345	9	11	20	365	1,096	1,008	2,104	33	50	83	1,129	1,058	2,187
24	50	10	10	20	70	138	127	265	50	69	119	188	196	384
13	31	7	5	12	43	187	178	365	81	74	155	268	252	520
14	24	19	28	47	71	40	51	91	106	199	305	146	250	396
27	05	31	18	49	114	129	108	237	176	191	367	305	299	604
″	1	37	33	70	71	22	13	35	146	132	278	168	145	313
14	25	″	″	″	25	51	28	79	″	″	″	51	28	79
45	104	72	83	155	259	267	203	470	256	256	512	523	459	982
2	3	″	″	″	3	11	19	30	″	″	″	11	19	30
6,057	13,209	6,674	6,360	13,034	26,243	26,884	25,755	52,639	24,057	24,816	48,873	50,941	50,571	101,512

ENSEIGNEMENT PUBLIC.

ÉCOLES DE GARÇONS OU MIXTES.

TABLEAU N° 14.

Population des écoles gratuites communes aux deux sexes dirigées par des institutrices.

DÉPARTEMENTS.	NOMBRE DES ÉLÈVES ADMIS DANS LES ÉCOLES — LAÏQUES. Garçons.	LAÏQUES. Filles.	LAÏQUES. TOTAL.	CONGRÉGANISTES. Garçons.	CONGRÉGANISTES. Filles.	CONGRÉGANISTES. TOTAL.	TOTAL GÉNÉRAL.
1	2	3	4	5	6	7	8
Ain	″	″	″	59	71	130	130
Aisne	″	″	″	″	″	″	″
Allier	″	″	″	40	50	90	90
Alpes (Basses-)	″	″	″	″	″	″	″
Alpes (Hautes-)	″	″	″	18	31	49	49
Alpes-Maritimes	″	″	″	″	″	″	″
Ardèche	″	″	″	48	57	105	105
Ardennes	″	″	″	″	″	″	″
Ariége	″	″	″	″	″	″	″
Aube	″	″	″	″	″	″	″
Aude	″	″	″	″	″	″	″
Aveyron	″	″	″	″	″	″	″
Bouches-du-Rhône	″	″	″	145	161	306	306
Calvados	9	9	18	10	24	34	52
Cantal	″	″	″	43	42	85	85
Charente	″	″	″	″	″	″	″
Charente-Inférieure	″	″	″	″	″	″	″
Cher	″	″	″	″	″	″	″
Corrèze	″	″	″	″	″	″	″
Corse	″	″	″	″	″	″	″
Côte-d'Or	13	49	62	″	″	″	62
Côtes-du-Nord	″	″	″	″	″	″	″
Creuse	″	″	″	″	″	″	″
Dordogne	″	″	″	″	″	″	″
Doubs	248	182	430	″	″	″	430
Drôme	″	″	″	″	″	″	″
Eure	″	″	″	20	26	46	46
Eure-et-Loir	″	″	″	″	″	″	″
Finistère	″	″	″	54	31	85	85
Gard	″	″	″	35	43	78	78
Garonne (Haute-)	″	″	″	″	″	″	″
Gers	″	″	″	″	″	″	″
Gironde	″	″	″	20	20	40	40
Hérault	″	″	″	″	″	″	″
Ille-et-Vilaine	″	″	″	″	″	″	″
Indre	″	″	″	″	″	″	″
Indre-et-Loire	″	″	″	101	87	188	188
Isère	″	″	″	″	″	″	″
Jura	31	25	56	8	25	33	89
Landes	″	″	″	″	″	″	″
Loir-et-Cher	″	″	″	40	41	81	81
Loire	″	″	″	″	″	″	″
Loire (Haute-)	″	″	″	″	″	″	″
Loire-Inférieure	″	″	″	″	″	″	″
Loiret	″	″	″	″	″	″	″
Lot	″	″	″	″	″	″	″
Lot-et-Garonne	″	″	″	″	″	″	″

Tableau n° 14. (Suite.)

ENSEIGNEMENT PUBLIC.

ÉCOLES DE GARÇONS OU MIXTES.

Population des écoles gratuites communes aux deux sexes dirigées par des institutrices.

DÉPARTEMENTS.	NOMBRE DES ÉLÈVES ADMIS DANS LES ÉCOLES						TOTAL GÉNÉRAL.
	LAÏQUES.			CONGRÉGANISTES.			
	Garçons.	Filles.	TOTAL.	Garçons.	Filles.	TOTAL.	
1	2	3	4	5	6	7	8
Lozère	//	//	//	//	//	//	//
Maine-et-Loire	//	//	//	93	80	173	173
Manche	68	49	117	15	35	50	167
Marne	//	//	//	18	35	53	53
Marne (Haute-)	//	//	//	//	//	//	//
Mayenne	//	//	//	//	//	//	//
Meurthe	//	//	//	//	//	//	//
Meuse	//	//	//	//	//	//	//
Morbihan	//	//	//	50	50	100	100
Moselle	//	//	//	27	33	60	60
Nièvre	//	//	//	117	103	220	220
Nord	//	//	//	//	//	//	//
Oise	//	//	//	//	//	//	//
Orne	//	//	//	21	35	56	56
Pas-de-Calais	//	//	//	//	//	//	//
Puy-de-Dôme	//	//	//	26	50	76	76
Pyrénées (Basses-)	//	//	//	//	//	//	//
Pyrénées (Hautes-)	//	//	//	//	//	//	//
Pyrénées-Orientales	//	//	//	//	//	//	//
Rhin (Bas-)	//	//	//	83	86	169	169
Rhin (Haut-)	//	//	//	109	164	273	273
Rhône	//	//	//	//	//	//	//
Saône (Haute-)	31	18	49	35	45	80	129
Saône-et-Loire	//	//	//	//	//	//	//
Sarthe	//	//	//	21	35	56	56
Savoie	//	//	//	//	//	//	//
Savoie (Haute-)	//	//	//	//	//	//	//
Seine	//	//	//	//	//	//	//
Seine-Inférieure	//	//	//	//	//	//	//
Seine-et-Marne	//	//	//	//	//	//	//
Seine-et-Oise	39	43	82	//	//	//	82
Sèvres (Deux-)	//	//	//	53	47	100	100
Somme	//	//	//	//	//	//	//
Tarn	10	11	21	17	54	71	92
Tarn-et-Garonne	//	//	//	//	//	//	//
Var	//	//	//	//	//	//	//
Vaucluse	//	//	//	//	//	//	//
Vendée	//	//	//	//	//	//	//
Vienne	//	//	//	//	//	//	//
Vienne (Haute-)	//	//	//	//	//	//	//
Vosges	//	//	//	75	88	163	163
Yonne	//	//	//	//	//	//	//
Totaux	449	386	835	1,401	1,649	3,050	3,885

TABLEAU N° 15.

État récapitulatif de la population des écoles de g

DÉPARTEMENTS.	NOMBRE DES ÉLÈVES									
	PAYANTS admis dans les écoles					GRATUITS admis dans les écoles payantes				
	laïques.		congréganistes.		TOTAL.	laïques.		congréganistes.		TOTAL.
	Garçons.	Filles.	Garçons.	Filles.		Garçons.	Filles.	Garçons.	Filles.	
1	2	3	4	5	6	7	8	9	10	11
Ain	17,649	2,025	2,145	327	22,146	3,711	678	504	92	4,985
Aisne	25,315	11,420	106	"	36,841	6,900	2,517	35	"	9,452
Allier	7,584	1,879	1,553	636	11,052	2,188	445	887	274	3,794
Alpes (Basses-)	7,305	2,035	549	24	9,913	1,321	349	161	3	1,834
Alpes (Hautes-)	9,953	116	540	466	11,075	2,064	26	89	83	2,262
Alpes-Maritimes	5,222	173	387	"	5,782	973	48	186	"	1,207
Ardèche	8,804	871	4,524	894	15,093	2,833	292	1,532	359	5,016
Ardennes	18,345	7,054	99	"	25,498	3,380	1,392	74	"	4,846
Ariége	7,019	1,225	140	31	8,415	3,046	246	212	10	3,514
Aube	14,103	7,048	"	"	21,151	2,030	843	"	"	2,873
Aude	8,994	1,805	188	62	11,049	2,764	411	107	17	3,290
Aveyron	12,647	733	2,940	205	16,525	5,325	292	824	67	6,508
Bouches-du-Rhône	4,544	35	1,359	71	6,009	1,291	10	690	39	2,030
Calvados	15,629	3,687	720	474	20,510	4,673	1,170	285	145	6,273
Cantal	6,843	1,086	2,965	185	11,079	2,773	445	882	64	4,164
Charente	14,975	2,165	170	12	17,322	2,848	130	77	"	3,055
Charente-Inférieure	19,447	2,867	351	59	22,724	3,468	359	127	31	3,985
Cher	10,826	2,129	172	40	13,167	2,064	303	432	7	2,806
Corrèze	7,191	1,136	780	11	9,118	3,041	443	641	6	4,131
Corse	8,107	222	399	"	8,728	2,987	32	361	"	3,380
Côte-d'Or	16,792	7,128	"	"	23,920	3,699	1,534	"	"	5,233
Côtes-du-Nord	9,365	880	6,562	569	17,376	4,098	403	3,686	358	8,545
Creuse	10,573	2,377	385	"	13,335	1,991	247	121	"	2,359
Dordogne	14,965	4,016	251	132	19,364	3,396	758	52	17	4,223
Doubs	11,412	2,423	285	37	14,157	2,511	459	36	7	3,013
Drôme	10,852	1,652	2,025	207	14,736	2,121	405	629	43	3,198
Eure	13,839	5,618	645	318	20,420	3,193	1,159	415	83	4,850
Eure-et-Loir	14,365	6,833	43	"	21,241	3,485	1,371	29	"	4,885
Finistère	9,905	85	2,131	358	12,479	3,794	28	873	167	4,862
Gard	10,080	1,337	2,423	215	14,055	1,798	186	529	45	2,558
Garonne (Haute-)	11,207	1,327	191	86	12,811	2,951	89	273	7	3,320
Gers	9,407	1,159	761	"	11,327	2,388	117	593	"	3,098
Gironde	16,467	177	1,138	151	17,933	2,916	28	350	25	3,319
Hérault	8,238	488	1,010	13	9,749	2,777	85	323	1	3,186
Ille-et-Vilaine	11,744	696	6,398	1,512	20,350	3,929	233	2,740	476	7,378
Indre	6,274	1,082	658	64	8,078	2,157	245	838	16	3,256
Indre-et-Loire	8,074	1,749	1,030	676	11,529	1,961	358	930	140	3,389
Isère	22,656	1,531	3,820	72	28,079	5,386	339	1,413	14	7,152
Jura	16,054	3,508	389	5	19,956	2,928	606	204	2	3,740
Landes	8,744	868	326	"	9,938	3,601	290	370	"	4,261
Loir et-Cher	11,564	2,974	394	99	15,031	2,382	692	319	55	3,448
Loire	6,834	378	6,743	1,408	15,363	2,411	202	3,171	441	6,225
Loire (Haute-)	6,641	200	2,279	319	9,439	1,778	62	510	117	2,467
Loire-Inférieure	11,566	371	3,829	76	15,842	3,101	54	1,327	27	4,509
Loiret	17,322	3,901	199	42	21,464	3,812	520	124	14	4,470
Lot	10,189	63	1,462	44	11,758	2,129	37	900	16	3,082
Lot-et-Garonne	10,398	1,856	218	"	12,472	2,106	106	55	"	2,267

garçons et des écoles communes aux deux sexes.

ADMIS dans les écoles entièrement gratuites, laïques. Garçons.	laïques. Filles.	congréganistes. Garçons.	congréganistes. Filles.	TOTAL.	TOTAL DES ÉLÈVES ADMIS DANS LES ÉCOLES PUBLIQUES laïques. Garçons.	laïques. Filles.	congréganistes. Garçons.	congréganistes. Filles.	TOTAL.	OBSERVATIONS.
12	13	14	15	16	17	18	19	20	21	22
1,503	″	1,269	71	2,843	22,863	2,703	3,918	490	29,974	
2,409	389	1,919	″	4,717	34,624	14,326	2,060	″	51,010	
490	″	635	50	1,175	10,262	2,324	3,075	960	16,621	
″	″	685	″	685	8,626	2,384	1,395	27	12,432	
181	″	276	31	488	12,198	142	905	580	13,825	
1,730	41	1,278	″	3,058	7,934	262	1,851	″	10,047	
165	″	3,558	57	3,780	11,802	1,163	9,614	1,310	23,889	
1,987	164	2,223	″	4,374	23,712	8,610	2,396	″	34,718	
287	″	1,395	″	1,682	10,352	1,471	1,747	41	13,611	
1,275	294	1,188	″	2,757	17,408	8,185	1,188	″	26,781	
140	″	2,527	″	2,667	11,898	2,216	2,822	79	17,015	
188	″	3,029	″	3,217	18,160	1,025	6,793	272	26,250	
782	″	8,798	161	9,741	6,617	45	10,847	271	17,780	
1,893	49	2,905	24	4,871	22,195	4,906	3,910	643	31,654	
82	″	1,874	42	1,998	9,698	1,531	5,721	291	17,241	
1,222	″	″	″	1,222	19,045	2,295	247	12	21,590	
1,115	″	1,051	″	2,166	24,030	3,226	1,529	90	28,875	
747	27	1,268	″	2,042	13,637	2,459	1,872	47	18,015	
231	″	891	″	1,122	10,463	1,579	2,312	17	14,371	
36	″	2,498	″	2,534	11,130	254	3,258	″	14,642	
8,474	1,523	614	″	10,611	28,965	10,185	614	″	39,764	
221	″	678	″	899	13,684	1,283	10,926	927	26,820	
″	″	966	″	966	12,564	2,624	1,472	″	16,660	
77	″	803	″	880	18,438	4,774	1,106	149	24,467	
13,133	2,401	2,112	″	17,646	27,056	5,283	2,433	44	34,816	
920	98	3,448	″	4,466	13,893	2,155	6,102	250	22,400	
573	46	597	26	1,242	17,605	6,823	1,657	427	26,512	
192	″	1,530	″	1,722	18,042	8,204	1,602	″	27,848	
1,591	43	2,255	31	3,920	15,290	156	5,259	556	21,261	
1,953	62	6,785	43	8,843	13,831	1,585	9,737	303	25,456	
1,388	15	4,500	″	5,903	15,546	1,431	4,964	93	22,034	
″	″	228	″	228	11,795	1,276	1,582	″	14,653	
451	″	6,227	20	6,698	19,834	205	7,715	196	27,950	
857	22	5,879	″	6,758	11,872	595	7,212	14	19,693	
948	″	2,447	″	3,395	16,621	929	11,585	1,988	31,123	
797	198	285	″	1,280	9,228	1,525	1,781	80	12,614	
596	108	198	87	989	10,631	2,215	2,158	903	15,907	
1,200	33	2,461	″	3,694	29,242	1,903	7,694	86	38,925	
4,521	301	1,854	25	6,701	23,503	4,415	2,447	32	30,397	
902	101	1,415	″	2,418	13,247	1,259	2,111	″	16,617	
445	″	692	41	1,178	14,391	3,666	1,405	195	19,657	
270	″	11,299	″	11,569	9,515	580	21,213	1,849	33,157	
″	″	3,601	″	3,601	8,419	262	6,390	436	15,507	
337	″	193	″	530	15,004	425	5,349	103	20,881	
22	″	2,037	″	2,059	21,156	4,421	2,360	56	27,993	
″	″	290	″	290	12,318	100	2,652	60	15,130	
″	″	1,996	″	1,996	12,504	1,962	2,269	″	16,735	

TABLEAU N° 15.
(Suite.)

État récapitulatif de la population des écoles de

DÉPARTEMENTS.	NOMBRE DES ÉLÈVES.									
	PAYANTS admis dans les écoles					GRATUITS admis dans les écoles payantes				
	laïques.		congréganistes.		TOTAL.	laïques.		congréganistes.		TOTAL.
	Garçons.	Filles.	Garçons.	Filles.		Garçons.	Filles.	Garçons.	Filles.	
1	2	3	4	5	6	7	8	9	10	11
Lozère	4,879	553	904	"	6,336	2,613	302	427	"	3,342
Maine-et-Loire	11,868	806	3,567	1,102	17,343	4,400	305	1,651	449	6,814
Manche	17,907	1,542	2,332	1,696	23,477	9,365	810	1,842	612	12,629
Marne	17,860	6,975	235	"	25,070	3,350	1,202	623	"	5,175
Marne (Haute-)	13,130	4,304	390	"	17,824	2,290	576	93	"	2,959
Mayenne	10,846	457	1,350	260	12-913	3,386	129	1,259	78	4,852
Meurthe	22,194	5,675	321	171	28,361	6,452	1,004	92	76	7,624
Meuse	17,448	4,648	201	"	22,297	3,690	710	298	"	4,698
Morbihan	4,856	272	3,215	386	8,729	3,331	205	2,312	248	6,096
Moselle	24,669	7,465	1,450	462	34,046	4,750	1,378	887	114	7,129
Nièvre	12,499	3,427	1,671	309	17,906	3,130	1,104	1,576	248	6,058
Nord	34,304	4,583	1,825	101	40,813	19,132	2,668	4,797	112	26,709
Oise	19,963	8,249	355	11	28,578	5,997	2,099	39	"	8,135
Orne	13,966	2,732	1,299	562	18,559	4,412	936	800	205	6,353
Pas-de-Calais	26,842	10,653	1,002	76	38,573	13,177	5,612	1,561	24	20,374
Puy-de-Dôme	14,311	705	3,286	029	10,231	3,571	188	2,492	176	6,427
Pyrénées (Basses-)	14,057	2,792	310	10	17,169	6,322	1,390	489	4	8,205
Pyrénées (Hautes-)	10,347	868	399	"	11,614	3,464	219	453	"	4,136
Pyrénées-Orientales	6,907	205	"	"	7,112	1,136	21	"	"	1,157
Rhin (Bas-)	28,526	8,361	1,796	319	39,002	7,250	1,692	449	96	9,487
Rhin (Haut-)	16,243	2,883	1,744	182	21,052	5,015	848	1,234	55	7,152
Rhône	7,115	41	4,573	463	12,192	1,670	12	1,266	104	3,052
Saône (Haute-)	14,928	2,898	347	"	18,173	2,987	466	96	"	3,549
Saône-et-Loire	24,449	3,526	1,580	255	29,810	5,557	928	676	63	7,224
Sarthe	13,422	1,461	685	238	15,806	5.302	556	558	130	6,546
Savoie	10,822	645	1,082	12	12,561	4,039	285	437	15	4,776
Savoie (Haute-)	9,040	584	1,948	78	11,650	3,623	289	1,153	47	5,112
Seine	4,451	255	136	"	4,842	1,573	44	83	"	1,700
Seine-Inférieure	20,909	4,503	846	"	26,258	10,959	2,423	1,236	"	14,618
Seine-et-Marne	17,040	7,715	80	"	24,835	3,021	1,219	217	"	4,457
Seine-et-Oise	20,748	8,086	104	5	28,943	4,285	1,273	44	9	5,611
Sèvre (Deux-)	16,635	2,687	384	146	19,852	3,717	992	141	39	4,889
Somme	23,828	8,539	532	"	32,899	8,598	2,885	1,751	"	13,234
Tarn	9,094	2,266	1,139	39	12,538	2,825	465	418	11	3,719
Tarn-et-Garonne	5,952	883	653	59	7,547	1,139	210	340	10	1,699
Var	4,531	211	2.180	69	6,991	1,110	19	1,643	5	2,777
Vaucluse	3,347	111	2,650	171	6,279	795	28	1,266	28	2,117
Vendée	14,213	652	1,167	173	16,205	3,277	169	449	18	3,913
Vienne	11,944	2,363	774	99	15,180	2,223	336	277	33	2,869
Vienne (Haute-)	6,702	988	225	"	7,915	2,037	144	1,010	"	3,791
Vosges	23,351	5,998	393	173	29,915	7,493	1,661	151	83	9,388
Yonne	22,517	8,778	72	"	31,367	3,748	1,296	19	"	5,063
TOTAUX	1,174,689	245,733	114,884	18.456	1,553,762	334,699	60,142	66,121	6,360	467,322

garçons et des écoles communes aux deux sexes.

ADMIS dans les écoles entièrement gratuites,					TOTAL DES ÉLÈVES ADMIS DANS LES ÉCOLES PUBLIQUES					OBSERVATIONS.
laïques.		congréganistes.		TOTAL.	laïques.		congréganistes.		TOTAL.	
Garçons.	Filles.	Garçons.	Filles.		Garçons.	Filles.	Garçons.	Filles.		
12	13	14	15	16	17	18	19	20	21	22
"	"	960	"	960	7,492	855	2,291	"	10,638	
3,082	"	1,991	80	5,153	19,359	1,111	7,209	1,631	29,310	
3,018	49	1,409	35	4,511	30,290	2,401	5,583	2,343	40,617	
2,038	245	2,948	35	5,266	23,248	8,422	3,806	35	35,511	
5,394	954	1,021	"	7,369	20,814	5,834	1,504	"	28,152	
768	"	377	"	1,145	15,000	586	2,986	338	18,910	
1,469	"	632	"	2,101	30,115	6,079	1,045	247	38,086	
1,781	169	"	"	1,950	22,919	5,527	499	"	28,945	
427	"	1,977	50	2,454	8,614	477	7,504	684	17,279	
761	"	511	33	1,305	30,180	8,843	2,848	609	42,480	
290	40	1,222	103	1,655	15,919	4,571	4,469	660	25,619	
5,546	39	13,113	"	18,698	58,982	7,290	19,735	213	86,220	
817	60	1,494	"	2,371	26,777	10,408	1,888	11	39,084	
250	"	686	35	971	18,628	3,668	2,785	802	25,883	
1,372	109	7,257	"	8,738	41,391	16,374	9,820	100	67,685	
65	"	2,106	50	2,221	17,947	893	7,884	1,155	27,879	
1,371	36	1,874	"	3,281	21,750	4,218	2,673	14	28,655	
582	19	512	"	1,113	14,393	1,106	1,364	"	16,863	
220	"	1,715	"	1,935	8,263	226	1,715	"	10,204	
7,467	521	1,360	86	9,434	43,243	10,574	3,605	501	57,923	
13,304	2,527	3,533	164	19,528	34,562	6,258	6,511	401	47,732	
4,333	"	11,747	"	16,080	13,118	53	17,586	567	31,324	
10,267	833	895	45	12,040	28,182	4,197	1,338	45	33,762	
841	140	1,427	"	2,408	30,847	4,504	3,683	318	39,442	
1,035	"	1,707	35	2,777	19,759	2,017	2,950	403	25,129	
2,165	"	1,255	"	3,420	17,026	930	2,774	27	20,757	
2,363	16	1,992	"	4,371	15,026	889	5,093	125	21,133	
14,475	"	14,939	"	29,414	20,499	299	15,158	"	35,956	
1,323	"	4,226	"	5,549	33,191	6,926	6,308	"	46,425	
2,343	717	1,268	"	4,328	22,404	9,651	1,565	"	33,620	
1,732	108	2,015	"	3,855	26,765	9,467	2,163	14	38,409	
,710	14	433	47	1,204	21,062	3,693	958	232	25,945	
1,372	48	819	"	2,239	33,798	11,472	3,102	"	48,372	
553	11	2,363	54	2,981	12,472	2,742	3,920	104	19,238	
73	"	1,297	"	1,370	7,164	1,093	2,290	69	10,616	
207	"	1,260	"	1,467	5,848	230	5,083	74	11,235	
514	"	4,807	"	5,321	4,656	139	8,723	199	13,717	
1,341	25	334	"	1,700	18,831	846	1,950	191	21,818	
474	"	799	"	1,273	14,641	2,699	1,850	132	19,322	
30	"	369	"	399	8,769	1,132	2,204	"	12,105	
2,908	459	75	88	3,530	33,752	8,118	619	344	42,833	
2,478	225	"	"	2,703	28,743	10,299	91	"	39,133	
157,899	13,279	205,382	1,649	378,209	1,667,287	319,154	386,387	26,465	2,399,293	

Élèves des écoles de garçons et des écoles communes aux deux sexes, classés d'après le culte auquel ils appartiennent.

DÉPARTEMENTS.	ÉLÈVES reçus dans les écoles spéciales à chaque culte.			ÉLÈVES reçus dans les écoles communes aux enfants des différents cultes.			TOTAL GÉNÉRAL.		
	Catholiques.	Protestants.	Israélites.	Catholiques.	Protestants.	Israélites.	CATHOLIQUES.	PROTESTANTS.	ISRAÉLITES.
1	2	3	4	5	6	7	8	9	10
Lozère	8,635	2,003	//	//	//	//	8,635	2,003	//
Maine-et-Loire	29,310	//	//	//	//	//	29,296	14	//
Manche	40,500	//	//	97	11	//	40,606	11	//
Marne	34,142	//	//	1,329	18	22	35,471	18	22
Marne (Haute-)	27,790	//	//	442	4	18	28,232	4	18
Mayenne	18,910	//	//	//	//	//	18,910	//	//
Meurthe	34,033	748	202	2,881	35	187	36,914	783	380
Meuse	28,821	//	//	//	64	60	28,821	64	60
Morbihan	17,229	//	//	//	//	//	17,229	//	//
Moselle	40,841	311	215	752	16	345	41,593	327	560
Nièvre	25,619	//	//	//	//	//	25,619	//	//
Nord	84,636	264	//	1,247	73	//	85,883	337	//
Oise	39,084	//	//	//	//	//	39,084	//	//
Orne	25,793	90	//	//	//	//	25,793	90	//
Pas-de-Calais	67,685	//	//	//	//	//	67,617	68	//
Puy-de-Dôme	27,879	//	//	//	//	//	27,879	//	//
Pyrénées (Basses-)	28,410	113	32	//	100	//	28,410	213	32
Pyrénées (Hautes-)	16,863	//	//	//	//	//	16,863	//	//
Pyrénées-Orientales	10,204	//	//	//	//	//	10,204	//	//
Rhin (Bas-)	36,382	19,777	1,745	3	7	9	36,385	19,784	1,754
Rhin (Haut-)	41,051	3,697	875	1,489	531	89	42,540	4,228	964
Rhône	31,082	200	42	//	//	//	31,082	200	42
Saône (Haute-)	32,444	1,318	//	//	//	//	32,444	1,318	//
Saône-et-Loire	38,783	//	//	638	9	12	39,421	9	12
Sarthe	25,129	//	//	//	//	//	25,129	//	//
Savoie	20,757	//	//	//	//	//	20,757	//	//
Savoie (Haute-)	21,133	//	//	//	//	//	21,133	//	//
Seine	35,043	670	243	//	//	//	35,043	670	243
Seine-Inférieure	46,167	258	//	//	//	//	46,167	258	//
Seine-et-Marne	33,026	189	//	398	4	3	33,424	193	3
Seine-et-Oise	38,399	//	//	//	7	3	38,399	7	3
Sèvres (Deux-)	21,573	3,564	//	394	414	//	21,967	3,978	//
Somme	48,275	97	//	//	//	//	48,275	97	//
Tarn	18,321	917	//	//	//	//	18,321	917	//
Tarn-et-Garonne	10,140	476	//	//	//	//	10,140	476	//
Var	11,235	//	//	//	//	//	11,235	//	//
Vaucluse	13,411	232	//	45	29	//	13,456	261	//
Vendée	21,428	283	//	57	50	//	21,485	333	//
Vienne	19,103	219	//	//	//	//	19,103	219	//
Vienne (Haute-)	12,105	//	//	//	//	//	12,105	//	//
Vosges	42,535	298	//	//	//	//	42,535	298	//
Yonne	39,133	//	//	//	//	//	39,133	//	//
Totaux	2,321,874	54,024	3,483	15,258	3,876	778	2,336,400	58,607	4,286

TABLEAU N° 17.

Durée de la fréquentation des écoles laïques de garçons

DÉPARTEMENTS.	GARÇONS. — NOMBRE DES GARÇONS QUI ONT FRÉQUENTÉ LES ÉCOLES PENDANT											TOTAL GÉNÉRAL.	DURÉE MOYENNE en mois de la fréquentation.
	1 mois.	2 mois.	3 mois.	4 mois.	5 mois.	6 mois.	7 mois.	8 mois.	9 mois.	10 mois.	11 mois.		
1	2	3	4	5	6	7	8	9	10	11	12	13	14
Ain	1,669	2,246	2,301	1,608	1,801	1,503	1,309	1,822	1,688	2,341	4,485	22,863	$6^{m}55$
Aisne	1,207	2,221	2,549	1,564	2,064	2,007	2,230	2,786	2,490	4,481	10,935	34,624	7 74
Allier	545	488	517	239	283	311	259	407	410	595	6,213	10,207	8 80
Alpes (Basses-)	446	635	772	619	585	435	287	241	229	662	3,722	8,633	7 60
Alpes (Hautes-)	999	1,981	2,417	1,988	1,032	814	555	552	452	559	849	12,198	4 71
Alpes-Maritimes	377	611	881	548	559	506	499	578	481	616	2,278	7,934	7 05
Ardèche	778	903	762	520	472	1,117	527	576	649	870	4,028	11,802	7 61
Ardennes	727	1,630	1,875	1,105	1,342	1,377	1,648	1,924	1,864	3,025	7,195	23,712	7 55
Ariége	514	512	347	234	193	327	189	246	337	305	7,148	10,352	9 12
Aube	603	1,078	1,292	936	1,851	2,094	2,894	2,053	1,223	1,186	2,198	17,408	6 66
Aude	416	447	484	261	290	311	359	527	471	741	7,591	11,898	9 16
Aveyron	1,498	1,651	1,687	720	754	859	835	1,165	1,000	1,533	6,458	18,160	7 28
Bouches-du-Rhône	302	371	574	239	309	361	280	459	359	337	3,026	6,617	8 15
Calvados	728	986	1,301	1,519	799	1,254	1,845	1,297	1,405	1,846	9,125	22,105	8 12
Cantal	607	812	986	588	537	760	613	814	557	864	2,560	9,698	6 94
Charente	1,807	2,208	1,006	1,036	1,095	939	857	1,011	1,541	1,466	5,479	19,045	6 42
Charente-Inférieure	1,910	2,542	1,653	1,256	1,082	1,072	1,065	1,184	1,350	1,326	9,590	24,030	7 31
Cher	767	997	1,090	755	890	1,089	862	1,037	835	958	4,357	13.637	7 20
Corrèze	448	395	346	282	248	344	331	450	552	532	6,535	10,463	9 06
Corse	640	437	480	335	487	700	727	838	949	1,347	4,490	11,430	8 24
Côte-d'Or	1,457	2,636	2,247	2,551	2,752	2,868	2,441	2,315	2,024	3,505	4,160	28,965	6 54
Côtes-du-Nord	622	768	1,029	805	506	641	1,183	525	704	1,148	5,753	13,084	7 94
Creuse	422	449	236	108	81	111	171	198	202	161	10,425	12,564	9 90
Dordogne	1,251	1,390	1,150	624	618	592	683	962	768	1,302	8,605	17,954	8 00
Doubs	1,314	2,621	3,040	1,744	2,686	1,921	1,234	1,514	1,656	1,106	8,220	27,056	6 79
Drôme	490	569	750	464	688	1,464	639	1,010	1,297	1,108	5,423	13,902	8 12
Eure	599	855	1,181	1,048	835	1,092	1,448	1,286	1,366	1,885	6,010	17,605	7 86
Eure-et-Loir	610	1,113	1,294	1,031	1,038	1,417	1,415	1,634	1,682	1,936	4,872	18,042	7 52
Finistère	620	825	1,105	1,108	839	992	1,530	2,652	1,800	1,443	2,376	15,290	7 05
Gard	569	676	713	472	359	398	387	565	723	1,159	7,810	13,831	8 77
Garonne (Haute-)	1,443	823	796	518	570	1,496	1,407	912	700	728	6,153	15,546	7 58
Gers	670	509	401	233	278	620	410	514	540	552	7,068	11,795	8 82
Gironde	991	1,501	1,009	773	854	1,088	1,049	1,343	1,699	1,701	7,826	19,834	7 94
Hérault	562	505	587	347	384	529	444	708	724	2,011	5,071	11,872	8 52
Ille-et-Vilaine	799	1,099	1,385	1,468	859	1,033	1,617	1,022	1,093	1,670	4,576	16,621	7 03
Indre	464	529	518	258	344	276	400	687	784	653	4,315	9,228	8 33
Indre-et-Loire	370	404	375	240	240	344	299	491	527	657	6,684	10,631	9 16
Isère	2,356	3,621	2,740	2,403	2,139	2,083	1,649	1,990	1,805	2,314	6,130	29,242	6 26
Jura	1,516	2,406	2,175	1,687	2,389	1,383	1,062	1,353	1,040	1,880	6,616	23,507	6 08
Landes	639	852	625	492	494	515	550	677	1,057	1,074	6,272	13,247	8 32
Loir-et-Cher	690	1,253	886	751	856	1,033	997	1,196	1,009	1,067	4,653	14,391	7 42
Loire	474	770	658	525	369	439	390	627	553	737	3,973	9,515	7 82
Loire (Haute-)	728	675	1,073	486	310	248	173	195	216	201	4,114	8,419	7 39
Loire-Inférieure	1,076	1,095	1,447	601	767	942	832	1,354	860	1,101	5,019	15,094	7 30
Loiret	887	1,657	1,585	1,506	1,755	1,421	1,219	1,158	1,164	1,104	7.700	21,156	7 39
Lot	1,340	1,211	924	766	767	796	653	740	1,002	1,037	3,082	12,318	6 55
Lot-et-Garonne	434	812	861	830	872	919	943	1,026	1,080	1,486	3,241	12,504	7 43

et des écoles communes aux enfants des deux sexes.

FILLES. NOMBRE DES FILLES QUI ONT FRÉQUENTÉ LES ÉCOLES PENDANT											TOTAL GÉNÉRAL.	DURÉE MOYENNE en mois de la fréquentation.	OBSERVATIONS.
1 mois.	2 mois.	3 mois.	4 mois.	5 mois.	6 mois.	7 mois.	8 mois.	9 mois.	10 mois.	11 mois.			
15	16	17	18	19	20	21	22	23	24	25	26	27	28
193	264	290	200	181	174	182	255	251	273	440	2,703	6m39	
592	1,032	1,262	723	842	885	1,200	1,043	1,184	1,994	3,569	14,326	7 36	
111	133	107	62	83	83	68	88	102	207	1,278	2,322	8 65	
127	171	201	170	190	123	96	95	66	85	1,053	2,377	7 53	
3	11	41	45	16	5	6	5	1	″	9	142	4 42	
17	24	39	34	31	28	38	18	6	7	20	262	5 34	
73	69	67	60	56	112	77	84	107	97	361	1,163	7 50	
325	634	651	461	587	631	626	720	734	1,129	2,112	8,610	7 36	
65	75	45	26	30	57	45	38	45	41	1,004	1,471	9 13	
277	568	565	592	935	1,048	1,375	935	611	533	746	8,185	6 42	
77	65	73	48	44	70	65	109	89	145	1,431	2,216	0 29	
81	81	81	41	36	31	64	90	69	123	328	1,025	7 46	
19	5	6	3	5	″	″	1	″	″	6	45	3 51	
150	234	316	416	195	267	455	283	313	432	1,845	4,906	7 89	
87	105	162	64	72	97	111	121	94	108	510	1,531	7 36	
182	190	168	187	96	109	101	114	309	246	593	2,295	7 12	
283	311	283	221	195	155	151	152	136	129	1,210	3,226	7 02	
138	167	204	178	170	206	186	180	168	221	641	2,459	7 08	
77	64	56	41	55	50	50	76	63	100	938	1,579	8 77	
8	6	3	5	3	4	″	12	4	18	191	254	9 85	
579	960	884	996	1,035	1,109	954	845	809	1,004	1,010	10,185	6 16	
42	53	63	61	64	61	184	59	64	116	516	1,283	8 14	
117	192	60	26	39	54	62	105	85	47	1,837	2,624	9 15	
302	307	279	246	216	238	235	314	220	249	2,168	4,774	7 90	
231	423	422	232	451	397	270	292	366	258	1,941	5,283	7 45	
72	86	135	111	147	261	125	161	148	173	736	2,155	7 76	
221	350	450	411	317	406	582	547	596	758	2,185	6,823	7 82	
285	481	530	519	512	676	692	736	779	899	2,095	8,204	7 47	
3	6	14	8	15	10	30	24	6	11	29	156	7 11	
55	94	103	78	47	51	67	84	96	64	6,376	7,115	10 43	
100	97	139	72	98	110	50	66	46	69	584	1,431	7 38	
44	43	39	23	32	55	46	52	55	63	824	1,276	9 21	
16	7	11	13	14	17	14	16	22	12	63	205	7 43	
30	42	19	34	28	27	25	37	38	55	260	595	8 12	
44	66	80	84	60	68	100	64	80	56	227	929	6 94	
59	70	120	75	84	101	106	115	129	131	535	1,525	7 81	
67	75	59	55	44	85	54	102	123	127	1,619	2,410	9 43	
147	233	197	139	130	117	102	139	107	134	458	1,903	6 44	
295	513	382	290	515	225	188	230	168	314	1,295	4,415	6 70	
78	87	68	60	61	58	78	71	93	84	521	1,259	7 84	
193	379	317	263	316	281	260	311	271	269	806	3,666	6 69	
21	25	45	27	51	34	19	28	32	50	248	580	8 01	
10	11	27	27	6	1	″	1	7	2	170	262	8 47	
20	19	28	19	26	32	35	30	24	28	155	425	7 77	
309	415	336	498	384	492	324	371	419	434	439	4,421	6 15	
7	4	6	11	6	6	2	5	12	9	32	100	7 47	
62	102	148	107	101	161	142	179	221	274	465	1,962	7 58	

Tableau n° 17.
(Suite.)

Durée de la fréquentation des écoles laïques de garçons

DÉPARTEMENTS.	GARÇONS. — NOMBRE DES GARÇONS QUI ONT FRÉQUENTÉ LES ÉCOLES PENDANT											TOTAL GÉNÉRAL.	DURÉE MOYENNE en mois de la fréquentation.
	1 mois.	2 mois.	3 mois.	4 mois.	5 mois.	6 mois.	7 mois.	8 mois.	9 mois.	10 mois.	11 mois.		
1	2	3	4	5	6	7	8	9	10	11	12	13	14
Lozère	469	649	974	688	588	610	431	447	418	298	1,911	7,492	6m47
Maine-et-Loire	806	1,286	1,868	807	1,014	1,193	1,271	1,517	1,069	1,088	7,440	19,359	7 64
Manche	1,329	1,839	2,115	2,220	894	1,460	3,307	1,655	1,826	2,502	11,044	30,290	7 72
Marne	957	1,397	1,491	921	1,078	1,116	1,270	1,693	1,785	3,203	8,337	23,248	8 03
Marne (Haute-)	755	1,480	1,722	1,546	1,474	1,332	1,519	1,390	1,017	1,672	6,907	20,814	7 40
Mayenne	411	715	851	1,170	943	853	1,357	1,125	1,412	1,254	4,909	15,000	7 78
Meurthe	1,117	1,710	2,252	1,360	1,736	1,714	1,644	2,092	2,119	2,445	11,926	30,115	7 86
Meuse	910	1,417	1,248	1,284	1,036	1,301	1,043	1,409	1,560	1,656	10,055	22,919	8 09
Morbihan	340	339	457	411	284	394	490	404	443	332	4,720	8,614	8 56
Moselle	521	1,243	666	1,079	963	3,595	1,989	4,687	3,751	4,252	7,434	30,180	8 09
Nièvre	992	1,241	1,309	1,028	1,127	1,065	972	1,112	1,007	1,265	4,801	15,919	7 15
Nord	2,167	3,627	6,256	3,290	4,324	3,880	3,481	4,212	3,902	5,646	18,197	58,982	7 39
Oise	823	1,545	1,695	1,147	1,336	1,498	1,839	2,296	1,876	3,694	9,026	26,775	7 96
Orne	867	1,184	1,598	1,445	1,058	1,347	1,779	1,292	1,434	1,832	4,792	18,628	7 19
Pas-de-Calais	1,584	2,281	2,926	1,719	1,934	2,289	2,244	3,116	2,754	4,275	16,269	41,301	7 98
Puy-de-Dôme	1,406	2,390	2,068	1,485	1,421	1,202	997	977	926	919	4,066	17,947	6 01
Pyrénées (Basses-)	786	656	737	550	1,037	646	500	680	1,154	1,423	13,867	22,036	9 15
Pyrénées (Hautes-)	332	419	911	857	697	721	637	862	029	593	7,735	14,303	8 56
Pyrénées-Orientales	394	441	615	356	400	364	346	421	411	458	2,927	7,133	7 71
Rhin (Bas-)	495	1,605	3,667	1,587	2,132	1,525	1,582	2,572	1,887	1,565	24,626	43,243	8 70
Rhin (Haut-)	626	1,474	1,247	1,165	4,306	1,930	1,973	2,346	2,186	1,570	15,739	34,562	8 28
Rhône	1,267	1,407	1,521	1,220	1,053	958	734	1,127	624	1,620	1,587	13,118	5 94
Saône (Haute-)	1,188	1,976	2,075	1,640	2,108	1,839	1,671	2,255	1,404	1,707	10,229	28,182	7 45
Saône-et-Loire	2,106	2,978	2,094	1,350	1,407	1,201	748	1,257	1,333	1,186	15,187	30,847	7 79
Sarthe	942	1,374	1,675	1,878	1,289	1,281	1,652	1,313	1,240	1,325	5,790	19,759	7 11
Savoie	1,109	1,572	1,711	1,426	1,319	1,301	950	1,139	1,102	2,009	3,319	17,026	6 60
Savoie (Haute-)	812	1,368	1,443	817	954	803	719	1,109	885	1,812	4,304	15,026	7 19
Seine	312	347	592	299	235	371	278	484	373	208	17,000	20,499	10 03
Seine-Inférieure	1,072	1,908	2,853	1,229	1,535	2,046	2,483	3,334	3,182	4,005	9.544	33,191	7 72
Seine-et-Marne	930	1,355	1,635	1,337	1,345	1,536	1,478	1,664	1,620	2,166	7,338	22,404	7 61
Seine-et-Oise	930	1,387	1,763	1,188	1,084	1.388	1,382	1,551	1,731	1,771	12,581	26,765	8 27
Sèvres (Deux-)	2,332	2,427	2,387	2,206	1,891	1,798	1,580	1,384	1,156	1,044	2,857	21,062	5 59
Somme	982	1,338	1,918	848	1,020	1,389	1,661	2,464	3,103	4,659	14,416	33,798	8 60
Tarn	946	1,055	1,144	432	452	539	420	570	493	643	5,778	12,472	7 67
Tarn-et-Garonne	399	446	440	198	188	134	159	301	176	127	4,596	7,164	8 67
Var	215	350	553	167	187	201	196	425	219	347	2,988	5,848	8 20
Vaucluse	224	332	388	238	225	229	246	362	285	352	1,775	4.656	7 72
Vendée	1,277	1,094	1,801	890	1,041	1,121	1,009	1,532	1,075	1,443	5,948	18,831	7 14
Vienne	1,399	1,616	1,591	1,144	1,231	1,133	1,017	1,045	882	900	2,683	14,641	6 07
Vienne (Haute-)	673	760	579	420	424	440	433	508	500	650	3,382	8,769	7 49
Vosges	1,165	2,402	2,326	1,688	2,442	1,793	1,966	2,254	1,720	2,469	13,527	33,752	7 80
Yonne	1,690	2,506	2,229	1,954	2,067	2,165	1,988	2,178	1,936	2,278	7,753	28,744	7 04
Totaux	80,537	114,311	124.206	88,884	94,601	98,731	99,846	113,188	105,672	135,069	614,328	1,669,373	7 65

et des écoles communes aux enfants des deux sexes.

FILLES. Nombre des filles qui ont fréquenté les écoles pendant											TOTAL GÉNÉRAL.	DURÉE MOYENNE en mois de la fréquentation.	OBSERVATIONS.
1 mois.	2 mois.	3 mois.	4 mois.	5 mois.	6 mois.	7 mois.	8 mois.	9 mois.	10 mois.	11 mois.			
15	16	17	18	19	20	21	22	23	24	25	26	27	28
23	39	80	70	58	78	43	37	41	20	366	855	7m69	
50	83	136	55	78	60	67	83	61	63	375	1,111	7 23	
90	136	168	153	99	151	274	142	171	206	751	2,401	7 66	
335	471	461	324	393	498	454	627	679	1,461	2,719	8,422	8 04	
245	413	438	557	482	430	362	377	350	406	1,705	5,834	7 16	
22	25	43	49	46	34	62	51	69	49	136	586	7 30	
208	342	461	240	321	377	368	472	641	626	2,623	6,679	8 14	
288	359	443	212	292	261	253	354	403	377	2,285	5,527	7 84	
14	16	30	21	16	34	22	36	18	40	230	477	8 47	
162	328	192	202	308	845	726	1,179	1,105	1,438	2,268	8,843	8 25	
302	351	342	328	330	336	357	316	293	381	1,235	4,571	7 91	
320	443	617	467	520	454	509	636	592	827	1,901	7,286	7 27	
332	605	717	443	550	605	662	824	1,026	1,212	3,432	10,408	7 99	
178	210	304	250	208	255	357	268	311	450	871	3,668	5 77	
688	892	1,153	819	636	851	924	1,110	1,233	1,840	6,228	16,374	8 99	
60	120	103	101	82	81	54	48	55	39	144	893	8 02	
133	114	104	79	120	237	212	215	248	223	2,233	3,918	6 87	
21	28	121	145	43	42	37	47	31	30	561	1,106	8 84	
13	16	20	19	30	15	8	15	12	10	68	226	8 07	
120	469	919	227	450	360	308	561	363	326	6,471	10,574	6 32	
92	252	401	358	703	319	272	426	490	292	2,653	6,258	7 57	
"	4	5	5	8	"	16	3	5	6	1	53	8 36	
179	265	285	250	286	317	270	327	267	308	1,443	4,197	6 88	
281	344	317	129	115	138	74	167	252	107	2,670	4,594	6 17	
80	133	212	189	147	144	190	164	130	184	444	2,017	6 74	
69	94	101	90	74	81	65	55	75	92	134	930	7 30	
74	118	100	33	53	43	23	83	46	91	225	889	7 28	
26	21	16	18	23	19	17	20	11	20	108	299	7 57	
248	449	519	363	408	538	633	713	858	993	1,204	6,926	8 23	
475	566	611	634	550	641	712	721	745	870	3,126	9,651	6 19	
340	464	602	418	392	520	568	529	641	817	4,176	9,467	8 53	
171	254	335	351	346	431	420	348	310	238	489	3,693	6 81	
383	424	668	321	364	486	651	933	1,190	1,708	4,344	11,472	8 34	
204	366	375	111	90	90	82	112	99	218	995	2,742	8 02	
65	49	91	42	51	25	28	41	48	31	622	1,093	7 80	
10	16	21	11	9	9	6	16	9	7	116	230	6 62	
5	6	7	6	10	10	14	11	15	14	41	139	7 00	
66	96	93	53	47	58	37	54	66	56	220	846	6 62	
236	311	283	236	220	284	217	217	179	185	331	2,699	5 86	
40	49	45	39	41	47	49	64	87	94	577	1,132	8 69	
365	474	570	393	535	433	434	341	452	637	3,484	8,118	7 93	
582	886	836	694	737	656	754	817	651	861	2,825	10,299	7 05	
13,889	20,456	22,926	17,657	18,892	20,570	21,242	22,972	23,696	29,557	112,709	324,566	7 68	

TABLEAU N° 18.

Durée de la fréquentation des écoles congréganistes de

DÉPARTEMENTS.	GARÇONS. — NOMBRE DES GARÇONS QUI ONT FRÉQUENTÉ LES ÉCOLES PENDANT											TOTAL GÉNÉRAL.	DURÉE MOYENNE en mois de la fréquentation.
	1 mois.	2 mois.	3 mois.	4 mois.	5 mois.	6 mois.	7 mois.	8 mois.	9 mois.	10 mois.	11 mois.		
1	2	3	4	5	6	7	8	9	10	11	12	13	14
Ain	165	246	330	165	243	232	214	277	230	306	1,450	3,918	7m74
Aisne	50	89	123	99	68	134	143	145	147	119	943	2,060	8 34
Allier	91	122	176	108	128	125	116	144	129	303	1,633	3,075	8 72
Alpes (Basses-)	63	52	71	30	57	50	47	80	52	233	654	1,395	8 54
Alpes (Hautes-)	62	99	146	76	59	63	48	64	20	28	240	905	6 21
Alpes-Maritimes	101	54	340	30	25	61	26	246	30	44	894	1,851	7 85
Ardèche	369	381	576	425	378	449	457	575	393	499	5,112	9,614	8 50
Ardennes	31	70	156	44	59	68	46	173	74	48	1,627	2,396	9 29
Ariége	40	77	155	28	42	40	29	137	39	32	1,128	1,747	8 93
Aube	33	70	154	46	59	88	97	127	15	18	481	1,188	7 53
Aude	61	56	169	77	76	172	95	218	83	84	1,731	2,822	9 01
Aveyron	282	427	631	234	243	197	212	464	137	322	3,644	6,793	8 20
Bouches-du-Rhône	246	388	1,200	324	401	381	392	1,154	529	493	5,339	10,847	8 35
Calvados	98	152	315	121	139	134	227	374	127	161	2,062	3,910	8 53
Cantal	249	376	590	253	259	336	308	446	258	356	2,290	5,721	7 83
Charente	16	24	35	9	16	16	6	24	9	19	73	247	6 84
Charente-Inférieure	49	54	93	38	37	47	54	114	40	78	925	1.529	8 93
Cher	71	86	225	65	103	72	61	153	100	110	826	1,872	7 94
Corrèze	76	102	111	42	54	53	49	134	68	126	1,497	2,312	9 14
Corse	179	216	121	188	97	105	163	141	167	594	1,287	3,258	8 20
Côte-d'Or	14	41	41	36	15	10	26	44	8	39	331	614	8 45
Côtes-du-Nord	438	563	762	780	437	516	993	551	478	809	4,599	10,926	7 93
Creuse	88	61	110	45	34	25	8	6	15	45	1,035	1,472	8 91
Dordogne	20	29	32	26	36	35	56	72	61	46	693	1,106	9 28
Doubs	43	138	260	149	130	76	51	103	221	50	1,212	2,433	8 14
Drôme	194	217	533	215	203	421	193	581	398	512	2,685	6,102	8 27
Eure	36	37	84	85	77	66	66	108	40	62	996	1,657	8 90
Eure-et-Loir	23	34	269	78	37	50	46	255	47	31	732	1,002	8 02
Finistère	73	202	236	164	152	299	656	1,116	393	769	1,199	5,259	8 05
Gard	135	224	548	251	223	271	305	426	1,068	1,348	4,938	9,737	9 13
Garonne (Haute-)	109	149	240	165	309	440	188	452	210	106	2,506	4,964	8 53
Gers	30	38	25	33	38	32	38	59	27	40	1,222	1.582	9 78
Gironde	194	521	336	136	152	222	297	665	320	287	4,585	7,715	8 89
Hérault	248	360	711	353	425	376	321	481	265	937	2,735	7,212	7 37
Ille-et-Vilaine	425	537	747	796	582	642	1,116	792	713	2,094	3,141	11,585	7 75
Indre	1	55	217	31	15	79	21	98	69	21	1,174	1,781	9 05
Indre-et-Loire	46	54	75	63	44	74	123	201	63	72	1,343	2,158	9 19
Isère	410	488	682	495	589	612	558	712	595	813	1,740	7,694	7 05
Jura	41	138	124	89	111	104	99	163	75	196	1,307	2,447	8 68
Landes	31	76	118	54	31	63	33	129	76	96	1,404	2,111	9 30
Loir-et-Cher	42	59	168	53	60	97	72	103	62	77	560	1,353	7 81
Loire	535	919	1,836	1,000	1,091	1,145	886	1,491	949	1,567	9,794	21,213	8 22
Loire (Haute-)	229	345	599	577	452	428	199	253	256	561	2,491	6,390	7 60
Loire-Inférieure	268	305	352	345	244	411	381	315	336	408	1,984	5,340	7 69
Loiret	47	84	64	64	100	95	100	176	74	106	1,450	2,360	9 12
Lot	153	135	150	97	122	132	163	187	180	283	1,050	2,652	8 07
Lot-et-Garonne	11	51	122	97	63	137	126	132	80	149	1,301	2,269	9 02

garçons et des écoles communes aux enfants des deux sexes.

FILLES. NOMBRE DES FILLES QUI ONT FRÉQUENTÉ LES ÉCOLES PENDANT											TOTAL GÉNÉRAL.	DURÉE MOYENNE en mois de la fréquentation.	OBSERVATIONS.
1 mois.	2 mois.	3 mois.	4 mois.	5 mois.	6 mois.	7 mois.	8 mois.	9 mois.	10 mois.	11 mois.			
15	16	17	18	19	20	21	22	23	24	25	26	27	28
44	42	60	34	31	31	29	43	38	51	87	490	6m41	
″	″	″	″	″	″	″	″	″	″	″	″	″	
35	40	53	32	33	47	43	28	34	59	556	960	9 15	
″	2	″	″	2	4	1	2	″	3	13	27	8 67	
32	69	105	48	45	43	39	43	24	58	74	580	5 85	
″	″	″	″	″	″	″	″	″	″	″	″	″	
77	70	78	61	45	85	74	82	47	82	609	1,310	8 00	
″	″	″	″	″	″	″	″	″	″	″	″	″	
″	2	″	″	2	3	″	″	1	″	33	41	9 85	
″	″	″	″	″	″	″	″	″	″	″	″	″	
14	1	8	″	″	2	″	″	51	″	3	79	6 89	
17	13	14	4	3	9	12	10	7	20	163	272	8 79	
5	9	18	15	17	15	14	18	24	48	88	271	8 18	
17	18	34	35	28	32	64	32	38	58	287	443	8 41	
11	15	21	14	10	21	28	33	21	13	104	291	7 76	
2	″	3	″	″	1	″	″	″	″	6	12	6 92	
4	6	9	5	3	4	3	2	2	25	27	90	7 82	
4	3	2	2	3	5	4	6	7	3	8	47	6 94	
″	″	″	″	″	″	″	″	″	″	17	17	11	
″	″	″	″	″	″	″	″	″	″	″	″	″	
″	″	″	″	″	″	″	″	″	″	″	″	″	
35	37	60	47	40	49	98	57	58	97	349	927	8 03	
″	″	″	″	″	″	″	″	″	″	″	″	″	
9	6	8	3	4	5	4	7	3	25	75	149	8 68	
1	″	1	2	1	14	12	1	2	″	10	44	7 30	
9	6	14	7	12	9	1	14	19	21	138	250	8 89	
13	27	27	36	26	20	34	41	30	48	125	427	7 57	
″	″	″	″	″	″	″	″	″	″	″	″	″	
3	22	35	28	31	30	48	26	52	74	207	556	8 32	
13	16	6	9	19	15	21	18	27	35	124	303	8 36	
3	2	8	4	3	10	6	9	11	9	28	93	7 88	
″	″	″	″	″	″	″	″	″	″	″	″	″	
7	14	10	9	12	12	10	40	7	8	67	106	7 72	
″	″	3	″	″	″	″	″	″	″	11	14	9 29	
75	101	130	186	129	136	246	172	168	153	492	1,988	7 26	
1	4	1	2	2	2	3	4	8	6	47	80	9 30	
15	37	28	21	14	37	26	35	37	37	616	903	9 41	
3	5	10	8	7	8	3	12	5	8	17	86	6 83	
″	″	2	1	5	2	4	1	1	2	14	32	8 31	
″	″	″	″	″	″	″	″	″	″	″	″	″	
6	14	13	30	10	20	12	13	11	13	53	195	6 99	
59	95	118	105	114	123	134	127	119	169	686	1,840	7 89	
24	23	37	14	15	10	4	2	9	6	292	436	8 42	
2	5	4	6	4	6	10	10	12	11	33	103	8 11	
1	3	2	2	″	4	8	9	2	10	15	56	8 14	
9	5	6	4	4	5	3	4	6	4	10	60	7 83	
″	″	″	″	″	″	″	″	″	″	″	″	″	

TABLEAU N° 18.
(Suite.)

Durée de la fréquentation des écoles congréganistes de

DÉPARTEMENTS.	GARÇONS. NOMBRE DES GARÇONS QUI ONT FRÉQUENTÉ LES ÉCOLES PENDANT											TOTAL GÉNÉRAL.	DURÉE MOYENNE en mois de la fréquentation.
	1 mois.	2 mois.	3 mois.	4 mois.	5 mois.	6 mois.	7 mois.	8 mois.	9 mois.	10 mois.	11 mois.		
1	2	3	4	5	6	7	8	9	10	11	12	13	14
Lozère	153	158	212	99	105	123	80	80	114	62	1,105	2,291	7m76
Maine-et-Loire	245	427	556	393	316	337	441	502	363	316	3,313	7,209	8 01
Manche	167	270	450	280	165	224	474	420	280	382	2,465	5,583	8 15
Marne	101	174	379	136	147	134	145	319	68	81	2,122	3,806	8 39
Marne (Haute-)	12	25	186	64	40	30	30	127	39	28	923	1,504	8 82
Mayenne	83	130	155	230	165	183	272	209	269	104	1,096	2,986	7 78
Meurthe	27	35	84	48	94	44	68	72	55	78	440	1,045	8 08
Meuse	16	13	18	18	15	24	21	28	39	34	273	499	8 92
Morbihan	200	208	416	275	209	205	280	331	257	297	4,817	7,504	9 08
Moselle	27	63	106	76	90	217	144	250	149	823	903	2,848	8 70
Nièvre	165	268	302	199	241	276	252	379	240	302	1,836	4,469	7 95
Nord	515	873	2,024	906	2,139	882	967	1,509	1,163	1,300	7,457	19,735	8 72
Oise	45	62	135	48	56	60	65	128	65	44	1,180	1,888	8 95
Orne	80	116	179	210	102	103	245	198	133	245	1,168	2,785	8 13
Pas-de-Calais	255	424	837	345	322	430	291	726	290	252	5,648	9,820	8 58
Puy-de-Dôme	287	502	648	348	477	367	326	895	292	597	3,145	7,884	7 84
Pyrénées (Basses-)	61	80	165	48	80	74	59	173	108	186	1,639	2,673	9 13
Pyrénées (Hautes-)	59	58	58	29	34	40	25	66	38	48	909	1,364	9 09
Pyrénées-Orientales	73	78	179	41	43	41	37	192	28	42	961	1,715	8 41
Rhin (Bas-)	30	107	263	204	258	287	117	148	120	77	1,994	3,605	8 50
Rhin (Haut-)	104	302	428	333	234	262	155	195	153	254	4,091	6,511	8 93
Rhône	561	1,005	1,852	840	812	862	828	1,474	808	1,461	7,083	17,586	7 85
Saône (Haute-)	33	63	134	64	32	58	31	121	34	32	736	1,338	8 39
Saône-et-Loire	184	181	314	137	132	160	97	245	142	200	1,891	3,683	8 25
Sarthe	86	131	293	154	136	145	145	277	97	104	1,382	2,950	8 05
Savoie	136	191	212	193	189	216	158	185	172	361	761	2,774	7 31
Savoie (Haute-)	155	304	465	222	277	214	164	430	153	516	2,193	5,093	8 04
Seine	43	48	126	102	54	72	96	128	65	32	14,392	15,158	10 72
Seine-Inférieure	142	208	608	150	196	232	202	611	160	116	3,683	6,308	8 68
Seine-et-Marne	25	65	197	46	47	56	49	166	60	79	775	1,565	8 32
Seine-et-Oise	73	118	199	119	60	97	87	146	102	82	1,080	2,163	8 16
Sèvres (Deux-)	20	44	73	69	53	71	54	89	77	73	335	958	7 82
Somme	87	101	202	89	80	122	90	292	78	83	1,878	3,102	8 88
Tarn	143	196	331	72	112	127	117	278	100	128	2,316	3,920	8 59
Tarn-et-Garonne	125	105	154	124	63	119	118	208	120	53	1,002	2,290	8 09
Var	116	225	505	101	165	202	141	352	200	192	2,884	5,083	8 61
Vaucluse	152	307	586	363	302	422	325	460	1,469	587	3,600	8,723	8 48
Vendée	60	212	268	63	89	127	117	163	146	157	548	1,950	7 07
Vienne	95	84	145	80	91	110	65	120	108	116	836	1,850	8 04
Vienne (Haute-)	48	71	132	42	32	39	34	123	59	84	1,540	2,204	9 38
Vosges	23	35	35	40	47	59	47	65	39	56	173	619	7 38
Yonne	3	13	1	4	4	2	11	1	6	8	38	91	7 88
TOTAUX	11,240	17,081	29,776	16,089	16,680	17,545	17,381	27,698	18,202	25,809	188,834	386,335	8 36

garçons et des écoles communes aux enfants des deux sexes.

FILLES. — NOMBRE DES FILLES QUI ONT FRÉQUENTÉ LES ÉCOLES PENDANT											TOTAL GÉNÉRAL.	DURÉE MOYENNE en mois de la fréquentation.	OBSERVATIONS.
1 mois.	2 mois.	3 mois.	4 mois.	5 mois.	6 mois.	7 mois.	8 mois.	9 mois.	10 mois.	11 mois.			
15	16	17	18	19	20	21	22	23	24	25	26	27	28
″	″	″	″	″	″	″	″	″	″	″	″	″	
62	79	112	83	91	82	85	110	86	86	755	1,631	8m12	
108	153	176	158	76	112	254	181	180	256	689	2,343	7 76	
2	″	2	1	″	4	1	3	1	8	13	35	8 54	
″	″	″	″	″	″	″	″	″	″	″	″	″	
8	17	20	11	30	15	29	25	36	29	118	338	7 99	
6	10	12	15	63	18	12	24	15	20	52	247	7	
″	″	″	″	″	″	″	″	″	″	″	″	″	
17	20	35	31	39	37	42	57	26	84	296	684	8 45	
10	13	15	44	29	55	39	79	47	86	192	609	8 26	
31	41	72	40	46	65	45	67	64	60	129	660	6 87	
7	11	19	5	8	10	8	12	24	15	94	213	8 25	
″	1	1	1	″	1	″	1	2	″	4	11	7 73	
26	58	53	47	49	44	88	54	68	82	233	802	7 53	
7	8	6	3	2	3	1	9	2	3	56	100	8 24	
73	104	162	116	139	84	93	71	71	75	167	1,155	5 95	
1	″	1	″	1	″	2	″	2	″	7	14	8 42	
″	″	″	″	″	″	″	″	″	″	″	″	″	
″	″	″	″	″	″	″	″	″	″	″	″	″	
10	23	47	39	45	58	13	28	24	16	198	501	7 58	
3	7	24	14	24	5	27	5	10	14	268	401	9 23	
7	31	37	25	34	121	58	95	67	61	31	567	6 87	
4	3	4	4	2	3	3	4	6	4	8	45	6 69	
16	18	22	5	7	14	5	17	14	8	192	318	8 64	
22	27	35	33	29	32	31	29	29	35	101	403	6 99	
″	1	2	5	″	″	2	″	2	5	10	27	8 15	
11	20	2	4	9	8	4	4	1	10	52	125	7 26	
″	″	″	″	″	″	″	″	″	″	″	″	″	
″	″	″	″	″	″	″	″	″	″	″	″	″	
″	″	″	″	″	″	″	″	″	″	″	″	″	
″	″	1	″	1	1	″	1	″	2	8	14	9 29	
15	17	16	26	14	24	28	27	18	23	24	232	6 30	
″	″	″	″	″	″	″	″	″	″	″	″	″	
11	11	16	8	7	8	2	3	8	6	24	104	6 06	
4	4	2	2	″	4	5	6	6	4	32	69	8 30	
4	3	6	4	6	4	3	11	4	4	25	74	7 54	
3	6	11	18	11	8	11	18	18	29	66	199	8 15	
27	55	11	7	6	16	7	11	15	10	26	191	4 62	
9	19	29	9	9	15	9	6	12	12	3	132	5 13	
″	″	″	″	″	″	″	″	″	″	″	″	″	
10	22	21	22	26	18	28	39	19	23	116	344	7 04	
″	″	″	″	″	″	″	″	″	″	″	″	″	
1,064	1,494	1,900	1,554	1,477	1,688	1,933	1,898	1,758	2,226	9,473	26,465	7 72	

ENSEIGNEMENT PUBLIC.

ÉCOLES DE GARÇONS OU MIXTES.

TABLEAU N° 19.

Personnel des instituteurs et des institutrices dirigeant des écoles de garçons ou communes aux deux sexes.

DÉPARTEMENTS.	NOMBRE des INSTITUTEURS			des INSTITUTRICES			des MAÎTRES-ADJOINTS			des MAÎTRESSES-ADJOINTES			DES ANCIENS ÉLÈVES des écoles normales		
	laïques.	congréganistes.	TOTAL.	laïques.	congréganistes.	TOTAL.	laïques.	congréganistes.	TOTAL.	laïques.	congréganistes.	TOTAL.	instituteurs.	maîtres-adjoints.	TOTAL.
1	2	3	4	5	6	7	8	9	10	11	12	13	14	15	16
Ain	416	22	438	2	18	20	44	53	97	″	18	18	244	15	259
Aisne	856	12	868	6	″	6	41	32	73	″	″	″	377	1	378
Allier	223	10	233	16	39	55	25	28	53	″	29	29	151	16	167
Alpes (Basses-)	296	10	306	48	3	51	5	21	26	″	″	″	153	3	156
Alpes (Hautes-)	289	1	290	10	29	39	9	9	18	″	″	″	132	5	137
Alpes-Maritimes	182	7	189	8	″	8	28	26	54	″	″	″	47	16	63
Ardèche	271	61	332	17	71	88	7	159	166	″	75	75	131	1	132
Ardennes	532	7	539	″	″	″	29	40	69	″	″	″	274	16	290
Ariége	274	9	283	14	1	15	7	22	29	″	2	2	154	5	159
Aube	436	5	441	1	″	1	19	14	33	″	″	″	254	6	260
Aude	346	10	356	26	5	31	10	39	49	″	3	3	162	3	165
Aveyron	441	47	488	75	15	90	26	94	120	″	6	6	159	3	162
Bouches-du-Rhône	106	42	148	″	7	7	18	128	146	″	5	5	71	15	86
Calvados	448	17	465	71	32	103	42	39	81	1	2	3	273	13	286
Cantal	175	44	219	80	12	92	10	64	74	2	4	6	103	4	107
Charente	354	2	356	12	2	14	32	2	34	″	″	″	159	8	167
Charente-Inférieure	396	7	403	8	4	12	35	27	62	″	″	″	119	8	127
Cher	230	7	237	2	2	4	31	17	48	″	″	″	143	14	157
Corrèze	246	11	257	39	1	40	9	36	45	1	1	2	205	6	211
Corse	386	12	398	1	″	1	2	44	46	″	″	″	142	″	142
Côte-d'Or	685	2	687	5	″	5	29	″	29	″	″	″	299	8	307
Côtes-du-Nord	187	93	280	48	29	77	22	45	67	3	13	16	99	9	108
Creuse	230	8	238	6	″	6	9	19	28	″	″	″	180	7	187
Dordogne	435	3	438	56	6	62	19	17	36	″	5	5	179	14	193
Doubs	532	10	542	36	2	38	34	28	62	″	″	″	199	13	212
Drôme	352	43	395	20	13	33	22	88	110	″	5	5	119	2	121
Eure	467	7	474	11	16	27	7	20	27	″	″	″	196	3	199
Eure-et-Loir	387	7	394	1	″	1	26	16	42	″	″	″	247	15	262
Finistère	196	24	220	″	12	12	16	48	64	″	15	15	135	8	143
Gard	313	50	363	19	17	36	13	153	166	″	14	14	148	1	149
Garonne (Haute-)	410	22	432	37	5	42	8	51	59	″	5	5	170	″	170
Gers	413	13	426	17	″	17	12	27	39	″	″	″	204	2	206
Gironde	373	28	401	14	6	20	35	74	109	1	5	6	209	23	232
Hérault	307	34	341	17	1	18	23	96	119	″	1	1	135	11	146
Ille-et-Vilaine	197	70	267	36	56	92	18	63	81	4	43	47	141	3	144
Indre	205	7	212	6	3	9	15	20	35	1	3	4	134	4	138
Indre-et-Loire	195	6	201	21	41	62	20	14	34	″	11	11	47	″	47
Isère	518	52	570	9	4	13	46	105	151	″	5	5	281	3	284
Jura	536	12	548	31	2	33	41	25	66	″	″	″	205	6	211
Landes	307	12	319	″	″	″	4	31	35	″	″	″	180	4	184
Loir-et-Cher	252	7	259	2	7	9	22	13	35	″	1	1	135	4	139
Loire	175	108	283	3	62	65	9	192	201	″	53	53	109	5	114
Loire (Haute-)	207	38	245	8	40	48	2	104	106	″	″	″	128	1	129
Loire-Inférieure	176	40	216	15	3	18	34	44	78	2	″	2	83	5	88
Loiret	321	11	332	5	2	7	34	31	65	″	2	2	211	13	224
Lot	292	15	307	1	4	5	19	38	57	″	″	″	121	″	121
Lot-et-Garonne	277	11	288	6	″	6	17	30	47	″	″	″	126	1	127

TABLEAU N° 19.
(Suite.)

ENSEIGNEMENT PUBLIC.

ÉCOLES DE GARÇONS OU MIXTES.

Personnel des instituteurs et des institutrices dirigeant des écoles de garçons ou communes aux deux sexes.

DÉPARTEMENTS.	NOMBRE des instituteurs			des institutrices			des maîtres-adjoints			des maîtresses-adjointes			des anciens élèves des écoles normales		
	laïques.	congréganistes.	TOTAL.	laïques.	congréganistes.	TOTAL.	laïques.	congréganistes.	TOTAL.	laïques.	congréganistes.	TOTAL.	instituteurs.	maîtres-adjoints.	TOTAL.
1	2	3	4	5	6	7	8	9	10	11	12	13	14	15	16
Lozère	214	17	231	43	"	43	"	31	31	"	"	"	114	"	114
Maine-et-Loire	265	40	305	35	54	89	38	52	90	3	50	53	133	6	139
Manche	426	21	447	118	98	216	43	41	84	1	6	7	345	30	375
Marne	648	15	663	3	2	5	30	35	65	"	"	"	342	18	360
Marne (Haute-)	525	8	533	"	"	"	43	21	64	"	"	"	203	18	221
Mayenne	217	24	241	22	13	35	39	24	63	1	7	8	164	26	190
Meurthe	721	9	730	"	11	11	86	9	95	"	1	1	418	43	461
Meuse	578	6	584	3	"	3	38	6	44	"	"	"	344	26	370
Morbihan	127	57	184	28	25	53	6	47	53	1	8	9	60	"	60
Moselle	718	10	728	1	36	37	39	20	59	"	2	2	360	25	385
Nièvre	247	19	266	11	19	30	29	42	71	"	23	23	148	13	161
Nord	637	58	695	4	6	10	110	226	336	"	5	5	243	30	273
Oise	703	10	713	"	1	1	34	23	57	"	"	"	243	1	244
Orne	366	12	378	48	39	87	25	28	53	"	5	5	271	5	276
Pas-de-Calais	862	37	899	6	2	8	43	107	150	"	2	2	227	12	239
Puy-de-Dôme	323	35	358	32	38	70	10	113	123	3	44	47	133	2	135
Pyrénées (Basses-)	536	11	547	31	2	33	19	31	50	"	1	1	259	9	268
Pyrénées (Hautes-)	438	7	445	4	"	4	15	17	32	"	"	"	227	2	229
Pyrénées-Orientales	145	7	152	11	"	11	6	20	26	"	"	"	89	3	92
Rhin (Bas-)	720	16	736	1	28	29	119	34	153	"	1	1	480	60	540
Rhin (Haut-)	503	25	528	2	16	18	132	67	199	"	"	"	273	95	368
Rhône	199	98	297	1	25	26	23	181	204	"	33	33	130	11	141
Saône (Haute-)	595	7	602	11	1	12	52	22	74	"	"	"	204	17	221
Saône-et-Loire	484	20	504	13	15	28	49	52	101	"	13	13	251	21	272
Sarthe	277	13	290	64	17	81	34	26	60	3	7	10	145	13	158
Savoie	501	15	516	93	1	94	33	41	74	"	1	1	61	3	64
Savoie (Haute-)	265	31	296	15	4	19	12	74	86	"	6	6	62	5	67
Seine	124	48	172	"	"	"	86	150	236	"	"	"	42	5	47
Seine-Inférieure	697	18	715	"	"	"	82	68	150	"	"	"	327	25	352
Seine-et-Marne	505	8	513	"	"	"	21	20	41	"	"	"	257	5	262
Seine-et-Oise	621	13	634	4	1	5	26	28	54	1	1	2	348	12	360
Sèvres (Deux-)	325	6	331	9	7	16	35	9	44	"	7	7	136	21	157
Somme	854	18	872	"	"	"	38	33	71	"	"	"	368	11	379
Tarn	303	20	323	54	2	56	2	61	63	"	"	"	194	"	194
Tarn-et-Garonne	172	14	186	10	3	13	11	34	45	"	3	3	117	9	126
Var	108	28	136	13	3	16	18	86	104	"	3	3	31	4	35
Vaucluse	101	51	152	4	10	14	11	119	130	"	1	1	54	7	61
Vendée	269	14	283	7	4	11	27	21	48	"	4	4	126	2	128
Vienne	258	12	270	1	5	6	22	23	45	"	5	5	157	15	172
Vienne (Haute-)	199	9	208	2	"	2	17	23	40	5	"	5	92	"	92
Vosges	658	2	660	10	12	22	167	3	170	"	1	1	205	61	266
Yonne	485	1	486	1	"	1	35	1	36	"	"	"	239	28	267
TOTAUX	33,767	1,966	35,733	1,581	1,072	2,653	2,690	4,355	7,045	33	566	599	16,495	1,022	17,517

État civil des instituteurs laïques et des institutrices laïques dirigeant des écoles communes aux deux sexes.

DÉPARTEMENTS.	INSTITUTEURS LAÏQUES				INSTITUTRICES LAÏQUES DIRIGEANT DES ÉCOLES MIXTES.				TOTAL GÉNÉRAL.	OBSERVATIONS.
	CÉLIBATAIRES.	MARIÉS.	VEUFS.	TOTAL.	mariées.	célibataires.	veuves.	TOTAL.		
1	2	3	4	5	6	7	8	9	10	11
Ain	109	298	9	416	//	2	//	2	418	
Aisne	71	750	29	856	2	4	//	6	862	
Allier	67	144	12	223	3	12	1	16	239	
Alpes (Basses-)	91	197	8	296	3	45	//	48	344	
Alpes (Hautes-)	110	160	19	289	//	10	//	10	299	
Alpes-Maritimes	88	91	3	182	1	6	1	8	190	
Ardèche	85	172	14	271	3	13	1	17	288	
Ardennes	84	428	20	532	//	//	//	//	532	
Ariége	83	175	16	274	3	10	1	14	288	
Aube	46	378	12	436	//	1	//	1	437	
Aude	131	204	11	346	9	17	//	26	372	
Aveyron	164	265	12	441	3	71	1	75	516	
Bouches-du-Rhône	37	64	5	106	//	//	//	//	106	
Calvados	100	335	13	448	4	66	1	71	519	
Cantal	52	117	6	175	6	73	1	80	255	
Charente	97	245	12	354	2	8	2	12	366	
Charente-Inférieure	101	284	11	396	3	4	1	8	404	
Cher	45	179	6	230	//	2	//	2	232	
Corrèze	59	173	14	246	23	16	//	39	285	
Corse	117	251	18	386	//	1	//	1	387	
Côte-d'Or	127	545	13	685	//	5	//	5	690	
Côtes-du-Nord	57	120	10	187	5	43	//	48	235	
Creuse	35	183	12	230	2	4	//	6	236	
Dordogne	160	262	13	435	21	30	5	56	491	
Doubs	163	350	19	532	2	34	//	36	568	
Drôme	88	247	17	352	6	13	1	20	372	
Eure	85	371	11	467	3	6	2	11	478	
Eure-et-Loir	50	325	12	387	//	1	//	1	388	
Finistère	70	118	8	196	//	//	//	//	196	
Gard	58	236	19	313	3	16	//	19	332	
Garonne (Haute-)	119	274	17	410	3	34	//	37	447	
Gers	123	280	10	413	6	9	2	17	430	
Gironde	60	298	15	373	4	8	2	14	387	
Hérault	73	226	8	307	//	17	//	17	324	
Ille-et-Vilaine	65	128	4	197	1	35	//	36	233	
Indre	52	147	6	205	2	2	2	6	211	
Indre-et-Loire	29	161	5	195	6	15	//	21	216	
Isère	152	348	18	518	//	9	//	9	527	
Jura	256	263	17	536	1	29	1	31	567	
Landes	78	214	15	307	//	//	//	//	307	
Loir-et-Cher	39	206	7	252	1	1	//	2	254	
Loire	58	114	3	175	2	1	//	3	178	
Loire (Haute-)	56	136	15	207	//	8	//	8	215	
Loire-Inférieure	55	113	8	176	//	15	//	15	191	
Loiret	45	272	4	321	//	5	//	5	326	
Lot	76	208	8	292	//	1	//	1	293	
Lot-et-Garonne	67	205	5	277	//	6	//	6	283	

État civil des instituteurs laïques et des institutrices laïques dirigeant des écoles communes aux deux sexes.

DÉPARTEMENTS.	INSTITUTEURS LAÏQUES				INSTITUTRICES LAÏQUES DIRIGEANT DES ÉCOLES MIXTES.				TOTAL GÉNÉRAL.	OBSERVATIONS.
	CÉLIBATAIRES.	MARIÉS.	VEUFS.	TOTAL.	mariées.	célibataires.	veuves.	TOTAL.		
1	2	3	4	5	6	7	8	9	10	11
Lozère	49	101	4	214	1	42	"	43	257	
Maine-et-Loire	80	177	8	265	3	32	"	35	300	
Manche	151	256	19	426	"	117	1	118	544	
Marne	55	575	18	648	"	2	1	3	651	
Marne (Haute-)	81	432	12	525	"	"	"	"	525	
Mayenne	49	155	13	217	3	19	"	22	239	
Meurthe	92	612	17	721	"	"	"	"	721	
Meuse	52	508	18	578	"	3	"	3	581	
Morbihan	30	79	9	127	2	24	2	28	155	
Moselle	168	532	18	718	"	1	"	1	719	
Nièvre	37	203	7	247	2	6	3	11	258	
Nord	144	469	24	637	1	3	"	4	641	
Oise	59	632	12	703	"	"	"	"	703	
Orne	99	258	9	366	5	42	1	48	414	
Pas-de-Calais	216	605	41	862	"	6	"	6	868	
Puy-de-Dôme	80	222	12	323	6	23	3	32	355	
Pyrénées (Basses-)	169	347	20	536	3	27	1	31	567	
Pyrénées (Hautes-)	111	319	8	438	2	2	"	4	442	
Pyrénées-Orientales	32	108	5	145	2	8	1	11	156	
Rhin (Bas-)	120	568	32	720	"	1	"	1	721	
Rhin (Haut-)	104	382	17	503	"	2	"	2	505	
Rhône	50	146	3	199	"	1	"	1	200	
Saône (Haute-)	121	458	16	595	"	9	2	11	606	
Saône-et-Loire	72	394	18	484	5	8	"	13	497	
Sarthe	30	236	11	277	9	49	6	64	341	
Savoie	283	210	8	501	"	93	"	93	594	
Savoie (Haute-)	140	119	6	265	1	13	1	15	280	
Seine	9	109	6	124	"	"	"	"	124	
Seine-Inférieure	102	565	30	697	"	"	"	"	697	
Seine-et-Marne	36	459	10	505	"	"	"	"	505	
Seine-et-Oise	54	549	18	621	2	1	1	4	625	
Sèvres (Deux-)	65	242	18	325	4	3	2	9	334	
Somme	126	691	37	854	"	"	"	"	854	
Tarn	80	212	11	303	3	50	1	54	357	
Tarn-et-Garonne	37	129	6	172	3	6	1	10	182	
Var	32	68	8	108	1	11	1	13	121	
Vaucluse	46	50	5	101	1	3	"	4	105	
Vendée	60	194	15	269	1	6	"	7	276	
Vienne	54	196	8	258	1	"	"	1	259	
Vienne (Haute-)	67	125	7	199	1	1	"	2	201	
Vosges	152	485	21	658	1	9	"	10	668	
Yonne	62	413	10	485	"	1	"	1	486	
TOTAUX	7,707	24,916	1,144	33,767	196	1,332	53	1,581	35,348	

Instituteurs classés d'après le culte auquel ils appartiennent.

DÉPARTEMENTS.	INSTITUTEURS.				INSTITUTEURS-ADJOINTS.				INSTITUTRICES DIRIGEANT DES ÉCOLES MIXTES.				INSTITUTRICES-ADJOINTES.			
	Catholiques.	Protestants.	Israélites.	TOTAL.	Catholiques.	Protestants.	Israélites.	TOTAL.	Catholiques.	Protestantes.	Israélites.	TOTAL.	Catholiques.	Protestantes.	Israélites.	TOTAL.
1	2	3	4	5	6	7	8	9	10	11	12	13	14	15	16	17
Ain	437	1	″	438	97	″	″	97	20	″	″	20	18	″	″	18
Aisne	862	6	″	868	72	1	″	73	6	″	″	6	″	″	″	″
Allier	233	″	″	233	53	″	″	53	55	″	″	55	29	″	″	29
Alpes (Basses-)	306	″	″	306	26	″	″	26	51	″	″	51	″	″	″	″
Alpes (Hautes-)	285	5	″	290	18	″	″	18	38	1	″	39	″	″	″	″
Alpes-Maritimes	189	″	″	189	54	″	″	54	8	″	″	8	″	″	″	″
Ardèche	270	53	″	332	164	2	″	166	86	2	″	88	75	″	″	75
Ardennes	538	1	″	539	69	″	″	69	″	″	″	″	″	″	″	″
Ariége	275	8	″	283	29	″	″	29	15	″	″	15	2	″	″	2
Aube	441	″	″	441	33	″	″	33	1	″	″	1	″	″	″	″
Aude	356	″	″	356	49	″	″	49	31	″	″	31	3	″	″	3
Aveyron	483	5	″	488	117	3	″	120	90	″	″	90	6	″	″	6
Bouches-du-Rhône	148	″	″	148	146	″	″	146	7	″	″	7	5	″	″	5
Calvados	464	1	″	465	81	″	″	81	103	″	″	103	3	″	″	3
Cantal	219	″	″	219	74	″	″	74	92	″	″	92	6	″	″	6
Charente	354	2	″	356	33	1	″	34	14	″	″	14	″	″	″	″
Charente-Inférieure	391	12	″	403	60	2	″	62	12	″	″	12	″	″	″	″
Cher	235	2	″	237	48	″	″	48	4	″	″	4	″	″	″	″
Corrèze	257	″	″	257	45	″	″	45	40	″	″	40	2	″	″	2
Corse	398	″	″	398	46	″	″	46	1	″	″	1	″	″	″	″
Côte-d'Or	687	″	″	687	29	″	″	29	5	″	″	5	″	″	″	″
Côtes-du-Nord	280	″	″	280	67	″	″	67	77	″	″	77	16	″	″	16
Creuse	238	″	″	238	28	″	″	28	6	″	″	6	″	″	″	″
Dordogne	435	3	″	438	36	″	″	36	62	″	″	62	5	″	″	5
Doubs	480	62	″	542	60	2	″	62	38	″	″	38	″	″	″	″
Drôme	335	60	″	395	109	1	″	110	32	1	″	33	5	″	″	5
Eure	474	″	″	474	27	″	″	27	27	″	″	27	″	″	″	″
Eure-et-Loir	302	2	″	304	42	″	″	42	1	″	″	1	″	″	″	″
Finistère	220	″	″	220	64	″	″	64	12	″	″	12	15	″	″	15
Gard	222	140	1	363	157	9	″	166	29	7	″	36	14	″	″	14
Garonne (Haute-)	430	2	″	432	59	″	″	59	42	″	″	42	5	″	″	5
Gers	425	1	″	426	39	″	″	39	17	″	″	17	″	″	″	″
Gironde	392	8	1	401	108	″	1	109	20	″	″	20	6	″	″	6
Hérault	323	18	″	341	118	1	″	119	18	″	″	18	1	″	″	1
Ille-et-Vilaine	267	″	″	267	81	″	″	81	92	″	″	92	47	″	″	47
Indre	212	″	″	212	35	″	″	35	9	″	″	9	4	″	″	4
Indre-et-Loire	200	1	″	201	34	″	″	34	62	″	″	62	11	″	″	11
Isère	563	7	″	570	151	″	″	151	13	″	″	13	5	″	″	5
Jura	548	″	″	548	66	″	″	66	33	″	″	33	″	″	″	″
Landes	319	″	″	319	35	″	″	35	″	″	″	″	″	″	″	″
Loir-et-Cher	257	2	″	259	35	″	″	35	9	″	″	9	1	″	″	1
Loire	282	1	″	283	201	″	″	201	65	″	″	65	53	″	″	53
Loire (Haute-)	238	7	″	245	106	″	″	106	47	1	″	48	″	″	″	″
Loire-Inférieure	216	″	″	216	78	″	″	78	18	″	″	18	2	″	″	2
Loiret	329	3	″	332	65	″	″	65	7	″	″	7	2	″	″	2
Lot	307	″	″	307	57	″	″	57	5	″	″	5	″	″	″	″
Lot-et-Garonne	281	7	″	288	47	″	″	47	6	″	″	6	″	″	″	″

TABLEAU N° 21.
(Suite.)

ENSEIGNEMENT PUBLIC.

ÉCOLES DE GARÇONS OU MIXTES.

Instituteurs classés d'après le culte auquel ils appartiennent.

DÉPARTEMENTS.	INSTITUTEURS.				INSTITUTEURS-ADJOINTS.				INSTITUTRICES DIRIGEANT DES ÉCOLES MIXTES.				INSTITUTRICES ADJOINTES.			
	Catholiques.	Protestants.	Israélites.	TOTAL.	Catholiques.	Protestants.	Israélites.	TOTAL.	Catholiques.	Protestantes.	Israélites.	TOTAL.	Catholiques.	Protestantes.	Israélites.	TOTAL.
1	2	3	4	5	6	7	8	9	10	11	12	13	14	15	16	17
Lozère	176	55	//	231	31	//	//	31	42	1	//	43	//	//	//	//
Maine-et-Loire	305	//	//	305	90	//	//	90	89	//	//	89	53	//	//	53
Manche	447	//	//	447	84	//	//	84	216	//	//	216	7	//	//	7
Marne	663	//	//	663	65	//	//	65	5	//	//	5	//	//	//	//
Marne (Haute-)	533	//	//	533	64	//	//	64	//	//	//	//	//	//	//	//
Mayenne	241	//	//	241	63	//	//	63	35	//	//	35	8	//	//	8
Meurthe	710	16	4	730	94	1	//	95	11	//	//	11	1	//	//	1
Meuse	584	//	//	584	44	//	//	44	3	//	//	3	//	//	//	//
Morbihan	184	//	//	184	58	//	//	58	53	//	//	53	9	//	//	9
Moselle	722	4	2	728	58	//	1	59	37	//	//	37	2	//	//	2
Nièvre	266	//	//	266	71	//	//	71	30	//	//	30	23	//	//	23
Nord	692	3	//	695	336	//	//	336	10	//	//	10	5	//	//	5
Oise	713	//	//	713	57	//	//	57	1	//	//	1	//	//	//	//
Orne	375	3	//	378	53	//	//	53	87	//	//	87	5	//	//	5
Pas-de-Calais	899	//	//	899	150	//	//	150	8	//	//	8	2	//	//	2
Puy-de-Dôme	358	//	//	358	123	//	//	123	70	//	//	70	47	//	//	47
Pyrénées (Basses-)	543	3	1	547	50	//	//	50	33	//	//	33	1	//	//	1
Pyrénées (Hautes-)	445	//	//	445	32	//	//	32	4	//	//	4	//	//	//	//
Pyrénées-Orientales	152	//	//	152	26	//	//	26	11	//	//	11	//	//	//	//
Rhin (Bas-)	420	275	41	736	121	31	1	153	20	//	//	20	1	//	//	1
Rhin (Haut-)	475	38	15	528	171	23	5	199	17	1	//	18	//	//	//	//
Rhône	294	2	1	297	202	2	//	204	26	//	//	26	33	//	//	33
Saône (Haute-)	583	19	//	602	73	1	//	74	12	//	//	12	//	//	//	//
Saône-et-Loire	504	//	//	504	101	//	//	101	28	//	//	28	13	//	//	13
Sarthe	290	//	//	290	60	//	//	60	81	//	//	81	10	//	//	10
Savoie	516	//	//	516	74	//	//	74	94	//	//	94	1	//	//	1
Savoie (Haute-)	296	//	//	296	86	//	//	86	19	//	//	19	6	//	//	6
Seine	165	6	1	172	229	6	1	236	//	//	//	//	//	//	//	//
Seine-Inférieure	711	4	//	715	150	//	//	150	//	//	//	//	//	//	//	//
Seine-et-Marne	509	4	//	513	41	//	//	41	//	//	//	//	//	//	//	//
Seine-et-Oise	634	//	//	634	54	//	//	54	5	//	//	5	2	//	//	2
Sèvres (Deux-)	288	43	//	331	39	5	//	44	16	//	//	16	7	//	//	7
Somme	869	3	//	872	71	//	//	71	//	//	//	//	//	//	//	//
Tarn	300	23	//	323	63	//	//	63	56	//	//	56	//	//	//	//
Tarn-et-Garonne	176	10	//	186	44	1	//	45	13	//	//	13	3	//	//	3
Var	136	//	//	136	104	//	//	104	16	//	//	16	3	//	//	3
Vaucluse	145	7	//	152	129	1	//	130	13	1	//	14	1	//	//	1
Vendée	277	6	//	283	48	//	//	48	11	//	//	11	4	//	//	4
Vienne	268	2	//	270	45	//	//	45	6	//	//	6	5	//	//	5
Vienne (Haute-)	208	//	//	208	40	//	//	40	2	//	//	2	5	//	//	5
Vosges	655	5	//	660	170	//	//	170	22	//	//	22	1	//	//	1
Yonne	486	//	//	486	36	//	//	36	1	//	//	1	//	//	//	//
TOTAUX	34,715	951	67	35,733	6,948	93	9	7,050	2,638	15	//	2,653	599	//	//	599

ÉCOLE DE GARÇONS OU MIXTES.

Titres de capacité des instituteurs publics.

DÉPARTEMENTS.	NOMBRE DES INSTITUTEURS LAÏQUES POURVUS						NOMBRE DES INSTITUTEURS-ADJOINTS laïques,			NOMBRE DES INSTITUTEURS PUBLICS congréganistes,				NOMBRE DES ADJOINTS CONGRÉGANISTES,		
	d'un diplôme de bachelier.	d'un brevet supérieur ou complet.	d'un brevet élémentaire ou simple.	d'un titre équivalent au brevet de capacité	sans brevet.	TOTAL.	brevetés.	sans brevet.	TOTAL.	pourvus d'un brevet supérieur ou complet.	pourvus d'un brevet élémentaire ou simple.	sans brevet.	TOTAL.	brevetés.	sans brevet.	TOTAL.
1	2	3	4	5	6	7	8	9	10	11	12	13	14	15	16	17
Ain	2	21	390	1	2	416	21	23	44	1	21	″	22	5	48	53
Aisne	1	62	791	″	2	850	25	16	41	″	12	″	12	4	28	32
Allier	″	20	194	″	″	223	21	4	25	1	0	″	10	3	25	28
Alpes (Basses-)	″	1	270	16	9	296	4	1	5	″	9	1	10	2	19	21
Alpes (Hautes-)	″	6	201	″	82	280	5	4	9	″	1	″	1	6	3	9
Alpes-Maritimes	1	12	150	10	9	182	22	6	28	″	7	″	7	4	22	26
Ardèche	1	18	248	″	4	271	4	3	7	1	60	″	61	11	148	159
Ardennes	″	25	498	″	9	532	19	10	29	1	6	″	7	5	35	40
Ariége	″	26	248	″	″	274	6	1	7	″	9	″	9	1	21	22
Aube	1	55	379	″	1	436	17	2	19	1	4	″	5	1	13	14
Aude	″	12	332	″	2	346	5	5	10	1	9	″	10	6	33	39
Aveyron	1	5	434	1	″	441	25	1	26	″	47	″	47	16	78	94
Bouches-du-Rhône	2	12	89	2	1	106	18	″	18	″	42	″	42	22	106	128
Calvados	2	15	428	″	3	448	31	11	42	1	14	2	17	4	35	39
Cantal	1	7	167	″	″	175	8	2	10	1	43	″	44	10	54	64
Charente	2	27	325	″	″	354	28	4	32	″	2	″	2	″	2	2
Charente-Inférieure	2	22	372	″	″	396	24	11	35	″	7	″	7	″	27	27
Cher	5	29	192	3	1	230	22	9	31	″	7	″	7	2	15	17
Corrèze	″	21	225	″	″	246	9	″	9	″	11	″	11	4	32	36
Corse	1	11	372	2	″	386	2	″	2	1	11	″	12	3	41	44
Côte-d'Or	″	262	421	″	2	685	21	8	29	″	2	″	2	″	″	″
Côtes-du-Nord	″	10	175	″	2	187	8	14	22	″	92	1	93	″	45	45
Creuse	″	11	219	″	″	230	8	1	9	″	8	″	8	″	19	19
Dordogne	4	15	402	3	11	435	15	4	19	1	2	″	3	4	13	17
Doubs	2	46	481	″	3	532	26	8	34	2	8	″	10	4	24	28
Drôme	1	9	311	15	16	352	9	13	22	1	42	″	43	9	79	88
Eure	2	8	444	1	12	467	5	2	7	″	7	″	7	″	20	20
Eure-et-Loir	″	24	361	″	2	387	19	7	26	″	5	2	7	″	16	16
Finistère	″	3	181	3	9	196	11	5	16	″	24	″	24	1	47	48
Gard	″	15	287	″	11	313	9	4	13	″	49	1	50	17	136	153
Garonne (Haute-)	2	26	340	33	9	410	6	2	8	″	22	″	22	6	45	51
Gers	3	13	392	1	4	413	6	6	12	″	13	″	13	2	25	27
Gironde	2	120	251	″	″	373	27	8	35	1	27	″	28	4	70	74
Hérault	2	16	288	″	1	307	13	10	23	1	31	2	34	16	80	96
Ille-et-Vilaine	2	9	186	″	″	197	12	6	18	3	67	″	70	4	59	63
Indre	1	19	185	″	″	205	8	7	15	″	7	″	7	2	18	20
Indre-et-Loire	2	4	189	″	″	195	14	6	20	″	6	″	6	1	13	14
Isère	1	13	504	″	″	518	25	21	46	1	51	″	52	14	91	105
Jura	″	17	485	″	34	536	17	24	41	1	11	″	12	1	24	25
Landes	1	34	272	″	″	307	4	″	4	″	12	″	12	″	31	31
Loir-et-Cher	2	27	220	″	3	252	18	4	22	″	7	″	7	″	13	13
Loire	″	12	163	″	″	175	2	7	9	″	107	1	108	14	178	192
Loire (Haute-)	″	2	205	″	″	207	2	″	2	″	38	″	38	11	93	104
Loire-Inférieure	2	8	165	″	1	176	20	14	34	″	40	″	40	3	41	44
Loiret	″	14	300	3	4	321	14	20	34	″	11	″	11	1	30	31
Lot	1	13	276	″	2	292	15	4	19	2	13	″	15	16	22	38
Lot-et-Garonne	3	24	250	″	″	277	8	9	17	1	10	″	11	4	26	30

TABLEAU N° 22.
(Suite.)

ENSEIGNEMENT PUBLIC.

ÉCOLES DE GARÇONS OU MIXTES.

Titres de capacité des instituteurs publics.

DÉPARTEMENTS.	NOMBRE DES INSTITUTEURS LAÏQUES pourvus d'un diplôme de bachelier.	d'un brevet supérieur ou complet.	d'un brevet élémentaire ou simple.	d'un titre équivalent au brevet de capacité	sans brevet.	TOTAL.	NOMBRE DES INSTITUTEURS-ADJOINTS laïques, brevetés.	sans brevet.	TOTAL.	NOMBRE DES INSTITUTEURS PUBLICS congréganistes, pourvus d'un brevet supérieur ou complet.	élémentaire ou simple.	sans brevet.	TOTAL.	NOMBRE DES ADJOINTS CONGRÉGANISTES, brevetés.	sans brevet.	TOTAL.
1	2	3	4	5	6	7	8	9	10	11	12	13	14	15	16	17
Lozère	″	4	210	″	″	214	″	″	″	″	17	″	17	1	30	31
Maine-et-Loire	1	21	239	1	3	265	9	29	38	1	31	8	40	1	51	52
Manche	1	10	415	″	″	426	39	4	43	″	18	3	21	1	40	41
Marne	″	56	590	1	1	648	22	8	30	″	14	1	15	″	35	35
Marne (Haute-)	″	104	421	″	″	525	43	″	43	″	8	″	8	1	20	21
Mayenne	″	16	201	″	″	217	31	8	39	″	23	1	24	″	24	24
Meurthe	1	94	623	″	3	721	67	17	84	″	8	1	9	″	9	9
Meuse	″	63	513	″	2	578	33	5	38	1	4	1	6	″	6	6
Morbihan	3	4	117	″	3	127	4	2	6	″	56	1	57	1	46	47
Moselle	5	94	604	″	15	718	37	2	39	″	9	1	10	″	20	20
Nièvre	2	8	229	3	5	247	15	14	29	″	18	1	19	″	42	42
Nord	4	49	579	1	4	637	64	46	110	1	56	1	58	2	224	226
Oise	5	24	673	″	1	703	33	1	34	″	10	″	10	″	23	23
Orne	2	24	339	″	1	366	8	17	25	″	11	1	12	3	25	28
Pas-de-Calais	″	22	836	″	4	862	41	2	43	1	32	4	37	1	106	107
Puy-de-Dôme	1	15	288	″	19	323	8	2	10	″	35	″	35	18	95	113
Pyrénées (Basses-)	″	6	530	″	″	536	13	6	19	1	10	″	11	3	28	31
Pyrénées (Hautes-)	″	21	415	2	″	438	15	″	15	″	7	″	7	3	14	17
Pyrénées-Orientales	1	11	129	2	2	145	3	3	6	″	7	″	7	2	18	20
Rhin (Bas-)	3	53	659	″	5	720	99	20	119	1	15	″	16	10	24	34
Rhin (Haut-)	1	42	457	″	3	503	104	28	132	2	23	″	25	24	43	67
Rhône	2	19	177	1	″	199	13	10	23	″	98	″	98	21	160	181
Saône (Haute-)	″	40	543	″	12	595	24	28	52	″	7	″	7	2	20	22
Saône-et-Loire	″	59	(1) 425	″	″	484	35	14	49	″	20	″	20	5	47	52
Sarthe	4	15	257	″	1	277	21	13	34	″	13	″	13	″	26	26
Savoie	″	3	359	″	139	501	2	31	33	1	14	″	15	″	41	41
Savoie (Haute-)	″	12	149	97	7	265	6	6	12	1	30	″	31	18	56	74
Seine	6	12	106	″	″	124	81	5	86	″	42	6	48	2	148	150
Seine-Inférieure	2	37	657	″	1	697	67	15	82	″	18	″	18	2	66	68
Seine-et-Marne	4	28	473	″	″	505	11	10	21	″	8	″	8	1	19	20
Seine-et-Oise	8	20	590	″	3	621	17	9	26	″	13	″	13	1	27	28
Sèvres (Deux-)	″	20	294	″	2	325	23	12	35	″	6	″	6	″	9	9
Somme	3	42	809	″	″	854	32	6	38	1	17	″	18	″	33	33
Tarn	3	12	286	2	″	303	2	″	2	″	20	″	20	10	51	61
Tarn-et-Garonne	1	19	152	″	″	172	9	2	11	1	13	″	14	2	32	34
Var	1	6	94	4	3	108	15	3	18	″	28	″	28	16	70	86
Vaucluse	2	6	90	″	3	101	8	3	11	3	48	″	51	11	108	119
Vendée	1	35	233	″	″	269	25	2	27	″	13	1	14	1	20	21
Vienne	1	13	244	″	″	258	20	2	22	″	7	5	12	2	21	23
Vienne (Haute-)	3	8	181	7	″	199	16	1	17	1	8	″	9	5	18	23
Vosges	1	45	555	″	57	658	97	70	167	″	2	″	2	″	3	3
Yonne	1	50	434	″	″	485	35	″	35	″	1	″	1	″	1	1
TOTAUX	128	2,441	30,4[illegible]3	215 (1)	550	33,767	1,905	783	2,688	39	1,881	46	1,966	413 (2)	3,942	4,355

(1) Dont 10 certificats de stage. — (2) Dont 13 avec le brevet complet.

Titres de capacité des institutrices publiques dirigeant des écoles communes aux deux sexes.

DÉPARTEMENTS.	NOMBRE des institutrices laïques dirigeant des écoles mixtes, pourvues d'un brevet supérieur ou du 1er degré.	pourvues d'un brevet élémentaire ou du 2e degré.	sans brevet.	TOTAL.	NOMBRE des adjointes laïques brevetées.	non brevetées.	TOTAL.	NOMBRE des religieuses dirigeant des écoles mixtes pourvues d'un brevet.	pourvues d'une lettre d'obédience.	TOTAL.	NOMBRE des adjointes religieuses brevetées.	non brevetées.	TOTAL.	NOMBRE des institutrices laïques dirigeant des écoles mixtes, formées dans une école normale ou dans un cours normal.	formées en dehors des écoles normales ou des cours normaux.	TOTAL.
1	2	3	4	5	6	7	8	9	10	11	12	13	14	15	16	17
Ain	″	2	″	2	″	″	″	1	17	18	″	18	18	2	″	2
Aisne	″	6	″	6	″	″	″	″	″	″	″	″	″	3	3	6
Allier	″	16	″	16	″	″	″	9	30	39	1	28	20	11	5	16
Alpes (Basses-)	″	47	1	48	″	″	″	″	3	3	″	″	″	9	39	48
Alpes (Hautes-)	″	10	″	10	″	″	″	6	23	29	″	″	″	5	5	10
Alpes-Maritimes	″	6	2	8	″	″	″	″	″	″	″	″	″	″	8	8
Ardèche	″	11	6	17	″	″	″	5	66	71	2	73	75	6	11	17
Ardennes	″	″	″	″	″	″	″	″	″	″	″	″	″	″	″	″
Ariége	″	14	″	14	″	″	″	″	1	1	″	2	2	″	14	14
Aube	″	1	″	1	″	″	″	″	″	″	″	″	″	″	1	1
Aude	1	23	2	26	″	″	″	2	3	5	″	3	3	2	24	26
Aveyron	″	74	1	75	″	″	″	14	1	15	″	6	6	5	70	75
Bouches-du-Rhône	″	″	″	″	″	″	″	″	7	7	″	5	5	″	″	″
Calvados	″	68	3	71	1	″	1	6	26	32	″	2	2	12	53	65
Cantal	″	80	″	80	2	″	2	11	1	12	2	2	4	″	80	80
Charente	1	11	″	12	″	″	″	1	1	2	″	″	″	4	8	12
Charente-Inférieure	″	8	″	8	″	″	″	1	3	4	″	″	″	1	7	8
Cher	″	2	″	2	″	″	″	2	″	2	″	″	″	″	2	2
Corrèze	″	39	″	39	1	″	1	1	″	1	″	1	1	14	25	39
Corse	″	1	″	1	″	″	″	″	″	″	″	″	″	″	1	1
Côte-d'Or	″	4	1	5	″	″	″	″	″	″	″	″	″	1	4	5
Côtes-du-Nord	″	47	1	48	1	2	3	″	29	29	″	13	13	12	36	48
Creuse	″	6	″	6	″	″	″	″	″	″	″	″	″	3	3	6
Dordogne	1	51	4	56	″	″	″	2	4	6	″	5	5	15	41	56
Doubs	1	28	7	36	″	″	″	″	2	2	″	″	″	8	28	36
Drôme	″	18	2	20	″	″	″	″	13	13	″	5	5	4	16	20
Eure	″	10	1	11	″	″	″	″	16	16	″	″	″	″	11	11
Eure-et-Loir	″	1	″	1	″	″	″	″	″	″	″	″	″	″	1	1
Finistère	″	″	″	″	″	″	″	1	11	12	″	15	15	″	″	″
Gard	″	18	1	19	″	″	″	2	15	17	″	14	14	2	17	19
Garonne (Haute-)	″	37	″	37	″	″	″	″	5	5	″	5	5	″	37	37
Gers	″	16	1	17	″	″	″	″	″	″	″	″	″	″	17	17
Gironde	2	12	″	14	″	1	1	1	5	6	″	5	5	6	8	14
Hérault	1	16	″	17	″	″	″	″	1	1	″	1	1	7	10	17
Ille-et-Vilaine	″	33	3	36	3	1	4	7	49	56	″	43	43	18	18	36
Indre	″	5	1	6	1	″	1	″	3	3	″	3	3	1	5	6
Indre-et-Loire	″	21	″	21	″	″	″	18	23	41	″	11	11	3	18	21
Isère	″	8	1	9	″	″	″	1	3	4	″	5	5	1	8	9
Jura	″	26	5	31	″	″	″	1	1	2	″	″	″	10	21	31
Landes	″	″	″	″	″	″	″	″	″	″	″	″	″	″	″	″
Loir-et-Cher	″	2	″	2	″	″	″	1	6	7	″	1	1	″	2	2
Loire	″	3	″	3	″	″	″	10	52	62	″	53	53	″	3	3
Loire (Haute-)	″	8	″	8	″	″	″	10	30	40	″	″	″	″	8	8
Loire-Inférieure	″	15	″	15	1	1	2	3	″	3	″	″	″	1	14	15
Loiret	″	3	2	5	″	″	″	″	2	2	″	2	2	2	3	5
Lot	″	1	″	1	″	″	″	4	″	4	″	″	″	″	1	1
Lot-et-Garonne	″	6	″	6	″	″	″	″	″	″	″	″	″	″	6	6

Titres de capacité des institutrices publiques, dirigeant des écoles communes aux deux sexes.

DÉPARTEMENTS.	NOMBRE DES INSTITUTRICES LAÏQUES dirigeant des écoles mixtes, pourvues d'un brevet supérieur ou du 1er degré.	pourvues d'un brevet élémentaire ou du 2e degré.	sans brevet.	TOTAL.	NOMBRE DES ADJOINTES LAÏQUES brevetées.	non brevetées.	TOTAL.	NOMBRE DES RELIGIEUSES dirigeant des écoles mixtes pourvues d'un brevet.	pourvues d'une lettre d'obédience.	TOTAL.	NOMBRE DES ADJOINTES religieuses brevetées.	non brevetées.	TOTAL.	NOMBRE DES INSTITUTRICES LAÏQUES dirigeant des écoles mixtes, formées dans une école normale ou dans un cours normal.	formées en dehors des écoles normales ou des cours normaux.	TOTAL.
1	2	3	4	5	6	7	8	9	10	11	12	13	14	15	16	17
Lozère	"	43	"	43	"	"	"	"	"	"	"	"	"	23	20	43
Maine-et-Loire	"	34	1	35	"	3	3	1	53	54	"	50	50	11	24	35
Manche	1	117	"	118	1	"	1	94	4	98	5	1	6	55	63	118
Marne	"	3	"	3	"	"	"	"	2	2	"	"	"	1	2	3
Marne (Haute-)	"	"	"	"	"	"	"	"	"	"	"	"	"	"	"	"
Mayenne	"	22	"	22	1	"	1	3	10	13	"	7	7	19	3	22
Meurthe	"	"	"	"	"	"	"	"	11	11	"	1	1	"	"	"
Meuse	"	2	1	3	"	"	"	"	"	"	"	"	"	"	3	3
Morbihan	"	26	2	28	1	"	1	2	23	25	"	8	8	22	6	28
Moselle	"	1	"	1	"	"	"	"	36	36	"	2	2	1	"	1
Nièvre	"	8	3	11	"	"	"	"	19	19	"	23	23	2	9	11
Nord	"	3	1	4	"	"	"	"	6	6	"	5	5	2	2	4
Oise	"	"	"	"	"	"	"	"	1	1	"	"	"	"	"	"
Orne	"	47	1	48	"	"	"	9	30	39	"	5	5	24	24	48
Pas-de-Calais	"	6	"	6	"	"	"	"	2	2	"	2	2	5	1	6
Puy-de-Dôme	1	28	3	32	3	"	3	24	14	38	"	44	44	11	21	32
Pyrénées (Basses-)	"	31	"	31	"	"	"	"	2	2	"	1	1	12	10	31
Pyrénées (Hautes-)	"	4	"	4	"	"	"	"	"	"	"	"	"	1	3	4
Pyrénées-Orientales	"	11	"	11	"	"	"	"	"	"	"	"	"	8	3	11
Rhin (Bas-)	"	1	"	1	"	"	"	"	28	28	"	1	1	"	1	1
Rhin (Haut-)	"	1	1	2	"	"	"	"	16	16	"	"	"	"	2	2
Rhône	"	1	"	1	"	"	"	"	25	25	"	33	33	"	1	1
Saône (Haute-)	"	10	1	11	"	"	"	"	1	1	"	"	"	1	10	11
Saône-et-Loire	"	12	1	13	"	"	"	1	14	15	"	13	13	3	10	13
Sarthe	"	61	3	64	2	1	3	"	17	17	"	7	7	23	41	64
Savoie	"	34	50	98	"	"	"	"	1	1	"	1	1	"	93	93
Savoie (Haute-)	"	13	2	15	"	"	"	4	"	4	"	6	6	"	15	15
Seine	"	"	"	"	"	"	"	"	"	"	"	"	"	"	"	"
Seine-Inférieure	"	"	"	"	"	"	"	"	"	"	"	"	"	"	"	"
Seine-et-Marne	"	"	"	"	"	"	"	"	"	"	"	"	"	"	"	"
Seine-et-Oise	1	3	"	4	1	"	1	"	1	1	"	1	1	1	3	4
Sèvres (Deux-)	"	8	1	9	"	"	"	1	6	7	"	7	7	"	9	9
Somme	"	"	"	"	"	"	"	"	"	"	"	"	"	"	"	"
Tarn	"	54	"	54	"	"	"	1	1	2	"	"	"	23	31	54
Tarn-et-Garonne	"	9	1	10	"	"	"	"	3	3	"	3	3	"	10	10
Var	"	13	"	13	"	"	"	1	2	3	"	3	3	3	10	13
Vaucluse	"	4	"	4	"	"	"	1	9	10	"	1	1	1	3	4
Vendée	"	7	"	7	"	"	"	"	4	4	"	4	4	4	3	7
Vienne	"	1	"	1	"	"	"	1	4	5	"	5	5	"	1	1
Vienne (Haute-)	"	2	"	2	"	5	5	"	"	"	"	"	"	"	2	2
Vosges	"	3	7	10	"	"	"	"	12	12	"	1	1	"	10	10
Yonne	"	1	"	1	"	"	"	"	"	"	"	"	"	"	1	1
TOTAUX	10	1,438	133	1,581	19	14	33	263	809	1,072	10	556	566	430	1,151	1,581

TABLEAU N° 24.

Dépenses ordinaires des écoles. — Traitements

(Cet état a été dressé d'après les

DÉPARTEMENTS.	DÉPENSES POUR LES TRAITEMENTS					TRAITEMENT LÉGAL DES INSTITUTEURS, Y COMPRIS		
	DES INSTITUTEURS.			DES MAÎTRES-adjoints.	TOTAL GÉNÉRAL.	Fondations, dons et legs.	Revenus ordinaires.	3 centimes spéciaux.
	Traitement légal, y compris les allocations supplémentaires, à 700, 800 ou 900 fr.	Traitement supplémentaire en dehors du traitement légal.	TOTAL.					
1	2	3	4	5	6	7	8	9
	fr. c.	fr. c.		fr. c.		fr. c.	fr. c.	fr. c.
Ain	312,642 70	10,390 47	323 042 26	8,595 00	331,637 26	1,484 12	55,423 27	32,776 87
Aisne	621,188 00	119,490 00	740,678 00	13,400 00	754,078 00	3,244 00	120,756 00	109,771 50
Allier	201,097 92	8,723 94	209,821 86	15,250 00	225,071 86	//	5,662 10	36,019 20
Alpes (Basses-)	213,551 34	//	213,551 34	2,200 00	215,751 34	1,694 00	8,189 95	20,092 83
Alpes (Hautes-)	156,720 77	3,447 20	160,167 97	2,140 00	162,307 97	598 00	12,379 31	18,309 07
Alpes-Maritimes	121,086 69	4,992 50	126,079 19	18,810 00	144,889 19	3,073 20	10,144 36	13,465 27
Ardèche	196,823 69	1,046 25	197,869 94	1,432 00	199,301 94	96 00	10,458 80	26,064 85
Ardennes	400,717 39	//	400,717 39	14,337 00	415,054 39	1,610 00	127,697 63	50,457 27
Ariége	199,351 27	//	199,351 27	1,550 00	200,901 27	871 00	1,387 50	24,982 84
Aube	311,081 95	23,218 17	334,300 12	8,300 00	342,600 12	788 00	38,445 26	43,703 75
Aude	270,775 62	8,604 67	279,380 29	3,900 00	283,280 29	454 00	6,495 45	41,224 01
Aveyron	343,172 28	//	343,172 28	7,775 00	350,947 28	767 20	10,378 03	43,941 25
Bouches-du-Rhône	107,113 90	//	107,113 90	11,400 00	118,513 90	//	8,826 64	24,660 47
Calvados	366,283 46	37,399 96	403,683 42	22,445 00	426,128 42	2,518 39	10,956 07	84,685 47
Cantal	163,060 24	163 56	163,223 80	2,450 00	165,673 80	1,327 50	5,313 41	27,890 49
Charente	113,519 33	//	113,519 33	3,000 00	116,519 33	//	224 98	23,078 47
Charente-Infér	392,203 71	3,404 27	395,607 98	11,800 00	407,407 98	//	16,132 13	71,833 28
Cher	215,299 96	13,536 51	228,836 47	7,350 00	236,186 47	//	17,382 34	31,234 05
Corrèze	201,392 40	//	201,392 40	1,200 00	202,592 40	925 00	868 80	32,022 23
Corse	261,389 70	500 00	261,889 70	1,200 00	263,089 70	1,200 00	1,813 73	9,134 77
Côte-d'Or	527,008 00	5,272 00	532,280 00	13,450 00	545,730 00	200 00	245,067 00	75,569 00
Côtes-du-Nord	185,630 72	//	185,630 72	11,200 00	196,830 72	300 00	13,339 34	38,032 05
Creuse	199,803 18	//	199,803 18	3,950 00	203,753 18	//	7,756 02	27,382 09
Dordogne	373,788 43	//	373,788 43	3,550 00	377,338 43	//	15,575 17	63,625 98
Doubs	372,412 84	17,106 38	389,519 22	11,894 00	401,413 22	2,238 50	272,392 13	31,004 96
Drôme	257,011 48	1,775 00	258,786 48	9,531 31	268,317 79	//	7,681 45	24,120 32
Eure	346,025 38	14,621 23	360,646 61	2,450 00	363,096 61	1,410 00	19,578 14	90,086 07
Eure-et-Loir	337,819 62	19,499 14	357,318 76	5,670 00	362,988 76	498 37	4,088 96	66,013 80
Finistère	175,130 81	2,701 15	177,831 96	10,000 00	187,831 96	//	9,611 15	38,837 58
Gard	271,176 16	14,200 43	285,376 59	5,800 00	291,176 59	320 00	29,539 24	31,544 02
Garonne (Haute-)	322,625 17	3,240 00	325,865 17	2,000 00	327,865 17	90 21	29,769 57	78,602 78
Gers	309,859 12	1,247 04	311,106 16	3,400 00	314,506 16	100 00	6,885 10	52,549 70
Gironde	424,297 65	1,500 00	425,797 65	5,800 00	431,597 65	//	269 06	69,520 78
Hérault	269,461 38	4,170 50	273,631 88	5,700 00	279,331 88	340 00	43,756 86	44,740 38
Ille-et-Vilaine	170,980 00	11,014 00	181,994 00	6,659 00	188,653 00	504 00	3,912 00	38,508 00
Indre	161,523 14	6,665 00	168,188 14	9,200 00	177,388 14	170 00	10,166 58	30,862 43
Indre-et-Loire	234,609 86	2,950 00	237,559 86	5,650 00	243,209 86	1,122 35	13,163 91	30,840 22
Isère	407,967 65	7,413 50	415,381 15	14,266 00	429,647 15	201 00	53,084 28	75,217 21
Jura	332,230 21	19,680 26	351,910 47	7,550 00	359,460 47	968 00	128,745 45	36,851 67
Landes	227,595 34	1,752 37	229,347 71	1,900 00	231,247 71	//	31,341 93	26,409 57
Loir-et-Cher	216,343 04	6,650 08	222,993 12	2,300 00	225,293 12	435 00	9,003 88	40,035 14
Loire	130,802 45	//	130,802 45	2,950 00	133,752 45	2,700 35	4,466 70	23,833 60
Loire (Haute-)	144,315 69	55 00	144,370 69	210 00	144,580 69	200 00	1,332 80	24,309 51
Loire-Inférieure	172,627 55	9,395 00	182,022 55	13,050 00	195,072 55	900 00	4,390 35	34,118 13
Loiret	331,996 03	2,466 00	334,462 03	10,200 00	344,662 03	2,310 52	2,722 08	53,301 50
Lot	210,405 78	//	210,405 78	1,716 99	212,122 77	105 00	713 75	40,104 94
Lot-et-Garonne	238,679 00	//	238,679 00	8,350 00	247,029 00	//	6,350 00	48,455 00

des instituteurs et des maîtres-adjoints laïques.

comptes établis par MM. les Préfets.)

RESSOURCES AU MOYEN DESQUELLES IL A ÉTÉ POURVU AUX DÉPENSES.

DES ALLOCATIONS SUPPLÉMENTAIRES.				TRAITEMENT supplémentaires.	TRAITEMENT DES MAÎTRES-ADJOINTS.				
Produit de la rétribution scolaire.	Subventions		TOTAL.	Reste des 3 centimes et des revenus ordinaires. — Impositions spéciales.	Reste		Impositions ordinaires et extraordinaires	TOTAL.	TOTAL GÉNÉRAL.
	du département.	de l'État.			des revenus ordinaires.	des 3 centimes.			
10	11	12	13	14	15	16	17	18	19
fr. c.	fr. c.	fr. c.	fr. c.	fr. c.	fr. c.	fr. c.	fr. c.	fr. c.	fr. c.
172,929 35	14,667 23	35,361 95	312,642 70	10,399 47	4,849 00	739 00	3,007 00	8,595 00	331,637 20
257,018 65	56,253 00	74,144 85	621,188 00	119,400 00	10,411 00	939 00	2,050 00	13,400 00	754,078 00
130,720 29	14,666 82	14,029 51	201,097 92	8,723 94	14,316 00	934 00	〃	15,250 00	225,071 86
74,535 61	3,561 18	104,577 77	213,551 34	〃	1,000 00	600 00	〃	2,200 00	215,751 34
30,749 15	〃	85,685 24	156,720 77	3,447 20	2,140 00	〃	〃	2,140 00	162,307 97
39,558 20	7,470 96	47,365 70	121,086 60	4,992 50	10,910 00	7,900 00	〃	18,810 00	144,883 19
87,048 41	8,205 85	64,949 78	196,823 69	1,046 25	300 00	1,132 00	〃	1,432 00	199,301 94
157,070 50	32,247 10	30,725 80	400,717 39	〃	13,937 00	〃	400 00	14,337 00	415,054 39
86,926 46	2,125 90	83,057 57	199,351 27	〃	200 00	1,350 00	〃	1,550 00	200,901 27
170,033 30	31,513 83	26,597 81	311,081 95	23,218 17	8,300 00	〃	〃	8,300 00	342,600 12
149,886 42	30,021 55	42,094 19	270,775 62	8,604 67	3,900 00	〃	〃	3,900 00	283,280 29
119,176 25	45,062 86	123,846 69	343,172 28	〃	7,775 00	〃	〃	7,775 00	350,947 28
70,541 34	3,085 45	〃	107,113 90	〃	7,200 00	4,200 00	〃	11,400 00	118,513 90
220,336 00	38,787 53	〃	366,283 46	37,399 96	10,800 00	1,480 00	10,165 00	22,445 00	426,128 42
73,999 05	12,025 51	41,595 28	163,060 24	163 56	950 00	1,500 00	〃	2,450 00	165,073 80
81,506 85	8,709 03	〃	113,519 33	〃	3,000 00	〃	〃	3,000 00	116,519 33
292,104 51	12,133 70	〃	392,203 71	3,404 27	8,354 75	3,173 12	272 13	11,800 00	407,407 98
149,547 13	11,605 03	5,530 51	215,299 96	13,536 51	7,350 00	〃	〃	7,350 00	236,186 47
86,408 00	19,219 06	61,348 11	201,392 40	〃	1,000 00	〃	200 00	1,200 00	202,592 40
86,929 70	9,040 13	152,671 37	261,389 70	500 00	1,200 00	〃	〃	1,200 00	263,089 70
159,422 00	45,557 00	1,193 00	527,008 00	5,272 00	13,450 00	〃	〃	13,450 00	545,730 00
94,550 65	29,768 46	9,639 62	185,630 72	〃	9,900 00	900 00	400 00	11,200 00	196,830 72
137,158 25	783 36	26,723 46	199,803 18	〃	3,950 00	〃	〃	3,950 00	203,753 18
243,692 55	32,911 22	17,983 51	373,788 43	〃	3,550 00	〃	〃	3,550 00	377,338 43
55,806 25	10,071 00	〃	372,412 84	17,106 38	11,894 00	〃	〃	11,894 00	401,413 22
140,293 71	27,070 28	57,839 72	257,011 48	1,775 00	〃	9,531 31	〃	9,531 31	268,317 79
186,978 23	38,972 04	〃	346,025 38	14,621 23	〃	2,450 00	〃	2,450 00	363,096 61
233,003 76	34,214 73	〃	337,819 62	19,499 14	5,370 00	300 00	〃	5,670 00	362,988 76
106,495 25	10,085 33	1,101 50	175,130 81	2,701 15	9,400 00	600 00	〃	10,000 00	187,831 96
172,466 67	37,305 33	〃	271,176 16	14,200 43	5,800 00	〃	〃	5,800 00	291,176 59
154,773 56	50,114 53	9,274 52	322,625 17	3,240 00	2,000 00	〃	〃	2,000 00	327,865 17
150,129 88	30,545 75	69,648 69	309,850 12	1,247 04	2,535 50	864 50	〃	3,400 00	314,506 16
330,445 50	24,056 31	〃	424,297 65	1,500 00	500 00	4,000 00	1,300 00	5,800 00	431,597 65
130,794 20	49,829 94	〃	269,461 38	4,170 50	2,600 00	3,100 00	〃	5,700 00	279,331 88
102,885 00	23,026 00	2,145 00	170,980 00	11,014 00	5,542 00	917 00	200 00	6,659 00	188,653 00
85,812 40	6,873 04	27,638 00	161,523 14	6,665 00	9,200 00	〃	〃	9,200 00	177,388 14
171,752 61	8,730 77	〃	234,609 86	2,950 00	1,088 65	4,501 35	〃	5,050 00	243,209 86
226,178 53	42,857 13	10,429 50	407,967 65	7,413 50	7,202 50	6,079 50	984 00	14,266 00	429,647 15
121,764 97	20,480 38	23,419 74	332,230 21	19,680 26	7,550 00	〃	〃	7,550 00	350,460 47
105,963 18	10,201 82	53,627 84	227,595 34	1,752 37	1,500 00	400 00	〃	1,900 00	231,247 71
151,132 25	15,736 77	〃	216,343 04	6,650 08	1,172 00	1,128 00	〃	2,300 00	225,293 12
68,636 73	31,165 07	〃	130,802 45	〃	1,858 50	1,091 50	〃	2,950 00	133,752 45
47,476 50	11,184 11	59,812 77	144,315 69	55 00	〃	210 00	〃	210 00	144,580 69
127,192 90	6,026 17	〃	172,627 55	9,395 00	3,764 45	9,285 55	〃	13,050 00	195,072 55
256,516 84	17,145 00	〃	331,996 03	2,466 00	1,050 00	9,150 00	〃	10,200 00	344,662 03
110,468 00	28,145 64	30,718 45	210,405 78	〃	1,716 99	〃	〃	1,716 99	212,122 77
164,868 00	19,006 00	〃	238,679 00	〃	8,350 00	〃	〃	8,350 00	247,029 00

Tableau n° 24.
(Suite.)

Dépenses ordinaires des écoles. — Traitements

(Cet état a été dressé d'après les

DÉPARTEMENTS.	DÉPENSES POUR LES TRAITEMENTS — DES INSTITUTEURS. — Traitement légal, y compris les allocations supplémentaires, à 700, 800 ou 900 fr.	Traitement supplémentaire en dehors du traitement légal.	TOTAL.	DES MAÎTRES-ADJOINTS.	TOTAL GÉNÉRAL.	TRAITEMENT LÉGAL DES INSTITUTEURS, Y COMPRIS — Fondations, dons et legs.	Revenus ordinaires.	3 centimes spéciaux.
1	2	3	4	5	6	7	8	9
	fr. c.	fr. c.	fr. c.	fr. c.	fr. c.	fr. c.	fr. c.	fr. c.
Lozère	150,222 60	"	150,222 60	"	150,222 60	352 00	89 50	17,747 36
Maine-et-Loire	233,795 43	25,818 03	259,613 46	9,330 00	268,943 46	212 50	21,647 52	44,232 86
Manche	374,974 13	14,913 83	389,887 96	12,270 00	402,157 96	6,848 24	47,130 75	93,255 71
Marne	498 447 00	54,939 00	553,386 00	9,000 00	562,386 00	1,016 00	98,221 00	64,277 00
Marne (Haute-)	362,772 00	18,418 00	381,190 00	16,120 00	397,310 00	7,034 00	216,507 00	23,929 00
Mayenne	206,578 08	10,789 12	217,367 20	12,800 00	230,167 20	1,707 00	9,751 87	40,420 39
Meurthe	510,777 55	13,386 55	524,164 10	26,820 00	550,984 10	384 00	220,050 46	58,279 39
Meuse	410,643 35	17,260 90	427,904 25	17,148 00	445,052 25	1,162 00	190,814 11	26,108 01
Morbihan	112,618 15	12,542 04	125,160 19	1,200 00	126,360 19	60 00	9,983 63	36,777 61
Moselle	536,665 00	"	536,665 00	21,025 00	557,690 00	2,479 00	185,788 00	63,915 00
Nièvre	225,520 06	4,985 00	230,505 06	8,600 00	239,105 06	"	17,639 87	38,714 54
Nord	633,582 75	19,055 00	652,637 75	47,100 00	699,737 75	1,255 00	109,600 75	143,609 75
Oise	503,516 49	103,140 56	606,657 05	15,300 00	621,957 05	3,533 50	38,065 48	86,671 76
Orne	264,811 63	3,214 62	268,026 25	6,520 00	274,546 25	880 85	26,666 22	62,167 10
Pas-de-Calais	603,230 00	17,471 00	620,701 00	13,800 00	634,501 00	748 00	46,929 00	118,550 00
Puy-de-Dôme	234,371 76	999 25	235,371 01	3,900 00	239,271 01	400 00	462 17	57,699 53
Pyrénées (Basses-)	309,853 66	21,135 50	420,989 16	4,600 00	425,589 16	100 00	69,236 70	45,039 21
Pyrénées (Hautes-)	311,469 98	202 00	311,671 98	5,940 75	317,612 73	398 86	58,760 42	20,267 61
Pyrénées-Orientales	126,673 00	6,068 00	132,741 00	1,442 00	134,183 00	"	3,711 00	16,729 00
Rhin (Bas-)	521,494 60	57,262 00	578,756 60	74,110 00	652,866 60	2,219 00	250,814 30	29,818 20
Rhin (Haut-)	420,332 93	16,310 00	436,642 93	114,518 00	551,160 93	"	200,210 20	37,178 01
Rhône	143,537 90	41,190 00	184,727 90	9,100 00	193,827 90	2,536 50	1,919 65	48,097 14
Saône (Haute-)	385,643 00	19,100 00	404,743 00	12,720 00	417,463 00	233 00	249,582 00	37,078 00
Saône-et-Loire	391,380 43	8,832 00	400,212 43	21,427 35	421,639 78	1,511 50	42,103 04	68,804 50
Sarthe	275,057 39	13,014 50	288,071 89	12,870 00	300,941 89	399 70	14,528 22	55,803 15
Savoie	202,025 95	"	202,025 95	9,380 00	211,405 95	16,379 07	58,908 44	20,258 86
Savoie (Haute-)	183,184 27	160 00	183,344 27	4,800 00	188,144 27	17,053 40	43,183 74	15,745 47
Seine	170,061 75	76,800 00	246,861 75	92,155 00	339,016 75	4,289 00	8,017 02	84,486 98
Seine-Inférieure	509,644 10	15,227 04	524,871 14	21,865 00	546,736 14	1,403 67	42,871 55	121,080 28
Seine-et-Marne	443,083 21	96,248 82	539,332 03	9,500 00	548,832 03	4,770 80	31,301 37	91,282 95
Seine-et-Oise	584,173 34	76,847 25	661,020 59	4,000 00	665,020 59	698 03	12,099 27	108,410 93
Sèvres (Deux-)	287,795 42	3,100 00	290,895 42	6,200 00	297,095 42	"	6,334 11	52,360 61
Somme	612,275 05	17,540 73	629,815 78	8,050 00	637,865 78	2,824 33	77,055 35	115,288 30
Tarn	216,570 50	2,987 45	219,557 95	1,100 00	220,657 95	409 00	15,280 74	44,592 56
Tarn-et-Garonne	151,173 49	4,091 00	155,264 49	2,600 00	157,954 49	40 00	9,850 39	33,159 40
Var	111,392 15	14,259 00	125,651 15	10,800 00	136,451 15	700 00	6,441 68	15,225 53
Vaucluse	82,904 69	1,100 00	84,004 69	6,000 00	90,004 69	1,000 00	11,920 99	19,491 50
Vendée	231,790 37	7,312 62	239,102 99	5,235 00	244,337 99	160 00	9,812 28	54,500 98
Vienne	100,076 76	2,134 00	102,210 76	6,050 00	108,260 76	"	3,546 93	46,186 23
Vienne (Haute-)	155,195 73	850 00	156,045 73	3,600 00	159,645 73	"	3,318 01	28,601 30
Vosges	408,842 78	"	408,842 78	32,975 00	441,817 78	6,403 81	155,982 89	45,062 00
Yonne	456,355 00	38,451 00	494,806 00	15,100 00	509,906 00	1,418 00	70,303 00	57,856 00
Totaux	26,274,111 52	1,245,456 39	27,519,567 91	1,054,092 40	28,573,600 31	120,061 47	4,230,209 43	4,300,709 62

(1) Dont 325,636 fr. 34 cent. d'impositions spéciales
(2) Dont 18,670 francs d'impositions ordinaires, et

des instituteurs et des maîtres-adjoints laïques.

comptes établis par MM. les Préfets.)

RESSOURCES AU MOYEN DESQUELLES IL A ÉTÉ POURVU AUX DÉPENSES.

LES ALLOCATIONS SUPPLÉMENTAIRES.				TRAITEMENTS supplémentaires.	TRAITEMENTS DES MAÎTRES-ADJOINTS.				
Produit de la rétribution scolaire.	Subventions du département.	Subventions de l'État.	TOTAL.	Reste des 3 centimes et des revenus ordinaires. — Impositions spéciales.	Reste des revenus ordinaires.	Reste des 3 centimes.	Impositions ordinaires et extraordinaires	TOTAL.	TOTAL GÉNÉRAL.
10	11	12	13	14	15	16	17	18	19
fr. c.	fr. c.	fr. c.	fr. c.	fr. c.	fr. c.	fr. c.	fr. c.	fr. c.	fr. c.
27,962 75	1,868 72	111,202 27	150,222 60	"	"	"	"	"	159,222 60
138,439 25	29,263 30	"	233,795 43	25,818 03	8,730 00	"	600 00	9,330 00	268,943 46
163,330 28	55,174 66	9,234 49	374,974 13	14,913 83	12,270 00	"	"	12,270 00	402,157 96
203,664 00	52,342 00	78,927 00	498,447 00	54,939 00	5,963 00	2,737 00	300 00	9.000 00	562,386 00
94,111 00	21,101 00	"	362,772 00	18,418 00	15,670 00	450 00	"	16,120 00	397,310 00
138,285 12	16,413 70	"	200,578 08	10,780 12	12,800 00	"	"	12,800 00	230,167 20
171,380 42	43,447 67	17,235 61	510,777 55	13,386 55	18,920 00	7,900 00	"	26,820 00	550,984 10
151,146 09	36,669 33	4,683 81	410,643 35	17,260 00	17,148 00	"	"	17,148 00	445,052 25
39,888 92	25,957 99	"	112,618 15	12,542 04	1,200 00	"	"	1,200 00	126,360 19
107,281 00	84,791 00	32,411 00	536,665 00	"	21,025 00	"	"	21,025 00	557,690 00
149,827 88	19,337 77	"	225,520 06	4,985 00	8,200 00	"	400 00	8,600 00	239,105 06
290,629 50	87,937 75	550 00	633,582 75	19,055 00	34,493 00	12,521 00	86 00	47,100 00	699,737 75
272,173 58	67,687 61	35,384 56	503,516 49	103,140 56	4,625 00	10,675 00	"	15,300 00	621,957 05
137,882 78	37,205 68	"	264,811 03	3,214 62	6,320 00	200 00	"	6,520 00	274,546 25
265,135 00	92,548 65	79,319 35	603,230 00	17,471 00	10,900 00	2,900 00	"	13,800 00	634,501 00
124,948 60	50,861 40	"	234,371 76	999 25	3,100 00	800 00	"	3,900 00	239,271 01
124,862 26	15,276 00	145,249 40	399,853 66	21,135 50	4,600 00	"	"	4,600 00	425,589 16
92,259 06	"	139,784 03	311,469 98	202 00	5,940 75	"	"	5,940 75	317,612 73
88,054 00	2,382 00	15,797 00	126,673 00	6,068 00	610 00	832 00	"	1,442 00	134,183 00
149,844 29	57,738 31	31,060 35	521,494 60	57,262 00	69,397 00	3,913 00	800 00	74,110 00	652,866 60
66,242 02	26,702 70	"	420,332 93	16,310 00	110,738 00	3,780 00	"	114,518 00	551,160 93
60,365 10	29,699 51	"	143,537 90	41,190 00	9,100 00	"	"	9,100 00	193,827 90
76,853 00	21,897 00	"	385,643 00	19,100 00	12,720 00	"	"	12,720 00	417,463 00
260,556 55	18,314 84	"	391,380 43	8,832 00	14,827 35	600 00	6,000 00	21,427 35	421,639 78
175,886 95	28,379 37	"	275,057 39	13,014 50	12,520 00	250 00	100 00	12,870 00	300,941 89
35,334 05	7,354 65	63,790 88	202,025 95	"	9,380 00	"	"	9,380 00	211,405 95
45,135 26	3,762 14	58,304 26	183,184 27	160 00	3,900 00	"	900 00	4,800 00	188,144 27
73,268 75	"	"	170,061 75	76,800 00	91,055 00	1,100 00	"	92,155 00	339,016 75
227,024 52	117,264 08	"	509,644 10	15,227 04	21,215 00	650 00	"	21,865 00	546,736 14
263,535 05	52,124 04	"	443,083 21	96,248 82	8,300 00	"	"	9,500 00	548,832 03
412,433 65	50,531 46	"	584,173 34	76,847 25	4,000 00	"	1,200 00	4,000 00	665,020 59
185,325 25	22,160 83	21,614 62	287,795 42	3,100 00	6,200 00	"	"	6,200 00	297,095 42
291,204 85	84,558 33	41,343 83	612,275 05	17,540 73	5,925 00	1,775 00	350 00	8,050 00	637,865 78
78,859 31	26,949 93	50,478 96	216,570 50	2,987 45	1,100 00	"	"	1,100 00	220,657 95
97,249 35	10,874 35	"	151,173 49	4,091 00	2,690 00	"	"	2,690 00	157,954 49
80,643 64	8,381 30	"	111,392 15	14,259 00	962 00	9,838 00	"	10,800 00	136,451 15
38,371 93	11.220 27	"	82,904 69	1,100 00	"	6,000 00	"	6,000 00	90,004 69
144,756 75	22,560 36	"	231,790 37	7,312 62	3,985 00	900 00	350 00	5,235 00	244,337 99
13,476 40	23,434 87	"	100,076 76	2,134 00	4,750 00	"	1,300 00	6,050 00	108,260 76
89,144 27	19,312 45	13,432 33	155,195 73	850 00	1,050 72	2,549 28	"	3,600 00	159,645 73
136,832 34	31,180 38	14,819 70	408,842 78	"	32,975 00	"	"	32,975 00	441,817 78
321,694 00	5,084 00	32,791 36	456,355 00	38,451 00	9,170 00	5,930 00	"	15,100 00	509,906 00
12,748,891 91	2,453,426 65	2,392,792 44	20,274,111 52	(1) 1,245,456 39	867,912 16	154,816 11	(2) 31,364 13	1,054,092 40	28,573,660 31

(2) 12,694 fr. 18 cent. d'impositions extraordinaires.

Tableau n° 25.

Dépenses ordinaires des écoles. — Traitements des

(Cet état a été dressé d'après les

DÉPARTEMENTS.	DÉPENSES POUR LES TRAITEMENTS					TRAITEMENT LÉGAL DES INSTITUTEURS, Y COMPRIS		
	DES INSTITUTEURS.			DES MAÎTRES-adjoints.	TOTAL GÉNÉRAL.	Fondations, dons et legs.	Revenus ordinaires.	3 centimes spéciaux.
	Traitement légal, y compris les allocations supplémentaires à 700, 800 et 900 fr.	Traitement supplémentaire en dehors du traitement légal.	TOTAL.					
1	2	3	4	5	6	7	8	9
Ain	33,010f 93c	975f 81c	33,986f 74c	630f 00c	34,616f 74c	4,437f 00c	2,261f 64c	3,611f 30c
Aisne	5,650 00	"	5,650 00	13,300 00	18,950 00	2,300 00	1,000 00	1,950 00
Allier	24,327 67	250 00	24,577 67	18,700 00	43,277 67	1,323 50	1,722 44	5,910 17
Alpes (Basses-)	10,134 20	"	10,134 20	8,000 00	18,134 20	2,367 00	1,309 30	2,051 53
Alpes (Hautes-)	5,201 32	"	5,201 32	2,080 00	7,281 32	959 00	1,847 42	257 77
Alpes-Maritimes	3,750 00	"	3,750 00	13,350 00	17,100 00	"	550 00	3,200 00
Ardèche	66,824 84	"	66,824 84	42,155 25	108,980 09	1,894 00	10,293 73	12,313 11
Ardennes	3,900 00	"	3,900 00	20,400 00	24,300 00	"	3,301 00	"
Ariége	5,962 83	"	5,962 83	12,960 77	18,923 60	1,890 23	"	3,581 55
Aube	3,600 00	"	3,600 00	4,800 00	8,400 00	600 00	3,000 00	"
Aude	7,123 00	834 22	7,957 22	23,400 00	31,357 22	"	3,097 44	148 24
Aveyron	44,876 00	"	44,876 00	35,545 00	80,421 00	1,955 24	6,810 22	16,337 03
Bouches-du-Rhône	33,272 60	"	33,272 60	64,782 90	98,055 50	"	"	6,290 22
Calvados	26,998 44	4,278 00	31,276 44	21,700 00	52,976 44	1,227 50	3,794 73	8,327 71
Cantal	38,693 25	6,110 97	44,804 22	23,509 18	68,313 40	1,064 00	5,467 83	3,925 05
Charente	1,655 50	"	1,655 50	400 00	2,055 50	"	"	292 22
Charente-Inférieure	13,051 25	400 00	13,451 25	8,100 00	21,551 25	1,100 00	2,762 03	2,155 70
Cher	7,221 25	"	7,221 25	9,200 00	16,421 25	"	4,714 61	1,155 41
Corrèze	5,969 50	"	5,969 50	12,134 60	18,104 10	800 00	"	1,928 94
Corse	10,150 00	"	10,150 00	23,600 00	33,750 00	8,350 00	1,800 00	"
Côte-d'Or	3,892 00	"	3,892 00	"	3,892 00	"	892 00	3,000 00
Côtes-du-Nord	102,348 98	"	102,348 98	14,800 00	117,148 98	600 00	6,938 71	19,368 96
Creuse	11,195 06	"	11,195 06	6,580 00	17,775 16	"	3,678 86	2,921 14
Dordogne	8,104 60	"	8,104 60	7,000 00	15,104 60	"	1,697 13	873 68
Doubs	8,118 23	14,294 37	22,412 60	11,120 00	33,532 60	1,800 00	4,212 37	899 80
Drôme	26,425 90	970 00	27,395 90	34,645 55	62,041 45	1,100 00	9,150 00	4,274 10
Eure	24,624 50	"	24,624 50	12,000 00	36,624 50	1,946 06	4,304 06	6,542 32
Eure-et-Loir	5,210 00	"	5,210 00	9,490 00	14,700 00	1,560 00	600 00	2,050 00
Finistère	29,106 65	200 00	29,306 65	26,361 82	55,668 47	"	2,984 20	6,482 02
Gard	37,822 08	66,479 25	104,301 33	83,717 84	188,019 17	1,369 70	15,148 99	5,698 30
Garonne (Haute-)	48,938 25	"	48,938 25	6,600 00	55,538 25	7,775 00	21,489 76	18,051 24
Gers	18,381 25	300 00	18,681 25	8,426 00	27,107 25	"	1,512 22	4,689 88
Gironde	49,626 00	"	49,626 00	15,400 00	65,026 00	"	67 29	24,099 14
Hérault	82,616 25	"	82,616 25	59,100 00	141,716 25	600 00	9,433 74	53,970 51
Ille-et-Vilaine	82,321 00	6,156 00	88,477 00	19,020 00	107,497 00	2,472 00	3,459 00	17,685 00
Indre	9,142 89	"	9,142 89	6,797 76	15,940 65	"	949 03	1,572 97
Indre-et-Loire	44,919 80	591 00	45,510 80	7,681 15	53,191 95	4,511 00	1,938 75	5,725 65
Isère	69,198 68	14,370 00	83,568 68	55,054 25	138,622 93	1,487 41	15,349 56	11,386 38
Jura	12,208 10	"	12,208 10	15,305 17	27,513 27	5,136 00	1,261 52	2,801 28
Landes	7,000 00	200 00	7,200 00	18,260 00	25,460 00	"	2,130 91	1,487 09
Loir-et-Cher	8,388 50	4,025 00	12,413 50	4,600 00	17,013 50	406 00	1,282 46	3,563 90
Loire	100,400 00	"	100,400 00	100,865 20	201,265 20	7,108 69	26,449 68	21,644 23
Loire (Haute-)	65,133 78	19,125 99	84,259 77	"	84,259 77	1,000 00	18,018 15	17,884 81
Loire-Inférieure	49,027 00	9,130 00	58,157 00	975 00	59,132 00	"	1,555 74	9,236 30
Loiret	7,275 00	"	7,275 00	13,500 00	20,775 00	800 00	4,513 10	1,783 00
Lot	18,322 00	"	18,322 00	11,033 50	29,355 50	"	2 63	4,178 37
Lot-et-Garonne	6,690 00	"	6,690 00	16,816 00	23,506 00	"	6,000 00	600 00

instituteurs et des maîtres-adjoints congréganistes.

comptes établis par MM. les Préfets.)

RESSOURCES AU MOYEN DESQUELLES IL A ÉTÉ POURVU AUX DÉPENSES.

LES ALLOCATIONS SUPPLÉMENTAIRES.				TRAITEMENTS supplémentaires	TRAITEMENTS DES MAÎTRES-ADJOINTS.				
Produit de la rétribution scolaire.	Subventions du département.	Subventions de l'État.	TOTAL.	Reste des 3 centimes et des revenus ordinaires. — Impositions spéciales.	Reste des fondations, dons et legs.	Reste Revenus ordinaires.	Impositions ordinaires et extraordinaires	TOTAL.	TOTAL GÉNÉRAL.
10	11	12	13	14	15	16	17	18	19
18,951f 30c	477f 48c	3,272f 21c	33,010f 93c	975f 81c	"	200f 00c	430f 00c	630f 00c	34,616f 74c
400 00	"	"	5,650 00	"	2,461f 00c	10,839 00	"	13,300 00	18,950 00
13,747 00	1,424 15	200 41	24,327 67	250 00	4,800 00	13,000 00	"	18,700 00	43,277 67
3,791 20	113 35	501 82	10,134 20	"	3,000 00	5,000 00	"	8,000 00	18,134 20
1,092 50	"	1,044 63	5,201 32	"	"	2,080 00	"	2,080 00	7,281 32
"	"	"	3,750 00	"	"	13,350 00	"	13,350 00	17,100 00
30,524 00	4,810 00	6,984 00	66,824 84	"	"	21,701 75	20,453 50	42,155 25	108,980 09
599 00	"	"	3,900 00	"	"	14,815 00	5,585 00	20,400 00	24,300 00
372 50	"	118 55	5,962 83	"	2,266 77	10,457 89	236 11	12,960 77	18,923 60
"	"	"	3,600 00	"	"	4,800 00	"	4,800 00	8,400 00
3,350 50	200 00	326 82	7,123 00	834 22	"	10,000 00	13,400 00	23,400 00	31,357 22
16,198 59	545 19	3,029 73	44,876 00	"	16,870 00	16,475 00	2,200 00	35,545 00	80,421 00
26,588 60	387 78	"	33,272 60	"	"	15,490 24	49,292 66	64,782 90	98,055 50
13,108 25	540 25	"	26,998 44	4,278 00	93 50	21,606 50	"	21,700 00	52,976 44
24,826 75	560 00	2,849 62	38,693 25	6,110 97	3,900 00	18,578 91	1,030 27	23,509 18	68,313 40
1,243 50	119 78	"	1,655 50	"	"	400 00	"	400 00	2,055 50
6,709 90	323 62	"	13,051 25	400 00	4,800 00	3,300 00	"	8,100 00	21,551 25
1,294 25	56 98	"	7,221 25	"	600 00	8,600 00	"	9,200 00	16,421 25
3,153 60	"	86 96	5,969 50	"	"	10,723 10	1,411 50	12,134 60	18,104 10
"	"	"	10,150 00	"	10,383 92	9,967 79	3,248 29	23,600 00	33,750 00
"	"	"	3,892 00	"	"	"	"	"	3,892 00
68,185 26	6,300 00	955 96	102,348 98	"	"	14,800 00	"	14,800 00	117,148 98
4,595 00	"	"	11,195 00	"	"	6,580 00	"	6,580 00	17,775 00
5,192 85	40 00	301 00	8,104 66	"	"	3,042 76	3,957 24	7,000 00	15,104 66
1,206 06	"	"	8,118 23	14,294 37	600 00	10,520 00	"	11,120 00	33,532 60
9,818 37	667 84	1,415 59	26,425 90	970 00	"	24,650 00	9,995 55	34,645 55	62,041 45
10,940 50	891 56	"	24,624 50	"	"	12,000 00	"	12,000 00	36,624 50
400 00	"	"	5,210 00	"	1,800 00	7,690 00	"	9,490 00	14,700 00
18,352 38	1,288 05	"	29,106 65	200 00	"	25,711 82	650 00	26,361 82	55,668 47
13,722 81	1,882 28	"	37,822 08	66,479 25	"	83,717 84	"	83,717 84	188,019 17
1,622 25	"	"	48,938 25	"	600 00	6,000 00	"	6,600 00	55,538 25
11,887 00	140 00	152 15	18,381 25	300 00	2,220 00	6,206 00	"	8,426 00	27,107 25
24,076 00	483 57	"	49,626 00	"	"	15,400 00	"	15,400 00	65,026 00
18,612 00	"	"	82,616 25	"	"	59,100 00	"	59,100 00	141,716 25
54,990 00	3,715 00	"	82,321 00	6,156 00	425 00	16,610 00	1,985 00	19,020 00	107,497 00
6,620 89	"	"	9,142 89	"	"	6,797 76	"	6,797 76	15,940 65
30,184 30	2,560 10	"	44,919 80	591 00	2,318 15	5,363 00	"	7,681 15	53,191 95
40,938 33	"	37 00	69,198 68	14,370 00	"	55,054 25	"	55,054 25	138,622 93
2,329 30	480 00	200 00	12,208 10	"	"	15,305 17	"	15,305 17	27,513 27
3,382 00	"	"	7,000 00	200 00	5,141 00	13,119 00	"	18,260 00	25,460 00
2,658 00	388 05	"	8,388 50	4,025 00	"	4,600 00	"	4,600 00	17,013 50
39,617 36	5,580 04	"	100,400 00	"	10,827 54	90,037 66	"	100,865 20	201,265 20
19,600 85	1,189 82	7,440 15	65,133 78	19,125 00	"	"	"	"	84,258 78
33,905 00	3,454 90	875 00	49,027 00	9,130 99	"	"	975 00	975 00	59,132 99
178 90	"	"	7,275 00	"	1,200 00	4,025 00	8,275 00	13,500 00	20,775 00
14,141 00	"	"	18,322 00	"	"	11,033 50	"	11,033 50	29,355 50
"	"	"	6,690 00	"	6,362 00	6,703 00	3,751 00	16,816 00	23,506 00

TABLEAU N° 25.
(Suite.)

Dépenses ordinaires des écoles. — Traitements des

(Cet état a été dressé d'après les

DÉPARTEMENTS.	DÉPENSES POUR LES TRAITEMENTS — DES INSTITUTEURS. — Traitement légal, y compris les allocations supplémentaires à 700, 800 et 900 fr.	Traitement supplémentaire en dehors du traitement légal.	TOTAL.	DES MAÎTRES-adjoints.	TOTAL GÉNÉRAL.	TRAITEMENT LÉGAL DES INSTITUTEURS, Y COMPRIS — Fondations, dons et legs.	Revenus ordinaires.	3 centimes spéciaux.
1	2	3	4	5	6	7	8	9
Lozère	24,937f 29c	150f 00c	25,087f 29c	15,337f 29c	40,424f 58c	2,929f 70c	9,089f 28c	4,977f 23c
Maine-et-Loire	71,925 61	14,141 33	86,066 94	8,600 00	94,666 94	675 00	5,581 71	12,749 72
Manche	77,032 31	701 25	77,733 56	540 00	78,273 56	5,774 05	4,409 80	22,847 17
Marne	9,200 00	//	9,200 00	22,450 00	31,650 00	2,456 00	5,500 00	//
Marne (Haute-)	4,734 00	//	4,734 00	13,666 00	18,400 00	600 00	4,134 00	//
Mayenne	28,390 82	6,210 00	34,600 82	5,400 00	40,000 82	992 00	1,101 04	7,148 02
Meurthe	7,200 00	//	7,200 00	4,700 00	11,900 00	1,000 00	3,817 98	338 56
Meuse	7,700 00	//	7,700 00	3,900 00	11,600 00	2,400 00	2,958 80	760 64
Morbihan	65,423 81	11,804 08	77,227 89	21,478 00	98,705 89	800 00	8,955 00	23,298 52
Moselle	18,158 00	//	18,158 00	8,460 00	26,618 00	1,017 00	4,865 00	752 00
Nièvre	16,086 60	100 00	16,186 60	25,200 00	41,386 60	2,300 00	8,908 01	712 59
Nord	55,350 00	150 00	55,500 00	126,302 00	181,802 00	360 00	16,017 75	27,295 75
Oise	9,908 75	1,280 00	11,188 75	9,848 97	21,037 72	//	132 18	6,224 57
Orne	11,490 54	476 50	11,967 04	9,542 00	21,509 04	600 00	1,391 38	2,140 07
Pas-de-Calais	21,250 00	5,100 00	26,350 00	66,230 00	92,580 00	109 00	2,904 00	16,782 00
Puy-de-Dôme	27,083 80	400 00	27,483 80	28,106 30	55,590 10	200 00	3,312 25	12,106 25
Pyrénées (Basses-)	3,300 00	//	3,300 00	15,350 00	18,650 00	1,060 00	2,240 00	//
Pyrénées (Hautes-)	12,816 50	//	12,816 50	8,616 50	21,433 00	//	6,635 25	3,015 27
Pyrénées-Orientales	4,200 00	//	4,200 00	12,000 00	16,200 00	//	62 00	4,138 00
Rhin (Bas-)	20,255 30	4,500 00	24,755 30	15,491 60	40,246 90	//	10,366 71	761 33
Rhin (Haut-)	43,635 90	400 00	44,035 90	32,100 00	76,135 90	//	32,086 06	4,239 39
Rhône	94,709 50	//	94,709 50	70,787 95	165,497 45	3,023 13	3,158 19	36,970 88
Saône (Haute-)	10,124 00	1,950 00	12,074 00	10,831 00	22,905 00	//	6,924 00	500 00
Saône-et-Loire	25,678 13	5,650 00	31,328 13	19,653 25	50,981 58	3,022 50	1,719 37	3,476 33
Sarthe	19,122 86	//	19,122 86	14,708 50	33,831 36	1,354 00	3,494 19	3,140 45
Savoie	30,222 00	//	30,222 00	//	30,222 00	580 01	16,585 44	7,529 30
Savoie (Haute-)	47,291 12	//	47,291 12	10,400 00	57,691 12	12,475 87	17,665 20	6,458 20
Seine	35,550 00	//	35,550 00	106,850 00	142,400 00	//	//	35,550 00
Seine-Inférieure	16,024 80	15,525 20	31,550 00	40,150 00	71,700 00	//	800 00	8,180 00
Seine-et-Marne	11,100 00	//	11,100 00	10,200 00	21,300 00	1,595 00	2,750 79	5,767 21
Seine-et-Oise	11,166 00	//	11,166 00	16,200 00	27,366 00	2,769 00	3,769 89	2,778 11
Sèvres (Deux-)	8,935 00	1,200 00	10,135 00	4,950 00	15,085 00	200 00	332 00	2,509 03
Somme	14,851 50	//	14,851 50	19,108 00	33,959 50	1,100 00	153 71	6,628 04
Tarn	16,344 00	//	16,344 00	31,800 00	48,144 00	300 00	7,500 89	1,643 33
Tarn-et-Garonne	18,672 54	//	18,672 54	10,100 00	28,772 54	1,575 00	1,636 45	3,287 51
Var	17,773 00	2,661 75	20,434 75	48,077 00	63,511 75	//	2,271 34	7,659 66
Vaucluse	31,623 25	//	31,623 25	71,901 50	103,524 75	900 00	6,568 75	4,205 00
Vendée	19,757 64	453 61	20,211 25	9,108 00	29,319 25	1,822 53	1,600 00	2,864 61
Vienne	15,584 80	//	15,584 80	4,900 00	20,484 80	2,050 00	2,050 00	1,874 81
Vienne (Haute-)	6,775 00	//	6,775 00	11,000 00	17,775 00	//	//	3,098 40
Vosges	3,377 10	//	3,377 10	972 90	4,350 00	25 00	1,381 51	117 29
Yonne	1,100 00	100 00	1,200 00	//	1,200 00	36 00	//	164 00
TOTAUX	2,283,670 55	221,644 33	2,505,314 88	1,888,913 70	4,394,228 58	126,130 12	433,582 23	622,203 41

(1) Dont 986 fr. 65 cent. d'impositions spéciales.
(2) Dont 136,336 fr. 39 cent. d'impositions ordinaires

instituteurs et des maîtres-adjoints congréganistes.

comptes établis par MM. les Préfets.)

RESSOURCES AU MOYEN DESQUELLES IL A ÉTÉ POURVU AUX DÉPENSES.

LES ALLOCATIONS SUPPLÉMENTAIRES.				TRAITEMENT supplémentaire.	TRAITEMENTS DES MAÎTRES-ADJOINTS.				TOTAL GÉNÉRAL.
Produit de la rétribution scolaire.	Subventions du département.	Subventions de l'État.	TOTAL.	Reste des 3 centimes et des revenus ordinaires. — Impositions spéciales.	Reste des fondations, dons et legs.	Reste des revenus ordinaires.	Impositions ordinaires et extraordinaires	TOTAL.	
10	11	12	13	14	15	16	17	18	19
7,195f 00c	79f 55c	066f 53c	24,937f 29c	150f 00c	1,493f 00c	13,844f 29c	″	15,337f 29c	40,424f 58c
49,315 28	3,603 90	″	71,925 61	14,141 33	″	8,600 00	″	8,600 00	94,666 94
34,709 65	8,077 02	1,214 62	77,032 31	701 25	″	540 00	″	540 00	78,273 56
1,244 00	″	″	9,200 00	″	4,566 00	16,684 00	1,200f 00c	22,450 00	31,650 00
″	″	″	4,734 00	″	1,600 00	12,066 00	″	13,666 00	18,400 00
18,046 00	1,103 76	″	28,390 82	6,210 00	″	5,400 00	″	5,400 00	40,000 82
1,551 46	450 00	42 00	7,200 00	″	″	4,700 00	″	4,700 00	11,900 00
1,580 50	″	″	7,700 00	″	2,200 00	1,700 00	″	3,900 00	11,600 00
25,757 98	6,612 31	″	65,423 81	11,804 08	3,039 00	18,439 00	″	21,478 00	98,705 89
5,334 00	6,190 00	″	18,158 00	″	1,748 00	6,712 00	″	8,460 00	26,618 00
2,989 12	1,176 88	″	16,086 60	100 00	″	25,200 00	″	25,200 00	41,386 60
11,656 50	20 00	″	55,350 00	150 00	1,800 00	124,502 00	″	126,302 00	181,802 00
3,552 00	″	″	9,908 75	1,280 00	3,000 00	6,848 97	″	9,848 97	21,037 72
6,519 00	834 09	″	11,490 54	476 50	500 00	9,042 00	″	9,542 00	21,509 04
1,455 00	″	″	21,250 00	5,100 00	24,202 00	42,028 00	″	66,230 00	92,580 00
11,254 69	210 61	″	27,083 80	400 00	1,000 00	26,850 30	256 00	28,106 30	55,590 10
″	″	″	3,300 00	″	″	15,350 00	″	15,350 00	18,650 00
3,165 98	″	″	12,816 50	″	″	5,601 23	3,015 27	8,616 50	21,433 00
″	″	″	4,200 00	″	1,800 00	10,200 00	″	12 000 00	16,200 00
7,545 42	1,101 59	480 25	20,255 30	4,500 00	″	13,691 60	1,800 00	15,491 60	40,246 90
3,900 45	3,410 00	″	43,635 90	400 00	″	29,430 00	2,070 00	32,100 00	76,135 96
48,588 75	2,962 55	″	94,709 50	″	″	62,183 45	8,604 50	70,787 95	165,497 45
2,700 00	″	″	10,124 00	1,950 00	4,531 00	6,300 00	″	10,831 00	22,905 00
17,012 25	447 68	″	25,678 13	5,650 00	740 00	15,419 25	3,494 00	19,653 25	50,981 38
10,588 50	545 72	″	19,122 86	″	″	14,708 50	″	14,708 50	33,831 36
5,527 25	″	″	30,222 00	″	″	″	″	″	30,222 00
10,318 25	″	373 60	47,291 12	″	″	10,400 00	″	10,400 00	57,691 12
″	″	″	35,550 00	″	″	106,850 00	″	106,850 00	142,400 00
7,044 80	″	″	16,024 80	15,525 20	″	40,150 00	″	40,150 00	71,700 00
987 00	″	″	11,100 00	″	600 00	9,600 00	″	10,200 00	21,300 00
1,849 00	″	″	11,166 00	″	2,800 00	13,400 00	″	16,200 00	27,366 00
4,915 50	745 55	232 92	8,935 00	1,200 00	3,350 00	1,600 00	″	4,950 00	15,085 00
6,969 75	″	″	14,851 50	″	300 00	18,808 00	″	19,108 00	33,959 50
6,408 75	371 00	120 03	16,344 00	″	5,550 50	26,249 50	″	31,800 00	48,144 00
12,000 41	173 17	″	18,672 54	″	″	10,100 00	″	10,100 00	28,772 54
7,842 00	″	″	17,773 00	2,661 75	″	48,077 00	″	48,077 00	68,511 75
19,949 50	″	″	31,623 25	″	1,500 00	70,401 50	″	71,901 50	103,524 75
12,835 00	635 50	″	19,757 64	453 61	″	9,108 00	″	9,108 00	29,319 25
8,856 50	169 68	583 81	15,584 80	″	″	3,900 00	1,000 00	4,900 00	20,484 80
3,676 60	″	″	6,775 00	″	″	11,000 00	″	11,000 00	17,775 00
1,853 30	″	″	3,377 10	″	″	972 90	″	972 90	4,350 00
900 00	″	″	1,100 00	100 00	″	″	″	″	1,200 00
990,702 99	77,546 44	33,505 30	2,283,670 55	(1) 221,644 33	146,988 38	1,593,009 43	(2) 148,915 89	1,888,913 70	4,394,228 58

et 12,578 fr. 50 cent. d'impositions extraordinaires.

TABLEAU N° 26.

Ressources accessoires des instituteurs. — Dépenses

DÉPARTEMENTS.	SOMMES INSCRITES AUX BUDGETS DES COMMUNES OU DES FABRIQUES au profit des instituteurs						SOMMES INSCRITES	
	secrétaires de mairie.	chantres.	clercs paroissiaux.	à divers titres.	produit des affouages, quêtes, redevances.	TOTAL.	à l'entretien des bâtiments de l'école.	à l'entretien du mobilier de l'école.
1	2	3	4	5	6	7	8	9
Ain	30,673f 00c	455f 00c	270f 00c	645f 00c	1,404f 00c	33,447f 00c	21,451f 00c	11,304f 50c
Aisne	65,461 00	40,265 00	11,955 00	40,223 00	2,586 00	160,490 00	23,070 00	8,088 00
Allier	18,303 00	511 00	"	"	"	18,814 00	1,364 09	1,201 23
Alpes (Basses-)	4,975 00	"	"	"	"	4,975 00	35 00	32 85
Alpes (Hautes-)	3,581 00	200 00	"	"	"	3,781 00	744 00	806 50
Alpes-Maritimes	17,761 00	"	"	980 00	"	18,741 00	3,306 70	2,787 96
Ardèche	11,690 00	670 00	"	"	344 00	12,704 00	5,080 72	4,489 61
Ardennes	37,146 00	36,273 00	"	48,529 00	13,259 00	135,207 00	24,219 00	5,519 00
Ariége	12,958 00	180 00	"	343 00	795 10	14,276 10	1,170 00	1,297 27
Aube	28,314 00	22,692 00	665 00	17,736 50	6,550 50	75,958 00	23,278 30	2,354 00
Aude	22,710 00	260 00	"	"	"	22,970 00	5,712 93	259 95
Aveyron	6,375 00	187 00	179 00	535 00	130 00	7,406 00	1,416 00	2,490 50
Bouches-du-Rhône	11,080 00	75 00	"	"	"	11,155 00	7,292 00	5,350 32
Calvados	27,327 00	886 00	115 00	2,625 00	909 20	31,862 20	10,182 71	4,283 80
Cantal	7,175 00	406 00	"	70 00	230 00	7,881 00	1,761 00	135 00
Charente	16,372 00	55 00	"	340 00	"	16,767 00	3,747 00	1,250 00
Charente-Inférieure	21,967 00	1,890 00	"	6,052 00	210 00	30,119 00	10,070 25	1,710 00
Cher	20,085 00	832 00	"	335 00	474 00	21,726 00	4,791 00	4,864 15
Corrèze	5,235 00	50 00	"	"	"	5,285 00	530 00	350 00
Corse	830 00	"	"	"	"	830 00	"	"
Côte-d'Or	63,832 00	12,075 00	"	9,900 00	40,511 00	135,318 00	10,675 00	3,005 00
Côtes-du-Nord	7,540 00	"	"	"	"	7,540 00	7,104 13	3,366 49
Creuse	5,625 00	"	"	"	"	5,625 00	7,966 44	1,601 65
Dordogne	13,623 00	200 00	"	1,878 00	"	15,701 00	5,344 00	1,862 45
Doubs	13,722 00	"	30,307 00	3,360 75	16,901 00	64,290 75	6,089 50	235 50
Drôme	22,200 00	440 00	"	2,150 12	180 00	24,970 12	5,095 15	1,307 00
Eure	24,652 00	3,465 00	2,180 00	"	"	30,297 00	10,091 53	4,017 38
Eure-et-Loir	42,959 00	7,681 00	"	11,631 00	"	62,271 00	24,032 00	7,282 00
Finistère	18,567 00	470 00	"	1,067 00	655 00	20,759 00	5,220 00	3,550 25
Gard	24,140 00	2,176 00	336 00	8,602 34	115 00	35,309 34	5,856 66	1,305 00
Garonne (Haute-)	23,801 00	1,335 00	"	"	630 00	25,766 00	8,052 13	3,043 64
Gers	17,656 00	1,771 00	"	813 00	1,255 00	21,495 00	3,049 59	000 82
Gironde	34,291 00	5,333 00	"	15,415 00	"	55,039 00	10,411 73	7,121 00
Hérault	24,010 00	100 00	"	"	"	24,110 00	8,762 00	2,198 00
Ille-et-Vilaine	14,257 00	"	"	380 00	"	14,637 00	4,292 00	3,173 00
Indre	16,682 00	435 00	"	8,521 00	"	25,638 00	"	1,250 00
Indre-et-Loire	19,425 35	615 00	"	5,779 00	"	25,819 35	6,890 50	3,608 00
Isère	38,282 00	175 00	"	3,703 00	350 00	42,510 00	16,782 00	8,561 00
Jura	13,465 00	12,600 00	115 00	3,110 00	8,485 00	37,775 00	20,976 00	12,356 00
Landes	21,844 00	3,638 00	1,610 00	3,771 00	19,048 00	49,911 00	2,700 58	1,699 50
Loir-et-Cher	24,204 00	2,383 00	"	12,395 00	"	38,982 00	4,344 50	2,183 00
Loire	11,780 00	550 00	"	180 00	164 00	12,674 00	6,532 00	3,041 00
Loire (Haute-)	8,080 00	"	"	"	"	8,080 00	"	"
Loire-Inférieure	23,510 00	1,815 00	"	4,603 00	105 00	30,033 00	5,481 45	3,234 35
Loiret	35,143 10	3,155 00	1,474 00	48,187 40	1,000 00	88,959 50	10,396 86	3,070 36
Lot	8,633 00	1,165 00	"	"	"	9,798 00	4,302 63	1,010 75
Lot-et-Garonne	24,541 00	600 00	"	"	"	25,141 00	3,469 00	2,379 00

accessoires et extraordinaires des écoles.

AUX BUDGETS DES COMMUNES AFFECTÉES			MONTANT DES SOMMES VOTÉES PAR LES COMMUNES pour la construction, l'acquisition ou l'appropriation des écoles de garçons ou communes aux deux sexes, des écoles de filles et des salles d'asile,			TAUX MOYEN de l'imposition.	DURÉE MOYENNE de l'imposition.	OBSERVATIONS.
à l'acquisition de livres et autres fournitures pour les indigents.	à l'entretien ou à la fondation des bibliothèques scolaires.	TOTAL.	sur les revenus.	au moyen de souscriptions ou de dons.	par imposition extraordinaire.			
10	11	12	13	14	15	16	17	18
							ans. mois.	
5,531f 00c	4,448f 00c	42,735f 10c	140,721f 77c	50,791f 50c	132,157f 82c	0f 20c	8 6	
17,045 00	1,338 00	50,141 00	67,612 00	25,000 00	223,777 00	0 18	8 9	
2,110 52	2,028 00	6,763 84	103,982 91	3,814 00	127,199 00	0 10	6 3	
20 00	525 00	612 85	8,207 35	"	3,684 90	0 12	5 "	
396 00	1,980 00	3,926 50	4,200 00	3,146 00	6,872 65	0 19	6 4	
2,593 80	4,114 25	12,802 71	311,258 05	56,021 18	3,843 82	0 55	2 6	
1,685 50	460 00	12,321 83	39,376 12	"	150,558 00	0 15	7 3	
2,277 00	5,391 00	37,406 00	224,024 00	26,709 00	146,677 00	0 18	8 4	
134 00	1,228 00	3,829 27	20,910 00	3,000 00	50,418 00	0 16	9 6	
3,642 40	2,961 00	32,235 70	84,050 63	974 00	53,912 50	0 20	6 8	
790 00	955 90	7,718 78	1,420 00	300 00	171,997 74	0 41	8 4	
4,215 65	139 75	8,267 90	5,190 38	1,350 00	15,520 00	0 10	5 "	
1,795 00	1,381 00	15,824 32	23,138 90	"	5,947 07	0 14	6 "	
4,158 39	4,927 95	23,552 85	46,180 51	11,615 00	330,875 53	0 21	6 8	
65 00	300 00	2,261 00	14,839 65	6,000 00	70,710 47	0 09	5 3	
1,359 00	1,291 00	7,647 00	450 00	438 00	303,113 00	0 14	7 6	
5,118 50	5,058 75	21,957 50	42,995 97	3,000 00	182,155 89	0 15	8 5	
1,971 00	85 00	11,711 15	66,666 00	"	70,861 00	0 15	8 "	
610 00	"	1,490 00	2,400 00	5,710 00	32,985 00	0 11	8 "	
106 00	"	106 00	"	"	"	"	"	
4,862 00	1,455 00	19,997 00	232,607 00	"	94,409 00	0 13	6 "	
6,083 18	972 75	18,126 55	24,516 88	"	23,382 91	0 15	5 "	
1,570 10	322 59	11,460 69	84,664 31	"	42,189 69	0 17	12 6	
1,495 00	1,418 00	10,119 45	17,624 70	"	73,102 69	0 12	8 "	
1,635 50	6,719 50	14,680 00	299,094 72	"	"	"	"	
4,132 20	2,072 00	12,606 35	14,058 50	4,474 00	137,283 26	0 11	7 "	
2,100 00	2,133 00	18,941 91	15,983 00	1,015 00	128,490 00	0 16	4 10	
11,604 00	5,038 00	48,556 00	10,500 00	"	80,824 61	0 10	5 "	
3,187 00	205 00	12,252 25	89,590 67	5,375 13	44,771 00	0 14	8 "	
2,291 00	2,011 30	11,463 96	61,878 00	9,300 00	101,707 70	0 12	7 "	
1,081 25	982 75	13,159 77	63,084 77	1,668 98	37,840 39	0 15	5 "	
52 00	40 00	3,742 41	26,261 64	775 83	31,703 50	0 18	5 9	
1,634 00	1,664 00	20,830 73	24,918 00	"	283,779 00	0 17	9 "	
948 00	704 00	12,612 00	35,993 44	5,422 00	13,528 82	0 14	5 4	
1,936 00	1,379 00	10,780 00	169,078 00	5,100 00	61,294 00	0 10	7 4	
3,520 00	3,360 00	8,130 00	4,300 00	"	4,061 98	0 15	9 "	
3,118 60	2,183 00	15,860 10	4,000 00	"	157,078 53	0 17	3 7	
3,354 00	303 00	29,000 00	82,046 00	9,700 00	152,661 00	0 15	9 "	
3,544 00	1,229 00	38,105 00	331,464 00	37,584 43	2,908 23	0 13	5 "	
1,171 15	13,340 80	18,921 03	204,312 58	"	80,198 50	0 17	7 2	
3,143 00	2,611 00	12,281 50	4,411 00	38,878 00	179,287 06	0 16	11 1	
175 00	50 00	9,798 00	72,867 20	14,015 00	85,842 00	0 15	8 "	
"	"	"	"	"	34,948 00	"	"	
1,564 00	3,039 00	13,318 80	37,587 70	2,800 00	81,001 38	0 11	5 6	
7,258 00	4,183 00	24,908 22	11,851 34	13,000 00	112,973 06	0 17	8 5	
182 00	261 00	5,756 38	"	2,615 50	23,386 24	0 14	6 4	
1,337 00	4,559 00	11,744 00	29,086 00	15,700 00	49,116 00	0 14	6 6	

Tableau n° 26.
(Suite.)

Ressources accessoires des instituteurs. — Dépenses

DÉPARTEMENTS.	SOMMES INSCRITES AUX BUDGETS DES COMMUNES OU DES FABRIQUES au profit des instituteurs						SOMMES INSCRITES	
	secrétaires de mairie.	chantres.	clercs paroissiaux.	à divers titres.	produit des affouages, quêtes, redevances.	TOTAL.	à l'entretien des bâtiments de l'école.	à l'entretien du mobilier de l'école.
1	2	3	4	5	6	7	8	9
Lozère	2,635f 00c	80f 00c	"	"	"	2,715f 00c	"	312f 00c
Maine-et-Loire	37,792 00	"	"	6,119f 00c	"	43,911 00	7,644f 99c	1,220 82
Manche	23,307 00	345 00	20f 00c	1,006 25	196f 00c	24,874 25	6,780 00	4,335 00
Marne	51,632 00	38,930 00	2,905 00	49.358 00	4,432 00	147,257 00	49,958 00	15,061 00
Marne (Haute-)	28,251 00	26,426 00	"	12,266 00	7,457 00	74,400 00	9,598 00	612 00
Mayenne	21,499 00	310 00	"	"	"	21,809 00	12,379 00	2,775 00
Meurthe	36,330 85	12,911 00	2,276 00	69,553 00	19,084 00	140,154 85	13,128 50	8,241 70
Meuse	38,315 00	18,647 00	129 00	37,167 50	3,443 00	97,701 50	17,717 50	8,000 80
Morbihan	10,710 00	"	"	30 00	"	10,740 00	3,123 00	3,889 00
Moselle	62,295 00	43,244 00	12,795 00	28,102 00	35,995 00	182,491 00	19,139 00	11,367 00
Nièvre	15,024 00	2,915 00	"	7,008 00	378 00	26,225 00	5,770 00	4,272 50
Nord	71,918 00	3,840 00	25,280 00	22,469 90	7,639 00	131,146 90	32,697 16	3,599 00
Oise	71,558 00	2,184 00	6,671 00	9.133 00	75 00	89,621 00	24,181 00	4,955 17
Orne	18,985 00	30 00	300 00	"	"	19,315 00	4,094 62	1,395 35
Pas-de-Calais	70,595 00	18,549 00	5,000 00	26,686 00	1,541 00	122,371 00	39,476 00	9,222 00
Puy-de-Dôme	17,040 00	560 00	"	100 00	"	17,700 00	8,025 92	1,973 25
Pyrénées (Basses-)	34,279 00	12,719 00	"	1,778 00	1,120 00	49,896 00	15,998 00	3,571 00
Pyrénées (Hautes-)	15,197 00	5,510 00	"	"	1,700 00	22,407 00	5,399 00	3,020 00
Pyrénées-Orientales	13,117 00	"	"	475 00	"	13,592 00	1,702 00	1,810 00
Rhin (Bas-)	40,635 00	118,822 00	330 00	17,009 00	3,964 00	180,760 00	20,965 00	2,860 00
Rhin (Haut-)	53,772 00	32,278 00	15,895 00	17,094 00	7,045 00	126,084 00	34,851 00	12,173 00
Rhône	13,890 00	50 00	80 00	860 00	100 00	14,980 00	13,437 48	10,367 45
Saône (Haute-)	28,452 00	11,561 00	4,204 00	2,301 00	3,841 00	50,359 00	20,903 00	7,829 00
Saône-et-Loire	51556 00	6,093 50	"	5,072 75	11,004 25	73,726 50	13,924 50	2,455 70
Sarthe	25,515 00	1,205 00	"	"	"	26,720 00	6,096 57	2,430 31
Savoie	23,510 00	80 00	105 00	650 00	92 00	24,437 00	6,589 00	2,987 40
Savoie (Haute-)	31,045 00	"	"	287 80	440 00	31,772 80	6,502 50	3,060 50
Seine	8,600 00	1,470 00	1,969 00	1,587 00	"	13,626 00	7,472 00	3.832 00
Seine-Inférieure	91,080 00	3,625 00	49,640 00	38,996 00	8,246 00	191,587 00	13,416 00	4,421 00
Seine-et-Marne	49,223 00	6,642 00	11,178 00	30,146 00	350 00	97,539 00	31,347 00	14,882 00
Seine-et-Oise	88,028 00	37,295 00	750 00	31,314 00	"	157,387 00	49,092 00	20,533 50
Sèvres (Deux-)	17,058 00	280 00	100 00	750 00	"	18,188 00	3,495 00	3,465 00
Somme	48,203 00	39,340 00	8,114 00	31,430 00	"	127,096 00	12,935 00	10,704 00
Tarn	16,680 00	"	"	200 00	"	16,880 00	3,143 85	1,543 70
Tarn-et-Garonne	15,565 00	"	"	"	"	15,565 00	"	"
Var	11,360 00	30 00	"	794 12	"	12,184 12	3,170 50	1,900 00
Vaucluse	14,245 00	1,650 00	"	2,300 00	"	18,195 00	5,502 00	2,567 00
Vendée	23,940 00	2,750 00	"	6,952 00	700 00	34,342 00	4,812 00	1,254 00
Vienne	20,736 00	900 00	150 00	4,818 00	"	26,604 00	3,549 40	1,984 90
Vienne (Haute-)	8,556 00	"	"	"	"	8,556 00	3,646 00	547 00
Vosges	30,665 00	28,139 00	3,173 00	17,452 00	7,382 00	86,811 00	29,007 00	4,966 00
Yonne	29,145 00	13.338 00	"	10,808 00	1,654 00	54,945 00	20,020 00	11,044 00
TOTAUX	2,349,327 30	660,812 50	200,270 00	756,008 43	253,169 05	4,219,587 28	945,453 57	362,816 12

accessoires et extraordinaires des écoles.

AUX BUDGETS DES COMMUNES AFFECTÉES			MONTANT DES SOMMES VOTÉES PAR LES COMMUNES pour la construction, l'acquisition ou l'appropriation des écoles de garçons ou communes aux deux sexes, des écoles de filles et des salles d'asile,			TAUX MOYEN de l'imposition.	DURÉE MOYENNE de l'imposition.	OBSERVATIONS.
à l'acquisition de livres et autres fournitures pour les indigents.	à l'entretien ou à la fondation des bibliothèques scolaires.	TOTAL.	sur les revenus.	au moyen de souscriptions ou de dons.	par imposition extraordinaire.		ans. mois.	
10	11	12	13	14	15	16	17	18
200f 00c	170f 00c	682f 00c	1,157f 00c	″	300f 00c	0f 11c	2 ″	
6,619 00	1,402 00	16,893 47	12,750 00	″	60,330 00	0 12	8 ″	
1,925 00	2,405 13	15,445 13	8,306 00	″	66,626 00	0 16	5 8	
9,187 00	2,533 00	76,739 00	181,225 00	2,705f 00c	102,850 00	0 18	9 ″	
2,170 00	1,843 00	14,223 00	59,030 00	″	580 00	0 15	5 ″	
3,243 00	2,750 00	21,147 00	37,425 00	12,218 00	56,349 00	0 15	8 5	
5,181 50	6,727 00	33,276 70	173,789 42	107,834 50	25,828 00	0 14	3 8	
5,742 50	5,349 00	36,809 80	283,558 69	100 00	16,736 07	0 19	8 ″	
5,159 00	880 00	13,051 60	28,392 97	17,196 48	21,483 14	0 10	5 ″	
10,425 00	9,064 00	49,995 00	288,414 00	1,633 00	37,786 00	0 12	6 9	
1,007 00	1,205 00	12,254 50	38,732 16	1,500 00	72,098 82	0 11	5 2	
63,787 91	4,278 00	104,362 07	408,776 94	1,000 00	391,606 99	0 15	10 ″	
9,018 00	932 00	39,086 17	41,017 20	″	150,376 95	0 17	6 10	
5,294 65	380 00	11,164 62	49,853 74	652 00	48,945 94	0 15	7 7	
19,163 00	427 00	68,288 00	10,560 00	7,000 00	134,797 00	0 14	8 ″	
3,182 40	1,341 00	15,422 57	38,699 96	1,025 00	25,729 76	0 12	4 ″	
2,457,00	1,208 00	23,234 00	149,391 32	6,255 00	20,460 00	0 19	9 ″	
460 00	1,200 00	10,079 60	103,874 13	21,540 00	204 82	0 17	6 ″	
515 00	387 00	4,414 00	22,219 00	3,915 00	40,175 00	0 17	8 ″	
5,975 00	2,580 00	32,380 00	408,450 00	22,473 00	52,420 00	0 12	5 ″	
8,793 00	2,720 00	58,537 00	193,237 00	″	489,900 00	0 08	5 ″	
5,719 00	4,465 00	33,988 93	1,232 84	″	19,885 47	0 16	7 ″	
2,734 00	6,739 00	38,265 00	331,476 00	480 00	10,741 00	0 07	4 2	
2,430 00	6,078 00	24,888 29	204,135 46	15,360 00	229,285 82	0 16	6 ″	
4,890 00	5,268 70	18,685 58	25,601 00	″	207,428 00	0 17	7 ″	
1,902 50	6,637 00	18,115 90	282,448 53	212,660 17	″	″	53 ″	
2,971 00	1,335 00	13,869 00	164,529 80	13,298 00	153,512 40	0 35	25 ″	
2,900 00	100 00	14,304 00	″	″	″	″	″	
8,790 00	3,112 00	29,739 00	56,218 62	310 00	85,412 51	0 13	7 2	
11,392 80	3,384 00	61,005 80	89,861 03	13,930 00	352,122 66	0 180	11 ″	
11,653 00	2,975 00	84,253 50	94,469 00	122,818 00	1,049,638 71	0 17	8 2	
5,019 00	6,046 00	18,025 00	28,500 00	″	120,171 00	0 13	9 6	
6,974 00	886 00	31,499 00	1,900 00	2,300 00	142,922 00	0 19	9 ″	
886 50	2,751 00	8,325 05	10,200 00	″	47,932 00	0 156	4 9	
″	″	″	″	″	″	″	″	
3,125 00	1,872 00	10,067 50	77,387 56	″	8,368 00	0 12	15 ″	
586 00	2,048 00	10,763 00	8,540 00	″	″	″	″	
2,634 00	265 00	8,965 00	10,374 97	″	121,100 00	0 13	5 5	
621 75	786 41	6,942 46	21,982 13	1,500 00	46,596 00	0 12	10 ″	
1,272 00	87 00	5,552 00	99,190 00	″	148,593 80	0 09	7 9	
5,851 00	4,409 00	44,233 00	355,220 00	6,350 00	4,784 00	0 03	4 ″	
7,030 00	4,595 00	42,689 00	178,671 00	1,600 00	384,186 00	0 16	6 4	
388,689 51	215,167 44	1,912,126 64	7,830,261 10	962,945 70	9,149,207 80	0 153	7 10	

Pensionnats primaires annexés à des écoles de garçons.

DÉPARTEMENTS.	NOMBRE DES PENSIONNATS PRIMAIRES.			NOMBRE DES ÉLÈVES INTERNES des pensionnats primaires			TAUX MOYEN DU PRIX DE LA PENSION dans les pensionnats annexés aux écoles publiques		OBSERVATIONS.
	laïques.	congréganistes.	TOTAL.	laïques.	congréganistes.	TOTAL.	laïques.	congréganistes.	
1	2	3	4	5	6	7	8	9	10
Ain	7	5	12	102	193	295	333f 33c	293f 33c	
Aisne	17	2	19	111	8	119	339 00	350 00	
Allier	"	"	"	"	"	"	"	"	
Alpes (Basses-)	1	1	2	15	40	55	350 00	340 00	
Alpes (Hautes-)	1	1	2	4	32	36	30 00	30 00	
Alpes-Maritimes	"	"	"	"	"	"	"	"	
Ardèche	2	11	13	12	359	371	275 00	279 00	
Ardennes	4	1	5	49	19	68	387 00	400 00	
Ariége	"	"	"	"	"	"	"	"	
Aube	4	"	4	40	"	40	387 50	"	
Aude	"	"	"	"	"	"	"	"	
Aveyron	"	9	9	"	185	185	"	330 00	
Bouches-du-Rhône	2	"	2	12	"	12	850 00	"	
Calvados	20	"	20	294	"	294	345 17	"	
Cantal	1	10	11	7	187	194	"	"	
Charente	12	"	12	173	"	173	390 00	"	
Charente-Inférieure	17	1	18	212	30	242	420 00	360 00	
Cher	6	"	6	132	"	132	450 00	"	
Corrèze	1	6	7	4	123	127	270 00	290 00	
Corse	"	"	"	"	"	"	"	"	
Côte-d'Or	7	"	7	74	"	74	400 00	"	
Côtes-du-Nord	2	"	2	38	"	38	320 00	"	
Creuse	1	"	1	30	"	30	360 00	"	
Dordogne	10	10	20	153	270	423	325 00	300 00	
Doubs	47	2	49	407	43	450	101 89	174 00	
Drôme	12	4	16	54	24	78	310 06	330 00	
Eure	4	1	5	16	6	22	350 00	300 00	
Eure-et-Loir	10	"	10	106	"	106	416 00	"	
Finistère	25	13	38	325	466	791	42 00	42 00	
Gard	"	1	1	"	5	5	"	300 00	
Garonne (Haute-)	"	"	"	"	"	"	"	"	
Gers	"	"	"	"	"	"	"	"	
Gironde	4	1	5	42	6	48	386 66	400 00	
Hérault	"	"	"	"	"	"	"	"	
Ille-et-Vilaine	8	6	14	95	47	142	300 00	300 00	
Indre	2	"	2	34	"	34	350 00	"	
Indre-et-Loire	4	"	4	27	"	27	362 50	"	
Isère	5	2	7	110	38	148	333 33	350 00	
Jura	22	"	22	242	"	242	310 00	"	
Landes	1	"	1	19	"	19	300 00	"	
Loir-et-Cher	8	"	8	243	"	243	361 76	"	
Loire	"	17	17	"	680	680	"	370 00	
Loire (Haute-)	"	28	28	"	672	672	"	"	
Loire-Inférieure	7	4	11	115	87	202	308 33	352 66	
Loiret	8	"	8	193	"	193	375 00	"	
Lot	"	2	2	"	55	55	"	480 00	
Lot-et-Garonne	7	"	7	61	"	61	366 00	"	

Pensionnats primaires annexés à des écoles de garçons.

DÉPARTEMENTS.	NOMBRE DES PENSIONNATS PRIMAIRES			NOMBRE DES ÉLÈVES INTERNES des pensionnats primaires			TAUX MOYEN DU PRIX DE LA PENSION dans les pensionnats annexés aux écoles publiques		OBSERVATIONS.
	laïques.	congréganistes.	TOTAL.	laïques.	congréganistes.	TOTAL.	laïques.	congréganistes.	
1	2	3	4	5	6	7	8	9	10
Lozère	//	15	15	//	296	296	//	63f 96c	
Maine-et-Loire	8	4	12	195	73	268	375f 00c	350 00	
Manche	29	1	30	379	8	387	300 00	200 00	
Marne	2	//	2	10	//	10	375 00	//	
Marne (Haute-)	3	//	3	24	//	24	197 00	//	
Mayenne	17	2	19	247	20	267	358 33	350 00	
Meurthe	7	//	7	64	//	64	337 50	//	
Meuse	12	//	12	75	//	75	315 55	//	
Morbihan	2	4	6	31	163	194	300 00	290 00	
Moselle	1	//	1	18	//	18	350 00	//	
Nièvre	//	//	//	//	//	//	//	//	
Nord	20	3	23	604	259	863	330 00	252 00	
Oise	17	//	17	172	//	172	358 75	//	
Orne	11	2	13	170	61	231	289 00	300 00	
Pas-de-Calais	21	1	22	265	45	310	359 00	350 00	
Puy-de-Dôme	5	15	20	192	369	561	283 33	300 00	
Pyrénées (Basses-)	//	3	3	//	155	155	//	450 00	
Pyrénées (Hautes-)	1	//	1	8	//	8	400 00	//	
Pyrénées-Orientales	//	//	//	//	//	//	//	//	
Rhin (Bas-)	//	//	//	//	//	//	//	//	
Rhin (Haut-)	//	//	//	//	//	//	//	//	
Rhône	5	13	18	67	375	442	315 00	315 00	
Saône (Haute-)	19	1	20	210	18	228	315 00	300 00	
Saône-et-Loire	15	2	17	173	56	229	350 00	325 00	
Sarthe	12	1	13	201	5	206	330 00	300 00	
Savoie	//	4	4	//	76	76	//	321 25	
Savoie (Haute-)	//	2	2	//	163	163	//	350 00	
Seine	//	//	//	//	//	//	//	//	
Seine-Inférieure	29	//	29	443	//	443	339 60	443 00	
Seine-et-Marne	19	//	19	76	//	76	377 50	//	
Seine-et-Oise	6	//	6	123	//	123	439 00	//	
Sèvres (Deux-)	14	//	14	192	//	192	362 50	//	
Somme	3	//	3	28	//	28	400 00	//	
Tarn	//	//	//	//	//	//	//	//	
Tarn-et-Garonne	1	1	2	6	25	31	350 00	400 00	
Var	3	1	4	54	14	68	417 00	400 00	
Vaucluse	1	//	1	11	//	11	360 00	//	
Vendée	7	//	7	141	//	141	325 00	//	
Vienne	7	2	9	72	15	87	312 00	400 00	
Vienne (Haute-)	4	1	5	32	44	76	300 00	250 00	
Vosges	1	//	1	7	//	7	300 00	//	
Yonne	11	//	11	111	//	111	378 75	//	
TOTAUX	602	216	818	7,952	5,815	13,767	340 08	311 45	

Tableau n° 28.

Classes d'adultes. — Classes d'apprentis. — Écoles du dimanche. — É

Départements.	Classes d'adultes — Dirigées par des instituteurs laïques.	Classes d'adultes — Dirigées par des instituteurs congréganistes.	Classes d'adultes — Dirigées par toute autre personne.	Classes d'adultes — Total.	Classes d'apprentis — Dirigées par des instituteurs laïques.	Classes d'apprentis — Dirigées par des instituteurs congréganistes.	Classes d'apprentis — Total.	Écoles du dimanche — Dirigées par des instituteurs laïques.	Écoles du dimanche — Dirigées par des instituteurs congréganistes.	Écoles du dimanche — Total.
1	2	3	4	5	6	7	8	9	10	11
Ain	32	2	″	34	″	″	″	″	″	″
Aisne	20	4	″	24	49	″	49	″	″	″
Allier	62	1	″	63	″	″	″	″	″	″
Alpes (Basses-)	11	″	″	11	″	″	″	″	″	″
Alpes (Hautes-)	″	″	″	″	″	″	″	″	″	″
Alpes-Maritimes	128	2	″	130	″	″	″	2	″	2
Ardèche	35	5	″	40	2	″	2	″	″	″
Ardennes	73	2	″	75	15	2	17	″	″	″
Ariége	19	″	″	19	″	″	″	1	″	1
Aube	13	1	″	14	3	″	3	″	″	″
Aude	34	1	″	35	″	″	″	″	″	″
Aveyron	″	2	″	2	″	″	″	″	″	″
Bouches-du-Rhône	48	4	″	52	″	1	1	″	″	″
Calvados	27	3	3	33	8	″	8	″	1	1
Cantal	″	″	″	″	″	″	″	″	″	″
Charente	3	″	″	3	″	″	″	″	″	″
Charente-Inférieure	135	3	″	138	″	″	″	″	″	″
Cher	72	2	″	74	″	″	″	″	″	″
Corrèze	55	1	″	56	″	″	″	″	″	″
Corse	″	″	″	″	″	″	″	″	″	″
Côte-d'Or	22	″	1	23	″	″	″	″	″	″
Côtes-du-Nord	49	20	″	69	″	″	″	″	″	″
Creuse	″	″	″	″	″	″	″	″	″	″
Dordogne	62	″	″	62	″	1	1	″	″	″
Doubs	22	1	″	23	2	3	5	1	″	1
Drôme	35	3	″	38	″	″	″	″	″	″
Eure	49	″	″	49	″	″	″	″	″	″
Eure-et-Loir	30	″	″	30	″	″	″	″	″	″
Finistère	26	2	2	30	″	″	″	″	″	″
Gard	10	7	″	17	1	1	2	″	″	″
Garonne (Haute-)	53	″	″	53	1	″	1	″	″	″
Gers	9	″	″	9	″	″	″	″	″	″
Gironde	91	5	1	97	″	1	1	″	″	″
Hérault	16	1	″	17	1	″	1	″	″	″
Ille-et-Vilaine	62	15	″	77	″	″	″	″	1	1
Indre	47	1	″	48	″	″	″	″	″	″
Indre-et-Loire	64	1	″	65	″	1	1	″	″	″
Isère	77	1	″	78	″	″	″	″	″	″
Jura	24	2	″	26	″	″	″	″	″	″
Landes	12	″	1	13	″	″	″	″	″	″
Loir-et-Cher	75	2	″	77	″	″	″	″	″	″
Loire	5	5	″	10	″	″	″	″	″	″
Loire (Haute-)	″	″	″	″	″	″	″	″	″	″
Loire-Inférieure	108	11	″	119	1	″	1	1	″	1
Loiret	137	1	″	138	″	″	″	″	″	″
Lot	4	″	″	4	″	″	″	″	″	″
Lot-et-Garonne	40	″	″	40	″	″	″	″	″	″

Écoles annexées à des fabriques, manufactures, etc. — Orphelinats.

ÉCOLES ANNEXÉES À DES FABRIQUES OU MANUFACTURES — DIRIGÉES par des instituteurs laïques.	ÉCOLES ANNEXÉES — DIRIGÉES par des instituteurs congréganistes.	ÉCOLES ANNEXÉES — TOTAL.	ORPHELINATS — DIRIGÉS par des instituteurs laïques.	ORPHELINATS — DIRIGÉS par des instituteurs congréganistes.	ORPHELINATS — TOTAL.	TOTAL GÉNÉRAL.	PRODUIT DE LA RÉTRIBUTION SCOLAIRE dans les classes ou les écoles d'adultes.	PRODUIT — d'apprentis.	PRODUIT — du dimanche.	PRODUIT — des manufactures.	PRODUIT — TOTAL.	OBSERVATIONS.
12	13	14	15	16	17	18	19	20	21	22	23	24
″	″	″	″	″	″	34	1,245	″	″	″	1,245	
3	″	3	″	1	1	77	664	4,054	″	600	5,318	
″	″	″	″	″	″	63	3,004	″	″	″	3,004	
″	″	″	″	″	″	11	750	″	″	″	750	
″	″	″	″	″	″	″	″	″	″	″	″	
″	″	″	″	″	″	132	4,144	″	″	″	4,144	
″	″	″	″	″	″	42	2,294	″	″	″	2,294	
2	″	2	″	″	″	94	3,589	2,907	″	235	6,731	
″	″	″	1	″	1	21	365	″	″	″	365	
″	1	1	″	1	1	19	542	″	″	″	542	
″	″	″	″	″	″	35	3,912	″	″	″	3,912	
″	″	″	″	″	″	2	″	″	″	″	″	
″	″	″	″	″	″	53	4,654	″	″	″	4,654	
″	″	″	1	″	1	43	925	285	″	″	1,210	
″	″	″	″	″	″	″	″	″	″	″	″	
″	″	″	″	″	″	3	″	″	″	″	″	
″	″	″	″	″	″	138	6,747	″	″	″	6,747	
″	″	″	″	″	″	74	2,384	″	″	″	2,384	
″	″	″	″	″	″	56	3,278	″	″	″	3,278	
″	″	″	″	″	″	″	″	″	″	″	″	
″	″	″	″	1	1	24	680	″	″	″	680	
″	″	″	″	″	″	69	1,587	″	″	″	1,587	
″	″	″	″	″	″	″	″	″	″	″	″	
″	″	″	″	″	″	63	2,629	″	″	″	2,629	
6	″	6	″	1	1	36	571	″	″	150	721	
″	″	″	″	1	1	39	2,695	″	″	″	2,695	
″	″	″	″	″	″	49	2,890	″	″	″	2,890	
″	″	″	″	″	″	30	1,450	″	″	″	1,450	
″	″	″	″	″	″	30	2,721	″	″	″	2,721	
″	″	″	″	″	″	19	″	″	″	″	″	
″	″	″	″	″	″	54	1,230	″	″	″	1,230	
″	″	″	″	″	″	9	234	″	″	″	234	
1	″	1	3	″	3	102	6,589	″	″	300	6,889	
″	″	″	″	1	1	19	800	″	″	″	800	
″	″	″	″	″	″	78	2,423	″	″	″	2,423	
″	″	″	″	″	″	48	1,880	″	″	″	1,880	
″	″	″	″	″	″	66	3,763	″	″	″	3,763	
″	″	″	″	″	″	78	3,613	″	″	″	3,613	
″	″	″	″	″	″	26	337	″	″	″	337	
″	″	″	″	″	″	13	2,187	″	″	″	2,187	
1	″	1	″	″	″	78	4,251	″	″	″	4,251	
″	″	″	″	2	2	12	630	″	″	″	630	
″	″	″	″	″	″	″	″	″	″	″	″	
″	″	″	″	″	″	121	5,832	2,264	″	″	8,096	
″	″	″	″	″	″	138	5,893	″	″	″	5,893	
″	″	″	″	″	″	4	120	″	″	″	120	
″	″	″	″	″	″	40	2,958	″	″	″	2,958	

TABLEAU N° 28.
(Suite.)

Classes d'adultes. — Classes d'apprentis. — Écoles du dimanche.

DÉPARTEMENTS.	CLASSES D'ADULTES				CLASSES D'APPRENTIS			ÉCOLES DU DIMANCHE.		
	DIRIGÉES			TOTAL.	DIRIGÉES par des instituteurs		TOTAL.	DIRIGÉES par des instituteurs		TOTAL.
	par des instituteurs		toute autre personne.							
	laïques.	congréganistes.			laïques.	congréganistes.		laïques.	congréganistes.	
1	2	3	4	5	6	7	8	9	10	11
Lozère	5	1	″	6	″	″	″	″	″	″
Maine-et-Loire	77	15	″	92	1	″	1	1	″	1
Manche	155	2	″	157	″	″	″	″	″	″
Marne	″	1	2	3	″	″	″	″	″	″
Marne (Haute-)	2	1	″	3	″	″	″	″	″	″
Mayenne	33	3	″	36	″	″	″	″	″	″
Meurthe	263	4	″	267	2	″	2	7	″	7
Meuse	54	″	″	54	16	″	16	″	″	″
Morbihan	11	6	″	17	″	″	″	″	″	″
Moselle	91	2	1	94	″	″	″	4	″	4
Nièvre	57	7	″	64	1	″	1	″	″	″
Nord	152	18	″	170	64	29	93	15	1	16
Oise	17	1	″	18	10	″	10	″	″	″
Orne	49	1	″	50	″	″	″	″	″	″
Pas-de-Calais	112	7	″	119	9	3	12	″	″	″
Puy-de-Dôme	22	2	″	24	″	″	″	″	″	″
Pyrénées (Basses-)	″	1	1	2	″	1	1	″	″	″
Pyrénées (Hautes-)	13	″	″	13	2	″	2	″	″	″
Pyrénées-Orientales	1	″	″	1	″	″	″	″	″	″
Rhin (Bas-)	21	″	″	21	1	″	1	2	2	4
Rhin (Haut-)	11	1	″	12	2	″	2	″	2	2
Rhône	83	13	″	96	″	″	″	″	″	″
Saône (Haute-)	21	1	″	22	″	1	1	″	″	″
Saône-et-Loire	6	1	″	7	″	″	″	″	″	″
Sarthe	17	″	″	17	″	″	″	″	″	″
Savoie	29	1	″	30	″	″	″	″	″	″
Savoie (Haute-)	27	6	″	33	″	1	1	″	″	″
Seine	68	20	1	89	5	6	11	″	17	17
Seine-Inférieure	115	3	″	118	16	″	16	″	″	″
Seine-et-Marne	140	4	″	144	12	″	12	″	″	″
Seine-et-Oise	119	5	″	124	2	1	3	″	″	″
Sèvres (Deux-)	68	3	″	71	″	″	″	″	″	″
Somme	43	4	″	47	″	″	″	″	″	″
Tarn	17	6	″	23	12	3	15	″	″	″
Tarn-et-Garonne	1	1	″	2	″	″	″	″	″	″
Var	55	7	″	62	3	1	4	″	″	″
Vaucluse	21	9	″	30	″	″	″	″	″	″
Vendée	83	″	″	83	″	″	″	″	″	″
Vienne	30	2	″	32	″	″	″	″	″	″
Vienne (Haute-)	24	1	″	25	″	″	″	1	″	1
Vosges	34	″	″	34	″	″	″	1	″	″
Yonne	66	1	″	67	″	″	″	″	″	″
TOTAUX	4,109	272	13	4,394	241	56	297	35	24	59

Écoles annexées à des fabriques, manufactures, etc. — Orphelinats.

ÉCOLES ANNEXÉES À DES FABRIQUES OU MANUFACTURES — DIRIGÉES par des instituteurs — laïques.	congréganistes.	TOTAL.	ORPHELINATS — DIRIGÉS par des instituteurs — laïques.	congréganistes.	TOTAL.	TOTAL GÉNÉRAL.	PRODUIT DE LA RÉTRIBUTION SCOLAIRE — dans les classes ou les écoles — d'adultes.	d'apprentis.	du dimanche	des manufactures.	TOTAL.	OBSERVATIONS.
12	13	14	15	16	17	18	19	20	21	22	23	24
//	//	//	//	//	//	6	//	//	//	//	//	
//	//	//	//	//	//	94	4,841	//	//	//	4,841	
//	//	//	//	//	//	157	2,907	//	//	//	2,907	
//	//	//	//	1	1	4	//	//	//	//	//	
//	//	//	//	//	//	3	450	//	//	//	450	
//	//	//	//	//	//	36	1,350	//	//	//	1,350	
//	1	1	//	//	//	277	7,479	360	//	//	7,839	
1	//	1	//	//	//	71	1,708	277	//	//	1,985	
//	//	//	//	//	//	17	603	//	//	//	603	
//	//	//	//	//	//	98	1,967	//	//	//	1,967	
//	//	//	//	//	//	65	1,140	1,200	//	//	2,340	
12	2	14	//	2	2	295	16,283	18,889	//	7,142	42,314	
1	1	2	//	//	//	30	969	462	//	//	1,431	
//	//	//	//	//	//	50	2,336	//	//	//	2,336	
1	//	1	//	1	1	133	3,098	320	//	//	3,418	
//	//	//	//	1	1	25	505	//	//	//	505	
//	//	//	//	//	//	3	//	//	//	//	//	
//	//	//	//	//	//	15	780	//	//	//	780	
//	//	//	//	1	1	2	//	//	//	//	//	
//	//	//	1	//	1	27	50	//	//	//	50	
26	//	26	//	1	1	43	//	//	//	//	//	
//	//	//	//	//	//	96	4,048	//	//	//	4,048	
1	//	1	//	1	1	25	270	//	//	//	270	
//	//	//	//	//	//	7	595	//	//	//	595	
//	//	//	//	//	//	17	1,136	//	//	//	1,136	
//	//	//	//	//	//	30	700	//	//	//	700	
//	//	//	//	//	//	34	//	//	//	//	//	
//	//	//	//	//	//	117	1,150	//	//	//	1,150	
//	//	//	//	1	1	135	3,297	415	//	//	3,712	
//	//	//	//	//	//	156	7,240	658	//	//	7,898	
1	//	1	1	3	4	132	8,846	175	//	180	9,201	
//	//	//	//	//	//	71	3,691	//	//	//	3,691	
//	//	//	//	//	//	47	3,240	//	//	//	3,240	
2	//	2	//	//	//	40	2,239	1,000	//	//	3,239	
//	//	//	//	//	//	2	//	//	//	//	//	
//	//	//	//	//	//	66	5,650	860	//	//	6,510	
//	//	//	//	//	//	30	3,960	//	//	//	3,960	
//	//	//	//	//	//	83	3,132	//	//	//	3,132	
//	//	//	//	//	//	32	1,360	//	//	//	1,360	
//	//	//	//	//	//	26	359	//	//	//	359	
8	//	8	//	//	//	42	2,193	//	//	//	2,193	
//	//	//	//	//	//	67	3,993	//	//	//	3,993	
66	5	71	7	20	27	4,848	200,025	34,126	//	8,607	242,758	

TABLEAU N° 29.

Population des

DÉPARTEMENTS.	NOMBRE DES ÉLÈVES REÇUS DANS LES CLASSES D'ADULTES — DIRIGÉES PAR DES INSTITUTEURS laïques ou par toute autre personne.			DIRIGÉES PAR DES INSTITUTEURS congréganistes.			TOTAL DES ÉLÈVES		
	Payants.	Gratuits.	TOTAL.	Payants.	Gratuits.	TOTAL.	Payants.	Gratuits.	TOTAL général.
1	2	3	4	5	6	7	8	9	10
Ain	274	13	287	12	4	16	286	17	303
Aisne	182	2	184	″	150	150	182	152	334
Allier	533	″	533	″	18	18	533	18	551
Alpes (Basses-)	128	″	128	″	″	″	128	″	128
Alpes (Hautes-)	″	″	″	″	″	″	″	″	″
Alpes-Maritimes	921	976	1,897	140	158	208	1,061	1,134	2,195
Ardèche	408	″	408	76	172	248	484	172	656
Ardennes	892	60	952	″	120	120	892	180	1,072
Ariége	173	71	244	″	″	″	173	71	244
Aube	169	46	215	″	62	62	169	108	277
Aude	484	″	484	″	170	170	484	170	654
Aveyron	″	″	″	″	286	286	″	286	286
Bouches-du-Rhône	421	327	748	10	529	539	431	856	1,287
Calvados	180	279	459	″	271	271	180	550	730
Cantal	″	″	″	″	″	″	″	″	″
Charente	″	309	309	″	″	″	″	309	309
Charente-Inférieure	1,367	225	1,592	″	110	110	1,367	335	1,702
Cher	894	″	894	″	319	319	894	319	1,213
Corrèze	438	″	438	″	189	189	438	189	627
Corse	″	″	″	″	″	″	″	″	″
Côte-d'Or	171	100	271	″	″	″	171	100	271
Côtes-du-Nord	407	273	680	167	113	280	574	386	960
Creuse	″	″	″	″	″	″	″	″	″
Dordogne	597	51	648	″	″	″	597	51	648
Doubs	137	206	343	″	60	60	137	266	403
Drôme	425	″	425	20	163	183	445	163	608
Eure	503	20	523	″	″	″	503	20	523
Eure-et-Loir	287	120	407	″	″	″	287	120	407
Finistère	285	1,185	1,470	″	565	565	285	1,750	2,035
Gard	68	102	170	″	917	917	68	1,019	1,087
Garonne (Haute-)	352	370	722	″	″	″	352	370	722
Gers	76	″	76	″	″	″	76	″	76
Gironde	925	2,013	2,938	6	1,464	1,470	931	3,477	4,408
Hérault	72	415	487	″	250	250	72	665	737
Ille-et-Vilaine	770	208	978	194	316	510	964	524	1,488
Indre	483	92	575	50	″	50	533	92	625
Indre-et-Loire	713	247	960	″	21	21	713	268	981
Isère	840	275	1,115	″	60	60	840	335	1,175
Jura	145	193	338	″	90	90	145	283	428
Landes	125	47	172	″	″	″	125	47	172
Loir-et-Cher	1,035	″	1,035	9	66	75	1,044	66	1,110
Loire	63	″	63	″	410	410	63	410	473
Loire (Haute-)	″	″	″	″	″	″	″	″	″
Loire Inférieure	1,355	347	1,702	194	162	356	1,549	509	2,058
Loiret	1,802	40	1,842	″	252	252	1,802	292	2,094
Lot	43	9	52	″	″	″	43	9	52
Lot-et-Garonne	389	″	389	″	″	″	389	″	389

classes d'adultes.

NOMBRE DES ÉLÈVES REÇUS DANS LES ÉCOLES D'APPRENTIS						OBSERVATIONS.
LAÏQUES.			CONGRÉGANISTES.			
Payants.	Gratuits.	TOTAL.	Payants.	Gratuits.	TOTAL.	
11	12	13	14	15	16	17
″	″	″	″	″	″	
621	38	659	″	″	″	
″	″	″	″	″	″	
″	″	″	″	″	″	
″	″	″	″	″	″	
″	″	″	″	″	″	
″	100	100	″	″	″	
348	52	400	″	180	180	
″	″	″	″	″	″	
″	115	115	″	″	″	
″	″	″	″	″	″	
″	″	″	″	″	″	
″	″	″	″	90	90	
28	91	119	″	″	″	
″	″	″	″	″	″	
″	″	″	″	″	″	
″	″	″	″	″	″	
″	″	″	″	″	″	
″	″	″	″	″	″	
″	″	″	″	″	″	
″	″	″	″	″	″	
″	″	″	″	″	″	
″	″	″	″	″	″	
″	″	″	″	42	42	
″	81	81	″	160	160	
″	″	″	″	″	″	
″	″	″	″	″	″	
″	″	″	″	″	″	
″	″	″	″	″	″	
″	12	12	″	25	25	
″	12	12	″	″	″	
″	″	″	″	″	″	
″	″	″	″	295	295	
″	50	50	″	″	″	
″	″	″	″	″	″	
″	″	″	″	″	″	
″	″	″	″	40	40	
″	″	″	″	″	″	
″	″	″	″	″	″	
″	″	″	″	″	″	
″	″	″	″	″	″	
″	″	″	″	″	″	
″	″	″	″	″	″	
45	34	79	″	″	″	
″	″	″	″	″	″	
″	″	″	″	″	″	
″	″	″	″	″	″	

TABLEAU N° 29.
(Suite.)

Population des

DÉPARTEMENTS.	NOMBRE DES ÉLÈVES REÇUS DANS LES CLASSES D'ADULTES								
	DIRIGÉES PAR DES INSTITUTEURS						TOTAL DES ÉLÈVES		
	laïques ou par toute autre personne.			congréganistes.					
	Payants.	Gratuits.	TOTAL.	Payants.	Gratuits.	TOTAL.	Payants.	Gratuits.	TOTAL général.
1	2	3	4	5	6	7	8	9	10
Lozère	"	168	168	"	25	25	"	193	193
Maine-et-Loire	1,069	40	1,109	166	250	416	1,235	290	1,525
Manche	1,195	856	2,051	"	110	110	1,195	966	2,161
Marne	"	233	233	"	133	133	"	266	266
Marne (Haute-)	47	"	47	"	112	112	47	112	159
Mayenne	479	40	519	30	178	208	509	218	727
Meurthe	2,697	2,044	4,741	8	127	135	2,705	2,171	4,876
Meuse	488	305	793	"	"	"	488	305	793
Morbihan	135	46	181	14	361	375	149	407	556
Moselle	747	499	1,246	"	293	293	747	792	1,539
Nièvre	380	535	915	52	219	271	432	754	1,186
Nord	2,199	1,036	3,235	"	2,676	2,676	2,199	3,712	5,911
Oise	161	149	310	"	60	60	161	209	370
Orne	568	165	733	"	12	12	568	177	745
Pas-de-Calais	1,488	149	1,637	34	813	847	1,522	962	2,484
Puy-de-Dôme	190	200	390	10	"	10	200	200	400
Pyrénées (Basses-)	"	80	80	"	137	137	"	217	217
Pyrénées (Hautes-)	180	41	221	"	"	"	180	41	221
Pyrénées-Orientales	"	259	259	"	"	"	"	259	259
Rhin (Bas-)	10	613	623	"	"	"	10	613	623
Rhin (Haut-)	"	631	631	"	35	35	"	666	666
Rhône	1,029	466	1,495	85	1,252	1,337	1,114	1,718	2,832
Saône (Haute-)	62	349	411	"	80	80	62	429	491
Saône-et-Loire	38	100	138	"	30	30	38	130	168
Sarthe	242	"	242	"	"	"	242	"	242
Savoie	304	115	419	"	128	128	304	243	547
Savoie (Haute-)	60	298	358	25	187	212	85	485	570
Seine	208	4,486	4,694	"	2,659	2,659	208	7,145	7,353
Seine-Inférieure	987	797	1,784	14	260	274	1,001	1,057	2,058
Seine-et-Marne	1,689	267	1,956	"	314	314	1,689	581	2,270
Seine-et-Oise	1,381	537	1,918	40	384	424	1,421	921	2,342
Sèvres (Deux-)	831	295	1,126	63	130	193	894	425	1,319
Somme	904	"	904	"	341	341	904	341	1,245
Tarn	295	84	379	"	166	166	295	250	545
Tarn-et-Garonne	"	61	61	"	90	90	"	151	151
Var	563	224	787	45	311	356	608	535	1,143
Vaucluse	252	"	252	293	357	650	545	357	902
Vendée	1,196	"	1,196	"	"	"	1,196	"	1,196
Vienne	292	70	362	21	"	21	313	70	383
Vienne (Haute-)	180	116	296	"	155	155	180	271	451
Vosges	645	519	1,164	"	"	"	645	519	1,164
Yonne	1,280	101	1,381	"	35	35	1,280	136	1,416
TOTAUX	44,003	25,595	69,598(1)	1,778	19,887	21,665	45,781	45,482	91,263

classes d'adultes.

NOMBRE DES ÉLÈVES REÇUS DANS LES ÉCOLES D'APPRENTIS						OBSERVATIONS.
LAÏQUES.			CONGRÉGANISTES.			
Payants.	Gratuits.	TOTAL.	Payants.	Gratuits.	TOTAL.	
11	12	13	14	15	16	17
"	"	"	"	"	"	
"	35	35	"	"	"	
"	"	"	"	"	"	
"	"	"	"	"	"	
"	"	"	"	"	"	
"	"	"	"	"	"	
"	74	74	"	"	"	
103	129	232	"	"	"	
"	"	"	"	"	"	
"	"	"	"	"	"	
80	"	80	"	"	"	
423	4,126	4,549	"	768	768	
111	110	221	"	"	"	
"	"	"	"	"	"	
109	146	255	"	604	604	
"	"	"	"	"	"	
"	"	"	"	216	216	
"	85	85	"	"	"	
"	"	"	"	"	"	
"	24	24	"	"	"	
"	210	210	"	"	"	
"	"	"	"	"	"	
"	"	"	"	84	84	
"	"	"	"	"	"	
"	"	"	"	"	"	
"	"	"	"	"	"	
"	"	"	"	53	53	
"	803	803	"	1,256	1,256	
94	783	877	"	"	"	
141	68	209	"	"	"	
6	26	32	10	"	10	
"	"	"	"	"	"	
"	"	"	"	"	"	
110	215	325	"	108	108	
"	"	"	"	"	"	
49	"	49	45	"	45	
"	"	"	"	"	"	
"	"	"	"	"	"	
"	"	"	"	"	"	
"	"	"	"	"	"	
"	"	"	"	"	"	
"	"	"	"	"	"	
2,268	7,419	9,687	55	3,921	3,976	(1) Dont 3,469 dans les classes dirigées par des personnes autres que des instituteurs.

ENSEIGNEMENT PUBLIC.

ÉCOLES DE GARÇONS OU MIXTES.

TABLEAU N° 30.

Population des écoles du dimanche et des écoles établies dans des manufactures.

DÉPARTEMENTS.	NOMBRE DES ÉLÈVES REÇUS DANS LES ÉCOLES DU DIMANCHE dirigées par des instituteurs, laïques.			congréganistes.			NOMBRE DES ÉLÈVES REÇUS DANS LES ÉCOLES DES MANUFACTURES dirigées par des instituteurs laïques.			congréganistes.			NOMBRE DES ÉLÈVES reçus DANS LES ORPHELINATS dirigés par des instituteurs		
	Payants.	Gratuits.	TOTAL.	Payants.	Gratuits.	TOTAL.	Payants.	Gratuits.	TOTAL.	Payants.	Gratuits.	TOTAL.	laïques.	congréganistes	TOTAL.
1	2	3	4	5	6	7	8	9	10	11	12	13	14	15	16
Ain	″	″	″	″	″	″	″	″	″	″	″	″	″	″	″
Aisne	″	″	″	″	″	″	55	″	55	″	″	″	″	″	″
Allier	″	″	″	″	″	″	″	″	″	″	″	″	″	″	″
Alpes (Basses-)	″	″	″	″	″	″	″	″	″	″	″	″	″	″	″
Alpes (Hautes-)	″	″	″	″	″	″	″	″	″	″	″	″	″	″	″
Alpes-Maritimes	″	17	17	″	″	″	″	″	″	″	″	″	″	″	″
Ardèche	″	″	″	″	″	″	″	″	″	″	″	″	″	″	″
Ardennes	″	″	″	″	″	″	″	″	″	″	″	″	″	″	″
Ariége	″	20	20	″	″	″	″	″	″	″	″	″	116	″	116
Aube	″	″	″	″	″	″	″	95	95	″	″	″	″	40	40
Aude	″	″	″	″	″	″	″	″	″	″	″	″	″	″	″
Aveyron	″	″	″	″	″	″	″	″	″	″	″	″	″	″	″
Bouches-du-Rhône	″	″	″	″	″	″	″	″	″	″	″	″	″	″	″
Calvados	″	″	″	″	83	83	″	″	″	″	″	″	75	″	75
Cantal	″	″	″	″	″	″	″	″	″	″	″	″	″	″	″
Charente	″	″	″	″	″	″	″	″	″	″	″	″	″	″	″
Charente-Inférieure	″	″	″	″	″	″	″	″	″	″	″	″	″	″	″
Cher	″	″	″	″	″	″	″	″	″	″	″	″	″	″	″
Corrèze	″	″	″	″	″	″	″	″	″	″	″	″	″	″	″
Corse	″	″	″	″	″	″	″	″	″	″	″	″	″	″	″
Côte-d'Or	″	″	″	″	″	″	″	″	″	″	″	″	″	21	21
Côtes-du-Nord	″	″	″	″	″	″	″	″	″	″	″	″	″	″	″
Creuse	″	″	″	″	″	″	″	″	″	″	″	″	″	″	″
Dordogne	″	″	″	″	″	″	″	″	″	″	″	″	″	″	″
Doubs	″	46	46	″	″	″	15	99	114	″	″	″	″	88	88
Drôme	″	″	″	″	″	″	″	″	″	″	″	″	″	24	24
Eure	″	″	″	″	″	″	″	″	″	″	″	″	″	″	″
Eure-et-Loir	″	″	″	″	″	″	″	″	″	″	″	″	″	″	″
Finistère	″	″	″	″	″	″	″	″	″	″	″	″	″	″	″
Gard	″	″	″	″	″	″	″	″	″	″	″	″	″	″	″
Garonne (Haute-)	″	″	″	″	″	″	″	″	″	″	″	″	″	″	″
Gers	″	″	″	″	″	″	″	″	″	″	″	″	″	″	″
Gironde	″	″	″	″	″	″	80	″	80	″	″	″	118	″	118
Hérault	″	″	″	″	″	″	″	″	″	″	″	″	″	12	12
Ille-et-Vilaine	″	″	″	″	31	31	″	″	″	″	″	″	″	″	″
Indre	″	″	″	″	″	″	″	″	″	″	″	″	″	″	″
Indre-et-Loire	″	″	″	″	″	″	″	″	″	″	″	″	″	″	″
Isère	″	″	″	″	″	″	″	″	″	″	″	″	″	″	″
Jura	″	″	″	″	″	″	″	″	″	″	″	″	″	″	″
Landes	″	″	″	″	″	″	″	″	″	″	″	″	″	″	″
Loir-et-Cher	″	″	″	″	″	″	″	28	28	″	″	″	″	″	″
Loire	″	″	″	″	″	″	″	″	″	″	″	″	″	92	92
Loire (Haute-)	″	″	″	″	″	″	″	″	″	″	″	″	″	″	″
Loire-Inférieure	″	21	21	″	″	″	″	″	″	″	″	″	″	″	″
Loiret	″	″	″	″	″	″	″	″	″	″	″	″	″	″	″
Lot	″	″	″	″	″	″	″	″	″	″	″	″	″	″	″
Lot-et-Garonne	″	″	″	″	″	″	″	″	″	″	″	″	″	″	″

TABLEAU N° 30. (Suite.)

Population des écoles du dimanche et des écoles établies dans des manufactures.

ENSEIGNEMENT PUBLIC.

ÉCOLES DE GARÇONS OU MIXTES.

DÉPARTEMENTS.	NOMBRE DES ÉLÈVES REÇUS DANS LES ÉCOLES DU DIMANCHE dirigées par des instituteurs						NOMBRE DES ÉLÈVES REÇUS DANS LES ÉCOLES DES MANUFACTURES dirigées par des instituteurs						NOMBRE DES ÉLÈVES reçus DANS LES ORPHELINATS dirigés par des instituteurs.		
	laïques.			congréganistes.			laïques.			congréganistes.					
	Payants.	Gratuits.	TOTAL.	Payants.	Gratuits.	TOTAL.	Payants.	Gratuits.	TOTAL.	Payants.	Gratuits.	TOTAL.	laïques.	congréganistes.	TOTAL.
1	2	3	4	5	6	7	8	9	10	11	12	13	14	15	16
Lozère	″	″	″	″	″	″	″	″	″	″	″	″	″	″	″
Maine-et-Loire	″	15	15	″	″	″	″	″	″	″	″	″	″	″	″
Manche	″	″	″	″	″	″	″	″	″	″	″	″	″	″	″
Marne	″	″	″	″	″	″	″	″	″	″	″	″	″	33	33
Marne (Haute-)	″	″	″	″	″	″	″	″	″	″	″	″	″	″	″
Mayenne	″	″	″	″	″	″	″	″	″	″	″	″	″	″	″
Meurthe	″	247	247	″	″	″	″	″	″	″	28	28	″	″	″
Meuse	″	″	″	″	″	″	″	25	25	″	″	″	″	″	″
Morbihan	″	″	″	″	″	″	″	″	″	″	″	″	″	″	″
Moselle	″	105	105	″	″	″	″	″	″	″	″	″	″	″	″
Nièvre	″	″	″	″	″	″	″	″	″	″	″	″	″	″	″
Nord	″	639	639	″	25	25	504	276	780	″	424	424	″	85	85
Oise	″	″	″	″	″	″	″	223	223	″	80	80	″	″	″
Orne	″	″	″	″	″	″	″	″	″	″	″	″	″	″	″
Pas-de-Calais	″	″	″	″	″	″	″	30	30	″	″	″	″	30	30
Puy-de-Dôme	″	″	″	″	″	″	″	″	″	″	″	″	″	26	26
Pyrénées (Basses-)	″	″	″	″	″	″	″	″	″	″	″	″	″	″	″
Pyrénées (Hautes-)	″	″	″	″	″	″	″	″	″	″	″	″	″	″	″
Pyrénées-Orientales	″	″	″	″	″	″	″	″	″	″	″	″	″	29	29
Rhin (Bas-)	″	104	104	″	75	75	″	″	″	″	″	″	278	″	278
Rhin (Haut-)	″	″	″	″	168	168	″	1,430	1,430	″	″	″	″	14	14
Rhône	″	″	″	″	″	″	″	″	″	″	″	″	″	″	″
Saône (Haute-)	″	″	″	″	″	″	″	15	15	″	″	″	″	84	84
Saône-et-Loire	″	″	″	″	″	″	″	″	″	″	″	″	″	″	″
Sarthe	″	″	″	″	″	″	″	″	″	″	″	″	″	″	″
Savoie	″	″	″	″	″	″	″	″	″	″	″	″	″	″	″
Savoie (Haute-)	″	″	″	″	″	″	″	″	″	″	″	″	″	″	″
Seine	″	″	″	″	2,554	2,554	″	″	″	″	″	″	″	″	″
Seine-Inférieure	″	″	″	″	″	″	″	″	″	″	″	″	″	90	90
Seine-et-Marne	″	″	″	″	″	″	″	″	″	″	″	″	″	″	″
Seine-et-Oise	″	″	″	″	″	″	12	″	12	″	″	″	60	291	351
Sèvres (Deux-)	″	″	″	″	″	″	″	″	″	″	″	″	″	″	″
Somme	″	″	″	″	″	″	″	″	″	″	″	″	″	″	″
Tarn	″	″	″	″	″	″	″	104	104	″	″	″	″	″	″
Tarn-et-Garonne	″	″	″	″	″	″	″	″	″	″	″	″	″	″	″
Var	″	″	″	″	″	″	″	″	″	″	″	″	″	″	″
Vaucluse	″	″	″	″	″	″	″	″	″	″	″	″	″	″	″
Vendée	″	″	″	″	″	″	″	″	″	″	″	″	″	″	″
Vienne	″	″	″	″	″	″	″	″	″	″	″	″	″	″	″
Vienne (Haute-)	″	100	100	″	″	″	″	″	″	″	″	″	″	″	″
Vosges	″	″	″	″	″	″	″	190	190	″	″	″	″	″	″
Yonne	″	″	″	″	″	″	″	″	″	″	″	″	″	″	″
TOTAUX	″	1,314	1,314	″	2,936	2,996	666	2,515	3,181	″	532	532	647	959	1,606

2°

ÉCOLES DE FILLES.

2°

ÉCOLES DE FILLES.

N° 31. Situation des communes en ce qui concerne les écoles publiques de filles.
N° 32. Écoles publiques de filles : *laïques, congréganistes.*
N° 33. Écoles payantes, gratuites.
N° 34. Écoles classées d'après le culte auquel appartiennent les enfants qui les fréquentent.
N° 35. Écoles classées d'après la tenue de la classe et la direction de l'enseignement.
N° 36. Écoles classées d'après les matières qui y sont enseignées.

Voyez, pour ces deux dernières classifications, les observations qui ont été faites sur les tableaux correspondants des écoles de garçons, nos 5 et 6, page 3.

N° 37 Maisons d'école, appartenant aux communes, à des particuliers,... pourvues ou non des dépendances nécessaires, convenables ou non convenables.
N° 38. Mobiliers des écoles, suffisants ou insuffisants, en bon ou en mauvais état.

Voyez les observations faites sur les tableaux correspondants, nos 8 et 9 des écoles de garçons, page 3.

N° 39. Chauffage des écoles, par les communes ou par les familles.
N° 40. Population des écoles de filles.
N° 41. Élèves classées d'après le culte auquel elles appartiennent.
N° 42. Durée de la fréquentation des écoles de filles.

Voyez, à propos de cette durée, les observations faites sur les tableaux correspondants, nos 17 et 18 des écoles de garçons, page 4.

N° 43. Personnel des institutrices dirigeant des écoles de filles.
N° 44. État civil des institutrices laïques dirigeant des écoles de filles.
N° 45. Institutrices classées d'après le culte auquel elles appartiennent.
N° 46. Titres de capacité des institutrices dirigeant des écoles de filles.
N° 47. Dépenses des écoles *laïques* de filles.
N° 48. Dépenses des écoles *congréganistes* de filles.

Les chiffres portés dans ces deux tableaux n'ont pas une valeur absolue. Jusqu'à présent, la loi n'ayant fixé aucun chiffre pour le traitement minimum des institutrices publiques, ni pour celui de leurs adjointes, il arrive trop fréquemment que les traitements portés aux budgets des communes sont tout à fait insuffisants ; alors des pères de familles, des personnes charitables, viennent au secours de l'école, par des souscriptions, des dons en argent ou en nature, dont il est difficile, pour ne pas dire impossible, de connaître la valeur. Ailleurs, ce sont des hôpitaux, des hospices, des bureaux de bienfaisance, qui fournissent tout ou partie des dépenses de l'école, en logeant et quelquefois en nourrissant les institutrices. Dans tous ces cas, il est impossible d'apprécier avec précision les chiffres des diverses dépenses de l'école, et surtout des traitements des institutrices et des adjointes.

N° 49. Moyenne des revenus scolaires des institutrices laïques, d'après l'importance des communes dans lesquelles elles exercent.

Les anomalies que présente cette moyenne dans quelques départements, tels que le Gers, le Loiret, la Vendée, où l'on trouve 2,324 francs, 1,099 francs, 1,110 francs, à côté de 464 francs, 822 francs et 399 francs, s'expliquent par le petit nombre des traitements qui entrent dans le calcul des moyennes. Il n'y a souvent que deux ou trois institutrices qui se trouvent dans ces positions exceptionnelles, et quelquefois une seule.

N° 50. Dépenses diverses relatives aux écoles de filles.

N° 51. Pensionnats primaires annexés à des écoles de filles.

N° 52. Classes d'adultes. — Écoles du dimanche.

N° 53. Ouvroirs. — Orphelinats.

Situation des communes en ce qui concerne les écoles de filles.

ÉCOLES DE FILLES.

DÉPARTEMENTS.	NOMBRE DES COMMUNES — POURVUES DE MOYENS D'ENSEIGNEMENT, possédant au moins une école publique de filles.	qui n'ont pas d'école publique, mais une école libre en tenant lieu.	réunies pour l'entretien d'une école publique de filles.	TOTAL.	DÉPOURVUES d'école spéciale pour les filles.	TOTAL GÉNÉRAL.	COMMUNES QUI ENTRETIENNENT une seule école de filles.	plusieurs écoles de filles.	COMMUNES PROPRIÉTAIRES de leurs maisons d'école.	NON PROPRIÉTAIRES de leurs maisons d'école.
1	2	3	4	5	6	7	8	9	10	11
Ain	196	100	4	300	150	450	194	2	99	97
Aisne	223	19	2	244	502	836	219	4	146	77
Allier	57	45	"	102	215	317	56	1	24	33
Alpes (Basses-)	80	34	"	114	140	254	77	3	43	37
Alpes (Hautes-)	123	10	"	133	56	189	115	8	53	70
Alpes-Maritimes	65	7	2	74	72	146	62	3	18	47
Ardèche	134	126	"	260	79	339	127	7	60	74
Ardennes	157	13	"	170	308	478	152	5	116	41
Ariége	63	33	20	116	220	336	60	3	17	46
Aube	81	13	4	98	348	446	80	1	71	10
Aude	89	72	"	161	273	434	88	1	31	58
Aveyron	129	150	"	279	3	282	96	33	13	116
Bouches-du-Rhône	60	36	"	96	10	106	56	4	22	38
Calvados	215	75	81	371	396	767	209	6	130	85
Cantal	150	65	"	215	44	259	140	10	25	125
Charente	43	130	"	173	255	428	42	1	15	28
Charente-Inférieure	120	119	21	260	219	479	117	3	39	81
Cher	68	25	10	103	187	290	56	12	28	40
Corrèze	51	74	"	125	161	286	49	2	12	39
Corse	71	10	"	81	272	353	70	1	7	64
Côte-d'Or	189	49	9	247	470	717	186	3	149	40
Côtes-du-Nord	137	96	"	233	149	382	131	6	80	57
Creuse	48	56	"	104	157	261	47	1	14	34
Dordogne	79	65	"	144	438	582	76	3	18	61
Doubs	283	7	81	371	268	639	277	6	263	20
Drôme	180	30	"	210	156	366	155	25	88	92
Eure	101	77	23	201	499	700	99	2	57	44
Eure-et-Loir	69	42	"	111	315	426	66	3	41	28
Finistère	64	103	"	167	117	284	62	2	28	36
Gard	208	29	1	238	110	348	174	34	108	100
Garonne (Haute-)	52	187	"	239	339	578	52	"	26	26
Gers	53	160	"	213	253	466	53	"	33	20
Gironde	290	80	92	462	85	547	282	8	127	163
Hérault	124	92	3	219	112	331	114	10	50	74
Ille-et-Vilaine	162	84	4	250	100	350	159	3	66	96
Indre	55	31	"	86	159	245	49	2	26	25
Indre-et-Loire	68	33	3	114	167	281	66	2	41	27
Isère	377	48	3	428	122	550	357	20	166	211
Jura	276	12	35	323	260	583	273	3	233	43
Landes	103	42	2	147	184	331	102	1	44	59
Loir-et-Cher	66	60	1	127	171	298	65	1	46	20
Loire	198	34	4	236	84	320	186	12	38	160
Loire (Haute-)	17	124	"	141	119	260	15	2	6	11
Loire-Inférieure	110	93	"	203	5	208	103	7	46	64
Loiret	141	34	15	190	159	349	138	3	107	34
Lot	38	202	"	240	75	315	37	1	5	33
Lot-et-Garonne	48	104	5	157	159	316	47	1	23	25

Situation des communes en ce qui concerne les écoles de filles.

DÉPARTEMENTS.	NOMBRE DES COMMUNES — POURVUES DE MOYENS D'ENSEIGNEMENT, possédant au moins une école publique de filles.	qui n'ont pas d'école publique, mais une école libre en tenant lieu.	réunies pour l'entretien d'une école publique de filles.	TOTAL.	DÉPOURVUES d'école spéciale pour les filles.	TOTAL GÉNÉRAL.	COMMUNES QUI ENTRETIENNENT une seule école de filles.	plusieurs écoles de filles.	COMMUNES PROPRIÉTAIRES de leurs maisons d'école.	NON PROPRIÉTAIRES de leurs maisons d'école.
1	2	3	4	5	6	7	8	9	10	11
Lozère	149	42	"	191	2	193	98	51	47	102
Maine-et-Loire	189	88	1	278	98	376	184	5	114	75
Manche	613	12	9	634	10	644	604	9	434	179
Marne	207	5	2	214	453	667	203	4	168	39
Marne (Haute-)	218	19	2	239	311	550	213	5	188	30
Mayenne	206	20	"	226	48	274	204	2	175	31
Meurthe	364	4	5	373	341	714	358	6	338	26
Meuse	290	8	3	301	286	587	283	7	267	23
Morbihan	52	67	"	119	118	237	51	1	27	25
Moselle	286	2	2	290	339	629	281	5	257	29
Nièvre	70	11	5	86	228	314	67	3	45	25
Nord	394	47	24	465	195	660	372	22	229	165
Oise	151	41	4	196	504	700	148	3	108	43
Orne	170	43	17	230	281	511	162	8	59	111
Pas-de-Calais	181	119	6	306	597	903	175	6	126	55
Puy-de-Dôme	59	249	"	308	135	443	54	5	25	34
Pyrénées (Basses-)	164	64	1	229	330	559	157	7	74	90
Pyrénées (Hautes-)	156	92	9	257	222	479	155	1	47	109
Pyrénées-Orientales	20	87	"	117	113	230	19	1	5	15
Rhin (Bas-)	272	1	"	273	269	542	240	32	259	13
Rhin (Haut-)	279	3	10	292	198	490	263	16	270	9
Rhône	45	172	2	219	39	258	42	3	19	26
Saône (Haute-)	366	5	15	386	197	583	366	"	356	10
Saône-et-Loire	171	147	14	332	251	583	169	2	103	68
Sarthe	216	38	6	260	129	389	212	4	140	76
Savoie	188	81	5	274	51	325	185	3	95	93
Savoie (Haute-)	224	8	17	249	60	309	218	6	147	77
Seine	53	9	"	62	8	70	50	3	44	9
Seine-Inférieure	277	77	42	396	363	759	265	12	98	179
Seine-et-Marne	121	43	6	170	357	527	117	4	94	27
Seine-et-Oise	165	71	28	264	420	684	159	6	139	26
Sèvres (Deux-)	63	64	"	127	228	355	56	7	18	45
Somme	231	68	2	301	531	832	228	3	199	32
Tarn	58	103	"	161	155	316	50	8	8	50
Tarn-et-Garonne	56	48	"	104	89	193	53	3	16	40
Var	65	50	"	115	28	143	64	1	34	31
Vaucluse	102	8	3	113	36	149	94	8	74	28
Vendée	141	73	2	216	82	298	137	4	48	93
Vienne	34	81	1	116	180	296	33	1	17	17
Vienne (Haute-)	25	59	"	84	116	200	18	7	7	18
Vosges	282	3	24	309	239	548	271	8	264	18
Yonne	127	47	4	178	305	483	124	3	99	28
TOTAUX	13,207	5,469	696	19,372	18,138	37,510	12,641	566	7,603	5,604

Écoles de filles.

DÉPARTEMENTS.	NOMBRE DES ÉCOLES DE FILLES — DIRIGÉES PAR DES INSTITUTRICES — laïques.	congréganistes.	TOTAL.	dans lesquelles LES INSTITUTRICES ont des adjointes — laïques.	congréganistes.
1	2	3	4	5	6
Ain	84	114	198	5	110
Aisne	105	123	228	19	110
Allier	21	39	60	//	34
Alpes (Basses-)	42	43	85	//	23
Alpes (Hautes-)	28	95	123	1	10
Alpes-Maritimes	50	26	76	4	26
Ardèche	28	113	141	1	110
Ardennes	91	75	166	18	68
Ariége	39	27	66	2	27
Aube	26	60	86	6	60
Aude	37	53	90	1	53
Aveyron	99	65	164	2	55
Bouches-du-Rhône	18	74	92	5	74
Calvados	94	138	232	23	75
Cantal	111	49	160	6	28
Charente	35	9	44	3	9
Charente-Inférieure	90	35	125	10	26
Cher	32	54	86	5	32
Corrèze	24	29	53	1	15
Corse	62	10	72	//	10
Côte-d'Or	71	124	195	13	119
Côtes-du-Nord	72	69	141	6	29
Creuse	41	8	49	1	10
Dordogne	55	27	82	1	25
Doubs	162	135	297	4	18
Drôme	56	150	206	13	98
Eure	22	82	104	//	41
Eure-et-Loir	28	44	72	11	33
Finistère	36	31	67	12	30
Grda	95	157	252	1	138
Garonne (Haute-)	27	25	52	1	21
Gers	32	21	53	//	20
Gironde	202	114	316	17	109
Hérault	72	66	138	5	57
Ille-et-Vilaine	72	94	166	10	78
Indre	28	26	54	4	24
Indre-et-Loire	23	49	72	2	45
Isère	224	184	408	28	157
Jura	196	83	279	13	56
Landes	61	43	104	11	43
Loir-et-Cher	28	39	67	7	35
Loire	14	209	223	4	193
Loire (Haute-)	2	17	19	//	6
Loire-Inférieure	61	51	112	9	49
Loiret	81	73	154	3	71
Lot	27	12	39	1	9
Lot-et-Garonne	30	19	49	7	19
Lozère	205	19	224	//	19
Maine-et-Loire	63	133	196	21	118
Manche	228	208	436	17	92
Marne	114	102	216	11	70
Marne (Haute-)	34	189	223	1	153
Mayenne	42	168	210	3	166
Meurthe	15	362	377	3	92
Meuse	71	226	297	6	59
Morbihan	19	34	53	4	27
Moselle	37	269	306	8	41
Nièvre	25	50	75	4	49
Nord	213	219	432	60	206
Oise	47	108	155	9	63
Orne	68	112	180	16	69
Pas-de-Calais	85	105	190	22	93
Puy-de-Dôme	26	41	67	4	39
Pyrénées (Basses-)	93	77	170	1	9
Pyrénées (Hautes-)	136	21	157	1	21
Pyrénées-Orientales	17	5	22	1	4
Rhin (Bas-)	88	240	328	24	104
Rhin (Haut-)	38	259	297	10	155
Rhône	35	65	100	2	65
Saône (Haute-)	251	119	370	26	62
Saône-et-Loire	59	115	174	11	99
Sarthe	100	122	222	6	115
Savoie	157	34	191	24	33
Savoie (Haute-)	133	97	230	3	97
Seine	77	79	156	43	52
Seine-Inférieure	23	285	308	7	110
Seine-et-Marne	53	71	124	9	53
Seine-et-Oise	88	85	173	13	66
Sèvres (Deux-)	46	24	70	4	23
Somme	56	194	250	4	116
Tarn	34	32	66	2	31
Tarn-et-Garonne	22	37	59	1	36
Var	32	34	66	10	30
Vaucluse	22	107	129	2	74
Vendée	81	65	146	9	64
Vienne	12	24	36	1	23
Vienne (Haute-)	15	12	27	3	11
Vosges	47	258	305	8	104
Yonne	57	72	129	8	64
TOTAUX	5,998	8,061	14,059	718	5,474

ÉCOLES DE FILLES.

Écoles payantes et gratuites.

DÉPARTEMENTS.	Payantes dirigées par des institutrices laïques.	Payantes dirigées par des institutrices congréganistes.	Payantes TOTAL.	Gratuites dirigées par des institutrices laïques.	Gratuites dirigées par des institutrices congréganistes.	Gratuites TOTAL.	TOTAL GÉNÉRAL.
1	2	3	4	5	6	7	8
Ain	83	97	180	1	17	18	198
Aisne	104	101	205	1	22	23	228
Allier	20	27	47	1	12	13	60
Alpes (Basses-)	41	37	78	1	6	7	85
Alpes (Hautes-)	28	85	113	//	10	10	123
Alpes-Maritimes	28	20	48	22	6	28	76
Ardèche	28	101	129	//	12	12	141
Ardennes	80	56	136	11	19	30	166
Ariége	37	20	57	2	7	9	66
Aube	25	46	71	1	14	15	86
Aude	36	44	80	1	9	10	90
Aveyron	99	64	163	//	1	1	164
Bouches-du-Rhône	17	47	64	1	27	28	92
Calvados	91	107	198	3	31	34	232
Cantal	111	46	157	//	3	3	160
Charente	35	5	40	//	4	4	44
Charente-Inférieure	85	25	110	5	10	15	125
Cher	31	35	66	1	19	20	86
Corrèze	23	27	50	1	2	3	53
Corse	62	4	66	//	6	6	72
Côte-d'Or	45	84	129	26	40	66	195
Côtes-du-Nord	72	62	134	//	7	7	141
Creuse	41	7	48	//	1	1	49
Dordogne	55	25	80	//	2	2	82
Doubs	101	49	150	61	86	147	297
Drôme	55	146	201	1	4	5	206
Eure	22	73	95	//	9	9	104
Eure-et-Loir	28	35	63	//	9	9	72
Finistère	34	27	61	2	4	6	67
Gard	85	135	220	10	22	32	252
Garonne (Haute-)	26	11	37	1	14	15	52
Gers	32	18	50	//	3	3	53
Gironde	199	82	281	3	32	35	316
Hérault	71	35	106	1	31	32	138
Ille-et-Vilaine	70	88	158	2	6	8	166
Indre	28	18	46	//	8	8	54
Indre-et-Loire	21	42	63	2	7	9	72
Isère	217	171	388	7	13	20	408
Jura	160	41	201	36	42	78	279
Landes	59	19	78	2	24	26	104
Loir-et-Cher	28	35	63	//	4	4	67
Loire	13	191	204	1	18	19	223
Loire (Haute-)	2	14	16	//	3	3	19
Loire-Inférieure	60	45	105	1	6	7	112
Loiret	80	53	133	1	20	21	154
Lot	27	12	39	//	//	//	39
Lot-et-Garonne	29	14	43	1	5	6	49
Lozère	202	10	212	3	9	12	224
Maine-et-Loire	56	113	169	7	20	27	196
Manche	205	180	385	23	28	51	436
Marne	110	82	192	4	20	24	216
Marne (Haute-)	27	119	146	7	70	77	223
Mayenne	40	163	203	2	5	7	210
Meurthe	15	323	338	//	39	39	377
Meuse	65	198	263	6	28	34	207
Morbihan	18	29	47	1	5	6	53
Moselle	36	254	290	1	15	16	306
Nièvre	25	42	67	//	8	8	75
Nord	201	177	378	12	42	54	432
Oise	46	87	133	1	21	22	155
Orne	68	103	171	//	9	9	180
Pas-de-Calais	84	88	172	1	17	18	190
Puy-de-Dôme	26	33	59	//	8	8	67
Pyrénées (Basses-)	90	45	135	3	32	35	170
Pyrénées (Hautes-)	134	10	144	2	11	13	157
Pyrénées-Orientales	17	2	19	//	3	3	22
Rhin (Bas-)	75	183	258	13	57	70	328
Rhin (Haut-)	33	140	173	5	119	124	297
Rhône	14	31	45	21	34	55	100
Saône (Haute-)	172	57	229	79	62	141	370
Saône-et-Loire	57	105	162	2	10	12	174
Sarthe	100	114	214	//	8	8	222
Savoie	130	26	156	27	8	35	191
Savoie (Haute-)	103	55	158	30	42	72	230
Seine	25	19	44	52	60	112	156
Seine-Inférieure	19	253	472	4	32	36	308
Seine-et-Marne	51	54	105	2	17	19	124
Seine-et-Oise	81	60	141	7	25	32	173
Sèvres (Deux-)	45	16	61	1	8	9	70
Somme	55	179	234	1	15	16	250
Tarn	32	25	57	2	7	9	66
Tarn-et-Garonne	22	36	58	//	1	1	59
Var	29	28	57	3	6	9	66
Vaucluse	20	91	111	2	16	18	129
Vendée	77	61	138	4	4	8	146
Vienne	12	14	26	//	10	10	36
Vienne (Haute-)	15	9	24	//	3	3	27
Vosges	46	225	271	1	33	34	305
Yonne	53	62	115	4	10	14	129
TOTAUX	5,455	6,427	11,882	543	1,634	2,177	14,059

Écoles classées d'après le culte auquel appartiennent les enfants qui les fréquentent.

DÉPARTEMENTS.	NOMBRE DES ÉCOLES				
	CATHOLIQUES.	PROTESTANTES.	ISRAÉLITES.	COMMUNES aux enfants de plusieurs cultes.	TOTAL.
1	2	3	4	5	6
Ain	198	″	″	″	198
Aisne	227	″	″	1	228
Allier	60	″	″	″	60
Alpes (Basses-)	85	″	″	″	85
Alpes (Hautes-)	123	″	″	″	123
Alpes-Maritimes	76	″	″	″	76
Ardèche	131	10	″	″	141
Ardennes	165	1	″	″	166
Ariége	62	3	″	1	66
Aube	86	″	″	″	86
Aude	90	″	″	″	90
Aveyron	161	3	″	″	164
Bouches-du-Rhône	91	″	″	1	92
Calvados	232	″	″	″	232
Cantal	160	″	″	″	160
Charente	44	″	″	″	44
Charente-Inférieure	123	2	″	″	125
Cher	86	″	″	″	86
Corrèze	53	″	″	″	53
Corse	72	″	″	″	72
Côte-d'Or	195	″	″	″	195
Côtes-du-Nord	141	″	″	″	141
Creuse	49	″	″	″	49
Dordogne	79	″	″	3	82
Doubs	288	9	″	″	297
Drôme	190	13	″	3	206
Eure	104	″	″	″	104
Eure-et-Loir	72	″	″	″	72
Finistère	67	″	″	″	67
Gard	181	63	1	7	252
Garonne (Haute-)	51	1	″	″	52
Gers	53	″	″	″	53
Gironde	310	5	1	″	316
Hérault	131	7	″	″	138
Ille-et-Vilaine	166	″	″	″	166
Indre	54	″	″	″	54
Indre-et-Loire	72	″	″	″	72
Isère	404	4	″	″	408
Jura	279	″	″	″	279
Landes	104	″	″	″	104
Loir-et-Cher	67	″	″	″	67
Loire	222	1	″	″	223
Loire (Haute-)	18	1	″	″	19
Loire-Inférieure	112	″	″	″	112
Loiret	153	1	″	″	154
Lot	39	″	″	″	39
Lot-et-Garonne	47	2	″	″	49
Lozère	218	6	″	″	224
Maine-et-Loire	196	″	″	″	196
Manche	436	″	″	″	436
Marne	216	″	″	″	216
Marne (Haute-)	223	″	″	″	223
Mayenne	210	″	″	″	210
Meurthe	358	″	″	19	377
Meuse	297	″	″	″	297
Morbihan	53	″	″	″	53
Moselle	298	2	1	5	306
Nièvre	75	″	″	″	75
Nord	431	1	″	″	432
Oise	155	″	″	″	155
Orne	180	″	″	″	180
Pas-de-Calais	190	″	″	″	190
Puy-de-Dôme	67	″	″	″	67
Pyrénées (Basses-)	169	1	″	″	170
Pyrénées (Hautes-)	157	″	″	″	157
Pyrénées-Orientales	22	″	″	″	22
Rhin (Bas-)	244	81	3	″	328
Rhin (Haut-)	270	24	2	1	297
Rhône	98	2	″	″	100
Saône (Haute)	366	4	″	″	370
Saône-et-Loire	173	″	″	1	174
Sarthe	222	″	″	″	222
Savoie	191	″	″	″	191
Savoie (Haute-)	230	″	″	″	230
Seine	151	4	1	″	156
Seine-Inférieure	306	2	″	″	308
Seine-et-Marne	122	2	″	″	124
Seine-et-Oise	173	″	″	″	173
Sèvres (Deux-)	60	9	″	1	70
Somme	250	″	″	″	250
Tarn	59	7	″	″	66
Tarn-et-Garonne	57	2	″	″	59
Var	66	″	″	″	66
Vaucluse	125	4	″	″	129
Vendée	145	1	″	″	146
Vienne	35	1	″	″	36
Vienne (Haute-)	27	″	″	″	27
Vosges	303	2	″	″	305
Yonne	129	″	″	″	129
TOTAL	13,726	281	9	43	14,059

ÉCOLES DE FILLES.

Écoles classées d'après la tenue de la classe et la direction de l'enseignement.

DÉPARTEMENTS.	ÉCOLES LAÏQUES dont la tenue et la direction sont					ÉCOLES CONGRÉGANISTES dont la tenue et la direction sont					TOTAL des écoles laïques et congréganistes					
	bonnes.	assez bonnes.	passables.	médiocres.	mauvaises.	bonnes.	assez bonnes.	passables.	médiocres.	mauvaises.	bonnes.	assez bonnes.	passables.	médiocres.	mauvaises.	TOTAL général.
1	2	3	4	5	6	7	8	9	10	11	12	13	14	15	16	17
Ain	28	23	25	6	2	49	36	24	4	1	77	59	49	10	3	198
Aisne	42	49	13	"	1	56	43	17	5	2	98	92	30	5	3	228
Allier	4	9	6	2	"	13	11	14	1	"	17	20	20	3	"	60
Alpes (Basses-)	17	18	7	"	"	17	17	9	"	"	34	35	16	"	"	85
Alpes (Hautes-)	2	10	12	4	"	13	38	35	7	2	15	48	47	11	2	123
Alpes-Maritimes	16	21	8	4	1	11	8	2	5	"	27	29	10	9	1	76
Ardèche	5	5	5	7	6	11	35	41	20	6	16	40	46	27	12	141
Ardennes	60	22	4	3	2	59	12	3	1	"	119	34	7	4	2	166
Ariége	5	12	15	6	1	2	15	8	2	"	7	27	23	8	1	66
Aube	14	8	2	2	"	16	32	7	4	1	30	40	9	6	1	86
Aude	17	8	9	3	"	19	13	12	9	"	36	21	21	12	"	90
Aveyron	6	40	37	11	5	23	24	15	3	"	29	64	52	14	5	164
Bouches-du-Rhône	1	8	9	"	"	11	22	20	21	"	12	30	29	21	"	92
Calvados	38	33	17	4	2	81	35	19	1	"	119	70	36	5	2	232
Cantal	31	55	22	3	"	21	20	8	1	"	52	75	30	3	"	160
Charente	10	14	9	2	"	5	3	1	"	"	15	17	10	2	"	44
Charente-Inférieure	29	22	24	13	2	14	14	5	2	"	43	36	29	15	2	125
Cher	2	9	8	5	8	3	10	24	15	2	5	19	32	20	10	86
Corrèze	4	13	5	1	1	11	6	7	4	1	15	19	12	5	2	53
Corse	16	18	22	5	1	5	3	2	"	"	21	21	24	5	1	72
Côte-d'Or	27	24	15	5	"	43	38	36	7	"	70	62	51	12	"	195
Côtes-du-Nord	29	29	10	4	"	31	23	10	5	"	60	52	20	9	"	141
Creuse	26	10	4	1	"	4	2	2	"	"	30	12	6	1	"	49
Dordogne	19	16	14	6	"	11	7	5	4	"	30	23	19	10	"	82
Doubs	23	42	80	13	4	40	32	49	14	"	63	74	129	27	4	297
Drôme	8	20	24	1	3	18	31	49	35	17	26	51	73	36	20	206
Eure	7	7	3	4	1	18	23	19	16	6	25	30	22	20	7	104
Eure-et-Loir	9	12	7	"	"	26	13	4	1	"	35	25	11	1	"	72
Finistère	17	5	6	5	3	17	7	2	5	"	34	12	8	10	3	67
Gard	28	36	22	8	1	24	47	63	21	2	52	83	85	29	3	252
Garonne (Haute-)	3	13	8	3	"	8	8	7	2	"	11	21	15	5	"	52
Gers	11	9	6	6	"	12	6	2	"	1	23	15	8	6	1	53
Gironde	55	74	61	12	"	35	43	29	6	1	90	117	90	18	1	316
Hérault	30	34	6	2	"	22	34	8	2	"	52	68	14	4	"	138
Ille-et-Vilaine	16	18	13	23	2	29	35	25	5	"	45	53	38	28	2	166
Indre	2	7	11	7	1	2	13	11	"	"	4	20	22	7	1	54
Indre-et-Loire	10	12	1	"	"	37	10	1	1	"	47	22	2	1	"	72
Isère	55	72	74	18	5	46	66	51	17	4	101	138	125	35	9	408
Jura	36	72	68	20	"	17	18	38	9	1	53	90	106	29	1	279
Landes	23	16	15	5	2	22	11	8	2	"	45	27	23	7	2	104
Loir-et-Cher	12	15	"	1	"	9	21	8	1	"	21	36	8	2	"	67
Loire	2	5	3	2	2	51	54	55	32	17	53	59	58	34	19	223
Loire (Haute-)	1	"	1	"	"	5	7	3	2	"	6	7	4	2	"	19
Loire-Inférieure	12	28	14	7	"	17	22	12	"	"	29	50	26	7	"	112
Loiret	47	25	7	2	"	44	23	3	3	"	91	48	10	5	"	154
Lot	11	9	3	3	1	3	4	4	"	1	14	13	7	3	2	39
Lot-et-Garonne	10	12	7	1	"	13	3	3	"	"	23	15	10	1	"	49

Écoles classées d'après la tenue de la classe et la direction de l'enseignement.

ÉCOLES DE FILLES.

DÉPARTEMENTS.	ÉCOLES LAÏQUES dont la tenue et la direction sont					ÉCOLES CONGRÉGANISTES dont la tenue et la direction sont					TOTAL des écoles laïques et congréganistes					
	bonnes.	assez bonnes.	pas-sables.	mé-diocres.	mau-vaises.	bonnes.	assez bonnes.	pas-sables.	mé-diocres.	mau-vaises.	bonnes.	assez bonnes.	pas-sables.	mé-diocres.	mau-vaises.	TOTAL général.
1	2	3	4	5	6	7	8	9	10	11	12	13	14	15	16	17
Lozère	30	49	77	39	10	5	10	3	1	″	35	59	80	40	10	224
Maine-et-Loire	16	20	22	4	1	44	46	30	10	″	60	69	52	14	1	196
Manche	119	69	22	14	4	79	100	25	3	1	198	169	47	17	5	436
Marne	33	38	22	20	1	44	20	16	20	2	77	58	38	40	3	216
Marne (Haute-)	20	10	4	″	″	107	56	20	5	1	127	66	24	5	1	223
Mayenne	7	19	7	6	3	69	90	8	1	″	76	109	15	7	3	210
Meurthe	8	5	1	1	″	88	98	79	54	43	96	103	80	55	43	377
Meuse	38	20	12	1	″	73	88	44	18	3	111	108	56	19	3	297
Morbihan	9	5	4	″	1	9	14	10	1	″	18	19	14	1	1	53
Moselle	26	7	3	1	″	108	58	49	34	20	134	65	52	35	20	306
Nièvre	8	6	10	1	″	10	20	15	4	1	18	26	25	5	1	75
Nord	100	65	27	16	5	113	69	30	7	″	213	134	57	23	5	432
Oise	16	16	10	5	″	37	24	25	20	2	53	40	35	25	2	155
Orne	28	29	6	3	2	44	49	10	9	″	72	78	16	12	2	180
Pas-de-Calais	43	30	8	4	″	59	34	12	″	″	102	64	20	4	″	190
Puy-de-Dôme	12	10	3	1	″	28	10	3	″	″	40	20	6	1	″	67
Pyrénées (Basses-)	24	37	22	9	1	17	18	29	12	1	41	55	51	21	2	170
Pyrénées (Hautes-)	29	70	27	1	″	8	12	1	″	″	37	91	28	1	″	157
Pyrénées-Orientales	4	5	5	2	1	″	1	4	″	″	4	6	9	2	1	22
Rhin (Bas-)	37	30	14	7	″	71	79	53	36	1	108	109	67	43	1	328
Rhin (Haut-)	28	8	2	″	″	140	86	28	4	1	168	94	30	4	1	297
Rhône	16	14	4	1	″	32	27	4	2	″	48	41	8	3	″	100
Saône (Haute-)	105	84	47	12	3	43	38	29	8	1	148	122	76	20	4	370
Saône-et-Loire	28	21	9	1	″	40	41	29	5	″	68	62	38	6	″	174
Sarthe	18	39	25	14	4	51	44	23	4	″	69	83	48	18	4	222
Savoie	8	49	74	26	″	13	17	4	″	″	21	66	78	26	″	191
Savoie (Haute-)	6	19	76	25	7	13	42	35	6	1	19	61	111	31	8	230
Seine	47	15	9	4	2	52	17	7	3	″	99	32	16	7	2	156
Seine-Inférieure	15	6	1	″	1	82	77	102	24	″	97	83	103	24	1	308
Seine-et-Marne	25	13	13	2	″	11	22	30	8	″	36	35	43	10	″	124
Seine-et-Oise	50	24	12	1	1	48	28	6	3	″	98	52	18	4	1	173
Sèvres (Deux-)	17	18	9	1	1	10	10	4	″	″	27	28	13	1	1	70
Somme	19	18	11	6	2	68	68	41	15	2	87	86	52	21	4	250
Tarn	6	16	8	4	″	9	18	5	″	″	15	34	13	4	″	66
Tarn-et-Garonne	″	10	4	5	3	4	5	20	5	3	4	15	24	10	6	59
Var	1	16	12	2	1	4	12	12	5	1	5	28	24	7	2	66
Vaucluse	7	8	5	1	1	54	21	25	5	2	61	29	30	6	3	129
Vendée	16	37	20	8	″	21	28	12	4	″	37	65	32	12	″	146
Vienne	3	8	1	″	″	12	8	3	″	1	15	16	4	″	1	30
Vienne (Haute-)	9	4	1	1	″	10	1	1	″	″	19	5	2	1	″	27
Vosges	20	19	7	1	″	92	96	48	19	3	112	115	55	20	3	305
Yonne	26	23	6	2	″	27	25	14	6	″	53	48	20	8	″	129
Totaux	1,953	2,037	1,404	492	112	2,893	2,630	1,728	655	155	4,846	4,667	3,132	1,147	267	14,059

TABLEAU N° 36.

Écoles classées d'après les

DÉPARTEMENTS.	TOTAL DES ÉCOLES laïques.	ÉCOLES LAÏQUES DANS LESQUELLES L'ENSEIGNEMENT					
		se borne aux matières obligatoires.	comprend, outre les matières obligatoires,				
			la géographie.	le chant.	le dessin.	des notions d'agriculture.	toutes les parties facultatives.
1	2	3	4	5	6	7	8
Ain	84	64	14	8	1	″	2
Aisne	105	56	49	28	1	″	″
Allier	21	21	″	″	″	″	″
Alpes (Basses-)	42	36	6	″	″	″	″
Alpes (Hautes-)	28	24	3	2	″	″	1
Alpes-Maritimes	50	31	18	6	″	″	″
Ardèche	28	26	2	1	″	″	″
Ardennes	91	43	45	3	1	″	″
Ariége	39	23	16	8	″	″	″
Aube	26	11	14	″	1	″	″
Aude	37	32	5	″	″	″	″
Aveyron	99	88	11	6	1	″	″
Bouches-du-Rhône	18	14	4	″	″	″	″
Calvados	94	68	26	12	4	″	″
Cantal	111	75	27	8	1	″	″
Charente	35	28	7	1	″	″	″
Charente-Inférieurr	90	32	4	″	″	″	″
Cher	32	22	10	1	″	″	″
Corrèze	24	16	8	″	″	″	″
Corse	62	62	″	″	″	″	″
Côte-d'Or	71	21	50	14	2	″	″
Côtes-du-Nord	72	59	13	1	1	″	″
Creuse	41	17	17	8	2	″	″
Dordogne	55	31	23	4	3	1	1
Doubs	162	88	66	46	7	″	″
Drôme	56	28	28	15	5	4	″
Eure	22	21	1	″	″	″	″
Eure-et-Loir	28	13	15	5	5	″	″
Finistère	36	32	4	″	″	″	″
Gard	95	51	44	3	4	″	″
Garonne (Haute-)	27	26	5	″	″	″	1
Gers	32	24	16	5	″	″	″
Gironde	202	156	40	11	″	1	″
Hérault	72	20	49	3	″	″	″
Ille-et-Vilaine	72	55	17	″	″	″	″
Indre	28	20	8	″	″	″	″
Indre-et-Loire	23	10	13	″	″	″	″
Isère	224	177	42	5	″	″	″
Jura	196	55	122	41	5	1	″
Landes	61	56	5	″	″	″	″
Loir-et-Cher	28	10	18	2	1	″	″
Loire	14	13	1	1	″	″	″
Loire (Haute-)	2	1	1	″	″	″	″
Loire-Inférieure	61	55	6	″	″	″	″
Loiret	81	31	30	23	″	″	″
Lot	27	25	2	″	″	″	″
Lot-et-Garonne	30	20	10	″	″	″	″

matières qui y sont enseignées.

TOTAL des écoles congréganistes.	ÉCOLES CONGRÉGANISTES dans lesquelles l'enseignement						ÉCOLES dans lesquelles on enseigne les travaux à l'aiguille.		OBSERVATIONS.
	se borne aux matières obligatoires.	comprend, outre les matières obligatoires,							
		la géographie.	le chant.	le dessin.	des notions d'agriculture.	toutes les parties facultatives.	Écoles laïques.	Écoles congréganistes.	
9	10	11	12	13	14	15	16	17	18
114	77	25	14	4	″	3	84	113	
123	65	46	41	3	″	″	105	120	
39	32	7	″	2	″	″	21	39	
43	34	9	″	″	″	″	42	43	
95	75	20	13	″	″	″	28	95	
26	14	12	″	″	″	″	50	26	
113	102	9	2	″	″	″	28	113	
75	25	46	10	2	″	1	84	75	
27	13	11	6	1	″	″	39	27	
60	34	23	5	1	″	″	26	60	
53	39	10	14	″	″	″	37	53	
65	55	8	5	2	″	″	99	65	
74	61	13	″	″	″	″	18	74	
138	84	54	14	5	″	″	94	138	
49	14	28	7	″	″	″	111	49	
9	2	2	7	″	″	″	35	9	
35	26	5	″	″	″	″	36	31	
54	37	17	1	1	″	″	32	54	
29	18	11	2	″	″	″	24	29	
10	4	6	″	″	″	″	62	10	
124	43	76	30	3	″	″	71	124	
69	48	20	9	″	″	1	72	68	
8	4	4	2	2	″	″	41	8	
27	15	11	9	5	1	4	55	27	
135	43	78	55	5	1	″	162	145	
150	91	56	41	9	15	″	56	150	
82	73	9	″	″	″	″	22	82	
44	16	28	5	5	″	″	28	44	
31	25	10	6	″	″	″	90	35	
157	111	46	13	11	″	″	95	157	
25	22	3	″	″	″	″	27	25	
21	6	14	7	5	″	″	32	21	
114	87	25	7	″	1	″	192	114	
66	29	33	4	″	″	″	72	66	
94	70	22	″	″	″	2	72	94	
26	21	5	1	″	″	″	28	26	
49	13	34	″	2	″	″	22	49	
184	116	63	4	1	″	″	224	184	
83	29	54	30	5	″	″	196	83	
43	32	9	″	″	″	2	61	43	
39	23	15	5	″	″	″	28	39	
209	156	53	20	″	″	″	14	209	
17	15	2	″	″	″	″	2	17	
51	40	11	1	″	″	″	61	50	
73	26	47	25	1	″	″	81	73	
12	11	1	″	″	″	″	27	12	
19	12	7	″	″	″	″	30	19	

TABLEAU N° 36.
(Suite.)

Écoles classées d'après le

DÉPARTEMENTS.	TOTAL DES ÉCOLES laïques.	ÉCOLES LAÏQUES DANS LESQUELLES L'ENSEIGNEMENT se borne aux matières obligatoires.	comprend, outre les matières obligatoires, la géographie.	le chant.	le dessin.	des notions d'agriculture.	toutes les parties facultatives.
1	2	3	4	5	6	7	8
Lozère	205	203	2	2	//	//	//
Maine-et-Loire	63	38	25	6	4	//	//
Manche	228	152	68	21	11	//	//
Marne	114	76	38	//	//	//	//
Marne (Haute-)	34	18	16	3	1	1	//
Mayenne	42	32	10	14	1	//	//
Meurthe	15	5	8	10	3	//	//
Meuse	71	7	48	38	3	//	//
Morbihan	19	12	7	//	//	//	//
Moselle	37	25	10	7	//	//	//
Nièvre	25	10	15	//	//	//	//
Nord	213	130	74	24	2	//	//
Oise	47	29	18	//	//	//	//
Orne	68	36	21	9	6	//	1
Pas-de-Calais	85	79	5	2	1	//	//
Puy-de-Dome	26	13	13	//	//	//	//
Pyrénées (Basses-)	93	70	11	20	//	//	//
Pyrénées (Hautes-)	136	99	15	41	//	//	//
Pyrénées-Orientales	17	15	2	//	//	//	5
Rhin (Bas-)	88	15	48	61	5	//	2
Rhin (Haut-)	38	10	26	28	12	//	2
Rhône	35	11	24	24	5	//	1
Saône (Haute-)	251	215	33	6	2	//	//
Saône-et-Loire	59	20	37	26	//	//	//
Sarthe	100	65	35	//	//	//	//
Savoie	157	148	9	2	//	//	//
Savoie (Haute-)	133	101	16	16	//	//	//
Seine	77	20	49	57	37	//	//
Seine-Inférieure	23	12	11	8	//	//	//
Seine-et-Marne	53	30	19	1	2	1	//
Seine-et-Oise	88	36	52	8	//	//	//
Sèvres (Deux-)	46	20	26	7	//	//	//
Somme	56	43	13	1	//	//	//
Tarn	34	14	16	3	3	//	//
Tarn-et-Garonne	22	17	4	1	//	//	//
Var	32	14	18	3	//	//	//
Vaucluse	22	18	4	//	//	//	//
Vendée	81	64	8	//	//	//	//
Vienne	12	8	4	//	1	//	//
Vienne (Haute-)	15	8	7	//	//	//	//
Vosges	47	24	21	5	//	//	1
Yonne	57	10	40	26	3	22	//
TOTAUX	5,998	3,814	1,867	751	147	31	17

matières qui y sont enseignées.

TOTAL DES ÉCOLES congréganistes.	ÉCOLES CONGRÉGANISTES DANS LESQUELLES L'ENSEIGNEMENT se borne aux matières obligatoires.	comprend, outre les matières obligatoires, la géographie.	le chant.	le dessin.	des notions d'agriculture.	toutes les parties facultatives.	ÉCOLES DANS LESQUELLES ON ENSEIGNE les travaux à l'aiguille. Écoles laïques.	Écoles congréganistes.	OBSERVATIONS.
9	10	11	12	13	14	15	16	17	18
19	17	2	2	//	//	//	142	19	
133	63	70	8	5	//	//	63	133	
208	128	76	36	12	//	//	228	208	
102	54	48	5	4	//	//	114	102	
189	108	81	36	7	//	//	34	189	
168	107	61	60	18	//	//	42	168	
362	198	107	124	//	//	//	15	357	
226	38	133	125	//	//	//	71	226	
34	23	11	//	//	//	//	18	32	
269	230	31	32	//	//	//	37	269	
50	8	42	//	//	//	//	25	50	
219	134	82	17	1	//	//	213	219	
108	95	13	//	2	//	//	46	99	
112	68	39	10	6	//	//	68	112	
105	85	19	12	1	//	//	85	105	
41	16	24	1	//	//	2	26	41	
77	72	2	4	//	//	//	93	77	
21	8	8	12	//	//	//	136	21	
5	//	//	//	//	//	//	17	5	
240	138	60	91	6	//	2	88	240	
259	140	103	95	14	//	//	37	257	
65	25	39	40	1	//	//	35	65	
119	98	21	9	5	//	//	251	119	
115	54	45	32	1	//	//	59	115	
122	59	63	22	3	//	//	100	122	
34	20	14	//	1	//	//	154	34	
97	56	26	15	//	//	//	133	97	
79	20	52	57	25	//	//	74	80	
285	221	64	11	2	//	//	23	281	
71	52	19	//	//	//	//	53	69	
85	50	35	7	1	//	//	88	83	
24	17	7	6	//	//	//	46	24	
194	144	49	9	1	//	//	56	194	
32	11	12	7	6	//	//	34	32	
37	31	5	1	//	//	//	22	30	
34	13	21	2	//	//	//	32	34	
107	70	27	7	3	//	//	22	107	
65	42	7	1	1	//	4	81	65	
24	15	9	2	3	//	//	12	24	
12	5	7	6	4	//	//	15	12	
258	138	104	32	4	//	5	44	249	
72	20	38	38	7	33	//	57	72	
8,061	4,879	2,774	1,404	210	51	26	5,005	8,024	

TABLEAU N° 37.

Maisons

DÉPARTEMENTS.	NOMBRE DES MAISONS D'ÉCOLE dont les communes sont propriétaires.	NOMBRE DES MAISONS D'ÉCOLE louées par les communes.	NOMBRE DES MAISONS D'ÉCOLE prêtées par des particuliers.	NOMBRE DES MAISONS D'ÉCOLE appartenant à des associations religieuses.	NOMBRE DES MAISONS D'ÉCOLE TOTAL.	MAISONS ayant des latrines.	MAISONS sans latrines.	MAISONS AUXQUELLES est annexé un jardin pour la maîtresse.	MAISONS AUXQUELLES est annexé un jardin pour les élèves.	MAISONS AUXQUELLES est annexé un préau couvert.	MAISONS AUXQUELLES est annexé un préau découvert.	MAISONS D'ÉCOLE APPARTENANT AUX COM[MUNES] Convenables à tous égards. Laïques.	Convenables à tous égards. Congréganistes.	Convenables pour la classe seulement. Laïques.	Convenables pour la classe seulement. Congréganistes.	Convenables pour le logement seulement. Laïques.	Convenables pour le logement seulement. Congréganistes.
1	2	3	4	5	6	7	8	9	10	11	12	13	14	15	16	17	18
Ain	99	64	10	25	198	186	12	147	7	20	86	21	47	5	4	5	7
Aisne	150	64	13	1	228	218	10	191	"	13	143	41	72	8	7	4	5
Allier	24	15	17	4	60	59	1	37	2	"	43	8	9	2	"	"	2
Alpes (Basses-)	40	40	1	4	85	20	65	6	"	"	5	8	15	6	"	3	2
Alpes (Hautes-)	53	60	6	4	123	38	85	9	"	1	10	5	28	2	8	"	"
Alpes maritimes	14	49	12	1	76	37	39	4	"	"	2	4	3	1	"	"	"
Ardèche	62	58	16	5	141	77	64	28	1	17	41	3	29	2	5	"	6
Ardennes	121	37	3	5	166	155	11	120	"	5	72	50	55	8	1	1	2
Ariége	20	20	22	4	66	41	25	23	7	1	18	"	13	"	"	1	1
Aube	72	5	5	4	86	82	4	71	"	8	22	17	50	1	"	"	1
Aude	32	43	7	8	90	39	51	32	3	6	19	6	14	3	"	1	3
Aveyron	14	61	55	34	164	47	117	37	5	3	11	5	8	"	"	"	"
Bouches-du-Rhne	28	58	4	2	92	79	13	19	"	"	32	3	19	"	3	"	"
Calvados	142	78	9	3	232	207	25	200	10	16	178	29	67	4	9	4	5
Cantal	27	64	67	2	160	28	132	65	"	1	8	11	10	3	"	1	"
Charente	15	25	2	2	44	44	"	27	10	11	27	7	4	1	"	"	"
Charente-Inférieure	41	72	6	6	125	113	22	82	"	36	52	19	19	1	"	1	"
Cher	29	5	49	3	86	86	"	58	3	3	78	6	18	"	"	"	"
Corrèze	13	40	"	"	53	31	22	29	"	"	12	"	11	"	"	"	"
Corse	7	64	"	1	72	9	63	3	2	"	4	"	3	2	"	"	1
Côte-d'Or	149	32	14	"	195	189	6	158	"	4	110	42	89	4	3	1	"
Côtes-du-Nord	82	47	7	5	141	101	40	90	2	25	91	14	36	3	"	7	6
Creuse	15	24	9	1	49	27	22	27	"	3	5	8	2	1	"	"	"
Dordogne	18	41	20	3	82	71	11	50	2	11	45	2	12	1	"	"	"
Doubs	271	13	8	5	297	288	9	254	"	10	85	91	87	11	5	11	13
Drôme	82	99	9	16	206	155	51	74	13	20	103	8	42	4	6	1	2
Eure	58	41	5	"	104	103	1	77	"	2	97	9	34	"	3	"	1
Eure-et-Loir	42	15	10	5	72	63	9	41	"	4	58	15	19	1	1	1	4
Finistère	29	28	8	2	67	43	24	29	"	4	31	8	12	2	3	1	"
Gard	115	119	11	7	252	139	113	36	9	12	51	20	68	4	2	"	3
Garonne (Haute-)	26	22	4	"	52	38	14	27	5	4	15	2	20	"	1	"	"
Gers	30	19	2	2	53	22	31	20	"	9	16	8	14	1	"	1	"
Gironde	145	116	45	10	316	302	14	175	2	26	221	72	45	14	2	2	5
Hérault	55	67	5	11	138	89	49	44	"	19	54	17	33	1	1	2	"
Ille-et-Vilaine	67	56	35	8	166	153	13	131	"	8	94	8	38	3	2	3	6
Indre	26	20	8	"	54	50	4	33	5	7	28	10	9	3	"	1	1
Indre-et-Loire	42	26	"	4	72	72	"	41	"	25	39	12	20	"	"	1	3
Isère	172	162	45	29	408	352	56	252	2	12	136	59	43	4	2	4	3
Jura	239	23	9	8	279	278	1	243	"	5	72	116	54	13	3	17	8
Landes	42	45	17	"	104	66	38	50	"	5	46	6	23	1	1	3	2
Loir-et-Cher	48	17	2	"	67	66	1	54	"	32	44	13	25	"	"	2	3
Loire	41	19	25	138	228	216	7	193	"	3	120	3	25	"	1	"	10
Loire (Haute-)	6	2	"	11	19	18	1	"	"	"	1	1	5	"	"	"	"
Loire-Inférieure	47	37	23	5	112	104	8	71	4	41	93	6	18	1	2	1	5
Loiret	112	27	14	1	154	152	2	120	"	66	130	54	44	4	"	2	2
Lot	5	16	18	"	39	18	21	12	"	"	3	2	3	"	"	"	"
Lot-et-Garonne	19	21	3	6	49	48	1	20	3	11	18	7	9	1	1	"	"

d'école.

Nullement convenables. Laïques.	Nullement convenables. Congréganistes.	TOTAL.	MAISONS LOUÉES, PRÊTÉES OU APPARTENANT À DES ASSOCIATIONS RELIGIEUSES. Convenables à tous égards. Laïques.	Convenables à tous égards. Congréganistes.	Convenables pour la classe seulement. Laïques.	Convenables pour la classe seulement. Congréganistes.	Convenables pour le logement seulement. Laïques.	Convenables pour le logement seulement. Congréganistes.	Nullement convenables. Laïques.	Nullement convenables. Congréganistes.	TOTAL.	PRIX MOYEN du loyer des maisons d'école.	DÉPENSES QU'IL FAUDRAIT ENCORE FAIRE pour approprier ou reconstruire les maisons d'école non convenables appartenant aux communes.	DÉPENSES pour remplacer par des maisons convenables et appartenant aux communes les maisons louées ou prêtées.	DÉPENSES TOTAL.	OBSERVATIONS.
19	20	21	22	23	24	25	26	27	28	29	30	31	32	33	34	35
7	3	99	12	31	7	7	2	7	25	8	99	84f	79,100f	699,000f	778,100	
6	7	150	14	15	7	8	3	3	22	6	78	170	222,400	734,000	956,400	
1	2	24	1	19	5	1	1	3	3	3	36	169	19,850	272,750	292,600	
3	3	40	5	19	6	1	4	″	7	3	45	226	19,300	157,000	176,300	
3	7	53	9	29	4	12	1	″	4	11	70	75	56,775	356,608	413,383	
6	″	14	14	13	7	4	1	1	17	5	62	143	54,986	526,218	581,204	
6	11	62	5	37	5	5	″	11	7	9	79	71	77,600	414,700	492,300	
3	1	121	6	12	3	2	2	1	18	1	45	187	97,450	435,965	533,415	
4	1	20	6	6	8	4	5	″	15	2	46	79	17,000	240,000	257,000	
2	1	72	2	7	″	″	″	1	4	″	14	126	39,000	165,500	204,500	
4	1	32	8	17	1	7	5	5	9	6	58	434	10,315	349,000	359,315	
1	″	14	58	41	21	7	3	6	11	3	150	41	6,000	544,900	550,900	
″	3	28	4	27	3	4	2	4	6	14	64	385	75,000	1,545,000	1,620,000	
15	9	142	13	24	1	1	5	5	23	18	90	156	122,500	827,540	950,040	
2	″	27	34	20	10	5	22	8	28	6	133	45	8,500	693,000	701,500	
2	1	15	12	3	9	1	2	″	2	″	29	128	7,000	212,000	219,000	
″	1	41	42	14	10	1	8	″	9	″	84	129	25,000	575,000	600,000	
2	3	29	8	27	″	″	2	″	14	6	57	180	22,500	346,000	368,500	
1	1	13	″	3	4	″	2	″	17	14	40	60	9,700	243,000	252,700	
″	1	7	22	3	2	1	3	″	33	1	65	107	10,000	479,000	489,000	
6	4	149	5	17	″	″	″	″	13	11	46	154	81,000	562,394	643,394	
8	8	82	3	12	3	″	2	4	32	3	59	99	166,090	451,000	617,090	
4	″	15	3	4	″	″	″	1	25	1	34	90	27,500	321,000	348,500	
1	2	18	21	11	12	1	8	″	10	1	64	111	7,300	325,700	333,000	
44	9	271	1	13	1	″	″	3	3	5	26	303	783,500	318,000	1,101,500	
5	14	82	14	39	8	8	3	9	13	30	124	69	59,290	587,500	646,790	
2	9	58	5	14	1	3	″	2	5	16	46	179	68,500	374,000	442,500	
″	1	42	2	11	″	″	3	4	6	4	30	152	57,000	315,000	372,000	
3	″	29	3	12	1	1	3	1	15	2	38	136	55,000	405,000	460,000	
8	10	115	39	48	5	2	2	5	17	19	137	105	58,049	733,035	791,084	
3	″	26	9	2	2	″	4	1	7	1	26	71	8,000	102,000	110,000	
5	1	30	4	3	3	″	2	″	8	3	23	282	9,200	108,500	117,700	
4	1	145	66	51	32	5	2	1	10	4	171	152	47,700	993,990	1,041,690	
4	1	55	36	31	11	″	″	″	4	1	83	98	16,500	235,319	251,819	
5	2	67	15	37	4	″	13	5	21	4	99	94	75,000	851,000	926,000	
″	2	26	8	10	3	3	″	1	3	″	28	137	13,600	222,000	235,600	
2	4	42	2	10	″	1	3	5	3	6	30	167	55,200	36,800	92,000	
33	24	172	37	67	17	14	4	6	66	25	236	88	153,307	1,508,980	1,662,287	
24	4	239	3	10	3	″	6	3	14	1	40	101	260,700	296,000	556,700	
4	2	42	15	14	7	″	3	″	22	1	62	76	23,500	407,000	430,500	
2	3	48	3	4	″	″	1	1	7	3	19	174	65,000	204,000	269,000	
″	2	41	7	98	″	2	2	29	2	42	182	249	24,000	1,700,000	1,724,000	
″	″	6	1	11	″	″	″	″	″	1	13	400	″	760,000	76,000	
6	8	47	17	15	1	″	7	2	22	1	65	119	14,600	436,090	450,600	
3	3	112	5	20	1	1	1	″	11	3	42	143	92,000	385,000	477,000	
″	″	5	7	4	4	4	2	1	12	″	34	46	″	123,500	123,500	
″	1	19	16	6	2	″	″	″	4	2	30	80	6,500	160,000	166,500	

Tableau n° 37.
(Suite.)

Maisons

DÉPARTEMENTS.	NOMBRE DES MAISONS D'ÉCOLE : dont les communes sont propriétaires.	NOMBRE DES MAISONS D'ÉCOLE : louées par les communes.	NOMBRE DES MAISONS D'ÉCOLE : prêtées par des particuliers.	NOMBRE DES MAISONS D'ÉCOLE : appartenant à des associations religieuses.	TOTAL.	MAISONS ayant des latrines.	MAISONS sans latrines.	MAISONS auxquelles est annexé un jardin : pour la maîtresse.	MAISONS auxquelles est annexé un jardin : pour les élèves.	MAISONS auxquelles est annexé un préau : couvert.	MAISONS auxquelles est annexé un préau : découvert.	MAISONS D'ÉCOLE APPARTENANT AUX CO[MMUNES] — Convenables à tous égards : Laïques.	Convenables à tous égards : Congréganistes.	Convenables pour la classe seulement : Laïques.	Convenables pour la classe seulement : Congréganistes.	Convenables pour le logement seulement : Laïques.	Convenables pour le logement seulement : Congréganistes.
1	2	3	4	5	6	7	8	9	10	11	12	13	14	15	16	17	18
Lozère	107	82	26	9	224	23	201	96	//	//	13	19	6	8	//	8	1
Maine-et-Loire	115	32	35	14	196	194	2	183	//	140	194	37	59	1	1	2	4
Manche	287	123	21	5	436	334	102	401	//	18	341	72	91	27	14	19	10
Marne	176	31	8	1	216	206	10	174	1	13	165	63	83	3	//	10	4
Marne (Haute-)	193	9	20	1	223	218	5	208	//	9	105	19	146	1	9	3	5
Mayenne	178	15	16	1	210	210	//	186	23	34	180	18	141	//	9	1	//
Meurthe	354	10	6	7	377	313	64	290	//	7	117	10	221	//	32	1	41
Meuse	271	18	2	6	297	266	31	239	//	29	150	50	165	3	8	6	10
Morbihan	27	13	4	9	53	41	12	32	//	2	29	4	18	1	//	//	//
Moselle	264	20	1	12	306	208	8	213	//	2	158	18	181	//	1	//	2
Nièvre	43	14	17	1	75	74	1	37	//	6	23	12	30	//	//	//	//
Nord	249	123	44	16	432	428	4	289	//	2	255	74	114	12	8	8	5
Oise	109	34	4	8	155	129	26	113	//	19	130	29	58	1	3	1	7
Orne	60	75	28	17	180	139	41	140	//	4	131	9	27	//	7	3	7
Pas-de-Calais	132	42	13	3	190	184	6	151	//	0	122	36	63	3	4	5	6
Puy-de-Dôme	26	12	20	9	67	51	16	34	6	4	29	2	15	1	//	1	//
Pyrénées (Basses-)	73	96	//	1	170	130	40	90	//	26	37	25	24	3	1	//	//
Pyrénées (Hautes-)	48	105	1	3	157	69	88	56	//	9	22	17	4	14	//	2	1
Pyrénées-Orientales	6	10	3	3	22	6	16	3	//	//	5	1	2	//	//	//	//
Rhin (Bas-)	302	20	2	4	328	327	1	155	1	19	102	57	189	18	10	//	8
Rhin (Haut-)	288	9	//	//	297	297	//	156	//	6	103	35	222	//	2	//	1
Rhône	26	63	3	8	100	99	1	31	//	1	26	3	20	//	//	//	1
Saône (Haute-)	356	10	4	//	370	361	9	315	5	9	126	176	101	10	1	10	7
Saône-et-Loire	105	43	16	10	174	157	17	140	//	1	134	23	49	2	//	//	12
Sarthe	141	57	23	1	222	219	3	202	3	3	196	22	89	2	3	4	12
Savoie	98	77	16	//	191	142	49	51	//	1	31	21	20	7	2	1	//
Savoie (Haute-)	142	62	13	13	230	190	40	110	//	2	66	40	39	16	4	1	5
Seine	90	59	4	3	156	156	//	13	//	87	137	44	26	5	3	//	1
Seine-Inférieure	104	138	56	10	308	283	25	227	//	15	248	5	67	1	4	//	17
Seine-et-Marne	97	19	7	1	124	122	2	83	//	13	94	26	41	6	1	2	12
Seine-et-Oise	133	29	9	2	173	172	1	116	8	18	124	41	58	8	2	5	7
Sèvres (Deux-)	18	30	18	4	70	70	//	54	2	11	60	9	8	//	//	//	//
Somme	210	31	6	3	250	243	7	188	//	2	148	28	143	2	3	1	5
Tarn	8	24	19	15	66	40	26	28	3	7	10	2	4	1	//	//	//
Tarn-et-Garonne	16	20	19	4	59	48	11	19	7	5	10	2	8	4	//	1	1
Var	34	32	//	//	66	47	19	25	//	//	19	9	22	//	//	//	//
Vaucluse	81	40	4	4	129	103	26	30	8	12	38	6	57	2	1	//	4
Vendée	49	60	18	19	146	136	10	116	//	45	113	16	18	1	2	2	1
Vienne	16	7	6	7	36	36	//	27	4	13	36	3	10	1	//	//	//
Vienne (Haute-)	8	14	1	4	27	14	13	13	//	//	6	//	8	//	//	//	//
Vosges	290	2	4	9	305	263	42	251	17	27	109	33	199	//	10	4	9
Yonne	87	28	12	2	129	125	4	98	//	37	76	22	44	3	2	1	4
Totaux	8,403	3,823	1,189	644	14,059	11,782	2,277	8,902	174	1,143	6,867	1,994	4,213	293	223	184	322

d'école.

Nullement convenables. Laïques.	Nullement convenables. Congréganistes.	TOTAL.	MAISONS LOUÉES, PRÊTÉES OU APPARTENANT À DES ASSOCIATIONS RELIGIEUSES. Convenables à tous égards. Laïques.	Convenables à tous égards. Congréganistes.	Convenables pour la classe seulement. Laïques.	Convenables pour la classe seulement. Congréganistes	Convenables pour le logement seulement. Laïques.	Convenables pour le logement seulement. Congréganistes	Nullement convenables. Laïques.	Nullement convenables. Congréganistes.	TOTAL.	PRIX MOYEN de loyer des maisons d'école.	DÉPENSES QU'IL FAUDRAIT ENCORE FAIRE pour approprier ou reconstruire les maisons d'école non convenables *appartenant aux communes.*	DÉPENSES QU'IL FAUDRAIT ENCORE FAIRE pour remplacer par des maisons convenables et appartenant aux communes les maisons *louées ou prêtées.*	TOTAL.	OBSERVATIONS.
19	20	21	22	23	24	25	26	27	28	29	30	31	32	33	34	35
65	″	107	11	10	6	″	9	2	79	″	117	21f	124,500f	436,000f	560,500	
4	7	115	11	54	1	″	″	″	7	8	81	100	141,500	790,000	931,500	
22	32	287	20	28	5	6	24	8	39	19	149	86	346,200	1,083,500	1,429,700	
11	2	176	14	9	″	″	3	1	10	3	40	107	119,400	379,500	498,900	
3	7	193	2	14	″	3	″	1	6	4	30	72	145,511	244,285	389,796	
4	5	178	7	11	″	″	″	″	12	2	32	146	97,100	190,000	287,100	
2	47	354	″	9	″	″	1	1	1	11	23	195	299,200	185,200	484,400	
8	21	271	1	15	2	″	″	3	1	4	26	108	241,800	131,000	372,800	
1	3	27	1	4	1	2	″	4	11	3	26	96	46,500	269,000	315,500	
6	56	204	9	23	″	″	″	″	4	6	42	102	395,030	183,800	578,830	
″	1	43	8	19	″	″	″	″	5	″	32	113	5,000	234,000	239,000	
17	11	249	25	48	15	11	14	8	48	14	183	248	464,175	2,038,942	2,503,117	
4	6	109	4	22	″	″	3	3	5	9	46	205	101,500	328,000	429,500	
6	1	60	18	35	6	7	8	8	18	20	120	106	81,800	695,000	776,800	
8	7	132	8	16	″	″	6	6	19	3	58	160	193,000	389,000	582,000	
3	4	26	2	21	″	″	1	″	16	1	41	67	9,350	150,700	160,050	
14	6	73	15	31	″	″	″	″	36	15	97	297	60,600	388,900	449,500	
9	1	48	27	13	24	2	6	″	37	″	109	38	49,000	400,000	449,000	
3	″	6	5	2	1	″	3	1	4	″	16	79	18,000	127,000	145,000	
6	14	302	2	5	1	3	1	3	3	8	26	159	382,000	355,000	737,000	
1	27	288	1	4	″	″	1	″	″	3	9	57	71,000	93,000	164,000	
″	2	26	28	41	1	1	2	″	1	″	74	120	43,000	245,000	288,000	
44	7	356	2	2	1	″	″	″	8	1	14	56	160,000	140,000	300,000	
10	9	105	2	27	4	3	6	10	12	5	69	129	246,137	705,000	951,137	
5	4	141	13	8	5	3	6	″	43	3	81	104	129,000	708,000	837,000	
45	2	98	9	9	″	″	″	″	74	1	93	64	257,450	370,554	628,004	
21	16	142	8	19	1	″	1	4	45	10	88	59	197,110	721,498	918,608	
5	6	90	13	29	1	2	″	4	9	8	66	2,700	1,515,000	10,550,000	12,065,000	
1	9	104	13	109	″	3	″	21	3	55	204	269	139,000	2,146,000	2,285,000	
6	3	97	2	11	2	″	5	2	4	1	27	385	259,700	282,500	542,200	
8	4	133	12	8	1	1	3	2	10	3	40	192	401,200	426,170	827,370	
″	1	18	10	6	3	1	8	4	16	4	52	121	10,000	498,000	508,000	
10	18	210	9	9	″	″	1	2	5	14	40	94	99,000	315,600	414,600	
1	″	8	20	19	5	6	3	2	2	1	58	76	1,500	315,000	316,500	
″	″	16	1	15	3	1	4	5	7	7	43	115	23,000	210,000	233,000	
3	″	34	4	9	″	″	1	1	15	2	32	158	9,200	221,500	230,700	
2	0	81	9	22	″	1	″	″	3	13	48	90	62,850	15,700	78 550	
6	3	49	13	26	3	2	10	4	30	9	97	123	46,500	600,000	646,500	
″	2	16	3	9	″	1	1	1	4	1	20	230	9,000	217,000	226,000	
″	″	8	6	4	″	″	7	″	2	″	19	110	4,000	186,700	190,700	
9	26	290	″	13	1	1	″	″	″	″	15	66	285,940	125,000	410,940	
8	3	87	4	9	2	″	1	1	16	9	42	160	141,000	461,000	602,000	
622	552	8,403	994	1,738	329	176	283	251	1,299	586	5,656	(1) 145	10,639,765	50,606,948	61,246,713	(1) Moyenne générale.

Mobiliers des écoles.

DÉPARTEMENTS.	TOTAL des ÉCOLES.	ÉCOLES DANS LESQUELLES LE MOBILIER appartient aux communes. Écoles laïques.	appartient aux communes. Écoles congréganistes.	appartient aux institutrices. Écoles laïques.	appartient aux institutrices. Écoles congréganistes.	est prêté par des particuliers. Écoles laïques.	est prêté par des particuliers. Écoles congréganistes.	est suffisant. Écoles laïques.	est suffisant. Écoles congréganistes.	est insuffisant. Écoles laïques.	est insuffisant. Écoles congréganistes.	est en bon état. Écoles laïques.	est en bon état. Écoles congréganistes.	est en mauvais état. Écoles laïques.	est en mauvais état. Écoles congréganistes.	TOTAL des DÉPENSES que nécessiterait l'acquisition ou l'appropriation du mobilier scolaire.
1	2	3	4	5	6	7	8	9	10	11	12	13	14	15	16	17
Ain	198	75	77	7	25	2	12	33	78	51	36	54	84	30	30	33,345f
Aisne	228	99	114	4	4	2	5	61	79	44	44	68	94	37	29	20,921
Allier	60	20	30	1	//	//	9	14	31	7	8	15	32	6	7	7,710
Alpes (Basses-)	85	39	40	//	1	3	2	15	28	27	15	22	36	20	7	11,600
Alpes (Hautes-)	123	26	90	2	4	//	1	6	54	22	41	13	52	15	43	10,481
Alpes-Maritimes	76	43	20	4	2	3	4	15	15	35	11	23	18	27	8	10,420
Ardèche	141	23	92	2	8	3	13	8	46	20	67	14	58	14	55	25,400
Ardennes	166	90	73	//	//	1	2	40	56	42	19	68	66	23	9	20,066
Ariége	66	20	18	12	4	7	5	7	19	32	8	11	25	28	2	10,200
Aube	86	26	57	//	3	//	//	24	53	2	7	26	57	//	3	2,055
Aude	90	33	37	4	13	//	3	14	38	23	15	16	38	21	15	13,350
Aveyron	164	31	19	40	46	28	//	24	44	75	21	38	46	61	19	17,940
Bouches-du-Rhône	92	16	67	2	6	//	1	12	60	6	14	16	65	2	9	11,050
Calvados	232	82	124	9	3	3	11	34	84	60	54	65	116	29	22	21,135
Cantal	160	50	40	47	8	14	1	23	14	88	35	59	31	52	18	21,346
Charente	44	28	6	6	3	1	//	17	8	18	1	23	8	12	1	7,010
Charente-Inférieure	125	86	29	4	6	//	//	74	25	16	10	80	35	10	//	5,600
Cher	86	31	47	1	1	//	6	13	41	19	13	26	46	6	8	8,371
Corrèze	53	16	24	8	5	//	//	4	15	20	14	11	17	13	12	17,400
Corse	72	61	8	//	2	1	//	11	9	51	1	33	10	29	//	8,500
Côte-d'Or	195	70	113	1	3	//	8	40	90	31	34	58	106	13	18	11,909
Côtes-du-Nord	141	64	61	6	7	2	1	30	57	42	12	39	58	33	11	15,477
Creuse	49	23	6	14	2	4	//	12	5	29	3	16	3	25	5	17,020
Dordogne	82	44	17	10	8	1	2	24	20	31	7	35	20	20	7	6,390
Doubs	297	162	130	//	//	//	5	24	26	138	109	120	125	42	10	117,042
Drôme	206	42	119	10	19	4	12	23	65	33	85	39	89	17	61	24,987
Eure	104	21	81	1	1	//	//	14	40	8	42	14	52	8	30	15,260
Eure-et-Loir	72	28	32	//	2	//	10	19	36	9	8	23	38	5	6	44,700
Finistère	67	33	29	3	2	//	//	18	18	18	13	23	28	13	3	5,600
Gard	252	87	144	4	5	4	8	48	94	47	63	71	134	24	23	28,679
Garonne (Haute-)	52	9	23	18	1	//	1	4	21	23	4	9	23	18	2	4,480
Gers	53	27	16	5	5	//	//	17	17	15	4	21	20	11	1	4,825
Gironde	316	122	87	80	17	//	10	172	97	30	17	185	104	17	10	27,050
Hérault	138	62	61	10	5	//	//	26	51	46	15	36	60	36	6	19,572
Ille-et-Vilaine	166	52	69	19	17	1	8	24	59	48	35	51	90	21	4	23,190
Indre	54	26	17	2	4	//	5	20	21	8	5	23	23	5	3	15,200
Indre-et-Loire	72	20	44	3	5	//	//	14	32	9	17	18	43	5	6	7,206
Isère	408	200	140	20	34	4	10	102	131	122	53	127	152	97	32	62,220
Jura	279	196	80	//	3	//	//	132	58	64	25	160	64	30	19	13,695
Landes	104	51	35	8	4	2	4	21	32	40	11	36	37	25	6	11,350
Loir-et-Cher	67	27	35	1	//	//	4	18	34	10	5	26	32	2	7	20,600
Loire	223	7	59	4	145	3	5	7	104	7	105	14	164	//	45	79,750
Loire (Haute-)	19	2	6	//	7	//	4	//	7	2	10	1	9	1	8	2,480
Loire-Inférieure	112	49	35	11	8	1	8	19	29	42	22	32	43	29	8	15,008
Loiret	154	80	57	1	//	//	16	70	67	11	6	71	71	10	2	6,750
Lot	39	6	4	19	2	2	6	5	4	22	8	12	8	15	4	9,950
Lot-et-Garonne	49	7	5	23	14	//	//	15	19	15	//	16	14	14	5	4,750

Mobiliers des écoles.

DÉPARTEMENTS.	TOTAL des ÉCOLES.	ÉCOLES DANS LESQUELLES LE MOBILIER appartient aux communes.		appartient aux institutrices.		est prêté par des particuliers.		est suffisant.		est insuffisant.		est en bon état.		est en mauvais état.		TOTAL des DÉPENSES que nécessiterait l'acquisition ou l'appropriation du mobilier scolaire.
		Écoles laïques.	Écoles congréganistes.	Écoles laïques.	Écoles congréganistes.	Écoles laïques.	Écoles congréganistes.	Écoles laïques.	Écoles congréganistes.	Écoles laïques.	Écoles congréganistes.	Écoles laïques.	Écoles congréganistes.	Écoles laïques.	Écoles congréganistes.	
1	2	3	4	5	6	7	8	9	10	11	12	13	14	15	16	17
Lozère	224	205	8	"	11	"	"	17	19	188	"	32	19	173	"	45,900f
Maine-et-Loire	196	53	111	7	6	3	16	48	112	15	21	55	120	8	4	23,500
Manche	436	222	187	5	16	1	5	89	115	139	93	137	143	91	65	56,950
Marne	216	112	101	2	"	"	1	77	81	37	21	107	98	7	4	14,471
Marne (Haute-)	223	32	176	"	"	2	13	9	89	25	100	26	162	8	27	13,994
Mayenne	210	29	150	13	1	"	8	19	139	23	29	24	139	18	29	10,100
Meurthe	377	15	302	"	"	"	"	5	86	10	276	12	243	3	119	5,017
Meuse	297	71	223	"	"	"	3	19	95	52	131	51	200	20	26	21,392
Morbihan	53	16	26	3	7	"	1	6	21	13	13	12	31	7	3	9,610
Moselle	306	37	253	"	12	"	4	30	181	7	88	32	210	5	59	20,885
Nièvre	75	23	48	2	1	"	1	17	38	8	12	21	47	4	3	1,680
Nord	432	191	207	22	5	"	7	123	184	90	35	147	202	66	17	69,228
Oise	155	41	97	5	1	1	10	25	69	22	39	38	90	9	18	20,173
Orne	180	44	82	21	11	3	19	28	47	40	65	41	82	27	30	27,250
Pas-de-Calais	190	80	97	3	1	2	7	44	80	41	25	57	94	28	11	14,800
Puy-de-Dôme	67	8	14	18	27	"	"	6	37	20	4	15	38	11	3	6,242
Pyrénées (Basses-)	170	85	63	8	9	"	5	53	62	40	15	57	63	36	14	9,498
Pyrénées (Hautes-)	157	127	16	9	5	"	"	43	18	93	3	52	17	84	4	14,200
Pyrénées-Orientales	22	12	2	5	3	"	"	2	3	15	2	4	3	13	2	5,160
Rhin (Bas-)	328	88	240	"	"	"	"	84	224	4	16	85	228	3	12	7,150
Rhin (Haut-)	297	38	256	"	"	"	3	38	239	"	20	35	245	3	14	4,600
Rhône	100	34	59	1	5	"	1	32	60	3	5	30	60	5	5	7,500
Saône (Haute-)	370	249	119	"	"	2	"	188	102	63	17	222	110	29	9	12,200
Saône-et-Loire	174	51	86	5	16	3	13	23	52	36	63	41	79	18	36	34,945
Sarthe	222	87	120	12	"	1	2	21	86	79	36	71	105	29	17	21,220
Savoie	191	157	34	"	"	"	"	20	15	137	19	26	16	131	18	21,532
Savoie (Haute-)	230	130	89	"	4	3	4	16	37	117	60	49	69	84	28	46,740
Seine	156	74	79	2	"	1	"	71	68	6	11	65	66	12	13	111,142
Seine-Inférieure	308	21	239	"	11	2	35	19	213	4	72	20	241	3	44	45,560
Seine-et-Marne	124	52	63	1	6	"	2	30	39	23	32	42	56	11	15	55,250
Seine-et-Oise	173	88	78	"	1	"	6	72	78	16	7	80	80	8	5	5,651
Sèvres (Deux-)	70	33	15	9	6	4	3	28	23	18	1	37	23	9	1	4,461
Somme	250	51	194	5	"	"	"	35	135	21	59	41	153	15	41	30,350
Tarn	66	11	6	20	10	3	16	20	26	14	6	23	29	11	3	14,150
Tarn-et-Garonne	59	18	34	3	3	1	"	4	16	18	21	6	29	16	8	16,050
Var	66	27	30	5	4	"	"	9	26	23	8	17	27	15	7	6,450
Vaucluse	129	20	99	1	6	1	2	10	68	12	39	12	74	10	33	17,095
Vendée	146	72	36	8	29	1	"	37	51	44	14	52	57	29	8	11,260
Vienne	36	9	11	1	12	2	1	5	17	7	7	6	21	0	3	3,503
Vienne (Haute-)	27	5	8	10	4	"	"	7	12	8	"	7	12	8	"	1,920
Vosges	305	47	251	"	6	"	1	22	156	25	102	33	205	14	53	23,055
Yonne	129	57	69	"	2	"	1	21	34	36	38	43	62	14	10	19,373
TOTAUX	14,059	5,234	6,964	632	705	132	302	2,848	5,284	3,150	2,777	3,926	6,601	2,072	1,460	1,822,427

Chauffage des écoles.

DÉPARTEMENTS.	ÉCOLES dans lesquelles il est pourvu au chauffage				SOMMES FOURNIES annuellement pour le chauffage des écoles,			ÉVALUATION de la moyenne de la dépense par école.	OBSERVATIONS.
	par les communes	par les familles, en argent.	par les familles, en nature.	TOTAL.	par les communes	par les familles.	TOTAL.		
1	2	3	4	5	6	7	8	9	10
Ain	127	56	15	198	4,284f	3,771f	8,055	41f	
Aisne	66	123	30	228	3,537	10,042	13,579	58	
Allier	9	51	//	60	480	420	900	71	
Alpes (Basses-)	1	7	77	85	//	2,400	2,400	48	
Alpes (Hautes-)	2	6	115	123	100	2,541	2,641	52	
Alpes-Maritimes	//	//	55	55	//	//	//	33	
Ardèche	12	32	71	115	360	2,071	2,431	19	
Ardennes	96	19	51	166	7,370	3,890	11,269	63	
Ariége	3	6	57	66	35	234	269	12	
Aube	26	1	59	86	1,310	45	1,355	57	
Aude	2	2	86	90	//	65	65	14	
Aveyron	//	36	128	164	//	360	360	17	
Bouches-du-Rhône	//	87	5	92	//	6,239	6,239	21	
Calvados	46	39	147	232	1,244	5,916	7,160	28	
Cantal	15	22	123	160	300	579	879	26	
Charente	20	13	11	44	130	580	710	44	
Charente-Inférieure	29	10	86	125	1,850	2,035	3,855	59	
Cher	11	68	//	79	743	3,042	3,785	37	
Corrèze	//	23	30	53	//	984	984	22	
Corse	//	//	39	39	//	445	445	11	
Côte-d'Or	191	1	3	195	7,153	149	7,302	62	
Côtes-du-Nord	8	26	8	42	128	453	581	13	
Creuse	1	48	//	49	40	2,170	2,210	43	
Dordogne	1	44	37	82	35	1,450	1,485	20	
Doubs	290	5	2	297	14,520	527	15,047	50	
Drôme	19	71	46	136	2,924	3,874	6,798	37	
Eure	11	67	26	104	410	4,187	4,597	44	
Eure-et-Loir	52	20	//	72	2,370	1,098	3,468	48	
Finistère	1	15	//	16	6	239	245	15	
Gard	180	11	2	193	4,092	298	4,390	22	
Garonne (Haute-)	2	10	40	52	75	731	806	19	
Gers	2	22	29	53	70	1,195	1,265	22	
Gironde	23	83	210	316	990	6,522	7,512	27	
Hérault	24	25	89	138	200	1,790	1,990	18	
Ille-et-Vilaine	15	96	15	126	1,050	1,888	2,938	20	
Indre	19	35	//	54	475	2,320	2,795	51	
Indre-et-Loire	8	63	1	72	382	3,813	4,195	62	
Isère	204	180	24	408	7,098	7,190	14,288	37	
Jura	277	2	//	279	7,219	175	7,394	30	
Landes	18	16	60	94	363	553	916	12	
Loir-et-Cher	6	54	7	67	352	2,320	2,672	39	
Loire	11	195	17	223	115	10,750	10,865	47	
Loire (Haute-)	1	7	11	19	100	340	440	23	
Loire-Inférieure	47	32	5	84	1,275	990	2,265	20	
Loiret	17	71	66	154	815	6,723	7,536	48	
Lot	//	25	5	30	//	250	250	8	
Lot-et-Garonne	1	27	21	49	100	2,916	3,016	61	

Chauffage des écoles.

DÉPARTEMENTS.	ÉCOLES dans lesquelles il est pourvu au chauffage — par les communes	par les familles, en argent.	par les familles, en nature.	TOTAL.	SOMMES FOURNIES annuellement pour le chauffage des écoles — par les communes	par les familles.	TOTAL.	ÉVALUATION de la moyenne de la dépense par école.	OBSERVATIONS.
1	2	3	4	5	6	7	8	9	10
Lozère	//	//	//	//	//	//	//	//	
Maine-et-Loire	30	75	91	196	1,579f	2,735f	4,314	40f	
Manche	16	74	172	262	314	1,187	1,501	16	
Marne	122	19	75	216	6,886	6,265	13,151	61	
Marne (Haute-)	113	11	99	223	4,967	2,939	7,906	35	
Mayenne	28	174	8	210	860	4,350	5,210	25	
Meurthe	358	6	13	377	16,418	837	17,255	46	
Meuse	261	27	9	297	12,646	1,620	14,266	54	
Morbihan	17	15	3	35	280	244	524	15	
Moselle	296	10	//	306	15,547	450	15,997	51	
Nièvre	27	26	22	75	1,492	3,380	1,872	57	
Nord	422	//	10	432	19,287	500	19,787	45	
Oise	40	69	46	155	1,905	4,895	6,800	43	
Orne	2	57	121	180	100	5,026	5,126	37	
Pas-de-Calais	106	77	7	190	4,237	3,015	7,252	41	
Puy-de-Dôme	//	67	//	67	//	1,935	1,935	30	
Pyrénées (Basses-)	26	3	141	170	232	1,450	1,682	28	
Pyrénées (Hautes-)	21	//	136	157	120	2,392	2,512	16	
Pyrénées-Orientales	//	//	7	7	//	143	143	20	
Rhin (Bas-)	326	2	//	328	18,720	154	18,874	41	
Rhin (Haut-)	297	//	//	297	25,748	//	25,748	86	
Rhône	70	30	//	100	5,647	1,792	7,439	70	
Saône (Haute-)	370	//	//	370	15,810	//	15,810	44	
Saône-et-Loire	107	64	3	174	3,680	4,481	8,161	39	
Sarthe	17	187	18	222	1,042	13,518	14,560	71	
Savoie	35	59	95	189	1,465	3,468	4,933	26	
Savoie (Haute-)	121	38	71	230	4,748	2,310	7,058	30	
Seine	151	5	//	156	30,450	560	31,010	198	
Seine-Inférieure	45	140	123	308	3,820	12,852	16,672	50	
Seine-et-Marne	45	28	51	124	3,460	2,261	5,721	46	
Seine-et-Oise	128	42	3	173	8,802	2,475	11,277	65	
Sèvres (Deux-)	12	23	35	70	525	2,713	3,238	42	
Somme	49	134	67	250	1,847	5,424	7,271	33	
Tarn	5	24	37	66	135	310	445	14	
Tarn-et-Garonne	4	17	29	50	60	462	522	10	
Var	2	30	27	59	150	2,296	2,446	41	
Vaucluse	49	69	11	129	1,989	2,390	4,379	36	
Vendée	21	37	79	137	528	2,160	2,688	19	
Vienne	2	28	6	36	200	1,925	2,125	60	
Vienne (Haute-)	4	23	//	27	342	478	820	30	
Vosges	305	//	//	305	14,068	//	14,068	46	
Yonne	118	2	9	129	7,427	500	7,927	58	
Totaux	6,062	3,544	3,542	(a) 13,148	311,642	216,462	528,104	37	(a) Les autres écoles sont chauffées par les institutrices, par les établissements auxquels elles sont annexées, par des usines, ou ne sont pas chauffées.

Population des écoles de filles.

DÉPARTEMENTS.	NOMBRE DES ÉLÈVES									TOTAL DES ÉLÈVES admises dans les écoles		
	PAYANTES admises dans les écoles			GRATUITES admises dans les écoles								
				payantes,			gratuites,					
	laïques.	congréganistes.	TOTAL.	laïques.	congréganistes.	TOTAL.	laïques.	congréganistes.	TOTAL.	laïques.	congréganistes.	TOTAL.
1	2	3	4	5	6	7	8	9	10	11	12	13
Ain	3,111	6,021	9,132	737	1,267	2,004	111	1,471	1,582	3,959	8,759	12,718
Aisne	4,697	5,969	10,666	1,106	2,008	3,114	94	3,024	3,118	5,897	11,001	16,898
Allier	672	1,135	1,807	156	801	957	26	1,797	1,823	854	3,733	4,587
Alpes (Basses-)	1,253	1,615	2,868	109	378	487	18	382	400	1,380	2,375	3,755
Alpes (Hautes-)	954	3,781	4,735	188	1,177	1,365	"	527	527	1,142	5,485	6,627
Alpes-Maritimes	861	1,402	2,263	111	286	397	1,209	731	1,940	2,181	2,419	4,600
Ardèche	575	3,361	3,936	184	1,145	1,329	"	649	649	759	5,155	5,914
Ardennes	4,827	4,638	9,465	649	1,836	2,485	620	2,334	2,954	6,096	8,808	14,904
Ariége	922	1,122	2,044	237	583	820	98	745	843	1,257	2,450	3,707
Aube	1,391	3,049	4,440	151	578	729	180	1,602	1,782	1,722	5,229	6,951
Aude	831	1,594	2,425	258	591	849	40	845	885	1,129	3,030	4,159
Aveyron	1,844	2,342	4,186	478	1,102	1,580	"	55	55	2,322	3,499	5,821
Bouches-du-Rhône	717	2,483	3,200	138	1,304	1,442	84	6,828	6,912	939	10 615	11,554
Calvados	3,457	4,738	8,195	1,110	1.986	3,096	620	3,014	3,634	5,187	9,738	14,925
Cantal	3,439	1,973	5,412	927	673	1,600	"	136	136	4,366	2,782	7,148
Charente	1,275	267	1,542	202	167	369	"	764	764	1,477	1,198	2,675
Charente-Inférieure	3,039	1,153	4,192	557	675	1,232	557	1,557	2,114	4,153	3,385	7,538
Cher	1,281	2,032	3,313	164	895	1,059	93	1,960	2,053	1,538	4,887	6,425
Corrèze	725	960	1,685	170	511	681	89	338	427	984	1,809	2,793
Corse	1,543	305	1,848	240	74	314	"	1,313	1,313	1,783	1,692	3,475
Côte-d'Or	2,071	3,898	5,969	406	1,375	1,781	1,830	3,944	5,774	4,307	9,217	13,524
Côtes-du-Nord	3,255	3,461	6,716	1,080	1.810	2.890	"	894	894	4.335	6,165	10,500
Creuse	1,263	349	1,612	277	79	356	"	151	151	1,540	579	2,119
Dordogne	1,547	1,296	2,843	343	776	1,119	"	229	229	1,890	2,301	4,191
Doubs	3,935	2,560	6,495	860	1,029	1,889	3,702	7,120	10,822	8,497	10,709	19,206
Drôme	1,934	6,143	8,077	417	1,645	2,062	65	719	784	2,416	8,507	10,923
Eure	978	3,323	4,301	180	1,364	1,544	"	781	781	1,158	5,468	6,626
Eure-et-Loir	1,604	2,211	3,815	371	747	1,118	"	1,079	1,079	1,975	4,037	6,012
Finistère	1,677	1,701	3,378	567	1,469	2,036	447	1,207	1,654	2,691	4,377	7,068
Gard	2,752	6,524	9,276	530	3,653	4,183	944	2,587	3,531	4,226	12,764	16,990
Garonne (Haute-)	770	356	1,135	157	249	406	320	1,240	1,560	1,256	1,845	3,101
Gers	652	1,141	1,793	115	774	889	"	171	171	767	2,086	2,853
Gironde	5,112	3,855	8,967	589	874	1,463	499	4,329	4.828	6,200	9,058	15,258
Hérault	1,922	1,247	3,169	365	644	1,009	121	3,850	3,971	2,408	5,741	8,149
Ille-et-Vilaine	2,625	4,953	7,578	1,060	2,822	3,882	342	868	1,210	4,027	8,643	12,670
Indre	763	942	1,705	377	847	1,224	"	567	567	1,140	2,356	3,496
Indre-et-Loire	731	1,919	2,650	160	704	864	94	608	702	985	3,231	4,216
Isère	8,149	9,277	17,426	1,611	2,534	4,145	419	2,021	2,440	10,179	13,832	24,011
Jura	6.422	2,331	8,753	1,130	768	1,898	1,924	3,924	5,848	9,476	7,023	16,499
Landes	1,987	976	2,963	408	339	747	101	2,970	3,071	2,496	4,285	6,781
Loir-et-Cher	1,720	2,267	3,987	280	1,187	1,467	"	544	544	2,000	3,998	5,998
Loire	485	10,710	11,195	104	4,650	4,754	52	5,255	5,307	641	20,615	21,256
Loire (Haute-)	48	285	333	16	118	134	"	316	316	64	719	783
Loire-Inférieure	2,665	3,332	5,997	702	1,429	2,131	69	1,367	1,436	3,436	6,128	9,564
Loiret	4,785	3,574	8,359	731	1.237	1,968	16	2,464	2,480	5,532	7,275	12,807
Lot	685	371	1,056	179	133	312	"	"	"	864	504	1,368
Lot-et-Garonne	1,084	693	1,777	168	482	650	12	887	899	1,264	2,062	3,326

Population des écoles de filles.

DÉPARTEMENTS.	NOMBRE DES ÉLÈVES — payantes admises dans les écoles — laïques.	congréganistes.	TOTAL.	gratuites admises dans les écoles — payantes — laïques.	congréganistes.	TOTAL.	gratuites — laïques.	congréganistes.	TOTAL.	TOTAL DES ÉLÈVES ADMISES DANS LES ÉCOLES — laïques.	congréganistes.	TOTAL.
1	2	3	4	5	6	7	8	9	10	11	12	13
Lozère	2,447	324	2,771	870	171	1,041	35	450	485	3,352	945	4,297
Maine-et-Loire	2,218	5,642	7,860	739	3,353	4,092	818	2,730	3,548	3,775	11,725	15,500
Manche	6,304	7,497	13,801	3,111	5,018	8,129	1,159	2,123	3,282	10,574	14,638	25,212
Marne	5,335	4,576	9,911	722	1,608	2,330	203	3,291	3,494	6,260	9,475	15,735
Marne (Haute-)	1,065	5,765	6,830	72	1,291	1,363	445	4,742	5,187	1,582	11,798	13,380
Mayenne	1,413	8,392	9,805	613	4,212	4,825	37	1,320	1,357	2,063	13,924	15,987
Meurthe	601	12,443	13,044	495	3,583	4,078	″	3,167	3,167	1,096	19,193	20,289
Meuse	2,304	7,811	10,115	416	2,047	2,463	335	1,655	1,990	3,055	11,513	14,568
Morbihan	798	1,385	2,183	702	1,170	1,872	74	526	600	1,574	3,081	4,655
Moselle	1,708	11,708	13,416	725	3,122	3,847	90	1,123	1,213	2,523	15,953	18,476
Nièvre	1,343	2,756	4,099	325	1,654	1,979	″	1,405	1,405	1,668	5,815	7,483
Nord	12,876	14,371	27,247	6,374	10,572	16,946	2,537	18,754	21,291	21,787	43,697	65,484
Oise	2,722	4,013	6,735	499	1,658	2,157	40	2,223	2,263	3,261	7,894	11,155
Orne	3,647	4,105	7,752	947	1,669	2,616	″	1,090	1,090	4,594	6,864	11,458
Pas-de-Calais	4,147	5,006	9,153	2,114	5,238	7,352	228	4,004	4,232	6,489	14,248	20,737
Puy-de-Dôme	1,079	2,003	3,082	241	950	1,191	″	1,337	1,337	1,320	4,290	5,610
Pyrénées (Basses-)	2,805	1,647	4,452	1,022	935	1,957	465	4,417	4,882	4,292	6,999	11,291
Pyrénées (Hautes-)	3,528	496	4,024	753	279	1,032	125	576	701	4,406	1,351	5,757
Pyrénées-Orientales	666	70	736	116	40	156	″	502	502	782	612	1,304
Rhin (Bas-)	5,985	12,322	18,307	1,506	4,633	6,139	1,127	6,448	7,575	8,618	23,403	32,021
Rhin (Haut-)	2,962	10,179	13,141	715	3,345	4,060	797	15,226	16,023	4,474	28,750	33,224
Rhône	325	1,617	1,942	51	667	718	2,722	9,144	11,866	3,098	11,428	14,526
Saône (Haute-)	6,269	3,315	9,584	971	1,226	2,197	4,531	4,301	8,332	11,771	8,842	20,613
Saône-et-Loire	3,116	7,295	10,411	587	2,228	2,815	160	1,172	1,332	3,863	10,695	14,558
Sarthe	3,770	5,935	9,705	1,285	3,581	4,866	″	1,582	1,582	5,055	11,098	16,153
Savoie	5,311	1,582	6,893	2,030	749	2,779	1,570	863	2,433	8,911	3,194	12,105
Savoie (Haute-)	3,492	2,735	6,227	1,459	1,563	3,022	1,567	4,255	5,822	6,518	8,553	15,071
Seine	1,595	1,060	2,655	916	1,249	2,165	9,126	16,050	25,176	11,637	18,359	29,996
Seine-Inférieure	811	11,263	12,074	286	7,135	7,421	1,060	6,740	7,800	2,157	25,138	27,295
Seine-et-Marne	2,700	2,472	5,172	411	987	1,398	102	2,062	2,164	3,213	5,521	8,734
Seine-et-Oise	4,000	3,063	7,063	699	1,135	1,834	708	2,573	3,281	5,407	6,771	12,178
Sèvres (Deux-)	1,781	807	2,588	391	256	647	51	900	951	2,223	1,963	4,186
Somme	2,413	8,863	11,276	995	4,060	5,055	32	1,256	1,288	3,440	14,779	18,219
Tarn	935	1,172	2,107	295	669	964	45	633	678	1,275	2,474	3,749
Tarn-et-Garonne	412	1,508	1,920	136	583	719	″	60	60	548	2,151	2,699
Var	1,179	1,410	2,589	109	793	902	94	517	611	1,382	2,720	4,102
Vaucluse	582	5,363	5,945	136	1,577	1,713	246	2,815	3,061	964	9,755	10,719
Vendée	3,217	3,838	7,055	651	1,202	1,853	371	517	888	4,239	5,557	9,796
Vienne	480	889	1,369	88	449	537	″	835	835	568	2,173	2,741
Vienne (Haute-)	379	401	780	80	480	560	″	878	878	459	1,759	2,218
Vosges	2,470	12,521	14,991	435	4,636	5,071	158	2,898	3,056	3,063	20,055	23,118
Yonne	3,668	4,642	8,310	622	962	1,584	821	864	1,685	5,111	6,468	11,579
Totaux	213,902	333,897	547,799	56,765	145,110	201,875	46,675	218,188	264,863	317,342	697,195	1,014,537

Élèves classées d'après le culte auquel elles appartiennent.

DÉPARTEMENTS.	NOMBRE DES ÉLÈVES ADMISES DANS LES ÉCOLES spéciales à chaque culte.			NOMBRE DES ÉLÈVES ADMISES DANS LES ÉCOLES communes aux enfants des divers cultes.			TOTAUX DES ÉLÈVES			TOTAL GÉNÉRAL.
	Catholiques.	Protestantes.	Israélites.	Catholiques.	Protestantes.	Israélites.	CATHOLIQUES.	PROTESTANTES.	ISRAÉLITES.	
1	2	3	4	5	6	7	8	9	10	11
Ain	12,718	″	″	″	″	″	12,718	″	″	12,718
Aisne	16,848	6	″	30	14	″	16,878	20	″	10,898
Allier	4,587	″	″	″	″	″	4,587	″	″	4,587
Alpes (Basses-)	3,755	″	″	″	″	″	3,755	″	″	3,755
Alpes (Hautes-)	6,627	″	″	″	″	″	6,627	″	″	6,627
Alpes-Maritimes	4,600	″	″	″	″	″	4,598	1	1	4,600
Ardèche	5,571	343	″	″	″	″	5,571	343	″	5,914
Ardennes	14,856	48	″	″	″	″	14,840	62	2	14,904
Ariége	3,578	95	″	10	24	″	3,588	119	″	3,707
Aube	6,951	″	″	″	″	″	6,943	8	″	6,951
Aude	4,159	″	″	″	″	″	4,159	″	″	4,159
Aveyron	5,690	125	″	″	″	″	5,696	125	″	5,821
Bouches-du-Rhône	11,475	″	″	70	7	2	11,545	7	2	11,554
Calvados	14,925	″	″	″	″	″	14,925	″	″	14,925
Cantal	7,148	″	″	″	″	″	7,148	″	″	7,148
Charente	2,675	″	″	″	″	″	2,675	″	″	2,675
Charente-Inférieure	7,538	″	″	″	″	″	7,538	″	″	7,538
Cher	6,425	″	″	″	″	″	6,425	″	″	6,425
Corrèze	2,793	″	″	″	″	″	2,793	″	″	2,793
Corse	3,475	″	″	″	″	″	3,475	″	″	3,475
Côte-d'Or	13,524	″	″	″	″	″	13,524	″	″	13,524
Côtes-du-Nord	10,500	″	″	″	″	″	10,500	″	″	10,500
Creuse	2,119	″	″	″	″	″	2,119	″	″	2,119
Dordogne	4,109	″	″	58	24	″	4,167	24	″	4,191
Doubs	18,413	793	″	″	″	″	18,408	798	″	19,206
Drôme	10,317	507	″	26	73	″	10,343	580	″	10,923
Eure	6,626	″	″	″	″	″	6,626	″	″	6,626
Eure-et-Loir	6,012	″	″	″	″	″	6,012	″	″	6,012
Finistère	7,068	″	″	″	″	″	7,068	″	″	7,068
Gard	13,570	3,027	19	95	270	9	13,665	3,297	28	16,990
Garonne (Haute-)	3,076	25	″	″	″	″	3,076	25	″	3,101
Gers	2,853	″	″	″	″	″	2,853	″	″	2,853
Gironde	14,995	189	74	″	″	″	14,995	189	74	15,258
Hérault	7,889	260	″	″	″	″	7,889	260	″	8,149
Ille-et-Vilaine	12,670	″	″	″	″	″	12,670	″	″	12,670
Indre	3,496	″	″	″	″	″	3,496	″	″	3,496
Indre-et-Loire	4,216	″	″	″	″	″	4,216	″	″	4,216
Isère	23,905	106	″	″	″	″	23,905	106	″	24,011
Jura	16,499	″	″	″	″	″	16,499	″	″	16,499
Landes	6,781	″	″	″	″	″	6,781	″	″	6,781
Loir-et-Cher	5,998	″	″	″	″	″	5,998	″	″	5,998
Loire	21,204	52	″	″	″	″	21,204	52	″	21,256
Loire (Haute-)	736	47	″	″	″	″	736	47	″	783
Loire-Inférieure	9,564	″	″	″	″	″	9,564	″	″	9,564
Loiret	12,791	16	″	″	″	″	12,791	16	″	12,807
Lot	1,368	″	″	″	″	″	1,368	″	″	1,368
Lot-et-Garonne	3,255	71	″	″	″	″	3,255	71	″	3,326

Élèves classées d'après le culte auquel elles appartiennent.

DÉPARTEMENTS.	NOMBRE DES ÉLÈVES admises dans les écoles spéciales à chaque culte.			NOMBRE DES ÉLÈVES admises dans les écoles communes aux enfants des divers cultes.			TOTAUX DES ENFANTS			TOTAL GÉNÉRAL.
	Catholiques.	Protestantes.	Israélites.	Catholiques.	Protestantes.	Israélites.	CATHOLIQUES.	PROTESTANTS.	ISRAÉLITES.	
1	2	3	4	5	6	7	8	9	10	11
Lozère	4,161	136	″	″	″	″	4,161	136	″	4,297
Maine-et-Loire	15,400	″	″	95	5	″	15,495	5	″	15,500
Manche	25,212	″	″	″	″	″	25,212	″	″	25,212
Marne	15,735	″	″	″	″	″	15,724	9	2	15,735
Marne (Haute-)	13,380	″	″	″	″	″	13,356	5	19	13,380
Mayenne	15,987	″	″	″	″	″	15,987	″	″	15,987
Meurthe	18,109	″	″	2,051	11	118	20,160	11	118	20,289
Meuse	14,568	″	″	″	″	″	14,524	19	25	14,568
Morbihan	4,655	″	″	″	″	″	4,656	″	″	4,655
Moselle	17,789	126	89	400	10	62	18,189	136	151	18,476
Nièvre	7,483	″	″	″	″	″	7,483	″	″	7,483
Nord	65,399	85	″	″	″	″	65,358	126	″	65,484
Oise	11,155	″	″	″	″	″	11,155	″	″	11,155
Orne	11,458	″	″	″	″	″	11,458	″	″	11,458
Pas-de-Calais	20,737	″	″	″	″	″	20,737	″	″	20,737
Puy-de-Dôme	5,610	″	″	″	″	″	5,610	″	″	5,610
Pyrénées (Basses-)	11,246	45	″	″	″	″	11,246	45	″	11,291
Pyrénées (Hautes-)	5,757	″	″	″	″	″	5,757	″	″	5,757
Pyrénées-Orientales	1,394	″	″	″	″	″	1,394	″	″	1,394
Rhin (Bas-)	23,675	8,084	262	″	″	″	23,675	8,084	262	32,021
Rhin (Haut-)	29,508	2,256	95	711	519	135	30,219	2,775	230	33,224
Rhône	14,288	238	″	″	″	″	14,288	238	″	14,526
Saône (Haute-)	20,374	239	″	″	″	″	20,374	239	″	20,613
Saône-et-Loire	14,450	″	″	106	″	2	14,556	″	2	14,558
Sarthe	16,153	″	″	″	″	″	16,153	″	″	16,153
Savoie	12,105	″	″	″	″	″	12,105	″	″	12,105
Savoie (Haute-)	15,071	″	″	″	″	″	15,071	″	″	15,071
Seine	29,294	421	281	″	″	″	29,294	421	281	29,996
Seine-Inférieure	27,175	120	″	″	″	″	27,175	120	″	27,295
Seine-et-Marne	8,643	91	″	″	″	″	8,643	91	″	8,734
Seine-et-Oise	12,178	″	″	″	″	″	12,178	″	″	12,178
Sèvres (Deux-)	3,688	449	″	18	31	″	3,706	480	″	4,186
Somme	18,219	″	″	″	″	″	18,219	″	″	18,219
Tarn	3,502	247	″	″	″	″	3,502	247	″	3,749
Tarn-et-Garonne	2,590	109	″	″	″	″	2,590	109	″	2,699
Var	4,102	″	″	″	″	″	4,102	″	″	4,102
Vaucluse	10,565	154	″	″	″	″	10,565	154	″	10,719
Vendée	9,730	66	″	″	″	″	9,730	66	″	9,796
Vienne	2,656	85	″	″	″	″	2,656	85	″	2,741
Vienne (Haute-)	2,218	″	″	″	″	″	2,218	″	″	2,218
Vosges	23,026	92	″	″	″	″	23,026	92	″	23,118
Yonne	11,579	″	″	″	″	″	11,579	″	″	11,579
Total	989,263	18,753	820	4,348	1,003	350	993,497	19,843	1,197	1,014,537

ÉCOLES DE FILLES.

Durée de la fréquentation des écoles de filles.

DÉPARTEMENTS.	NOMBRE DES ÉLÈVES AYANT FRÉQUENTÉ LES ÉCOLES PENDANT											TOTAL DES ÉLÈVES.	DURÉE MOYENNE en mois de la fréquentation
	1 mois.	2 mois.	3 mois.	4 mois.	5 mois.	6 mois.	7 mois.	8 mois.	9 mois.	10 mois.	11 mois.		
1	2	3	4	5	6	7	8	9	10	11	12	13	14
Ain	698	1,253	1,515	1,129	1,217	1,068	924	916	789	1,371	1,838	12,718	6m26
Aisne	498	931	1,380	740	755	889	1,028	1,207	1,133	1,695	6,552	16,808	8.01
Allier	193	203	230	207	200	209	167	174	190	197	2,611	4,587	8.58
Alpes (Basses-)	161	219	325	213	141	129	190	170	172	177	1,858	3,755	8.08
Alpes (Hautes-)	517	727	1,084	916	640	526	454	344	313	391	715	6,627	5.40
Alpes-Maritimes	239	284	613	244	278	297	232	385	275	422	1,331	4,600	7.14
Ardèche	160	242	365	287	245	402	184	248	333	418	2,970	5,914	8.46
Ardennes	454	896	1,175	600	762	729	757	1,174	918	1,361	6,078	14,904	8.04
Ariége	105	182	240	150	117	214	114	174	224	243	1,944	3,707	8.55
Aube	168	290	517	318	663	808	1,155	823	410	480	1,319	6,951	7.11
Aude	86	110	170	115	114	143	78	176	248	404	2,515	4,150	9.28
Aveyron	498	465	556	445	408	378	306	352	232	452	1,729	5,821	6.83
Bouches-du-Rhône	375	617	1,255	450	626	573	636	1,091	543	629	4,759	11,554	7.83
Calvados	385	529	1,027	878	499	737	1,342	960	965	1,200	6,403	14,925	8.25
Cantal	503	710	998	610	642	580	336	317	322	713	1,408	7,148	6.23
Charente	94	106	187	105	227	79	178	100	235	269	1,095	2,675	8.15
Charente-Inférieure	591	540	309	348	393	431	324	418	372	459	3,347	7,538	7.81
Cher	190	285	478	282	320	415	361	534	394	503	2,054	6,425	8.10
Corrèze	90	139	156	111	89	106	104	136	205	213	1,435	2,793	8.57
Corse	104	168	210	112	143	214	221	347	252	1,091	613	3,475	7.99
Côte-d'Or	454	906	842	887	1,070	1,125	1,004	1,173	905	2,322	2,836	13,524	7.35
Côtes-du-Nord	376	503	764	629	430	449	1,123	446	445	719	4,616	10,500	8.04
Creuse	68	74	64	42	48	34	0	17	67	49	1,650	2,119	9.65
Dordogne	313	308	199	183	191	201	228	238	338	672	1,320	4,191	7.08
Doubs	606	1,411	1,775	1,067	1,663	1,318	1,008	1,186	1,257	842	7,073	19,206	7.46
Drôme	300	275	507	320	340	1,078	306	575	643	634	5,825	10,923	8.73
Eure	179	267	384	376	390	426	509	390	439	469	2,797	6,626	8.14
Eure-et-Loir	207	273	433	308	341	401	461	405	560	591	1,966	6,012	7.81
Finistère	95	155	279	203	172	1,020	1,307	706	672	1,007	1,362	7,068	7.90
Gard	337	452	802	582	562	621	460	1,049	1,365	2,789	7,881	16,990	9.80
Garonne (Haute-)	128	153	171	166	259	550	162	139	142	152	1,079	3,101	7.46
Gers	50	68	99	55	105	82	93	141	153	591	1,410	2,853	9.22
Gironde	485	587	680	691	716	684	741	696	938	1,192	7,848	15,258	8.62
Hérault	279	402	453	290	222	305	345	669	546	921	3,627	8,149	8.41
Ille-et-Vilaine	390	651	737	1,007	710	888	1,207	924	785	815	4,496	12,670	7.71
Indre	147	139	164	180	178	184	54	181	218	193	1,858	3,496	8.52
Indre-et-Loire	72	125	165	95	103	133	141	186	213	167	2,816	4,216	9.38
Isère	1,618	2,399	2,694	2,406	2,198	2,022	1,652	1,620	1,497	1,979	3,917	24,011	6.17
Jura	795	1,275	1,303	1,048	1,253	1,126	824	1,146	851	1,197	5,681	16,499	7.36
Landes	246	411	325	307	325	374	356	488	530	828	2,591	6,781	8.12
Loir-et-Cher	230	412	410	266	373	416	418	518	501	571	1,883	5,998	7.62
Loire	677	1,045	2,695	1,577	1,525	765	1,440	1,332	1,282	2,732	6,177	21,256	7.39
Loire (Haute-)	15	17	81	50	51	32	19	13	17	5	474	783	8.47
Loire-Inférieure	374	463	909	364	444	659	501	964	485	608	3,733	9,564	7.82
Loiret	590	921	1,316	928	771	877	669	735	729	855	4,416	12,807	7.30
Lot	131	105	102	87	73	73	95	102	115	166	319	1,368	6.93
Lot-et-Garonne	42	97	131	196	192	264	224	217	220	517	1,226	3,326	8.39

TABLEAU N° 42.
(Suite.)

ENSEIGNEMENT PUBLIC.

ÉCOLES DE FILLES.

Durée de la fréquentation des écoles de filles.

DÉPARTEMENTS.	NOMBRE DES ÉLÈVES AYANT FRÉQUENTÉ LES ÉCOLES PENDANT											TOTAL DES ÉLÈVES.	DURÉE MOYENNE en mois de la fréquentation
	1 mois.	2 mois.	3 mois.	4 mois.	5 mois.	6 mois.	7 mois.	8 mois.	9 mois.	10 mois.	11 mois.		
1	2	3	4	5	6	7	8	9	10	11	12	13	14
Lozère	192	319	364	309	329	356	293	288	252	231	1,364	4,297	7m19
Maine-et-Loire	518	820	1,523	520	789	722	824	1,461	758	831	6,734	15,500	7. 98
Manche	840	1,209	1,615	1,608	769	1,136	2,714	1,534	1,652	2,168	9,967	25,212	8. 04
Marne	499	759	1,047	532	648	729	1,051	1,185	1,007	1,642	6,636	15,735	8. 28
Marne (Haute-)	435	780	1,095	824	733	821	822	1,155	664	1,176	4,875	13,380	7. 74
Mayenne	366	625	830	1,426	870	886	1,503	1,081	1,529	1,427	5,444	15,987	7. 92
Meurthe	391	717	1,205	882	1,205	1,264	1,002	1,345	1,333	1,331	9,614	20,289	8. 45
Meuse	360	626	778	369	561	714	636	1,004	983	946	7,591	14,568	8. 70
Morbihan	128	126	241	185	130	198	243	177	172	228	2,827	4,655	8. 96
Moselle	196	535	437	486	999	1,365	2,037	2,922	2,515	2,498	4,486	18,476	8. 24
Nièvre	364	437	525	364	393	398	400	563	429	683	2,927	7,483	7. 86
Nord	1,987	2,934	5,547	4,486	3,869	4,672	4,932	5,751	5,500	6,704	19,102	65,484	7. 59
Oise	352	428	620	459	515	642	550	819	975	1,377	4,418	11,155	8. 33
Orne	317	532	766	742	523	724	1,258	767	911	1,232	3,086	11,458	7. 82
Pas-de-Calais	667	1,012	1,817	740	1,005	1,047	905	1,677	1,119	1,670	9,078	20,737	8. 14
Puy-de-Dôme	257	408	270	281	195	360	457	395	241	502	2,244	5,610	7. 91
Pyrénées (Basses-)	253	723	410	272	423	506	307	620	682	822	6,273	11,291	8. 82
Pyrénées (Hautes-)	203	269	267	171	147	214	167	147	104	452	3,616	5,757	9. 00
Pyrénées-Orientales	41	92	157	73	75	88	71	115	91	86	505	1,394	7. 56
Rhin (Bas-)	328	914	2,484	1,612	1,478	1,079	1,161	1,787	1,141	1,017	19,020	32,021	8. 81
Rhin (Haut-)	485	992	1,521	1,370	3,600	1,826	1,554	1,848	1,871	1,683	16,468	33,224	8. 49
Rhône	396	794	1,422	819	964	1,054	650	1,584	518	1,207	5,118	14,526	7. 64
Saône (Haute-)	563	1,100	1,417	917	1,379	1,419	1,280	1,821	1,119	1,329	8,269	20,613	7. 95
Saône-et-Loire	804	1,154	1,121	883	988	869	579	825	746	1,091	5,498	14,558	7. 48
Sarthe	523	836	1,334	1,383	1,138	1,062	1,355	1,108	1,041	1,400	4,973	16,153	7. 44
Savoie	700	996	1,236	935	854	820	709	888	830	1,520	2,617	12,105	6. 84
Savoie (Haute-)	575	1,195	1,265	1,028	1,086	992	903	1,134	924	2,102	3,867	15,071	7. 27
Seine	279	372	496	377	315	514	271	388	402	313	26,269	29,996	10. 31
Seine-Inférieure	679	1,234	2,478	824	1,009	1,471	1,583	2,969	1,957	2,457	10,634	27,295	8. 12
Seine-et-Marne	306	467	570	400	460	449	580	661	629	792	3,420	8,734	8. 03
Seine-et-Oise	365	528	807	515	542	649	621	948	833	813	5,557	12,178	8. 31
Sèvres (Deux-)	252	275	295	288	285	235	236	330	296	355	1,339	4,186	7. 38
Somme	455	584	970	497	546	793	702	1,184	1,086	1,368	10,034	18,219	8. 91
Tarn	158	287	324	262	196	221	158	274	189	405	1,275	3,749	7. 50
Tarn-et-Garonne	136	117	166	142	78	112	163	114	78	47	1,546	2,699	8. 42
Var	140	215	279	112	195	209	150	305	213	270	2,014	4,102	8. 37
Vaucluse	262	500	1,051	670	743	630	559	974	773	892	3,659	10,719	7. 69
Vendée	398	688	859	428	639	630	566	975	598	813	3,202	9,796	7. 51
Vienne	84	133	191	133	122	179	147	196	180	270	1,106	2,741	8. 11
Vienne (Haute-)	68	93	101	92	134	149	132	158	163	771	357	2,218	8. 02
Vosges	593	1,307	1,807	1,131	1,304	1,178	1,136	1,614	1,151	1,779	10,118	23,118	8. 09
Yonne	516	831	868	687	790	895	785	873	840	985	3,509	11,579	7. 37
TOTAUX	32,759	51,855	74,006	52,819	56,216	59,380	60,785	72,425	62,939	86,046	405,307	1,014,537	7. 98

Personnel des institutrices dirigeant des écoles de filles.

DÉPARTEMENTS.	INSTITUTRICES			ADJOINTES			INSTITUTRICES LAÏQUES	
	laïques.	congréganistes.	TOTAL.	laïques.	congréganistes.	TOTAL.	formées dans une école normale.	formées en dehors des écoles normales.
1	2	3	4	5	6	7	8	9
Ain	84	114	198	5	199	204	30	55
Aisne	105	123	228	18	211	229	53	52
Allier	21	39	60	"	76	76	9	11
Alpes (Basses-)	42	43	85	"	32	32	12	30
Alpes (Hautes-)	28	95	123	2	50	52	4	24
Alpes-Maritimes	50	26	76	4	33	37	12	38
Ardèche	28	113	141	1	140	141	1	27
Ardennes	91	75	166	14	183	197	67	24
Ariége	39	27	66	2	65	67	"	39
Aube	26	60	86	7	101	108	4	22
Aude	37	53	90	1	80	81	6	31
Aveyron	99	65	164	2	96	98	"	99
Bouches-du-Rhône	18	74	92	5	144	149	11	7
Calvados	94	138	232	25	127	152	9	85
Cantal	111	49	160	8	38	46	"	111
Charente	35	9	44	4	29	33	17	18
Charente-Inférieure	90	35	125	11	59	70	34	56
Cher	32	54	86	5	59	64	"	32
Corrèze	24	29	53	1	31	32	5	15
Corse	62	10	72	"	21	21	42	20
Côte-d'Or	71	124	195	13	155	168	2	69
Côtes-du-Nord	72	69	141	11	46	57	20	52
Creuse	41	8	49	1	14	15	22	19
Dordogne	55	27	82	4	67	71	17	38
Doubs	162	135	297	4	19	23	88	74
Drôme	56	150	206	13	186	199	33	23
Eure	22	82	104	"	53	53	11	11
Eure-et-Loir	28	44	72	13	55	68	16	12
Finistère	36	31	67	16	58	74	13	23
Gard	95	157	252	1	251	252	36	59
Garonne (Haute-)	27	25	52	1	37	38	"	27
Gers	32	21	53	"	49	49	5	48
Gironde	202	114	316	18	147	165	38	164
Hérault	72	66	138	5	104	109	35	37
Ille-et-Vilaine	72	94	166	18	134	152	42	30
Indre	28	26	54	4	34	38	1	27
Indre-et-Loire	23	49	72	2	66	68	2	21
Isère	224	184	408	30	321	351	91	133
Jura	196	83	279	13	89	102	141	55
Landes	61	43	104	13	95	108	23	38
Loir-et-Cher	28	39	67	7	59	66	3	25
Loire	14	209	223	4	402	406	"	14
Loire (Haute-)	2	17	19	"	10	10	"	2
Loire-Inférieure	61	51	112	9	91	100	24	37
Loiret	81	73	154	3	100	103	51	30
Lot	27	12	39	1	9	10	"	27
Lot-et-Garonne	30	19	49	6	46	52	1	29

Personnel des institutrices dirigeant des écoles de filles.

DÉPARTEMENTS.	INSTITUTRICES			ADJOINTES			INSTITUTRICES LAÏQUES	
	laïques.	congréganistes.	TOTAL.	laïques.	congréganistes.	TOTAL.	formées dans une école normale.	formées en dehors des écoles normales.
1	2	3	4	5	6	7	8	9
Lozère	205	19	224	//	20	20	94	111
Maine-et-Loire	63	133	196	27	185	212	24	39
Manche	228	208	436	19	129	148	67	161
Marne	114	102	216	16	133	149	36	78
Marne (Haute-)	34	189	223	1	211	212	1	33
Mayenne	42	168	210	3	324	327	27	15
Meurthe	15	362	377	3	92	95	//	15
Meuse	71	226	297	7	67	74	//	71
Morbihan	19	34	53	4	47	51	//	19
Moselle	37	269	306	8	93	101	23	14
Nièvre	25	50	75	5	103	108	10	63
Nord	213	219	432	69	348	417	117	96
Oise	47	108	155	9	79	88	18	29
Orne	68	112	180	19	70	89	45	23
Pas-de-Calais	85	105	190	23	181	204	42	43
Puy-de-Dôme	26	41	67	7	139	146	15	11
Pyrénées (Basses-)	93	77	170	2	9	11	45	48
Pyrénées (Hautes-)	136	21	157	1	39	40	52	84
Pyrénées-Orientales	17	5	22	//	4	4	8	9
Rhin (Bas-)	88	240	328	32	165	197	57	31
Rhin (Haut-)	38	259	297	41	203	244	12	26
Rhône	35	65	100	4	137	141	17	18
Saône (Haute-)	251	119	370	26	74	100	91	160
Saône-et-Loire	59	115	174	11	164	175	36	23
Sarthe	100	122	222	6	219	225	23	77
Savoie	157	34	191	24	59	83	13	144
Savoie (Haute-)	133	97	230	3	143	146	20	113
Seine	77	79	156	47	191	238	1	76
Seine-Inférieure	23	285	308	9	228	237	//	23
Seine-et-Marne	53	71	124	9	75	84	//	53
Seine-et-Oise	88	85	173	17	102	119	2	86
Sèvres (Deux-)	46	24	70	7	44	51	//	46
Somme	56	194	250	4	141	145	//	56
Tarn	34	32	66	2	55	57	8	26
Tarn-et-Garonne	22	37	59	1	66	67	//	22
Var	32	34	66	10	64	74	8	24
Vaucluse	22	107	129	4	151	155	1	21
Vendée	81	65	146	9	117	126	38	43
Vienne	12	24	36	1	55	56	//	12
Vienne (Haute-)	15	12	27	5	32	37	//	15
Vosges	47	258	305	9	177	186	2	45
Yonne	57	72	129	18	99	117	2	55
TOTAUX	5,998	8,061	14,059	847	9,505	10,352	1,986	4,012

ENSEIGNEMENT PUBLIC.

ÉCOLES DE FILLES.

TABLEAU N° 44.

État civil des institutrices laïques dirigeant des écoles de filles.

DÉPARTEMENTS.	INSTITUTRICES LAÏQUES			
	CÉLIBATAIRES.	MARIÉES.	VEUVES.	TOTAL.
1	2	3	4	5
Ain	49	31	3	84
Aisne	81	22	2	105
Allier	7	14	″	21
Alpes (Basses-)	34	5	3	42
Alpes (Hautes-)	25	3	″	28
Alpes-Maritimes	35	14	1	50
Ardèche	24	4	″	28
Ardennes	81	9	1	91
Ariége	32	7	″	39
Aube	22	4	″	26
Aude	24	13	″	37
Aveyron	94	3	2	99
Bouches-du-Rhône	15	1	2	18
Calvados	82	10	2	94
Cantal	106	5	″	111
Charente	22	11	2	35
Charente-Inférieure	60	27	3	90
Cher	14	17	1	32
Corrèze	16	6	2	24
Corse	51	10	1	62
Côte-d'Or	56	12	3	71
Côtes-du-Nord	57	12	3	72
Creuse	17	22	2	41
Dordogne	33	18	4	55
Doubs	154	8	″	162
Drôme	38	18	″	56
Eure	14	6	2	22
Eure-et-Loir	23	5	″	28
Finistère	24	12	″	36
Gard	43	47	5	95
Garonne (Haute-)	19	7	1	27
Gers	15	16	1	32
Gironde	54	140	8	202
Hérault	65	5	2	72
Ille-et-Vilaine	62	6	4	72
Indre	10	16	2	28
Indre-et-Loire	9	12	2	23
Isère	196	27	1	224
Jura	186	7	3	196
Landes	46	15	″	61
Loir-et-Cher	28	″	″	28
Loire	10	4	″	14
Loire (Haute-)	2	″	″	2
Loire-Inférieure	53	5	3	61
Loiret	53	28	″	81
Lot	22	3	2	27
Lot-et-Garonne	15	12	3	30
Lozère	200	4	1	205
Maine-et-Loire	44	17	2	63
Manche	225	1	2	228
Marne	99	13	2	114
Marne (Haute-)	32	2	″	34
Mayenne	38	4	″	42
Meurthe	15	″	″	15
Meuse	69	1	1	71
Morbihan	18	1	″	19
Moselle	35	2	″	37
Nièvre	10	15	″	25
Nord	178	30	5	213
Oise	35	12	″	47
Orne	60	8	″	68
Pas-de-Calais	76	7	2	85
Puy-de-Dôme	18	8	″	26
Pyrénées (Basses-)	75	16	2	93
Pyrénées (Hautes-)	123	12	1	136
Pyrénées-Orientales	15	2	″	17
Rhin (Bas-)	81	6	1	88
Rhin (Haut-)	35	2	1	38
Rhône	26	7	2	35
Saône (Haute-)	249	1	1	251
Saône-et-Loire	35	21	3	59
Sarthe	71	24	5	100
Savoie	144	13	″	157
Savoie (Haute-)	112	21	″	133
Seine	34	40	3	77
Seine-Inférieure	16	6	1	23
Seine-et-Marne	19	30	4	53
Seine-et-Oise	36	40	12	88
Sèvres (Deux-)	32	13	1	46
Somme	55	1	″	56
Tarn	29	4	1	34
Tarn-et-Garonne	5	16	1	22
Var	27	5	″	32
Vaucluse	12	6	4	22
Vendée	64	14	3	81
Vienne	7	5	″	12
Vienne (Haute-)	7	5	3	15
Vosges	43	4	″	47
Yonne	38	16	3	57
TOTAUX	4,721	1,134	143	5,998

Institutrices classées d'après le culte auquel elles appartiennent.

ÉCOLES DE FILLES.

DÉPARTEMENTS.	INSTITUTRICES			ADJOINTES		
	CATHOLIQUES.	PROTESTANTES.	ISRAÉLITES.	CATHOLIQUES.	PROTESTANTES.	ISRAÉLITES.
1	2	3	4	5	6	7
Ain	198	″	″	204	″	″
Aisne	228	″	″	220	″	″
Allier	60	″	″	76	″	″
Alpes (Basses-)	85	″	″	32	″	″
Alpes (Hautes-)	123	″	″	52	″	″
Alpes-Maritimes	76	″	″	37	″	″
Ardèche	131	10	″	141	″	″
Ardennes	165	1	″	197	″	″
Ariége	63	3	″	67	″	″
Aube	86	″	″	108	″	″
Aude	90	″	″	81	″	″
Aveyron	161	3	″	97	1	″
Bouches-du-Rhône	92	″	″	149	″	″
Calvados	232	″	″	152	″	″
Cantal	160	″	″	46	″	″
Charente	44	″	″	33	″	″
Charente-Inférieure	123	2	″	70	″	″
Cher	86	″	″	64	″	″
Corrèze	53	″	″	32	″	″
Corse	72	″	″	21	″	″
Côte-d'Or	195	″	″	168	″	″
Côtes-du-Nord	141	″	″	57	″	″
Creuse	49	″	″	15	″	″
Dordogne	82	″	″	71	″	″
Doubs	288	9	″	22	1	″
Drôme	192	14	″	198	1	″
Eure	104	″	″	53	″	″
Eure-et-Loir	72	″	″	68	″	″
Finistère	67	″	″	74	″	″
Gard	181	70	1	251	1	″
Garonne (Haute-)	51	1	″	38	″	″
Gers	53	″	″	49	″	″
Gironde	310	5	1	163	1	1
Hérault	131	7	″	106	3	″
Ille-et-Vilaine	166	″	″	152	″	″
Indre	54	″	″	38	″	″
Indre-et-Loire	72	″	″	68	″	″
Isère	404	4	″	351	″	″
Jura	279	″	″	102	″	″
Landes	104	″	″	108	″	″
Loir-et-Cher	67	″	″	66	″	″
Loire	222	1	″	406	″	″
Loire (Haute-)	18	1	″	10	″	″
Loire-Inférieure	112	″	″	100	″	″
Loiret	153	1	″	103	″	″
Lot	39	″	″	10	″	″
Lot-et-Garonne	47	2	″	52	″	″
Lozère	218	6	″	20	″	″
Maine-et-Loire	196	″	″	212	″	″
Manche	436	″	″	148	″	″
Marne	216	″	″	149	″	″
Marne (Haute-)	223	″	″	212	″	″
Mayenne	210	″	″	327	″	″
Meurthe	377	″	″	95	″	″
Meuse	297	″	″	74	″	″
Morbihan	53	″	″	51	″	″
Moselle	303	2	1	100	″	1
Nièvre	75	″	″	108	″	″
Nord	431	1	″	417	″	″
Oise	155	″	″	88	″	″
Orne	180	″	″	89	″	″
Pas-de-Calais	190	″	″	204	″	″
Puy-de-Dôme	67	″	″	146	″	″
Pyrénées (Basses-)	169	1	″	11	″	″
Pyrénées (Hautes-)	157	″	″	40	″	″
Pyrénées-Orientales	22	″	″	4	″	″
Rhin (Bas-)	242	83	3	165	30	2
Rhin (Haut-)	271	24	2	221	21	2
Rhône	98	2	″	139	2	″
Saône (Haute-)	366	4	″	99	1	″
Saône-et-Loire	174	″	″	175	″	″
Sarthe	222	″	″	225	″	″
Savoie	191	″	″	83	″	″
Savoie (Haute-)	230	″	″	146	″	″
Seine	151	4	1	234	3	1
Seine-Inférieure	306	2	″	237	″	″
Seine-et-Marne	122	2	″	84	″	″
Seine-et-Oise	173	″	″	119	″	″
Sèvres (Deux-)	60	10	″	51	″	″
Somme	250	″	″	145	″	″
Tarn	59	7	″	55	2	″
Tarn-et-Garonne	57	2	″	66	1	″
Var	66	″	″	74	″	″
Vaucluse	125	4	″	155	″	″
Vendée	145	1	″	126	″	″
Vienne	35	1	″	56	″	″
Vienne (Haute-)	27	″	″	37	″	″
Vosges	303	2	″	186	″	″
Yonne	129	″	″	117	″	″
TOTAUX	13,758	292	9	10,277	68	7

Titres de capacité des institutrices dirigeant des écoles de filles.

DÉPARTEMENTS.	Institutrices laïques — pourvues d'un brevet de capacité, 1er ordre.	Institutrices laïques — pourvues d'un brevet de capacité, 2e ordre.	Institutrices laïques — pourvues d'un certificat de stage.	Institutrices laïques — n'exerçant qu'en vertu d'une autorisation provisoire (sans brevet).	Institutrices laïques — TOTAL.	Adjointes laïques — brevetées.	Adjointes laïques — non brevetées.	Institutrices congréganistes — pourvues d'un brevet de capacité, 1er ordre.	Institutrices congréganistes — pourvues d'un brevet de capacité, 2e ordre.	Institutrices congréganistes — pourvues d'un certificat de stage.	Institutrices congréganistes — n'exerçant qu'en vertu d'une lettre d'obédience.	Institutrices congréganistes — TOTAL.	Adjointes congréganistes — brevetées.	Adjointes congréganistes — non brevetées.
1	2	3	4	5	6	7	8	9	10	11	12	13	14	15
Ain	2	67	″	15	84	4	1	″	1	″	113	114	4	195
Aisne	11	93	″	1	105	6	12	2	4	1	116	123	3	208
Allier	″	21	″	″	21	″	″	″	1	″	38	39	″	76
Alpes (Basses-)	″	42	″	″	42	″	″	″	1	″	42	43	″	32
Alpes (Hautes-)	1	27	″	″	28	1	1	″	11	″	84	95	2	48
Alpes-Maritimes	″	41	″	9	50	3	1	″	5	″	21	26	″	33
Ardèche	″	20	″	8	28	″	1	″	9	″	104	113	5	135
Ardennes	1	90	″	″	91	6	8	″	1	″	74	75	1	182
Ariége	2	35	″	2	39	2	″	″	″	″	27	27	″	65
Aube	4	22	″	″	26	2	5	″	3	″	57	60	″	101
Aude	1	33	″	3	37	1	″	″	3	″	50	53	4	76
Aveyron	1	98	″	″	99	″	2	″	56	″	9	65	20	76
Bouches-du-Rhône	1	17	″	″	18	2	3	″	2	″	72	74	1	143
Calvados	1	92	″	1	94	15	10	″	19	″	119	138	4	123
Cantal	″	110	″	1	111	2	6	″	40	″	9	49	6	32
Charente	2	33	″	″	35	″	4	″	1	″	8	9	″	29
Charente-Inférieure	″	88	″	2	90	6	5	″	″	″	35	35	″	59
Cher	″	29	″	3	32	″	5	″	5	″	49	54	″	59
Corrèze	24	″	″	″	24	″	1	″	7	″	22	29	″	31
Corse	″	58	″	4	62	″	″	″	″	″	10	10	″	21
Côte-d'Or	1	68	″	2	71	4	9	″	3	″	121	124	″	155
Côtes-du-Nord	2	69	″	1	72	3	8	1	4	″	64	69	″	46
Creuse	″	41	″	″	41	1	″	″	″	″	8	8	″	14
Dordogne	2	49	″	4	55	3	1	″	8	″	19	27	5	62
Doubs	23	138	″	1	162	3	1	1	8	″	126	135	″	19
Drôme	″	53	″	3	56	″	13	″	2	″	148	150	1	185
Eure	″	21	″	1	22	″	″	″	″	″	82	82	″	53
Eure-et-Loir	4	22	″	2	28	4	9	″	2	″	42	44	1	54
Finistère	″	34	″	2	36	4	12	″	2	″	29	31	1	57
Gard	″	87	″	8	95	1	″	″	6	″	151	157	″	251
Garonne (Haute-)	1	25	″	1	27	″	1	″	″	″	25	25	″	37
Gers	″	32	″	″	32	″	″	″	2	″	19	21	″	40
Gironde	13	73	″	116	202	7	11	″	7	″	107	114	″	147
Hérault	3	68	″	1	72	2	3	″	1	″	65	66	″	104
Ille-et-Vilaine	1	69	″	2	72	11	7	″	11	″	83	94	″	134
Indre	3	25	″	″	28	″	4	1	2	″	23	26	″	34
Indre-et-Loire	″	22	″	1	23	1	1	1	6	″	42	49	″	66
Isère	″	187	″	37	224	7	23	″	20	15	149	184	3	318
Jura	57	139	″	″	196	7	6	7	7	″	69	83	″	89
Landes	1	59	″	1	61	4	9	″	1	″	42	43	1	94
Loir-et-Cher	2	23	″	3	28	2	5	″	″	″	39	39	″	59
Loire	″	11	″	3	14	″	4	″	23	″	186	209	″	402
Loire (Haute-)	″	2	″	″	2	″	″	″	5	″	12	17	″	10
Loire-Inférieure	″	60	″	1	61	3	6	″	4	″	47	51	″	91
Loiret	1	65	″	15	81	″	3	″	8	″	65	73	1	99
Lot	″	27	″	″	27	″	1	″	6	″	6	12	″	9
Lot-et-Garonne	1	29	″	″	30	″	6	″	3	″	16	19	″	46

Tableau n° 40.
(Suite.)

ENSEIGNEMENT PUBLIC.

ÉCOLES DE FILLES.

Titres de capacité des institutrices dirigeant des écoles de filles.

DÉPARTEMENTS.	Institutrices laïques — pourvues d'un brevet de capacité : 1er ordre.	Institutrices laïques — pourvues d'un brevet de capacité : 2e ordre.	Institutrices laïques — pourvues d'un certificat de stage.	Institutrices laïques — n'exerçant qu'en vertu d'une autorisation provisoire (sans brevet).	Institutrices laïques — TOTAL.	Adjointes laïques — brevetées.	Adjointes laïques — non brevetées.	Institutrices congréganistes — pourvues d'un brevet de capacité : 1er ordre.	Institutrices congréganistes — pourvues d'un brevet de capacité : 2e ordre.	Institutrices congréganistes — pourvues d'un certificat de stage.	Institutrices congréganistes — n'exerçant qu'en vertu d'une lettre d'obédience.	Institutrices congréganistes — TOTAL.	Adjointes congréganistes — brevetées.	Adjointes congréganistes — non brevetées.
1	2	3	4	5	6	7	8	9	10	11	12	13	14	15
Lozère	//	205	//	//	205	//	//	//	3	//	16	19	2	18
Maine-et-Loire	//	61	//	2	63	9	18	//	6	//	127	133	//	185
Manche	4	220	//	4	228	10	9	1	143	//	04	208	19	110
Marne	12	100	//	2	114	8	8	//	5	//	97	102	1	132
Marne (Haute-)	1	33	//	//	34	//	1	//	//	//	189	189	//	211
Mayenne	//	41	//	1	42	2	1	//	12	//	156	168	//	324
Meurthe	4	11	//	//	15	3	//	//	//	//	362	362	//	92
Meuse	4	67	//	//	71	5	2	//	1	//	225	226	//	67
Morbihan	//	19	//	//	19	//	4	//	4	//	30	34	//	47
Moselle	4	31	//	2	37	4	4	1	//	//	268	269	//	93
Nièvre	2	22	//	1	25	2	3	//	//	//	50	50	//	103
Nord	15	194	//	4	213	11	58	2	4	//	213	219	//	348
Oise	9	38	//	//	47	6	3	//	10	//	98	108	//	79
Orne	//	67	//	1	68	10	9	//	24	//	88	112	//	70
Pas-de-Calais	//	81	//	4	85	5	18	//	2	//	103	105	1	180
Puy-de-Dôme	1	23	//	2	26	2	5	//	5	//	36	41	//	139
Pyrénées (Basses-)	//	93	//	//	93	2	//	//	//	//	77	77	//	9
Pyrénées (Hautes-)	1	135	//	//	136	//	1	//	2	//	19	21	//	39
Pyrénées-Orientales	//	16	//	1	17	//	//	//	1	//	4	5	//	4
Rhin (Bas-)	16	72	//	//	88	12	20	//	//	//	240	240	//	165
Rhin (Haut-)	6	31	//	1	38	37	4	//	//	//	259	259	//	203
Rhône	6	29	//	//	35	4	//	//	//	//	65	65	//	137
Saône (Haute-)	12	239	//	//	251	10	16	//	9	//	110	119	//	74
Saône-et-Loire	//	57	//	2	59	2	9	//	8	//	107	115	3	161
Sarthe	1	83	//	16	100	1	5	1	2	//	119	122	//	219
Savoie	4	117	//	36	157	//	24	4	11	//	19	34	//	59
Savoie (Haute-)	//	114	//	19	133	1	2	//	33	//	04	97	4	139
Seine	19	58	//	//	77	46	1	1	2	//	76	79	12	179
Seine-Inférieure	2	21	//	//	23	6	3	2	6	//	277	285	//	228
Seine-et-Marne	//	53	//	//	53	4	5	//	2	//	69	71	//	75
Seine-et-Oise	9	78	//	1	88	7	10	//	6	//	79	85	//	102
Sèvres (Deux-)	//	43	//	3	46	1	6	//	3	//	21	24	//	44
Somme	2	51	2	1	56	//	4	//	2	//	192	194	//	141
Tarn	//	34	//	//	34	//	2	1	5	//	26	32	4	51
Tarn-et-Garonne	//	20	//	2	22	1	//	//	4	//	33	37	//	06
Var	//	30	//	2	32	1	9	//	3	//	31	34	3	61
Vaucluse	//	15	//	7	22	1	3	//	1	//	106	107	4	147
Vendée	3	75	//	3	81	5	4	//	3	//	62	65	1	116
Vienne	//	12	//	//	12	//	1	//	//	//	24	24	//	55
Vienne (Haute-)	8	7	//	//	15	3	2	//	//	//	12	12	2	30
Vosges	1	45	//	1	47	//	9	1	1	//	256	258	1	176
Yonne	3	54	//	//	57	7	11	1	4	1	66	72	//	99
Totaux	315	5,309	2	372	5,998	345	502	28	637	17	7,379	8,061	120	9,385

ÉCOLES DE FILLES.

Dépenses ordinaires des écoles laïques de filles.

DÉPARTEMENTS.	DÉPENSES.				RESSOURCES AU MOYEN DESQUELLES IL A ÉTÉ POURVU AUX DÉPENSES.				
	TRAITEMENT des institutrices et des adjointes.	LOYER des maisons d'école ou indemnité de logement.	IMPRIMÉS relatifs au recouvrement de la rétribution scolaire.	TOTAL.	Fondations, dons, legs et souscriptions.	Revenus ordinaires ou reste des 3 centimes spéciaux.	Impositions spéciales, ordinaires et extraordinaires.	Produit de la rétribution scolaire.	TOTAL.
1	2	3	4	5	6	7	8	9	10
	fr. c.	fr. c.	fr. c.	fr. c.	fr. c.	fr. c.	fr. c.	fr. c.	fr. c.
Ain	40,396 59	2,805 00	46 75	43,248 34	11 11	8,650 43	7,814 80	26,772 00	43,248 34
Aisne	74,225 50	6,633 00	4 00	80,862 50	700 00	20,845 50	22,670 05	36,646 95	80,862 50
Allier	11,174 30	750 00	4 00	11,928 30	"	4,089 00	200 00	7,639 30	11,928 30
Alpes (Basses-)	15,237 04	990 00	20 90	16,247 94	630 00	3,540 15	2,032 74	10,045 05	16,247 94
Alpes (Hautes-)	5,889 00	406 00	20 50	6,315 50	"	2,766 15	"	3,549 35	6,315 50
Alpes-Maritimes	24,591 18	3,339 00	"	27,930 18	1,336 00	19,585 08	"	7,009 10	27,930 18
Ardèche	8,664 50	1,045 00	182 40	9,891 90	"	4,253 40	"	5,638 50	9,801 90
Ardennes	58,833 20	3,499 00	"	62,332 20	270 50	34,514 50	811 00	26,727 20	62,332 20
Ariége	12,286 05	1,355 00	117 00	13,758 05	"	900 00	4,012 00	8,846 05	13,758 05
Aube	18,635 50	1,380 00	50 00	20,065 50	"	9,074 00	"	10,991 50	20,065 50
Aude	16,629 97	1,345 21	134 32	18,100 50	627 13	4,692 40	2,349 00	10,440 97	18,109 50
Aveyron	17,371 00	674 00	"	18,045 00	586 00	3,302 50	560 00	13,596 50	18,045 00
Bouches-du-Rhône	13,781 00	2,035 50	51 00	15,867 50	"	6,412 25	"	9,455 25	15,867 50
Calvados	40,721 29	4,716 00	111 88	45,549 17	2,280 02	15,805 14	750 00	26,714 01	45,549 17
Cantal	28,653 21	1,440 00	316 35	30,409 56	979 00	6,023 60	50 00	22,756 96	30,409 56
Charente	8,496 00	1,690 00	171 00	10,357 00	"	3,461 00	"	6,896 00	10,357 00
Charente-Inférieure	58,014 03	7,751 00	"	65,765 03	7,730 00	21,840 19	1,413 38	34,781 46	65,765 03
Cher	22,323 00	1,865 00	77 50	24,265 50	"	8,428 50	"	15,837 00	24,265 50
Corrèze	9,123 50	1,280 00	"	10,403 50	"	2,060 00	1,035 00	7,308 50	10,403 50
Corse	21,045 00	4,737 50	169 80	25,952 30	"	11,549 30	3,070 00	11,333 00	25,952 30
Côte-d'Or	40,714 00	2,126 00	240 00	43,080 00	579 00	27,657 00	423 00	14,421 00	43,080 00
Côtes-du-Nord	38,429 11	2,793 00	372 00	41,594 11	390 00	9,556 25	2,315 35	29,332 51	41,594 11
Creuse	17,525 60	885 00	506 00	18,916 60	456 00	4,565 50	"	13,895 10	18,916 60
Dordogne	24,215 00	2,025 00	"	26,240 00	2,560 00	5,985 00	1,280 00	16,415 00	26,240 00
Doubs	61,744 35	372 00	"	62,116 35	2,190 33	43,175 96	"	16,750 06	62,116 35
Drôme	31,149 35	1,900 50	58 00	33,107 85	"	405 13	9,866 62	22,836 10	33,107 85
Eure	11,818 55	910 00	21 00	12,749 55	"	3,230 30	"	9,519 25	12,749 55
Eure-et-Loir	26,274 18	1,375 00	"	27,649 18	800 00	6,391 18	"	20,458 00	27,649 18
Finistère	25,963 90	2,523 00	180 00	28,666 90	50 00	12,202 00	"	16,414 90	28,666 90
Gard	61,594 76	6,075 00	521 00	68,190 76	460 80	25,390 54	"	42,339 42	68,190 76
Garonne (Haute-)	8,261 75	530 00	4 00	8,795 75	29 00	4,772 00	548 00	3,446 75	8,795 75
Gers	12,746 53	1,003 00	"	13,749 53	140 00	3,485 50	300 00	9,824 03	13,749 53
Gironde	76,329 00	5,810 00	"	82,139 00	1,200 00	19,960 00	2,410 00	58,569 00	82,139 00
Hérault	40,063 50	4,710 00	76 00	44,849 50	1,916 22	15,724 28	"	27,209 00	44,849 50
Ille-et-Vilaine	30,072 00	3,040 00	144 00	33,256 00	1,263 00	10,625 00	"	21,368 00	33,256 00
Indre	15,861 14	1,000 00	"	16,861 14	"	7,036 00	"	9,825 14	16,861 14
Indre-et-Loire	18,018 00	960 00	82 00	19,060 00	310 00	4,825 01	500 00	13,424 99	19,060 00
Isère	120,023 75	5,782 00	90 00	125,895 75	4,254 00	24,816 04	7,196 27	89,629 44	125,895 75
Jura	91,233 20	1,109 00	657 00	92,999 20	710 00	45,116 51	5,012 21	42,160 48	92,999 20
Landes	27,407 75	2,020 00	"	29,427 75	"	10,880 00	"	18,547 75	29,427 75
Loir-et-Cher	21,363 00	1,545 00	193 48	23,101 48	150 00	1,565 00	3,321 88	18,064 60	23,101 48
Loire	6,346 00	150 00	"	6,496 00	100 00	2,430 00	"	3,966 00	6,496 00
Loire (Haute-)	875 00	70 00	"	945 00	120 00	529 00	"	296 00	945 00
Loire-Inférieure	34,982 50	2,397 00	"	37,379 50	400 00	8,787 00	1,330 00	26,862 50	37,379 50
Loiret	65,567 85	2,090 00	331 00	68,588 85	469 00	9,894 99	3,775 51	54,449 35	68,588 85
Lot	7,902 50	90 00	130 00	8,122 50	260 00	1,480 00	630 00	5,752 50	8,122 50
Lot-et-Garonne	18,227 00	1,400 00	78 00	19,705 00	630 00	4,630 00	"	14,445 00	19,705 00

Dépenses ordinaires des écoles laïques de filles.

DÉPARTEMENTS.	DÉPENSES.				RESSOURCES AU MOYEN DESQUELLES IL A ÉTÉ POURVU AUX DÉPENSES.				
	Traitement des institutrices et des adjointes.	Loyer des maisons d'école ou indemnité de logement.	Imprimés relatifs au recouvrement de la rétribution scolaire.	TOTAL.	Fondations, dons, legs et souscriptions.	Revenus ordinaires ou reste des 3 centimes spéciaux.	Impositions spéciales, ordinaires et extraordinaires.	Produit de la rétribution scolaire.	TOTAL.
1	2	3	4	5	6	7	8	9	10
	fr. c.	fr. c.	fr. c.	fr. c.	fr. c.	fr. c.	fr. c.	fr. c.	fr. c.
Lozère	25,619f 15	1,797 00	415 67	27,831 82	7,046 65	3,277 67	860 00	16,647 50	27,831 82
Maine-et-Loire	42,467 99	1,600 00	87 80	44,155 79	578 40	12,871 32	3,761 44	26,044 63	44,155 79
Manche	101,388 62	5,494 10	"	106,882 72	5,396 99	30,983 53	14,638 06	55,864 14	106,882 72
Marne	73,757 00	4,078 00	767 85	78,602 85	780 00	21,071 15	18,898 70	37,853 00	78,602 85
Marne (Haute-)	15,368 00	470 00	56 00	15,894 00	1,075 00	9,210 00	"	5,609 00	15,894 00
Mayenne	19,244 27	306 00	"	19,550 27	1,650 00	3,038 00	690 00	14,172 27	19,550 27
Meurthe	8,237 00	1,200 00	30 00	9,467 00	405 50	5,509 25	"	3,552 25	9,467 00
Meuse	32,462 53	515 00	93 07	33,070 60	"	16,722 63	"	16,347 97	33,070 60
Morbihan	9,240 00	660 00	"	9,900 00	"	4,020 00	"	5,880 00	9,900 00
Moselle	25,907 00	1,350 00	"	27,257 00	"	14,352 00	371 00	12,534 00	27,257 00
Nièvre	18,465 50	840 00	69 00	19,374 50	570 00	4,458 00	2,480 00	11,866 50	19,374 50
Nord	185,040 50	17,162 00	890 00	203,092 50	9,607 00	96,937 25	559 00	95,989 25	203,092 50
Oise	35,349 95	2,042 00	419 91	37,811 86	"	6,741 65	9,059 26	22,010 95	37,811 86
Orne	43,191 40	4,114 00	100 00	47,405 40	883 50	9,737 00	500 00	36,284 90	47,405 40
Pas-de-Calais	55,359 45	3,735 70	"	59,095 15	"	5,240 00	18,806 70	35,048 45	59,095 15
Puy-de-Dôme	13,156 50	395 00	6 00	13,557 50	"	3,833 50	"	9,724 00	13,557 50
Pyrénées (Basses-)	30,741 30	3,391 33	188 00	34,320 63	302 00	19,805 58	971 15	13,241 90	34,320 63
Pyrénées (Hautes-)	41,511 25	2,465 50	200 00	44,176 75	426 50	11,449 00	50 00	32,251 25	44,176 75
Pyrénées-Orient.	10,331 00	790 00	72 00	11,193 00	"	3,851 00	"	7,342 00	11,193 00
Rhin (Bas-)	83,997 00	3,950 00	357 00	88,304 00	990 00	56,341 30	"	30,972 70	88,304 00
Rhin (Haut-)	54,649 25	950 00	"	55,599 25	"	48,048 55	139 12	6,811 58	55,599 25
Rhône	29,217 25	18,689 90	81 50	47,988 65	161 50	45,099 40	"	2,727 75	47,988 65
Saône (Haute-)	102,237 00	510 00	458 00	103,205 00	1,820 00	65,237 00	"	36,148 00	103,205 00
Saône-et-Loire	41,807 45	2,732 00	91 50	44,630 95	430 00	15,408 50	"	28,792 45	44,630 95
Sarthe	48,887 00	4,310 67	"	53,197 67	150 00	12,542 67	"	40,505 00	53,197 67
Savoie	53,796 62	3,311 50	"	57,108 12	7,285 72	34,834 60	"	14,987 80	57,108 12
Savoie (Haute-)	55,665 80	2,796 00	"	58,461 80	9,209 11	11,711 87	22,080 44	15,460 38	58,461 80
Seine	177,451 51	131,164 34	100 00	308,715 85	649 00	282,762 35	"	25,304 50	308,715 85
Seine-Inférieure	19,581 40	4,750 00	"	24,331 40	300 00	16,259 20	838 00	6,934 20	24,331 40
Seine-et-Marne	48,813 00	3,042 00	237 50	52,092 50	819 50	19,143 88	3,718 12	28,411 00	52,092 50
Seine-et-Oise	90,789 75	5,690 00	"	96,479 75	2,057 50	10,202 00	22,397 50	61,822 75	96,479 75
Sèvres (Deux-)	26,839 00	2,695 00	128 00	29,662 00	50 00	6,094 50	4,605 00	18,912 50	29,662 00
Somme	40,325 54	1,076 00	180 00	41,581 54	1,574 00	10,345 79	6,093 25	23,568 50	41,581 54
Tarn	14,085 40	1,690 00	"	15,775 40	420 00	5,902 65	"	9,452 75	15,775 40
Tarn-et-Garonne	9,467 00	705 00	66 00	10,238 00	"	4,621 00	"	5,617 00	10,238 00
Var	23,690 65	1,890 00	78 00	25,658 65	"	11,887 75	"	13,770 90	25,658 65
Vaucluse	12,368 75	775 00	11 75	13,155 50	3,100 00	3,422 75	175 00	6,457 75	13,155 50
Vendée	44,235 50	4,904 00	"	49,139 50	600 00	13,772 00	4,023 50	30,744 00	49,139 50
Vienne	7,989 35	1,040 00	9 20	9,038 55	"	3,110 00	249 20	5,679 35	9,038 55
Vienne (Haute-)	5,332 50	"	"	5,332 50	"	1,450 00	"	3,882 50	5,332 50
Vosges	19,715 00	50 00	107 00	19,872 00	805 00	8,014 00	"	11,053 00	19,872 00
Yonne	57,226 75	4.383 00	148 00	61,757 75	"	13,865 00	11,448 00	36,444 75	61,757 75
Totaux	3,295,807 01	358,536 75	10,609 63	3,664,953 39	93,738 98	1,491,293 57	233,089 25	1,846,831 59	3,664,953 39

Dépenses ordinaires des écoles congréganistes de filles.

DÉPARTEMENTS.	DÉPENSES.				RESSOURCES au moyen desquelles il a été pourvu aux dépenses.				
	Traitement des institutrices et des adjointes.	Loyer des maisons d'école ou indemnité de logement.	Imprimés relatifs au recouvrement de la rétribution scolaire.	Total.	Fondations, dons, legs et souscriptions.	Revenus ordinaires ou reste des 3 centimes spéciaux.	Impositions spéciales, ordinaires et extraordinaires.	Produit de la rétribution scolaire.	Total.
1	2	3	4	5	6	7	8	9	10
	fr. c.	fr. c.	fr. c.	fr. c.	fr. c.	fr. c.	fr. c.	fr. c.	fr. c.
Ain	74,829 54	2,568 31	61 25	77,459 10	4,900 35	17,064 26	7,047 26	47,847 23	77,459 10
Aisne	130,131 50	6,250 00	"	136,381 50	28,813 00	34,588 50	25,088 00	47,892 00	136,381 50
Allier	42,371 80	1,123 00	13 00	43,507 80	17,831 00	12,952 00	"	12,724 80	43,507 80
Alpes (Basses-)	23,240 00	1,330 00	19 55	24,589 55	4,363 00	3,052 25	3,031 00	14,143 30	24,589 55
Alpes (Hautes-)	34,960 80	3,471 50	72 50	38,504 80	1,282 00	14,247 10	"	22,975 70	38,504 80
Alpes-Maritimes	23,159 00	2,906 50	"	26,065 50	662 70	15,508 05	"	9,894 75	26,065 50
Ardèche	48,980 00	3,135 00	824 60	52,939 60	880 00	19,690 10	"	32,369 50	52,939 60
Ardennes	81,462 40	2,420 00	"	83,882 40	4,200 50	50,506 00	"	29,175 90	83,882 40
Ariége	23,901 25	600 00	66 00	24,567 25	4,008 00	3,100 00	3,481 20	13,978 05	24,567 25
Aube	58,791 00	540 00	88 00	59,419 00	8,563 00	24,070 00	"	26,786 00	59,419 00
Aude	36,856 75	2,470 00	200 71	39,527 46	927 50	16,551 81	1,782 65	20,265 50	39,527 46
Aveyron	16,591 50	178 00	"	16,769 50	1,104 00	6,144 00	"	9,521 50	16,769 50
Bouches-du-Rhône	57,930 60	29,390 00	248 00	87,568 60	600 00	51,233 50	"	35,735 10	87,568 60
Calvados	141,960 61	7,260 00	186 86	149,407 47	10,961 57	77,623 91	7,775 75	53,046 24	149,407 47
Cantal	17,109 46	2,255 00	122 55	19,487 01	5,825 46	3,434 80	280 00	9,946 75	19,487 01
Charente	6,850 00	"	70 00	6,920 00	560 00	4,260 00	"	2,100 00	6,920 00
Charente-Inférieure	28,181 75	548 00	"	28,729 75	6,500 00	14,748 00	"	7,481 75	28,729 75
Cher	43,159 00	850 00	130 50	44,139 50	3,390 25	17,946 00	1,500 00	21,303 25	44,139 50
Corrèze	19,863 00	630 00	"	20,493 00	900 00	4,639 00	2,025 00	12,929 00	20,493 00
Corse	10,600 00	1,000 00	17 40	11,617 40	"	11,617 40	"	"	11,617 40
Côte-d'Or	86,815 00	2,755 00	420 00	89,990 00	21,252 00	39,644 00	268 00	28,826 00	89,990 00
Côtes-du-Nord	56,118 84	1,140 00	313 30	57,572 14	3,830 00	19,281 80	1,390 00	33,070 34	57,572 14
Creuse	6,925 50	200 00	"	7,125 50	300 00	2,683 00	"	4,142 50	7,125 50
Dordogne	16,209 09	300 00	"	16,509 09	3,410 00	2,360 00	360 00	10,379 09	16,509 09
Doubs	70,204 14	2,595 00	"	72,799 14	6,402 00	55,163 37	"	11,233 77	72,799 14
Drôme	103,304 68	3,798 35	146 00	107,249 03	825 00	2,155 88	29,485 47	74,782 68	107,249 03
Eure	58,282 37	5,947 44	73 00	64,302 81	5,266 24	22,019 37	300 00	36,717 20	64,302 81
Eure-et-Loir	48,702 73	650 00	"	49,352 73	6,810 00	13,816 63	"	28,726 10	49,352 73
Finistère	36,705 00	1,295 00	155 00	38,155 00	"	29,259 50	"	8,895 50	38,155 00
Gard	79,790 95	5,934 00	739 00	86,463 95	4,290 00	60,309 43	"	21,864 52	86,463 95
Garonne (Haute-)	18,536 25	200 00	2 00	18,738 25	3,600 00	10,862 00	"	4,276 25	18,738 25
Gers	24,532 00	"	"	24,532 00	1,035 00	3,175 00	"	20,322 00	24,532 00
Gironde	90,125 50	8,295 00	"	98,420 50	200 00	30,810 00	3,540 00	63,870 50	98,420 50
Hérault	46,658 00	4,641 00	76 00	51,375 00	7,075 00	34,030 25	"	10,269 75	51,375 00
Ille-et-Vilaine	69,500 00	2,360 00	178 00	72,038 00	7,727 00	18,661 00	605 00	45,045 00	72,038 00
Indre	16,214 50	750 00	"	16,964 50	"	8,036 40	"	8,928 10	16,964 50
Indre-et-Loire	52,101 60	2,820 00	183 20	55,104 80	5,990 00	14,687 80	751 00	33,676 00	55,104 80
Isère	99,879 41	6,249 50	92 00	106,220 91	525 00	21,189 94	14,229 17	70,276 80	106,220 91
Jura	54,955 35	481 00	134 00	55,570 35	9,675 00	27,778 30	950 00	17,167 05	55,570 35
Landes	26,914 52	1,175 00	"	28,089 52	3,523 00	12,812 66	"	11,753 86	28,089 52
Loir-et-Cher	39,300 00	1,025 00	269 49	40,594 49	1,769 00	12,469 76	4,480 73	21,875 00	40,594 49
Loire	140,847 00	5,975 00	"	146,822 00	5,594 65	103,426 65	"	37,800 70	146,822 00
Loire (Haute-)	5,877 91	40 00	"	5,917 91	200 00	3,576 66	"	2,141 25	5,917 91
Loire-Inférieure	60,216 25	1,000 00	"	61,216 25	800 00	23,077 00	1,350 00	35,989 25	61,216 25
Loiret	73,140 90	1,530 00	300 00	74,970 90	13,172 00	20,735 45	413 00	40,650 45	74,970 90
Lot	5,560 00	30 00	65 00	5,655 00	150 00	671 50	450 00	4,383 50	5,655 00
Lot-et-Garonne	16,769 00	100 00	51 00	16,920 00	650 00	4,055 00	2,100 00	10,115 00	16,920 00

Dépenses ordinaires des écoles congréganistes de filles.

DÉPARTEMENTS.	DÉPENSES.				RESSOURCES AU MOYEN DESQUELLES IL A ÉTÉ POURVU AUX DÉPENSES.				
	TRAITEMENT des institutrices et des adjointes.	LOYER des maisons d'école ou indemnité de logement.	IMPRIMÉS relatifs au recouvrement de la rétribution scolaire.	TOTAL.	Fondations, dons, legs et souscriptions.	Revenus ordinaires ou reste des 3 centimes spéciaux.	Impositions spéciales, ordinaires et extraordinaires.	Produit de la rétribution scolaire.	TOTAL.
1	2	3	4	5	6	7	8	9	10
	fr. c.	fr. c.	fr. c.	fr. c.	fr. c.	fr. c.	fr. c.	fr. c.	fr. c.
Lozère	7,992 50	200 00	32 73	8,225 23	3,000 00	3,237 73	260 00	1,727 50	8,225 23
Maine-et-Loire	113,962 53	2,655 00	220 00	116,846 53	13,120 00	35,155 65	5,876 00	62,694 88	116,846 53
Manche	109,250 03	4,027 10	//	113,277 13	6,289 69	36,488 29	4,702 20	65,796 05	113,277 13
Marne	84,691 00	605 00	697 00	85,993 00	9,498 00	31,927 00	8,773 00	35,795 00	85,993 00
Marne (Haute-)	112,572 00	220 00	301 00	113,093 00	21,631 00	67,084 00	//	24,378 00	113,093 00
Mayenne	178,646 70	362 00	//	179,008 70	61,043 05	6,425 35	3,862 50	107,677 20	179,008 70
Meurthe	144,803 65	1,210 00	1,168 00	147,181 65	12,838 20	76,673 68	//	57,669 77	147,181 65
Meuse	106,242 00	842 00	297 33	107,381 33	1,312 00	52,944 24	//	53,125 09	107,381 33
Morbihan	25,186 00	450 00	//	25,636 00	483 00	15,870 00	//	9,283 00	25,636 00
Moselle	127,400 00	1,585 00	430 00	129,415 00	4,270 00	87,884 00	//	37,261 00	129,415 00
Nièvre	52,661 50	700 00	141 00	53,502 50	8,910 00	11,719 00	3,019 25	29,854 25	53,502 50
Nord	302,118 10	17,718 00	798 00	320,634 10	7,036 00	214,687 16	436 00	98,474 94	320,634 10
Oise	81,236 84	3,245 00	674 00	85,155 84	7,975 00	18,623 22	17,778 78	40,778 84	85,155 84
Orne	75,887 52	4,369 00	//	80,256 52	7,925 84	23,158 49	200 00	48,972 19	80,256 52
Pas-de-Calais	110,883 75	2,731 75	//	113,615 50	2,315 00	43,589 00	26,142 00	41,569 50	113,615 50
Puy-de-Dôme	44,488 00	100 00	//	44,588 00	4,500 00	11,210 00	//	28,878 00	44,588 00
Pyrénées (Basses-)	31,126 66	3,567 00	142 00	34,835 66	3,553 00	23,927 08	336 00	7,019 58	34,835 66
Pyrénées (Hautes-)	10,538 00	590 00	18 00	11,146 00	404 00	7,026 00	//	3,656 00	11,146 00
Pyrénées-Orientales	3,710 00	//	//	3,710 00	//	2,800 00	//	910 00	3,710 00
Rhin (Bas-)	153,638 00	2,645 00	963 00	157,246 00	4,550 00	105,543 17	//	47,152 83	157,246 00
Rhin (Haut-)	196,891 40	2,429 14	//	199,320 54	6,846 00	160,174 18	547 25	31,753 11	199,320 54
Rhône	69,275 60	40,075 00	151 00	109,501 60	654 00	93,014 00	//	15,833 60	109,501 60
Saône (Haute-)	63,265 00	244 00	207 00	63,716 00	5,032 00	43,391 00	//	15,293 00	63,716 00
Saône-et-Loire	104,074 84	3,280 00	180 50	107,535 34	6,023 85	33,476 59	23,004 00	45,030 90	107,535 34
Sarthe	127,846 24	1,955 00	//	129,801 24	35,553 07	18,638 00	800 00	74,809 57	129,801 24
Savoie	26,336 00	757 00	//	27,093 00	7,447 62	13,506 03	//	6,139 35	27,093 00
Savoie (Haute-)	44,451 45	2,023 00	//	46,474 45	13,166 46	13,099 07	9,019 42	11,189 50	46,474 45
Seine	147,864 75	130,524 34	100 00	278,489 09	2,929 00	261,476 34	//	14,083 75	278,489 09
Seine-Inférieure	196,097 50	36,786 78	//	233,484 28	15,404 50	105,187 57	11,160 81	101,731 40	233,484 28
Seine-et-Marne	89,072 58	2,700 00	168 50	91,941 08	13,033 83	51,752 46	3,849 84	23,304 95	91,941 08
Seine-et-Oise	98,400 00	2,904 00	//	101,304 00	9,006 00	26,701 00	14,686 50	50,910 50	101,304 00
Sèvres (Deux-)	17,066 25	560 00	75 00	17,701 25	3,300 00	3,825 00	2,020 00	8,556 25	17,701 25
Somme	139,179 52	2,005 00	595 00	141,779 52	27,677 12	27,528 12	10,550 30	76,023 98	141,779 52
Tarn	24,292 50	980 00	//	25,272 50	3,757 00	12,735 75	//	8,779 75	25,272 50
Tarn-et-Garonne	38,110 36	1,085 00	111 00	39,306 36	7,330 00	2,946 00	//	29,030 36	39,306 36
Var	44,210 00	3,530 00	70 50	47,810 50	1,685 00	36,987 00	//	9,138 50	47,810 50
Vaucluse	109,393 35	3,340 00	26 75	112,760 10	6,655 00	66,873 21	840 00	38,391 89	112,760 10
Vendée	58,774 50	1,806 00	//	60,580 50	5,019 00	12,552 00	2,202 00	40,207 50	60,580 50
Vienne	23,707 50	450 00	3 68	24,161 18	660 00	8,201 50	643 68	14,656 00	24,161 18
Vienne (Haute-)	10,929 00	//	//	10,929 00	//	3,760 00	//	7,169 00	10,929 00
Vosges	137,965 00	430 00	669 00	139,064 00	14,950 00	57,094 00	//	67,020 00	139,064 00
Yonne	72,487 15	1,370 00	192 00	74,049 15	4,018 00	15,989 00	5,076 00	48,966 15	74,049 15
TOTAUX	6,042,441 72	417,267 71	13,758 90	6,473,468 33	591,805 65	2,945,205 91	268,468 76	2,667,988 01	6,473,468 33

Moyenne des revenus scolaires des institutrices laïques, d'après l'importance des communes où elles exercent.

DÉPARTEMENTS.	MOYENNE DES REVENUS SCOLAIRES							
	DES INSTITUTRICES LAÏQUES qui exercent dans des communes de				DES ADJOINTES LAÏQUES qui exercent dans des communes de			
	500 âmes et au-dessous.	500 à 1,000 âmes.	1,000 à 2,000 âmes.	2,000 âmes et au-dessus.	500 âmes et au-dessous.	500 à 1,000 âmes.	1,000 à 2,000 âmes.	2,000 âmes et au-dessus.
1	2	3	4	5	6	7	8	9
Ain	350f	450f	500f	600f	"	"	"	400f
Aisne	500	628	713	874	"	300f	285f	300
Allier	"	410	540	1,197	"	"	"	"
Alpes (Basses-)	206	322	350	450	"	531	"	"
Alpes (Hautes-)	193	193	200	"	286f	286	677	400
Alpes-Maritimes	347	443	470	470	"	"	"	"
Ardèche	215	280	365	506	"	100	150	150
Ardennes	519	608	782	825	"	177	310	625
Ariége	215	260	332	353	"	"	"	"
Aube	578	718	829	1,085	"	300	350	400
Aude	387	503	514	"	"	"	400	"
Aveyron	215	207	204	320	"	"	150	"
Bouches-du-Rhône	"	621	784	707	"	"	450	567
Calvados	423	499	575	1,308	"	368	376	650
Cantal	257	248	303	"	"	106	125	"
Charente	"	450	620	800	"	"	250	400
Charente-Inférieure	401	492	652	921	"	200	252	425
Cher	"	359	706	875	"	"	"	350
Corrèze	"	406	433	"	"	"	"	250
Corse	340	348	414	587	"	"	"	"
Côte-d'Or	422	572	770	1,000	"	"	550	700
Côtes-du-Nord	263	291	481	990	"	"	"	400
Creuse	"	300	424	367	"	"	"	"
Dordogne	328	315	433	593	"	"	150	"
Doubs	348	445	574	992	"	80	266	500
Drôme	346	449	590	783	"	"	300	"
Eure	403	587	611	"	"	"	"	"
Eure-et-Loir	"	860	960	1,129	"	300	150	200
Finistère	"	407	554	646	"	"	166	276
Gard	354	536	669	779	"	"	"	600
Garonne (Haute-)	291	409	330	787	"	"	"	300
Gers	270	375	2,324	464	"	"	375	375
Gironde	400	548	731	1,390	"	"	500	650
Hérault	436	550	456	613	200	"	100	300
Ille-et-Vilaine	"	270	432	614	"	"	100	"
Indre	"	482	493	623	"	"	200	250
Indre-et-Loire	"	578	890	1,345	"	"	690	995
Isère	321	428	661	690	375	305	540	677
Jura	383	468	717	1,346	"	385	375	681
Landes	162	335	524	958	"	150	150	150
Loir-et-Cher	591	779	1,118	"	727	777	793	"
Loire	172	307	592	675	"	"	"	150
Loire (Haute-)	"	"	"	875	"	366	617	880
Loire-Inférieure	300	382	528	705	"	"	"	"
Loiret	500	623	1,099	822	"	"	"	"
Lot	282	300	450	"	"	"	"	"
Lot-et-Garonne	"	470	580	769	"	300	300	"

TABLEAU N° 49. (Suite.)

Moyenne des revenus scolaires des institutrices laïques, d'après l'importance des communes où elles exercent.

DÉPARTEMENTS.	MOYENNE DES REVENUS SCOLAIRES							
	DES INSTITUTRICES LAÏQUES qui exercent dans des communes de				DES ADJOINTES LAÏQUES qui exercent dans des communes de			
	500 âmes et au-dessous.	500 à 1,000 âmes.	1,000 à 2,000 âmes.	2,000 âmes et au-dessus.	500 âmes et au-dessous.	500 à 1,000 âmes.	1,000 à 2,000 âmes.	2,000 âmes et au-dessus.
1	2	3	4	5	6	7	8	9
Lozère	119f	132f	127f	169f	″	″	″	″
Maine-et-Loire	302	437	568	1,015	″	300f	340f	400f
Manche	337	386	520	762	″	″	″	330
Marne	545	653	776	1,698	150f	200	300	350
Marne (Haute-)	362	515	549	″	″	″	450	″
Mayenne	400	483	566	733	″	300	300	300
Meurthe	348	466	″	900	″	″	″	400
Meuse	425	460	650	700	″	300	100	340
Morbihan	″	240	351	605	″	″	″	″
Moselle	462	526	625	1,000	″	300	″	400
Nièvre	″	548	590	609	″	″	300	300
Nord	564	610	760	1,000	″	550	550	640
Oise	″	756	1,075	1,724	578	684	860	1,424
Orne	404	515	621	931	″	155	191	237
Pas-de-Calais	472	567	578	917	″	244	348	500
Puy-de-Dôme	″	435	394	510	″	″	200	100
Pyrénées (Basses-)	300	350	450	550	″	″	″	600
Pyrénées (Hautes-)	270	300	350	300	″	″	150	″
Pyrénées-Orientales	″	541	677	732	″	″	″	″
Rhin (Bas-)	″	558	603	917	″	500	375	739
Rhin (Haut-)	400	487	850	1,640	″	″	600	795
Rhône	250	425	550	900	″	″	″	700
Saône (Haute-)	320	410	544	953	300	300	270	250
Saône-et-Loire	240	552	692	1,175	″	150	162	240
Sarthe	″	373	571	744	″	″	112	150
Savoie	298	329	352	370	160	130	201	254
Savoie (Haute-)	400	400	400	425	″	″	350	250
Seine	″	800	1,086	1,780	″	″	″	800
Seine-Inférieure	575	426	667	1,189	″	″	200	703
Seine-et-Marne	498	838	958	543	″	250	275	260
Seine-et-Oise	733	908	1,097	1,245	″	″	350	360
Sèvres (Deux-)	″	444	604	913	″	″	″	″
Somme	493	555	605	1,246	″	″	300	300
Tarn	305	341	394	544	″	″	300	420
Tarn-et-Garonne	320	400	348	624	″	″	″	500
Var	451	545	668	851	″	150	400	475
Vaucluse	272	350	552	800	″	″	″	600
Vendée	1,110	399	508	659	″	350	225	350
Vienne	″	617	691	635	″	″	260	″
Vienne (Haute-)	″	131	1,232	1,349	″	″	200	250
Vosges	373	377	444	475	″	125	193	215
Yonne	″	727	951	1,237	″	″	″	750
TOTAUX	376	464	620	838	347	294	321	448

Dépenses diverses relatives aux écoles de filles.

DÉPARTEMENTS.	SOMMES INSCRITES AUX BUDGETS, AU PROFIT DES ÉCOLES DE FILLES.						
	ENTRETIEN de la maison.	ENTRETIEN du mobilier.	ACQUISITION de livres aux indigents.	FOURNITURES de classe aux indigents.	BIBLIOTHÈQUES scolaires.	TRAVAUX à l'aiguille.	TOTAL.
1	2	3	4	5	6	7	8
Ain	2,718f	3,421f	1,395f	765f	25f	″	8,324f
Aisne	4,487	1,757	2,080	2,313	134	″	10,771
Allier	″	″	″	″	″	″	″
Alpes (Basses-)	20	30	20	″	″	″	70
Alpes (Hautes-)	30	165	″	″	″	″	195
Alpes-Maritimes	569	1,265	65	″	″	″	1,899
Ardèche	760	205	215	120	″	″	1,300
Ardennes	8,262	2,700	720	411	485	″	12,578
Ariége	35	20	″	12	″	″	67
Aube	2,382	272	304	298	80	″	3,336
Aude	440	″	94	34	″	″	568
Aveyron	40	56	190	″	″	″	286
Bouches-du-Rhône	4,695	1,260	895	1,125	″	″	7,975
Calvados	3,286	875	1,083	575	343	300f	6,462
Cantal	80	″	15	100	″	″	195
Charente	″	″	105	100	″	″	205
Charente-Inférieure	10,205	650	1,168	352	″	″	12,375
Cher	720	721	250	150	″	350	2,191
Corrèze	″	″	″	″	″	″	″
Corse	″	″	″	100	″	″	100
Côte-d'Or	3,095	1,082	1,230	375	50	″	5,832
Côtes-du-Nord	920	419	2,283	735	″	″	4,357
Creuse	″	″	120	20	″	″	140
Dordogne	26	20	80	″	62	″	188
Doubs	3,678	25	1,228	″	″	″	4,931
Drôme	2,601	668	1,667	733	130	45	5,844
Eure	2,170	1,301	310	30	″	″	3,811
Eure-et-Loir	1,144	623	1,585	″	″	2,388	5,740
Finistère	335	873	137	100	″	″	1,445
Gard	1,641	458	425	50	40	32	2,640
Garonne (Haute-)	364	125	210	150	″	350	1,199
Gers	262	275	″	″	″	″	537
Gironde	2,300	1,200	550	400	″	″	4,450
Hérault	″	783	″	″	″	″	783
Ille-et-Vilaine	225	182	50	188	″	″	645
Indre	″	680	495	440	″	″	1,615
Indre-et-Loire	1,177	718	220	207	″	″	2,322
Isère	5,617	2,667	1,421	392	″	″	10,097
Jura	6,608	8,268	2,196	167	″	″	17,239
Landes	1,125	2,305	13	165	″	″	3,608
Loir-et-Cher	50	30	155	100	180	100	615
Loire	2,300	2,890	″	″	″	″	5,190
Loire (Haute-)	50	25	100	″	″	″	175
Loire-Inférieure	1,166	1,672	950	500	″	″	4,288
Loiret	2,450	1,289	717	1,113	704	1,622	7,895
Lot	″	″	″	″	″	″	″
Lot-et-Garonne	″	25	400	″	″	″	425

Dépenses diverses relatives aux écoles de filles.

DÉPARTEMENTS.	SOMMES INSCRITES AUX BUDGETS, AU PROFIT DES ÉCOLES DE FILLES.						
	ENTRETIEN de la maison.	ENTRETIEN du mobilier.	ACQUISITION de livres aux indigents.	FOURNITURES de classe aux indigents.	BIBLIOTHÈQUES scolaires.	TRAVAUX à l'aiguille.	TOTAL.
1	2	3	4	5	6	7	8
Lozère	"	"	"	"	"	"	"
Maine-et-Loire	2,089f	365f	1,626f	1,867f	"	110f	6,057f
Manche	5,342	2,935	1,622	227	"	"	10,126
Marne	10,642	6,500	3,438	1,038	105f	2,580	24,303
Marne (Haute-)	2,400	848	732	442	80	"	4,502
Mayenne	"	"	600	477	"	"	1,077
Meurthe	4,884	2,793	1,537	1,270	"	"	10,493
Meuse	7,396	3,415	1,495	1,211	352	40	13,909
Morbihan	"	298	324	110	"	"	732
Moselle	3,342	2,733	1,912	1,464	"	150	9,601
Nièvre	150	55	"	100	135	160	540
Nord	12,156	2,973	19,571	21,633	210	3,350	59,893
Oise	5,060	1,338	1,676	207	"	"	8,281
Orne	40	289	1,482	370	"	50	2,231
Pas-de-Calais	3,271	1,676	3,505	855	"	100	9,407
Puy-de-Dôme	1,350	100	50	"	"	600	2,100
Pyrénées (Basses-)	270	175	71	"	"	"	516
Pyrénées (Hautes-)	1,710	920	"	"	"	"	2,630
Pyrénées-Orientales	"	90	"	"	"	"	90
Rhin (Bas-)	25,905	5,232	4,883	2,295	1,270	270	39,855
Rhin (Haut-)	7,762	5,457	880	2,678	"	200	16,977
Rhône	3,500	2,550	1,200	800	"	"	8,050
Saône (Haute-)	2,057	3,143	1,144	40	"	"	6,384
Saône-et-Loire	1,580	707	375	520	130	"	3,312
Sarthe	1,393	1,172	960	960	"	500	4,985
Savoie	3,446	1,127	998	169	1,640	"	7,380
Savoie (Haute-)	197	214	102	"	"	"	513
Seine	34,499	18,582	16,000	16,002	"	"	85,083
Seine-Inférieure	3,338	2,919	2,118	2,081	"	725	11,181
Seine-et-Marne	5,510	2,902	1,814	846	245	"	11,317
Seine-et-Oise	9,160	3,875	1,399	2,766	15	1,590	18,805
Sèvres (Deux-)	800	295	675	200	"	"	1,970
Somme	4,239	3,827	930	2,001	"	"	10,997
Tarn	300	70	120	"	"	"	490
Tarn-et-Garonne	"	"	"	"	"	"	"
Var	285	690	"	"	"	100	1,075
Vaucluse	7,514	3,137	453	179	60	"	11,343
Vendée	407	70	140	880	"	"	1,497
Vienne	225	"	"	"	"	"	225
Vienne (Haute-)	"	"	"	25	"	"	25
Vosges	9,833	2,466	1,709	1,441	"	"	15,449
Yonne	1,052	1,272	343	1,218	40	718	4,643
TOTAUX	261,137	129,210	101,025	78,701	6,515	16,370	592,958

Pensionnats primaires annexés à des écoles de filles.

DÉPARTEMENTS.	NOMBRE des PENSIONNATS PRIMAIRES			NOMBRE DES ÉLÈVES INTERNES des pensionnats primaires			TAUX MOYEN DU PRIX DE LA PENSION dans les pensionnats annexés aux écoles publiques	
	laïques.	congréganistes.	TOTAL.	laïques.	congréganistes.	TOTAL.	laïques.	congréganistes.
1	2	3	4	5	6	7	8	9
							fr.	fr.
Ain	″	34	34	″	271	271	″	287
Aisne	5	20	25	35	128	163	123	313
Allier	″	6	6	″	62	62	″	353
Alpes (Basses-)	″	2	2	″	17	17	″	300
Alpes (Hautes-)	″	″	″	″	″	″	″	″
Alpes-Maritimes	″	3	3	″	60	60	″	400
Ardèche	″	1	1	″	15	15	″	77
Ardennes	1	12	13	23	238	261	450	404
Ariége	″	5	5	″	66	66	″	258
Aube	2	21	23	12	152	164	375	390
Aude	″	6	6	″	96	96	″	300
Aveyron	″	22	22	″	292	292	″	″
Bouches-du-Rhône	″	4	4	″	47	47	″	1,300
Calvados	1	24	25	8	222	230	300	277
Cantal	″	5	5	″	152	152	″	40
Charente	4	6	10	34	231	265	375	325
Charente-Inférieure	2	6	8	6	95	101	350	366
Cher	2	1	3	10	8	18	335	300
Corrèze	″	3	3	″	41	41	″	287
Corse	″	1	1	″	15	15	″	250
Côte-d'Or	5	11	16	27	82	109	333	318
Côtes-du-Nord	3	17	20	36	254	290	250	280
Creuse	″	3	3	″	25	25	″	300
Dordogne	″	7	7	″	240	240	″	300
Doubs	4	46	50	33	536	569	95	835
Drôme	5	49	54	30	398	428	300	337
Eure	″	5	5	″	32	32	″	345
Eure-et-Loir	6	7	13	33	61	94	346	330
Finistère	4	19	23	48	350	398	42	42
Gard	″	13	13	″	323	323	″	365
Garonne (Haute-)	″	9	9	″	170	170	″	325
Gers	2	11	13	9	162	171	″	650
Gironde	5	8	13	37	218	255	375	306
Hérault	″	5	5	″	166	166	″	408
Ille-et-Vilaine	7	34	41	46	465	511	275	300
Indre	″	3	3	″	36	36	″	300
Indre-et-Loire	1	8	9	12	37	49	350	325
Isère	6	39	45	49	532	581	300	297
Jura	11	20	31	107	256	363	210	192
Landes	1	3	4	8	21	29	300	300
Loir-et-Cher	2	4	6	9	37	46	700	580
Loire	″	64	64	″	1,056	1,056	″	283
Loire (Haute-)	″	″	″	″	″	″	″	″
Loire-Inférieure	1	12	13	10	96	106	300	267
Loiret	3	7	10	18	68	86	350	325
Lot	″	1	1	″	20	20	″	350
Lot-et-Garonne	4	8	12	21	107	128	382	388

TABLEAU N° 51.
(Suite.)

ENSEIGNEMENT PUBLIC.

ÉCOLES DE FILLES.

Pensionnats primaires annexés à des écoles de filles.

DÉPARTEMENTS.	NOMBRE des PENSIONNATS PRIMAIRES			NOMBRE DES ÉLÈVES INTERNES des pensionnats primaires			TAUX MOYEN DU PRIX DE LA PENSION dans les pensionnats annexés aux écoles publiques	
	laïques.	congréganistes.	TOTAL.	laïques.	congréganistes.	TOTAL.	laïques.	congréganistes.
1	2	3	4	5	6	7	8	9
							fr.	fr.
Lozère	//	3	3	//	50	50	//	50
Maine-et-Loire	6	17	23	58	197	255	350	350
Manche	6	35	41	45	402	447	317	287
Marne	3	8	11	61	140	201	350	300
Marne (Haute-)	1	2	3	5	18	23	400	350
Mayenne	4	36	40	37	472	509	300	358
Meurthe	//	2	2	//	19	19	//	350
Meuse	3	7	10	23	131	154	275	317
Morbihan	//	3	3	//	106	106	//	300
Moselle	//	10	10	//	415	415	//	500
Nièvre	//	2	2	//	31	31	//	350
Nord	21	34	55	200	843	1,133	350	350
Oise	2	3	5	24	87	111	375	425
Orne	4	17	21	41	125	166	287	309
Pas-de-Calais	9	23	32	100	400	500	340	339
Puy-de-Dôme	//	21	21	6	436	442	280	283
Pyrénées (Basses-)	//	2	2	//	26	26	//	360
Pyrénées (Hautes-)	//	4	4	//	31	31	//	300
Pyrénées-Orientales	//	//	//	//	//	//	//	//
Rhin (Bas-)	1	//	1	20	//	20	500	//
Rhin (Haut-)	//	1	1	//	10	10	//	400
Rhône	3	9	12	43	218	261	350	375
Saône (Haute-)	7	1	8	68	20	88	275	325
Saône-et-Loire	1	9	10	4	141	145	300	314
Sarthe	7	40	47	22	387	409	300	284
Savoie	//	5	5	//	86	86	//	300
Savoie (Haute-)	//	5	5	//	119	119	//	225
Seine	//	16	16	//	928	928	//	300
Seine-Inférieure	2	15	17	17	143	160	400	343
Seine-et-Marne	5	12	17	11	124	135	400	313
Seine-et-Oise	1	8	9	5	138	143	400	375
Sèvres (Deux-)	4	5	9	53	37	90	370	275
Somme	3	6	9	26	73	99	350	337
Tarn	//	3	3	//	124	124	//	350
Tarn-et-Garonne	//	8	8	//	89	89	//	350
Var	//	//	//	//	//	//	//	//
Vaucluse	//	15	15	//	164	164	//	352
Vendée	2	5	7	26	49	75	350	337
Vienne	1	7	8	3	107	110	360	317
Vienne (Haute-)	1	4	5	12	44	56	//	278
Vosges	//	10	10	//	179	179	//	325
Yonne	//	//	//	//	//	//	//	//
TOTAUX	184	1,008	1,192	1,661	15,065	16,726	331 76	336 83

ÉCOLES DE FILLES.

Classes d'adultes. — Écoles du dimanche.

DÉPARTEMENTS.	CLASSES D'ADULTES. Nombre des classes d'adultes payantes, dirigées par des laïques.	congréganistes.	TOTAL.	gratuites, dirigées par des laïques.	congréganistes.	TOTAL.	Nombre des élèves des classes dirigées par des laïques.	congréganistes.	TOTAL.	Montant de la rétribution payée par les élèves des classes dirigées par des laïques.	congréganistes.	TOTAL.	ÉCOLES DU DIMANCHE. Nombre des écoles dirigées par des laïques.	congréganistes.	TOTAL.	Nombre des élèves des écoles dirigées par des laïques.	congréganistes.	TOTAL.
1	2	3	4	5	6	7	8	9	10	11	12	13	14	15	16	17	18	19
Ain	″	″	″	″	″	″	″	″	″	″	″	″	″	″	″	″	″	″
Aisne	1	″	1	″	″	″	8	″	8	48	″	48	″	6	6	″	230	230
Allier	″	″	″	″	″	″	″	″	″	″	″	″	″	″	″	″	″	″
Alpes (Basses-)	1	″	1	″	″	″	8	″	8	30	″	30	″	″	″	″	″	″
Alpes (Hautes-)	″	″	″	″	″	″	″	″	″	″	″	″	″	″	″	″	″	″
Alpes-Maritimes	10	1	17	7	″	7	162	9	171	163	46	209	″	″	″	″	″	″
Ardèche	″	1	1	″	″	″	″	23	23	″	50	50	″	″	″	″	″	″
Ardennes	6	2	8	″	2	2	72	91	163	354	194	546	″	″	″	″	″	″
Ariége	″	″	″	″	″	″	″	″	″	″	″	″	″	″	″	″	″	″
Aube	″	″	″	″	″	″	″	″	″	″	″	″	″	″	″	″	″	″
Aude	1	1	2	″	″	″	20	8	28	80	30	110	″	″	″	″	″	″
Aveyron	″	″	″	″	″	″	″	″	″	″	″	″	″	″	″	″	″	″
Bouches-du-Rhône	2	1	3	″	″	″	17	150	167	153	″	153	″	″	″	″	″	″
Calvados	″	2	2	1	″	1	54	47	101	″	150	150	1	″	1	26	″	26
Cantal	″	″	″	″	″	″	″	″	″	″	″	″	″	″	″	″	″	″
Charente	″	″	″	″	″	″	″	″	″	″	″	″	″	″	″	″	″	″
Charente-Inférieure	″	″	″	″	″	″	″	″	″	″	″	″	″	″	″	″	″	″
Cher	″	″	″	″	2	2	″	10	10	″	″	″	″	″	″	″	″	″
Corrèze	1	″	1	″	″	″	10	″	10	65	″	65	″	″	″	″	″	″
Corse	″	″	″	″	1	1	″	120	120	″	″	″	″	1	1	″	80	80
Côte-d'Or	″	″	″	″	″	″	″	″	″	″	″	″	″	″	″	″	″	″
Côtes-du-Nord	2	″	2	″	″	″	12	″	12	27	″	27	″	″	″	″	″	″
Creuse	″	″	″	″	″	″	″	″	″	″	″	″	″	″	″	″	″	″
Dordogne	″	″	″	″	″	″	″	″	″	″	″	″	″	″	″	″	″	″
Doubs	1	″	1	″	″	″	5	″	5	100	″	100	1	1	2	30	50	80
Drôme	″	″	″	″	″	″	″	″	″	″	″	″	″	″	″	″	″	″
Eure	″	1	1	″	″	″	″	8	8	″	64	64	″	″	″	″	″	″
Eure-et-Loir	1	″	1	″	″	″	5	″	5	30	″	30	″	″	″	″	″	″
Finistère	1	″	1	″	″	″	4	″	4	52	″	52	″	″	″	″	″	″
Gard	″	″	″	1	2	3	40	335	475	″	″	″	″	″	″	″	″	″
Garonne (Haute-)	″	″	″	″	″	″	″	″	″	″	″	″	″	″	″	″	″	″
Gers	″	″	″	″	″	″	″	″	″	″	″	″	″	″	″	″	″	″
Gironde	″	″	″	″	″	″	″	″	″	″	″	″	″	″	″	″	″	″
Hérault	″	″	″	″	1	1	″	60	60	″	″	″	″	″	″	″	″	″
Ille-et-Vilaine	″	″	″	″	1	1	″	20	20	″	″	″	″	″	″	″	″	″
Indre	″	″	″	″	″	″	″	″	″	″	″	″	″	″	″	″	″	″
Indre-et-Loire	″	″	″	″	″	″	″	″	″	″	″	″	″	″	″	″	″	″
Isère	″	″	″	″	″	″	″	″	″	″	″	″	″	″	″	″	″	″
Jura	″	″	″	″	″	″	″	″	″	″	″	″	″	″	″	″	″	″
Landes	″	″	″	″	″	″	″	″	″	″	″	″	″	″	″	″	″	″
Loir-et-Cher	1	″	1	″	″	″	8	″	8	30	″	30	″	″	″	″	″	″
Loire	″	″	″	″	2	2	″	155	155	″	″	″	″	″	″	″	″	″
Loire (Haute-)	″	″	″	″	″	″	″	″	″	″	″	″	″	″	″	″	″	″
Loire-Inférieure	″	″	″	″	″	″	″	″	″	″	″	″	″	″	″	″	″	″
Loiret	4	″	4	″	2	2	42	150	192	169	″	169	″	″	″	″	″	″
Lot	″	″	″	″	″	″	″	″	″	″	″	″	″	″	″	″	″	″
Lot-et-Garonne	″	″	″	″	″	″	″	″	″	″	″	″	″	″	″	″	″	″

Classes d'adultes. — Écoles du dimanche.

DÉPARTEMENTS.	CLASSES D'ADULTES. NOMBRE DES classes d'adultes payantes, dirigées par des laïques.	congréganistes.	TOTAL.	gratuites, dirigées par des laïques.	congréganistes.	TOTAL.	élèves des classes dirigées par des laïques.	congréganistes.	TOTAL.	MONTANT DE LA RÉTRIBUTION payée par les élèves des classes dirigées par des laïques.	congréganistes.	TOTAL.	ÉCOLES DU DIMANCHE. NOMBRE DES écoles dirigées par des laïques.	congréganistes.	TOTAL.	élèves des écoles dirigées par des laïques.	congréganistes.	TOTAL.
1	2	3	4	5	6	7	8	9	10	11	12	13	14	15	16	17	18	19
Lozère	″	″	″	″	″	″	″	″	″	″	″	″	″	″	″	″	″	″
Maine-et-Loire	2	3	5	″	2	2	5	117	122	15	51	66	″	1	1	″	25	25
Manche	″	″	″	″	″	″	″	″	″	″	″	″	″	″	″	″	″	″
Marne	″	″	″	″	″	″	″	″	″	″	″	″	″	1	1	″	40	40
Marne (Haute-)	″	″	″	1	″	1	20	″	20	″	″	″	″	″	″	″	″	″
Mayenne	″	″	″	″	″	″	″	″	″	″	″	″	″	″	″	″	″	″
Meurthe	″	″	″	″	″	″	″	″	″	″	″	″	″	″	″	″	″	″
Meuse	″	″	″	″	″	″	″	″	″	″	″	″	″	″	″	″	″	″
Morbihan	″	″	″	″	″	″	″	″	″	″	″	″	″	″	″	″	″	″
Moselle	″	″	″	″	″	″	″	″	″	″	″	″	1	75	76	25	1,240	1,265
Nièvre	″	″	″	″	″	″	″	″	″	″	″	″	″	″	″	″	″	″
Nord	14	7	21	″	8	8	297	1,300	1,597	7,994	1,530	9,524	40	83	123	1,801	4,112	5,913
Oise	″	″	″	″	″	″	″	″	″	″	″	″	″	″	″	″	″	″
Orne	1	″	1	″	1	1	5	24	29	24	″	24	″	1	1	″	250	250
Pas-de-Calais	1	″	1	″	3	3	10	306	316	35	″	35	″	″	″	″	″	″
Puy-de-Dôme	″	″	″	″	″	″	″	″	″	″	″	″	″	″	″	″	″	″
Pyrénées (Basses-)	″	″	″	″	″	″	″	″	″	″	″	″	″	″	″	″	″	″
Pyrénées (Hautes-)	″	″	″	″	″	″	″	″	″	″	″	″	″	″	″	″	″	″
Pyrénées-Orientales	″	″	″	″	″	″	″	″	″	″	″	″	″	″	″	″	″	″
Rhin (Bas-)	″	″	″	″	″	″	″	″	″	″	″	″	″	1	1	″	70	70
Rhin (Haut-)	″	″	″	″	″	″	″	″	″	″	″	″	2	4	6	54	408	462
Rhône	1	″	1	3	6	9	189	480	669	30	″	30	2	3	5	120	190	310
Saône (Haute-)	″	″	″	1	″	1	40	″	40	″	″	″	″	″	″	″	″	″
Saône-et-Loire	″	″	″	″	″	″	″	″	″	″	″	″	″	″	″	″	″	″
Sarthe	″	″	″	″	″	″	″	″	″	″	″	″	″	″	″	″	″	″
Savoie	″	″	″	″	″	″	″	″	″	″	″	″	″	″	″	″	″	″
Savoie (Haute-)	″	″	″	″	2	2	″	64	64	″	″	″	″	″	″	″	″	″
Seine	2	″	2	18	6	24	988	528	1,516	108	″	108	″	20	20	″	1,926	1,926
Seine-Inférieure	1	5	6	1	13	14	231	981	1,212	90	168	258	″	″	″	″	″	″
Seine-et-Marne	2	″	2	″	1	1	20	18	38	76	″	76	″	″	″	″	″	″
Seine-et-Oise	2	1	3	1	″	1	21	19	40	84	100	184	″	″	″	″	″	″
Sèvres (Deux-)	″	″	″	″	1	1	″	50	50	″	″	″	″	″	″	″	″	″
Somme	″	″	″	″	13	13	″	418	418	″	″	″	″	″	″	″	″	″
Tarn	″	″	″	″	″	″	″	″	″	″	″	″	″	″	″	″	″	″
Tarn-et-Garonne	″	″	″	″	″	″	″	″	″	″	″	″	″	″	″	″	″	″
Var	4	1	5	″	″	″	27	2	29	270	20	290	″	″	″	″	″	″
Vaucluse	″	″	″	″	″	″	″	″	″	″	″	″	″	″	″	″	″	″
Vendée	″	1	1	″	″	″	″	8	8	″	35	35	″	″	″	″	″	″
Vienne	″	″	″	″	″	″	″	″	″	″	″	″	″	″	″	″	″	″
Vienne (Haute-)	″	″	″	″	″	″	″	″	″	″	″	″	″	″	″	″	″	″
Vosges	1	″	1	″	1	1	3	14	17	80	″	80	″	″	″	″	″	″
Yonne	″	1	1	″	″	″	″	15	15	″	100	100	″	″	″	″	″	″
TOTAUX	59	24	83	34	70	104	2,323	5,530	7,853	10,107	2,536	12,643	47	197	244	2,056	8,621	10,677

Ouvroirs, orphelinats.

DÉPARTEMENTS.	OUVROIRS.									ORPHELINATS.					
	NOMBRE						RÉTRIBUTION ANNUELLE par les élèves			NOMBRE					
	des ouvroirs			des élèves						des orphelinats			des élèves		
	dirigés par			dans les ouvroirs dirigés par			des ouvroirs dirigés par			dirigés par			des orphelinats dirigés par		
	des laïques.	des congréganistes.	TOTAL.	des laïques.	des congréganistes.	TOTAL.	des laïques.	des congréganistes.	TOTAL.	des laïques.	des congréganistes.	TOTAL.	des laïques.	des congréganistes.	TOTAL.
1	2	3	4	5	6	7	8	9	10	11	12	13	14	15	16
Ain	»	2	2	»	60	60	»	»	»	»	1	1	»	10	10
Aisne	»	4	4	»	74	74	»	»	»	»	1	1	»	60	60
Allier	»	6	6	»	164	164	»	»	»	»	1	1	»	30	30
Alpes (Basses-)	»	»	»	»	»	»	»	»	»	»	»	»	»	»	»
Alpes (Hautes-)	»	»	»	»	»	»	»	»	»	»	»	»	»	»	»
Alpes-Maritimes	»	2	2	»	50	50	»	»	»	»	»	»	»	»	»
Ardèche	»	3	3	»	64	64	»	»	»	»	»	»	»	»	»
Ardennes	2	10	12	12	354	366	60f	5,390f	5,450f	»	2	2	»	45	45
Ariége	»	2	2	»	66	66	»	»	»	»	1	1	»	32	32
Aube	»	»	»	»	»	»	»	»	»	»	»	»	»	»	»
Aude	»	1	1	»	23	23	»	»	»	»	»	»	»	»	»
Aveyron	»	»	»	»	»	»	»	»	»	»	»	»	»	»	»
Bouches-du-Rhône	»	3	3	»	90	90	»	»	»	1	9	10	40	412	452
Calvados	1	1	2	18	664	682	»	»	»	»	2	2	»	55	55
Cantal	»	»	»	»	»	»	»	»	»	»	»	»	»	»	»
Charente	»	»	»	»	»	»	»	»	»	»	»	»	»	»	»
Charente-Inférieure	»	4	4	»	115	115	»	22,000	22,000	»	»	»	»	»	»
Cher	»	»	»	»	»	»	»	»	»	»	»	»	»	»	»
Corrèze	»	1	1	»	43	43	»	»	»	»	»	»	»	»	»
Corse	»	»	»	»	»	»	»	»	»	»	»	»	»	»	»
Côte-d'Or	»	5	5	»	92	92	»	»	»	»	7	7	»	284	284
Côtes-du-Nord	»	8	8	»	466	466	»	»	»	»	3	3	»	123	123
Creuse	»	»	»	»	»	»	»	»	»	»	»	»	»	»	»
Dordogne	»	4	4	»	98	98	»	»	»	»	2	2	»	33	33
Doubs	»	1	1	»	15	15	»	»	»	»	»	»	»	»	»
Drôme	»	»	»	»	»	»	»	»	»	»	3	3	»	65	65
Eure	»	2	2	»	37	37	»	»	»	»	»	»	»	»	»
Eure-et-Loir	»	1	1	»	38	38	»	»	»	»	»	»	»	»	»
Finistère	»	2	2	»	96	96	»	»	»	»	1	1	»	89	89
Gard	1	8	9	25	143	168	»	»	»	»	»	»	»	»	»
Garonne (Haute-)	»	»	»	»	»	»	»	»	»	»	8	8	»	322	322
Gers	»	9	9	»	215	215	»	»	»	»	1	1	»	28	28
Gironde	»	6	6	»	209	209	»	100	100	»	1	1	»	30	30
Hérault	»	8	8	»	271	271	»	»	»	»	2	2	»	65	65
Ille-et-Vilaine	»	4	4	»	227	227	»	165	165	»	1	1	»	30	30
Indre	»	1	1	»	60	60	»	»	»	»	1	1	»	20	20
Indre-et-Loire	»	2	2	»	106	106	»	»	»	»	1	1	»	74	74
Isère	»	»	»	»	»	»	»	»	»	»	»	»	»	»	»
Jura	»	2	2	»	42	42	»	10	10	»	»	»	»	»	»
Landes	»	»	»	»	»	»	»	»	»	»	»	»	»	»	»
Loir-et-Cher	»	4	4	4	155	155	»	300	300	»	1	1	»	9	9
Loire	»	»	»	»	»	»	»	»	»	»	»	»	»	»	»
Loire (Haute-)	»	»	»	»	»	»	»	»	»	»	»	»	»	»	»
Loire-Inférieure	»	1	1	»	30	30	»	»	»	»	3	3	»	76	76
Loiret	»	2	2	»	71	71	»	»	»	»	»	»	»	»	»
Lot	»	»	»	»	»	»	»	»	»	»	»	»	»	»	»
Lot-et-Garonne	»	3	3	»	32	32	»	»	»	»	2	2	»	35	35

Ouvroirs, orphelinats.

DÉPARTEMENTS.	OUVROIRS.									ORPHELINATS.					
	NOMBRE						RÉTRIBUTION ANNUELLE par les élèves			NOMBRE					
	des ouvroirs			des élèves			des ouvroirs dirigés par			des orphelinats			des élèves		
	dirigés par			dans les ouvroirs dirigés par						dirigés par			des orphelinats dirigés par		
	des laïques.	des congréganistes.	TOTAL.	des laïques.	des congréganistes.	TOTAL.	des laïques.	des congréganistes.	TOTAL.	des laïques.	des congréganistes.	TOTAL.	des laïques.	des congréganistes.	TOTAL.
1	2	3	4	5	6	7	8	9	10	11	12	13	14	15	16
Lozère	"	"	"	"	"	"	"	"	"	"	"	"	"	"	"
Maine-et-Loire	"	"	"	"	"	"	"	"	"	"	3	3	"	108	108
Manche	"	20	20	"	620	620	"	"	"	"	1	1	"	31	31
Marne	"	14	14	"	396	396	"	180f	180f	"	5	5	"	190	190
Marne (Haute-)	"	7	7	"	402	402	"	"	"	"	"	"	"	"	"
Mayenne	"	1	1	"	180	180	"	500	500	"	"	"	"	"	"
Meurthe	"	19	19	"	468	468	"	"	"	"	1	1	"	30	30
Meuse	"	3	3	"	56	56	"	"	"	"	1	1	"	30	30
Morbihan	"	3	3	"	222	222	"	"	"	"	"	"	"	"	"
Moselle	3	12	15	38	424	462	110f	225	335	"	"	"	"	"	"
Nièvre	"	4	4	"	96	96	"	"	"	"	"	"	"	"	"
Nord	1	17	18	15	479	494	"	"	"	1	8	9	45	277	322
Oise	"	1	1	"	20	20	"	200	200	"	"	"	"	"	"
Orne	"	1	1	"	35	35	"	"	"	"	"	"	"	"	"
Pas-de-Calais	"	3	3	"	248	248	"	"	"	"	1	1	"	30	30
Puy-de-Dôme	"	1	1	"	60	60	"	"	"	"	1	1	"	50	50
Pyrénées (Basses-)	"	9	9	"	195	195	"	"	"	"	"	"	"	"	"
Pyrénées (Hautes-)	"	"	"	"	"	"	"	"	"	"	"	"	"	"	"
Pyrénées-Orientales	"	"	"	"	"	"	"	"	"	"	1	1	"	43	43
Rhin (Bas-)	1	4	5	330	125	455	5,940	125	6,065	"	"	"	"	"	"
Rhin (Haut-)	6	7	13	254	272	526	"	"	"	"	3	3	"	250	250
Rhône	"	"	"	"	"	"	"	"	"	"	1	1	"	35	35
Saône (Haute-)	"	2	2	"	48	48	"	30	30	"	"	"	"	"	"
Saône-et-Loire	"	1	1	"	19	19	"	"	"	"	1	1	"	40	40
Sarthe	"	1	1	"	42	42	"	"	"	"	6	6	"	82	82
Savoie	"	"	"	"	"	"	"	"	"	"	"	"	"	"	"
Savoie (Haute-)	"	"	"	"	"	"	"	"	"	"	"	"	"	"	"
Seine	"	16	16	"	940	940	"	"	"	"	"	"	"	"	"
Seine-Inférieure	"	6	6	"	294	294	"	"	"	"	5	5	"	175	175
Seine-et-Marne	"	2	2	"	138	138	"	200	200	"	"	"	"	"	"
Seine-et-Oise	"	3	3	"	87	87	"	444	444	"	8	8	"	287	287
Sèvres (Deux-)	"	"	"	"	"	"	"	"	"	"	"	"	"	"	"
Somme	"	"	"	"	"	"	"	"	"	"	"	"	"	"	"
Tarn	"	"	"	"	"	"	"	"	"	"	"	"	"	"	"
Tarn-et-Garonne	"	"	"	"	"	"	"	"	"	"	"	"	"	"	"
Var	"	"	"	"	"	"	"	"	"	"	"	"	"	"	"
Vaucluse	"	"	"	"	"	"	"	"	"	"	"	"	"	"	"
Vendée	"	"	"	"	"	"	"	"	"	"	"	"	"	"	"
Vienne	"	1	1	"	15	15	"	"	"	"	"	"	"	"	"
Vienne (Haute-)	"	4	4	"	92	92	"	"	"	"	5	5	"	194	194
Vosges	"	9	9	"	215	215	"	450	450	"	3	3	"	76	76
Yonne	"	"	"	"	"	"	"	"	"	"	"	"	"	"	"
TOTAL	15	283	298	692	7,358	8,050	6,110	30,319	36,429	2	108	110	85	3,875	3,960

3°

SALLES D'ASILE PUBLIQUES.

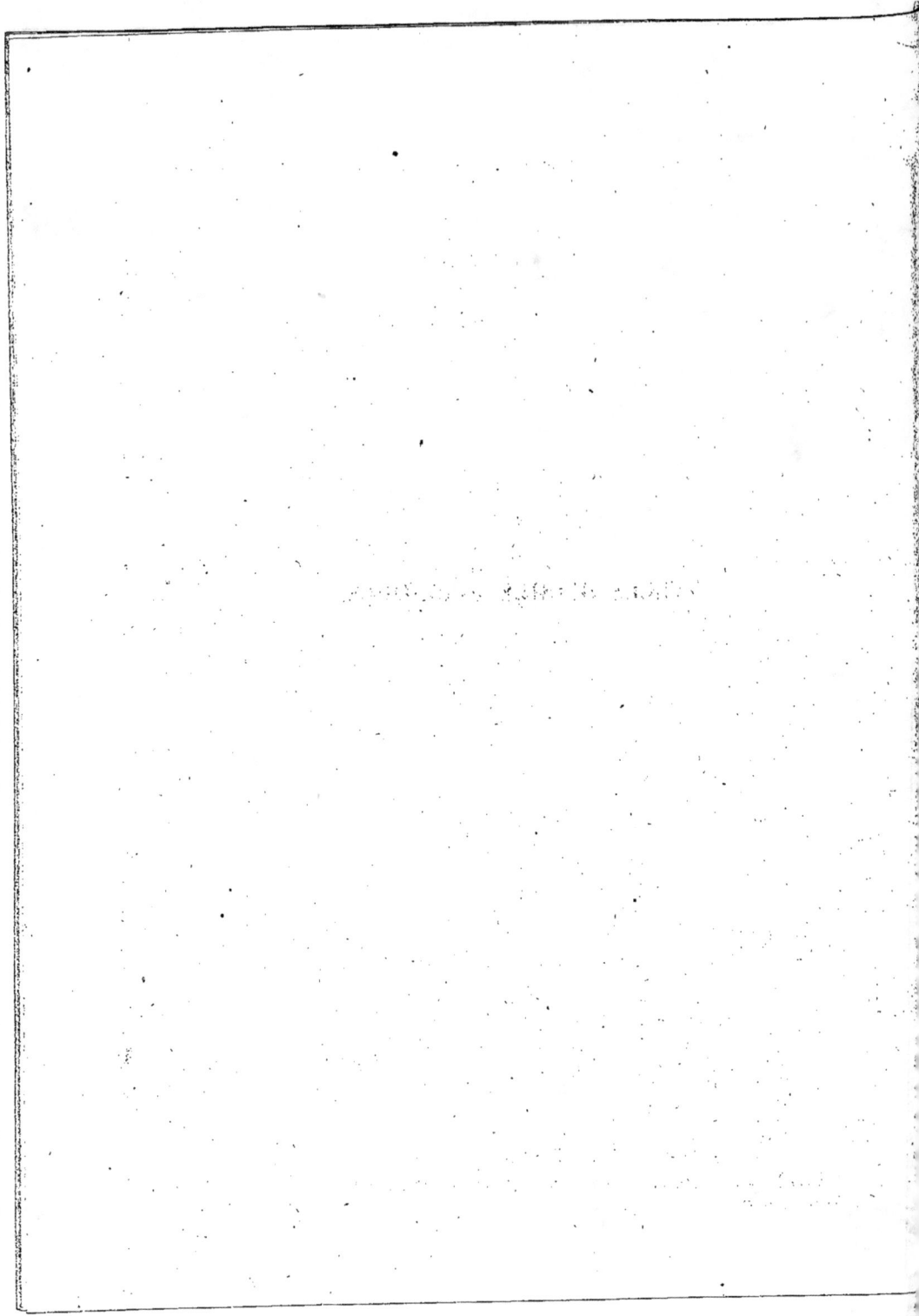

3°

SALLES D'ASILE.

SALLES D'ASILE.

Situation des communes en ce qui concerne les salles d'asile.

DÉPARTEMENTS.	NOMBRE DES COMMUNES — ayant au moins une salle d'asile et une population de 2,000 âmes et au-dessus.	ayant au moins une salle d'asile et une population de moins de 2,000 âmes.	ayant au moins une salle d'asile — TOTAL.	DÉPOURVUES de salles d'asile.	TOTAL général.	qui possèdent plusieurs salles d'asile.	PROPRIÉTAIRES du local de l'asile.	LOCATAIRES du local de l'asile.	OBSERVATIONS.
1	2	3	4	5	6	7	8	9	10
Ain	7	14	21	429	450	"	10	11	
Aisne	15	9	24	812	836	2	17	7	
Allier	9	1	10	307	317	2	7	3	
Alpes (Basses-)	5	2	7	247	254	"	4	3	
Alpes (Hautes-)	1	1	2	187	189	"	1	1	
Alpes-Maritimes	6	3	9	137	146	1	4	5	
Ardèche	8	3	11	328	339	"	4	7	
Ardennes	13	12	25	453	478	1	10	6	
Ariége	7	"	7	329	336	"	7	"	
Aube	7	4	11	435	446	1	11	"	
Aude	6	2	8	426	434	3	5	3	
Aveyron	8	2	10	272	282	"	5	5	
Bouches-du-Rhône	7	"	7	99	106	3	6	1	
Calvados	9	7	16	751	767	1	12	4	
Cantal	6	"	6	253	259	"	5	1	
Charente	6	4	10	418	428	1	8	2	
Charente-Inférieure	9	4	13	466	479	2	12	1	
Cher	10	1	11	279	290	1	7	4	
Corrèze	5	"	5	281	286	1	3	2	
Corse	4	"	4	349	353	1	3	1	
Côte-d'Or	8	24	32	685	717	5	26	6	
Côtes-du-Nord	13	4	17	365	382	"	17	"	
Creuse	5	"	5	256	261	"	3	2	
Dordogne	6	5	11	571	582	"	6	5	
Doubs	5	7	12	627	639	1	12	"	
Drôme	18	4	22	344	366	6	16	6	
Eure	7	2	9	691	700	"	8	1	
Eure-et-Loir	8	6	14	412	426	1	9	5	
Finistère	6	1	7	277	284	1	7	"	
Gard	23	4	27	321	348	7	15	12	
Garonne (Haute-)	6	"	6	572	578	1	4	2	
Gers	7	3	10	456	466	1	10	"	
Gironde	27	11	38	509	547	3	22	16	
Hérault	22	25	47	284	331	6	23	24	
Ille-et-Vilaine	8	"	8	342	350	2	5	3	
Indre	9	1	10	235	245	1	9	1	
Indre-et-Loire	8	5	13	268	281	1	9	4	
Isère	17	4	21	529	550	2	10	11	
Jura	7	18	25	558	583	2	22	3	
Landes	5	4	9	322	331	"	5	4	
Loir-et-Cher	5	2	7	291	298	1	7	"	
Loire	16	6	22	298	320	4	6	16	
Loire (Haute-)	14	5	19	241	260	1	5	14	
Loire-Inférieure	15	1	16	192	208	1	10	6	
Loiret	17	16	33	316	349	3	26	7	
Lot	4	"	4	311	315	"	4	"	
Lot-et-Garonne	12	2	14	302	316	3	10	4	

Situation des communes en ce qui concerne les salles d'asile.

DÉPARTEMENTS.	NOMBRE DES COMMUNES — ayant au moins une salle d'asile et une population de 2,000 âmes et au-dessus.	de moins de 2,000 âmes.	TOTAL.	dépourvues de salles d'asile.	TOTAL général.	qui possèdent plusieurs salles d'asile.	PROPRIÉTAIRES du local de l'asile.	LOCATAIRES du local de l'asile.	OBSERVATIONS.
1	2	3	4	5	6	7	8	9	10.
Lozère	2	1	3	190	193	〃	2	1	
Maine-et-Loire	21	15	36	340	376	4	28	8	
Manche	12	4	16	628	644	〃	14	2	
Marne	10	28	38	629	667	2	31	7	
Marne (Haute-)	6	6	12	538	550	1	12	〃	
Mayenne	11	1	12	262	274	3	12	〃	
Meurthe	13	68	81	633	714	3	79	2	
Meuse	9	99	108	479	587	5	99	9	
Morbihan	7	1	8	229	237	1	7	1	
Moselle	15	51	66	563	629	1	59	7	
Nièvre	11	4	15	299	314	1	12	3	
Nord	62	29	91	569	660	16	62	29	
Oise	14	16	30	670	700	2	28	2	
Orne	8	2	10	501	511	〃	5	5	
Pas-de-Calais	25	4	29	874	903	4	27	2	
Puy-de-Dôme	6	1	7	436	443	1	3	4	
Pyrénées (Basses-)	5	8	13	546	559	2	8	5	
Pyrénées (Hautes-)	5	〃	5	474	479	1	3	2	
Pyrénées-Orientales	2	〃	2	228	230	1	1	1	
Rhin (Bas-)	35	78	113	429	542	13	107	6	
Rhin (Haut-)	31	56	87	403	490	8	82	5	
Rhône	15	12	27	231	258	4	10	17	
Saône (Haute-)	6	13	19	564	583	〃	19	〃	
Saône-et-Loire	11	4	15	568	583	3	10	5	
Sarthe	9	3	12	377	389	1	12	〃	
Savoie	4	3	7	318	325	1	4	3	
Savoie (Haute-)	3	〃	3	306	309	〃	1	2	
Seine	33	13	46	24	70	2	32	14	
Seine-Inférieure	15	4	19	740	759	5	12	7	
Seine-et-Marne	12	44	56	471	527	2	47	9	
Seine-et-Oise	25	54	79	605	684	2	69	10	
Sèvres (Deux-)	5	4	9	346	355	1	5	4	
Somme	11	10	21	811	832	2	18	3	
Tarn	11	3	14	302	316	〃	4	10	
Tarn-et-Garonne	8	〃	8	185	193	1	3	5	
Var	21	9	30	113	143	1	21	9	
Vaucluse	17	2	19	130	149	1	18	1	
Vendée	8	3	11	287	298	2	11	〃	
Vienne	6	5	11	285	296	2	9	2	
Vienne (Haute-)	6	1	7	193	200	1	5	2	
Vosges	20	27	47	501	548	6	43	4	
Yonne	8	11	19	464	483	2	12	7	
Totaux	1,010	926	1,936	35,574	37,510	178	1,502	434	

Salles d'asile publiques, laïques et congréganistes.

DÉPARTEMENTS.	NOMBRE DES SALLES D'ASILE				
	LAÏQUES.	CONGRÉGANISTES.	TOTAL.	PRÈS DESQUELLES les comités de patronage existent.	PRÈS DESQUELLES les comités de patronage n'existent pas.
1	2	3	4	5	6
Ain	//	21	21	16	5
Aisne	7	18	25	15	10
Allier	2	11	13	13	//
Alpes (Basses-)	//	7	7	4	3
Alpes (Hautes-)	1	1	2	2	//
Alpes-Maritimes	//	10	10	10	//
Ardèche	//	11	11	8	3
Ardennes	8	19	27	//	27
Ariége	1	6	7	6	1
Aube	2	12	14	14	//
Aube	1	12	13	9	4
Aveyron	//	10	10	10	//
Bouches-du-Rhône	5	9	14	5	9
Calvados	2	16	18	14	4
Cantal	1	5	6	6	//
Charente	2	11	13	10	3
Charente-Inférieure	2	13	15	11	4
Cher	4	12	16	5	11
Corrèze	1	5	6	3	3
Corse	//	5	5	3	2
Côte-d'Or	10	27	37	21	16
Côtes-du-Nord	1	16	17	15	2
Creuse	//	5	5	5	//
Dordogne	//	11	11	6	5
Doubs	5	8	13	13	//
Drôme	5	22	27	18	9
Eure	5	4	9	7	2
Eure-et-Loir	4	11	15	15	//
Finistère	4	6	10	10	//
Gard	18	18	36	35	1
Garonne (Haute-)	//	12	12	9	3
Gers	//	10	10	7	3
Gironde	12	42	54	52	2
Hérault	15	34	49	20	29
Ille-et-Vilaine	//	10	10	9	1
Indre	4	7	11	5	6
Indre-et-Loire	4	11	15	14	1
Isère	4	18	22	14	8
Jura	11	16	27	23	4
Landes	//	9	9	3	6
Loir-et-Cher	//	9	9	1	8
Loire	//	34	34	18	16
Loire (Haute-)	//	20	20	20	//
Loire-Inférieure	6	13	19	17	2
Loiret	10	28	38	13	25
Lot	//	4	4	4	//
Lot-et-Garonne	2	15	17	17	//
Lozère	//	3	3	3	//
Maine-et-Loire	8	34	42	23	19
Manche	//	16	16	12	4
Marne	3	38	41	36	5
Marne (Haute-)	1	11	12	5	7
Mayenne	//	16	16	10	6
Meurthe	11	78	89	35	54
Meuse	20	95	115	44	71
Morbihan	1	9	10	8	2
Moselle	15	59	74	23	51
Nièvre	1	15	16	15	1
Nord	30	83	113	69	44
Oise	9	24	33	29	4
Orne	3	7	10	5	5
Pas-de-Calais	5	35	40	32	8
Puy-de-Dôme	//	11	11	11	//
Pyrénées (Basses-)	3	12	15	8	7
Pyrénées (Hautes-)	1	5	6	6	//
Pyrénées-Orientales	//	3	3	3	//
Rhin (Bas-)	75	87	162	92	70
Rhin (Haut-)	27	81	108	41	67
Rhône	6	36	42	38	4
Saône (Haute-)	1	18	19	19	//
Saône-et-Loire	//	18	18	11	7
Sarthe	1	12	13	13	//
Savoie	//	8	8	//	8
Savoie (Haute-)	//	3	3	1	2
Seine	77	32	109	95	14
Seine-Inférieure	5	26	31	29	2
Seine-et-Marne	11	47	58	31	27
Seine-et-Oise	30	55	85	77	8
Sèvres (Deux-)	5	5	10	9	1
Somme	1	21	22	22	//
Tarn	2	12	14	11	3
Tarn-et-Garonne	4	8	12	6	6
Var	4	30	34	34	//
Vaucluse	3	17	20	19	1
Vendée	//	12	12	8	4
Vienne	1	14	15	7	8
Vienne (Haute-)	3	6	9	9	//
Vosges	5	46	51	46	5
Yonne	3	19	22	11	11
TOTAUX	534	1,801	2,335	1,561	774

Salles d'asile payantes et gratuites.

DÉPARTEMENTS.	NOMBRE DES SALLES D'ASILE							OBSERVATIONS.
	PAYANTES.			GRATUITES.			TOTAL général.	
	Laïques.	Congréganistes.	TOTAL.	Laïques.	Congréganistes.	TOTAL.		
1	2	3	4	5	6	7	8	6
Ain	//	2	2	//	10	19	21	
Aisne	2	12	14	5	6	11	25	
Allier	//	2	2	2	9	11	13	
Alpes (Basses-)	//	4	4	//	3	3	7	
Alpes (Hautes-)	//	1	1	1	//	1	2	
Alpes-Maritimes	//	6	6	//	4	4	10	
Ardèche	//	7	7	//	4	4	11	
Ardennes	3	8	11	5	11	16	27	
Ariége	1	2	3	//	4	4	7	
Aube	1	6	7	1	6	7	14	
Aude	//	//	//	1	12	13	13	
Aveyron	//	4	4	//	6	6	10	
Bouches-du-Rhône	//	1	1	5	8	13	14	
Calvados	1	5	6	1	11	12	18	
Cantal	1	2	3	//	3	3	6	
Charente	//	4	4	2	7	9	13	
Charente-Inférieure	//	5	5	2	8	10	15	
Cher	1	3	4	3	9	12	16	
Corrèze	//	2	2	1	3	4	6	
Corse	//	1	1	//	4	4	5	
Côte-d'Or	1	11	12	9	16	25	37	
Côtes-du-Nord	//	9	9	1	7	8	17	
Creuse	//	1	1	//	4	4	5	
Dordogne	//	3	3	//	8	8	11	
Doubs	4	2	6	1	6	7	13	
Drôme	2	12	14	3	10	13	27	
Eure	1	3	4	4	1	5	9	
Eure-et-Loir	2	6	8	2	5	7	15	
Finistère	//	1	1	4	5	9	10	
Gard	8	6	14	10	12	22	36	
Garonne (Haute-)	//	2	2	//	10	10	12	
Gers	//	5	5	//	5	5	10	
Gironde	12	36	48	//	6	6	54	
Hérault	8	18	26	7	16	23	49	
Ille-et-Vilaine	//	4	4	//	6	6	10	
Indre	1	1	2	3	6	9	11	
Indre-et-Loire	3	2	5	1	9	10	15	
Isère	//	10	10	4	8	12	22	
Jura	3	1	4	8	15	23	27	
Landes	//	7	7	//	2	2	9	
Loir-et-Cher	//	3	3	//	6	6	9	
Loire	//	8	8	//	20	26	34	
Loire (Haute-)	//	14	14	//	6	6	20	
Loire-Inférieure	1	10	11	5	3	8	19	
Loiret	5	19	24	5	9	14	38	
Lot	//	//	//	//	4	4	4	
Lot-et-Garonne	//	14	4	2	11	13	17	

Salles d'asile payantes et gratuites.

DÉPARTEMENTS.	NOMBRE DES SALLES D'ASILE							OBSERVATIONS.
	PAYANTES.			GRATUITES.			TOTAL général.	
	Laïques.	Congréganistes.	TOTAL.	Laïques.	Congréganistes.	TOTAL.		
1	2	3	4	5	6	7	8	9
Lozère	//	1	1	//	2	2	3	
Maine-et-Loire	3	23	26	5	11	16	42	
Manche	//	6	6	//	10	10	16	
Marne	2	25	27	1	13	14	41	
Marne (Haute-)	//	2	2	1	9	10	12	
Mayenne	//	4	4	//	12	12	16	
Meurthe	7	58	65	4	20	24	89	
Meuse	18	83	101	2	12	14	115	
Morbihan	//	2	2	1	7	8	10	
Moselle	15	53	68	//	6	6	74	
Nièvre	1	4	5	//	11	11	16	
Nord	17	35	52	13	48	61	113	
Oise	6	11	17	3	13	16	33	
Orne	2	2	4	1	5	6	10	
Pas-de-Calais	//	13	13	5	22	27	40	
Puy-de-Dôme	//	//	//	//	11	11	11	
Pyrénées (Basses-)	1	//	1	2	12	14	15	
Pyrénées (Hautes-)	//	//	//	1	5	6	6	
Pyrénées-Orientales	//	1	1	//	2	2	3	
Rhin (Bas-)	58	44	102	17	43	60	162	
Rhin (Haut-)	20	38	58	7	43	50	108	
Rhône	3	3	6	3	33	36	42	
Saône (Haute-)	1	2	3	//	16	16	19	
Saône-et-Loire	//	5	5	//	13	13	18	
Sarthe	//	6	6	1	6	7	13	
Savoie	//	2	2	//	6	6	8	
Savoie (Haute-)	//	//	//	//	3	3	3	
Seine	17	11	28	60	21	81	109	
Seine-Inférieure	//	7	7	5	19	24	31	
Seine-et-Marne	9	22	31	2	25	27	58	
Seine-et-Oise	19	33	52	11	22	33	85	
Sèvres (Deux-)	2	2	4	3	3	6	10	
Somme	//	7	7	1	14	15	22	
Tarn	//	2	2	2	10	12	14	
Tarn-et-Garonne	//	3	3	4	5	9	12	
Var	//	11	11	4	19	23	34	
Vaucluse	1	10	11	2	7	9	20	
Vendée	//	3	3	//	9	9	12	
Vienne	1	6	7	//	8	8	15	
Vienne (Haute-)	//	2	2	3	4	7	9	
Vosges	//	17	17	5	29	34	51	
Yonne	2	10	12	1	9	10	22	
TOTAUX	266	843	1,109	268	958	1,226	2,335	

Salles d'asile classées d'après le culte des enfants qui y sont admis.

DÉPARTEMENTS.	NOMBRE DES SALLES D'ASILE spécialement affectées aux enfants du culte catholique.	protestant.	israélite.	communes aux enfants des différents cultes.	TOTAL.
1	2	3	4	5	6
Ain	21	″	″	″	21
Aisne	25	″	″	″	25
Allier	13	″	″	″	13
Alpes (Basses-)	7	″	″	″	7
Alpes (Hautes-)	2	″	″	″	2
Alpes-Maritimes	10	″	″	″	10
Ardèche	7	″	″	4	11
Ardennes	27	″	″	″	27
Ariége	7	″	″	″	7
Aube	14	″	″	″	14
Aude	13	″	″	″	13
Aveyron	10	″	″	″	10
Bouches-du-Rhône	13	″	″	1	14
Calvados	18	″	″	″	18
Cantal	6	″	″	″	6
Charente	13	″	″	″	13
Charente-Inférieure	14	1	″	″	15
Cher	15	1	″	″	16
Corrèze	6	″	″	″	6
Corse	5	″	″	″	5
Côte-d'Or	37	″	″	″	37
Côtes-du-Nord	17	″	″	″	17
Creuse	5	″	″	″	5
Dordogne	11	″	″	″	11
Doubs	10	3	″	″	13
Drôme	22	5	″	″	27
Eure	9	″	″	″	9
Eure-et-Loir	15	″	″	″	15
Finistère	10	″	″	″	10
Gard	20	11	″	5	36
Garonne (Haute-)	12	″	″	″	12
Gers	10	″	″	″	10
Gironde	51	2	1	″	54
Hérault	44	4	″	1	49
Ille-et-Vilaine	10	″	″	″	10
Indre	11	″	″	″	11
Indre-et-Loire	15	″	″	″	15
Isère	22	″	″	″	22
Jura	27	″	″	″	27
Landes	9	″	″	″	9
Loir-et-Cher	9	″	″	″	9
Loire	34	″	″	″	34
Loire (Haute-)	20	″	″	″	20
Loire-Inférieure	19	″	″	″	19
Loiret	37	1	″	″	38
Lot	4	″	″	″	4
Lot-et-Garonne	15	2	″	″	17
Lozère	3	″	″	″	3
Maine-et-Loire	42	″	″	″	42
Manche	16	″	″	″	16
Marne	41	″	″	″	41
Marne (Haute-)	12	″	″	″	12
Mayenne	16	″	″	″	16
Meurthe	70	″	″	19	89
Meuse	115	″	″	″	115
Morbihan	10	″	″	″	10
Moselle	69	″	1	4	74
Nièvre	16	″	″	″	16
Nord	113	″	″	″	113
Oise	33	″	″	″	33
Orne	10	″	″	″	10
Pas-de-Calais	40	″	″	″	40
Puy-de-Dôme	11	″	″	″	11
Pyrénées (Basses-)	15	″	″	″	15
Pyrénées (Hautes-)	6	″	″	″	6
Pyrénées-Orientales	3	″	″	″	3
Rhin (Bas-)	100	57	1	4	162
Rhin (Haut-)	86	11	″	11	108
Rhône	40	2	″	″	42
Saône (Haute-)	19	″	″	″	19
Saône-et-Loire	18	″	″	″	18
Sarthe	13	″	″	″	13
Savoie	8	″	″	″	8
Savoie (Haute-)	3	″	″	″	3
Seine	108	″	1	″	109
Seine-Inférieure	31	″	″	″	31
Seine-et-Marne	57	″	″	1	58
Seine-et-Oise	85	″	″	″	85
Sèvres (Deux-)	10	″	″	″	10
Somme	22	″	″	″	22
Tarn	12	2	″	″	14
Tarn-et-Garonne	11	1	″	″	12
Var	34	″	″	″	34
Vaucluse	20	″	″	″	20
Vendée	12	″	″	″	12
Vienne	15	″	″	″	15
Vienne (Haute-)	9	″	″	″	9
Vosges	46	5	″	″	51
Yonne	22	″	″	″	22
TOTAUX	2,173	108	4	50	2,335

Salles d'asile classées d'après la tenue, la direction, l'emploi de la méthode et les résultats obtenus.

DÉPARTEMENTS.	SALLES D'ASILE LAÏQUES DONT LA TENUE ET LA DIRECTION SONT					SALLES D'ASILE CONGRÉGANISTES DONT LA TENUE ET LA DIRECTION SONT					TOTAL DES SALLES D'ASILE					
	bonnes.	assez bonnes.	passables.	médiocres.	mauvaises.	bonnes.	assez bonnes.	passables.	médiocres.	mauvaises.	bonnes.	assez bonnes.	passables.	médiocres.	mauvaises.	TOTAL général.
1	2	3	4	5	6	7	8	9	10	11	12	13	14	15	16	17
Ain	//	//	//	//	//	9	10	1	1	//	9	10	1	1	//	21
Aisne	4	1	//	2	//	9	4	1	3	1	13	5	1	5	1	25
Allier	1	1	//	//	//	5	4	2	//	//	6	5	2	//	//	13
Alpes (Basses-)	//	//	//	//	//	3	3	1	//	//	3	3	1	//	//	7
Alpes (Hautes-)	//	//	1	//	//	//	1	//	//	//	//	1	1	//	//	2
Alpes-Maritimes	//	//	//	//	//	5	2	3	//	//	5	2	3	//	//	10
Ardèche	//	//	//	//	//	7	3	1	//	//	7	3	1	//	//	11
Ardennes	3	2	2	1	//	12	5	2	//	//	15	7	4	1	//	27
Ariége	//	//	1	//	//	4	1	//	1	//	4	1	1	1	//	7
Aube	//	1	1	//	//	11	1	//	//	//	11	2	1	//	//	14
Aude	//	//	1	//	//	7	4	1	//	//	7	4	2	//	//	13
Aveyron	//	//	//	//	//	6	2	1	//	1	6	2	1	//	1	10
Bouches-du-Rhône	3	1	1	//	//	5	2	2	//	//	8	3	3	//	//	14
Calvados	1	//	1	//	//	11	4	//	//	1	12	4	1	//	1	18
Cantal	1	//	//	//	//	4	//	1	//	//	5	//	1	//	//	6
Charente	//	2	//	//	//	8	2	1	//	//	8	4	1	//	//	13
Charente-Inférieure	//	2	//	//	//	7	5	1	//	//	7	7	1	//	//	15
Cher	//	//	1	3	//	5	2	3	2	//	5	2	4	5	//	16
Corrèze	1	//	//	//	//	1	3	1	//	//	2	3	1	//	//	6
Corse	//	//	//	//	//	2	3	//	//	//	2	3	//	//	//	5
Côte-d'Or	2	2	5	1	//	10	7	6	4	//	12	9	11	5	//	37
Côtes-du-Nord	1	//	//	//	//	11	3	//	2	//	12	3	//	2	//	17
Creuse	//	//	//	//	//	5	//	//	//	//	5	//	//	//	//	5
Dordogne	//	//	//	//	//	10	//	1	//	//	10	//	1	//	//	11
Doubs	//	3	2	//	//	5	2	1	//	//	5	5	3	//	//	13
Drôme	//	1	4	//	//	11	6	4	//	1	11	7	8	//	1	27
Eure	2	2	1	//	//	2	//	2	//	//	4	2	3	//	//	9
Eure-et-Loir	2	1	1	//	//	7	3	1	//	//	9	4	2	//	//	15
Finistère	2	2	//	//	//	4	2	//	//	//	6	4	//	//	//	10
Gard	4	5	5	3	//	12	5	2	//	//	16	10	7	3	//	36
Garonne (Haute-)	//	//	//	//	//	7	3	1	1	//	7	3	1	1	//	12
Gers	//	//	//	//	//	8	1	1	//	//	8	1	1	//	//	10
Gironde	4	6	2	//	//	27	10	2	3	//	31	16	4	3	//	54
Hérault	5	7	2	1	//	19	10	5	//	//	24	17	7	1	//	49
Ille-et-Vilaine	//	//	//	//	//	5	4	1	//	//	5	4	1	//	//	10
Indre	//	2	1	1	//	4	1	2	//	//	4	3	3	1	//	11
Indre-et-Loire	3	1	//	//	//	10	1	//	//	//	13	2	//	//	//	15
Isère	3	//	//	//	1	11	7	//	//	//	14	7	//	//	1	22
Jura	4	5	1	1	//	6	7	3	//	//	10	12	4	1	//	27
Landes	//	//	//	//	//	2	4	3	//	//	2	4	3	//	//	9
Loir-et-Cher	//	//	//	//	//	2	5	1	1	//	2	5	1	1	//	9
Loire	//	//	//	//	//	15	9	9	1	//	15	9	9	1	//	34
Loire (Haute-)	//	//	//	//	//	7	7	6	//	//	7	7	6	//	//	20
Loire-Inférieure	1	3	1	1	//	4	9	//	//	//	5	12	1	1	//	19
Loiret	2	6	2	//	//	14	12	2	//	//	16	18	4	//	//	38
Lot	//	//	//		//	4	//	//	//	//	4	//	//	//	//	4
Lot-et-Garonne	//	2	//	//	//	10	3	1	1	//	10	5	1	1	//	17

Tableau n° 58. (Suite.)

ENSEIGNEMENT PUBLIC. — SALLES D'ASILE.

Salles d'asile classées d'après la tenue, la direction, l'emploi de la méthode et les résultats obtenus.

DÉPARTEMENTS.	SALLES D'ASILE LAÏQUES DONT LA TENUE ET LA DIRECTION SONT					SALLES D'ASILE CONGRÉGANISTES DONT LA TENUE ET LA DIRECTION SONT					TOTAL DES SALLES D'ASILE					
	bonnes.	assez bonnes.	passables.	médiocres.	mauvaises.	bonnes.	assez bonnes.	passables.	médiocres.	mauvaises.	bonnes.	assez bonnes.	passables.	médiocres.	mauvaises.	TOTAL général.
1	2	3	4	5	6	7	8	9	10	11	12	13	14	15	16	17
Lozère	//	//	//	//	//	2	1	//	//	//	2	1	//	//	//	3
Maine-et-Loire	5	2	1	//	//	23	8	3	//	//	28	10	4	//	//	42
Manche	//	//	//	//	//	9	7	//	//	//	9	7	//	//	//	16
Marne	2	//	//	1	//	12	10	11	5	//	14	10	11	6	//	41
Marne (Haute-)	//	1	//	//	//	7	2	2	//	//	7	3	2	//	//	12
Mayenne	//	//	//	//	//	6	7	3	//	//	6	7	3	//	//	16
Meurthe	6	3	1	//	1	31	17	17	4	0	37	20	18	4	10	89
Meuse	8	2	4	4	2	28	25	24	15	3	36	27	28	19	5	115
Morbihan	1	//	//	//	//	6	3	//	//	//	7	3	//	//	//	10
Moselle	13	2	//	//	//	30	15	11	3	//	43	17	11	3	//	74
Nièvre	//	//	1	//	//	9	2	4	//	//	9	2	5	//	//	16
Nord	16	6	3	5	//	39	28	12	4	//	55	34	15	9	//	113
Oise	4	2	3	//	//	7	10	6	1	//	11	12	9	1	//	33
Orne	2	1	//	//	//	3	2	//	2	//	5	3	//	2	//	10
Pas-de-Calais	4	1	//	//	//	24	9	2	//	//	28	10	2	//	//	40
Puy-de-Dôme	//	//	//	//	//	9	2	//	//	//	9	2	//	//	//	11
Pyrénées (Basses-)	2	//	//	//	1	5	3	4	//	//	7	3	4	//	1	15
Pyrénées (Hautes-)	//	//	1	//	//	5	//	//	//	//	5	//	1	//	//	6
Pyrénées-Orientales	//	//	//	//	//	2	//	1	//	//	2	//	1	//	//	3
Rhin (Bas-)	35	21	11	8	//	38	23	13	13	//	73	44	24	21	//	162
Rhin (Haut-)	18	7	1	1	//	47	22	11	1	//	65	29	12	2	//	108
Rhône	2	3	1	//	//	24	11	1	//	//	26	14	2	//	//	42
Saône (Haute-)	//	//	1	//	//	9	4	4	1	//	9	4	5	1	//	19
Saône-et-Loire	//	//	//	//	//	11	4	3	//	//	11	4	3	//	//	18
Sarthe	//	1	//	//	//	9	2	1	//	//	9	3	1	//	//	13
Savoie	1	//	//	//	//	//	7	//	//	//	1	7	//	//	//	8
Savoie (Haute-)	//	//	//	//	//	//	2	1	//	//	//	2	1	//	//	3
Seine	46	17	13	1	//	22	4	4	2	//	68	21	17	3	//	109
Seine-Inférieure	1	//	1	2	1	16	4	4	2	//	17	4	5	4	1	31
Seine-et-Marne	1	4	2	4	//	11	11	14	9	2	12	15	16	13	2	58
Seine-et-Oise	15	8	2	2	3	31	17	5	1	1	46	25	7	3	4	85
Sèvres (Deux-)	3	1	1	//	//	4	//	1	//	//	7	1	2	//	//	10
Somme	//	//	1	//	//	15	4	2	//	//	15	4	3	//	//	22
Tarn	//	1	1	//	//	7	4	//	1	//	7	5	1	1	//	14
Tarn-et-Garonne	//	//	1	1	2	//	5	1	2	//	//	5	2	3	2	12
Var	1	2	//	1	//	13	7	9	1	//	14	9	9	2	//	34
Vaucluse	2	//	1	//	//	7	9	1	//	//	9	9	2	//	//	20
Vendée	//	//	//	//	//	10	2	//	//	//	10	2	//	//	//	12
Vienne	//	1	//	//	//	10	3	//	1	//	10	4	//	1	//	15
Vienne (Haute-)	1	//	1	1	//	5	1	//	//	//	6	1	1	1	//	9
Vosges	3	2	//	//	//	19	19	//	7	1	22	21	//	7	1	51
Yonne	1	1	1	//	//	12	4	1	//	2	13	5	2	//	2	22
TOTAUX	242	147	89	45	11	930	502	252	95	22	1,172	649	341	140	33	2,335

État des maisons affectées à la tenue des salles d'asile et au logement des directrices.

DÉPARTEMENTS.	NOMBRE DES MAISONS												PRIX MOYEN du loyer de la salle d'asile.
	DONT LES COMMUNES SONT PROPRIÉTAIRES,					DONT LES COMMUNES SONT LOCATAIRES,					PRÊTÉES par des particuliers.	APPARTENANT à des associations religieuses.	
	convenables			nullement convenables.	TOTAL.	convenables			nullement convenables.	TOTAL.			
	à tous égards.	seulement pour la tenue de l'asile.	seulement pour le logement.			à tous égards.	seulement pour la tenue de l'asile.	seulement pour le logement.					
1	2	3	4	5	6	7	8	9	10	11	12	13	14
Ain	8	″	1	1	10	2	″	″	″	2	5	4	200f
Aisne	13	3	1	1	18	1	1	″	1	3	4	″	537
Allier	6	2	1	1	10	″	″	″	1	1	2	″	600
Alpes (Basses-)	3	″	″	1	4	″	″	″	″	″	3	″	″
Alpes (Hautes-)	″	″	1	″	1	1	″	″	″	1	″	″	100
Alpes-Maritimes	4	″	″	″	4	″	″	4	″	4	2	″	262
Ardèche	4	″	″	″	4	2	″	″	″	2	1	4	175
Ardennes	11	1	6	1	19	1	″	″	5	6	1	1	346
Ariége	5	″	″	2	7	″	″	″	″	″	″	″	″
Aube	7	″	″	7	14	″	″	″	″	″	″	″	″
Aude	7	1	1	″	9	1	″	″	1	2	1	1	800
Aveyron	4	″	″	1	5	″	″	″	″	″	5	″	″
Bouches-du-Rhône	9	1	″	2	12	2	″	″	″	2	″	″	950
Calvados	9	2	2	1	14	″	″	″	2	2	1	1	375
Cantal	5	″	″	″	5	″	″	″	″	″	″	1	″
Charente	8	2	″	1	11	2	″	″	″	2	″	″	125
Charente-Inférieure	11	″	1	″	12	″	″	″	″	″	2	1	″
Cher	7	″	1	3	11	1	″	″	1	2	3	″	500
Corrèze	2	1	″	1	4	″	″	1	1	2	″	″	310
Corse	2	″	1	″	3	2	″	″	″	2	″	″	275
Côte-d'Or	26	″	1	1	28	″	1	2	5	8	1	″	146
Côtes-du-Nord	16	″	″	1	17	″	″	″	″	″	″	″	″
Creuse	3	″	″	″	3	″	″	″	″	″	″	2	″
Dordogne	3	″	1	2	6	1	″	″	″	1	1	3	200
Doubs	7	1	3	1	12	″	″	″	1	1	″	″	2,000
Drôme	13	″	2	2	17	2	1	2	1	6	4	″	113
Eure	5	″	2	1	8	″	″	1	″	1	″	″	100
Eure-et-Loir	9	″	1	″	10	″	″	″	1	1	4	″	90
Finistère	5	1	1	2	9	1	″	″	″	1	″	″	709
Gard	13	2	1	2	18	4	″	3	5	12	5	1	312
Garonne (Haute-)	9	″	″	″	9	″	″	″	1	1	″	2	100
Gers	7	2	1	″	10	″	″	″	″	″	″	″	″
Gironde	27	2	1	″	30	14	1	1	1	17	″	7	229
Hérault	21	1	3	″	25	10	1	3	3	17	4	3	159
Ille-et-Vilaine	1	4	″	1	6	″	″	″	″	″	4	″	″
Indre	4	2	1	3	10	1	″	″	″	1	″	″	150
Indre-et-Loire	6	″	1	2	9	4	″	″	1	5	″	1	410
Isère	12	″	″	″	12	2	1	″	3	6	3	1	253
Jura	10	″	8	4	22	4	″	″	″	4	″	1	262
Landes	″	4	1	″	5	″	1	″	″	1	1	2	200
Loir-et-Cher	9	″	″	″	9	″	″	″	″	″	″	″	″
Loire	10	1	″	″	11	7	3	″	″	10	4	9	360
Loire (Haute)	6	″	″	″	6	″	″	″	″	″	″	14	″
Loire-Inférieure	8	3	2	″	13	3	1	″	″	4	2	″	150
Loiret	26	″	″	4	30	2	″	″	2	4	3	1	237
Lot	3	″	″	1	4	″	″	″	″	″	″	″	″
Lot-et-Garonne	10	″	2	″	12	1	1	″	″	2	1	2	150

Tableau n° 59.
(Suite.)

État des maisons affectées à la tenue des salles d'asile et au logement des directrices.

DÉPARTEMENTS.	NOMBRE DES MAISONS — dont les communes sont propriétaires, convenables à tous égards.	convenables seulement pour la tenue de l'asile.	convenables seulement pour le logement.	nullement convenables.	TOTAL.	dont les communes sont locataires, convenables à tous égards.	convenables seulement pour la tenue de l'asile.	convenables seulement pour le logement.	nullement convenables.	TOTAL.	prêtées par des particuliers.	appartenant à des associations religieuses.	PRIX MOYEN du loyer de la salle d'asile.
1	2	3	4	5	6	7	8	9	10	11	12	13	14
Lozère	1	″	1	″	2	″	″	″	″	″	″	1	″
Maine-et-Loire	33	″	1	″	34	″	″	″	1	1	2	5	50f
Manche	12	″	2	″	14	″	″	″	1	1	″	1	150
Marne	26	″	7	1	34	1	″	″	″	1	5	1	225
Marne (Haute-)	10	″	2	″	12	″	″	″	″	″	″	″	″
Mayenne	15	″	″	″	15	″	″	″	″	″	1	″	″
Meurthe	52	″	26	9	87	″	1	″	1	2	″	″	137
Meuse	68	12	8	17	105	″	1	″	1	2	6	2	37
Morbihan	8	″	″	″	8	1	″	″	″	1	″	1	340
Moselle	53	″	4	8	65	3	″	″	3	6	3	″	120
Nièvre	8	1	1	″	10	″	2	1	″	3	2	1	200
Nord	39	26	7	8	80	″	11	2	4	17	14	2	175
Oise	23	5	1	2	31	″	″	1	1	2	″	″	200
Orne	4	″	″	1	5	″	″	″	″	″	2	3	″
Pas-de-Calais	27	3	1	3	34	2	2	″	″	4	1	1	565
Puy-de-Dôme	5	″	2	″	7	2	″	″	″	2	″	2	275
Pyrénées (Basses-)	6	″	1	2	9	2	2	″	2	6	″	″	100
Pyrénées (Hautes-)	3	″	″	1	4	2	″	″	″	2	″	″	300
Pyrénées-Orientales	2	″	″	″	2	″	″	″	″	″	″	1	″
Rhin (Bas-)	96	15	9	18	138	5	3	4	10	22	2	″	159
Rhin (Haut-)	62	10	16	13	101	1	4	″	1	6	″	1	212
Rhône	13	1	″	″	14	16	6	1	3	26	″	2	570
Saône (Haute-)	17	″	2	″	19	″	″	″	″	″	″	″	″
Saône-et-Loire	7	5	″	″	12	″	″	″	1	1	2	3	50
Sarthe	10	″	″	3	13	″	″	″	″	″	″	″	″
Savoie	3	″	″	2	5	1	″	″	″	1	1	1	300
Savoie (Haute-)	″	1	″	″	1	″	″	″	1	1	1	″	100
Seine	46	7	2	10	65	26	4	1	12	43	1	″	1,733
Seine-Inférieure	17	″	″	2	19	2	″	″	5	7	5	″	695
Seine-et-Marne	21	1	15	10	47	″	″	1	5	6	5	″	177
Seine-et-Oise	55	5	4	11	75	2	″	2	3	7	3	″	203
Sèvres (Deux-)	4	1	1	″	6	2	″	″	1	3	″	1	446
Somme	19	″	1	″	20	″	″	1	″	1	1	″	50
Tarn	2	1	1	″	4	2	″	″	″	2	3	5	1,100
Tarn-et-Garonne	1	″	″	2	3	″	″	″	5	5	4	″	151
Var	18	″	1	2	21	4	″	″	6	10	2	1	321
Vaucluse	15	1	2	″	18	″	″	″	″	″	1	1	″
Vendée	12	″	″	″	12	″	″	″	″	″	″	″	″
Vienne	6	4	1	2	13	″	″	″	″	″	″	2	″
Vienne (Haute-)	5	″	″	″	5	1	1	″	1	3	1	″	650
Vosges	36	5	1	3	45	″	″	″	″	″	5	1	″
Yonne	7	3	1	4	15	″	1	″	3	4	1	2	165
Totaux	1,261	143	169	184	1,757	146	50	31	107	334	141	103	303f 66c

TABLEAU N° 60.

Mobilier des

DÉPARTEMENTS.	NOMBRE TOTAL des salles d'asile.	SALLES D'ASILE DANS LESQUELLES LE … appartient AUX COMMUNES. Laïques.	appartient AUX COMMUNES. Congréganistes.	appartient AUX DIRECTRICES. Laïques.	appartient AUX DIRECTRICES. Congréganistes.	est prêté par DES PARTICULIERS. Laïques.	est prêté par DES PARTICULIERS. Congréganistes.	EST EN BON ÉTAT. Laïques.	EST EN BON ÉTAT. Congréganistes.	EST EN BON ÉTAT. TOTAL.	EST EN MAUVAIS ÉTAT. Laïques.	EST EN MAUVAIS ÉTAT. Congréganistes.	EST EN MAUVAIS ÉTAT. TOTAL.
1	2	3	4	5	6	7	8	9	10	11	12	13	14
Ain	21	″	14	″	1	″	6	″	18	18	″	3	3
Aisne	25	7	16	″	″	″	2	6	15	21	1	3	4
Allier	13	2	11	″	″	″	″	2	11	13	″	″	″
Alpes (Basses-)	7	″	6	″	1	″	″	″	6	6	″	1	1
Alpes (Hautes-)	2	1	1	″	″	″	″	1	1	2	″	″	″
Alpes-Maritimes	10	″	10	″	″	″	″	″	6	6	″	4	4
Ardèche	11	″	8	″	2	″	1	″	9	9	″	2	2
Ardennes	27	8	18	″	″	″	1	4	17	21	4	2	6
Ariége	7	1	6	″	″	″	″	″	5	5	1	1	2
Aube	14	2	12	″	″	″	″	1	10	11	1	2	3
Aude	13	1	10	″	1	″	1	1	10	11	″	2	2
Aveyron	10	″	5	″	5	″	″	″	10	10	″	″	″
Bouches-du-Rhône	14	5	9	″	″	″	″	5	9	14	″	″	″
Calvados	18	2	14	″	1	″	1	1	15	16	1	1	2
Cantal	6	1	4	″	1	″	″	1	5	6	″	″	″
Charente	13	2	11	″	″	″	″	2	10	12	″	1	1
Charente-Inférieure	15	2	12	″	1	″	″	2	13	15	″	″	″
Cher	16	4	12	″	″	″	″	3	12	15	1	″	1
Corrèze	6	1	5	″	″	″	″	1	4	5	″	1	1
Corse	5	″	5	″	″	″	″	″	5	5	″	″	″
Côte-d'Or	37	10	27	″	″	″	″	10	27	37	″	″	″
Côtes-du-Nord	17	1	16	″	″	″	″	1	16	17	″	″	″
Creuse	5	″	3	″	2	″	″	″	4	4	″	1	1
Dordogne	11	″	9	″	1	″	1	″	10	10	″	1	1
Doubs	13	5	8	″	″	″	″	5	7	12	″	1	1
Drôme	27	2	18	1	4	2	″	3	20	23	2	2	4
Eure	9	5	4	″	″	″	″	5	4	9	″	″	″
Eure-et-Loir	15	3	9	″	″	1	2	3	10	13	1	1	2
Finistère	10	4	6	″	″	″	″	4	6	10	″	″	″
Gard	36	17	15	″	2	1	1	14	14	28	4	4	8
Garonne (Haute-)	12	″	12	″	″	″	″	″	10	10	″	2	2
Gers	10	″	10	″	″	″	″	″	9	9	″	1	1
Gironde	54	9	41	2	″	1	1	9	40	49	3	2	5
Hérault	49	15	34	″	″	″	″	10	27	37	5	7	12
Ille-et-Vilaine	10	″	9	″	1	″	″	″	9	9	″	1	1
Indre	11	4	7	″	″	″	″	2	6	8	2	1	3
Indre-et-Loire	15	4	11	″	″	″	″	4	11	15	″	″	″
Isère	22	4	18	″	″	″	″	4	18	22	″	″	″
Jura	27	11	16	″	″	″	″	11	16	27	″	″	″
Landes	9	″	7	″	″	″	2	″	7	7	″	2	2
Loir-et-Cher	9	″	9	″	″	″	″	″	9	9	″	″	″
Loire	34	″	19	″	7	″	8	″	27	27	″	7	7
Loire (Haute-)	20	″	16	″	4	″	″	″	13	3	″	7	7
Loire-Inférieure	19	5	12	1	″	″	1	6	12	18	″	1	1
Loiret	38	9	25	″	″	1	3	8	19	27	2	9	11
Lot	4	″	4	″	″	″	″	″	4	4	″	″	″
Lot-et-Garonne	17	2	13	″	2	″	″	2	12	14	″	3	3

MOBILIER						SOMMES NÉCESSAIRES			OBSERVATIONS.
EST SUFFISANT.			EST INSUFFISANT.			pour construire, approprier les maisons.	pour approprier ou compléter les mobiliers.	TOTAL.	
Laïques.	Congréganistes.	TOTAL.	Laïques.	Congréganistes.	TOTAL.				
15	16	17	18	19	20	21	22	23	24
//	15	15	//	6	0	74,000ᶠ	2,330ᶠ	70,330ᶠ	
5	10	15	2	8	10	95,500	10,500	115,000	
2	11	13	//	//	//	55,000	//	55,000	
//	5	5	//	2	2	9,000	300	9,300	
//	1	1	1	//	1	40,000	250	40,250	
//	4	4	//	6	6	68,000	2,700	70,700	
//	9	9	//	2	2	36,000	800	36,800	
3	11	14	5	8	13	204,400	4,000	208,400	
//	5	5	1	1	2	27,034	550	27,584	
1	10	11	1	2	3	130,000	1,100	131,100	
//	8	8	1	4	5	18,000	900	18,900	
//	6	6	//	4	4	23,500	800	24,300	
5	9	14	//	//	//	45,000	1,000	46,000	
1	9	10	1	7	8	60,000	5,100	65,100	
//	4	4	1	1	2	200	450	650	
1	10	11	1	1	2	30,000	500	30,500	
2	12	14	//	1	1	2,000	100	2,100	
3	11	14	1	1	2	54,000	1,050	55,050	
//	3	3	1	2	3	23,200	1,350	24,550	
//	5	5	//	//	//	56,000	//	56,000	
5	18	23	5	9	14	139,300	2,630	141,930	
1	13	14	//	3	3	12,000	1,000	13,000	
//	2	2	//	3	3	1,500	500	2,000	
//	8	8	//	3	3	25,000	800	25,800	
4	5	9	1	3	4	91,972	2,698	94,670	
3	18	21	2	4	6	39,000	1,150	40,150	
3	3	6	2	1	3	26,000	900	26,900	
4	8	12	//	3	3	62,000	2,300	64,300	
4	6	10	//	//	//	75,000	//	75,000	
9	12	21	9	6	15	214,000	3,560	217,560	
//	8	8	//	4	4	22,600	1,150	23,750	
//	3	3	//	7	7	3,500	1,150	4,650	
10	40	50	2	2	4	367,000	2,675	369,675	
9	23	32	6	11	17	70,000	20,950	90,950	
//	8	8	//	2	2	60,000	2,000	62,000	
4	4	8	//	3	3	33,000	1,200	34,200	
4	10	14	//	1	1	133,000	70	133,070	
4	18	22	//	//	//	98,000	//	98,000	
9	14	23	2	2	4	58,000	650	58,650	
//	6	6	//	3	3	35,000	1,200	36,200	
//	9	9	//	//	//	//	//	//	
//	26	26	//	8	8	300,000	8,400	308,400	
//	9	9	//	11	11	48,000	880	48,880	
5	8	13	1	5	6	31,000	1,250	32,250	
7	20	27	3	8	11	117,279	5,400	122,679	
//	3	3	//	1	1	40,000	500	40,500	
2	11	13	//	4	4	30,000	2,600	32,600	

TABLEAU N° 60.
(Suite.)

Mobilier des

DÉPARTEMENTS.	NOMBRE TOTAL des salles d'asile.	SALLES D'ASILE DANS LESQUELLES LE											
		appartient AUX COMMUNES.		appartient AUX DIRECTRICES.		est prêté par DES PARTICULIERS.		EST EN BON ÉTAT.			EST EN MAUVAIS ÉTAT.		
		Laïques.	Congréganistes.	Laïques.	Congréganistes.	Laïques.	Congréganistes.	Laïques.	Congréganistes.	TOTAL.	Laïques.	Congréganistes.	TOTAL.
1	2	3	4	5	6	7	8	9	10	11	12	13	14
Lozère	3	″	3	″	″	″	″	″	2	2	″	1	1
Maine-et-Loire	42	8	29	″	″	″	5	7	33	40	1	1	2
Manche	16	″	15	″	″	″	1	″	16	16	″	″	″
Marne	41	3	36	″	1	″	1	2	34	36	1	4	5
Marne (Haute-)	12	1	11	″	″	″	″	1	11	12	″	″	″
Mayenne	16	″	16	″	″	″	″	″	16	16	″	″	″
Meurthe	89	11	78	″	″	″	″	9	52	61	2	26	28
Meuse	115	20	92	″	″	″	3	15	69	84	5	26	31
Morbihan	10	1	8	″	″	″	1	1	9	10	″	″	″
Moselle	74	15	57	″	″	″	2	12	51	63	3	8	11
Nièvre	16	″	13	″	1	1	1	1	15	16	″	″	″
Nord	113	29	83	1	″	″	″	23	70	93	7	13	20
Oise	33	9	23	″	1	″	″	7	23	30	2	1	3
Orne	10	3	4	″	3	″	″	2	6	8	1	1	2
Pas-de-Calais	40	5	35	″	″	″	″	5	32	37	″	3	3
Puy-de-Dôme	11	″	11	″	″	″	″	″	10	10	″	1	1
Pyrénées (Basses-)	15	3	12	″	″	″	″	2	10	12	1	2	3
Pyrénées (Hautes-)	6	1	4	″	1	″	″	1	4	5	″	1	1
Pyrénées-Orientales	3	″	3	″	″	″	″	″	3	3	″	″	″
Rhin (Bas-)	162	75	87	″	″	″	″	65	80	145	10	7	17
Rhin (Haut-)	108	26	81	″	″	1	″	25	76	101	2	5	7
Rhône	42	6	36	″	″	″	″	5	36	41	1	″	1
Saône (Haute-)	19	1	18	″	″	″	″	″	17	17	1	1	2
Saône-et-Loire	18	″	13	″	3	″	2	″	16	16	″	2	2
Sarthe	13	1	12	″	″	″	″	1	12	13	″	″	″
Savoie	8	″	8	″	″	″	″	″	8	8	″	″	″
Savoie (Haute-)	3	″	2	″	″	″	1	″	2	2	″	1	1
Seine	109	77	32	″	″	″	″	67	25	92	10	7	17
Seine-Inférieure	31	5	22	″	″	″	4	5	24	29	″	2	2
Seine-et-Marne	58	11	45	″	″	″	2	5	37	42	6	10	16
Seine-et-Oise	85	27	52	2	″	1	3	21	53	74	9	2	11
Sèvres (Deux-)	10	4	4	1	1	″	″	4	5	9	1	″	1
Somme	22	1	21	″	″	″	″	″	21	21	1	″	1
Tarn	14	2	5	″	6	″	1	2	12	14	″	″	″
Tarn-et-Garonne	12	4	7	″	″	″	1	2	6	8	2	2	4
Var	34	4	30	″	″	″	″	4	30	34	″	″	″
Vaucluse	20	2	16	″	1	1	″	3	15	18	″	2	2
Vendée	12	″	12	″	″	″	″	″	12	12	″	″	″
Vienne	15	1	12	″	2	″	″	″	12	12	1	2	3
Vienne (Haute-)	9	2	6	1	″	″	″	2	6	8	1	″	1
Vosges	51	4	41	″	1	1	4	2	39	41	3	7	10
Yonne	22	3	19	″	″	″	″	2	18	20	1	1	2
TOTAUX	2,335	514	1,681	9	57	11	63	434	1,586	2,020	100	215	315

salles d'asile.

SALLES D'ASILE.

MOBILIER						SOMMES NÉCESSAIRES			OBSERVATIONS.
EST SUFFISANT.			EST INSUFFISANT.						
Laïques.	Congréganistes.	TOTAL.	Laïques.	Congréganistes.	TOTAL.	pour construire, approprier les maisons.	pour approprier ou compléter les mobiliers.	TOTAL.	
15	16	17	18	19	20	21	22	23	24
″	1	1	″	2	2	10,000f	500f	10,500f	
5	30	35	3	4	7	47,000	2,650	49,650	
″	11	11	″	5	5	37,000	2,700	39,700	
2	30	32	1	8	9	136,000	3,850	139,850	
1	9	10	″	2	2	7,365	705	8,070	
″	4	4	″	12	12	″	5,000	5,000	
6	31	37	5	47	52	151,000	16,050	167,050	
11	39	50	9	56	65	143,400	16,960	160,360	
1	9	10	″	″	″	43,000	″	43,000	
11	44	55	4	15	19	99,000	6,500	105,500	
1	15	16	″	″	″	″	″	″	
18	60	78	12	23	35	414,200	24,740	438,940	
7	16	23	2	8	10	82,000	3,050	85,050	
3	4	7	″	3	3	30,000	1,600	31,600	
3	24	27	2	11	13	106,000	4,000	110,000	
″	10	10	″	1	1	22,800	1,275	24,075	
2	8	10	1	4	5	22,000	1,400	23,400	
1	4	5	″	1	1	28,000	2,000	30,000	
″	2	2	″	1	1	18,000	500	18,500	
52	74	126	23	13	36	365,500	15,200	380,700	
25	59	84	2	22	24	204,000	5,100	209,100	
4	35	39	2	1	3	79,000	600	79,600	
″	17	17	1	1	2	1,500	350	1,850	
″	11	11	″	7	7	47,500	1,875	49,375	
1	9	10	″	3	3	23,000	1,000	24,000	
″	8	8	″	″	″	110,000	″	110,000	
″	″	″	″	3	3	37,000	1,700	38,700	
68	24	92	9	8	17	4,150,000	47,000	4,197,000	
2	23	25	3	3	6	295,000	4,150	299,150	
1	21	22	10	26	36	140,900	19,450	160,350	
18	49	67	12	6	18	221,500	27,700	249,200	
4	4	8	1	1	2	53,000	320	53,320	
″	20	20	1	1	2	24,000	1,300	25,300	
2	7	9	″	5	5	95,000	950	95,950	
″	1	1	4	7	11	69,400	4,000	73,400	
3	27	30	1	3	4	37,000	1,250	38,250	
3	15	18	″	2	2	13,000	800	13,800	
″	12	12	″	″	″	″	″	″	
″	10	10	1	4	5	4,000	1,100	5,100	
1	6	7	2	″	2	81,226	318	81,544	
2	39	41	3	7	10	42,000	6,600	48,600	
1	10	11	2	9	11	103,200	3,600	106,800	
369	1,303	1,672	165	498	663	10,776,476	346,236	11,122,712	

Tableau n° 61.

Population des

DÉPARTEMENTS.	NOMBRE								
	PAYANTS ADMIS DANS LES SALLES D'ASILE					GRATUITS ADMIS DANS LES			
	laïques.		congréganistes.			payantes.			
						Laïques.		Congréganistes.	
	Garçons.	Filles.	Garçons.	Filles.	TOTAL.	Garçons.	Filles.	Garçons.	Filles.
1	2	3	4	5	6	7	8	9	10
Ain	"	"	63	58	121	"	"	32	35
Aisne	49	42	291	340	722	25	10	157	177
Allier	"	"	17	15	32	"	"	77	95
Alpes (Basses-)	"	"	50	51	101	"	"	35	27
Alpes (Hautes-)	"	"	24	18	42	"	"	2	2
Alpes-Maritimes	"	"	262	255	517	"	"	105	121
Ardèche	"	"	174	210	384	"	"	126	162
Ardennes	93	84	281	290	748	6	10	168	216
Ariége	10	18	36	27	91	7	7	99	147
Aube	27	28	295	271	621	20	18	102	102
Aude	"	"	"	"	"	"	"	"	"
Aveyron	"	"	117	69	186	"	"	162	40
Bouches-du-Rhône	"	"	18	32	50	"	"	7	8
Calvados	23	10	57	64	154	2	1	154	145
Cantal	16	1	32	21	70	53	18	40	48
Charente	"	"	29	36	65	"	"	92	90
Charente-Inférieure	"	"	122	109	231	"	"	127	124
Cher	12	8	57	91	168	42	30	84	125
Corrèze	"	"	18	51	69	"	"	48	59
Corse	"	"	43	48	91	"	"	"	"
Côte-d'Or	14	4	297	248	563	84	30	71	59
Côtes-du-Nord	"	"	326	412	738	"	"	333	381
Creuse	"	"	10	15	25	"	"	42	33
Dordogne	"	"	44	45	89	"	"	50	61
Doubs	165	182	111	108	566	76	94	35	46
Drôme	31	54	245	354	684	26	47	309	403
Eure	10	23	56	47	136	21	20	146	168
Eure-et-Loir	15	14	104	130	263	50	32	166	106
Finistère	"	"	50	44	94	"	"	123	131
Gard	232	224	218	260	934	81	74	85	95
Garonne (Haute-)	"	"	22	39	61	"	"	110	106
Gers	"	"	77	134	211	"	"	72	135
Gironde	282	277	1,122	1,079	2,760	234	256	1,573	1,467
Hérault	195	146	288	462	1,091	107	127	79	110
Ille-et-Vilaine	"	"	58	77	135	"	"	257	268
Indre	54	30	75	44	203	28	30	86	148
Indre-et-Loire	22	28	75	68	193	8	12	182	145
Isère	"	"	172	240	412	"	"	252	309
Jura	86	91	16	15	208	23	15	22	28
Landes	"	"	170	108	278	"	"	221	102
Loir-et-Cher	"	"	104	76	180	"	"	111	109
Loire	"	"	165	171	336		"	127	194
Loire (Haute-)	"	"	411	434	845		"	163	165
Loire-Inférieure	50	19	471	429	969	20	16	340	407
Loiret	120	93	527	563	1,303	48	51	474	460
Lot	"	"	"	"	"	"	"	"	"
Lot-et-Garonne	"	"	132	107	239	"	"	188	161

DES ENFANTS SALLES D'ASILE gratuites.			TOTAL DES ENFANTS ADMIS DANS LES SALLES D'ASILE							OBSERVATIONS.
			laïques.		congréganistes.		TOTAL.		TOTAL GÉNÉRAL.	
Laïques.	Congréganistes.	TOTAL.	Garçons.	Filles.	Garçons.	Filles.	Garçons.	Filles.		
11	12	13	14	15	16	17	18	19	20	21
″	1,934	2,001	″	″	1,044	1,078	1,044	1,078	2,122	
1,313	1,650	3,344	759	686	1,291	1,330	2,050	2,016	4,066	
251	1,674	2,097	123	128	859	1,019	982	1,147	2,129	
″	461	523	″	″	322	302	322	302	624	
61	″	65	28	33	26	20	54	53	107	
″	802	1,028	″	″	790	755	790	755	1,545	
″	715	1,003	″	″	649	738	649	738	1,387	
584	2,441	3,425	401	370	1,667	1,729	2,068	2,105	4,173	
″	483	743	17	25	338	454	355	479	834	
78	1,000	1,320	92	79	928	842	1,020	921	1,941	
147	2,041	2,188	75	72	978	1,063	1,053	1,135	2,188	
″	1,088	1,290	″	″	756	720	756	720	1,476	
1,316	2,222	3,553	894	422	1,183	1,104	2,077	1,526	3 603	
179	2,316	2,797	132	83	1,471	1.265	1,603	1,348	2,951	
″	317	470	69	19	219	233	288	252	540	
302	1,367	1,851	140	162	723	891	863	1,053	1,916	
302	1,521	2,074	138	164	1,001	1,002	1,139	1,166	2,305	
447	1,652	2,380	328	211	1,028	981	1,356	1,192	2,548	
130	386	623	76	54	256	306	332	360	692	
″	781	781	″	″	375	497	375	497	872	
749	1,755	2,757	501	389	1,209	1,221	1,710	1,610	3,320	
124	1,382	2,220	72	52	1,375	1,459	1,447	1,511	2,958	
″	566	641	″	″	325	341	325	341	666	
″	791	902	″	″	460	531	460	531	991	
117	1,486	1,856	301	333	941	847	1,242	1,180	2,422	
159	1,534	2,478	131	186	1,332	1,513	1,463	1,699	3,162	
580	132	1,067	345	309	265	284	610	593	1,203	
256	704	1,464	187	180	622	738	809	918	1,727	
915	1,510	2,679	484	431	920	938	1,404	1,369	2,773	
1,219	3,020	4,574	945	885	1,765	1,913	2,710	2,798	5,508	
″	2,895	3,111	″	″	1,452	1,720	1,452	1,720	3,172	
″	641	848	″	″	483	576	483	576	1,059	
″	1,110	4,640	516	533	3,305	3,046	3,821	3.579	7,400	
812	2,757	3,992	696	691	1,673	2,023	2,369	2,714	5,083	
″	1,545	2,070	″	″	1,093	1,112	1,093	1,112	2,205	
366	733	1,386	287	221	532	549	819	770	1,589	
517	510	1,374	379	208	551	429	930	637	1,567	
646	1,228	2,435	351	295	1,017	1,184	1,368	1,479	2,847	
657	1,367	2,112	446	426	738	710	1,184	1,136	2,320	
″	262	675	″	″	527	426	527	426	953	
″	1,153	1,373	″	″	805	748	805	748	1,553	
″	5,281	5,602	″	″	3,066	2,872	3,066	2,872	5,938	
″	910	1,238	″	″	1,023	1,060	1,023	1,060	2,083	
758	617	2,158	457	406	1,153	1,111	1,610	1,517	3,127	
830	1,431	3,294	629	513	1,596	1,859	2,225	2,372	4,597	
″	707	707	″	″	379	328	379	328	707	
97	1,489	1,935	51	46	1,086	991	1,137	1,037	2,174	

Tableau n° 61.
(Suite.)

Population des

DÉPARTEMENTS.	NOMBRE								
	PAYANTS ADMIS DANS LES SALLES D'ASILE					GRATUITS ADMIS DANS LES			
	laïques.		congréganistes.		TOTAL.	payantes.			
						Laïques.		Congréganistes.	
	Garçons.	Filles.	Garçons.	Filles.		Garçons.	Filles.	Garçons.	Filles.
1	2	3	4	5	6	7	8	9	10
Lozère	″	″	4	6	10	″	″	80	70
Maine-et-Loire	66	49	342	384	841	50	52	810	836
Manche	″	″	113	123	236	″	″	293	253
Marne	59	79	754	820	1,712	4	1	179	205
Marne (Haute-)	″	″	225	215	440	″	″	30	35
Mayenne	″	″	160	105	265	″	″	209	163
Meurthe	149	170	1,501	1,599	3,419	331	347	1,009	953
Meuse	313	298	1,840	1,956	4,407	174	193	550	603
Morbihan	″	″	50	47	97	″	″	432	418
Moselle	307	347	2,061	2,262	4,977	514	640	540	619
Nièvre	49	51	46	59	205	3	3	113	121
Nord	843	849	1,316	1,313	4,321	343	324	1,266	1,441
Oise	188	148	366	353	1.055	97	85	135	160
Orne	38	30	50	35	153	42	58	16	17
Pas-de-Calais	″	″	440	362	802	″	″	722	740
Puy-de-Dôme	″	″	″	″	″	″	″	″	″
Pyrénées (Basses-)	25	30	″	″	55	80	70	″	″
Pyrénées (Hautes-)	″	″	″	″	″	″	″	″	″
Pyrénées-Orientales	″	″	10	14	24	″	″	63	79
Rhin (Bas-)	2,510	2,535	1,867	2,225	9,137	959	960	716	701
Rhin (Haut-)	1,150	1,323	1,741	1,998	6,212	132	165	463	530
Rhône	62	56	46	36	200	52	54	53	60
Saône (Haute-)	12	28	52	63	155	″	″	125	125
Saône-et-Loire	″	″	65	50	115	″	″	158	128
Sarthe	″	″	74	59	133	″	″	261	282
Savoie	″	″	48	45	93	″	″	97	103
Savoie (Haute-)	″	″	″	″	″	″	″	″	″
Seine	606	415	185	206	1,412	463	371	476	540
Seine-Inférieure	″	″	171	197	368	″	″	320	343
Seine-et-Marne	175	190	666	798	1,829	21	28	513	519
Seine-et-Oise	458	427	835	993	2,713	163	151	489	498
Sèvres (Deux-)	20	7	26	25	78	31	15	97	71
Somme	″	″	94	117	211	″	″	193	201
Tarn	″	″	33	39	72	″	″	56	55
Tarn-et-Garonne	″	″	49	29	78	″	″	49	67
Var	″	″	400	441	841	″	″	95	78
Vaucluse	7	10	324	309	650	73	22	304	346
Vendée	″	″	108	114	222	″	″	86	112
Vienne	22	21	108	85	236	5	6	155	190
Vienne (Haute-)	″	″	18	23	41	″	″	67	75
Vosges	″	″	638	733	1,371	″	″	435	495
Yonne	32	46	325	309	712	10	10	121	188
Totaux	8,597	8,485	24,483	26,312	67,877	4,517	4,468	19,070	20,109

salles d'asile.

DES ENFANTS — SALLES D'ASILE gratuites. Laïques.	Congréganistes.	TOTAL.	TOTAL DES ENFANTS ADMIS DANS LES SALLES D'ASILE — laïques. Garçons.	Filles.	congréganistes. Garçons.	Filles.	TOTAL. Garçons.	Filles.	TOTAL GÉNÉRAL.	OBSERVATIONS.
11	12	13	14	15	16	17	18	19	20	21
"	238	388	"	"	193	205	193	205	398	
1,023	1,524	4,304	706	543	1,945	1,951	2,651	2,494	5,145	
"	2,023	2,568	"	"	1,471	1.333	1,471	1,333	2,804	
685	3,038	4,113	465	363	2,538	2,459	3,003	2,822	5,825	
150	1,035	1,250	70	80	776	764	846	844	1,690	
"	1,567	1,999	"	"	1,424	840	1,424	840	2,264	
563	2,059	5,262	767	793	3,526	3,595	4,293	4,388	8.681	
123	906	2,549	550	551	2,798	3,057	3,348	3,608	6,956	
177	1,038	2,065	83	94	1,035	950	1,118	1,644	2,162	
39	437	2,789	845	1,002	2,806	3,113	3,651	4,115	7,766	
"	1,650	1,890	52	54	1,034	955	1·086	1,009	2,095	
2,490	12,079	17,943	2,392	2,457	8,495	8,920	10,887	11,377	22:264	
405	1,739	2,621	571	352	1,319	1,434	1,890	1,786	3,676	
113	818	1,064	145	136	481	455	626	591	1,217	
1,199	5,768	8,429	574	625	4,047	3,985	4,621	4,610	9,231	
"	1,784	1,784	"	"	823	961	823	961	1,784	
379	2,020	2,549	324	260	979	1,041	1,303	1,301	2,604	
59	1,216	1,275	35	24	582	634	617	658	1,275	
"	670	812	"	"	399	437	399	437	836	
2,242	4,960	10,538	4,584	4,622	4,997	5,472	9,581	10,094	19,675	
1,176	5,383	7,849	1,811	2,135	4,687	5,428	6,498	7,563	14,061	
213	4,667	5,099	215	222	2,400	2,462	2,615	2,684	5,299	
"	1,634	1,884	12	28	1,017	982	1,029	1,010	2,039	
"	1,863	2,149	"	"	1,107	1,157	1,107	1,157	2,264	
268	1,021	1,832	185	83	860	837	1,045	920	1,965	
"	741	940	"	"	525	508	525	508	1,033	
"	465	465	"	"	231	234	231	234	465	
8,700	4,252	14,802	6,056	4,409	2,861	2,798	8,917	7,297	16,214	
1,002	5,890	7,554	590	412	3,416	3,504	4,006	3,916	7,922	
270	2,023	3,983	374	319	2,463	2,656	2,837	2,975	5,812	
1,730	2,882	5,913	1,499	1,430	2,750	2,947	4,249	4,377	8,626	
485	319	1,018	344	214	274	264	618	478	1,096	
73	2,611	3,078	35	38	1,582	1.634	1,617	1,672	3,289	
174	1,967	2,252	86	88	1,047	1,103	1,133	1,191	2,324	
355	544	1,015	193	162	411	327	604	489	1,093	
752	2,715	3,640	437	315	1,840	1,889	2,277	2,204	4,481	
537	1,168	2.450	436	213	1,127	1,324	1,563	1,537	3,100	
"	1,903	2,101	"	"	1,153	1,170	1,153	1,170	2,323	
"	1,679	2,035	27	27	1,131	1,086	1,158	1,113	2,271	
324	777	1,243	184	140	486	474	670	614	1,284	
361	3,828	5,119	168	193	2,958	3,171	3,126	3,364	6,490	
175	1,430	1,934	107	166	1,205	1,168	1,312	1,334	2,646	
40,163	159,364	247,691	34,972	31,258	122,796	126,542	157,768	157,800	315,568	

Enfants admis dans les salles d'asile, classés d'après le culte auquel ils appartiennent.

DÉPARTEMENTS.	NOMBRE DES ENFANTS ADMIS DANS LES SALLES D'ASILE — SPÉCIALES AU CULTE			NOMBRE DES ENFANTS ADMIS DANS LES SALLES D'ASILE — COMMUNES AUX DIFFÉRENTS CULTES.			TOTAL DES ENFANTS APPARTENANT AU CULTE			
	catholique.	protestant.	israélite.	Enfants catholiques.	Enfants protestants.	Enfants israélites.	catholique.	protestant.	israélite.	TOTAL général.
1	2	3	4	5	6	7	8	9	10	11
Ain	2,122	″	″	″	″	″	2,122	″	″	2,122
Aisne	4,066	″	″	″	″	″	4,066	″	″	4,066
Allier	2,129	″	″	″	″	″	2,129	″	″	2,129
Alpes (Basses-)	624	″	″	″	″	″	624	″	″	624
Alpes (Hautes-)	107	″	″	″	″	″	107	″	″	107
Alpes-Maritimes	1,545	″	″	″	″	″	1,545	″	″	1,545
Ardèche	946	″	″	411	30	″	1,357	30	″	1,387
Ardennes	4,173	″	″	″	″	″	4,150	20	3	4,173
Ariége	834	″	″	″	″	″	834	″	″	834
Aube	1,941	″	″	″	″	″	1,941	″	″	1,941
Aude	2,188	″	″	″	″	″	2,188	″	″	2,188
Aveyron	1,476	″	″	″	″	″	1,476	″	″	1,476
Bouches-du-Rhône	3,478	″	″	120	2	3	3,598	2	3	3,603
Calvados	2,951	″	″	″	″	″	2,951	″	″	2,951
Cantal	540	″	″	″	″	″	540	″	″	540
Charente	1,916	″	″	″	″	″	1,916	″	″	1,916
Charente-Inférieure	2,221	84	″	″	″	″	2,221	84	″	2,305
Cher	2,512	36	″	″	″	″	2,512	36	″	2,548
Corrèze	692	″	″	″	″	″	692	″	″	692
Corse	872	″	″	″	″	″	872	″	″	872
Côte-d'Or	3,320	″	″	″	″	″	3,317	1	2	3,320
Côtes-du-Nord	2,958	″	″	″	″	″	2,958	″	″	2,958
Creuse	666	″	″	″	″	″	666	″	″	666
Dordogne	991	″	″	″	″	″	991	″	″	991
Doubs	2,000	422	″	″	″	″	1,997	425	″	2,422
Drôme	2,845	317	″	″	″	″	2,845	317	″	3,162
Eure	1,203	″	″	″	″	″	1,203	″	″	1,203
Eure-et-Loir	1,727	″	″	″	″	″	1,727	″	″	1,727
Finistère	2,773	″	″	″	″	″	2,773	″	″	2,773
Gard	3,806	1,293	″	199	210	″	4,005	1,503	″	5,508
Garonne (Haute-)	3,172	″	″	″	″	″	3,172	″	″	3,172
Gers	1,059	″	″	″	″	″	1,059	″	″	1,059
Gironde	7,048	232	120	″	″	″	7,048	232	120	7,400
Hérault	4,724	289	″	50	20	″	4,774	309	″	5,083
Ille-et-Vilaine	2,205	″	″	″	″	″	2,205	″	″	2,205
Indre	1,589	″	″	″	″	″	1,589	″	″	1,589
Indre-et-Loire	1,567	″	″	″	″	″	1,567	″	″	1,567
Isère	2,847	″	″	″	″	″	2,847	″	″	2,847
Jura	2,320	″	″	″	″	″	2,320	″	″	2,320
Landes	953	″	″	″	″	″	953	″	″	953
Loir-et-Cher	1,553	″	″	″	″	″	1,553	″	″	1,553
Loire	5,938	″	″	″	″	″	5,938	″	″	5,938
Loire (Haute-)	2,083	″	″	″	″	″	2,083	″	″	2,083
Loire-Inférieure	3,127	″	″	″	″	″	3,127	″	″	3,127
Loiret	4,570	27	″	″	″	″	4,570	27	″	4,597
Lot	707	″	″	″	″	″	707	″	″	707
Lot-et-Garonne	2,077	97	″	″	″	″	2,077	97	″	2,174

Tableau n° 62. (Suite.)

Enfants admis dans les salles d'asile, classés d'après le culte auquel ils appartiennent.

DÉPARTEMENTS.	NOMBRE DES ENFANTS ADMIS DANS LES SALLES D'ASILE — spéciales au culte — catholique.	protestant.	israélite.	communes aux différents cultes — Enfants catholiques.	Enfants protestants.	Enfants israélites.	TOTAL DES ENFANTS APPARTENANT AU CULTE — catholique.	protestant.	israélite.	TOTAL général.
1	2	3	4	5	6	7	8	9	10	11
Lozère	398	//	//	//	//	//	308	//	//	308
Maine-et-Loire	5,145	//	//	//		//	5,140	5	//	5,145
Manche	2,804	//	//	//	//	//	2,804	//	//	2,804
Marne	5,825	//	//	//	//	//	5,825	//	//	5,825
Marne (Haute-)	1,690	//	//	//	//	//	1,690	//	//	1,690
Mayenne	2,264	//	//	//	//	//	2,264	//	//	2,264
Meurthe	5,479	//	//	2,902	66	144	8,471	66	144	8,681
Meuse	6,956	//	//	//	//	//	6,956	//	//	6,956
Morbihan	2,162	//	//	//	//	//	2,162	//	//	2,162
Moselle	6,801	//	97	773	45	50	7,574	45	147	7,766
Nièvre	2,095	//	//	//	//	//	2,095	//	//	2,095
Nord	22,264	//	//	//	//	//	22,264	//	//	22,264
Oise	3,676	//	//	//	//	//	3,676	//	//	3,676
Orne	1,217	//	//	//	//	//	1,217	//	//	1,217
Pas-de-Calais	9,231	//	//	//	//	//	9,231	//	//	9,231
Puy-de-Dôme	1,784	//	//	//	//	//	1,784	//	//	1,784
Pyrénées (Basses-)	2,604	//	//	//	//	//	2,604	//	//	2,604
Pyrénées (Hautes-)	1,275	//	//	//	//	//	1,275	//	//	1,275
Pyrénées-Orientales	836	//	//	//	//	//	836	//	//	836
Rhin (Bas-)	11,953	6,582	128	407	528	77	12,360	7,110	205	19,675
Rhin (Haut-)	10,921	1,211	//	1,493	389	47	12,414	1,600	47	14,061
Rhône	5,180	119	//	//	//	//	5,180	119	//	5,299
Saône (Haute-)	2,039	//	//	//	//	//	2,039	//	//	2,039
Saône-et-Loire	2,264	//	//	//	//	//	2,264	//	//	2,264
Sarthe	1,965	//	//	//	//	//	1,965	//	//	1,965
Savoie	1,033	//	//	//	//	//	1,033	//	//	1,033
Savoie (Haute-)	465	//	//	//	//	//	465	//	//	465
Seine	16,044	//	170	//	//	//	16,044	//	170	16,214
Seine-Inférieure	7,922	//	//	//	//	//	7,922	//	//	7,922
Seine-et-Marne	5,382	//	//	421	6	3	5,803	6	3	5,812
Seine-et-Oise	8,626	//	//	//	//	//	8,626	//	//	8,626
Sèvres (Deux-)	1,096	//	//	//	//	//	1,096	//	//	1,096
Somme	3,289	//	//	//	//	//	3,289	//	//	3,289
Tarn	2,150	174	//	//	//	//	2,150	174	//	2,324
Tarn-et-Garonne	1,063	30	//	//	//	//	1,063	30	//	1,093
Var	4,481	//	//	//	//	//	4,481	//	//	4,481
Vaucluse	3,100	//	//	//	//	//	3,100	//	//	3,100
Vendée	2,323	//	//	//	//	//	2,323	//	//	2,323
Vienne	2,271	//	//	//	//	//	2,271	//	//	2,271
Vienne (Haute-)	1,284	//	//	//	//	//	1,284	//	//	1,284
Vosges	6,129	361	//	//	//	//	6,129	361	//	6,490
Yonne	2,646	//	//	//	//	//	2,646	//	//	2,646
Totaux	295,293	11,274	515	6,866	1,296	324	302,125	12,599	844	315,568

Personnel des salles d'asile.

DÉPARTEMENTS.	NOMBRE DES DIRECTRICES pourvues du certificat d'aptitude.			NOMBRE DES DIRECTRICES dépourvues du certificat d'aptitude.			NOMBRE DES DIRECTRICES	NOMBRE		NOMBRE DES DIRECTRICES LAÏQUES		
	laïques.	Congréganistes.	TOTAL.	laïques.	congréganistes.	TOTAL.	TOTAL général.	des ADJOINTES	des FEMMES de service.	célibataires.	mariées.	veuves.
1	2	3	4	5	6	7	8	9	10	11	12	13
Ain	"	"	"	"	21	21	21	18	7	"	"	"
Aisne	5	3	8	2	15	17	25	15	17	3	3	1
Allier	2	"	2	"	11	11	13	10	14	"	1	1
Alpes (Basses-)	"	"	"	"	7	7	7	6	2	"	"	"
Alpes (Hautes-)	1	1	2	"	"	"	2	2	"	"	"	1
Alpes-Maritimes	"	"	"	"	10	10	10	10	9	"	"	"
Ardèche	"	"	"	"	11	11	11	6	12	"	"	"
Ardennes	4	"	4	4	19	23	27	27	9	4	2	2
Ariége	"	"	"	1	6	7	7	3	4	1	"	"
Aube	2	"	2	"	12	12	14	13	4	"	1	1
Aude	1	1	2	"	11	11	13	11	17	1	"	"
Aveyron	"	2	2	"	8	8	10	13	12	"	"	"
Bouches-du-Rhône	5	"	5	"	9	9	14	21	16	1	3	1
Calvados	1	6	7	1	10	11	18	17	14	"	2	"
Cantal	1	"	1	"	5	5	6	5	6	"	1	"
Charente	2	2	4	"	9	9	13	3	9	2	"	"
Charente-Inférieure	2	"	2	"	13	13	15	14	19	2	"	"
Cher	3	"	3	1	12	13	16	5	15	1	2	1
Corrèze	1	"	1	"	5	5	6	3	6	"	1	"
Corse	"	"	"	"	5	5	5	6	4	"	"	"
Côte-d'Or	3	1	4	7	26	33	37	15	12	8	1	1
Côtes-du-Nord	1	"	1	"	16	16	17	5	16	"	"	1
Creuse	"	"	"	"	5	5	5	5	5	"	"	"
Dordogne	"	1	1	"	10	10	11	4	9	"	"	"
Doubs	3	"	3	2	8	10	13	14	14	2	2	1
Drôme	2	"	2	3	22	25	27	31	17	4	"	1
Eure	5	"	5	"	4	4	9	4	8	3	1	1
Eure-et-Loir	4	"	4	"	11	11	15	6	13	2	1	1
Finistère	4	"	4	"	6	6	10	13	13	2	1	1
Gard	17	"	17	1	18	19	36	20	31	7	8	3
Garonne (Haute-)	"	"	"	"	12	12	12	9	16	"	"	"
Gers	"	"	"	"	10	10	10	5	11	"	"	"
Gironde	12	1	13	"	41	41	54	44	51	7	3	2
Hérault	13	1	14	2	33	35	49	32	14	6	8	1
Ille-et-Vilaine	"	"	"	"	10	10	10	9	16	"	"	"
Indre	3	"	3	1	7	8	11	3	11	1	2	1
Indre-et-Loire	4	"	4	"	11	11	15	9	9	2	1	1
Isère	4	3	7	"	15	15	22	18	15	4	"	"
Jura	11	2	13	"	14	14	27	12	12	11	"	"
Landes	"	"	"	"	9	9	9	2	5	"	"	"
Loir-et-Cher	"	"	"	"	9	9	9	4	9	"	"	"
Loire	"	2	2	"	32	32	34	35	4	"	"	"
Loire (Haute-)	"	"	"	"	20	20	20	22	8	"	"	"
Loire-Inférieure	5	"	5	1	13	14	19	20	19	6	"	"
Loiret	9	"	9	1	28	29	38	26	25	2	5	3
Lot	"	"	"	"	4	4	4	4	6	"	"	"
Lot-et-Garonne	2	6	8	"	9	9	17	9	14	"	2	"

Personnel des salles d'asiles.

DÉPARTEMENTS.	NOMBRE DES DIRECTRICES							NOMBRE		NOMBRE DES DIRECTRICES LAÏQUES		
	POURVUES du certificat d'aptitude.			DÉPOURVUES du certificat d'aptitude.			TOTAL général.					
	laïques.	Congréganistes.	TOTAL.	laïques.	congréganistes.	TOTAL.		des ADJOINTES	des FEMMES de service.	célibataires	mariées.	veuves.
1	2	3	4	5	6	7	8	9	10	11	12	13
Lozère	"	"	"	"	3	3	3	3	3	"	"	"
Maine-et-Loire	7	2	9	1	32	33	42	34	25	4	3	1
Manche	"	"	"	"	16	16	16	18	12	"	"	"
Marne	2	"	2	1	38	39	41	15	22	1	2	"
Marne (Haute-)	1	"	1	"	11	11	12	8	8	1	"	"
Mayenne	"	"	"	"	16	16	16	14	11	"	"	"
Meurthe	10	"	10	1	78	79	89	20	45	10	"	1
Meuse	10	"	10	10	95	105	115	8	28	16	2	2
Morbihan	1	2	3	"	7	7	10	8	13	1	"	"
Moselle	13	"	13	2	59	61	74	17	59	12	2	1
Nièvre	"	"	"	1	15	16	16	11	12	"	"	1
Nord	25	1	26	5	82	87	113	98	97	17	8	5
Oise	9	"	9	"	24	24	33	22	13	3	5	1
Orne	3	1	4	"	6	6	10	11	6	2	1	"
Pas-de-Calais	5	1	6	"	34	34	40	32	35	4	1	"
Puy-de-Dôme	"	1	1	"	10	10	11	13	18	"	"	"
Pyrénées (Basses-)	2	1	3	1	11	12	15	8	8	3	"	"
Pyrénées (Basses-)	1	"	1	"	5	5	6	5	5	1	"	"
Pyrénées-Orientales	"	"	"	"	3	3	3	2	3	"	"	"
Rhin (Bas-)	73	"	73	2	87	89	162	92	44	68	6	1
Rhin (Haut-)	27	"	27	"	81	81	108	71	35	27	"	"
Rhône	6	"	6	"	36	36	42	37	36	4	2	"
Saône (Haute-)	"	"	"	1	18	19	19	7	7	1	"	"
Saône-et-Loire	"	"	"	"	18	18	18	15	14	"	"	"
Sarthe	1	"	1	"	12	12	13	11	14	"	"	1
Savoie	"	"	"	"	8	8	8	10	6	"	"	"
Savoie (Haute-)	"	"	"	"	3	3	3	3	3	"	"	"
Seine	77	2	79	"	30	30	109	104	97	19	42	16
Seine-Inférieure	2	"	2	3	26	29	31	34	34	3	2	"
Seine-et-Marne	5	3	8	6	44	50	58	24	20	1	8	2
Seine-et-Oise	25	2	27	5	53	58	85	38	61	18	7	5
Sèvres (Deux-)	5	"	5	"	5	5	10	8	9	2	2	1
Somme	1	"	1	"	21	21	22	17	17	"	1	"
Tarn	2	"	2	"	12	12	14	10	21	2	"	"
Tarn-et-Garonne	1	1	2	3	7	10	12	6	6	1	2	1
Var	4	2	6	"	28	28	34	19	32	3	"	1
Vaucluse	2	"	2	1	17	18	20	22	5	"	2	1
Vendée	"	"	"	"	12	12	12	11	13	"	"	"
Vienne	1	"	1	"	14	14	15	15	16	"	1	"
Vienne (Haute-)	3	"	3	"	6	6	9	4	8	1	1	1
Vosges	2	"	2	3	46	49	51	34	45	5	"	"
Yonne	3	"	3	"	19	19	22	15	14	1	1	1
Totaux	461	51	512	73	1,750	1,823	2,335	1,542	1,559	313	152	69

TABLEAU N° 64.

Dépenses ordinaires

DÉPARTEMENTS.	DÉPENSES.			RESSOURCES AU MOYEN DESQUELLES IL A ÉTÉ POURVU AUX DÉPENSES.				
	TRAITEMENT.	FRAIS de loyer de la maison.	TOTAL.	Fondations, dons ou legs, souscriptions.	Revenus ordinaires et reste des 3 centimes.	Impositions extraordinaires.	Rétribution scolaire.	TOTAL.
1	2	3	4	5	6	7	8	9
Ain	8,440f	1,300f	9,740f	1,378f	6,962f	900f	500f	9,740f
Aisne	16,035	1,850	17,885	1,050	11,413	400	5,022	17,885
Allier	6,215	600	6,815	//	6,600	//	215	6,815
Alpes (Basses-)	2,430	//	2,430	200	1,850	//	380	2,430
Alpes (Hautes-)	800	100	900	//	600	//	300	900
Alpes-Maritimes	3,016	1,045	4,061	//	1,306	//	2,755	4,061
Ardèche	7,055	650	7,705	1,300	3,563	//	2,842	7,705
Ardennes	12,982	2,428	15,410	1,230	10,169	//	4,011	15,410
Ariége	2,850	//	2,850	400	1,900	//	550	2,850
Aube	7,490	//	7,490	100	4,310	//	3,080	7,490
Aude	7,017	1,533	8,550	700	7,850	//	//	8,550
Aveyron	4,020	//	4,020	//	3,350	//	670	4,020
Bouches-du-Rhône	10,600	2,600	13,200	//	12,975	//	225	13,200
Calvados	17,359	840	18,199	4,833	12,400	//	966	18,199
Cantal	3,462	//	3,462	264	3,100	//	98	3,462
Charente	3,050	//	3,050	//	3,050	//	//	3,050
Charente-Inférieure	8,367	//	8,367	933	5,967	//	1,467	8,367
Cher	7,225	1,200	8,425	800	6,950	//	675	8,425
Corrèze	3,912	620	4,532	//	4,270	//	262	4,532
Corse	1,500	550	2,050	400	1,650	//	//	2,050
Côte-d'Or	15,196	810	16,006	1,250	11,161	//	3,595	16,006
Côtes-du-Nord	8,014	//	8,014	400	4,609	350	2,655	8,014
Creuse	1,600	//	1,600	//	1,350	//	250	1,600
Dordogne	2,335	200	2,535	135	1,973	//	427	2,535
Doubs	5,917	2,000	7,917	500	6,171	//	1,246	7,917
Drôme	10,139	950	11,089	987	//	5,031	5,071	11,089
Eure	5,696	100	5,796	//	5,036	//	760	5,796
Eure-et-Loir	8,484	//	8,484	//	6,000	//	2,484	8,484
Finistère	5,400	850	6,250	//	6,117	//	133	6,250
Gard	16,918	3,125	20,043	600	13,588	//	5,855	20,043
Garonne (Haute-)	3,900	4,200	8,100	//	7,705	//	305	8,100
Gers	3,270	//	3,270	//	1,884	//	1,386	3,270
Gironde	28,714	4,300	33,014	5,065	14,825	//	13,124	33,014
Hérault	28,967	3,600	32,567	300	22,535	//	9,732	32,567
Ille-et-Vilaine	5,512	400	5,912	751	5,092	//	69	5,912
Indre	6,259	//	6,259	//	6,250	//	//	6,259
Indre-et-Loire	9,807	2,150	11,957	750	9,609	//	1,598	11,957
Isère	11,340	1,520	12,860	645	10,340	//	1,875	12,860
Jura	8,493	800	9,293	100	8,358	//	835	9,293
Landes	2,899	//	2,899	800	1,100	//	999	2,899
Loir-et-Cher	4,211	//	4,211	1,200	2,100	//	911	4,211
Loire	11,880	4,880	16,760	2,770	12,610	//	1,380	16,760
Loire (Haute-)	6,947	//	6,947	//	4,323	//	2,624	6,947
Loire-Inférieure	13,966	2,930	16,896	1,240	14,790	100	766	16,896
Loiret	17,613	950	18,563	2,739	8,845	500	6,479	18,563
Lot	2,500	//	2,500	//	2,500	//	//	2,500
Lot-et-Garonne	11,000	300	11,300	2,768	6,435	//	2,097	11,300

DÉPENSES.			RESSOURCES AU MOYEN DESQUELLES IL A ÉTÉ POURVU AUX DÉPENSES.				OBSERVATIONS.
TRAITEMENT							
des adjointes.	des femmes de service.	TOTAL.	Fondations, dons ou legs, souscriptions.	Revenus ordinaires et reste des 3 centimes.	Impositions extraordinaires.	TOTAL.	
10	11	12	13	14	15	16	17
2,900f	550f	3,450f	200f	3,250f	″	3,450f	
4,700	3,250	7,950	″	7,850	100f	7,950	
3,000	2,705	5,705	″	5,705	″	5,705	
1,200	350	1,550	60	1,490	″	1,550	
450	″	450	50	400	″	450	
4,550	2,010	6,560	″	6,560	″	6,560	
500	425	925	925	″	″	925	
6,899	1,651	8,550	700	7,850	″	8,550	
1,400	580	1,980	″	1,980	″	1,980	
3,000	800	3,800	400	3,400	″	3,800	
2,535	2,762	5,297	200	5,097	″	5,297	
2,350	1,400	3,750	600	3,150	″	3,750	
12,300	4,000	16,300	″	16,300	″	16,300	
5,500	3,225	8,725	700	8,025	″	8,725	
1,700	720	2,420	″	2,420	″	2,420	
1,400	1,080	2,480	″	2,480	″	2,480	
4,700	3.850	8,550	2,350	6,200	″	8,550	
1,550	1,980	3,530	300	3,230	″	3,530	
200	660	860	″	860	″	860	
2,100	1,000	3,100	000	2,500	″	3,100	
5,094	3,244	8,338	450	7,888	″	8,338	
890	2,070	2,960	″	2,860	100	2,960	
1,000	800	1,800	″	1,800	″	1,800	
1,950	880	2,830	″	2,830	″	2,830	
3,590	2,590	6,180	150	6,030	″	6,180	
7,300	2,650	9,950	″	″	9,950	9,950	
900	1,932	2,832	″	2,832	″	2,832	
2,400	3,950	6,350	″	6,350	″	6,350	
3,380	2,246	5,626	150	5,476	″	5,626	
6,914	3,541	10,455	1,500	8,955	″	10,455	
3,000	2,906	5,906	″	5,906	″	5,906	
1,075	995	2,070	80	1,990	″	2,070	
9,825	6,900	16,725	7,960	8,765	″	16,725	
4,000	3,250	7,250	″	7,250	″	7,250	
2,800	4,150	6,950	750	6,200	″	6,950	
900	2,020	2,920	″	2,920	″	2,920	
1,050	1,915	2,965	300	2,665	″	2,965	
5,700	2,265	7,965	330	7,635	″	7,965	
2,850	2,285	5,135	″	5,135	″	5,135	
600	805	1,405	″	1,405	″	1,405	
750	1,250	2,000	800	1,200	″	2,000	
12,070	700	12,770	1,970	10,800	″	12,770	
2,000	800	2,800	″	2,800	″	2,800	
5,180	3,000	8,180	3,300	4,880	″	8,180	
7,375	5,130	12,505	2,300	10,205	″	12,505	
400	200	600	″	600	″	600	
2,900	2,250	5,150	5,150	″	″	5,150	

Tableau n° 64.
(Suite.)

Dépenses ordinaires

DÉPARTEMENTS.	DÉPENSES			RESSOURCES AU MOYEN DESQUELLES IL A ÉTÉ POURVU AUX DÉPENSES.				
	TRAITEMENT.	FRAIS de loyer de la maison.	TOTAL.	Fondations, dons ou legs, souscriptions.	Revenus ordinaires et reste des 3 centimes.	Impositions extraordinaires.	Rétribution scolaire.	TOTAL.
1	2	3	4	5	6	7	8	9
Lozère	2,250f	100f	2,350f	"	2,350f	"	(1) "	2,350f
Maine-et-Loire	27,731	115	27,846	1,700f	22,299	615f	3,232f	27,846
Manche	7,305	150	7,455	248	5,991	"	1,216	7,455
Marne	20,240	225	20,465	2,723	6,264	1,118	10,360	20,465
Marne (Haute-)	4,600	"	4,600	800	3,000	"	800	4,600
Mayenne	11,800	"	11,800	"	11,800	"	(1) "	11,800
Meurthe	35,920	275	36,195	4,344	17,476	"	14,375	36,195
Meuse	41,617	75	41,692	"	12,751	"	28,941	41,692
Morbihan	5,080	675	5,755	1,250	3,955	"	550	5,755
Moselle	31,886	765	32,651	1,825	18,585	"	12,241	32,651
Nièvre	8,612	1,060	9,672	1,321	7,080	60	611	9,672
Nord	70,357	9,870	80,227	518	52,795	1,400	25,514	80,227
Oise	15,990	200	16,190	2,070	3,500	4,428	6,192	16,190
Orne	4,948	"	4,948	2,091	1,400	"	1,457	4,948
Pas-de-Calais	20,992	2,363	23,355	1,167	15,132	700	6,356	23,355
Puy-de-Dôme	2,720	550	3,270	550	2,720	"	"	3,270
Pyrénées (Basses-)	7,250	120	7,370	450	6,703	10	207	7,370
Pyrénées (Hautes-)	2,500	600	3,100	"	3,100	"	"	3,100
Pyrénées-Orientales	1,650	"	1,650	"	1,500	"	150	1,650
Rhin (Bas-)	88,151	4,035	92,186	1,950	58,101	1,200	30,935	92,186
Rhin (Haut-)	47,370	1,125	48,495	400	31,554	"	16,541	48,495
Rhône	22,860	32,600	55,460	2,200	51,080	200	1,380	55,460
Saône (Haute-)	6,830	"	6,830	2,650	3,350	"	830	6,830
Saône-et-Loire	6,475	50	6,525	885	4,915	"	725	6,525
Sarthe	6,350	"	6,350	1,750	3,621	"	979	6,350
Savoie	4,460	340	4,800	480	3,240	"	1,080	4,800
Savoie (Haute-)	700	100	800	"	800	"	"	800
Seine	135,229	155,580	290,809	1,737	273,853	"	15,219	290,809
Seine-Inférieure	17,093	4,660	21,753	1,300	18,132	"	2,321	21,753
Seine-et-Marne	28,847	1,230	30,077	6,561	11,051	4,315	8,150	30,077
Seine-et-Oise	63,640	995	64,635	5,520	24,762	9,861	24,492	64,635
Sèvres (Deux-)	7,565	1,340	8,905	400	7,990	"	515	8,905
Somme	13,060	120	13,180	958	11,360	"	862	13,180
Tarn	7,900	2,200	10,100	200	9,545	"	355	10,100
Tarn-et-Garonne	6,585	760	7,345	"	6,710	"	635	7,345
Var	13,650	3,170	16,820	1,150	12,677	"	2,984	16,820
Vaucluse	9,886	"	9,886	1,500	5,200	"	3,186	9,886
Vendée	6,270	"	6,270	780	4,414	"	1,076	6,270
Vienne	6,939	"	6,939	500	5,110	150	1,179	6,939
Vienne (Haute-)	4,160	2,600	6,760	"	6,510	"	250	6,760
Vosges	17,679	"	17,679	2,605	10,745	"	4,329	17,679
Yonne	13,813	585	14,398	500	6,583	3,900	3,415	14,398
Totaux	1,249,762	278,014	1,527,776	91,680	1,076,544	35,238	324,314	1,527,776

DÉPENSES.			RESSOURCES AU MOYEN DESQUELLES IL A ÉTÉ POURVU AUX DÉPENSES.				OBSERVATIONS.
TRAITEMENT							
des adjointes.	des femmes de service.	TOTAL.	Fondations, dons ou legs, souscriptions.	Revenus ordinaires et reste des 3 centimes.	Impositions extraordinaires.	TOTAL.	
10	11	12	13	14	15	16	17
800f	500f	1,300f	″	1,300f	″	1,300f	(1) Le produit de la rétribution scolaire des écoles payantes est compris dans le chiffre des revenus ordinaires, colonne 6.
7,703	3,540	11,243	520f	10,723	″	11,243	
3,670	1,675	5,345	″	5,345	″	5,345	
6,700	5,530	12,230	″	12,230	″	12,230	
2,250	1,630	3,880	300	3,580	″	3,880	
4,500	1,530	6,030	″	6,030	″	6,030	
6,825	7,704	14,529	572	13,957	″	14,529	
2,150	3,735	5,885	″	5,885	″	5,885	
1,300	1,594	2,894	″	2,894	″	2,894	
4,459	6,650	11,109	380	10,729	″	11,109	
3,400	1,060	4,460	″	4,460	″	4,460	
21,367	13,582	34,949	1,575	33,374	″	34,949	
5,900	2,192	8,092	720	5,732	1,640f	8,092	
3,400	1,100	4,500	1,624	2,876	″	4,500	
12,565	7,950	20,515	300	19,315	900	20,515	
3,940	5,185	9,125	3,938	5,187	″	9,125	
2,650	1,670	4,320	″	4,320	″	4,320	
750	250	1,000	″	1,000	″	1,000	
800	480	1,280	″	1,280	″	1,280	
22,980	3,960	26,940	2,250	23,890	800	26,940	
16,560	2,885	19,445	″	19,445	″	19,445	
16,700	10,550	27,250	″	27,250	″	27,250	
1,900	3,400	5,300	800	4,500	″	5,300	
3,400	1,730	5,130	850	4,280	″	5,130	
3,800	2,698	6,498	1,540	4,958	″	6,498	
1,700	350	2,050	1,450	600	″	2,050	
600	400	1,000	200	800	″	1,000	
85,200	42,335	127,535	″	127,535	″	127,535	
19,072	8,745	27,817	1,925	25,892	″	27,817	
8,335	4,400	12,735	343	11,842	550	12,735	
11,400	10,820	22,220	1,350	20,870	″	22,220	
2,700	2,200	4,900	2,950	1,950	″	4,900	
4,100	5,400	9,500	1,350	8,150	″	9,500	
850	1,140	1,990	150	1,840	″	1,990	
200	610	810	″	810	″	810	
7,900	6,935	14,835	200	14,635	″	16,835	
7,681	1,150	8,831	1,510	7,321	″	8,831	
3,580	1,455	5,035	730	4,305	″	5,035	
3,650	3,390	7,040	″	7,040	″	7,040	
1,400	950	2,350	″	2,350	″	2,350	
8,630	6,314	14,944	1,545	13,399	″	14,944	
1,334	850	2,184	″	2,184	″	2,184	
487,628	287,946	775,574	61,347	700,187	14,040	775,574	

SALLES D'ASILE.

Dépenses diverses des salles d'asile.

DÉPARTEMENTS.	SOMMES INSCRITES AUX BUDGETS DES COMMUNES et affectées aux dépenses d'entretien du local.	d'entretien du mobilier.	de chauffage.	de fournitures aux enfants.	TOTAL.
1	2	3	4	5	6
Ain	85	959	370	265	1,679
Aisne	2,635	1,570	1,570	1,115	6,890
Allier	100	280	270	50	700
Alpes (Basses-)	//	//	230	//	230
Alpes (Hautes-)	100	100	100	49	349
Alpes-Maritimes	200	400	400	9,000	10,000
Ardèche	//	40	20	//	60
Ardennes	340	304	2,385	120	3,149
Ariége	20	//	//	//	20
Aube	688	420	650	1,055	2,813
Aude	//	//	900	//	900
Aveyron	//	100	//	//	100
Bouches-du-Rhône	2,500	2,350	1,100	//	5,950
Calvados	1,450	1,075	1,142	2,350	6,017
Cantal	//	//	100	//	100
Charente	700	100	176	2,478	3,454
Charente-Inférieure	280	75	250	200	805
Cher	1,400	850	750	//	3,000
Corrèze	//	50	100	//	150
Corse	//	//	//	250	250
Côte-d'Or	740	377	2,613	525	4,255
Côtes-du-Nord	1,050	180	290	650	2,170
Creuse	//	//	//	//	//
Dordogne	660	1,340	210	290	2,500
Doubs	//	356	1,062	290	1,708
Drôme	//	//	85	192	277
Eure	1,500	600	180	//	2,280
Eure-et-Loir	385	420	845	//	1,650
Finistère	68	1,890	32	50	2,040
Gard	565	263	369	140	1,337
Garonne (Haute-)	813	1,020	2,450	20	4,303
Gers	50	90	50	75	265
Gironde	1,900	700	450	540	3,590
Hérault	656	225	200	802	1,883
Ille-et-Vilaine	//	350	310	608	1,268
Indre	//	//	405	//	405
Indre-et-Loire	130	370	530	//	1,030
Isère	379	1,310	1,435	355	3,479
Jura	200	175	794	//	1,169
Landes	200	//	//	//	200
Loir-et-Cher	//	//	120	//	120
Loire	2,100	2,100	515	200	4,915
Loire (Haute-)	70	120	255	30	475
Loire-Inférieure	2,025	4,850	550	2,250	9,675
Loiret	1,780	585	1,100	153	3,618
Lot	200	170	110	183	663
Lot-et-Garonne	4,500	//	//	//	4,500

DÉPARTEMENTS.	SOMMES INSCRITES AUX BUDGETS DES COMMUNES et affectées aux dépenses d'entretien du local.	d'entretien du mobilier.	de chauffage.	de fournitures aux enfants.	TOTAL.
1	2	3	4	5	6
Lozère	//	//	40	//	40
Maine-et-Loire	500	200	1,316	540	2,556
Manche	100	50	300	500	950
Marne	3,960	1,570	1,848	310	7,688
Marne (Haute-)	550	347	775	191	1,863
Mayenne	600	900	260	700	2,460
Meurthe	1,604	1,026	4,108	529	7,267
Meuse	1,871	847	5,024	904	8,646
Morbihan	500	170	325	365	1,360
Moselle	1,643	1,683	3,638	543	7,507
Nièvre	460	170	225	180	1,035
Nord	7,500	3,868	3,950	964	16,282
Oise	648	635	1,365	184	2,832
Orne	50	116	800	207	1,173
Pas-de-Calais	2,022	1,660	2,295	450	6,427
Puy-de-Dôme	450	375	76	424	1,325
Pyrénées (Basses-)	//	//	175	//	175
Pyrénées (Hautes-)	//	//	//	//	//
Pyrénées-Orientales	//	//	//	//	//
Rhin (Bas-)	7,571	3,585	11,720	2,185	25,061
Rhin (Haut-)	7,540	1,865	5,305	2,193	16,903
Rhône	2,075	1,500	2,360	1,200	7,135
Saône (Haute-)	520	240	425	190	1,375
Saône-et-Loire	750	500	775	175	2,200
Sarthe	698	600	1,060	300	2,658
Savoie	//	//	//	//	//
Savoie (Haute-)	600	//	//	//	600
Seine	30,000	24,447	25,074	2,507	82,028
Seine-Inférieure	1,110	1,335	3,690	2,321	8,456
Seine-et-Marne	962	1,177	1,987	537	4,663
Seine-et-Oise	2,280	1,203	3,617	985	8,085
Sèvres (Deux-)	500	500	785	244	2,029
Somme	766	338	627	1,883	3,614
Tarn	//	50	160	100	310
Tarn-et-Garonne	//	//	//	//	//
Var	1,950	995	//	//	2,945
Vaucluse	2,183	619	521	//	3,323
Vendée	100	50	290	100	540
Vienne	149	//	540	100	789
Vienne (Haute-)	200	350	490	460	1,500
Vosges	960	910	2,195	295	4,360
Yonne	75	337	1,000	712	2,124
TOTAUX	113,916	80,382	114,614	47,763	356,675

IIe PARTIE.

ENSEIGNEMENT LIBRE.

1°

ÉCOLES DE GARÇONS.

OBSERVATIONS.

Les tableaux qui composent cette seconde partie de la Statistique de l'instruction primaire sont nécessairement moins nombreux, et peut-être moins exacts sur quelques points que ceux qui composent la première.

En effet, les chefs des écoles publiques sont obligés par les règlements de tenir constamment à jour des registres d'inscription et de présence des élèves, et de consigner dans ces registres et dans des bulletins spéciaux tous les renseignements qui peuvent leur être demandés sur la tenue et les progrès de leurs élèves, sur la situation morale et matérielle de l'école, etc. Dans ses tournées, l'inspecteur peut vérifier l'exactitude de tous ces renseignements, qui serviront de base aux documents statistiques qu'il aura à transmettre à l'autorité sur les écoles publiques de son ressort.

Pour dresser la statistique des écoles libres, il n'a que les déclarations faites par les chefs de ces écoles, et ces déclarations ne s'étendent qu'à certaines parties du service.

L'administration peut regretter, d'un autre côté, de n'avoir pas toujours trouvé, à cet égard, le concours sur lequel elle devrait pouvoir compter. D'ailleurs, les chefs des établissements libres ne tiennent pas toujours assez soigneusement note des faits qu'il serait intéressant de faire connaître, et alors ils peuvent facilement se tromper sur quelques points.

Il résulte de tout cela que la statistique des écoles libres est en général moins complète, et, sur quelques points, moins exacte peut-être que celle des écoles publiques.

1°

ÉCOLES DE GARÇONS.

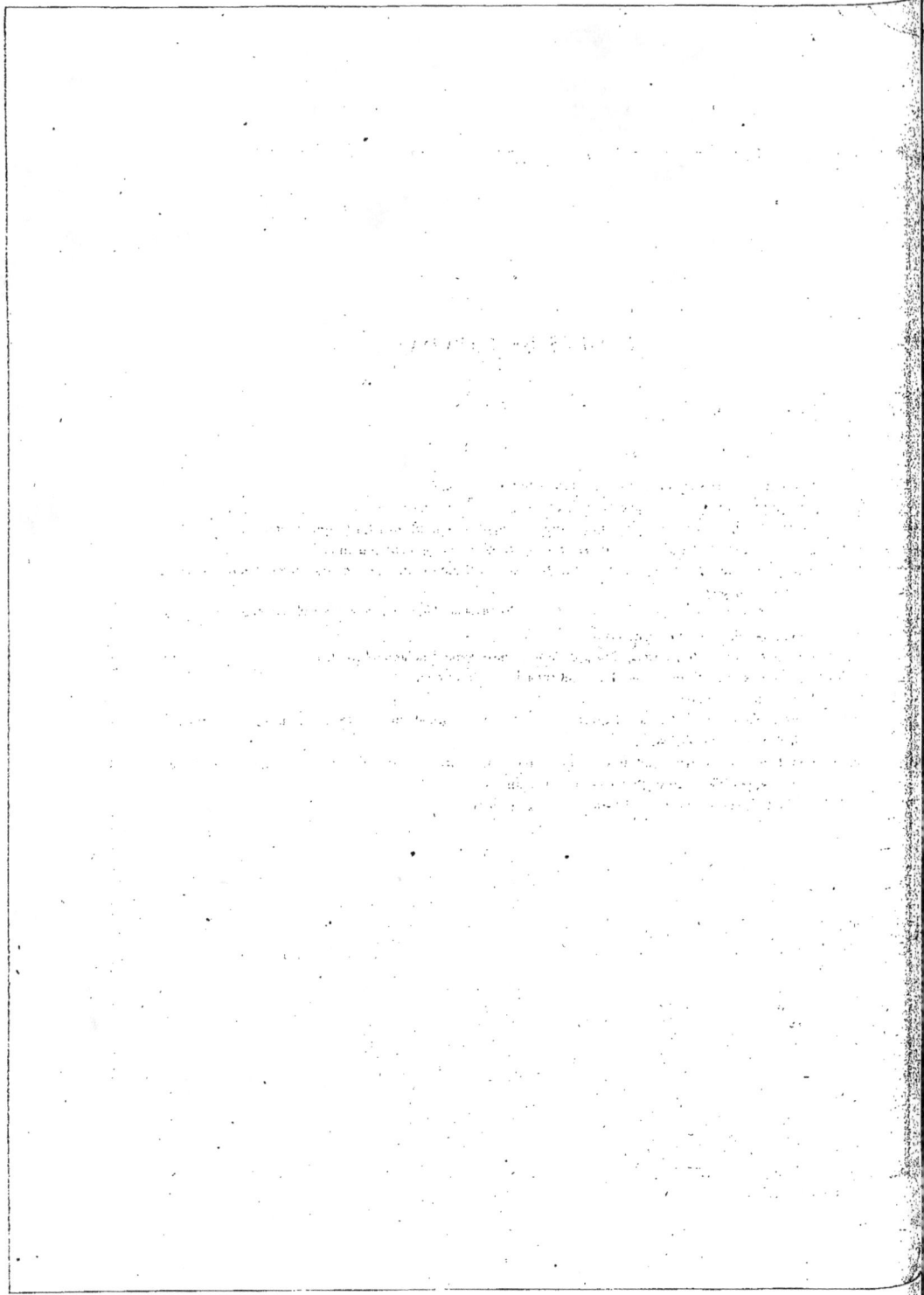

Tableau n° 66. ENSEIGNEMENT LIBRE.

ÉCOLES DE GARÇONS.

Communes dans lesquelles il y a des écoles de garçons.

DÉPARTEMENTS.	NOMBRE DES COMMUNES OÙ IL EXISTE une école libre.	NOMBRE DES COMMUNES OÙ IL EXISTE plusieurs écoles libres.	TOTAL.	DÉPARTEMENTS.	NOMBRE DES COMMUNES OÙ IL EXISTE une école libre.	NOMBRE DES COMMUNES OÙ IL EXISTE plusieurs écoles libres.	TOTAL.
1	2	3	4	1	2	3	4
Ain	11	3	14	Lozère	9	2	11
Aisne	16	6	22	Maine-et-Loire	15	2	17
Allier	19	3	22	Manche	17	2	19
Alpes (Basses-)	5	//	5	Marne	6	3	9
Alpes (Hautes-)	10	2	12	Marne (Haute-)	6	1	7
Alpes-Maritimes	10	3	13	Mayenne	11	3	14
Ardèche	16	5	21	Meurthe	7	5	12
Ardennes	11	//	11	Meuse	8	2	10
Ariége	4	1	5	Morbihan	7	4	11
Aube	2	1	3	Moselle	19	4	23
Aude	17	3	20	Nièvre	9	2	11
Aveyron	31	8	39	Nord	53	14	67
Bouches-du-Rhône	19	14	33	Oise	17	1	18
Calvados	31	5	36	Orne	8	3	11
Cantal	10	1	11	Pas-de-Calais	40	7	47
Charente	15	4	19	Puy-de-Dôme	33	6	39
Charente-Inférieure	40	7	47	Pyrénées (Basses-)	31	10	41
Cher	13	1	14	Pyrénées (Hautes-)	14	2	16
Corrèze	9	1	10	Pyrénées-Orientales	18	9	27
Corse	13	2	15	Rhin (Bas-)	20	6	26
Côte-d'Or	6	2	8	Rhin (Haut-)	15	8	23
Côtes-du-Nord	10	4	14	Rhône	26	6	32
Creuse	31	6	37	Saône (Haute-)	13	1	14
Dordogne	23	1	24	Saône-et-Loire	30	4	34
Doubs	5	2	7	Sarthe	5	1	6
Drôme	30	4	34	Savoie	6	//	6
Eure	17	3	20	Savoie (Haute-)	9	10	19
Eure-et-Loir	3	3	6	Seine	14	18	32
Finistère	18	5	23	Seine-Inférieure	14	9	23
Gard	23	13	36	Seine-et-Marne	8	3	11
Garonne (Haute-)	37	6	43	Seine-et-Oise	24	7	31
Gers	35	4	39	Sèvres (Deux-)	28	7	35
Gironde	29	4	33	Somme	26	9	35
Hérault	35	30	65	Tarn	42	4	46
Ille-et-Vilaine	31	5	36	Tarn-et-Garonne	18	4	22
Indre	6	1	7	Var	32	11	43
Indre-et-Loire	6	3	9	Vaucluse	29	6	35
Isère	33	5	38	Vendée	9	2	11
Jura	10	3	13	Vienne	11	7	18
Landes	10	3	13	Vienne (Haute-)	19	4	23
Loir-et-Cher	6	1	7	Vosges	14	2	16
Loire	10	6	16	Yonne	9	5	14
Loire (Haute-)	6	4	10				
Loire-Inférieure	15	8	23	Totaux	1,533	422	1,955
Loiret	4	1	5				
Lot	15	3	18				
Lot-et-Garonne	28	6	34		1,955		

ÉCOLES DE GARÇONS.

Écoles libres de garçons.

DÉPARTEMENTS.	NOMBRE DES ÉCOLES											OBSERVATIONS.
	TOTAL.	SPÉCIALES aux garçons.	COMMUNES aux deux sexes	DIRIGÉES par des instituteurs laïques.	DIRIGÉES par des instituteurs congréganistes.	PAYANTES, laïques.	PAYANTES, congréganistes.	PAYANTES, TOTAL.	GRATUITES, laïques.	GRATUITES, congréganistes.	GRATUITES, TOTAL.	
1	2	3	4	5	6	7	8	9	10	11	12	13
Ain	17	15	2	12	5	12	4	16	″	1	1	
Aisne	29	28	1	27	2	25	″	25	2	2	4	
Allier	26	24	2	17	9	15	6	21	2	3	5	
Alpes (Basses-)	5	5	″	5	″	5	″	5	″	″	″	
Alpes (Hautes-)	15	15	″	15	″	15	″	15	″	″	″	
Alpes-Maritimes	22	22	″	21	1	18	″	18	3	1	4	
Ardèche	26	26	″	20	6	20	3	23	″	3	3	
Ardennes	11	10	1	10	1	9	1	10	1	″	1	
Ariége	6	6	″	3	3	3	2	5	″	1	1	
Aube	4	3	1	3	1	3	″	3	″	1	1	
Aude	23	23	″	22	1	22	″	22	″	1	1	
Aveyron	52	52	″	42	10	42	9	51	″	1	1	
Bouches-du-Rhône	127	124	3	111	16	108	12	120	3	4	7	
Calvados	19	17	2	16	3	16	3	19	″	″	″	
Cantal	12	12	″	9	3	9	2	11	″	1	1	
Charente	24	24	″	21	3	21	1	22	″	2	2	
Charente-Inférieure	60	53	7	58	2	58	1	59	″	1	1	
Cher	16	15	1	10	6	10	3	13	″	3	3	
Corrèze	11	11	″	10	1	10	1	11	″	″	″	
Corse	21	21	″	20	1	18	1	19	2	″	2	
Côte-d'Or	14	13	1	6	8	6	2	8	″	6	6	
Côtes-du-Nord	19	16	3	6	13	6	12	18	″	1	1	
Creuse	44	44	″	43	1	43	1	44	″	″	″	
Dordogne	24	23	1	18	6	17	4	21	1	2	3	
Doubs	14	10	4	13	1	13	″	13	″	1	1	
Drôme	38	32	6	34	4	34	1	35	″	3	3	
Eure	21	16	5	18	3	18	″	18	″	3	3	
Eure-et-Loir	11	11	″	8	3	8	2	10	″	1	1	
Finistère	34	32	2	28	6	27	6	33	1	″	1	
Gard	67	67	″	61	6	61	2	63	″	4	4	
Garonne (Haute-)	69	66	3	53	16	52	2	54	1	14	15	
Gers	44	44	″	39	5	39	4	43	″	1	1	
Gironde	64	64	″	55	9	53	″	53	2	9	11	
Hérault	115	115	″	109	6	109	4	113	″	2	2	
Ille-et-Vilaine	36	36	″	15	21	13	21	34	2	″	2	
Indre	9	9	″	7	2	7	2	9	″	″	″	
Indre-et-Loire	16	16	″	13	3	13	2	15	″	1	1	
Isère	49	48	1	34	15	33	10	43	1	5	6	
Jura	17	17	″	10	7	9	6	15	1	1	2	
Landes	16	16	″	16	″	15	″	15	1	″	1	
Loir-et-Cher	9	9	″	7	2	6	1	7	1	1	2	
Loire	37	37	″	29	8	29	3	32	″	5	5	
Loire (Haute-)	21	21	″	18	3	18	2	20	″	1	1	
Loire-Inférieure	57	57	″	41	16	38	8	46	3	8	11	
Loiret	12	12	″	8	4	8	3	11	″	1	1	
Lot	22	22	″	20	2	20	2	22	″	″	″	
Lot-et-Garonne	40	40	″	37	3	37	2	39	″	1	1	

TABLEAU N° 67. (Suite.)

ENSEIGNEMENT LIBRE.

ÉCOLES DE GARÇONS.

Écoles libres de garçons.

DÉPARTEMENTS.	NOMBRE DES ÉCOLES											OBSERVATIONS.
	TOTAL.	SPÉCIALES aux garçons.	COMMUNES aux deux sexes	DIRIGÉES par des instituteurs laïques.	DIRIGÉES par des instituteurs congréganistes.	PAYANTES, laïques.	PAYANTES, congréganistes.	PAYANTES, TOTAL.	GRATUITES, laïques.	GRATUITES, congréganistes.	GRATUITES, TOTAL.	
1	2	3	4	5	6	7	8	9	10	11	12	13
Lozère	13	7	6	10	3	10	1	11	″	2	2	
Maine-et-Loire	19	18	1	9	10	7	3	10	2	7	9	
Manche	22	22	″	16	6	16	4	20	″	2	2	
Marne	17	17	″	15	2	14	2	16	1	″	1	
Marne (Haute-)	8	8	″	6	2	5	″	5	1	2	3	
Mayenne	14	14	″	6	8	5	4	9	1	4	5	
Meurthe	26	26	″	18	8	15	3	18	3	5	8	
Meuse	13	13	″	8	5	8	2	10	″	3	3	
Morbihan	22	22	″	19	3	19	3	22	″	″	″	
Moselle	12	12	″	8	4	8	2	10	″	2	2	
Nièvre	13	13	″	9	4	9	3	12	″	1	1	
Nord	95	95	″	71	24	70	12	82	1	12	13	
Oise	19	17	2	16	3	16	3	19	″	″	″	
Orne	12	12	″	9	3	9	1	10	″	2	2	
Pas-de-Calais	68	62	6	56	12	55	4	59	1	8	9	
Puy-de-Dôme	51	49	2	45	6	45	6	51	″	″	″	
Pyrénées (Basses-)	59	50	9	54	5	53	3	56	1	2	3	
Pyrénées (Hautes-)	18	18	″	16	2	16	″	16	″	2	2	
Pyrénées-Orientales	39	39	″	39	″	39	″	39	″	″	″	
Rhin (Bas-)	37	14	23	23	14	20	12	32	3	2	5	
Rhin (Haut-)	27	15	12	21	6	20	1	21	1	5	6	
Rhône	87	86	1	66	21	64	17	81	2	4	6	
Saône (Haute-)	11	11	″	5	6	5	4	9	″	2	2	
Saône-et-Loire	43	40	3	25	18	21	14	35	4	4	8	
Sarthe	10	10	″	9	1	9	″	9	″	1	1	
Savoie	6	6	″	(1) 6	″	6	″	6	″	″	″	(1) Dont 3 prêtres.
Savoie (Haute-)	37	37	″	37	″	20	″	20	17	″	17	
Seine	377	377	″	338	39	332	10	342	6	29	35	
Seine-Inférieure	64	61	3	48	16	46	″	46	2	16	18	
Seine-et-Marne	15	15	″	12	3	11	2	13	1	1	2	
Seine-et-Oise	44	40	4	39	5	36	1	37	3	4	7	
Sèvres (Deux-)	42	42	″	36	6	34	5	39	2	1	3	
Somme	49	45	4	46	3	46	1	47	″	2	2	
Tarn	26	24	2	24	2	23	1	24	1	1	2	
Tarn-et-Garonne	28	28	″	25	3	25	3	28	″	″	″	
Var	68	68	″	65	3	65	2	67	″	1	1	
Vaucluse	36	35	1	31	5	30	3	33	1	2	3	
Vendée	13	12	1	6	7	6	3	9	″	4	4	
Vienne	30	29	1	22	8	21	7	28	1	1	2	
Vienne (Haute-)	32	32	″	29	3	26	2	28	3	1	4	
Vosges	21	20	1	16	5	14	5	19	2	″	2	
Yonne	20	20	″	15	5	14	″	14	1	5	6	
TOTAUX	3,108	2,980	128	2,572	536	2,484	300	2,784	88	236	324	
		3,108		3,108		2,784			324			
						3,108						

ENSEIGNEMENT LIBRE. — ÉCOLES DE GARÇONS.

TABLEAU N° 68.

Écoles classées d'après le culte auquel appartiennent les enfants qui les fréquentent.

DÉPARTEMENTS.	NOMBRE DES ÉCOLES				
	SPÉCIALES AU CULTE			COMMUNES aux élèves des différents cultes.	TOTAL.
	catholique.	protestant.	israélite.		
1	2	3	4	5	6
Ain	16	1	″	″	17
Aisne	26	3	″	″	29
Allier	25	1	″	″	26
Alpes (Basses-)	5	″	″	″	5
Alpes (Hautes-)	14	1	″	″	15
Alpes-Maritimes	20	2	″	″	22
Ardèche	14	12	″	″	26
Ardennes	11	″	″	″	11
Ariége	5	1	″	″	6
Aube	3	1	″	″	4
Aude	23	″	″	″	23
Aveyron	52	″	″	″	52
Bouches-du-Rhône	119	4	1	3	127
Calvados	19	″	″	″	19
Cantal	12	″	″	″	12
Charente	22	2	″	″	24
Charente-Inférieure	49	10	″	1	60
Cher	15	1	″	″	16
Corrèze	11	″	″	″	11
Corse	21	″	″	″	21
Côte-d'Or	12	″	″	2	14
Côtes-du-Nord	19	″	″	″	19
Creuse	44	″	″	″	44
Dordogne	20	3	″	1	24
Doubs	7	4	2	1	14
Drôme	24	10	″	4	38
Eure	21	″	″	″	21
Eure-et-Loir	11	″	″	″	11
Finistère	33	1	″	″	34
Gard	19	38	″	10	67
Garonne (Haute-)	68	1	″	″	69
Gers	44	″	″	″	44
Gironde	61	3	″	″	64
Hérault	111	4	″	″	115
Ille-et-Vilaine	36	″	″	″	36
Indre	9	″	″	″	9
Indre-et-Loire	16	″	″	″	16
Isère	42	7	″	″	49
Jura	17	″	″	″	17
Landes	16	″	″	″	16
Loir-et-Cher	8	1	″	″	9
Loire	35	2	″	″	37
Loire (Haute-)	12	9	″	″	21
Loire-Inférieure	56	1	″	″	57
Loiret	12	″	″	″	12
Lot	22	″	″	″	22
Lot-et-Garonne	36	4	″	″	40
Lozère	4	9	″	″	13
Maine-et-Loire	18	1	″	″	19
Manche	22	″	″	″	22
Marne	15	2	″	″	17
Marne (Haute-)	8	″	″	″	8
Mayenne	14	″	″	″	14
Meurthe	19	1	″	6	26
Meuse	13	″	″	″	13
Morbihan	22	″	″	″	22
Moselle	11	″	1	″	12
Nièvre	13	″	″	″	13
Nord	94	1	″	″	95
Oise	16	3	″	″	19
Orne	11	1	″	″	12
Pas-de-Calais	55	4	″	9	68
Puy-de-Dôme	51	″	″	″	51
Pyrénées (Basses-)	55	4	″	″	59
Pyrénées (Hautes-)	18	″	″	″	18
Pyrénées-Orientales	39	″	″	″	39
Rhin (Bas-)	18	13	5	1	37
Rhin (Haut-)	9	4	11	3	27
Rhône	85	2	″	″	87
Saône (Haute-)	11	″	″	″	11
Saône-et-Loire	39	4	″	″	43
Sarthe	9	1	″	″	10
Savoie	6	″	″	″	6
Savoie (Haute-)	36	1	″	″	37
Seine	343	30	4	″	377
Seine-Inférieure	59	5	″	″	64
Seine-et-Marne	15	″	″	″	15
Seine-et-Oise	41	3	″	″	44
Sèvres (Deux-)	23	16	″	3	42
Somme	49	″	″	″	49
Tarn	23	2	″	1	26
Tarn-et-Garonne	26	2	″	″	28
Var	68	″	″	″	68
Vaucluse	36	″	″	″	36
Vendée	12	1	″	″	13
Vienne	18	12	″	″	30
Vienne (Haute-)	26	6 (1)	″	″	32
Vosges	19	1	1	″	21
Yonne	19	1	″	″	20
TOTAUX	2,781	257	25	45	3,108
	3,108				

(1) Écoles appartenant au culte évangélique non reconnu.

Tableau n° 69.

ENSEIGNEMENT LIBRE.

ÉCOLES DE GARÇONS.

Écoles classées d'après la tenue de la classe et la direction de l'enseignement.

DÉPARTEMENTS.	NOMBRE DES ÉCOLES															
	LAÏQUES.					CONGRÉGANISTES.					TOTAL.					
	Bonnes.	Assez bonnes.	Passables.	Médiocres.	Mauvaises.	Bonnes.	Assez bonnes.	Passables.	Médiocres.	Mauvaises.	Bonnes.	Assez bonnes.	Passables.	Médiocres.	Mauvaises.	TOTAL général.
1	2	3	4	5	6	7	8	9	10	11	12	13	14	15	16	17
Ain	4	″	2	2	4	3	2	″	″	″	7	2	2	2	4	17
Aisne	15	6	3	3	″	1	1	″	″	″	16	7	3	3	″	29
Allier	4	6	3	3	1	4	4	1	″	″	8	10	4	3	1	26
Alpes (Basses-)	1	″	2	2	″	″	″	″	″	″	1	″	2	2	″	5
Alpes (Hautes-)	3	4	3	4	1	″	″	″	″	″	3	4	3	4	1	15
Alpes-Maritimes	5	6	2	5	3	″	″	1	″	″	5	6	3	5	3	22
Ardèche	2	6	7	2	3	2	3	1	″	″	4	9	8	2	3	26
Ardennes	4	4	1	1	″	1	″	″	″	″	5	4	1	1	″	11
Ariége	1	″	″	1	1	″	2	″	1	″	1	2	″	2	1	6
Aube	″	2	″	1	″	″	1	″	″	″	″	3	″	1	″	4
Aude	8	3	6	4	1	″	1	″	″	″	8	4	6	4	1	23
Aveyron	7	6	18	9	2	4	2	3	1	″	11	8	21	10	2	52
Bouches-du-Rhône	11	31	35	26	8	8	6	2	″	″	19	37	37	26	8	127
Calvados	7	3	3	3	″	2	1	″	″	″	9	4	3	3	″	19
Cantal	2	2	3	2	″	2	1	″	″	″	4	3	3	2	″	12
Charente	1	3	7	4	6	2	″	1	″	″	3	3	8	4	6	24
Charente-Inférieure	7	17	12	6	16	2	″	″	″	″	9	17	12	6	16	60
Cher	″	2	4	2	2	″	3	1	2	″	″	5	5	4	2	16
Corrèze	1	1	″	4	4	″	1	″	″	″	1	2	″	4	4	11
Corse	3	4	10	3	″	″	1	″	″	″	3	5	10	3	″	21
Côte-d'Or	3	2	1	″	″	4	4	″	″	″	7	6	1	″	″	14
Côtes-du-Nord	″	1	4	″	1	5	6	2	″	″	5	7	6	″	1	19
Creuse	2	6	13	14	8	″	1	″	″	″	2	7	13	14	8	44
Dordogne	7	4	1	5	1	6	″	″	″	″	13	4	1	5	1	24
Doubs	1	2	4	5	1	1	″	″	″	″	2	2	4	5	1	14
Drôme	8	5	11	6	4	2	1	″	1	″	10	6	11	7	4	38
Eure	3	4	6	1	4	1	2	″	″	″	4	6	6	1	4	21
Eure-et-Loir	5	1	1	1	″	1	1	1	″	″	6	2	2	1	″	11
Finistère	9	6	4	3	6	4	2	″	″	″	13	8	4	3	6	34
Gard	8	18	25	8	2	3	2	1	″	″	11	20	26	8	2	67
Garonne (Haute-)	8	16	6	15	8	4	″	5	7	″	12	16	11	22	8	69
Gers	3	10	10	10	6	1	2	2	″	″	4	12	12	10	6	44
Gironde	16	16	6	16	1	4	3	2	″	″	20	19	8	16	1	64
Hérault	28	44	22	15	″	2	2	2	″	″	30	46	24	15	″	115
Ille-et-Vilaine	3	5	2	1	4	3	10	6	2	″	6	15	8	3	4	36
Indre	1	1	4	1	″	″	1	1	″	″	1	2	5	1	″	9
Indre-et-Loire	6	2	3	2	″	2	″	1	″	″	8	2	4	2	″	16
Isère	6	5	13	7	3	3	7	4	1	″	9	12	17	8	3	49
Jura	1	5	2	2	″	4	3	″	″	″	5	8	2	2	″	17
Landes	3	4	2	1	6	″	″	″	″	″	3	4	2	1	6	16
Loir-et-Cher	1	1	5	″	″	″	″	2	″	″	1	1	7	″	″	9
Loire	9	10	6	4	″	3	1	2	2	″	12	11	8	6	″	37
Loire (Haute-)	″	6	4	7	1	2	1	″	″	″	2	7	4	7	1	21
Loire-Inférieure	4	13	14	6	4	4	6	6	″	″	8	19	20	6	4	57
Loiret	1	5	1	1	″	4	″	″	″	″	5	5	1	1	″	12
Lot	4	2	8	4	2	2	″	″	″	″	6	2	8	4	2	22
Lot-et-Garonne	14	7	5	8	3	1	2	″	″	″	15	9	5	8	3	40

Écoles classées d'après la tenue de la classe et la direction de l'enseignement.

DÉPARTEMENTS.	NOMBRE DES ÉCOLES															
	LAÏQUES.					CONGRÉGANISTES.					TOTAL.					
	Bonnes.	Assez bonnes.	Passables.	Médiocres.	Mauvaises.	Bonnes.	Assez bonnes.	Passables.	Médiocres.	Mauvaises.	Bonnes.	Assez bonnes.	Passables.	Médiocres.	Mauvaises.	TOTAL général.
1	2	3	4	5	6	7	8	9	10	11	12	13	14	15	16	17
Lozère	″	″	4	3	3	1	2	″	″	″	1	2	4	3	3	13
Maine-et-Loire	3	4	″	2	″	2	5	2	1	″	5	9	2	3	″	19
Manche	4	6	2	4	″	4	2	″	″	″	8	8	2	4	″	22
Marne	5	8	1	1	″	2	″	″	″	″	7	8	1	1	″	17
Marne (Haute-)	4	″	″	2	″	1	1	″	″	″	5	1	″	2	″	8
Mayenne	2	2	″	1	1	3	2	2	1	″	5	4	2	2	1	14
Meurthe	7	4	2	″	5	4	3	″	1	″	11	7	2	1	5	26
Meuse	4	1	2	″	1	3	″	2	″	″	7	1	4	″	1	13
Morbihan	5	2	1	8	3	1	″	2	″	″	6	2	3	8	3	22
Moselle	3	5	″	″	″	4	″	″	″	″	7	5	″	″	″	12
Nièvre	2	3	″	3	1	1	2	1	″	″	3	5	1	3	1	13
Nord	19	15	18	12	7	12	5	6	1	″	31	20	24	13	7	95
Oise	5	3	6	1	1	2	1	″	″	″	7	4	6	1	1	19
Orne	2	″	3	3	1	″	2	1	″	″	2	2	4	3	1	12
Pas-de-Calais	23	15	5	10	3	4	6	2	″	″	27	21	7	10	3	68
Puy-de-Dôme	16	11	6	9	3	5	″	1	″	″	21	11	7	9	3	51
Pyrénées (Basses-)	8	12	13	12	9	1	3	1	″	″	9	15	14	12	9	59
Pyrénées (Hautes-)	3	6	4	1	2	1	1	″	″	″	4	7	4	1	2	18
Pyrénées-Orientales	6	11	11	9	2	″	″	″	″	″	6	11	11	9	2	39
Rhin (Bas-)	2	9	5	6	1	4	3	3	3	1	6	12	8	9	2	37
Rhin (Haut-)	7	13	1	″	″	4	″	2	″	″	11	13	3	″	″	27
Rhône	11	45	7	3	″	8	5	7	1	″	19	50	14	4	″	87
Saône (Haute-)	3	″	1	1	″	3	1	2	″	″	6	1	3	1	″	11
Saône-et-Loire	10	7	5	2	1	8	8	2	″	″	18	15	7	2	1	43
Sarthe	2	1	1	2	3	″	1	″	″	″	2	2	1	2	3	10
Savoie	3	″	″	3	″	″	″	″	″	″	3	″	″	3	″	6
Savoie (Haute-)	″	5	11	18	3	″	″	″	″	″	″	5	11	18	3	37
Seine	148	109	52	23	6	31	7	1	″	″	179	116	53	23	6	377
Seine-Inférieure	18	10	9	8	3	14	2	″	″	″	32	12	9	8	3	64
Seine-et-Marne	1	1	4	5	1	″	1	1	1	″	1	2	5	6	1	15
Seine-et-Oise	11	11	7	9	1	2	1	2	″	″	13	12	9	9	1	44
Sèvres (Deux-)	3	7	10	6	10	2	1	2	1	″	5	8	12	7	10	42
Somme	18	11	8	7	2	2	1	″	″	″	20	12	8	7	2	49
Tarn	2	6	5	5	6	2	″	″	″	″	4	6	5	5	6	26
Tarn-et-Garonne	3	1	7	″	14	1	1	″	1	″	4	2	7	1	14	28
Var	12	22	11	14	6	2	″	1	″	″	14	22	12	14	6	68
Vaucluse	13	11	5	2	″	1	3	1	″	″	14	14	6	2	″	36
Vendée	″	1	3	2	″	3	3	1	″	″	3	4	4	2	″	13
Vienne	4	8	4	1	5	7	″	1	″	″	11	8	5	1	5	30
Vienne (Haute-)	5	11	11	2	″	1	2	″	″	″	6	13	11	2	″	32
Vosges	1	12	1	″	2	2	2	1	″	″	3	14	2	″	2	21
Yonne	6	1	1	3	4	3	1	″	1	″	9	2	1	4	4	20
TOTAUX	644	717	551	433	227	248	164	94	29	1	892	881	645	462	228	3,108
	2,572					536					3,108					
	3,108															

Maisons d'école.

ÉCOLES DE GARÇONS.

DÉPARTEMENTS.	NOMBRE DES MAISONS D'ÉCOLE														OBSERVATIONS.
	APPARTENANT aux communes.		LOUÉES, PRÊTÉES ou appartenant aux instituteurs.		APPARTENANT à des congrégations religieuses.	BIEN DISPOSÉES.		MÉDIOCREMENT DISPOSÉES.		ASSEZ MAL DISPOSÉES.		MAL DISPOSÉES.		TOTAL.	
	Laïques.	Congréganistes.	Laïques.	Congréganistes.		Laïques.	Congréganistes.	Laïques.	Congréganistes.	Laïques.	Congréganistes.	Laïques.	Congréganistes.		
1	2	3	4	5	6	7	8	9	10	11	12	13	14	15	16
Ain	″	″	12	2	3	3	4	2	1	2	″	5	″	17	
Aisne	1	″	26	1	1	16	2	8	″	1	″	2	″	29	
Allier	″	1	17	8	″	5	7	5	1	2	″	5	1	26	
Alpes (Basses-)	″	″	5	″	″	″	″	5	″	″	″	″	″	5	
Alpes (Hautes-)	″	″	15	″	″	6	″	5	″	1	″	3	″	15	
Alpes-Maritimes	″	″	21	1	″	9	1	12	″	″	″	″	″	22	
Ardèche	1	2	19	4	″	7	6	6	″	5	″	2	″	26	
Ardennes	1	″	9	1	″	7	1	3	″	″	″	″	″	11	
Ariége	″	″	3	3	″	″	1	2	″	1	2	″	″	6	
Aube	″	″	3	″	1	1	″	2	1	″	″	″	″	4	
Aude	1	″	21	″	1	12	1	7	″	1	″	2	″	23	
Aveyron	1	″	41	6	4	35	9	6	1	1	″	″	″	52	
Bouches-du-Rhône	2	2	109	12	2	38	10	33	3	30	3	10	″	127	
Calvados	″	″	(1) 16	3	″	8	3	6	″	2	″	″	″	19	(1) Une de ces écoles est installée dans une maison appartenant à une communauté religieuse.
Cantal	″	1	9	1	1	5	1	2	1	2	1	″	″	12	
Charente	″	″	21	3	″	11	2	9	1	1	″	″	″	24	
Charente-Inférieure	3	″	55	2	″	33	2	8	″	7	″	10	″	60	
Cher	″	″	10	6	″	3	3	5	2	1	″	1	1	16	
Corrèze	″	″	10	″	1	1	1	2	″	3	″	4	″	11	
Corse	″	1	20	″	″	4	1	8	″	7	″	1	″	21	
Côte-d'Or	″	″	6	″	8	2	6	3	2	″	″	1	″	14	
Côtes-du-Nord	1	″	5	6	7	2	11	1	1	2	″	1	1	19	
Creuse	″	″	43	1	″	5	1	9	″	13	″	16	″	44	
Dordogne	″	1	18	5	″	9	5	7	1	2	″	″	″	24	
Doubs	″	″	13	″	1	4	1	7	″	1	″	1	″	14	
Drôme	″	″	34	3	1	22	4	10	″	1	″	1	″	38	
Eure	2	″	16	1	2	6	3	7	″	5	″	″	″	21	
Eure-et-Loir	″	″	8	″	3	3	3	4	″	1	″	″	″	11	
Finistère	″	1	28	2	3	11	3	7	3	9	″	1	″	34	
Gard	″	″	61	5	1	20	6	30	″	11	″	″	″	67	
Garonne (Haute-)	1	1	52	11	4	9	11	26	4	10	1	8	″	69	
Gers	1	″	38	5	″	15	3	16	2	4	″	4	″	44	
Gironde	4	″	51	6	3	39	7	13	2	3	″	″	″	64	
Hérault	″	1	109	4	1	63	5	31	1	10	″	5	″	115	
Ille-et-Vilaine	″	1	15	14	6	3	11	6	9	4	1	2	″	36	
Indre	″	″	7	″	2	5	2	″	″	2	″	″	″	9	
Indre-et-Loire	″	″	13	2	1	11	3	1	″	″	″	1	″	16	
Isère	″	1	34	8	6	18	9	7	4	8	1	1	1	49	
Jura	″	3	10	″	4	3	6	4	″	3	1	″	″	17	
Landes	1	″	15	″	″	3	″	5	″	2	″	6	″	16	
Loir-et-Cher	1	2	6	″	″	2	2	4	″	1	″	″	″	9	
Loire	″	1	20	6	1	20	8	8	″	1	″	″	″	37	
Loire (Haute-)	″	″	18	″	3	1	3	9	″	5	″	3	″	21	
Loire-Inférieure	″	1	41	12	3	13	12	19	2	4	2	5	″	57	
Loiret	″	1	8	3	″	6	4	2	″	″	″	″	″	12	
Lot	″	″	20	1	1	11	2	3	″	5	″	1	″	22	
Lot-et-Garonne	6	1	31	2	″	25	3	4	″	1	″	7	″	40	

Maisons d'école.

DÉPARTEMENTS.	NOMBRE DES MAISONS D'ÉCOLE — APPARTENANT aux communes.		LOUÉES, PRÊTÉES ou appartenant aux instituteurs.		APPARTENANT à des congrégations religieuses.	BIEN DISPOSÉES.		MÉDIOCREMENT DISPOSÉES.		ASSEZ MAL DISPOSÉES.		MAL DISPOSÉES.		TOTAL.	OBSERVATIONS.
	Laïques.	Congréganistes.	Laïques.	Congréganistes.		Laïques.	Congréganistes.	Laïques.	Congréganistes.	Laïques.	Congréganistes.	Laïques.	Congréganistes.		
1	2	3	4	5	6	7	8	9	10	11	12	13	14	15	16
Lozère	″	″	10	1	2	″	3	4	″	6	″	″	″	13	
Maine-et-Loire	″	1	9	6	3	7	7	1	2	1	1	″	″	19	
Manche	″	″	16	″	6	9	6	7	″	″	″	″	″	22	
Marne	″	″	15	″	2	10	2	4	″	1	″	″	″	17	
Marne (Haute-)	″	″	6	″	2	4	2	″	″	1	″	1	″	8	
Mayenne	″	″	6	5	3	4	7	2	1	″	″	″	″	14	
Meurthe	″	″	18	6	2	6	6	6	2	4	″	2	″	26	
Meuse	″	″	8	2	3	5	3	3	2	″	″	″	″	13	
Morbihan	″	″	19	1	2	4	1	5	2	8	″	2	″	22	
Moselle	″	″	8	2	2	2	4	6	″	″	″	″	″	12	
Nièvre	″	″	9	4	″	4	3	″	″	3	1	2	″	13	
Nord	″	″	71	21	3	34	18	19	3	7	1	11	2	95	
Oise	″	″	16	2	1	7	3	7	″	2	″	″	″	19	
Orne	″	1	9	2	″	4	3	2	″	3	″	″	″	12	
Pas-de-Calais	1	″	55	6	6	23	8	21	3	8	″	4	1	68	
Puy-de-Dôme	″	″	45	2	4	14	5	9	″	5	″	17	1	51	
Pyrénées (Basses-)	7	1	47	1	3	16	3	15	2	10	″	13	″	59	
Pyrénées (Hautes-)	1	″	(1) 15	″	2	7	2	8	″	1	″	″	″	18	(1) Une de ces écoles est installée dans une maison appartenant à une communauté religieuse.
Pyrénées-Orientales	″	″	39	″	″	6	″	11	″	14	″	8	″	39	
Rhin (Bas-)	″	2	23	5	7	15	11	4	2	2	″	2	1	37	
Rhin (Haut-)	1	″	20	5	1	10	4	4	1	4	1	3	″	27	
Rhône	1	3	65	15	3	26	15	33	5	5	1	2	″	87	
Saône (Haute-)	″	1	5	3	2	3	6	2	″	″	″	″	″	11	
Saône-et-Loire	″	2	25	13	3	10	15	12	3	2	″	1	″	43	
Sarthe	1	″	8	1	″	3	″	1	1	1	″	4	″	10	
Savoie	1	″	5	″	″	1	″	3	″	″	″	2	″	6	
Savoie (Haute-)	″	″	37	″	″	2	″	20	″	13	″	2	″	37	
Seine	1	7	337	25	7	187	24	117	10	19	″	15	5	377	
Seine-Inférieure	″	1	48	12	3	20	13	15	2	9	″	4	1	64	
Seine-et-Marne	″	1	12	1	1	2	2	2	″	5	1	3	″	15	
Seine-et-Oise	″	1	39	2	2	24	3	9	1	3	″	3	1	44	
Sèvres (Deux-)	″	″	36	2	4	7	6	5	″	13	″	11	″	42	
Somme	3	″	43	2	1	22	3	12	″	7	″	5	″	49	
Tarn	″	″	24	1	1	8	2	6	″	6	″	4	″	26	
Tarn-et-Garonne	2	1	23	2	″	5	1	8	1	5	1	7	″	28	
Var	2	1	63	2	″	24	3	22	″	13	″	6	″	68	
Vaucluse	2	1	29	4	″	17	5	9	″	1	″	4	″	36	
Vendée	″	″	6	2	5	2		2	1	1	″	1	″	13	
Vienne	1	″	21	3	5	7	4	5	2	3	1	7	1	30	
Vienne (Haute-)	2	″	27	3	″	15	2	11	1	3	″	″	″	32	
Vosges	1	″	15	3	2	6	5	7	″	1	″	2	″	21	
Yonne	″	1	15	1	3	6	4	1	1	″	″	8	″	20	
TOTAUX	54	47	2,518	318	171	1,123	409	819	90	305	20	265	17	3,108	
	101		2,836			1,532		909		385		282			
	3.108					3,108									

Population des écoles de garçons.

ÉCOLES DE GARÇONS.

DÉPARTEMENTS.	NOMBRE DES ÉLÈVES — PAYANTS admis dans les écoles — laïques.	PAYANTS — congréganistes.	PAYANTS — TOTAL.	GRATUITS admis dans les écoles — payantes — laïques.	GRATUITS — payantes — congréganistes.	GRATUITS — gratuites — laïques.	GRATUITS — gratuites — congréganistes.	GRATUITS — TOTAL.	TOTAL des élèves admis dans les écoles — laïques.	TOTAL — congréganistes.	TOTAL — garçons.	TOTAL — filles.	TOTAL général.
1	2	3	4	5	6	7	8	9	10	11	12	13	14
Ain	397	578	975	30	243	″	65	338	427	886	1,243	70	1,313
Aisne	1,471	″	1,471	12	″	141	112	265	1,624	112	1,705	31	1,736
Allier	971	378	1,349	46	292	196	800	1,334	1,213	1,470	2,649	34	2,683
Alpes (Basses-)	83	″	83	″	″	″	″	″	83	″	83	″	83
Alpes (Hautes-)	473	″	473	″	″	″	″	″	473	″	473	″	473
Alpes-Maritimes	652	″	652	10	″	58	55	123	720	55	775	″	775
Ardèche	618	162	780	55	65	″	333	453	673	560	1,233	″	1,233
Ardennes	552	13	565	3	60	48	″	111	603	73	653	23	676
Ariége	86	35	121	″	15	″	213	228	86	263	349	″	349
Aube	259	″	259	″	″	″	250	250	259	250	489	20	509
Aude	851	″	851	4	″	″	115	119	855	115	970	″	970
Aveyron	1,189	743	1,932	14	29	″	275	318	1,203	1,047	2,250	″	2,250
Bouches-du-Rhône	4,704	1,052	5,756	155	168	204	216	743	5,063	1,436	6,445	54	6,499
Calvados	759	33	792	8	″	″	331	339	767	364	1,115	16	1,131
Cantal	239	205	444	10	20	″	120	150	249	345	594	″	594
Charente	663	92	755	″	″	″	450	450	663	542	1,205	″	1,205
Charente-Inférieure	2,436	25	2,461	120	15	″	278	413	2,556	318	2,762	112	2,874
Cher	567	224	791	36	110	40	492	678	643	826	1,438	31	1,469
Corrèze	237	100	337	4	7	″	″	11	241	107	348	″	348
Corse	497	65	562	″	″	90	″	90	587	65	652	″	652
Côte-d'Or	416	266	682	″	84	″	1,309	1,393	416	1,659	2,058	17	2,075
Côtes-du-Nord	212	1,695	1,907	86	380	″	98	564	298	2,173	2,339	132	2,471
Creuse	1,059	50	1,109	3	10	″	″	13	1,062	60	1,122	″	1,122
Dordogne	704	230	1,024	13	40	28	556	637	835	826	1,637	24	1,661
Doubs	483	″	483	15	″	″	310	325	498	310	717	91	808
Drôme	1,215	55	1,270	27	5	″	284	316	1,242	344	1,521	65	1,586
Eure	564	″	564	14	″	″	372	386	578	372	911	39	950
Eure-et-Loir	526	216	742	″	10	″	224	234	526	450	976	″	976
Finistère	1,160	1,185	2,345	124	363	40	″	527	1,324	1,548	2,843	29	2,872
Gard	1,704	206	1,910	5	4	″	650	659	1,709	860	2,569	″	2,569
Garonne (Haute-)	1,713	398	2,111	138	50	″	1,185	1,373	1,851	1,633	3,419	65	3,484
Gers	1,209	271	1,480	31	1	″	120	152	1,240	392	1,632	″	1,632
Gironde	2,912	20	2,932	92	50	31	1,021	1,194	3,035	1,091	4,126	″	4,126
Hérault	4,465	706	5,171	28	20	″	240	288	4,493	966	5,459	″	5,459
Ille-et-Vilaine	504	2,006	2,510	77	739	80	″	896	661	2,745	3,406	″	3,406
Indre	450	224	674	25	70	″	″	95	475	294	769	″	769
Indre-et-Loire	757	113	870	″	7	″	31	38	757	151	908	″	908
Isère	934	1,160	2,094	″	272	90	692	1,054	1,024	2,124	3,146	2	3,148
Jura	347	649	996	″	″	48	80	128	395	729	1,124	″	1,124
Landes	476	″	476	20	″	81	″	101	577	″	577	″	577
Loir-et-Cher	271	7	278	20	68	31	2	121	322	77	399	″	399
Loire	1,480	577	2,057	″	″	″	730	730	1,480	1,307	2,787	″	2,787
Loire (Haute-)	503	335	838	″	″	″	105	105	503	440	943	″	943
Loire-Inférieure	2,347	925	3,272	131	322	587	3,138	4,178	3,065	4,385	7,450	″	7,450
Loiret	565	267	832	65	67	″	″	132	630	334	964	″	964
Lot	569	285	854	44	139	″	″	183	613	424	1,037	″	1,037
Lot-et-Garonne	1,432	315	1,747	″	35	″	115	150	1,432	465	1,897	″	1,897

Population des écoles de garçons.

DÉPARTEMENTS.	NOMBRE DES ÉLÈVES — PAYANTS admis dans les écoles — laïques.	congréganistes.	TOTAL.	GRATUITS admis dans les écoles — payantes — laïques.	congréganistes.	gratuites — laïques.	congréganistes.	TOTAL.	TOTAL des élèves admis dans les écoles — laïques.	congréganistes.	garçons.	filles.	TOTAL général.
1	2	3	4	5	6	7	8	9	10	11	12	13	14
Lozère	178	108	286	″	″	″	137	137	178	245	391	32	423
Maine-et-Loire	316	230	540	25	27	″	1,038	1,090	341	1,295	1,633	3	1,636
Manche	1,360	243	1,603	34	85	″	475	594	1,394	803	2,197	″	2,197
Marne	1,060	278	1,338	″	″	38	″	38	1,098	278	1,376	″	1,376
Marne (Haute-)	305	″	305	″	″	38	287	325	343	287	630	″	630
Mayenne	260	137	397	18	42	47	823	930	325	1,002	1,327	″	1,327
Meurthe	747	151	898	″	40	123	864	1,027	870	1,055	1,925	″	1,925
Meuse	499	270	769	″	61	″	741	802	499	1,072	1,571	″	1,571
Morbihan	835	410	1,245	36	94	″	″	130	871	504	1,375	″	1,375
Moselle	780	303	1,083	65	100	″	1,080	1,245	845	1,483	2,328	″	2,328
Nièvre	948	530	1,478	32	68	″	132	232	980	730	1,710	″	1,710
Nord	4,482	2,175	6,657	90	404	70	2,239	2,803	4,642	4,818	9,460	″	9,460
Oise	549	396	945	56	2	″	″	58	605	398	993	10	1,003
Orne	575	78	653	12	″	″	315	327	587	393	980	″	980
Pas-de-Calais	3,417	576	3,993	115	104	41	797	1,057	3,573	1,477	4,837	213	5,050
Puy-de-Dôme	1,573	685	2,258	77	185	″	″	262	1,650	870	2,495	25	2,520
Pyrénées (Basses-)	1,591	185	1,776	128	50	30	300	508	1,749	535	2,167	117	2,284
Pyrénées (Hautes-)	517	″	517	62	″	″	356	418	579	356	935	″	935
Pyrénées-Orientales	1,413	″	1,413	″	″	″	″	″	1,413	″	1,413	″	1,413
Rhin (Bas-)	724	809	1,533	78	9	310	88	485	1,112	900	1,600	418	2,018
Rhin (Haut-)	838	234	1,072	18	″	132	412	562	988	646	1,445	189	1,634
Rhône	2,357	1,694	4,051	29	133	66	327	555	2,452	2,154	4,592	14	4,606
Saône (Haute-)	214	227	441	″	″	″	292	292	214	519	733	″	733
Saône-et-Loire	1,977	1,293	3,270	25	777	102	723	1,627	2,104	2,793	4,877	20	4,897
Sarthe	658	″	658	26	″	″	98	124	684	98	782	″	782
Savoie	106	173	279	1	″	″	″	1	107	173	280	″	280
Savoie (Haute-)	426	″	426	1	″	436	″	437	863	″	863	″	863
Seine	24,114	2,894	27,008	77	434	502	5,821	6,834	24,693	9,149	33,842	″	33,842
Seine-Inférieure	2,377	″	2,377	211	″	110	4,979	5,300	2,698	4,979	7,596	81	7,677
Seine-et-Marne	530	159	689	1	1	90	44	136	621	204	825	″	825
Seine-et-Oise	1,873	30	1,903	″	20	55	903	978	1,928	953	2,842	39	2,881
Sèvres (Deux-)	1,997	399	2,396	21	169	130	235	555	2,148	803	2,951	″	2,951
Somme	2,562	65	2,627	211	″	″	340	551	2,773	405	3,092	86	3,178
Tarn	1,209	262	1,471	77	39	″	293	409	1,286	594	1,858	22	1,880
Tarn-et-Garonne	900	270	1,170	36	″	″	″	36	936	270	1,206	″	1,206
Var	2,405	65	2,470	″	″	″	40	40	2,405	105	2,510	″	2,510
Vaucluse	1,022	215	1,237	9	62	74	121	266	1,105	398	1,492	11	1,503
Vendée	244	424	668	24	78	″	1,082	1,184	268	1,584	1,848	4	1,852
Vienne	1,159	964	2,123	164	530	″	208	902	1,323	1,702	3,010	15	3,025
Vienne (Haute-)	828	110	938	100	35	136	145	416	1,064	290	1,354	″	1,354
Vosges	478	345	823	75	257	61	″	393	614	602	1,206	10	1,216
Yonne	789	″	789	33	″	″	882	915	822	882	1,704	″	1,704
TOTAUX	117,963	33,253	151,216	3,432	7,566	4,384	41,984	57,366	125,770	82,803	206,418	2,164	208,582
	151,216			57,366					208,582		208,582		Dont 25,210 internes.
	208,582												

Élèves des écoles de garçons, classés d'après le culte auquel ils appartiennent.

ÉCOLES DE GARÇONS.

DÉPARTEMENTS.	NOMBRE DES ÉLÈVES APPARTENANT AU CULTE catholique.	protestant.	israélite.	TOTAL général.
1	2	3	4	5
Ain	1,310	3	"	1,313
Aisne	1,601	135	"	1,736
Allier	2,668	15	"	2,683
Alpes (Basses-)	83	"	"	83
Alpes (Hautes-)	453	20	"	473
Alpes-Maritimes	734	41	"	775
Ardèche	778	455	"	1,233
Ardennes	664	6	6	676
Ariége	324	25	"	349
Aube	476	33	"	509
Aude	970	"	"	970
Aveyron	2,250	"	"	2,250
Bouches-du-Rhône	6,235	222	42	6,499
Calvados	1,131	"	"	1,131
Cantal	594	"	"	594
Charente	1,125	80	"	1,205
Charente-Inférieure	2,565	309	"	2,874
Cher	1,417	52	"	1,469
Corrèze	348	"	"	348
Corse	652	"	"	652
Côte-d'Or	2,064	3	8	2,075
Côtes-du-Nord	2,471	"	"	2,471
Creuse	1,122	"	"	1,122
Dordogne	1,528	133	"	1,661
Doubs	552	169	87	808
Drôme	1,200	386	"	1,586
Eure	950	"	"	950
Eure-et-Loir	976	"	"	976
Finistère	2,854	18	"	2,872
Gard	1,402	1,167	"	2,569
Garonne (Haute-)	3,439	45	"	3,484
Gers	1,632	"	"	1,632
Gironde	3,901	225	"	4,126
Hérault	5,354	105	"	5,459
Ille-et-Vilaine	3,406	"	"	3,406
Indre	769	"	"	769
Indre-et-Loire	908	"	"	908
Isère	3,028	120	"	3,148
Jura	1,124	"	"	1,124
Landes	577	"	"	577
Loir-et-Cher	381	18	"	399
Loire	2,722	65	"	2,787
Loire (Haute-)	741	202	"	943
Loire-Inférieure	7,398	52	"	7,450
Loiret	964	"	"	964
Lot	1,037	"	"	1,037
Lot-et-Garonne	1,817	80	"	1,897

DÉPARTEMENTS.	NOMBRE DES ÉLÈVES APPARTENANT AU CULTE catholique.	protestant.	israélite.	TOTAL général.
1	2	3	4	5
Lozère	276	147	"	423
Maine-et-Loire	1,603	33	"	1,636
Manche	2,197	"	"	2,197
Marne	1,304	63	9	1,376
Marne (Haute-)	630	"	"	630
Mayenne	1,327	"	"	1,327
Meurthe	1,854	57	14	1,925
Meuse	1,563	6	2	1,571
Morbihan	1,375	"	"	1,375
Moselle	1,714	141	473	2,328
Nièvre	1,710	"	"	1,710
Nord	9,406	54	"	9,460
Oise	973	30	"	1,003
Orne	967	13	"	980
Pas-de-Calais	4,476	562	12	5,050
Puy-de-Dôme	2,520	"	"	2,520
Pyrénées (Basses-)	2,179	105	"	2,284
Pyrénées (Hautes-)	935	"	"	935
Pyrénées-Orientales	1,413	"	"	1,413
Rhin (Bas-)	1,185	675	158	2,018
Rhin (Haut-)	979	143	512	1,634
Rhône	4,540	66	"	4 606
Saône (Haute-)	733	"	"	733
Saône-et-Loire	4,795	102	"	4,897
Sarthe	778	4	"	782
Savoie	280	"	"	280
Savoie (Haute-)	856	7	"	863
Seine	31,500	1,943	309	33,842
Seine-Inférieure	7,346	331	"	7,677
Seine-et-Marne	825	"	"	825
Seine-et-Oise	2,827	54	"	2,881
Sèvres (Deux-)	1,876	1,075	"	2,951
Somme	3,178	"	"	3,178
Tarn	1,823	57	"	1,880
Tarn-et-Garonne	1,106	100	"	1,206
Var	2,510	"	"	2,510
Vaucluse	1,503	"	"	1,503
Vendée	1,842	10	"	1,852
Vienne	2,291	734	"	3,025
Vienne (Haute-)	1,200	154	"	1,354
Vosges	1,181	15	20	1,216
Yonne	1,704	"	"	1,704
TOTAUX	195,975	10,865	1,742	208,582
	208,582			

ENSEIGNEMENT LIBRE. TABLEAU N° 73.

ÉCOLES DE GARÇONS. *Personnel des instituteurs. — Titres de capacité. — État civil.*

DÉPARTEMENTS.	INSTITUTEURS — LAÏQUES — brevetés.	INSTITUTEURS — LAÏQUES — munis du diplôme de bachelier ou d'un autre titre équivalent au brevet.	INSTITUTEURS — LAÏQUES — non brevetés.	INSTITUTEURS — LAÏQUES — TOTAL.	INSTITUTEURS — CONGRÉGANISTES — brevetés.	INSTITUTEURS — CONGRÉGANISTES — non brevetés.	INSTITUTEURS — CONGRÉGANISTES — TOTAL.	TOTAL général.	ADJOINTS OU SOUS-MAÎTRES — INTERNES — laïques — brevetés	ADJOINTS OU SOUS-MAÎTRES — INTERNES — laïques — non brevetés.	ADJOINTS OU SOUS-MAÎTRES — INTERNES — congréganistes — brevetés.	ADJOINTS OU SOUS-MAÎTRES — INTERNES — congréganistes — non brevetés.	ADJOINTS OU SOUS-MAÎTRES — EXTERNES (professeurs) — laïques	ADJOINTS OU SOUS-MAÎTRES — EXTERNES (professeurs) — congréganistes.	ADJOINTS OU SOUS-MAÎTRES — TOTAL.	INSTITUTEURS LAÏQUES — célibataires.	INSTITUTEURS LAÏQUES — mariés.	INSTITUTEURS LAÏQUES — veufs.	OBSERVATIONS.
1	2	3	4	5	6	7	8	9	10	11	12	13	14	15	16	17	18	19	20
Ain	11	//	1	12	4	1	5	17	//	1	4	25	//	3	33	6	6	//	
Aisne	23	4	//	27	2	//	2	29	24	21	1	2	15	1	64	3	24	//	
Allier	17	//	//	17	9	//	9	26	10	2	12	16	10	4	54	5	12	//	
Alpes (Basses-)	5	//	//	5	//	//	//	5	//	//	//	//	//	//	//	1	4	//	
Alpes (Hautes-)	13	2	//	15	//	//	//	15	2	//	//	//	//	//	2	5	7	3	
Alpes-Maritimes	17	3	1	21	1	//	1	22	//	1	//	1	//	//	2	9	11	1	
Ardèche	18	2	//	20	6	//	6	26	2	2	1	10	//	//	15	7	11	2	
Ardennes	8	(1) 2	//	10	1	//	1	11	3	8	//	1	6	//	18	4	6	//	(1) Dont 1 prêtre.
Ariége	3	//	//	3	2	1	3	6	//	//	//	5	//	//	5	//	2	1	
Aube	3	//	//	3	1	//	1	4	5	//	//	3	//	//	8	//	3	//	
Aude	21	1	//	22	1	//	1	23	1	10	//	2	7	//	20	2	19	1	
Aveyron	40	2	//	42	10	//	10	52	1	4	8	6	//	//	19	19	19	4	
Bouches-du-Rhône	102	8	1	111	16	//	16	127	5	24	21	56	9	//	115	23	77	11	
Calvados	15	1	//	16	3	//	3	19	//	9	2	5	6	//	22	2	13	1	
Cantal	9	//	//	9	3	//	3	12	//	//	6	2	//	1	9	7	2	//	
Charente	21	//	//	21	3	//	3	24	1	4	2	4	2	//	13	1	15	5	
Charente-Inférieure	56	2	//	58	2	//	2	60	3	1	1	3	//	//	8	9	45	4	
Cher	7	3	//	10	6	//	6	16	//	2	//	6	//	//	8	3	7	//	
Corrèze	10	//	//	10	1	//	1	11	//	//	1	//	//	//	1	1	8	1	
Corse	20	//	//	20	1	//	1	21	//	1	//	2	//	//	3	9	10	1	
Côte-d'Or	6	//	//	6	8	//	8	14	5	//	10	20	1	//	36	2	4	//	
Côtes-du-Nord	6	//	//	6	11	2	13	19	//	1	//	29	//	//	30	3	3	//	
Creuse	42	1	//	43	1	//	1	44	//	1	//	2	//	//	3	13	28	2	
Dordogne	16	2	//	18	6	//	6	24	5	3	9	11	2	1	31	7	11	//	
Doubs	12	1	//	13	1	//	1	14	2	1	//	3	1	1	8	6	6	1	
Drôme	31	2	1	34	4	//	4	38	8	6	3	6	4	//	27	13	17	4	
Eure	15	3	//	18	3	//	3	21	2	14	//	6	5	//	27	5	9	4	
Eure-et-Loir	5	2	1	8	3	//	3	11	4	8	//	13	//	//	25	3	4	1	
Finistère	19	3	6	28	6	//	6	34	//	6	8	31	//	1	46	10	14	4	
Gard	59	(2) 2	//	61	6	//	6	67	3	(3) 9	12	14	//	//	38	18	37	6	(2) Dont 1 prêtre.
Garonne (Haute-)	48	4	1	53	9	7	16	69	3	30	12	24	7	10	86	13	37	3	(3) 6 ont une lettre de prêtrise.
Gers	36	2	1	39	5	//	5	44	1	//	//	7	//	//	8	8	29	2	
Gironde	48	7	//	55	9	//	9	64	36	//	//	15	16	1	68	12	36	7	
Hérault	97	10	2	109	6	//	6	115	16	26	5	32	1	1	81	26	73	10	
Ille-et-Vilaine	8	3	4	15	18	3	21	36	1	3	//	42	//	//	46	9	4	2	
Indre	6	//	1	7	2	//	2	9	1	5	2	4	1	//	13	3	4	//	
Indre-et-Loir	13	//	//	13	2	1	3	16	4	5	//	8	//	//	17	3	9	1	
Isère	29	1	4	34	15	//	15	49	//	10	8	59	4	1	82	13	20	1	
Jura	8	(4) 2	//	10	7	//	7	17	//	1	2	22	1	//	26	2	8	//	(4) Dont 1 prêtre.
Landes	11	1	4	16	//	//	//	16	1	3	//	//	//	//	4	4	9	3	
Loir-et-Cher	6	1	//	7	2	//	2	9	//	2	//	1	//	//	3	1	6	//	
Loire	29	//	//	29	8	//	8	37	3	7	18	13	//	1	42	6	22	1	
Loire (Haute-)	18	//	//	18	3	//	3	21	//	//	4	11	//	1	16	13	5	//	
Loire-Inférieure	34	7	//	41	16	//	16	57	7	24	37	42	14	9	133	7	33	1	
Loiret	8	//	//	8	4	//	4	12	9	6	2	15	6	//	38	//	8	//	
Lot	19	1	//	20	2	//	2	22	2	2	//	7	//	//	11	8	11	1	
Lot-et-Garonne	32	5	//	37	3	//	3	40	1	1	//	6	//	//	8	13	23	1	

TABLEAU N° 73. (Suite.)

ENSEIGNEMENT LIBRE.

ÉCOLES DE GARÇONS.

Personnel des instituteurs. — Titres de capacité. — État civil.

DÉPARTEMENTS.	INSTITUTEURS — LAÏQUES — brevetés.	INSTITUTEURS — LAÏQUES — munis du diplôme de bachelier ou d'un autre titre équivalent au brevet.	INSTITUTEURS — LAÏQUES — non brevetés.	INSTITUTEURS — LAÏQUES — TOTAL.	INSTITUTEURS — CONGRÉGANISTES — brevetés.	INSTITUTEURS — CONGRÉGANISTES — non brevetés.	INSTITUTEURS — CONGRÉGANISTES — TOTAL.	TOTAL général.	ADJOINTS OU SOUS-MAÎTRES — INTERNES — laïques — brevetés.	ADJOINTS OU SOUS-MAÎTRES — INTERNES — laïques — non brevetés.	ADJOINTS OU SOUS-MAÎTRES — INTERNES — congréganistes — brevetés.	ADJOINTS OU SOUS-MAÎTRES — INTERNES — congréganistes — non brevetés.	ADJOINTS OU SOUS-MAÎTRES — EXTERNES (professeurs) — laïques.	ADJOINTS OU SOUS-MAÎTRES — EXTERNES (professeurs) — congréganistes.	TOTAL.	INSTITUTEURS LAÏQUES — célibataires.	INSTITUTEURS LAÏQUES — mariés.	INSTITUTEURS LAÏQUES — veufs.	OBSERVATIONS.
1	2	3	4	5	6	7	8	9	10	11	12	13	14	15	16	17	18	19	20
Lozère	3	1	6	10	3	″	3	13	″	″	″	5	″	″	5	8	2	″	
Maine-et-Loire	5	4	″	9	9	1	10	19	2	7	″	21	2	2	34	6	3	″	
Manche	15	1	″	16	5	1	6	22	7	3	1	20	″	″	31	4	12	″	
Marne	14	1	″	15	2	″	2	17	12	16	8	12	21	17	86	2	12	1	
Marne (Haute-)	2	4	″	6	2	″	2	8	8	4	″	8	″	″	20	3	3	″	
Mayenne	6	″	″	6	7	1	8	14	4	″	″	15	″	″	19	1	4	1	
Meurthe	16	2	″	18	7	1	8	26	13	9	″	3	10	″	35	1	15	2	
Meuse	8	″	″	8	5	″	5	13	12	2	6	25	9	2	56	″	8	″	
Morbihan	18	1	″	19	3	″	3	22	″	4	″	12	″	″	16	3	16	″	
Moselle	8	″	″	8	4	″	4	12	1	1	″	29	″	2	33	″	8	″	
Nièvre	9	″	″	9	4	″	4	13	5	7	″	20	7	5	44	″	9	″	
Nord	70	″	1	71	23	1	24	95	4	41	1	85	7	10	148	15	54	2	
Oise	16	″	″	16	3	″	3	19	12	3	5	25	5	5	55	″	16	″	
Orne	8	″	1	9	3	″	3	12	1	7	″	8	″	1	17	3	6	″	
Pas-de-Calais	49	3	4	56	6	6	12	68	13	67	10	29	35	2	156	10	40	6	
Puy-de-Dôme	41	2	2	45	5	1	6	51	3	4	14	17	1	2	41	14	28	3	
Pyrénées (Basses-)	52	″	2	54	5	″	5	59	7	3	2	10	2	1	25	11	40	3	
Pyrénées (Hautes-)	15	1	″	16	2	″	2	18	1	″	1	5	″	″	7	7	8	1	
Pyrénées-Orientales	36	2	1	39	″	″	″	39	1	2	″	″	″	″	3	6	26	7	
Rhin (Bas-)	22	1	″	23	11	3	14	37	3	7	12	16	1	″	39	12	11	″	
Rhin (Haut-)	20	″	1	21	2	4	6	27	″	4	5	7	2	″	18	12	9	″	
Rhône	63	3	″	66	21	″	21	87	12	11	12	42	5	5	87	9	57	″	
Saône (Haute-)	5	″	″	5	6	″	6	11	″	″	4	8	″	″	12	1	4	″	
Saône-et-Loire	25	″	″	25	18	″	18	43	4	5	7	42	5	1	64	1	24	″	
Sarthe	9	″	″	9	1	″	1	10	8	2	″	2	10	″	22	2	7	″	
Savoie	3	(1) 3	″	6	″	″	″	6	″	″	″	″	″	″	″	5	1	″	(1) Prêtres.
Savoie (Haute-)	16	2	19	37	″	″	″	37	″	1	″	″	″	″	1	27	10	″	
Seine	309	26	3	338	32	7	39	377	95	229	48	159	239	34	804	40	274	18	
Seine-Inférieure	41	6	1	48	16	″	16	64	14	19	″	41	21	″	95	7	40	1	
Seine-et-Marne	11	1	″	12	2	1	3	15	1	3	″	9	″	″	13	2	9	1	
Seine-et-Oise	36	3	″	39	(2) 5	″	5	44	11	25	3	14	3	1	57	2	35	2	(2) Dont 1 pourvu du certificat de stage.
Sèvres (Deux-)	33	3	″	36	4	2	6	42	1	7	″	16	″	1	25	14	19	3	
Somme	44	(3) 2	″	46	2	1	3	49	23	22	″	9	5	″	59	3	41	2	(3) Dont 1 prêtre.
Tarn	20	3	1	24	2	″	2	26	″	″	1	6	″	″	7	9	13	2	
Tarn-et-Garonne	23	2	″	25	3	″	3	28	7	2	2	4	″	″	15	11	12	2	
Var	57	7	1	65	3	″	3	68	4	8	″	4	10	″	26	15	46	4	
Vaucluse	27	4	″	31	5	″	5	36	″	3	1	6	″	1	11	8	18	5	
Vendée	6	″	″	6	6	1	7	13	″	1	″	30	″	″	31	2	4	″	
Vienne	20	(4) 2	″	22	7	1	8	30	1	4	13	41	1	4	64	6	15	1	(4) Prêtres.
Vienne (Haute-)	25	4	″	29	3	″	3	32	2	1	1	6	″	″	10	10	18	1	
Vosges	16	″	″	16	4	1	5	21	″	1	3	13	″	1	18	4	12	″	
Yonne	14	1	″	15	5	″	5	20	2	5	1	10	″	″	18	″	13	2	
TOTAUX	2,316	185	71	2,572	488	48	536	3,108	465	804	352	1,426	519	133	3,699	639	1,773	160	
	2,572				536				1,269		1,778		652			2,572			
	3,108								3,047										

ENSEIGNEMENT LIBRE. — ÉCOLES DE GARÇONS.

TABLEAU N° 74.

Pensionnats primaires.

DÉPARTEMENTS. (1)	NOMBRE des PENSIONNATS — laïques. (2)	NOMBRE des PENSIONNATS — congréganistes. (3)	NOMBRE des PENSIONNATS — TOTAL. (4)	NOMBRE des ÉLÈVES INTERNES — laïques. (5)	NOMBRE des ÉLÈVES INTERNES — congréganistes. (6)	NOMBRE des ÉLÈVES INTERNES — TOTAL. (7)
Ain	2	3	5	65	194	259
Aisne	18	"	18	471	"	471
Allier	1	1	2	159	56	215
Alpes (Basses-)	"	"	"	"	"	"
Alpes (Hautes-)	1	"	1	64	"	64
Alpes-Maritimes	"	"	"	"	"	"
Ardèche	2	"	2	10	"	10
Ardennes	4	"	4	165	"	165
Ariége	"	"	"	"	"	"
Aube	2	"	2	62	"	62
Aude	2	"	2	27	"	27
Aveyron	2	3	5	116	439	555
Bouches-du-Rhône	8	2	10	201	540	741
Calvados	9	3	12	132	50	182
Cantal	"	1	1	"	53	53
Charente	4	"	4	54	"	54
Charente-Inférieure	2	1	3	12	10	22
Cher	1	"	1	10	"	10
Corrèze	1	1	2	35	12	47
Corse	1	"	1	10	"	10
Côte-d'Or	3	2	5	61	124	185
Côtes-du-Nord	1	6	7	6	258	264
Creuse	"	"	"	"	"	"
Dordogne	2	2	4	56	43	99
Doubs	1	"	1	10	"	10
Drôme	4	2	6	125	30	155
Eure	7	1	8	170	6	176
Eure-et-Loir	5	2	7	97	190	287
Finistère	2	5	7	37	510	547
Gard	7	1	8	188	87	275
Garonne (Haute-)	2	1	3	53	350	403
Gers	"	"	"	"	"	"
Gironde	12	1	13	344	20	364
Hérault	2	1	3	82	500	582
Ille-et-Vilaine	1	7	8	36	157	193
Indre	1	1	2	20	8	28
Indre-et-Loire	4	1	5	64	21	85
Isère	4	5	9	49	364	413
Jura	1	4	5	15	179	194
Landes	1	"	1	15	"	15
Loir-et-Cher	1	"	1	14	"	14
Loire	1	2	3	34	167	201
Loire (Haute-)	"	2	2	"	235	235
Loire-Inférieure	7	3	10	107	422	520
Loiret	4	2	6	59	267	325
Lot	"	1	1	"	35	35
Lot-et-Garonne	3	"	3	17	"	17

DÉPARTEMENTS. (1)	NOMBRE des PENSIONNATS — laïques. (2)	NOMBRE des PENSIONNATS — congréganistes. (3)	NOMBRE des PENSIONNATS — TOTAL. (4)	NOMBRE des ÉLÈVES INTERNES — laïques. (5)	NOMBRE des ÉLÈVES INTERNES — congréganistes. (6)	NOMBRE des ÉLÈVES INTERNES — TOTAL. (7)
Lozère	"	1	1	"	10	10
Maine-et-Loire	5	2	7	85	56	141
Manche	9	2	11	105	62	167
Marne	9	2	11	610	278	888
Marne (Haute-)	4	"	4	294	"	294
Mayenne	2	1	3	20	9	29
Meurthe	8	"	8	213	"	213
Meuse	7	2	9	210	180	390
Morbihan	3	2	5	56	260	316
Moselle	2	1	3	19	173	192
Nièvre	3	2	5	108	121	229
Nord	21	3	24	634	221	855
Oise	8	3	11	238	295	533
Orne	2	1	3	50	13	63
Pas-de-Calais	32	3	35	1,004	403	1,407
Puy-de-Dôme	3	3	6	105	310	415
Pyrénées (Basses-)	3	2	5	78	55	133
Pyrénées (Hautes-)	"	"	"	"	"	"
Pyrénées-Orientales	"	"	"	"	"	"
Rhin (Bas-)	1	4	5	80	219	299
Rhin (Haut-)	"	2	2	"	54	54
Rhône	13	9	22	560	896	1,456
Saône (Haute-)	2	2	4	34	103	137
Saône-et-Loire	5	2	7	85	28	113
Sarthe	3	"	3	201	"	201
Savoie	"	(1) 1	1	"	173	173
Savoie (Haute-)	"	"	"	"	"	"
Seine	52	9	61	2,570	2,531	5,101
Seine-Inférieure	11	"	11	302	"	302
Seine-et-Marne	5	3	8	15	140	155
Seine-et-Oise	18	"	18	423	"	423
Sèvres (Deux-)	5	2	7	57	53	110
Somme	28	1	29	600	65	665
Tarn	"	"	"	"	"	"
Tarn-et-Garonne	2	2	4	42	40	82
Var	6	"	6	97	"	97
Vaucluse	1	1	2	12	15	27
Vendée	"	1	1	"	187	187
Vienne	3	5	8	37	516	553
Vienne (Haute-)	1	1	2	20	10	30
Vosges	1	2	3	30	39	69
Yonne	5	"	5	152	"	152
TOTAUX	419	144	563	12,398	12,842	(2) 25,240
	563			25,240		

(1) Ce pensionnat n'est pas annexé à une école. — (2) Ces élèves sont compris dans le tableau 6.

TABLEAU N° 75.

ENSEIGNEMENT LIBRE.

ÉCOLES DE GARÇONS.

Classes d'adultes. — Écoles d'apprentis. — Écoles du dimanche. — Écoles annexées à des manufactures. — Orphelinats.

DÉPARTEMENTS.	CLASSES D'ADULTES DIRIGÉES par des instituteurs laïques	par des instituteurs congréganistes.	par toute autre personne.	TOTAL.	ÉCOLES D'APPRENTIS DIRIGÉES par des instituteurs laïques	par des instituteurs congréganistes.	par toute autre personne.	TOTAL.	ÉCOLES DU DIMANCHE dirigées par des instituteurs laïques	congréganistes	TOTAL.	ÉCOLES ANNEXÉES AUX fabriques ou manufactures dirigées par des laïques	congréganistes.	TOTAL.	ORPHELINATS DIRIGÉS par des instituteurs laïques	congréganistes.	TOTAL.	OBSERVATIONS
1	2	3	4	5	6	7	8	9	10	11	12	13	14	15	16	17	18	19
Ain	//	//	//	//	//	//	//	//	//	//	//	//	//	//	//	1	1	
Aisne	1	//	//	1	2	//	//	2	//	//	//	1	//	1	//	//	//	
Allier	2	//	//	2	//	//	//	//	//	//	//	1	//	1	//	//	//	
Alpes (Basses-)	//	//	//	//	//	//	//	//	//	//	//	//	//	//	//	//	//	
Alpes (Hautes-)	//	//	//	//	//	//	//	//	//	//	//	//	//	//	//	//	//	
Alpes-Maritimes	6	//	2	8	//	//	//	//	//	//	//	//	//	//	//	//	//	
Ardèche	1	//	//	1	//	//	//	//	//	//	//	//	//	//	//	//	//	
Ardennes	1	//	//	1	//	//	//	//	//	//	//	//	//	//	//	//	//	
Ariége	//	//	//	//	//	//	//	//	//	//	//	//	//	//	1	//	1	
Aube	//	//	//	//	//	//	//	//	//	//	//	//	//	//	//	//	//	
Aude	1	//	//	1	//	//	//	//	//	//	//	//	//	//	//	//	//	
Aveyron	1	//	//	1	//	//	//	//	//	//	//	//	//	//	//	//	//	
Bouches-du-Rhône	42	2	1	45	1	//	1	2	//	//	//	//	1	1	3	//	3	
Calvados	//	1	//	1	//	//	//	//	//	//	//	2	//	2	1	//	1	
Cantal	//	//	//	//	//	//	//	//	//	//	//	//	//	//	//	//	//	
Charente	//	//	//	//	//	//	//	//	//	//	//	//	//	//	//	//	//	
Charente-Inférieure	1	1	//	2	//	//	//	//	//	//	//	//	//	//	//	//	//	
Cher	//	1	//	1	//	//	//	//	//	//	//	//	//	//	//	//	//	
Corrèze	//	1	//	1	//	//	//	//	//	//	//	//	//	//	//	//	//	
Corse	1	//	//	1	//	//	//	//	//	//	//	//	//	//	//	//	//	
Côte-d'Or	//	//	//	//	//	//	//	//	//	//	//	//	//	//	//	//	//	
Côtes-du-Nord	//	1	//	1	//	//	1	1	//	//	//	//	//	//	//	//	//	
Creuse	1	//	//	1	//	//	//	//	//	//	//	//	//	//	//	//	//	
Dordogne	//	//	//	//	//	//	//	//	//	//	//	//	//	//	1	//	1	
Doubs	//	//	//	//	//	//	//	//	1	//	1	3	//	3	//	//	//	
Drôme	//	//	//	//	//	//	//	//	//	//	//	//	//	//	//	//	//	
Eure	1	//	//	1	//	//	//	//	//	//	//	//	//	//	//	//	//	
Eure-et-Loir	1	1	//	2	//	//	//	//	//	1	1	(1) 2	//	2	//	//	//	(1) Ces deux écoles sont dirigées par deux instituteurs publics qui sont rétribués par les propriétaires des manufactures.
Finistère	2	1	//	3	//	//	//	//	//	//	//	//	//	//	//	//	//	
Gard	//	3	//	3	//	//	//	//	//	//	//	//	//	//	//	//	//	
Garonne (Haute-)	1	//	//	1	//	//	//	//	//	//	//	//	//	//	//	//	//	
Gers	9	1	//	10	//	//	//	//	//	//	//	//	//	//	//	//	//	
Gironde	1	//	//	1	//	//	//	//	//	//	//	//	//	//	2	//	2	
Hérault	2	//	//	2	//	//	//	//	//	//	//	//	//	//	//	3	3	
Ille-et-Vilaine	//	7	//	7	//	//	//	//	//	//	//	//	//	//	//	//	//	
Indre	1	//	//	1	//	//	//	//	//	//	//	//	//	//	//	//	//	
Indre-et-Loire	1	//	//	1	//	//	//	//	//	//	//	//	//	//	//	//	//	
Isère	1	//	//	1	//	//	//	//	//	//	//	//	//	//	//	1	1	
Jura	//	1	//	1	//	//	//	//	//	//	//	//	//	//	//	//	//	
Landes	//	//	//	//	//	//	//	//	//	//	//	//	//	//	//	//	//	
Loir-et-Cher	1	1	//	2	//	//	//	//	//	//	//	//	//	//	//	1	1	
Loire	1	//	//	1	//	//	//	//	//	//	//	//	//	//	//	2	2	
Loire (Haute-)	//	//	//	//	//	//	//	//	//	//	//	//	//	//	//	2	2	
Loire-Inférieure	15	5	//	20	1	//	//	1	//	//	//	//	//	//	2	//	2	
Loiret	//	//	//	//	//	1	//	1	//	//	//	1	//	1	//	1	1	
Lot	1	//	//	1	//	//	//	//	//	//	//	//	//	//	//	//	//	
Lot-et-Garonne	18	//	//	18	//	//	//	//	//	//	//	//	//	//	//	//	//	

Classes d'adultes. — Écoles d'apprentis. — Écoles du dimanche. — Écoles annexées à des manufactures. — Orphelinats.

DÉPARTEMENTS.	ÉCOLES D'ADULTES DIRIGÉES par des instituteurs		par toute autre personne.	TOTAL.	ÉCOLES D'APPRENTIS DIRIGÉES par des instituteurs		par toute autre personne.	TOTAL.	ÉCOLES DU DIMANCHE dirigées par des instituteurs			ÉCOLES ANNEXÉES aux fabriques ou manufactures dirigées par des			ORPHELINATS dirigés par des instituteurs			OBSERVATIONS.
	laïques	congréganistes.			laïques	congréganistes.			laïques	congréganistes.	TOTAL.	laïques	congréganistes.	TOTAL.	laïques	congréganistes.	TOTAL.	
1	2	3	4	5	6	7	8	9	10	11	12	13	14	15	16	17	18	19
Lozère	″	″	″	″	″	″	″	″	″	″	″	″	″	″	″	(1) 1	1	(1) Cet orphelinat est annexé à une école libre.
Maine-et-Loire	″	1	″	1	1	2	″	3	″	″	″	″	″	″	″	″	″	
Manche	1	″	″	1	″	″	″	″	″	″	″	″	″	″	″	″	″	
Marne	1	″	″	1	″	″	″	″	″	″	″	3	1	4	″	1	1	
Marne (Haute-)	″	″	″	″	1	″	″	1	″	″	″	″	″	″	″	″	″	
Mayenne	1	″	″	1	″	″	″	″	″	″	″	1	″	1	″	″	″	
Meurthe	″	″	″	″	1	″	″	1	″	″	″	1	″	1	″	″	″	
Meuse	″	1	″	1	″	1	″	1	″	″	″	″	″	″	″	1	1	
Morbihan	2	1	″	3	″	″	″	″	″	″	″	″	″	″	″	″	″	
Moselle	1	1	″	2	″	″	″	″	″	″	″	″	″	″	″	″	″	
Nièvre	2	1	″	3	″	″	″	″	″	″	″	″	″	″	″	″	″	
Nord	2	6	″	8	3	3	″	6	″	″	″	6	4	10	1	″	1	
Oise	″	″	″	″	″	1	1	2	″	″	″	1	″	1	″	″	″	
Orne	″	″	″	″	″	″	″	″	″	″	″	1	″	1	″	″	″	
Pas-de-Calais	2	6	″	8	″	″	1	1	″	″	″	4	″	4	(2) 1	2	3	(2) Dirigé par un prêtre.
Puy-de-Dôme	″	″	″	″	″	″	″	″	″	″	″	″	″	″	″	1	1	
Pyrénées (Basses-)	″	″	″	″	″	″	″	″	″	″	″	″	″	″	″	″	″	
Pyrénées (Hautes-)	8	″	″	8	″	″	″	″	″	″	″	″	″	″	″	″	″	
Pyrénées-Orientales	″	″	″	″	″	″	″	″	″	″	″	″	″	″	″	″	″	
Rhin (Bas-)	″	″	″	″	1	″	″	1	″	″	″	1	″	1	1	1	2	
Rhin (Haut-)	4	3	″	7	2	″	″	2	2	1	3	32	″	32	1	″	1	
Rhône	2	″	″	2	″	″	″	″	1	″	1	″	″	″	″	1	1	
Saône (Haute-)	″	″	″	″	″	″	″	″	″	″	″	″	″	″	″	″	″	
Saône-et-Loire	2	″	(3) 1	3	″	″	″	″	″	″	″	″	″	″	″	″	″	(3) Prêtre.
Sarthe	″	″	″	″	″	″	″	″	″	″	″	″	″	″	″	″	″	
Savoie	″	″	″	″	″	″	″	″	″	″	″	″	″	″	″	″	″	
Savoie (Haute-)	1	″	″	1	″	″	″	″	″	″	″	″	″	″	″	″	″	
Seine	7	5	″	12	2	4	1	7	14	7	21	″	″	″	1	2	3	
Seine-Inférieure	4	3	″	7	1	1	″	2	″	″	″	″	″	″	1	″	1	
Seine-et-Marne	1	″	″	1	″	″	″	″	″	″	″	1	″	1	″	″	″	
Seine-et-Oise	4	1	″	5	1	″	″	1	″	″	″	″	1	1	″	1	1	
Sèvres (Deux-)	″	″	″	″	″	″	″	″	″	″	″	″	″	″	″	″	″	
Somme	1	1	″	2	″	1	″	1	″	″	″	″	″	″	″	″	″	
Tarn	″	″	″	″	″	″	″	″	″	″	″	″	″	″	″	″	″	
Tarn-et-Garonne	″	″	″	″	″	″	″	″	″	″	″	″	″	″	″	″	″	
Var	25	″	2	27	2	″	″	2	″	″	″	″	″	″	2	″	2	
Vaucluse	4	″	″	4	″	″	″	″	″	″	″	″	″	″	″	″	″	
Vendée	1	2	″	3	″	″	″	″	″	″	″	″	″	″	″	″	″	
Vienne	″	1	″	1	″	″	″	″	″	″	″	″	″	″	″	″	″	
Vienne (Haute-)	″	″	″	″	″	″	″	″	1	″	1	″	″	″	″	″	″	
Vosges	″	″	″	″	″	″	″	″	″	″	″	2	1	3	″	″	″	
Yonne	1	″	″	1	″	″	″	″	″	″	″	″	″	″	″	″	″	
TOTAUX	191	60	6	257	19	14	5	38	19	9	28	63	8	71	18	22	40	
	257				38				28			71			40			

TABLEAU N° 76. *Population des classes d'adultes, des écoles d'apprentis, des écoles du dimanche, des écoles annexées à des manufactures, des orphelinats.*

ENSEIGNEMENT LIBRE.

ÉCOLES DE GARÇONS.

DÉPARTEMENTS.	NOMBRE DES ÉLÈVES admis														
	dans LES CLASSES D'ADULTES			dans LES ÉCOLES D'APPRENTIS			dans LES ÉCOLES DU DIMANCHE			DANS LES ÉCOLES annexées à des fabriques ou manufactures			dans LES ORPHELINATS		
	laïques.	congréganistes.	TOTAL.	laïques.	congréganistes.	TOTAL.	laïques.	congréganistes.	TOTAL.	laïques.	congréganistes.	TOTAL.	laïques.	congréganistes.	TOTAL.
1	2	3	4	5	6	7	8	9	10	11	12	13	14	15	16
Ain	″	″	″	″	″	″	″	″	″	″	″	″	″	40	40
Aisne	14	″	14	32	″	32	″	″	″	72	″	72	″	″	″
Allier	40	″	40	″	″	″	″	″	″	41	″	41	″	″	″
Alpes (Basses-)	″	″	″	″	″	″	″	″	″	″	″	″	″	″	″
Alpes (Hautes-)	″	″	″	″	″	″	″	″	″	″	″	″	″	″	″
Alpes-Maritimes	260	″	260	″	″	″	″	″	″	″	″	″	″	″	″
Ardèche	15	″	15	″	″	″	″	″	″	″	″	″	″	″	″
Ardennes	17	″	17	″	″	″	″	″	″	″	″	″	″	″	″
Ariége	″	″	″	″	″	″	″	″	″	″	″	″	116	″	116
Aube	″	″	″	″	″	″	″	″	″	″	″	″	″	″	″
Aude	12	″	12	″	″	″	″	″	″	″	″	″	″	″	″
Aveyron	46	″	46	″	″	″	″	″	″	″	″	″	″	″	″
Bouches-du-Rhône	413	75	488	16	140	156	″	″	″	″	140	140	260	″	260
Calvados	″	6	6	″	″	″	″	″	″	71	″	71	92	″	92
Cantal	″	″	″	″	″	″	″	″	″	″	″	″	″	″	″
Charente	″	″	″	″	″	″	″	″	″	″	″	″	″	″	″
Charente-Inférieure	20	30	50	″	″	″	″	″	″	″	″	″	″	″	″
Cher	″	64	64	″	″	″	″	″	″	″	″	″	″	″	″
Corrèze	″	14	14	″	″	″	″	″	″	″	″	″	″	″	″
Corse	15	″	15	″	″	″	″	″	″	″	″	″	″	″	″
Côte-d'Or	″	″	″	″	″	″	″	″	″	″	″	″	″	″	″
Côtes-du-Nord	″	20	20	25	″	25	″	″	″	″	″	″	″	″	″
Creuse	5	″	5	″	″	″	″	″	″	″	″	″	″	″	″
Dordogne	″	″	″	″	″	″	″	″	″	″	″	″	20	″	20
Doubs	″	″	″	″	″	″	95	″	95	130	″	130	″	″	″
Drôme	″	″	″	″	″	″	″	″	″	″	″	″	″	″	″
Eure	28	″	28	″	″	″	″	″	″	″	″	″	″	″	″
Eure-et-Loir	20	52	72	″	″	″	″	25	25	123	″	123	″	″	″
Finistère	15	56	71	″	″	″	″	″	″	″	″	″	″	″	″
Gard	″	180	180	″	″	″	″	″	″	″	″	″	″	″	″
Garonne (Haute-)	15	″	15	″	″	″	″	″	″	″	″	″	″	″	″
Gers	48	8	56	″	″	″	″	″	″	″	″	″	″	″	″
Gironde	15	″	15	″	″	″	″	″	″	″	″	″	110	″	110
Hérault	43	″	43	″	″	″	″	″	″	″	″	″	″	128	128
Ille-et-Vilaine	″	206	206	″	″	″	″	″	″	″	″	″	″	″	″
Indre	18	″	18	″	″	″	″	″	″	″	″	″	″	″	″
Indre-et-Loire	10	″	10	″	″	″	″	″	″	″	″	″	″	″	″
Isère	30	″	30	″	″	″	″	″	″	″	″	″	″	18	18
Jura	″	30	30	″	″	″	″	″	″	″	″	″	″	″	″
Landes	″	″	″	″	″	″	″	″	″	″	″	″	″	″	″
Loir-et-Cher	20	21	41	″	″	″	″	″	″	″	″	″	″	2	2
Loire	12	″	12	″	″	″	″	″	″	″	″	″	″	92	92
Loire (Haute-)	″	″	″	″	″	″	″	″	″	″	″	″	″	87	87
Loire-Inférieure	237	799	1,036	90	″	90	″	″	″	″	″	″	120	″	120
Loiret	″	″	″	″	285	285	″	″	″	50	″	50	″	109	109
Lot	10	″	10	″	″	″	″	″	″	″	″	″	″	″	″
Lot-et-Garonne	178	″	178	″	″	″	″	″	″	″	″	″	″	″	″

ENSEIGNEMENT LIBRE.

ÉCOLES DE GARÇONS.

Population des classes d'adultes, des écoles d'apprentis, des écoles du dimanche, des écoles annexées à des manufactures, des orphelinats.

TABLEAU N° 76. (Suite.)

DÉPARTEMENTS.	NOMBRE DES ÉLÈVES admis — dans LES CLASSES D'ADULTES			dans LES ÉCOLES D'APPRENTIS			dans LES ÉCOLES DU DIMANCHE			DANS LES ÉCOLES annexées à des fabriques ou manufactures			dans LES ORPHELINATS		
	laïques.	congréganistes.	TOTAL.	laïques.	congréganistes.	TOTAL.	laïques.	congréganistes.	TOTAL.	laïques.	congréganistes.	TOTAL.	laïques.	congréganistes.	TOTAL.
1	2	3	4	5	6	7	8	9	10	11	12	13	14	15	16
Lozère	″	″	″	″	″	″	″	″	″	″	″	″	″	46	46
Maine-et-Loire	″	100	100	60	185	245	″	″	″	″	″	″	″	″	″
Manche	15	″	15	″	″	″	″	″	″	″	″	″	″	″	″
Marne	74	″	74	″	″	″	″	″	″	193	86	279	″	120	120
Marne (Haute-)	″	″	″	38	″	38	″	″	″	″	″	″	″	″	″
Mayenne	60	″	60	″	″	″	″	″	″	47	″	47	″	″	″
Meurthe	″	″	″	36	″	36	″	″	″	212	″	212	″	″	″
Meuse	″	125	125	″	75	75	″	″	″	″	″	″	″	100	100
Morbihan	63	30	93	″	″	″	″	″	″	″	″	″	″	″	″
Moselle	25	150	175	″	″	″	″	″	″	″	″	″	″	″	″
Nièvre	40	25	65	″	″	″	″	″	″	″	″	″	″	″	″
Nord	74	908	982	199	241	440	″	″	″	589	285	874	60	″	60
Oise	″	″	″	70	4	74	″	″	″	70	″	70	″	″	″
Orne	″	″	″	″	″	″	″	″	″	35	″	35	″	″	″
Pas-de-Calais	133	293	426	60	″	60	″	″	″	282	″	282	260	110	370
Puy-de-Dôme	″	″	″	″	″	″	″	″	″	″	″	″	″	130	130
Pyrénées (Basses-)	″	″	″	″	″	″	″	″	″	″	″	″	″	″	″
Pyrénées (Hautes-)	174	″	174	″	″	″	″	″	″	″	″	″	″	″	″
Pyrénées-Orientales	″	″	″	″	″	″	″	″	″	″	″	″	″	″	″
Rhin (Bas-)	″	″	″	62	″	62	″	″	″	90	″	90	65	70	135
Rhin (Haut-)	120	86	206	210	″	210	300	155	455	1,247	″	1,247	28	″	28
Rhône	21	″	21	″	″	″	20	″	20	″	″	″	″	45	45
Saône (Haute-)	″	″	″	″	″	″	″	″	″	″	″	″	″	″	″
Saône-et-Loire	216	″	216	″	″	″	″	″	″	″	″	″	″	″	″
Sarthe	″	″	″	″	″	″	″	″	″	″	″	″	″	″	″
Savoie	″	″	″	″	″	″	″	″	″	″	″	″	″	″	″
Savoie (Haute-)	6	″	6	″	″	″	″	″	″	″	″	″	″	″	″
Seine	240	665	905	132	460	592	1,494	890	2,384	″	″	″	40	328	368
Seine-Inférieure	44	320	364	4	25	29	″	″	″	″	″	″	74	″	74
Seine-et-Marne	12	″	12	″	″	″	″	″	″	90	″	90	″	″	″
Seine-et-Oise	34	137	171	27	″	27	″	″	″	″	59	59	″	60	60
Sèvres (Deux-)	″	″	″	″	″	″	″	″	″	″	″	″	″	″	″
Somme	15	30	45	″	40	40	″	″	″	″	″	″	″	″	″
Tarn	″	″	″	″	″	″	″	″	″	″	″	″	″	″	″
Tarn-et-Garonne	″	″	″	″	″	″	″	″	″	″	″	″	″	″	″
Var	473	″	473	40	″	40	″	″	″	″	″	″	70	″	70
Vaucluse	53	″	53	″	″	″	″	″	″	″	″	″	″	″	″
Vendée	38	179	217	″	″	″	″	″	″	″	″	″	″	″	″
Vienne	″	81	81	″	″	″	″	″	″	″	″	″	″	″	″
Vienne (Haute-)	″	″	″	″	″	″	100	″	100	″	″	″	″	″	″
Vosges	″	″	″	″	″	″	″	″	″	55	33	88	″	″	″
Yonne	15	″	15	″	″	″	″	″	″	″	″	″	″	″	″
TOTAUX	3,501	4,690	8,191	1,101	1,455	2,556	2,009	1,070	3,079	3,397	603	4,000	1,315	1,485	2,800
	8,191			2,556			3,079			4,000			2,800		
	20,620														

ÉCOLES DE GARÇONS.

Indemnités communales. — Fondations, Dons et Legs.

DÉPARTEMENTS.	INDEMNITÉS COMMUNALES — accordées aux instituteurs — Laïques.	Congréganistes.	Nombre des instituteurs qui en profitent. — Laïques.	Congréganistes.	FONDATIONS, DONS ET LEGS — en faveur des écoles libres. — Laïques.	Congréganistes.	Nombre des instituteurs qui en jouissent. — Laïques.	Congréganistes.	OBSERVATIONS.
1	2	3	4	5	6	7	8	9	10
Ain	″	200f	″	1	″	3,300f 00c	″	1	
Aisne	1,000f 00c	″	3	″	″	1,800 00	″	1	
Allier	200 00	700	1	2	″	5,100 00	″	4	
Alpes (Basses-)	″	″	″	″	″	″	″	″	
Alpes (Hautes-)	″	″	″	″	″	″	″	″	
Alpes-Maritimes	″	″	″	″	1,500	1,200 00	2	2	
Ardèche	″	1,450	″	3	″	3,070 00	″	4	
Ardennes	″	″	″	″	″	″	″	″	
Ariége	100 00	″	1	″	″	″	″	″	
Aube	″	″	″	″	″	3,000 00	″	1	
Aude	100 00	″	1	″	″	″	″	″	
Aveyron	″	″	″	″	″	″	″	″	
Bouches-du-Rhône	7,000 00	800	17	2	″	″	″	″	
Calvados	1,195 00	1,250	3	1	″	2,900 00	″	2	
Cantal	200 00	600	1	1	″	3,000 00	″	1	
Charente	″	″	″	″	″	4,000 00	″	2	
Charente-Inférieure	1,200 00	″	4	″	″	1,000 00	″	1	
Cher	″	200	″	1	″	3,600 00	″	2	
Corrèze	″	″	″	″	″	″	″	″	
Corse	″	″	″	″	″	″	″	″	
Côte-d'Or	″	1,000	″	3	″	8,313 00	″	5	
Côtes-du-Nord	40 00	1,850	1	3	″	3,000 00	″	1	
Creuse	″	″	″	″	″	″	″	″	
Dordogne	″	500	″	1	″	1,000 00	″	1	
Doubs	″	90	″	1	″	″	″	″	
Drôme	700 00	500	3	1	″	800 00	″	1	
Eure	640 00	″	2	″	″	4,200 00	″	2	
Eure-et-Loir	300 00	″	1	″	″	5,400 00	″	3	
Finistère	″	150	″	1	″	″	″	″	
Gard	158 90	″	4	″	″	(1) 7,600 00	″	4	(1) Somme donnée annuellement par la compagnie d'Alais, de Bességes et de la Grand'-Combe.
Garonne (Haute-)	1,160 00	3,425	5	6	″	13,800 00	″	9	
Gers	202 30	″	1	″	″	500 00	″	1	
Gironde	150 00	″	1	″	″	3,800 00	″	1	
Hérault	1,500 00	600	1	1	″	″	″	″	
Ille-et-Vilaine	100 00	3,900	1	4	″	1,600 00	″	3	
Indre	700 00	200	2	1	″	600 00	″	1	
Indre-et-Loire	″	″	″	″	″	″	″	″	
Isère	″	2,150	″	2	3,700	6,400 00	2	4	
Jura	″	1,000	″	2	″	1,800 00	″	1	
Landes	200 00	″	1	″	″	″	″	″	
Loir-et-Cher	200 00	″	1	″	900	1,200 00	1	1	
Loire	″	″	″	″	″	3,500 00	″	3	
Loire (Haute-)	″	″	″	″	″	16,000 00	″	1	
Loire-Inférieure	4,398 00	15,800	9	10	″	1,550 00	″	8	
Loiret	2,650 00	″	3	″	″	″	″	″	
Lot	200 00	″	1	″	″	″	″	″	
Lot-et-Garonne	″	″	″	″	″	1,800 00	″	1	

Indemnités communales. — Fondations, Dons et Legs.

DÉPARTEMENTS.	INDEMNITÉS COMMUNALES — accordées aux instituteurs		Nombre des instituteurs qui en profitent.		FONDATIONS, DONS ET LEGS — en faveur des écoles libres.		Nombre des instituteurs qui en jouissent.		OBSERVATIONS.
	Laïques.	Congréganistes.	Laïques.	Congréganistes.	Laïques.	Congréganistes.	Laïques.	Congréganistes.	
1	2	3	4	5	6	7	8	9	10
Lozère	″	″	″	″	″	″	″	″	
Maine-et-Loire	500f 00c	1,000f	2	1	150f	1,200f 00c	1	1	
Manche	850 00	600	3	1	″	500 00	″	1	
Marne	″	″	″	″	″	″	″	″	
Marne (Haute-)	″	″	″	″	″	1,800 00	″	1	
Mayenne	500 00	″	1	″	″	″	″	″	
Meurthe	″	3,000	″	4	″	10,122 35	″	4	
Meuse	50 00	″	1	″	″	4,644 00	″	3	
Morbihan	″	″	″	″	″	″	″	″	
Moselle	900 00	200	4	1	″	1,500 00	″	1	
Nièvre	745 00	445	1	1	″	1,200 00	″	1	
Nord	1,900 00	3,600	5	3	″	19,122 74	″	7	
Oise	200 00	″	2	″	2,000	″	2	″	
Orne	700 00	″	2	″	″	1,200 00	″	2	
Pas-de-Calais	1,765 00	1,300	5	2	1,200	6,069 00	1	8	
Puy-de-Dôme	300 00	764	1	2	″	″	″	″	
Pyrénées (Basses-)	340 00	″	4	″	10	″	1	″	
Pyrénées (Hautes-)	″	″	″	″	″	″	″	″	
Pyrénées-Orientales	″	″	″	″	″	″	″	″	
Rhin (Bas-)	″	″	″	″	″	″	″	″	
Rhin (Haut-)	1,550 00	″	4	″	906	″	4	″	
Rhône	600 00	200	3	1	″	5,900 00	″	3	
Saône (Haute-)	″	600	″	1	″	9,000 00	″	4	
Saône-et-Loire	″	2,160	″	4	″	2,090 00	″	2	
Sarthe	″	″	″	″	″	1,800 00	″	1	
Savoie	″	″	″	″	″	″	″	″	
Savoie (Haute-)	1,445 45	″	9	″	1,497	″	8	″	
Seine	″	39,500	″	12	″	″	″	″	
Seine-Inférieure	3,070 00	24,200	6	11	1,530	19,836 00	2	14	
Seine-et-Marne	″	″	″	″	″	1,200 00	″	2	
Seine-et-Oise	800 00	2,100	4	1	″	4,200 00	″	2	
Sèvres (Deux-)	″	250	″	2	300	4,200 00	1	3	
Somme	200 00	600	1	1	″	5,400 00	″	2	
Tarn	400 00	600	2	1	650	1,800 00	2	3	
Tarn-et-Garonne	″	″	″	″	″	″	″	″	
Var	1,110 00	″	8	″	″	1,500 00	″	1	
Vaucluse	250 00	″	2	″	600	2,200 00	1	3	
Vendée	″	3,200	″	3	″	5,900 00	″	4	
Vienne	200 00	2,300	1	3	″	2,043 80	″	3	
Vienne (Haute-)	″	″	″	″	″	″	″	″	
Vosges	″	″	″	″	″	1,900 00	″	2	
Yonne	″	4,100	″	3	200	6,600 00	1	4	
TOTAUX	42,669f 65c	127,084f	139	105	15,143f	237,760f 89c	29	154	
	169,753f 65c		244		252,903f 89c		183		

2°

ÉCOLES DE FILLES.

2°

ÉCOLES DE FILLES.

N° 78. Communes dans lesquelles il y a des écoles libres de filles.

N° 79. Écoles libres de filles, payantes et gratuites, laïques et congréganistes.

N° 80. Écoles classées d'après le culte auquel appartiennent les enfants qui les fréquentent.

N° 81. Écoles classées d'après la tenue de la classe et la direction de l'enseignement.

N° 82. Maisons d'école appartenant aux communes, aux institutrices ou à des congrégations religieuses, bien ou mal disposées.

Voyez les notes insérées plus haut, page 3, sur les tableaux n°s 5, 8 et 9, des écoles publiques de garçons.

N° 83. Population des écoles de filles.

N° 84. Élèves des écoles de filles, classées d'après le culte auquel elles appartiennent.

N° 85. Personnel des institutrices. — Titres de capacité. — État civil.

N° 86. Pensionnats.

N° 87. Classes d'adultes. — Écoles du dimanche. — Ouvroirs. — Orphelinats.

N° 88. Population des classes d'adultes, des écoles du dimanche, des ouvroirs, des orphelinats.

N° 89. Indemnités communales, fondations, dons et legs.

[illegible]

[illegible]

[illegible]

TABLEAU N° 78.

ENSEIGNEMENT LIBRE.

ÉCOLES DE FILLES.

Communes dans lesquelles il y a des écoles de filles.

DÉPARTEMENTS.	NOMBRE DES COMMUNES où il existe une école.	NOMBRE DES COMMUNES où il existe plusieurs écoles.	NOMBRE DES COMMUNES TOTAL.	NOMBRE DES COMMUNES ayant à la fois des écoles publiques et libres.	NOMBRE DES COMMUNES qui, n'ayant pas d'écoles publiques de filles, ont une école libre.
1	2	3	4	5	6
Ain	101	13	114	14	100
Aisne	26	25	51	32	19
Allier	48	15	63	18	45
Alpes (Basses-)	31	11	42	8	34
Alpes (Hautes-)	12	5	17	7	10
Alpes-Maritimes	14	6	20	13	7
Ardèche	117	26	143	17	126
Ardennes	24	3	27	14	13
Ariége	36	7	43	10	33
Aube	22	6	28	15	13
Aude	63	23	86	14	72
Aveyron	118	108	226	76	150
Bouches-du-Rhône	36	23	59	23	36
Calvados	81	13	94	19	75
Cantal	68	33	101	36	65
Charente	114	33	147	17	130
Charente-Inférieure	120	32	152	33	119
Cher	29	8	37	12	25
Corrèze	69	11	80	6	74
Corse	13	3	16	6	10
Côte-d'Or	59	10	69	20	49
Côtes-du-Nord	99	15	114	18	96
Creuse	55	15	70	14	56
Dordogne	68	20	88	23	65
Doubs	14	3	17	10	7
Drôme	42	20	62	32	30
Eure	81	13	94	17	77
Eure-et-Loir	53	4	57	15	42
Finistère	94	26	120	17	103
Gard	58	30	88	59	29
Garonne (Haute-)	152	49	201	14	187
Gers	157	22	179	19	160
Gironde	101	44	145	65	80
Hérault	76	64	140	48	92
Ille-et-Vilaine	101	12	113	29	84
Indre	35	12	47	16	31
Indre-et-Loire	36	11	47	14	33
Isère	66	32	98	50	48
Jura	22	8	30	18	12
Landes	46	9	55	13	42
Loir-et-Cher	61	7	68	8	60
Loire	47	10	57	23	34
Loire (Haute-)	107	26	133	9	124
Loire-Inférieure	100	23	123	30	93
Loiret	51	8	59	25	34
Lot	178	29	207	5	202
Lot-et-Garonne	90	33	123	19	104

DÉPARTEMENTS.	NOMBRE DES COMMUNES où il existe une école.	NOMBRE DES COMMUNES où il existe plusieurs écoles.	NOMBRE DES COMMUNES TOTAL.	NOMBRE DES COMMUNES ayant à la fois des écoles publiques et libres.	NOMBRE DES COMMUNES qui, n'ayant pas d'écoles publiques de filles, ont une école libre.
1	2	3	4	5	6
Lozère	72	78	150	108	42
Maine-et-Loire	101	11	112	24	88
Manche	16	17	33	21	12
Marne	11	6	17	12	5
Marne (Haute-)	22	4	26	7	19
Mayenne	20	5	25	5	20
Meurthe	18	6	24	20	4
Meuse	16	6	22	14	8
Morbihan	59	18	77	10	67
Moselle	13	4	17	15	2
Nièvre	15	1	16	5	11
Nord	79	38	117	70	47
Oise	55	8	63	22	41
Orne	52	9	61	18	43
Pas-de-Calais	131	19	150	31	119
Puy-de-Dôme	194	70	264	15	249
Pyrénées (Basses-)	72	12	84	20	64
Pyrénées (Hautes-)	91	19	110	18	92
Pyrénées-Orientales	75	21	96	9	87
Rhin (Bas-)	8	4	12	11	1
Rhin (Haut-)	8	6	14	11	3
Rhône	150	32	182	10	172
Saône (Haute-)	15	4	19	14	5
Saône-et-Loire	153	19	172	25	147
Sarthe	44	8	52	14	38
Savoie	88	1	89	8	81
Savoie (Haute-)	20	6	26	18	8
Seine	15	41	56	47	9
Seine-Inférieure	93	25	118	41	77
Seine-et-Marne	55	14	69	26	43
Seine-et-Oise	92	27	119	48	71
Sèvres (Deux-)	67	13	80	16	64
Somme	80	15	95	27	68
Tarn	90	36	126	23	103
Tarn-et-Garonne	43	16	59	11	48
Var	51	30	81	31	50
Vaucluse	29	7	36	28	8
Vendée	80	7	87	14	73
Vienne	81	10	91	10	81
Vienne (Haute-)	47	20	67	8	59
Vosges	10	6	16	13	3
Yonne	57	11	68	21	47
TOTAUX	5,679	1,669	7,348	1,939	5,409
	7,348			7,348	

Écoles libres de filles.

DÉPARTEMENTS.	NOMBRE DES ÉCOLES											OBSERVATIONS.
	TOTAL.	SPÉCIALES aux filles.	COMMUNES aux deux sexes.	dirigées par des INSTITUTRICES		PAYANTES			GRATUITES			
				laïques.	congréganistes.	laïques.	congréganistes.	TOTAL.	laïques.	congréganistes.	TOTAL.	
1	2	3	4	5	6	7	8	9	10	11	12	13
Ain	136	134	2	34	102	34	95	129	"	7	7	
Aisne	81	80	1	53	28	52	24	76	1	4	5	
Allier	98	96	2	38	60	38	56	94	"	4	4	
Alpes (Basses-)	55	55	"	31	24	31	23	54	"	1	1	
Alpes (Hautes-)	36	36	"	23	13	22	13	35	1	"	1	
Alpes-Maritimes	62	62	"	49	13	49	10	59	"	3	3	
Ardèche	190	184	6	60	130	57	127	184	3	3	6	
Ardennes	31	31	"	22	9	22	8	30	"	1	1	
Ariége	56	50	6	38	18	38	14	52	"	4	4	
Aube	56	56	"	24	32	24	26	50	"	6	6	
Aude	126	120	6	74	52	74	50	124	"	2	2	
Aveyron	410	408	2	224	186	224	184	408	"	2	2	
Bouches-du-Rhône	264	252	12	185	79	183	70	253	2	9	11	
Calvados	170	146	24	88	82	88	80	168	"	2	2	
Cantal	168	148	20	122	46	122	44	166	"	2	2	
Charente	219	219	"	180	39	180	32	212	"	7	7	
Charente-Inférieure	235	233	2	159	76	159	72	231	"	4	4	
Cher	64	63	1	21	43	21	35	56	"	8	8	
Corrèze	102	102	"	54	48	54	47	101	"	1	1	
Corse	24	24	"	13	11	13	10	23	"	1	1	
Côte-d'Or	105	105	"	64	41	64	23	87	"	18	18	
Côtes-du-Nord	150	150	"	68	82	68	77	145	"	5	5	
Creuse	94	94	"	70	24	70	24	94	"	"	"	
Dordogne	156	156	"	110	46	110	41	151	"	5	5	
Doubs	38	38	"	27	11	27	7	34	"	4	4	
Drôme	108	104	4	59	49	59	48	107	"	1	1	
Eure	122	118	4	45	77	45	66	111	"	11	11	
Eure-et-Loir	74	74	"	25	49	24	42	66	1	7	8	
Finistère	201	192	9	157	44	154	40	194	3	4	7	
Gard	201	201	"	166	35	164	29	193	2	6	8	
Garonne (Haute-)	362	355	7	244	118	244	55	299	"	63	63	
Gers	207	206	1	146	61	146	61	207	"	"	"	
Gironde	351	351	"	219	132	219	130	349	"	2	2	
Hérault	372	372	"	250	122	248	114	362	2	8	10	
Ille-et-Vilaine	165	147	18	65	100	63	98	161	2	2	4	
Indre	66	65	1	24	42	24	38	62	"	4	4	
Indre-et-Loire	90	90	"	35	55	35	50	85	"	5	5	
Isère	189	188	1	112	77	111	69	180	1	8	9	
Jura	55	55	"	24	31	24	25	49	"	6	6	
Landes	73	73	"	46	27	46	13	59	"	14	14	
Loir-et-Cher	89	88	1	32	57	32	52	84	"	5	5	
Loire	98	98	"	34	64	34	60	94	"	4	4	
Loire (Haute-)	169	169	"	14	155	14	155	169	"	"	"	
Loire-Inférieure	225	225	"	129	96	125	93	218	4	3	7	
Loiret	109	109	"	44	65	39	47	86	5	18	23	
Lot	258	258	"	103	155	103	153	256	"	2	2	
Lot-et-Garonne	189	187	2	122	67	121	66	187	1	1	2	

Écoles libres de filles.

ÉCOLES DE FILLES.

DÉPARTEMENTS.	NOMBRE DES ÉCOLES											OBSERVATIONS.
	TOTAL.	SPÉCIALES aux filles.	COMMUNES aux deux sexes.	dirigées par des INSTITUTRICES		PAYANTES			GRATUITES			
				laïques.	congréganistes.	laïques.	congréganistes.	TOTAL.	laïques.	congréganistes.	TOTAL.	
1	2	3	4	5	6	7	8	9	10	11	12	13
Lozère	338	88	250	310	28	310	28	338	″	″	″	
Maine-et-Loire	159	154	5	51	108	49	99	148	2	9	11	
Manche	92	88	4	44	48	44	46	90	″	2	2	
Marne	45	45	″	31	14	29	11	40	2	3	5	
Marne (Haute-)	34	34	″	10	24	10	14	24	″	10	10	
Mayenne	41	35	6	16	25	16	23	39	″	2	2	
Meurthe	67	67	″	33	34	33	33	66	″	1	1	
Meuse	41	41	″	14	27	14	25	39	″	2	2	
Morbihan	137	137	″	72	65	71	58	129	1	7	8	
Moselle	46	45	1	24	22	24	22	46	″	″	″	
Nièvre	74	74	″	30	44	30	24	54	″	20	20	
Nord	259	258	1	134	125	134	116	250	″	9	9	
Oise	85	84	1	30	55	30	47	77	″	8	8	
Orne	81	76	5	25	56	25	52	77	″	4	4	
Pas-de-Calais	225	225	″	122	103	121	87	208	1	16	17	
Puy-de-Dôme	401	350	51	220	181	220	178	398	″	3	3	
Pyrénées (Basses-)	128	128	″	68	60	63	8	71	5	52	57	
Pyrénées (Hautes-)	157	157	″	125	32	125	14	139	″	18	18	
Pyrénées-Orientales	149	149	″	124	25	123	23	146	1	2	3	
Rhin (Bas-)	42	39	3	37	5	37	4	41	″	1	1	
Rhin (Haut-)	31	30	1	19	12	19	10	29	″	2	2	
Rhône	350	330	20	161	195	161	192	353	″	3	3	
Saône (Haute-)	26	24	2	15	11	15	6	21	″	5	5	
Saône-et-Loire	230	225	5	103	127	101	111	212	2	16	18	
Sarthe	76	76	″	35	41	35	36	71	″	5	5	
Savoie	(1) 98	98	″	86	12	35	8	43	51	4	55	(1) Dont 76 écoles temporaires.
Savoie (Haute-)	39	31	8	26	13	24	10	34	2	3	5	
Seine	1,013	1,013	″	806	207	795	147	942	11	60	71	
Seine-Inférieure	236	236	″	91	145	88	126	214	3	19	22	
Seine-et-Marne	115	115	″	41	74	39	59	98	2	15	17	
Seine-et-Oise	200	199	1	113	87	113	45	158	″	42	42	
Sèvres (Deux-)	114	111	3	43	71	43	47	90	″	24	24	
Somme	150	150	″	78	72	78	61	139	″	11	11	
Tarn	198	174	24	121	77	121	63	184	″	14	14	
Tarn-et-Garonne	103	99	4	56	47	55	41	96	1	6	7	
Var	177	177	″	142	35	141	33	174	1	2	3	
Vaucluse	56	54	2	30	26	29	25	54	1	1	2	
Vendée	101	101	″	26	75	26	69	95	″	6	6	
Vienne	120	120	″	40	80	40	57	97	″	23	23	
Vienne (Haute-)	143	143	″	111	32	111	32	143	″	″	″	
Vosges	25	25	″	7	18	7	16	23	″	2	2	
Yonne	101	100	1	41	60	39	48	87	2	12	14	
TOTAUX	13,208	12,678	530	7,637	5,571	7,521	4,850	12,371	116	721	837	
		13,208		13,208		12,371			837			
						13,208						

ENSEIGNEMENT LIBRE.

ÉCOLES DE FILLES.

TABLEAU N° 80.

Écoles classées d'après le culte auquel appartiennent les enfants qui les fréquentent.

DÉPARTEMENTS.	NOMBRE DES ÉCOLES					DÉPARTEMENTS.	NOMBRE DES ÉCOLES				
	SPÉCIALES AU CULTE			communes aux élèves des différents cultes.	TOTAL.		SPÉCIALES AU CULTE			communes aux élèves des différents cultes.	TOTAL.
	catholique.	protestant.	israélite.				catholique.	protestant.	israélite.		
1	2	3	4	5	6	1	2	3	4	5	6
Ain	136	//	//	//	136	Lozère	300	38	//	//	338
Aisne	78	3	//	//	81	Maine-et-Loire	159	//	//	//	159
Allier	98	//	//	//	98	Manche	91	//	//	1	92
Alpes (Basses-)	55	//	//	//	55	Marne	37	2	//	6	45
Alpes (Hautes-)	32	4	//	//	36	Marne (Haute-)	34	//	//	//	34
Alpes-Maritimes	59	3	//	//	62	Mayenne	41	//	//	//	41
Ardèche	161	28	//	1	190	Meurthe	38	1	//	28	67
Ardennes	31	//	//	//	31	Meuse	41	//	//	//	41
Ariége	53	3	//	//	56	Morbihan	137	//	//	//	137
Aube	56	//	//	//	56	Moselle	44	//	2	//	46
Aude	126	//	//	//	126	Nièvre	74	//	//	//	74
Aveyron	408	2	//	//	410	Nord	258	1	//	//	259
Bouches-du-Rhône	252	4	2	6	264	Oise	85	//	//	//	85
Calvados	169	1	//	//	170	Orne	80	1	//	//	81
Cantal	168	//	//	//	168	Pas-de-Calais	208	5	//	12	225
Charente	211	6	//	2	219	Puy-de-Dôme	400	1	//	//	401
Charente-Inférieure	213	20	//	2	235	Pyrénées (Basses-)	123	3	2	//	128
Cher	63	1	//	//	64	Pyrénées (Hautes-)	157	//	//	//	157
Corrèze	102	//	//	//	102	Pyrénées-Orientales	149	//	//	//	149
Corse	23	1	//	//	24	Rhin (Bas-)	17	16	3	6	42
Côte-d'Or	97	//	//	8	105	Rhin (Haut-)	19	9	2	1	31
Côtes-du-Nord	150	//	//	//	150	Rhône	351	4	1	//	356
Creuse	94	//	//	//	94	Saône (Haute-)	25	1	//	//	26
Dordogne	148	6	//	2	156	Saône-et-Loire	222	3	//	5	230
Doubs	35	3	//	//	38	Sarthe	76	//	//	//	76
Drôme	80	28	//	//	108	Savoie	98	//	//	//	98
Eure	122	//	//	//	122	Savoie (Haute-)	39	//	//	//	39
Eure-et-Loir	74	//	//	//	74	Seine	955	50	8	//	1,013
Finistère	201	//	//	//	201	Seine-Inférieure	225	11	//	//	236
Gard	72	113	//	16	201	Seine-et-Marne	113	2	//	//	115
Garonne (Haute-)	360	1	//	1	362	Seine-et-Oise	196	4	//	//	200
Gers	206	1	//	//	207	Sèvres (Deux-)	105	6	//	3	114
Gironde	338	11	2	//	351	Somme	150	//	//	//	150
Hérault	356	16	//	//	372	Tarn	189	9	//	//	198
Ille-et-Vilaine	163	2	//	//	165	Tarn-et-Garonne	100	3	//	//	103
Indre	66	//	//	//	66	Var	176	1	//	//	177
Indre-et-Loire	89	1	//	//	90	Vaucluse	52	3	1	//	56
Isère	187	2	//	//	189	Vendée	100	1	//	//	101
Jura	55	//	//	//	55	Vienne	116	4	//	//	120
Landes	73	//	//	//	73	Vienne (Haute-)	139	4 (1)	//	//	143
Loir-et-Cher	89	//	//	//	89	Vosges	24	1	//	//	25
Loire	95	3	//	//	98	Yonne	100	1	//	//	101
Loire (Haute-)	169	//	//	//	169						
Loire-Inférieure	224	1	//	//	225	TOTAUX	12,627	458	23	100	13,208
Loiret	107	2	//	//	109		13,208				
Lot	258	//	//	//	258						
Lot-et-Garonne	182	7	//	//	189						

(1) Écoles appartenant au culte évangélique non reconnu.

TABLEAU N° 81.

ENSEIGNEMENT LIBRE.

ÉCOLES DE FILLES.

Écoles classées d'après la tenue de la classe et la direction de l'enseignement.

DÉPARTEMENTS.	NOMBRE DES ÉCOLES															
	LAÏQUES.					CONGRÉGANISTES.					TOTAL.					
	Bonnes.	Assez bonnes.	Passables.	Médiocres.	Mauvaises.	Bonnes.	Assez bonnes.	Passables.	Médiocres.	Mauvaises.	Bonnes.	Assez bonnes.	Passables.	Médiocres.	Mauvaises.	TOTAL GÉNÉRAL.
1	2	3	4	5	6	7	8	9	10	11	12	13	14	15	16	17
Ain	11	2	11	7	3	49	27	18	3	5	60	29	29	10	8	136
Aisne	33	9	5	2	4	10	8	3	1	"	49	17	8	3	4	81
Allier	12	17	7	2	"	22	18	15	5	"	34	35	22	7	"	98
Alpes (Basses-)	6	19	3	3	"	14	4	4	2	"	20	23	7	5	"	55
Alpes (Hautes-)	4	9	9	"	1	10	2	"	"	1	14	11	9	"	2	36
Alpes-Maritimes	8	19	13	8	1	9	3	1	"	"	17	22	14	8	1	62
Ardèche	14	16	16	5	9	26	28	44	17	15	40	44	60	22	24	190
Ardennes	10	10	1	"	1	8	1	"	"	"	18	11	1	"	1	31
Ariége	4	8	8	12	6	3	3	9	3	"	7	11	17	15	6	56
Aube	18	4	1	"	1	17	9	6	"	"	35	13	7	"	1	56
Aude	25	20	17	12	"	14	11	16	11	"	39	31	33	23	"	126
Aveyron	12	37	80	69	26	56	67	53	8	2	68	104	133	77	28	410
Bouches-du-Rhône	37	44	52	44	8	9	22	33	15	"	46	66	85	59	8	264
Calvados	31	27	14	14	2	53	14	12	2	1	84	41	26	16	3	170
Cantal	20	31	36	27	8	26	15	4	1	"	46	46	40	28	8	168
Charente	33	72	53	18	4	22	9	8	"	"	55	81	61	18	4	219
Charente-Inférieure	30	55	39	23	12	27	27	16	4	2	57	82	55	27	14	235
Cher	3	4	9	2	3	8	12	14	8	1	11	16	23	10	4	64
Corrèze	6	24	16	5	3	18	20	6	4	"	24	44	22	9	3	102
Corse	2	2	5	3	1	5	3	3	"	"	7	5	8	3	1	24
Côte-d'Or	34	10	14	5	1	11	16	10	3	1	45	26	24	8	2	105
Côtes-du-Nord	11	11	22	16	8	23	23	24	9	3	34	34	46	25	11	150
Creuse	25	17	25	3	"	7	9	8	"	"	32	26	33	3	"	94
Dordogne	36	22	28	19	5	21	14	9	2	"	57	36	37	21	5	156
Doubs	9	4	11	1	2	2	3	4	2	"	11	7	15	3	2	38
Drôme	12	13	22	5	7	12	9	14	11	3	24	22	36	16	10	108
Eure	27	7	7	2	2	12	19	23	14	9	39	26	30	16	11	122
Eure-et-Loir	16	5	1	2	1	23	13	11	2	"	39	18	12	4	1	74
Finistère	60	21	30	25	21	29	2	9	3	1	89	23	39	28	22	201
Gard	41	52	57	14	2	10	5	10	8	2	51	57	67	22	4	201
Garonne (Haute-)	43	70	56	66	9	52	23	29	13	1	95	93	85	79	10	362
Gers	39	41	31	31	4	24	14	13	10	"	63	55	44	41	4	207
Gironde	81	60	53	23	2	62	39	24	7	"	143	99	77	30	2	351
Hérault	49	126	46	29	"	40	43	28	11	"	89	169	74	40	"	372
Ille-et-Vilaine	17	19	12	14	3	39	34	22	5	"	56	53	34	19	3	165
Indre	6	7	5	6	"	7	15	13	7	"	13	22	18	13	"	66
Indre-et-Loire	24	5	5	"	1	36	16	3	"	"	60	21	8	"	1	90
Isère	24	19	29	22	18	23	22	26	5	1	47	41	55	27	19	189
Jura	7	7	4	5	1	6	14	5	6	"	13	21	9	11	1	55
Landes	11	11	8	8	8	12	8	6	1	"	23	19	14	9	8	73
Loir-et-Cher	6	17	7	2	"	11	17	27	2	"	17	34	34	4	"	89
Loire	10	6	8	6	4	18	22	15	7	2	28	28	23	13	6	98
Loire (Haute-)	4	4	6	"	"	25	44	58	26	2	29	48	64	26	2	169
Loire-Inférieure	20	38	49	16	6	15	56	23	2	"	35	94	72	18	6	225
Loiret	20	12	7	5	"	29	25	11	"	"	49	37	18	5	"	109
Lot	25	18	28	26	6	54	43	45	11	2	79	61	73	37	8	258
Lot-et-Garonne	39	24	35	20	4	36	11	9	11	"	75	35	44	31	4	189

ENSEIGNEMENT LIBRE.

ÉCOLES DE FILLES.

Écoles classées d'après la tenue de la classe et la direction de l'enseignement.

TABLEAU N° 81. (Suite.)

DÉPARTEMENTS.	NOMBRE DES ÉCOLES — LAÏQUES. Bonnes.	Assez bonnes.	Passables.	Médiocres.	Mauvaises.	CONGRÉGANISTES. Bonnes.	Assez bonnes.	Passables.	Médiocres.	Mauvaises.	TOTAL. Bonnes.	Assez bonnes.	Passables.	Médiocres.	Mauvaises.	TOTAL GÉNÉRAL.
1	2	3	4	5	6	7	8	9	10	11	12	13	14	15	16	17
Lozère	5	7	45	96	157	17	9	2	″	″	22	16	47	96	157	338
Maine-et-Loire	13	9	20	9	″	23	49	33	3	″	36	58	53	12	″	159
Manche	14	19	8	2	1	30	11	4	3	″	44	30	12	5	1	92
Marne	16	9	3	2	1	9	1	2	2	″	25	10	5	4	1	45
Marne (Haute-)	9	″	″	1	″	15	3	6	″	″	24	3	6	1	″	34
Mayenne	5	4	4	3	″	12	12	1	″	″	17	16	5	3	″	41
Meurthe	25	4	3	1	″	26	6	1	″	1	51	10	4	1	1	67
Meuse	7	5	2	″	″	18	4	2	3	″	25	9	4	3	″	41
Morbihan	10	19	18	22	3	11	30	20	4	″	21	49	38	26	3	137
Moselle	13	7	4	″	″	19	3	″	″	″	32	10	4	″	″	46
Nièvre	7	11	8	4	″	17	17	7	3	″	24	28	15	7	″	74
Nord	53	36	17	10	18	72	23	27	3	″	125	59	44	13	18	259
Oise	7	11	7	5	″	15	15	13	12	″	22	26	20	17	″	85
Orne	4	9	6	6	″	27	19	9	1	″	31	28	15	7	″	81
Pas-de-Calais	58	43	13	7	1	60	33	9	1	″	118	76	22	8	1	225
Puy-de-Dôme	51	68	67	27	7	82	57	28	13	1	133	125	95	40	8	401
Pyrénées (Basses-)	19	19	13	7	10	12	20	23	4	1	31	39	36	11	11	128
Pyrénées (Hautes-)	20	45	48	11	1	18	10	4	″	″	38	55	52	11	1	157
Pyrénées-Orientales	18	23	32	40	11	10	6	5	4	″	28	29	37	44	11	149
Rhin (Bas-)	19	10	5	3	″	3	1	1	″	″	22	11	6	3	″	42
Rhin (Haut-)	10	5	3	1	″	11	1	″	″	″	21	6	3	1	″	31
Rhône	63	76	12	10	″	57	86	38	14	″	120	162	50	24	″	356
Saône (Haute-)	5	4	6	″	″	5	3	3	″	″	10	7	9	″	″	26
Saône-et-Loire	32	40	27	3	1	28	51	39	9	″	60	91	66	12	1	230
Sarthe	9	8	11	5	2	13	13	12	3	″	22	21	23	8	2	76
Savoie	4	9	31	41	1	4	5	3	″	″	8	14	34	41	1	98
Savoie (Haute-)	1	3	8	12	2	7	4	1	1	″	8	7	9	13	2	39
Seine	436	204	120	41	5	178	17	9	1	2	614	221	129	42	7	1,013
Seine-Inférieure	49	14	16	12	″	72	32	31	9	1	121	46	47	21	1	236
Seine-et-Marne	15	10	11	2	3	11	19	26	16	2	26	29	37	18	5	115
Seine-et-Oise	56	21	22	11	3	39	22	20	3	3	95	43	42	14	6	200
Sèvres (Deux-)	16	10	11	5	1	26	16	22	7	″	42	26	33	12	1	114
Somme	37	30	8	2	1	38	20	9	5	″	75	50	17	7	1	150
Tarn	19	29	42	21	10	24	31	14	8	″	43	60	56	29	10	198
Tarn-et-Garonne	7	12	13	20	4	5	8	13	13	8	12	20	26	33	12	103
Var	14	39	44	34	11	11	13	8	2	1	25	52	52	36	12	177
Vaucluse	12	10	4	2	2	15	4	4	3	″	27	14	8	5	2	56
Vendée	4	6	9	7	″	21	33	17	4	″	25	39	26	11	″	101
Vienne	17	13	7	2	1	28	30	17	5	″	45	43	24	7	1	120
Vienne (Haute-)	40	36	28	7	″	18	14	″	″	″	58	50	28	7	″	143
Vosges	2	5	″	″	″	14	4	″	″	″	16	9	″	″	″	25
Yonne	26	6	2	3	4	21	17	15	6	1	47	23	17	9	5	101
TOTAUX	2,262	2,023	1,759	1,124	469	2,193	1,634	1,242	427	75	4,455	3,657	3,001	1 551	544	13,208
	7,637					5,571					13,208					
	13,208															

Maisons d'école.

ÉCOLES DE FILLES.

DÉPARTEMENTS.	NOMBRE DES MAISONS D'ÉCOLE													
	APPARTENANT aux communes.		LOUÉES, PRÊTÉES, ou appartenant aux institutrices.		APPARTENANT à des congrégations religieuses.	BIEN DISPOSÉES.		MÉDIOCREMENT DISPOSÉES.		ASSEZ MAL DISPOSÉES.		MAL DISPOSÉES.		TOTAL.
	Laïques.	Congréganistes.	Laïques.	Congréganistes.		Laïques.	Congréganistes.	Laïques.	Congréganistes.	Laïques.	Congréganistes.	Laïques.	Congréganistes.	
1	2	3	4	5	6	7	8	9	10	11	12	13	14	15
Ain	″	14	34	27	61	8	63	8	22	10	10	8	7	136
Aisne	1	2	52	5	21	32	20	13	8	3	″	5	″	81
Allier	2	1	36	42	17	18	46	16	10	3	3	1	1	98
Alpes (Basses-)	1	″	30	19	5	11	16	12	6	7	2	1	″	55
Alpes (Hautes-)	″	1	23	5	7	11	11	6	2	2	″	4	″	36
Alpes-Maritimes	″	1	49	3	9	22	9	20	4	6	″	1	″	62
Ardèche	6	28	54	26	76	24	59	15	42	11	21	10	8	190
Ardennes	″	″	22	8	1	17	8	3	″	2	1	″	″	31
Ariége	″	1	38	14	3	3	11	17	5	11	2	7	″	56
Aube	″	3	24	7	22	16	32	8	″	″	″	″	″	56
Aude	5	4	69	20	22	30	36	23	13	17	2	4	1	126
Aveyron	4	8	220	48	130	87	151	94	27	36	6	7	2	410
Bouches-du-Rhône	2	4	183	36	39	57	49	50	14	48	16	30	″	264
Calvados	3	3	85	52	27	42	60	31	15	6	3	9	4	170
Cantal	2	3	120	12	31	39	41	30	3	19	2	34	″	168
Charente	11	5	169	23	11	90	28	50	9	34	2	6	″	219
Charente-Inférieure	″	4	159	38	34	68	56	49	17	18	2	24	1	235
Cher	″	3	21	30	10	5	35	9	4	2	2	5	2	64
Corrèze	3	3	51	26	19	6	27	20	14	18	4	10	3	102
Corse	″	2	13	4	5	4	11	7	″	2	″	″	″	24
Côte-d'Or	″	2	64	33	6	27	26	32	15	5	″	″	″	105
Côtes-du-Nord	3	5	65	20	57	32	68	9	10	12	3	15	1	150
Creuse	1	″	69	″	24	23	18	29	6	13	″	5	″	94
Dordogne	″	4	110	17	25	49	36	45	7	12	″	4	3	156
Doubs	″	1	27	7	3	13	7	8	2	5	″	1	2	38
Drôme	″	″	59	25	24	29	20	22	15	6	3	2	2	108
Eure	″	3	45	50	24	25	36	12	25	4	10	4	6	122
Eure-et-Loir	″	″	25	16	33	13	40	6	7	2	2	4	″	74
Finistère	17	2	140	11	31	60	34	34	6	42	2	21	2	201
Gard	3	3	163	29	3	69	23	72	7	25	5	″	″	201
Garonne (Haute-)	9	21	235	38	59	41	75	115	35	67	8	21	″	362
Gers	11	13	135	33	15	34	42	70	12	30	5	12	2	207
Gironde	″	5	219	94	33	177	93	24	31	11	5	7	3	351
Hérault	4	13	246	71	38	137	106	74	16	21	″	18	″	372
Ille-et-Vilaine	1	6	64	62	32	25	71	23	22	12	6	5	1	165
Indre	1	″	23	30	12	16	37	1	4	3	1	4	″	66
Indre-et-Loire	1	2	34	41	12	18	38	17	14	″	3	″	″	90
Isère	″	4	112	27	46	48	67	29	6	20	2	15	2	189
Jura	″	2	24	8	21	9	23	11	2	2	3	2	3	55
Landes	4	2	42	14	11	18	24	6	″	6	2	16	1	73
Loir-et-Cher	1	6	31	42	9	11	32	17	22	3	3	1	″	89
Loire	″	1	34	17	46	11	52	15	9	4	2	4	1	98
Loire (Haute-)	″	″	14	155	″	7	87	6	36	1	32	″	″	169
Loire-Inférieure	2	4	127	52	40	51	68	53	23	17	5	8	″	225
Loiret	″	2	44	41	22	29	55	7	9	6	1	2	″	109
Lot	1	6	102	104	45	22	66	25	42	30	36	26	11	258
Lot-et-Garonne	2	2	120	23	42	52	47	39	15	19	2	12	3	189

Maisons d'école.

DÉPARTEMENTS.	NOMBRE DES MAISONS D'ÉCOLE													
	APPARTENANT AUX COMMUNES.		LOUÉES, PRÊTÉES, ou appartenant aux institutrices.		APPARTENANT à des congrégations religieuses.	BIEN DISPOSÉES.		MÉDIOCREMENT DISPOSÉES.		ASSEZ MAL DISPOSÉES.		MAL DISPOSÉES.		TOTAL.
	Laïques.	Congréganistes.	Laïques.	Congréganistes.		Laïques.	Congréganistes.	Laïques.	Congréganistes.	Laïques.	Congréganistes.	Laïques.	Congréganistes.	
1	2	3	4	5	6	7	8	9	10	11	12	13	14	15
Lozère	18	3	202	3	22	4	25	16	2	26	//	264	1	338
Maine-et-Loire	3	5	48	73	30	25	73	15	28	9	7	2	//	159
Manche	//	2	44	28	18	17	38	22	8	5	2	//	//	92
Marne	//	2	31	5	7	21	10	9	4	//	//	1	//	45
Marne (Haute-)	//	//	10	7	17	7	17	2	7	//	//	1	//	34
Mayenne	//	//	16	18	7	11	23	5	2	//	//	//	//	41
Meurthe	//	//	33	10	24	11	26	12	5	6	3	4	//	67
Meuse	//	10	14	17	//	5	10	7	6	2	2	//	//	41
Morbihan	//	//	72	16	49	14	28	23	30	20	3	15	4	137
Moselle	//	3	24	7	12	23	22	1	//	//	//	//	//	46
Nièvre	//	//	30	41	3	21	43	5	1	3	//	1	//	74
Nord	1	1	133	71	53	54	111	34	9	20	2	26	3	259
Oise	1	2	29	38	15	13	38	12	15	4	//	1	2	85
Orne	//	8	25	14	34	6	39	8	16	7	//	4	1	81
Pas-de-Calais	10	3	112	69	31	70	87	16	11	22	5	14	//	225
Puy-de-Dôme	39	18	181	62	101	33	95	72	51	37	21	78	14	401
Pyrénées (Basses-)	//	18	68	37	5	28	42	15	12	15	5	10	1	128
Pyrénées (Hautes-)	4	2	121	6	24	44	28	42	4	26	//	13	//	157
Pyrénées-Orientales	//	2	124	7	16	29	18	37	7	39	//	19	//	149
Rhin (Bas-)	25	//	12	1	4	27	5	5	//	3	//	2	//	42
Rhin (Haut-)	//	5	19	2	5	6	8	9	1	2	2	2	1	31
Rhône	4	34	157	56	105	64	111	78	69	12	11	7	4	356
Saône (Haute-)	//	6	15	3	2	10	11	3	//	2	//	//	//	26
Saône-et-Loire	5	9	98	70	48	50	89	39	27	13	5	1	6	230
Sarthe	//	//	35	10	31	16	34	6	5	6	1	7	1	76
Savoie	45	1	41	2	9	13	7	43	5	11	//	19	//	98
Savoie (Haute-)	5	1	21	5	7	3	10	14	2	6	1	3	//	39
Seine	//	16	806	112	79	459	157	280	43	53	5	14	2	1,013
Seine-Inférieure	//	4	91	88	53	53	91	22	30	7	16	9	8	236
Seine-et-Marne	1	13	40	42	19	24	44	10	14	4	11	3	5	115
Seine-et-Oise	//	1	113	38	48	72	71	24	13	11	3	6	//	200
Sèvres (Deux-)	2	//	41	37	34	13	48	13	13	8	5	9	5	114
Somme	//	10	78	46	16	47	50	18	13	7	5	6	4	150
Tarn	3	3	118	50	24	56	51	49	13	8	9	8	4	198
Tarn-et-Garonne	10	6	46	25	16	26	29	14	14	14	3	2	1	103
Var	2	6	140	22	7	35	23	68	9	21	2	18	1	177
Vaucluse	1	7	29	12	7	21	18	5	7	3	1	1	//	56
Vendée	//	1	26	28	46	6	62	6	13	12	//	2	//	101
Vienne	5	5	35	38	37	18	48	12	21	5	4	5	7	120
Vienne (Haute-)	5	2	106	11	19	80	28	21	4	10	//	//	//	143
Vosges	//	2	7	3	13	4	16	1	2	1	//	1	//	25
Yonne	2	7	39	35	18	19	35	10	19	4	3	8	3	101
TOTAUX	292	417	7,345	2,776	2,378	3,194	3,897	2,385	1,168	1,097	356	961	150	13,208
	709		10,121			7,091		3,553		1,453		1,111		
	13,208					13,208								

Population des écoles de filles.

DÉPARTEMENTS.	NOMBRE DES ÉLÈVES												TOTAL général.
	PAYANTES, admises dans les écoles			GRATUITES, admises dans les écoles					TOTAL des élèves admises dans les écoles				
				payantes.		gratuites.							
	laïques.	congréganistes.	TOTAL.	Laïques.	Congréganistes.	Laïques.	Congréganistes	TOTAL.	Laïques.	congréganistes.	Filles.	Garçons.	
1	2	3	4	5	6	7	8	9	10	11	12	13	14
Ain	1,463	6,193	7,656	138	1,221	″	564	1,923	1,601	7.978	9,515	64	9,579
Aisne	3,071	1,494	4,565	80	163	30	136	409	3,181	1,793	4,943	31	4,974
Allier	1,797	2,831	4,628	91	1,679	″	708	2,478	1,888	5,218	7,049	57	7,106
Alpes (Basses-)	921	1,319	2,240	2	94	″	115	211	923	1,528	2,451	″	2,451
Alpes (Hautes-)	631	587	1,218	33	59	12	″	104	676	646	1,322	″	1,322
Alpes-Maritimes	1,449	684	2,133	42	92	″	163	297	1,491	939	2,430	″	2,430
Ardèche	2,000	7,027	9,027	165	2,510	80	68	2,823	2,245	9,605	11,760	90	11,850
Ardennes	1,056	364	1,420	23	36	″	24	83	1,079	424	1,503	″	1,503
Ariége	1,044	645	1,689	27	301	″	430	758	1,071	1,376	2,408	39	2,447
Aube	1,570	1,824	3,394	″	119	″	422	541	1,570	2,365	3,935	″	3,935
Aude	2,505	2,676	5,181	61	632	″	435	1,128	2,566	3.743	6,269	40	6,309
Aveyron	6,002	10,820	16,822	321	2,628	″	626	3,575	6,323	14,074	20,347	50	20,397
Bouches-du-Rhône	6,072	3,734	9,806	132	342	158	499	1,131	6,362	4,575	10,794	143	10,937
Calvados	2,826	4,249	7,075	286	1,696	″	98	2,080	3,112	6,043	8,714	441	9,155
Cantal	3,073	3,186	6,259	166	923	″	465	1,554	3,239	4,574	7,688	125	7,813
Charente	6,206	1,505	7,711	73	766	″	433	1,272	6,279	2,704	8,983	″	8,983
Charente-Inférieure	5,174	3,261	8,435	438	1,175	″	328	1,941	5,612	4,764	10,361	15	10,376
Cher	1,191	1,978	3,169	33	721	″	467	1,221	1,224	3,166	4,345	45	4,390
Corrèze	1,447	3,200	4,647	173	1,501	″	43	1,717	1,620	4,744	6,364	″	6,364
Corse	429	780	1,209	5	134	″	85	224	434	999	1,433	″	1,433
Côte-d'Or	2,626	1,264	3,890	25	375	″	945	1,345	2,651	2,584	5,235	″	5,235
Côtes-du-Nord	2,571	4,656	7,227	413	1,526	″	700	2,639	2,984	6,882	9,866	″	9,866
Creuse	2,400	1,975	4,375	28	280	″	″	308	2,428	2,255	4,683	″	4,683
Dordogne	3,560	2,211	5,771	192	961	″	94	1,247	3,752	3,266	7,018	″	7,018
Doubs	1,151	211	1,362	″	112	″	247	359	1,151	570	1,721	″	1,721
Drôme	1,693	2,353	4,046	93	867	″	37	997	1,786	3,257	5,011	32	5,043
Eure	1,847	2,374	4,221	93	624	″	620	1,337	1,940	3,618	5,476	82	5,558
Eure-et-Loir	1,354	2,410	3,764	96	765	59	343	1,263	1,509	3,518	5,027	″	5,027
Finistère	5,522	3,345	8,867	628	1,475	114	336	2,553	6,264	5,156	11,370	50	11,420
Gard	4,120	1,010	5,130	38	75	137	975	1,225	4,295	2,060	6,355	″	6,355
Garonne (Haute-)	7,123	3,118	10,241	560	877	35	5,345	6,817	7,718	9,340	16,968	90	17,058
Gers	4,597	2,255	6,852	94	902	″	″	996	4,691	3,157	7,841	7	7,848
Gironde	8,489	6,316	14,805	250	1,203	″	144	1,597	8,739	7,663	16,402	″	16,402
Hérault	7,668	6,105	13,773	146	816	55	1,237	2,254	7,869	8,158	16,027	″	16,027
Ille-et-Vilaine	2,832	7,117	9,949	265	4,108	56	207	4,636	3,153	11,432	14,102	483	14,585
Indre	1,225	1,717	2,942	24	641	″	497	1,162	1,249	2,855	4,065	39	4,104
Indre-et-Loire	1,698	2,169	3,867	29	1,087	″	476	1,592	1,727	3,732	5,459	″	5,459
Isère	3,626	4,038	7,664	85	771	25	552	1 433	3,736	5,361	9,088	9	9,097
Jura	953	1,172	2,125	″	292	″	91	383	953	1,555	2,508	″	2,508
Landes	1,529	951	2,480	81	497	″	955	1,533	1,610	2,403	4,013	″	4,013
Loir-et-Cher	1,613	2,243	3,856	76	1,126	″	272	1,474	1,689	3,641	5,326	4	5,330
Loire	1,177	4,361	5,538	″	953	″	671	1,624	1,177	5,985	7,162	″	7,162
Loire (Haute-)	440	8,559	8.999	8	1,425	″	″	1,433	448	9,984	10,432	″	10,432
Loire-Inférieure	5,478	6,077	11,555	656	2,470	221	147	3,494	6,355	8,694	15,049	″	15,049
Loiret	2,399	2,565	4,964	30	712	230	1,008	1,980	2,659	4,285	6,944	″	6,944
Lot	2,687	6,512	9,199	228	1,412	″	119	1,759	2,915	8,043	10,958	″	10,958
Lot-et-Garonne	4,274	2,964	7,238	18	1,422	80	39	1,559	4,372	4,425	8,772	25	8,797

26.

ÉCOLES DE FILLES.

Population des écoles de filles.

DÉPARTEMENTS.	NOMBRE DES ÉLÈVES												
	PAYANTES, admises dans les écoles			GRATUITES, admises dans les écoles					TOTAL des élèves admises dans les écoles				TOTAL général.
	laïques.	congréganistes.	TOTAL.	payantes. Laïques.	payantes. Congréganistes.	gratuites. Laïques.	gratuites. Congréganistes.	TOTAL.	laïques.	congréganistes.	Filles.	Garçons.	
1	2	3	4	5	6	7	8	9	10	11	12	13	14
Lozère	4,888	1,550	6,438	196	441	"	"	637	5,084	1,991	5,318	1,757	7,075
Maine-et-Loire	2,062	5,635	7,697	157	2,101	114	757	3,129	2,333	8,493	10,706	120	10,826
Manche	1,784	2,844	4,628	85	965	"	64	1,114	1,869	3,873	5,647	95	5,742
Marne	1,816	1,079	2,895	44	236	77	256	613	1,937	1,571	3,508	"	3,508
Marne (Haute-)	438	851	1,289	"	285	"	397	682	438	1,533	1,971	"	1,971
Mayenne	724	1,512	2,236	5	752	"	180	937	729	2,444	3,071	102	3,173
Meurthe	1,377	2,025	3,402	31	244	"	190	465	1,408	2,459	3,867	"	3,867
Meuse	591	1,506	2,097	6	41	"	156	203	597	1,703	2,300	"	2,300
Morbihan	2,745	3,113	5,858	358	2,143	91	696	3,288	3,194	5,952	9,146	"	9,146
Moselle	1,172	1,665	2,837	6	145	"	"	151	1,178	1,810	2,967	21	2,988
Nièvre	1,755	2,195	3,950	"	523	"	1,759	2,282	1,755	4,477	6,232	"	6,232
Nord	8,026	10,745	18,771	338	3,250	"	1,773	5,361	8,364	15,768	24,120	12	24,132
Oise	2,139	2,051	4,190	59	365	"	332	756	2,198	2,748	4,940	6	4,946
Orne	1,085	3,093	4,178	87	620	"	237	944	1,172	3,950	5,061	61	5,122
Pas-de-Calais	6,491	3,638	10,129	711	2,275	26	1,352	4,364	7,228	7,265	14,493	"	14,493
Puy-de-Dôme	6,415	8,703	15,118	931	2,861	"	400	4,192	7,346	11,964	18,819	491	19,310
Pyrénées (Basses-)	2,311	678	2,989	121	278	149	5,093	5,641	2,581	6,049	8,630	"	8,630
Pyrénées (Hautes-)	3,677	944	4,621	63	777	"	2,289	3,129	3,740	4,010	7,750	"	7,750
Pyrénées-Orientales	3,779	1,408	5,187	20	176	44	60	300	3,843	1,644	5,487	"	5,487
Rhin (Bas-)	1,706	493	2,199	39	279	"	30	348	1,745	802	2,503	44	2,547
Rhin (Haut-)	603	1,548	2,151	19	4	"	86	109	622	1,638	2,245	15	2,260
Rhône	4,871	10,139	15,010	134	3,870	"	183	4,187	5,005	14,192	19,039	158	19,197
Saône (Haute-)	515	323	838	42	57	"	147	246	557	527	1,037	47	1,084
Saône-et-Loire	4,385	7,368	11,753	389	2,281	114	1,580	4,364	4,888	11,229	15,976	141	16,117
Sarthe	1,535	1,983	3,518	108	776	"	377	1,261	1,643	3,136	4,779	"	4,779
Savoie	1,170	493	1,663	141	106	1,013	565	1,825	2,324	1,164	3,488	"	3,488
Savoie (Haute-)	584	616	1,200	19	14	42	164	239	645	794	1,356	83	1,439
Seine	41,312	7,453	48,765	550	1,868	1,257	7,142	10,817	43,119	16,463	59,582	"	59,582
Seine-Inférieure	3,800	7,340	11,140	273	2,547	142	1,904	4,866	4,215	11,791	16,006	"	16,006
Seine-et-Marne	1,956	2,349	4,305	58	582	59	726	1,425	2,073	3,657	5,705	25	5,730
Seine-et-Oise	5,016	2,708	7,724	109	286	"	1,966	2,361	5,125	4,960	10,067	18	10,085
Sèvres (Deux-)	1,735	2,085	3,820	95	1,241	"	2,325	3,661	1,830	5,651	7,408	73	7,481
Somme	2,819	2,040	4,859	235	1,023	"	699	1,957	3,054	3,762	6,816	"	6,816
Tarn	3,318	3,509	6,827	249	1,209	"	645	2,103	3,567	5,363	8,596	334	8,930
Tarn-et-Garonne	1,504	2,110	3,614	82	597	25	618	1,322	1,611	3,325	4,876	60	4,936
Var	4,975	2,042	7,017	43	187	40	120	390	5,058	2,349	7,407	"	7,407
Vaucluse	1,071	1,670	2,741	22	130	39	27	218	1,132	1,827	2,929	30	2,959
Vendée	875	3,502	4,377	132	1,982	"	634	2,748	1,007	6,118	7,125	"	7,125
Vienne	1,347	2,366	3,713	91	1,431	"	1,718	3,240	1,438	5,515	6,953	"	6,953
Vienne (Haute-)	3,258	1,382	4,640	236	930	"	"	1,166	3,494	2,312	5,806	"	5,806
Vosges	258	1,151	1,409	19	113	"	118	250	277	1,382	1,659	"	1,659
Yonne	2,292	3,097	5,389	61	672	40	1,257	2,030	2,393	5,026	7,409	10	7,419
TOTAUX	278,759	271,407	550,166	12,809	85,229	4,564	61,188	163,790	296,132	417,824	708,292	5,664	713,956 dont 88,150 internes.
	550,166			163,790					713,956		713,956		
	713,956												

Élèves des écoles de filles, classées d'après le culte auquel elles appartiennent.

DÉPARTEMENTS.	NOMBRE DES ÉLÈVES APPARTENANT AU CULTE			
	catholique.	protestant.	israélite.	TOTAL général.
1	2	3	4	5
Ain	9,579	″	″	9,579
Aisne	4,887	87	″	4,974
Allier	7,106	″	″	7,106
Alpes (Basses-)	2,451	″	″	2,451
Alpes (Hautes-)	1,244	78	″	1,322
Alpes-Maritimes	2,364	66	″	2,430
Ardèche	10,837	1,013	″	11,850
Ardennes	1,498	3	2	1,503
Ariége	2,361	86	″	2,447
Aube	3,931	4	″	3,935
Aude	6,309	″	″	6,309
Aveyron	20,327	70	″	20,397
Bouches-du-Rhône	10,616	255	66	10,937
Calvados	9,139	16	″	9,155
Cantal	7,813	″	″	7,813
Charente	8,858	125	″	8,983
Charente-Inférieure	9,708	668	″	10,376
Cher	4,360	30	″	4,390
Corrèze	6,364	″	″	6,364
Corse	1,428	5	″	1,433
Côte-d'Or	5,216	10	9	5,235
Côtes-du-Nord	9,866	″	″	9,866
Creuse	4,683	″	″	4,683
Dordogne	6,768	250	″	7,018
Doubs	1,622	99	″	1,721
Drôme	4,311	732	″	5,043
Eure	5,558	″	″	5,558
Eure-et-Loir	5,027	″	″	5,027
Finistère	11,420	″	″	11,420
Gard	3,321	3,030	4	6,355
Garonne (Haute-)	17,023	35	″	17,058
Gers	7,830	18	″	7,848
Gironde	15,936	426	40	16,402
Hérault	15,603	424	″	16,027
Ille-et-Vilaine	14,534	51	″	14,585
Indre	4,104	″	″	4,104
Indre-et-Loire	5,451	8	″	5,459
Isère	9,059	38	″	9,097
Jura	2,508	″	″	2,508
Landes	4,013	″	″	4,013
Loir-et-Cher	5,330	″	″	5,330
Loire	7,098	64	″	7,162
Loire (Haute-)	10,432	″	″	10,432
Loire-Inférieure	15,010	39	″	15,049
Loiret	6,826	118	″	6,944
Lot	10,958	″	″	10,958
Lot-et-Garonne	8,525	272	″	8,797

DÉPARTEMENTS.	NOMBRE DES ÉLÈVES APPARTENANT AU CULTE			
	catholique.	protestant.	israélite.	TOTAL général.
1	2	3	4	5
Lozère	6,331	744	″	7,075
Maine-et-Loire	10,826	″	″	10,826
Manche	5,722	20	″	5,742
Marne	3,437	52	19	3,508
Marne (Haute-)	1,971	″	″	1,971
Mayenne	3,173	″	″	3,173
Meurthe	3,648	116	103	3,867
Meuse	2,254	5	41	2,300
Morbihan	9,146	″	″	9,146
Moselle	2,881	″	107	2,988
Nièvre	6,232	″	″	6,232
Nord	24,112	20	″	24,132
Oise	4,946	″	″	4,946
Orne	5,117	5	″	5,122
Pas-de-Calais	13,897	589	7	14,493
Puy-de-Dôme	19,295	15	″	19,310
Pyrénées (Basses-)	8,377	206	47	8,630
Pyrénées (Hautes-)	7,750	″	″	7,750
Pyrénées-Orientales	5,487	″	″	5,487
Rhin (Bas-)	1,526	866	155	2,547
Rhin (Haut-)	1,814	360	86	2,260
Rhône	19,038	123	36	19,197
Saône (Haute-)	1,059	25	″	1,084
Saône-et-Loire	16,026	85	6	16,117
Sarthe	4,779	″	″	4,779
Savoie	3,488	″	″	3,488
Savoie (Haute-)	1,439	″	″	1,439
Seine	56,769	2,398	415	59,582
Seine-Inférieure	15,617	389	″	16,006
Seine-et-Marne	5,661	63	6	5,730
Seine-et-Oise	9,981	102	2	10,085
Sèvres (Deux-)	7,207	274	″	7,481
Somme	6,816	″	″	6,816
Tarn	8,730	200	″	8,930
Tarn-et-Garonne	4,864	72	″	4,936
Var	7,367	40	″	7,407
Vaucluse	2,842	83	34	2,959
Vendée	7,086	39	″	7,125
Vienne	6,831	122	″	6,953
Vienne (Haute-)	5,689	117	″	5,806
Vosges	1,611	48	″	1,659
Yonne	7,399	20	″	7,419
Totaux	697,447	15,318	1,191	713,956
	713,956			

TABLEAU N° 85.

Personnel des institutrices. —

DÉPARTEMENTS.	INSTITUTRICES — LAÏQUES — munies d'un brevet de capacité — du premier ordre.	du second ordre.	n'exerçant qu'en vertu d'un certificat de stage.	sans brevet.	TOTAL.	CONGRÉGANISTES — munies d'un brevet de capacité — du premier ordre.	du second ordre.	n'exerçant qu'en vertu d'une lettre d'obédience.	sans brevet.	TOTAL.	TOTAL général.
1	2	3	4	5	6	7	8	9	10	11	12
Ain	2	24	″	8	34	1	1	100	″	102	136
Aisne	16	37	″	″	53	1	3	24	″	28	81
Allier	2	36	″	″	38	2	10	48	″	60	98
Alpes (Basses-)	″	31	″	″	31	″	1	23	″	24	55
Alpes (Hautes-)	″	23	″	″	23	″	2	11	″	13	36
Alpes-Maritimes	2	40	″	7	49	″	1	10	2	13	62
Ardèche	3	46	″	11	60	″	9	121	″	130	190
Ardennes	5	17	″	″	22	″	″	9	″	9	31
Ariége	6	20	″	12	38	″	″	18	″	18	56
Aube	10	14	″	″	24	1	″	31	″	32	56
Aude	6	64	″	4	74	″	7	45	″	52	126
Aveyron	4	166	″	54	224	1	136	48	1	186	410
Bouches-du-Rhône	11	162	″	12	185	″	22	55	2	79	264
Calvados	3	79	″	6	88	2	22	57	1	82	170
Cantal	2	105	″	15	122	″	16	29	1	46	168
Charente	25	143	″	12	180	″	10	29	″	39	219
Charente-Inférieure	5	152	″	2	159	″	5	71	″	76	235
Cher	2	19	″	″	21	″	4	39	″	43	64
Corrèze	″	54	″	″	54	″	3	45	″	48	102
Corse	″	10	″	3	13	″	1	10	″	11	24
Côte-d'Or	20	44	″	″	64	″	3	36	2	41	105
Côtes-du-Nord	3	41	1	23	68	″	1	79	2	82	150
Creuse	2	68	″	″	70	″	″	24	″	24	94
Dordogne	10	87	″	13	110	″	3	43	″	46	156
Doubs	7	19	″	1	27	″	″	11	″	11	38
Drôme	1	54	″	4	59	″	1	44	4	49	108
Eure	5	38	″	2	45	″	4	73	″	77	122
Eure-et-Loir	6	18	″	1	25	1	1	46	1	49	74
Finistère	2	96	″	59	157	″	2	42	″	44	201
Gard	7	159	″	″	166	″	8	27	″	35	201
Garonne (Haute-)	11	229	″	4	244	1	6	110	1	118	362
Gers	2	130	″	14	146	″	2	59	″	61	207
Gironde	39	176	″	4	219	2	8	122	″	132	351
Hérault	14	230	″	6	250	″	3	116	3	122	372
Ille-et-Vilaine	8	53	″	4	65	″	4	96	″	100	165
Indre	8	16	″	″	24	″	3	39	″	42	66
Indre-et-Loire	12	23	″	″	35	3	5	43	4	55	90
Isère	3	93	″	16	112	1	9	55	12	77	189
Jura	5	19	″	″	24	3	4	21	3	31	55
Landes	6	33	″	7	46	″	″	27	″	27	73
Loir-et-Cher	4	28	″	″	32	1	1	55	″	57	89
Loire	8	24	″	2	34	2	7	54	1	64	98
Loire (Haute-)	2	12	″	″	14	1	34	107	13	155	169
Loire-Inférieure	13	112	″	4	129	″	7	89	″	96	225
Loiret	10	29	″	5	44	″	9	56	″	65	109
Lot	″	103	″	″	103	″	42	113	″	155	258
Lot-et-Garonne	7	115	″	″	122	″	17	50	″	67	189

Titres de capacité. — État civil.

ADJOINTES OU SOUS-MAITRESSES					PROFESSEURS EXTERNES DANS LES ÉCOLES					INSTITUTRICES LAÏQUES			OBSERVATIONS.
LAÏQUES		CONGRÉGANISTES			LAÏQUES.		CONGRÉGANISTES.						
brevetées.	non brevetées.	brevetées.	non brevetées.	TOTAL.	Hommes.	Femmes.	Hommes.	Femmes.	TOTAL.	céli-bataires.	mariées.	veuves.	
13	14	15	16	17	18	19	20	21	22	23	24	25	26
9	8	″	252	269	1	1	1	″	3	25	8	1	
85	30	3	101	219	26	21	3	5	55	43	9	1	
6	22	″	160	188	8	3	8	8	27	21	16	1	
1	3	″	39	43	2	1	″	″	3	29	1	1	
1	″	1	30	32	1	″	4	1	6	18	5	″	
7	24	7	37	75	17	11	5	5	38	38	10	1	
6	17	7	334	364	4	″	12	3	19	46	13	1	
10	11	″	13	34	16	5	1	″	22	18	3	1	
3	7	″	50	60	6	″	4	1	11	24	12	2	
29	24	2	85	140	30	10	3	″	43	21	3	″	
10	21	2	145	178	28	″	10	6	44	44	30	″	
″	3	15	357	375	″	″	1	1	2	209	12	3	
52	70	″	157	279	22	11	2	″	35	117	50	18	
27	38	23	213	301	43	12	42	19	116	71	10	7	
4	6	14	108	132	″	″	″	1	1	119	3	″	
35	40	17	91	183	30	34	7	11	82	76	98	6	
17	14	″	164	195	4	″	5	2	11	102	49	8	
3	12	″	82	97	″	″	″	″	″	16	4	1	
″	1	″	114	115	″	″	4	2	6	41	12	1	
2	1	″	32	35	″	″	2	″	2	12	1	″	
32	32	1	82	147	37	18	″	″	55	53	6	5	
2	17	1	120	140	″	″	″	″	″	58	10	″	
4	4	4	73	85	″	″	2	1	3	44	24	2	
20	7	1	86	114	10	1	5	1	17	80	26	4	
14	18	1	4	37	12	10	″	″	22	24	3	″	
12	23	1	193	229	8	5	″	1	14	41	17	1	
6	34	″	59	99	17	13	6	5	41	30	9	6	
14	27	1	102	144	4	2	″	″	6	21	2	2	
28	53	1	164	240	5	4	″	3	12	110	41	6	
13	27	4	57	101	17	2	″	″	19	96	59	11	
14	56	1	269	340	49	16	23	7	95	182	52	10	
4	24	2	93	123	4	2	7	″	13	91	51	4	
46	91	4	214	355	65	63	28	30	186	108	89	22	
27	60	″	300	387	19	12	5	12	48	193	44	13	
25	26	″	311	362	9	12	4	3	28	59	3	3	
8	21	45	53	127	2	2	″	″	4	13	9	2	
18	26	6	110	160	13	5	11	9	38	22	9	4	
6	51	3	228	288	7	2	″	1	10	96	12	4	
4	10	1	67	82	6	2	3	″	11	20	2	2	
5	12	6	77	101	4	1	1	1	7	31	14	1	
6	20	″	78	104	13	5	3	3	24	23	6	3	
″	7	″	160	167	″	″	″	″	″	28	4	2	
4	12	4	319	339	1	″	″	″	1	14	″	″	
27	76	2	153	258	36	19	″	″	55	104	19	6	
27	60	″	88	175	30	21	″	2	53	38	4	2	
4	″	″	255	259	″	″	″	″	″	78	24	1	
31	23	24	125	203	5	9	5	5	24	73	41	8	

Tableau n° 85.
(Suite.)

Personnel des institutrices.

DÉPARTEMENTS.	INSTITUTRICES — LAÏQUES — munies d'un brevet de capacité — du premier ordre.	du second ordre.	n'exerçant qu'en vertu d'un certificat de stage.	sans brevet.	TOTAL.	CONGRÉGANISTES — munies d'un brevet de capacité — du premier ordre.	du second ordre.	n'exerçant qu'en vertu d'une lettre d'obédience.	sans brevet.	TOTAL.	TOTAL général.
1	2	3	4	5	6	7	8	9	10	11	12
Lozère	"	54	"	(1) 256	310	"	7	21	"	28	338
Maine-et-Loire	5	44	"	2	51	"	2	106	"	108	159
Manche	3	41	"	"	44	1	15	32	"	48	92
Marne	15	16	"	"	31	"	"	14	"	14	45
Marne (Haute-)	2	7	"	1	10	"	"	24	"	24	34
Mayenne	1	13	"	2	16	"	"	25	"	25	41
Meurthe	19	14	"	"	33	3	2	21	8	34	67
Meuse	3	10	"	1	14	1	"	26	"	27	41
Morbihan	2	65	"	5	72	"	2	63	"	65	137
Moselle	16	8	"	"	24	2	1	19	"	22	46
Nièvre	5	24	"	1	30	"	1	43	"	44	74
Nord	21	111	"	2	134	4	2	119	"	125	259
Oise	4	26	"	"	30	"	4	51	"	55	85
Orne	"	25	"	"	25	1	7	48	"	50	81
Pas-de-Calais	10	106	"	6	122	"	4	99	"	103	225
Puy-de-Dôme	8	123	"	89	220	"	18	107	56	181	401
Pyrénées (Basses-)	4	54	"	10	68	"	"	60	"	60	128
Pyrénées (Hautes-)	2	121	"	2	125	"	1	31	"	32	157
Pyrénées-Orientales	3	93	"	28	124	"	7	4	14	25	149
Rhin (Bas-)	12	25	"	"	37	"	1	4	"	5	42
Rhin (Haut-)	6	13	"	"	19	"	1	11	"	12	31
Rhône	12	140	"	9	161	1	5	187	2	195	356
Saône (Haute-)	2	13	"	"	15	"	1	10	"	11	26
Saône-et-Loire	2	101	"	"	103	"	8	117	2	127	230
Sarthe	5	29	"	1	35	"	2	36	3	41	76
Savoie	"	47	"	39	86	1	2	9	"	12	98
Savoie (Haute-)	"	17	"	9	26	1	2	10	"	13	39
Seine	190	590	3	23	806	"	14	186	7	207	1,013
Seine-Inférieure	14	74	"	3	91	2	1	130	12	145	236
Seine-et-Marne	11	30	"	"	41	"	4	70	"	74	115
Seine-et-Oise	19	94	"	"	113	1	4	82	"	87	200
Sèvres (Deux-)	4	39	"	"	43	"	"	71	"	71	114
Somme	7	71	"	"	78	"	1	71	"	72	150
Tarn	4	110	"	7	121	2	18	50	7	77	198
Tarn-et-Garonne	5	49	"	2	56	"	3	44	"	47	103
Var	3	127	1	11	142	"	2	33	"	35	177
Vaucluse	3	22	"	5	30	"	"	25	1	26	56
Vendée	2	19	"	5	26	"	2	73	"	75	101
Vienne	5	35	"	"	40	"	2	75	3	80	120
Vienne (Haute-)	45	61	5	"	111	"	1	31	"	32	143
Vosges	4	2	"	1	7	"	"	16	2	18	25
Yonne	7	34	"	"	41	1	3	56	"	60	101
Totaux	804	5,988	10	835	7,637	44	587	4,770	(2) 170	5,571	13,208
	7,637					5,571					
	13,208										

ADJOINTES OU SOUS-MAÎTRESSES					PROFESSEURS EXTERNES DANS LES ÉCOLES					INSTITUTRICES LAÏQUES			OBSERVATIONS.
LAÏQUES		CONGRÉGANISTES			LAÏQUES.		CONGRÉGANISTES.						
brevetées.	non brevetées.	brevetées.	non brevetées.	TOTAL.	Hommes.	Femmes.	Hommes.	Femmes.	TOTAL.	célibataires.	mariées.	veuves.	
13	14	15	16	17	18	19	20	21	22	23	24	25	26
″	1	12	65	78	″	″	″	″	″	299	11	″	(1) Ces institutrices sont placées dans des hameaux peu importants et éloignés des écoles publiques.
11	39	″	247	297	10	2	2	1	15	39	11	1	
17	12	24	90	143	3	1	4	1	9	36	7	1	
41	52	″	84	177	38	35	7	5	85	24	5	2	
6	11	″	50	67	10	2	3	4	19	10	″	″	
9	6	″	73	88	2	″	″	″	2	15	1	″	
22	19	2	123	166	20	13	4	5	42	27	3	3	
19	3	5	101	128	1	4	11	8	24	12	2	″	
12	20	1	155	188	2	1	″	″	3	62	7	3	
8	16	″	57	81	10	9	9	10	38	22	2	″	
12	″	″	86	98	12	″	″	1	13	21	7	2	
16	144	7	434	601	46	33	25	41	145	104	22	8	
36	37	″	143	216	28	3	12	7	50	23	3	4	
7	20	3	131	161	3	2	7	2	14	21	3	1	
34	139	1	138	312	88	22	7	2	119	100	18	4	
10	29	″	457	496	12	9	″	1	22	150	64	6	
16	18	3	150	187	4	4	1	2	11	52	11	5	
″	9	″	94	103	″	″	4	5	9	95	29	1	
18	29	2	60	109	25	9	6	2	42	72	44	8	
24	30	″	49	103	82	39	4	9	134	32	3	2	
4	3	″	56	63	10	2	3	″	15	17	1	1	
26	52	8	379	465	1	2	1	3	7	123	30	8	
2	4	″	11	17	4	2	″	″	6	12	3	″	
13	49	3	337	402	13	9	7	8	37	71	28	4	
12	23	2	84	121	″	″	″	″	″	24	11	″	
″	8	″	30	38	4	″	1	″	5	85	1	″	
″	1	″	42	43	″	″	2	″	2	23	3	″	
439	712	49	707	1,907	804	582	162	73	1,621	394	347	65	
48	127	″	378	553	95	56	68	59	278	72	15	4	
17	55	″	154	226	20	12	11	5	48	20	17	4	
40	79	″	154	273	21	4	3	″	28	65	41	7	
5	15	″	137	157	4	5	″	3	12	28	11	4	
32	61	″	383	476	15	8	″	″	23	63	13	2	
18	1	27	169	215	6	5	15	4	30	99	20	2	
2	8	″	86	96	″	″	″	″	″	37	17	2	
22	59	4	103	188	31	13	3	1	48	105	34	3	
7	13	1	59	80	5	2	″	″	7	12	16	2	
8	7	1	182	198	3	3	1	1	8	21	2	3	
4	31	10	145	190	9	″	″	″	9	21	19	″	
20	16	″	78	114	2	″	2	″	4	59	39	13	
3	5	″	62	70	12	3	11	5	31	6	″	1	
15	17	1	133	166	6	4	1	1	12	30	16	1	
1,764	3,149	370	13,060	18,343	2,072	1,235	614	418	4,339	5,423	1,860	354	(2) Ces institutrices appartiennent à des congrégations religieuses non reconnues. Elles n'ont aucun titre légal de capacité ou exercent en vertu d'une lettre d'obédience qui n'a aucune valeur.
18,343					3,307		1,032			7,637			
					4,339								

ÉCOLES DE FILLES.

Pensionnats primaires.

DÉPARTEMENTS.	NOMBRE des PENSIONNATS			NOMBRE des ÉLÈVES INTERNES		
	laïques.	congréganistes.	TOTAL.	laïques.	congréganistes.	TOTAL.
1	2	3	4	5	6	7
Ain	5	42	47	103	852	958
Aisne	39	19	58	795	454	1,249
Allier	8	19	27	164	478	642
Alpes (Basses-)	3	8	11	23	188	211
Alpes (Hautes-)	2	4	6	7	187	194
Alpes-Maritimes	4	7	11	69	215	284
Ardèche	6	35	41	120	868	988
Ardennes	7	4	11	123	30	153
Ariége	1	6	7	6	140	146
Aube	16	18	34	399	309	708
Aude	10	17	27	224	423	647
Aveyron	"	40	40	"	811	811
Bouches-du-Rhône	24	24	48	431	346	777
Calvados	23	32	55	331	1,300	1,631
Cantal	1	34	35	8	1,071	1,079
Charente	33	20	53	507	451	958
Charente-Inférieure	15	32	47	233	789	1,022
Cher	13	18	31	86	601	687
Corrèze	"	18	18	"	454	454
Corse	2	7	9	21	167	188
Côte-d'Or	22	12	34	294	338	632
Côtes-du-Nord	5	38	43	92	892	984
Creuse	2	16	18	40	244	284
Dordogne	13	20	33	301	477	778
Doubs	12	2	14	97	68	165
Drôme	13	23	36	270	696	966
Eure	23	18	41	343	255	598
Eure-et-Loir	14	16	30	341	345	686
Finistère	16	33	49	213	1,066	1,279
Gard	22	5	27	284	221	505
Garonne (Haute-)	9	35	44	178	880	1,058
Gers	10	22	32	95	239	334
Gironde	44	47	91	898	1,357	2,255
Hérault	23	36	59	279	1,418	1,697
Ille-et-Vilaine	10	47	57	120	1,023	1,143
Indre	8	10	18	156	194	350
Indre-et-Loire	15	15	30	265	395	660
Isère	21	33	54	185	780	965
Jura	5	17	22	78	367	445
Landes	7	7	14	93	274	367
Loir-et-Cher	12	7	19	145	199	344
Loire	"	26	26	"	676	676
Loire (Haute-)	1	84	85	15	2,028	2,043
Loire-Inférieure	19	26	45	247	558	805
Loiret	21	27	48	688	723	1,411
Lot	2	22	24	18	613	631
Lot-et-Garonne	21	11	32	251	388	639
Lozère	"	23	23	"	600	600
Maine-et-Loire	9	44	53	116	1,193	1,309
Manche	6	30	36	99	859	958
Marne	19	9	28	480	443	923
Marne (Haute-)	7	11	18	92	258	350
Mayenne	3	7	10	45	192	237
Meurthe	12	21	33	189	638	827
Meuse	9	18	27	197	539	736
Morbihan	6	20	26	32	609	641
Moselle	16	12	28	281	561	842
Nièvre	12	12	24	258	259	517
Nord	41	56	97	683	3,105	3,788
Oise	23	18	41	585	897	1,482
Orne	5	25	30	107	498	605
Pas-de-Calais	58	32	90	1,267	654	1,921
Puy-de-Dôme	21	96	117	272	2,122	2,394
Pyrénées (Basses-)	9	8	17	118	231	349
Pyrénées (Hautes-)	2	17	19	10	364	374
Pyrénées-Orientales	13	10	23	166	269	435
Rhin (Bas-)	11	4	15	164	118	282
Rhin (Haut-)	8	4	12	202	391	593
Rhône	23	82	105	673	2,224	2,897
Saône (Haute-)	4	3	7	45	107	152
Saône-et-Loire	13	17	30	149	603	752
Sarthe	14	7	21	133	301	434
Savoie	"	2	2	"	20	20
Savoie (Haute-)	"	6	6	"	214	214
Seine	216	102	318	6,516	6,481	12,997
Seine-Inférieure	42	50	92	1,015	1,789	2,804
Seine-et-Marne	22	39	61	479	999	1,478
Seine-et-Oise	52	41	93	1,393	1,212	2,605
Sèvres (Deux-)	10	26	36	118	374	492
Somme	40	16	56	706	1,169	1,875
Tarn	14	25	39	153	783	936
Tarn-et-Garonne	7	18	25	54	275	329
Var	8	10	18	167	232	399
Vaucluse	8	13	21	88	302	390
Vendée	3	21	24	56	392	448
Vienne	10	25	35	175	372	547
Vienne (Haute-)	6	13	19	50	201	251
Vosges	2	13	15	53	550	603
Yonne	19	16	35	416	461	877
TOTAUX	1,385	2,090	3,475	27,441	60,709	88,150
	3,475			(1) 88,150		

(1) Ces élèves sont compris dans le tableau n° 6.

TABLEAU N° 87

Classes d'adultes. — Écoles du dimanche. — Ouvroirs. — Orphelinats.

ÉCOLES DE FILLES.

DÉPARTEMENTS.	CLASSES D'ADULTES				ÉCOLES DU DIMANCHE			OUVROIRS			ORPHELINATS		
	dirigées par des institutrices		dirigées par toute autre personne.	TOTAL.	dirigées par des institutrices		TOTAL.	DIRIGÉS PAR DES		TOTAL.	DIRIGÉS PAR DES		TOTAL.
	laïques	congréganistes.			laïques.	congréganistes.		laïques.	congréganistes.		laïques.	congréganistes.	
1	2	3	4	5	6	7	8	9	10	11	12	13	14
Ain	″	″	″	″	″	″	″	″	2	2	″	1	1
Aisne	3	″	″	3	″	″	″	″	3	3	″	″	″
Allier	″	″	″	″	″	″	″	″	3	3	1	2	3
Alpes (Basses-)	″	″	″	″	″	″	″	″	″	″	″	″	″
Alpes (Hautes-)	″	″	″	″	″	″	″	″	1	1	″	1	1
Alpes-Maritimes	″	″	″	″	″	″	″	″	″	″	″	2	2
Ardèche	2	1	″	3	″	″	″	1	4	5	″	4	4
Ardennes	″	″	″	″	″	″	″	″	″	″	1	″	1
Ariége	″	″	″	″	″	″	″	″	″	″	″	1	1
Aube	″	″	″	″	″	″	″	1	4	5	″	″	″
Aude	1	″	″	1	″	″	″	″	5	5	″	2	2
Aveyron	″	″	″	″	″	″	″	″	″	″	″	2	2
Bouches-du-Rhône	″	″	″	″	″	″	″	″	″	″	″	″	″
Calvados	″	″	″	″	″	″	″	4	1	5	″	6	6
Cantal	″	″	″	″	″	″	″	″	1	1	″	3	3
Charente	″	″	″	″	″	″	″	″	″	″	″	″	″
Charente-Inférieure	″	″	″	″	″	″	″	″	3	3	″	″	″
Cher	″	1	″	1	″	″	″	″	4	4	″	1	1
Corrèze	″	″	″	″	″	″	″	″	3	3	″	3	3
Corse	″	″	″	″	″	″	″	″	″	″	″	″	″
Côte-d'Or	2	″	″	2	″	″	″	″	3	3	″	″	″
Côtes-du-Nord	1	″	″	1	″	″	″	1	8	9	″	1	1
Creuse	″	″	″	″	″	″	″	″	1	1	″	″	″
Dordogne	″	″	″	″	″	″	″	″	1	1	1	3	4
Doubs	″	″	″	″	1	″	1	1	3	4	1	3	4
Drôme	″	″	″	″	″	″	″	1	2	3	1	4	5
Eure	″	″	″	″	″	″	″	1	3	4	″	1	1
Eure-et-Loir	″	″	1	1	″	″	″	2	5	7	″	1	1
Finistère	2	″	″	2	″	″	″	6	8	14	″	″	″
Gard	″	2	″	2	″	″	″	″	″	″	″	1	1
Garonne (Haute-)	″	″	″	″	″	″	″	1	23	24	″	3	3
Gers	1	″	″	1	″	″	″	″	2	2	″	″	″
Gironde	″	″	″	″	″	″	″	″	11	11	″	2	2
Hérault	1	1	″	2	″	″	″	″	7	7	″	4	4
Ille-et-Vilaine	2	1	″	3	″	″	″	1	1	2	″	″	″
Indre	″	″	″	″	″	″	″	″	″	″	″	″	″
Indre-et-Loire	″	″	″	″	″	″	″	″	1	1	″	1	1
Isère	″	″	″	″	″	″	″	″	2	2	1	4	5
Jura	″	″	″	″	″	″	″	″	″	″	1	2	3
Landes	″	″	″	″	″	″	″	″	″	″	″	″	″
Loir-et-Cher	″	″	″	″	″	″	″	″	″	″	″	1	1
Loire	″	1	″	1	″	″	″	″	″	″	″	6	6
Loire (Haute-)	″	″	″	″	″	″	″	″	″	″	″	3	3
Loire-Inférieure	″	″	″	″	″	″	″	1	2	3	1	4	5
Loiret	1	″	″	1	″	″	″	6	6	12	1	″	1
Lot	″	″	″	″	″	″	″	″	3	3	″	6	6
Lot-et-Garonne	″	″	″	″	″	″	″	2	″	2	″	″	″

Classes d'adultes. — Écoles du dimanche. — Ouvroirs. — Orphelinats.

DÉPARTEMENTS.	CLASSES D'ADULTES — dirigées par des institutrices — laïques.	CLASSES D'ADULTES — dirigées par des institutrices — congréganistes.	CLASSES D'ADULTES — dirigées par toute autre personne.	CLASSES D'ADULTES — TOTAL.	ÉCOLES DU DIMANCHE — dirigées par des institutrices — laïques.	ÉCOLES DU DIMANCHE — dirigées par des institutrices — congréganistes.	ÉCOLES DU DIMANCHE — TOTAL.	OUVROIRS — dirigés par des — laïques.	OUVROIRS — dirigés par des — congréganistes.	OUVROIRS — TOTAL.	ORPHELINATS — dirigés par des — laïques.	ORPHELINATS — dirigés par des — congréganistes.	ORPHELINATS — TOTAL.
1	2	3	4	5	6	7	8	9	10	11	12	13	14
Lozère	″	″	″	″	″	″	″	″	8	8	″	1	1
Maine-et-Loire	″	2	″	2	″	1	1	1	1	2	″	4	4
Manche	″	″	″	″	″	″	″	″	11	11	″	6	6
Marne	″	″	″	″	″	″	″	1	4	5	1	1	2
Marne (Haute-)	″	″	″	″	″	″	″	″	3	3	″	″	″
Mayenne	″	″	″	″	″	″	″	″	3	3	″	″	″
Meurthe	″	″	″	″	″	″	″	1	8	9	″	″	″
Meuse	″	″	″	″	″	″	″	1	5	6	″	1	1
Morbihan	1	″	″	1	″	″	″	″	6	6	″	1	1
Moselle	″	″	″	″	″	″	″	″	″	″	″	″	″
Nièvre	″	″	″	″	″	″	″	″	″	″	″	1	1
Nord	7	6	″	13	1	11	12	5	17	22	1	9	10
Oise	″	″	″	″	″	″	″	1	9	10	″	1	1
Orne	1	1	″	2	″	1	1	″	3	3	″	3	3
Pas-de-Calais	″	1	″	1	″	″	″	1	6	7	″	4	4
Puy-de-Dôme	″	″	″	″	″	″	″	″	2	2	″	1	1
Pyrénées (Basses-)	″	″	″	″	″	″	″	3	5	8	″	″	″
Pyrénées (Hautes-)	″	3	″	3	″	″	″	″	13	13	″	1	1
Pyrénées-Orientales	″	″	″	″	″	″	″	″	1	1	″	″	″
Rhin (Bas-)	″	″	″	″	″	″	″	3	5	8	″	1	1
Rhin (Haut-)	2	1	1	4	4	3	7	6	6	12	″	2	2
Rhône	1	″	″	1	″	5	5	″	4	4	″	13	13
Saône (Haute-)	″	1	″	1	″	″	″	″	2	2	1	1	2
Saône-et-Loire	″	″	″	″	″	″	″	″	1	1	″	3	3
Sarthe	″	″	″	″	″	″	″	″	4	4	″	3	3
Savoie	″	″	″	″	″	″	″	″	″	″	″	1	1
Savoie (Haute-)	″	″	″	″	″	″	″	″	″	″	2	1	3
Seine	2	1	″	3	4	7	11	11	39	50	1	21	22
Seine-Inférieure	4	2	″	6	″	″	″	″	″	″	″	1	[illegible]
Seine-et-Marne	″	″	″	″	″	″	″	1	16	17	″	1	1
Seine-et-Oise	″	2	″	2	″	″	″	″	1	1	1	8	9
Sèvres (Deux-)	″	″	″	″	″	″	″	″	″	″	″	″	″
Somme	″	1	″	1	″	″	″	″	″	″	″	1	1
Tarn	″	″	″	″	″	″	″	2	3	5	″	3	3
Tarn-et-Garonne	″	″	″	″	″	″	″	″	″	″	″	″	″
Var	9	″	″	9	″	″	″	″	6	6	″	2	2
Vaucluse	1	″	″	1	″	″	″	″	″	″	″	″	″
Vendée	″	″	″	″	″	″	″	″	1	1	″	″	″
Vienne	1	3	″	4	″	″	″	″	5	5	″	2	2
Vienne (Haute-)	″	″	″	″	″	″	″	″	″	″	″	″	″
Vosges	″	″	″	″	″	″	″	″	″	″	″	1	1
Yonne	″	″	″	″	″	″	″	″	1	1	″	3	3
TOTAUX	45	31	2	78	10	28	38	66	325	391	16	180	196
	78				38			391			196		
	703												

TABLEAU N° 88.

ENSEIGNEMENT LIBRE.

ÉCOLES DE FILLES.

Population des classes d'adultes, des écoles du dimanche, des ouvroirs, des orphelinats.

DÉPARTEMENTS.	NOMBRE DES ÉLÈVES admis dans LES CLASSES D'ADULTES.			dans LES ÉCOLES DU DIMANCHE.			dans LES OUVROIRS.			dans LES ORPHELINATS.		
	Laïques.	Congréganistes.	TOTAL.	Laïques.	Congréganistes.	TOTAL.	Laïques.	Congréganistes.	TOTAL.	Laïques.	Congréganistes.	TOTAL.
1	2	3	4	5	6	7	8	9	10	11	12	13
Ain	″	″	″	″	″	″	″	41	41	″	80	80
Aisne	28	″	28	″	″	″	″	132	132	″	″	″
Allier	″	″	″	″	″	″	″	38	38	28	47	75
Alpes (Basses-)	″	″	″	″	″	″	″	″	″	″	″	″
Alpes (Hautes-)	″	″	″	″	″	″	″	32	32	″	54	54
Alpes-Maritimes	″	″	″	″	″	″	″	″	″	″	77	77
Ardèche	13	6	10	″	″	″	32	50	82	″	59	59
Ardennes	″	″	″	″	″	″	″	″	″	22	″	22
Ariége	″	″	″	″	″	″	″	″	″	″	56	56
Aube	″	″	″	″	″	″	18	114	132	″	″	″
Aude	10	″	10	″	″	″	″	85	85	″	80	80
Aveyron	″	″	″	″	″	″	″	″	″	″	42	42
Bouches-du-Rhône	″	″	″	″	″	″	″	″	″	″	″	″
Calvados	″	″	″	″	″	″	120	115	244	″	270	270
Cantal	″	″	″	″	″	″	″	45	45	″	44	44
Charente	″	″	″	″	″	″	″	″	″	″	″	″
Charente-Inférieure	″	″	″	″	″	″	″	70	70	″	″	″
Cher	″	8	8	″	″	″	″	131	131	″	80	80
Corrèze	″	″	″	″	″	″	″	113	113	″	68	68
Corse	″	″	″	″	″	″	″	″	″	″	″	″
Côte-d'Or	21	″	21	″	″	″	″	42	42	″	″	″
Côtes-du-Nord	6	″	6	″	″	″	30	231	261	″	30	30
Creuse	″	″	″	″	″	″	″	43	43	″	″	″
Dordogne	″	″	″	″	″	″	″	48	48	85	80	165
Doubs	″	″	″	30	″	30	40	90	130	20	85	105
Drôme	″	″	″	″	″	″	36	95	131	81	157	238
Eure	″	″	″	″	″	″	15	67	82	″	50	50
Eure-et-Loir	12	″	12	″	″	″	165	181	346	″	20	20
Finistère	18	″	18	″	″	″	232	656	888	″	″	″
Gard	″	55	55	″	″	″	″	″	″	″	43	43
Garonne (Haute-)	″	″	″	″	″	″	22	524	546	″	94	94
Gers	22	″	22	″	″	″	″	17	17	″	″	″
Gironde	″	″	″	″	″	″	″	215	215	″	50	50
Hérault	25	60	85	″	″	″	″	402	402	″	199	199
Ille-et-Vilaine	18	20	38	″	″	″	6	50	56	″	″	″
Indre	″	″	″	″	″	″	″	″	″	″	″	″
Indre-et-Loire	″	″	″	″	″	″	″	21	21	″	12	12
Isère	″	″	″	″	″	″	″	37	37	44	184	228
Jura	″	″	″	″	″	″	″	″	″	50	79	139
Landes	″	″	″	″	″	″	″	″	″	″	″	″
Loir-et-Cher	″	″	″	″	″	″	″	″	″	″	4	4
Loire	″	35	35	″	″	″	″	″	″	″	226	226
Loire (Haute-)	″	″	″	″	″	″	″	″	″	″	146	146
Loire-Inférieure	″	″	″	″	″	″	55	43	98	52	181	233
Loiret	4	″	4	″	″	″	164	151	315	80	″	80
Lot	″	″	″	″	″	″	″	57	57	″	116	116
Lot-et-Garonne	″	″	″	″	″	″	30	″	30	″	″	″

ENSEIGNEMENT LIBRE.

ÉCOLES DE FILLES.

TABLEAU N° 88. (Suite.)

Population des classes d'adultes, des écoles du dimanche, des ouvroirs, des orphelinats.

DÉPARTEMENTS.	NOMBRE DES ÉLÈVES admis dans LES CLASSES D'ADULTES.			dans LES ÉCOLES DU DIMANCHE.			dans LES OUVROIRS.			dans LES ORPHELINATS.		
	Laïques.	Congréganistes.	TOTAL.	Laïques.	Congréganistes.	TOTAL.	Laïques.	Congréganistes.	TOTAL.	Laïques.	Congréganistes.	TOTAL.
1	2	3	4	5	6	7	8	9	10	11	12	13
Lozère	″	″	″	″	″	″	″	188	188	″	20	20
Maine-et-Loire	″	36	36	″	25	25	30	30	60	″	183	183
Manche	″	″	″	″	″	″	″	464	464	″	188	188
Marne	″	″	″	″	″	″	21	219	240	85	43	128
Marne (Haute-)	″	″	″	″	″	″	″	120	120	″	″	″
Mayenne	″	″	″	″	″	″	″	240	240	″	″	″
Meurthe	″	″	″	″	″	″	20	210	230	″	″	″
Meuse	″	″	″	″	″	″	28	156	184	″	52	52
Morbihan	6	″	6	″	″	″	″	583	583	″	75	75
Moselle	″	″	″	″	″	″	″	″	″	″	″	″
Nièvre	″	″	″	″	″	″	″	″	″	″	55	55
Nord	188	582	770	60	381	441	341	1,450	1,791	45	518	563
Oise	″	″	″	″	″	″	65	369	434	″	16	16
Orne	20	5	25	″	25	25	″	108	108	″	92	92
Pas-de-Calais	″	53	53	″	″	″	30	345	375	″	175	175
Puy-de-Dôme	″	″	″	″	″	″	″	187	187	″	102	102
Pyrénées (Basses-)	″	″	″	″	″	″	30	90	120	″	″	″
Pyrénées (Hautes-)	″	61	61	″	″	″	″	310	310	″	14	14
Pyrénées-Orientales	″	″	″	″	″	″	″	13	13	″	″	″
Rhin (Bas-)	″	″	″	″	″	″	60	277	337	″	30	30
Rhin (Haut-)	315	40	355	809	142	951	161	264	425	″	231	231
Rhône	20	″	20	″	158	158	″	210	210	″	445	445
Saône (Haute-)	″	35	35	″	″	″	″	56	56	30	84	114
Saône-et-Loire	″	″	″	″	″	″	″	18	18	″	103	103
Sarthe	″	″	″	″	″	″	″	94	94	″	45	45
Savoie	″	″	″	″	″	″	″	″	″	″	20	20
Savoie (Haute-)	″	″	″	″	″	″	″	″	″	22	8	30
Seine	20	30	50	385	480	865	547	1,732	2,279	40	1,368	1,408
Seine-Inférieure	38	104	142	″	″	″	″	″	″	″	20	20
Seine-et-Marne	″	″	″	″	″	″	10	557	567	″	23	23
Seine-et-Oise	″	20	20	″	″	″	″	25	25	55	216	271
Sèvres (Deux-)	″	″	″	″	″	″	″	″	″	″	″	″
Somme	″	45	45	″	″	″	″	″	″	″	26	26
Tarn	″	″	″	″	″	″	53	40	93	″	45	45
Tarn-et-Garonne	″	″	″	″	″	″	″	″	″	″	″	″
Var	51	″	51	″	″	″	″	248	248	″	53	53
Vaucluse	12	″	12	″	″	″	″	″	″	″	″	″
Vendée	″	″	″	″	″	″	″	18	18	″	″	″
Vienne	4	75	79	″	″	″	″	50	50	″	9	9
Vienne (Haute-)	″	″	″	″	″	″	″	″	″	″	″	″
Vosges	″	″	″	″	″	″	″	″	″	″	37	37
Yonne	″	″	″	″	″	″	″	17	17	″	178	178
TOTAUX	851	1,270	2,121	1,284	1,211	2,495	2,370	12,624	14,994	749	7,187	7,936
	2,121			2,495			14,994			7,936		
	27,546											

Indemnités communales. — Fondations, Dons et Legs.

DÉPARTEMENTS.	INDEMNITÉS COMMUNALES accordées aux institutrices		Nombre des institutrices qui les reçoivent.		FONDATIONS, DONS ET LEGS en faveur des écoles libres.		Nombre des institutrices qui en jouissent.	
	laïques.	congréganistes.	Laïques.	Congréganistes.	Laïques	Congréganistes.	Laïques.	Congréganistes.
1	2	3	4	5	6	7	8	9
Ain	0?0f	7,058f	8	60	"	2,820f	"	10
Aisne	930	"	6	"	200f	"	2	"
Allier	270	440	3	3	"	1,900	"	5
Alpes (Basses-)	150	"	3	"	"	300	"	1
Alpes (Hautes-)	400	"	1	"	500	400	1	2
Alpes-Maritimes	100	120	2	1	"	"	"	"
Ardèche	1,185	4,950	10	22	720	1,835	5	7
Ardennes	330	35	2	1	435	1,400	3	6
Ariége	100	"	1	"	"	5,850	"	8
Aube	200	200	2	2	"	1200	"	1
Aude	220	2,405	3	9	"	2,600	"	2
Aveyron	105	1,505	4	13	100	550	1	4
Bouches-du-Rhône	3,800	3,080	15	17	"	1,400	"	2
Calvados	1,453	1,211	9	7	965	8,790	9	35
Cantal	200	780	3	5	325	1,707	3	8
Charente	700	"	10	"	"	6,800	"	5
Charente-Inférieure	3,230	2,255	32	17	"	31,900	"	28
Cher	200	200	2	2	"	4,400	"	5
Corrèze	60	186	1	6	"	"	"	"
Corse	"	"	"	"	"	1,200	"	1
Côte-d'Or	300	875	3	3	"	13,186	"	23
Côtes-du-Nord	132	1,008	1	6	"	22,436	"	45
Creuse	"	"	"	"	"	"	"	"
Dordogne	150	"	1	"	"	"	"	"
Doubs	"	250	"	2	"	1,400	"	2
Drôme	650	600	3	4	"	870	"	4
Eure	795	1,362	5	8	"	2,300	"	7
Eure-et-Loir	250	800	2	3	200	10,025	1	18
Finistère	770	496	10	2	"	3,320	"	5
Gard	1,050	245	13	4	1,500	10,800	2	6
Garonne (Haute-)	3,610	4,370	30	19	"	54,170	"	79
Gers	660	890	3	6	"	5,600	"	1
Gironde	200	"	1	"	"	"	"	"
Hérault	510	150	8	1	"	"	"	"
Ille-et-Vilaine	380	2,955	5	18	"	17,700	"	39
Indre	"	200	"	1	"	1,200	"	2
Indre-et-Loire	400	2,370	3	10	"	9,100	"	8
Isère	1,000	1,700	6	5	"	4,850	"	8
Jura	30	125	1	1	"	550	"	3
Landes	885	700	8	3	"	6,225	"	12
Loir-et-Cher	520	1,850	5	9	"	6,400	"	11
Loire	"	500	"	3	"	8,200	"	10
Loire (Haute-)	"	"	"	"	"	"	"	"
Loire-Inférieure	2,805	6,445	51	22	250	15,967	1	24
Loiret	120	250	1	4	"	18,155	"	26
Lot	"	700	"	8	"	"	"	"
Lot-et-Garonne	150	100	2	1	"	17,300	"	40

Indemnités communales. — Fondations, Dons et Legs.

DÉPARTEMENTS.	INDEMNITÉS COMMUNALES — accordées aux institutrices		INDEMNITÉS COMMUNALES — Nombre des institutrices qui les reçoivent.		FONDATIONS, DONS ET LEGS — en faveur des écoles libres.		FONDATIONS, DONS ET LEGS — Nombre des institutrices qui en jouissent.	
	laïques.	congréganistes.	Laïques.	Congréganistes.	Laïques.	Congréganistes.	Laïques	Congréganistes.
1	2	3	4	5	6	7	8	9
Lozère	275f 00c	″	10	″	1,110f 75c	440f 00c	31	8
Maine-et-Loire	1,570 00	3 877f	9	21	636 00	18,204 00	2	40
Manche	500 00	1,000	2	2	100 00	1,160 00	1	2
Marne	″	″	″	″	″	1,200 00	″	2
Marne (Haute-)	35 09	1,417	2	6	123 00	7,085 00	1	16
Mayenne	″	″	″	″	″	″	″	″
Meurthe	″	″	″	″	″	″	″	″
Meuse	″	″	″	″	″	″	″	″
Morbihan	″	500	″	2	″	3,400 00	″	9
Moselle	200 00	″	1	″	″	″	″	″
Nièvre	″	300	″	1	″	25,400 00	″	33
Nord	2,281 00	640	11	7	″	21,900 00	″	22
Oise	225 00	1,025	3	11	″	4,651 00	″	12
Orne	300 00	1,093	2	5	″	2,000 00	″	3
Pas-de-Calais	5,235 00	3,230	29	18	1,000 00	22,500 00	1	37
Puy-de-Dôme	670 00	522	10	6	″	6,850 00	″	16
Pyrénées (Basses-)	794 00	1,750	5	6	300 00	18,900 00	1	33
Pyrénées (Hautes-)	360 00	3,110	7	7	80 00	600 00	3	1
Pyrénées-Orientales	680 00	2,860	3	8	″	1,000 00	″	2
Rhin (Bas-)	970 00	200	14	1	″	″	″	″
Rhin (Haut-)	1,000 00	″	2	″	″	″	″	″
Rhône	529 00	7,115	7	52	102 00	3,541 50	2	20
Saône (Haute-)	″	″	″	″	″	1,900 00	″	3
Saône-et-Loire	1,900 00	6,184	18	35	″	10,565 00	″	17
Sarthe	200 00	50	2	1	″	17,700 00	″	30
Savoie	4,135 00	″	52	″	4,239 00	″	40	″
Savoie (Haute-)	115 75	500	1	2	125 00	″	1	″
Seine	″	22,800	″	10	″	1,500 00	″	3
Seine-Inférieure	2,090 00	1,510	3	10	8,060 00	24,354 30	6	43
Seine-et-Marne	900 00	810	2	4	″	17,900 00	″	29
Seine-et-Oise	918 00	100	3	1	500 00	22,300 00	1	37
Sèvres (Deux-)	750 00	2,300	5	6	″	27,100 00	″	40
Somme	150 00	395	2	2	″	65,150 00	″	15
Tarn	1,267 57	2,035	12	10	1,200 00	5,200 00	9	20
Tarn-et-Garonne	″	″	″	″	″	″	″	″
Var	2,870 00	1,050	22	6	″	″	″	″
Vaucluse	120 00	505	3	5	″	750 00	″	3
Vendée	1,540 00	2,038	7	17	″	24,700 00	″	33
Vienne	615 00	1,640	7	12	″	22,805 00	″	41
Vienne (Haute-)	180 00	400	3	3	″	″	″	″
Vosges	300 00	″	1	″	″	15,000 00	″	1
Yonne	1,150 00	2,680	8	10	″	19,600 00	″	26
TOTAUX	64,535f 32c	128,592f	556	595	22,830f 75c	720,607f 80c	133	1,100
	193,127f 32c		1,151		743,438f 55c		1,233	

3°

SALLES D'ASILE.

3°

SALLES D'ASILE.

(Voyez les notes insérées plus haut, page 3, sur les tableaux n°s 5, 8 et 9 des écoles publiques de garçons.)

TABLEAU N° 90.

Communes dans lesquelles il existe des salles d'asile.

DÉPARTEMENTS.	NOMBRE DES COMMUNES ayant à la fois une salle d'asile publique et une salle d'asile libre.	n'ayant pas de salles d'asile publiques, mais ayant une ou plusieurs salles d'asile libres.	TOTAL.
1	2	3	4
Ain	″	12	12
Aisne	4	8	12
Allier	″	5	5
Alpes (Basses-)	1	2	3
Alpes (Hautes-)	1	″	1
Alpes-Maritimes	1	″	1
Ardèche	4	3	7
Ardennes	1	2	3
Ariége	″	2	2
Aube	1	4	5
Aude	1	4	5
Aveyron	1	14	15
Bouches-du-Rhône	3	8	11
Calvados	1	2	3
Cantal	″	3	3
Charente	″	8	8
Charente-Inférieure	1	8	9
Cher	″	9	9
Corrèze	″	″	″
Corse	1	″	1
Côte-d'Or	″	6	6
Côtes-du-Nord	″	4	4
Creuse	″	″	″
Dordogne	″	3	3
Doubs	2	4	6
Drôme	4	1	5
Eure	1	2	3
Eure-et-Loir	1	3	4
Finistère	2	1	3
Gard	3	5	8
Garonne (Haute-)	1	8	9
Gers	″	1	1
Gironde	4	11	15
Hérault	12	33	45
Ille-et-Vilaine	1	4	5
Indre	1	″	1
Indre-et-Loire	1	1	2
Isère	2	3	5
Jura	″	2	2
Landes	″	2	2
Loir-et-Cher	″	2	2
Loire	5	5	10
Loire (Haute-)	6	10	16
Loire-Inférieure	2	6	8
Loiret	5	9	14
Lot	″	2	2
Lot-et-Garonne	2	2	4

DÉPARTEMENTS.	NOMBRE DES COMMUNES ayant à la fois une salle d'asile publique et une salle d'asile libre.	n'ayant pas de salles d'asile publiques, mais ayant une ou plusieurs salles d'asile libres.	TOTAL.
1	2	3	4
Lozère	″	4	4
Maine-et-Loire	2	16	18
Manche	1	4	5
Marne	″	2	2
Marne (Haute-)	1	1	2
Mayenne	″	″	″
Meurthe	6	2	8
Meuse	4	4	8
Morbihan	1	4	5
Moselle	3	1	4
Nièvre	″	3	3
Nord	18	33	51
Oise	4	12	16
Orne	4	4	8
Pas-de-Calais	4	24	28
Puy-de-Dôme	1	1	2
Pyrénées (Basses-)	1	6	7
Pyrénées (Hautes-)	1	10	11
Pyrénées-Orientales	″	1	1
Rhin (Bas-)	3	8	11
Rhin (Haut-)	6	4	10
Rhône	2	13	15
Saône (Haute-)	1	4	5
Saône-et-Loire	″	7	7
Sarthe	″	4	4
Savoie	1	3	4
Savoie (Haute-)	1	″	1
Seine	3	12	15
Seine-Inférieure	2	3	5
Seine-et-Marne	4	19	23
Seine-et-Oise	6	27	33
Sèvres (Deux-)	1	11	12
Somme	2	5	7
Tarn	2	5	7
Tarn-et-Garonne	″	″	″
Var	2	3	5
Vaucluse	1	″	1
Vendée	″	6	6
Vienne	3	10	13
Vienne (Haute-)	2	4	6
Vosges	4	3	7
Yonne	3	12	15
TOTAUX	176	519	695
	695		

Salles d'asile libres.

DÉPARTEMENTS.	NOMBRE DES SALLES D'ASILE								
	PAYANTES,			GRATUITES,			TOTAL DES SALLES D'ASILE		
	laïques.	congréganistes.	TOTAL.	laïques.	congréganistes.	TOTAL.	laïques.	congréganistes.	TOTAL GÉNÉRAL.
1	2	3	4	5	6	7	8	9	10
Ain	1	1	2	//	11	11	1	12	13
Aisne	5	10	15	1	1	2	6	11	17
Allier	1	1	2	1	2	3	2	3	5
Alpes (Basses-)	//	3	3	//	//	//	//	3	3
Alpes (Hautes-)	//	1	1	//	//	//	//	1	1
Alpes-Maritimes	//	//	//	//	2	2	//	2	2
Ardèche	//	7	7	1	1	2	1	8	9
Ardennes	//	2	2	//	1	1	//	3	3
Ariége	1	//	1	//	1	1	1	1	2
Aube	6	3	9	//	1	1	6	4	10
Aude	//	5	5	//	//	//	//	5	5
Aveyron	1	12	13	//	2	2	1	14	15
Bouches-du-Rhône	3	21	24	3	4	7	6	25	31
Calvados	1	//	1	1	1	2	2	1	3
Cantal	1	1	2	//	1	1	1	2	3
Charente	1	2	3	//	5	5	1	7	8
Charente-Inférieure	1	6	7	1	2	3	2	8	10
Cher	//	4	4	1	5	6	1	9	10
Corrèze	//	//	//	//	//	//	//	//	//
Corse	//	1	1	//	//	//	//	1	1
Côte-d'Or	//	1	1	//	5	5	//	6	6
Côtes-du-Nord	//	3	3	//	1	1	//	4	4
Creuse	//	//	//	//	//	//	//	//	//
Dordogne	//	//	//	//	3	3	//	3	3
Doubs	//	1	1	3	2	5	3	3	6
Drôme	//	6	6	//	//	//	//	6	6
Eure	1	1	2	//	1	1	1	2	3
Eure-et-Loir	1	//	1	2	1	3	3	1	4
Finistère	4	//	4	//	2	2	4	2	6
Gard	3	2	5	//	4	4	3	6	9
Garonne (Haute-)	5	1	6	1	3	4	6	4	10
Gers	//	//	//	//	1	1	//	1	1
Gironde	14	8	22	//	3	3	14	11	25
Hérault	55	23	78	2	5	7	57	28	85
Ille-et-Vilaine	//	4	4	//	1	1	//	5	5
Indre	//	1	1	//	//	//	//	1	1
Indre-et-Loire	//	1	1	//	2	2	//	3	3
Isère	//	4	4	//	1	1	//	5	5
Jura	//	//	//	1	1	2	1	1	2
Landes	1	//	1	//	1	1	1	1	2
Loir-et-Cher	//	1	1	1	//	1	1	1	2
Loire	3	2	5	//	6	6	3	8	11
Loire (Haute-)	//	17	17	//	//	//	//	17	17
Loire-Inférieure	16	5	21	//	1	1	16	6	22
Loiret	1	7	8	//	8	8	1	15	16
Lot	//	1	1	//	1	1	//	2	2
Lot-et-Garonne	2	2	4	//	//	//	2	2	4

Salles d'asile libres.

DÉPARTEMENTS.	NOMBRE DES SALLES D'ASILE								
	PAYANTES,			GRATUITES,			TOTAL DES SALLES D'ASILE		
	laïques.	congréganistes.	TOTAL.	laïques.	congréganistes.	TOTAL.	laïques.	congréganistes.	TOTAL GÉNÉRAL.
1	2	3	4	5	6	7	8	9	10
Lozère	//	4	4	//	//	//	//	4	4
Maine-et-Loire	13	13	26	//	3	3	13	16	29
Manche	3	2	5	//	1	1	3	3	6
Marne	//	//	//	//	2	2	//	2	2
Marne (Haute-)	//	2	2	//	//	//	//	2	2
Mayenne	//	//	//	//	//	//	//	//	//
Meurthe	7	3	10	//	3	3	7	6	13
Meuse	3	9	12	//	1	1	3	10	13
Morbihan	//	5	5	//	//	//	//	5	5
Moselle	14	1	15	//	//	//	14	1	15
Nièvre	//	2	2	//	4	4	//	6	6
Nord	26	55	81	//	10	10	26	65	91
Oise	5	9	14	1	1	2	6	10	16
Orne	6	3	9	//	1	1	6	4	10
Pas-de-Calais	22	11	33	//	9	9	22	20	42
Puy-de-Dôme	//	2	2	//	//	//	//	2	2
Pyrénées (Basses-)	1	//	1	1	9	10	2	9	11
Pyrénées (Hautes-)	//	3	3	//	8	8	//	11	11
Pyrénées-Orientales	//	//	//	//	1	1	//	1	1
Rhin (Bas-)	13	6	19	5	1	6	18	7	25
Rhin (Haut-)	6	3	9	3	2	5	9	5	14
Rhône	//	10	10	1	6	7	1	16	17
Saône (Haute-)	2	1	3	1	2	3	3	3	6
Saône-et-Loire	//	3	3	//	4	4	//	7	7
Sarthe	1	2	3	//	1	1	1	3	4
Savoie	//	4	4	//	//	//	//	4	4
Savoie (Haute-)	//	1	1	//	//	//	//	1	1
Seine	17	10	27	10	8	18	27	18	45
Seine-Inférieure	//	1	1	2	4	6	2	5	7
Seine-et-Marne	3	13	16	//	7	7	3	20	23
Seine-et-Oise	9	10	19	1	16	17	10	26	36
Sèvres (Deux-)	3	7	10	//	2	2	3	9	12
Somme	4	//	4	1	2	3	5	2	7
Tarn	//	4	4	//	3	3	//	7	7
Tarn-et-Garonne	//	//	//	//	//	//	//	//	//
Var	2	2	4	//	1	1	2	3	5
Vaucluse	//	1	1	//	//	//	//	1	1
Vendée	1	5	6	//	//	//	1	5	6
Vienne	6	8	14	//	5	5	6	13	19
Vienne (Haute-)	11	//	11	1	//	1	12	//	12
Vosges	3	4	7	//	1	1	3	5	8
Yonne	3	7	10	//	7	7	3	14	17
	312	397	709	46	218	264	358	615	973
TOTAUX	709			264			973		
	973								

ENSEIGNEMENT LIBRE.

SALLES D'ASILE.

TABLEAU N° 92.

Salles d'asile classées d'après le culte auquel appartiennent les enfants qui y sont admis.

DÉPARTEMENTS.	NOMBRE DES SALLES D'ASILE appartenant au culte catholique.	protestant.	israélite.	TOTAL.
1	2	3	4	5
Ain	12	1	″	13
Aisne	17	″	″	17
Allier	5	″	″	5
Alpes (Basses-)	3	″	″	3
Alpes (Hautes-)	1	″	″	1
Alpes-Maritimes	2	″	″	2
Ardèche	8	1	″	9
Ardennes	3	″	″	3
Ariége	1	1	″	2
Aube	10	″	″	10
Aude	5	″	″	5
Aveyron	14	1	″	15
Bouches-du-Rhône	29	1	1	31
Calvados	3	″	″	3
Cantal	3	″	″	3
Charente	8	″	″	8
Charente-Inférieure	8	2	″	10
Cher	9	1	″	10
Corrèze	″	″	″	″
Corse	1	″	″	1
Côte-d'Or	6	″	″	6
Côtes-du-Nord	4	″	″	4
Creuse	″	″	″	″
Dordogne	3	″	″	3
Doubs	3	3	″	6
Drôme	6	″	″	6
Eure	3	″	″	3
Eure-et-Loir	4	″	″	4
Finistère	6	″	″	6
Gard	6	3	″	9
Garonne (Haute-)	9	1	″	10
Gers	1	″	″	1
Gironde	25	″	″	25
Hérault	84	1	″	85
Ille-et-Vilaine	5	″	″	5
Indre	1	″	″	1
Indre-et-Loire	3	″	″	3
Isère	5	″	″	5
Jura	2	″	″	2
Landes	2	″	″	2
Loir-et-Cher	2	″	″	2
Loire	9	2	″	11
Loire (Haute-)	17	″	″	17
Loire-Inférieure	22	″	″	22
Loiret	16	″	″	16
Lot	2	″	″	2
Lot-et-Garonne	4	″	″	4
Lozère	4	″	″	4
Maine-et-Loire	29	″	″	29
Manche	6	″	″	6
Marne	2	″	″	2
Marne (Haute-)	2	″	″	2
Mayenne	″	″	″	″
Meurthe	13	″	″	13
Meuse	13	″	″	13
Morbihan	5	″	″	5
Moselle	15	″	″	15
Nièvre	6	″	″	6
Nord	91	″	″	91
Oise	16	″	″	16
Orne	10	″	″	10
Pas-de-Calais	42	″	″	42
Puy-de-Dôme	2	″	″	2
Pyrénées (Basses-)	10	″	1	11
Pyrénées (Hautes-)	11	″	″	11
Pyrénées-Orientales	1	″	″	1
Rhin (Bas-)	10	15	″	25
Rhin (Haut-)	7	7	″	14
Rhône	16	1	″	17
Saône (Haute-)	4	2	″	6
Saône-et-Loire	7	″	″	7
Sarthe	4	″	″	4
Savoie	4	″	″	4
Savoie (Haute-)	1	″	″	1
Seine	31	13	1	45
Seine-Inférieure	5	2	″	7
Seine-et-Marne	23	″	″	23
Seine-et-Oise	36	″	″	36
Sèvres (Deux-)	12	″	″	12
Somme	7	″	″	7
Tarn	7	″	″	7
Tarn-et-Garonne	″	″	″	″
Var	5	″	″	5
Vaucluse	1	″	″	1
Vendée	6	″	″	6
Vienne	17	2	″	19
Vienne (Haute-)	12	″	″	12
Vosges	8	″	″	8
Yonne	17	″	″	17
TOTAUX	910	60	3	973
	973			

Tableau n° 93.

Salles d'asile classées d'après la tenue, la direction, l'emploi de la méthode et les résultats obtenus.

ENSEIGNEMENT LIBRE.

SALLES D'ASILE.

DÉPARTEMENTS.	NOMBRE DES SALLES D'ASILE															
	LAÏQUES					CONGRÉGANISTES					TOTAL.					
	bonnes.	assez bonnes.	pas-sables.	mé-diocres.	mau-vaises.	bonnes.	assez bonnes.	pas-sables.	mé-diocres.	mau-vaises.	Bonnes.	Assez bonnes.	Pas-sables.	Mé-diocres.	Mau-vaises.	TOTAL GÉNÉRAL
1	2	3	4	5	6	7	8	9	10	11	12	13	14	15	16	17
Ain	//	1	//	//	//	8	4	//	//	//	8	5	//	//	//	13
Aisne	3	1	1	//	1	3	3	3	2	//	6	4	4	2	1	17
Allier	//	1	//	1	//	1	2	//	//	//	1	3	//	1	//	5
Alpes (Basses-)	//	//	//	//	//	2	1	//	//	//	2	1	//	//	//	3
Alpes (Hautes-)	//	//	//	//	//	1	//	//	//	//	1	//	//	//	//	1
Alpes-Maritimes	//	//	//	//	//	1	1	//	//	//	1	1	//	//	//	2
Ardèche	//	//	1	//	//	2	5	1	//	//	2	5	2	//	//	9
Ardennes	//	//	//	//	//	1	1	1	//	//	1	1	1	//	//	3
Ariége	//	//	1	//	//	//	1	//	//	//	//	1	1	//	//	2
Aube	1	//	//	5	//	2	2	//	//	//	3	2	//	5	//	10
Aude	//	//	//	//	//	2	1	2	//	//	2	1	2	//	//	5
Aveyron	//	//	//	1	//	3	1	4	6	//	3	1	4	7	//	15
Bouches-du-Rhône	//	3	//	3	//	2	8	13	2	//	2	11	13	5	//	31
Calvados	1	1	//	//	//	1	//	//	//	//	2	1	//	//	//	3
Cantal	//	//	1	//	//	2	//	//	//	//	2	//	1	//	//	3
Charente	//	1	//	//	//	4	1	1	1	//	4	2	1	1	//	8
Charente-Inférieure	//	1	//	1	//	1	//	4	3	//	1	1	4	4	//	10
Cher	//	//	1	//	//	1	3	3	//	2	1	3	4	//	2	10
Corrèze	//	//	//	//	//	//	//	//	//	//	//	//	//	//	//	//
Corse	//	//	//	//	//	1	//	//	//	//	1	//	//	//	//	1
Côte-d'Or	//	//	//	//	//	3	1	1	1	//	3	1	1	1	//	6
Côtes-du-Nord	//	//	//	//	//	1	1	2	//	//	1	1	2	//	//	4
Creuse	//	//	//	//	//	//	//	//	//	//	//	//	//	//	//	//
Dordogne	//	//	//	//	//	//	3	//	//	//	//	3	//	//	//	3
Doubs	//	//	2	//	1	//	2	1	//	//	//	2	3	//	1	6
Drôme	//	//	//	//	//	3	1	2	//	//	3	1	2	//	//	6
Eure	//	//	1	//	//	//	//	1	1	//	//	//	2	1	//	3
Eure-et-Loir	//	//	2	1	//	//	//	1	//	//	//	//	3	1	//	4
Finistère	2	1	1	//	//	1	1	//	//	//	3	2	1	//	//	6
Gard	1	//	1	1	//	1	5	//	//	//	2	5	1	1	//	9
Garonne (Haute-)	1	//	1	4	//	//	//	1	3	//	1	//	2	7	//	10
Gers	//	//	//	//	//	//	1	//	//	//	//	1	//	//	//	1
Gironde	//	8	5	1	//	3	5	3	//	//	3	13	8	1	//	25
Hérault	3	18	17	19	//	5	10	7	6	//	8	28	24	25	//	85
Ille-et-Vilaine	//	//	//	//	//	1	3	1	//	//	1	3	1	//	//	5
Indre	//	//	//	//	//	//	//	1	//	//	//	//	1	//	//	1
Indre-et-Loire	//	//	//	//	//	2	//	//	1	//	2	//	//	1	//	3
Isère	//	//	//	//	//	3	1	1	//	//	3	1	1	//	//	5
Jura	//	1	//	//	//	//	//	1	//	//	//	1	1	//	//	2
Landes	//	//	//	//	1	//	//	1	//	//	//	//	1	//	1	2
Loir-et-Cher	//	//	1	//	//	//	//	1	//	//	//	//	2	//	//	2
Loire	1	//	//	2	//	3	2	2	1	//	4	2	2	3	//	11
Loire (Haute-)	//	//	//	//	//	3	9	2	2	1	3	9	2	2	1	17
Loire-Inférieure	1	1	5	5	4	1	4	1	//	//	2	5	6	5	4	22
Loiret	1	//	//	//	//	4	7	4	//	//	5	7	4	//	//	16
Lot	//	//	//	//	//	2	//	//	//	//	2	//	//	//	//	2
Lot-et-Garonne	//	1	//	//	1	//	1	//	1	//	//	2	//	1	1	4

ENSEIGNEMENT LIBRE.

SALLES D'ASILE.

Salles d'asile classées d'après la tenue, la direction, l'emploi de la méthode et les résultats obtenus.

TABLEAU N° 93 (Suite.)

DÉPARTEMENTS.	NOMBRE DES SALLES D'ASILE															
	LAÏQUES					CONGRÉGANISTES					TOTAL.					
	bonnes.	assez bonnes.	passables.	médiocres.	mauvaises.	bonnes.	assez bonnes.	passables.	médiocres.	mauvaises.	Bonnes.	Assez bonnes.	Passables.	Médiocres.	Mauvaises.	TOTAL GÉNÉRAL.
1	2	3	4	5	6	7	8	9	10	11	12	13	14	15	16	17
Lozère	″	″	″	″	″	1	3	″	″	″	1	3	″	″	″	4
Maine-et-Loire	2	2	8	1	″	2	11	3	″	″	4	13	11	1	″	29
Manche	″	2	1	″	″	3	″	″	″	″	3	2	1	″	″	6
Marne	″	″	″	″	″	″	1	″	1	″	″	1	″	1	″	2
Marne (Haute-)	″	″	″	″	″	1	1	″	″	″	1	1	″	″	″	2
Mayenne	″	″	″	″	″	″	″	″	″	″	″	″	″	″	″	″
Meurthe	2	″	1	3	1	3	2	″	1	″	5	2	1	4	1	13
Meuse	″	1	″	1	1	″	6	4	″	″	″	7	4	1	1	13
Morbihan	″	″	″	″	″	″	1	3	1	″	″	1	3	1	″	5
Moselle	6	5	″	3	″	″	″	1	″	″	6	5	1	3	″	15
Nièvre	″	″	″	″	″	3	2	″	1	″	3	2	″	1	″	6
Nord	2	4	11	4	5	30	21	11	3	″	32	25	22	7	5	91
Oise	1	1	2	2	″	″	4	5	″	1	1	5	7	2	1	16
Orne	″	2	3	″	1	1	2	1	″	″	1	4	4	″	1	10
Pas-de-Calais	″	″	7	13	2	11	6	3	″	″	11	6	10	13	2	42
Puy-de-Dôme	″	″	″	″	″	2	″	″	″	″	2	″	″	″	″	2
Pyrénées (Basses-)	″	″	2	″	″	2	4	2	1	″	2	4	4	1	″	11
Pyrénées (Hautes-)	″	″	″	″	″	8	″	2	1	″	8	″	2	1	″	11
Pyrénées-Orientales	″	″	″	″	″	″	″	″	1	″	″	″	″	1	″	1
Rhin (Bas-)	1	10	4	3	″	″	3	3	1	″	1	13	7	4	″	25
Rhin (Haut-)	7	1	″	1	″	2	3	″	″	″	9	4	″	1	″	14
Rhône	1	″	″	″	″	3	8	4	1	″	4	8	4	1	″	17
Saône (Haute-)	2	″	″	1	″	2	″	1	″	″	4	″	1	1	″	6
Saône-et-Loire	″	″	″	″	″	3	3	1	″	″	3	3	1	″	″	7
Sarthe	″	″	1	″	″	1	1	1	″	″	1	1	2	″	″	4
Savoie	″	″	″	″	″	4	″	″	″	″	4	″	″	″	″	4
Savoie (Haute-)	″	″	″	″	″	″	1	″	″	″	″	1	″	″	″	1
Seine	17	5	4	″	1	9	7	″	2	″	26	12	4	2	1	45
Seine-Inférieure	2	″	″	″	″	3	1	1	″	″	5	1	1	″	″	7
Seine-et-Marne	″	1	1	1	″	″	3	4	13	″	″	4	5	14	″	23
Seine-et-Oise	1	2	2	2	3	10	6	7	3	″	11	8	9	5	3	36
Sèvres (Deux-)	1	″	1	″	1	2	5	2	″	″	3	5	3	″	1	12
Somme	1	″	4	″	″	2	″	″	″	″	3	″	4	″	″	7
Tarn	″	″	″	″	″	″	3	3	1	″	″	3	3	1	″	7
Tarn-et-Garonne	″	″	″	″	″	″	″	″	″	″	″	″	″	″	″	″
Var	″	″	1	1	″	″	″	2	1	″	″	″	3	2	″	5
Vaucluse	″	″	″	″	″	″	1	″	″	″	″	1	″	″	″	1
Vendée	″	″	1	″	″	3	1	1	″	″	3	1	2	″	″	6
Vienne	2	2	1	1	″	6	1	4	1	1	8	3	5	2	1	19
Vienne (Haute-)	3	5	2	2	″	″	″	″	″	″	3	5	2	2	″	12
Vosges	″	″	2	1	″	2	3	″	″	″	2	3	2	1	″	8
Youne	″	″	″	3	″	6	6	1	″	1	6	6	1	3	1	17
	66	82	100	87	23	199	211	136	63	6	265	293	236	150	29	973
	358					615					973					
TOTAUX	973															

TABLEAU N° 94. | ENSEIGNEMENT LIBRE. | SALLES D'ASILE.

Maisons affectées à la tenue des salles d'asile.

DÉPARTEMENTS.	NOMBRE DES MAISONS															OBSERVATIONS.
	APPARTENANT AUX COMMUNES.		LOUÉES OU PRÊTÉES.		APPARTENANT		BIEN DISPOSÉES.		MÉDIOCREMENT DISPOSÉES.		ASSEZ MAL DISPOSÉES.		MAL DISPOSÉES.		TOTAL.	
	Laïques.	Congréganistes.	Laïques.	Congréganistes.	à des associations religieuses.	à des directrices laïques.	Laïques.	Congréganistes.	Laïques.	Congréganistes.	Laïques.	Congréganistes.	Laïques.	Congréganistes.		
1	2	3	4	5	6	7	8	9	10	11	12	13	14	15	16	17
Ain	″	3	1	5	4	″	″	9	1	2	″	1	″	″	13	
Aisne	″	2	1	1	8	5	4	7	1	3	1	″	″	1	17	
Allier	″	″	2	3	″	″	1	1	″	2	″	″	1	″	5	
Alpes (Basses-)	″	″	″	1	2	″	″	2	″	1	″	″	″	″	3	
Alpes (Hautes-)	″	″	″	″	1	″	″	1	″	″	″	″	″	″	1	
Alpes-Maritimes	″	″	″	2	″	″	″	1	″	″	″	1	″	″	2	
Ardèche	1	″	″	2	6	″	″	7	1	1	″	″	″	″	9	
Ardennes	″	″	″	3	″	″	″	2	″	1	″	″	″	″	3	
Ariége	″	″	″	″	1	1	″	″	″	1	″	″	1	″	2	
Aube	″	1	5	1	2	1	″	2	1	2	″	″	5	″	10	
Aude	″	″	″	3	2	″	″	3	″	2	″	″	″	″	5	
Aveyron	″	″	1	6	8	″	1	5	″	5	″	1	″	3	15	
Bouches-du-Rhône	″	2	6	16	7	″	1	13	2	7	2	4	1	1	31	
Calvados	″	″	2	1	″	″	1	1	1	″	″	″	″	″	3	
Cantal	″	1	1	″	1	″	″	1	″	1	1	″	″	″	3	
Charente	1	4	″	1	2	″	″	6	1	1	″	″	″	″	8	
Charente-Inférieure	″	1	2	2	5	″	2	4	″	4	″	″	″	″	10	
Cher	″	″	1	9	″	″	″	6	1	3	″	″	″	″	10	
Corrèze	″	″	″	″	″	″	″	″	″	″	″	″	″	″	″	
Corse	″	1	″	″	″	″	″	1	″	″	″	″	″	″	1	
Côte-d'Or	″	2	″	2	2	″	″	3	″	2	″	″	″	1	6	
Côtes-du-Nord	″	″	″	2	2	″	″	3	″	″	″	″	″	1	4	
Creuse	″	″	″	″	″	″	″	″	″	″	″	″	″	″	″	
Dordogne	″	″	″	″	3	″	″	2	″	1	″	″	″	″	3	
Doubs	1	″	2	3	″	″	″	2	″	1	″	″	3	″	6	
Drôme	″	″	″	1	5	″	″	4	″	1	″	1	″	″	6	
Eure	″	″	1	2	″	″	″	″	″	1	″	1	1	″	3	
Eure-et-Loir	1	″	″	″	1	2	1	1	1	″	1	″	″	″	4	
Finistère	″	″	4	1	1	″	″	1	4	1	″	″	″	″	6	
Gard	1	″	2	5	1	″	1	4	1	2	1	″	″	″	9	
Garonne (Haute-)	″	″	5	″	4	1	1	″	3	2	2	2	″	″	10	
Gers	″	1	″	″	″	″	″	″	″	″	″	″	″	1	1	
Gironde	″	″	14	9	2	″	3	6	6	3	5	2	″	″	25	
Hérault	3	4	49	8	16	5	4	11	13	14	19	2	21	1	85	
Ille-et-Vilaine	″	″	″	1	4	″	″	3	″	2	″	″	″	″	5	
Indre	″	″	″	1	″	″	″	″	″	″	″	1	″	″	1	
Indre-et-Loire	″	″	″	1	2	″	″	2	″	″	″	1	″	″	3	
Isère	″	″	″	4	1	″	″	5	″	″	″	″	″	″	5	
Jura	″	″	″	″	1	1	1	″	″	1	″	″	″	″	2	
Landes	″	″	″	1	″	1	″	1	″	″	″	″	1	″	2	
Loir-et-Cher	″	″	1	1	″	″	1	″	″	″	″	1	″	″	2	
Loire	″	″	2	5	3	1	1	8	1	″	″	″	1	″	11	
Loire (Haute-)	″	″	″	″	17	″	″	17	″	″	″	″	″	″	17	
Loire-Inférieure	″	1	16	2	3	″	4	4	1	2	2	″	9	″	22	
Loiret	″	″	1	7	8	″	1	13	″	1	″	″	″	1	16	
Lot	″	1	″	″	1	″	″	2	″	″	″	″	″	″	2	
Lot-et-Garonne	″	″	2	″	2	″	1	1	″	1	″	″	1	″	4	

Maisons affectées à la tenue des salles d'asile.

DÉPARTEMENTS.	NOMBRE DES MAISONS															OBSERVATIONS.
	APPARTENANT aux communes.		LOUÉES ou PRÊTÉES.		APPARTENANT		BIEN DISPOSÉES.		MÉDIOCREMENT DISPOSÉES.		ASSEZ MAL DISPOSÉES.		MAL DISPOSÉES.		TOTAL.	
	Laïques.	Congréganistes.	Laïques.	Congréganistes.	à des associations religieuses.	à des directrices laïques.	Laïques.	Congréganistes.	Laïques.	Congréganistes.	Laïques.	Congréganistes.	Laïques.	Congréganistes.		
1	2	3	4	5	6	7	8	9	10	11	12	13	14	15	16	17
Lozère	//	1	//	//	3	//	//	2	//	//	//	2	//	//	4	
Maine-et Loire	//	1	13	5	10	//	3	8	6	7	3	1	1	//	29	
Manche	//	1	1	1	1	2	1	1	2	//	//	2	//	//	6	
Marne	//	1	//	1	//	//	//	//	//	2	//	//	//	//	2	
Marne (Haute-)	//	//	//	1	1	//	//	2	//	//	//	//	//	//	2	
Mayenne	//	//	//	//	//	//	//	//	//	//	//	//	//	//	//	
Meurthe	//	1	7	1	4	//	2	4	2	1	1	1	2	//	13	
Meuse	//	//	2	4	6	1	//	1	2	3	1	4	//	2	13	
Morbihan	//	2	//	//	3	//	//	1	//	4	//	//	//	//	5	
Moselle	//	//	14	//	1	//	6	//	5	1	3	//	//	//	15	
Nièvre	//	//	//	6	//	//	//	5	//	//	//	1	//	//	6	
Nord	3	1	14	29	35	9	2	41	7	19	3	5	14	//	91	
Oise	1	2	4	4	4	1	1	4	3	4	2	//	//	2	16	
Orne	//	//	3	//	4	3	1	2	2	2	1	//	2	//	10	
Pas-de-Calais	2	//	9	14	6	11	//	10	4	8	6	2	12	//	42	
Puy-de-Dôme	//	//	//	1	1	//	//	1	//	1	//	//	//	//	2	
Pyrénées (Basses-)	//	2	1	6	1	1	1	2	1	6	//	1	//	//	11	
Pyrénées (Hautes-)	//	2	//	4	5	//	//	9	//	2	//	//	//	//	11	
Pyrénées-Orientales	//	//	//	1	//	//	//	//	//	//	//	//	//	1	1	
Rhin (Bas-)	5	//	13	3	4	//	//	5	13	2	5	//	//	//	25	
Rhin (Haut-)	//	//	9	3	2	//	5	1	1	3	1	1	2	//	14	
Rhône	//	1	1	7	8	//	//	4	1	7	//	2	//	3	17	
Saône (Haute-)	1	1	(1) 2	//	2	//	1	3	1	//	//	//	1	//	6	(1) 1 appartient à une association protestante.
Saône-et-Loire	//	2	//	4	1	//	//	5	//	1	//	//	//	1	7	
Sarthe	//	1	//	1	1	1	//	3	//	//	1	//	//	//	4	
Savoie	//	1	//	1	2	//	//	2	//	2	//	//	//	//	4	
Savoie (Haute-)	//	//	//	1	//	//	//	//	//	1	//	//	//	//	1	
Seine	1	1	20	11	6	6	11	13	11	2	4	2	1	1	45	
Seine-Inférieure	//	//	2	4	1	//	1	2	//	3	//	//	1	//	7	
Seine-et-Marne	//	//	2	18	2	1	//	4	2	8	//	8	1	//	23	
Seine-et-Oise	2	1	8	14	11	//	//	16	3	8	3	1	4	1	36	
Sèvres (Deux-)	//	//	1	2	7	2	//	4	1	3	1	//	1	2	12	
Somme	//	2	3	//	//	2	2	2	1	//	1	//	1	//	7	
Tarn	//	//	//	2	5	//	//	5	//	2	//	//	//	//	7	
Tarn-et-Garonne	//	//	//	//	//	//	//	//	//	//	//	//	//	//	//	
Var	//	1	2	2	//	//	//	//	1	//	//	1	1	2	5	
Vaucluse	//	//	//	1	//	//	//	1	//	//	//	//	//	//	1	
Vendée	//	//	1	//	5	//	//	3	//	2	1	//	//	//	6	
Vienne	//	1	5	5	7	1	1	5	3	5	1	1	1	2	19	
Vienne (Haute-)	//	//	12	//	//	//	4	//	4	//	4	//	//	//	12	
Vosges	1	1	//	3	1	2	//	3	2	2	//	//	1	//	8	
Yonne	//	//	2	6	8	1	//	9	//	4	//	//	3	1	17	
TOTAUX	24	51	272	278	286	62	71	348	117	186	76	53	94	28	973	
	75		550		348		419		303		129		122			
	973						973									

Population des salles d'asile.

DÉPARTEMENTS.	NOMBRE DES ENFANTS — PAYANTS ADMIS DANS LES SALLES D'ASILE. — Laïques. Garçons.	Laïques. Filles.	Congréganistes. Garçons.	Congréganistes. Filles.	TOTAL.	GRATUITS ADMIS DANS LES SALLES D'ASILE. — payantes. Laïques. Garçons.	payantes. Laïques. Filles.	payantes. Congréganistes. Garçons.	payantes. Congréganistes. Filles.	gratuites. Laïques. Garçons.	gratuites. Laïques. Filles.	gratuites. Congréganistes. Garçons.	gratuites. Congréganistes. Filles.	TOTAL.	TOTAL des ENFANTS ADMIS DANS LES SALLES D'ASILE. — Laïques. Garçons.	Laïques. Filles.	Congréganistes. Garçons.	Congréganistes. Filles.	TOTAL GÉNÉRAL.
1	2	3	4	5	6	7	8	9	10	11	12	13	14	15	16	17	18	19	20
Ain	5	4	30	20	59	8	12	7	8	//	//	429	409	873	13	16	460	437	932
Aisne	92	100	199	204	595	//	//	19	29	110	88	19	26	291	202	188	237	259	886
Allier	19	12	20	36	96	2	2	6	9	24	19	167	180	409	45	33	202	225	505
Alpes (Basses-)	//	//	91	108	199	//	//	27	23	//	//	//	//	50	//	//	118	131	240
Alpes (Hautes-)	//	//	39	43	82	//	//	//	//	//	//	//	//	//	//	//	39	43	82
Alpes-Maritimes	//	//	//	//	//	//	//	//	//	//	//	154	130	284	//	//	154	130	284
Ardèche	//	//	167	212	379	//	//	35	71	88	52	38	33	317	88	52	240	316	696
Ardennes	//	//	46	58	104	//	//	9	11	//	//	58	58	136	//	//	113	127	240
Ariége	8	7	//	//	15	4	4	//	//	//	//	40	55	103	12	11	40	55	118
Aube	83	77	110	70	340	5	5	5	5	//	//	45	55	120	88	82	160	130	460
Aude	//	//	167	189	356	//	//	//	//	//	//	//	//	//	//	//	167	189	356
Aveyron	16	12	218	188	434	5	5	86	90	//	//	132	147	465	21	17	436	425	899
Bouches-du-Rh.	44	31	471	570	1,116	12	6	182	302	120	88	504	519	1,742	185	125	1,157	1,301	2,858
Calvados	51	40	//	//	91	//	//	//	//	23	20	177	115	335	74	60	177	115	426
Cantal	5	6	27	30	68	2	2	17	20	//	//	18	13	72	7	8	62	63	140
Charente	10	10	20	12	52	7	10	15	18	//	//	177	191	418	17	20	212	221	470
Charente-Infér.	16	15	50	58	139	8	7	36	44	16	18	47	63	239	40	40	133	165	378
Cher	//	//	43	104	147	//	//	35	36	30	8	311	384	804	30	8	389	524	951
Corrèze	//	//	//	//	//	//	//	//	//	//	//	//	//	//	//	//	//	//	//
Corse	//	//	43	35	78	//	//	//	//	//	//	//	//	//	//	//	43	35	78
Côte-d'Or	//	//	18	23	41	//	//	2	2	//	//	199	217	420	//	//	219	242	461
Côtes-du-Nord	//	//	56	105	161	//	//	17	39	//	//	//	60	116	//	//	73	204	277
Creuse	//	//	//	//	//	//	//	//	//	//	//	//	//	//	//	//	//	//	//
Dordogne	//	//	//	//	//	//	//	//	//	//	//	41	70	111	//	//	41	70	111
Doubs	//	//	24	16	40	//	//	43	49	63	64	91	90	400	63	64	158	155	440
Drôme	//	//	180	158	338	//	//	35	33	//	//	//	//	68	//	//	215	191	406
Eure	9	21	12	22	64	//	//	6	7	//	//	57	44	114	9	21	75	73	178
Eure-et-Loir	15	16	//	//	31	5	6	//	//	29	28	12	20	100	49	50	12	20	131
Finistère	209	46	//	//	255	4	4	//	//	//	//	340	329	677	213	50	340	329	932
Gard	48	43	48	57	196	50	38	12	13	//	//	286	311	710	98	81	346	381	906
Garonne (Haute-)	47	65	18	18	148	//	//	//	//	33	27	53	77	190	80	92	71	95	338
Gers	//	//	//	//	//	//	//	//	//	//	//	52	50	102	//	//	52	50	102
Gironde	287	295	209	168	959	5	8	57	51	//	//	73	26	220	292	303	339	245	1,179
Hérault	779	943	353	488	2,563	37	46	127	181	46	52	133	412	1,034	862	1,041	613	1,081	3,597
Ille-et-Vilaine	//	//	22	126	148	//	//	60	112	//	//	190	185	547	//	//	272	423	695
Indre	//	//	40	10	50	//	//	//	//	//	//	//	//	//	//	//	40	10	50
Indre-et-Loire	//	//	5	3	8	//	//	6	3	//	//	239	131	379	//	//	250	137	387
Isère	//	//	117	153	270	//	//	20	31	//	//	70	65	186	//	//	207	249	456
Jura	//	//	//	//	//	//	//	//	//	24	22	24	26	96	24	22	24	26	96
Landes	13	9	//	//	22	//	//	//	//	//	//	34	56	90	13	9	34	56	112
Loir-et-Cher	//	//	5	2	7	//	//	12	8	175	150	//	//	345	175	150	17	10	352
Loire	66	77	25	22	190	//	//	65	88	//	//	355	338	846	66	77	445	448	1,036
Loire (Haute-)	//	//	339	417	756	//	//	73	90	//	//	//	//	163	//	//	412	507	919
Loire-Inférieure	473	132	104	124	833	22	8	113	320	//	//	80	70	613	495	140	297	514	1,446
Loiret	31	28	141	149	349	//	//	88	93	//	//	430	401	1,012	31	28	659	643	1,361
Lot	//	//	21	13	34	//	//	//	//	//	//	35	40	75	//	//	56	53	109
Lot-et-Garonne	43	52	12	14	121	11	13	17	13	//	//	29	32	115	54	65	58	59	236

Population des salles d'asile.

DÉPARTEMENTS.	NOMBRE DES ENFANTS — PAYANTS ADMIS DANS LES SALLES D'ASILE. — Laïques. — Garçons.	Laïques. — Filles.	Congréganistes. — Garçons.	Congréganistes. — Filles.	TOTAL.	GRATUITS ADMIS DANS LES SALLES D'ASILE — payantes. — Laïques. — Garçons.	payantes. — Laïques. — Filles	payantes. — Congréganistes. — Garçons.	payantes. — Congréganistes. — Filles.	gratuites. — Laïques. — Garçons.	gratuites. — Laïques. — Filles.	gratuites. — Congréganistes. — Garçons.	gratuites. — Congréganistes. — Filles.	TOTAL.	TOTAL des ENFANTS ADMIS DANS LES SALLES D'ASILE. — Laïques. — Garçons.	Laïques. — Filles.	Congréganistes. — Garçons.	Congréganistes. — Filles.	TOTAL GÉNÉRAL.
1	2	3	4	5	6	7	8	9	10	11	12	13	14	15	16	17	18	19	20
Lozère	//	//	42	77	119	//	//	58	102	//	//	//	//	160	//	//	100	179	279
Maine-et-Loire	272	148	251	241	912	//	//	232	219	//	//	174	244	869	272	148	657	704	1,781
Manche	95	77	36	29	237	17	5	116	170	//	//	40	63	411	112	82	192	262	648
Marne	//	//	//	//	//	//	//	//	//	//	//	100	90	190	//	//	100	90	190
Marne (Haute-)	//	//	80	80	160	//	//	20	30	//	//	//	//	50	//	//	100	110	210
Mayenne	//	//	//	//	//	//	//	//	//	//	//	//	//	//	//	//	//	//	//
Meurthe	105	95	69	84	353	//	//	//	//	//	//	113	87	200	105	95	182	171	553
Meuse	25	30	141	289	491	3	3	//	//	//	//	15	24	45	28	30	156	313	536
Morbihan	//	//	117	156	273	//	//	79	119	//	//	//	//	198	//	//	196	275	471
Moselle	214	226	13	38	491	1	2	//	1	//	//	//	//	4	215	228	13	39	495
Nièvre	//	//	54	37	91	//	//	//	//	//	//	172	216	388	//	//	226	253	479
Nord	690	727	2,706	2,865	6,988	6	6	663	737	//	//	533	716	2,661	696	733	3,902	4,318	9,649
Oise	131	124	152	162	569	11	10	48	52	18	16	47	47	249	160	150	247	261	818
Orne	133	68	98	33	332	//	//	15	18	//	//	38	38	109	133	68	151	89	441
Pas-de-Calais	531	626	392	327	1,876	35	31	5	6	//	//	652	844	1,573	566	657	1,049	1,177	3,449
Puy-de-Dôme	//	//	68	60	128	//	//	20	23	//	//	//	//	43	//	//	88	83	171
Pyrénées (Basses-)	29	19	//	//	48	//	//	//	//	16	18	348	466	848	45	37	348	466	896
Pyrénées (Htes-)	//	//	25	43	68	//	//	36	62	//	//	248	474	820	//	//	309	579	888
Pyrénées-Orient.	//	//	//	//	//	//	//	//	//	//	//	20	28	48	//	//	20	28	48
Rhin (Bas-)	253	343	197	215	1,008	33	66	15	15	55	58	85	81	408	341	467	297	311	1,416
Rhin (Haut-)	114	125	137	191	567	5	4	6	6	170	206	60	93	550	289	335	203	290	1,117
Rhône	//	//	223	251	474	//	//	44	46	21	20	191	224	546	21	20	458	521	1,020
Saône (Haute-)	38	37	45	47	167	40	43	10	10	16	16	156	185	476	94	96	211	242	643
Saône-et-Loire	//	//	45	58	103	//	//	34	43	//	//	179	337	593	//	//	258	438	696
Sarthe	15	17	56	15	103	//	//	103	89	//	//	20	35	256	15	17	188	139	359
Savoie	//	//	72	105	177	//	//	46	85	//	//	//	//	131	//	//	118	190	308
Savoie (Haute-)	//	//	28	20	48	//	//	//	//	//	//	//	//	//	//	//	28	20	48
Seine	547	435	134	96	1,212	77	78	182	102	273	240	554	676	2,182	897	753	870	874	3,394
Seine-Inférieure	//	//	32	62	94	//	//	41	73	150	149	506	503	1,422	150	149	579	638	1,516
Seine-et-Marne	43	39	131	219	432	2	3	159	185	//	//	102	119	570	45	42	392	523	1,002
Seine-et-Oise	168	120	162	197	647	//	//	55	73	110	//	375	457	1,070	278	120	592	727	1,717
Sèvres (Deux-)	59	22	60	37	178	//	//	116	103	//	//	40	56	315	59	22	216	196	403
Somme	100	78	//	//	178	21	21	//	//	21	16	130	130	339	142	115	130	130	517
Tarn	//	//	120	93	213	//	//	26	33	//	//	95	122	276	//	//	241	248	489
Tarn-et-Garonne	//	//	//	//	//	//	//	//	//	//	//	//	//	//	//	//	//	//	//
Var	50	38	32	28	148	//	//	//	//	//	//	23	20	43	50	38	55	48	191
Vaucluse	//	//	45	35	80	//	//	//	//	//	//	//	//	//	//	//	45	35	80
Vendée	18	28	114	207	367	6	4	100	127	//	//	//	//	237	24	32	214	334	604
Vienne	136	56	131	153	476	15	13	80	104	//	//	236	283	731	151	69	447	540	1,207
Vienne (Haute-)	136	99	//	//	235	5	9	//	//	//	//	//	//	14	141	108	//	//	249
Vosges	56	51	118	148	373	//	//	40	34	//	//	49	36	159	56	51	207	218	532
Yonne	59	76	150	129	414	//	//	132	157	//	//	348	316	953	59	76	630	602	1,367
TOTAUX	6,386	5,751	9,775	10,852	32,764	464	474	3,713	4,623	1,640	1,375	10,797	12,438	35,524	8,490	7,600	24,285	27,913	68,288
	12,137		20,627			9,274				26,250					16,090		52,198		
	32,764					35,524									68,288				
	68,288																		

TABLEAU N° 96.

Enfants admis dans les salles d'asile, classés d'après le culte auquel ils appartiennent.

DÉPARTEMENTS.	NOMBRE DES ENFANTS APPARTENANT AU CULTE								
	CATHOLIQUE.		PROTESTANT.		ISRAÉLITE.		TOTAL.		TOTAL GÉNÉRAL.
	Garçons.	Filles.	Garçons.	Filles.	Garçons.	Filles.	Garçons.	Filles.	
1	2	3	4	5	6	7	8	9	10
Ain	466	437	13	16	"	"	479	453	932
Aisne	439	447	"	"	"	"	439	447	886
Allier	247	258	"	"	"	"	247	258	505
Alpes (Basses-)	118	131	"	"	"	"	118	131	249
Alpes (Hautes-)	39	43	"	"	"	"	39	43	82
Alpes-Maritimes	154	130	"	"	"	"	154	130	284
Ardèche	238	313	90	55	"	"	328	368	696
Ardennes	113	127	"	"	"	"	113	127	240
Ariége	40	55	12	11	"	"	52	66	118
Aube	248	211	"	1	"	"	248	212	460
Aude	167	189	"	"	"	"	167	189	356
Aveyron	436	425	21	17	"	"	457	442	899
Bouches-du-Rhône	1,228	1,446	90	50	24	20	1,342	1,516	2,858
Calvados	251	175	"	"	"	"	251	175	426
Cantal	69	71	"	"	"	"	69	71	140
Charente	229	241	"	"	"	"	229	241	470
Charente-Inférieure	133	165	40	40	"	"	173	205	378
Cher	389	524	30	8	"	"	419	532	951
Corrèze	"	"	"	"	"	"	"	"	"
Corse	43	35	"	"	"	"	43	35	78
Côte-d'Or	219	242	"	"	"	"	219	242	461
Côtes-du-Nord	73	204	"	"	"	"	73	204	277
Creuse	"	"	"	"	"	"	"	"	"
Dordogne	41	70	"	"	"	"	41	70	111
Doubs	158	155	63	64	"	"	221	219	440
Drôme	215	191	"	"	"	"	215	191	406
Eure	84	94	"	"	"	"	84	94	178
Eure-et-Loir	61	70	"	"	"	"	61	70	131
Finistère	553	379	"	"	"	"	553	379	932
Gard	355	387	89	75	"	"	444	462	906
Garonne (Haute-)	118	160	33	27	"	"	151	187	338
Gers	52	50	"	"	"	"	52	50	102
Gironde	631	548	"	"	"	"	631	548	1,179
Hérault	1,465	2,112	10	10	"	"	1,475	2,122	3,597
Ille-et-Vilaine	272	423	"	"	"	"	272	423	695
Indre	40	10	"	"	"	"	40	10	50
Indre-et-Loire	250	137	"	"	"	"	250	137	387
Isère	207	249	"	"	"	"	207	249	456
Jura	48	48	"	"	"	"	48	48	96
Landes	47	65	"	"	"	"	47	65	112
Loir-et-Cher	192	160	"	"	"	"	192	160	352
Loire	476	455	35	70	"	"	511	525	1,036
Loire (Haute-)	412	507	"	"	"	"	412	507	919
Loire-Inférieure	792	654	"	"	"	"	792	654	1,446
Loiret	690	671	"	"	"	"	690	671	1,361
Lot	56	53	"	"	"	"	56	53	109
Lot-et-Garonne	112	124	"	"	"	"	112	124	236

ENSEIGNEMENT LIBRE.

SALLES D'ASILE.

TABLEAU N° 96. (Suite.)

Enfants admis dans les salles d'asile, classés d'après le culte auquel ils appartiennent.

DÉPARTEMENTS.	NOMBRE DES ENFANTS APPARTENANT AU CULTE								
	CATHOLIQUE.		PROTESTANT.		ISRAÉLITE.		TOTAL.		TOTAL GÉNÉRAL.
	Garçons.	Filles.	Garçons.	Filles.	Garçons.	Filles.	Garçons.	Filles.	
1	2	3	4	5	6	7	8	9	10
Lozère	100	179	"	"	"	"	100	179	279
Maine-et-Loire	929	852	"	"	"	"	929	852	1,781
Manche	304	344	"	"	"	"	304	344	648
Marne	100	90	"	"	"	"	100	90	190
Marne (Haute-)	100	110	"	"	"	"	100	110	210
Mayenne	"	"	"	"	"	"	"	"	"
Meurthe	271	243	4	2	12	21	287	266	553
Meuse	183	347	"	"	1	5	184	352	536
Morbihan	196	275	"	"	"	"	196	275	471
Moselle	228	267	"	"	"	"	228	267	495
Nièvre	226	253	"	"	"	"	226	253	479
Nord	4,589	5,051	9	"	"	"	4,598	5,051	9,649
Oise	407	411	"	"	"	"	407	411	818
Orne	284	157	"	"	"	"	284	157	441
Pas-de-Calais	1,607	1,825	8	9	"	"	1,615	1,834	3,449
Puy-de-Dôme	88	83	"	"	"	"	88	83	171
Pyrénées (Basses-)	377	485	"	"	16	18	393	503	896
Pyrénées (Hautes-)	309	579	"	"	"	"	309	579	888
Pyrénées-Orientales	20	28	"	"	"	"	20	28	48
Rhin (Bas-)	376	437	262	341	"	"	638	778	1,416
Rhin (Haut-)	213	300	279	325	"	"	492	625	1,117
Rhône	458	521	21	20	"	"	479	541	1,020
Saône (Haute-)	231	261	74	77	"	"	305	338	643
Saône-et-Loire	258	438	"	"	"	"	258	438	696
Sarthe	203	156	"	"	"	"	203	156	359
Savoie	118	190	"	"	"	"	118	190	308
Savoie (Haute-)	28	20	"	"	"	"	28	20	48
Seine	1,328	1,185	399	415	40	27	1,767	1,627	3,394
Seine-Inférieure	579	638	150	149	"	"	729	787	1,516
Seine-et-Marne	437	565	"	"	"	"	437	565	1,002
Seine-et-Oise	870	847	"	"	"	"	870	847	1,717
Sèvres (Deux-)	267	202	8	16	"	"	275	218	493
Somme	272	245	"	"	"	"	272	245	517
Tarn	241	248	"	"	"	"	241	248	489
Tarn-et-Garonne	"	"	"	"	"	"	"	"	"
Var	105	86	"	"	"	"	105	86	191
Vaucluse	45	35	"	"	"	"	45	35	80
Vendée	238	366	"	"	"	"	238	366	604
Vienne	552	557	46	52	"	"	598	609	1,207
Vienne (Haute-)	141	108	"	"	"	"	141	108	249
Vosges	263	269	"	"	"	"	263	269	532
Yonne	689	678	"	"	"	"	689	678	1,367
TOTAUX	30,896	33,572	1,786	1,850	93	91	32,775	35,513	68,288
	64,468		3,636		184		68,288		
	68,288								

Personnel des salles d'asile. — Titres de capacité. — État civil.

SALLES D'ASILE.

DÉPARTEMENTS.	DIRECTRICES — Laïques — pourvues du certificat d'aptitude.	Laïques — non pourvues du certificat d'aptitude.	Laïques — TOTAL.	Congréganistes — pourvues du certificat d'aptitude.	Congréganistes — exerçant en vertu d'une lettre d'obédience.	Congréganistes — non pourvues du certificat d'aptitude.	Congréganistes — TOTAL.	TOTAL GÉNÉRAL.	SOUS-DIRECTRICES ou adjointes — laïques.	Sous-directrices — congréganistes.	Sous-directrices — TOTAL.	FEMMES DE SERVICE attachées aux salles d'asile.	COMITÉS DE PATRONAGE. Salles d'asile auprès desquelles il en existe.	Comités — il n'en existe pas.	NOMBRE DES DAMES composant les comités de patronage.	NOMBRE des directrices laïques — célibataires.	mariées.	veuves.	OBSERVATIONS.
1	2	3	4	5	6	7	8	9	10	11	12	13	14	15	16	17	18	19	20
Ain	1	//	1	//	12	//	12	13	//	7	7	2	6	7	23	1	//	//	
Aisne	6	//	6	//	10	1	11	17	1	5	6	9	1	16	4	5	1	//	
Allier	2	//	2	//	3	//	3	5	//	1	1	4	//	5	//	2	//	//	
Alpes (Basses-)	//	//	//	//	3	//	3	3	//	3	3	3	1	2	12	//	//	//	
Alpes (Hautes-)	//	//	//	1	//	//	1	1	//	1	1	2	1	//	15	//	//	//	
Alpes-Maritimes	//	//	//	//	1	1	2	2	//	3	3	1	//	2	2	//	//	//	
Ardèche	1	//	1	1	7	//	8	9	//	7	7	10	2	7	15	1	//	//	
Ardennes	//	//	//	//	3	//	3	3	//	2	2	1	//	3	//	//	//	//	
Ariége	//	1	1	//	1	//	1	2	1	//	1	//	//	2	//	1	//	//	
Aube	1	5	6	//	4	//	4	10	1	4	5	1	1	9	9	2	1	3	
Aude	//	//	//	1	4	//	5	5	//	6	6	2	//	5	//	//	//	//	
Aveyron	//	1	1	3	11	//	14	15	//	11	11	12	3	12	7	1	//	//	
Bouches-du-Rhône	6	//	6	1	24	//	25	31	1	25	26	19	9	22	91	4	2	//	
Calvados	2	//	2	//	1	//	1	3	1	2	3	2	1	2	12	1	1	//	
Cantal	1	//	1	1	1	//	2	3	//	2	2	2	1	2	3	1	//	//	
Charente	1	//	1	1	6	//	7	8	//	1	1	6	6	2	12	1	//	//	
Charente-Inférieure	2	//	2	//	8	//	8	10	//	//	//	9	1	9	12	1	//	1	
Cher	//	1	1	//	9	//	9	10	//	//	//	7	//	10	//	1	//	//	
Corrèze	//	//	//	//	//	//	//	//	//	//	//	//	//	//	//	//	//	//	
Corse	//	//	//	//	1	//	1	1	//	2	2	//	1	//	41	//	//	//	
Côte-d'Or	//	//	//	//	6	//	6	6	//	1	1	3	1	5	8	//	//	//	
Côtes-du-Nord	//	//	//	1	3	//	4	4	//	2	2	2	//	4	//	//	//	//	
Creuse	//	//	//	//	//	//	//	//	//	//	//	//	//	//	//	//	//	//	
Dordogne	//	//	//	//	3	//	3	3	//	//	//	3	1	2	5	//	//	//	
Doubs	1	2	3	//	3	//	3	6	1	//	1	3	3	3	10	2	1	//	
Drôme	//	//	//	//	6	//	6	6	//	5	5	5	1	5	16	//	//	//	
Eure	1	//	1	//	2	//	2	3	//	//	//	1	1	2	2	//	//	1	
Eure-et-Loir	1	2	3	//	1	//	1	4	//	//	//	1	3	1	9	//	2	1	
Finistère	4	//	4	//	2	//	2	6	6	3	9	3	1	5	5	3	//	1	
Gard	3	//	3	//	6	//	6	9	1	7	8	3	3	6	12	1	1	1	
Garonne (Haute-)	5	1	6	//	4	//	4	10	//	//	//	1	1	9	2	4	2	//	
Gers	//	//	//	//	1	//	1	1	//	//	//	1	//	1	//	//	//	//	
Gironde	13	1	14	1	10	//	11	25	2	5	7	4	7	18	21	8	4	2	
Hérault	9	48	57	//	25	3	28	85	9	9	18	5	1	84	4	24	18	15	
Ille-et-Vilaine	//	//	//	//	5	//	5	5	//	3	3	7	1	4	25	//	//	//	
Indre	//	//	//	//	1	//	1	1	//	//	//	1	1	//	25	//	//	//	
Indre-et-Loire	//	//	//	//	3	//	3	3	//	3	3	2	1	2	3	//	//	//	
Isère	//	//	//	2	3	//	5	5	//	5	5	3	3	2	14	//	//	//	
Jura	1	//	1	//	//	1	1	2	1	1	2	2	//	2	//	1	//	//	
Landes	1	//	1	//	1	//	1	2	//	//	//	1	//	2	//	//	1	//	
Loir-et-Cher	1	//	1	//	1	//	1	2	//	//	//	1	//	2	//	//	1	//	
Loire	2	1	3	//	8	//	8	11	//	4	4	//	3	8	9	2	1	//	
Loire (Haute-)	//	//	//	1	15	1	17	17	//	11	11	7	4	13	39	//	//	//	
Loire-Inférieure	15	1	10	//	6	//	6	22	10	6	16	7	1	21	6	8	4	4	
Loiret	1	//	1	//	15	//	15	16	//	6	6	9	//	16	//	1	//	//	
Lot	//	//	//	//	2	//	2	2	//	//	//	2	2	//	15	//	//	//	
Lot-et-Garonne	2	//	2	//	2	//	2	4	//	1	1	1	4	//	16	//	2	//	

Personnel des salles d'asile. — Titres de capacité. — État civil.

DÉPARTEMENTS.	DIRECTRICES								SOUS-DIRECTRICES ou adjointes			FEMMES DE SERVICE ATTACHÉES AUX SALLES D'ASILE.	COMITÉS DE PATRONAGE. — Salles d'asile auprès desquelles		NOMBRE DES DAMES composant LES COMITÉS DE PATRONAGE.	NOMBRE des DIRECTRICES LAÏQUES			OBSERVATIONS.
	LAÏQUES			CONGRÉGANISTES				TOTAL GÉNÉRAL.											
	pourvues du certificat d'aptitude.	non pourvues du certificat d'aptitude.	TOTAL.	pourvues du certificat d'aptitude.	exerçant en vertu d'une lettre d'obédience.	non pourvues du certificat d'aptitude.	TOTAL.		laïques.	congréganistes.	TOTAL.		il en existe.	il n'en existe pas.		célibataires.	mariées.	veuves.	
1	2	3	4	5	6	7	8	9	10	11	12	13	14	15	16	17	18	19	20
Lozère	″	″	″	″	3	(1) 1	4	4	″	4	4	1	2	2	18	″	″	″	(1) Elle est pourvue d'un brevet de capacité.
Maine-et-Loire	5	8	13	2	14	″	16	29	2	14	16	21	″	29	″	7	3	3	
Manche	2	1	3	1	2	″	3	6	1	3	4	7	1	5	3	3	″	″	
Marne	″	″	″	″	2	″	2	2	″	1	1	1	2	″	5	″	″	″	
Marne (Haute-)	″	″	″	″	2	″	2	2	″	2	2	2	″	2	″	″	″	″	
Mayenne	″	″	″	″	″	″	″	″	″	″	″	″	″	″	″	″	″	″	
Meurthe	6	1	7	″	6	″	6	13	″	4	4	5	13	″	70	3	3	1	
Meuse	1	2	3	″	10	″	10	13	″	1	1	1	″	13	″	2	1	″	
Morbihan	″	″	″	″	5	″	5	5	″	″	″	3	″	5	″	″	″	″	
Moselle	2	12	14	″	1	″	1	15	1	1	2	5	″	15	″	8	4	2	
Nièvre	″	″	″	″	6	″	6	6	″	4	4	5	3	3	27	″	″	″	
Nord	22	4	26	1	64	″	65	91	10	49	59	53	8	83	72	15	10	1	
Oise	5	1	6	1	9	″	10	16	1	1	2	3	4	12	13	3	1	2	
Orne	3	3	6	″	4	″	4	10	″	1	1	3	2	8	4	3	1	2	
Pas-de-Calais	18	4	22	″	20	″	20	42	2	9	11	20	″	42	″	11	6	5	
Puy-de-Dôme	″	″	″	1	1	″	2	2	″	2	2	2	″	2	″	″	″	″	
Pyrénées (Basses-)	1	1	2	1	8	″	9	11	″	1	1	9	5	6	13	1	1	″	
Pyrénées (Hautes-)	″	″	″	″	11	″	11	11	″	1	1	6	3	8	15	″	″	″	
Pyrénées-Orientales	″	″	″	″	″	1	1	1	″	″	″	″	″	1	″	″	″	″	
Rhin (Bas-)	18	″	18	″	6	1	7	25	1	2	3	2	4	21	10	13	4	1	
Rhin (Haut-)	9	″	9	″	5	″	5	14	6	2	8	6	1	13	5	9	″	″	
Rhône	1	″	1	1	13	2	16	17	″	5	5	10	7	10	44	″	″	1	
Saône (Haute-)	1	2	3	″	3	″	3	6	1	2	3	5	4	2	12	3	″	″	
Saône-et-Loire	″	″	″	″	7	″	7	7	″	2	2	4	2	5	8	″	″	″	
Sarthe	″	1	1	″	3	″	3	4	″	″	″	3	1	3	12	″	″	1	
Savoie	″	″	″	″	4	″	4	4	″	9	9	4	″	4	″	″	″	″	
Savoie (Haute-)	″	″	″	″	1	″	1	1	″	2	2	1	″	1	″	″	″	″	
Seine	25	2	27	4	14	″	18	45	9	11	20	31	26	19	85	13	11	3	
Seine-Inférieure	2	″	2	1	4	″	5	7	2	4	6	8	3	4	36	1	1	″	
Seine-et-Marne	3	″	3	1	19	″	20	23	″	2	2	1	3	20	6	1	1	1	
Seine-et-Oise	5	(2) 5	10	″	25	1	26	36	″	11	11	15	20	16	44	2	4	4	(2) 1 est pourvue d'un brevet de capacité.
Sèvres (Deux-)	3	″	3	″	9	″	9	12	″	2	2	1	3	9	32	″	2	1	
Somme	5	″	5	″	2	″	2	7	1	2	3	2	7	″	24	5	″	″	
Tarn	″	″	″	1	6	″	7	7	″	″	″	7	2	5	6	″	″	″	
Tarn-et-Garonne	″	″	″	″	″	″	″	″	″	″	″	″	″	″	″	″	″	″	
Var	1	1	2	″	3	″	3	5	″	″	″	″	″	5	″	2	″	″	
Vaucluse	″	″	″	″	1	″	1	1	″	1	1	1	1	″	8	″	″	″	
Vendée	1	″	1	″	5	″	5	6	″	1	1	2	″	6	″	″	″	1	
Vienne	5	1	6	1	12	″	13	19	1	9	10	6	1	18	16	1	4	1	
Vienne (Haute-)	11	1	12	″	″	″	″	12	″	″	″	″	7	5	10	5	4	3	
Vosges	″	3	3	″	5	″	5	8	″	2	2	3	3	5	18	3	″	″	
Yonne	1	2	3	″	14	″	14	17	″	6	6	7	7	10	70	1	2	″	(3) Ces directrices appartiennent à des congrégations religieuses non reconnues. Elles n'ont aucun titre légal de capacité ou exercent en vertu d'une lettre d'obédience qui n'a aucune valeur.
TOTAUX	239	119	358	30	572	(3) 13	615	973	73	327	400	436	222	751	1,190	105	62	191	
	358			615									973			358			
	973								400										
	1,373																		

Indemnités communales. — Fondations, Dons et Legs.

DÉPARTEMENTS.	INDEMNITÉS COMMUNALES accordées aux directrices		NOMBRE DES DIRECTRICES qui en profitent.		FONDATIONS, DONS ET LEGS en faveur des asiles		NOMBRE DES DIRECTRICES qui en jouissent		OBSERVATIONS.
	laïques.	congréganistes.	Laïques.	Congréganistes.	laïques.	congréganistes.	Laïques.	Congréganistes.	
1	2	3	4	5	6	7	8	9	10
Ain	″	200	″	1	″	″	″	″	
Aisne	100	100	1	1	″	″	″	″	
Allier	″	″	″	″	400	1,600	1	2	
Alpes (Basses-)	″	300	″	1	″	″	″	″	
Alpes (Hautes-)	″	″	″	″	″	″	″	″	
Alpes-Maritimes	″	″	″	″	″	(1) 5,700	″	1	(1) Don annuel. Entretien d'un orphelinat annexé à la salle d'asile.
Ardèche	″	350	″	1	700	750	1	1	
Ardennes	″	″	″	″	″	100	″	1	
Ariége	″	″	″	″	″	(2) 200	″	1	(2) Don annuel.
Aube	300	″	1	″	″	″	″	″	
Aude	″	″	″	″	″	″	″	″	
Aveyron	″	365	″	2	400	(3) 300	1	1	(3) Don annuel de la compagnie des forges d'Aubin.
Bouches-du-Rhône	2,200	5,400	3	3	″	3,000	″	6	
Calvados	″	″	″	″	″	″	″	″	
Cantal	″	150	″	1	″	200	″	1	
Charente	150	200	1	1	″	700	″	3	
Charente-Inférieure	″	″	″	″	800	400	1	1	
Cher	″	″	″	″	″	3,850	″	7	
Corrèze	″	″	″	″	″	″	″	″	
Corse	″	700	″	1	″	″	″	″	
Côte-d'Or	″	″	″	″	″	670	″	3	
Côtes-du-Nord	″	″	″	″	″	3,000	″	1	
Creuse	″	″	″	″	″	″	″	″	
Dordogne	″	″	″	″	″	″	″	″	
Doubs	″	150	″	1	″	300	″	1	
Drôme	″	500	″	1	″	215	″	1	
Eure	″	″	″	″	″	″	″	″	
Eure-et-Loir	″	″	″	″	600	400	2	1	
Finistère	″	″	″	″	″	″	″	″	
Gard	200	″	1	″	″	(4) 4,900	″	4	(4) Somme donnée annuellement par la compagnie d'Alais, de Bessèges et de la Grand'-Combe.
Garonne (Haute-)	300	″	2	″	″	″	″	″	
Gers	″	″	″	″	″	″	″	″	
Gironde	″	″	″	″	″	″	″	″	
Hérault	″	″	″	″	″	″	″	″	
Ille-et-Vilaine	″	400	″	1	″	2,000	″	2	
Indre	″	″	″	″	″	″	″	″	
Indre-et-Loire	″	″	″	″	″	″	″	″	
Isère	″	100	″	1	″	1,270	″	3	
Jura	″	″	″	″	″	″	″	″	
Landes	50	″	1	″	″	300	″	1	
Loir-et-Cher	″	″	″	″	1,200	″	1	″	
Loire	500	″	1	″	″	3,200	″	5	
Loire (Haute-)	″	50	″	1	″	″	″	″	
Loire-Inférieure	″	375	″	1	″	100	″	1	
Loiret	250	900	1	2	″	2,800	″	8	
Lot	″	″	″	″	″	″	″	″	
Lot-et-Garonne	100	″	1	″	″	300	″	1	

SALLES D'ASILE.

Indemnités communales. — Fondations, Dons et Legs.

DÉPARTEMENTS.	INDEMNITÉS COMMUNALES — accordées aux directrices — laïques.	INDEMNITÉS COMMUNALES — accordées aux directrices — congréganistes.	Nombre des directrices qui en profitent — Laïques.	Nombre des directrices qui en profitent — Congréganistes.	FONDATIONS, DONS ET LEGS — en faveur des asiles — laïques.	FONDATIONS, DONS ET LEGS — en faveur des asiles — congrégations.	Nombre des directrices qui en jouissent — Laïques.	Nombre des directrices qui en jouissent — Congréganistes.	OBSERVATIONS.
1	2	3	4	5	6	7	8	9	10
Lozère	//	100	//	1	//	100	//	2	
Maine-et-Loire	//	1,729	//	5	//	2,382	//	6	
Manche	230	//	2	//	//	//	//	//	
Marne	//	//	//	//	//	600	//	2	
Marne (Haute-)	//	//	//	//	//	//	//	//	
Mayenne	//	//	//	//	//	//	//	//	
Meurthe	//	//	//	//	//	600	//	1	
Meuse	//	//	//	//	//	//	//	//	
Morbihan	//	//	//	//	//	//	//	//	
Moselle	//	//	//	//	//	//	//	//	
Nièvre	//	//	//	//	//	3,600	//	5	
Nord	280	1,200	3	1	//	6,700	//	10	
Oise	300	100	2	1	//	//	//	//	
Orne	40	400	1	1	//	400	//	1	
Pas-de-Calais	1,650	3,600	10	6	//	5,400	//	7	
Puy-de-Dôme	//	//	//	//	//	//	//	//	
Pyrénées (Basses-)	//	1,000	//	3	//	700	//	2	
Pyrénées (Hautes-)	//	400	//	2	//	400	//	2	
Pyrénées-Orientales	//	//	//	//	//	400	//	1	
Rhin (Bas-)	205	//	5	//	//	//	//	//	
Rhin (Haut-)	//	//	//	//	//	//	//	//	
Rhône	//	275	//	3	//	//	//	//	
Saône (Haute-)	//	//	//	//	600	2,190	1	2	
Saône-et-Loire	//	700	//	1	//	(1) 1,550	//	3	(1) Dont 1,200 francs donnés par la compagnie des mines de Montceaux et de Montchanier.
Sarthe	//	//	//	//	//	900	//	2	
Savoie	//	300	//	1	//	//	//	//	
Savoie (Haute-)	//	//	//	//	//	//	//	//	
Seine	//	1,000	//	1	//	500	//	1	
Seine-Inférieure	690	//	1	//	1,510	5,350	2	5	
Seine-et-Marne	//	//	//	//	//	7,350	//	13	
Seine-et-Oise	450	//	2	//	700	12,600	1	23	
Sèvres (Deux-)	//	50	//	1	//	1,700	//	7	
Somme	//	//	//	//	//	//	//	//	
Tarn	//	//	//	//	//	1,800	//	3	
Tarn-et-Garonne	//	//	//	//	//	//	//	//	
Var	//	100	//	1	//	//	//	//	
Vaucluse	//	//	//	//	//	//	//	//	
Vendée	//	200	//	1	//	//	//	//	
Vienne	//	400	//	1	//	550	//	2	
Vienne (Haute-)	//	//	//	//	//	//	//	//	
Vosges	//	//	//	//	//	//	//	//	
Yonne	300	400	2	3	//	5,700	//	10	
	8,295	22,194	41	53	6,910	97,727	11	167	
TOTAUX	30,489		94		104,637		178		

Garderies.

DÉPARTEMENTS.	COMMUNES dans lesquelles il existe des garderies pour les jeunes enfants.	NOMBRE des GARDERIES.	ÂGE des ENFANTS admis dans les garderies.	ENFANTS ADMIS DANS LES GARDERIES.			TAUX MOYEN de la rétribution.	COMMUNES où il existe DES ÉCOLES ouvertes en exécution de l'article 29, § 5, de la loi du 15 mars 1850.	NOMBRE des ENFANTS ADMIS DANS CES ÉCOLES.			TAUX MOYEN de la rétribution.	OBSERVATIONS.
				Garçons.	Filles.	TOTAL.			Garçons.	Filles.	TOTAL.		
1	2	3	4	5	6	7	8	9	10	11	12	13	14
			ans. ans.				fr. c.					fr. c.	
Ain	″	″	″	″	″	″	″	″	″	″	″	″	
Aisne	60	64	2 – 5	405	412	817	1 19	1	20	25	45	0 75	
Allier	″	″	″	″	″	″	″	″	″	″	″	″	
Alpes (Basses-)	″	″	″	″	″	″	″	″	″	″	″	″	
Alpes (Hautes-)	″	″	″	″	″	″	″	″	″	″	″	″	
Alpes-Maritimes	3	12	3 – 7	166	126	202	1 50	″	″	″	″	″	
Ardèche	″	″	″	″	″	″	″	″	″	″	″	″	
Ardennes	3	15	2 – 5	135	105	240	2 83	″	″	″	″	″	
Ariége	1	1	3 – 7	10	15	25	0 50	″	″	″	″	″	
Aube	″	″	″	″	″	″	″	″	″	″	″	″	
Aude	11	12	2 – 6	104	143	247	1 25	″	″	″	″	″	
Aveyron	″	″	″	″	″	″	″	″	″	″	″	″	
Bouches-du-Rhône	2	8	2 – 6	73	79	152	1 35	1	33	28	61	1 25	
Calvados	10	31	3 – 6	312	186	498	1 66	″	″	″	″	″	
Cantal	″	″	″	″	″	″	″	″	″	″	″	″	
Charente	10	22	2 – 7	193	221	414	1 50	1	6	″	6	1 50	
Charente-Inférieure	4	6	4 – 7	70	65	135	1 00	″	″	″	″	″	
Cher	3	6	2 – 5	70	70	140	1 00	″	″	″	″	″	
Corse	″	″	″	″	″	″	″	″	″	″	″	″	
Corrèze	″	″	″	″	″	″	″	″	″	″	″	″	
Côte-d'Or	4	4	3 – 7	50	37	87	1 10	″	″	″	″	″	
Côtes-du-Nord	17	33	3 – 6	575	1,046	1,621	0 48	″	″	″	″	″	
Creuse	″	″	″	″	″	″	″	″	″	″	″	″	
Dordogne	3	3	2 – 6	29	31	60	1 22	″	″	″	″	″	
Doubs	1	8	2 – 6	120	38	158	2 15	2	150	63	213	0 75	
Drôme	″	″	″	″	″	″	″	″	″	″	″	″	
Eure	5	5	2 – 6	46	54	100	0 85	″	″	″	″	″	
Eure-et-Loir	7	15	2 – 7	157	122	279	1 20	″	″	″	″	″	
Finistère	18	72	2 – 7	1,373	1,148	2,521	0 95	″	″	″	″	″	
Gard	″	″	″	″	″	″	″	″	″	″	″	″	
Garonne (Haute-)	2	12	2 – 3	101	69	170	1 25	6	6	78	84	0 87	
Gers	11	14	3 – 6	176	196	372	1 35	″	″	″	″	″	
Gironde	7	46	2 – 6	692	674	1,366	1 50	″	″	″	″	″	
Hérault	11	41	1 – 6	628	662	1,290	0 87	″	″	″	″	″	
Ille-et-Vilaine	9	14	2 – 7	240	293	533	0 75	2	19	24	43	0 60	
Indre	4	14	3 – 7	177	173	350	1 38	″	″	″	″	″	
Indre-et-Loire	2	5	3 – 6	82	18	100	0 83	″	″	″	″	″	
Isère	2	2	2 – 8	45	40	85	1 00	″	″	″	″	″	
Jura	2	4	3 – 7	77	118	195	1 10	″	″	″	″	″	
Landes	6	8	2 – 6	67	90	157	1 00	″	″	″	″	″	
Loir-et-Cher	5	6	3 – 7	70	50	120	0 87	″	″	″	″	″	
Loire	″	″	″	″	″	″	″	″	″	″	″	″	
Loire (Haute-)	2	2	3 – 6	39	18	57	1 75	(1) 229	3,451	9,526	12,977	0 50	(1) Ces écoles sont ce qu'on appelle les *assemblées de béates.*
Loire-Inférieure	2	2	4 – 7	″	40	40	0 75	″	″	″	″	″	
Loiret	7	26	2 – 6	205	221	426	0 67	″	″	″	″	″	
Lot	″	″	″	″	″	″	″	″	″	″	″	″	
Lot-et-Garonne	″	″	″	″	″	″	″	″	″	″	″	″	

Garderies.

DÉPARTEMENTS.	COMMUNES dans lesquelles il existe des garderies pour les jeunes enfants.	NOMBRE de GARDERIES.	ÂGE des ENFANTS admis dans les garderies.	ENFANTS ADMIS DANS LES GARDERIES. Garçons.	Filles.	TOTAL.	TAUX MOYEN de la rétribution.	COMMUNES où il existe DES ÉCOLES ouvertes en exécution de l'article 29, § 5, de la loi du 15 mars 1850.	NOMBRE des ENFANTS ADMIS DANS CES ÉCOLES. Garçons.	Filles.	TOTAL.	TAUX MOYEN de la rétribution.	OBSERVATIONS.
1	2	3	4	5	6	7	8	9	10	11	12	13	14
			ans. ans.				fr. c.					fr. c.	
Lozère	//	//	//	//	//	//	//	//	//	//	//	//	
Maine-et-Loire	8	8	3 - 7	105	58	163	1 00	//	//	//	//	//	
Manche	19	90	2 - 6	1,200	921	2,121	0 96	//	//	//	//	//	
Marne	95	157	2 - 5	1,674	1,525	3,199	1 16	1	4	9	13	//	
Marne (Haute-)	3	3	2 - 5	70	45	115	1 00	//	//	//	//	//	
Mayenne	//	//	//	//	//	//	//	//	//	//	//	//	
Meurthe	//	//	//	//	//	//	//	//	//	//	//	//	
Meuse	3	5	2 - 5	41	54	95	1 50	//	//	//	//	//	
Morbihan	16	21	3 - 7	285	333	618	0 52	30	170	350	520	0 62	
Moselle	1	1	2 - 5	10	15	25	0 50	//	//	//	//	//	
Nièvre	//	//	//	//	//	//	//	//	//	//	//	//	
Nord	146	321	2 - 7	4,417	4,755	9,172	0 85	1	//	50	50	0 60	
Oise	1	1	2 - 7	//	12	12	1 00	//	//	//	//	//	
Orne	3	5	2 - 7	85	51	136	1 50	//	//	//	//	//	
Pas-de-Calais	65	110	1 - 6	1,167	1,324	2,491	1 00	//	//	//	//	//	
Puy-de-Dôme	2	4	3 - 6	37	47	84	1 00	//	//	//	//	//	
Pyrénées (Basses-)	//	//	//	//	//	//	//	//	//	//	//	//	
Pyrénées (Hautes-)	//	//	//	//	//	//	//	//	//	//	//	//	
Pyrénées-Orientales	27	65	2 - 6	392	635	1,027	0 81	//	//	//	//	//	
Rhin (Bas-)	//	//	//	//	//	//	//	//	//	//	//	//	
Rhin (Haut-)	1	2	2 - 5	10	15	25	1 00	//	//	//	//	//	
Rhône	4	5	2 - 5	53	72	125	1 50	//	//	//	//	//	
Saône (Haute-)	//	//	//	//	//	//	//	//	//	//	//	//	
Saône-et-Loire	13	23	3 - 6	338	356	694	1 00	1	//	30	30	//	
Sarthe	3	6	3 - 7	61	31	92	1 66	//	//	//	//	//	
Savoie	//	//	//	//	//	//	//	//	//	//	//	//	
Savoie (Haute-)	//	//	//	//	//	//	//	//	//	//	//	//	
Seine	1	1	3 - 7	10	15	25	5 00	//	//	//	//	//	
Seine-Inférieure	23	96	2 - 7	1,027	856	1,883	1 24	//	//	//	//	//	
Seine-et-Marne	9	9	2 - 5	118	97	215	1 20	//	//	//	//	//	
Seine-et-Oise	1	1	2 - 5	8	15	23	2 00	//	//	//	//	//	
Sèvres (Deux-)	//	//	//	//	//	//	//	//	//	//	//	//	
Somme	//	//	//	//	//	//	//	//	//	//	//	//	
Tarn	//	//	//	//	//	//	//	//	//	//	//	//	
Tarn-et-Garonne	//	//	//	//	//	//	//	//	//	//	//	//	
Var	2	5	3 - 6	59	32	91	1 50	//	//	//	//	//	
Vaucluse	//	//	//	//	//	//	//	//	//	//	//	//	
Vendée	3	3	2 - 7	51	31	82	1 00	//	//	//	//	//	
Vienne	//	//	//	//	//	//	//	//	//	//	//	//	
Vienne (Haute-)	//	//	//	//	//	//	//	//	//	//	//	//	
Vosges	1	2	2 - 6	21	26	47	1 50	//	//	//	//	//	
Yonne	1	3	3 - 7	60	70	130	0 80	//	//	//	//	//	
TOTAUX	685	1,460	1 - 7	17,786	17,951	35,737	1f 23c	275	3,859	10,183	14,042	0f 82c	
				35,737					14,042				

IIIᴱ PARTIE.

SURVEILLANCE DES ÉCOLES

ET DES SALLES D'ASILE.

RECRUTEMENT DU PERSONNEL ENSEIGNANT.

1°

SURVEILLANCE DES ÉCOLES ET DES SALLES D'ASILE.

1°

SURVEILLANCE DES ÉCOLES ET DES SALLES D'ASILE.

TABLEAU N° 100.

INSPECTION
ET
SURVEILLANCE DES ÉCOLES.

Délégations et Comités de patronage.

DÉPARTEMENTS.	DÉLÉGATIONS				COMITÉS DE PATRONAGE pour la surveillance DES SALLES D'ASILE.		NOMBRE DE CES INSTITUTIONS qui fonctionnent régulièrement.	
	CANTONALES.		COMMUNALES.					
	Nombre des délégations.	Nombre des délégués.	Nombre des délégations.	Nombre des délégués.	Nombre des comités.	Nombre des dames patronnesses.	Délégations cantonales.	Comités de patronage.
1	2	3	4	5	6	7	8	9
Ain	35	222	"	"	22	142	4	9
Aisne	37	167	8	25	15	85	9	11
Allier	25	105	"	"	10	115	2	5
Alpes (Basses-)	29	143	4	"	7	31	5	3
Alpes (Hautes-)	24	139	"	"	2	22	24	2
Alpes-Maritimes	24	182	"	"	9	85	1	4
Ardèche	31	142	"	"	11	112	2	9
Ardennes	31	165	16	42	"	"	"	"
Ariége	20	112	19	23	5	71	"	1
Aube	26	172	6	29	12	99	"	6
Aude	31	93	11	13	7	136	"	4
Aveyron	42	209	"	"	11	47	15	6
Bouches-du-Rhône	20	177	"	"	3	78	3	3
Calvados	37	118	15	32	15	258	5	13
Cantal	23	151	"	"	6	83	"	5
Charente	29	158	"	"	11	23	"	3
Charente-Inférieure	38	212	27	67	11	99	12	8
Cher	29	159	23	23	5	46	"	2
Corrèze	"	"	"	"	2	34	"	"
Corse	62	123	"	"	2	61	"	"
Côte d'Or	36	113	"	"	17	127	"	11
Côtes-du-Nord	48	231	5	14	15	105	2	5
Creuse	25	98	"	"	5	37	"	"
Dordogne	47	326	"	"	6	35	17	1
Doubs	27	229	1	5	16	151	"	1
Drôme	29	103	"	"	19	189	"	4
Eure	36	228	"	"	8	48	"	3
Eure-et-Loir	24	155	13	19	18	99	15	14
Finistère	43	214	"	"	8	83	"	5
Gard	36	258	25	64	31	254	10	16
Garonne (Haute-)	39	147	22	28	10	36	"	10
Gers	29	235	"	"	8	121	1	"
Gironde	48	177	32	97	37	305	4	17
Hérault	33	390	"	"	20	260	2	6
Ille-et-Vilaine	43	136	"	"	9	140	"	8
Indre	23	122	17	36	3	23	"	2
Indre-et-Loire	24	167	"	"	13	99	1	3
Isère	45	234	1	12	11	149	"	10
Jura	32	171	"	"	22	183	32	13
Landes	28	158	"	"	3	44	"	1
Loir-et-Cher	24	160	12	13	1	5	"	"
Loire	27	133	"	"	18	132	17	8
Loire (Haute-)	28	114	"	"	22	185	"	8
Loire-Inférieure	"	"	"	"	11	104	"	11
Loiret	30	165	"	"	10	105	"	7
Lot	29	136	"	"	6	73	"	"
Lot-et-Garonne	36	196	"	"	18	100	1	2

INSPECTION
ET
SURVEILLANCE DES ÉCOLES.

TABLEAU N° 100.
(Suite.)

Délégations et Comités de patronage.

DÉPARTEMENTS.	DÉLÉGATIONS CANTONALES.		DÉLÉGATIONS COMMUNALES.		COMITÉS DE PATRONAGE pour la surveillance DES SALLES D'ASILE.		NOMBRE DE CES INSTITUTIONS qui fonctionnent régulièrement.	
	Nombre des délégations.	Nombre des délégués.	Nombre des délégations.	Nombre des délégués.	Nombre des comités.	Nombre des dames patronnesses.	Délégations cantonales.	Comités de patronage.
1	2	3	4	5	6	7	8	9
Lozère	27	105	//	//	5	96	//	//
Maine-et-Loire	34	131	//	//	20	126	2	14
Manche	47	203	15	23	13	76	28	9
Marne	32	141	13	49	37	176	3	8
Marne (Haute-)	28	147	//	//	6	30	2	3
Mayenne	27	101	21	29	6	48	//	3
Meurthe	25	274	8	57	35	133	25	4
Meuse	28	187	10	25	30	130	//	7
Morbihan	37	140	//	//	8	89	//	8
Moselle	25	160	1	4	18	116	//	9
Nièvre	89	89	1	3	16	131	//	//
Nord	60	341	11	14	63	796	13	45
Oise	35	221	14	67	29	128	8	6
Orne	36	226	32	36	5	53	//	2
Pas-de-Calais	43	205	40	73	23	436	33	21
Puy-de-Dôme	46	188	//	//	6	78	8	6
Pyrénées (Basses-)	40	138	//	//	12	60	24	12
Pyrénées (Hautes-)	26	129	13	28	7	69	//	5
Pyrénées-Orientales	//	//	//	//	2	48	//	//
Rhin (Bas-)	60	288	50	137	62	382	60	27
Rhin (Haut-)	29	302	1	5	24	212	11	10
Rhône	25	82	13	13	45	407	2	41
Saône (Haute-)	29	248	//	//	24	70	1	17
Saône-et-Loire	48	233	37	67	12	76	//	1
Sarthe	33	150	2	6	14	210	1	14
Savoie	//	//	//	//	//	//	//	//
Savoie (Haute-)	//	//	//	//	1	12	//	//
Seine	28	196	31	64	45	249	196	50
Seine-Inférieure	50	272	31	115	28	272	48	24
Seine-et-Marne	29	218	5	14	27	180	16	16
Seine-et-Oise	36	300	21	64	79	289	21	29
Sèvres (Deux-)	29	136	1	2	10	121	29	8
Somme	37	304	//	//	9	127	//	9
Tarn	35	130	//	//	10	179	3	7
Tarn-et-Garonne	24	136	//	//	6	43	//	//
Var	26	150	//	//	34	322	7	12
Vaucluse	20	93	//	//	19	113	3	3
Vendée	//	//	//	//	6	79	//	4
Vienne	31	115	18	31	3	88	4	2
Vienne (Haute-)	27	159	27	31	9	59	//	3
Vosges	30	217	31	48	43	276	30	22
Yonne	36	250	5	13	15	148	3	10
TOTAUX	2,809	14,085	709	1,560	1,406	11,672	765	731

Inspecteurs de l'enseignement primaire.

DÉPARTEMENTS.	NOMBRE TOTAL des arrondissements.	NOMBRE TOTAL des circonscriptions d'inspection	NOMBRE DES INSPECTEURS de 1re classe.	de 2e classe.	de 3e classe.	TOTAL.	DÉPENSES à la charge de l'État pour le traitement.	pour les frais de tournées.	TOTAL.	allouées par les départements.	TOTAL GÉNÉRAL.	NOMBRE DES JOURS consacrés à la visite des écoles et des salles d'asile. Tournées ordinaires.	Missions extraordinaires.	TOTAL.	Moyenne par inspecteur.	NOMBRE des écoles qui n'ont pu être visitées.
1	2	3	4	5	6	7	8	9	10	11	12	13	14	15	16	17
Ain	5	4	//	2	2	4	7,200f	4,200f	11,400f	500f	11,900f	452	111	563	140 3/4	42
Aisne	5	5	2	//	3	5	9,600	5,750	15,350	1,500	16,850	662	104	766	153 1/5	38
Allier	4	4	3	//	1	4	8,400	2,817	11,217	//	11,217	354	39	393	98 1/4	//
Alpes (Basses-)	5	4	//	//	4	4	6,400	2,970	9,370	//	9,370	368	38	406	101 1/2	17
Alpes (Hautes-)	3	2	//	2	//	2	4,000	1,850	5,850	//	5,850	259	5	264	132	52
Alpes-Maritimes	3	3	//	1	2	3	5,200	4,000	9,200	//	9,200	384	66	450	150	//
Ardèche	3	3	//	//	3	3	4,800	2,924	7,724	//	7,724	382	29	411	137	149
Ardennes	5	4	//	3	1	4	7,600	3,400	11,000	1,200	12,200	473	10	483	120 3/4	//
Ariége	3	2	1	1	//	2	4,400	3,136	7,536	//	7,536	373	61	434	217	//
Aube	5	3	//	2	1	3	5,600	3,500	9,100	600	9,700	386	76	462	154	26
Aude	4	4	2	1	1	4	8,400	2,575	10,975	//	10,975	293	26	319	79 3/4	133
Aveyron	5	3	//	2	1	3	5,600	3,919	9,519	//	9,519	487	54	541	180 1/3	434
Bouches-du-Rhône	3	2	1	1	//	2	4,400	1,000	5,400	1,400	6,800	239	36	275	137 1/2	3
Calvados	6	5	3	2	//	5	11,200	4,600	15,800	1,500	17,300	764	84	848	169 3/5	11
Cantal	4	3	3	//	//	3	6,866	2,800	9,666	//	9,666	358	33	391	130 1/3	54
Charente	5	3	1	//	2	3	5,600	2,750	8,350	//	8,350	327	43	370	123 1/3	53
Charente-Inférieure	6	4	1	2	1	4	8,000	3,853	11,853	600	12,453	472	62	534	133 1/2	//
Cher	3	2	1	1	//	2	4,400	1,970	6,370	400	6,770	157	81	238	119	160
Corrèze	3	3	1	//	2	3	5,600	2,470	8,070	//	8,070	344	9	353	117 2/3	2
Corse	5	4	1	1	2	4	7,600	3,395	10,995	600	11,595	424	48	472	118	23
Côte-d'Or	4	3	2	1	//	3	6,800	2,843	9,643	//	9,643	258	59	317	105 2/3	403
Côtes-du-Nord	5	3	//	2	1	3	5,600	3,100	8,700	//	8,700	412	27	439	146 1/3	24
Creuse	4	2	1	//	1	2	4,000	2,476	6,476	//	6,476	304	9	313	156 1/2	//
Dordogne	5	4	2	2	//	4	8,800	3,760	12,560	//	12,560	468	60	528	132	16
Doubs	4	3	//	1	2	3	5,200	3,201	8,401	300	8,701	301	77	378	126	406
Drôme	4	3	1	//	2	3	5,000	2,000	7,900	//	7,900	298	91	389	129 2/3	156
Eure	5	4	1	2	1	4	8,000	4,250	12,250	1,200	13,450	518	60	578	144 1/2	//
Eure-et-Loir	4	3	1	1	1	3	6,000	3,000	9,000	600	9,600	377	40	417	139	//
Finistère	5	3	3	//	//	3	7,200	3,017	10,217	//	10,217	387	36	423	141	10
Gard	4	3	1	1	1	3	6,000	2,375	8,375	//	8,375	238	81	319	106 1/3	262
Garonne (Haute-)	4	3	2	//	1	3	6,400	3,650	10,050	450	10,500	389	101	490	163 1/3	306
Gers	5	3	//	2	1	3	5,600	3,900	9,500	//	9,500	421	124	545	181 2/3	132
Gironde	6	5	2	1	2	5	10,000	4,730	14,730	2,000	16,730	501	133	634	126 4/5	42
Hérault	4	3	1	1	1	3	6,000	2,520	8,520	400	8,920	337	19	356	118 2/3	364
Ille-et-Vilaine	6	4	1	1	2	4	7,600	2,997	10,597	600	11,197	418	8	426	106 1/2	//
Indre	4	2	//	1	1	2	3,600	2,040	5,640	300	5,940	254	29	283	141 1/2	//
Indre-et-Loire	3	3	//	3	//	3	6,000	2,076	8,076	1,300	9,376	266	29	295	98 1/3	23
Isère	4	4	1	2	1	4	8,000	4,300	12,300	1,200	13,500	586	24	610	152 1/2	67
Jura	4	4	1	//	3	4	7,200	4,000	11,200	400	11,600	509	56	565	141 1/4	17
Landes	3	3	//	2	1	3	5,600	3,500	9,100	300	9,400	424	62	486	162	//
Loir-et-Cher	3	2	//	1	1	2	3,600	2,370	5,970	1,300	7,270	251	70	321	160 1/2	21
Loire	3	3	//	3	//	3	6,000	3,000	9,000	1,500	10,500	404	46	450	150	10
Loire (Haute-)	3	2	//	//	2	2	3,200	2,350	5,550	//	5,550	273	52	325	162 1/2	60
Loire-Inférieure	5	3	//	2	1	3	5,600	2,100	7,700	900	8,600	273	21	294	98	138
Loiret	4	3	2	//	1	3	6,400	2,745	9,145	1,600	10,745	338	48	386	128 2/3	15
Lot	3	2	//	1	1	2	3,600	2,464	6,064	//	6,064	332	15	347	173 1/2	22
Lot-et-Garonne	4	2	2	//	//	2	4,800	2,700	7,500	800	8,300	195	22	217	108 1/2	43

Inspecteurs de l'enseignement primaire.

DÉPARTEMENTS.	NOMBRE TOTAL des arrondissements.	NOMBRE TOTAL des circonscriptions d'inspection.	NOMBRE DES INSPECTEURS de 1re classe.	de 2e classe.	de 3e classe.	TOTAL.	DÉPENSES à la charge de l'État pour le traitement.	pour les frais de tournées.	TOTAL.	allouées par les départements.	TOTAL GÉNÉRAL.	NOMBRE DES JOURS consacrés à la visite des écoles et des salles d'asile. Tournées ordinaires.	Missions extraordinaires.	TOTAL.	Moyenne par inspecteur.	NOMBRE des écoles qui n'ont pu être visitées.
1	2	3	4	5	6	7	8	9	10	11	12	13	14	15	16	17
Lozère	3	2	"	"	2	2	3,200f	1,926f	5,126f	"	5,126f	223	41	264	132	507
Maine-et-Loire	5	4	"	2	2	4	7,200	3,600	10,800	1,200f	12,000	386	52	438	109 1/2	72
Manche	6	4	1	2	1	4	8,000	4,950	12,950	600	13,550	539	132	671	167 3/4	227
Marne	5	4	3	"	1	4	8,800	3,966	12,766	400	13,166	425	112	537	134 1/4	171
Marne (Haute-)	3	3	"	2	1	3	5,600	4,200	9,800	350	10,150	446	117	563	187 2/3	176
Mayenne	3	2	"	1	1	2	3,600	2,400	6,000	400	6,400	315	22	337	168 1/2	"
Meurthe	5	4	"	3	1	4	7,600	4,220	11,820	600	12,420	517	78	595	148 3/4	327
Meuse	4	4	1	"	3	4	7,200	4,655	11,855	800	12,655	537	114	651	162 3/4	94
Morbihan	4	3	"	"	3	3	4,800	2,420	7,220	"	7,220	315	14	329	109 2/3	12
Moselle	4	3	1	2	"	3	6,400	4,057	10,457	450	10,907	427	114	541	180 1/3	312
Nièvre	4	2	"	"	2	2	3,200	2,600	5,800	400	6,200	280	64	344	172	"
Nord	7	7	3	2	2	7	14,400	6,800	21,200	7,000	28,200	708	176	884	126 2/7	350
Oise	4	3	"	1	2	3	5,200	4,185	9,385	1,200	10,585	481	94	575	191 2/3	136
Orne	4	4	1	1	2	4	7,600	3,890	11,490	2,350	13,840	498	70	568	142	23
Pas-de-Calais	6	6	2	1	3	6	10,000	6,200	16,200	3,600	19,800	719	148	867	144 1/2	73
Puy-de-Dôme	5	4	1	3	"	4	8,400	3,981	12,381	"	12,381	539	27	566	141 1/2	58
Pyrénées (Basses-)	5	4	"	2	2	4	7,200	3,900	11,100	"	11,100	516	43	559	139 3/4	61
Pyrénées (Hautes-)	3	2	2	"	"	2	4,800	3,336	8,136	"	8,136	354	99	453	226 1/2	113
Pyrénées-Orientales	3	2	"	1	1	2	3,600	1,720	5,320	"	5,320	231	13	244	122	10
Rhin (Bas-)	4	4	2	1	1	4	8,400	4,844	13,244	2,000	15,244	583	82	665	166 1/4	85
Rhin (Haut-)	3	3	"	2	1	3	5,600	4,000	9,600	2,400	12,000	491	66	557	185 2/3	67
Rhône	2	2	2	"	"	2	5,800	1,990	7,790	1,000	8,790	351	8	359	179 1/2	18
Saône (Haute-)	3	3	2	1	"	3	6,800	3,830	10,630	"	10,630	510	31	541	180 1/3	"
Saône-et-Loire	5	4	"	1	3	4	6,800	4,200	11,000	800	11,800	499	83	582	145 1/2	185
Sarthe	4	3	"	2	1	3	5,600	3,500	9,100	1,500	10,600	446	42	488	162 2/3	27
Savoie	4	3	"	"	3	3	4,800	3,800	8,600	"	8,600	348	133	481	160 1/3	41
Savoie (Haute-)	4	4	"	"	4	4	6,400	3,800	10,200	700	10,900	324	109	433	108 1/4	128
Seine	2	8	"	"	"	9	36,000	1,400	37,400	8,000	45,400	"	"	"	"	323
Seine-Inférieure	6	5	3	2	"	5	11,200	5,135	16,335	1,250	17,585	501	74	575	115	368
Seine-et-Marne	5	4	2	"	2	4	8,000	3,970	11,970	1,000	12,970	427	117	544	136	"
Seine-et-Oise	6	5	5	"	"	5	12,000	5,770	17,770	2,000	19,770	638	152	790	158	80
Sèvres (Deux-)	4	2	"	"	2	2	3,200	2,543	5,743	"	5,743	304	48	352	176	137
Somme	5	5	2	3	"	5	10,800	5,950	16,750	1,000	17,750	792	44	836	167 1/5	62
Tarn	4	3	"	1	2	3	5,200	3,025	8,225	500	8,725	338	55	393	131	"
Tarn-et-Garonne	3	2	1	1	"	2	4,400	2,000	6,400	1,000	7,400	261	19	280	140	"
Var	3	3	1	1	1	3	6,000	1,375	7,375	"	7,375	179	14	193	64 1/3	118
Vaucluse	4	2	"	1	1	2	3,600	1,770	5,370	400	5,770	241	5	246	123	"
Vendée	3	2	"	"	2	2	3,200	2,200	5,400	"	5,400	271	33	304	152	"
Vienne	5	3	1	"	2	3	5,600	2,546	8,146	498	8,644	340	20	360	120	45
Vienne (Haute-)	4	2	1	"	1	2	4,000	1,450	5,450	"	5,450	157	18	175	87 1/2	103
Vosges	5	4	1	2	1	4	8,000	4,150	12,150	800	12,950	461	106	567	141 3/4	222
Yonne	5	4	3	"	1	4	8,800	3,997	12,797	1,600	14,397	533	30	563	140 3/4	"
TOTAUX	373	296	85	92	111	297	599,666	296,494	896,160	69,248	965,408	35,141	5,233	40,374	140 3/16	8,465
			288 plus 9 hors classe.													

2°

RECRUTEMENT DU PERSONNEL ENSEIGNANT.

2°

RECRUTEMENT DU PERSONNEL ENSEIGNANT.

COMMISSIONS D'EXAMEN.

N° 102. Commissions d'examen pour la délivrance des brevets de capacité aux *instituteurs* : sessions de 1863.

N° 103. Commissions d'examen pour la délivrance des brevets de capacité aux *institutrices* : sessions de 1863.

N° 104. Commissions d'examen pour la délivrance des certificats d'aptitude aux *directrices de salles d'asile* : sessions de 1863.

ÉCOLES NORMALES, COURS NORMAUX, ÉCOLES STAGIAIRES.

1° POUR LES INSTITUTEURS.

N° 105. Situation des départements en ce qui concerne les écoles normales, les cours normaux et les écoles stagiaires d'instituteurs. — Population de ces établissements. — Répartition des bourses.

Certains départements, trouvant trop considérables les dépenses que nécessitent la création et l'entretien d'une école normale, et voulant cependant profiter des avantages incontestables que présentent ces établissements, se sont réunis à des départements voisins, où, moyennant certaines conditions, ils peuvent envoyer leurs élèves-maîtres se préparer à la profession d'instituteur.

Ainsi le département de la Charente est réuni à celui de la Vienne; celui de la Charente-Inférieure a aussi été réuni à celui de la Vienne jusqu'aux vacances de 1863, et c'est pour cela que les chiffres des dépenses qui le concernent se trouvent partagés en deux sections, suivant qu'elles ont eu pour objet l'école normale de Poitiers, ou celle que le département a fondée à Lagord.

Les départements du Finistère, de la Loire-Inférieure et du Morbihan sont réunis à celui d'Ille-et-Vilaine.

Le département du Lot est réuni à celui de Tarn-et-Garonne;

Le département de Lot-et-Garonne, à celui de la Gironde;

Le département de la Haute-Savoie, à celui de la Savoie;

Enfin le département du Tarn est réuni à celui de Tarn-et-Garonne, mais pour les protestants seulement : il entretient à l'école normale de Montauban deux bourses pour les élèves de ce culte.

Pour toutes ces réunions, les chiffres compris en parenthèses n'ont pas été additionnés pour faire le total qui est au bas des tableaux, attendu qu'ils sont déjà compris dans les nombres correspondants relatifs aux départements où sont établies les écoles normales communes.

Les départements des Côtes-du-Nord, de l'Oise et du Pas-de-Calais n'ont que des cours normaux, et celui de la Haute-Vienne, qui, jusqu'en 1852, a eu une école normale, se borne depuis cette époque à l'entretien d'élèves-maîtres dans des écoles stagiaires. Jusqu'à présent le département de la Seine n'a ni école stagiaire, ni cours normal, ni école normale. Le cours normal qui existe à Courbevoie, n'est pas du tout spécial au département de la Seine. Il est fondé et entretenu par une société particulière, au moyen de dons volontaires et d'une subvention de l'État, dans le but de fournir des instituteurs protestants partout où ils seront jugés nécessaires.

Des 76 écoles normales, 69 sont spéciales aux catholiques, les 7 autres, celles du Gard, de l'Ardèche, de l'Hérault, de la Lozère, du Bas-Rhin, du Haut-Rhin et de Tarn-et-Garonne sont ouvertes aux candidats des différents cultes reconnus.

Des 7 cours normaux, 3, ceux des Côtes-du-Nord, de l'Oise et du Pas-de-Calais sont spéciaux aux catholiques les 4 autres, ceux de Courbevoie, du Gard, de l'Hérault, et des Deux-Sèvres, spéciaux aux protestants.

Les 24 écoles stagiaires sont toutes catholiques.

Les écoles normales reçoivent 3,125 élèves, les cours normaux 163 et les écoles stagiaires 71 : Total 3,359.

Ce ne sont pas là les seules ressources que possèdent les départements pour le recrutement du personnel des instituteurs.

Un bon nombre de candidats se préparent chez de bons instituteurs de la campagne, dont les écoles n'ont cependant pas le caractère d'écoles stagiaires.

D'autres fréquentent les pensionnats primaires ou les cours spéciaux annexés aux lycées, aux colléges ou aux pensionnats secondaires. Plusieurs de ces établissements se font une véritable spécialité de cette préparation au brevet, et deviennent des espèces de cours normaux libres, qui quelquefois fournissent un grand nombre de candidats convenablement préparés.

Des 3,125 élèves des écoles normales, 2,840 sont dans les écoles catholiques et 285 (dont 220 catholiques, 57 protestants et 8 israélites) dans les écoles normales, communes à plusieurs cultes.

Des 163 élèves des cours normaux, 90 sont catholiques et 73 protestants.

Les 71 élèves stagiaires sont tous catholiques.

Il est à remarquer que les élèves stagiaires ne paraissent pas avoir beaucoup profité du bénéfice que leur accorde la loi de 1850, d'obtenir après 3 ans d'exercice, un certificat de stage, pouvant tenir lieu de brevet de capacité, puisque parmi les instituteurs publics, on n'en compte que 10 qui exercent en vertu de ce titre.

N° 106. Élèves-maîtres sortis, en 1863, des écoles normales, des cours normaux et des écoles stagiaires, brevetés et non brevetés, placés ou non placés.

N° 107. Recrutement des élèves-maîtres.

N° 108. Personnel des écoles normales et des cours normaux.

N° 109. Dépenses des écoles normales et des cours normaux.

2° POUR LES INSTITUTRICES.

N° 110. Situation des départements en ce qui concerne les écoles normales et les cours normaux pour les institutrices. — Population de ces établissements. — Répartition des bourses.

La création et l'entretien d'écoles normales ou de cours normaux pour les institutrices n'ont jusqu'à présent rien d'obligatoire pour les départements; d'un autre côté, l'organisation régulière et uniforme, par voie administrative, de pareils établissements présente des difficultés sérieuses. Il en résulte que certains départements n'ont rien fait jusqu'à présent pour préparer un personnel d'institutrices laïques, d'autres se sont bornés à l'entretien de quelques bourses dans tel ou tel pensionnat laïque ou congréganiste qui leur a paru bien dirigé, et qui alors a été qualifié du titre d'école normale ou de cours normal, suivant que le nombre des élèves-maîtresses y était plus ou moins considérable et que l'action administrative y restait plus ou moins prépondérante.

Plusieurs départements, n'ayant pas trouvé d'établissement convenable dans leur circonscription et voulant cependant procurer aux jeunes aspirantes les moyens de se préparer au brevet, se sont réunis à d'autres pour l'entretien soit d'une école normale, soit d'un cours normal.

Ainsi le département des Alpes-Maritimes est réuni à celui des Bouches-du-Rhône pour l'entretien de l'école normale d'Aix.

Le département du Gard possède à Nîmes une école normale protestante à laquelle les départements de l'Hérault, de la Haute-Loire, de la Lozère, du Tarn et de Vaucluse entretiennent des bourses pour leurs élèves-maîtresses protestantes.

Les départements de la Savoie et de la Haute-Savoie sont réunis pour l'entretien de l'école normale de Rumilly (Haute-Savoie).

Le département de la Haute-Saône est réuni à celui du Doubs.

Le département du Bas-Rhin, qui possède à Strasbourg une école normale protestante, entretient, à l'école normale de Besançon, des bourses pour les élèves-maîtresses catholiques.

Pour toutes ces réunions, comme à propos des écoles normales d'instituteurs, et par la même raison, les nombres compris entre parenthèses, n'ont pas été additionnés pour faire les totaux qui se trouvent au bas des tableaux.

L'État encourage, par des subventions et par l'entretien de bourses, tous ceux de ces établissements qui sont convenablement organisés et dirigés et qui offrent des garanties de durée.

Des 11 écoles normales, 9 sont spéciales aux catholiques, et 2, celles du Gard et du Bas-Rhin, spéciales aux protestantes.

Des 53 cours normaux, 47 sont spéciaux aux catholiques, 3, ceux de la Charente-Inférieure, de la Drôme et de Seine-et-Oise, spéciaux aux protestantes, 1, celui du Bas-Rhin, est spécial aux israélites et les 2 autres, ceux du Rhône et des Deux-Sèvres, sont ouverts aux élèves-maîtresses des divers cultes reconnus.

1,201 élèves-maîtresses sont admises dans ces établissements : 393 dans les écoles normales et 808 dans les cours normaux. Des 393 premières, 316 sont catholiques et 77 protestantes. Des 808 dernières, 730 sont dans les cours normaux catholiques, 27 dans les cours normaux protestants, 3 dans le cours normal israélite, et 48 (39 catholiques, 6 protestantes et 3 israélites) dans les cours normaux communs à plusieurs cultes.

N° 111. Élèves-maîtresses sorties en 1863 des écoles normales et des cours normaux, brevetées ou non brevetées, placées ou non placées.

N° 112. Recrutement des élèves-maîtresses.

N° 113. Personnel des écoles normales et des cours normaux.

N° 114. Dépenses des écoles normales et des cours normaux.

TABLEAU N° 102.

Commissions d'examen pour la délivrance du brevet de capacité aux instituteurs. — Sessions de 1863.

DÉPARTEMENTS.	NOMBRE des membres composant les commissions.	NOMBRE DES ASPIRANTS																		
		QUI SE SONT PRÉSENTÉS.			ÉLIMINÉS							ADMIS								
					après les épreuves							au brevet								
					écrites.			orales.			TOTAL GÉNÉRAL.	simple.		facultatif.		complet.		TOTAL des		TOTAL GÉNÉRAL.
		Laïques	Congréganistes.	TOTAL.	Laïques	Congréganistes.	TOTAL.	Laïques	Congréganistes.	TOTAL.		Laïques	Congréganistes.	Laïques	Congréganistes.	Laïques	Congréganistes.	laïques.	congréganistes.	
1	2	3	4	5	6	7	8	9	10	11	12	13	14	15	16	17	18	19	20	21
Ain	7	85	17	102	38	8	46	6	2	8	54	38	5	2	1	1	1	41	7	48
Aisne	8	131	7	138	47	7	54	21	″	21	75	58	″	2	″	3	″	63	″	63
Allier	7	16	11	27	5	4	9	″	″	″	9	9	7	″	″	2	″	11	7	18
Alpes (Basses-)	8	55	2	57	23	1	24	2	″	2	26	30	1	″	″	″	″	30	1	31
Alpes (Hautes-)	7	48	1	49	28	″	28	2	″	2	30	17	″	1	″	″	1	18	1	19
Alpes-Maritimes	7	35	9	44	20	3	23	″	″	″	23	7	6	7	″	1	″	15	6	21
Ardèche	8	25	20	45	12	16	28	1	2	3	31	9	2	″	″	3	″	12	2	14
Ardennes	7	55	″	55	41	″	41	″	″	″	41	11	″	2	″	1	″	14	″	14
Ariége	7	47	″	47	29	″	29	″	″	″	29	15	″	1	″	2	″	18	″	18
Aube	9	35	4	39	10	2	12	1	2	3	15	19	″	4	″	1	″	24	″	24
Aude	7	38	″	38	14	″	14	2	″	2	16	14	″	7	″	1	″	22	″	22
Aveyron	7	77	38	115	30	15	45	″	″	″	45	36	22	6	″	5	1	47	23	70
Bouches-du-Rhône	7	39	14	53	16	9	25	″	″	″	25	18	5	″	″	5	″	23	5	28
Calvados	7	61	″	61	23	″	23	2	″	2	25	16	″	13	″	7	″	36	″	36
Cantal	7	25	3	28	10	″	10	″	″	″	10	8	3	5	″	2	″	15	3	18
Charente	7	54	2	56	28	1	29	″	″	″	29	16	1	9	″	1	″	26	1	27
Charente-Inférieure	7	79	″	79	42	″	42	2	″	2	44	32	″	″	″	3	″	35	″	35
Cher	7	37	3	40	9	1	10	3	″	3	13	24	2	″	″	1	″	25	2	27
Corrèze	7	45	1	46	24	1	25	″	″	″	25	21	″	″	″	″	″	21	″	21
Corse	7	57	3	60	44	3	47	″	″	″	47	13	″	″	″	″	″	13	″	13
Côte-d'Or	7	94	″	94	60	″	60	3	″	3	63	22	″	″	″	9	″	31	″	31
Côtes-du-Nord	8	19	16	35	6	13	19	4	″	4	23	6	3	3	″	″	″	9	3	12
Creuse	7	20	2	22	6	1	7	″	″	″	7	11	1	3	″	″	″	14	1	15
Dordogne	8	36	3	39	14	1	15	″	″	″	15	13	2	9	″	″	″	22	2	24
Doubs	7	122	7	129	90	″	90	10	2	12	102	14	1	4	1	4	3	22	5	27
Drôme	7	57	25	82	35	18	53	″	″	″	53	22	5	″	″	″	2	22	7	29
Eure	7	67	1	68	27	″	27	13	″	13	40	23	1	4	″	″	″	27	1	28
Eure-et-Loir	7	69	4	73	30	2	32	9	″	9	41	14	2	13	″	3	″	30	2	32
Finistère	7	11	9	20	4	4	8	″	1	1	9	7	4	″	″	″	″	7	4	11
Gard	8	47	6	53	38	5	43	1	″	1	44	7	1	″	″	1	″	8	1	9
Garonne (Haute-)	8	64	21	85	41	13	54	1	″	1	55	13	8	9	″	″	″	22	8	30
Gers	10	58	″	58	36	″	36	1	″	1	37	13	″	5	″	3	″	21	″	21
Gironde	7	44	9	53	22	5	27	″	″	″	27	2	3	11	1	9	″	22	4	26
Hérault	8	48	15	63	22	9	31	4	″	4	35	15	6	7	″	″	″	22	6	28
Ille-et-Vilaine	7	42	14	56	6	8	14	″	″	″	14	9	6	25	″	2	″	36	6	42
Indre	7	37	4	41	17	3	20	1	1	2	22	19	″	″	″	″	″	19	″	19
Indre-et-Loire	8	41	4	45	22	1	23	″	″	″	23	17	3	″	″	2	″	19	3	22
Isère	7	98	9	107	60	7	67	1	″	1	68	30	2	4	″	3	″	37	2	39
Jura	7	129	5	134	84	3	87	″	″	″	87	30	2	9	″	6	″	45	2	47
Landes	7	43	3	46	20	1	21	2	″	2	23	14	2	1	″	6	″	21	2	23
Loir-et-Cher	8	38	3	41	15	2	17	″	″	″	17	8	1	12	″	3	″	23	1	24
Loire	8	24	32	56	15	21	36	1	1	2	38	5	10	1	″	2	″	8	10	18
Loire (Haute-)	11	34	7	41	7	3	10	″	″	″	10	25	4	″	″	2	″	27	4	31
Loire-Inférieure	7	24	4	28	16	2	18	″	″	″	18	8	2	″	″	″	″	8	2	10
Loiret	7	44	5	49	25	″	25	4	″	4	29	10	5	4	″	1	″	15	5	20
Lot	7	58	10	68	25	1	26	7	″	7	33	24	3	″	1	2	5	26	9	35
Lot-et-Garonne	7	34	8	42	27	7	34	″	″	″	34	5	1	″	″	2	″	7	1	8

Commissions d'examen pour la délivrance du brevet de capacité aux instituteurs. — *Sessions de 1863.*

DÉPARTEMENTS.	NOMBRE des membres composant les commissions.	NOMBRE DES ASPIRANTS — QUI SE SONT PRÉSENTÉS.			ÉLIMINÉS — après les épreuves écrites.			ÉLIMINÉS — après les épreuves orales.			TOTAL GÉNÉRAL.	ADMIS — au brevet simple.		au brevet facultatif.		au brevet complet.		TOTAL des		TOTAL GÉNÉRAL.
		Laïques	Congréganistes.	TOTAL.	Laïques	Congréganistes.	TOTAL.	Laïques	Congréganistes.	TOTAL.		Laïques	Congréganistes.	Laïques	Congréganistes.	Laïques	Congréganistes.	laïques.	congréganistes.	
1	2	3	4	5	6	7	8	9	10	11	12	13	14	15	16	17	18	19	20	21
Lozère	8	31	2	33	17	2	19	″	″	″	19	11	″	3	″	″	″	14	″	14
Maine-et-Loire	7	39	2	41	20	″	20	4	″	4	24	5	2	7	″	3	″	15	2	17
Manche	7	46	1	47	12	″	12	2	″	2	14	16	1	14	″	2	″	32	1	33
Marne	7	69	6	75	21	2	23	15	″	15	38	28	4	″	″	5	″	33	4	37
Marne (Haute-)	7	73	″	73	29	″	29	3	″	3	32	26	″	5	″	10	″	41	″	41
Mayenne	7	26	9	35	4	4	8	″	″	″	8	20	5	″	″	2	″	22	5	27
Meurthe	11	132	2	134	94	2	96	10	″	10	106	22	″	4	″	2	″	28	″	28
Meuse	7	48	2	50	15	1	16	7	″	7	23	9	″	9	″	8	1	26	1	27
Morbihan	7	15	13	28	11	3	14	″	1	1	15	4	9	″	″	″	″	4	9	13
Moselle	7	89	″	89	33	″	33	12	″	12	45	38	″	1	″	5	″	44	″	44
Nièvre	7	29	3	32	19	3	22	1	″	1	23	4	″	4	″	1	″	9	″	9
Nord	10	132	19	151	85	11	96	11	4	15	111	18	4	16	″	2	″	36	4	40
Oise	7	91	″	91	58	″	58	4	″	4	62	13	″	14	″	2	″	29	″	29
Orne	7	32	3	35	8	2	10	″	″	″	10	9	1	12	″	3	″	24	1	25
Pas-de-Calais	7	200	12	212	137	8	145	10	″	10	155	49	3	3	1	1	″	53	4	57
Puy-de-Dôme	7	61	7	68	38	3	41	″	1	1	42	22	3	″	″	1	″	23	3	26
Pyrénées (Basses-)	7	39	3	42	19	3	22	4	″	4	26	15	″	″	″	1	″	16	″	16
Pyrénées (Hautes-)	7	69	3	72	48	3	51	1	″	1	52	20	″	″	″	″	″	20	″	20
Pyrénées-Orientales	7	10	″	10	3	″	3	″	″	″	3	3	″	4	″	″	″	7	″	7
Rhin (Bas-)	9	79	10	89	39	5	44	2	″	2	46	28	4	5	″	5	1	38	5	43
Rhin (Haut-)	9	73	14	87	51	10	61	4	2	6	67	17	2	″	″	1	″	18	2	20
Rhône	8	29	80	109	13	49	62	″	″	″	62	10	31	3	″	3	″	16	31	47
Saône (Haute-)	7	90	″	90	67	″	67	5	″	5	72	8	″	9	″	1	″	18	″	18
Saône-et-Loire	7	72	8	80	26	7	33	6	″	6	39	28	1	9	″	3	″	40	1	41
Sarthe	7	18	10	28	1	3	4	2	3	5	9	8	4	3	″	4	″	15	4	19
Savoie	7	47	″	47	23	″	23	″	″	″	23	23	″	″	″	1	″	24	″	24
Savoie (Haute-)	7	45	″	45	33	″	33	1	″	1	34	10	″	″	″	1	″	11	″	11
Seine	35	158	″	158	81	″	81	30	″	30	111	39	″	7	″	1	″	47	″	47
Seine-Inférieure	7	126	2	128	52	″	52	12	1	13	65	55	1	1	″	6	″	62	1	63
Seine-et-Marne	9	56	8	64	27	6	33	5	″	5	38	13	2	9	″	2	″	24	2	26
Seine-et-Oise	12	66	10	76	19	4	23	3	″	3	26	44	5	″	″	″	1	44	6	50
Sèvres (Deux-)	7	35	″	35	16	″	16	2	″	2	18	13	″	1	″	3	″	17	″	17
Somme	7	157	3	160	85	3	88	9	″	9	97	49	″	9	″	5	″	63	″	63
Tarn	7	25	4	29	9	2	11	″	″	″	11	9	2	6	″	1	″	16	2	18
Tarn-et-Garonne	7	38	7	45	27	5	32	″	″	″	32	10	2	1	″	″	″	11	2	13
Var	7	9	16	25	5	8	13	″	″	″	13	4	6	″	″	″	2	4	8	12
Vaucluse	6	20	26	46	9	15	24	1	″	1	25	6	11	″	″	4	″	10	11	21
Vendée	8	38	″	38	19	″	19	4	″	4	23	10	″	3	″	2	″	15	″	15
Vienne	7	37	11	48	14	4	18	2	″	2	20	11	5	8	″	2	2	21	7	28
Vienne (Haute-)	7	37	5	42	13	3	16	5	″	5	21	17	1	2	″	″	1	19	2	21
Vosges	7	110	″	110	80	″	80	7	″	7	87	21	″	″	″	2	″	23	″	23
Yonne	7	77	″	77	35	″	35	6	″	6	41	21	″	10	″	5	″	36	″	36
TOTAUX	691	5,119	662	5,781	2,678	372	3,050	294	23	317	3,367	1,583	241	365	5	199	21	2,147	267	2,414

Commissions d'examen pour la délivrance du brevet de capacité aux institutrices. — Sessions de 1863.

DÉPARTEMENTS.	NOMBRE des membres composant les commissions.	NOMBRE DES ASPIRANTES — qui se sont présentées. — Laïques	qui se sont présentées. — Congréganistes.	qui se sont présentées. — TOTAL.	Éliminées après les épreuves écrites. — Laïques	Éliminées — écrites. — Congréganistes.	Éliminées — écrites. — TOTAL.	Éliminées — orales. — Laïques	Éliminées — orales. — Congréganistes.	Éliminées — orales. — TOTAL.	Éliminées — TOTAL GÉNÉRAL.	Admises au brevet du 1er ordre. — Laïques	Admises — du 1er ordre. — Congréganistes.	Admises au brevet du 2e ordre. — Laïques	Admises — du 2e ordre. — Congréganistes.	Admises — TOTAL des laïques.	Admises — TOTAL des congréganistes.	Admises — TOTAL GÉNÉRAL.
1	2	3	4	5	6	7	8	9	10	11	12	13	14	15	16	17	18	19
Ain	9	22	2	24	11	2	13	1	″	1	14	1	″	9	″	10	″	10
Aisne	10	55	″	55	17	″	17	7	″	7	24	6	″	25	″	31	″	31
Allier	7	19	1	20	5	1	6	″	″	″	6	4	″	10	″	14	″	14
Alpes (Basses-)	11	27	″	27	4	″	4	″	″	″	4	″	″	23	″	23	″	23
Alpes (Hautes)	7	34	9	43	11	3	14	″	″	″	14	″	″	23	6	23	6	29
Alpes-Maritimes	7	14	″	14	6	″	6	″	″	″	6	1	″	7	″	8	″	8
Ardèche	8	16	1	17	12	″	12	″	″	″	12	″	″	4	1	4	1	5
Ardennes	7	18	″	18	12	″	12	2	″	2	14	″	″	4	″	4	″	4
Ariége	9	17	″	17	12	″	12	″	″	″	12	1	″	4	″	5	″	5
Aube	9	24	13	37	8	″	8	3	1	4	12	″	″	13	12	13	12	25
Aude	9	23	″	23	8	″	8	″	″	″	8	2	″	13	″	15	″	15
Aveyron	7	94	40	134	39	18	57	″	″	″	57	9	″	46	22	55	22	77
Bouches-du-Rhône	10	90	2	92	30	″	30	1	″	1	31	10	″	49	2	59	2	61
Calvados	21	49	″	49	12	″	12	″	″	″	12	9	″	28	″	37	″	37
Cantal	7	70	″	70	30	″	30	″	″	″	30	″	″	40	″	40	″	40
Charente	7	59	″	59	21	″	21	″	″	″	21	″	″	38	″	38	″	38
Charente-Inférieure	7	60	″	60	18	″	18	2	″	2	20	2	″	38	″	40	″	40
Cher	7	11	2	13	3	1	4	″	″	″	4	″	″	8	1	8	1	9
Corrèze	8	19	″	19	9	″	9	″	″	″	9	″	″	10	″	10	″	10
Corse	8	10	″	10	4	″	4	″	″	″	4	″	″	6	″	6	″	6
Côtes-d'Or	7	32	1	33	12	1	13	″	″	″	13	5	″	15	″	20	″	20
Côtes-du-Nord	8	31	″	31	13	″	13	1	″	1	14	″	″	17	″	17	″	17
Creuse	10	15	″	15	7	″	7	″	″	″	7	1	″	7	″	8	″	8
Dordogue	11	45	1	46	14	″	14	″	″	″	14	2	″	29	1	31	1	32
Doubs	7	63	1	64	36	″	36	2	″	2	38	5	″	20	1	25	1	26
Drôme	10	28	″	28	12	″	12	″	″	″	12	2	″	14	″	16	″	16
Eure	7	18	1	19	6	″	6	″	″	″	6	″	″	12	1	12	1	13
Eure-et-Loir	7	13	″	13	6	″	6	″	″	″	6	3	″	4	″	7	″	7
Finistère	7	38	″	38	11	″	11	″	″	″	11	1	″	26	″	27	″	27
Gard	12	43	″	43	18	″	18	3	″	3	21	22	″	″	″	22	″	22
Garonne (Haute-)	8	54	″	54	27	″	27	″	″	″	27	2	″	25	″	27	″	27
Gers	10	28	″	28	19	″	19	″	″	″	19	″	″	9	″	9	″	9
Gironde	7	84	18	102	38	8	46	2	″	2	48	25	″	19	10	44	10	54
Hérault	10	49	″	49	8	″	8	″	″	″	8	3	″	38	″	41	″	41
Ille-et-Vilaine	7	35	4	39	12	″	12	″	″	″	12	4	″	19	4	23	4	27
Indre	7	11	″	11	″	″	″	″	″	″	″	3	″	8	″	11	″	11
Indre-et-Loire	11	21	″	21	5	″	5	″	″	″	5	5	″	11	″	16	″	16
Isère	7	57	4	61	27	3	30	″	″	″	30	2	″	28	1	30	1	31
Jura	7	39	″	39	21	″	21	″	″	″	21	1	″	17	″	18	″	18
Landes	7	18	3	21	4	1	5	3	1	4	9	1	″	10	1	11	1	12
Loire-et-Cher	8	14	″	14	7	″	7	″	″	″	7	2	″	5	″	7	″	7
Loire	8	29	″	29	13	″	13	″	″	″	13	3	″	13	″	16	″	16
Loire (Haute-)	12	13	13	26	7	7	14	″	″	″	14	″	″	6	6	6	6	12
Loire-Inférieure	9	64	″	64	30	″	30	″	″	″	30	1	″	33	″	34	″	34
Loiret	7	38	″	38	26	″	26	″	″	″	26	″	″	12	″	12	″	12
Lot	8	40	15	55	13	5	18	″	″	″	18	″	1	27	9	27	10	37
Lot-et-Garonne	7	31	″	31	19	″	19	″	″	″	19	″	″	12	″	12	″	12

Commission d'examen pour la délivrance du brevet de capacité aux institutrices. — *Sessions de 1863.*

DÉPARTEMENTS.	NOMBRE des membres composant les commissions.	NOMBRE DES ASPIRANTES — QUI SE SONT PRÉSENTÉES. Laïques	Congréganistes.	TOTAL.	ÉLIMINÉES après les épreuves écrites. Laïques	Congréganistes.	TOTAL.	orales. Laïques	Congréganistes.	TOTAL.	TOTAL GÉNÉRAL.	ADMISES au brevet du 1er ordre. Laïques	Congréganistes.	du 2e ordre. Laïques	Congréganistes.	TOTAL des laïques.	congréganistes.	TOTAL GÉNÉRAL.
1	2	3	4	5	6	7	8	9	10	11	12	13	14	15	16	17	18	19
Lozère	8	34	6	40	12	4	16	″	″	″	16	″	″	22	2	22	2	24
Maine-et-Loire	7	24	″	24	13	″	13	″	″	″	13	″	″	11	″	11	″	11
Manche	8	45	17	62	4	1	5	1	1	2	7	″	″	40	15	40	15	55
Marne	7	47	″	47	13	″	13	7	″	7	20	4	″	23	″	27	″	27
Marne (Haute-)	9	22	″	22	5	″	5	2	″	2	7	″	″	15	″	15	″	15
Mayenne	7	18	″	18	4	″	4	2	″	2	6	2	″	10	″	12	″	12
Meurthe	11	42	″	42	5	″	5	3	″	3	8	11	″	23	″	34	″	34
Meuse	10	20	″	20	3	″	3	″	″	″	3	2	″	15	″	17	″	17
Morbihan	7	25	″	25	13	″	13	1	″	1	14	″	″	11	″	11	″	11
Moselle	7	27	″	27	3	″	3	″	″	″	3	8	″	16	″	24	″	24
Nièvre	10	16	″	16	6	″	6	″	″	″	6	3	″	7	″	10	″	10
Nord	12	70	″	70	23	″	23	3	″	3	26	6	″	38	″	44	″	44
Oise	7	49	″	49	19	″	19	1	″	1	20	6	″	23	″	29	″	29
Orne	7	23	″	23	2	″	2	″	″	″	2	″	″	21	″	21	″	21
Pas-de-Calais	7	57	″	57	27	″	27	4	″	4	31	2	″	24	″	26	″	26
Puy-de-Dôme	7	56	6	62	16	2	18	″	1	1	19	5	″	35	3	40	3	43
Pyrénées (Basses-)	7	47	″	47	27	″	27	″	″	″	27	″	″	20	″	20	″	20
Pyrénées (Hautes-)	7	60	″	60	43	″	43	1	″	1	44	″	″	16	″	16	″	16
Pyrénées-Orientales	7	14	″	14	2	″	2	″	″	″	2	″	″	12	″	12	″	12
Rhin (Bas-)	11	73	″	73	31	″	31	″	″	″	31	″	″	42	″	42	″	42
Rhin (Haut-)	11	38	″	38	6	″	6	1	″	1	7	31	″	″	″	31	″	31
Rhône	8	91	″	91	29	″	20	″	″	″	29	18	″	44	″	62	″	62
Saône (Haute-)	7	22	″	22	10	″	10	2	″	2	12	″	″	10	″	10	″	10
Saône-et-Loire	9	34	1	35	13	1	14	1	″	1	15	″	″	20	″	20	″	20
Sarthe	10	27	″	27	5	″	5	4	″	4	9	″	″	18	″	18	″	18
Savoie	7	29	″	29	16	″	16	″	″	″	16	″	″	13	″	13	″	13
Savoie (Haute-)	7	46	9	55	24	6	30	″	″	″	30	1	″	21	3	22	3	25
Seine	35	683	″	683	308	″	308	81	″	81	389	9	″	285	″	294	″	294
Seine-Inférieure	9	48	4	52	17	″	17	1	″	1	18	13	″	17	4	30	4	34
Seine-et-Marne	9	30	″	30	15	″	15	″	″	″	15	″	″	15	″	15	″	15
Seine-et-Oise	13	75	″	75	38	″	38	3	″	3	41	5	″	29	″	34	″	34
Sèvres (Deux-)	7	17	″	17	6	″	6	1	″	1	7	1	″	9	″	10	″	10
Somme	7	59	″	59	22	″	22	3	″	3	25	2	″	32	″	34	″	34
Tarn	7	28	6	34	10	5	15	1	″	1	16	1	″	16	1	17	1	18
Tarn-et-Garonne	7	34	1	35	9	″	9	″	″	″	9	22	1	3	″	25	1	26
Var	7	49	″	40	14	″	14	″	″	″	14	″	″	35	″	35	″	35
Vaucluse	6	21	2	23	10	2	12	″	″	″	12	11	″	″	″	11	″	11
Vendée	11	8	″	8	3	″	3	″	″	″	3	1	″	4	″	5	″	5
Vienne	9	23	″	23	7	″	7	1	″	1	8	4	″	11	″	15	″	15
Vienne (Haute-)	9	17	1	18	2	″	2	″	″	″	2	1	″	14	1	15	1	16
Vosges	8	26	1	27	11	″	11	″	″	″	11	3	″	12	1	15	1	16
Yonne	7	36	1	37	18	″	18	3	″	3	21	″	1	15	″	15	1	16
TOTAUX	774	3,892	186	4,078	1,547	71	1,618	154	4	158	1,776	310	3	1,881	108	2,191	111	2,302

TABLEAU N° 104.

RECRUTEMENT DU PERSONNEL.

Commissions d'examen pour la délivrance du certificat d'aptitude aux directrices de salles d'asile. — *Sessions de 1863.*

DÉPARTEMENTS.	NOMBRE des membres composant les commissions.	NOMBRE DES ASPIRANTES									OBSERVATIONS.
		QUI SE SONT PRÉSENTÉES.			ÉLIMINÉES.			ADMISES AU CERTIFICAT D'APTITUDE.			
		Laïques.	Congréganistes.	TOTAL.	Laïques.	Congréganistes.	TOTAL.	Laïques.	Congréganistes.	TOTAL.	
1	2	3	4	5	6	7	8	9	10	11	12
Ain	//	//	//	//	//	//	//	//	//	//	
Aisne	7	2	//	2	//	//	//	2	//	2	
Allier	6	1	//	1	//	//	//	1	//	1	
Alpes (Basses-)	//	//	//	//	//	//	//	//	//	//	
Alpes (Hautes-)	5	//	//	//	//	//	//	//	//	//	
Alpes-Maritimes	6	//	//	//	//	//	//	//	//	//	
Ardèche	5	1	//	1	//	//	//	1	//	1	
Ardennes	6	1	//	1	//	//	//	1	//	1	
Ariége	//	//	//	//	//	//	//	//	//	//	
Aube	//	//	//	//	//	//	//	//	//	//	
Aude	6	//	//	//	//	//	//	//	//	//	
Aveyron	//	//	//	//	//	//	//	//	//	//	
Bouches-du-Rhône	6	1	//	1	//	//	//	1	//	1	
Calvados	//	//	//	//	//	//	//	//	//	//	
Cantal	6	//	//	//	//	//	//	//	//	//	
Charente	6	//	2	2	//	//	//	//	2	2	
Charente-Inférieure	6	//	//	//	//	//	//	//	//	//	
Cher	5	1	//	1	//	//	//	1	//	1	
Corrèze	6	//	//	//	//	//	//	//	//	//	
Corse	//	//	//	//	//	//	//	//	//	//	
Côte-d'Or	5	//	4	4	//	3	3	//	1	1	
Côtes-du-Nord	6	//	//	//	//	//	//	//	//	//	
Creuse	10	//	//	//	//	//	//	//	//	//	
Dordogne	5	//	//	//	//	//	//	//	//	//	
Doubs	//	//	//	//	//	//	//	//	//	//	
Drôme	5	1	//	1	//	//	//	1	//	1	
Eure	6	//	//	//	//	//	//	//	//	//	
Eure-et-Loir	//	//	//	//	//	//	//	//	//	//	
Finistère	6	1	//	1	1	//	1	//	//	//	
Gard	9	6	//	6	2	//	2	4	//	4	
Garonne (Haute-)	8	1	//	1	1	//	1	//	//	//	
Gers	10	//	//	//	//	//	//	//	//	//	
Gironde	5	6	//	6	//	//	//	6	//	6	
Hérault	7	1	//	1	//	//	//	1	//	1	
Ille-et-Vilaine	//	//	//	//	//	//	//	//	//	//	
Indre	6	//	//	//	//	//	//	//	//	//	
Indre-et-Loire	7	1	//	1	//	//	//	1	//	1	
Isère	6	//	//	//	//	//	//	//	//	//	
Jura	6	3	//	3	//	//	//	3	//	3	
Landes	6	//	//	//	//	//	//	//	//	//	
Loir-et-Cher	//	//	//	//	//	//	//	//	//	//	
Loire	2	1	2	3	1	1	2	//	1	1	
Loire (Haute-)	//	//	//	//	//	//	//	//	//	//	
Loire-Inférieure	6	3	//	3	2	//	2	1	//	1	
Loiret	5	2	//	2	1	//	1	1	//	1	
Lot	//	//	//	//	//	//	//	//	//	//	
Lot-et-Garonne	//	//	//	//	//	//	//	//	//	//	

Commissions d'examen pour la délivrance du certificat d'aptitude aux directrices de salles d'asile. — *Sessions de 1863.*

DÉPARTEMENTS.	NOMBRE des MEMBRES composant les commissions.	NOMBRE DES ASPIRANTES									OBSERVATIONS.
		QUI SE SONT PRÉSENTÉES.			ÉLIMINÉES.			ADMISES AU CERTIFICAT D'APTITUDE.			
		Laïques.	Congréganistes.	TOTAL.	Laïques.	Congréganistes.	TOTAL.	Laïques.	Congréganistes.	TOTAL.	
1	2	3	4	5	6	7	8	9	10	11	12
Lozère	″	″	″	″	″	″	″	″	″	″	
Maine-et-Loire	4	1	″	1	″	″	″	1	″	1	
Manche	6	″	″	″	″	″	″	″	″	″	
Marne	″	″	″	″	″	″	″	″	″	″	
Marne (Haute-)	″	″	″	″	″	″	″	″	″	″	
Mayenne	7	″	″	″	″	″	″	″	″	″	
Meurthe	5	2	″	2	″	″	″	2	″	2	
Meuse	6	3	″	3	1	″	1	2	″	2	
Morbihan	″	″	″	″	″	″	″	″	″	″	
Moselle	″	″	″	″	″	″	″	″	″	″	
Nièvre	″	″	″	″	″	″	″	″	″	″	
Nord	6	7	″	7	2	″	2	5	″	5	
Oise	7	″	″	″	″	″	″	″	″	″	
Orne	6	1	″	1	″	″	″	1	″	1	
Pas-de-Calais	6	4	″	4	2	″	2	2	″	2	
Puy-de-Dôme	5	″	″	″	″	″	″	″	″	″	
Pyrénées-Basses	5	2	″	2	″	″	″	2	″	2	
Pyrénées (Hautes-)	″	″	″	″	″	″	″	″	″	″	
Pyrénées-Orientales	″	″	″	″	″	″	″	″	″	″	
Rhin (Bas-)	6	20	″	20	5	″	5	15	″	15	
Rhin (Haut-)	″	″	″	″	″	″	″	″	″	″	
Rhône	6	1	″	1	″	″	″	1	″	1	
Saône (Haute-)	7	″	″	″	″	″	″	″	″	″	
Saône-et-Loire	6	″	″	″	″	″	″	″	″	″	
Sarthe	6	″	″	″	″	″	″	″	″	″	
Savoie	″	″	″	″	″	″	″	″	″	″	
Savoie (Haute-)	″	″	″	″	″	″	″	″	″	″	
Seine	20	64	″	64	28	″	28	36	″	36	
Seine-Inférieure	7	″	″	″	″	″	″	″	″	″	
Seine-et-Marne	8	″	″	″	″	″	″	″	″	″	
Seine-et-Oise	″	″	″	″	″	″	″	″	″	″	
Sèvres (Deux-)	6	″	″	″	″	″	″	″	″	″	
Somme	6	5	2	7	″	″	″	5	2	7	
Tarn	″	″	″	″	″	″	″	″	″	″	
Tarn-et-Garonne	″	″	″	″	″	″	″	″	″	″	
Var	5	3	″	3	2	″	2	1	″	1	
Vaucluse	7	″	″	″	″	″	″	″	″	″	
Vendée	″	″	″	″	″	″	″	″	″	″	
Vienne	4	″	″	″	″	″	″	″	″	″	
Vienne (Haute-)	6	1	″	1	″	″	″	1	″	1	
Vosges	″	″	″	″	″	″	″	″	″	″	
Yonne	6	2	″	2	1	″	1	1	″	1	
Totaux	371	149	10	159	49	4	53	100	6	106	

TABLEAU N° 105.

Situation des départements en ce qui concerne les écoles normales, les cours normaux, les écoles stagiaires. — Population de ces établissements. — Répartition des bourses.

(Voyez la note qui suit le titre de ce tableau, page 249.)

DÉPARTEMENTS.	NOMBRE des écoles normales.	NOMBRE des cours normaux.	NOMBRE des écoles stagiaires.	NOMBRE DES ÉLÈVES-MAÎTRES admis dans les écoles normales, les cours normaux et les écoles stagiaires : à bourse entière.	à 3/4 de bourse.	à 1/2 bourse.	à 1/4 de bourse.	à titre de pensionnaire.	TOTAL.	NOMBRE DES BOURSES ENTRETENUES par le département.	l'État.	les communes.	des particuliers.	TOTAL.	PRIX de la pension ou de la bourse.
1	2	3	4	5	6	7	8	9	10	11	12	13	14	15	16
															fr.
Ain	1	″	″	6	26	17	3	″	52	32 3/4	2	″	″	34 3/4	400
Aisne	1	″	″	16	2	14	2	17	51	23	2	″	″	25	400
Allier	1	″	″	30	″	″	″	″	30	28	2	″	″	30	400
Alpes (Basses-)	1	″	″	5	7	30	3	2	47	23	3	″	″	26	360
Alpes (Hautes-)	1	″	1	24	″	″	″	8	32	22	2	″	″	24	420
Alpes-Maritimes	1	″	″	7	10	15	″	1	33	18	4	″	″	22	420
Ardèche	1	″	″	16	12	2	″	″	30	22	4	″	″	26	400
Ardennes	1	″	″	1	9	16	17	4	47	18	2	″	″	20	360
Ariége	1	″	″	24	″	″	″	″	24	20	4	″	″	24	400
Aube	1	″	″	3	8	10	16	5	42	15	3	″	″	18	420
Aude	1	″	″	7	12	18	″	11	48	23	2	″	″	25	400
Aveyron	1	″	2	34	″	″	″	2	36	32	2	″	″	34	300
Bouches-du-Rhône	1	″	″	3	9	10	9	″	31	15	2	″	″	17	400
Calvados	1	″	″	18	20	16	″	6	60	38	3	″	″	41	400
Cantal	1	″	″	23	″	″	″	3	26	20	3	″	″	23	420
Charente	″	″	″	(5)	(10)	(14)	″	(4)	(33)	(17 1/2)	(2)	″	″	(19 1/2)	380
	″	″	4	3	3	1	″	″	7	5 3/4	″	″	″	5 3/4	
Charente-Inférieure	1	″	″	3	14	9	3	1	30	16 3/4	2	″	″	18 3/4	400
Cher	1	″	″	13	8	12	″	″	33	23	2	″	″	25	400
Corrèze	1	″	″	36	″	″	″	1	37	34	2	″	″	36	400
Corse	1	″	″	30	″	″	″	″	30	18	12	″	″	30	400
Côte-d'Or	1	″	″	″	16	20	″	″	36	18	2	2	″	22	360
Côtes-du-Nord	″	1	″	6	3	3	″	1	13	9 3/4	″	″	″	9 3/4	370
Creuse	1	″	″	8	10	8	″	1	27	17 1/2	2	″	″	19 1/2	400
Dordogne	1	″	″	3	13	11	17	″	44	20 1/2	2	″	″	22 1/2	400
Doubs	1	″	″	7	8	17	4	3	39	19 1/2	3	″	″	22 1/2	400
	″	1	″	2	″	5	6	7	20	3	2	1	″	6	350
Drôme	1	″	″	6	4	6	4	″	20	22 3/4	5	″	5	32 3/4	390
	″	1	4	7	3	21	″	5	36	″	″	″	″	″	
Eure	1	″	″	10	9	12	5	2	38	20	2	1 1/4	0 3/4	24	400
Eure-et-Loir	1	″	″	10	12	14	12	3	51	27	2	″	″	29	425
Finistère	″	″	″	(30)	″	″	″	″	(30)	(28)	(2)	″	″	(30)	(350)
Gard	1	″	″	4	20	″	″	″	24	17	2	″	″	19	400
Garonne (Haute-)	1	″	″	10	8	18	″	″	36	23	2	″	″	25	420
Gers	1	″	″	21	12	″	″	1	34	28	2	″	″	30	300
Gironde	1	″	″	16	24	28	″	2	70	46	2	″	″	48	400
Hérault	1	″	″	30	″	″	″	″	30	28	2	″	″	30	400
Ille-et-Vilaine	1	″	″	79	″	″	″	1	80	69	8	2	″	79	350
Indre	1	″	″	7	8	10	″	1	26	16	2	″	″	18	400
Indre-et-Loire	1	″	″	14	8	2	″	″	24	19	2	″	″	21	400
Isère	1	″	″	8	15	19	5	″	47	28	2	″	″	30	385
Jura	1	″	″	″	19	19	″	″	38	21 3/4	2	″	″	23 3/4	400
Landes	1	″	″	14	8	8	″	″	30	21	3	″	″	24	390
Loir-et-Cher	1	″	″	27	″	13	″	″	40	29 1/2	2	2	″	33 1/2	400
Loire	1	″	″	8	8	8	″	″	24	16	2	″	″	18	400
Loire (Haute-)	1	″	″	12	11	6	7	5	41	23	2	″	″	25	350
Loire-Inférieure	″	″	″	(15)	″	″	″	″	(15)	(13)	(2)	″	″	(15)	(350)
Loiret	1	″	″	13	16	17	2	1	49	32	2	″	″	34	420
Lot	″	″	″	(12)	″	″	″	″	(12)	(12)	″	″	″	(12)	(400)
Lot-et-Garonne	″	″	″	(20)	″	″	″	″	(20)	(20)	″	″	″	(20)	(400)
Lozère	1	″	″	9	3	3	8	″	23	12	2 3/4	″	″	14 3/4	325
Maine-et-Loire	1	″	″	17	14	5	″	″	36	24	3	3	″	30	420

Situation des départements en ce qui concerne les écoles normales, les cours normaux, les écoles stagiaires. — Population de ces établissements. — Répartition des bourses.

(Voyez la note qui suit le titre de ce tableau, page 249.)

DÉPARTEMENTS.	NOMBRE			NOMBRE DES ÉLÈVES-MAÎTRES ADMIS DANS LES ÉCOLES NORMALES, LES COURS NORMAUX et les écoles stagiaires						NOMBRE DES BOURSES ENTRETENUES par					PRIX de LA PENSION ou de la bourse.
	des ÉCOLES normales.	des COURS normaux.	des ÉCOLES stagiaires.	à bourse entière.	à 3/4 de bourse.	à 1/2 bourse.	à 1/4 de bourse.	à titre de pensionnaire.	TOTAL.	le DÉPARTEMENT.	L'ÉTAT.	les COMMUNES.	des PARTICULIERS.	TOTAL.	
1	2	3	4	5	6	7	8	9	10	11	12	13	14	15	16
Manche	1	″	″	20	16	16	″	1	53	38	2	″	″	40	380
Marne	1	″	″	3	13	22	17	5	60	26	2	″	″	28	400
Marne (Haute-)	1	″	″	1	3	16	15	1	36	13	2	″	″	15	360
Mayenne	1	″	″	17	″	12	″	3	32	20	3	″	″	23	400
Meurthe	1	″	″	″	1	14	22	38	75	10	2	″	1 1/4	13 1/4	360
Meuse	1	″	″	″	1	10	5	44	60	5	2	″	″	7	360
Morbihan	″	″	″	(11)	″	″	″	″	(11)	(9)	(2)	″	″	(11)	(350)
Moselle	1	″	″	6	6	17	12	12	53	20	2	″	″	22	350
Nièvre	1	″	″	10	10	10	″	4	34	17 1/2	5	″	″	22 1/2	400
Nord	1	″	″	54	″	″	″	6	60	49	5	″	″	54	400
Oise	″	1	″	33	″	″	″	″	33	33	″	″	″	33	450
Orne	1	″	″	18	16	8	″	″	42	32	2	″	″	34	400
Pas-de-Calais	″	1	3	9	14	21	″	9	53	30	″	″	″	30	500
Puy-de-Dôme	1	″	″	8	10	9	″	3	30	18	2	″	″	20	400
Pyrénées (Basses-)	1	″	″	33	″	″	″	6	39	30	3	″	″	33	360
Pyrénées (Hautes-)	1	″	″	30	″	″	″	4	34	27	3	″	″	30	400
Pyrénées-Orientales	1	″	″	20	″	″	″	3	23	18	2	″	″	20	450
Rhin (Bas-)	1	″	″	17	19	20	30	″	86	9	2	37 3/4	″	48 3/4	400
Rhin (Haut-)	1	″	″	1	27	14	19	3	64	30	3	″	″	33	360
Rhône	1	″	″	12	8	11	2	″	33	22	2	″	″	24	400
Saône (Haute-)	1	″	″	″	2	31	″	3	36	15	2	″	″	17	350
Saône-et-Loire	1	″	″	11	13	5	11	″	40	24	2	″	″	26	380
Sarthe	1	″	″	21	″	″	″	″	21	19	2	″	″	21	420
Savoie	1	″	″	15	28	40	″	10	93	36	13	″	7	56	380
Savoie (Haute-)	″	″	″	″	″	″	″	″	(44)	(18)	(6 1/2)	″	(3 1/2)	(28)	
Seine	″	1	″	8	″	22	″	″	30	″	8	″	11	19	480
Seine-Inférieure	1	″	″	″	12	34	″	″	46	24	2	″	″	26	480
Seine-et-Marne	1	″	″	24	16	″	″	1	41	33	3	″	″	36	450
Seine-et-Oise	1	″	″	14	14	21	″	5	54	28	5	2	″	35	500
Sèvres (Deux-)	1	″	″	12	12	6	″	″	30	21	3	″	″	27	400
	″	1	″	3	″	″	″	″	3	3	″	″	″	″	
Somme	1	″	″	1	9	10	17	17	54	15	2	″	″	17	400
Tarn	1	″	″	26	″	4	″	5	35	26	2	″	″	28	345
	″	″	1	(2)	″	″	″	″	(2)	(2)	″	″	″	(2)	
Tarn-et-Garonne	1	″	″	28	″	″	″	″	28	26	2	″	″	28	400
Var	″	″	3	3	3	4	″	3	13	7 1/4	″	″	″	7 1/4	440
Vaucluse	1	″	″	4	4	10	″	″	18	10	2	″	″	12	430
Vendée	1	″	″	15	″	10	″	5	30	18	2	″	″	20	400
Vienne	1	″	″	19	12	22	″	11	64	35	4	″	″	39	380
Vienne (Haute-)	″	″	6	12	″	″	″	″	12	12	″	″	″	12	500
Vosges	1	″	″	″	″	8	34	18	60	9 1/2	3	″	″	12 1/2	350
Yonne	1	″	″	12	12	19	6	″	49	30	2	″	″	32	400
Écoles normales	76	″	″	1,092	647	834	307	275	3,155						
Cours normaux	″	7	″	58	17	39	6	13	133						
Écoles stagiaires	″	″	24	20	9	16	″	26	71						
TOTAUX GÉNÉRAUX.	76	7	24	1,170	673	889	313	314	3,359	1,897 3/4	223 3/4	51	25	2,197 1/2	Moyenne : 397f 85c

Tableau n° 106.

Élèves-maîtres sortis en 1863 des écoles normales, des cours normaux et des écoles stagiaires.

(Voyez la note qui suit le titre du tableau n° 105, page 249.)

DÉPARTEMENTS.	NOMBRE DES ÉLÈVES MAÎTRES qui ont obtenu le brevet complet.	facultatif.	simple.	qui n'ont pas obtenu de brevet.	TOTAL.	placés comme instituteurs.	comme adjoints.	NON PLACÉS.	NOMBRE des anciens élèves-maîtres qui ont quitté l'enseignement avant l'accomplissement de l'engagement décennal, depuis le 1er janvier 1854 jusqu'au 1er janvier 1864.	NOMBRE MOYEN ANNUEL des élèves sortant des écoles normales.	des places vacantes.	OBSERVATIONS.
1	2	3	4	5	6	7	8	9	10	11	12	13
Ain	"	2	11	"	13	9	4	"	9	17	25	
Aisne	2	2	10	2	16	15	1	"	"	16	30	
Allier	2	"	7	1	10	"	10	"	15	10	15	
Alpes (Basses-)	"	"	14	1	15	12	1	2	24	15	36	
Alpes (Hautes-)	"	1	3	4	8	1	1	6	5	8	2	
Alpes-Maritimes	"	7	1	1	9	2	7	"	"	8	39	
Ardèche	2	"	7	"	9	9	"	"	10	10	20	
Ardennes	"	1	5	7	13	3	10	"	24	15	22	
Ariége	1	1	8	"	10	8	2	"	15	10	8	
Aube	1	4	5	"	10	6	4	"	2	14	17	
Aude	1	7	5	"	13	12	1	"	7	13	14	
Aveyron	2	5	4	"	11	11	"	"	7	12	20	
Bouches-du-Rhône	1	"	9	"	10	3	5	2	23	10	3	
Calvados	5	15	2	1	23	10	10	3	28	20	30	
Cantal	2	5	"	"	7	2	1	4	7	8	6	
Charente	1	7	6	1	15	2	12	1	12	16	16	
Charente-Inférieure	3	"	4	"	7	3	4	"	12	7	24	
Cher	"	"	11	"	11	2	7	2	10	11	10	
Corrèze	"	"	12	1	13	7	5	1	19	13	5	
Corse	"	"	9	"	9	9	"	"	14	9	12	
Côte-d'Or	9	"	"	"	9	6	3	"	1	12	25	
Côtes-du-Nord	"	3	3	1	7	5	2	"	4	4	4	
Creuse	"	3	5	"	8	3	5	"	8	8	8	
Dordogne	"	9	4	"	13	10	3	"	10	13	20	
Doubs	2	3	"	10	15	7	7	1	13	17	24	
Drôme	"	"	12	6	18	7	3	8	14	15	12	
Eure	"	4	9	"	13	10	3	"	13	13	25	
Eure-et-Loir	3	12	"	1	16	6	10	"	13	16	24	
Finistère	"	(10)	"	"	(10)	5	5	"	9	10	14	
Gard	1	"	5	3	9	8	"	1	5	8	11	
Garonne (Haute-)	"	"	9	1	10	10	"	"	21	12	18	
Gers	3	3	"	1	7	7	"	"	10	11	20	
Gironde	8	10	1	4	23	5	8	5	5	13	17	
Hérault	"	4	7	"	11	3	7	1	14	11	10	
Ille-et-Vilaine	2	25	"	"	27	6	1	"	12	7	9	
Indre	"	"	7	1	8	2	6	"	3	8	12	
Indre-et-Loire	"	"	3	1	4	2	2	"	3	4	7	
Isère	2	4	8	"	14	13	1	"	26	15	25	
Jura	4	3	1	3	11	10	1	"	5	13	16	
Landes	5	2	2	1	10	2	7	1	4	10	14	
Loir-et-Cher	2	10	"	1	13	7	6	"	11	13	15	
Loire	2	1	2	2	7	7	"	"	1	8	10	
Loire (Haute-)	1	"	11	"	12	3	1	8	14	11	4	
Loire-Inférieure	(1)	(6)	"	"	(7)	2	5	"	7	5	12	
Loiret	1	4	5	4	14	7	7	"	10	14	20	
Lot	"	"	(1)	(3)	(4)	4	"	"	10	4	4	
Lot-et-Garonne	"	(4)	"	(1)	(5)	3	1	1	"	6	10	

Élèves-maîtres sortis en 1863 des écoles normales, des cours normaux et des écoles stagiaires.

(Voyez la note qui suit le titre du tableau n° 105, page 249.)

DÉPARTEMENTS.	NOMBRE DES ÉLÈVES-MAÎTRES — QUI ONT OBTENU LE BREVET — complet.	facultatif.	simple.	qui n'ont pas obtenu de BREVET.	TOTAL.	PLACÉS — comme instituteurs.	comme adjoints.	NON PLACÉS.	NOMBRE des anciens ÉLÈVES-MAÎTRES qui ont quitté l'enseignement avant l'accomplissement de l'engagement décennal depuis le 1er janvier 1854 jusqu'au 1er janvier 1864.	NOMBRE MOYEN ANNUEL — des élèves sortant des écoles normales.	des places vacantes.	OBSERVATIONS.
1	2	3	4	5	6	7	8	9	10	11	12	13
Lozère	″	2	6	″	8	3	3	2	6	8	8	
Maine-et-Loire	3	8	″	″	11	7	3	1	10	11	20	
Manche	1	15	4	″	20	7	13	″	21	20	20	
Marne	2	″	15	″	17	″	16	1	9	20	25	
Marne (Haute-)	8	3	″	″	11	1	10	″	15	12	18	
Mayenne	2	″	11	″	13	3	10	″	6	13	14	
Meurthe	″	2	8	11	21	″	20	1	11	21	18	
Meuse	7	10	2	″	19	″	19	″	10	20	25	
Morbihan	(1)	(2)	″	″	(3)	2	1	″	5	3	4	
Moselle	5	″	13	″	18	6	12	″	15	18	30	
Nièvre	″	3	2	2	7	″	7	″	6	8	10	
Nord	1	16	″	1	18	8	10	″	10	20	40	
Oise	2	12	″	2	16	11	3	2	3	16	20	
Orne	2	12	″	″	14	8	6	″	10	14	14	
Pas-de-Calais	″	2	11	1	14	7	6	1	2	14	30	
Puy-de-Dôme	1	″	9	2	12	9	1	2	5	10	12	
Pyrénées (Basses-)	1	″	3	5	9	4	″	5	1	9	7	
Pyrénées (Hautes-)	″	″	9	″	9	9	″	″	9	9	10	
Pyrénées-Orientales	″	4	3	″	7	4	3	″	12	6	7	
Rhin (Bas-)	″	2	21	3	26	3	23	″	16	26	27	
Rhin (Haut-)	″	″	7	14	21	2	19	″	21	20	22	
Rhône	″	4	3	4	11	6	5	″	10	11	11	
Saône (Haute-)	1	7	″	5	13	4	4	5	14	12	24	
Saône-et-Loire	2	7	4	″	13	13	″	″	21	13	21	
Sarthe	3	3	″	″	6	″	6	″	10	7	14	
Savoie	″	″	9	2	11	5	2	4	″	15	15	
Savoie (Haute-)	″	″	18	5	23	23	″	″	1	23	25	
Seine	″	2	12	3	17	15	2	″	″	13	10	
Seine-Inférieure	5	1	5	″	11	″	11	″	7	15	25	
Seine-et-Marne	2	9	1	″	12	10	2	″	4	12	22	
Seine-et-Oise	″	″	13	″	13	10	3	″	13	13	25	
Sèvres (Deux-)	2	″	8	″	10	5	4	1	17	9	5	
Somme	″	9	8	″	17	5	11	1	28	17	25	
Tarn	1	4	4	1	10	10	″	″	7	10	10	
	″	″	″	″	(1)	1	″	″	″	″		
Tarn-et-Garonne	″	1	6	4	11	″	6	″	8	6	6	
Var	″	″	2	1	3	2	1	″	6	5	9	
Vaucluse	3	″	2	″	5	2	3	″	2	5	6	
Vendée	2	2	1	″	5	2	3	″	7	6	18	
Vienne	2	12	″	″	14	″	14	″	11	7	7	
Vienne (Haute-)	″	3	″	″	3	1	2	″	4	4	10	
Vosges	″	″	11	7	18	″	18	″	6	20	18	
Yonne	4	12	″	″	16	3	11	2	9	16	20	
TOTAUX	130	324	458	132	1,044	497	472	75	883	1,060	1,451	

TABLEAU N° 107.

RECRUTEMENT DU PERSONNEL.

Recrutement des élèves-maîtres.

(Voyez la note qui suit le titre du tableau n° 105, page 249.)

DÉPARTEMENTS.	NOMBRE DES ASPIRANTS							NOMBRE MOYEN des candidats inscrits pendant les cinq dernières années.	OBSERVATIONS.
	NÉCESSAIRES pour le recrutement des écoles.	INSCRITS en 1863.	ÉLIMINÉS OU AJOURNÉS APRÈS ENQUÊTE				ADMIS.		
			pour insuffisance de garanties morales.	pour insuffisance d'instruction.	pour causes diverses.	TOTAL.			
1	2	3	4	5	6	7	8	9	10
Ain	17	53	3	33	″	36	17	43	
Aisne	17	71	″	41	10	51	20	61	
Allier	10	24	1	13	″	14	10	25	
Alpes (Basses-)	15	42	″	16	7	23	19	35	
Alpes (Hautes-)	8	28	″	13	″	13	15	26	
Alpes-Maritimes	13	24	″	9	2	11	13	24	
Ardèche	36	33	″	16	7	23	10	32	
Ardennes	22	58	″	38	4	42	16	44	
Ariége	10	35	″	16	9	25	10	49	
Aube	14	50	1	40	3	44	15	36	
Aude	14	46	1	15	14	30	16	43	
Aveyron	11	52	5	26	10	41	11	56	
Bouches-du-Rhône	″	26	″	11	2	13	13	20	
Calvados	23	65	1	37	4	42	23	44	
Cantal	4	45	″	26	11	37	8	34	
Charente	12	31	5	3	1	9	22	27	
Charente-Inférieure	12	38	″	10	16	26	12	24	
Cher	10	28	2	12	2	16	12	21	
Corrèze	12	54	1	38	3	42	12	55	
Corse	12	81	″	40	29	69	12	67	
Côte-d'Or	12	58	″	″	46	46	12	58	
Côtes-du-Nord	4	35	″	10	17	27	8	28	
Creuse	8	35	″	13	14	27	8	34	
Dordogne	16	40	″	24	″	24	16	42	
Doubs	19	79	2	42	16	60	19	54	
Drôme	12	36	″	13	1	14	22	36	
Eure	25	20	″	3	2	5	15	26	
Eure-et-Loir	16	49	1	30	″	31	18	25	
Finistère	10	21	″	9	3	12	9	18	
Gard	8	36	″	26	″	26	10	26	
Garonne (Haute-)	18	53	1	32	10	43	10	35	
Gers	12	37	1	10	19	30	7	35	
Gironde	25	28	1	4	2	7	21	28	
Hérault	10	22	1	2	8	11	11	27	
Ille-et-Vilaine	9	27	″	11	8	19	8	20	
Indre	12	19	″	9	2	11	8	14	
Indre-et-Loire	17	24	″	5	2	7	17	24	
Isère	15	65	1	38	11	50	15	43	
Jura	13	80	″	19	46	65	15	35	
Landes	25	21	″	11	″	11	10	21	
Loir-et-Cher	13	30	″	14	3	17	13	31	
Loire	15	17	″	3	6	9	8	16	
Loire (Haute-)	7	31	″	17	5	22	9	35	
Loire-Inférieure	12	9	″	2	″	2	7	5	
Loiret	16	26	1	4	5	10	16	21	
Lot	3	18	″	15	″	15	3	17	
Lot-et-Garonne	10	29	″	19	3	22	7	23	

Recrutement des élèves-maîtres.

(Voyez la note qui suit le titre du tableau n° 105, page 249.)

DÉPARTEMENTS.	NOMBRE DES ASPIRANTS							NOMBRE MOYEN des candidats inscrits pendant les cinq dernières années.	OBSERVATIONS.
	NÉCESSAIRES pour le recrutement des écoles.	INSCRITS en 1863.	ÉLIMINÉS OU AJOURNÉS APRÈS ENQUÊTE				ADMIS.		
			pour insuffisance de garanties morales.	pour insuffisance d'instruction.	pour causes diverses.	TOTAL.			
1	2	3	4	5	6	7	8	9	10
Lozère	8	30	//	16	12	28	2	32	
Maine-et-Loire	12	25	4	8	1	13	12	22	
Manche	18	51	5	9	19	33	18	60	
Marne	20	59	1	10	29	40	19	55	
Marne (Haute-)	20	62	1	3	46	50	12	43	
Mayenne	12	32	//	9	10	19	13	25	
Meurthe	18	78	//	18	33	51	27	61	
Meuse	20	48	//	28	//	28	20	43	
Morbihan	3	9	1	5	//	6	3	8	
Moselle	18	70	//	40	11	51	19	70	
Nièvre	10	32	//	16	5	21	11	37	
Nord	20	99	//	69	11	80	19	74	
Oise	14	30	//	11	5	16	14	25	
Orne	14	39	1	22	2	25	14	33	
Pas-de-Calais	//	62	//	49	//	49	13	57	
Puy-de-Dôme	12	28	//	16	//	16	12	29	
Pyrénées (Basses-)	12	46	//	34	//	34	12	40	
Pyrénées (Hautes-)	9	51	3	2	37	42	9	44	
Pyrénées-Orientales	11	20	1	2	9	12	8	15	
Rhin (Bas-)	30	66	1	35	//	36	30	57	
Rhin (Haut-)	30	58	1	27	//	28	30	55	
Rhône	11	23	//	9	//	9	14	15	
Saône (Haute-)	24	52	//	36	//	36	16	42	
Saône-et-Loire	25	34	1	12	8	21	13	27	
Sarthe	7	21	//	9	6	15	6	25	
Savoie	12	58	//	46	//	46	12	64	
Savoie (Haute-)	15	42	//	25	2	27	15	37	
Seine	//	//	//	//	//	//	//	//	
Seine-Inférieure	14	37	//	11	12	23	14	29	
Seine-et-Marne	22	40	//	15	12	27	13	47	
Seine-et-Oise	20	43	//	14	9	23	20	30	
Sèvres (Deux-)	10	35	2	10	11	23	12	30	
Somme	17	65	//	30	18	48	17	45	
Tarn	10	33	//	15	10	25	8	32	
Tarn-et-Garonne	4	32	1	3	24	28	4	25	
Var	//	//	//	//	//	//	//	//	
Vaucluse	5	11	//	5	1	6	5	10	
Vendée	20	29	//	4	10	14	15	21	
Vienne	7	34	//	//	27	27	7	22	
Vienne (Haute-)	10	16	//	8	4	12	4	14	
Vosges	30	58	//	28	10	38	20	54	
Yonne	16	54	9	24	5	38	16	50	
TOTAUX	1,224	3,550	61	1,571	762	2,394	1,156	3,047	

TABLEAU N° 108.

RECRUTEMENT DU PERSONNEL.

Personnel des écoles normales et des cours normaux.

(Voyez la note qui suit le titre du tableau n° 105, page 249.)

DÉPARTEMENTS.	PERSONNEL ENSEIGNANT.								DOMESTIQUES,		NOMBRE DES MAÎTRES ADJOINTS internes,			OBSERVATIONS.
	DIRECTEURS.	AUMÔNIERS.	DIRECTEURS et adjoints des écoles annexes.	MAÎTRES ADJOINTS internes.	PROFESSEURS EXTERNES maîtres de chant.	de musique instrumentale.	d'agriculture.	TOTAL.	hommes.	femmes.	mariés.	célibataires.	veufs.	
1	2	3	4	5	6	7	8	9	10	11	12	13	14	15
Ain	1	1	1	2	1	1	1	8	3	3	1	1	″	
Aisne	1	1	1	3	1	″	″	7	1	1	1	2	″	
Allier	1	1	1	2	1	″	1	7	1	1	1	1	″	
Alpes (Basses-)	1	1	1	3	1	″	″	7	1	2	1	2	″	
Alpes (Hautes-)	1	1	1	2	1	1	″	7	1	1	″	1	1	
Alpes-Maritimes	1	1	1	3	1	″	1	8	1	2	2	1	″	
Ardèche	1	2	1	3	1	″	1	9	1	1	2	1	″	
Ardennes	1	1	1	2	1	″	″	6	1	2	1	1	″	
Ariége	1	1	1	2	″	″	1	6	2	2	″	2	″	
Aube	1	1	1	3	1	″	″	7	2	1	1	2	″	
Aude	1	1	1	3	″	″	1	7	1	1	2	1	″	
Aveyron	1	1	1	3	1	1	1	9	2	1	1	2	″	
Bouches-du-Rhône	1	1	1	3	1	″	″	7	2	1	″	3	″	
Calvados	1	1	″	3	1	″	″	6	2	1	″	3	″	
Cantal	1	1	1	4	″	″	″	7	2	″	″	4	″	
Charente	″	″	″	″	″	″	″	″	″	″	″	″	″	
Charente-Inférieure	1	1	1	2	″	″	1	6	2	1	″	2	″	
Cher	1	1	1	3	1	1	″	8	1	2	2	1	″	
Corrèze	1	1	1	2	1	″	1	7	1	1	″	1	1	
Corse	1	1	1	2	1	″	1	7	3	″	1	1	″	
Côte-d'Or	1	1	6	3	1	1	1	14	1	1	1	2	″	
Côtes-du-Nord	1	1	1	″	″	″	″	3	″	″	″	″	″	Cours normal.
Creuse	1	1	1	2	1	″	1	7	″	2	″	2	″	
Dordogne	1	1	1	2	1	″	1	7	1	2	″	2	″	
Doubs	1	1	1	3	1	″	1	8	1	2	″	3	″	École normale de Besançon.
	1	1	1	1	1	″	″	5	″	1	″	1	″	Cours normal de Montbéliard.
Drôme	2	1	″	4	2	″	″	9	2	2	2	2	″	École normale catholique. Cours normal protestant.
Eure	1	1	1	2	1	1	1	8	1	1	″	2	″	
Eure-et-Loir	1	1	1	2	1	″	1	7	″	2	″	2	″	
Finistère	″	″	″	″	″	″	″	″	″	″	″	″	″	
Gard	1	2	1	3	″	1	1	9	1	1	3	″	″	
Garonne (Haute)	1	1	1	3	″	1	1	8	3	″	1	2	″	
Gers	1	1	1	3	″	1	1	8	2	1	1	2	″	
Gironde	1	1	1	3	1	″	1	8	1	2	1	2	″	
Hérault	1	1	1	3	1	″	1	8	1	2	1	2	″	
Ille-et-Vilaine	1	1	1	3	1	1	2	10	4	1	1	2	″	
Indre	1	1	1	2	1	″	″	6	1	1	1	1	″	
Indre-et-Loire	1	1	1	2	″	″	″	5	1	2	1	1	″	
Isère	1	1	1	3	1	″	1	8	2	1	3	″	″	
Jura	1	1	1	3	1	″	″	7	2	2	″	3	″	
Landes	1	1	1	2	1	″	1	7	1	1	″	2	″	
Loir-et-Cher	1	1	1	2	1	″	″	6	2	1	″	2	″	
Loire	1	1	1	2	1	″	″	6	″	2	″	2	″	
Loire (Haute-)	1	1	1	2	1	″	1	7	1	1	2	″	″	
Loire-Inférieure	″	″	″	″	″	″	″	″	″	″	″	″	″	
Loiret	1	1	1	3	1	1	2	10	2	″	1	2	″	
Lot	″	″	″	″	″	″	″	″	″	″	″	″	″	
Lot-et-Garonne	″	″	″	″	″	″	″	″	″	″	″	″	″	

Personnel des écoles normales et des cours normaux.

(Voyez la note qui suit le titre du tableau n° 105, page 249.)

DÉPARTEMENTS.	PERSONNEL ENSEIGNANT.								DOMESTIQUES,		NOMBRE DES MAÎTRES ADJOINTS internes,			OBSERVATIONS.
	DIREC-TEURS.	ÉCONO-MES.	DIREC-TEURS et adjoints des écoles annexes.	MAÎTRES AD-JOINTS internes.	PROFESSEURS EXTERNES maîtres de chant.	PROFESSEURS EXTERNES de musique instru-mentale.	PROFESSEURS EXTERNES d'agri-culture.	TOTAL.	hommes.	femmes.	mariés.	céli-bataires.	veufs.	
1	2	3	4	5	6	7	8	9	10	11	12	13	14	15
Lozère	1	2	1	2	1	″	″	7	1	1	1	1	″	
Maine-et-Loire	1	1	1	3	1	″	″	7	1	1	″	3	″	
Manche	1	1	1	3	1	″	″	7	1	3	″	3	″	
Marne	1	1	1	3	1	″	1	8	1	4	1	2	″	
Marne (Haute-)	1	1	1	3	2	1	1	10	1	2	2	1	″	
Mayenne	1	1	1	2	1	″	1	7	3	1	1	1	″	
Meurthe	1	1	4	3	1	″	1	11	1	2	1	2	″	
Meuse	1	1	1	3	1	″	1	8	1	3	1	2	″	
Morbihan	″	″	″	″	″	″	″	″	″	″	″	″	″	
Moselle	1	1	2	2	″	1	″	7	″	2	1	1	″	
Nièvre	1	1	2	3	″	″	1	8	1	1	1	1	1	
Nord	1	1	1	3	1	″	1	8	3	″	″	3	″	
Oise	1	1	″	5	1	1	1	10	4	″	″	5	″	Cours normal.
Orne	1	1	1	3	1	″	1	8	1	1	1	2	″	
Pas-de-Calais	1	″	″	6	″	″	″	7	2	2	″	6	″	Cours normal.
Puy-de-Dôme	1	1	1	2	1	″	1	7	1	2	1	1	″	
Pyrénées (Basses-)	1	1	1	3	″	″	″	6	2	1	1	2	″	
Pyrénées (Hautes-)	1	1	1	3	1	″	1	8	1	1	1	1	1	
Pyrénées-Orientales	1	1	1	2	1	″	1	7	2	″	1	1	″	
Rhin (Bas-)	1	2	2	3	1	″	″	9	3	1	2	1	″	
Rhin (Haut-)	1	3	2	3	1	″	″	10	4	″	1	2	″	
Rhône	1	1	2	3	1	″	1	9	1	2	1	2	″	
Saône (Haute-)	1	1	1	3	1	1	″	8	1	1	1	2	″	
Saône-et-Loire	1	1	1	2	1	″	″	6	1	1	″	2	″	
Sarthe	1	1	1	2	1	″	″	6	1	1	″	2	″	
Savoie	1	1	2	4	1	″	1	10	2	3	2	2	″	
Savoie (Haute-)	″	″	″	″	″	″	″	″	″	″	″	″	″	
Seine	1	1	1	1	1	″	″	5	1	2	″	1	″	
Seine-Inférieure	1	1	3	2	1	″	1	9	3	″	″	2	″	
Seine-et-Marne	1	1	1	3	1	″	″	7	1	2	1	2	″	
Seine-et-Oise	1	1	″	4	1	1	1	9	1	2	1	3	″	
Sèvres (Deux-)	1 1	1	2	3	″	″	1	9	1	2	1	1	1	École normale catholique. Cours normal protestant.
Somme	1	1	1	3	1	″	1	8	2	1	2	1	″	
Tarn	1	1	1	3	1	″	″	7	″	2	3	″	″	
Tarn-et-Garonne	1	2	1	3	2	″	″	9	″	3	2	1	″	
Var	″	″	″	″	″	″	″	″	″	″	″	″	″	
Vaucluse	1	1	1	2	″	″	1	6	1	2	″	1	1	
Vendée	1	1	1	2	1	″	″	6	1	1	″	2	″	
Vienne	1	1	1	3	1	″	1	8	2	2	1	2	″	
Vienne (Haute-)	″	″	″	″	″	″	″	″	″	″	″	″	″	
Vosges	1	1	1	2	1	1	1	8	3	3	1	1	″	
Yonne	1	1	1	2	″	1	″	6	2	″	1	1	″	
TOTAUX	83	87	93	215	68	18	49	613	118	113	69	140	6	

TABLEAU N° 109.

RECRUTEMENT DU PERSONNEL.

Dépenses des écoles normales et des cours normaux.

(Voyez la note qui suit le titre du tableau n° 105, page 249.)

DÉPARTEMENTS.	DÉPENSES ORDINAIRES À LA CHARGE de l'État.	des départements.	des villes.	des écoles normales sur leurs ressources propres.	des familles.	DÉPENSES EXTRAORDINAIRES À LA CHARGE de l'État.	des départements.	des villes.	des fonds propres aux écoles normales.	TOTAL DES DÉPENSES ordinaires et extraordinaires.
1	2	3	4	5	6	7	8	9	10	11
Ain	1,800^f 00^c	24,175^f 00^c	900^f	480^f 00^c	6,900^f	685^f 00^c	//	//	//	34,940^f 00^c
Aisne	1,800 00	20,255 00	//	//	10,400	//	50^f 00^c	//	//	32,505 00
Allier	1,800 00	18,768 34	//	756 66	//	//	464 80	//	//	21,789 80
Alpes (Basses-)	2,080 00	14,945 00	1,325	1,200 00	7,560	//	//	//	//	27,110 00
Alpes (Hautes-)	5,723 30	14,653 70	//	158 00	2,100	400 00	//	//	//	23,035 00
Alpes-Maritimes	6,180 00	12,329 11	3,000	27 55	4,200	//	//	//	//	25,736 66
Ardèche	2,600 00	18,113 37	//	713 33	1,520	1,260 00	//	//	//	24,206 70
Ardennes	1,463 33	14,835 42	//	//	8,000	280 00	//	//	950^f 00^c	25,528 75
Ariége	4,183 00	17,990 00	//	660 00	//	//	//	//	527 50	23,360 50
Aube	2,260 00	16,120 14	//	1,884 36	9,240	450 00	//	//	//	29,954 50
Aude	1,800 00	19,340 00	//	35 00	6,000	1,800 00	//	//	//	28,975 00
Aveyron	1,870 00	22,560 00	720	//	400	989 00	//	//	700 00	27,239 00
Bouches-du-Rhône	800 00	13,956 00	//	409 00	8,400	//	400 00	//	//	23,965 00
Calvados	2,200 00	21,980 00	//	3,160 00	6,800	//	//	//	1,800 00	35,940 00
Cantal	3,160 00	16,549 00	//	//	1,260	1,217 07	//	//	//	22,186 07
Charente	//	(7,161 40)	//	//	//	//	//	//	//	(7,161 40)
Charente-Inférieure	//	(7,687 90)	//	//	//	//	//	//	//	(7,687 90)
	1,795 47	1,797 03	//	//	4,030	15,250 00	//	//	//	22,872 50
Cher	1,800 00	18,082 23	//	1,715 77	2,800	3,750 00	//	1,250^f	//	29,398 00
Corrèze	1,800 00	21,272 10	//	2,132 00	2,800	469 00	//	//	268 00	28,741 10
Corse	15,486 09	9,608 91	//	//	//	4,298 35	//	//	500 00	29,893 35
Côte-d'Or	720 00	15,692 65	720	818 00	6,480	//	500 00	//	//	24,930 65
Côtes-du-Nord	//	10,300 00	//	//	//	//	//	//	//	10,300 00
Creuse	1,800 00	17,284 55	//	323 45	3,000	1,335 00	1,335 00	//	590 00	25,668 00
Dordogne	1,800 00	15,300 00	//	2,560 00	8,600	12,300 00	//	//	//	40,560 00
Doubs { de Besançon	2,800 00	16,667 00	//	1,253 00	5,400	300 00	//	//	//	26,420 00
Doubs { de Montbéliard	2,000 00	5,234 00	350	654 00	4,550	//	//	//	//	12,788 00
Drôme	1,800 00	12,740 00	//	//	3,000	6,515 00	//	//	//	24,055 00
	900 00	1,000 00	//	//	//	//	//	//	//	1,900 00
Eure	800 00	20,275 00	700	315 00	6,500	96 00	384 00	//	//	29,070 00
Eure-et-Loir	1,850 00	19,635 00	//	//	8,500	//	1,718 00	//	//	31,703 00
Finistère	//	(14,685 64)	//	//	//	//	//	//	//	(14,685 64)
Gard	1,800 00	15,065 16	//	1,434 00	2,000	//	918 00	//	//	21,217 16
Garonne (Haute-)	1,840 00	17,971 00	//	925 00	4,620	//	950 00	//	//	26,306 00
Gers	2,100 00	15,254 00	//	2,636 00	900	1,400 00	//	//	//	22,290 00
Gironde	1,309 30	39,880 70	100	2,750 00	5,800	//	6,200 00	//	342 68	56,382 68
Hérault	1,800 00	19,577 17	//	500 00	//	//	250 00	//	1,000 00	23,127 17
Ille-et-Vilaine	4,588 35	36,714 00	800	1,957 00	350	//	//	//	//	44,409 35
Indre	2,200 00	14,117 45	//	107 00	2,400	//	//	//	//	18,824 45
Indre-et-Loire	1,400 00	14,250 00	//	//	2,000	8,787 10	1,000 00	//	613 34	28,050 44
Isère	1,770 00	19,991 01	//	497 99	5,775	//	2,000 00	//	//	30,034 00
Jura	3,150 00	19,025 92	//	1,400 00	6,440	//	34,225 03	//	//	64,240 95
Landes	2,170 00	14,667 00	//	922 00	2,340	//	//	//	//	20,099 00
Loir-et-Cher	1,800 00	21,851 80	800	1,338 00	2,600	//	//	//	//	28,389 80
Loire	1,800 00	13,263 15	825	150 00	2,400	//	//	//	//	18,438 15
Loire (Haute-)	1,700 00	18,089 25	//	391 55	5,600	//	900 00	//	662 37	27,343 17
Loire-Inférieure	//	(6,818 34)	//	//	//	//	//	//	//	(6,818 34)
Loiret	1,840 00	23,503 86	400	2,540 00	5,040	651 84	1,303 68	//	1,303 68	36,583 06
Lot	//	(8,091 24)	//	//	//	//	//	//	//	8,091 24

Dépenses des écoles normales et des cours normaux.

(Voyez la note qui suit le titre du tableau n° 105, page 249.)

DÉPARTEMENTS.	DÉPENSES ORDINAIRES À LA CHARGE					DÉPENSES EXTRAORDINAIRES À LA CHARGE				TOTAL DES DÉPENSES ordinaires et extraordinaires.
	de l'État.	des départements.	des villes.	des écoles normales sur leurs ressources propres.	des familles.	de l'État.	des départements.	des villes.	des fonds propres aux écoles normales.	
1	2	3	4	5	6	7	8	9	10	11
Lot-et-Garonne	″	(13,085f 00c)	″	″	″	″	″	″	″	(13,085f 00)
Lozère	2,575f 00c	12,284 05	″	407f 00c	2,925f	170f 00c	″	″	″	18,361 05
Maine-et-Loire	1,200 00	21,043 00	800f	637 00	2,400	″	4,290f 32c	″	″	30,370 32
Manche	1,760 00	27,326 65	300	500 00	7,220	1,612 00	3,005 20	″	2,400f 00c	44,123 85
Marne	1,800 00	21,687 16	″	2,022 84	12,800	4,500 00	1,500 00	″	2,000 00	46,310 00
Marne (Haute-)	720 00	15,280 00	″	″	7,560	″	″	″	″	23,560 00
Mayenne	2,200 00	18,771 51	″	″	4,140	7,000 00	2,531 88	″	″	34,643 39
Meurthe	1,720 00	16,053 75	395	1,620 00	22,285	″	″	″	″	42,073 75
Meuse	1,720 00	12,820 00	″	625 00	18,360	″	200 00	″	″	33,725 00
Morbihan	″	(4,720 42)	″	″	″	″	″	″	″	(4,720 42)
Moselle	1,700 00	11,048 00	″	5,712 00	10,500	50 00	″	″	328 05	29,338 05
Nièvre	2,500 00	18,230 00	1,200	″	5,400	″	200 00	″	″	27,530 00
Nord	1,800 00	31,400 00	240	″	4,600	″	″	″	4,573 42	42,613 42
Oise	″	15,900 00	″	″	″	″	″	″	″	15,900 00
Orne	1,800 00	22,325 00	600	1,400 00	3,200	″	3,955 64	″	″	33,280 64
Pas-de-Calais	″	15,000 00	″	″	″	″	″	″	″	15,000 00
Puy-de-Dôme	1,800 00	16,172 45	1,200	403 75	4,000	″	″	″	800 00	24,376 20
Pyrénées (Basses-)	2,580 00	19,845 54	600	939 46	1,120	″	″	″	″	25,085 00
Pyrénées (Hautes-)	3,015 00	19,469 30	″	″	″	1,805 00	″	″	724 00	25,013 30
Pyrénées-Orientales	2,400 00	18,135 70	770	444 30	1,350	230 00	″	″	″	23,330 00
Rhin (Bas-)	1,800 00	17,254 25	15,100	4,143 00	20,500	″	2,662 00	″	9,324 61	70,783 86
Rhin (Haut-)	1,080 00	19,019 20	″	2,450 00	11,160	″	1,599 80	″	″	35,309 00
Rhône	800 00	19,963 46	″	2,317 50	6,000	″	10,900 00	″	200 00	40,180 96
Saône (Haute-)	1,700 00	12,779 55	1,820	1,228 75	6,650	″	″	″	600 00	24,778 30
Saône-et-Loire	1,760 00	16,523 12	″	″	5,320	″	″	″	″	23,603 12
Sarthe	1,840 00	15,500 00	″	1,100 00	″	″	″	″	″	18,440 00
Savoie	7,140 00	24,620 00	2,660	1,400 00	13,680	″	(1) 3,696 39	″	1,378 24	54,574 63
Savoie (Haute-)	″	(5,455 00)	″	″	″	″	(1,500 00)	″	″	(6,955 00)
Seine	(2) 4,470 65	″	″	″	″	″	″	″	″	4,470 65
Seine-Inférieure	960 00	27,082 50	″	1,076 50	9,600	″	1,182 00	″	″	39,901 00
Seine-et-Marne	2,350 00	26,127 50	″	262 50	1,800	100 00	100 00	″	″	30,740 00
Seine-et-Oise	3,000 00	26,016 00	1,000	109 00	9,000	″	699 69	″	″	39,824 69
Sèvres (Deux-)	2,401 35	17,817 00	1,000	2,033 00	2,400	212 00	″	″	″	25,863 35
	1,300 00	″	″	″	″	″	″	″	″	1,300 00
Somme	1,800 00	18,421 75	″	1,853 00	14,800	″	1,976 90	″	″	38,851 65
Tarn	1,690 00	18,645 00	″	600 00	″	1,329 80	400 00	″	1,800 00	24,464 80
		1,348 54								1,348 54
Tarn-et-Garonne	1,777 63	21,119 02	500	800 00	″	″	″	″	″	24,196 65
Var	″	″	″	″	″	″	(3) 17,000 00	″	″	17,000 00
Vaucluse	860 00	10,767 95	400	440 00	2,580	″	245 89	″	″	15,293 84
Vendée	1,800 00	13,958 00	400	409 00	″	1,500 00	″	″	1,583 11	19,650 11
Vienne	3,394 80	20,331 30	″	1,490 00	4,940	250 00	″	″	″	39,406 10
Vienne (Haute-)	″	″	″	″	″	″	″	″	″	″
Vosges	2,050 00	12,361 20	″	″	16,625	15,000 00	12,746 05	″	″	58,782 25
Yonne	1,800 00	25,280 00	″	210 00	7,600	″	1,142 30	″	″	36,032 30
TOTAUX	183.403 27	1,461,407 47	39,625	73,437 26	417.220	95,992 16	122,632 57	1,250	34,960 00	2,429,936 73

(1) Dont 1,500 francs fournis par la Haute-Savoie. — (2) Cours normal de Courbevoie. — (3) Dépense d'appropriation faite en 1863 pour une école normale qui ne sera ouverte qu'en 1864.

TABLEAU N° 110.

Situation des départements en ce qui concerne les écoles normales, les cours normaux d'institutrices. — Population de ces établissements. — Répartition des bourses.

(Voyez la note qui suit le titre de ce tableau p. 250.)

DÉPARTEMENTS.	NOMBRE		NOMBRE DES ÉLÈVES-MAÎTRESSES admises DANS LES ÉCOLES NORMALES ET LES COURS NORMAUX.						NOMBRE DES BOURSES ENTRETENUES par					PRIX de la PENSION ou de la bourse.	OBSERVATIONS.
	des ÉCOLES normales.	des COURS normaux.	à bourse entière.	à 3/4 de bourse.	à 1/2 bourse.	à 1/4 de bourse.	à titre de pensionnaire.	TOTAL.	le DÉPARTEMENT.	L'ÉTAT.	les COMMUNES.	des PARTICULIERS.	TOTAL.		
1	2	3	4	5	6	7	8	9	10	11	12	13	14	15	16
Ain	″	1	″	2	3	″	6	11	3	″	″	″	3	400f	
Aisne	″	1	5	″	8	″	1	14	7	2	″	″	9	450	
Allier	″	1	6	″	″	″	18	24	6	″	″	″	6	400	
Alpes (Basses-)	″	1	5	8	4	″	3	20	″	13	″	″	13	330	
Alpes (Hautes-)	″	1	7	″	″	″	2	9	2	5	″	″	7	414	
Alpes-Maritimes	″	″	(3)	(4)	(4)	″	″	(11)	″	(8)	″	″	(8)	(360)	
Ardèche	″	″	″	″	″	″	″	″	″	″	″	″	″	″	
Ardennes	1	″	12	″	″	″	″	12	9	3	″	″	12	400	
Ariége	″	″	″	″	″	″	″	″	″	″	″	″	″	″	
Aube	″	1	2	″	″	″	″	2	2	″	″	″	2	400	
Aude	″	1	4	2	1	″	″	7	3	3	″	″	6	350	
Aveyron	″	1	5	″	″	″	″	5	5	″	″	″	5	400	
Bouches-du-Rhône	1	″	5	7	10	11	33	66	6	12	″	″	18	360	
Calvados	″	2	17	4	6	″	″	27	20	3	″	″	23	350	
Cantal	″	″	″	″	″	″	″	″	″	″	″	″	″	″	
Charente	″	1	10	″	″	″	″	10	7	3	″	″	10	300	
Charente-Inférieure	″	2	12	″	″	″	″	12	12	″	″	″	12	480	
Cher	″	″	″	″	″	″	″	″	″	″	″	″	″	″	
Corrèze	″	″	″	″	″	″	″	″	″	″	″	″	″	″	
Corse	1	″	24	″	″	″	″	24	12	12	″	″	24	375	
Côte-d'Or	″	″	″	″	″	″	″	″	″	″	″	″	″	″	
Côtes-du-Nord	″	1	5	″	″	″	″	5	5	″	″	″	5	358	
Creuse	″	1	6	6	″	″	″	12	″	10 1/2	″	″	10 1/2	500	
Dordogne	″	1	9	12	″	″	″	21	9	9	″	″	18	340	
Doubs	1	″	18	11	9	″	19	57	26 3/4	4	″	″	30 3/4	400	
Drôme	″	2	7	″	″	″	20	27	7	″	″	″	7	300	
Eure	″	″	″	″	″	″	″	″	″	″	″	″	″	″	
Eure-et-Loir	″	1	6	″	″	″	″	6	6	″	″	″	6	400	
Finistère	″	″	″	″	″	″	″	″	″	″	″	″	″	″	
Gard	1	″	5	8	8	″	14	35	12	″	″	3	15	300	
Garonne (Haute-)	″	″	″	″	″	″	″	″	″	″	″	″	″	″	
Gers	″	″	″	″	″	″	″	″	″	″	″	″	″	″	
Gironde	″	1	3	4	5	″	3	15	8 1/2	″	″	″	8 1/2	600	
Hérault	″	1	10	″	″	″	1	11	10	″	″	″	10	500	
Ille-et-Vilaine	″	1	5	″	″	″	″	5	5	″	″	″	5	400	
Indre	″	″	″	″	″	″	″	″	″	″	″	″	″	″	
Indre-et-Loire	″	1	6	″	″	″	″	6	6	″	″	″	6	400	
Isère	″	1	18	″	8	″	″	26	20	2	″	″	22	550	
Jura	1	″	″	14	29	″	″	43	22	3	″	″	25	340	
Landes	″	1	″	4	″	″	″	4	″	3	″	″	3	350	
Loir-et-Cher	″	″	″	″	″	″	″	″	″	″	″	″	″	″	
Loire	″	″	″	″	″	″	″	″	″	″	″	″	″	″	
Loire (Haute-)	″	1	23	″	″	″	″	23	18	5	″	″	23	250	
Loire-Inférieure	″	1	8	″	″	″	12	20	8	″	″	″	8	300	
Loiret	1	″	4	4	11	2	7	28	10	3	″	″	13	400	
Lot	″	″	″	″	″	″	″	″	″	″	″	″	″	″	
Lot-et-Garonne	″	1	10	″	″	″	″	10	10	″	″	″	10	400	

Situation des départements en ce qui concerne les écoles normales, les cours normaux d'institutrices. — Personnel des élèves-maîtresses. — Répartition des bourses.

(Voyez la note qui suit le titre de ce tableau, page 250.)

DÉPARTEMENTS.	NOMBRE		NOMBRE DES ÉLÈVES-MAÎTRESSES admises DANS LES ÉCOLES NORMALES ET LES COURS NORMAUX.						NOMBRE DES BOURSES ENTRETENUES par					PRIX de la PENSION ou de la bourse.	OBSERVATIONS.
	des écoles normales.	des cours normaux.	à bourse entière.	à 3/4 de bourse.	à 1/2 bourse.	à 1/4 de bourse.	à titre de pensionnaire.	TOTAL.	le département.	l'État.	les communes.	des particuliers.	TOTAL.		
1	2	3	4	5	6	7	8	9	10	11	12	13	14	15	16
Lozère	″	1	15	″	″	″	″	15	″	15	″	″	15	200f	
Maine-et-Loire	″	1	6	″	4	″	″	10	8	″	″	″	8	100	
Manche	″	2	23	18	3	″	″	44	30	8	″	″	38	350	
Marne	″	1	6	4	3	″	″	13	4	6 1/2	″	″	10 1/2	400	
Marne (Haute-)	″	″	″	″	″	″	″	″	″	″	″	″	″	″	
Mayenne	″	1	1	″	″	″	5	6	1	″	″	″	1	400	
Meurthe	″	″	″	″	″	″	″	″	″	″	″	″	″	″	
Meuse	″	″	″	″	″	″	″	″	″	″	″	″	″	″	
Morbihan	″	″	″	″	″	″	″	″	″	″	″	″	″	″	
Moselle	″	1	2	1	4	1	12	20	5	″	″	″	5	300	
Nièvre	″	1	5	″	6	″	7	18	6	2	″	″	8	400	
Nord	″	1	36	″	″	″	″	36	30	6	″	″	36	400	
Oise	″	1	12	″	″	″	″	12	12	″	″	″	12	500	
Orne	1	″	20	″	″	″	″	20	18	2	″	″	20	350	
Pas-de-Calais	″	1	15	″	″	″	″	15	10	5	″	″	15	400	
Puy-de-Dôme	″	1	″	1	4	6	19	30	3	1 1/4	″	″	4 1/4	400	
Pyrénées (Basses-)	″	1	12	″	″	″	18	30	10	2	″	″	12	300	
Pyrénées (Hautes-)	″	1	16	″	″	″	″	16	14	2	″	″	16	300	
Pyrénées-Orientales	″	1	12	″	″	″	″	12	6	6	″	″	12	350	
Rhin (Bas-)	1	1	25	8	12	″	″	45	26	4	7	″	37	400	
	″	″	(10)	″	″	″	″	(10)	(10)	″	″	″	(10)		
Rhin (Haut-)	″	″	″	″	″	″	″	″	″	″	″	″	″	″	
Rhône	1	1	16	″	″	″	44	60	16	″	″	″	16	500	
Saône (Haute-)	″	″	(4)	(4)	(4)	″	″	(12)	(9)	″	″	″	(9)	(400)	
Saône-et-Loire	″	1	11	4	″	″	″	15	14	″	″	″	14	350	
Sarthe	″	1	6	″	″	″	″	6	4	2	″	″	6	400	
Savoie	″	″	(7)	(10)	(7)	″	(1)	(25)	(12)	(6)	″	″	(18)	(360)	
Savoie (Haute-)	1	″	9	30	9	″	2	50	24	12	″	″	36	360	
Seine	″	″	″	″	″	″	″	″	″	″	″	″	″	″	
Seine-Inférieure	″	″	″	″	″	″	″	″	″	″	″	″	″	″	
Seine-et-Marne	″	″	″	″	″	″	″	″	″	″	″	″	″	″	
Seine-et-Oise	″	1	3	″	21	″	″	24	″	3	″	10 1/2	13 1/2	450	
Sèvres (Deux-)	″	1	4	″	″	″	″	4	4	″	″	″	4	450	
Somme	″	″	″	″	″	″	″	″	″	″	″	″	″	″	
Tarn	″	1	1	″	10	″	49	60	6	″	″	″	6	300	
Tarn-et-Garonne	″	″	″	″	″	″	″	″	″	″	″	″	″	″	
Var	″	1	14	″	″	″	6	20	14	″	″	″	14	420	
Vaucluse	″	″	″	″	″	″	″	″	″	″	″	″	″	″	
Vendée	″	1	5	4	″	″	2	11	6	2	″	″	8	420	
Vienne	″	″	″	″	″	″	″	″	″	″	″	″	″	″	
Vienne (Haute-)	″	″	″	″	″	″	″	″	″	″	″	″	″	″	
Vosges	″	″	″	″	″	″	″	″	″	″	″	″	″	″	
Yonne	″	1	12	″	″	″	″	12	10	2	″	″	12	400	
Écoles normales	11	″	137	82	86	13	75	393							
Cours normaux	″	53	407	74	92	7	228	808						Prix moyen :	
TOTAUX GÉNÉRAUX	11	53	544	156	178	20	303	1,201	558 1/4	170 1/4	7	13 1/2	755	381f	

TABLEAU N° 111.

RECRUTEMENT DU PERSONNEL.

Élèves-maîtresses sorties en 1863 des écoles normales et des cours normaux.

DÉPARTEMENTS.	NOMBRE DES ÉLÈVES-MAITRESSES. qui ont obtenu le brevet du 1er ordre.	qui ont obtenu le brevet du 2e ordre.	qui n'ont pas obtenu de brevet.	TOTAL.	placées comme institutrices.	placées comme adjointes.	non placées.	NOMBRE des anciennes élèves-maîtresses qui ont quitté l'enseignement avant l'accomplissement de l'engagement décennal.	NOMBRE MOYEN ANNUEL des élèves sortant des écoles normales et des cours normaux.	NOMBRE MOYEN ANNUEL des places vacantes.	OBSERVATIONS.
1	2	3	4	5	6	7	8	9	10	11	12
Ain	1	2	3	6	3	″	3	2	5	9	
Aisne	1	3	″	4	4	″	″	3	4	16	
Allier	″	4	″	4	3	1	″	10	2	2	
Alpes (Basses-)	″	13	″	13	11	″	2	5	13	8	
Alpes (Hautes-)	″	3	1	4	2	1	1	″	4	1	
Alpes-Maritimes	″	4	″	4	4	″	″	″	3	4	
Ardèche	″	″	″	″	″	″	″	″	″	″	
Ardennes	″	1	3	4	4	″	″	6	4	6	
Ariége	″	″	″	″	″	″	″	″	″	″	
Aube	″	1	″	1	″	″	1	″	1	3	
Aude	1	2	2	5	4	1	″	2	5	2	
Aveyron	1	2	″	3	3	″	″	″	2	5	
Bouches-du-Rhône	2	11	″	13	1	″	12	40	12	1	
Calvados	″	8	″	8	5	3	″	″	8	16	
Cantal	″	″	″	″	″	″	″	″	″	″	
Charente	″	5	″	5	2	″	3	8	2	2	
Charente-Inférieure	″	8	″	8	4	3	1	8	6	9	
Cher	″	″	″	″	″	″	″	″	″	″	
Corrèze	″	″	″	″	″	″	″	″	″	″	
Corse	″	4	″	4	4	″	″	19	4	8	
Côte-d'Or	″	″	″	″	″	″	″	″	″	5	
Côtes-du-Nord	″	3	″	3	″	1	2	6	1	1	
Creuse	″	3	″	3	1	2	″	9	4	4	
Dordogne	″	5	″	5	3	1	1	7	5	10	
Doubs	3	8	1	12	12	″	″	11	12	10	
Drôme	2	8	2	12	2	8	2	24	12	5	
Eure	″	″	″	″	″	″	″	″	″	″	
Eure-et-Loir	1	″	1	2	″	2	″	4	2	2	
Finistère	″	″	″	″	″	″	″	″	″	″	
Gard	″	8	1	9	7	″	(2)	″	9	2	
Garonne (Haute-)	″	″	″	″	″	″	″	″	″	″	
Gers	″	″	″	″	″	″	″	″	″	″	
Gironde	4	1	″	5	″	4	1	6	6	6	
Hérault	″	(2)	″	(2)	1	″	3	61	4	2	
	″	2	″	2							
Ille-et-Vilaine	″	3	″	3	3	″	″	1	2	4	
Indre	″	″	″	″	″	″	″	″	″	″	
Indre-et-Loire	″	2	″	2	″	2	″	″	2	2	
Isère	″	5	4	9	7	2	″	17	8	14	
Jura	1	7	″	8	7	1	″	14	14	16	
Landes	″	2	″	2	2	″	″	3	2	4	
Loir-et-Cher	″	″	″	″	″	″	″	″	″	″	
Loire	″	″	″	″	″	″	″	″	″	″	
Loire (Haute-)	″	″	7	7	1	″	6	20	9	2	
Loire-Inférieure	″	3	1	4	3	1	″	8	4	3	
Loiret	″	″	3	3	3	″	″	3	3	6	
Lot	″	″	″	″	″	″	″	″	″	″	
Lot-et-Garonne	″	3	4	7	1	″	6	″	3	2	

Élèves-maîtresses sorties en 1863 des écoles normales et des cours normaux.

DÉPARTEMENTS.	NOMBRE DES ÉLÈVES-MAITRESSES — qui ont obtenu le brevet — du 1er ordre.	du 2e ordre.	qui n'ont pas obtenu de brevet.	TOTAL.	placées comme — institutrices.	adjointes.	non placées.	NOMBRE des anciennes élèves-maîtresses qui ont quitté l'enseignement avant l'accomplissement de l'engagement décennal.	NOMBRE MOYEN ANNUEL — des élèves sortant des écoles normales et des cours normaux.	des places vacantes.	OBSERVATIONS.
1	2	3	4	5	6	7	8	9	10	11	12
Lozère	//	4	//	4	4	//	//	3	//	8	
Maine-et-Loire	//	2	3	5	//	4	1	//	//	3	
Manche	//	20	//	20	14	5	1	6	18	15	
Marne	1	4	1	6	4	1	1	2	6	3	
Marne (Haute-)	//	//	//	//	//	//	//	//	//	//	
Mayenne	//	1	//	1	//	//	1	//	1	2	
Meurthe	//	//	//	//	//	//	//	//	//	//	
Meuse	//	//	//	//	//	//	//	//	//	//	
Morbihan	//	//	//	//	//	//	//	//	//	//	
Moselle	//	4	//	4	3	1	//	2	4	20	
Nièvre	2	3	//	5	1	4	//	8	5	1	
Nord	//	10	//	10	6	4	//	15	12	2	
Oise	//	4	//	4	3	1	//	2	4	5	
Orne	//	5	//	5	3	1	1	7	6	6	
Pas-de-Calais	//	3	//	3	3	//	//	3	5	5	
Puy-de-Dôme	4	24	2	30	22	3	5	//	25	10	
Pyrénées (Basses-)	//	2	4	6	2	//	4	//	6	4	
Pyrénées (Hautes-)	//	1	3	4	1	//	3	4	5	5	
Pyrénées-Orientales	//	1	1	2	2	//	//	16	4	3	
Rhin (Bas-)	//	12	2	14	2	10	2	13	14	12	
	//	1	//	1	//	1	//	//	1	//	
Rhin (Haut-)	//	//	//	//	//	//	//	7	//	//	
Rhône	6	22	1	29	10	8	11	//	29	13	
Saône (Haute-)	1	1	//	2	1	1	//	2	2	10	
Saône-et-Loire	//	5	1	6	2	3	1	14	5	5	
Sarthe	//	3	//	3	3	//	//	//	3	9	
Savoie	//	(8)	(2)	(8)	8	//	//	//	8	12	
Savoie (Haute-)	//	24	2	26	18	//	//	//	18	18	
Seine	//	//	//	//	//	//	//	//	//	6	
Seine-Inférieure	//	//	//	//	//	//	//	//	//	//	
Seine-et-Marne	//	//	//	//	//	//	//	//	//	//	
Seine-et-Oise	//	9	1	10	1	3	6	//	10	3	
Sèvres (Deux-)	//	//	//	//	//	//	//	//	//	4	
Somme	//	//	//	//	//	//	//	//	//	//	
Tarn	//	9	7	16	6	//	10	//	18	6	
Tarn-et-Garonne	//	//	//	//	//	//	//	//	//	//	
Var	//	6	1	7	4	//	3	11	7	7	
Vaucluse	//	//	//	//	//	//	//	//	//	//	
Vendée	//	3	//	3	3	//	//	4	4	8	
Vienne	//	//	//	//	//	//	//	//	//	//	
Vienne (Haute-)	//	//	//	//	//	//	//	//	//	//	
Vosges	//	//	//	//	//	//	//	//	//	//	
Yonne	//	6	//	6	2	4	//	//	6	6	
TOTAUX	31	323	62	416	235	87	94	422	403	403	

Recrutement des élèves-maîtresses.

DÉPARTEMENTS.	NOMBRE DES ASPIRANTES							OBSERVATIONS.
	nécessaires pour le recrutement des écoles.	inscrites en 1863.	éliminées ou ajournées après enquête				admises.	
			pour insuffisance de garanties morales.	pour insuffisance d'instruction.	pour causes diverses.	total.		
1	2	3	4	5	6	7	8	9
Ain	2	2	"	"	"	"	2	
Aisne	"	7	"	3	"	3	4	
Allier	4	5	"	1	"	1	4	
Alpes (Basses-)	7	10	"	3	"	3	7	
Alpes (Hautes-)	5	5	"	"	"	"	5	
Alpes-Maritimes	4	5	"	1	"	1	4	
Ardèche	"	"	"	"	"	"	"	
Ardennes	4	10	"	5	1	6	4	
Ariége	"	"	"	"	"	"	"	
Aube	1	3	"	2	"	2	1	
Aude	5	5	"	"	"	"	5	
Aveyron	3	8	"	5	"	5	3	
Bouches-du-Rhône	21	26	"	5	"	5	21	
Calvados	9	13	"	1	2	3	10	
Cantal	"	"	"	"	"	"	"	
Charente	6	15	"	2	7	9	6	
Charente-Inférieure	8	16	"	5	3	8	8	
Cher	"	"	"	"	"	"	"	
Corrèze	"	"	"	"	"	"	"	
Corse	5	17	"	9	3	12	5	
Côte-d'Or	"	"	"	"	"	"	"	
Côtes-du-Nord	2	5	"	"	3	3	2	
Creuse	4	8	"	3	1	4	4	
Dordogne	8	11	"	3	"	3	8	
Doubs	12	12	"	"	1	1	11	
Drôme	"	9	"	5	"	5	4	
Eure	"	"	"	"	"	"	"	
Eure-et-Loir	1	1	"	"	"	"	1	
Finistère	"	"	"	"	"	"	"	
Gard	9	14	"	5	"	5	9	
Garonne (Haute-)	"	"	"	"	"	"	"	
Gers	"	"	"	"	"	"	"	
Gironde	5	9	"	4	"	4	5	
Hérault	4	8	"	1	3	4	4	
Ille-et-Vilaine	"	"	"	"	"	"	"	
Indre	"	"	"	"	"	"	"	
Indre-et-Loire	2	5	"	3	"	3	2	
Isère	8	14	"	6	"	6	8	
Jura	14	31	2	11	4	17	14	
Landes	3	3	"	"	"	"	3	
Loir-et-Cher	"	"	"	"	"	"	"	
Loire	"	"	"	"	"	"	"	
Loire (Haute-)	10	10	"	"	"	"	10	
Loire-Inférieure	3	4	"	1	"	1	3	
Loiret	9	24	"	5	4	9	15	
Lot	"	"	"	"	"	"	"	
Lot-et-Garonne	8	10	"	2	"	2	8	

Recrutement des élèves-maîtresses.

DÉPARTEMENTS.	NOMBRE DES ASPIRANTES							OBSERVATIONS.
	nécessaires pour le recrutement des écoles.	inscrites en 1863.	éliminées ou ajournées après enquête				admises.	
			pour insuffisance de garanties morales.	pour insuffisance d'instruction.	pour causes diverses.	total.		
1	2	3	4	5	6	7	8	9
Lozère	4	12	"	6	2	8	4	
Maine-et-Loire	10	12	"	2	"	2	10	
Manche	16	26	2	3	5	10	16	
Marne	9	10	"	1	"	1	9	
Marne (Haute-)	"	"	"	"	"	"	"	
Mayenne	1	4	"	"	3	3	1	
Meurthe	"	"	"	"	"	"	"	
Meuse	"	"	"	"	"	"	"	
Morbihan	"	"	"	"	"	"	"	
Moselle	4	5	"	1	"	1	4	
Nièvre	4	10	"	"	6	6	4	
Nord	15	32	"	13	4	17	15	
Oise	4	4	"	"	"	"	4	
Orne	7	10	"	"	3	3	7	
Pas-de-Calais	3	6	"	3	"	3	3	
Puy-de-Dôme	6	9	"	"	3	3	6	
Pyrénées (Basses-)	6	11	"	5	"	5	6	
Pyrénées (Hautes-)	5	13	"	6	"	6	7	
Pyrénées-Orientales	3	5	"	1	1	2	3	
Rhin (Bas-)	14	24	"	10		10	14	
	1	6	"	3	2	5	1	
Rhin (Haut-)	"	"	"	"	"	"	"	
Rhône	25	33	"	5	3	8	25	
Saône (Haute-)	5	7	"	3	"	3	4	
Saône-et-Loire	6	7	"	1	1	2	5	
Sarthe	3	7	"	3	1	4	3	
Savoie	8	24	"	12	4	16	8	
Savoie (Haute-)	16	17	"	"	1	1	16	
Seine	"	"	"	"	"	"	"	
Seine-Inférieure	"	"	"	"	"	"	"	
Seine-et-Marne	"	"	"	"	"	"	"	
Seine-et-Oise	"	"	"	"	"	"	"	Il n'y a pas de concours.
Sèvres (Deux-)	"	"	"	"	"	"	"	
Somme	"	"	"	"	"	"	"	
Tarn	5	7	"	2	"	2	5	
Tarn-et-Garonne	"	"	"	"	"	"	"	
Var	8	10	"	"	2	2	8	
Vaucluse	"	"	"	"	"	"	"	
Vendée	3	9	"	2	"	2	7	
Vienne	"	"	"	"	"	"	"	
Vienne (Haute-)	"	"	"	"	"	"	"	
Vosges	"	"	"	"	"	"	"	
Yonne	6	9	"	3	"	3	6	
Totaux	383	054	4	176	73	253	401	

TABLEAU N° 113.

RECRUTEMENT DU PERSONNEL.

Personnel des écoles normales et des cours normaux.

DÉPARTEMENTS.	NOMBRE DE PERSONNES ATTACHÉES AUX ÉCOLES NORMALES.									OBSERVATIONS.
	DIRECTRICES.	AUMÔNIERS.	MAÎTRESSES dirigeant les écoles annexes.	MAÎTRESSES adjointes chargées de cours.	PROFESSEURS externes. Hommes.	PROFESSEURS externes. Femmes.	NOMBRE de domestiques. Hommes.	NOMBRE de domestiques. Femmes.	TOTAL.	
1	2	3	4	5	6	7	8	9	10	11
Ain	1	//	//	1	//	//	//	//	2	
Aisne	1	1	1	//	1	//	//	1	5	
Allier	1	1	6	6	1	//	//	//	15	
Alpes (Basses-)	1	1	//	3	//	//	//	3	8	
Alpes (Hautes-)	1	1	3	2	2	1	//	4	14	
Alpes-Maritimes	//	//	//	//	//	//	//	//	//	
Ardèche	//	//	//	//	//	//	//	//	//	
Ardennes	1	1	//	1	//	1	//	//	4	
Ariége	//	//	//	//	//	//	//	//	//	
Aube	1	//	//	5	4	2	//	3	15	
Aude	1	1	3	4	//	//	//	//	9	
Aveyron	1	1	3	3	//	//	//	2	10	
Bouches-du-Rhône	1	1	2	4	1	1	//	3	13	
Calvados	2	3	4	4	//	//	//	//	13	
Cantal	//	//	//	//	//	//	//	//	//	
Charente	1	1	//	2	//	//	//	1	5	
Charente-Inférieure	2	//	//	//	//	//	//	//	2	
Cher	//	//	//	//	//	//	//	//	//	
Corrèze	//	//	//	//	//	//	//	//	//	
Corse	1	1	1	2	1	//	//	3	9	
Côte-d'Or	//	//	//	//	//	//	//	//	//	
Côtes-du-Nord	1	1	//	4	//	//	//	//	6	
Creuse	1	//	//	2	//	//	//	//	3	
Dordogne	1	1	1	3	//	//	//	2	8	
Doubs	1	1	1	4	1	1	//	5	14	
Drôme	2	//	//	2	//	//	//	//	4	
Eure	//	//	//	//	//	//	//	//	//	
Eure-et-Loir	1	1	//	//	2	//	//	1	5	
Finistère	//	//	//	//	//	//	//	//	//	
Gard	1	1	1	1	3	//	//	2	9	
Garonne (Haute-)	//	//	//	//	//	//	//	//	//	
Gers	//	//	//	//	//	//	//	//	//	
Gironde	1	1	1	//	3	//	//	2	8	
Hérault	1	//	//	3	//	//	//	//	4	
Ille-et-Vilaine	1	//	1	1	//	//	//	//	3	
Indre	//	//	//	//	//	//	//	//	//	
Indre-et-Loire	1	1	1	//	//	//	//	//	3	
Isère	1	//	1	2	//	//	//	2	6	
Jura	1	1	3	4	//	//	//	2	11	
Landes	1	1	//	3	//	//	//	//	5	
Loir-et-Cher	//	//	//	//	//	//	//	//	//	
Loire	//	//	//	//	//	//	//	//	//	
Loire (Haute-)	1	//	//	2	//	//	//	1	4	
Loire-Inférieure	1	//	2	1	//	//	//	1	5	
Loiret	1	1	3	3	1	2	//	2	13	
Lot	//	//	//	//	//	//	//	//	//	
Lot-et-Garonne	1	//	1	1	//	//	//	2	5	

Personnel des écoles normales et des cours normaux.

DÉPARTEMENTS.	NOMBRE DE PERSONNES ATTACHÉES AUX ÉCOLES NORMALES.									OBSERVATIONS.
	DIRECTRICES.	AUMÔNIERS.	MAÎTRESSES dirigeant les écoles annexes.	MAÎTRESSES adjointes chargées de cours.	PROFESSEURS externes. Hommes.	PROFESSEURS externes. Femmes.	NOMBRE de domestiques. Hommes.	NOMBRE de domestiques. Femmes.	TOTAL.	
1	2	3	4	5	6	7	8	10	11	12
Lozère	1	//	//	//	//	//	//	//	1	
Maine-et-Loire	1	//	//	//	2	//	//	//	3	
Manche	2	2	1	7	1	//	//	//	13	
Marne	1	1	//	3	//	1	//	//	6	
Marne (Haute-)	//	//	//	//	//	//	//	//	//	
Mayenne	1	1	2	//	//	//	//	1	5	
Meurthe	//	//	//	//	//	//	//	//	//	
Meuse	//	//	//	//	//	//	//	//	//	
Morbihan	//	//	//	//	//	//	//	//	//	
Moselle	1	//	//	//	1	//	//	//	2	
Nièvre	1	1	//	1	1	//	//	//	4	
Nord	1	1	5	5	1	//	//	2	15	
Oise	1	1	//	1	//	//	1	2	6	
Orne	1	1	1	2	//	1	//	//	6	
Pas-de-Calais	1	1	//	4	//	//	//	5	11	
Puy-de-Dôme	1	//	//	2	//	//	//	1	4	
Pyrénées (Basses-)	1	//	//	1	//	//	//	1	3	
Pyrénées (Hautes-)	1	1	1	2	//	//	//	//	5	
Pyrénées-Orientales	1	//	//	//	//	//	//	//	1	
Rhin (Bas-)	2	1	1	3	3	//	1	3	14	
Rhin (Haut-)	//	//	//	//	//	//	//	//	//	
Rhône	2	1	//	6	//	1	//	1	11	
Saône (Haute-)	//	//	//	//	//	//	//	//	//	
Saône-et-Loire	1	1	//	3	1	//	//	1	7	
Sarthe	1	//	//	//	//	//	//	//	1	
Savoie	//	//	//	//	//	//	//	//	//	
Savoie (Haute-)	1	2	3	3	1	//	//	3	13	
Seine	//	//	//	//	//	//	//	//	//	
Seine-Inférieure	//	//	//	//	//	//	//	//	//	
Seine-et-Marne	//	//	//	//	//	//	//	//	//	
Seine-et-Oise	1	1	1	1	1	1	1	1	8	
Sèvres (Deux-)	1	//	//	2	//	//	//	//	3	
Somme	//	//	//	//	//	//	//	//	//	
Tarn	1	1	//	4	2	//	//	4	12	
Tarn-et-Garonne	//	//	//	//	//	//	//	//	//	
Var	1	1	2	2	//	//	//	2	8	
Vaucluse	//	//	//	//	//	//	//	//	//	
Vendée	1	//	//	1	1	//	//	1	4	
Vienne	//	//	//	//	//	//	//	//	//	
Vienne (Haute-)	//	//	//	//	//	//	//	//	//	
Vosges	//	//	//	//	//	//	//	//	//	
Yonne	1	//	//	3	//	//	//	//	4	
TOTAUX	64	41	56	129	35	12	3	70	410	

Dépenses des écoles normales et des cours normaux.

DÉPARTEMENTS.	DÉPENSES ORDINAIRES À LA CHARGE de l'État.	des départements.	des villes.	des écoles normales sur leurs ressources propres.	des familles.	DÉPENSES EXTRAORDINAIRES À LA CHARGE de l'État.	des départements.	des villes.	des fonds propres aux écoles normales.	TOTAL des DÉPENSES.	OBSERVATIONS.
1	2	3	4	5	6	7	8	9	10	11	12
Ain	″	2,500^f 00^c	″	″	″	″	″	″	″	2,500^f 00^c	
Aisne	1,060^f 00^c	3,860 00	″	″	″	″	″	″	″	4,920 00	
Allier	6,000 00	3,100 00	″	″	″	″	″	″	″	9,100 00	
Alpes (Basses-)	4,117 50	″	″	″	″	″	″	″	″	4,117 50	
Alpes (Hautes-)	2,100 00	800 00	″	″	″	″	″	″	″	2,900 00	
Alpes-Maritimes	(2,880 00)	″	″	″	″	″	″	″	″	(2,880 00)	
Ardèche	″	″	″	″	″	″	″	″	″	″	
Ardennes	2,600 00	5,075 75	″	″	″	80^f	594 00^c	″	″	8,349 75	
Ariége	″	″	″	″	″	″	″	″	″	″	
Aube	″	800 00	″	″	″	″	″	″	″	800 00	
Aude	″	1,200 00	″	″	″	″	″	″	″	1,200 00	
Aveyron	2,000 00	″	″	″	″	″	″	″	″	2,000 00	
Bouches-du-Rhône	4,900 00	11,195 00	650^f	115^f	11,160^f	″	″	″	″	28,110 00	
Calvados	1,050 00	7,000 00	″	″	″	″	″	″	″	8,050 00	
Cantal	″	″	″	″	″	″	″	″	″	″	
Charente	1,200 00	3,300 00	″	″	″	″	″	″	″	4,500 00	
Charente-Inférieure	″	5,040 00	″	″	″	″	″	″	″	5,040 00	
Cher	″	″	″	″	″	″	″	″	″	″	
Corrèze	″	″	″	″	″	″	″	″	″	″	
Corse	10,056 00	4,500 00	″	″	″	″	″	″	″	14,556 00	
Côte-d'Or	″	″	″	″	″	″	″	″	″	″	
Côtes-du-Nord	″	1,790 00	″	″	″	″	″	″	″	1,790 00	
Creuse	5,250 00	″	″	″	″	″	″	″	″	5,250 00	
Dordogne	3,000 00	3,000 00	″	″	″	″	″	″	″	6,000 00	
Doubs	2 600 00	11,000 00	″	3,400	11,300	140	″	″	″	29,040 00	
Drôme	″	1,500 00	″	″	″	″	″	″	″	1,500 00	
Eure	″	″	″	″	″	″	″	″	″	″	
Eure-et-Loir	″	2,400 00	″	″	″	″	″	″	″	2,400 00	
Finistère	″	″	″	″	″	″	″	″	″	″	
Gard	(1) 600 00	(3) 3,000 00	(2) 900	″	″	″	″	″	″	4,500 00	
Garonne (Haute-)	″	″	″	″	″	″	″	″	″	″	(1) Entretien de deux bourses pour deux élèves de la Lozère.
Gers	″	″	″	″	″	″	″	″	″	″	
Gironde	″	5,100 00	″	″	″	″	″	″	″	5,100 00	
Hérault (2)	″	5,000 00	″	″	″	″	″	″	″	5,000 00	(2) Entretien de trois bourses par la Société d'encouragement de Paris.
Ille-et-Vilaine	″	2,000 00	″	″	″	″	″	″	″	2,000 00	
Indre	″	″	″	″	″	″	″	″	″	″	(3) Fournis par plusieurs départements, qui envoient des élèves dans l'école de Nîmes.
Indre-et-Loire	″	2,400 00	″	″	″	″	″	″	″	2,400 00	
Isère	1,100 00	11,000 00	″	″	″	″	″	″	″	12,100 00	
Jura	2,465 00	15,131 67	1,000	890	8,500	445	4,265 83	″	″	32,697 50	
Landes	1,050 00	″	″	″	″	″	″	″	″	1,050 00	
Loir-et-Cher	″	″	″	″	″	″	″	″	″	″	
Loire	″	″	″	″	″	″	″	″	″	″	
Loire (Haute-)	5,500 00	5,250 00	″	″	″	″	″	″	″	10,750 00	
Loire-Inférieure	″	3,000 00	″	″	″	″	″	″	″	3,000 00	
Loiret	2,800 00	6,668 00	″	″	4,800	″	″	″	″	14,268 00	
Lot	″	″	″	″	″	″	″	″	″	″	
Lot-et-Garonne	″	8,600 00	″	″	″	″	″	″	″	8,600 00	

Dépenses des écoles normales et des cours normaux.

DÉPARTEMENTS.	DÉPENSES ORDINAIRES À LA CHARGE					DÉPENSES EXTRAORDINAIRES À LA CHARGE				TOTAL des DÉPENSES.	OBSERVATIONS.
	de l'État.	des départements.	des villes.	des écoles normales sur leurs ressources propres.	des familles.	de l'État.	des départements.	des villes.	des fonds propres aux écoles normales.		
1	2	3	4	5	6	7	8	9	10	11	12
Lozère	3,000f 00c	1,400f 00c	″	″	″	″	″	″	″	4,400f 00c	
Maine-et-Loire	″	1,200 00	″	″	″	″	″	″	″	1,200 00	
Manche	3,000 00	12,600 00	″	″	″	″	″	″	″	15,600 00	
Marne	2,600 00	3,000 00	″	″	″	″	″	″	″	5,600 00	
Marne (Haute-)	″	″	″	″	″	″	″	″	″	″	
Mayenne	″	400 00	″	″	″	″	″	″	″	400 00	
Meurthe	″	″	″	″	″	″	″	″	″	″	
Meuse	″	″	″	″	″	″	″	″	″	″	
Morbihan	″	″	″	″	″	″	″	″	″	″	
Moselle	″	2,700 00	″	″	″	″	″	″	″	2,700 00	
Nièvre	800 00	2,800 00	″	″	″	″	″	″	″	3,600 00	
Nord	2,400 00	12,000 00	″	″	″	″	″	″	″	14,400 00	
Oise	″	6,000 00	″	″	″	″	″	″	″	6,000 00	
Orne	2,200 00	9,994 00	200f	″	″	400f	1,129 00	″	″	13,923 00	
Pas-de-Calais	2,000 00	4,000 00	″	″	″	″	″	″	″	6,000 00	
Puy-de-Dôme	″	2,400 00	″	″	″	″	″	″	″	2,400 00	
Pyrénées (Basses-)	600 00	4,100 00	″	″	″	″	″	″	″	4,700 00	
Pyrénées (Hautes-)	2,420 00	5,420 00	″	″	″	″	″	″	″	7,840 00	
Pyrénées-Orientales	2,100 00	″	″	″	″	″	″	″	″	2,100 00	
Rhin (Bas-)	2,200 00	19,170 00	″	45f	6,400f	″	200 00	″	″	28,015 00	
Rhin (Haut-)	″	″	″	″	″	″	″	″	″	″	
Rhône	″	14,200 00	″	″	″	″	″	″	″	14,200 00	
Saône (Haute-)	″	″	″	″	″	″	″	″	″	″	
Saône-et-Loire	″	4,600 00	″	″	″	″	″	″	″	4,600 00	
Sarthe	800 00	1,600 00	″	″	″	″	″	″	″	2,400 00	
Savoie	″	(6,845 00)	″	″	″	″	(5,800 00)	″	″	(12,645 00)	
Savoie (Haute-)	6,720 00	13,690 00	900	″	5,040	″	8,200 00	″	32,435f	66,985 00	
Seine	″	″	″	″	″	″	″	″	″	″	
Seine-Inférieure	″	″	″	″	″	″	″	″	″	″	
Seine-et-Marne	″	″	″	″	″	″	″	″	″	″	
Seine-et-Oise (1)	1,166 70	″	″	″	″	″	″	″	″	1,166 70	(1) Établissement libre entretenu par le consistoire à Boissy-Saint-Léger.
Sèvres (Deux-)	″	1,900 00	″	″	″	″	″	″	″	1,900 00	
Somme	″	″	″	″	″	″	″	″	″	″	
Tarn	″	2,100 00	″	″	″	″	″	″	″	2,100 00	
Tarn-et-Garonne	″	″	″	″	″	″	″	″	″	″	
Var	″	6,000 00	″	″	″	″	″	″	″	6,000 00	
Vaucluse	″	″	″	″	″	″	″	″	″	″	
Vendée	800 00	3,700 00	″	″	″	″	″	″	″	4,500 00	
Vienne	″	″	″	″	″	″	″	″	″	″	
Vienne (Haute-)	″	″	″	″	″	″	″	″	″	″	
Vosges	″	″	″	″	″	″	″	″	″	″	
Yonne	800 00	4,000 00	″	″	″	″	″	″	″	4,800 00	
TOTAUX	93,145 20	274,784 42	3,650	4,450	47,200	1,065	14,388 83	″	32,435	471,118 45	

IVᴱ PARTIE.

ÉTATS

OU

TABLEAUX RÉCAPITULATIFS ET COMPARATIFS.

1°

ÉTATS OU TABLEAUX RÉCAPITULATIFS.

OBSERVATIONS.

Ces tableaux résument, autant qu'il a été possible de le faire, les chiffres les plus importants disséminés dans la statistique des écoles primaires et des salles d'asile (Ire et IIe parties), quelques-uns, tels que les nos 118 et 122, donnent des renseignements qui n'avaient pu trouver place dans les deux premières parties, parce qu'ils se rapportent à la fois a différents ordres d'établissements.

1°

ÉTATS OU TABLEAUX RÉCAPITULATIFS.

N° 115. Situation des communes en ce qui concerne les écoles primaires et les salles d'asile.

N° 116. Établissements d'instruction primaire; écoles publiques, écoles libres; salles d'asile publiques, salles d'asile libres : *laïques, congréganistes.*

N° 117. Population des écoles primaires et des salles d'asile.

N° 118. Élèves sortis des écoles primaires en 1863 pour n'y plus rentrer et classés d'après le degré de leur instruction.

N° 119. Personnel enseignant : instituteurs, institutrices, directrices des salles d'asile; maîtres-adjoints, maîtresses-adjointes : *laïques, congréganistes.*

N° 120. Traitements scolaires des instituteurs, des institutrices, des directrices de salles d'asile et de leurs adjoints.

N° 121. État des sommes jugées nécessaires pour rendre partout convenables les locaux et les mobiliers des établissements d'intruction primaire.

N° 122. Bibliothèques scolaires.

Situation des communes en ce qui concerne les écoles primaires et les salles d'asile.

DÉPARTEMENTS.	NOMBRE TOTAL des communes.	COMMUNES DÉPOURVUES d'écoles.	COMMUNES POURVUES au moins d'une école.	COMMUNES POURVUES en outre d'une école spéciale de filles.	COMMUNES POURVUES en outre d'une salle d'asile.
1	2	3	4	5	6
Ain	450	3	447	300	21
Aisne	836	1	835	244	24
Allier	317	22	295	102	10
Alpes (Basses-)	254	4	250	114	7
Alpes (Hautes-)	189	″	189	133	2
Alpes-Maritimes	146	1	145	74	9
Ardèche	339	″	339	260	11
Ardennes	478	5	473	170	25
Ariége	336	″	336	116	7
Aube	446	4	442	98	11
Aude	434	42	392	161	8
Aveyron	282	″	282	279	10
Bouches-du-Rhône	106	1	105	96	7
Calvados	767	4	763	371	16
Cantal	259	″	259	215	6
Charente	428	46	382	173	10
Charente-Inférieure	479	16	463	260	13
Cher	290	4	286	103	11
Corrèze	286	1	285	125	5
Corse	353	1	352	81	4
Côte-d'Or	717	1	716	247	32
Côtes-du-Nord	382	17	365	233	17
Creuse	261	″	261	104	5
Dordogne	582	46	536	144	11
Doubs	639	2	637	371	12
Drôme	366	15	351	210	22
Eure	700	48	652	201	9
Eure-et-Loir	426	″	426	111	14
Finistère	284	38	246	167	7
Gard	348	8	340	238	27
Garonne (Haute-)	578	94	484	239	6
Gers	466	12	454	213	10
Gironde	547	27	520	462	38
Hérault	331	5	326	219	47
Ille-et-Vilaine	350	3	347	250	8
Indre	245	9	236	80	10
Indre-et-Loire	281	7	274	114	13
Isère	550	6	544	428	21
Jura	583	8	575	323	25
Landes	331	6	325	147	9
Loir-et-Cher	298	14	284	127	7
Loire	320	″	320	236	22
Loire (Haute-)	260	″	260	141	19
Loire-Inférieure	208	″	208	203	16
Loiret	349	2	347	190	33
Lot	315	9	306	240	4
Lot-et-Garonne	316	7	309	157	14
Lozère	193	″	193	191	3
Maine-et-Loire	376	3	373	278	30
Manche	644	3	641	634	16
Marne	667	5	662	214	38
Marne (Haute-)	550	6	544	239	12
Mayenne	274	1	273	226	12
Meurthe	714	2	712	373	81
Meuse	587	″	587	301	108
Morbihan	237	11	226	119	8
Moselle	629	″	629	290	66
Nièvre	314	11	303	86	15
Nord	660	″	660	465	91
Oise	700	2	698	196	30
Orne	511	17	494	230	10
Pas-de-Calais	903	3	900	306	29
Puy-de-Dôme	443	25	418	308	7
Pyrénées (Basses-)	559	12	547	229	13
Pyrénées (Hautes-)	479	13	466	257	5
Pyrénées-Orientales	230	42	188	117	2
Rhin (Bas-)	542	″	542	273	113
Rhin (Haut-)	490	1	489	292	87
Rhône	258	2	256	219	27
Saône (Haute-)	583	″	583	386	19
Saône-et-Loire	583	34	549	332	15
Sarthe	389	11	378	260	12
Savoie	325	″	325	274	7
Savoie (Haute-)	309	1	308	249	3
Seine	70	″	70	62	46
Seine-Inférieure	759	7	752	396	19
Seine-et-Marne	527	″	527	170	56
Seine-et-Oise	684	10	674	264	79
Sèvres (Deux-)	355	8	347	127	9
Somme	832	5	827	301	21
Tarn	316	18	298	161	14
Tarn-et-Garonne	193	4	189	104	8
Var	143	2	141	115	30
Vaucluse	149	″	149	113	19
Vendée	298	3	295	216	11
Vienne	296	10	286	116	11
Vienne (Haute-)	200	″	200	84	7
Vosges	548	3	545	309	47
Yonne	483	4	479	178	19
TOTAUX	37,510	* 818	36,692	19,312	1,936

* La liste de ces communes se trouve à la fin du volume, ANNEXE A.

TABLEAU N° 116.

Établissements d'ins

DÉPARTEMENTS.	ÉCOLES PUBLIQUES							ÉCOLES		
	DE GARÇONS OU MIXTES,			DE FILLES,			TOTAL des écoles publiques.	DE GARÇONS,		
	laïques.	congréganistes.	TOTAL.	laïques.	congréganistes.	TOTAL.		laïques.	congréganistes.	TOTAL.
1	2	3	4	5	6	7	8	9	10	11
Ain	418	40	458	84	114	198	656	12	5	17
Aisne	862	12	874	105	123	228	1,102	27	2	29
Allier	239	49	288	21	39	60	348	17	9	26
Alpes (Basses-)	344	13	357	42	43	85	442	5	″	5
Alpes (Hautes-)	299	30	329	28	95	123	452	15	″	15
Alpes-Maritimes	190	7	197	50	26	76	273	21	1	22
Ardèche	288	132	420	28	113	141	561	20	6	26
Ardennes	532	7	539	91	75	166	705	10	1	11
Ariége	288	10	298	39	27	66	364	3	3	6
Aube	437	5	442	26	60	86	528	3	1	4
Aude	372	15	387	37	53	90	477	22	1	23
Aveyron	516	62	578	99	65	164	742	42	10	52
Bouches-du-Rhône	106	49	155	18	74	92	247	111	16	127
Calvados	519	49	568	94	138	232	800	16	3	19
Cantal	255	56	311	111	49	160	471	9	3	12
Charente	366	4	370	35	9	44	414	21	3	24
Charente-Inférieure	404	11	415	90	35	125	540	58	2	60
Cher	232	9	241	32	54	86	327	10	6	16
Corrèze	285	12	297	24	29	53	350	10	1	11
Corse	387	12	399	62	10	72	471	20	1	21
Côte-d'Or	690	2	692	71	124	195	887	6	8	14
Côtes-du-Nord	235	122	357	72	69	141	498	6	13	19
Creuse	236	8	244	41	8	49	293	43	1	44
Dordogne	491	9	500	55	27	82	582	18	6	24
Doubs	568	12	580	162	135	297	877	13	1	14
Drôme	372	56	428	56	150	206	634	34	4	38
Eure	478	23	501	22	82	104	605	18	3	21
Eure-et-Loir	388	7	395	28	44	72	467	8	3	11
Finistère	196	36	232	36	31	67	299	28	6	34
Gard	332	67	399	95	157	252	651	61	6	67
Garonne (Haute-)	447	27	474	27	25	52	526	53	16	69
Gers	430	13	443	32	21	53	496	39	5	44
Gironde	387	34	421	202	114	316	737	55	9	64
Hérault	324	35	359	72	66	138	497	109	6	115
Ille-et-Vilaine	233	126	359	72	94	166	525	15	21	36
Indre	211	10	221	28	26	54	275	7	2	9
Indre-et-Loire	216	47	263	23	49	72	335	13	3	16
Isère	527	56	583	224	184	408	991	34	15	49
Jura	567	14	581	196	83	279	860	10	7	17
Landes	307	12	319	61	43	104	423	16	″	16
Loir-et-Cher	254	14	268	28	39	67	335	7	2	9
Loire	178	170	348	14	209	223	571	29	8	37
Loire (Haute-)	215	78	293	2	17	19	312	18	3	21
Loire Inférieure	191	43	234	61	51	112	346	41	16	57
Loiret	326	13	339	81	73	154	493	8	4	12
Lot	293	19	312	27	12	39	351	20	2	22
Lot-et-Garonne	283	11	294	30	19	49	343	37	3	40

truction primaire.

LIBRES					SALLES D'ASILES							
DE FILLES,				TOTAL GÉNÉRAL des écoles primaires.	PUBLIQUES,			LIBRES,			TOTAL général des salles d'asile.	TOTAL GÉNÉRAL des écoles primaires et des salles d'asile.
laïques.	congréganistes.	TOTAL.	TOTAL des écoles libres.		laïques.	congréganistes.	TOTAL.	laïques.	congréganistes.	TOTAL.		
12	13	14	15	16	17	18	19	20	21	22	23	24
34	102	130	153	809	″	21	21	1	12	13	34	843
53	28	81	110	1,212	7	18	25	6	11	17	42	1,254
38	60	98	124	472	2	11	13	2	3	5	18	490
31	24	55	60	502	″	7	7	″	3	3	10	512
23	13	36	51	503	1	1	2	″	1	1	3	506
49	13	62	84	357	″	10	10	″	2	2	12	369
60	130	190	216	777	″	11	11	1	8	9	20	797
22	9	31	42	747	8	19	27	″	3	3	30	777
38	18	56	62	426	1	6	7	1	1	2	9	435
24	32	56	60	588	2	12	14	6	4	10	24	612
74	52	126	149	626	1	12	13	″	5	5	18	644
224	186	410	462	1,204	″	10	10	1	14	15	25	1,229
185	79	264	391	638	5	9	14	6	25	31	45	683
88	82	170	189	989	2	16	18	2	1	3	21	1,010
122	46	168	180	651	1	5	6	1	2	3	9	660
180	39	219	243	657	2	11	13	1	7	8	21	678
159	76	235	295	835	2	13	15	2	8	10	25	860
21	43	64	80	407	4	12	16	1	9	10	26	433
54	48	102	113	463	1	5	6	″	″	″	6	469
13	11	24	45	516	″	5	5	″	1	1	6	522
64	41	105	119	1,006	10	27	37	″	6	6	43	1,049
68	82	150	169	667	1	16	17	″	4	4	21	688
70	24	94	138	431	″	5	5	″	″	″	5	436
110	46	156	180	762	″	11	11	″	3	3	14	776
27	11	38	52	929	5	8	13	3	3	6	19	948
59	49	108	146	780	5	22	27	″	6	6	33	813
45	77	122	143	748	5	4	9	1	2	3	12	760
25	40	74	85	552	4	11	15	3	1	4	19	571
157	44	201	235	534	4	6	10	4	2	6	16	550
166	35	201	268	919	18	18	36	3	6	9	45	964
244	118	362	431	957	″	12	12	6	4	10	22	979
146	61	207	251	747	″	10	10	″	1	1	11	758
219	132	351	415	1,152	12	42	54	14	11	25	79	1,231
250	122	372	487	984	15	34	49	57	28	85	134	1,118
65	100	165	201	726	″	10	10	″	5	5	15	741
24	42	66	75	350	4	7	11	″	1	1	12	362
35	55	90	106	441	4	11	15	″	3	3	18	459
112	77	189	238	1,229	4	18	22	″	5	5	27	1,256
24	31	55	72	932	11	16	27	1	1	2	29	961
46	27	73	89	512	″	9	9	1	1	2	11	523
32	57	89	98	433	″	9	9	1	1	2	11	444
34	64	98	135	706	″	34	34	3	8	11	45	751
14	155	169	190	502	″	20	20	″	17	17	37	539
129	96	225	282	628	6	13	19	16	6	22	41	669
44	65	109	121	614	10	28	38	1	15	16	54	668
103	155	258	280	631	″	4	4	″	2	2	6	637
122	67	189	229	572	2	15	17	2	2	4	21	593

Tableau n° 116.
(Suite.)

Établissements d'ins[truction]

DÉPARTEMENTS.	ÉCOLES PUBLIQUES							ÉCOLES	
	DE GARÇONS OU MIXTES,			DE FILLES,			TOTAL des écoles publiques.	DE GARÇONS,	
	laïques.	congréganistes.	TOTAL.	laïques.	congréganistes.	TOTAL.		laïques.	congréganistes.
1	2	3	4	5	6	7	8	9	10
•Lozère	257	17	274	205	19	224	498	10	3
•Maine-et-Loire	300	94	394	63	133	196	590	9	10
Manche	544	119	663	228	208	436	1,099	16	6
Marne	651	17	668	114	102	216	884	15	2
Marne (Haute-)	525	8	533	34	189	223	756	0	2
Mayenne	239	37	276	42	168	210	486	0	8
Meurthe	721	20	741	15	362	377	1,118	18	8
Meuse	581	6	587	71	226	297	884	8	5
Morbihan	155	82	237	19	34	53	290	19	3
Moselle	719	46	765	37	269	306	1,071	8	4
Nièvre	258	38	296	25	50	75	371	9	4
Nord	641	64	705	213	219	432	1,137	71	24
Oise	703	11	714	47	108	155	869	16	3
Orne	414	51	465	68	112	180	645	0	3
Pas-de-Calais	868	39	907	85	105	190	1,097	56	12
Puy-de-Dôme	355	73	428	26	41	67	495	45	6
Pyrénées (Basses-)	567	13	580	93	77	170	750	54	5
Pyrénées (Hautes-)	442	7	449	136	21	157	606	16	2
Pyrénées-Orientales	156	7	163	17	5	22	185	39	"
Rhin (Bas-)	721	44	765	88	240	328	1,093	23	14
Rhin (Haut-)	505	41	546	38	259	297	843	21	6
Rhône	200	123	323	35	65	100	423	66	21
Saône (Haute-)	606	8	614	251	119	370	984	5	6
Saône-et-Loire	497	35	532	59	115	174	706	25	18
Sarthe	341	30	371	100	122	222	593	0	1
Savoie	594	16	610	157	34	191	801	6	"
Savoie (Haute-)	280	35	315	133	97	230	545	37	"
Seine	124	48	172	77	79	156	328	338	30
Seine-Inférieure	697	18	715	23	285	308	1,023	48	16
Seine-et-Marne	505	8	513	53	71	124	637	12	3
Seine-et-Oise	625	14	639	88	85	173	812	39	5
Sèvres (Deux-)	334	13	347	46	24	70	417	36	6
Somme	854	18	872	56	194	250	1,122	46	3
Tarn	357	22	379	34	32	66	445	24	2
Tarn-et-Garonne	182	17	199	22	37	59	258	25	3
Var	121	31	152	32	34	66	218	65	3
Vaucluse	105	61	166	22	107	129	295	31	5
Vendée	276	18	294	81	65	146	440	6	7
Vienne	259	17	276	12	24	36	312	22	8
Vienne (Haute-)	201	9	210	15	12	27	237	29	3
Vosges	668	14	682	47	258	305	987	16	5
Yonne	486	1	487	57	72	129	616	15	5
Totaux	35,348	3,038	38,386	5,998	8,061	14,059	52,445	2,572	536

truction primaire.

Libres, de filles, laïques.	Libres, de filles, congréganistes.	Libres, de filles, total.	Total des écoles libres.	Total général des écoles primaires.	Salles d'asiles publiques, laïques.	Salles d'asiles publiques, congréganistes.	Salles d'asiles publiques, total.	Salles d'asiles libres, laïques.	Salles d'asiles libres, congréganistes.	Salles d'asiles libres, total.	Total général des salles d'asile.	Total général des écoles primaires et des salles d'asiles.
12	13	14	15	16	17	18	19	20	21	22	23	24
310	28	338	351	849	″	3	3	″	4	4	7	856
51	108	159	178	768	8	34	42	13	16	29	71	839
44	48	92	114	1,213	″	16	16	3	3	6	22	1,235
31	14	45	62	946	3	38	41	″	2	2	43	989
10	24	34	42	798	1	11	12	″	2	2	14	812
16	25	41	55	541	″	16	16	″	″	″	16	557
33	34	67	93	1,211	11	78	89	7	6	13	102	1,313
14	27	41	54	938	20	95	115	3	10	13	128	1,066
72	65	137	159	449	1	9	10	″	5	5	15	464
24	22	46	58	1,129	15	59	74	14	1	15	89	1,218
30	44	74	87	458	1	15	16	″	6	6	22	480
134	125	259	354	1,491	30	83	113	26	65	91	204	1,695
30	55	85	104	973	9	24	33	6	10	16	49	1,022
25	56	81	93	738	3	7	10	6	4	10	20	758
122	103	225	293	1,300	5	35	40	22	20	42	82	1,472
220	181	401	452	947	″	11	11	″	2	2	13	960
68	60	128	187	937	3	12	15	2	9	11	26	963
125	32	157	175	781	1	5	6	″	11	11	17	798
124	25	149	183	373	″	3	3	″	1	1	4	377
37	5	42	79	1,172	75	87	162	18	7	25	187	1,359
19	12	31	58	901	27	81	108	9	5	14	122	1,023
161	105	356	443	866	6	36	42	1	16	17	59	925
15	11	26	37	1,021	1	18	19	3	3	6	25	1,046
103	127	230	273	979	″	18	18	″	7	7	25	1,004
35	41	76	86	679	1	12	13	1	3	4	17	696
86	12	98	104	905	″	8	8	″	4	4	12	917
26	13	39	76	621	″	3	3	″	1	1	4	625
806	207	1,013	1,390	1,718	77	32	109	27	18	45	154	1,872
91	145	236	300	1,323	5	26	31	2	5	7	38	1,361
41	74	115	130	767	11	47	58	3	20	23	81	848
113	87	200	244	1,056	30	55	85	10	26	36	121	1,177
43	71	114	156	573	5	5	10	3	9	12	22	595
78	72	150	199	1,321	1	21	22	5	2	7	29	1,350
121	77	198	224	669	2	12	14	″	7	7	21	690
56	47	103	131	389	4	8	12	″	″	″	12	401
142	35	177	245	463	4	30	34	2	3	5	39	502
30	26	56	92	387	3	17	20	″	1	1	21	408
26	75	101	114	554	″	12	12	1	5	6	18	572
40	80	120	150	462	1	14	15	6	13	19	34	496
111	32	143	175	412	3	6	9	12	″	12	21	433
7	18	25	46	1,033	5	46	51	3	5	8	59	1,092
41	60	101	121	737	3	19	22	3	14	17	39	776
7,637	5,571	13,208	16,316	68,761	534	1,801	2,335	358	615	973	3,308	72,069

TABLEAU N° 117.

Population des établissements d'

DÉPARTEMENTS.	ÉLÈVES ADMIS DANS LES ÉCOLES PRIMAIRES									
	PUBLIQUES,									
	de garçons ou mixtes,			de filles,			TOTAL des élèves des écoles publiques.	de garçons,		
	Laïques.	Congréganistes.	TOTAL.	Laïques.	Congréganistes.	TOTAL.		Laïques.	Congréganistes.	TOTAL.
1	2	3	4	5	6	7	8	9	10	11
Ain	25,566	4,408	29,974	3,959	8,759	12,718	42,692	427	886	1,313
Aisne	48,950	2,060	51,010	5,897	11,001	16,898	67,908	1,624	112	1,736
Allier	12,586	4,035	16,621	854	3,733	4,587	21,208	1,213	1,470	2,683
Alpes (Basses-)	11,010	1,422	12,432	1,380	2,375	3,755	16,187	83	"	83
Alpes (Hautes-)	12,340	1,485	13,825	1,142	5,485	6,027	20,452	473	"	473
Alpes-Maritimes	8,196	1,851	10,047	2,181	2,419	4,600	14,647	720	55	775
Ardèche	12,965	10,924	23,889	759	5,155	5,014	29,803	673	560	1,233
Ardennes	32,322	2,396	34,718	6,096	8,808	14,904	49,622	603	73	676
Ariége	11,823	1,788	13,611	1,257	2,450	3,707	17,318	86	263	349
Aube	25,593	1,188	26,781	1,722	5,229	6,951	33,732	259	250	509
Aude	14,114	2,901	17,015	1,129	3,030	4,159	21,174	855	115	970
Aveyron	19,185	7,065	26,250	2,322	3,499	5,821	32,071	1,203	1,047	2,250
Bouches-du-Rhône	6,662	11,118	17,780	939	10,615	11,554	29,334	5,063	1,436	6,499
Calvados	27,101	4,553	31,654	5,187	9,738	14,925	46,579	767	364	1,131
Cantal	11,229	6,012	17,241	4,366	2,782	7,148	24,389	249	345	594
Charente	21,340	259	21,599	1,477	1,198	2,675	24,274	663	542	1,205
Charente-Inférieure	27,256	1,619	28,875	4,153	3,835	7,538	36,413	2,556	318	2,874
Cher	16,096	1,919	18,015	1,538	4,887	6,425	24,440	643	826	1,469
Corrèze	12,042	2,329	14,371	984	1,809	2,793	17,164	241	107	348
Corse	11,384	3,258	14,642	1,783	1,692	3,475	18,117	587	65	652
Côte-d'Or	39,150	614	39,764	4 307	9,217	13,524	53,288	416	1,659	2,075
Côtes-du-Nord	14,967	11,853	26,820	4,335	6,165	10,500	37,320	298	2,173	2,471
Creuse	15,188	1,472	16,660	1,540	579	2,119	18,779	1,062	60	1,122
Dordogne	23,212	1,255	24,467	1,890	2,301	4,191	28,658	835	826	1,661
Doubs	32,339	2,477	34,816	8,497	10,709	19,206	54,022	498	310	808
Drôme	16,048	6,352	22,400	2,416	8,507	10,923	33,323	1,242	344	1,586
Eure	24,428	2,084	26,512	1,158	5,468	6,626	33,138	578	372	950
Eure-et-Loir	26,246	1,602	27,848	1,975	4,037	6,012	33,860	526	450	976
Finistère	15,446	5,815	21,261	2,691	4,377	7,068	28,329	1,324	1,548	2,872
Gard	15,416	10,040	25,456	4,226	12,764	16,990	42,446	1,709	860	2,569
Garonne (Haute-)	16,977	5,057	22,034	1,256	1,845	3,101	25,135	1,851	1,633	3,484
Gers	13,071	1,582	14,653	767	2,086	2,853	17,506	1,240	392	1,632
Gironde	20,039	7,911	27,950	6,200	9,058	15,258	43,208	3,035	1,091	4,126
Hérault	12,467	7,226	19,693	2,408	5,741	8,149	27,842	4,493	966	5,459
Ille-et-Vilaine	17,550	13,573	31,123	4,027	8,643	12,670	43,793	661	2,745	3,406
Indre	10,753	1,861	12,614	1,140	2,356	3,496	16,110	475	294	769
Indre-et-Loire	12,846	3,061	15,907	985	3,231	4,216	20,123	757	151	908
Isère	31,145	7,780	38,925	10,179	13,832	24,011	62,936	1,024	2,124	3,148
Jura	27,918	2,479	30,397	9,476	7,023	16,499	46,896	395	720	1,115
Landes	14,506	2,111	16,617	2,496	4,285	6,781	23,398	577	"	577
Loir-et-Cher	18,057	1,600	19,657	2,000	3,998	5,998	25,655	322	77	399
Loire	10,095	23,062	33,157	641	20,615	21,256	54,413	1,480	1,307	2,787
Loire (Haute-)	8,681	6,826	15,507	64	719	783	16,290	503	440	943
Loire-Inférieure	15,429	5,452	20,881	3,436	6,128	9,564	30,445	3,065	4,385	7,450
Loiret	25,577	2,416	27,993	5,532	7,275	12,807	40,800	630	334	964
Lot	12,418	2,712	15,130	864	504	1,368	16,498	613	424	1,037
Lot-et-Garonne	14,466	2,269	16,735	1,264	2,062	3,326	20,061	1,432	465	1,897

d'instruction primaire.

LIBRES, de filles, laïques.	LIBRES, de filles, congréganistes.	LIBRES, de filles, TOTAL.	TOTAL des élèves des écoles libres.	TOTAL des élèves des écoles primaires publiques et libres.	ENFANTS ADMIS DANS LES SALLES D'ASILE — PUBLIQUES, laïques.	PUBLIQUES, congréganistes.	PUBLIQUES, TOTAL.	LIBRES, laïques.	LIBRES, congréganistes.	LIBRES, TOTAL.	TOTAL des enfants admis dans les salles d'asile publiques et libres.	TOTAL GÉNÉRAL des enfants admis dans les écoles primaires et les salles d'asile.
12	13	14	15	16	17	18	19	20	21	22	23	24
1,601	7,978	9,579	10,892	53,584	″	2,122	2,122	29	903	932	3,054	56,638
3,181	1,703	4,974	6,710	74,618	1,445	2,621	4,066	390	496	886	4,952	79,570
1,888	5,218	7,106	9,789	30,997	251	1,878	2,129	78	427	505	2,634	33,631
923	1,528	2,451	2,534	18,721	″	624	624	″	249	249	873	19,594
676	646	1,322	1,795	22,247	61	46	107	″	82	82	189	22,436
1,491	939	2,430	3,205	17,852	″	1,545	1,545	″	284	284	1,829	19,681
2,245	9,605	11,850	13,083	42,886	″	1,387	1,387	140	556	696	2,083	44,969
1,079	424	1,503	2,179	51,801	777	3,396	4,173	″	240	240	4,413	56,214
1,071	1,376	2,447	2,796	20,114	42	792	834	23	95	118	952	21,066
1,570	2,365	3,935	4,444	38,176	171	1,770	1,941	170	290	460	2,401	40,577
2,566	3,743	6,309	7,279	28,453	147	2,041	2,188	″	356	356	2,544	30,997
6,323	14,074	20,397	22,647	54,718	″	1,476	1,476	38	861	899	2,375	57,093
6,362	4,575	10,937	17,436	46,770	1,316	2,287	3,603	310	2,548	2,858	6,461	53,231
3,112	6,043	9,155	10,286	56,865	215	2,736	2,951	134	292	426	3,377	60,242
3,239	4,574	7,813	8,407	32,796	88	452	540	15	125	140	680	33,476
6,279	2,704	8,983	10,188	34,462	302	1,614	1,916	37	433	470	2,386	36,848
5,612	4,764	10,376	13,250	49,663	302	2,003	2,305	80	298	378	2,683	52,346
1,224	3,166	4,390	5,859	30,299	539	2,009	2,548	38	913	951	3,499	33,798
1,620	4,744	6,364	6,712	23,876	130	562	692	″	″	″	692	24,568
434	999	1,433	2,085	20,202	″	872	872	″	78	78	950	21,152
2,651	2,584	5,235	7,310	60,598	890	2,430	3,320	″	461	461	3,781	64,379
2,984	6,882	9,866	12,337	49,657	124	2,834	2,958	″	277	277	3,235	52,892
2,428	2,255	4,683	5,805	24,584	″	666	666	″	″	″	666	25,250
3,752	3,266	7,018	8,679	37,337	″	991	991	″	111	111	1,102	38,439
1,151	570	1,721	2,529	56,551	634	1,788	2,422	127	313	440	2,862	59,413
1,786	3,257	5,043	6,629	39,952	317	2,845	3,162	″	406	406	3,568	43,520
1,940	3,618	5,558	6,508	39,646	654	549	1,203	30	148	178	1,381	41,027
1,509	3,518	5,027	6,003	39,863	367	1,360	1,727	99	32	131	1,858	41,721
6,264	5,156	11,420	14,292	42,621	915	1,858	2,773	263	669	932	3,705	46,326
4,295	2,060	6,355	8,924	51,370	1,830	3,678	5,508	179	727	906	6,414	57,784
7,718	9,340	17,058	20,542	45,677	″	3,172	3,172	172	166	338	3,510	49,187
4,691	3,157	7,848	9,480	26,986	″	1,059	1,059	″	102	102	1,161	28,147
8,739	7,663	16,402	20,528	63,736	1,049	6,351	7,400	595	584	1,179	8,579	72,315
7,869	8,158	16,027	21,486	49,328	1,387	3,696	5,083	1,903	1,694	3,597	8,680	58,008
3,153	11,432	14,585	17,991	61,784	″	2,205	2,205	″	695	695	2,900	64,684
1,249	2,855	4,104	4,873	20,983	508	1,081	1,589	″	50	50	1,639	22,622
1,727	3,732	5,459	6,367	26,490	587	980	1,567	″	387	387	1,954	28,444
3,736	5,361	9,097	12,245	75,181	646	2,201	2,847	″	456	456	3,303	78,484
953	1,555	2,508	3,632	50,528	872	1,448	2,320	46	50	96	2,416	52,944
1,610	2,403	4,013	4,590	27,988	″	953	953	22	90	112	1,065	29,053
1,689	3,641	5,330	5,729	31,384	″	1,553	1,553	325	27	352	1,905	33,289
1,177	5,985	7,162	9,949	64,362	″	5,938	5,938	143	893	1,036	6,974	71,336
448	9,984	10,432	11,375	27,665	″	2,083	2,083	″	919	919	3,002	30,667
6,355	8,694	15,049	22,499	52,944	863	2,264	3,127	635	811	1,446	4,573	57,517
2,659	4,285	6,944	7,908	48,708	1,142	3,455	4,597	59	1,302	1,361	5,958	54,666
2,915	8,043	10,958	11,995	28,493	″	707	707	″	109	109	816	29,309
4,372	4,425	8,797	10,694	30,755	97	2,077	2,174	119	117	236	2,410	33,165

TABLEAU N° 117.
(Suite.)

Population des établissement

DÉPARTEMENTS.	ÉLÈVES ADMIS DANS LES ÉCOLES									
	PUBLIQUES									
	de garçons ou mixtes,			de filles,			TOTAL des élèves des écoles publiques.	de garçons,		
	laïques.	congréganistes.	TOTAL.	laïques.	congréganistes.	TOTAL.		laïques.	congréganistes.	TOTAL.
1	2	3	4	5	6	7	8	9	10	11
Lozère	8,347	2,291	10,638	3,352	945	4,297	14,935	178	245	423
Maine-et-Loire	20,470	8,840	29,310	3,775	11,725	15,500	44,810	341	1,295	1,63[illegible]
Manche	32,691	7,926	40,617	10,574	14,638	25,212	65,829	1,394	803	2,19[illegible]
Marne	31,670	3,841	35,511	6,260	9,475	15,735	51,246	1,098	278	1,37[illegible]
Marne (Haute-)	26,648	1,504	28,152	1,582	11,798	13,380	41,532	343	287	63[illegible]
Mayenne	15,586	3,324	18,910	2,063	13,924	15,987	34,897	325	1,002	1,32[illegible]
Meurthe	36,794	1,292	38,086	1,096	19,193	20,289	58,375	870	1,055	1,92[illegible]
Meuse	28,446	499	28,945	3,055	11,513	14,568	43,513	499	1,072	1,57[illegible]
Morbihan	9,091	8,188	17,279	1,574	3,081	4,655	21,934	871	504	1,37[illegible]
Moselle	39,023	3,457	42,480	2,523	15,953	18,476	60,956	845	1,483	2,32[illegible]
Nièvre	20,490	5,129	25,619	1,668	5,815	7,483	33,102	980	730	1,71[illegible]
Nord	66,272	19,948	86,220	21,787	43,697	65,484	151,704	4,642	4,818	9,46[illegible]
Oise	37,185	1,899	39,084	3,261	7,894	11,155	50,239	605	398	1,00[illegible]
Orne	22,296	3,587	25,883	4,594	6,864	11,458	37,341	587	393	98[illegible]
Pas-de-Calais	57,765	9,920	67,685	6,489	14,248	20,737	88,422	3,573	1,477	5,05[illegible]
Puy-de-Dôme	18,840	9,039	27,879	1,320	4,290	5,610	33,489	1,650	870	2,52[illegible]
Pyrénées (Basses-)	25,968	2,687	28,655	4,292	6,999	11,291	39,946	1,749	535	2,28[illegible]
Pyrénées (Hautes-)	15,499	1,364	16,863	4,406	1,351	5,757	22,620	579	350	93[illegible]
Pyrénées-Orient.	8,489	1,715	10,204	782	612	1,394	11,598	1,413	"	1,41[illegible]
Rhin (Bas-)	53,817	4,106	57,923	8,618	23,403	32,021	89,944	1,112	900	2,01[illegible]
Rhin (Haut-)	40,820	6,912	47,732	4,474	28,750	33,224	80,956	988	646	1,63[illegible]
Rhône	13,171	18,153	31,324	3,098	11,428	14,526	45,850	2,452	2,154	4,60[illegible]
Saône (Haute-)	32,379	1,383	33,762	11,771	8,842	20,613	54,375	214	519	73[illegible]
Saône-et-Loire	35,441	4,001	39,442	3,863	10,695	14,558	54,000	2,104	2,793	4,89[illegible]
Sarthe	21,776	3,353	25,129	5,055	11,098	16,153	41,282	684	98	78[illegible]
Savoie	17,956	2,801	20,757	8,911	3,194	12,105	32,862	107	173	2[illegible]
Savoie (Haute-)	15,915	5,218	21,133	6,518	8,553	15,071	36,204	863	"	8[illegible]
Seine	20,798	15,158	35,956	11,637	18,359	29,996	65,952	24,693	9,140	33,8[illegible]
Seine-Inférieure	40,117	6,308	46,425	2,157	25,138	27,295	73,720	2,098	4,979	7,0[illegible]
Seine-et-Marne	32,055	1,565	33,620	3,213	5,521	8,734	42,354	621	204	8[illegible]
Seine-et-Oise	36,232	2,177	38,409	5,407	6,771	12,178	50,587	1,928	953	2,8[illegible]
Sèvres (Deux-)	24,755	1,190	25,945	2,223	1,963	4,186	30,131	2,148	803	2,9[illegible]
Somme	45,270	3,102	48,372	3,440	14,779	18,219	66,591	2,773	405	3,1[illegible]
Tarn	15,214	4,024	19,238	1,275	2,474	3,749	22,987	1,280	594	1,8[illegible]
Tarn-et-Garonne	8,257	2,359	10,616	548	2,151	2,699	13,315	936	270	1,[illegible]
Var	6,078	5,157	11,235	1,382	2,720	4,102	15,337	2,405	105	2,5[illegible]
Vaucluse	4,795	8,922	13,717	964	9,755	10,719	24,436	1,105	398	1,5[illegible]
Vendée	19,677	2,141	21,818	4,239	5,557	9,796	31,614	268	1,584	1,8[illegible]
Vienne	17,340	1,982	19,322	568	2,173	2,741	22,063	1,323	1,702	3,0[illegible]
Vienne (Haute-)	9,901	2,204	12,105	459	1,759	2,218	14,323	1,064	290	1,5[illegible]
Vosges	41,870	963	42,833	3,063	20,055	23,118	65,951	614	602	1,2[illegible]
Yonne	39,042	91	39,133	5,111	6,468	11,579	50,712	822	882	1,7[illegible]
TOTAUX	1,986,441	412,852	2,399,293	317,342	697,195	1,014,537	3,413,830	125,779	82,803	208,5[illegible] dont 25,2[illegible] intern[illegible]

d'instruction primaire.

...bres, de filles, laïques.	...bres, de filles, congréganistes.	...bres, de filles, TOTAL.	TOTAL des élèves des écoles libres.	TOTAL des élèves des écoles primaires publiques et libres.	ENFANTS ADMIS DANS LES SALLES D'ASILE publiques, laïques.	ENFANTS ADMIS DANS LES SALLES D'ASILE publiques, congréganistes.	ENFANTS ADMIS DANS LES SALLES D'ASILE publiques, TOTAL.	ENFANTS ADMIS DANS LES SALLES D'ASILE libres, laïques.	ENFANTS ADMIS DANS LES SALLES D'ASILE libres, congréganistes.	ENFANTS ADMIS DANS LES SALLES D'ASILE libres, TOTAL.	TOTAL des enfants admis dans les salles d'asile publiques et libres.	TOTAL GÉNÉRAL des enfants admis dans les écoles primaires et les salles d'asile.
12	13	14	15	16	17	18	19	20	21	22	23	24
5,084	1,991	7,075	7,498	22,433	″	398	398	″	279	279	677	23,110
2,333	8,493	10,826	12,462	57,272	1,249	3,896	5,145	420	1,361	1,781	6,926	64,198
1,869	3,873	5,742	7,939	73,768	″	2,804	2,804	194	454	648	3,452	77,220
1,937	1,571	3,508	4,884	56,130	828	4,997	5,825	″	190	190	6,015	61,786
438	1,533	1,971	2,601	44,133	150	1,540	1,690	″	210	210	1,900	46,135
729	2,444	3,173	4,500	39,397	″	2,264	2,264	″	″	″	2,264	41,661
1,408	2,459	3,867	5,792	64,167	1,560	7,121	8,681	200	353	553	9,234	73,401
597	1,703	2,300	3,871	47,384	1,101	5,855	6,956	67	469	536	7,492	54,876
3,194	5,952	9,146	10,521	32,455	177	1,985	2,162	″	471	471	2,633	35,088
1,178	1,810	2,988	5,316	66,272	1,847	5,919	7,766	443	52	495	8,261	74,533
1,755	4,477	6,232	7,942	41,044	106	1,989	2,095	″	479	479	2,574	43,618
8,364	15,768	24,132	33,592	185,296	4,849	17,415	22,264	1,429	8,220	9,649	31,913	217,209
2,198	2,748	4,946	5,949	56,188	923	2,753	3,676	310	508	818	4,494	60,682
1,172	3,950	5,122	6,102	43,443	281	936	1,217	201	240	441	1,658	45,101
7,228	7,265	14,493	19,543	107,965	1,199	8,032	9,231	1,223	2,226	3,449	12,680	120,645
7,346	11,964	19,310	21,830	55,319	″	1,784	1,784	″	171	171	1,955	57,274
2,581	6,049	8,630	10,914	50,860	584	2,020	2,604	82	814	896	3,500	54,360
3,740	4,010	7,750	8,685	31,305	59	1,216	1,275	″	888	888	2,163	33,468
3,843	1,644	5,487	6,900	18,498	″	836	836	″	48	48	884	19,382
1,745	802	2,547	4,565	94,509	9,206	10,469	19,675	808	608	1,416	21,091	115,600
622	1,638	2,260	3,894	84,850	3,946	10,115	14,061	624	493	1,117	15,178	100,028
5,005	14,192	19,197	23,803	69,653	437	4,862	5,299	41	979	1,020	6,319	75,972
557	527	1,084	1,817	56,192	40	1,999	2,039	190	453	643	2,682	58,874
4,888	11,229	16,117	21,014	75,014	″	2,264	2,264	″	696	696	2,960	77,974
1,643	3,136	4,779	5,561	46,843	268	1,697	1,965	32	327	359	2,324	49,167
2,324	1,164	3,488	3,768	36,630	″	1,033	1,033	″	308	308	1,341	37,971
645	794	1,439	2,302	38,506	″	465	465	″	48	48	513	39,019
43,119	16,463	59,582	93,424	159,376	10,555	5,659	16,214	1,650	1,744	3,394	19,608	178,984
4,215	11,791	16,006	23,683	97,403	1,002	6,920	7,922	299	1,217	1,516	9,438	106,841
2,073	3,657	5,730	6,555	48,909	693	5,119	5,812	87	915	1,002	6,814	55,723
5,125	4,960	10,085	12,966	63,553	2,929	5,697	8,626	398	1,319	1,717	10,343	73,896
1,830	5,651	7,481	10,432	40,563	558	538	1,096	81	412	493	1,589	42,152
3,054	3,762	6,816	9,994	76,585	73	3,216	3,289	257	260	517	3,806	80,391
3,567	5,363	8,930	10,810	33,797	174	2,150	2,324	″	489	489	2,813	36,610
1,611	3,325	4,936	6,142	19,457	355	738	1,093	″	″	″	1,093	20,550
5,058	2,349	7,407	9,917	25,254	752	3,729	4,481	88	103	191	4,672	29,926
1,132	1,827	2,959	4,462	28,898	649	2,451	3,100	″	80	80	3,180	32,078
1,007	6,118	7,125	8,977	40,591	″	2,323	2,323	56	548	604	2,927	43,518
1,438	5,515	6,953	9,978	32,041	54	2,217	2,271	220	987	1,207	3,478	35,519
3,494	2,312	5,806	7,160	21,483	324	960	1,284	249	″	249	1,533	23,016
277	1,382	1,659	2,875	68,826	361	6,129	6,490	107	425	532	7,022	75,848
2,393	5,026	7,419	9,123	59,835	273	2,373	2,646	135	1,232	1,367	4,013	63,848
296,132	417,824	713,956 dont 88,156 internes.	922,538	4,336,368	66,230	249,338	315,568	16,090	52,198	68,288	383,856	4,720,224

Nombre des élèves, sortis des écoles primaires en 1863

DÉPARTEMENTS.	ÉLÈVES DES ÉCOLES PUBLIQUES										TOTAL des élèves des écoles publiques.
	LAÏQUES,					CONGRÉGANISTES,					
	ne sachant pas lire et écrire.	sachant lire et écrire.	sachant lire, écrire et calculer.	possédant tout ou partie des matières facultatives.	TOTAL.	ne sachant pas lire et écrire.	sachant lire et écrire.	sachant lire, écrire et calculer.	possédant tout ou partie des matières facultatives.	TOTAL.	
1	2	3	4	5	6	7	8	9	10	11	12
Ain	563	1,329	1,608	812	4,312	259	551	623	296	1,729	6,041
Aisne	583	1,159	3,877	877	6,496	158	269	748	231	1,406	7,902
Allier	262	604	1,348	180	2,394	308	461	535	72	1,376	3,770
Alpes (Basses-)	158	561	833	156	1,708	60	153	161	72	446	2,154
Alpes (Hautes-)	186	637	955	254	2,032	82	293	322	73	770	2,802
Alpes-Maritimes	494	306	590	163	1,553	65	70	82	143	360	1,913
Ardèche	963	601	1,060	194	2,818	784	617	1,080	216	2,697	5,515
Ardennes	269	688	2,508	594	4,059	104	304	775	275	1,458	5,517
Ariége	507	528	644	208	1,887	109	156	177	52	494	2,381
Aube	216	785	1,345	641	2,987	160	213	263	94	730	3,717
Aude	305	566	910	214	1,995	150	239	385	42	816	2,811
Aveyron	839	1,412	1,741	281	4,273	235	566	660	163	1,624	5,897
Bouches-du-Rhône	505	450	685	184	1,824	1,087	1,032	1,970	181	4,270	6,094
Calvados	411	1,211	2,196	778	4,596	216	572	906	409	2,103	6,699
Cantal	755	786	1,208	198	2,947	370	405	559	214	1,548	4,495
Charente	374	671	1,264	405	2,714	19	60	74	10	163	2,877
Charente-Inférieure	541	1,134	2,212	788	4,675	137	253	390	166	946	5,621
Cher	518	956	1,371	445	3,290	221	369	301	102	993	4,283
Corrèze	525	855	887	222	2,489	126	137	179	78	520	3,009
Corse	307	762	941	212	2,222	212	361	316	109	998	3,220
Côte-d'Or	243	409	2,408	1,972	5,032	81	147	321	338	887	5,919
Côtes-du-Nord	363	998	2,666	703	4,730	398	980	2,408	381	4,107	8,897
Creuse	429	1,026	1,431	416	3,302	33	114	97	39	283	3,585
Dordogne	602	1,407	1,804	481	4,294	149	319	237	86	791	5,085
Doubs	188	741	1,172	335	2,436	69	311	504	113	997	3,433
Drôme	333	970	897	358	2,558	371	694	617	207	1,889	4,447
Eure	570	1,109	1,607	251	3,537	173	288	441	40	942	4,479
Eure-et-Loir	152	396	2,056	1,239	3,843	31	108	341	287	767	4,610
Finistère	934	731	1,622	306	3,593	386	292	818	117	1,613	5,206
Gard	531	864	1,248	441	3,084	502	1,076	1,148	514	3,240	6,324
Garonne (Haute-)	351	1,046	1,217	281	2,895	35	202	403	117	757	3,652
Gers	236	1,027	1,426	352	3,041	20	146	186	123	475	3,516
Gironde	520	1,169	2,561	1,850	6,100	540	486	1,025	1,262	3,313	9,413
Hérault	279	535	1,070	596	2,480	403	754	910	302	2,369	4,849
Ille-et-Vilaine	784	1,231	1,428	476	3,919	1,068	1,151	1,257	353	3,829	7,748
Indre	441	653	1,031	298	2,423	145	167	206	105	623	3,046
Indre-et-Loire	418	477	1,268	614	2,777	281	315	624	349	1,560	4,346
Isère	1,216	1,946	2,592	860	6,614	759	1,172	1,223	399	3,553	10,167
Jura	168	799	1,822	825	3,614	79	277	593	307	1,256	4,870
Landes	817	1,008	1,209	2	3,036	205	325	326	»	856	3,892
Loir-et-Cher	456	637	1,092	638	2,823	114	171	277	248	810	3,633
Loire	275	483	784	73	1,615	1,220	2,333	2,585	354	6,492	8,107
Loire (Haute-)	268	674	666	82	1,690	167	518	434	151	1,270	2,960
Loire-Inférieure	745	1,082	1,600	270	3,697	531	459	989	139	2,118	5,815
Loiret	461	1,051	2,043	647	4,202	119	313	560	305	1,297	5,499
Lot	444	840	611	323	2,218	88	197	150	95	530	2,748
Lot-et-Garonne	246	579	1,302	295	2,422	49	133	204	138	524	2,946

pour n'y plus rentrer, classés d'après leur instruction.

ÉLÈVES DES ÉCOLES LIBRES										TOTAL des élèves des écoles libres.	TOTAL GÉNÉRAL.	OBSERVATIONS.
LAÏQUES.					CONGRÉGANISTES.							
ne sachant pas lire et écrire.	sachant lire et écrire.	sachant lire, écrire et calculer.	possédant tout ou partie des matières facultatives.	TOTAL.	ne sachant pas lire et écrire.	sachant lire et écrire.	sachant lire, écrire et calculer.	possédant tout ou partie des matières facultatives.	TOTAL.			
13	14	15	16	17	18	19	20	21	22	23	24	25
21	52	91	75	239	157	320	409	204	1,090	1,329	7,370	
17	103	212	230	562	4	54	142	134	334	896	8,798	
72	105	222	74	563	210	448	450	109	1,217	1,780	5,550	
12	53	53	19	137	7	49	72	51	179	316	2,470	
5	91	106	20	222	4	27	36	21	88	310	3,112	
33	18	33	1	85	5	3	4	″	12	97	2,010	
105	148	190	32	475	428	468	595	87	1,578	2,053	7,568	
2	20	89	119	230	4	11	41	12	68	298	5,815	
48	75	41	17	181	103	62	72	54	291	472	2,853	
1	5	65	189	260	8	30	115	119	272	532	4,249	
40	92	133	102	307	61	107	135	76	370	746	3,557	
467	490	309	2	1,277	615	949	931	184	2,679	3,956	9,853	
463	824	1,057	373	2,717	270	501	540	154	1,465	4,182	10,276	
45	151	264	182	642	66	206	422	257	951	1,593	8,292	
292	229	215	38	774	328	267	284	86	965	1,739	6,234	
85	108	438	188	909	44	157	284	54	539	1,448	4,325	
134	303	480	190	1,122	56	178	323	154	711	1,833	7,454	
18	30	92	104	253	62	216	275	126	679	932	5,215	
45	61	91	6	203	100	176	186	104	566	769	3,778	
23	36	56	29	144	35	41	47	59	182	326	3,546	
21	50	114	250	435	15	97	216	232	560	995	6,914	
129	290	212	68	699	432	459	856	156	1,903	2,602	11,499	
88	183	195	31	497	123	143	157	91	514	1,011	4,596	
170	287	274	122	853	230	215	166	86	697	1,550	6,635	
3	10	62	68	143	11	33	49	10	103	246	3,679	
37	110	136	104	387	60	153	162	131	506	893	5,340	
21	67	143	116	347	60	161	280	53	554	901	5,380	
7	18	97	145	267	31	108	270	146	555	822	5,432	
364	323	643	93	1,423	316	396	501	219	1,432	2,855	8,061	
49	205	318	223	795	52	156	158	130	496	1,291	7,615	
36	52	106	65	259	60	126	57	20	263	522	4,174	
103	533	519	152	1,307	69	206	392	96	763	2,070	5,586	
244	530	507	489	1,770	340	400	352	364	1,465	3,235	12,648	
293	382	748	481	1,904	344	458	683	390	1,875	3,779	8,628	
217	201	225	113	750	825	812	824	275	2,736	3,492	11,240	
19	69	70	68	235	103	106	177	46	432	667	3,713	
″	71	58	101	230	31	215	235	237	718	948	5,294	
48	214	271	118	651	153	300	383	212	1,048	1,699	11,866	
2	21	66	57	146	17	63	132	108	320	466	5,336	
207	103	79	11	260	53	88	70	37	248	508	4,400	
37	61	111	106	315	71	151	199	101	522	837	4,470	
25	71	154	74	324	186	367	300	93	946	1,270	9,377	
39	62	40	7	148	366	699	324	40	1,420	1,577	4,537	
275	523	687	216	1,701	432	833	1,164	175	2,604	4,305	10,120	
15	56	147	178	390	48	130	303	212	693	1,089	6,588	
64	74	140	55	333	88	107	176	69	440	773	3,521	
101	195	300	184	780	105	165	280	187	737	1,517	4,463	

Tableau n° 118.
(Suite.)

Nombre des élèves, sortis des écoles primaires en 1863

DÉPARTEMENTS.	ÉLÈVES DES ÉCOLES PUBLIQUES										
	LAÏQUES,					CONGRÉGANISTES,					TOTAL des élèves des écoles publiques.
	ne sachant pas lire et écrire.	sachant lire et écrire.	sachant lire, écrire et calculer.	possédant tout ou partie des matières facultatives.	TOTAL.	ne sachant pas lire et écrire.	sachant lire et écrire.	sachant lire, écrire et calculer.	possédant tout ou partie des matières facultatives.	TOTAL.	
1	2	3	4	5	6	7	8	9	10	11	12
Lozère	909	518	598	33	2,058	174	123	242	70	609	2,667
Maine-et-Loire	424	981	1,478	495	3,378	387	806	1,463	564	3,220	6,598
Manche	447	1,564	4,172	1,148	7,331	336	1,029	2,328	403	4,096	11,427
Marne	287	777	1,884	852	3,800	231	401	642	407	1,681	5,481
Marne (Haute-)	62	388	1,138	1,376	2,964	83	308	766	437	1,594	4,558
Mayenne	126	906	1,491	515	3,038	104	809	1,227	405	2,605	5,643
Meurthe	162	297	4,887	3,380	8,726	179	243	2,805	707	3,934	12,660
Meuse	135	597	1,911	1,066	3,709	56	329	847	230	1,462	5,171
Morbihan	617	980	829	160	2,586	384	885	723	210	2,202	4,788
Moselle	370	1,416	3,509	1,243	6,538	290	864	1,602	287	3,043	9,581
Nièvre	356	1,330	2,587	849	5,122	584	764	1,638	417	3,403	8,525
Nord	2,429	3,817	5,136	1,748	13,130	1,999	2,757	3,286	1,266	9,308	22,438
Oise	348	636	2,928	936	4,848	90	188	631	247	1,156	6,004
Orne	493	1,665	2,011	469	4,638	195	668	780	146	1,789	6,427
Pas-de-Calais	1,258	2,484	2,989	357	7,088	921	1,098	1,130	430	3,579	10,667
Puy-de-Dôme	838	1,447	1,400	358	4,043	329	711	649	299	1,988	6,031
Pyrénées (Basses-)	1,248	1,455	1,849	292	4,844	218	280	352	162	1,012	5,856
Pyrénées (Hautes-)	260	827	840	132	2,059	25	163	114	13	315	2,374
Pyrénées-Orientales	155	343	480	238	1,216	52	78	120	113	363	1,579
Rhin (Bas-)	311	1,060	6,585	2,440	10,396	143	350	3,061	938	4,492	14,888
Rhin (Haut-)	661	1,590	3,131	1,075	6,457	330	1,354	2,194	777	4,661	11,118
Rhône	313	759	1,514	405	2,991	597	1,983	2,366	1,051	5,997	8,988
Saône (Haute-)	412	1,441	2,632	698	5,183	97	287	359	101	844	6,027
Saône-et-Loire	924	1,860	2,340	611	5,735	333	730	745	178	1,986	7,721
Sarthe	837	1,081	2,057	734	4,709	487	475	1,202	464	2,628	7,337
Savoie	754	1,367	1,243	199	3,563	142	196	285	87	710	4,273
Savoie (Haute-)	748	1,432	1,184	156	3,520	236	733	755	208	1,932	5,452
Seine	781	1,720	2,220	1,996	6,717	1,008	1,968	2,632	1,747	7,355	14,072
Seine-Inférieure	1,289	1,477	2,801	868	6,435	1,077	1,127	1,771	520	4,495	10,930
Seine-et-Marne	375	1,098	2,072	708	5,153	138	303	504	181	1,126	6,279
Seine-et-Oise	302	1,068	3,223	1,524	6,117	95	290	513	263	1,161	7,278
Sèvres (Deux-)	403	876	1,848	321	3,448	107	152	198	15	472	3,920
Somme	696	1,299	2,337	645	4,977	503	739	825	306	2,373	7,350
Tarn	466	886	1,314	350	3,016	114	365	379	142	1,000	4,016
Tarn-et-Garonne	237	437	621	101	1,396	125	225	265	76	691	2,087
Var	130	302	460	273	1,165	249	455	461	216	1,381	2,546
Vaucluse	74	212	527	176	989	131	968	2,055	420	3,574	4,563
Vendée	332	1,158	1,702	232	3,424	193	388	406	66	1,053	4,477
Vienne	680	555	891	429	2,555	200	197	213	108	718	3,273
Vienne (Haute-)	311	487	720	189	1,707	80	124	234	87	525	2,232
Vosges	168	1,080	4,566	1,597	7,411	66	680	1,807	638	3,191	10,602
Yonne	466	935	2,146	1,122	4,669	69	171	323	239	802	5,471
TOTAUX	44,345	86,497	159,967	55,286	346,095	26,041	47,353	74,288	25,508	173,190	519,285

pour n'y plus rentrer, classés d'après leur instruction.

ÉLÈVES DES ÉCOLES LIBRES											TOTAL GÉNÉRAL.	OBSERVATIONS.
LAÏQUES.					CONGRÉGANISTES.					TOTAL des élèves des écoles libres.		
ne sachant pas lire et écrire.	sachant lire et écrire.	sachant lire, écrire et calculer.	possédant tout ou partie des matières facultatives.	TOTAL.	ne sachant pas lire et écrire.	sachant lire et écrire.	sachant lire, écrire et calculer.	possédant tout ou partie des matières facultatives.	TOTAL.			
13	14	15	16	17	18	19	20	21	22	23	24	25
402	210	321	18	951	141	70	106	9	326	1,277	3,944	
38	64	134	123	359	159	325	639	354	1,477	1,836	8,434	
8	75	189	145	417	30	111	251	308	700	1,117	12,544	
11	45	107	195	358	16	45	142	127	330	688	6,169	
5	10	35	63	113	28	55	206	78	367	480	5,038	
5	38	62	50	155	12	95	219	155	481	636	6,279	
20	31	121	241	413	18	34	184	111	347	760	13,420	
3	36	71	127	237	6	47	148	185	386	623	5,794	
157	245	275	67	744	217	422	403	151	1,193	1,937	6,725	
27	53	155	119	354	44	72	286	285	687	1,041	10,622	
14	57	109	60	240	47	205	296	112	660	900	9,425	
268	500	627	482	1,877	486	819	1,034	679	3,018	4,895	27,333	
25	34	130	190	379	31	103	220	158	512	891	6,895	
51	89	105	43	288	71	205	220	159	655	943	7,370	
102	292	654	339	1,387	190	252	367	162	980	2,367	13,034	
489	674	553	176	1,892	520	784	567	228	2,099	3,991	10,022	
175	171	165	59	570	121	242	373	67	803	1,373	7,229	
14	224	180	11	429	14	230	188	10	442	871	3,245	
133	218	150	76	577	46	71	40	25	182	759	2,338	
45	92	144	120	401	19	40	99	86	244	645	15,533	
67	176	202	116	561	22	85	173	85	365	926	12,044	
155	306	629	215	1,305	334	680	1,377	295	2,686	3,991	12,979	
19	40	75	28	162	27	47	46	31	151	313	6,340	
125	179	268	172	744	340	750	794	219	2,103	2,847	10,568	
40	90	144	138	412	59	162	253	139	613	1,025	8,362	
1	31	23	12	67	4	18	44	13	79	146	4,419	
48	89	47	3	187	14	43	57	27	141	328	5,780	
626	1,090	3,576	3,766	9,058	240	798	1,454	1,101	3,593	13,251	27,323	
182	308	421	205	1,116	611	799	993	389	2,792	3,908	14,838	
7	63	146	167	383	31	94	263	160	548	931	7,210	
44	191	476	645	1,356	46	164	348	246	804	2,160	9,438	
78	104	151	26	359	218	297	369	64	948	1,307	5,227	
75	109	300	440	924	65	144	291	119	619	1,543	8,893	
95	292	230	106	723	114	243	366	194	917	1,640	5,656	
83	163	122	26	394	129	161	104	15	409	803	2,890	
144	282	459	155	1,040	54	99	124	79	356	1,396	3,942	
14	113	269	49	445	11	104	258	39	412	857	5,420	
61	73	71	30	235	234	353	359	101	1,047	1,282	5,759	
39	73	126	78	316	231	318	362	150	1,061	1,377	4,650	
109	142	199	90	540	84	146	139	66	435	975	3,207	
7	25	86	75	193	17	32	186	147	382	575	11,177	
19	39	144	168	370	45	118	242	203	608	978	6,449	
8,432	15,689	23,128	15,105	62,354	12,352	21,299	28,819	13,292	75,762	138,116	657,401	

DÉPARTEMENTS.	ÉTABLISSEMENTS PUBLICS.																
	INSTITUTEURS PUBLICS			INSTITUTRICES PUBLIQUES			INSTITUTEURS ADJOINTS			INSTITUTRICES ADJOINTES			DIRECTRICES des salles d'asile			NOMBRE	
	laïques.	congréganistes.	TOTAL.	laïques.	congréganistes.	TOTAL.	laïques.	congréganistes.	TOTAL.	laïques.	congréganistes.	TOTAL.	laïques.	congréganistes.	TOTAL.	des ADJOINTES	des femmes de service.
1	2	3	4	5	6	7	8	9	10	11	12	13	14	15	16	17	18
Ain	416	22	438	86	132	218	44	53	97	5	217	222	"	21	21	18	7
Aisne	856	12	868	111	123	234	41	32	73	18	211	229	7	18	25	15	17
Allier	223	10	233	37	78	115	25	28	53	"	105	105	2	11	13	10	14
Alpes (Basses-)	296	10	306	90	46	136	5	21	26	"	32	32	"	7	7	6	2
Alpes (Hautes-)	289	1	290	38	124	162	9	9	18	2	50	52	1	1	2	2	"
Alpes-Maritimes	182	7	189	58	26	84	28	26	54	4	33	37	"	10	10	10	0
Ardèche	271	61	332	45	184	229	7	159	166	1	215	216	"	11	11	6	12
Ardennes	532	7	539	91	75	166	29	40	69	14	183	197	8	19	27	27	9
Ariége	274	9	283	53	28	81	7	22	29	2	67	69	1	6	7	3	4
Aube	436	5	441	27	60	87	19	14	33	7	101	108	2	12	14	13	4
Aude	346	10	356	63	58	121	10	39	49	1	83	84	1	12	13	11	17
Aveyron	441	47	488	174	80	254	26	94	120	2	102	104	"	10	10	13	12
Bouches-du-Rhône	106	42	148	18	81	99	18	128	146	5	149	154	5	9	14	21	16
Calvados	448	17	465	165	170	335	42	39	81	26	129	155	2	16	18	17	14
Cantal	175	44	219	191	61	252	10	64	74	10	42	52	1	5	6	5	6
Charente	354	2	356	47	11	58	32	2	34	4	29	33	2	11	13	3	9
Charente-Inférieure	396	7	403	98	39	137	35	27	62	11	59	70	2	13	15	14	19
Cher	230	7	237	34	56	90	31	17	48	5	59	64	4	12	16	5	15
Corrèze	246	11	257	63	30	93	9	36	45	2	32	34	1	5	6	3	6
Corse	386	12	398	63	10	73	2	44	46	"	21	21	"	5	5	6	4
Côte-d'Or	685	2	687	76	124	200	29	"	29	13	155	168	10	27	37	15	12
Côtes-du-Nord	187	93	280	120	98	218	22	45	67	14	59	73	1	16	17	5	16
Creuse	230	8	238	47	8	55	9	19	28	1	14	15	"	5	5	5	5
Dordogne	435	3	438	111	33	144	19	17	36	4	72	76	"	11	11	4	9
Doubs	532	10	542	198	137	335	34	28	62	4	19	23	5	8	13	14	14
Drôme	352	43	395	76	163	239	22	88	110	13	194	207	5	22	27	31	17
Eure	467	7	474	33	98	131	7	20	27	"	53	53	5	4	9	4	8
Eure-et-Loir	387	7	394	29	44	73	26	16	42	13	55	68	4	11	15	6	13
Finistère	196	24	220	36	43	79	16	48	64	16	73	89	4	6	10	13	13
Gard	313	50	363	114	174	288	13	153	166	1	265	266	18	18	36	20	31
Garonne (Haute-)	410	22	432	64	30	94	8	51	59	1	42	43	"	12	12	9	16
Gers	413	13	426	49	21	70	12	27	39	"	49	49	"	10	10	5	11
Gironde	373	28	401	216	120	336	35	74	109	19	152	171	12	42	54	44	51
Hérault	307	34	341	89	67	156	23	96	119	5	105	110	15	34	49	32	14
Ille-et-Vilaine	197	70	267	108	150	258	18	63	81	22	177	199	"	10	10	9	16
Indre	205	7	212	34	29	63	15	20	35	5	37	42	4	7	11	3	11
Indre-et-Loire	195	6	201	44	90	134	20	14	34	2	77	79	4	11	15	9	9
Isère	518	52	570	233	188	421	46	105	151	30	326	356	4	18	22	18	15
Jura	536	12	548	227	85	312	41	25	66	13	89	102	11	16	27	12	15
Landes	307	12	319	61	43	104	4	31	35	13	95	108	"	9	9	2	5
Loir-et-Cher	252	7	259	30	46	76	22	13	35	7	60	67	"	9	9	4	9
Loire	175	108	283	17	271	288	9	192	201	4	455	459	"	34	34	35	4
Loire (Haute-)	207	38	245	10	57	67	2	104	106	"	10	10	"	20	20	22	8
Loire-Inférieure	176	40	216	76	54	130	34	44	78	11	91	102	6	13	19	20	19
Loiret	321	11	332	86	75	161	34	31	65	3	102	105	10	28	38	26	25
Lot	292	15	307	28	16	44	19	38	57	1	9	10	"	4	4	4	16
Lot-et-Garonne	277	11	288	36	19	55	17	30	47	6	46	52	2	15	17	9	14

d'instruction primaire.

ÉTABLISSEMENTS LIBRES.																			
INSTITUTEURS			INSTITUTRICES			INSTITUTEURS ADJOINTS			INSTITUTRICES ADJOINTES			DIRECTRICES des salles d'asile			SOUS-DIRECTRICES ou adjointes			FEMMES de service attachées aux salles d'asile.	OBSERVATIONS.
laïques.	congréganistes.	TOTAL.	laïques.	congréganistes.	TOTAL.	laïques.	congréganistes.	TOTAL.	laïques.	congréganistes.	TOTAL.	laïques.	congréganistes.	TOTAL.	laïques.	congréganistes.	TOTAL.		
19	20	21	22	23	24	25	26	27	28	29	30	31	32	33	34	35	36	37	38
12	5	17	34	102	136	1	29	30	17	252	269	1	12	13	"	7	7	2	
27	2	29	53	28	81	45	3	48	115	104	219	6	11	17	1	5	6	9	
17	9	26	38	60	98	12	28	40	28	160	188	2	3	5	"	1	1	4	
5	"	5	31	24	55	"	"	"	4	39	43	"	3	3	"	3	3	3	
15	"	15	23	13	36	2	"	2	1	31	32	"	1	1	"	1	1	2	
21	1	22	49	13	62	1	1	2	31	44	75	"	2	2	"	3	3	1	
20	6	26	60	130	190	4	11	15	23	341	364	1	8	9	"	7	7	10	
10	1	11	22	9	31	11	1	12	21	13	34	"	3	3	"	2	2	1	
3	3	6	38	18	56	"	5	5	10	50	60	1	1	2	1	"	1	"	
3	1	4	24	32	56	5	3	8	53	87	140	6	4	10	1	4	5	1	
22	1	23	74	52	126	11	2	13	31	147	178	"	5	5	"	6	6	2	
42	10	52	224	186	410	5	14	19	3	372	375	1	14	15	"	11	11	12	
111	16	127	185	79	264	29	77	106	122	157	279	6	25	31	1	25	26	19	
16	3	19	88	82	170	9	7	16	65	236	301	2	1	3	1	2	3	2	
9	3	12	122	46	168	"	8	8	10	122	132	1	2	3	"	2	2	2	
21	3	24	180	39	219	5	6	11	75	108	183	1	7	8	"	1	1	6	
58	2	60	159	76	235	4	4	8	31	164	195	2	8	10	"	"	"	9	
10	6	16	21	43	64	2	6	8	15	82	97	1	9	10	"	"	"	7	
10	1	11	54	48	105	"	1	1	1	114	115	"	"	"	"	"	"	"	
20	1	21	13	11	24	1	2	3	3	32	35	"	1	1	"	2	2	"	
6	8	14	64	41	102	5	30	35	64	83	147	"	6	6	"	1	1	3	
6	13	19	68	82	150	1	29	30	19	124	140	"	4	4	"	2	2	2	
43	1	44	70	24	94	1	2	3	8	77	85	"	"	"	"	"	"	"	
18	6	24	110	46	156	8	20	28	27	87	114	"	3	3	"	"	"	3	
13	1	14	27	11	38	3	3	6	32	5	37	3	3	6	1	"	1	3	
34	4	38	59	49	108	14	9	23	35	194	229	"	6	6	"	5	5	5	
18	3	21	45	77	122	16	6	22	40	59	99	1	2	3	"	"	"	1	
8	3	11	25	49	74	12	13	25	41	103	144	3	1	4	"	"	"	1	
28	6	34	157	44	201	6	39	45	81	165	246	4	2	6	6	3	9	3	
61	6	67	166	35	201	12	26	38	40	61	101	3	6	9	1	7	8	3	
53	16	69	244	118	362	33	36	69	70	270	340	6	4	10	"	"	"	1	
39	5	44	146	61	207	1	7	8	28	95	123	"	1	1	"	"	"	1	
55	9	64	219	132	351	36	15	51	137	218	355	14	11	25	2	5	7	4	
109	6	115	250	122	372	42	37	79	87	300	387	57	28	85	9	9	18	5	
15	21	36	65	100	165	4	42	46	51	311	362	"	5	5	"	3	3	7	
7	2	9	24	42	66	6	6	12	29	98	127	"	1	1	"	"	"	1	
13	3	16	35	55	90	9	8	17	44	116	160	"	3	3	"	3	3	2	
34	15	49	112	77	189	10	67	77	57	231	288	"	5	5	"	5	5	3	
10	7	17	24	31	55	1	24	25	14	68	82	1	1	2	1	1	2	2	
16	"	16	46	27	73	4	"	4	18	83	101	1	1	2	"	"	"	1	
7	2	9	32	57	89	2	1	3	26	78	104	1	1	2	"	"	"	1	
29	8	37	34	64	98	10	31	41	7	160	167	3	8	11	"	4	4	"	
18	3	21	14	155	169	"	15	15	16	323	339	"	17	17	"	11	11	7	
41	16	57	129	96	225	31	79	110	103	155	258	16	6	22	10	6	16	7	
8	4	12	44	65	109	15	17	32	87	88	175	1	15	16	"	6	6	9	
20	2	22	103	155	258	4	7	11	4	255	259	"	2	2	"	"	"	2	
37	3	40	122	67	189	2	6	8	54	149	203	2	2	4	"	1	1	1	

TABLEAU N° 119.
(Suite.)

Personnel des établissements

DÉPARTEMENTS.	ÉTABLISSEMENTS PUBLICS.																
	INSTITUTEURS PUBLICS			INSTITUTRICES PUBLIQUES			INSTITUTEURS ADJOINTS			INSTITUTRICES ADJOINTES			DIRECTRICES des salles d'asile			NOMBRES	
	laïques.	congréganistes.	TOTAL.	laïques.	congréganistes.	TOTAL.	laïques.	congréganistes.	TOTAL.	laïques.	congréganistes.	TOTAL.	laïques.	congréganistes.	TOTAL.	des ADJOINTES	des femmes de service
1	2	3	4	5	6	7	8	9	10	11	12	13	14	15	16	17	18
Lozère	214	17	231	248	19	267	"	31	31	"	20	20	"	3	3	3	3
Maine-et-Loire	265	40	305	98	187	285	38	52	90	30	235	265	8	34	42	34	95
Manche	426	21	447	346	306	652	43	41	84	20	135	155	"	16	16	18	12
Marne	648	15	663	117	104	221	30	35	65	16	133	149	3	38	41	15	22
Marne (Haute-)	525	8	533	34	189	223	43	21	64	1	211	212	1	11	12	8	18
Mayenne	217	24	241	64	181	245	39	24	63	4	331	328	"	16	16	14	11
Meurthe	721	9	730	15	373	388	84	9	93	3	93	95	11	78	89	20	45
Meuse	578	6	584	74	226	300	38	6	44	7	75	82	20	95	115	8	98
Morbihan	127	57	184	47	59	106	6	47	53	5	47	52	1	9	10	8	13
Moselle	718	10	728	38	305	343	39	20	59	8	101	109	15	59	74	17	59
Nièvre	247	19	266	36	69	105	29	42	51	5	105	110	1	15	16	11	12
Nord	637	58	695	217	225	442	110	226	336	69	371	440	30	83	113	98	97
Oise	703	10	713	47	109	156	34	23	57	9	84	93	9	24	33	22	15
Orne	366	12	378	116	151	267	25	28	53	19	70	89	3	7	10	11	6
Pas-de-Calais	862	37	899	91	107	198	43	107	150	23	186	209	5	35	40	32	35
Puy-de-Dôme	323	35	558	58	79	137	10	113	123	10	141	151	"	11	11	13	18
Pyrénées (Basses-)	536	11	347	124	79	203	19	31	50	2	53	55	3	12	15	8	8
Pyrénées (Hautes-)	438	7	445	140	21	161	15	17	32	1	40	41	1	5	6	5	5
Pyrénées-Orientales	145	7	152	28	5	33	6	20	26	"	4	4	"	3	3	2	[illegible]
Rhin (Bas-)	720	16	736	89	268	357	119	34	153	32	165	197	75	87	162	92	44
Rhin (Haut-)	503	25	528	40	275	315	123	67	190	41	204	245	27	81	108	71	35
Rhône	199	98	297	36	90	126	23	181	204	4	170	174	6	36	42	37	[illegible]
Saône (Haute-)	595	7	602	262	120	382	52	22	74	26	74	100	1	18	19	7	[illegible]
Saône-et-Loire	484	20	504	72	130	202	49	52	101	11	177	188	"	18	18	15	[illegible]
Sarthe	277	13	290	164	139	303	34	26	60	9	226	235	1	12	13	11	[illegible]
Savoie	501	15	516	250	35	285	33	41	74	24	60	84	"	8	8	10	[illegible]
Savoie (Haute-)	265	31	296	148	101	249	12	74	86	3	149	152	"	3	3	3	97
Seine	124	48	172	77	79	156	86	150	236	47	191	238	77	32	109	104	[illegible]
Seine-Inférieure	697	18	715	23	285	308	82	68	150	9	228	237	5	26	31	34	[illegible]
Seine-et-Marne	505	8	513	53	71	124	21	20	41	9	75	84	11	45	58	24	61
Seine-et-Oise	621	13	634	92	86	178	26	28	54	18	103	121	30	55	85	38	[illegible]
Sèvres (Deux-)	325	6	331	55	31	86	35	9	44	7	51	58	5	5	10	8	17
Somme	854	18	872	56	194	250	38	33	71	4	141	145	1	21	22	17	91
Tarn	303	20	323	88	34	122	2	61	63	2	55	57	2	12	14	10	[illegible]
Tarn-et-Garonne	172	14	186	32	40	72	11	34	45	1	69	70	4	8	12	6	[illegible]
Var	108	28	136	45	37	82	18	86	104	10	67	77	4	30	34	19	[illegible]
Vaucluse	101	51	152	26	117	143	11	119	130	4	152	156	3	17	20	22	[illegible]
Vendée	269	14	283	88	69	157	27	21	48	9	121	130	"	12	12	14	[illegible]
Vienne	258	12	270	13	29	42	22	23	45	1	60	61	1	14	15	15	[illegible]
Vienne (Haute-)	199	9	208	17	12	29	17	23	40	10	32	42	3	6	9	4	[illegible]
Vosges	658	2	660	57	270	327	167	3	170	9	178	187	5	46	51	34	[illegible]
Yonne	485	1	486	58	72	130	35	1	36	18	99	117	3	19	22	15	[illegible]
TOTAUX	33,767	1,966	35,733	7,579	9,133	16,712	2,688	4,355	7,043	880	10,066	10,946	534	1,801	2,335	1,542	[illegible]

ÉTABLISSEMENTS LIBRES.

INSTITUTEURS			INSTITUTRICES			INSTITUTEURS ADJOINTS			INSTITUTRICES ADJOINTES			DIRECTRICES des salles d'asile			SOUS-DIRECTRICES ou adjointes			FEMMES de service attachées aux salles d'asile.	OBSERVATIONS.
laïques.	congréganistes.	TOTAL.	laïques.	congréganistes.	TOTAL.	laïques.	congréganistes.	TOTAL.	laïques.	congréganistes.	TOTAL.	laïques.	congréganistes.	TOTAL.	laïques.	congréganistes.	TOTAL.		
19	20	21	22	23	24	25	26	27	28	29	30	31	32	33	34	35	36	37	38
10	3	13	310	28	338	"	5	5	1	77	78	"	4	4	"	4	4	1	
9	10	19	51	108	159	9	21	30	50	247	297	13	16	29	2	14	16	21	
16	6	22	44	48	92	10	21	31	29	114	143	3	3	6	1	3	4	7	
15	2	17	31	14	45	28	20	48	93	84	177	"	2	2	"	1	1	1	
6	2	8	10	24	34	12	8	20	17	50	67	"	2	2	"	2	2	2	
6	8	14	16	25	41	4	15	19	15	73	88	"	"	"	"	"	"	"	
18	8	26	33	34	67	21	3	24	41	125	166	7	6	13	"	4	4	5	
8	5	13	14	27	41	14	31	45	22	106	128	3	10	13	"	1	1	1	
19	3	22	72	65	137	4	12	16	32	156	188	"	5	5	"	"	"	3	
8	5	12	24	22	46	2	29	31	24	57	81	14	1	15	1	1	2	5	
9	5	13	30	44	74	12	20	32	12	86	98	"	6	6	"	4	4	5	
71	24	95	134	125	259	45	86	131	160	441	601	26	65	91	10	49	59	53	
16	3	19	30	55	85	15	30	45	73	143	216	6	10	16	1	1	2	3	
9	3	12	25	56	81	8	8	16	27	134	161	6	4	10	"	1	1	3	
56	12	68	122	103	225	80	39	119	173	139	312	22	20	42	2	9	11	20	
45	6	51	220	181	401	7	31	38	39	457	496	"	2	2	"	2	2	2	
54	5	59	68	60	128	10	12	22	34	153	187	2	9	11	"	1	1	9	
16	2	18	125	32	157	1	6	7	9	94	103	"	11	11	"	1	1	6	
39	"	39	124	25	149	3	"	3	47	62	109	"	1	1	"	"	"	"	
23	14	37	37	5	42	10	28	38	54	49	103	18	7	25	1	2	3	2	
21	6	27	19	12	31	4	12	16	7	56	63	9	5	14	6	2	8	6	
56	21	77	161	195	356	23	54	77	78	387	465	1	16	17	"	5	5	10	
5	6	11	15	11	26	"	12	12	6	11	17	3	3	6	1	2	3	5	
25	18	43	103	127	230	9	40	58	62	340	402	"	7	7	"	2	2	4	
9	1	10	35	41	76	10	2	12	35	86	121	1	3	4	"	"	"	3	
6	"	6	86	12	98	"	"	"	8	30	38	"	4	4	"	9	9	4	
37	"	37	26	13	39	1	"	1	1	42	43	"	1	1	"	2	2	1	
338	39	377	806	207	1,013	324	207	531	1,152	756	1,907	27	18	45	9	11	20	31	
48	16	64	91	145	236	33	41	74	175	378	553	2	5	7	2	4	6	8	
12	3	15	41	74	115	4	9	13	72	154	226	3	20	23	"	2	2	1	
39	5	44	113	87	200	36	17	53	119	154	273	10	26	36	"	11	11	15	
36	6	42	43	71	114	8	16	24	20	137	157	3	9	12	"	2	2	1	
46	3	49	78	72	150	45	9	54	93	383	476	5	2	7	1	2	3	2	
24	2	26	121	77	198	"	7	7	19	196	215	"	7	7	"	"	"	7	
25	3	28	56	47	103	9	6	15	10	86	96	"	"	"	"	"	"	"	
65	3	68	142	35	177	12	4	16	81	107	188	2	3	5	"	"	"	"	
31	5	36	30	26	56	3	7	10	20	60	80	"	1	1	"	1	1	1	
6	7	13	26	75	101	1	30	31	15	183	198	1	5	6	"	1	1	2	
22	8	30	40	80	120	5	54	59	35	155	190	6	13	19	1	9	10	6	
29	3	32	111	32	143	3	7	10	36	78	114	12	"	12	"	"	"	"	
16	5	21	7	18	25	1	16	17	8	62	70	3	5	8	"	2	2	3	
15	5	20	41	60	101	7	11	18	32	134	166	3	14	17	"	6	6	7	
2,572	536	3,108	7,637	5,571	13,208	1,269	1,778	3,047	4,913	13,430	18,343	358	615	973	73	327	400	436	

TABLEAU N° 120.

Traitements scolaires

DÉPARTEMENTS.	MONTANT TOTAL DES TRAITEMENTS DU PERSONNEL DES ÉCOLES PUBLIQUES. Instituteurs et adjoints.			Institutrices et adjointes.		
	Laïques.	Congréganistes.	TOTAL.	Laïques.	Congréganistes.	TOTAL.
1	2	3	4	5	6	7
	fr. c.	fr. c.	fr. c.	fr. c.	fr. c.	fr. c.
Ain	331,637 26	34,616 74	366,254 00	40,396 59	74,829 54	115,226 13
Aisne	754,078 00	18,950 00	773,028 00	74,225 50	130,131 50	204,357 00
Allier	225,071 86	43,277 67	268,349 53	11,174 30	42,371 80	53,546 10
Alpes (Basses-)	215,751 34	18,134 20	233,885 54	15,237 04	23,240 00	38,477 04
Alpes (Hautes-)	162,307 97	7,281 32	169,589 29	5,889 00	34,960 80	40,849 80
Alpes-Maritimes	144,889 19	17,100 00	161,989 19	24,591 18	23,159 00	47,750 18
Ardèche	199,301 94	108,980 09	308,282 03	8,664 50	48,980 00	57,644 50
Ardennes	415,054 39	24,300 00	439,354 39	58,833 20	81,462 40	140,295 60
Ariége	200,901 27	18,923 60	219,824 87	12,286 05	23,901 25	36,187 30
Aube	342,600 12	8,400 00	351,000 12	18,635 50	58,791 00	77,426 50
Aude	283,280 29	31,357 22	314,637 51	16,629 97	36,856 75	53,486 72
Aveyron	350,947 28	80,421 00	431,368 28	17,371 00	16,591 50	33,962 50
Bouches-du-Rhône	118,513 90	98,055 50	216,569 40	13,781 00	57,930 00	74,711 60
Calvados	426,128 42	52,976 44	479,104 86	40,721 29	141,960 61	182,681 90
Cantal	165,673 80	68,313 40	233,987 20	28,653 21	17,109 46	45,762 67
Charente	116,519 33	2,055 50	118,574 83	8,496 00	6,850 00	15,346 00
Charente-Inférieure	407,407 98	21,551 25	428,959 23	58,014 03	28,181 75	86,195 78
Cher	236,186 47	16,421 25	252,607 72	22,323 00	43,159 00	65,482 00
Corrèze	202,592 40	18,104 10	220,696 50	9,123 50	19,863 00	28,986 50
Corse	263,089 70	33,750 00	296,839 70	21,045 00	10,600 00	31,645 00
Côte-d'Or	545,730 00	3,892 00	549,622 00	40,714 00	86,815 00	127,529 00
Côtes-du-Nord	196,830 72	117,148 98	313,979 70	38,429 11	56,118 84	94,547 95
Creuse	203,753 18	17,775 06	221,528 24	17,525 60	6,925 50	24,451 10
Dordogne	377,338 43	15,104 60	392,443 03	24,215 00	16,209 09	40,424 09
Doubs	401,413 22	33,532 60	434,945 82	61,744 35	70,204 14	134,948 49
Drôme	268,317 79	62,041 45	330,359 24	31,149 35	103,304 68	134,454 03
Eure	363,096 61	36,624 50	399,721 11	11,818 55	58,282 37	70,100 92
Eure-et-Loir	362,988 76	14,700 00	377,688 76	26,274 18	48,702 73	74,976 91
Finistère	187,831 96	55,668 47	243,500 43	25,963 90	36,705 00	62,668 90
Gard	291,176 59	188,019 17	479,195 76	61,594 76	79,790 95	141,385 71
Garonne (Haute-)	327,865 17	55,538 25	383,403 42	8,261 75	18,536 25	26,798 00
Gers	314,506 16	27,107 25	341,613 41	12,746 53	24,532 00	37,278 53
Gironde	431,597 65	65,026 00	496,623 65	76,329 00	90,125 50	166,454 50
Hérault	279,331 88	141,716 25	421,048 13	40,063 50	46,658 00	86,721 50
Ille-et-Vilaine	188,653 00	107,497 00	296,150 00	30,072 00	69,500 00	99,572 00
Indre	177,388 14	15,940 65	193,328 79	15,861 14	16,214 50	32,075 64
Indre-et-Loire	243,209 86	53,191 95	296,401 81	18 018 00	52,101 60	70,119 60
Isère	429,647 15	138,622 93	568,270 08	120,023 75	99,879 41	219,903 16
Jura	359,460 47	27,513 27	386,973 74	91,233 20	54,955 35	146,188 55
Landes	231,247 71	25,460 00	256,707 71	27,407 75	26,914 52	54,322 27
Loir-et-Cher	225,293 12	17,013 50	242,306 62	21,363 00	39,300 00	60,663 00
Loire	133,752 45	201,265 20	335,017 65	6,346 00	140,847 00	147,193 00
Loire (Haute-)	144,580 69	84,259 77	228,840 46	875 00	5,877 91	6,752 91
Loire-Inférieure	195,072 55	59,132 00	254,204 55	34,982 50	60,216 25	95,198 75
Loiret	344,662 03	20,775 00	365,437 03	65,567 85	73,140 90	138,708 75
Lot	212,122 77	20,355 50	241,478 27	7,902 50	5,560 00	13,462 50
Lot-et-Garonne	247,029 00	23,506 00	270,535 00	18,227 00	16,769 00	34,996 00

du personnel enseignant.

SCOLAIRES.						
	DU PERSONNEL DES SALLES D'ASILE.			TOTAL GÉNÉRAL de tous les traitements scolaires.		OBSERVATIONS.
TOTAL GÉNÉRAL.	Directrices.	Adjointes et femmes de service.	TOTAL.			
8	9	10	11	12		13
fr. c.	fr.	fr.	fr.	fr.	c.	
481,480 13	8,440	3,450	11,890	493,370	13	
977,385 00	16,035	7,950	23,985	1,001,370	00	
321,895 63	6,215	5,705	11,920	333,815	63	
272,362 58	2,430	1,550	3,980	276,342	58	
210,439 09	800	450	1,250	211,689	09	
209,739 37	3,016	6,560	9,576	219,315	37	
365,926 53	7,055	925	7,980	373,906	53	
579,649 99	12,982	8,550	21,532	601,181	99	
256,012 17	2,850	1,980	4,830	260,842	17	
428,426 62	7,490	3,800	11,290	439,716	62	
368,124 23	7,017	5,297	12,314	380,438	23	
465,330 78	4,020	3,750	7,770	473,100	78	
288,281 00	10,600	16,300	26,900	315,181	00	
661,786 76	17,359	8,725	26,084	687,870	76	
279,749 87	3,462	2,420	5,882	285,631	87	
133,920 83	3,050	2,480	5,530	139,450	83	
515,155 01	8,367	8,550	16,917	532,072	01	
318,089 72	7,225	3,530	10,755	328,844	72	
249,683 00	3,912	860	4,772	254,455	00	
328,484 70	1,500	3,100	4,600	333,084	70	
677,151 00	15,196	8,338	23,534	700,685	00	
408,527 65	8,014	2,960	10,974	419,501	65	
245,979 34	1,600	1,800	3.400	249,379	34	
432,867 12	2,335	2,830	5,165	438,032	12	
566,894 31	5,917	6,180	12,097	578,991	31	
464,813 27	10,139	9,950	20,089	484,902	27	
469,822 03	5,696	2,832	8,528	478,350	03	
452,665 67	8,484	6,350	14,834	467,499	67	
306,169 33	5,400	5,626	11,026	317,195	33	
620,581 47	16,918	10,455	27,373	647,954	47	
410,201 42	3,900	5,906	9,806	420,007	42	
378,891 94	3,270	2,070	5,340	384,231	94	
663,078 15	28,714	16,725	45,439	708,517	15	
507,769 63	28,967	7,250	36,217	543,986	63	
395,722 00	5,512	6,950	12,462	408,184	00	
225,404 43	6,259	2,920	9,179	234,583	43	
366,521 41	9,807	2,965	12,772	379,293	41	
788,173 24	11,340	7,965	19,305	807,478	24	
533,162 29	8,493	5,135	13,628	546,790	29	
311,029 98	2,899	1,405	4,304	315,333	98	
302,969 62	4,211	2,000	6,211	309,180	62	
482,210 65	11,880	12,770	24,650	506,860	65	
235,593 37	6,947	2,800	9,747	245,340	37	
349,403 30	13,966	8,180	22,146	371,549	30	
504,145 78	17,613	12,505	30,118	534,263	78	
254,940 77	2,500	600	3,100	258,040	77	
305,531 00	11,000	5,150	16,150	321,681	00	

Tableau n° 120.
(Suite.)

Traitements scolaires

DÉPARTEMENTS.	MONTANT TOTAL DES TRAITEMENTS DU PERSONNEL DES ÉCOLES PUBLIQUES. Instituteurs et adjoints. Laïques.	Instituteurs et adjoints. Congréganistes.	Instituteurs et adjoints. TOTAL.	Institutrices et adjointes. Laïques.	Institutrices et adjointes. Congréganistes.	Institutrices et adjointes. TOTAL.
1	2	3	4	5	6	7
	fr. c.	fr. c.	fr. c.	fr. c.	fr. c.	fr. c.
Lozère	159,222 60	40,424 58	199,647 18	25,619 15	7,992 50	33,611 65
Maine-et-Loire	268,943 46	94,666 94	363,610 40	42,467 99	113,962 53	156,430 52
Manche	402,157 96	78,273 56	480,431 52	101,388 62	109,250 03	210,638 65
Marne	562,386 00	31,650 00	594,036 00	73,757 00	84,691 00	158,448 00
Marne (Haute-)	397,310 00	18,400 00	415,710 00	15,368 00	112,572 00	127,940 00
Mayenne	230,167 20	40,000 82	270,168 02	19,244 27	178,646 70	197,890 97
Meurthe	550,984 10	11,900 00	562,884 10	8,237 00	144,803 65	153,040 65
Meuse	445,052 25	11,600 00	456,652 25	32,462 53	106,242 00	138,704 53
Morbihan	126,360 19	98,705 89	225,066 08	9,240 00	25,186 00	34,426 00
Moselle	557,690 00	26,618 00	584,308 00	25,907 00	127,400 00	153,307 00
Nièvre	239,105 06	41,386 60	280,491 66	18,465 50	52,661 50	71,127 00
Nord	699,737 75	181,802 00	881,539 75	185,040 50	302,118 10	487,158 60
Oise	621,957 05	21,037 72	642,994 77	35,349 95	81,236 84	116,586 79
Orne	274,546 25	21,509 04	296,055 29	43,191 40	75,887 52	110,078 92
Pas-de-Calais	634,501 00	92,580 00	727,081 00	55,359 45	110,883 75	166,243 20
Puy-de-Dôme	239,271 01	55,590 10	294,861 11	13,156 50	44,488 00	57,644 50
Pyrénées (Basses-)	425,589 16	18,650 00	444,239 16	30,741 30	31,126 66	61,867 96
Pyrénées (Hautes-)	317,612 73	21,433 00	339,045 73	41,511 25	10,538 00	52,049 25
Pyrénées-Orientales	134,183 00	16,200 00	150,383 00	10,331 00	3,710 00	14,041 00
Rhin (Bas-)	652,866 60	40,246 90	693,113 50	83,997 00	153,638 00	237,635 00
Rhin (Haut-)	551,160 93	76,135 90	627,296 83	54,649 25	196,891 40	251,540 65
Rhône	193,827 90	165,497 45	359,325 35	29,217 25	69,275 60	98,492 85
Saône (Haute-)	417,463 00	22,905 00	440,368 00	102,237 00	63,265 00	165,502 00
Saône-et-Loire	421,639 78	50,981 38	472,621 16	41,807 45	104,074 84	145,882 29
Sarthe	300,941 89	33,831 36	334,773 25	48,887 00	127,846 24	176,733 24
Savoie	211,405 95	30,222 00	241,627 95	53,796 62	26,336 00	80,132 62
Savoie (Haute-)	188,144 27	57,691 12	245,835 39	55,665 80	44,451 45	100,117 25
Seine	339,016 75	142,400 00	481,416 75	177,451 51	147,864 75	325,316 26
Seine-Inférieure	546,736 14	71,700 00	618,436 14	19,581 40	196,697 50	216,278 90
Seine-et-Marne	548,832 03	21,300 00	570,132 03	48,813 00	89,072 58	137,885 58
Seine-et-Oise	665,020 59	27,366 00	692,386 59	90,789 75	98,400 00	189,189 75
Sèvres (Deux-)	297,095 42	15,085 00	312,180 42	26,839 00	17,066 25	43,905 25
Somme	637,865 78	33,959 50	671,825 28	40,325 54	139,179 52	179,505 06
Tarn	220,657 95	48,144 00	268,801 95	14,085 40	24,292 50	38,377 90
Tarn-et-Garonne	157,954 49	28,772 54	186,727 03	9,467 00	38,110 36	47,577 36
Var	136,451 15	68,511 75	204,962 90	23,690 65	44,210 00	67,900 65
Vaucluse	90,004 69	103,524 75	193,529 44	12,368 75	109,393 35	121,762 10
Vendée	244,337 99	29,319 25	273,657 24	44,235 50	58,774 50	103,010 00
Vienne	108,260 76	20,484 80	128,745 56	7,989 35	23,707 50	31,696 85
Vienne (Haute-)	159,645 73	17,775 00	177,420 73	5,332 50	10,929 00	16,261 50
Vosges	441,817 78	4,350 00	446,167 78	19,715 00	137,965 00	157,680 00
Yonne	509,906 00	1,200 00	511,106 00	57,226 75	72,487 15	129,713 90
Totaux	28,573,660 31	4,394,228 58	32,967,888 89	3,295,807 01	6,042,441 72	9,338,248 73

du personnel enseignant.

SCOLAIRES	DU PERSONNEL DES SALLES D'ASILE.			TOTAL GÉNÉRAL de tous les traitements scolaires.	OBSERVATIONS.
TOTAL GÉNÉRAL.	Directrices.	Adjointes et femmes de service.	TOTAL.		
8	9	10	11	12	13
fr. c.	fr.	fr.	fr.	fr. c.	
233,258 83	2,250	1,300	3,550	236.808 83	
520,040 92	27,731	11,243	38,974	559,014 92	
691,070 17	7,305	5,345	12,650	703,720 17	
752,484 00	20,240	12,230	32,470	784,954 00	
543,650 00	4.600	3,880	8,480	552,130 00	
408,058 99	11,800	6,030	17,830	485,888 99	
715,924 75	35,920	14,529	50,449	766,373 75	
595,356 78	41,617	5.885	47,502	642,858 78	
259,492 08	5,080	2.894	7,974	267,466 08	
737,615 00	31,886	11,109	42,995	780,610 00	
351,618 66	8,612	4,460	13,072	364,690 66	
1,368,698 35	70,357	34,949	105,306	1,474,004 35	
759,581 56	15,990	8,092	24,082	783,663 56	
415,134 21	4,948	4,500	9,448	424,582 21	
893,324 20	20,992	20,515	41,507	934,831 20	
352,505 61	2,720	9.125	11,845	364,350 61	
506,107 12	7,250	4,320	11,570	517,677 12	
391,094 98	2,500	1,000	3,500	394,594 98	
164.424 00	1,650	1,280	2,930	167,354 00	
930,748 50	88,151	26,940	115,091	1,045,839 50	
878,837 48	47,370	19,445	66,815	945,652 48	
457,818 20	22,860	27,250	50,110	507,928 20	
605,870 00	6,830	5,300	12,130	618,000 00	
618,503 45	6,475	5,130	11,605	630,108 45	
511,506 49	6,350	6,498	12,848	524,354 49	
321,760 57	4,460	2,050	6,510	328.270 57	
345,952 64	700	1,000	1,700	347,652 64	
806,733 01	1 5,229	127,535	262,764	1,069,497 01	
834,715 04	17,093	27,817	44,910	879,625 04	
708,017 61	28,847	12,735	41,582	749,599 61	
881,576 34	63,640	22,220	85,860	967,436 34	
356,085 67	7,565	4,900	12,465	368,550 67	
851,330 34	13,060	9.500	22,560	873,890 34	
307,179 85	7,900	1,990	9,890	317,069 85	
234,304 39	6,585	810	7,395	241,699 39	
272,863 55	13,650	14,835	28,485	301,348 55	
315,291 54	9,886	8,831	18,717	334,008 54	
376,667 24	6,270	5,035	11,305	387,972 24	
160,442 41	6,939	7,040	13,979	174,421 41	
193,682 23	4,160	2,350	6,510	200.192 23	
603,847 78	17,679	14,944	32,623	636,470 78	
640,819 90	13,813	2,184	15,997	656,816 90	
42,306,137 62	1,249,762	775,574	2,025,336	44,331,473 62	

Tableau n° 121

État des sommes jugées nécessaires pour rendre partout convenables les

DÉPARTEMENTS.		ÉCOLES DE GARÇONS OU MIXTES.			
		LOCAUX.			MOBILIER.
		Pour approprier ou reconstruire les maisons d'école non convenables appartenant aux communes.	pour remplacer par des maisons convenables et appartenant aux communes les maisons louées ou prêtées.	TOTAL.	Pour l'acquisition et l'appropriation du mobilier scolaire.
1		2	3	4	5
Ain		285,800f	1,578,000f	1,863,800f	50,677f
Aisne		949,000	1,168,000	2,117,000	79,110
Allier		296,200	934,904	1,231,104	29,955
Alpes (Basses-)		46,850	618,800	665,650	26,860
Alpes (Hautes-)		123,031	811,360	939,391	6,990
Alpes-Maritimes		152,829	1,079,319	1,232,148	19,162
Ardèche		173,200	1,300,500	1,473,700	36,930
Ardennes		475,350	940,159	1,415,509	62,725
Ariége		163,750	1,217,700	1,381,450	35,155
Aube		469,300	98,000	567,300	22,160
Aude		184,950	1,533,000	1,717,950	34,505
Aveyron		33,600	1,619,400	1,653,000	51,100
Bouches-du-Rhône		60,800	780,000	840,800	8,900
Calvados		363,145	1,356,519	1,719,664	37,900
Cantal		67,000	1,274,000	1,341,000	37,235
Charente		48,450	1,786,000	1,834,450	18,106
Charente-Inférieure		79,000	1,277,000	1,356,000	19,050
Cher		63,500	708,700	772,200	22,547
Corrèze		48,200	1,495,000	1,543,200	53,870
Corse		61,000	2,744,000	2,805,000	46,250
Côte-d'Or		435,949	562,232	998,181	32,247
Côtes-du-Nord		395,740	695,300	1,091,040	37,287
Creuse		135,220	1,688,846	1,824,066	51,970
Dordogne		180,590	2,310,545	2,491,135	37,455
Doubs		1,428,472	310,045	1,738,517	97,217
Drôme		224,389	846,476	1,070,865	21,252
Eure		240,000	952,000	1,192,000	21,420
Eure-et-Loir		500,000	359,000	1859,000	51,500
Finistère		464,000	472,000	936,000	15,485
Gard		238,332	887,003	1,125,335	41,473
Garonne (Haute-)		237,300	789,000	1,026,300	23,600
Gers		202,330	895,600	1,097,930	46,640
Gironde		76,700	1,771,500	1,848,200	9,745
Hérault		100,000	1,320,000	1,420,000	28,500
Ille-et-Vilaine		510,600	1,022,600	1,533,200	17,370
Indre		41,000	522,560	563,560	18,900
Indre-et-Loire		406,250	446,000	852,250	24,305
Isère		364,740	1,454,725	1,819,465	53,104
Jura		597,560	720,800	1,318,360	32,165
Landes		130,000	813,000	943,000	20,150
Loir-et-Cher		264,000	792,000	1,056,000	51,300
Loire		119,000	1,230,000	1,349,000	52,000
Loire (Haute-)		81,700	721,000	802,700	24,810
Loire-Inférieure		267,800	783,500	1,051,300	24,358
Loiret		228,000	405,000	633,000	8,600
Lot		77,000	776,000	853,000	82,200
Lot-et-Garonne		146,000	440,000	586,000	16,900

...es mobiliers des établissements publics d'instruction primaire.

ÉCOLES DE FILLES.					SALLES D'ASILE.			TOTAL GÉNÉRAL des dépenses qu'il faudrait faire pour les locaux et les mobiliers.
LOCAUX.			MOBILIER.					
...our approprier ou ...truire les maisons d'école ...n convenables appartenant ...x communes.	pour remplacer par des maisons convenables et appartenant aux communes les maisons louées ou prêtées.	TOTAL.	Pour l'acquisition ou l'appropriation du mobilier scolaire.	TOTAL.	Pour CONSTRUIRE, approprier les maisons.	Pour APPROPRIER ou compléter les mobiliers.	TOTAL.	
7	8	9	10.	11	12	13	14	15
79,100f	699,000f	778,100f	33,345f	811,445f	74,000f	2,330f	76,330f	2,802,252f
222,400	734,000	956,400	29,921	986,321	95,500	19,500	115,000	3,297,431
19,850	272,750	292,600	7,710	300,310	55,000	»	55,000	1,616,369
19,300	157,000	176,300	11,660	187,960	9,000	300	9,300	889,770
56,775	356,608	413,383	10,481	423,864	40,000	250	40,250	1,410,495
54,986	526,218	581,204	10,420	591,624	68,000	2,700	70,700	1,913,634
77,600	414,700	492,300	25,400	517,700	36,000	800	36,800	2,065,130
97,450	435,965	533,415	20,666	554,081	204,400	4,000	208,400	2,240,715
17,000	240,000	257,000	10,200	267,200	27,034	550	27,584	1,711,389
39,000	165,500	204,500	2,655	207,155	130,000	1,100	131,100	927,715
10,315	349,000	359,315	13,350	372,665	18,000	900	18,900	2,144,020
6,000	544,900	550,900	17,940	568,840	23,500	800	24,300	2,297,240
75,000	1,545,000	1,620,000	11,650	1,631,650	45,000	1,000	46,000	2,527,350
122,500	827,540	950,040	21,135	971,175	60,000	5,100	65,100	2,793,339
8,500	693,000	701,500	21,346	722,846	200	450	650	2,101,731
7,000	212,000	219,000	7,010	226,010	30,000	500	30,500	2,109,066
25,000	575,000	600,000	5,600	605,600	2,000	100	2,100	1,982,750
22,500	346,000	368,500	8,371	376,871	54,000	1,050	55,050	1,226,668
9,700	243,000	252,700	17,460	270,160	23,200	1,350	24,550	1,891,780
10,000	479,000	489,000	8,500	497,500	56,000	»	56,000	3,404,750
81,000	562,394	643,394	11,969	655,363	139,300	2,630	141,930	1,827,721
166,090	451,000	617,090	15,477	632,567	12,000	1,000	13,000	1,773,894
27,500	321,000	348,500	17,020	365,520	1,500	500	2,000	2,243,556
7,300	325,700	333,000	6,390	339,390	25,000	800	25,800	2,893,780
783,500	318,000	1,101,500	117,642	1,219,142	91,972	2,698	94,670	3,149,546
59,290	587,500	646,790	24,987	671,777	39,000	1,150	40,150	1,804,044
68,500	374,000	442,500	15,260	457,760	26,000	900	26,900	1,698,080
57,000	315,000	372,000	44,700	416,700	62,000	2,300	64,300	1,391,500
55,000	405,000	460,000	5,600	465,600	75,000	»	75,000	1,492,085
58,049	833,035	791,084	28,679	819,763	214,000	3,560	217,560	2,204,131
8,000	102,000	110,000	4,480	114,480	22,600	1,150	23,750	1,188,130
9,200	108,500	117,700	4,825	122,525	3,500	1,150	4,650	1,271,745
47,700	993,990	1,041,690	27,050	1,068,740	367,000	2,675	369,675	3,296,360
16,500	235,319	251,819	19,572	271,391	70,000	20,950	90,950	1,810,841
75,000	851,000	926,000	23,190	949,190	60,000	2,000	62,000	2,561,760
13,600	222,000	235,600	15,200	250,800	33,000	1,200	34,200	867,460
55,200	36,800	92,000	7,206	99,206	133,000	70	133,070	1,108,831
153,307	1,508,980	1,662,287	62,220	1,724,507	98,000	»	98,000	3,695,076
260,700	296,000	556,700	13,695	570,395	58,000	650	58,650	1,979,570
23,500	407,000	430,500	11,350	441,850	35,000	1,200	36,200	1,441,200
65,000	204,000	269,000	20,600	289,600	»	»	»	1,376,900
24,000	1,700,000	1,724,000	79,750	1,803,750	300,000	8400	308,400	3,513,150
»	760,000	76,000	2,480	78,480	48,000	880	48,880	954,870
14,600	436,000	450,600	15,008	465,608	31,000	1,250	32,250	1,573,516
92,000	385,000	477,000	6,750	483,750	117,279	5,400	122,679	1,248,029
»	123,500	123,500	9,950	133,450	40,000	500	40,500	1,049,150
6,500	160,000	166,500	4,750	171,250	30,000	2,600	32,600	806,750

TABLEAU N° 121.
(Suite.)

État des sommes jugées nécessaires pour rendre partout convenables les locaux et

DÉPARTEMENTS.	ÉCOLES DE GARÇONS OU MIXTES.				
	LOCAUX.			MOBILIER.	
	Pour approprier ou reconstruire les maisons d'école non convenables appartenant aux communes.	Pour remplacer par des maisons convenables et appartenant aux communes les maisons louées ou prêtées.	TOTAL.	Pour l'acquisition et l'appropriation du mobilier scolaire.	TOTAL
1	2	3	4	5	6
Lozère	116,000f	1,122,000f	1,238,000f	36,500f	1,274,500f
Maine-et-Loire	542,000	616,000	1,158,000	23,175	1,181,175
Manche	442,400	721,000	1,163,400	50,930	1,214,330
Marne	742,800	403,800	1,146,600	29,875	1,176,475
Marne (Haute-)	612,458	97,167	709,625	51,676	761,301
Mayenne	116,000	266,200	382,200	16,500	398,700
Meurthe	948,665	234,900	1,183,565	84,755	1,268,320
Meuse	551,350	64,200	615,550	35,617	651,167
Morbihan	315,500	776,000	1,091,500	36,745	1,128,245
Moselle	833,955	392,655	1,226,610	54,180	1,280,790
Nièvre	145,300	880,000	1,025,300	18,240	1,043,540
Nord	690,900	1,139,000	1,829,900	61,615	1,891,515
Oise	427,600	537,000	964,600	39,245	1,003,845
Orne	240,700	1,605,000	1,845,700	44,715	1,890,415
Pas-de-Calais	929,000	887,500	1,816,500	266,040	2,082,540
Puy-de-Dôme	255,400	1,439,600	1,695,000	57,550	1,752,550
Pyrénées (Basses-)	587,210	1,028,500	1,615,710	31,007	1,646,717
Pyrénées (Hautes-)	600,000	1,190,000	1,790,000	32,120	1,822,120
Pyrénées-Orientales	128,000	1,024,000	1,152,000	36,250	1,188,250
Rhin (Bas-)	1,609,100	657,400	2,266,500	16,905	2,283,405
Rhin (Haut-)	577,000	321,000	898,000	28,600	926,600
Rhône	357,000	10,988,000	11,345,000	14,500	11,359,500
Saône (Haute-)	216,100	107,000	323,100	21,400	344,500
Saône-et-Loire	773,400	1,377,891	2,151,291	81,562	2,232,853
Sarthe	130,000	792,000	922,000	87,635	1,009,635
Savoie	662,891	810,561	1,473,452	31,243	1,504,695
Savoie (Haute-)	236,202	1,384,445	1,620,647	78,353	1,699,000
Seine	1,485,000	10,250,000	11,735,000	121,000	11,856,000
Seine-Inférieure	518,500	2,200,000	2,718,500	75,980	2,794,480
Seine-et-Marne	1,297,180	326,500	1,623,680	51,510	1,675,190
Seine-et-Oise	1,052,286	786,086	1,838,372	49,800	1,888,172
Sèvres (Deux-)	223,000	1,647,029	1,870,029	15,066	1,885,095
Somme	489,400	570,000	1,059,400	65,300	1,124,700
Tarn	55,900	1,035,300	1,091,200	49,000	1,140,200
Tarn-et-Garonne	220,800	345,000	565,800	30,870	596,670
Var	128,000	347,800	475,800	5,650	481,450
Vaucluse	80,400	386,300	466,700	18,310	485,010
Vendée	260,800	292,000	552,800	21,820	574,620
Vienne	156,300	1,182,000	1,338,300	55,290	1,393,590
Vienne (Haute-)	123,902	1,281,290	1,405,192	30,824	1,436,016
Vosges	785,950	211,000	996,950	58,420	1,055,370
Yonne	698,500	487,000	1,185,500	41,790	1,227,290
TOTAUX	33,605,476	100,517,217	134,122,693	3,618,703	137,741,396

et les mobiliers des établissements publics d'instruction primaire.

ÉCOLES DE FILLES.					SALLES D'ASILE.			TOTAL GÉNÉRAL
LOCAUX.			MOBILIER.					
pour approprier ou reconstruire les maisons d'école non convenables appartenant aux communes.	pour remplacer par des maisons convenables et appartenant aux communes les maisons louées ou prêtées.	TOTAL.	Pour l'acquisition ou l'appropriation du mobilier scolaire.	TOTAL.	Pour CONSTRUIRE, approprier les maisons.	Pour APPROPRIER ou compléter les mobiliers.	TOTAL.	DES DÉPENSES qu'il faudrait faire pour les locaux et les mobiliers.
7	8	9	10	11	12	13	14	15
124,500f	436,000f	560,500f	45,900f	606,400f	10,000f	500f	10,500f	1,891,400f
141,500	790,000	931,500	23,500	955,000	47,000	2,650	49,650	2,185,825
346,200	1,083,500	1,429,700	56,950	1,486,650	37,000	2,700	39,700	2,740,680
119,400	379,500	498,900	14,471	513,371	136,000	3,850	139,850	1,829,696
145,511	244,285	389,796	13,994	403,790	7,365	705	8,070	1,173,161
97,100	190,000	287,100	10,100	297,200	"	5,000	5,000	700,900
299,200	185,200	484,400	5,017	489,417	151,000	16,050	167,050	1,924,787
241,800	131,000	372,800	21,392	394,192	143,400	16,960	160,360	1,205,719
46,500	269,000	315,500	9,610	325,110	43,000	"	43,000	1,496,355
395,030	183,800	578,830	20,885	599,715	99,000	6,500	105,500	1,986,005
5,000	234,000	239,000	1,680	240,680	"	"	"	1,284,220
464,175	2,038,942	2,503,117	69,228	2,572,345	414,200	24,740	438,940	4,902,800
101,500	328,000	429,500	20,173	449,673	82,000	3,050	85,050	1,538,568
81,800	695,000	776,800	27,250	804,050	30,000	1,600	31,600	2,726,065
193,000	389,000	582,000	14,800	596,800	106,000	4,000	110,000	2,789,340
9,350	150,700	160,050	6,242	166,292	22,800	1,275	24,075	1,942,917
60,600	388,900	449,500	9,498	458,998	22,000	1,400	23,400	2,129,115
49,000	400,000	449,000	14,200	463,200	28,000	2,000	30,000	2,315,320
18,000	127,000	145,000	5,160	150,160	18,000	500	18,500	1,356,910
382,000	355,000	737,000	7,150	744,150	365,500	15,200	380,700	3,408,255
71,000	93,000	164,000	4,600	168,600	204,000	5,100	209,100	1,304,300
43,000	245,000	288,000	7,500	295,500	79,000	600	79,600	11,734,600
160,000	140,000	300,000	12,200	312,200	1,500	350	1,850	658,550
246,137	705,000	951,137	34,945	986,082	47,500	1,875	49,375	3,268,310
129,000	708,000	837,000	21,220	858,220	23,000	1,000	24,000	1,891,855
257,450	370,554	628,004	21,532	649,536	110,000	"	110,000	2,264,231
197,110	721,498	918,608	46,740	965,348	37,000	1,700	38,700	2,703,048
1,515,000	10,550,000	12,065,000	111,142	12,176,142	4,150,000	47,000	4,197,000	28,229,142
139,000	2,146,000	2,285,000	45,560	2,330,560	295,000	4,150	299,150	5,424,190
259,700	282,500	542,200	55,250	597,450	140,000	19,450	160,350	2,432,990
401,200	426,170	827,370	5,651	833,021	221,500	27,700	249,200	2,970,393
10,000	498,000	508,000	4,461	512,461	53,000	320	53,320	2,450,876
99,000	315,600	414,600	30,350	444,950	24,000	1,300	25,300	1,594,950
1,500	315,000	316,500	14,150	330,650	95,000	950	95,950	1,560,800
23,000	210,000	233,000	16,650	249,650	69,400	4,000	73,400	919,720
9,200	221,500	230,700	6,450	237,150	37,000	1,250	38,250	756,850
62,850	15,700	78,550	17,095	95,645	13,000	800	13,800	594,455
46,500	600,000	646,500	11,260	657,760	"	"	"	1,232,380
9,000	217,000	226,000	3,503	229,503	4,000	1,100	5,100	1,628,193
4,000	186,700	190,700	1,920	192,620	81,226	318	81,544	1,710,180
285,940	125,000	410,940	23,055	433,995	42,000	6,600	48,600	1,537,965
141,000	461,000	602,000	19,373	621,373	103,200	3,600	106,800	1,955,463
10,639,765	50,606,948	61,246,713	1,822,427	63,069,140	10,776,476	346,236	11,122,712	211,933,248

TABLEAU N° 122.

Bibliothèques.

DÉPARTEMENTS.	NOMBRE DES ÉCOLES QUI POSSÈDENT des bibliothèques scolaires.		NOMBRE de VOLUMES que possèdent les bibliothèques scolaires.	SUR CE NOMBRE DES VOLUMES COMBIEN ONT ÉTÉ			
	Écoles de garçons.	Écoles de filles.		donnés par le département ou par l'État.	donnés par des particuliers.	achetés par les communes.	achetés au moyen des ressources des bibliothèques.
1	2	3	4	5	6	7	8
Ain	103	2	8,469	4,770	43	3,656	″
Aisne	165	21	24,894	1,398	1,444	19,482	2,570
Allier	86	″	8,887	8,520	148	219	″
Alpes (Basses-)	20	″	412	122	82	187	21
Alpes (Hautes-)	31	″	2,770	1,429	306	1,035	″
Alpes-Maritimes	52	4	9,437	7,101	″	2,336	″
Ardèche	19	″	719	309	″	410	″
Ardennes	154	2	2,121	1,050	278	656	137
Ariége	8	″	1,800	802	75	624	299
Aube	53	″	5,290	3,283	206	1,791	10
Aude	14	″	370	″	95	275	″
Aveyron	5	″	850	430	20	400	″
Bouches-du-Rhône	26	″	1,628	1,501	″	127	″
Calvados	102	12	6,563	4,489	220	1,553	301
Cantal	18	″	1,255	463	100	692	″
Charente	59	″	5,936	262	146	3,371	2,157
Charente-Inférieure	118	″	5,073	2,801	488	1,694	90
Cher	3	″	320	150	40	130	″
Corrèze	2	″	305	305	″	″	″
Corse	4	″	151	141	″	10	″
Côte-d'Or	18	2	1,307	2	606	639	60
Côtes-du-Nord	82	″	10,862	10,575	″	287	″
Creuse	26	3	708	618	20	70	″
Dordogne	56	1	2,127	1,313	88	726	″
Doubs	99	1	7,314	307	989	6,018	″
Drôme	44	″	1,123	257	9	857	″
Eure	50	″	4,067	2,134	89	1,263	581
Eure-et-Loir	88	″	6,998	3,495	359	2,769	375
Finistère	3	″	9	9	″	″	″
Gard	31	″	1,555	678	12	865	″
Garonne (Haute-)	23	″	1,040	251	32	149	608
Gers	30	″	735	638	13	84	″
Gironde	69	2	2,403	1,833	″	570	″
Hérault	18	1	325	216	″	109	″
Ille-et-Vilaine	115	″	7,399	5,083	127	2,189	″
Indre	46	″	3,510	2,032	55	1,423	″
Indre-et-Loire	36	″	1,450	1,032	″	418	″
Isère	46	″	2,042	742	288	1,012	″
Jura	150	933	4,395	2,428	252	1,691	24
Landes	55	″	4,340	95	50	4,195	″
Loir-et-Cher	259	22	61,913	6,005	615	″	55,293
Loire	34	″	759	297	155	307	″
Loire (Haute-)	58	″	3,963	2,582	″	1,381	″
Loire-Inférieure	50	1	824	227	43	554	″
Loiret	289	88	177,589	1,965	1,718	34,072	139,834
Lot	7	″	″	″	″	″	″
Lot-et-Garonne	139	″	3,215	2,593	26	503	93

scolaires).

NOMBRE des volumes qui seraient nécessaires pour les besoins du service.	MONTANT DES RESSOURCES ANNUELLES DES BIBLIOTHÈQUES.				SOMMES ACTUELLEMENT libres dans les caisses des bibliothèques.	OBSERVATIONS.
	Fonds de la commune.	Cotisations des élèves.	Produits divers.	TOTAL.		
9	10	11	12	13	14	15
29,896	2,784f 00c	"	"	2,784f 00c	20f 00c	
24,580	1,590 60	372f 10c	525f 00c	2,487 70	"	
22,400	"	"	"	"	"	
13,592	"	"	25 00	25 00	25 00	
23,630	1,755 00	"	"	1,755 00	"	
19,915	"	"	"	"	2,812 96	
16,400	555 00	"	"	555 00	110 00	
15,400	675 00	17 00	100 00	792 00	116 35	
13,940	145 00	120 70	"	265 70	172 25	
2,000	818 50	40 00	7 50	866 00	661 00	
2,180	274 00	"	"	274 00	"	
15,200	95 00	28 25	10 00	133 25	"	
5,000	"	"	"	"	"	
16,455	2,122 95	308 75	795 50	3,227 20	698 75	
1,205	"	"	"	"	"	
29,805	1,541 40	393 00	"	1,934 40	"	
14,938	1,467 00	"	191 00	1,658 00	1,166 00	
322	85 00	"	"	85 00	"	
26,100	"	"	"	"	"	
250	"	"	"	"	"	
1,355	190 00	6 00	50 00	246 00	193 70	
"	230 75	49 55	"	280 30	49 55	
9,500	"	"	"	"	"	
3,642	511 90	"	"	511 90	"	
38,508	"	"	"	"	"	
5,150	268 00	"	"	268 00	32 50	
10,000	447 60	95 00	25 00	567 60	181 23	
6,160	3,310 00	"	"	3,310 00	323 00	
81	"	"	"	"	"	
1,449	"	"	"	"	"	
1,670	210 00	316 00	30 00	556 00	115 50	
35,605	"	"	"	"	40 00	
40,400	905 00	"	"	905 00	"	
22,000	"	"	340 00	340 00	"	
12,850	90 00	"	"	90 00	"	
3,475	2,010 25	"	"	2,010 25	"	
7,660	"	"	"	"	"	
4,550	381 00	"	"	381 00	"	
19,000	944 00	123 00	128 00	1,195 00	175 00	
11,229	"	"	"	"	1,104 70	
"	7,223 90	25,530 84	300 00	33,054 74	280 38	
49,000	"	"	"	"	"	
47,000	"	"	"	"	"	
7,300	390 00	"	"	390 00	150 00	
15,969	5,039 70	16,339 89	"	21,379 59	2,549 03	
700	"	"	"	"	"	
52,940	942 00	252 00	100 00	1,294 00	301 00	

Tableau n° 122.
(Suite.)

Bibliothèques scol

Départements.	Nombre des écoles qui possèdent des bibliothèques scolaires.		Nombre de volumes que possèdent les bibliothèques scolaires.	Sur ce nombre des volumes combien ont été			
	Écoles de garçons.	Écoles de filles.		donnés par le département ou par l'État.	donnés par des particuliers.	achetés par les communes.	achetés au moyen des ressources […] des bibliothèques.
1	2	3	4	5	6	7	8
Lozère	1	″	68	″	″	68	″
Maine-et Loire	40	″	1,194	795	″	399	″
Manche	22	″	33	″	2	31	″
Marne	117	11	10,274	3,710	1,515	4,931	118
Marne (Haute-)	88	27	9,961	9	305	9,647	″
Mayenne	44	″	2,833	1,071	″	1,762	″
Meurthe	250	″	21,804	8,204	981	12,117	502
Meuse	251	1	19,767	7,316	270	11,985	196
Morbihan	5	″	245	100	″	145	″
Moselle	216	50	8,198	273	4,316	3,609	″
Nièvre	100	″	3,782	2,970	16	796	″
Nord	143	2	7.588	2,790	2,188	2,099	511
Oise	117	″	7,130	3,300	614	3,216	″
Orne	9	″	856	299	400	157	″
Pas-de-Calais	71	″	4,469	2,044	398	2,027	″
Puy-de-Dôme	50	″	2,116	1,095	284	737	″
Pyrénées (Basses-)	205	″	5,166	1,321	25	3,820	″
Pyrénées (Hautes-)	9	″	497	146	″	351	″
Pyrénées-Orientales	3	″	327	36	186	105	″
Rhin (Bas-)	589	221	80,189	7,241	1,117	71,831	″
Rhin (Haut-)	86	5	9,899	392	956	8,030	521
Rhône	44	1	2,935	1,471	1	1,463	″
Saône (Haute-)	229	″	9,547	1,567	1,109	5,462	1,409
Saône-et-Loire	32	″	1,136	120	20	996	″
Sarthe	72	″	2,984	1.847	283	851	3
Savoie	175	″	10,578	3,008	″	7,570	″
Savoie (Haute-)	81	16	10,942	8,009	266	2,667	″
Seine	″	″	″	″	″	″	″
Seine-Inférieure	74	4	6,543	4,431	172	1,940	″
Seine-et-Marne	77	1	6,785	1,175	50	5,560	″
Seine-et-Oise	86	8	10,680	1,448	1,380	7,620	232
Sèvres (Deux-)	130	″	7,090	2,300	102	4,564	124
Somme	35	″	513	60	212	66	175
Tarn	25	″	1,816	1,455	″	361	″
Tarn-et-Garonne	68	″	912	63	300	549	″
Var	41	″	2,195	1,618	350	227	″
Vaucluse	117	1	701	640	″	61	″
Vendée	5	″	″	″	″	″	″
Vienne	9	″	580	″	418	117	45
Vienne (Haute-)	26	″	2,478	1,909	46	314	209
Vosges	119	″	5,355	1,029	277	4,023	26
Yonne	86	3	4,956	1,392	540	3,024	″
Totaux	6,910	1,446	684,344	163,387	28,336	286,097	206,524

scolaires.

NOMBRE des volumes qui seraient nécessaires pour les besoins du service.	MONTANT DES RESSOURCES ANNUELLES DES BIBLIOTHÈQUES.				SOMMES actuellement libres dans les caisses des bibliothèques.	OBSERVATIONS.
	Fonds de la commune.	Cotisations des élèves.	Produits divers.	TOTAL.		
9	10	11	12	13	14	15
200	"	"	"	"	"	
6,806	915f 00c	"	139f 00c	1,054f 00c	"	
"	"	"	"	"	"	
7,346	2,612 00	21f 00c	"	2,633 00	449f 00c	
19,000	2,323 00	20 00	296 00	2,639 00	44 00	
6,000	2,643 00	"	"	2,643 00	"	
30,255	2,208 25	371 50	301 10	2,880 85	861 70	
12,803	7,989 70	228 00	35 00	8,252 70	746 10	
20,000	"	"	"	"	"	
8,080	1,086 75	"	"	1,086 75	344 45	
24,000	10,040 00	"	"	10,040 00	"	
15,734	2,293 00	150 00	602 20	3,045 20	811 20	
53,665	847 25	"	"	847 25	192 07	
304	160 00	"	"	160 00	40 00	
102,800	140 00	"	"	140 00	50 00	
52,000	782 00	"	"	782 00	"	
8,565	1,920 00	"	"	1,920 00	"	
37,000	75 00	"	"	75 00	"	
"	"	"	"	"	"	
73,294	13,497 00	"	800 00	14,297 00	"	
10,220	2,183 00	"	"	2,183 00	"	
8,200	1,628 00	"	780 00	2,408 00	410 00	
43,600	6,739 00	"	89 00	6,828 00	"	
100,000	65 00	"	"	65 00	"	
34,000	1,628 15	4 20	1 10	1,633 45	91 85	
21,200	6,637 00	"	"	6,637 00	"	
48,000	"	"	"	"	"	
"	"	"	"	"	"	
206,976	10,278 00	"	50 00	10,328 00	"	
51,960	6,828 50	104 00	550 00	7,482 50	2,244 80	
7,753	805 00	155 00	"	960 00	4 00	
61,960	1,272 00	270 75	300 00	1,842 75	61 00	
5,032	5 00	25 00	3 00	33 00	634 00	
29,057	"	"	"	"	"	
"	2,917 00	412 00	2,455 00	5,784 00	"	
7,307	"	"	"	"	"	
1,480	2,048 00	"	"	2,048 00	"	
500	"	"	"	"	"	
250	"	"	20 00	20 00	83 00	
2,260	"	"	20 35	20 35	20 35	
15,844	652 00	9 00	15 00	676 00	"	
16,920	4,545 00	"	16 00	4,561 00	280 00	
1,850,862	134,765 15	45,762 53	9,099 75	189,627 43	18,645 42	

2°

ÉTATS OU TABLEAUX COMPARATIFS.

OBSERVATIONS.

Les tableaux qui précèdent font connaître la situation de l'instruction primaire dans chacun des départements de la France en 1863 : le nombre total des écoles, celui des maîtres et celui des élèves, considérés aux différents points de vue qui peuvent intéresser le service, et forment l'exposé le plus complet qui ait pu être fait jusqu'à ce jour.

Mais, pour bien juger des choses, il faut surtout les comparer à celles qui leur sont semblables ou analogues; il a donc paru très-utile de terminer ce travail par quelques comparaisons. Ainsi, dans le but d'établir le plus exactement possible jusqu'à quel point l'instruction primaire est répandue dans chaque département, on a comparé le nombre des élèves des écoles primaires au chiffre total de la population; le nombre des conscrits sachant au moins lire au chiffre total de la classe; le nombre des conjoints qui ont signé l'acte de leur union au chiffre total des mariages; le nombre des accusés sachant lire et écrire, bien ou mal, au chiffre total de ceux qui sont passés devant les assises.

Chacune de ces comparaison a donné lieu à un tableau dans lequel les départements sont classés d'après les résultats obtenus, qui tous, à des titres divers, indiquent le degré de diffusion de l'instruction primaire.

Ces résultats sont :

1° Le nombre des élèves sur 100 habitants.

2° Le nombre des conscrits sachant lire....................	sur un total de 100.
3° Le nombre des conjoints ayant signé l'acte de leur mariage...	
4° Le nombre des accusés sachant lire et écrire..................	

Il est évident que les départements qui occupent la tête de ces différents tableaux méritent d'être classés parmi ceux où l'instruction primaire est le plus répandue :

On doit, au contraire, classer parmi les plus arriérés ceux qui, dans ces mêmes tableaux, se trouvent aux derniers rangs. Les autres seront regardés comme plus ou moins avancés, suivant qu'ils se rapprocheront des premiers ou des seconds.

Mais il ne suffisait pas d'avoir établi la position relative de chaque département, il fallait encore examiner jusqu'à quel point cette position avait pu se modifier avec le temps. Il fallait donc, autant que le permettaient les documents recueillis jusqu'à ce jour, comparer la situation actuelle à telle ou telle autre situation analogue. C'est dans ce but que le nombre des écoles et celui des élèves ont été comparés à ceux qui avaient été constatés en 1837 et en 1850 ; c'est encore dans ce but que le nombre des conscrits sachant lire et celui des époux ayant signé l'acte de leur mariage ont été calculés pour plusieurs périodes.

2°

ÉTATS OU TABLEAUX COMPARATIFS.

N° 123. Nombre total des élèves des écoles primaires, classés en trois catégories, suivant leur âge, comparé au chiffre total de la population.

N° 124. Départements classés d'après le nombre des élèves sur 100 habitants.

Ce classement, qui indique d'une manière généralement exacte la position relative du département, est cependant en défaut quelquefois, pour les départements où se trouvent de très-grandes villes, telles que Paris, Lyon, Marseille, Bordeaux, etc. et cela par l'influence de deux causes tout à fait différentes. Il y a dans ces villes une population flottante d'ouvriers, de voyageurs, de militaires, d'étudiants, relativement considérable, dont les familles sont domiciliées ailleurs. Il en résulte que le nombre des enfants, comparé au chiffre total de la population, y est notablement inférieur; et encore faut-il ajouter qu'une partie de ces enfants, plus considérable que partout ailleurs, reçoit l'instruction primaire dans les nombreux établissements secondaires qui se trouvent dans ces grandes villes. Sous cette double influence, le nombre des élèves des écoles primaires est considérablement réduit, et tel département, la Seine par exemple, qui devrait se trouver au commencement du tableau, est relégué tout à fait vers la fin.

N° 125. Situation comparée du nombre des écoles primaires en 1837, en 1850 et en 1863.

Le nombre total des écoles a diminué :

Dans 10 départements de 1837 à 1850;
—— 7 ———— de 1850 à 1863;
—— 5 ———— de 1837 à 1863.

En présence des sacrifices considérables que ne cessent de s'imposer, depuis trente ans, les communes, les départements et l'État, ces diminutions peuvent étonner au premier abord; elles ne sont cependant que la conséquence naturelle de la mise à exécution des lois du 28 juin 1833 et du 15 mars 1850.

Avant 1833, il avait été plusieurs fois ordonné que chaque commune aurait des écoles; mais comme ces ordonnances n'avaient créé aucune ressource spéciale pour l'établissement et l'entretien de ces écoles, et que les revenus ordinaires manquaient dans le plus grand nombre des communes, les écoles communales ne pouvaient se propager qu'avec une grande lenteur dans certains départements pauvres. Pour satisfaire au besoin d'instruction qui se faisait de plus en plus sentir partout, beaucoup de familles, à défaut de ressources communales, s'imposaient les plus lourds sacrifices pour obtenir ou conserver dans leur voisinage une école libre, où leurs enfants pourraient en recevoir les premiers éléments. Dans certains départements, où les communes sont divisées en un grand nombre de villages ou hameaux, ces espèces d'écoles s'étaient considérablement multipliées, et le plus souvent sans aucune intervention de l'autorité départementale ou académique. Les maîtres qui les dirigeaient n'avaient pour la plupart ni autorisation ni titre de capacité.

La loi de 1833 a laissé, dans les premiers temps du moins, subsister ces maîtres et ces écoles, mais elle a amené peu à peu la création d'écoles publiques dans toutes les communes où il a été possible de se procurer un local et un maître; et quand le local a été convenable et le maître habile et dévoué, les écoles libres du voisinage ont été abandonnées, et les maîtres qui les dirigeaient ont quitté l'enseignement ou sont devenus eux-mêmes instituteurs communaux. Cette espèce de révolution scolaire ne s'est opérée que lentement et à mesure que se sont améliorés la position de l'instituteur communal et le local où se tenait son école.

Le petit tableau qui suit indique les phases de cette révolution pour les cinq départements qui comptaient en 1863 moins d'écoles qu'en 1837.

DÉPARTEMENTS.	POPULATION.	NOMBRE des COMMUNES.	NOMBRE TOTAL DES ÉCOLES						DIFFÉRENCES DE 1837 A 1863			
			EN 1837,		EN 1850,		EN 1863,		EN PLUS.		EN MOINS.	
			publiques.	libres.	publiques.	libres.	publiques.	libres.	Écoles publiques.	Écoles libres.	Écoles publiques.	Écoles libres.
Basses-Alpes.....	146,368	254	339	224	410	104	442	60	103	"	"	164
Cantal..........	240,523	259	120	657	272	267	471	180	351	"	"	477
Dordogne........	501,687	582	365	423	421	189	582	180	217	"	"	243
Isère...........	577,718	550	382	1,089	709	303	991	238	609	"	"	851
Var............	315,626	143	226	354	231	349	218	245	"	"	8	109
TOTAUX......	1,781,922	1,788	1,432	2,747	2,133	1,212	2,704	903	1,280	"	8	1,844
									En moins : 572			

Dans un seul de ces départements, celui du Var, qui d'ailleurs présente les variations les moins sensibles, le nombre des écoles publiques aurait diminué; mais il ne faut pas oublier que, depuis l'annexion des Alpes-Maritimes, ce département a perdu l'un des quatre arrondissements qui l'avaient composé jusque-là, celui de Grasse, qui compte certainement plus de huit écoles publiques dans ses cinquante-neuf communes. Dès lors ce département ne doit plus être classé parmi ceux qui présentent des diminutions.

N° 126. Situation comparée de la population des écoles primaires en 1837, en 1850 et en 1863.

Ici encore on remarquera quelques diminutions; mais ce qui prouve que ces diminutions, en supposant qu'elles ne soient pas les résultats de quelques erreurs dans l'une ou l'autre des statistiques comparées, n'ont pas une bien grande gravité, c'est que les plus considérables se produisent généralement dans les départements les plus avancés, dans ceux où il ne reste presque plus d'enfants sans instruction, tels que les Hautes-Alpes, la Meurthe, la Meuse, la Haute-Saône, etc. Peut-être le nombre des élèves n'a-t-il réellement diminué que par suite d'une diminution correspondante dans le nombre des enfants en âge de fréquenter l'école.

N° 127. Diffusion de l'instruction primaire dans les départements, appréciée par le nombre des conscrits qui savaient au moins lire, pendant chacune des périodes de cinq ans, 1827-1831, 1832-1836, 1837-1841, 1842-1846, 1847-1851, 1852-1856 et 1857-1861.

N° 128. Départements classés d'après le nombre des *conscrits* qui, sur un total de 100, savaient au moins lire de 1827 à 1831 inclusivement.

N° 129. Départements classés d'après le nombre des *conscrits* qui, sur un total de 100, savaient au moins lire de 1857 à 1861 inclusivement.

N° 130. Départements classés d'après la différence des nombres moyens des *conscrits* sachant au moins lire en 1827-1831 et en 1857-1861, ou d'après le progrès réalisé de la première à la dernière période.

N° 131. Diffusion de l'instruction primaire dans les départements appréciée par le nombre des *conjoints* qui ont signé l'acte de leur mariage, pendant chacune des périodes de trois ans 1855-1857 et 1858-1860.

N° 132. Départements classés d'après le nombre des *époux* qui, sur un total de 100, ont signé l'acte de leur mariage de 1858 à 1860 inclusivement.

N° 133. Départements classés d'après le nombre des *épouses* qui, sur un total de 100, ont signé l'acte de leur mariage de 1858 à 1860 inclusivement.

N° 134. Départements classés d'après le nombre des *accusés* qui, sur un total de 100, savaient au moins lire et écrire de 1853 à 1862 inclusivement.

N° 135. Degré d'instruction des accusés de chaque département, classés d'après leur âge, pendant la période décennale de 1853 à 1862 inclusivement.

N° 136. Criminalité relative des départements, appréciée par le nombre total des *accusés* et par le nombre des *accusés* de moins de vingt et un ans qui sont passés devant les assises de 1828 à 1847 et de 1853 à 1862 inclusivement.

N° 137. Départements classés d'après le nombre moyen annuel des *accusés* sur 100,000 habitants, pendant la période décennale 1853-1862.

N° 138. Départements classés d'après le nombre moyen des *accusés* de moins de 21 ans, correspondant à 10,000 conscrits, pendant la période décennale 1853-1862.

Nota. Les chiffres qui servent de bases à ces derniers tableaux ont été puisés dans les comptes rendus officiels publiés :

1° Par le ministère de la guerre, pour les tableaux n° 127-130;
2° Par le ministère de l'agriculture, pour les n° 131-133;
3° Par le ministère de la justice, pour les n° 134-138.

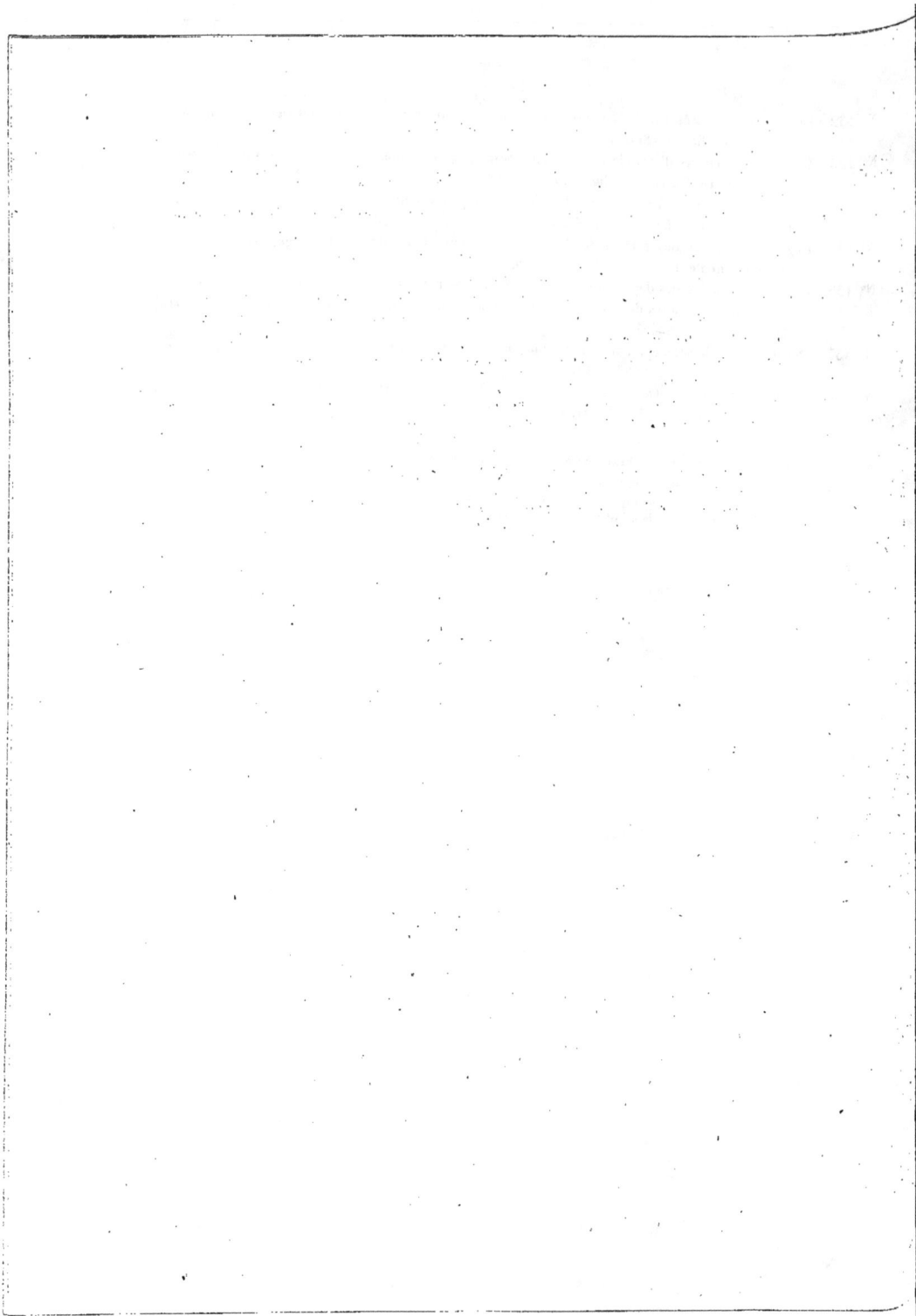

Nombre total des élèves des écoles primaires, classés en trois catégories, suivant leur âge, et comparé au chiffre total de la population.

DÉPARTEMENTS.	POPULATION du DÉPARTEMENT.	NOMBRE DES ENFANTS DE 7 À 13 ANS. Garçons.	Filles.	TOTAL.	NOMBRE DES ÉLÈVES DES ÉCOLES PRIMAIRES en 1863 âgés de moins de 7 ans.	de 7 à 13 ans.	de plus de 13 ans.	TOTAL.	NOMBRE DES ÉLÈVES sur 100 habitants.	NUMÉROS D'ORDRE des départements d'après ce nombre.
1	2	3	4	5	6	7	8	9	10	11
Ain	369,767	20,262	20,200	40,462	8,061	36,279	9,244	53,584	14.5	19
Aisne	564,597	28,962	27,651	56,613	18,561	50,122	5,935	74,618	13.2	30
Allier	356,432	21,731	20,353	42,084	4,224	24,549	2,224	30,997	8.7	76
Alpes (Basses-)	146,368	7,472	7,005	14,477	3,278	12,733	2,710	18,721	12.8	34
Alpes (Hautes-)	125,100	7,546	6,941	14,487	3,875	11.432	6,940	22,247	17.8	2
Alpes-Maritimes	194,578	10,457	9.995	20,452	3,152	12,249	2.451	17,852	9.2	70
Ardèche	386,529	22,984	21,910	44,894	4,827	33,563	4,496	42,886	11.0	47
Ardennes	329,111	17,866	16,275	34,141	13,572	32,533	5,696	51,801	15.7	12
Ariége	251,850	13,372	13,028	26,400	3,229	13,122	3,763	20,114	8.0	82
Aube	262,785	12,590	12,343	24,933	9,149	24,350	4,677	38,176	14.5	18
Aude	283,606	15,242	13,581	28,823	5,511	19,414	3,528	28,453	10.0	58
Aveyron	396,025	24,841	23,812	48,653	7,618	37,937	9.163	54,718	13.8	23
Bouches-du-Rhône	507,112	25,657	25,532	51,189	6,590	36,484	3,696	46,770	9.2	69
Calvados	480,992	21,589	21,360	42,949	9,649	40,021	7,195	56,865	11.8	44
Cantal	240,523	12,533	13,039	25,572	4,579	20,908	7,309	32,796	13.6	27
Charente	379,081	19,171	16,202	35,373	4,174	26,199	4,089	34,462	9.1	73
Charente-Inférieure	481,060	29,731	25,531	55,262	2,856	40,587	6,220	49,663	10.3	53
Cher	323,393	21,620	20,577	42,197	3,533	24,466	2,300	30,299	9.4	66
Corrèze	310,118	18,211	17,308	35,519	2,742	17,311	3,823	23,876	7.7	85
Corse	252,889	17,698	13,703	31,401	3,053	13,416	3,733	20,202	8.0	81
Côte-d'Or	384,140	19,391	18,416	37,807	14,434	37,224	8,940	60,598	15.8	11
Côtes-du-Nord	628,676	43,512	43,558	87,070	5,657	38,984	5,016	49,657	7.9	83
Creuse	270,055	15,823	13,566	29,389	"	20,580	4,004	24,584	9.1	72
Dordogne	501,687	25,366	22,116	47,482	4,741	28,410	4,186	37,337	7.4	86
Doubs	296,280	16,922	15,512	32,434	14,710	31,503	10,338	56,551	19.1	1
Drôme	326,684	18,453	16,015	34,468	8,622	25,505	5,825	39,952	12.2	41
Eure	398,661	18,343	17,316	35,659	8,646	28,837	2,163	39,646	9.9	60
Eure-et-Loir	290,455	15,719	14,255	29,974	8,889	28,188	2,786	39,863	13.7	25
Finistère	627.304	36,469	35,643	72,112	3,617	33,920	5,084	42,621	6.8	87
Gard	422,107	22,363	21,824	44,187	10,397	36,185	4,788	51,370	12.2	42
Garonne (Haute-)	484,081	24,806	23,057	47,863	7,868	31,646	6,163	45,677	9.4	65
Gers	298,931	12,986	11,021	24.007	3,905	19,142	3,939	26,986	9.0	75
Gironde	667,193	30,802	29,777	60,579	8,068	50,585	5,085	63.736	9.6	64
Hérault	409,391	21,926	20,902	42,828	5,872	37,855	5,601	49,328	12.0	43
Ille-et-Vilaine	584,930	32,823	32,601	65,424	6,040	50,773	4,971	61,784	10.6	50
Indre	270,054	15,728	13,802	29,530	2,205	17,795	983	20,983	7.8	84
Indre-et-Loire	323,572	16,015	13,777	29,792	3,261	21,412	1,817	26,490	8.2	78
Isère	577,748	32,205	29,991	62,196	13,546	47,353	14,282	75,181	13.0	32
Jura	298,053	16,717	15.522	32,239	8,722	33,223	8,583	50,528	17.0	5
Landes	300,839	17,413	15,719	33,132	4,156	21,680	2,152	27,988	9.3	67
Loir-et-Cher	269,029	14,491	14,617	29,108	4,884	24,449	2,055	31,384	11.7	45
Loire	517,603	31,195	31,293	62,488	7,643	50,529	6,190	64,362	12.4	36
Loire (Haute-)	305,521	16,506	16,948	33,454	3,059	17,370	7,236	27,665	9.1	74
Loire-Inférieure	580,207	33,207	33,935	67,142	5,346	44,254	3,344	52,944	9.1	71
Loiret	352,757	21,022	21,758	42,780	8,099	37,308	3,301	48,708	13.8	24
Lot	295,542	15,681	14,679	30,360	4,500	19,536	4,457	28,493	9.6	61
Lot-et-Garonne	332,065	17,371	15,701	33,072	3,136	25,850	1,769	30,755	9.3	68

Nombre total des élèves des écoles primaires, classés en trois catégories, suivant leur âge, et comparé au chiffre total de la population.

DÉPARTEMENTS	POPULATION du DÉPARTEMENT.	NOMBRE DES ENFANTS DE 7 À 13 ANS. Garçons.	Filles.	TOTAL.	NOMBRE DES ÉLÈVES DES ÉCOLES PRIMAIRES en 1863, âgés de moins de 7 ans.	de 7 à 13 ans.	de plus de 13 ans.	TOTAL.	NOMBRE DES ÉLÈVES sur 100 habitants.	NUMÉROS D'ORDRE des départements d'après ce nombre.
1	2	3	4	5	6	7	8	9	10	11
Lozère	137,367	7,800	7,089	14,889	4,315	14,104	4,014	22,433	16.3	9
Maine-et-Loire	526,012	26,907	27,395	54,302	5,607	47,603	4,062	57,272	10.9	48
Manche	591,421	31,286	28,468	59,754	12,802	54,469	6,437	73,768	12.5	35
Marne	385,498	18,791	19,778	38,569	13,032	36,469	6,638	56,130	14.6	17
Marne (Haute-)	251,413	13,109	12,467	25,576	12,256	25,362	6,515	44,133	17.3	4
Mayenne	375,163	19,815	19,606	39,421	2,362	35,428	1,607	39,397	10.5	52
Meurthe	428,643	22,028	21,492	43,520	16,148	40,538	7,481	64,167	15.0	14
Meuse	305,540	14,675	15,864	30,539	10,420	30,303	6,661	47,384	15.5	13
Morbihan	486,504	27,[illegible]71	27,142	54,413	4,947	23,270	4,238	32,455	6.7	80
Moselle	446,457	28,186	27,436	55,622	8,096	52,599	5,577	66,272	14.8	16
Nièvre	332,814	21,285	19,979	41,264	7,276	29,224	4,544	41,044	12.3	39
Nord	1,303,380	79,891	76,812	156,703	11,897	136,571	36,828	185,296	14.2	21
Oise	401,417	23,923	22,621	46,544	16,806	35,733	3,649	56,188	13.7	26
Orne	423,350	20,392	19,312	39,704	5,233	34,953	3,257	43,443	10.3	54
Pas-de-Calais	724,338	42,127	40,005	82,132	21,595	74,310	12,060	107,965	14.9	15
Puy-de-Dôme	576,409	33,989	33,685	67,674	7,444	37,312	10,563	55,319	9.6	62
Pyrénées (Basses-)	436,628	28,896	26,934	55,830	9,708	37,623	3,529	50,860	11.6	46
Pyrénées (Hautes-)	240,179	11,347	10,335	21,682	4,559	21,180	5,566	31,305	13.0	31
Pyrénées-Orientales	181,763	10,272	9,950	20,222	4,351	11,576	2,571	18,498	10.2	56
Rhin (Bas-)	577,574	41,388	40,694	82,082	6,096	73,539	14,874	94,509	16.4	8
Rhin (Haut-)	515,802	38,410	35,712	74,122	7,621	70,005	6,324	84,850	16.5	7
Rhône	662,493	31,802	29,790	61,592	6,293	58,071	5,289	69,653	10.5	51
Saône (Haute-)	317,183	15,238	14,697	29,935	16,146	29,887	10,159	56,192	17.7	3
Saône-et-Loire	582,137	34,951	33,649	68,600	10,202	55,918	8,894	75,014	12.9	33
Sarthe	466,155	24,146	23,757	47,903	6,037	36,650	4,156	46,843	10.0	57
Savoie	275,039	17,724	17,299	35,023	"	29,177	7,453	36,630	13.3	29
Savoie (Haute-)	267,496	16,793	14,249	34,042	4,879	28,229	5,398	38,506	14.4	20
Seine	1,953,660	86,717	86,407	173,124	24,874	118,012	16,490	159,376	8.2	70
Seine-Inférieure	789,988	40,876	40,916	81,792	17,806	71,069	8,528	97,403	12.3	40
Seine-et-Marne	352,312	19,776	19,575	39,351	9,397	36,092	3,420	48,909	13.9	22
Seine-et-Oise	513,073	26,970	24,513	51,483	1,693	59,663	2,197	63,553	12.4	37
Sèvres (Deux-)	328,817	18,242	17,981	36,223	5,623	28,012	6,928	40,563	12.3	38
Somme	572,646	29,093	26,920	56,013	20,020	49,702	6,863	76,585	13.4	28
Tarn	353,633	19,944	18,738	38,682	4,958	23,902	4,937	33,797	9.6	63
Tarn-et-Garonne	232,551	10,547	10,116	20,663	3,074	14,403	1,980	19,457	8.4	77
Var	315,526	14,082	13,405	27,487	3,700	19,477	2,077	25,254	8.0	80
Vaucluse	268,255	14,562	14,275	28,837	4,097	22,676	2,125	28,898	10.8	49
Vendée	395,695	23,064	22,533	45,597	4,231	32,082	4,278	40,591	10.3	55
Vienne	322,028	18,596	16,482	35,078	4,618	23,327	4,096	32,041	9.9	59
Vienne (Haute-)	319,595	14,419	15,076	29,495	3,145	14,224	4,114	21,483	6.7	88
Vosges	415,485	22,216	22,211	44,427	13,374	44,263	11,189	68,826	16.6	6
Yonne	370,305	19,658	19,401	39,059	15,433	37,871	6,531	59,835	16.2	10
TOTAUX	37,382,225	2,053,994	1,964,433	4,018,427	674,483	3,143,540	51[illegible],345	4,336,368	11.6	"

Départements classés d'après le nombre des élèves des écoles primaires sur 100 habitants.

(Voir la note qui suit le titre de ce tableau, page 315.)

NUMÉROS d'ordre des départements.	DÉPARTEMENTS.	NOMBRE DES ÉLÈVES sur 100 habitants.	NUMÉROS d'ordre des départements.	DÉPARTEMENTS.	NOMBRE DES ÉLÈVES sur 100 habitants.	NUMÉROS d'ordre des départements.	DÉPARTEMENTS.	NOMBRE DES ÉLÈVES sur 100 habitants.
1	2	3	1	2	3	1	2	3
1	Doubs	19. 1	31	Hautes-Pyrénées	13. 0	60	Eure	9. 9
2	Hautes-Alpes	17. 8	32	Isère	13. 0	61	Lot	9. 6
3	Haute-Saône	17. 7	33	Saône-et-Loire	12. 9	62	Puy-de-Dôme	9. 6
4	Haute-Marne	17. 3	34	Basses-Alpes	12. 8	63	Tarn	9. 6
5	Jura	17. 0	35	Manche	12. 5	64	Gironde	9. 6
6	Vosges	16. 6	36	Loire	12. 4	65	Haute-Garonne	9. 4
7	Haut-Rhin	16. 5	37	Seine-et-Oise	12. 4	66	Cher	9. 4
8	Bas-Rhin	16. 4	38	Deux-Sèvres	12. 3	67	Landes	9. 3
9	Lozère	16. 3	39	Nièvre	12. 3	68	Lot-et-Garonne	9. 3
10	Yonne	16. 2	40	Seine-Inférieure	12. 3	69	Bouches-du-Rhône	9. 2
11	Côte-d'Or	15. 8	41	Drôme	12. 2	70	Alpes-Maritimes	9. 2
12	Ardennes	15. 7	42	Gard	12. 2	71	Loire-Inférieure	9. 1
13	Meuse	15. 5	43	Hérault	12. 0	72	Creuse	9. 1
14	Meurthe	15. 0	44	Calvados	11. 8	73	Charente	9. 1
15	Pas-de-Calais	14. 9	45	Loir-et-Cher	11. 7	74	Haute-Loire	9. 1
16	Moselle	14. 8	46	Basses-Pyrénées	11. 6	75	Gers	9. 0
17	Marne	14. 6		MOYENNE GÉNÉRALE	11. 6	76	Allier	8. 7
18	Aube	14. 5	47	Ardèche	11. 0	77	Tarn-et-Garonne	8. 4
19	Ain	14. 5	48	Maine-et-Loire	10. 9	78	Indre-et-Loire	8. 2
20	Haute-Savoie	14. 4	49	Vaucluse	10. 8	79	Seine	8. 2
21	Nord	14. 2	50	Ille-et-Vilaine	10. 6	80	Var	8. 0
22	Seine-et-Marne	13. 9	51	Rhône	10. 5	81	Corse	8. 0
23	Aveyron	13. 8	52	Mayenne	10. 5	82	Ariége	8. 0
24	Loiret	13. 8	53	Charente-Inférieure	10. 3	83	Côtes-du-Nord	7. 9
25	Eure-et-Loir	13. 7	54	Orne	10. 3	84	Indre	7. 8
26	Oise	13. 7	55	Vendée	10. 3	85	Corrèze	7. 7
27	Cantal	13. 6	56	Pyrénées-Orientales	10. 2	86	Dordogne	7. 4
28	Somme	13. 4	57	Sarthe	10. 0	87	Finistère	6. 8
29	Savoie	13. 3	58	Aude	10. 0	88	Haute-Vienne	6. 7
30	Aisne	13. 2	59	Vienne	9. 9	89	Morbihan	6. 7

TABLEAU N° 125.

Situation comparée du nombre des écoles pri[maires]

(Voir la note qui suit le titre [...]

DÉPARTEMENTS.	NOMBRE DES ÉCOLES PRIMAIRES					
	EN 1837.			EN 1850.		
	Publiques.	Libres.	TOTAL.	Publiques.	Libres.	TOTAL.
1	2	3	4	5	6	7
Ain	302	410	712	485	297	782
Aisne	908	136	1,044	984	166	1,150
Allier	150	124	274	231	85	316
Alpes (Basses-)	339	224	563	410	104	514
Alpes (Hautes-)	90	343	433	329	161	490
Alpes-Maritimes	〃	〃	〃	〃	〃	〃
Ardèche	240	237	477	377	337	714
Ardennes	545	48	593	643	71	714
Ariége	200	54	254	288	60	348
Aube	437	72	509	472	49	521
Aude	361	198	559	407	187	594
Aveyron	405	632	1,037	586	630	1,216
Bouches-du-Rhône	120	312	432	166	380	546
Calvados	566	181	747	703	176	879
Cantal	120	657	777	272	267	539
Charente	254	221	475	379	130	509
Charente-Inférieure	374	185	559	496	263	759
Cher	124	96	220	228	69	297
Corrèze	131	59	190	271	94	365
Corse	273	23	296	368	17	385
Côte-d'Or	734	175	909	807	108	915
Côtes-du-Nord	192	217	409	375	180	555
Creuse	159	222	381	255	152	407
Dordogne	365	423	788	421	189	610
Doubs	798	84	882	815	80	895
Drôme	346	198	544	498	227	725
Eure	532	187	719	570	183	753
Eure-et-Loir	440	67	507	434	68	502
Finistère	168	155	323	248	233	481
Gard	404	296	700	499	325	824
Garonne (Haute-)	407	133	540	500	320	820
Gers	398	113	511	425	190	615
Gironde	354	526	880	493	450	943
Hérault	399	525	924	452	577	1,029
Ille-et-Vilaine	192	169	361	422	196	618
Indre	120	67	196	210	63	273
Indre-et-Loire	168	148	316	257	86	343
Isère	382	1,089	1,471	799	303	1,102
Jura	631	137	768	770	123	893
Landes	288	85	373	361	71	432
Loir-et-Cher	229	107	336	292	74	366
Loire	227	231	458	499	419	918
Loire (Haute-)	89	383	472	196	184	380
Loire-Inférieure	162	290	452	305	314	619
Loiret	342	97	439	384	88	472
Lot	217	148	365	318	288	606
Lot-et-Garonne	240	225	465	322	196	518

primaires en 1837, en 1850 et en 1863.

(... ce tableau, page 315.)

En 1863.			Différences des totaux						Observations.
			De 1837 à 1850.		De 1850 à 1863.		De 1837 à 1863.		
Publiques.	Libres.	Total.	En moins.	En plus.	En moins.	En plus.	En moins.	En plus.	
8	9	10	11	12	13	14	15	16	17
656	153	809	″	70	″	27	″	97	
1,102	110	1,212	″	106	″	62	″	168	
348	124	472	″	42	″	156	″	198	
442	60	502	49	″	12	″	61	″	
452	51	503	″	57	″	13	″	70	
273	84	357	″	″	″	357	″	357	
561	216	777	″	237	″	63	″	300	
705	42	747	″	121	″	33	″	154	
364	62	426	″	94	″	78	″	172	
528	60	588	″	12	″	67	″	79	
477	149	626	″	35	″	32	″	67	
742	462	1,204	″	179	12	″	″	167	
247	391	638	″	114	″	92	″	206	
800	189	989	″	132	″	110	″	242	
471	180	651	238	″	″	112	126	″	
414	243	657	″	34	″	148	″	182	
540	295	835	″	200	″	76	″	276	
327	80	407	″	77	″	110	″	187	
350	113	463	″	175	″	98	″	273	
471	45	516	″	89	″	131	″	220	
887	119	1,006	″	6	″	91	″	97	
498	169	667	″	146	″	112	″	258	
293	138	431	″	26	″	24	″	50	
582	180	762	178	″	″	152	26	″	
877	52	929	″	13	″	34	″	47	
634	146	780	″	181	″	55	″	236	
605	143	748	″	40	11	″	″	29	
467	85	552	5	″	″	50	″	45	
299	235	534	″	158	″	53	″	211	
651	268	919	″	124	″	95	″	219	
526	431	957	″	280	″	137	″	417	
496	251	747	″	104	″	132	″	236	
737	415	1,152	″	63	″	209	″	272	
497	487	984	″	105	45	″	″	60	
525	201	726	″	257	″	108	″	365	
275	75	350	″	77	″	77	″	154	
335	106	441	″	27	″	98	″	125	
991	238	1,229	369	″	″	127	242	″	
860	72	932	″	134	″	30	″	164	
423	89	512	″	59	″	80	″	139	
335	98	433	″	30	″	67	″	97	
571	135	706	″	460	212	″	″	248	
312	190	502	92	″	″	122	″	30	
346	282	628	″	167	″	9	″	176	
493	121	614	″	33	″	142	″	175	
351	280	631	″	241	″	25	″	266	
343	229	572	″	53	″	54	″	107	

Tableau n° 125.
(Suite.)

Situation comparée du nombre des écoles pri...

(Voir la note qui suit le ...

DÉPARTEMENTS.	NOMBRE DES ÉCOLES PRIMAIRES					
	EN 1837.			EN 1850.		
	Publiques.	Libres.	TOTAL.	Publiques.	Libres.	TOTAL.
1	2	3	4	5	6	7
Lozère	175	90	265	357	354	711
Maine-et-Loire	332	202	534	607	83	690
Manche	1,003	198	1,201	1,056	144	1,200
Marne	754	77	831	776	62	838
Marne (Haute-)	652	34	686	694	44	738
Mayenne	243	188	431	433	71	504
Meurthe	939	113	1,052	1,050	101	1,151
Meuse	774	45	819	824	45	869
Morbihan	99	120	219	218	113	331
Moselle	877	123	1,000	980	78	1,058
Nièvre	211	107	318	308	115	423
Nord	783	707	1,490	908	404	1,312
Oise	743	66	809	790	129	919
Orne	393	250	643	557	156	713
Pas-de-Calais	946	319	1,265	974	241	1,215
Puy-de-Dôme	195	482	677	312	346	658
Pyrénées (Basses-)	508	348	856	633	254	887
Pyrénées (Hautes-)	384	149	533	461	199	660
Pyrénées-Orientales	142	141	283	165	177	342
Rhin (Bas-)	806	158	964	961	107	1,068
Rhin (Haut-)	604	62	666	722	93	815
Rhône	480	184	664	404	425	829
Saône (Haute-)	887	102	989	932	68	1,000
Saône-et-Loire	423	155	578	593	259	852
Sarthe	445	178	623	548	103	651
Savoie	"	"	"	"	"	"
Savoie (Haute-)	"	"	"	"	"	"
Seine	246	634	880	282	702	984
Seine-Inférieure	775	271	1,046	984	181	1,165
Seine-et-Marne	515	93	608	556	124	680
Seine-et-Oise	676	168	844	738	138	876
Sèvres (Deux-)	310	189	499	363	146	509
Somme	961	177	1,138	1,026	193	1,219
Tarn	244	145	389	361	196	557
Tarn-et-Garonne	182	125	307	241	109	350
Var	226	354	580	231	349	580
Vaucluse	176	122	298	200	169	369
Vendée	280	88	368	356	119	475
Vienne	145	121	266	280	89	369
Vienne (Haute-)	114	117	231	203	123	326
Vosges	668	12	680	806	263	1,069
Yonne	519	100	619	549	94	643
Totaux	34,766	18,023	52,789	43,476	16,396	59,872

primaires en 1837, en 1850 et en 1863.

(... de ce tableau, page 314.)

EN 1863.			DIFFÉRENCES DES TOTAUX					
			DE 1837 À 1850.		DE 1850 À 1863.		DE 1837 À 1863.	
Publiques. 8	Libres. 9	TOTAL. 10	En moins. 11	En plus. 12	En moins. 13	En plus. 14	En moins. 15	En plus. 16
498	351	849	″	446	″	138	″	584
590	178	768	″	156	″	78	″	234
1,099	114	1,213	1	″	″	13	″	12
884	62	946	″	7	″	108	″	115
756	42	708	″	52	″	60	″	112
486	55	541	″	73	″	37	″	110
1,118	93	1,211	″	99	″	60	″	159
884	54	938	″	50	″	69	″	119
290	159	449	″	112	″	118	″	230
1,071	58	1,129	″	58	″	71	″	129
371	87	458	″	105	″	35	″	140
1,137	354	1,491	178	″	″	179	″	1
869	104	973	″	110	″	54	″	164
645	93	738	″	70	″	25	″	95
1,097	293	1,390	50	″	″	175	″	125
495	452	947	19	″	″	289	″	270
750	187	937	″	31	″	50	″	81
606	175	781	″	127	″	121	″	248
185	188	373	″	59	″	31	″	90
1,093	79	1,172	″	104	″	104	″	208
843	58	901	″	149	″	86	″	235
423	443	866	″	165	″	37	″	202
984	37	1,021	″	11	″	21	″	32
706	273	979	″	274	″	127	″	401
593	86	679	″	28	″	28	″	56
801	104	905	″	″	″	905	″	905
545	76	621	″	″	″	621	″	621
328	1,390	1,718	″	104	″	734	″	838
1,023	300	1,323	″	119	″	158	″	277
637	130	767	″	72	″	87	″	159
812	244	1,056	″	32	″	180	″	212
417	156	573	″	10	″	64	″	74
1,122	199	1,321	″	81	″	102	″	183
445	224	669	″	168	″	112	″	280
258	131	389	″	43	″	39	″	82
218	245	463	″	″	117	″	117	″
295	92	387	″	71	″	18	″	89
440	114	554	″	107	″	79	″	186
312	150	462	″	103	″	93	″	196
237	175	412	″	95	″	86	″	181
987	46	1,033	″	389	36	″	″	353
616	121	737	″	24	″	94	″	118
52,445	16,316	68,761	1,179	8,262	445	9,334	572	10,544
			En plus : 7,083		En plus : 8,889		En plus : 15,972	

The last column of the table, headed "OBSERVATIONS. 17", has nothing entered in it.

Tableau n° 126.

Situation comparée de la population des écoles …

(Voir la note qui précède le …)

Départements.	Nombre des élèves … en 1837. Garçons.	Filles.	Total.	En 1850. Garçons.	Filles.	Total.
1	2	3	4	5	6	7
Ain	20,869	14,966	35,835	24,500	20,783	45,283
Aisne	33,870	28,706	62,576	36,162	31,835	67,907
Allier	6,760	6,455	13,215	8,374	6,971	15,345
Alpes (Basses-)	10,315	5,023	15,338	9,051	6,192	15,243
Alpes (Hautes-)	6,756	3,943	10,699	14,259	10,639	24,898
Alpes-Maritimes	"	"	"	"	"	"
Ardèche	12,375	6,819	19,194	17,965	15,536	33,501
Ardennes	23,591	20,087	43,678	25,438	23,280	48,718
Ariége	7,716	2,016	9,732	10,256	4,859	15,115
Aube	14,554	13,334	27,888	15,993	15,906	31,899
Aude	12,194	5,383	17,577	13,606	8,850	22,456
Aveyron	18,203	14,340	32,543	20,376	20,664	41,040
Bouches-du-Rhône	12,862	8,285	21,147	16,176	16,186	32,362
Calvados	19,044	15,852	34,896	23,349	22,066	45,415
Cantal	10,884	11,327	22,211	11,741	11,400	23,141
Charente	15,091	3,782	18,873	15,541	6,806	22,347
Charente-Inférieure	17,672	5,980	23,652	22,684	12,151	34,835
Cher	5,288	4,202	9,490	9,228	8,342	17,570
Corrèze	5,422	2,338	7,760	9,426	5,789	15,215
Corse	10,659	1,193	11,852	11,093	2,622	13,715
Côte-d'Or	28,680	24,552	53,232	31,086	27,079	58,165
Côtes-du-Nord	13,929	8,531	22,460	20,404	15,882	36,286
Creuse	9,803	2,678	12,481	11,456	6,098	17,554
Dordogne	14,221	7,591	21,812	13,201	7,504	20,705
Doubs	24,208	19,842	44,050	25,386	22,077	47,463
Drôme	16,230	9,239	25,469	19,399	14,503	33,902
Eure	20,201	16,603	36,804	19,041	17,436	36,477
Eure-et-Loir	16,749	14,715	31,464	17,122	15,480	32,602
Finistère	9,228	5,503	14,731	14,214	10,840	25,054
Gard	17,368	11,649	29,017	20,333	17,286	37,619
Garonne (Haute-)	18,085	6,766	24,851	20,447	15,228	35,675
Gers	11,669	3,001	14,670	10,805	8,578	19,383
Gironde	21,846	12,995	34,841	24,908	20,318	45,226
Hérault	19,305	12,603	31,908	22,467	18,165	40,632
Ille-et-Vilaine	12,917	6,698	19,615	20,790	18,420	39,210
Indre	4,586	3,050	7,636	7,480	6,336	13,816
Indre-et-Loire	7,382	5,247	12,629	9,257	7,272	16,529
Isère	33,332	22,131	55,463	32,342	26,442	58,784
Jura	25,440	20,588	46,028	28,093	23,189	51,282
Landes	9,053	3,173	12,226	10,869	6,732	17,601
Loir-et-Cher	9,866	6,959	16,825	11,320	9,633	20,953
Loire	19,853	14,170	34,023	24,207	25,294	49,501
Loire (Haute-)	10,311	10,358	20,669	12,431	9,440	21,871
Loire-Inférieure	10,681	8,113	18,794	17,350	16,519	33,869
Loiret	13,620	10,480	24,100	16,734	14,547	31,281
Lot	10,335	2,421	12,756	11,751	9,642	21,393
Lot-et-Garonne	12,066	5,233	17,299	13,080	9,051	22,131

primaires en 1837, en 1850 et en 1863.

(... de ce tableau, page 316.)

EN 1863.			DIFFÉRENCES DES TOTAUX						OBSERVATIONS.
			DE 1837 À 1850.		DE 1850 À 1863.		DE 1837 À 1863.		
Garçons.	Filles.	TOTAL.	En moins.	En plus.	En moins.	En plus.	En moins.	En plus.	
8	9	10	11	12	13	14	15	16	17
28,088	25,496	53,584	″	9,448	″	8,301	″	17,749	
38,420	36,198	74,618	″	5,421	″	6,621	″	12,042	
16,043	14,954	30,997	″	2,130	″	15,652	″	17,782	
10,111	8,610	18,721	95	″	″	3,478	″	3,383	
13,576	8,671	22,247	″	14,199	2,651	″	″	11,548	
10,560	7,292	17,852	″	″	″	17,852	″	17,852	
22,730	20,147	42,886	″	14,307	″	9,385	″	23,692	
26,761	25,040	51,801	″	5,040	″	3,083	″	8,123	
12,487	7,627	20,114	″	5,383	″	4,999	″	10,382	
19,085	19,091	38,176	″	4,011	″	6,277	″	10,288	
15,730	12,723	28,453	″	4,879	″	5,997	″	10,876	
27,253	27,465	54,718	″	8,497	″	13,678	″	22,175	
24,052	22,718	46,770	″	11,215	″	14,408	″	25,623	
27,661	29,204	56,865	″	10,519	″	11,450	″	21,969	
16,138	16,658	32,796	″	930	″	9,655	″	10,585	
20,497	13,965	34,462	″	3,474	″	12,115	″	15,589	
28,336	21,327	49,663	″	11,183	″	14,828	″	26,011	
16,992	13,307	30,299	″	8,080	″	12,729	″	20,809	
13,123	10,753	23,876	″	7,455	″	8,661	″	16,116	
15,040	5,162	20,202	″	1,863	″	6,487	″	8,350	
31,637	28,961	60,598	″	4,933	″	2,433	″	7,366	
26,949	22,708	49,657	″	13,826	″	13,371	″	27,197	
15,158	9,426	24,584	″	5,073	″	7,030	″	12,103	
21,181	16,156	37,337	1,047	″	″	16,572	″	15,525	
30,206	26,345	56,551	″	3,413	″	9,088	″	12,501	
21,548	18,404	39,952	″	8,433	″	6,050	″	14,483	
20,255	19,391	39,646	327	″	″	3,169	″	2,842	
20,620	19,243	39,863	″	1,138	″	7,261	″	8,399	
23,442	19,179	42,621	″	10,323	″	17,567	″	27,890	
26,137	25,233	51,370	″	8,602	″	13,751	″	22,353	
24,019	21,658	45,677	″	10,824	″	10,002	″	20,826	
15,016	11,970	26,986	″	4,713	″	7,603	″	12,316	
31,675	32,061	63,736	″	10,385	″	18,510	″	28,895	
24,543	24,785	49,328	″	8,724	″	8,696	″	17,420	
32,095	29,689	61,784	″	19,595	″	22,574	″	42,169	
11,817	9,166	20,983	″	6,180	″	7,167	″	13,347	
13,607	12,793	26,400	″	3,900	″	9,961	″	13,861	
40,091	35,090	75,181	″	3,321	″	16,397	″	19,718	
27,074	23,454	50,528	″	5,254	754	″	″	4,500	
15,935	12,053	27,988	″	5,375	″	10,387	″	15,762	
16,199	15,185	31,384	″	4,137	″	10,422	″	14,559	
33,515	30,847	64,362	″	15,478	″	14,861	″	30,339	
15,752	11,913	27,665	″	1,202	″	5,794	″	6,996	
27,803	25,141	52,944	″	15,075	″	19,075	″	34,150	
24,480	24,228	48,708	″	7,181	″	17,427	″	24,608	
16,007	12,486	28,493	″	8,637	″	7,100	″	15,737	
16,695	14,060	30,755	″	4,832	″	8,624	″	13,456	

TABLEAU N° 126.
(Suite.)

Situation comparée de la population des écoles prim

(Voir la note qui précède le

DÉPARTEMENTS.	NOMBRE DES ÉLÈVES					
	EN 1837.			EN 1850.		
	Garçons.	Filles.	TOTAL.	Garçons.	Filles.	TOTAL.
1	2	3	4	5	6	7
Lozère	5,918	4,423	10,341	12,435	10,771	23,206
Maine-et-Loire	13,648	11,269	24,917	22,924	23,623	46,547
Manche	27,945	23,838	51,783	44,285	37,706	81,991
Marne	27,924	24,593	52,517	26,925	25,225	52,150
Marne (Haute-)	22,935	20,686	43,621	22,220	22,100	44,320
Mayenne	11,601	9,859	21,460	15,051	15,825	30,876
Meurthe	36,616	35,977	72,593	36,772	33,170	69,942
Meuse	27,999	26,268	54,267	27,875	26,165	54,040
Morbihan	8,281	4,775	13,056	12,802	7,943	20,745
Moselle	31,640	27,531	59,171	34,442	31,326	65,768
Nièvre	7,889	4,596	12,485	13,292	11,242	24,534
Nord	53,588	36,358	89,946	59,626	56,389	116,015
Oise	26,250	21,385	47,635	27,275	25,461	52,736
Orne	18,008	13,879	31,887	19,237	17,045	36,282
Pas-de-Calais	43,705	33,989	77,694	45,897	38,640	84,537
Puy-de-Dôme	13,492	11,217	24,709	17,233	14,500	31,733
Pyrénées (Basses-)	29,235	10,849	40,084	23,891	21,295	45,186
Pyrénées (Hautes-)	15,003	6,819	21,822	14,060	11,478	25,538
Pyrénées-Orientales	6,655	1,465	8,120	7,571	3,647	11,218
Rhin (Bas-)	43,420	40,295	83,715	49,258	45,829	95,087
Rhin (Haut-)	31,632	29,478	61,110	41,781	39,208	80,989
Rhône	20,545	17,928	38,473	26,261	27,070	53,331
Saône (Haute-)	31,526	26,348	57,874	31,654	26,602	58,256
Saône-et-Loire	21,282	15,411	36,693	30,275	23,431	53,706
Sarthe	14,493	12,994	27,487	17,129	16,462	33,591
Savoie	"	"	"	"	"	"
Savoie (Haute-)	"	"	"	"	"	"
Seine	33,875	20,999	54,874	45,457	38,377	83,834
Seine-Inférieure	33,461	30,065	63,526	35,283	33,706	68,989
Seine-et-Marne	20,675	15,150	35,825	21,256	18,658	39,914
Seine-et-Oise	33,004	16,438	49,442	22,915	23,254	46,169
Sèvres (Deux-)	16,988	4,713	21,701	19,746	9,834	29,580
Somme	38,587	29,654	68,241	38,742	35,214	73,956
Tarn	10,568	5,739	16,307	14,170	10,400	24,570
Tarn-et-Garonne	9,210	2,983	12,193	9,116	5,433	14,549
Var	9,912	5,575	15,287	11,022	9,958	20,980
Vaucluse	9,879	5,010	14,889	12,141	9,196	21,337
Vendée	13,200	5,400	18,600	15,417	11,550	26,967
Vienne	8,402	3,212	11,614	12,387	8,443	20,830
Vienne (Haute-)	5,556	1,832	7,388	7,429	6,453	13,882
Vosges	29,143	25,107	54,250	36,223	30,393	66,616
Yonne	21,765	16,320	38,085	25,010	21,286	46,296
TOTAUX	1,570,544	1,109,147	2,679,691	1,807,751	1,534,176	3,341,927

primaires en 1837, en 1850 et en 1863.

de ce tableau, page 316.)

EN 1863.			DIFFÉRENCES DES TOTAUX						OBSERVATIONS.
			DE 1837 À 1850.		DE 1850 À 1863.		DE 1837 À 1863.		
Garçons.	Filles.	TOTAL.	En moins.	En plus.	En moins.	En plus.	En moins.	En plus.	
8	9	10	11	12	13	14	15	16	17
11,931	10,502	22,433	″	12,865	773	″	″	12,092	
28,321	28,951	57,272	″	21,630	″	10,725	″	32,355	
38,165	35,603	73,768	″	30,208	8.223	″	″	21,985	
28,430	27,700	56,130	367	″	″	3,980	″	3,613	
22,948	21,185	44,133	″	705	193	″	″	512	
19,415	19,982	39,397	″	9,416	″	8,521	″	17,937	
33,085	31,082	64,167	2,651	″	5,775	″	8,426	″	
24,989	22,395	47,384	227	″	6,656	″	6,883	″	
17,493	14,962	32,455	″	7.689	″	11,710	″	19,399	
35,377	30,895	66,272	″	6,597	″	504	″	7,101	
22,098	18,946	41,044	″	12,049	″	16,510	″	28,559	
88,180	97,107	185,296	″	26,069	″	69,281	″	95,350	
29,664	26,524	56,188	″	5,101	″	3,452	″	8,553	
22,454	20,989	43,443	″	4,395	″	7,161	″	11,556	
56,048	51,917	107,965	″	6,843	″	23,428	″	30,271	
28,817	26,502	55,319	″	7,024	″	23,586	″	30,610	
26,590	24,270	50,860	″	5,102	″	5,674	″	10,776	
16,692	14,613	31,305	″	3,716	″	5,767	″	9,483	
11,391	7,107	18,498	″	3,098	″	7,280	″	10,378	
48,492	46,017	94,509	″	11,372	578	″	″	10,794	
42 533	42,317	84,850	″	19,879	″	3,861	″	23,740	
35,454	34,199	69,653	″	14,858	″	16,322	″	31,180	
30,300	25,892	56,192	″	382	2,064	″	1,682	″	
39,548	35,466	75,014	″	17,013	″	21,308	″	38,321	
23,491	23,352	46,843	″	6,104	″	13,252	″	19,356	
20,080	16,550	36,630	″	″	″	36,630	″	36,630	
21,065	17,441	38,506	″	″	″	38,506	″	38,506	
69,499	89,877	159,376	″	28,960	″	75,542	″	104,502	
47,095	50,308	97,403	″	5,463	″	28,414	″	33,877	
24,819	24,090	48,909	″	4,089	″	8,995	″	13,084	
31,788	31,765	63,553	3,273	″	″	17,384	″	14,111	
25,044	15,519	40,563	″	7,879	″	10,983	″	18,862	
39,992	36,593	76,585	″	5,715	″	2,629	″	8,344	
18,584	15,213	33,797	″	8,263	″	9,227	″	17,490	
10,720	8,737	19,457	″	2,356	″	4,908	″	7,264	
13,441	11,813	25,254	″	5,693	″	4,274	″	9,967	
14,901	13,997	28,898	″	6,448	″	7,561	″	14,009	
22,629	17,962	40,591	″	8,307	″	13,624	″	21,901	
19,501	12,540	32,041	″	9,216	″	11,211	″	20,427	
12,327	9,156	21,483	″	6,494	″	7,601	″	14,095	
35,577	33,249	68,826	″	12,366	″	2,210	″	14,576	
30,548	29,287	59,835	″	8,211	″	13,539	″	21,750	
2,265,763	2,070,605	4,336,368	7,987	670.223	27,667	1,022,108	16,991	1,673,668	
			En plus : 662,236		En plus : 994,441		En plus : 1,656,677		

Diffusion de l'instruction primaire dans les départements appréciée par le nombre des conscrits qui savaient au moins lire de 1827 à 1861 inclusivement.

DÉPARTEMENTS.	NOMBRE DES CONSCRITS QUI, SUR UN TOTAL DE 100, SAVAIENT AU MOINS LIRE, pendant chacune des périodes de cinq ans, de 1827 à 1831.	de 1832 à 1836.	de 1837 à 1841.	de 1842 à 1846.	de 1847 à 1851.	de 1852 à 1856.	de 1857 à 1861.	DIFFÉRENCE OU progrès de la première à la dernière période.	NUMÉROS D'ORDRE DES DÉPARTEMENTS D'APRÈS LES NOMBRES CONSIGNÉS DANS LES COLONNES PRÉCÉDENTES. 1827-31	1832-36	1837-41	1842-46	1847-51	1852-56	1857-61	Différence ou progrès.
1	2	3	4	5	6	7	8	9	10	11	12	13	14	15	16	17
Ain	47.5	51.2	60.0	66.4	71.3	75.7	79.1	31.6	39	42	34	29	31	30	28	5
Aisne	60.2	67.9	70.3	72.5	76.4	75.9	77.3	17.1	23	22	24	23	23	28	30	67
Allier	15.5	17.9	18.8	23.9	25.2	26.6	34.3	18.8	85	86	86	86	86	86	86	61
Alpes (Basses-)	51.0	55.5	57.4	58.3	64.1	66.7	73.3	22.3	36	39	38	40	39	43	34	41
Alpes (Hautes-)	75.4	80.0	80.3	80.8	86.9	88.2	90.1	14.7	8	9	15	18	13	15	14	75
Alpes-Maritimes	//	//	//	//	//	//	55.4	//	//	//	//	//	//	//	69 bis.	[illegible]
Ardèche	33.6	39.8	43.0	46.7	47.8	50.7	57.7	24.1	63	60	60	66	68	70	65	35
Ardennes	72.9	81.1	82.5	83.8	85.4	87.6	88.8	15.9	10	8	13	14	15	16	16	72
Ariége	26.1	33.3	34.0	39.0	39.4	40.2	43.1	17.0	76	71	75	74	75	78	77	68
Aube	70.2	76.6	81.0	85.5	88.7	90.2	92.9	22.7	14	17	14	13	12	10	9	40
Aude	41.0	47.4	54.6	59.1	65.9	68.0	67.6	26.6	51	51	45	42	37	36	49	23
Aveyron	44.3	49.0	54.3	57.5	60.4	67.3	70.9	26.6	46	47	46	48	50	42	40	24
Bouches-du-Rhône	44.9	50.3	50.5	50.0	57.4	63.7	72.1	27.2	44	44	52	57	55	49	37	21
Calvados	66.4	74.8	76.1	78.1	77.3	79.5	83.7	37.3	18	20	20	21	22	22	22	2
Cantal	42.7	57.6	60.6	63.9	61.6	67.4	69.2	26.5	47	35	32	35	45	40	43	26
Charente	39.1	41.6	47.6	51.3	54.5	60.3	63.6	24.5	54	58	54	55	59	57	56	31
Charente-Inférieure	44.8	49.5	57.9	62.4	62.9	67.9	72.5	27.7	46	45	37	37	42	37	36	18
Cher	17.9	22.0	23.4	27.2	31.9	34.8	40.0	22.1	83	82	83	83	82	83	79	49
Corrèze	14.9	17.9	28.9	31.3	27.7	33.3	35.8	20.9	86	85	80	80	84	84	83	55
Corse	54.5	56.3	60.8	62.7	62.9	60.6	63.2	8.7	28	38	31	30	43	56	58	86
Côte-d'Or	67.3	75.1	85.7	89.4	90.6	88.2	90.8	23.5	18	18	11	9	9	14	13	41
Côtes-du-Nord	23.4	28.5	30.4	34.4	36.7	40.8	38.5	15.1	77	77	78	78	79	77	82	74
Creuse	28.2	33.8	34.6	41.4	51.8	52.7	60.4	32.2	74	70	73	71	63	64	62	3
Dordogne	21.6	24.4	27.2	29.5	33.7	38.7	42.5	20.9	78	79	81	82	80	79	78	56
Doubs	83.2	89.4	91.8	93.0	94.9	96.4	96.2	13.0	1	3	3	4	3	1	1	80
Drôme	46.4	48.7	55.3	59.7	66.2	70.3	74.0	27.6	42	48	43	40	36	35	34	19
Eure	53.9	61.4	60.5	65.5	71.2	72.7	75.7	21.8	29	27	33	33	32	31	31	50
Eure-et-Loir	60.8	65.3	64.8	71.9	75.5	77.7	82.1	21.3	22	24	28	24	24	25	24	54
Finistère	18.1	22.8	29.2	31.2	33.6	34.8	35.6	17.5	82	80	79	81	81	82	84	65
Gard	49.3	60.2	63.7	66.2	70.0	72.6	75.0	25.7	37	31	29	31	33	32	33	28
Garonne (Haute-)	36.4	45.1	53.1	55.9	59.5	61.6	65.2	28.8	58	53	48	49	52	55	54	14
Gers	41.5	47.6	52.4	55.3	56.0	62.4	68.4	26.9	50	50	50	50	56	53	47	22
Gironde	46.5	57.2	56.5	58.8	62.5	65.5	70.0	23.5	41	36	42	44	44	44	42	42
Hérault	51.8	57.6	60.0	66.0	70.3	71.2	75.5	23.7	34	34	35	32	34	33	32	40
Ille-et-Vilaine	40.8	34.3	35.6	46.9	53.6	52.8	56.6	15.8	52	68	72	65	61	63	67	73
Indre	19.6	21.2	20.5	24.4	30.3	34.9	39.5	19.9	80	83	85	85	83	81	81	58
Indre-et-Loire	29.2	32.6	32.9	38.9	48.1	52.3	57.2	28.0	71	73	76	76	67	65	66	17
Isère	41.7	51.6	54.3	60.4	72.5	78.4	81.4	39.7	49	41	47	38	28	24	25	4
Jura	79.2	85.4	89.9	91.5	92.2	92.4	93.6	14.4	5	5	5	5	6	6	6	78
Landes	33.0	34.3	38.7	40.5	39.2	45.7	49.4	16.4	65	69	68	72	76	75	75	70
Loir-et-Cher	33.8	45.2	44.7	51.4	55.9	55.9	63.2	29.4	62	52	56	54	57	61	59	11
Loire	46.2	42.4	39.7	48.4	57.8	62.8	67.6	21.4	43	55	66	60	54	51	50	53
Loire (Haute-)	34.3	37.4	41.0	47.1	51.2	46.8	47.4	13.1	60	63	63	64	64	74	76	79
Loire-Inférieure	33.5	39.3	42.2	48.4	47.4	51.2	58.0	24.5	64	61	61	61	70	68	64	32
Loiret	47.6	52.7	57.3	58.9	63.7	67.3	71.6	24.0	38	40	39	43	41	41	39	36
Lot	29.1	31.0	38.8	43.8	47.3	51.7	58.4	29.3	72	75	67	69	71	66	63	12
Lot-et-Garonne	34.1	40.0	43.6	47.9	53.9	59.5	65.4	30.3	61	59	58	62	60	58	52	7

TABLEAU n° 127. (Suite.)

Diffusion de l'instruction primaire dans les départements appréciée par le nombre des conscrits qui savaient au moins lire de 1827 à 1861 inclusivement.

DÉPARTEMENTS.	NOMBRE DES CONSCRITS QUI, SUR UN TOTAL DE 100, SAVAIENT AU MOINS LIRE, pendant chacune des périodes de cinq ans,							DIFFÉRENCE ou progrès de la première à la dernière période.	NUMÉROS D'ORDRE DES DÉPARTEMENTS D'APRÈS LES NOMBRES CONSIGNÉS DANS LES COLONNES PRÉCÉDENTES.							
	de 1827 à 1831.	de 1832 à 1836.	de 1837 à 1841.	de 1842 à 1846.	de 1847 à 1851.	de 1852 à 1856.	de 1857 à 1861.		1827-31	1832-36	1837-41	1842-46	1847-51	1852-56	1857-61	Différence ou progrès.
1	2	3	4	5	6	7	8	9	10	11	12	13	14	15	16	17
Lozère	39.4	49.1	54.9	54.1	60.1	64.4	68.9	29.5	53	46	44	52	51	48	46	9
Maine-et-Loire	31.7	39.3	41.9	48.8	52.6	57.8	63.4	31.7	67	62	62	59	62	59	57	4
Manche	67.7	76.9	79.2	80.9	82.2	84.9	85.4	17.7	16	15	17	17	20	19	20	64
Marne	73.3	79.9	79.8	83.1	86.1	88.3	89.6	16.3	9	10	16	16	14	13	15	71
Marne (Haute-)	77.8	87.5	92.7	90.4	92.5	93.2	95.6	17.8	6	4	2	6	5	4	2	63
Mayenne	31.9	36.4	36.2	42.8	50.7	53.9	61.2	29.3	66	64	70	70	65	62	60	13
Meurthe	70.5	79.4	87.9	90.2	91.4	91.9	93.8	23.3	13	13	8	8	8	7	5	44
Meuse	80.7	89.5	90.7	93.5	92.7	94.0	95.4	14.7	4	2	4	3	4	3	3	76
Morbihan	19.3	27.7	32.7	37.9	38.8	36.2	39.7	20.4	81	78	77	77	77	80	80	57
Moselle	70.7	79.4	85.4	88.2	84.5	89.3	93.1	22.4	12	12	12	11	17	12	7	47
Nièvre	21.4	22.4	24.9	32.1	38.8	43.7	49.9	28.5	79	81	82	79	78	76	74	16
Nord	52.9	58.3	59.6	59.8	64.6	62.9	65.2	12.3	32	33	36	39	36	50	53	84
Oise	65.5	74.8	78.1	80.6	82.5	84.2	84.7	19.2	20	19	18	20	19	21	21	60
Orne	55.7	61.2	56.9	66.4	72.2	77.5	81.0	25.3	27	28	40	30	29	26	26	29
Pas-de-Calais	57.5	64.1	73.4	70.8	71.6	70.7	70.5	13.0	25	25	22	25	30	34	41	81
Puy-de-Dôme	26.4	29.1	35.9	41.0	46.1	50.0	55.9	29.5	75	76	71	72	72	71	68	10
Pyrénées (Basses-)	53.1	56.9	56.6	57.9	58.9	61.9	66.1	13.0	31	37	41	47	53	54	51	82
Pyrénées (Hautes-)	57.4	61.8	68.1	69.9	73.0	77.3	80.6	23.4	26	26	25	20	26	27	27	43
Pyrénées-Orientales	36.2	34.8	40.6	46.5	47.6	48.7	53.7	17.5	59	67	65	67	69	72	72	66
Rhin (Bas-)	82.1	90.3	98.7	97.3	96.6	95.0	95.1	13.1	2	1	1	1	1	2	4	83
Rhin (Haut-)	76.9	81.2	88.2	90.4	90.2	89.5	91.5	14.6	7	7	7	7	11	11	11	77
Rhône	59.1	67.5	70.8	73.4	81.2	84.3	87.8	28.7	24	23	23	22	21	20	18	15
Saône (Haute-)	71.6	79.2	86.1	88.9	91.6	90.5	91.4	19.8	11	14	10	10	7	9	12	59
Saône-et-Loire	37.7	42.4	44.1	53.1	61.1	64.5	68.3	30.6	56	56	57	53	47	47	48	6
Sarthe	36.7	42.0	46.7	50.8	55.8	56.2	60.5	23.8	57	57	55	56	58	60	61	39
Savoie	//	//	//	//	//	//	76.0	//	//	//	//	//	//	//	30 *bis.*	//
Savoie (Haute-)	//	//	//	//	//	//	83.7	//	//	//	//	//	//	//	22 *bis.*	//
Seine	80.8	85.4	86.8	86.7	90.4	91.1	92.0	11.2	3	6	9	12	10	8	10	85
Seine-Inférieure	52.2	61.1	65.0	65.1	69.6	67.4	69.0	16.8	33	30	27	34	35	39	44	69
Seine-et-Marne	66.0	76.7	76.4	80.8	83.7	85.3	87.7	21.7	19	16	19	19	18	18	19	51
Seine-et-Oise	64.3	70.6	74.1	83.5	85.3	86.3	88.6	24.3	21	21	21	15	16	17	17	34
Sèvres (Deux-)	47.1	50.4	53.0	58.4	64.1	67.6	71.6	24.5	40	43	49	45	40	38	38	33
Somme	51.1	58.7	63.1	66.4	74.6	75.9	77.6	26.5	35	32	30	28	25	29	29	27
Tarn	30.7	35.7	40.9	43.9	44.9	50.7	54.6	23.9	69	66	64	68	73	69	71	37
Tarn-et-Garonne	30.6	30.0	43.5	47.6	50.5	51.6	55.7	25.1	70	65	59	63	66	67	69	30
Var	38.0	44.0	48.2	55.0	61.1	64.9	64.6	26.6	55	54	53	51	48	45	55	25
Vaucluse	41.7	47.6	51.1	59.3	61.0	62.4	69.0	27.3	48	49	51	41	49	52	45	20
Vendée	31.5	31.2	36.5	49.2	61.5	64.7	54.8	23.3	68	74	69	58	46	46	70	45
Vienne	98.9	33.2	34.4	39.6	44.6	38.4	50.6	21.7	73	72	74	75	74	73	73	52
Vienne (Haute-)	16.4	19.1	20.7	24.7	27.5	30.1	34.4	18.0	84	84	84	84	85	85	85	62
Vosges	69.1	79.3	89.5	95.2	94.9	92.7	93.0	23.9	15	11	6	2	2	5	8	38
Yonne	53.4	61.1	65.6	69.8	72.8	79.4	83.5	30.1	30	29	26	27	27	23	23	8
MOYENNE GÉNÉRALE	46.7	53.0	57.0	61.0	64.3	66.4	69.6	19.8	40/41	29/30	39/40	37/38	38/39	44/45	50/51	58/59

Départements classés d'après le nombre des conscrits qui, sur un total de 100, savaient au moins lire, de 1827 à 1831 inclusivement.

NUMÉROS d'ordre des départements. 1	DÉPARTEMENTS. 2	NOMBRE DES CONSCRITS sachant lire sur 100. 3	NUMÉROS d'ordre des départements. 1	DÉPARTEMENTS. 2	NOMBRE DES CONSCRITS sachant lire sur 100. 3	NUMÉROS d'ordre des départements. 1	DÉPARTEMENTS. 2	NOMBRE DES CONSCRITS sachant lire sur 100. 3
1	Doubs	83. 2	30	Yonne	53. 4	58	Haute-Garonne	36. 4
2	Bas-Rhin	82. 1	31	Basses-Pyrénées	53. 1	59	Pyrénées-Orientales	36. 2
3	Seine	80. 8	32	Nord	52. 9	60	Haute-Loire	34. 3
4	Meuse	80. 7	33	Seine-Inférieure	52. 2	61	Lot-et-Garonne	34. 1
5	Jura	79. 2	34	Hérault	51. 8	62	Loir-et-Cher	33. 8
6	Haute-Marne	77. 8	35	Somme	51. 1	63	Ardèche	33. 6
7	Haut-Rhin	76. 9	36	Basses-Alpes	51. 0	64	Loire-Inférieure	33. 5
8	Hautes-Alpes	75. 4	37	Gard	49. 3	65	Landes	33. 0
9	Marne	73. 3	38	Loiret	47. 6	66	Mayenne	31. 9
10	Ardennes	72. 9	39	Ain	47. 5	67	Maine-et-Loire	31. 7
11	Haute-Saône	71. 6	40	Deux-Sèvres	47. 1	68	Vendée	31. 5
12	Moselle	70. 7		MOYENNE GÉNÉRALE	46. 5	69	Tarn	30. 7
13	Meurthe	70. 5	41	Gironde	46. 5	70	Tarn-et-Garonne	30. 6
14	Aube	70. 2	42	Drôme	46. 4	71	Indre-et-Loire	29. 2
15	Vosges	69. 1	43	Loire	46. 2	72	Lot	29. 1
16	Manche	67. 7	44	Bouches-du-Rhône	44. 9	73	Vienne	28. 9
17	Côte-d'Or	67. 3	45	Charente-Inférieure	44. 8	74	Creuse	28. 2
18	Calvados	66. 4	46	Aveyron	44. 3	75	Puy-de-Dôme	26. 4
19	Seine-et-Marne	66. 0	47	Cantal	42. 7	76	Ariége	26. 1
20	Oise	65. 5	48	Vaucluse	41. 7	77	Côtes-du-Nord	23. 4
21	Seine-et-Oise	64. 3	49	Isère	41. 7	78	Dordogne	21. 6
22	Eure-et-Loir	60. 8	50	Gers	41. 5	79	Nièvre	21. 4
23	Aisne	60. 2	51	Aude	41. 0	80	Indre	19. 6
24	Rhône	59. 1	52	Ille-et-Vilaine	40. 8	81	Morbihan	19. 3
25	Pas-de-Calais	57. 5	53	Lozère	39. 4	82	Finistère	18. 1
26	Hautes-Pyrénées	57. 4	54	Charente	39. 1	83	Cher	17. 9
27	Orne	55. 7	55	Var	38. 0	84	Haute-Vienne	16. 4
28	Corse	54. 5	56	Saône-et-Loire	37. 7	85	Allier	15. 5
29	Eure	53. 9	57	Sarthe	36. 7	86	Corrèze	14. 9

Départements classés d'après le nombre des conscrits qui, sur un total de 100, savaient au moins lire, de 1857 à 1861 inclusivement.

NUMÉROS d'ordre des départements. 1	DÉPARTEMENTS. 2	NOMBRE DES CONSCRITS sachant lire sur 100. 3	NUMÉROS d'ordre des départements. 1	DÉPARTEMENTS. 2	NOMBRE DES CONSCRITS sachant lire sur 100. 3	NUMÉROS d'ordre des départements. 1	DÉPARTEMENTS. 2	NOMBRE DES CONSCRITS sachant lire sur 100. 3
1	Doubs	96.2	33	Gard	75.0	62	Creuse	60.4
2	Haute-Marne	95.6	34	Drôme	74.0	63	Lot	58.4
3	Meuse	95.4	35	Basses-Alpes	73.3	64	Loire-Inférieure	58.0
4	Bas-Rhin	95.1	36	Charente-Inférieure	72.5	65	Ardèche	57.7
5	Meurthe	93.8	37	Bouches-du-Rhône	72.1	66	Indre-et-Loire	57.2
6	Jura	93.6	38	Deux-Sèvres	71.6	67	Ille-et-Vilaine	56.6
7	Moselle	93.1	39	Loiret	71.6	68	Puy-de-Dôme	55.9
8	Vosges	93.0	40	Aveyron	70.9	69	Tarn-et-Garonne	55.7
9	Aube	92.9	41	Pas-de-Calais	70.5	70	Vendée	54.8
10	Seine	92.0	42	Gironde	70.0	71	Tarn	54.6
11	Haut-Rhin	91.5				72	Pyrénées-Orientales	53.7
12	Haute-Saône	91.4		MOYENNE GÉNÉRALE	69.6	73	Vienne	50.6
13	Côte-d'Or	90.8				74	Nièvre	49.9
14	Hautes-Alpes	90.1	43	Cantal	69.2	75	Landes	49.4
15	Marne	89.0	44	Seine-Inférieure	69.0	76	Haute-Loire	47.4
16	Ardennes	88.8	45	Vaucluse	69.0	77	Ariége	43.1
17	Seine-et-Oise	88.6	46	Lozère	68.9	78	Dordogne	42.5
18	Rhône	87.8	47	Gers	68.4	79	Cher	40.0
19	Seine-et-Marne	87.7	48	Saône-et-Loire	68.3	80	Morbihan	39.7
20	Manche	85.4	49	Aude	67.6	81	Indre	39.5
21	Oise	84.7	50	Loire	67.0	82	Côtes-du-Nord	38.5
22	Calvados	83.7	51	Basses-Pyrénées	66.1	83	Corrèze	35.8
23	Yonne	83.5	52	Lot-et-Garonne	65.4	84	Finistère	35.6
24	Eure-et-Loir	82.1	53	Nord	65.2	85	Haute-Vienne	34.4
25	Isère	81.4	54	Haute-Garonne	65.2	86	Allier	34.3
26	Orne	81.0	55	Var	64.6			
27	Hautes-Pyrénées	80.8	56	Charente	63.6			
28	Ain	79.1	57	Maine-et-Loire	63.4			
29	Somme	77.6	58	Corse	63.2	28 *bis.*	Haute-Savoie	83.7
30	Aisne	77.3	59	Loir-et-Cher	63.2	30 *bis.*	Savoie	76.0
31	Eure	75.7	60	Mayenne	61.2	69 *bis.*	Alpes-Maritimes	55.4
32	Hérault	75.5	61	Sarthe	60.5			

Départements classés d'après les différences des nombres des conscrits sachant au moins lire en 1827-31 et en 1857-61, ou d'après le progrès en passant de la première à la dernière période.

NUMÉROS d'ordre des départements. 1	DÉPARTEMENTS. 2	DIFFÉRENCES DE 1827-31 à 1857-1861. 3	NUMÉROS d'ordre des départements. 1	DÉPARTEMENTS. 2	DIFFÉRENCES DE 1827-31 à 1857-1861. 3	NUMÉROS d'ordre des départements. 1	DÉPARTEMENTS. 2	DIFFÉRENCES DE 1827-31 à 1857-1861. 3
1	Isère	39.7	30	Tarn-et-Garonne	25.1		MOYENNE GÉNÉRALE	19.8
2	Calvados	37.3	31	Charente	24.5	59	Haute-Saône	19.8
3	Creuse	32.2	32	Loire-Inférieure	24.5	60	Oise	19.2
4	Maine-et-Loire	31.7	33	Deux-Sèvres	24.5	61	Allier	18.8
5	Ain	31.6	34	Seine-et-Oise	24.3	62	Haute-Vienne	18.0
6	Saône-et-Loire	30.6	35	Ardèche	24.1	63	Haute-Marne	17.8
7	Lot-et-Garonne	30.3	36	Loiret	24.0	64	Manche	17.7
8	Yonne	30.1	37	Tarn	23.9	65	Finistère	17.5
9	Lozère	29.5	38	Vosges	23.9	66	Pyrénées-Orientales	17.5
10	Puy-de-Dôme	29.5	39	Sarthe	23.8	67	Aisne	17.1
11	Loir-et-Cher	29.4	40	Hérault	23.7	68	Ariége	17.0
12	Lot	29.3	41	Côte-d'Or	23.5	69	Seine-Inférieure	16.8
13	Mayenne	29.3	42	Gironde	23.5	70	Landes	16.4
14	Haute-Garonne	28.8	43	Haute-Pyrénées	23.4	71	Marne	16.3
15	Rhône	28.7	44	Meurthe	23.3	72	Ardennes	15.9
16	Nièvre	28.5	45	Vendée	23.3	73	Ille-et-Vilaine	15.8
17	Indre-et-Loire	28.0	46	Aube	22.7	74	Côtes-du-Nord	15.1
18	Charente-Inférieure	27.7	47	Moselle	22.4	75	Hautes-Alpes	14.7
19	Drôme	27.6	48	Basses-Alpes	22.3	76	Meuse	14.7
20	Vaucluse	27.3	49	Cher	22.1	77	Haut-Rhin	14.6
21	Bouches-du-Rhône	27.2	50	Eure	21.8	78	Jura	14.4
22	Gers	26.9	51	Seine-et-Marne	21.7	79	Haute-Loire	13.1
23	Aude	26.6	52	Vienne	21.7	80	Doubs	13.0
24	Aveyron	26.6	53	Loire	21.4	81	Pas-de-Calais	13.0
25	Var	26.6	54	Eure-et-Loir	21.3	82	Basses-Pyrénées	13.0
26	Cantal	26.5	55	Corrèze	20.9	83	Bas-Rhin	13.0
27	Somme	26.5	56	Dordogne	20.9	84	Nord	12.3
28	Gard	25.7	57	Morbihan	20.4	85	Seine	11.2
29	Orne	25.3	58	Indre	19.9	86	Corse	8.7

Diffusion de l'Instruction primaire dans les départements appréciée par le nombre des conjoints qui ont signé l'acte de leur mariage de 1855 à 1860 inclusivement.

DÉPARTEMENTS.	NOMBRE DES CONJOINTS qui, SUR UN TOTAL DE 100, ont signé l'acte de leur mariage. Époux.		Épouses.		NUMÉROS D'ORDRE DES DÉPARTEMENTS d'après les nombres qui précèdent. Époux.		Épouses.		OBSERVATIONS.
	De 1855 à 1857.	De 1858 à 1860.	De 1855 à 1857.	De 1858 à 1860.	De 1855 à 1857.	De 1858 à 1860.	De 1855 à 1857.	De 1858 à 1860.	
1	2	3	4	5	6	7	8	9	10
Ain	67.0	73.2	50.2	55.2	44	36	36	33	
Aisne	79.1	78.8	67.2	70.7	24	26	25	25	
Allier	33.7	44.2	25.5	34.7	82	77	73	61	
Alpes (Basses-)	66.3	76.5	41.9	45.9	46	30	47	41	
Alpes (Hautes-)	90.5	95.3	59.0	67.8	13	8	31	28	
Alpes-Maritimes	"	"	"	"	"	"	"	"	
Ardèche	65.2	64.9	38.9	20.5	50	51	53	69	
Ardennes	93.8	91.9	84.4	85.2	9	15	9	12	
Ariége	45.4	43.8	13.7	14.1	75	79	86	86	
Aube	89.9	90.9	80.9	83.3	15	18	14	14	
Aude	63.2	62.1	30.1	30.4	53	53	68	67	
Aveyron	70.2	72.5	33.3	33.2	35	38	61	62	
Bouches-du-Rhône	69.4	70.9	39.8	44.8	38	39	51	45	
Calvados	89.5	91.0	81.8	85.3	16	16	11	11	
Cantal	72.0	65.1	61.0	54.3	34	49	29	34	
Charente	56.0	65.1	37.2	42.2	65	50	54	50	
Charente-Inférieure	63.0	68.2	35.1	38.4	55	45	57	54	
Cher	38.3	34.9	23.5	23.5	79	85	76	79	
Corrèze	33.2	37.8	16.6	23.6	83	80	83	77	
Corse	63.0	57.8	19.8	17.9	54	58	79	83	
Côte-d'Or	90.3	91.0	81.8	82.7	14	17	12	16	
Côtes-du-Nord	37.5	37.3	26.0	24.8	80	82	72	75	
Creuse	56.8	52.9	31.9	26.6	63	67	74	73	
Dordogne	36.7	35.5	17.7	22.7	81	84	81	80	
Doubs	97.2	97.4	89.6	90.5	2	4	5	6	
Drôme	76.0	77.3	50.7	53.2	36	28	35	35	
Eure	86.0	86.1	75.1	78.5	18	21	19	20	
Eure-et-Loir	76.7	81.6	72.5	75.1	29	24	22	22	
Finistère	29.4	35.9	17.0	22.3	86	83	82	81	
Gard	69.6	74.6	41.6	45.2	37	35	48	43	
Garonne (Haute-)	67.5	62.5	31.6	35.1	41	52	65	60	
Gers	66.2	54.5	31.4	40.7	47	64	66	52	
Gironde	66.4	68.6	45.7	48.8	45	44	41	38	
Hérault	68.7	70.6	39.3	41.6	39	40	52	51	
Ille-et-Vilaine	52.6	51.0	43.8	44.5	67	70	45	46	
Indre	31.4	48.2	21.4	29.9	84	75	77	68	
Indre-et-Loire	52.4	53.2	41.3	43.2	68	66	49	48	
Isère	65.7	59.1	53.5	43.7	49	57	33	47	
Jura	94.4	94.4	80.5	81.9	8	10	15	17	
Landes	45.0	45.6	19.5	17.4	76	76	80	85	
Loir-et-Cher	57.9	57.2	46.7	47.5	60	60	40	39	
Loire	65.8	75.0	37.5	55.7	48	33	38	32	
Loire (Haute-)	73.6	70.5	42.6	42.3	32	41	46	49	
Loire-Inférieure	55.9	52.3	34.5	35.7	66	68	60	58	
Loiret	64.5	65.7	54.7	56.3	51	48	32	31	
Lot	45.7	56.4	15.8	27.9	73	62	85	71	

Diffusion de l'Instruction primaire dans les départements appréciée par le nombre des conjoints qui ont signé l'acte de leur mariage de 1855 à 1860 inclusivement.

DÉPARTEMENTS.	NOMBRE DES CONJOINTS qui, SUR UN TOTAL DE 100, ont signé l'acte de leur mariage. Époux.		Épouses.		NUMÉROS D'ORDRE DES DÉPARTEMENTS d'après les nombres qui précèdent. Époux.		Épouses.		OBSERVATIONS.
	De 1855 à 1857.	De 1858 à 1860.	De 1855 à 1857.	De 1858 à 1860.	De 1855 à 1857.	De 1858 à 1860.	De 1855 à 1857.	De 1858 à 1860.	
1	2	3	4	5	6	7	8	9	10
Lot-et-Garonne	57. 3	57. 5	29. 9	31. 0	62	59	69	65	
Lozère	77. 9	76. 2	45. 3	39. 5	25	31	42	53	
Maine-et-Loire	57. 8	57. 1	51. 3	53. 1	61	61	34	36	
Manche	91. 6	92. 4	89. 0	88. 1	11	13	6	8	
Marne	91. 3	92. 3	82. 6	84. 9	12	14	10	13	
Marne (Haute-)	82. 4	96. 3	79. 8	93. 1	20	5	16	4	
Mayenne	50. 9	48. 8	44. 9	45. 6	69	73	43	42	
Meurthe	95. 4	93. 4	92. 9	88. 3	5	12	2	7	
Meuse	81. 4	97. 8	78. 9	95. 7	21	3	17	2	
Morbihan	42. 1	37. 6	28. 6	23. 6	77	81	70	78	
Moselle	95. 8	95. 3	84. 4	85. 7	4	7	8	10	
Nièvre	45. 8	48. 2	31. 9	35. 5	72	74	63	59	
Nord	62. 1	62. 1	49. 0	47. 0	56	54	37	40	
Oise	83. 9	84. 9	77. 2	79. 0	19	22	18	19	
Orne	75. 1	76. 7	68. 7	71. 7	31	29	23	23	
Pas-de-Calais	67. 0	72. 9	58. 9	61. 0	43	37	30	30	
Puy-de-Dôme	58. 3	54. 5	35. 0	37. 1	59	65	58	57	
Pyrénées (Basses-)	72. 0	70. 2	32. 1	32. 0	33	42	62	63	
Pyrénées (Hautes-)	77. 7	76. 1	49. 7	29. 2	26	32	50	70	
Pyrénées-Orientales	58. 3	49. 9	21. 1	17. 7	58	71	78	84	
Rhin (Bas-)	97. 9	98. 5	95. 9	96. 0	1	1	1	1	
Rhin (Haut-)	95. 0	96. 3	91. 0	91. 5	7	6	4	5	
Rhône	81. 3	83. 5	67. 3	67. 6	22	23	24	29	
Saône (Haute-)	92. 7	94. 4	74. 8	81. 0	10	11	20	18	
Saône-et-Loire	63. 6	67. 9	44. 8	44. 9	52	46	44	44	
Sarthe	56. 2	55. 5	47. 1	50. 3	64	63	39	37	
Savoie	〃	〃	〃	〃	〃	〃	〃	〃	
Savoie (Haute-)	〃	〃	〃	〃	〃	〃	〃	〃	
Seine	95. 0	95. 2	85. 4	86. 4	6	9	7	9	
Seine-Inférieure	76. 3	74. 6	64. 9	69. 8	30	34	27	26	
Seine-et-Marne	80. 7	86. 5	72. 7	77. 3	23	20	21	21	
Seine-et-Oise	88. 7	88. 9	81. 5	83. 3	17	19	13	15	
Sèvres (Deux-)	67. 2	66. 3	30. 6	30. 5	42	47	67	66	
Somme	77. 1	78. 6	66. 6	68. 3	27	27	26	27	
Tarn	50. 5	61. 5	36. 2	31. 9	70	55	56	64	
Tarn-et-Garonne	45. 7	51. 2	23. 8	24. 1	74	69	75	76	
Var	58. 8	60. 5	34. 7	38. 0	57	56	59	55	
Vaucluse	67. 6	69. 0	36. 3	37. 3	40	43	55	56	
Vendée	49. 4	49. 6	27. 0	25. 6	71	72	71	74	
Vienne	41. 2	43. 9	25. 1	27. 4	78	78	74	72	
Vienne (Haute-)	30. 5	29. 7	16. 6	18. 1	85	86	84	82	
Vosges	96. 2	97. 2	92. 2	94. 7	3	2	3	3	
Yonne	76. 8	80. 4	62. 9	70. 9	28	25	28	24	
MOYENNES GÉNÉRALES	68. 6	69. 5	52. 7	54. 3					

Départements classés d'après le nombre des époux qui, sur un total de 100, ont signé l'acte de leur mariage de 1858 à 1860 inclusivement.

NUMÉROS d'ordre des départements. 1	DÉPARTEMENTS. 2	NOMBRE DES ACTES signés sur 100. 3	NUMÉROS d'ordre des départements. 1	DÉPARTEMENTS. 2	NOMBRE DES ACTES signés sur 100. 3	NUMÉROS d'ordre des départements. 1	DÉPARTEMENTS. 2	NOMBRE DES ACTES signés sur 100. 3
1	Bas-Rhin	98. 5	30	Basses-Alpes	76. 5	58	Corse	57. 8
2	Vosges	97. 9	31	Lozère	76. 2	59	Lot-et-Garonne	57. 5
3	Meuse	97. 8	32	Hautes-Pyrénées	76. 1	60	Loir-et-Cher	57. 2
4	Doubs	97. 4	33	Loire	75. 0	61	Maine-et-Loire	57. 1
5	Haute-Marne	96. 3	34	Seine-Inférieure	74. 6	62	Lot	56. 4
6	Haut-Rhin	96. 3	35	Gard	74. 6	63	Sarthe	55. 5
7	Moselle	95. 3	36	Ain	73. 2	64	Gers	54. 5
8	Hautes-Alpes	95. 3	37	Pas-de-Calais	72. 9	65	Puy-de-Dôme	54. 5
9	Seine	95. 2	38	Aveyron	72. 5	66	Indre-et-Loire	53. 2
10	Jura	94. 4	39	Bouches-du-Rhône	70. 9	67	Creuse	52. 9
11	Haute-Saône	94. 4	40	Hérault	70. 8	68	Loire-Inférieure	52. 3
12	Meurthe	93. 4	41	Haute-Loire	70. 5	69	Tarn-et-Garonne	51. 2
13	Manche	92. 4	42	Basses-Pyrénées	70. 2	70	Ille-et-Vilaine	51. 0
14	Marne	92. 3		• MOYENNE GÉNÉRALE	69. 5	71	Pyrénées-Orientales	49. 9
15	Ardennes	91. 9	43	Vaucluse	69. 0	72	Vendée	49. 6
16	Calvados	91. 0	44	Gironde	68. 6	73	Mayenne	48. 8
17	Côte-d'Or	91. 0	45	Charente-Inférieure	68. 2	74	Nièvre	48. 2
18	Aube	90. 9	46	Saône-et-Loire	67. 9	75	Indre	48. 2
19	Seine-et-Oise	88. 9	47	Deux-Sèvres	66. 3	76	Landes	45. 6
20	Seine-et-Marne	86. 5	48	Loiret	65. 7	77	Allier	44. 2
21	Eure	86. 1	49	Cantal	65. 1	78	Vienne	43. 9
22	Oise	84. 9	50	Charente	65. 1	79	Ariége	43. 8
23	Rhône	83. 5	51	Ardèche	64. 9	80	Corrèze	37. 8
24	Eure-et-Loir	81. 6	52	Haute-Garonne	62. 5	81	Morbihan	37. 6
25	Yonne	80. 4	53	Aude	62. 4	82	Côtes-du-Nord	37. 3
26	Aisne	78. 8	54	Nord	62. 1	83	Finistère	35. 9
27	Somme	78. 6	55	Tarn	61. 5	84	Dordogne	35. 5
28	Drôme	77. 3	56	Var	60. 5	85	Cher	34. 9
29	Orne	76. 7	57	Isère	59. 1	86	Haute-Vienne	29. 7

Départements classés d'après le nombre des épouses qui, sur un total de 100, ont signé l'acte de leur mariage de 1858 à 1860 inclusivement.

NUMÉROS d'ordre des départements. 1	DÉPARTEMENTS. 2	NOMBRE DES ACTES signés sur 100. 3	NUMÉROS d'ordre des départements. 1	DÉPARTEMENTS. 2	NOMBRE DES ACTES signés sur 100. 3	NUMÉROS d'ordre des départements. 1	DÉPARTEMENTS. 2	NOMBRE DES ACTES signés sur 100. 3
1	Bas-Rhin	96.0	30	Pas-de-Calais	61.0	58	Loire-Inférieure	35.7
2	Meuse	95.7	31	Loiret	56.3	59	Nièvre	35.5
3	Vosges	94.7	32	Loire	55.7	60	Haute-Garonne	35.1
4	Haute-Marne	93.1	33	Ain	55.2	61	Allier	34.7
5	Haut-Rhin	91.5		MOYENNE GÉNÉRALE	54.3	62	Aveyron	33.2
6	Doubs	90.5	34	Cantal	54.3	63	Basses Pyrénées	32.0
7	Meurthe	88.3	35	Drôme	53.2	64	Tarn	31.9
8	Manche	88.1	36	Maine-et-Loire	53.1	65	Lot-et-Garonne	31.0
9	Seine	86.4	37	Sarthe	50.3	66	Deux-Sèvres	30.5
10	Moselle	85.7	38	Gironde	48.8	67	Aude	30.4
11	Calvados	85.3	39	Loir-et-Cher	47.5	68	Indre	29.9
12	Ardennes	85.2	40	Nord	47.0	69	Ardèche	29.5
13	Marne	84.9	41	Basses-Alpes	45.9	70	Hautes-Pyrénées	29.2
14	Aube	83.3	42	Mayenne	45.6	71	Lot	27.9
15	Seine-et-Oise	83.3	43	Gard	45.2	72	Vienne	27.4
16	Côte-d'Or	82.7	44	Saône-et-Loire	44.9	73	Creuse	26.6
17	Jura	81.9	45	Bouches-du-Rhône	44.8	74	Vendée	25.6
18	Haute-Saône	81.0	46	Ille-et-Vilaine	44.5	75	Côtes-du-Nord	24.8
19	Oise	79.0	47	Isère	43.7	76	Tarn-et-Garonne	24.1
20	Eure	78.5	48	Indre-et-Loire	43.2	77	Corrèze	23.0
21	Seine-et-Marne	77.3	49	Haute-Loire	42.3	78	Morbihan	23.6
22	Eure-et-Loir	75.1	50	Charente	42.2	79	Cher	23.5
23	Orne	71.7	51	Hérault	41.6	80	Dordogne	22.7
24	Yonne	70.9	52	Gers	40.7	81	Finistère	22.3
25	Aisne	70.7	53	Lozère	39.5	82	Haute-Vienne	18.1
26	Seine-Inférieure	69.8	54	Charente-Inférieure	38.4	83	Corse	17.9
27	Somme	68.3	55	Var	38.0	84	Pyrénées-Orientales	17.7
28	Hautes-Alpes	67.8	56	Vaucluse	37.3	85	Landes	17.4
29	Rhône	67.6	57	Puy-de-Dôme	37.1	86	Ariége	14.4

Départements classés d'après le nombre des accusés qui, sur un total de 100, savaient au moins lire et écrire.

NUMÉROS d'ordre des départements.	DÉPARTEMENTS.	NOMBRE DES ACCUSÉS sachant lire et écrire sur 100.	NUMÉROS d'ordre des départements.	DÉPARTEMENTS.	NOMBRE DES ACCUSÉS sachant lire et écrire sur 100.	NUMÉROS d'ordre des départements.	DÉPARTEMENTS.	NOMBRE DES ACCUSÉS sachant lire et écrire sur 100.
1	2	3	1	2	3	1	2	3
1	Seine	88. 3	30	Somme	56. 7	58	Cantal	44. 8
2	Vosges	81. 9		MOYENNE GÉNÉRALE	56. 6	59	Haute-Loire	44. 3
3	Doubs	80. 4	31	Nord	56. 4	60	Lozère	44. 1
4	Meurthe	79. 7	32	Isère	55. 6	61	Puy-de-Dôme	43. 9
5	Bas-Rhin	79. 6	33	Loire	54. 8	62	Vienne	43. 5
6	Meuse	78. 1	34	Corse	54. 7	63	Tarn-et-Garonne	42. 8
7	Haute-Marne	76. 2	35	Ain	53. 2	64	Loire-Inférieure	42. 8
8	Côte-d'Or	75. 4	36	Loiret	53. 1	65	Vaucluse	42. 4
9	Jura	75. 1	37	Gard	52. 9	66	Vendée	42. 0
10	Aube	74. 8	38	Eure	52. 8	67	Cher	41. 3
11	Ardennes	73. 1	39	Pas-de-Calais	52. 5	68	Creuse	41. 3
12	Rhin (Haut-)	72. 6	40	Charente-Inférieure	52. 5	69	Nièvre	41. 1
13	Haute-Saône	71. 4	41	Drôme	51. 8	70	Sarthe	40. 6
14	Marne	70. 1	42	Deux-Sèvres	51. 3	71	Dordogne	39. 9
15	Moselle	69. 1	43	Hautes-Pyrénées	51. 1	72	Ariége	39. 3
16	Rhône	69. 0	44	Basses-Alpes	50. 4	73	Lot-et-Garonne	38. 5
17	Seine-et-Marne	69. 0	45	Basses-Pyrénées	50. 4	74	Gers	38. 4
18	Seine-et-Oise	68. 8	46	Var	50. 4	75	Ille-et-Vilaine	36. 9
19	Calvados	68. 7	47	Saône-et-Loire	50. 4	76	Tarn	35. 4
20	Hautes-Alpes	65. 3	48	Charente	49. 3	77	Mayenne	35. 3
21	Yonne	64. 1	49	Aude	49. 2	78	Haute-Vienne	35. 0
22	Oise	62. 4	50	Seine-Inférieure	49. 1	79	Landes	33. 6
23	Orne	62. 4	51	Indre-et-Loire	47. 9	80	Allier	32. 9
24	Aisne	60. 3	52	Aveyron	47. 6	81	Lot	30. 6
25	Manche	59. 3	53	Pyrénées-Orientales	46. 8	82	Indre	29. 7
26	Eure-et-Loir	58. 9	54	Maine-et-Loire	46. 1	83	Morbihan	27. 0
27	Hérault	57. 8	55	Ardèche	46. 0	84	Côtes-du-Nord	25. 5
28	Gironde	56. 9	56	Loir-et-Cher	45. 7	85	Corrèze	20. 7
29	Bouches-du-Rhône	56. 8	57	Haute-Garonne	45. 2	86	Finistère	17. 7

TABLEAU N° 135.

Degré d'instruction des accusés de chaque département, classés d'après

DÉPARTEMENTS.	ACCUSÉS ÂGÉS DE MOINS DE 21 ANS					ACCUSÉS ÂGÉS DE 21 À 40 ANS				
	ne sachant ni lire ni écrire.	sachant lire ou écrire imparfaitement.	sachant bien lire et écrire.	ayant reçu une instruction supérieure.	TOTAL.	ne sachant ni lire ni écrire.	sachant lire ou écrire imparfaitement.	sachant bien lire et écrire.	ayant reçu une instruction supérieure.	TOTAL.
1	2	3	4	5	6	7	8	9	10	11
Ain	13	14	1	1	29	89	71	19	8	[illegible]
Aisne	56	58	5	7	126	189	222	56	25	[illegible]
Allier	55	16	2	3	76	169	68	11	7	[illegible]
Alpes (Basses-)	18	12	2	//	32	62	30	4	3	[illegible]
Alpes (Hautes-)	13	7	4	//	24	24	40	19	4	[illegible]
Alpes-Maritimes	//	//	//	//	//	//	//	//	//	[illegible]
Ardèche	45	25	1	1	72	174	112	25	5	[illegible]
Ardennes	17	36	7	1	61	53	99	35	11	[illegible]
Ariége	23	18	2	//	43	124	63	9	4	[illegible]
Aube	35	51	16	//	102	77	160	61	10	[illegible]
Aude	23	18	2	2	45	79	61	14	3	[illegible]
Aveyron	32	29	2	//	63	161	107	16	3	[illegible]
Bouches-du-Rhône	125	117	12	4	258	388	413	88	20	[illegible]
Calvados	57	75	20	3	155	157	218	127	14	[illegible]
Cantal	30	18	2	//	50	106	64	20	5	[illegible]
Charente	37	21	//	2	60	131	115	19	12	[illegible]
Charente-Inférieure	73	42	12	4	131	226	152	105	18	[illegible]
Cher	33	7	4	//	44	81	44	14	6	[illegible]
Corrèze	18	//	//	//	18	122	15	4	5	[illegible]
Corse	95	78	6	6	185	326	322	29	14	[illegible]
Côte-d'Or	19	47	5	1	72	56	132	50	17	[illegible]
Côtes-du-Nord	75	22	4	2	103	363	96	16	9	[illegible]
Creuse	11	8	1	1	21	78	23	11	3	[illegible]
Dordogne	62	15	4	3	84	199	87	28	15	[illegible]
Doubs	12	38	5	//	55	45	160	19	14	[illegible]
Drôme	22	17	5	1	45	130	88	30	7	[illegible]
Eure	56	42	5	1	104	188	153	48	16	[illegible]
Eure-et-Loir	48	21	14	5	88	91	69	61	7	[illegible]
Finistère	192	31	8	4	235	512	66	35	5	[illegible]
Gard	77	57	9	6	149	185	160	53	13	[illegible]
Garonne (Haute-)	77	73	6	6	162	308	213	23	13	[illegible]
Gers	58	24	2	//	84	192	67	29	3	[illegible]
Gironde	44	66	8	6	124	208	192	57	34	[illegible]
Hérault	24	24	11	4	63	88	77	28	16	[illegible]
Ille-et-Vilaine	168	62	19	2	251	436	194	70	18	[illegible]
Indre	51	8	4	//	63	107	34	8	4	[illegible]
Indre-et-Loire	35	16	5	2	58	119	70	30	10	[illegible]
Isère	22	19	5	1	47	109	129	24	7	[illegible]
Jura	14	26	//	//	40	49	131	14	5	[illegible]
Landes	41	5	3	//	49	158	57	15	2	[illegible]
Loir-et-Cher	34	23	6	3	66	103	47	29	6	[illegible]
Loire	37	18	10	2	67	128	124	44	14	[illegible]
Loire (Haute-)	24	13	//	//	37	107	66	7	10	[illegible]
Loire-Inférieure	138	74	27	3	242	284	145	86	18	[illegible]
Loiret	33	38	2	2	75	117	95	21	11	[illegible]
Lot	33	15	2	1	51	145	54	7	4	[illegible]
Lot-et-Garonne	48	18	1	//	67	167	73	29	11	[illegible]

leur âge, pendant la période décennale de 1853 à 1862 inclusivement.

ACCUSÉS âgés de 40 ans et plus					TOTAL des accusés de tout âge					NOMBRE des accusés sachant lire et écrire sur 100, en 1853-62.	NUMÉROS d'ordre des départements.	OBSERVATIONS.
ne sachant ni lire ni écrire.	sachant lire ou écrire imparfaitement.	sachant bien lire et écrire.	ayant reçu une instruction supérieure.	TOTAL.	ne sachant ni lire ni écrire.	sachant lire ou écrire imparfaitement.	sachant bien lire et écrire.	ayant reçu une instruction supérieure.	TOTAL GÉNÉRAL.			
12	13	14	15	16	17	18	19	20	21	22	23	24
57	53	9	5	124	159	138	29	14	340	53. 2	35	
117	125	35	17	204	362	405	96	49	912	60. 3	24	
102	38	8	7	155	326	122	21	17	486	32. 9	80	
32	35	11	11	89	142	83	17	14	226	50. 4	44	
21	21	11	3	56	58	68	34	7	167	65. 3	20	
//	//	//	//	//	//	//	//	//	//	//	//	
83	60	14	14	171	302	197	40	20	559	46. 0	55	
33	59	27	5	124	103	194	69	17	383	73. 1	11	
72	29	10	7	118	219	110	21	11	361	39. 3	72	
40	111	25	18	194	152	322	102	28	604	74. 8	10	
53	36	7	7	103	155	115	23	12	305	49. 2	49	
81	66	13	13	173	274	202	31	16	523	47. 6	52	
117	122	36	15	290	630	652	136	39	1,457	56. 8	29	
89	120	66	14	298	303	422	213	31	969	68. 7	19	
60	34	11	5	110	196	116	33	10	355	44. 8	58	
76	55	7	6	144	244	191	26	20	481	49. 3	48	
165	98	67	15	345	464	292	184	37	977	52. 5	40	
51	29	6	6	92	165	80	24	12	281	41, 3	67	
59	19	3	6	87	199	34	7	11	251	20, 7	85	
69	95	23	19	206	490	495	58	39	1,082	54, 7	34	
42	76	19	11	148	117	255	74	29	475	75. 4	8	
186	38	18	9	251	624	156	38	20	838	25. 5	84	
32	24	4	10	70	121	55	16	14	206	41. 3	68	
122	68	22	12	224	383	170	54	30	637	39. 9	71	
30	93	11	18	152	87	291	35	32	445	80. 4	3	
88	68	17	16	189	240	173	61	24	498	51. 8	41	
122	87	44	13	266	366	282	97	30	775	52. 8	38	
46	47	33	8	134	185	137	108	20	450	58. 9	26	
219	30	16	4	269	923	127	59	13	1,122	17. 7	86	
117	61	31	15	244	379	298	93	34	804	52. 9	37	
108	88	27	32	345	583	374	56	51	1,064	45. 2	57	
98	52	30	10	190	348	143	61	13	565	38. 4	74	
149	109	35	23	316	401	367	100	63	931	56. 9	28	
63	41	16	21	141	175	142	55	43	415	57. 8	27	
222	72	36	11	341	826	328	125	31	1,310	36. 9	75	
65	23	10	4	101	223	64	22	8	317	29. 7	82	
83	44	32	9	168	237	130	67	21	455	47. 9	51	
102	77	21	9	209	233	225	50	17	525	55. 6	32	
33	97	5	11	146	96	254	19	16	385	75. 1	9	
66	37	7	8	118	265	99	25	10	399	33. 6	79	
58	15	33	2	108	195	85	68	11	359	45. 7	56	
78	56	22	5	161	243	198	76	21	538	54. 8	33	
60	34	10	12	116	191	113	17	22	343	44. 3	59	
161	45	33	6	245	583	264	146	27	1,020	42. 8	64	
65	47	10	17	139	215	180	33	30	458	53. 1	36	
94	28	3	6	131	272	97	12	11	392	30. 6	81	
136	50	23	15	224	351	141	53	26	571	38. 5	73	

Tableau n° 135.

(Suite.)

Degré d'instruction des accusés de chaque département, classés d'après

DÉPARTEMENTS.	ACCUSÉS ÂGÉS DE MOINS DE 21 ANS.					ACCUSÉS ÂGÉS DE 21 À 40 ANS.				
	ne sachant ni lire ni écrire.	sachant lire ou écrire imparfaitement.	sachant bien lire et écrire.	ayant reçu une instruction supérieure.	TOTAL.	ne sachant ni lire ni écrire.	sachant lire ou écrire imparfaitement.	sachant bien lire et écrire.	ayant reçu une instruction supérieure.	TOTAL.
1	2	3	4	5	6	7	8	9	10	11
Lozère	26	7	3	1	37	78	49	18	11	156
Maine-et-Loire	71	40	9	3	123	243	157	56	17	473
Manche	64	61	12	2	139	181	171	68	20	440
Marne	58	93	5	7	163	167	349	52	19	587
Marne (Haute-)	13	49	5	1	68	57	122	61	10	250
Mayenne	67	32	2	1	102	188	90	25	4	307
Meurthe	17	40	13	2	72	48	150	60	16	274
Meuse	12	29	3	//	44	34	132	11	10	187
Morbihan	102	28	4	2	136	327	92	20	12	451
Moselle	27	37	12	2	78	80	151	43	9	283
Nièvre	26	7	4	3	40	108	45	29	4	186
Nord	97	66	6	6	175	250	262	44	31	587
Oise	35	36	13	3	87	109	122	60	14	305
Orne	42	37	16	1	96	102	109	81	12	304
Pas-de-Calais	33	42	8	1	84	154	139	41	18	353
Puy-de-Dôme	58	34	8	2	102	226	110	72	3	411
Pyrénées (Basses-)	42	22	8	1	73	129	110	19	18	276
Pyrénées (Hautes-)	21	6	//	1	28	54	49	17	6	126
Pyrénées-Orientales	19	6	2	//	27	69	45	16	7	137
Rhin (Bas-)	25	91	4	5	125	80	260	22	16	378
Rhin (Haut-)	63	99	14	6	182	136	329	49	16	530
Rhône	43	58	21	6	128	163	255	84	38	540
Saône (Haute-)	16	21	2	2	41	44	100	10	4	158
Saône-et-Loire	39	27	4	3	73	140	90	33	14	277
Sarthe	66	28	3	2	99	166	92	27	13	298
Savoie	//	//	//	//	//	//	//	//	//	//
Savoie (Haute-)	//	//	//	//	//	//	//	//	//	//
Seine	120	672	133	79	1,004	468	2,230	810	564	4,07[illegible]
Seine-Inférieure	105	68	11	5	189	364	270	54	39	727
Seine-et-Marne	34	55	6	//	95	89	165	50	16	320
Seine-et-Oise	57	84	11	2	154	140	260	75	21	496
Sèvres (Deux)	32	17	7	1	57	81	51	38	4	174
Somme	68	54	1	1	124	191	216	41	17	465
Tarn	82	32	3	2	119	192	86	18	13	309
Tarn-et-Garonne	39	26	1	2	66	121	90	3	11	225
Var	75	48	5	1	129	206	182	29	10	427
Vaucluse	63	29	3	1	96	197	109	25	12	343
Vendée	51	17	7	2	77	139	76	22	4	241
Vienne	40	19	3	1	63	140	79	35	11	265
Vienne (Haute-)	32	13	//	//	45	148	51	17	11	227
Vosges	12	53	12	//	77	54	166	71	16	307
Yonne	32	33	7	1	73	96	142	47	8	293
Totaux	4,177	3,678	662	251	8,768	13,349	12,937	3,909	1,570	31,765
Moyennes sur 100	47.6	41.9	7.6	2.9	100	42.0	40.7	12.3	5.0	100

…ur âge, pendant la période décennale de 1853 à 1862 inclusivement.

ACCUSÉS ÂGÉS DE 40 ANS ET PLUS					TOTAL DES ACCUSÉS DE TOUT ÂGE					NOMBRE des accusés sachant lire et écrire sur 100, en 1853-62.	NUMÉROS D'ORDRE des départements.	OBSERVATIONS.
[…]chant ni lire ni écrire.	sachant lire ou écrire imparfaitement.	sachant bien lire et écrire.	ayant reçu une instruction supérieure.	TOTAL.	ne sachant ni lire ni écrire.	sachant lire ou écrire imparfaitement.	sachant bien lire et écrire.	ayant reçu une instruction supérieure.	TOTAL GÉNÉRAL.			
12	13	14	15	16	17	18	19	20	21	22	23	24
48	23	5	3	79	152	79	26	15	272	44. 1	60	
147	71	30	11	259	461	268	95	31	855	46. 1	54	
87	97	42	11	237	332	329	122	33	816	59. 3	25	
112	200	40	24	376	337	642	97	50	1,126	70. 1	14	
44	86	26	4	160	114	257	92	15	478	76. 2	7	
109	31	11	3	154	364	153	38	8	563	35. 3	77	
36	80	27	8	151	101	270	100	26	497	79. 7	4	
30	73	9	4	116	76	234	23	14	347	78. 1	6	
151	36	11	9	207	580	156	35	23	794	27. 0	83	
51	57	27	15	150	158	245	82	26	511	69. 1	15	
77	20	25	10	132	211	72	58	17	358	41. 1	69	
109	113	25	10	257	436	441	75	47	999	56. 4	31	
74	71	30	13	188	218	229	103	30	580	62. 4	22	
82	64	46	9	201	226	210	143	22	601	62. 4	23	
111	50	20	11	192	298	231	69	30	628	52. 5	39	
167	62	48	14	291	451	206	128	19	804	43. 9	61	
71	44	16	8	139	242	176	43	27	488	50. 4	45	
37	26	9	3	75	112	81	26	10	229	51. 1	43	
44	29	8	3	84	132	80	26	10	248	46. 8	53	
44	162	18	5	229	149	513	44	26	732	79. 6	5	
76	162	39	14	291	275	590	102	36	1,003	72. 6	12	
83	130	38	14	265	289	443	143	58	933	69. 0	16	
36	76	15	10	137	96	197	27	16	336	71. 4	13	
86	71	12	15	184	265	188	49	32	534	50. 4	47	
125	57	13	9	204	357	177	43	24	601	40. 6	70	
//	//	//	//	//	//	//	//	//	//	//	//	
//	//	//	//	//	//	//	//	//	//	//	//	
173	711	290	263	1,437	761	3,613	1,233	906	6,513	88. 3	1	
192	127	39	24	382	661	465	104	68	1,298	49. 1	50	
67	96	21	14	198	190	316	77	30	613	69. 0	17	
95	128	44	18	285	292	472	130	41	935	68. 8	18	
50	26	22	6	104	163	94	67	11	335	51. 3	42	
112	126	17	12	267	371	396	59	30	856	56. 7	30	
130	44	16	7	197	404	162	37	22	625	35. 4	76	
83	38	5	6	132	243	154	9	19	425	42. 8	63	
114	104	11	11	240	395	334	45	22	796	50. 4	46	
100	58	15	13	186	360	196	43	26	625	42. 4	65	
82	44	16	9	151	272	137	45	15	469	42. 0	60	
99	46	13	8	166	279	144	51	20	494	43. 5	62	
87	32	12	8	139	267	96	29	19	411	35. 0	78	
37	95	40	13	185	103	314	123	29	569	81. 9	2	
68	88	18	6	180	196	263	72	15	546	64. 1	21	
?,638	6,394	2,126	1,168	17,326	25,164	23,009	6,697	2,989	57,859	56. 6		
44. 1	36. 9	12. 3	6. 7	100	43. 4	39. 8	11. 6	5. 2	100			

Tableau n° 136.

Criminalité relative des départements, appréciée par le nombre total [des accusés] qui sont passés devant les assises de 1828 à 1847 [...]

DÉPARTEMENTS.	TOTAL DES ACCUSÉS.								
	NOMBRE TOTAL DES ACCUSÉS.			DIFFÉRENCE EN PASSANT				NOMBRE MOYEN annuel sur 100,000 habitants, de 1853 à 1862.	NUMÉROS d'ordre des départements d'après ce nombre.
	De 1828 à 1837.	De 1838 à 1847.	De 1853 à 1862.	de la première à la deuxième période.		de la deuxième à la troisième période.			
				En plus.	En moins.	En plus.	En moins.		
1	2	3	4	5	6	7	8	9	10
Ain	367	330	340	″	37	10	″	9. 2	79
Aisne	1,013	1,118	912	105	″	″	206	16. 2	28
Allier	490	571	486	81	″	″	85	13. 6	49
Alpes (Basses-)	316	323	226	7	″	″	97	15. 4	29
Alpes (Hautes-)	183	208	167	25	″	″	41	13. 3	50
Alpes-Maritimes	″	″	″	″	″	″	″	″	[illegible]
Ardèche	887	868	559	″	19	″	309	14. 4	39
Ardennes	444	561	383	117	″	″	178	11. 6	60
Ariége	812	608	361	″	204	″	247	14. 3	40
Aube	704	743	604	39	″	″	139	23. 0	7
Aude	460	466	305	6	″	″	161	10. 8	73
Aveyron	804	544	523	″	260	″	21	13. 2	56
Bouches-du-Rhône	991	1,011	1,457	20	″	446	″	28. 7	4
Calvados	1,244	1,387	969	143	″	″	418	20. 1	11
Cantal	374	389	355	15	″	″	34	14. 8	30
Charente	627	507	481	″	120	″	26	12. 7	61
Charente-Inférieure	797	1,047	977	250	″	″	70	20. 3	10
Cher	363	357	281	″	6	″	76	8. 7	82
Corrèze	426	463	251	37	″	″	212	8. 1	84
Corse	1,175	1,154	1,082	″	21	″	72	42. 8	1
Côte-d'Or	537	571	475	34	″	″	96	12. 4	63
Côtes-du-Nord	990	1,422	838	432	″	″	584	13. 3	52
Creuse	234	271	207	37	″	″	64	7. 7	85
Dordogne	823	950	637	127	″	″	313	12. 7	60
Doubs	559	484	445	″	75	″	39	15. 0	33
Drôme	497	414	498	″	83	84	″	15. 2	32
Eure	1,112	926	775	″	186	″	151	19. 4	14
Eure-et-Loir	729	599	450	″	130	″	149	15. 4	30
Finistère	1,126	1,374	1,122	248	″	″	252	17. 9	20
Gard	805	1,014	804	209	″	″	210	19. 0	15
Garonne (Haute-)	958	1,110	1,064	152	″	″	46	22. 0	9
Gers	477	467	565	″	10	98	″	18. 9	10
Gironde	1,202	1,197	931	″	5	″	266	14. 0	44
Hérault	651	617	415	″	34	″	202	10. 1	77
Ille-et-Vilaine	1,164	1,428	1,310	264	″	″	118	22. 4	8
Indre	387	463	317	76	″	″	146	11. 7	65
Indre-et-Loire	568	492	455	″	76	″	37	14. 1	43
Isère	746	594	525	″	152	″	69	9. 1	81
Jura	431	400	385	″	31	″	15	12. 9	58
Landes	425	473	399	48	″	″	74	13. 3	54
Loir-et-Cher	507	423	359	″	84	″	64	13. 3	51
Loire	586	772	538	186	″	″	234	10. 4	75
Loire (Haute-)	466	373	343	″	93	″	30	11. 2	70
Loire-Inférieure	703	983	1,020	280	″	37	″	17. 6	22
Loiret	727	831	458	104	″	″	373	13. 0	57
Lot	619	555	392	″	64	″	163	13. 3	53
Lot-et-Garonne	545	687	571	142	″	″	116	17. 2	24

des accusés et par le nombre des accusés âgés de moins de 21 ans et de 1853 à 1862 inclusivement.

ACCUSÉS ÂGÉS DE MOINS DE 21 ANS.									OBSERVATIONS.
NOMBRE TOTAL DES ACCUSÉS de moins de 21 ans.			DIFFÉRENCE EN PASSANT				NOMBRE MOYEN correspondant à 10,000 conscrits, de 1853 à 1862.	NUMÉROS d'ordre des départements d'après ce nombre.	
			de la première à la deuxième période.		de la deuxième à la troisième période.				
De 1828 à 1837.	De 1838 à 1847.	De 1853 à 1862.	En plus.	En moins.	En plus.	En moins.			
11	12	13	14	15	16	17	18	19	20
48	31	29	″	17	″	2	8. 5	83	
198	161	126	″	37	″	35	27. 4	33	
62	80	76	18	″	″	4	22. 9	47	
54	41	32	″	13	″	9	24. 2	41	
34	19	24	″	15	5	″	20. 1	52	
″	″	″	″	″	″	″	″	″	
137	140	72	3	″	″	68	19. 0	60	
78	119	61	41	″	″	58	23. 2	43	
107	89	43	″	18	″	46	17. 2	68	
116	139	102	23	″	″	37	51. 1	8	
62	91	45	29	″	″	46	17. 8	65	
108	61	63	″	47	2	″	17. 1	69	
202	178	258	″	24	80	″	80. 3	3	
222	223	155	1	″	″	68	42. 0	13	
50	53	50	3	″	″	3	21. 6	49	
83	56	60	″	27	4	″	19. 8	57	
124	141	131	17	″	″	10	34, 9	19	
49	46	44	″	3	″	2	15. 8	72	
45	53	18	8	″	″	35	5. 8	86	
173	184	185	11	″	1	″	83. 7	2	
88	101	72	13	″	″	29	21. 8	48	
198	259	103	61	″	″	156	18. 2	64	
29	18	22	″	11	4	″	8. 4	84	
116	109	84	″	7	″	25	18. 9	61	
06	63	55	″	43	″	8	20. 8	51	
67	50	45	″	17	″	5	15. 5	73	
161	162	104	1	″	″	58	34. 6	21	
152	120	88	″	32	″	32	37. 3	16	
206	228	235	22	″	7	″	40. 0	14	
178	212	149	34	″	″	63	43. 6	11	
168	208	162	40	″	″	46	39. 6	18	
58	81	84	23	″	3	″	34. 7	20	
203	224	124	21	″	″	100	25. 8	38	
106	102	63	″	4	″	39	19. 9	56	
245	281	251	36	″	″	30	49. 7	9	
80	64	63	″	16	″	1	24. 6	39	
96	96	58	″	″	″	38	28. 3	42	
107	43	47	″	64	4	″	8. 4	85	
83	68	40	″	15	″	28	14. 0	76	
67	84	49	17	″	″	35	18. 6	63	
90	67	66	″	23	″	1	28. 5	28	
109	153	67	44	″	″	86	14. 7	75	
56	48	37	″	8	″	11	12. 7	81	
152	204	242	52	″	38	″	51. 6	7	
151	193	75	42	″	″	118	26. 0	37	
92	98	51	6	″	″	47	20. 0	53	
86	105	67	19	″	″	38	26. 6	35	

TABLEAU N° 136.
(Suite.)

Criminalité relative des départements, appréciée par le nombre total [...] *qui sont passés devant les assises de 1828 à 1847* [...]

DÉPARTEMENTS. 1	TOTAL DES ACCUSÉS. NOMBRE TOTAL DES ACCUSÉS. De 1828 à 1837. 2	De 1838 à 1847. 3	De 1853 à 1862. 4	DIFFÉRENCE EN PASSANT de la première à la deuxième période. En plus. 5	En moins. 6	de la deuxième à la troisième période. En plus. 7	En moins. 8	NOMBRE MOYEN annuel sur 100,000 habitants, de 1853 à 1862. 9	NUMÉROS D'ORDRE des départements d'après ce nombre. 10
Lozère	432	433	272	1	//	//	161	19.8	12
Maine-et-Loire	761	932	855	171	//	//	77	16.3	27
Manche	907	876	816	//	31	//	60	13.8	46
Marne	928	1,212	1,126	284	//	//	86	29.2	3
Marne (Haute-)	425	610	478	185	//	//	132	18.8	17
Mayenne	495	695	563	200	//	//	132	15.0	34
Meurthe	586	1,154	497	568	//	//	657	11.6	67
Meuse	449	823	347	374	//	//	476	11.4	69
Morbihan	816	839	794	23	//	//	45	16.3	26
Moselle	1,092	843	511	//	249	//	332	11.4	68
Nièvre	451	454	358	3	//	//	96	10.8	72
Nord	1,570	1,187	999	//	383	//	188	7.7	86
Oise	676	824	579	148	//	//	245	14.4	38
Orne	845	605	601	//	240	//	4	14.2	41
Pas-de-Calais	1,307	776	628	//	531	//	148	8.7	83
Puy-de-Dôme	995	1,117	804	122	//	//	313	13.9	45
Pyrénées (Basses-)	691	603	488	//	88	//	115	12.2	71
Pyrénées (Hautes-)	394	403	229	9	//	//	174	9.5	78
Pyrénées-Orientales	684	582	248	//	102	//	334	13.6	48
Rhin (Bas-)	2,066	1,589	732	//	477	//	857	12.7	62
Rhin (Haut-)	1,766	1,275	1,003	//	491	//	272	19.4	13
Rhône	1,089	1,184	933	95	//	//	251	14.1	42
Saône (Haute-)	560	503	336	//	57	//	167	10.6	74
Saône-et-Loire	657	861	534	204	//	//	327	9.2	80
Sarthe	769	889	601	120	//	//	288	12.9	59
Savoie	//	//	//	//	//	//	//	//	//
Savoie (Haute-)	//	//	//	//	//	//	//	//	//
Seine	8,658	9,030	6,513	372	//	//	2,517	33.3	2
Seine-Inférieure	2,585	2,380	1,299	//	205	//	1,081	16.4	25
Seine-et-Marne	768	946	613	178	//	//	333	17.4	23
Seine-et-Oise	1,407	1,212	935	//	195	//	277	18.2	19
Sèvres (Deux-)	508	563	335	55	//	//	228	10.2	76
Somme	940	1,025	856	85	//	//	169	14.9	35
Tarn	861	740	625	//	121	//	115	17.7	21
Tarn-et-Garonne	515	419	425	//	96	6	//	18.3	18
Var	618	744	796	126	//	52	//	25.2	5
Vaucluse	682	768	625	86	//	//	143	23.3	6
Vendée	706	609	469	//	97	//	140	11.9	64
Vienne	776	956	494	180	//	//	462	15.3	31
Vienne (Haute-)	607	531	411	//	76	//	120	13.2	55
Vosges	594	775	569	181	//	//	206	13.7	47
Yonne	679	695	546	16	//	//	149	14.7	37
TOTAUX et MOYENNES	73,366	75,207	57,860	6,970	5,129	733	18,080	15.5	
				En plus : 1,841		En moins : 17,347			

...des accusés et par le nombre des accusés âgés de moins de 21 ans ...de 1853 à 1862 inclusivement.

ACCUSÉS ÂGÉS DE MOINS DE 21 ANS.									
NOMBRE TOTAL DES ACCUSÉS de moins de 21 ans.			DIFFÉRENCE EN PASSANT				NOMBRE MOYEN correspondant à 10,000 conscrits, de 1853 à 1862.	NUMÉROS d'ordre des départements d'après ce nombre.	OBSERVATIONS.
De 1828 à 1837.	De 1838 à 1847.	De 1853 à 1862.	de la première à la deuxième période.		de la deuxième à la troisième période.				
			En plus.	En moins.	En plus.	En moins.			
11	12	13	14	15	16	17	18	19	20
34	51	37	17	〃	〃	14	27.9	31	
119	175	123	56	〃	〃	52	29.2	27	
166	139	139	〃	27	〃	〃	27.5	32	
158	208	163	50	〃	〃	45	56.8	5	
66	125	68	59	〃	〃	57	31.7	23	
87	121	102	34	〃	〃	19	30.5	25	
91	207	72	116	〃	〃	135	18.7	62	
82	131	44	49	〃	〃	87	16.7	70	
129	159	136	30	〃	〃	23	31.5	24	
197	164	78	〃	33	〃	86	20.0	54	
78	49	40	〃	29	〃	9	12.5	82	
281	198	175	〃	83	〃	23	17.8	66	
105	128	87	23	〃	〃	41	27.4	34	
131	101	96	〃	30	〃	5	28.0	30	
225	94	84	〃	131	〃	10	13.9	77	
132	135	102	3	〃	〃	33	19.1	59	
84	83	73	〃	1	〃	10	17.7	67	
59	50	28	〃	9	〃	22	12.8	80	
113	68	27	〃	45	〃	41	16.5	71	
390	280	125	〃	110	〃	155	23.0	45	
296	243	182	〃	53	〃	61	60.8	4	
194	189	128	〃	5	〃	61	28.4	29	
108	71	41	〃	37	〃	30	13.2	79	
94	131	73	37	〃	〃	58	13.4	78	
131	186	99	55	〃	〃	87	24.6	40	
〃	〃	〃	〃	〃	〃	〃	〃	〃	
〃	〃	〃	〃	〃	〃	〃	〃	〃	
2,170	1,886	1,004	〃	284	〃	882	103.2	1	
508	449	189	〃	59	〃	260	30.2	26	
141	179	95	38	〃	〃	84	34.1	22	
295	235	154	〃	60	〃	81	42.6	12	
81	91	57	10	〃	〃	34	20.0	55	
168	175	124	7	〃	〃	51	26.2	36	
149	108	119	〃	41	11	〃	36.7	17	
89	67	68	〃	22	1	〃	35.8	18	
127	155	129	28	〃	〃	26	52.1	6	
132	156	96	24	〃	〃	60	44.1	10	
134	117	77	〃	17	〃	40	21.5	50	
143	174	63	31	〃	〃	111	23.4	44	
84	48	45	〃	36	〃	3	15.0	74	
63	114	77	51	〃	〃	37	19.7	58	
120	135	73	15	〃	〃	62	22.9	46	
13,156	12,921	8,769	1,318	1,553	160	4,312	28.5		
			En moins : 235		En moins : 4,152				

Départements classés d'après le nombre moyen annuel des accusés sur 100,000 habitants, pendant la période décennale 1853-1862.

NUMÉROS d'ordre des départements. 1	DÉPARTEMENTS. 2	NOMBRE MOYEN des accusés. 3	NUMÉROS d'ordre des départements. 1	DÉPARTEMENTS. 2	NOMBRE MOYEN des accusés. 3	NUMÉROS d'ordre des départements. 1	DÉPARTEMENTS. 2	NOMBRE MOYEN des accusés. 3
1	Corse	42. 8	29	Basses-Alpes	15. 4	58	Jura	12. 9
2	Seine	33. 3	30	Indre-et-Loire	15. 4	59	Sarthe	12. 9
3	Marne	29. 2	31	Vienne	15. 3	60	Dordogne	12. 7
4	Bouches-du-Rhône	28. 7	32	Drôme	15. 2	61	Charente	12. 7
5	Var	25. 2	33	Doubs	15. 0	62	Bas-Rhin	12. 7
6	Vaucluse	23. 3	34	Mayenne	15. 0	63	Côte-d'Or	12. 4
7	Aube	23. 0	35	Somme	14. 9	64	Vendée	11. 9
8	Ille-et-Vilaine	22. 4	36	Cantal	14. 8	65	Indre	11. 7
9	Haute-Garonne	22. 0	37	Yonne	14. 7	66	Ardennes	11. 6
10	Charente-Inférieure	20. 3	38	Oise	14. 4	67	Meurthe	11. 6
11	Calvados	20. 1	39	Ardèche	14. 4	68	Moselle	11. 4
12	Lozère	19. 8	40	Ariége	14. 3	69	Meuse	11. 4
13	Haut-Rhin	19. 4	41	Orne	14. 2	70	Haute-Loire	11. 2
14	Eure	19. 4	42	Rhône	14. 1	71	Basses-Pyrénées	11. 2
15	Gard	19. 0	43	Indre-et-Loire	14. 1	72	Nièvre	10. 8
16	Gers	18. 9	44	Gironde	14. 0	73	Aude	10. 8
17	Haute-Marne	18. 8	45	Puy-de-Dôme	13. 9	74	Haute-Saône	10. 6
18	Tarn-et-Garonne	18. 3	46	Manche	13. 8	75	Loire	10. 4
19	Seine-et-Oise	18. 2	47	Vosges	13. 7	76	Deux-Sèvres	10. 2
20	Finistère	17. 9	48	Pyrénées-Orientales	13. 6	77	Hérault	10. 1
21	Tarn	17. 7	49	Allier	13. 6	78	Hautes-Pyrénées	9. 5
22	Loire-Inférieure	17. 6	50	Hautes-Alpes	13. 3	79	Ain	9. 2
23	Seine-et-Marne	17. 4	51	Loir-et-Cher	13. 3	80	Saône-et-Loire	9. 2
24	Lot-et-Garonne	17. 2	52	Côtes-du-Nord	13. 3	81	Isère	9. 1
25	Seine-Inférieure	16. 4	53	Lot	13. 3	82	Cher	8. 7
26	Morbihan	16. 3	54	Landes	13.	83	Pas-de-Calais	8. 7
27	Maine-et-Loire	16. 3	55	Haute-Vienne	13. 2	84	Corrèze	8. 1
28	Aisne	16. 2	56	Aveyron	13. 2	85	Creuse	7. 7
	MOYENNE GÉNÉRALE	15. 5	57	Loiret	13. 0	86	Nord	7. 7

Départements classés d'après le nombre moyen des accusés de moins de 21 ans correspondant à 10,000 conscrits, pendant la période décennale 1853-1862.

Numéros d'ordre des départements.	Départements.	Nombre moyen des accusés.	Numéros d'ordre des départements.	Départements.	Nombre moyen des accusés.	Numéros d'ordre des départements.	Départements.	Nombre moyen des accusés.
1	2	3	1	2	3	1	2	3
1	Seine	103. 2	29	Rhône	28. 4	58	Vosges	19. 7
2	Corse	83. 7	30	Orne	28. 0	59	Puy-de-Dôme	19. 1
3	Bouches-du-Rhône	80. 3	31	Lozère	27. 9	60	Ardèche	19. 0
4	Haut-Rhin	60. 8	32	Manche	27. 5	61	Dordogne	18. 9
5	Marne	56. 8	33	Aisne	27. 4	62	Meurthe	18. 7
6	Var	52, 1	34	Oise	27, 4	63	Landes	18. 6
7	Loire-Inférieure	51. 6	35	Lot-et-Garonne	26. 6	64	Côtes-du-Nord	18. 2
8	Aube	51. 1	36	Somme	26. 2	65	Aude	17. 8
9	Ille-et-Vilaine	49. 7	37	Loiret	26. 0	66	Nord	17. 8
10	Vaucluse	44. 1	38	Gironde	25. 8	67	Basses-Pyrénées	17. 7
11	Gard	43. 6	39	Indre	24. 6	68	Ariége	17. 2
12	Seine-et-Oise	42. 6	40	Sarthe	24. 6	69	Aveyron	17. 1
13	Calvados	42. 0	41	Basses-Alpes	24. 2	70	Meuse	16. 7
14	Finistère	40. 0	42	Indre-et-Loire	23. 3	71	Pyrénées-Orientales	16. 5
15	Haute-Garonne	39. 6	43	Ardennes	23. 2	72	Cher	15. 8
16	Eure-et-Loir	37. 3	44	Vienne	23. 0	73	Drôme	15. 5
17	Tarn	36. 7	45	Bas-Rhin	23. 0	74	Haute-Vienne	15. 0
18	Tarn-et-Garonne	35. 8	46	Yonne	22. 9	75	Loire	14. 7
19	Charente-Inférieure	34. 9	47	Allier	22. 9	76	Jura	14. 0
20	Gers	34. 7	48	Côte-d'Or	21. 8	77	Pas-de-Calais	13. 9
21	Eure	34. 6	49	Cantal	21. 6	78	Saône-et-Loire	13. 4
22	Seine-et-Marne	34. 1	50	Vendée	21. 5	79	Haute-Saône	13 2
23	Haute-Marne	31. 7	51	Doubs	20. 8	80	Hautes-Pyrénées	12. 8
24	Morbihan	31. 5	52	Hautes-Alpes	20. 1	81	Haute-Loire	12. 7
25	Mayenne	30. 5	53	Lot	20. 0	82	Nièvre	12. 5
26	Seine-Inférieure	30. 2	54	Moselle	20. 0	83	Ain	8. 5
27	Maine-et-Loire	29. 2	55	Deux-Sèvres	19. 9	84	Creuse	8. 4
	Moyenne générale	28. 6	56	Hérault	19. 9	85	Isère	8. 4
28	Loir-et-Cher	28. 5	57	Charente	19. 8	86	Corrèze	5. 8

ANNEXES.

ANNEXE A.

LISTE
DES COMMUNES DÉPOURVUES D'ÉCOLE.

Nom et population des communes dépourvues d'écoles.

DÉPARTEMENTS. — POPULATIONS dépourvues d'école.	COMMUNES DÉPOURVUES D'ÉCOLE. NOMBRE.	NOMS.	POPULATION.	DISTANCE qui les sépare de la commune la plus voisine.	OBSERVATIONS.
1	2	3	4	5	6
			hab.	kilom.	
Ain.... ... . (570 hab.)	3	Saint-Sulpice............	196	2 à 3	Impossibilité de trouver un local à loyer. Les ressources municipales ne permettent pas de faire la dépense d'une construction.
		Saint-André-le-Bouchoux....	194	4	*Idem.*
		Saint-Georges-sur-Renom...	180	2,5	*Idem.*
Aisne............ (107 hab.)	1	Clermont................	107	"	Population composée de riches cultivateurs qui font instruire leurs enfants dans les pensions. Une école serait tout à fait inutile.
Allier............ (9.643 hab.)	17	Chézy..................	444	5	Ne peut se procurer d'école à loyer. Des efforts sont faits auprès de l'administration municipale dans le but d'arriver à une construction.
		La Chapelle..............	380	7	*Idem.*
		Château................	534	3	Un projet de construction a été approuvé; l'État a accordé un secours.
		La Ferté-Hauterive	503	6	On se préoccupe sérieusement d'un projet de construction.
		Mercy..................	434	4	Ne peut se procurer une maison d'école à loyer. — Trop éloignée des communes voisines pour être réunie. — L'administration s'occupe d'un projet de construction.
		Meillers................	443	4	Ne peut être réunie à cause de la distance qui la sépare des communes voisines. — Point de local à loyer.
		Deneuille...............	296	2	Manque de ressources. — Les enfants se rendent facilement à l'école du chef-lieu de canton.
		Coutansouze.............	487	5	Commune pauvre; elle ne peut être réunie à une autre localité à cause des distances.
		Valignat................	246	2	Pourra être réunie à Veauce, qui construit une école.
		Veauce.................	209	2	Une maison d'école se construit.
		Charmeil................	322	3	Ne peut trouver une maison à loyer, et n'a pas encore les ressources suffisantes pour construire; s'en occupe sérieusement.
		Loriges.................	458	4	Ne peut se procurer une école qu'en bâtissant. — Possède des ressources insuffisantes. — Un projet est vivement recommandé par l'administration départementale.
		Liernolles...............	708	7	Population disséminée. — Difficulté de réunir les ressources nécessaires pour une construction.
		Saint-Prix..............	920	2	Les enfants fréquentent les écoles de La Palisse (chef-lieu d'arrondissement). — On s'occupe cependant d'un projet de construction.
		Vitray..................	345	5	Commune qui ne peut être réunie, et qui n'a pas encore les ressources nécessaires pour construire.
		Givarlais...............	559	4	On ne peut se procurer un bâtiment convenable à loyer. — On a commencé à réunir des ressources pour bâtir.
		Nassigny................	363	5	Trop éloignée d'une autre commune pour y être réunie. — Aura bientôt des ressources suffisantes pour réaliser un projet de construction.

Nom et population des communes dépourvues d'écoles.

DÉPARTEMENTS. — POPULATIONS dépourvues d'école.	COMMUNES DÉPOURVUES D'ÉCOLE. NOMBRE.	NOMS.	POPULATION.	DISTANCE qui les sépare de la commune la plus voisine.	OBSERVATIONS.
1	2	3	4	5	6
			hab.	kilom.	
Allier	5	Saint-Caprais	408	4	Même situation que pour la commune de Nassigny.
		La Chapelette	306	5	Ressources insuffisantes pour bâtir. — Impossibilité de trouver un local à loyer.
		Mesples	340	6	Réunion à d'autres communes impossible à cause de la distance. — Pas de maison à loyer; ressources insuffisantes pour construire.
		Prémilbat	557	5	Un projet de construction est à l'étude.
		Saint-Marcel-en-Murat	353	5	Population disséminée. — Pas de local à loyer. — On met des ressources en réserve pour construire.
Alpes (Basses-) (314 hab.)	4	Lagremuze	46	2, 5 à 3	Population disséminée. — Il est question de réunir cette commune à celle de Chattaut.
		Carniol	107	"	Manque de local convenable. — La municipalité s'occupe en ce moment d'une appropriation dont le projet a été approuvé.
		Valsaintes	81	2	On espère réunir cette commune à celle de Carniol.
		Augès	80	"	Population disséminée qu'il est difficile de grouper autour d'une école. — L'administration s'occupe d'un projet de réunion à diverses communes.
Alpes-Maritimes (111 hab.)	1	Caussols	111	14 à 16	A l'époque de la moisson et des semailles, la population est de 111 personnes disséminées dans des habitations éparses et éloignées les unes des autres. Le reste de l'année, elle se trouve réduite à 14 ou 15 individus. — La distance qui sépare Caussols des communes voisines varie de 14 à 16 kilomètres, et les chemins à parcourir ne sont que des sentiers abruptes rendus souvent dangereux par l'intempérie des saisons.
Ardennes (529 hab.)	5	Yvernaumont	144	0, 3	Les enfants suivent les écoles spéciales de Guignicourt.
		Hocmont	128	0, 6	Les enfants suivent l'école de Touligny.
		Saint-Remy-le-Petit	97	1, 5	Les enfants vont à l'école de Lécaille.
		Malmy	84	0, 5	Les enfants se rendent aux écoles de Chémery.
		Mont-Dieu	76	2	Cette commune est composée de sept ou huit grosses fermes. — Les enfants suivent les deux écoles de Tannay.
Aube (446 hab.)	4	Morambert	101	2	Les ressources manquent pour créer des écoles dans ces petites communes. — La réunion de Morambert à Dommartin, de Romaines à Ramerupt et de Mesgrigny à Méry existe de fait.
		Romaines	70	2, 15	
		Mesgrigny	176	3	
		Metz-Robert	99	2, 789	La plupart des enfants sont plus à portée des écoles voisines que du centre de la commune.
Aude (7,416 hab.)	5	Albas	274	4	N'a pas encore pu trouver une maison à loyer.
		Auriac	247	4	Manque de ressources.
		Berriac	99	4	*Idem.*
		La Besole	97	3	*Idem.*
		Bourrigeole	211	3	*Idem.*

Nom et population des communes dépourvues d'écoles.

DÉPARTEMENTS. — POPULATIONS dépourvues d'école. 1	COMMUNES DÉPOURVUES D'ÉCOLE. NOMBRE. 2	NOMS. 3	POPULATION. 4	DISTANCE qui les sépare de la commune la plus voisine. 5	OBSERVATIONS. 6
			hab.	kilom.	
		Cahuzac	154	5	Manque de ressources.
		Campagna-de-Sault	277	4	*Idem.*
		Corbières	196	4	*Idem.*
		La digue d'Aval	192	2	Très-voisine de la Digue-d'Amont, où les enfants vont à l'école.
		Fajac-la-Releuque	256	4	Manque de ressources.
		Fonters-du-Razès	207	4. 5	*Idem.*
		Saint-Gauderic	233	5	*Idem.*
		Generville	139	3	*Idem.*
		Gourvielle	152	3	*Idem.*
		Granès	134	3	*Idem.*
		Gueytes et Labastide	151	5	*Idem.*
		Jonquières	132	3	*Idem.*
		Saint-Just-de-Bellengard	217	4	*Idem.*
		La Cannette	82	3	*Idem.*
		Maironnes	167	3	*Idem.*
		Saint-Martin-des-Puits	89	5	*Idem.*
		Mas-des-Cours	80	4	*Idem.*
		Massac	172	3	*Idem.*
Aude	37	Mayreville	253	2	Très-rapprochée de Peyrefitte, où les enfants peuvent se rendre.
		Molières	82	5	Défaut de ressources.
		Montazels	297	1. 5	Très-rapprochée de Couiza.
		Montgradail	160	2	Très-rapprochée d'Escueillens.
		Montirat	77	3	Manque de ressources.
		Palairac	215	6	*Idem.*
		Pécharic et le Py	174	5	*Idem.*
		Peyrolles	225	4	*Idem.*
		Plavilla	189	5	*Idem.*
		Sallèles-Cabardès	194	3	*Idem.*
		Salza	175	4	*Idem.*
		Saint-Sernin	153	6	*Idem.*
		Terroles	140	4	*Idem.*
		Vendemies	146	5	*Idem.*
		Villarzel-Cabardès	160	3	*Idem.*
		Villautou	207	4	*Idem.*
		Villebazy	214	4	*Idem.*
		Villedubert	80	3	*Idem.*
		Villefort	317	5	*Idem.*
Bouches-du-Rhône (126 hab.)	1	Saint-Estève-Janson	126	5	Habitations éparses; manque absolu de ressources.

Nom et population des communes dépourvues d'écoles.

DÉPARTEMENTS. — POPULATIONS dépourvues d'école.	COMMUNES DÉPOURVUES D'ÉCOLE. NOMBRE.	NOMS.	POPULATION.	DISTANCE qui les sépare de la commune la plus voisine.	OBSERVATIONS.
1	2	3	4	5	6
			hab.	kilom.	
Calvados........ (1,051 hab.)	4	Escures-sur-Favières......	305	3. 2	La plupart des enfants se rendent aux écoles d'Ernes et de Magny.
		Mesnil-Simon..............	275	//	Un terrain a été acheté pour la construction d'une école.
		La Folletière-Abenon......	286	5	Depuis 1861, l'administration s'occupe de la création d'une école. Les enfants suivent les écoles des communes les plus rapprochées.
		Léaupartie................	185	1. 2	Pourra être avantageusement réunie à Rumesnil.
Charente........ (19,105 hab.)	34	Saint-Estèphe.............	816	2. 7	Sur ces 46 communes, 2 ont obtenu des subventions de l'État et s'occupent de l'établissement d'une maison d'école. Dans 3 autres, les écoles ont dû être supprimées momentanément, à défaut de local convenable. Pour la plupart, le manque de ressources est un obstacle à l'établissement d'une école.
		Touvres...................	380	1. 2	
		La Chapelle...............	372	1. 3	
		Mainzac...................	405	5. 5	
		Orgedeuil.................	502	2. 7	
		Souffrignac...............	343	3. 4	
		Rancogne..................	410	2	
		Chavenat..................	366	2. 1	
		Villars...................	196	3. 2	
		Saint-Aulais..............	612	2. 7	
		Nabinaud..................	321	2. 6	
		Bors-de-Baignes...........	241	3. 8	
		Saint-Félix...............	429	2. 1	
		Saint-Laurent-des-Combes...	322	2. 8	
		Sauvignac.................	238	4. 7	
		Saint-Christophe..........	577	0. 9	
		Courlac...................	312	2. 8	
		Orival....................	345	1. 3	
		Sérignac..................	311	1. 1	
		Crouin....................	747	1	
		Richemond.................	290	2. 1	
		Éraville..................	330	2	
		Nonaville.................	389	2. 3	
		Viville...................	203	1. 8	
		Épenède...................	504	4. 5	
		Hiesse....................	528	6	
		Esse......................	796	4	
		Le Bouchage...............	560	5. 3	
		Saint-Coutant.............	636	3	
		Lussac....................	481	3. 6	
		Le Lindois................	954	3. 5	
		Sauvagnac.................	206	3. 3	
		Saint-Georges.............	144	2	
		Saint-Gervais.............	716	2. 8	

Nom et population des communes dépourvues d'écoles.

DÉPARTEMENTS. — POPULATIONS dépourvues d'école.	COMMUNES DÉPOURVUES D'ÉCOLE.				OBSERVATIONS.
	NOMBRE.	NOMS.	POPULATION.	DISTANCE qui les sépare de la commune la plus voisine.	
1	2	3	4	5	6
			hab.	kilom.	
Charente	12	Messeux	500	3.2	Même observation qu'à la page précédente.
		Pougné	431	1.7	
		Saint-Sulpice	209	1.6	
		Vieux-Ruffec	445	3.0	
		Bessé	440	2.2	
		Les Gours	281	2.1	
		Saint-Groux	193	2.3	
		Lichères	215	1.8	
		Moutonneau	228	1.7	
		Londigny	593	1.8	
		Embourie	270	1.0	
		Empuré	318	2.1	
Charente-Inférieure. (5,171 hab.)	16	Vergeroux	242	//	Cette commune avait une école qui a été supprimée, les familles préférant envoyer leurs enfants à une école d'un faubourg de Rochefort.
		Saint-Simon-de-Palenne	461	//	Commune divisée en petits villages peu éloignés d'écoles d'autres communes.
		Saint-Martin-de-la-Coudre	320	2	Commune peu distante de Bernay, à laquelle on propose de la réunir.
		Gibourne	335	//	Les enfants fréquentent les écoles de Loire et de Bagnizeau.
		Saint-Ouen	355	//	Divisée en petits hameaux qui se trouvent tous rapprochés d'écoles d'autres communes.
		Ternant	192	//	Manque de ressources. — Les enfants vont aux écoles voisines.
		Feniau	330	//	On s'occupe activement d'y créer une école.
		Saint-Froult	376	//	Les religieuses de Saint-Aguant ont toujours envoyé une sœur y faire l'école aux petits enfants; les plus grands se rendent à Saint-Aguant.
		Cierzac	357	//	Les familles envoient leurs enfants aux écoles voisines.
		Neulles	316	//	Les enfants se rendent à l'école libre de Neuillac.
		Givrezac	145	//	Cette commune avait autrefois une école qui était à peu près déserte. — Les enfants peuvent facilement suivre les écoles voisines.
		Saint-Médard	168	2.3	Peu éloignée de communes ayant des écoles.
		Sainte-Ramée	359	2.3	Ressources insuffisantes pour créer une école. — Les villages composant cette commune sont tous situés à moins de trois kilomètres d'écoles d'autres communes où les enfants peuvent se rendre par des chemins praticables en toute saison.
		Messac	348	//	Manque de ressources. — On a tenté, mais sans résultat, de réunir cette commune à celle de Vanzac.
		Moulons	151	//	Insuffisance de ressources. — Les enfants se rendent à une école voisine par des chemins praticables en tout temps.
		La Genetouze	716	//	Depuis quelque temps seulement sans école.

Nom et population des communes dépourvues d'écoles.

DÉPARTEMENTS. — POPULATIONS dépourvues d'école.	COMMUNES DÉPOURVUES D'ÉCOLE. NOMBRE.	NOMS.	POPULATION.	DISTANCE qui les sépare de la commune la plus voisine.	OBSERVATIONS.
1	2	3	4	5	6
			hab.	kilom.	
Cher. . . . . (2,518 hab.)	4	Achères.	621	"	La commune d'Achères n'a plus d'école depuis 1862, à défaut de local. Celui qu'elle tenait en location a été interdit comme insuffisant et malsain.
		Allouis.	862	"	Commune sans école depuis 1862. — On s'occupe activement de la création d'une école publique.
		Saint-Priest.	568	10. 5	Défaut de ressources. — Impossibilité de réunion à cause de la distance.
		Orval.	467	2	Manque de ressources pour établir une école. — Réunion de fait à Saint-Amand.
Corrèze. . . . . (164 hab.)	1	Les Angles.	164	2	Défaut de ressources.
Corse. . . . . (192 hab.)	1	Campana.	192	"	Une école existait à Campana; elle n'était plus fréquentée lorsqu'elle a été supprimée : tous les enfants se rendent aux écoles publiques d'Orezza et Nocario.
Côte-d'Or. . . . . (245 hab.)	1	Vianges.	245	1. 8	Impossibilité de trouver un local.
Côtes-du-Nord. . . . . (14,176 hab.)	14	Maroué.	2,291	2 à 5	Cette commune entoure presque complètement la ville de Lamballe, où les enfants se rendent aux écoles. — Peu de bonne volonté de la part de l'administration municipale.
		Saint-Rieul	374	2. 5 à 3	Sans local et sans ressources.
		Saint-Biby	455	2 à 4. 5	S'occupe d'une construction qui sera terminée en 1865.
		Trémeur.	1,009	3 à 4	Ne peut se procurer un local. — Instances de l'administration supérieure pour une construction.
		Coadout.	551	3 à 5	Sans local et sans ressources et pouvant être difficilement réunie à cause des distances.
		Grâces.	1,371	4	La commune, qui est trop éloignée de Guingamp pour y être réunie, invoque le défaut de local et de ressources.
		Saint-Agathon	1,015	3	Défaut de local et de ressources.
		Kérien.	918	3	Termine la construction d'une maison d'école.
		Magoar.	447	3	Sans local et sans ressources. — Pourra s'adjoindre à Kérien lorsque l'école de cette commune sera ouverte.
		Le Moustoir.	874	6	Point de local; manque de ressources. — Ne peut se réunir à d'autres communes à cause de la distance qui l'en sépare.
		Treffrin.	332	3	Sans local et sans ressources.
		Tréogan.	311		Ne trouverait point de local à loyer et n'a pas de ressources pour construire. — Se trouve trop éloignée d'autres communes pour y être réunie.
		Trémargat.	593	4	N'a ni local, ni ressources pour construire.
		Peumerit-Quintin.	598	5	*Idem.*

Nom et population des communes dépourvues d'écoles.

DÉPARTEMENTS. — POPULATIONS dépourvues d'école.	COMMUNES DÉPOURVUES D'ÉCOLE. NOMBRE.	NOMS.	POPULATION.	DISTANCE qui les sépare de la commune la plus voisine.	OBSERVATIONS.
1	2	3	4	5	6
			hab.	kilom.	
Côtes-du-Nord	3	Ploulech	1,174	5	Le conseil municipal invoque le défaut de local et de ressources.
		Mellionnec	1,143	4	*Idem.*
		Saint-Igeaux	720	3	Commune de création récente. — N'a pas de ressources.
Dordogne (16,350 hab.)	30	Salagnac	322	4	On a tenté la réunion de cette commune à la commune de Sainte-Trie.
		La Chapelle-Saint-Jean	164	"	Insuffisance de ressources. — Trop éloignée des communes voisines pour y être réunie.
		Saint-Louis	243	2	A une école communale de filles dans laquelle ne sont pas reçus les garçons.
		Saint-Antoine-d'Auberoche	251	6	Pourra être réunie à Fossemagne.
		Boulazac	694	"	Une maison d'école est en voie de construction.
		Saint-Vincent-sur-l'Isle	400	3	Les enfants fréquentent l'école de Sarliac.
		Born-des-Champs	207	3	Pourra être réunie à Sainte-Radegonde, qui construit une maison d'école.
		Bourniquel	312	4	
		Sainte-Croix	540	"	On s'occupe de créer une école.
		Nojals	388	4	
		Cussac	462	"	On va établir une école mixte dans cette commune.
		Falgueyrat	110	4	On s'occupe de projets de réunion.
		Monmadalès	161	4	
		Monmarvès	135	4	
		Monsaguel	384	3	
		Montaut	314	4	
		Sainte-Radegonde	297	"	Construit une maison d'école et a reçu un secours.
		Baneuil	240	5	Avait une école mixte que le défaut de local a fait supprimer.
		Saint-Cassien	147	3	Projet de réunion.
		Gaujac	324	3	*Idem.*
		Lavallade	186	4	*Idem.*
		Saint-Marcory	205	4	*Idem.*
		Soulaures	374	8	*Idem.*
		Flaugeac	279	6	*Idem.*
		Monestier	770	"	L'administration départementale fait des instances auprès de l'autorité locale en vue de l'établissement d'une école.
		Carsac	326	4	On a tenté la réunion à une commune voisine.
		Connezac	265	5	
		Soudat	429	5	On s'occupe de l'établissement d'une école que le défaut de local retarde.
		Cantillac	360	5	
		Sainte-Croix	386	4	

Nom et population des communes dépourvues d'écoles.

DÉPARTEMENTS. — POPULATIONS dépourvues d'école. 1	COMMUNES DÉPOURVUES D'ÉCOLE. NOMBRE. 2	NOMS. 3	POPULATION. 4	DISTANCE qui les sépare de la commune la plus voisine. 5	OBSERVATIONS. 6
			hab.	kilom.	
Dordogne.	16	Ladosse.	446	3	Projet de réunion.
		Puyrénier	251	3	*Idem.*
		Eyzerat	600	"	On s'occupe de créer une école mixte.
		Lempzours	368	4	
		Saint-Romain et St-Clément.	571	"	On va établir une école.
		Puymangoux.	202	4	
		Servanches	229	9	
		Saint-Vincent-Jalmoutier.	424	4	
		Bourgnac.	469	4	On a tenté une réunion.
		Saint-Martin-Lastier.	309	2	
		Bourg-des-Maisons.	263	3	
		Saint-Sauveur	302	3	
		Lacanéda.	183	5	
		Saint-Cirq.	289	2	
		Sergeac.	445	"	On recherche un local pour y établir une école mixte.
		La Feuillade.	315	3	Projet de réunion.
Doubs. (184 hab.)	2	Rillans	99	3	Dépourvue de local et de ressources. — Les enfants fréquentent l'école de Nerne. La réunion à cette commune a été proposée.
		Mémont.	85	4	Manque de ressources pour établir une école. Les enfants en âge de recevoir l'instruction, et dont le nombre est très-restreint, vont à des écoles de localités voisines. La réunion à la commune la plus rapprochée a été proposée aux conseils municipaux.
Drôme. (1,699 hab.)	11	Ambonil	92	3. 5	Les enfants vont à des écoles voisines.
		Laveyron.	499	2	Les habitants envoient tous leurs enfants aux écoles de Beausemblant.
		La Répara	95	2	Les enfants se rendent dans les écoles voisines. L'administration départementale s'occupe d'un projet de réunion.
		Molières.	118	2	*Idem.*
		Vachères.	99	1	*Idem.*
		Bâtie-Cremezin	40	1. 5	*Idem.*
		Petit-Paris.	78	3	*Idem.*
		Cheylard.	111	1. 5	*Idem.*
		Aleyrac	78	5	On y autorise pendant l'hiver l'ouverture d'une école temporaire, lorsqu'il se présente un maître ou une maîtresse offrant les garanties désirables.
		Ollon.	52	1. 5	Les enfants se rendent à une école voisine.
		Rioms.	102	2. 5	L'administration départementale essaye de réunir cette commune à une autre pour l'entretien d'une école.

Nom et population des communes dépourvues d'écoles.

DÉPARTEMENTS. — POPULATIONS dépourvues d'école.	COMMUNES DÉPOURVUES D'ÉCOLE. NOMBRE.	NOMS.	POPULATION.	DISTANCE qui les sépare de la commune la plus voisine.	OBSERVATIONS.
1	2	3	4	5	6
			hab.	kilom.	
Drôme	4	La Fare	41	2. 5	Est très-rapprochée de 3 communes pourvues d'écoles.
		Pelonne	69	3	Éléments insuffisants pour entretenir une école.
		Izon	135	3	On s'occupe de la réunion à une commune rapprochée.
		Villefranche	90	2	
Eure (12,523 hab.)	26	Les Thilliers-en-Vexin	217	2	Manque de ressources pour créer une école. — Réunion de fait avec Villers-en-Vexin.
		Berville	262	3	L'administration départementale ne néglige rien pour déterminer cette commune à posséder une école ou à se réunir à une commune voisine.
		La Houssaye	203	3	*Idem.*
		Brétigny	274	2	*Idem.*
		Morsan	316	3. 25	*Idem.*
		La Chapelle-Gauthier	606	//	Ressources insuffisantes.
		Mélicourt	160	4	Défaut de ressources. — Réunion de fait à une commune voisine.
		Chapelle-Hareng	348	2	*Idem.*
		Le Theil-Nolent	422	2. 5	*Idem.*
		Guernanville	208	1	*Idem.*
		Normanville	270	4	
		Burey	102	2	Défaut de ressources. — Réunion de fait à une commune voisine.
		La Croisille	142	3	*Idem.*
		Le Fresne	293	2	*Idem.*
		Saint-Élier	95	2	*Idem.*
		Bernienville	237	3	*Idem.*
		Le Mesnil-Fuguet	88	3	*Idem.*
		Tourneville	204	2	
		Saint-Luc	115	2	*Idem.*
		La Trinité	76	1	*Idem.*
		Breux	501	3	Les enfants vont aux écoles d'Acon et de Tillières, communes qui reçoivent l'une et l'autre une allocation de la commune de Breux pour les enfants indigents. Aucun obstacle ne pourra s'opposer à la création d'une école.
		Champignolles	113	3	Défaut de ressources. — Réunion de fait à une commune voisine.
		Juignettes	283	3	*Idem.*
		Vaux-sur-Risle	145	3	*Idem.* — La réunion de cette commune à une autre n'est pas facile à cause des mauvais chemins.
		La Noë-Poulain	272	2	Ne possède pas de ressources.
		La Boissière	210	2	Défaut de ressources. — Réunion de fait à une commune voisine.

Nom et population des communes dépourvues d'écoles.

DÉPARTEMENTS. — POPULATIONS dépourvues d'école. 1	COMMUNES DÉPOURVUES D'ÉCOLE. NOMBRE. 2	NOMS. 3	POPULATION. 4	DISTANCE qui les sépare de la commune la plus voisine. 5	OBSERVATIONS. 6
			hab.	kilom.	
Eure	22	Saint-Germain-de-Fresney	221	1	Défaut de ressources. — Réunion de fait à une commune voisine.
		Serez	151	3	*Idem.*
		Saint-Victor-sur-Avre	120	4	Manque de ressources. La difficulté des parcours s'oppose à une réunion.
		Rouvray	74	3	Manque de ressources. — Réunion de fait à une commune voisine.
		La Harengère	463	3. 5	*Idem.*
		Saint-Pierre-du-Boscguérard	389	3	*Idem.*
		La Vacherie	387	1. 5	*Idem.*
		Le Manoir	355	3	*Idem.*
		Marlot	279	3	*Idem.*
		Tournedos-sur-Seine	171	3	*Idem.*
		Boscherville	152	1. 5	*Idem.*
		Bos-Normand	351	3. 5	On pense à la création d'une école.
		Fresne-Cauverville	523	4	Une création d'école ou une réunion à une localité voisine sera possible.
		Jouveaux	244	3	Manque de ressources. — Réunion de fait à une commune voisine.
		Thierville	377	3	*Idem.*
		Colletot	160	2	*Idem.*
		Saint-Paul-sur-Risle	456	3	*Idem.*
		Saint-Symphorien	336	1	Rien ne s'oppose à la création d'une école; mais la proximité d'écoles environnantes a fait considérer l'établissement d'une classe comme inutile.
		Saint-Aubin-sur-Quillebeuf	342	2. 5	Une création ou une réunion à une localité voisine sera possible.
		Saint Ouen-des-Champs	256	3	Manque de ressources. — Réunion de fait à une localité voisine.
		Saint-Samson-de-la-Roque	371	3	*Idem.*
		Cauverville-en-Roumois	183	3	*Idem.*
					OBSERVATION GÉNÉRALE. Tous les enfants des communes sans école ne sont pas, par cela même, privés d'instruction. Beaucoup, quand ils n'ont pas une distance trop grande à franchir, vont demander à des écoles voisines l'instruction qu'ils ne trouvent pas chez eux. Le mal est ainsi atténué dans une certaine mesure.
Finistère (33,329 hab.)	4	Lauriec	1,165	6	Insuffisance de ressources pour bâtir. — Impossibilité de trouver une maison à loyer. — L'administration départementale insiste pour obtenir une imposition extraordinaire.
		Gouesnach	725	5	On s'occupe d'un projet de construction.
		Pleuven	669	4	Manque de ressources.
		Perguet	657	5	*Idem.*

Nom et population des communes dépourvues d'écoles.

DÉPARTEMENTS. — POPULATIONS dépourvues d'école. 1	COMMUNES DÉPOURVUES D'ÉCOLE. NOMBRE. 2	NOMS. 3	POPULATION. 4	DISTANCE qui les sépare de la commune la plus voisine. 5	OBSERVATIONS. 6
			hab.	kilom.	
Finistère	34	Guilers	596	5	Manque de ressources.
		Tréogat	515	5	*Idem.*
		Tréguennec	553	6	La vente de terrains donnera des ressources qui seront employées à l'établissement d'une école.
		Saint-Yvi	1,213	8	On s'occupe de l'établissement d'une école mixte.
		Tourch	825	10	Manque de ressources.
		Locunolé	977	9	Impossibilité de trouver un local.
		Redené	1,338	7	L'administration départementale insiste pour un projet de construction.
		Le Trévoux	1,247	7	La commune est disposée à bâtir. — Question de propriété de terrain en litige.
		Nizon	1,399	4	Difficulté tenant à l'expropriation d'un terrain.
		Baye	524	5	Manque de ressources.
		Mellac	1,350	6	Insuffisance de ressources.
		Tréméven	841	4	*Idem.*
		Saint-Thurien	1,115	10	*Idem.*
		Kergloff	1,156	5	Pas de local et manque de ressources.
		Motreff	1,040	7	Insuffisance de ressources.
		Saint-Coulitz	570	4	*Idem.*
		Saint-Nic	1,121	8	*Idem.*
		Landeleau	1,084	10	*Idem.*
		Saint-Goazec	1,099	6	*Idem.*
		Trégarven	532	10	*Idem.*
		Logonna-Quimerch	279	8	*Idem.*
		Rosnoën	1,768	8	La nouvelle administration communale s'occupe de faire construire.
		Bolazec	950	14	Insuffisance de ressources.
		Botmeur	744	8	Commune nouvellement créée. — Manque de ressources.
		Lannédern	671	6	Peu de ressources.
		Loqueffret	1,801	6	On s'occupe d'un projet.
		Lothey	942	8	Insuffisance de ressources.
		Saint-Urbain	911	8	*Idem.*
		Pencran	603	4	Pas de local. — Peu de ressources.
		Saint-Frégant	849	8	Insuffisance de ressources.
		Kernouës	600	4	*Idem.*
		Guiprouvel	405	4	*Idem.*
		Tréouergat	285	6	*Idem.*
		Lanneufret	210	3	*Idem.*

Nom et population des communes dépourvues d'écoles.

DÉPARTEMENTS. — POPULATIONS dépourvues d'école.	COMMUNES DÉPOURVUES D'ÉCOLE. NOMBRE.	NOMS.	POPULATION.	DISTANCE qui les sépare de la commune la plus voisine.	OBSERVATIONS.
1	2	3	4	5	6
			hab.	kilom.	
Gard (1,195 hab.)	8	Cambo	47	"	Commune rapprochée d'écoles voisines où les enfants se rendent facilement.
		Corqueyrac	122	"	Commune composée de fermes éparses entre d'autres localités pourvues d'écoles.
		Bragassargues	106	"	Commune voisine d'une autre où il y a une école.
		Puechredon	50	"	Les enfants fréquentent l'école d'une commune voisine.
		Savignargues	120	"	Un instituteur y sera nommé aussitôt que les réparations à la maison d'école seront terminées.
		Causse-Begon	99	"	Commune réunie de fait à celle de Trèves.
		Foissac	245	"	Commune sans école pour cause de réparations au local.
		Carsan	406	"	Aura prochainement une école.
Garonne (Haute-) (25,232 hab.)	25	Auréville	273	"	
		Auzielle	212	2	
		Belleserre	113	3	
		Gémil	204	"	Les enfants fréquentent l'école gratuite d'une commune voisine.
		Goyrans	217	"	
		Lavalette	518	"	Aura prochainement une école.
		Lespinasse	263	2	
		Menville	284	1	
		Montpitol	341	"	Pas de local; les enfants fréquentent les écoles voisines.
		Pechbusque	145	"	Commune sans ressources; les enfants fréquentent les écoles de Toulouse.
		Pin	194	"	Les enfants fréquentent une école voisine.
		Puisségur	310	1	
		Saint-Alban	244	2	
		Saint-Géniès	331	3	
		Saint-Jean-Lherm	330	"	Les enfants fréquentent l'école gratuite d'une localité voisine.
		Saint-Marcel-Paulel	335	"	Les enfants fréquentent l'école de Verfeil.
		Saint-Pierre	250	"	*Idem.*
		Saint-Rustice	300	"	Les enfants fréquentent l'école de Castelnau-d'Estrétefonds.
		Vieille-Toulouse	262	"	Les enfants fréquentent les écoles de Toulouse et de Castanet.
		Aigrefeuille	160	"	Commune privée de ressources. — Les enfants se rendent à des écoles voisines.
		Belberaud	415	3	
		Beauville	330	3	
		Belbèze	154	"	Insuffisance de ressources. — Les enfants fréquentent les écoles d'autres communes.
		Bélesta	258	2	
		Cambac	305	2	

Nom et population des communes dépourvues d'écoles.

DÉPARTEMENTS. — POPULATIONS dépourvues d'école.	COMMUNES DÉPOURVUES D'ÉCOLE.				OBSERVATIONS.
	NOMBRE.	NOMS.	POPULATION.	DISTANCE qui les sépare de la commune la plus voisine.	
1	2	3	4	5	6
			hab.	kilom.	
		Caragoudes	483	//	Commune composée d'habitations éparses. — Point de local.
		Francarville	287	2	
		Lauzerville	160	//	Insuffisance de ressources. — Les enfants fréquentent les écoles voisines.
		Mascarville	298	//	Les enfants sont reçus à l'école gratuite de Caraman.
		Maureville	393	//	
		Mauvaisin	545	//	A présenté un projet d'école.
		Monestrol	286	//	Les enfants vont à l'école d'une commune voisine.
		Mourvilles-Basses	227	//	
		Odars	322	3	
		Prunet	196	//	
		Saint-Germier	165	//	
		Saint-Pierre-de-Loges	346	2	
		Ségreville	250	2	
		Tarabel	461	//	
		Vallesvilles	339	//	S'occupe d'un projet de construction.
		Varennes	271	//	
		Vendine	223	//	
		Auribail	397	//	Pas de local. — Habitations éparses. — Les enfants vont aux écoles voisines.
Garonne (Haute-)	37	Bax	236	//	
		Bois-de-la-Pierre	282	//	
		Canens	240	//	
		Casties	411	//	Les enfants fréquentent l'école d'une commune voisine.
		Couladère	400	//	Les enfants sont reçus à l'école gratuite de Cazères.
		Goutevernisse	208	//	Les enfants sont reçus à l'école gratuite de Montesquieu.
		Gauzens	243	//	*Idem.*
		Labruyère	180	//	
		Lapeyrère	316	//	
		Latour	258	//	Les enfants se rendent à des écoles voisines.
		Maclholas	119	//	Les enfants sont reçus à l'école gratuite de Rieux.
		Massabrac	251	3	
		Mauressac	301	2	
		Monès	124	//	Commune dénuée de ressources. — Les enfants fréquentent les écoles voisines.
		Montastruc	250	//	
		Peynies	229	//	Commune sans ressources. — Les enfants se rendent aux écoles voisines.
		Plagne	202	//	*Idem.*
		Polastron	236	1	
		Roquette	161	//	Les enfants vont aux écoles voisines. — Insuffisance de ressources.

Nom et population des communes dépourvues d'écoles.

DÉPARTEMENTS. — POPULATIONS dépourvues d'école. 1	COMMUNES DÉPOURVUES D'ÉCOLE. NOMBRE. 2	NOMS. 3	POPULATION. 4	DISTANCE qui les sépare de la commune la plus voisine. 5	OBSERVATIONS. 6
			hab.	kilom.	
Garonne (Haute-)..	32	Sajas	291	//	
		Sayguède	323	//	Les enfants sont envoyés à des écoles voisines.
		Villote	137	//	*Idem.*
		Ambax	273	//	*Idem.*
		Antignac	236	0. 8	
		Baren	61	1. 5	
		Bezins-Garraux	220	1. 2	
		Castéra-Vignoles	216	3	
		Cazarilh-Montréjeau	364	2	
		Ciadoux	389	//	
		Clarac	406	1. 6	
		Eup	342	//	
		Francazal	81	2	
		Frontignan-Saint-Bertrand	333	0. 6	
		Ginos	432	1. 2	
		Goudex	104	//	Commune sans ressources. — Les enfants vont aux écoles voisines.
		Lége	301	0. 8	
		Licous	236	//	Les enfants fréquentent les écoles voisines.
		Loudet	373	//	Pourra se procurer un local.
		Marsaulas	255	//	
		Martisserre	297	//	
		Montgaillard-Boulogne	184	//	Les enfants fréquentent les écoles voisines.
		Montgaillard-Salies	354	//	Pourra se procurer un local.
		Mons-de-Golié	128	1. 5	
		Moustajon	105	//	Les enfants fréquentent les écoles voisines.
		Poulat-Taillebourg	747	//	Une école sera établie dès que la maison aura été appropriée.
		Poubeau	78	0. 6	
		Proupiary	219	2	
		Saux-à-Pomaréde	205	//	Les enfants fréquentent l'école d'une localité voisine.
		Trébons	78	1	
		Folcasde	210	//	
		Rieumajou	201	//	
Gers (2,841 hab.)	7	Leboulin	201	2	Peu d'enfants, point d'indigents.
		Arcamont	131	3	*Idem.*
		Bedechan	317	3	Population disséminée.
		Tirent-Pontéjac	267	2	
		Lanne-Soubiran	235	3	Rapprochée de communes pourvues d'écoles.
		Mormès	359	2. 5	*Idem.*
		Lagardère	185	3	

Nom et population des communes dépourvues d'écoles.

DÉPARTEMENTS. — POPULATIONS dépourvues d'école. 1	COMMUNES DÉPOURVUES D'ÉCOLE. NOMBRE. 2	NOMS. 3	POPULATION. 4	DISTANCE qui les sépare de la commune la plus voisine. 5	OBSERVATIONS. 6
			hab.	kilom.	
Gers	5	Avezau	262	5	
		Lamothe-Goas	247	3	Les élèves fréquentent une école voisine.
		Montamat	250	2	Maison d'école en voie de construction.
		Bazengues	243	3	Les enfants se rendent à l'école de Beaupecy.
		Monpardiac	144	3	
Gironde (9.905 hab.)	27	Villenave	313	3	Pas de local dans cette réunion. — Les enfants fréquentent l'école de Cadaujac.
		Cardan	225		
		Beychach	645	1	Pas de local. — Les enfants vont à Montussan.
		Brach	256	//	Habitations disséminées. — Cette commune va faire construire.
		Saint-Michel	219	//	Commune des Landes. — Les enfants fréquentent l'école de Podensac.
		Birac	347	2	Pas de local dans cette réunion. — Les enfants se rendent à l'école de Gajac ou à une école libre gratuite de Bazas.
		Saint-Côme	453		
		Escaudes	482	//	Habitations disséminées.
		Origne	275	//	*Idem.*
		Saint-Léger	463	2	Pas de local. — A 2 kilomètres du chef-lieu de canton.
		Tuzan	300	//	Pas de local. — Habitations disséminées.
		Marcamps	546	1	Pas de local. — Les enfants fréquentent l'école de Tauriac.
		Samonac	490	2	Pas de local. — Les enfants vont à l'école de Monbrier.
		Bagas	276	1	Les enfants vont à l'école de Camiran.
		Loubens	402	2	*Idem.*
		Saint-Sève	250	2	Les enfants vont à l'école de la Réole.
		Saint-Michel	436	3	Les enfants vont à l'école de Saint-André-du-Gard.
		Saint-Antoine-du-Queyret	200	2	Les enfants vont à l'école de Listrac.
		Mauriac	400	3	Les enfants vont à l'école de Ruch.
		Mérignas	421	3	Les enfants vont à l'école de Rauzan.
		Le Puch	244	3	Les enfants vont à l'école de Sauveterre.
		Saint-Romain	339	1	*Idem.*
		Belvès	345	//	Les enfants fréquentent les écoles gratuites de Castillon et de Gar-de-Gau.
		Saint-Étienne-de-Lisse	451	2	Pas de local. — Les enfants fréquentent l'école de Saint-Hippolyte.
		Saint-Genès-de-Queuil	313	3	Les enfants vont à l'école de Salignac.
		Tizac-de-Galgon	437	3	Pas de local. — Les enfants vont à l'école de Marcenais.
		Doulezon	377	3	Pas de local. — Les enfants vont à l'école de Pujols.

Nom et population des communes dépourvues d'écoles.

DÉPARTEMENTS. — POPULATIONS dépourvues d'école.	COMMUNES DÉPOURVUES D'ÉCOLE. NOMBRE.	NOMS.	POPULATION.	DISTANCE qui les sépare de la commune la plus voisine.	OBSERVATIONS.
1	2	3	4	5	6
			hab.	kilom.	
Hérault (735 hab.)	5	Cazevieille	77	6	
		Lattes	409	4. 5	Habitations disséminées; communications difficiles.
		St-Martin-de-Combes	48	2. 7	
		Mérifons	85	3	
		Puclacher	116	1. 5	
Ile-et-Vilaine (1,220 hab.)	3	Laurigan	213	"	Manque de ressources pour construire. — La réunion à une autre commune est difficile à cause de la distance.
		Saint-Marcan	747	"	Sera prochainement pourvue d'une école publique.
		Moussé	260	"	Construction en voie d'exécution.
Indre (3,796 hab.)	9	Buzières-d'Aillac	372	7	Manque de ressources pour créer une école.
		Fontenay	373	6	*Idem.*
		Sainte-Fauste	467	3	Cette commune est en instance pour la construction d'une école.
		Saint-Aoustrille	275	5	Manque de ressources.
		Lacs	411	4	Manque de ressources. — Les enfants fréquentent l'école libre des frères de la Châtre. — La commune paye à cet établissement une subvention de 100 fr. par an.
		Le Magny	444	4	*Idem.*
		Montlevicq	369	6	En instance pour la construction d'une école.
		St-Christophe-en-B	628	6	Maison d'école en construction.
		Saint-Aigny	457	5	Insuffisance de ressources pour établir une école.
Indre-et-Loire (2,505 hab.)	7	Civray-sur-Esves	375	2	Manque de ressources pour établir une école. — Rivière à traverser, passage difficile s'opposant à la réunion à la commune la plus voisine.
		Villedômain	300	5	*Idem.*
		Beaumont-Village	417	3	Défaut de ressources.
		Esves-le-Moutier	319	4	*Idem.*
		Varennes	390	3	Manque de ressources.
		Couziers	229	5	*Idem.*
		Braslou	475	4	Commune obérée.
Isère (1,176 hab.)	6	Pierre	210	1	Les enfants fréquentent les écoles publiques de la commune la plus rapprochée.
		Cognet	108	3	*Idem.*
		Ponsonnas	187	3	*Idem.*
		Sousville	125	2	Les enfants fréquentent les écoles du chef-lieu de canton.
		Domarin	329	1	Les enfants fréquentent les écoles de Bourgoin.
		St-Marcel-du-Touvet	217	3	Population disséminée dont les enfants fréquentent les écoles de localités voisines.

Nom et population des communes dépourvues d'écoles.

DÉPARTEMENTS. — POPULATION dépourvue d'école.	COMMUNES DÉPOURVUES D'ÉCOLE. NOMBRE.	NOMS.	POPULATION.	DISTANCE qui les sépare de la commune la plus voisine.	OBSERVATIONS.
1	2	3	4	5	6
			hab.	kilom.	
Jura. (1,081 hab.)	8	Senaud	123	2.5	Défaut de logement pour l'instituteur. — L'administration départementale est en instance pour obtenir la construction d'une maison d'école.
		Mesnois	324	2.2	Cette commune va construire une maison d'école.
		Villard-sur-l'Ain	90	3	Les enfants fréquentent l'école de Marigny.
		Florentia	88	3	Insuffisance de ressources. — Communications difficiles et dangereuses en hiver avec la localité la plus voisine.
		Morval	88	3	Instance pour obtenir une réunion.
		Montjouvent	146	2.7	Cette commune se met en mesure d'acquérir une maison d'école.
		Geraise	107	4	On poursuit actuellement un projet de création d'école.
		Treffay	115	2	Réunie de fait à la commune de Sirod.
Landes. (1,970 hab.)	6	Lubbon	433	"	L'insuffisance de ressources s'est opposée jusqu'à présent à l'établissement d'une école. — L'isolement de cette localité rendrait difficile sa réunion à une autre commune.
		Rimbez et Baudiets	460	"	*Idem.*
		Maillas	435	"	Aura prochainement une école.
		Sainte-Foy	234	"	Insuffisance de ressources pour créer une école. — Trop distante d'une autre commune pour y être réunie.
		Payras-Cazautets	213	"	*Idem.*
		Boos	195	"	*Idem.*
Loir-et-Cher (5,493 hab.)	14	Neuvy / Bauzy	740	5	Ces deux communes sont réunies pour l'instruction primaire. — Neuvy s'occupe d'un projet d'établissement d'école.
		Feings	537	1	Un projet de construction est à l'étude.
		Seigy	831	"	Cette commune est pour ainsi dire un faubourg de Saint-Aignan. — Il se pourrait, si une école y était fondée, que les enfants continuassent à fréquenter les écoles de Saint-Aignan.
		Saint-Étienne-des-Guérêts	217	5	Ces communes n'ont pas les ressources nécessaires pour créer une école. — Leur réunion à d'autres communes est difficile à cause des distances.
		Loreux	422	4	
		Veilleins	521	4	
		La Chapelle-Montmartin	363	4	
		Saint-Loup	369	5	
		Orçay	314	4	
		Lassay	236	5	
		Rougeou	99	5	
		Oisly	373	4	
		Villerable	471	4	Un projet est à l'instruction.

Nom et population des communes dépourvues d'écoles.

DÉPARTEMENTS. — POPULATION dépourvue d'école.	COMMUNES DÉPOURVUES D'ÉCOLE. NOMBRE.	NOMS.	POPULATION.	DISTANCE qui les sépare de la commune la plus voisine.	OBSERVATIONS.
1	2	3	4	5	6
			hab.	kilom.	
Loiret.......... (359 hab.)	2	Arrabloy..............	141	7	Situation financière insuffisante. — La distance à une autre commune ne permet guère une réunion.
		Desmonts..............	218	3	Défaut de ressources.
Lot............. (2,864 hab.)	9	Nuzéjouls..............	422	1.5	Point de maison d'école.
		Nadillac..............	377	6	Commune tout récemment créée. — Pas encore de maison d'école.
		Gintrac..............	386	5	On s'occupe de la création d'une école.
		Cadrieu..............	216	2	
		Frontenac..............	240	2	
		Saint-Médard-Nicourby.....	255	5	
		Grèzes..............	491	4	
		Sonac..............	261	0.5	
		Saignes..............	216	3	
Lot-et-Garonne..... (2,504 hab.)	7	Peyrière..............	369	5	Commune pauvre, composée de plusieurs hameaux. — Sans local.
		Boussès..............	449	5	Commune qui n'offre aucune ressource pour la création d'une école.
		Pompogne..............	422	7	Cette commune n'a jamais fourni plus de 10 élèves des deux sexes à l'école publique. — Elle a une maison en bon état.
		Sauméjean..............	337	6	
		Pompiey..............	300	3	Les 4 communes de Boussès, Pompogne, Sauméjean, Pompiey, ont une population de bergers qui occupent leurs enfants à la garde des troupeaux.
		Meylan..............	267	4	Le petit nombre d'enfants de cette commune se rendent aux 3 écoles de Sos.
		Parrauquet..............	360	2	A une école libre de filles. — Les garçons vont aux écoles voisines.
Maine-et-Loire..... (1,143 hab.)	3	Chartrené..............	209	2.5	La difficulté est de trouver un local à loyer ou de se procurer les ressources nécessaires pour une construction.
		Gée..............	422	2	Les enfants se sont rendus jusqu'à présent aux écoles gratuites de Beaufort.
		Rou-Marson..............	512	"	On construit une maison d'école.
Manche.......... (375 hab.)	3	Angoville..............	81	1	Sa réunion à la commune la plus voisine sera possible.
		Branville..............	132	2	*Idem.*
		Catz..............	162	1	Les enfants fréquentent l'école de Saint-Pellerin.

Nom et population des communes dépourvues d'écoles.

DÉPARTEMENTS. — POPULATION dépourvue d'école. 1	COMMUNES DÉPOURVUES D'ÉCOLE. NOMBRE. 2	NOMS. 3	POPULATION. 4	DISTANCE qui les sépare de la commune la plus voisine. 5	OBSERVATIONS. 6
			hab.	kilom.	
Marne (614 hab.)	5	Meeringes	220	2	Cette commune, qui forme en quelque sorte un faubourg de Montmirail, a toujours envoyé ses enfants aux écoles de ce chef-lieu de canton, où ils sont admis sans difficulté.
		Wargemoulin	87	"	En instance pour la construction d'une école.
		Neuville-sous-Arzillières	78	"	Défaut de ressources pour une construction. — Cette commune compte 9 enfants qui fréquentent tous les écoles d'Arzillières.
		Rapsécourt	124	"	Insuffisance de ressources pour avoir une école. — Les enfants fréquentent les classes de communes voisines.
		Soudé-Notre-Dame	96	1	*Idem.* — Les enfants de Soudé-Notre-Dame, au nombre de 10, vont aux écoles de Soudé-Sainte-Croix.
Marne (Haute-) (342 hab.)	6	Vignes	94	1	Ces 6 communes, dépourvues d'écoles par défaut de ressources, envoient leurs enfants dans les écoles de communes dont elles ne sont distantes que d'un kilomètre au plus.
		Curmont	62	1.5	
		Lagenevroye	30	1	
		Augeville	44	1	
		Aingoulaincourt	74	1	
		Bressoncourt	38	1	
Mayenne (288 hab.)	1	Bazoche-Montpinçon	288	2	Ne peut construire un local. — Elle envoie ses enfants aux écoles voisines.
Meurthe (105 hab.)	2	Pixérécourt	75	2	Cette commune compte à peine 10 enfants. Ses habitations sont pour la plupart isolées. Les enfants fréquentent des écoles voisines.
		Hellocourt	30	2	Les enfants, au nombre de 7 ou 8, se rendent à l'école de Maizières. — Hellocourt ne se compose en réalité que d'une seule ferme.
Morbihan (6,658 hab.)	4	Kgrist	1,041	3	Le défaut de ressources a empêché jusqu'à présent l'établissement d'une école. Il n'y a pas de maison convenable à prendre à loyer.
		Saint-Aignant	1,190	8	Défaut de ressources pour bâtir et impossibilité de trouver un local à loyer.
		Roudouallec	1,081	9	On s'occupe de bâtir ou d'acheter une maison. La réunion aux communes voisines n'est pas possible à cause des distances.
		Saint-Gérand	964	4	Un projet est à l'étude.

Nom et population des communes dépourvues d'écoles.

DÉPARTEMENTS. — POPULATION dépourvue d'habitants.	COMMUNES DÉPOURVUES D'ÉCOLE. NOMBRE.	NOMS.	POPULATION.	DISTANCE qui les sépare de la commune la plus voisine.	OBSERVATIONS.
1	2	3	4	5	6
			hab.	kilom.	
Morbihan........ (Suite.)	7	Saint-Malo de-Beignon......	146	3	Le défaut de ressources de la commune et sa proximité de l'école de Beignon ont fait ajourner la création d'une école; on s'en préoccupe en ce moment.
		Gourhel..................	190	3	On s'est déjà occupé d'un projet d'école mixte qui a dû être écarté pour cause d'insuffisance du local.
		Montertelot..............	240	2	Un projet est à l'étude.
		Saint-Gorgon.............	345	″	La commune possède une maison pouvant servir de logement; il ne lui faudrait qu'une classe, dont le projet est à l'étude.
		Quelneuc.................	845	2. 05	Commune distraite de Carentoir par une loi du 2 mai 1863; n'est pas encore en position d'avoir une école.
		Meucon...................	323	4	La commune a déjà présenté un projet d'appropriation d'une maison qu'elle possède. Ce projet n'a pas été adopté par l'administration supérieure.— Les enfants se rendent aux écoles de Vannes, distantes de 7 kilomètres.
		La Trinité-Surzur........	293	″	La commune songe à créer une école.
Nièvre........... (2,772 hab.)	11	Cizely...................	243	4	A soumis un projet de construction.
		Lamenay..................	204	7	Commune pauvre et divisée en petits hameaux.
		Maulaix..................	166	4	Insuffisance de ressources pour entretenir une école.
		Saint-Firmin.............	305	3	*Idem.*
		Thaix....................	247	5	Cette commune est en instance pour l'acquisition d'une maison.
		Avrée....................	270	2	Manque de local et n'a pas de ressources.
		Lanty....................	443	2	*Idem.* (Cette commune est de création récente.)
		Ougny....................	202	3	
		Bussy-la-Peste...........	242	2	
		Mouron...................	277	2	
		Parigny-la-Rose..........	173	3	
Oise............. (208 hab.)	2	Hainvilliers.............	92	6	Un projet de construction est à l'instruction.
		Réez-Fosse-Martin........	116	″	La distance d'au moins 4 kilomètres qui sépare les deux sections dont se compose la commune permettrait difficilement l'installation d'une seule école; d'un autre côté, la commune est hors d'état de faire les frais d'une classe distincte pour chaque section. Les enfants de Réez se rendent à une école qui en est distante de 1 hectomètre 1/2 et ceux de Fosse-Martin vont à une autre école éloignée de ce hameau de 3 kilomètres 1/2.

Nom et population des communes dépourvues d'écoles.

DÉPARTEMENTS. — POPULATIONS dépourvues d'école.	COMMUNES DÉPOURVUES D'ÉCOLE. NOMBRE.	NOMS.	POPULATION.	DISTANCE qui les sépare de la commune la plus voisine.	OBSERVATIONS.
1	2	3	4	5	6
			hab.	kilom.	
Orne (4,185 hab.)	17	Forges	289	1. 5	Impossibilité de trouver une maison à louer et défaut de ressources pour faire construire.
		Saint-Germain-le-Vieux	265	2	*Idem.*
		Tellières-le-Plessis	230	3	
		Juvigni-sur-Orne	111	1. 5	
		La Courbe	209	1. 5	
		Loucé	282	2. 2	
		Coulmer	213	2. 3	
		Ménil-Froger	172	2	
		Sainte-Croix-sur-Orne	317	4	Cette commune n'a pas de ressources et ne pourrait être que difficilement réunie à cause de la distance.
		Ménil-Vin	217	2. 1	
		Condebard	220	"	Commune dans l'impossibilité de se procurer une maison d'école et qui ne saurait être facilement réunie, attendu son éloignement d'une localité pourvue d'école.
		Neauphe-sur-Dives	414	2. 5	Impossibilité de trouver un local.
		Buré	266	2. 5	*Idem.*
		Saint-Germain-de-Martigny	227	2. 2	*Idem.*
		Origni-le-Butin	445	"	*Idem.*
		Ménil-Bérard	177	"	N'a pas les ressources nécessaires pour entretenir une école.
		Vidai	131	3	*Idem.*
Pas-de-Calais (473 hab.)	3	Marant	146	1	Il existe à Marant une maison d'école qui tombe en ruines et dans laquelle l'administration n'a pas cru prudent de placer un maître. — Cette commune n'a point de ressources. — Les enfants vont à l'école d'une commune rapprochée.
		Clairmarais	272	4	Localité placée au milieu de marais. — Insuffisance de ressources pour construire une école. — Réunion difficile à d'autres communes, tant à cause de la distance que de l'état des communications.
		Séricourt	55	1	Les revenus de la commune sont insuffisants. — Les enfants ne sont pas privés d'instruction, ils fréquentent des écoles voisines.
Puy-de-Dôme (9,463 hab.)	5	Saint-Germain	306	2	Manque de ressources. — Commune à proximité du chef-lieu de canton.
		Veruines-Aurière	1,186	3	Un double projet a été dressé pour la construction d'une école dans chaque section.
		Saint-Genest-l'Enfant	590	2	L'école est en construction.
		Sauret-Besserve	417	4	L'insuffisance de ressources a été un obstacle à la création d'une école.
		Vitrac	560	3	*Idem.*

Nom et population des communes dépourvues d'écoles.

DÉPARTEMENTS. — POPULATIONS dépourvues d'école.	COMMUNES DÉPOURVUES D'ÉCOLE. NOMBRE.	NOMS.	POPULATION.	DISTANCE qui les sépare de la commune la plus voisine.	OBSERVATIONS.
1	2	3	4	5	6
			hab.	kilom.	
Puy-de-Dôme......	20	Lisseuil..................	340	3	Manque de ressources.
		Durmignat...............	659	1	*Idem.*
		Youx.....................	659	3	
		Voingt...................	273	7	
		Aulhat...................	434	1	Manque de ressources.
		La Godivelle............	234	4	*Idem.*
		Saint-Hérent............	361	3	
		La Meyroud.............	183	3	
		Roche-Charles...........	225	3	
		Saint-Anastaise..........	411	2	Impossibilité de trouver un local.
		Espinchal...............	390	4	Manque de ressources pour une construction.
		Clémensat...............	150	2	
		Creste..................	140	2	
		Grandeyrolles............	128	2	Manque absolu de ressources.
		Verrières...............	152	2	*Idem.*
		Charbonnier.............	308	2	*Idem.*
		Collanges...............	337	2	*Idem.*
		Vichel..................	396	2	*Idem.*
		La Chapelle-sur-Usson......	280	3	*Idem.*
		Valz-sur-Châteauneuf......	344	3	*Idem.*
Pyrénées (Basses-). (2,347 hab.)	12	Aussevielle..............	172	0. 8 à 1. 2	
		Anos...................	86	1. 2 à 3	
		Beyrie..................	127	0. 8 à 2	
		Estos...................	180	1 à 1. 6	
		Geus (Oloron)............	285	1. 6	
		Geus (Orthez)............	250	2	
		Lasserre................	221	0. 5 à 3	
		Narcastet...............	278	1 à 4	
		Ribarrouy...............	132	2 à 3	
		Saubole................	120	2. 2 à 3. 6	
		Uzos...................	271	1 à 3. 5	
		Viellenave (près Orthez)....	225	1. 4 à 3. 5	
Pyrénées (Hautes-). (1,279 hab.)	6	Thuy....................	54	2	Les enfants en âge de fréquenter les classes sont en très-petit nombre dans ces communes, et ils peuvent se rendre facilement aux écoles de localités voisines.
		Villenave-P.-M...........	60	1	
		Pintac..................	93	2	
		Hagedet................	90	1	
		Mingot..................	88	2	
		Ris.....................	63	1	

Nom et population des communes dépourvues d'écoles.

DÉPARTEMENTS. — POPULATIONS dépourvues d'école.	COMMUNES DÉPOURVUES D'ÉCOLE. NOMBRE.	NOMS.	POPULATION.	DISTANCE qui les sépare de la commune la plus voisine.	OBSERVATIONS.
1	2	3	4	5	6
			hab.	kilom.	
Pyrénées (Hautes-)..	7	Caubous	148	1	Les enfants en âge de fréquenter les classes sont en très-petit nombre dans ces communes, et ils peuvent se rendre facilement aux écoles des localités voisines.
		Organ	107	2	
		Hachan	139	2	
		Cot-Doussan	77	1	
		Ourdis	55	1	
		Chèze	159	3	On a l'intention de créer une école dans cette commune.
		Viscos	146	2	
Pyrénées-Orientales. (10,801 hab.)	27	Caixas	378	2. 2	Population très-disséminée. — Pas de local.
		Caméias	599	4. 2	Population pauvre occupant les enfants aux travaux des champs.
		Lansac	68	5	
		Montescot	124	3. 4	Population disséminée.
		Périlos	85	5	
		Tordère	99	2	
		Villeneuve-de-la-Raho	174	3. 2	Pourra se réunir à une autre commune.
		Albère	252	4. 6	Les enfants sont occupés à la garde des troupeaux.
		Écluse	114	4	*Idem.*
		Montalba	277	5	Population disséminée.
		Montbolo	322	3	*Idem.*
		Reynès	834	4. 5	*Idem.*
		Riunoguès	91	4. 5	*Idem.*
		Taillet	274	4	*Idem.*
		Arboussols	180	4	Les enfants sont employés à la garde des troupeaux.
		Ayguatébia	554	3. 2	*Idem.*
		Campome	326	1. 1	Les enfants sont employés à la garde des troupeaux et à la petite culture.
		Campoussy	314	3. 5	*Idem.*
		Casteil	180	2. 5	
		Caudiès	103	4. 4	Les enfants sont occupés à la garde des troupeaux.
		Codalet	276	1	
		Conat	335	5. 2	Les enfants sont employés à la garde des troupeaux.
		Dorres	320	2	Commune peu distante de deux écoles.
		Égat	110	1. 8	
		Espira	284	2. 6	
		Fuilla	380	6	Population disséminée.
		Glorianes	210	7	Les enfants sont employés à garder les troupeaux ou à ramasser du bois.

Nom et population des communes dépourvues d'écoles.

DÉPARTEMENTS. — POPULATIONS dépourvues d'école.	COMMUNES DÉPOURVUES D'ÉCOLE.				OBSERVATIONS.
	NOMBRE.	NOMS.	POPULATION.	DISTANCE qui les sépare de la commune la plus voisine.	
1	2	3	4	5	6
			hab.	kilom.	
Pyrénées-Orientales.	15	Joch	320	1. 7	Pas de logement pour l'instituteur.
		Sainte-Léocadie	120	2. 6	Pas de local.
		Sio	449	2. 7	Les enfants sont employés à la garde des troupeaux. — Pas de local.
		Montet	131	10. 6	*Idem.*
		Nabuja	150	3. 2	
		Nohédès	317	5. 4	
		Pezilla	230	4. 8	*Idem.*
		Prats	315	4. 6	*Idem.*
		Sansa	208	2. 7	*Idem.*
		Sauto	348	3. 7	*Idem.*
		Talau	137	6. 2	Les enfants sont occupés à la garde des troupeaux et à la culture des champs.
		Tarérach	143	6	*Idem.*
		Targasonne	152	4. 2	
		Trévillach	278	3. 2	Enfants employés à la garde des troupeaux.
		Trilla	174	3. 6	
Rhin (Haut-) (286 hab.)	1	Lucelle	286	5. 2	Cette commune, située à l'extrême frontière du département, se compose de 9 fermes éparses et de 2 usines dont les ouvriers forment les deux tiers de la population. — Il n'est pas possible de trouver un logement en dehors de l'usine. — Lucelle ne peut faire construire, elle n'a aucune ressource; elle ne saurait être réunie à une commune voisine à cause de la distance et de la difficulté des chemins.
Rhône (364 hab.)	2	Belmont	167	2. 5	Réunie de fait à Charnay.
		Moiré	197	1. 6 à 1. 8	L'administration s'occupe de la création d'une école.
Saône-et-Loire (10,194 hab.)	8	Saint-Martin-de-Commune	471	//	L'administration départementale insiste pour la construction d'une école.
		Morlet	354	//	Un projet de construction d'école a été ajourné par défaut de ressources.
		Sainte-Radegonde	437	//	On vient de choisir un emplacement pour une construction.
		Saint-Nizier-sur-Arroux	217	//	L'établissement d'une école est décidé en principe.
		La Boulaye	302	//	Une école sera organisée très-prochainement.
		La Chapelle-sous-Uchon	469	//	Une maison d'école est en construction.
		Brion	585	//	On est en instance auprès de la commune pour la décider à construire.
		Saint-Maurice-des-Champs	183	//	Défaut absolu de ressources.

Nom et population des communes dépourvues d'écoles.

DÉPARTEMENTS. — POPULATIONS dépourvues d'école. 1	COMMUNES DÉPOURVUES D'ÉCOLE. NOMBRE. 2	NOMS. 3	POPULATION. 4	DISTANCE qui les sépare de la commune la plus voisine. 5	OBSERVATIONS. 6
			hab.	kilom.	
		Saulès	216	"	Défaut absolu de ressources.
		Saint-Privé	238	"	*Idem.*
		Santilly	278	"	*Idem.*
		Germagny	279	"	Un projet de maison d'école est à l'étude.
		Lessard-le-Royal	175	"	Commune qui sera prochainement pourvue d'une institutrice.
		Pragnes	195	1. 1	Les enfants vont à l'école de Virey.
		La Loyère	197		
		Châtenoy-en-Bresse	330	"	Cette commune sera bientôt pourvue d'un instituteur.
		Vauce-en-Pré	291	"	Une maison d'école est en construction.
		Marigny	393	"	La commune vient d'acheter pour la tenue de l'école une maison qui a besoin de réparations.
		Champlieu	162	"	Manque de ressources.
		Lesme	213	3. 5	
		Fontenay	112	"	Défaut absolu de ressources.
Saône-et-Loire	26	Ouroux-sous-le-Bois-Sainte-Marie	327	"	Commune qui sera bientôt pourvue d'un instituteur.
		Varennes-Reuillon	268	0. 6	Ces deux communes pourront se réunir et faire construire une maison d'école.
		Saint-Germain-des-Rives	291		
		Saint Martin-la-Patrouille	203	"	Manque de ressources.
		Hautefond	302	"	Cette commune sera pourvue prochainement d'une institutrice.
		Saint-Léger-les-Paray	408	"	*Idem.*
		Vitry et Charollais	615	"	*Idem.*
		Sainte-Foy	400	"	Une maison d'école est en construction par suite d'une libéralité privée.
		Dompierre-sur-Sauvigne	240	3. 8	Communes peu importantes qui pourront être réunies.
		Saint-Romain-sous-Versigny	270		
		Saint-Martin-du-Mont	240	2	
		Saint-André-en-Bresse	191	"	Cette commune aura un instituteur aussitôt que les travaux de la maison d'école seront terminés.
		La Racineuse	342	"	L'administration départementale fait des instances auprès de cette commune pour obtenir la construction d'une école.
		Le Grez	520	3	La moitié au moins de la population du Grez habite les faubourgs de Sillé.
Sarthe (3,618 hab.)	3	Aulaines	553	1	Cette commune a eu, jusqu'en 1858, une école qui restait entièrement déserte, les enfants fréquentant les écoles gratuites de Bonnétable.
		Sables	130	2. 5	Commune peu importante, à proximité d'une localité voisine pourvue d'école.

Nom et population des communes dépourvues d'écoles.

DÉPARTEMENTS. — POPULATIONS dépourvues d'école. 1	COMMUNES DÉPOURVUES D'ÉCOLE. NOMBRE. 2	NOMS. 3	POPULATION. 4	DISTANCE qui les sépare de la commune la plus voisine. 5	OBSERVATIONS. 6
			hab.	kilom.	
Sarthe	8	Le Val	90	2	
		Vezot	210	2	
		Béthon	330	2. 5	Pourra être amenée à construire une maison d'école.
		Beillé	450	//	A présenté un projet de construction.
		Bouet	403	1. 8	Les enfants fréquentent les écoles de Saint-Maixent.
		Prévelles	587	2	École fermée depuis trois ans faute de local. Les enfants vont à l'école de Saint-Denis-des-Coudrais.
		Vouvray-sur-Huisne	162	3. 8	Réunie de fait à Duneau. On a essayé d'y établir une école; impossibilité de la maintenir, à cause du petit nombre d'élèves qui la fréquentaient.
		Dureil	174	//	Commune pauvre.
Savoie (Haute-) (265 hab.)	1	Meithet	265	3	Commune composée de hameaux tous rapprochés de diverses écoles. Le défaut d'agglomération a empêché la création d'une école.
Seine-Inférieure (1,492 hab.)	7	La Chapelle-Saint-Ouen	250	//	Les services municipaux s'organisent dans cette commune, qui vient d'annexer à son territoire les anciennes communes de Bruquedalle et de Bois-Gauthier. Dans quelque temps cette nouvelle circonscription sera pourvue d'une école.
		Rainfreville	283	1. 8	Cette commune ne possède point de ressources.
		La Fontelaye	143	1. 7	Commune pauvre.
		Thiédeville	308	2	Ne possède pas de ressources.
		Long-Mesnil	121	1. 4 à 1. 7	Insuffisance de ressources. Cette commune présente une grande étendue, surtout en longueur; elle se divise en 5 hameaux, très-distants entre eux et peu éloignés de 3 communes voisines.
		Fréauville	273	2	Réunie de fait au chef-lieu de canton.
		Puisenval	114	3	Commune pauvre.
Seine-et-Oise (1,039 hab.)	10	Épinay-Champlâtreux	90	1. 5	Manque absolu de ressources.
		Jouy-Mauvoisin	119	1. 5	*Idem.*
		Le Tertre-Saint-Denis	108	2	*Idem.*
		Dannemarie	84	1	*Idem.*
		Hargeville	136	1. 5	*Idem.*
		Mulcent	72	1. 5	*Idem.*
		Thionville	44	1	*Idem.*
		Mauchamps	103	1	*Idem.*
		Roinvilliers	125	1. 5	*Idem.*
		Estouches	158	1	Cette commune aura prochainement un instituteur.

Nom et population des communes dépourvues d'écoles.

DÉPARTEMENTS. — POPULATIONS dépourvues d'école.	COMMUNES DÉPOURVUES D'ÉCOLE. NOMBRE.	NOMS.	POPULATION.	DISTANCE qui les sépare de la commune la plus voisine.	OBSERVATIONS.
1	2	3	4	5	6
			hab.	kilom.	
Sèvres (Deux-).... (2,340 hab.)	8	Le Grand-Prissé	294	2 à 5	Défaut de local convenable. — La commune est composée de 3 hameaux éloignés de 3 kilomètres du chef-lieu. Les enfants vont à la Foye-Monjault, qui a 3 écoles.
		Puy-Hardy	118	4	Commune composée de fermes isolées et assez distantes les unes des autres. Les enfants vont aux écoles voisines.
		Soutiers	253	3	Défaut absolu de local et impossibilité de trouver un centre convenable dans une commune composée de fermes disséminées sur un parcours de 8 kilomètres et plus.
		Sauvais	336	2	Composée de hameaux à proximité de la Chapelle-Bertrand.
		Luché-Thouarsais	427	2	Réunie de fait à Geay, qui a 2 écoles spéciales.
		Rigny	269	3	Commune à proximité de Saint-Jean-de-Bonneval et de Thouars, son chef-lieu de canton.
		Maulais	362	2	Ses hameaux sont rapprochés de communes pourvues d'écoles.
		Saint-Jacques-de-Thouars	281	"	Faubourg de Thouars.
Somme........ (336 hab.)	5	La Chapelle-sous-Poix	60	2	Insuffisance de ressources. — Réunion de fait à d'autres communes.
		Dreslincourt	55	2.5	
		Manicourt	66	2	
		Popincourt	68	Séparée de la commune voisine par une route.	
		Grécourt	78	1	
Tarn........... (4,190 hab.)	14	Milhavet	174	2.5	Facilité des communications avec des localités pourvues d'écoles.
		Combefa	108	3	
		Senant	326	3	
		Saint-Jean-de-Vals	94	2	
		Amarens	170	2.5	
		Saint-Marcel	394	2	
		Bernac	258	2	
		Montdurausse	570	5	
		Montrosier	132	2.5	
		Ratayrens	52	3	
		Roussayrolles	214	3	
		Puechoursi	193	2	
		Appelle	219	2.5	
		Roquevidal	250	3.5	

Nom et population des communes dépourvues d'écoles.

DÉPARTEMENTS. — POPULATIONS dépourvues d'école.	COMMUNES DÉPOURVUES D'ÉCOLE. NOMBRE.	NOMS.	POPULATION.	DISTANCE qui les sépare de la commune la plus voisine.	OBSERVATIONS.
1	2	3	4	5	6
			hab.	kilom.	
Tarn	4	Lacougote-Cadoul	354	4	Facilité des communications avec des localités pourvues d'écoles.
		Magrin	323	4	
		Saint-Sernin-lès-Lavaur	213	3	
		Bertre	146	2. 5	
Tarn-et-Garonne (1,321 hab.)	4	Léojac	445	"	*Idem.*
		Saint-Clair	369	1	
		Belbèze	198	1	
		Goas	309	0. 5	
Var (158 hab.)	2	Riboux	60	12	Commune très-pauvre, isolée, n'ayant de rapport que par des sentiers difficiles avec Signes, localité la plus rapprochée.
		Plan-d'Aups	98	8 ou 9	Manque absolu de ressources pour établir une école.
Vendée (1,096 hab.)	3	La Limouzinière	253	4	Une école mixte dirigée par une institutrice a existé pendant trois ans et n'a pu se maintenir faute d'élèves. Les enfants ont l'habitude, depuis de longues années, de fréquenter les écoles des communes voisines. — Population disséminée.
		Sainte-Foy	487	5 à 6	Une école libre qui y avait été établie n'a pu se maintenir. Les enfants fréquentent de préférence les écoles des communes voisines. — Population disséminée.
		Givrand	356	5	Les enfants vont aux écoles voisines. Une école pourra difficilement s'y maintenir faute d'élèves. — Population disséminée.
Vienne (5,332 hab.)	10	Mignaloux	542	5	Divisée en petits hameaux.— Il n'existe pas de maison convenable à louer.
		Bignoux	294	3	*Idem.*
		Fleuré	298	4. 5	*Idem.*
		Marigny	617	3. 5	Point de maison convenable qui puisse être louée pour y établir une école. — Les enfants vont aux classes voisines.
		Rossais	226	4	Une maison d'école est en construction.
		Messemé	304	2	La commune a voté les fonds nécessaires pour la construction d'une école.
		Sainte-Radegonde-en-Gâtine	205	4	Pas de maison à louer.
		Nérignac	248	4	
		Saint-Pierre-les-Églises	1,713	"	A proximité de Chauvigny.
		Saint-Germain	885	"	Cette commune n'est séparée de Saint-Savin que par un pont. Les enfants fréquentent l'école de cette petite ville.

Nom et population des communes dépourvues d'écoles.

DÉPARTEMENTS. — POPULATIONS dépourvues d'école.	COMMUNES DÉPOURVUES D'ÉCOLE. NOMBRE.	NOMS.	POPULATION.	DISTANCE qui les sépare de la commune la plus voisine.	OBSERVATIONS.
1	2	3	4	5	6
			hab.	kilom.	
Vosges........... (181 hab.)	3	Varmonzey..............	67	1	Cette commune est réunie à Évaux.
		Graux..................	54	3	
		L'Étanche..............	60	3	L'école est supprimée depuis le 1er octobre 1863. Il n'y avait plus, ni logement pour l'instituteur, ni local pour la tenue de la classe. — Les enfants fréquentent l'école d'une commune voisine.
Yonne........... (389 hab.)	4	Chichy.................	75	2	Ressources insuffisantes; petit nombre d'enfant pouvant fréquenter l'école. — Réunion possible à une autre commune.
		Annéot.................	57	2	*Idem.*
		Bleigny-en-Othe........	154	2	*Idem.*
		Pasilly................	103	3	*Idem.*
	818	Totaux.....	262,499		

ANNEXE B.

ACADÉMIE D'ALGER.

RENSEIGNEMENTS GÉNÉRAUX.

En Algérie, depuis seize ans, le service de l'instruction primaire est tout spécialement confié au recteur de l'académie.

Au chef-lieu de chacun des trois départements ou provinces de l'Algérie, réside un inspecteur primaire qui est placé immédiatement sous les ordres du recteur.

Chacun de ces trois inspecteurs est chargé du service de l'instruction primaire et de la visite des écoles des cinq arrondissements de son département.

Ces fonctionnaires reçoivent 3,000 francs de traitement et 1,000 francs pour frais de tournée. Les frais de tournée de l'inspecteur d'Alger sont de 1,200 francs; il jouit, en outre, d'une indemnité de 500 francs qui lui est allouée par le département.

L'inspecteur d'Alger doit visiter, au moins une fois chaque année, 231 écoles; celui d'Oran, 111; celui de Constantine, 146.

En dehors des centres de population arabe, on a compté, en 1863, dans les 218 communes de l'Algérie, 233,985 habitants, et parmi eux 27,432 enfants des deux sexes en âge de fréquenter les écoles (7 à 13 ans): c'est une moyenne de 11.72 enfants pour 100 habitants.

Sur ces 27,432 enfants de 7 à 13 ans, 21,965 ont fréquenté les écoles publiques ou libres. Ces 27,432 enfants peuvent d'ailleurs, quant à la connaissance de la langue française, se décomposer de la manière suivante :

2,823	ignorent complétement la langue française;
9,917	savent parler le français sans l'écrire;
14,692	savent parler et écrire le français.
TOTAL ÉGAL..... 27,432	

Ire PARTIE.

ÉCOLES SPÉCIALES AUX GARÇONS ET ÉCOLES MIXTES.

1° SITUATION DES COMMUNES OU CENTRES DE POPULATION, AU POINT DE VUE DE L'INSTRUCTION PRIMAIRE.

Sur 218 communes, 128 ont au moins une école publique sur leur territoire; 14 ont une école libre qui leur tient lieu d'école publique : de sorte que 142 communes possèdent au moins 1 école publique ou libre; 76 communes ou centres de population sont complétement dépourvus de moyens d'instruction.

2° NOMBRE DES ÉCOLES PUBLIQUES ET LIBRES.

Les 142 communes pourvues d'écoles de garçons publiques ou libres en comptent 233, savoir :

Écoles	publiques	186	233
	libres	47	

Ces 233 écoles se divisent ainsi :

Spéciales aux garçons	130	233
Mixtes quant au sexe	103	

Les enfants des deux sexes se trouvent, en effet, réunis dans 92 écoles publiques et 11 écoles libres; total 103 écoles mixtes.

3° DIRECTION DES ÉCOLES PUBLIQUES OU LIBRES, SPÉCIALES AUX GARÇONS OU MIXTES.

Écoles dirigées	par des laïques	190	233
	par des congréganistes	34	

A la tête des 103 écoles mixtes on trouve :

Instituteurs laïques		41
Institutrices	laïques	43
	congréganistes	19

4° POPULATION DES ÉCOLES.

Les 186 écoles publiques spéciales aux garçons ou mixtes ont été fréquentées par 14,037 enfants, savoir :

Garçons	12,265	14,037
Filles	1,772	

Dans les écoles publiques laïques le nombre des élèves s'est élevé à	9,598	14,037
Dans les écoles publiques congréganistes, le nombre des élèves a été de	4,439	

Les 80 écoles entièrement gratuites ont été fréquentées par	5,366	14,037
Les 106 écoles payantes ont été fréquentées gratuitement par	5,134	
Dans ces écoles payantes, la rétribution scolaire a été payée par	3,537	

On voit que les trois quarts des élèves sont reçus gratuitement dans les 186 écoles publiques de l'Algérie.

Les 47 écoles libres ont été fréquentées par 2,062 élèves, dont 2,015 appartenaient aux écoles laïques et 47 seulement aux écoles congréganistes. La population des écoles libres se compose de 656 catholiques, 202 protestants et 1,204 israélites.

La population totale des écoles publiques et libres de l'Algérie s'est élevée à 16,099.

Elle se divise, quant aux cultes, de la manière suivante :

Catholiques	12,480
Protestants	489
Israélites	3,130
TOTAL	16,099

5° DURÉE DE LA FRÉQUENTATION DANS LES ÉCOLES PUBLIQUES SPÉCIALES AUX GARÇONS OU MIXTES.

Dans les trois provinces de l'Algérie, les écoles sont fréquentées par les garçons, en moyenne, pendant 7 mois 1/2. Cette durée est un peu moindre pour les filles.

Dans les écoles congréganistes, le chiffre de la durée moyenne de fréquentation paraîtrait être un peu plus élevé que celui qui est constaté dans les écoles laïques.

6° DÉPENSES ORDINAIRES D'ENTRETIEN DES ÉCOLES PUBLIQUES SPÉCIALES AUX GARÇONS ET MIXTES, ET RESSOURCES AU MOYEN DESQUELLES IL Y A ÉTÉ POURVU.

Les dépenses ordinaires des écoles primaires publiques se sont élevées, dans l'Algérie, à la somme de 429,751 fr. 40 cent., savoir :

DÉPENSES.		RESSOURCES SUR LESQUELLES IL A ÉTÉ POURVU À LA DÉPENSE.	
TRAITEMENT LÉGAL DES INSTITUTEURS.			
Instituteurs laïques	216,498f 00c	Produit de la rétribution scolaire	17,550f 00c
Maîtres adjoints laïques	39,400 00	Revenus ordinaires des communes	411,591 40
Instituteurs congréganistes	21,500 00	Fabriques paroissiales	610 00
Maîtres adjoints congréganistes	47,150 00	TOTAL des ressources	429,751 40
ÉMOLUMENTS ACCESSOIRES.			
Secrétariats de mairie	6,270 00		
Service paroissial	610 00		
Indemnités, gratifications, etc.	1,000 00		
Affouage	800 00		
DÉPENSES DU MATÉRIEL.			
Loyers de maisons d'école	68,780 00		
Entretien des bâtiments	7,154 00		
Entretien des mobiliers d'école	10,092 85		
Fournitures de livres aux indigents	10,496 55		
TOTAL	429,751 40		

7° SITUATION MATÉRIELLE DES ÉCOLES PUBLIQUES, SPÉCIALES AUX GARÇONS OU MIXTES.

108 maisons d'école appartiennent aux communes, 76 sont louées par les communes, 2 sont prêtées par des particuliers. Le prix moyen du loyer est de 905 francs.

57 maisons sont pourvues d'un jardin pour le maître et d'une cour pour les élèves qui ne jouissent d'un préau couvert que dans 10 maisons seulement.

Les latrines manquent dans 49 maisons d'école.

Parmi ces 108 maisons, 71 sont convenables à tous égards, 13 convenables seulement pour la classe, 2 convenables seulement pour le logement de l'instituteur, 22 laissent à désirer sous tous les rapports.

On estime à 150,000 francs la dépense que nécessiterait l'appropriation des 108 maisons d'école dont les communes sont propriétaires.

Le devis de la dépense, pour la construction des maisons d'école dans les communes qui en sont dépourvues, s'élève à 2,670,000 francs.

Mobilier.

Dans 111 écoles le mobilier classique est suffisant, dans 75 il est insuffisant.

Dans 151 il est en bon état, dans 35 il est en mauvais état.

33 écoles seulement sont pourvues d'une bibliothèque-armoire.

Le devis des dépenses communales, pour acquisition ou appropriation du mobilier scolaire dans les écoles publiques, s'élève à 207,400 francs.

Dans 153 écoles, le chauffage est une dépense communale qui s'élève à 4,321 francs.

Dans 33 écoles, le chauffage est resté à la charge des familles; elles y ont pourvu en nature et la dépense est estimée à 1,500 francs.

Sur les 47 classes que dirigent les instituteurs libres, on en compte 5 mal et 36 médiocrement disposées; 6 seulement sont convenables. Sous le rapport du matériel, les écoles libres laissent beaucoup à désirer. Elles ne sont pas plus satisfaisantes au point de vue, soit de la tenue, soit de la moralité, soit de la salubrité, et on en signale parmi elles : 16 mauvaises, 7 médiocres, 17 passables, 2 assez bonnes, et 3 bonnes.

8° État de l'enseignement, tenue des écoles et résultats obtenus dans les écoles publiques spéciales aux garçons ou mixtes.

Sur 100 écoles publiques laïques, en Algérie :

La géographie est enseignée dans	32 écoles.
Le chant, dans	13
Le dessin linéaire, dans	14
Les notions d'agriculture, dans	11
L'enseignement se borne aux matières obligatoires dans	63

Pour les écoles congréganistes, les chiffres sont :

Géographie	41 écoles.
Chant	47
Dessin linéaire	9
Notions d'agriculture	0
Le programme ne se réduit aux matières obligatoires que dans	28

Relativement à la tenue des écoles, l'inspection a constaté parmi les laïques,

Sur 100 écoles :

Bonnes	43 écoles.
Assez bonnes	29
Passables	19
Médiocres	8
Mauvaise	1
Total	100

Et, parmi les congréganistes :

Bonnes	44
Assez bonnes	16
Passables	31
Médiocres	9
TOTAL	100

Sur 100 élèves sortis, en 1863, des écoles laïques, l'inspection en a compté :

Ne sachant pas lire	5
Ne sachant que lire	15
Sachant lire et écrire	36
Sachant lire, écrire et compter	34
Ayant dépassé le programme de l'enseignement obligatoire	10
TOTAL	100

Pour les écoles congréganistes, les chiffres sont :

Complète ignorance	6
Simple lecture	14
Lecture et écriture	31
Lecture, écriture et calcul	38
Matières facultatives	11
TOTAL	100

Résultats qu'on trouve satisfaisants, surtout quand on les compare à ceux qui sont réalisés dans la plupart des départements de la mère patrie.

IIE PARTIE.

ÉCOLES DE FILLES.

1° SITUATION DES COMMUNES EN CE QUI CONCERNE LES ÉCOLES DE FILLES.

Sur 218 communes, 63 possèdent au moins une école publique de filles; 3 ont une école libre qui tient lieu d'école publique, de sorte que 66 communes sont pourvues au moins d'une école de filles, publique ou libre.

152 en sont complétement dépourvues.

2° NOMBRE DES ÉCOLES PUBLIQUES ET LIBRES DE FILLES.

Les 63 communes qui sont pourvues d'écoles publiques ou libres de filles en comptent 151, savoir :

Écoles...	publiques	81	151
	libres congréganistes	70	

3° DIRECTION DES ÉCOLES PUBLIQUES OU LIBRES DE FILLES.

Ecoles...	dirigées par des laïques	67	151
	dirigées par des congréganistes	84	
Écoles...	catholiques	139	151
	protestantes	6	
	israélites	5	
	communes aux enfants de cultes différents	1	
Écoles...	entièrement gratuites	47	151
	où la rétribution scolaire est perçue	104	

4° POPULATION DES ÉCOLES DE FILLES, COMMUNALES OU LIBRES.

Les 81 écoles publiques spéciales aux filles ont été fréquentées par 7,074 enfants, savoir :

Écoles...	publiques laïques	1,195	7,074
	publiques congréganistes	5,899	
Écoles...	publiques : élèves entièrement gratuites	4,794	7,074
	publiques : élèves en partie payantes et gratuites	2,280	

Les écoles publiques où la rétribution scolaire est perçue ont été fréquentées gratuitement par	1,454 élèves.
Dans ces écoles, la rétribution scolaire a été payée par	826
Total des élèves dans ces écoles	2,280

Il en résulte que, parmi les 7,074 jeunes filles qui fréquentent les écoles publiques spéciales aux filles de l'Algérie, près des 8/9es y sont reçues gratuitement.

Les 70 écoles libres de filles ont été fréquentées par 4,028 enfants, savoir :

Écoles...	libres laïques	2,142	4,028
	libres congréganistes	1,886	
Écoles...	libres entièrement gratuites	45	4,028
	libres payantes	3,983	

Cette population des écoles libres se décompose, quant aux cultes, de la manière suivante :

Catholiques	3,726
Protestants	232
Israélites	70
TOTAL	4,028

La population totale des écoles publiques et libres, spéciales aux filles, est, en Algérie, de 11,102 élèves.

Elle se divise, quant aux cultes, en :

Catholiques	10,370
Protestants	290
Israélites	442
TOTAL	11,102

Quant à la rétribution scolaire, en :

Élèves	gratuites	6,293
	payantes	4,809
TOTAL		11,102

5° DURÉE DE LA FRÉQUENTATION DANS LES ÉCOLES PUBLIQUES SPÉCIALES AUX FILLES.

Les écoles publiques de filles, dans les trois provinces, sont fréquentées, en moyenne, pendant 7 mois 18 jours.

6° DÉPENSES ORDINAIRES DES ÉCOLES PUBLIQUES SPÉCIALES AUX FILLES ET RESSOURCES AU MOYEN DESQUELLES IL Y A ÉTÉ POURVU.

Les dépenses ordinaires des écoles publiques de filles, en 1863, se sont élevées, dans l'Algérie, à la somme de 38,055 francs.

DÉPENSE.

Traitement	des institutrices	26,700f
	des adjointes	2,400
Loyer des maisons d'école		8,930
Imprimés pour le recouvrement de la rétribution		25
TOTAL		38,055

RESSOURCES SUR LESQUELLES IL A ÉTÉ POURVU À LA DÉPENSE.

Rétribution scolaire	1,044f
Revenus communaux	37,011
TOTAL	38,055

7° SITUATION MATÉRIELLE DES ÉCOLES PUBLIQUES SPÉCIALES AUX FILLES.

Sur 81 maisons d'école, les communes sont propriétaires de 53, et locataires de 27; 1 école est installée dans une maison prêtée par un particulier.

Le prix moyen du loyer est de 240 francs dans la province d'Alger, 310 fr. 71 cent. dans la province d'Oran, et 726 fr. 66 cent. dans la province de Constantine. La moyenne pour l'Algérie est de 330 francs 74 centimes.

25 maisons sont attenantes à un jardin destiné à l'institutrice; 3 offrent aussi un jardin pour les élèves qui, dans 13 maisons, jouissent, en outre, d'un préau couvert; 22 ont une cour pour les élèves; 76 sont pourvues de latrines; 5 en sont dépourvues.

Parmi les 53 maisons qui appartiennent aux communes, on en compte 38 convenables à tous égards, 4 convenables pour le logement seulement, 4 pour la classe seulement, 7 nullement convenables.

Parmi 28 maisons d'écoles louées ou prêtées, 10 sont convenables à tous égards, 1 convenable pour le logement seul, 2 pour la classe seule, 15 nullement convenables.

La dépense d'appropriation des maisons d'école dont les communes sont propriétaires est estimée à 58,500 francs.

Le devis général pour la construction des maisons d'école, dans les communes qui en sont dépourvues, serait de 708,000 francs.

Mobilier des écoles publiques de filles.

Dans 62 écoles le mobilier classique est suffisant, dans 19 il est insuffisant.

Dans 60 il est en bon état, dans 21 il est en mauvais état.

La dépense pour acquérir, approprier et compléter les mobiliers scolaires des écoles publiques de filles, est estimée à 12,100 francs.

Dans 60 écoles publiques, le chauffage est une dépense communale de 1,422 francs.

Dans 21 écoles, le chauffage est resté à la charge des familles; elles y ont pourvu en nature et la dépense est estimée à 380 francs.

Situation matérielle des écoles libres, sous le rapport de l'hygiène et de la salubrité.

Sur 70 maisons qui sont occupées par des écoles libres, on en compte :

16 très-peu convenables, 34 peu convenables et 20 bien disposées.

Les écoles libres, au point de vue de la tenue et des résultats obtenus, laisseraient moins à désirer que sous le rapport du matériel.

On en signale, parmi elles, 26 bonnes, 25 assez bonnes, 14 passables et seulement 5 médiocres.

8° ÉTAT DE L'ENSEIGNEMENT, TENUE ET RÉSULTATS OBTENUS DANS LES ÉCOLES PUBLIQUES DE FILLES.

En Algérie, sur 100 écoles publiques de filles, on enseigne :

	LAÏQUES.	CONGRÉGANISTES.
La géographie, dans	32	32
Le chant, dans	14	34
Le dessin, dans	0	5
L'enseignement ne dépasse pas les matières obligatoires, dans	68	54

Relativement à la tenue des écoles, l'inspection a constaté :

		LAÏQUES.	CONGRÉGANISTES.
Écoles	bonnes	36	56
	assez bonnes	46	27
	passables	18	17

Sur 100 élèves sortis des écoles en 1863, l'inspection a constaté les résultats suivants :

	ÉCOLES LAÏQUES.	ÉCOLES CONGRÉGANISTES.
Ignorance complète	13	7
Simple lecture	26	18
Lecture et écriture	27	32
Lecture, écriture et calcul	28	38
Matières facultatives	6	5
Travaux à l'aiguille	80	67

IIIe PARTIE.

SALLES D'ASILE.

1° SITUATION DES COMMUNES AU POINT DE VUE DES SALLES D'ASILE.

66 communes possèdent des salles d'asile.

152 en sont dépourvues; parmi celles-là, on ne compte qu'*une* commune de plus de 2,000 âmes.

2° NOMBRE ET DIRECTION DES SALLES D'ASILE.

Salles d'asile publiques	laïques		4	75	86
	congréganistes		71		
Salles d'asile libres, congréganistes				11	
Salles d'asile publiques	entièrement gratuites	laïques	3	65	86
		congréganistes	62		
	en partie gratuites	laïques	1	10	
		congréganistes	9		
Salles d'asile libres	entièrement gratuites, congréganistes		2	11	
	en partie gratuites, congréganistes		9		

3° POPULATION DES SALLES D'ASILE PUBLIQUES ET LIBRES; LEUR COMPOSITION QUANT À LA GRATUITÉ, AU SEXE ET AU CULTE.

75 salles d'asile publiques	entièrement gratuites.. 65	Laïques 3		Garçons 196	511		7,726	9,052	Garçons 4,068	
				Filles 315					Filles 4,984	
		Congréganistes 62		Garçons 3,237	7,215					
				Filles 3,978						
	en partie gratuites.... 10	Laïque 1	Payants	Garçons 6	12	33	1,326			
				Filles 6						
			Gratuits	Garçons 10	21					
				Filles 11						
		Congréganistes 9	Payants	Garçons 220	447	1,293				
				Filles 227						
			Gratuits	Garçons 399	846					
				Filles 447						
11 salles d'asile libres, toutes congréganistes	entièrement gratuites 2			Garçons 48	104	584	Garçons 273			
				Filles 56			Filles 311			
	entièrement payantes 9			Garçons 225	480					
				Filles 255						
Les 86 salles d'asile publiques ou libres renferment				Garçons 4,341	9,636	Catholiques 9,251				
				Filles 5,295		Protestants 17				
						Israélites 368				

Les 86 salles d'asile renferment, en définitive :

Payants	939	9,636
Gratuits	8,697	

Les gratuits forment à peu près les 9/10 de la population des salles d'asile.

4° DÉPENSES ORDINAIRES DES SALLES D'ASILE PUBLIQUES.

Les dépenses ordinaires des salles d'asile publiques, en 1863, se sont élevées, pour l'Algérie, à la somme de 94,549 francs.

DÉPENSE.

Traitement..	de 75 directrices	46,500f
	de 48 adjointes	26,950
	de 22 femmes de service	6,150
Loyer		10,700
Entretien...	du local	1,183
	du mobilier	1,376
Chauffage		1,690
Total		94,549

RESSOURCES

SUR LESQUELLES IL A ÉTÉ POURVU À LA DÉPENSE.

Rétribution payée par les familles	1,704
Prélèvements sur les revenus ordinaires des communes	92,845
Total	94,549

5° SITUATION MATÉRIELLE DES SALLES D'ASILE PUBLIQUES.

53 salles d'asile appartiennent aux communes; 21 sont louées; une appartient à une congrégation.

Le prix moyen du loyer d'un salle d'asile est de 510 francs.

Parmi les 53 maisons dont les communes sont propriétaires, 38 sont convenables; 1 n'est convenable que pour la classe seulement, 14 ne sont nullement convenables.

Parmi les 21 locaux de salles d'asile dont les communes sont locataires, on en compte : 4 convenables à tous les égards, 2 convenables seulement pour la classe, 1 convenable seulement pour le logement de la directrice, 14 nullement convenables.

La dépense de construction ou d'appropriation des maisons qui servent à la tenue des salles d'asile publiques est évaluée à 248,000 francs.

Le mobilier des salles d'asile publiques est en bon état dans 50, en mauvais état dans 25; il est suffisant dans 49, insuffisant dans 26.

11,200 francs seraient nécessaires pour approprier et compléter le mobilier des salles d'asile publiques.

Sur les 11 locaux occupés par les salles d'asile libres, 4 sont convenables, 4 peu convenables, 3 très-peu convenables.

6° SITUATION DES SALLES D'ASILE PUBLIQUES ET LIBRES AU POINT DE VUE DE LA TENUE, DE LA DIRECTION, DE LA MÉTHODE, DES RÉSULTATS OBTENUS, ET COMPARAISON DES ÉTABLISSEMENTS PUBLICS AVEC LES ÉTABLISSEMENTS LIBRES SOUS CES DIVERS RAPPORTS.

Sur 100 établissements, on trouve en Algérie :

SALLES D'ASILE PUBLIQUES.		SALLES D'ASILE LIBRES.	
Bonnes	27	Bonnes	10
Assez bonnes	29	Assez bonnes	18
Passables	24	Passables	55
Médiocres	20	Médiocres	17
Total	100	Total	100

ANNEXE C.

COLONIES FRANÇAISES.

AFRIQUE.

SÉNÉGAL ET GORÉE.

SITUATION DES COMMUNES EN CE QUI CONCERNE LES ÉCOLES PUBLIQUES OU LIBRES, SPÉCIALES AUX GARÇONS OU AUX FILLES, ET LES SALLES D'ASILE.

Pour 8 communes ou centres de population, on compte 16 établissements d'instruction primaire, plus 2 salles d'asile.

1° 12 écoles spéciales de garçons	10 publiques	2 congréganistes		567 élèves.	999 garçons.
		8 laïques		302	
	2 libres congréganistes			130	
2° 4 écoles spéciales de filles	1 publique congréganiste			180	390 filles.
	3 libres	1 supérieure congréganiste		139	
		2 élémentaires	1 congréganiste	60	
			1 laïque	11	
					1,389
3° Salles d'asile pour les deux sexes, 2 salles				36	36
				Total	1,425

L'enseignement de la langue française est l'objet d'un soin tout particulier dans ces écoles, qui sont fréquentées par les enfants des diverses nationalités qui se trouvent comprises dans les possessions françaises.

Les résultats paraissent satisfaisants.

Quant au culte, les catholiques dominent à Saint-Louis; partout ailleurs, les mahométans sont en grande majorité.

GABON.

SITUATION DE LA COLONIE AU POINT DE VUE DES ÉCOLES SPÉCIALES AUX GARÇONS OU AUX FILLES.

La colonie du Gabon possède 2 écoles libres. L'une, spéciale aux garçons, est dirigée par les missionnaires et reçoit 80 enfants; l'autre, spéciale aux filles, est placée sous la direction des sœurs de l'immaculée Conception et compte 74 élèves.

Les 80 garçons et les 74 filles qui fréquentent ces 2 écoles sont tous de race noire et suivent la religion catholique.

Le programme de l'école de garçons comprend le catéchisme, la lecture, l'écriture, l'arithmétique, la grammaire française, l'histoire sainte et la géographie. Les missionnaires ont, de plus, créé des ateliers où ils enseignent des professions manuelles à leurs élèves. Il s'y trouve actuellement 13 ouvriers ou apprentis menuisiers, 3 maçons, 2 cordonniers et 14 enfants employés aux travaux de la culture.

Le programme de l'école des filles comprend le catéchisme, la lecture, l'écriture, l'arithmétique, l'histoire, la géographie et la grammaire française.

La langue française est la seule qui soit enseignée dans ces deux établissements, qui sont en voie de prospérité.

Il existe encore, au village de Glass, un autre établissement d'instruction tenu par des missionnaires américains; mais on n'y enseigne aux jeunes indigènes que la langue anglaise, qu'ils apprennent, d'ailleurs, de préférence au français, à cause des relations commerciales que les habitants de ce village ont avec les commerçants anglais, qui y possèdent des factoreries.

SAINTE-MARIE (MADAGASCAR).

SITUATION DE LA COLONIE EN CE QUI CONCERNE LES ÉCOLES PUBLIQUES OU LIBRES SPÉCIALES AUX GARÇONS OU AUX FILLES ET LES SALLES D'ASILE.

Dans l'île de Sainte-Marie, on compte deux établissements d'instruction primaire.

1° Une école spéciale de garçons dirigée par les missionnaires.

Le nombre des élèves est de :

Pensionnaires	76
Externes	300
TOTAL	376 garçons.

2° Une école spéciale de filles dirigée par les sœurs de Saint-Joseph.

Le nombre des élèves est de :

Pensionnaires	50
Externes	500
TOTAL	550 filles.

La langue française est l'objet d'un enseignement spécial dans ces deux écoles, qui ne sont fréquentées que par des enfants malgaches, professant tous la religion catholique.

Le programme comprend, outre l'enseignement de la langue française, la lecture, l'écriture, l'arithmétique, l'histoire et la géographie. — Les garçons sont envoyés, dès que leur âge et leur condition le permettent, dans les ateliers du Gouvernement, pour y recevoir une instruction industrielle. Les filles sont initiées par leurs institutrices aux industries utiles propres à leur sexe.

Le Gouvernement entretient dans ces deux écoles, qui sont d'ailleurs en voie de prospérité, 80 bourses qui se répartissent ainsi :

Écoles	de garçons, 40 à 100 francs	4,000f
	de filles, 40 à 100 francs	4,000
	Total	8,000

Les missionnaires et les sœurs de Saint-Joseph se chargent de la dépense des autres enfants.

MAYOTTE ET NOSSI-BÉ.

SITUATION DE CES DEUX ÉTABLISSEMENTS AU POINT DE VUE DES ÉCOLES PUBLIQUES SPÉCIALES AUX GARÇONS OU AUX FILLES.

Les îles Mayotte et Nossi-Bé comptent 5 écoles publiques primaires, savoir :

Écoles	de garçons		3
	de filles		2
2 écoles de garçons	1 laïque recevant	35 élèves	91 élèves.
	1 congréganiste recevant	56	
1 école de filles, dirigée par des sœurs, recevant			28

A Nossi-Bé :

1 école congréganiste de garçons recevant	62 élèves.
1 école congréganiste de filles recevant	40
Total des élèves reçus dans les 5 écoles	221

Dont 153 garçons et 68 filles.

Le programme suivi comprend la lecture, l'écriture et les notions les plus élémentaires de l'arithmétique, la géographie, l'histoire sainte, le catéchisme et la grammaire française.

De plus, les garçons sont envoyés, dès l'âge de quinze ans, quatre heures par jour, soit dans les ateliers du Gouvernement, soit dans les exploitations agricoles, pour y être initiés aux travaux professionnels. — Les filles sont occupées aux travaux de couture et de repassage. Elles sont mariées par les sœurs, quand elles ont atteint un âge convenable et qu'elles sont capables de travailler.

La population des écoles se compose en grande partie d'enfants originaires de la côte orientale d'Afrique. Le reste appartient à la nation malgache. — Ils sont presque tous élevés dans la religion catholique.

Les écoles sont entretenues aux frais de la colonie et, par conséquent, gratuites, sauf en ce qui concerne les externes de l'école laïque. — Elles sont visitées par des agents du Gouvernement, qui examinent les enfants et constatent les progrès obtenus.

LA RÉUNION.

SITUATION AU POINT DE VUE DE L'INSTRUCTION PRIMAIRE.

A défaut de renseignements spéciaux qui ont été demandés et qui ne sont pas encore parvenus au gouvernement de la Métropole, on a dû, pour ne pas laisser une lacune trop grande dans ce travail, prendre les chiffres suivants dans une publication qui a paru sous les auspices du gouvernement colonial.

D'après ce document, l'île de la Réunion compterait 34 écoles primaires, 1 école professionnelle, 2 salles d'asile, 5 orphelinats, 7 ouvroirs et quelques cours du soir.

Les écoles primaires se subdivisent ainsi :

19 écoles de garçons dirigées par 81 frères des écoles chrétiennes;
15 écoles de filles dirigées par 72 sœurs de Saint-Joseph de Cluny.

Elles sont frépuentées par 3,453 garçons	gratuitement	1,475
et par 1,961 filles admises	en payant	486

L'école agricole et professionnelle, dirigée par 6 missionnaires de la congrégation du Saint-Esprit, contient 128 élèves.

Indépendamment de ces établissements, il existe :

1° 1 pensionnat primaire de filles, dirigé par 19 religieuses, qui reçoit 75 élèves dont 45 pensionnaires :

2° 2 établissements, l'un de garçons, l'autre de filles, destinés à des enfants amenés de Madagascar et des îles Malgaches.

Dans ces deux maisons, les révérends pères de la compagnie de Jésus initient ces enfants à la connaissance et à la pratique de la religion catholique, et, après les avoir instruits et préparés au travail et à la pratique des arts industriels, ils les rendent à leur patrie, où ils deviennent les pionniers de la civilisation.

Les 5 orphelinats comptent 168 élèves et les 7 ouvroirs, 610.

Les 3 classes du soir, faites aux adultes par les sœurs de Saint-Joseph, réunissent 110 élèves.

ASIE.

PONDICHÉRY.

SITUATION DE LA COLONIE EN CE QUI CONCERNE LES ÉCOLES PUBLIQUES OU LIBRES SPÉCIALES AUX GARÇONS OU AUX FILLES ET AUX ORPHELINATS.

Dans le Gouvernement de Pondichéry il existe 7 établissements d'instruction primaire, savoir :

Écoles dirigées	par des Français	3
	par des Indiens	4

ÉCOLES FRANÇAISES.

Les écoles françaises sont catholiques et se subdivisent ainsi :

1° Une école laïque de garçons dirigée par un maître choisi au concours.

Le nombre des élèves est de 120. — Ils sont tous admis gratuitement.

2° Deux écoles de filles dirigées par les sœurs de Saint-Joseph.

L'une de ces écoles est fréquentée par 70 Indiennes qui y sont reçues gratuitement;

L'autre n'admet que des jeunes filles blanches. Elles sont au nombre de 50 et payent une rétribution scolaire.

Les 240 élèves (120 garçons et 120 filles) admis dans ces trois écoles sont français et professent tous la religion catholique.

Dans l'école de garçons et dans l'école des jeunes Indiennes, on enseigne le programme prescrit par la loi de 1850, avec les éléments de la langue indienne. Dans l'école des jeunes filles blanches, outre le programme réglementaire, il y a des cours de littérature, d'histoire naturelle, de musique et de langue anglaise; mais la langue française est la base de l'enseignement dans tous les établissements.

Les résultats obtenus sont très-satisfaisants.

ÉCOLES INDIENNES.

Les écoles indiennes sont spéciales aux garçons; elles sont dirigées par des Indiens laïques choisis au concours et reçoivent 303 élèves, tous indiens, appartenant aux cultes catholique, païen et musulman.

Le programme de chaque école comprend la lecture, l'écriture, le calcul, l'orthographe, des exercices de mémoire, la traduction de la langue indienne en français et *vice versa*.

Indépendamment des 7 écoles primaires, il existe un ouvroir, dirigé par les dames de Saint-Joseph, qui reçoit 45 jeunes filles, et deux orphelinats recevant 95 enfants.

CHANDERNAGOR.

SITUATION DE LA COLONIE AU POINT DE VUE DES ÉCOLES PUBLIQUES OU LIBRES SPÉCIALES AUX GARÇONS ET AUX FILLES.

L'établissement français de Chandernagor compte deux écoles publiques, l'une pour les garçons, l'autre pour les filles. Il y a, en outre, un orphelinat.

1° L'école de garçons est dirigée par des religieux du Saint-Esprit et compte 110 élèves, français, anglais et indiens.

Le programme comprend la lecture, l'écriture, l'arithmétique, des notions élémentaires d'histoire et de géographie et, selon la nationalité des élèves, les langues française, anglaise ou bengalie. Les élèves reçoivent, en outre, selon le culte auquel ils appartiennent, l'enseignement religieux catholique, protestant ou païen.

2° L'école de filles, dirigée par des religieuses de la congrégation des sœurs de Saint-Joseph de Cluny, compte 50 élèves, françaises et anglaises.

Le programme est le même que dans l'école de garçons.

3° Dans l'orphelinat, les enfants sont exercés à tous les travaux de l'aiguille.

L'autorité est satisfaite des résultats obtenus dans ces trois établissements, qui sont souvent visités par les agents du Gouvernement.

KARIKAL.

SITUATION DE LA COLONIE EN CE QUI CONCERNE LES ÉCOLES PUBLIQUES OU LIBRES, SPÉCIALES AUX GARÇONS ET AUX FILLES.

On compte à Karikal, pour 6 cantons, 88 écoles primaires, françaises ou indiennes, parmi lesquelles on signale 2 établissements d'enseignement supérieur, suivis par 99 jeunes garçons, qui sont d'ailleurs compris dans l'effectif total ci-après :

1° Écoles spéciales aux garçons ou mixtes.. 87	Publiques de garçons.......	7		212 élèves	1,851 élèves.
	Libres de garçons ou mixtes..	80	Garçons . 1,595 / Filles ... 44	1,639 élèves	
2° École spéciale aux filles. 1	Publique.................	1		150 élèves	150 élèves.
	Libre....................	"			
	Total égal.....................				2,001

Il existe, de plus, un orphelinat annexé à l'école congréganiste de filles.

Toutes les écoles publiques sont gratuites et fréquemment visitées par les agents du Gouvernement.

Le programme suivi dans ces divers établissements comprend les éléments de la grammaire française, l'histoire sainte et l'histoire de France, la géographie, l'arithmétique, des fables, des dictées, l'instruction religieuse pour les catholiques, des leçons de morale pour les brahmanistes, les langues vivantes.

Le tableau suivant fera connaître les langues étudiées par les 2,001 élèves qui fréquentent les écoles publiques ou libres :

Français	172
Anglais	33
Tamoul	1,332
Sanscrit	20
Sanscrit et Tamoul	113
Arabe	255
Télinga	15
Télinga et Tamoul	61
TOTAL ÉGAL	2,001

YANAON.

SITUATION DU COMPTOIR EN CE QUI CONCERNE L'INSTRUCTION PRIMAIRE.

Yanaon ne possède qu'un seul établissement d'instruction, dirigé par des religieuses de l'ordre de Saint-Joseph de Lyon.

L'école primaire est fréquentée par 52 jeunes filles françaises, anglaises et hindoues, auxquelles on enseigne la lecture, l'écriture, la grammaire, le calcul et l'histoire sainte.

Indépendamment de cette école, les religieuses font des cours supérieurs fréquentés par 14 jeunes filles et dont le programme comprend l'histoire, le style épistolaire, la littérature, la géographie, la cosmographie, le calcul, le dessin, la musique vocale et, selon la nationalité des élèves, les langues française ou anglaise.

Cet établissement qui appartient à la mission française de Vizagapatam, est en voie de prospérité, et reçoit, deux fois par mois, la visite des agents du Gouvernement.

MAHÉ.

SITUATION AU POINT DE VUE DES ÉCOLES PRIMAIRES.

La dépendance de Mahé compte 2 écoles primaires spéciales aux garçons; l'une laïque, l'autre congréganiste, qui reçoivent ensemble 118 élèves catholiques et hindous.

Le programme enseigné comprend la lecture, l'écriture, la grammaire française, l'histoire sainte et l'histoire de France, la géographie, l'arithmétique, les éléments de géométrie, le dessin linéaire, des instructions morales et religieuses.

Ces deux écoles ont été créées depuis peu par le gouvernement colonial; il y a tout lieu d'espérer qu'elles prospéreront, car les élèves sont très-nombreux, eu égard au chiffre de la population, et paraissent très-désireux de connaître notre langue.

L'établissement scolaire est placé sous la surveillance de M. le curé de Mahé, qui lui donne tous ses soins.

AMÉRIQUE.

LA MARTINIQUE.

SITUATION DES COMMUNES EN CE QUI CONCERNE LES ÉCOLES PUBLIQUES OU LIBRES SPÉCIALES AUX GARÇONS OU AUX FILLES, SALLES D'ASILE ET ORPHELINAT.

Pour 22 communes ou centres de population, on compte à la Martinique 70 établissements d'instruction primaire, non compris 2 orphelinats, 1 de filles, 1 de garçons. Il existe en outre 10 salles d'asile fréquentées par les enfants des deux sexes.

1° Écoles spéciales de garçons..... 32	21 publiques congréganistes		1,952 élèves.		2,268	4,438
	11 libres	1 congréganiste...	40			
		10 laïques........	276			
2° Écoles spéciales de filles........ 38	19 publiques	17 congréganistes..	1,284	1,326	2,170	
		2 laïques........	42			
	19 libres	10 élémentaires laïques..........	250	844		
	9 supérieures	2 congréganistes..	340			
		7 laïques........	254			
3° Orphelinats congréganistes.............. 2	1 de filles....................		50			98
	1 de garçons....................		48			
4° Salles d'asile........................ 10	1 congréganiste..............		15			156
	9 laïques....................		141			
					Total...............	4,692

Toutes les écoles publiques sont gratuites; elles sont en prospérité et les agents du Gouvernement les visitent avec une grande sollicitude.

LA GUADELOUPE.

SITUATION DES COMMUNES EN CE QUI CONCERNE LES ÉCOLES PUBLIQUES OU LIBRES, SPÉCIALES AUX GARÇONS ET AUX FILLES OU MIXTES.

Pour 23 communes ou centres de population, on compte à la Guadeloupe 72 établissements d'instruction primaire, parmi lesquels on signale 11 classes d'enseignement supérieur suivies par .... 88 filles.
104 garçons.

TOTAL...... 192

qui sont d'ailleurs compris dans l'effectif total ci-après désigné :

1° Écoles spéciales de garçons.	34	23 publiques.	1 laïque.........	55 élèves.	2,138 garçons.
			22 congréganistes...	1,654	
		11 libres.....	9 laïques........	244	
			2 congréganistes...	185	
2° Écoles spéciales des filles...	34	22 publiques.	1 laïque.........	35	1,654 filles.
			21 congréganistes...	1,168	
		12 libres....	9 laïques........	256	
			3 congréganistes...	195	
3° Écoles mixtes	4	Libres.......	Laïques	84	84 enfants.
				TOTAL..................	3,876

Il n'existe pas d'école entièrement gratuite à la Guadeloupe.

Les enfants indigents sont admis gratuitement par le maire dans les écoles publiques jusqu'à concurrence de 1/20 des élèves payants. En dehors de ce 1/20 les admissions gratuites sont accordées en vertu de décisions spéciales du Gouverneur.

La situation de l'instruction primaire est en prospérité. Tous les établissements sont l'objet de fréquentes visites de la part des agents du Gouvernement.

LA GUYANE.

SITUATION DES COMMUNES EN CE QUI CONCERNE LES ÉCOLES PUBLIQUES SPÉCIALES AUX GARÇONS OU AUX FILLES, LES ÉCOLES PUBLIQUES MIXTES ET LES SALLES D'ASILE.

Pour 6 communes ou centres de population, on compte à la Guyane 9 établissements d'instruction primaire, plus une salle d'asile.

Il n'existe dans toute la colonie que 2 cours d'enseignement primaire supérieur, tous deux à Cayenne : l'un pour les garçons, l'autre pour les filles. Tous les établissements publics de la Guyane sont gratuits; ils sont en prospérité. Ceux des deux quartiers de la colonie fondés depuis peu d'années n'ont pas encore reçu toute l'extension désirable. Le peu d'importance des centres et la dissémination de la population rurale sont de graves obstacles au développement de l'instruction primaire.

1° Écoles spéciales de garçons, publiques, congréganistes	2	1 supérieure	205 élèves	417	1,298
		1 élémentaire	212		
2° Écoles spéciales de filles, publiques, congréganistes	3	1 supérieure	331	798	
		1 élémentaire	197		
		1 élémentaire	250		
3° Écoles mixtes, publiques, laïques	4	garçons	53	103	
		filles	50		

ÎLES SAINT-PIERRE ET MIQUELON.

SITUATION DES COMMUNES EN CE QUI CONCERNE LES ÉCOLES PUBLIQUES SPÉCIALES AUX GARÇONS OU AUX FILLES, LES ÉCOLES PUBLIQUES MIXTES ET LES SALLES D'ASILE.

Pour 3 communes ou centres de population, on compte 6 établissements d'instruction primaire, plus 2 salles d'asile.

1° 2 écoles spéciales de garçons, publiques, congréganistes		200 élèves	442	214 garçons.
2° 3 écoles spéciales de filles, publiques, congréganistes		212		228 filles.
3° 1 école mixte, publique, laïque	garçons. 14 ; filles... 16	30		

Sur ce nombre { 15 garçons ; 12 filles } suivent des cours d'enseignement primaire supérieur.

4° 2 salles d'asile, contenant (enfants des deux sexes)	225
TOTAL	667

Tous ces établissements sont dans une situation prospère; l'école des filles du chef-lieu principalement, qui attire quelques jeunes filles étrangères à la colonie qui viennent en suivre les cours comme pensionnaires.

OCÉANIE.

ÎLES DE LA SOCIÉTÉ DE TAÏTI.

SITUATION AU POINT DE VUE DE L'INSTRUCTION PRIMAIRE.

Les établissements français de l'Océanie et les îles de la Société, placées sous le protectorat de la France, comptent 34 écoles primaires, savoir :

5 écoles spéciales aux garçons	Publiques	3
	Libres	2
5 écoles spéciales aux filles	Publiques	3
	Libres	2
24 écoles publiques mixtes, ci		24
Total		34

Les écoles publiques de garçons reçoivent				131 élèves.
Les écoles publiques de filles reçoivent				155
Les écoles mixtes	Garçons	826	reçoivent	1,525
	Filles	699		
Les écoles libres de garçons reçoivent				106
Les écoles libres de filles reçoivent				123
Total égal				2,040

Dont 1063 garçons et 977 filles.

Au point de vue de la nationalité, les élèves se répartissent ainsi :

Français	41
Taïtiens	1,924
Anglais	20
Américains	14
Océaniens divers	39
Suédois	2
Total égal	2,040

Les 34 écoles comptent 237 élèves catholiques et 1,803 élèves protestants; elles se divisent en écoles françaises et écoles taïtiennes, et occupent 74 maîtres ou sous-maîtres, dont 20 laïques, 22 ecclésiastiques et 32 appartenant à une congrégation religieuse.

ÉCOLES FRANÇAISES.

La colonie entretient à Papeete (île Taïti) 2 écoles françaises d'instruction primaire, confiées, l'une à des frères de Ploërmel, l'autre à des sœurs de Saint-Joseph de Cluny.

Une école de frères est aussi établie dans le village de Matacia (Taïti), à 12 lieues de Papeete. Une école de sœurs vient d'être établie dans la même localité, et 2 écoles semblables sont établies depuis 1863 aux îles Marquises, dans la baie de Taio-Hae (île Nukahiva).

La langue française est la seule enseignée par les instituteurs et les institutrices. L'influence exercée par cet enseignement est des plus sensibles, au point de vue français et de la civilisation.

L'école des sœurs à Papeete comporte, en outre, un pensionnat primaire, dont le nombre des élèves est fixé à 20. Sur ce nombre, deux bourses sont faites par l'administration locale. Toutes les dépenses de ces écoles sont à la charge du gouvernement colonial, moins les bâtiments des îles Marquises.

Les fonds inscrits au budget du service local (exercice 1864), pour l'entretien des écoles ci-dessus (personnel et matériel), s'élèvent à la somme de 84,160 francs.

Ces établissements sont en voie de progrès.

ÉCOLES DU GOUVERNEMENT TAÏTIEN.

Sous ce titre, il faut comprendre les écoles que chaque village est tenu d'entretenir dans les diverses îles du protectorat.

La tenue de ces écoles laisse généralement à désirer. Cependant la direction de quelques-unes est confiée à des prêtres et agents de la mission catholique de Taïti; mais les progrès sont à peu près nuls. Les enfants des deux sexes sont réunis dans toutes ces écoles, excepté dans celle du village de Matacia (île Taïti), où, par suite de l'installation récente des frères de Ploërmel, le prêtre de la mission catholique est resté seul chargé de l'école des filles.

L'étude du français, quoique très-recommandée aux révérends pères de la mission chargés de ces écoles, est peu suivie par ces instituteurs: aussi, dans le concours annuel qui a eu lieu le 4 août dernier, les lauréats provenaient tous des écoles françaises. Aucun élève des écoles taïtiennes confiées aux prêtres missionnaires n'avait été assez capable pour se présenter.

D'après la loi taïtienne, l'instruction est obligatoire. (Loi de 1848, articles 4, 5; loi du 17 février 1857.) Chaque père de famille doit envoyer à l'école tous ses enfants, quel qu'en soit le nombre. (Circulaire du 17 février 1861; *Messager* de Taïti.) Une taxe scolaire pèse sur tous les Taïtiens. (Ordonnance du 17 décembre 1862.) Cet impôt est levé pour l'instruction des enfants de la famille taïtienne et pour le traitement des instituteurs. (Circulaire du 17 février 1861.)

L'instruction est donc obligatoire et la taxe universelle.

Voici quelles sont les bases de cet impôt :

Hommes et femmes mariés vivant ensemble, pour les deux	0f 50c par mois.
Homme marié, vivant seul	0 50
Femme mariée, vivant seule	0 50
Célibataires	2 00
Veuf ou veuve sans enfant	0 50

Les veufs ou veuves ayant des enfants, les vieillards et les infirmes ne payent rien.

ÉCOLES LIBRES.

Les écoles libres sont au nombre de 4 et sont tenues par des instituteurs et des institutrices protestants. L'étude de la langue française y est obligatoire.

La liberté d'enseignement existe dans le pays, et son exercice a été réglé par un arrêté local du 30 août 1863; d'un autre côté, l'instruction primaire est gratuite depuis le 25 septembre 1860.

NOUVELLE CALÉDONIE.

SITUATION AU POINT DE VUE DES ÉCOLES PRIMAIRES PUBLIQUES OU LIBRES SPÉCIALES AUX GARÇONS OU AUX FILLES, DES ÉCOLES MIXTES, DES SALLES D'ASILE ET DE L'ORPHELINAT.

La Nouvelle-Calédonie et ses dépendances possèdent 8 établissements d'instruction primaire, savoir :

5 écoles publiques de garçons :

1 européenne, recevant	12 élèves.
3 indigènes, recevant	50
1 indigène, dite *des interprètes et des ouvriers*, recevant	50
dont 25 élèves interprètes et 25 apprentis ouvriers.	
1 école publique européenne de filles, recevant	31
1 école publique mixte belge, recevant	15
1 école libre mixte, recevant	30

L'enseignement est donné gratuitement dans ces 8 écoles.

Les 2 écoles européennes, situées à Port-de-France, sont exclusivement réservées à la jeunesse de l'immigration calédonienne, qui se compose de Français, d'Anglais et d'Allemands.

L'école européenne de garçons est dirigée par le vicaire de la paroisse, qui a sous ses ordres un moniteur choisi parmi les sous-officiers de la garnison.

L'école de filles est tenue par une religieuse de l'ordre de Saint-Joseph de Cluny.

L'école indigène, dite *des interprètes et des jeunes ouvriers*, établie à Port-de-France, est confiée aux soins d'un père mariste, qui enseigne la langue française; un brigadier et deux ouvriers d'artillerie sont adjoints au directeur. Elle se divise en deux sections, les ouvriers et les interprètes. Dans la première, les enfants reçoivent surtout une instruction professionnelle, et, sous la direction des ouvriers d'artillerie de marine, ils sont initiés aux métiers et à l'industrie des peuples civilisés. Dans la seconde, l'instituteur s'attache surtout, en leur rendant familière la langue française, à mettre ses élèves en état de servir d'interprètes et de faciliter ainsi nos relations avec ceux de leurs compatriotes qui sont encore restés en dehors de nos mœurs et de notre influence.

Les 3 écoles publiques de garçons indigènes, situées à Napoléonville, à Vagap et à Lifou, sont sous l'autorité du commandant du poste sur le territoire duquel elles sont situées. L'enseignement y est confié à un militaire choisi avec soin dans la garnison. Il prend le titre de moniteur.

Les 6 écoles dont il vient d'être question ont été créées par le gouvernement colonial.

L'école publique belge de Païta a, au contraire, été créée dans les conditions suivantes :

Un convoi d'immigrants, Allemands ou Anglais, venus autrefois à la suite d'un grand concessionnaire, a formé un petit centre de population vivace par son industrie et son activité. Là une quinzaine d'enfants étaient privés, faute d'instituteur, des avantages de l'instruction. Un immigrant belge, pourvu d'un brevet de capacité obtenu en Belgique, où il avait déjà exercé les fonctions de maître d'école, a été autorisé à s'entendre avec les colons pour créer un établissement d'instruction primaire. L'administration, désirant prouver à ces derniers sa bienveillance et sa satisfaction, a contribué à l'entretien de l'instituteur et a fourni le matériel. La maison a été construite par les colons sur un terrain dont ils ont rendu l'instituteur propriétaire. L'école fonctionne depuis plus de six mois comme école publique; elle est soumise, pour la discipline et l'enseignement, à toutes les prescriptions de l'arrêté local portant règlement sur la matière, et dont il est question plus bas.

L'école libre mixte de l'île du Pin a été construite par les maristes et est dirigée par une religieuse.

Dans les écoles européennes, la plupart des enfants appartiennent à la religion catholique, plusieurs sont protestants, il y a un israélite. Dans les écoles indigènes, partie des élèves sont catholiques, les autres ne sont pas convertis.

Les personnes qui dirigent les établissements publics d'instruction primaire ne sont pourvues ni du brevet de capacité, ni des grades universitaires; mais les sœurs appartiennent à une congrégation religieuse vouée à l'enseignement, et les autres sont ou des ministres d'un culte reconnu par l'État ou des représentants de l'autorité.

Pour ce qui est des institutions privées, un arrêté local, en date du 15 octobre 1863, sur l'instruction publique, a prescrit, entre autres formalités, à toute personne qui voudrai obtenir l'autorisation d'ouvrir un établissement de ce genre, de produire un brevet de capacité ou un diplôme de bachelier ès lettres, ou un certificat d'admission dans l'une des écoles spéciales de la métropole, ou, enfin, de posséder le titre de ministre d'un culte reconnu, ou celui de membre d'une congrégation religieuse vouée à l'enseignement. Toute personne qui ne satisfait pas à l'une de ces prescriptions peut obtenir, dans la colonie même, un brevet de capacité délivré sur la proposition d'une commission d'examen spéciale désignée par le gouverneur.

Le même arrêté local fixe un programme obligatoire pour les écoles publiques ou libres. Ce programme comprend la lecture; l'écriture, les éléments de la langue française, le calcul et le système légal des poids et mesures. Il existe aussi un programme facultatif.

L'étude des nombreux idiomes calédoniens est formellement interdite dans toutes les écoles.

Il n'existe pas de salle d'asile proprement dite, mais l'orphelinat dont il va être parlé en tient lieu à l'occasion.

Un orphelinat, dirigé par des sœurs de Saint-Joseph, a été institué à Port-de-France pour recevoir, jusqu'à leur entier établissement, les élèves de l'assistance publique envoyées dans la colonie. Un premier convoi de dix jeunes filles est arrivé au mois de septembre 1863; elles étaient toutes mariées avant la fin de l'année. Un second convoi de trente élèves est arrivé le 9 février 1864 : douze sont actuellement mariées; d'autres ont accepté diverses conditions qui leur étaient offertes; les autres attendent à l'orphelinat qu'il se présente à elles une position.

Les élèves de l'orphelinat sont préparées à l'accomplissement des devoirs de bonnes ménagères qu'elles sont appelées à remplir. Les heures de la journée sont distribuées entre les soins du ménage, des travaux de couture et des leçons de lecture, d'écriture et de grammaire, destinées à compléter leur instruction primaire.

La surveillance de tous ces établissements est attribuée, par l'arrêté local dont il a été parlé, à un *comité de surveillance et d'inspection de l'instruction publique*. Le comité propose les mesures qui lui semblent les plus propres à rendre l'enseignement profitable et fécond. Il est aussi chargé de se prononcer sur la suite à donner aux demandes en autorisations d'ouverture d'écoles privées.

Les écoles situées en dehors de la presqu'île de Port-de-France sont visitées par des fonctionnaires spécialement désignés par le gouverneur.

ANNEXE D.

ÉCOLES FRANÇAISES DANS LES PAYS ÉTRANGERS.

L'influence française se répand de jour en jour dans le monde, notamment en Orient, où nous avons un grand nombre d'écoles, presque ignorées en France. Le tableau suivant, dont les éléments ont été fournis par M. le Ministre des Affaires étrangères, montrera avec quel succès plusieurs communautés religieuses sont parvenues à créer, loin de notre pays, des centres d'où la civilisation occidentale peut rayonner en Orient, à former, pour ainsi dire, de petites colonies qui parlent notre langue et apprennent à connaître la France. En Égypte, plus de deux mille enfants sont, chaque année, instruits par des maîtres français. A Smyrne, cet enseignement a porté, nos consuls l'attestent, les plus heureux fruits. Le Gouvernement de l'Empereur, qui ne néglige aucun des intérêts français, si éloignés qu'ils soient, veille sur ces écoles d'Orient. Le département des Affaires étrangères alloue tous les ans des sommes importantes aux établissements religieux d'Orient, et une grande partie de ces sommes est affectée à l'entretien des écoles.

EUROPE.

GRÈCE.

ATHÈNES.

Il existe, à Athènes, une école de filles, dirigée par les sœurs de Saint-Joseph de l'Apparition, qui sont au nombre de 8.

Nombre d'élèves :

Externes payant 6 à 8 francs par mois	54
Internes payant 45 francs	9
Enfants pauvres instruits gratuitement	70
Total	133

Au Pirée se trouve une école dans les mêmes conditions, mais moins chère.

60 externes ne payent que de 3 à 7 francs par mois. Dans ces deux écoles, on enseigne : le français, l'italien, le grec, l'histoire sainte, l'histoire grecque ancienne, l'histoire de France, la géographie, l'arithmétique et les ouvrages à l'aiguille.

SYRA.

Les sœurs de Saint-Joseph-de-l'Apparition tiennent une école primaire. Elles sont au nombre de 6 religieuses, dont 3 Françaises, 3 indigènes. Elles n'ont que des élèves catholiques et pauvres. 125 élèves externes dont l'assiduité laisse à désirer sont instruits gratuitement.

L'enseignement, essentiellement élémentaire, comprend : la lecture, l'écriture, la grammaire grecque et française, l'histoire, la géographie, le calcul.

Les seules ressources qui soutiennent cet établissement se bornent à la maison gratuitement concédée, à 980 francs payés par l'évêque sur les fonds de la Propagation de la Foi et à 600 francs alloués, depuis l'année 1863, par le département des Affaires étrangères.

Les frères des écoles chrétiennes avaient été appelés à Syra en 1858 : ils n'ont pu s'y maintenir.

TINOS.

Les religieuses françaises, dites *Ursulines*, dont la direction supérieure se trouve à Montigny-sur-Vigeanne (Côte-d'Or), se sont, depuis quelques années, établies à l'île de Tinos. Elles sont au nombre de 5, 4 Françaises et une Anglaise, convertie au catholicisme. 2,000 francs, fournis par la Propagation de la Foi et quelques revenus modiques provenant de la pension de quelques élèves internes, sont les seules ressources de cet établissement français, aussi peu prospère que celui de Syra. Il est fréquenté par 5 élèves internes et 80 externes.

La lecture, l'écriture dans les langues grecque et française, l'histoire, la géographie, le calcul et les travaux d'aiguille, sont enseignés par 3 sœurs françaises.

NAXIE.

Un autre établissement du même genre, mais dans des conditions plus restreintes encore, existe à Naxie. 5 sœurs françaises ursulines, 8 indigènes, 5 élèves internes, 30 externes, forment le personnel de la maison. Ses seules ressources consistent dans 800 francs alloués annuellement par la Propagation de la Foi et dans quelques revenus, bien modiques, de plusieurs propriétés qui lui appartiennent.

ÎLE DE SANTORIN.

Les sœurs de Saint-Vincent-de-Paul, qui ont formé dans tout l'Orient des établissements remarquables et presque tous en pleine prospérité, ne possèdent, en Grèce, qu'une seule maison d'éducation dans l'île de Santorin. Cette maison, vaste et bien appropriée à sa destination, compte 15 religieuses, toutes Françaises et pourvues de l'instruction nécessaire à leur mission. L'enseignement y est plus complet que dans les autres établissements et y attire 70 pensionnaires et 20 externes, venus pour la plupart des îles voisines.

Les allocations plus larges de la Propagation de la Foi, 1,600 francs payés par le département des Affaires étrangères, quelques revenus puisés dans le pays même, offrent aux Sœurs des ressources suffisantes.

La mission des lazaristes donne à une vingtaine d'enfants choisis une éducation soignée et presque gratuite.

PRINCIPAUTÉS DANUBIENNES.

Dans ces Principautés, les indigènes, qui professent tous le rit de l'Église grecque d'Orient, ne confient jamais leurs enfants à des religieux catholiques, et le nombre des religieux catholiques est trop limité pour que des religieux français puissent trouver, au point de vue surtout des nécessités pécuniaires, les éléments d'un établissement d'éducation.

YASSI.

La capitale de la Moldavie compte 3 pensionnats de filles, tenus par des veuves françaises et renfermant 85 élèves moldaves, qui appartiennent à des familles aisées.

Outre les langues française, roumaine, allemande, grecque moderne et italienne, on y enseigne l'abrégé de l'histoire ancienne et moderne, la mythologie, la géographie, des notions élémentaires de cosmographie et d'histoire naturelle, l'arithmétique, l'histoire sainte, le catéchisme du rit grec, la musique, le dessin, les travaux d'aiguille, les notions d'économie et de ménage, la danse et enfin la gymnastique.

L'enseignement y est fait en langue française, idiome qui est, dans ce pays, la base de l'instruction pour les jeunes filles.

Deux pensionnats français de filles se trouvent dans la ville de Roman, et la ville de Botoczany a un pensionnat de garçons. Ces trois établissements comptent une trentaine d'élèves : l'instruction est élémentaire; on y enseigne le français.

TURQUIE D'EUROPE.

CONSTANTINOPLE.

A Constantinople, ce sont presque exclusivement des frères de la doctrine chrétienne qui tiennent des écoles françaises.

Ces frères ont 2 écoles gratuites, l'une de 250 élèves, l'autre de 290. Ils y enseignent : le catéchisme, la lecture, l'écriture, la grammaire française, l'orthographe, l'arithmétique, l'histoire sainte et la géographie. Un certain nombre d'élèves de ces deux écoles étudient, de plus, la langue grecque moderne et l'italien.

Outre ces deux écoles gratuites, les frères de la doctrine chrétienne ont à Péra un demi-pensionnat composé de 115 élèves et un internat près de Scutari d'Asie, qui compte 75 élèves.

Dans ces deux pensionnats, l'enseignement est le même que dans ceux de France, avec addition des langues turque, arménienne, bulgare, grecque, anglaise, italienne.

Le total des élèves, tant gratuits que pensionnaires, est donc de 720 : la plupart sont originaires de la Bulgarie, de l'Anatolie et des Principautés Danubiennes.

M. de Moustier, ambassadeur de France à Constantinople, s'exprime ainsi sur ces écoles :

« Le frère Vauthier, directeur des écoles chrétiennes dans le Levant, qui m'a fourni ces renseignements, ajoute que ses élèves lui donnent la plus grande satisfaction sous le rapport de l'intelligence, de la docilité et de l'application, et qu'eux et leurs parents sont très-reconnaissants envers le Gouvernement de l'Empereur, auquel ils doivent le bienfait d'une éducation toute française. »

La mission des lazaristes a fondé dans le Levant trois établissements qu'elle appelle *colléges*, mais qu'on peut considérer comme des établissements d'instruction primaire. Un de ces colléges est à Bebek (sur le Bosphore). Ce sont les lazaristes qui ont fondé le premier collége français à Galata, dans la maison de Saint-Benoît, au commencement de ce siècle. Ils ont, de plus, un orphelinat à côté de leur collége.

Les sœurs de charité comptent dans leurs classes 2,000 petites filles du peuple et entretiennent 400 orphelines internes.

ANDRINOPLE.

L'arrondissement consulaire d'Andrinople ne compte qu'une école française, établie depuis deux ans à Philippopolis, par des prêtres français, les Pères de l'Assomption, dont la maison mère est à Nîmes.

L'enseignement, tout primaire, comprend la langue bulgare, que montre un professeur laïque, la langue française et un peu de musique.

L'école est fréquentée par une centaine d'enfants, tous Bulgares catholiques. Ces élèves sont externes. Deux internes seulement sont établis dans l'école; le prix de la pension est de 500 francs par an.

SALONIQUE.

Il existe à Salonique : 1° Une école de garçons tenue par les lazaristes. Dans cette école, la base de l'enseignement, qui s'élève au-dessus de l'instruction primaire, est le français. Elle contient :

Internes	30
Externes	21
TOTAL	51 élèves.

dont 13 Grecs et 20 Bulgares.

2° Une École de filles tenue par les sœurs de la Charité.

Externes	25
Internes	22
TOTAL	47 élèves;

sur ce nombre 10 sont Bulgares, 7 Grecques, 3 Françaises.

On enseigne le français, le grec moderne, le bulgare, l'histoire et la géographie, l'arithmétique, la calligraphie, la musique, la couture, la broderie.

3° Une école bulgare est sous la surveillance des lazaristes; on y enseigne les éléments du français, et elle compte une trentaine d'élèves.

MONASTIR.

A Monastir se trouve une école dirigée par les lazaristes. L'enseignement comprend le français, le bulgare, le grec moderne, l'histoire et la géographie, l'arithmétique. Il est gratuit.

Cette école contient 30 élèves : 24 Bulgares, 4 Valaques, 1 Autrichien et 1 Arménien.

ÎLE DE CANDIE.

La seule école française que possède l'île de Candie ou de Crète est dirigée par les sœurs de Saint-Joseph-de-l'Apparition, venues à la Canée depuis environ huit ans.

Une vingtaine de petites filles, toutes catholiques, fréquentent cette école, dont 3 sœurs, l'une Italienne et les deux autres Françaises, se partagent le travail.

Le catéchisme, la langue française, l'arithmétique, et surtout la couture et la broderie, composent l'enseignement de cette école, fréquentée principalement par les enfants des familles pauvres.

TURQUIE D'ASIE.

SMYRNE.

En Asie Mineure l'instruction primaire des garçons et des filles, en ce qui concerne les établissements français, est exclusivement donnée par trois ordres religieux : les sœurs de Saint-Vincent-de-Paul ou de la Charité, les lazaristes et les frères des écoles chrétiennes.

Les frères des écoles chrétiennes enseignent gratuitement : ils n'ont pas d'internat. Ils ont 3 établissements :

1° École Saint-Joseph : 4 classes et 5 professeurs.

La première classe compte	26 élèves.
La deuxième	52
La troisième	57
La quatrième	81
Total	216

2° École Sainte-Marie : 3 classes, 3 professeurs.

La première classe compte	28 élèves.
La deuxième	33
La troisième	52
Total	113

3° École Saint-Polycarpe : 2 classes, 2 professeurs.

La première classe compte	34 élèves.
La seconde	41
Total	75
Total général pour les 3 établissements	404

L'enseignement est divisé en élémentaire et supérieur ou secondaire.

L'élémentaire comprend : la religion, la lecture, l'écriture, le français, l'histoire sainte et celle de France, l'arithmétique, la géographie et les principes de dessin linéaire.

L'enseignement supérieur embrasse : l'analyse logique, la littérature française, les notions de logique, la composition, l'histoire ancienne, la mythologie, la cosmographie, les notions d'algèbre, la géométrie, la tenue des livres, les notions de physique et de chimie, les langues anglaise, grecque et turque.

« Il est à remarquer, ajoute le consul général de France à Smyrne, que ces écoles des frères ont puissamment contribué à propager la langue française dans les différentes classes de la société depuis l'année 1842, à laquelle ils se sont établis dans cette localité. »

Les lazaristes n'ont qu'un seul établissement, qui s'intitule le *Collége de la Propagande*. Le nombre de leurs élèves, tant internes qu'externes, s'élève à 140, dont la majeure partie est catholique, et le reste, arménien, grec ou protestant.

Le français sert de base à l'enseignement. L'étude de cette langue est divisée en neuf classes graduées comme dans les classes de nos lycées. L'enseignement comprend presque toutes les matières portées sur le programme de nos établissements d'enseignement secondaire. De plus, il y a des cours de langues orientales. Deux fois par an, des examens constatent le travail et la capacité des élèves.

Les enfants admis dans l'établissement payent une pension assez modique, qui varie, selon la situation de fortune des parents, de 400 à 600 francs.

Le ministre des Affaires étrangères accorde 4 bourses.

« Au sortir de ce collége, quelques-uns de ces jeunes gens sont reçus en qualité de commis dans les consulats et même aux ambassades à Constantinople; d'autres vont compléter certaines études en France, mais le plus grand nombre entre dans les diverses branches du commerce, soit à Smyrne, soit à l'étranger (1). »

Les sœurs de Saint-Vincent-de-Paul ont 6 établissements différents :

1° Un pensionnat de demoiselles, comprenant 100 élèves, qui appartiennent à toutes les nationalités et à toutes les religions. Il y en a même d'israélites. La pension est de 450 francs par an.

Le français est la base de l'enseignement, qui embrasse la lecture, l'écriture, les principes de grammaire, quelques notions de littérature, l'histoire, la géographie, le calcul et la musique. Les travaux à l'aiguille complètent l'éducation de ces jeunes filles; on les forme aux soins du ménage et à la tenue d'une maison. Les sœurs admettent gratuitement, dans ce pensionnat, quelques filles de Français pauvres qui méritent cette faveur.

2° Un externat divisé en quatre classes et deux ouvroirs.

Les études y sont moins complètes que dans le pensionnat; mais le français y est enseigné et parlé, même dans les cours élémentaires.

Cette école, entièrement gratuite, contient 400 élèves. Tous les ouvrages manuels y sont montrés aux jeunes filles. Plusieurs de ces jeunes filles, en quittant l'établissement, gagnent honorablement leur vie en tenant de petites écoles préparatoires dans la ville.

(1) A part ces établissements, dirigés par les congrégations religieuses, les Européens possèdent, dans les quartiers qu'ils habitent, des pensionnats pour les enfants de l'un et de l'autre sexe.

Ces écoles préparatoires, divisées en douze classes, comptent près de *cinq cents enfants* des deux sexes. Le français y est enseigné.

3° L'orphelinat. Il est ouvert aux jeunes filles qui ont perdu leur père ou leur mère. Elles y sont admises même en bas âge, nourries, logées, entretenues jusqu'à vingt ans. A cette époque, elles s'établissent ou se placent très-convenablement.

On enseigne à ces enfants le français, l'écriture, l'arithmétique, les travaux manuels et tout ce qui concerne la tenue d'une maison.

Cette œuvre, d'une très-grande importance, est entièrement gratuite; elle compte, en moyenne, plus de *cent* enfants.

Un asile est également ouvert aux petits garçons en bas âge. Quand ils ont atteint l'âge de sept ans, sachant lire et comprendre le francais, ils sont admis soit chez les lazaristes, soit chez les frères des écoles chrétiennes.

4° L'hôpital français contient deux classes et un ouvroir pour faciliter la fréquentation des écoles aux enfants du quartier dit de la Pointe, qui se trouve trop éloigné de la maison principale des sœurs. Il compte 3 sœurs, exclusivement employées à l'enseignement, qui est tout à fait semblable à celui du grand externat. 100 jeunes filles y reçoivent l'éducation gratuitement.

Une petite classe d'adultes se fait chaque soir, en français, à des jeunes filles employées pendant la journée dans une filature française située aux environs de l'hôpital.

5° Village de Bournabat. Les sœurs y ont également une école comprenant deux classes et un ouvroir. 130 jeunes filles de la localité y reçoivent une éducation convenable et conforme à celle qui se donne dans leurs écoles de la ville. Il y a, en outre, dans le même établissement, deux classes pour les petits garçons. Le français y est, comme partout, enseigné et parlé habituellement.

6° Le Kacla, maison de campagne des sœurs, à une demi-heure de Smyrne. Là les sœurs recueillent tous les enfants abandonnés de leurs parents. Ces enfants reçoivent gratuitement l'instruction élémentaire, sont logés et nourris, au nombre de 80 (50 petites filles et 30 petits garçons).

Le total des enfants instruits dans les écoles françaises ne s'élève pas à moins de 1,954, sans compter les enfants instruits dans les écoles étrangères, et qui presque toutes comprennent le français dans les matières de leur enseignement.

« Voilà, Monsieur le Ministre, dit le consul général de Smyrne au ministre des Affaires étrangères, les renseignements que j'ai pu recueillir, et je suis bien aise de constater les heureuses transformations opérées dans ce pays par les bienfaits de l'éducation française libéralement offerte à toutes les classes de la société par nos communautés religieuses. »

Une maison laïque d'éducation a été fondée, en outre, il y a quatre ou cinq ans, sous le nom d'*Institution du Parthénon,* par une institutrice de Paris. Le programme de ce pensionnat est calqué sur celui des sœurs de Saint-Vincent-de-Paul. On y enseigne la langue française, les langues grecque, arménienne, anglaise, allemande.

BEYROUTH.

Trois grandes corporations religieuses françaises distribuent l'enseignement dans l'arrondissement consulaire de Beyrouth : ce sont les lazaristes, les jésuites et les sœurs de la Charité.

Les lazaristes n'ont qu'un établissement d'enseignement secondaire au village d'Antoura, à trois heures de Beyrouth. Cette maison, dont la fondation remonte à quatre-vingts ans environ, et qui a toujours été prospère, compte 14 professeurs et 150 élèves. Le programme de cet établissement comprend le français (grammaire, analyse, narration, discours, dissertations philosophiques), l'histoire et la géographie, l'arithmétique, l'algèbre, la géométrie, la physique, la tenue des livres, le droit commercial, le dessin, l'arabe, le latin, l'italien, le turc.

Les jésuites ont deux établissements d'instruction secondaire :

L'un, à Beyrouth, qui compte	68 élèves.
L'autre, à Ghazir, qui en contient	60
Plus un séminaire, qui compte	70
TOTAL	198

Le séminaire est réuni au collége de Ghazir.

L'enseignement du collége de Ghazir est divisé d'une manière spéciale qui mérite l'attention. Les cours s'y divisent en deux catégories : la première est calquée sur l'organisation des lycées de France et les mêmes études y sont suivies. Les jeunes gens qui, après leurs études, désirent entrer dans la carrière ecclésiastique, sont admis au séminaire. La seconde catégorie forme comme un second collége dont l'enseignement est parallèle à celui des cours latins, mais se donne uniquement en français. On y insiste d'une manière spéciale sur l'étude de cette langue, de l'histoire, de la géographie, des mathématiques et des notions de commerce.

Les élèves des deux catégories suivent plusieurs cours en commun, tels que celui de la langue arabe, de la langue turque, de l'italien, etc. D'autres, suivant la nationalité à laquelle ils appartiennent, étudient encore le syriaque et l'arménien.

En outre, il y a l'école primaire du village, qui compte à peu près 80 à 90 enfants lorsqu'elle est en pleine activité. On y enseigne la lecture, l'écriture, les éléments de la langue syriaque et de la langue française.

Au collége qu'ils tiennent à Beyrouth, les jésuites ont divisé l'enseignement en deux sections, qui ne sont pas les mêmes que pour le collége de Ghazir. Il y a une section de l'arabe et une section du français.

La section de l'arabe peut être considérée comme une espèce d'enseignement primaire : les études de cette catégorie sont divisées en trois classes.

La section du français peut être regardée comme l'enseignement secondaire du pays; car les élèves sont censés y recevoir l'instruction qui fait l'objet de notre enseignement secondaire, moins le latin, qui leur serait très-peu utile.

En dehors de ces deux colléges, les PP. jésuites dirigent six écoles primaires françaises proprement dites; ce sont celles de :

1. Beyrouth	100 élèves.
2. Ghazir (déjà cité)	80
3. Deïr-el-Kamar	60
4. Saïda	35
5. Beckfaia	35
6. Sour	20
TOTAL	330

Ces 330 élèves apprennent la lecture et l'écriture du français, le catéchisme et quelques notions d'arithmétique, de géographie et d'histoire.

Il y a, en outre, un nombre considérable d'écoles primaires tenues sous la surveillance des jésuites, mais où l'on n'enseigne que l'arabe. On peut évaluer le nombre des enfants qui profitent de cette instruction à 3,700.

Les jésuites se plaignent des progrès que fait la propagande grecque et protestante. Ils luttent pour maintenir, avec l'enseignement catholique, l'influence française.

A Beyrouth, il faut encore citer le magnifique établissement des sœurs de la Charité, dans lequel s'est fondue, après les événements de 1860, leur maison de Damas. Cet établissement, ouvert à 800 jeunes filles, sur lesquelles 75 pensionnaires ou demi pensionnaires suivent un cours assez complet, et 220 externes reçoivent l'instruction primaire en français. Le reste est réparti dans un cours primaire arabe, une salle d'asile et un orphelinat où l'on enseigne la langue du pays, la couture et la broderie.

ALEP.

Collége de la Terre-Sainte, tenu par les pères de la Terre-Sainte. Ce n'est que depuis 1859 que cet établissement, très-ancien, a des professeurs de français.

L'enseignement s'y divise en trois sections distinctes :

1° L'enseignement français : histoire de France, histoire sainte, la géographie, l'arithmétique;

2° L'enseignement italien, comprenant la grammaire italienne, l'histoire d'Italie, l'histoire sainte, la géographie, les éléments de mathématiques;

3° L'enseignement arabe, comprenant la grammaire arabe, le catéchisme, la géographie et l'arithmétique.

Dans chacune des sections, l'enseignement du latin existe, mais l'étude en est facultative, ainsi que celle de la langue turque.

Les classes, dans chacune des sections, sont de trois degrés : cours élémentaires, cours moyens, cours supérieurs.

Le personnel enseignant se compose de 3 professeurs français, 3 professeurs italiens et 3 professeurs arabes, dépendant d'un directeur, auquel sont adjoints 3 surveillants et 2 procureurs, chargés de maintenir l'ordre. Tout ce personnel appartient à l'ordre des franciscains de Terre-Sainte.

Depuis 1859, 650 élèves ont suivi les cours et l'on compte en ce moment :

Élèves internes	18
Demi-pensionnaires	32
TOTAL	50

Le prix de la pension au collège est de 400 francs par an, et celui de la demi-pension, de 250 francs.

Les ressources ordinaires du collège de Terre-Sainte se bornent au produit des pensions et demi-pensions; la custodie de Jérusalem ne lui alloue aucun fonds de subvention, et se borne à lui fournir les bâtiments et le personnel religieux et laïque.

Les ressources extraordinaires n'ont consisté, jusqu'à ce jour, qu'en subventions de l'œuvre des écoles d'Orient, qui lui a alloué 2,000 francs, imputables à l'année scolaire 1863-1864, et en subventions du département des affaires étrangères, qui a alloué aux religieux, sur le reliquat de l'indemnité de Djeddah, pour achats de livres, 300 francs en 1863, 300 francs en 1864.

Pour satisfaire à un vœu de la colonie européenne d'Alep, et sur la proposition du délégué du Saint-Siége en Syrie, sœur Rosalie Stefanelli, romaine, de l'ordre de *Saint-Joseph-de-l'Apparition*, fut envoyée à Alep, avec 9 religieuses du même ordre, parmi lesquelles on compte 6 Françaises, pour y fonder un pensionnat de jeunes filles.

Ce pensionnat fut ouvert en février 1856, et les élèves s'y présentèrent aussitôt en assez grand nombre. L'enseignement des sœurs de Saint-Joseph est essentiellement français; il comprend la grammaire, l'histoire sacrée et profane, l'histoire de France, la géographie, l'arithmétique, le catéchisme, la calligraphie, la musique et le dessin.

La langue arabe est également enseignée dans ce pensionnat, mais l'étude en est facultative; les élèves y apprennent en outre tous les ouvrages manuels que doivent savoir faire les femmes; enfin, la règle intérieure du pensionnat les forme à tous les soins d'un ménage.

Outre ce pensionnat, destiné à l'instruction des jeunes filles de familles aisées, et qui est établi dans leur couvent même, les sœurs de Saint-Joseph ont, dès 1857, ouvert, dans le quartier chrétien d'Alep, une école où les jeunes filles pauvres sont, sans distinction de nationalité, admises, comme externes, à suivre des cours gratuits d'arabe, de français, de géographie, d'histoire sacrée et profane, de catéchisme, et à apprendre les travaux manuels de couture, broderie, etc.

Le personnel enseignant se compose, sous la direction supérieure de sœur Rosalie Stefanelli, de 3 maîtresses au pensionnat, dont 1 Française et 2 Arabes parlant le français; à l'externat, de 4 maîtresses, dont 1 Française parlant l'arabe et 3 Arabes parlant le français.

Ces 7 maîtresses sont toutes religieuses et appartiennent à l'ordre de Saint-Joseph.

Depuis leur fondation, le pensionnat et l'école gratuite des sœurs de Saint-Joseph ont instruit 830 élèves successivement inscrites. En ce moment, le pensionnat compte 12 pensionnaires et 11 demi-pensionnaires.

L'école gratuite compte 128 externes.

La pension annuelle est de 323 francs.

Les ressources de la mission de Saint-Joseph à Alep, sont:

Ressources ordinaires, une subvention annuelle de 2,000 francs, accordée par la délégation apostolique et le produit des pensions et demi-pensions, évalué annuellement, en moyenne, à 5,500 francs.

Ressources extraordinaires, le produit d'une loterie tirée tous les ans et dont le bénéfice peut être de 600 francs; les dons du ministère des Affaires étrangères, qui, en 1863 et 1864, par exemple, a accordé 2,000 francs sur le reliquat de l'indemnité de Djeddah; les dons de l'œuvre des écoles d'Orient qui, pour 1863, ont été de 1,000 francs; enfin, un don de 300 francs envoyé par la propagande.

TRÉBIZONDE.

Il n'y a, dans cette ville, qu'une école tenue par des religieuses françaises, les sœurs de Saint-Joseph-de-l'Apparition. Elle comprend environ 80 élèves: 30 suivent les classes de français et y apprennent la lecture, l'écriture, le catéchisme et quelques éléments de grammaire, de géographie et d'histoire sainte; 50 appartiennent à la classe arménienne et apprennent la lecture, l'écriture et le catéchisme.

A Erzeroum se trouve une école mieux tenue que celle de Trébizonde, et cependant dirigée par les mêmes religieuses. Les jeunes filles y reçoivent une instruction plus complète. Dans la première classe, qui comprend 25 élèves, les sœurs enseignent le catéchisme, la lecture, l'écriture, l'arithmétique, la grammaire française, la géographie, l'histoire et le travail manuel. Dans la seconde classe, 175 élèves apprennent les éléments de la langue arménienne et de la langue française et le travail manuel.

Les pères capucins tiennent une école à Trébizonde, placée sous la protection française. Une dizaine d'élèves, qui appartiennent à la classe française, y apprennent le catéchisme, l'histoire et la géographie, et une trentaine suivent les classes de langue italienne, où l'instruction comprend les mêmes éléments.

Il y a, enfin, à Trébizonde l'école arménienne catholique, qui reçoit une subvention du Gouvernement de l'Empereur. Cette école contient 104 élèves.

5 étudient la langue française et la géographie;
10 la langue italienne et la calligraphie;
18 la grammaire arménienne, l'histoire sacrée et profane, la géographie et l'arithmétique;
45 étudient la lecture, l'écriture, la doctrine chrétienne et le calcul;
22 n'apprennent que la lecture.

ÎLE DE CHYPRE.

Il n'existe, dans l'île de Chypre, en fait d'établissements d'instruction française, que le couvent des sœurs de Saint-Joseph-de-l'Apparition. On y enseigne aux jeunes filles les éléments des langues française, italienne, grecque, la géographie, l'arithmétique, et tous les travaux d'aiguille. Il y a environ 100 élèves, tant externes qu'internes, et les Grecs ne manifestent aucune répugnance à y placer leurs enfants.

La pension entière est de 360 francs par an. La demi-pension est de 180 francs. Les externes ou enfants pauvres sont admis gratuitement.

« Si incomplet que puisse être l'enseignement dans le couvent de Saint-Joseph, il répond aux besoins que présente, en ce pays, l'éducation des jeunes filles. Quant aux jeunes garçons, ils sont, sous ce rapport, beaucoup moins favorisés. Dès mon arrivée à Larnaca, j'ai été frappé, dit le consul de France, de l'abandon où on laisse ces malheureux enfants dont la nature intelligente et docile les rendrait aptes à des études sérieuses, et j'ai fait, auprès de certaines communautés religieuses, plusieurs tentatives pour obtenir la formation d'une école à Chypre. Malheureusement, grâce à l'opposition tacite des franciscains, dont l'ordre revendique pour lui seul le monopole de la Terre-Sainte, mes démarches ont échoué.

« J'apprends que M. Negri, vice-concul d'Italie, a été plus heureux. Son gouvernement vient de se décider à envoyer à Chypre plusieurs professeurs laïques qui y ouvriront une école et ne pourront manquer de créer en faveur de leur pays une influence que j'aurais voulu obtenir pour la France. » (Dépêche du consul général au ministre des Affaires étrangères.)

ÉGYPTE.

LE CAIRE.

Il existe au Caire deux établissements d'instruction primaire : l'un, tenu par les frères des écoles chrétiennes, et l'autre, par les sœurs du Bon-Pasteur.

ÉCOLE DES FRÈRES.

Nombre des élèves payant rétribution	163
Admis à titre gratuit	90
Total	253

ÉCOLE DES SOEURS.

Nombre des élèves payant rétribution	83
Admis à titre gratuit	133
TOTAL	216

Ce qui forme, pour les deux écoles, un total d'élèves de 469.

Les directeurs de ces établissements admettent indistinctement les enfants de tous les cultes, répartis de la manière suivante :

	ÉCOLE DES FRÈRES.	ÉCOLE DES SOEURS.
Religion latine	83	79
——— grecque unie	55	32
——— non unie	29	22
——— arménienne unie	9	11
——— non unie	5	"
——— copte unie	12	9
——— non unie	10	6
——— maronite	6	7
——— musulmane	15	5
——— israélite	29	45
TOTAL	253	216

Le nombre des frères employés dans l'école du Caire, tous français, est de 18, plus 5 professeurs de langues orientales et de musique.

Le couvent du Bon-Pasteur compte 24 religieuses, dont la presque totalité est également française.

Les cours, dans les deux établissements, se font en français, et cette langue est la seule permise entre les différents élèves. Aussi, depuis la fondation de ces maisons, notre idiome a-t-il fait de nombreux progrès au Caire et tend chaque jour à se substituer de plus en plus à l'italien.

Le local occupé par les frères est fort vaste et très-bien aéré : une grande cour, de belles terrasses permettent aux élèves de se promener sans sortir de l'établissement. Cette magnifique maison est due, en grande partie, à la générosité du précédent vice-roi, Saïd-Pacha.

Le couvent des Clarisses, placé sous la protection du consulat de France, contient un pensionnat de 200 élèves, où l'on enseigne le français.

ALEXANDRIE.

ÉCOLE DES FRÈRES.

Nombre de frères	33

Pensionnat divisé en neuf classes :

Élèves pensionnaires	97
—— demi-pensionnaires	238
École gratuite divisée en quatre classes	280
Total	615 élèves.

La langue française est la langue de l'établissement. Les élèves sont tenus de ne parler que celle-là. Viennent ensuite les langues italienne, anglaise, arabe, grecque, turque, hébraïque, arménienne, etc. L'ensemble des études comprend, outre l'instruction morale et religieuse et le français, des exercices de style et de composition, la géographie, l'histoire, l'arithmétique, l'algèbre, la géométrie, la tenue des livres, des notions de chimie et de physique, le dessin, des notions de droit commercial, la musique.

LA MISÉRICORDE.

Enfants externes	550
Pensionnaires et demi-pensionnaires	106
Orphelines	110
Orphelins, enfants trouvés	85
Total	851

ÉCOLES LAÏQUES.

Trois écoles catholiques tenues par des institutrices et contenant des filles et des garçons, ensemble	105

CLASSE PROTESTANTE.

Filles et garçons	40

CLASSE GRECQUE.

Filles et garçons	90
À reporter	235

Report	235

CLASSE JUIVE.

Filles	40
Garçons	50
TOTAL	325

RÉGENCE DE TUNIS.

ÉCOLE DES FRÈRES À TUNIS.

Cet établissement est divisé en deux quartiers séparés : le premier, pour les classes civiles, enfants des négociants et des personnes aisées; le second, pour les classes populaires. Ces deux quartiers, placés dans des maisons différentes, forment, en réalité, deux écoles, entretenues par le vicariat apostolique.

La première contient ordinairement de 130 à 160 élèves; la seconde, de 170 à 180.

Ces écoles admettent les enfants des différentes nations. L'enseignement est le même que celui des écoles des frères de France. Il est donné par 10 frères et 3 professeurs laïques.

Le nombre des enfants de différentes nations, reçus dans ces écoles depuis leur fondation, en octobre 1855, se décompose ainsi :

Français	90
Maltais	346
Italiens	360
Israélites	96
Grecs séparés	12
Espagnols	9
Autrichiens	8
Arabes algériens	6
Bavarois	4
Prussiens	2
TOTAL	933

Les sœurs de Saint-Joseph-de-l'Apparition ont des classes de filles à Tunis d'environ 100 élèves. Elles enseignent les travaux de femme, la lecture, l'écriture et un peu d'arithmétique. Les mêmes sœurs sont à la Goulette, à Sousse et à Sfax, où chaque maison peut avoir de 30 à 40 élèves.

TRIPOLI.

ÉCOLE DES SOEURS DE SAINT-JOSEPH-DE-L'APPARITION.

C'est la mission de Tripoli qui fournit aux sœurs tout ce qui leur est nécessaire à l'aide des ressources accordées annuellement par la société de la Propagation de la Foi.

Les sœurs de Saint-Joseph qui desservent cet établissement sont au nombre de neuf : six Françaises, une Romaine et deux Malaises.

Elles enseignent la grammaire française et italienne, l'histoire sacrée et profane, l'arithmétique, la géographie; on apprend aussi aux petites filles à broder et à coudre.

Les élèves sont au nombre de 140, plus ou moins, selon les saisons; car beaucoup s'absentent l'été.

La moitié environ des élèves paye une petite rétribution, les autres sont instruites gratuitement.

Le Père préfet apostolique prend des arrangements pour appeler à Tripoli des frères de la Doctrine chrétienne, car il n'y a pas d'école pour les garçons.

CHINE.

PÉKIN.

Les seuls étrangers qui se soient livrés, jusqu'ici, en Chine, à l'enseignemeut public sont les missionnaires protestants et catholiques; et, bien que plusieurs des établissements fondés par ces derniers soient dirigés par des prêtres français, ils ne sauraient cependant être désignés sous le nom d'écoles françaises, attendu que l'on n'y apprend pas notre langue.

537 élèves sont instruits par la mission de Pékin. Les maîtres sont tous Chinois, les uns chrétiens, les autres païens, afin de ménager les susceptibilités des familles non converties. Ils apprennent aux garçons ce qu'on leur enseigne partout en Chine : la lecture, l'écriture, les quatre classiques, c'est-à-dire la doctrine de Confucius, celle de Menzius, le Schou-tsing ou abrégé de l'histoire de la Chine. Les plus avancés sont admis à lire le *Kang-Tze*, ouvrage d'histoire nationale fort étendu.

Les filles se bornent à apprendre à lire. Entièrement séparées des garçons, elles sont placées sous la direction de femmes qui doivent, en outre, leur enseigner quelques ouvrages de couture, etc.

Les sœurs de charité dirigent un établissement d'éducation pour les filles, qui compte 30 externes appartenant à d'honorables familles chrétiennes.

A Canton, même observation; l'enseignement est exclusivement chinois.

ROYAUME DE SIAM.

Les écoles dirigées par des missionnaires français, dans le royaume de Siam, sont au nombre de 14, fréquentées par 556 enfants, dont la grande majorité est annamite.

« L'enseignement, dit M. Aubaret, consul de France à Bangkok, se borne, en général, à apprendre à lire et à écrire le siamois en caractères latins. Le but de cette transcription de la langue siamoise est de la rendre beaucoup plus facile, et d'arriver promptement, de la sorte, à la lecture des livres de religion imprimés à la mission de Bangkok.

« Il est très-regrettable que les éléments de la langue française ne soient enseignés dans aucune de ces écoles. Il serait pourtant de notre intérêt, à cause du voisinage de nos possessions en Cochinchine, que la langue anglaise ne continuât pas d'être le seul idiome européen connu et pratiqué dans ce pays. C'est surtout aux Annamites, très-nombreux à Siam, que notre langue devrait être enseignée. »

OCÉANIE.

ARCHIPEL HAWAÏEN.

Le français est enseigné, dans l'archipel hawaïen, par la mission catholique qui dirige le collége d'Ahuimann; il l'est aussi par des missions étrangères.

ERREURS A CORRIGER.

Résumé. — Page xv, lignes 10 et 11, en descendant, colonnes 2, 3, 4, 5, 6 et 7,

au lieu de :

315	345	660	28	120	148
5,309	"	5,309	637	"	637

lisez :

315 / 5,309	345	5,969	28 / 637	120	785

Page xvii, 1re ligne, au-dessous du 1er tableau, *au lieu de* 16,085, *lisez* 14,898; lignes 2 et 3, au-dessous du 1er tableau, *au lieu de :* Écoles primaires, 14,059; Pensionnats primaires, 1,192, *lisez :* Écoles primaires (avec 1,192 pensionnats annexés), 14,059; ligne 4, au-dessous du 1er tableau, *au lieu de* 16,090, *lisez* 14,898.

Page xix, 5e ligne, en remontant, colonnes 2, 3, 4, 5, 7, 8, 9, 10, *lisez*, en tête de la colonne 1, Taux mensuel de la rétribution; de la colonne 2, Taux de l'abonnement annuel; de la colonne 3, Taux mensuel de la rétribution; de la colonne 4, Taux de l'abonnement annuel, et ainsi de suite.

Page xxv, ligne 20, en descendant, *lisez :* Par des fondations, dons et legs *ou par des indemnités communales.*

Page xxvii, ligne 4, en remontant, 2e colonne, *au lieu de :* Élèves, *lisez :* Écoles.

Page xxviii, lignes 6 et 7, au-dessous du 1er tableau, *au lieu de* 10 p. o/o, *lisez* 10.5, *et au lieu de* 85 p. o/o, *lisez* 85.5 p. o/o.

Tableau n° 26, p. 73, colonne 16, département de la Savoie; *au lieu de* 53, *lisez* 50.

Ce nombre peut encore paraître exorbitant; mais il ne faut pas oublier qu'il se rapporte à la Savoie, où, en raison des circonstances tout à fait exceptionnelles créées par l'annexion, les communes ont obtenu l'autorisation de s'imposer pour une durée aussi longue. La somme de ces impositions n'a pas pu être portée dans la colonne 15, parce qu'elle n'était pas connue au moment où le tableau a été dressé.

Tableau n° 31, p. 91, colonnes 5 et 6, département d'Indre-et-Loire; *au lieu de* 114 et 167, *lisez* 104 et 177.

P. 92, colonnes 5 et 6, département des Pyrénées-Orientales; *au lieu de* 117 et 113, *lisez* 107 et 123.

Même page, colonnes 3, 5 et 6, Totaux; *au lieu de* 5,469, 19,372 et 18,138, *lisez* 5,409, 19,312 et 18,198.

TABLE DES MATIÈRES.

TABLEAUX DE LA STATISTIQUE DE L'INSTRUCTION PRIMAIRE.

Ire PARTIE.

IIe PARTIE.

IIIe PARTIE.

IVe PARTIE.

ANNEXES.

ARCHIVES CENTRALES

DU

MINISTÈRE DES FINANCES

Fin. Imp. Série D, n° 21. (Mars 1878.)

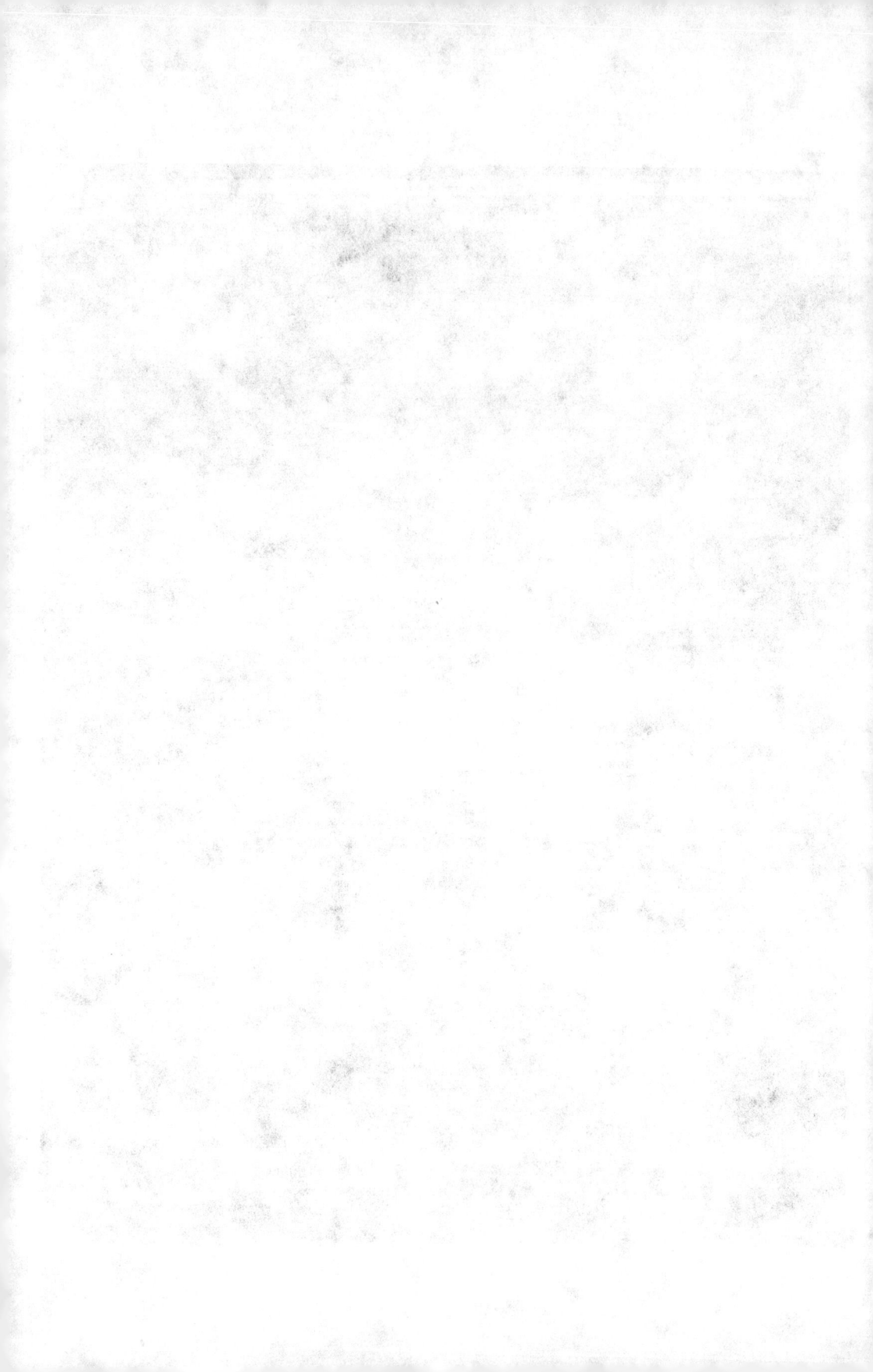

www.ingramcontent.com/pod-product-compliance
Lightning Source LLC
Chambersburg PA
CBHW052056230326
41599CB00054B/2910